Elektrische Maschinen

Von

Rudolf Richter

Fünfter Band

Stromwendermaschinen
für ein- und mehrphasigen Wechselstrom
Regelsätze

Mit 421 Textabbildungen

Springer-Verlag Berlin Heidelberg GmbH
1950

ISBN 978-3-642-86546-6   ISBN 978-3-642-86545-9 (eBook)
DOI 10.1007/978-3-642-86545-9

Vorwort.

Der V. Band, mit dem das Sammelwerk der Elektrischen Maschinen abschließt, lag schon Anfang 1945 zum großen Teil fertig gedruckt vor, als er durch Bombenangriff in der Druckerei mit allen Unterlagen vernichtet wurde. Im wesentlichen ungeändert liegt nun der Neudruck vor. Der V. Band behandelt die einphasigen (Abschn. I) und die mehrphasigen (II) Maschinen mit Stromwender sowie die Regelsätze mit Induktionsmaschine als Vordermaschine (III).

In den einleitenden Abschnitten I A und II A wird zunächst der Läufer mit Stromwender im Wechselfelde und im Drehfelde besprochen. Dabei werden die Grundlagen für das Verhalten und die Berechnung der Maschinen behandelt. Die nächsten Abschnitte sind dann den verschiedenen Maschinenarten gewidmet. Es folgen Untersuchungen über Selbsterregung und schließlich, wie in den übrigen Bänden, Abschnitte über die experimentelle Untersuchung und den Entwurf. Besondere Berücksichtigung findet die Funkenunterdrückung sowohl in den einführenden Abschnitten A als auch bei Betrachtung der verschiedenen Maschinenarten.

Bei den einphasigen Maschinen (Abschn. I) steht der Reihenschlußmotor, wie er für Vollbahnen verwendet wird, im Vordergrund der Betrachtungen. Die meisten Berechnungsbeispiele beziehen sich auf diesen Motor bei $16^2/_3$ Hz Netzfrequenz. Außerdem werden aber auch die andern Maschinenarten, wie z. B. die Repulsionsmotoren mit ihren Abarten, Reihenschluß-Repulsionsmotoren und Maschinen mit Nebenschlußeigenschaften, ausführlich behandelt. Bei den Repulsionsmotoren wird zunächst eine vereinfachte Berechnung für die Relativwerte von Drehzahl, Strömen und Drehmoment gezeigt, bei der die Spannungsverluste vernachlässigt sind, so daß die Betriebskurven unabhängig von der Maschinengröße und den Wicklungsangaben sind und allgemeine Gültigkeit haben. Es wird dann der Einfluß der Spannungsverluste und der Rückwirkung der Ströme in den von Bürsten überbrückten Läuferspulen gezeigt und wie die verschiedenen Einflüsse bei einer genaueren Berechnung berücksichtigt werden können. Die berechneten Werte werden mit den gemessenen an Beispielen verglichen.

Ähnlich ist die Einteilung bei den mehrphasigen Maschinen im Abschnitt II. Es werden die Reihenschlußmaschine, die ständergespeiste und die läufergespeiste Nebenschlußmaschine sowie die Nebenschlußmaschine mit besonderer Erregerwicklung behandelt. Auch hier wird zuerst die einfachere Berechnung gezeigt und an Beispielen die genauere Berechnung mit der Messung verglichen.

Im Abschnitt III (Regelsätze) werden zunächst die bei den Regelsätzen noch in Frage kommenden Hilfsmaschinen besprochen und dann die Regelsätze zur Blindstromerzeugung, zur Drehzahlregelung und zur Leistungsregelung, Netzkupplungen usw., behandelt.

Um von dem umfangreichen hier behandelten Stoff schnell eine Übersicht über das Gesamtgebiet zu erhalten, empfiehlt es sich, zunächst die entsprechenden Abschnitte in dem kürzlich im selben Verlag erschienenen Kurzen Lehrbuch der elektrischen Maschinen[1] zu lesen, bei denen alle Feinheiten im Verhalten und Berechnen der Maschinen unterdrückt sind.

Wie bei den ersten vier Bänden ist auch ein Verzeichnis der einschlägigen Literatur, ein solches über die verwendeten Formelzeichen und ein alphabetisches Sachverzeichnis angefügt. Beim Literaturverzeichnis konnten von den nach 1944 erschienenen Veröffentlichungen nur die berücksichtigt werden, die dem Verfasser zugänglich waren. Für die Schreibweise der Gleichungen gilt das im Band I, S. 592, und im „Kurzen Lehrbuch“, S. 364, Gesagte.

Die Entstehung des Buches erstreckt sich über eine längere Reihe von Jahren, die zum großen Teil in die Zeit des 2. Weltkrieges fallen. Im Laufe dieser Jahre konnten viele Einzelfragen und Berechnungen von fleißigen Hilfsassistenten und Diplomkandidaten am Elektrotechnischen Institut der Techn. Hochschule Karlsruhe unter Anleitung vorbereitet werden. Sie sind für dieses Buch gesichtet und verarbeitet worden. Hierbei und bei der Abfassung des Manuskripts bin ich durch meinen damaligen Assistenten, Herrn Dipl.-Ing. L. Letsch, der schon am IV. Band mitgearbeitet hat, in reichem Maße unterstützt worden. Auch mein späterer Assistent, Herr Dipl.-Ing. K. Groß, hat mir wertvolle Hilfe geleistet. Beide hatten auch die Korrekturen bei dem inzwischen zerstörten Druck mitgelesen und dabei zu wichtigen Verbesserungen beigetragen.

Beim Neudruck hatte mein früherer Assistent, Herr Dipl.-Ing. H. Marx, die Freundlichkeit, das Manuskript nochmal durchzusehen und dabei wertvolle Anregungen zu geben. Er und Herr Oberingenieur Dr.-Ing. H. Prassler vom Elektrotechnischen Institut der Techn. Hochschule Karlsruhe haben sich freundlichst bereit gefunden, die Korrektur mitzulesen und dabei weitere Verbesserungen vorzuschlagen.

Allen meinen geschätzten Mitarbeitern, und dazu gehören auch die vielen Hilfsassistenten und Diplomkandidaten, die hier namentlich nicht genannt sind, möchte ich an dieser Stelle für ihren wertvollen Anteil an diesem Buch herzlich danken. Ferner danke ich den Firmen, die mich mit einigen Unterlagen freundlichst unterstützt haben. Mein Dank gilt auch dem Springer-Verlag, der es trotz der ungünstigen Wirtschaftslage möglich gemacht hat, daß dieser Band in der schönen Ausstattung der früheren Bände hergestellt werden konnte.

Karlsruhe, Oktober 1949.   Rudolf Richter.

---

[1] Zwei Druckfehler sind dort zu berichtigen (s. S. XIV).

Inhaltsverzeichnis.

I. Einphasen-Stromwendermaschinen.

Seite

II. Mehrphasen-Stromwendermaschinen.

III. Die Regelsätze.

Berichtigung zum Kurzen Lehrbuch der elektrischen Maschinen.

  Auf S. 236 muß es in Gl. 323 10^{-8} an Stelle von 10^{-6} heißen; unter Bild 61 auf S. 51 sind y_1 und y_2 zu vertauschen.

I. Einphasen-Stromwendermaschinen.

Der einfache Induktionsmotor ist an die synchrone Drehzahl mehr oder weniger gebunden, und eine praktisch verlustfreie Drehzahlregelung ist bei ihm ohne besondere Hilfsmaschinen nicht möglich. Diese Nachteile des Induktionsmotors haben dazu geführt, die Maschinen mit Stromwender für ein- und mehrphasigen Wechselstrom — kurz Stromwendermaschinen genannt — weiter zu entwickeln und auszubilden.

Die einphasigen Stromwendermotoren haben gegenüber den einphasigen Induktionsmotoren (Abschn. C, Bd. IV) noch die sehr wichtige Eigenschaft, ein kräftiges Anzugsmoment zu entwickeln. Sie können auch in Mehrphasennetzen verwendet werden. Um bei Dreiphasennetzen eine symmetrische Belastung zu erhalten, kann man den Dreiphasenstrom durch ruhende Transformatoren in Zweiphasenstrom umformen (Abschn. E 3, Bd. III) und Doppelmotoren verwenden, deren Einzelmotoren von je einem der Zweiphasenströme gespeist werden.

Von den einphasigen Stromwendermaschinen sind der Reihenschlußmotor und der Repulsionsmotor die wichtigsten Ausführungen. Beide haben Drehzahlkennlinien, die im wesentlichen mit denen des Gleichstrom-Reihenschlußmotors übereinstimmen und sich deshalb besonders für elektrische Fahrzeuge und Hubwerke eignen. Einphasige Stromwendermaschinen mit Drehzahlkennlinien, die im wesentlichen mit denen der Gleichstrom-Nebenschlußmaschine übereinstimmen, haben weniger praktische Bedeutung und werden gewöhnlich nur zur elektrischen Nutzbremsung und bei Regelsätzen verwendet.

In dem folgenden Abschn. A werden wir zunächst die Grundlagen behandeln, die zum Verständnis der Vorgänge in einphasigen Stromwendermaschinen wichtig sind, und uns dann in den folgenden Abschnitten den verschiedenen Motorarten zuwenden. Im allgemeinen wird bei unsern Betrachtungen der Einphasenmotor für Vollbahnen, der ein Reihenschlußmotor ist (Abschn. B), im Vordergrund stehen.

A. Der Anker mit Stromwender im Wechselfelde.

1. Die Stromverteilung im Anker.

a. Durchmesserwicklung mit Durchmesserbürsten. In der Regel werden bei den einphasigen Stromwendermaschinen Zweischichtwicklungen, deren Spulenweite gleich der Polteilung ist (Durchmesserwicklungen), verwendet, oder bei denen diese nur wenig von der

Polteilung abweicht. Die Bürsten sind am Stromwenderumfang je um eine Polteilung gegeneinander versetzt angeordnet; wir bezeichnen diese Anordnung kurz als „Durchmesserbürsten".

In Abb. 1a ist die Stromverteilung einer zweipoligen Durchmesserwicklung mit Durchmesserbürsten dargestellt. Der Ankerumfang ist durch einen schwach ausgezogenen Kreis angedeutet; darüber ist die Stromverteilung in den beiden Schichten der Ankerwicklung dargestellt. Die aus der Papierebene heraustretenden Ströme sind durch voll ausgezogene, die in die Papierebene eintretenden durch gestrichelte Kreisbögen als Strombeläge gekennzeichnet. Die Ströme in den

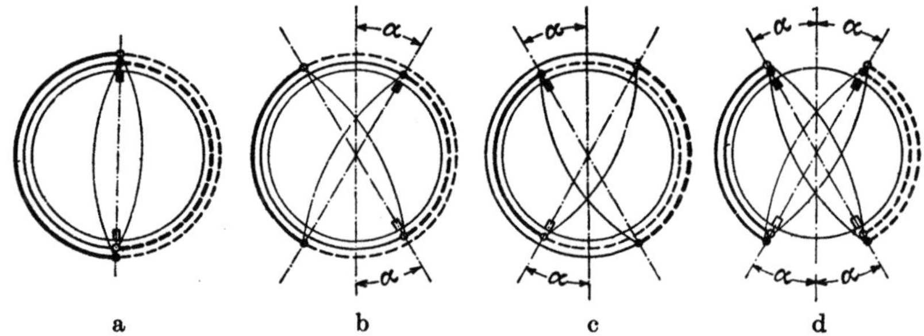

Abb. 1a bis d. Durchmesserwicklung; a) Durchmesserbürsten, b) u. c) (einfache) Sehnenbürsten, d) Doppel-Sehnenbürsten.

beiden Wicklungszweigen sind durch verschiedene Strichstärken unterschieden, sind aber in Wirklichkeit gleich groß. Die von Bürsten kurzgeschlossenen Spulen sind durch kleine Kreise dargestellt; die zu derselben Spule gehörigen Spulenseiten sind durch dünne Kreisbögen miteinander verbunden. Die Bürsten selbst sind am inneren Ankerumfang angedeutet und so eingezeichnet, daß die Verbindungslinie von der unteren (weißen) zur oberen (schwarzen) Bürste die magnetische Achse der Ankerwicklung bezeichnet. In Wirklichkeit sind die Bürsten bei den üblichen symmetrischen Querverbindungen der Zweischichtwicklung um eine halbe Polteilung gegenüber der eingezeichneten Bürstenlage verschoben (vgl. Abschn. 3c). Die schwarzen Bürsten schließen die ebenfalls schwarz ausgefüllten Spulenseiten kurz, die weißen Bürsten die weißen Spulenseiten.

Bei gewissen Schaltungen, besonders bei Repulsionsmotoren, sind auch andere Bürstenstellungen und auch Sehnenwicklungen üblich, für die wir die Stromverteilung noch angeben wollen, wobei wir uns der ausführlicheren Darstellung in den „Ankerwicklungen" [L 11] anschließen.

b. Durchmesserwicklung mit Sehnenbürsten. Verschieben wir die schwarze Bürste in Abb. 1a im Uhrzeigersinne, die weiße im entgegengesetzten Sinne um den Winkel α, so verschieben sich auch die von ihnen kurzgeschlossenen Spulenseiten in demselben Sinne, und wir erhalten die Stromverteilung in Abb. 1b. Obgleich jetzt die beiden Wicklungszweige verschieden lang sind, wird doch in ihnen dieselbe EMK induziert, weil sich die Windungsflüsse in dem Teil des langen Wicklungszweigs, der den kurzen überragt, aufheben. Die Stromstärke wird dagegen in den beiden Wicklungszweigen im allgemeinen verschieden sein. Bei Gleichstrom wird sich der in die Wicklung geleitete Strom im umgekehrten Verhältnis der Widerstände, also der Längen der Wicklungszweige verteilen. Bei Wechselstrom wird der Unterschied der Zweigströme im allgemeinen geringer sein, weil die Scheinwiderstände der beiden Wicklungen weniger verschieden sind als die Gleichwiderstände; im allgemeinen werden die Ströme der beiden Wicklungszweige auch verschiedene Phase haben. Der resultierende Strombelag, der sich aus den Strombelägen der Unter- und Oberschicht zusammensetzt, wird aber durch die Ungleichheit der Zweigströme nicht beeinflußt. Zur Abkürzung wollen wir die Bürsten in Abb. 1b als „Sehnenbürsten" bezeichnen, weil ihre Verbindungslinie bei der zweipoligen Maschine eine Sehne ist.

Man überblickt leicht, daß bei den Sehnenbürsten vier Stromzonen am Ankerumfang bestehen. In zwei gegenüberliegenden Zonen addieren sich die Strombeläge von Unter- und Oberschicht, in den andern beiden subtrahieren sie sich; wo sie sich addieren, gehören beide Schichten verschiedenen Wicklungszweigen an, wo sie sich subtrahieren, liegen sie in demselben Wicklungszweige (in dem längeren), ergeben also dort immer den resultierenden Strombelag Null.

Wenn die beiden Bürsten im entgegengesetzten Sinne aus der senkrechten Mittellinie verschoben werden, als wir es in Abb. 1b angenommen haben, so erhält man die Stromverteilung in Abb. 1c. Der resultierende Strombelag aus Unter- und Oberschicht ist bei demselben Bürstenverschiebungswinkel in Abb. 1c derselbe wie in Abb. 1b. Es sind nur Unter- und Oberschicht gegeneinander vertauscht.

Speisen wir nun die Ankerwicklung gleichzeitig durch die zwei Bürstensätze in Abb. 1b u. c, so überlagern sich die Ströme, und es ergibt sich bei Gleichheit der Bürstenströme die in Abb. 1d dargestellte resultierende Stromverteilung in beiden Wicklungsschichten. Die Ankerleiter in den Zonen 2α sind vollkommen stromfrei. Der resultierende Strombelag aus Unter- und Oberschicht ist bei den „Doppel-Sehnenbürsten" genau ebenso verteilt wie bei den einfachen Sehnenbürsten in Abb. 1b u. c.

c. Sehnenwicklung. Die Stromverteilung der Sehnenwicklung mit einfachen Durchmesserbürsten ist für eine Verkürzung der Spulenweite um den Winkel $2\beta = 60°$ gegenüber der Durchmesserspule in Abb. 2a dargestellt. Sie entsteht bei fester Bürstenstellung, wenn wir den Strombelag der Unterschicht in Abb. 1a in dem einen Sinne, den

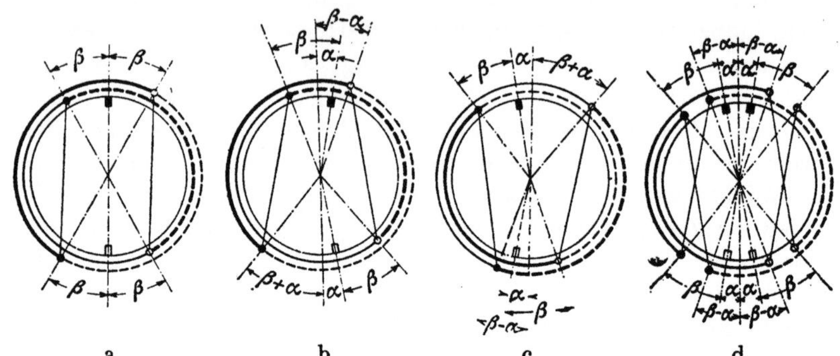

a   b   c   d

Abb. 2a bis d. Sehnenwicklung ($\beta = 30°$); a) Durchmesserbürsten,
b) u. c) Sehnenbürsten, $\alpha = 10°$, d) Doppel-Sehnenbürsten, $\alpha = 10°$.

der Oberschicht in dem andern Sinne um den Winkel β verschieben. Der resultierende Strombelag aus Unter- und Oberschicht ist innerhalb der Verkürzungszone 2β Null, so daß für $\beta = \alpha$ bei der Sehnenwicklung

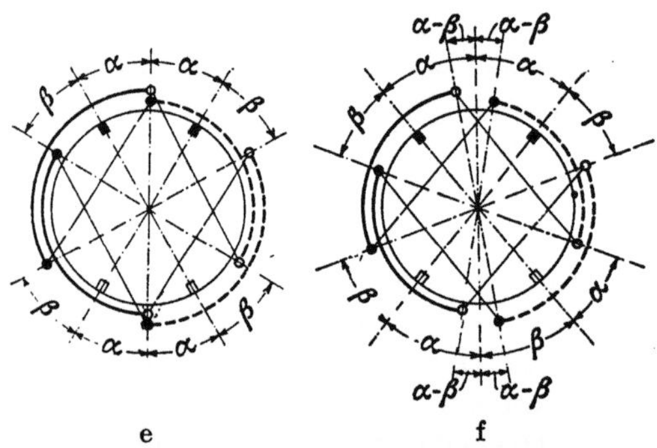

e   f

Abb. 2e u. f. Sehnenwicklung ($\beta = 30°$) und
Doppel-Sehnenbürsten; e) $\alpha = 30°$, f) $\alpha = 40°$.

mit Durchmesserbürsten der resultierende Strombelag derselbe wie bei der Durchmesserwicklung mit Sehnenbürsten (Abbildung 1b bis d) ist. Die von Bürsten kurzgeschlossenen Spulenseiten liegen in beiden Fällen an denselben Stellen des Ankerumfangs. Die durch die Stirnverbindungen erfolgende Zusammenfassung der Spulenseiten zu Spulen ist aber in beiden Fällen eine andere (vgl. Abb. 1c mit Abb. 2a), und deshalb sind auch die EMKe, die in den von Bürsten kurzgeschlossenen Ankerspulen induziert werden, im allgemeinen verschieden.

Auch bei der Sehnenwicklung bewegen sich die kurzgeschlossenen Spulen mit der Bürste, von der sie kurzgeschlossen werden, und bestimmen so die Stromverteilung am Ankerumfang. Die Abb. 2b u. c stellen die Stromverteilung bei der Sehnenwicklung ($2\beta = 60°$) mit einfachen Sehnenbürsten ($2\alpha = 20°$) dar; sie unterscheiden sich nur

durch den verschiedenen Sinn der Bürstenverschiebung. Durch Überlagerung der Strombeläge in Abb. 2b u. c erhalten wir die Stromverteilung in Abb. 2d bei Doppelsehnenbürsten. Wir können hier im
allgemeinen acht Zonen der Stromverteilung unterscheiden. In zwei gegenüberlie-
genden Zonen addieren sich
die Strombeläge von Unter-
und Oberschicht, in den beiden um eine halbe Polteilung
(90°) gegenüber jenen verschobenen Zonen sind die
Strombeläge in Unter- und
Oberschicht entgegengesetzt
gleich, so daß der resultierende Strombelag Null ist;
in den übrigen vier Zonen ist
eine der beiden Wicklungsschichten stromlos. Diese
Verteilung ist unabhängig
davon, wie sich der Strom
eines einzelnen Bürsten-
satzes auf die beiden parallel geschalteten Wicklungszweige verteilt; die stromführenden Leiter der Wicklungen sind auch alle mit
demselben Strom belastet.

Die Stromverteilung der
Sehnenwicklung mit Doppel-
sehnenbürsten ist noch in
Abb. 2e für $\alpha = \beta = 30°$
und in Abb. 2f für $\alpha = 40°$,
$\beta = 30°$ dargestellt.

d. Die Felderregerkurve
und die EMK der Strom-

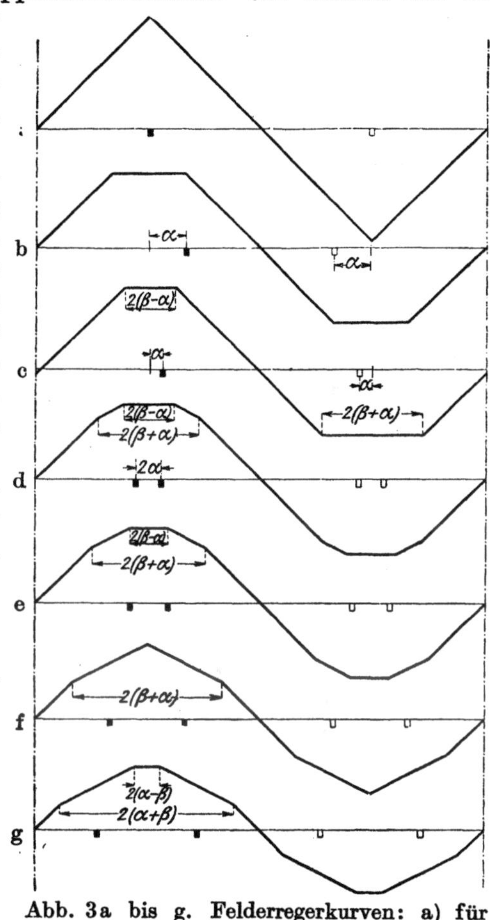

Abb. 3a bis g. Felderregerkurven: a) für
Abb. 1a, b) Abb. 1b bis d u. 2a mit $\beta = \alpha$,
c) Abb. 2b, d) Abb. 2d, e) Abb. 2d, wenn
$\alpha = \beta/2$, f) Abb. 2e, g) Abb. 2f.

wendung. In Abb. 3a bis g sind die Felderregerkurven [L 11, Abschn. 48]
der Ankerwicklung für die in den Abb. 1 u. 2 dargestellten Stromver-
teilungen aufgezeichnet. Dabei ist vorausgesetzt, daß der Anker
ungenutet ist und die Bürsten unendlich schmal sind, und daß in
allen Fällen derselbe gesamte Strom durch die Bürsten geleitet wird.

Aus diesen Felderregerkurven erkennen wir zunächst, daß die
unsymmetrische Stromverteilung, die bei Sehnenwicklung mit einfachen

Sehnenbürsten auftritt (vgl. Abb. 2b), eine Felderregerkurve ergibt (Abb. 3c), deren negative Halbwelle nicht das Spiegelbild der positiven ist, d. h. daß die Felderregerkurve auch Einzelwellen gerader Ordnungszahl aufweist. Für Einphasenmaschinen werden nur Doppelsehnenbürsten angewendet. Einfachsehnenbürsten werden aber bei Dreiphasenmaschinen häufig ausgeführt (vgl. Abschn. II A 2e). Dann wird man, um keine Wellen gerader Ordnungszahl in der Felderregerkurve zu erhalten, Sehnenwicklung vermeiden oder die im Abschn. II A 3 näher behandelte Latoursche Wicklung anwenden, die auch für Einphasenmaschinen geeignet ist.

Ferner erkennen wir aus den Felderregerkurven in Abb. 3, daß es durch passende Wahl der Spulenverkürzung 2β und des Bürstenwinkels α bei Doppelbürsten möglich ist, eine Felderregerkurve zu erhalten, die nur noch sehr wenig von der Sinusform abweicht (Abb. 3e). Solche Felderregerkurven sind besonders bei Maschinen mit Regelung durch Bürstenverschieben erwünscht.

Sind bei Doppelsehnenbürsten die Sehnen der beiden Bürstensätze verschieden groß, d. h. ist α in den Abb. 1b u. c oder Abb. 2b u. c verschieden, so läßt sich die Felderregerkurve ebenfalls der Sinusform anpassen. Wird bei Durchmesserwicklung in Abb. 1b $\alpha = 20°$, in Abb. 1c $\alpha = 40°$ eingestellt, so ergibt sich dieselbe resultierende Stromverteilung wie in Abb. 2d (Felderregerkurve in Abb. 3d) mit 8 Zonen am Ankerumfang der zweipoligen Wicklung. Die Aufteilung der Strombeläge auf die beiden Schichten ist von den Bürstenwinkeln und den Bürstenströmen abhängig. Bei Sehnenwicklung wird die Zonenzahl noch vermehrt.

Die durch die Stromwendung in einer Ankerspule induzierte EMK ist proportional der Differenz der Ströme, die unmittelbar vor und nach dem Bürstenkurzschluß in der Spule fließen, also auch proportional der Differenz der die kurzgeschlossenen Spulenseiten begrenzenden Strombeläge. So erhalten wir bei demselben gesamten Bürstenstrom für den Doppelbürstensatz nach Abb. 1d die EMK der Stromwendung nur etwa halb so groß wie für den einfachen Bürstensatz nach Abb. 1a, weil die kurzgeschlossenen Spulenseiten in Abb. 1d zwischen positiven oder negativen Strombelägen und dem Strombelag Null, in Abb. 1a aber zwischen positiven und negativen Strombelägen liegen.

Auch bei den Sehnenwicklungen ist die EMK der Stromwendung proportional der Differenz der Strombeläge, die an die kurzgeschlossenen Spulenseiten grenzen. Der Proportionalitätsfaktor ist jedoch im allgemeinen kleiner als bei Durchmesserwicklung und Durchmesserstellung der Bürsten, weil die von verschiedenen Bürsten kurzgeschlossenen Spulenseiten gewöhnlich nicht, wie bei der Durchmesserwicklung, in denselben Nuten liegen, sich also gar nicht oder weniger als bei der Durchmesserwicklung beeinflussen.

Bei vielpoligen Maschinen gestattet der Umfang des Stromwenders nicht immer die Anordnung aller p Einfach- oder Doppelbürstensätze, die wir im allgemeinen voraussetzen, so daß nur p' solcher Bürstensätze aufgelegt werden, wobei $1 \leq p' \leq p$ ist. Bei Schleifenwicklung müssen dann alle Stromwenderstege an Ausgleichverbindungen angeschlossen werden. Mit dieser Bedeutung von p' sind in Zahlentafel 1 die wichtigsten Angaben zur Beurteilung der Ankerwicklungen mit Einfach- und Doppelbürsten zusammengestellt, $2a$ ist die Zahl der parallelen Wicklungszweige bei Einfachbürsten. Es ist vorausgesetzt, daß der gesamte Bürstenstrom und der Strom in allen stromführenden Leitern derselbe ist. In den letzten beiden Zeilen sind die EMKe der Stromwendung bei Durchmesserwicklung und Sehnenwicklung angegeben, wobei mit $\mathscr{E}_{W0}$ die EMK bei Durchmesserwicklung und Durchmesserbürsten bezeichnet ist. Die Annäherungen setzen voraus, daß α und β so bemessen sind, daß sich die kurzgeschlossenen Spulenseiten in verschiedenen Nuten befinden.

Zahlentafel 1. Vergleich zwischen Ankerwicklungen mit Einfach- und Doppelbürsten.

Bürstenanordnung		
Summe der Bürstenströme	$2I$	$2I$
Strom einer Bürste	I/p'	$I/2p'$
Strom in einem der stromführenden Leiter. . .	$I/2a$	$I/2a$
Stromwärme Q der Wicklung	Q_0	$\dfrac{\pi - 2\alpha}{\pi} Q_0$
Stromänderung in einer kurzgeschlossenen Spule bei Durchmesserwicklung	I/a	$I/2a$
EMK der Stromwendung — Durchmesserwicklung	$\mathscr{E}_{W0}$	$\approx \mathscr{E}_{W0}/2$
EMK der Stromwendung — Sehnenwicklung	$\approx \mathscr{E}_{W0}/2$	$\approx \mathscr{E}_{W0}/4$

2. Die im Anker induzierten EMKe.

a. EMK der Bewegung in der Ankerwicklung. Im Abschn. II C 7, Bd. I, ist gezeigt, daß für die EMK der Bewegung, die in einer Ankerwicklung mit Stromwender von einem zeitlich unveränderlichen magnetischen Feld induziert wird, bei Durchmesserbürsten der Fluß Φ maßgebend ist, der mit einer von Bürsten überbrückten Ankerspule verkettet ist. Dasselbe gilt auch in jedem Augenblick, wenn der Anker in einem Wechselfeld umläuft. Die EMK der Bewegung oder kurz die „Bewegungs-EMK" folgt in diesem Falle dem zeitlichen Verlauf des Flusses φ, wobei der Proportionalitätsfaktor derselbe ist wie bei einem zeitlich unveränderlichen Fluß (Gl. 163, Bd. I), also

$$e_B = \mp z \frac{p}{a} n \varphi = \mp 4 p n w \varphi, \tag{1a}$$

wobei das Vorzeichen durch die Drehrichtung nach Abschn. 3a bestimmt und der Effektivwert

$$E_B = z \frac{p}{a} n \Phi_{\text{eff}} = 4 p n w \Phi_{\text{eff}} \tag{1b}$$

ist. In diesen Gleichungen ist z die Zahl der gesamten Ankerleiter, w die der in Reihe geschalteten Windungen der Ankerwicklung, p die Polpaarzahl, a die halbe Zahl der parallelen Wicklungszweige und n die Drehzahl. φ ist der Augenblickswert und Φ_{eff} der Effektivwert des Teils des Ankermantelflusses, der mit einer von Bürsten überbrückten Ankerspule verkettet ist. Bei Maschinen mit ausgeprägten Polen ist das gewöhnlich der ganze von der Erregerwicklung erregte Ankermantelfluß.

Schreiben wir für den Fluß

$$\varphi = \Phi \sin \omega t, \tag{2}$$

vernachlässigen also die Oberschwingungen, so ist die Bewegungs-EMK

$$e_B = \mp z \frac{p}{a} n \Phi \sin \omega t = \mp 4 p n w \Phi \sin \omega t \tag{2a}$$

und der Effektivwert

$$E_B = z \frac{p}{a} n \frac{\Phi}{\sqrt{2}} = 2 \sqrt{2}\, p n w \Phi. \tag{2b}$$

Zur Bezeichnung der Bewegungs-EMK, die in der ganzen Ankerwicklung induziert wird, werden wir der Einfachheit wegen in späteren Abschnitten gewöhnlich den Zeiger B weglassen, also an Stelle von E_B einfach E setzen.

Bei Sehnenbürsten sind die Flüsse, die mit den von Bürsten kurzgeschlossenen Ankerspulen verkettet sind, im allgemeinen verschieden. Für den Fluß φ, der für die Bewegungs-EMK maßgebend ist, ist dann, wie eine entsprechende Untersuchung ergibt, wie wir sie im Abschn. II C 7, Bd. I, ausgeführt haben, der Mittelwert der Flüsse einzusetzen, die mit den kurzgeschlossenen Ankerspulen verkettet sind (vgl. z. B. Abb. 2d). Bei Sehnenbürsten mit Durchmesserwicklung kann man zur Berechnung der Bewegungs-EMK in der Ankerwicklung diese auch durch eine Sehnenwicklung mit Durchmesserbürsten ersetzen, die dieselbe Stromverteilung am Ankerumfang ergibt, bei der also der Spulenverkürzungswinkel 2β gleich dem Bürstenwinkel 2α ist (vgl. die Abb. 1d u. 2a).

b. EMK der Ruhe in der Ankerwicklung. Wenn außer dem „Erregerfluß" Φ in der Maschine noch ein „Querfluß" Φ_q vorhanden ist, dessen Symmetrieachse mit der Bürstenachse zusammenfällt (Abb. 4), so wird von diesem in der Ankerwicklung noch eine EMK der Ruhe oder „Ruhe-EMK" induziert, die von der Wechselstromfrequenz abhängt und unabhängig von der Bewegung des Ankers ist. Im Gegensatz zur EMK der Bewegung ist der zeitliche Verlauf der EMK der Ruhe nicht in Phase oder Gegenphase zum Fluß, sondern gegeben durch

$$e_R = -w\,\xi\,\frac{\mathrm{d}\varphi_q}{\mathrm{d}t}, \qquad (3)$$

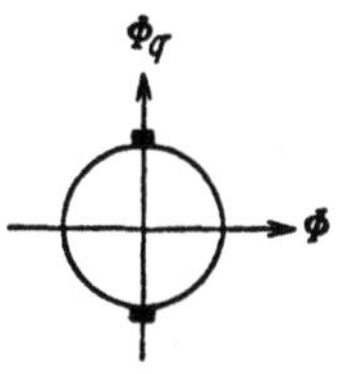

Abb. 4.

wenn der positiv angenommene Wicklungssinn dem Fluß rechtsschraubig zugeordnet wird (vgl. Abschn. 3a). ξ ist ein Wicklungsfaktor, der von der räumlichen Verteilung der Wicklung und der Induktion des Flusses φ_q am Ankerumfang abhängt und nach Abschn. E 1, Bd. IV, berechnet werden kann.

Schreiben wir für den Fluß

$$\varphi_q = \Phi_q \sin(\omega\,t - \gamma), \qquad (4)$$

so ist der Augenblickswert der Ruhe-EMK in der Ankerwicklung

$$e_R = -w\,\xi\,\frac{\mathrm{d}\varphi_q}{\mathrm{d}t} = -\omega\,w\,\xi\,\Phi_q \cos(\omega\,t - \gamma) \qquad (4\,\text{a})$$

und ihr Effektivwert

$$E_R = \sqrt{2}\,\pi\,f\,w\,\xi\,\Phi_q = \frac{\pi}{2\sqrt{2}}\,f\,\frac{z}{a}\,\xi\,\Phi_q. \qquad (4\,\text{b})$$

Wenn z. B. die Induktion des Flusses φ_q am Ankerumfang sinusförmig verteilt ist und die Bürsten um je eine Polteilung am Stromwender gegeneinander versetzt sind (Durchmesserbürsten, vgl. Abschn. 1a), so ist bei Durchmesserwicklung der Wicklungsfaktor $\xi \approx 2/\pi$.

c. EMKe im Wicklungsteil zwischen benachbarten Stromwenderstegen. Ebenso wie in der ganzen Ankerwicklung werden EMKe in den von Bürsten überbrückten Ankerspulen induziert. Für die Ruhe-EMK in einer Ankerspule ist hier aber der Fluß φ maßgebend, der in der Ankerwicklung die Bewegungs-EMK induziert, während für die Bewegungs-EMK der von Bürsten überbrückten Ankerspule die Induktionen an den Stellen des Ankerumfangs maßgebend sind, wo sich die von Bürsten überbrückten Spulenseiten befinden.

Um die EMKe in den kurzgeschlossenen Ankerspulen von denen in der ganzen Ankerwicklung auffällig durch das Formelzeichen zu unterscheiden, verwenden für jene eine andere Schriftart ($\mathfrak{e}$, $\mathfrak{E}$).

Wir erhalten für die in einer Ankerspule mit $z/2k$ Windungen induzierte Ruhe-EMK ($k =$ Stromwenderstegzahl)

$$\mathfrak{E}_{R\,\mathrm{Sp}} = -\frac{z}{2k}\frac{d\varphi}{dt}, \qquad (5a)$$

worin φ der mit einer Windung verkettete Fluß ist, und für die Bewegungs-EMK

$$\mathfrak{E}_{B\,\mathrm{Sp}} = \mp (b_{q2} - b_{q1})\, l_i\, v = \mp 2\,(b_{q2} - b_{q1})\, l_i\, \tau\, p\, n, \qquad (5b)$$

worin $v = 2p\,\tau\,n$ die Ankerumfangsgeschwindigkeit ($\tau =$ Polteilung) und b_{q1} und b_{q2} die Induktionen an den Stellen des Ankerumfangs sind, wo sich die Spulenseiten befinden.

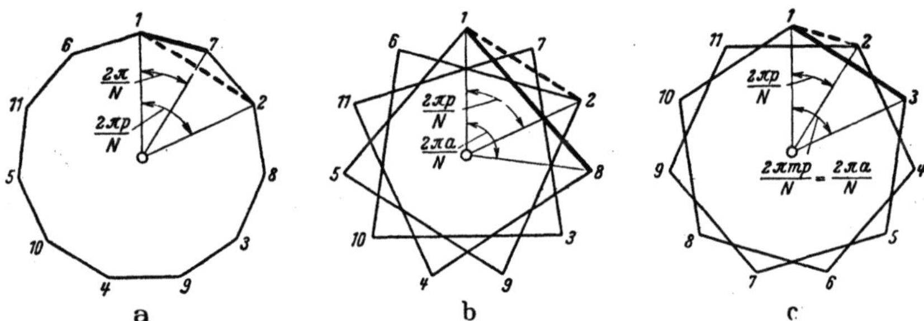

a   b   c

Abb. 5a bis c. EMKe benachbarter Spulen (—) und zwischen benachbarten Stromwenderstegen (- - -); a) eingängige, b) dreigängige Wellenwicklung mit $p = 2$, c) zweigängige Schleifenwicklung mit $p = 1$. $k = N$.

Bei der Berechnung der EMKe in dem Wicklungsteil zwischen benachbarten Stromwenderstegen müssen wir folgendes beachten. Bei der eingängigen Wellenwicklung liegen zwischen benachbarten Stromwenderstegen p Spulen. Für die Grundwelle der Induktion am Ankerumfang sind diese Spulen, wenn die Stromwenderstegzahl k gleich der Nutenzahl N ist, um den Phasenwinkel $2\pi/N$ gegeneinander verschoben, während der Phasenwinkel benachbarter Spulen $2\pi\,p/N$ beträgt [L 11, Abschn. 9]. Bei mehrgängigen einfach geschlossenen Wicklungen liegt immer ein größerer Teil der Wicklung zwischen benachbarten Stromwenderstegen. Das Spannungsvieleck für die von der Grundwelle der Feldkurve induzierte EMK ist beispielsweise bei $N = k = 11$ für eine eingängige Wellenwicklung ($m = a = 1$, $p = 2$) in Abb. 5a, für eine dreigängige Wellenwicklung ($m = a = 3$, $p = 2$) in Abb. 5b und für eine zweigängige Schleifenwicklung ($m = a/p = 2$, $p = 1$) in Abb. 5c dargestellt [vgl. L 11, Abschn. 9]. Die stark hervorgehobenen Sehnen entsprechen der EMK einer Spule, die gestrichelten Sehnen der EMK zwischen benachbarten Stromwenderstegen. Die Ziffern an den Vielecken bedeuten die fortlaufend am Ankerumfang bezeichneten Spulen. In allen diesen Fällen erhalten wir für die von der **Grundwelle** des Luftspaltfeldes zwischen benachbarten Stromwenderstegen induzierte EMK

$$\mathfrak{e} = \frac{\sin \pi \, p/N}{\sin \pi \, a/N} \cdot \mathfrak{e}_{\mathrm{Sp}}. \tag{6}$$

Schreiben wir für die Augenblickswerte der Ruhe- und der Bewegungs-EMK zwischen benachbarten Stromwenderstegen

$$\mathfrak{e}_R = - w_k \frac{\mathrm{d}\varphi}{\mathrm{d}t} \quad \text{und} \quad \mathfrak{e}_B = \mp 2 w_k \, b_q \, l_i \, v, \tag{7a u. b}$$

worin b_q der mittlere Augenblickswert der Induktion in der Wendezone ist, so kann, wenn w_{Sp} die Windungszahl einer Spule bezeichnet,

$$w_k \approx \frac{p}{a} \cdot w_{\mathrm{Sp}} = \frac{z}{2k} \frac{p}{a} \tag{7}$$

gesetzt werden.

Sequenz [L 12] hat gezeigt, welche Fehler in der Berechnung der EMK zwischen benachbarten Stromwenderstegen nach Gl. 7 bei sinusförmiger Feldkurve auftreten können, wenn $p/a \lesseqgtr 1$ ist. Für die praktisch in Frage kommenden Nutenzahlen je Polpaar (N/p) ist aber der Fehler verschwindend klein. Die Nutenzahl je Polpaar soll z. B. nach Abschn. J 1d bei Stromwenderwicklungen mindestens 19 sein. Bei $N/p = k/p = 19$ und $m = a/p = 2$ wird nach Gl. 6 $u_k = 0,507 \, z/2k$; es ist also in diesem Falle w_k nur 1,4% größer als $z \, p/2 k \, a$ [1]).

In den meisten praktischen Fällen können wir also w_k nach Gl. 7 berechnen. Nur wenn bei **mehrgängigen** Wicklungen die Feldkurve starke Oberwellen aufweist, wie es bei Maschinen mit ausgeprägten Polen der Fall ist, empfiehlt sich wenigstens für $\mathfrak{e}_B$ eine genauere Berechnung. Mehrgängige Wicklungen werden aber bei ausgeprägten Polen selten ausgeführt. Ergeben sich bei eingängigen Schleifenwicklungen mit nur einer Windung je Spule unzulässig große Werte für die Ruhe-EMK $\mathfrak{e}_R$, so können auch Wicklungen mit Zwischenstegen (vgl. Abb. 231) angewendet werden [L 13 u. 14].

Wenn sich der Fluß φ und die Induktion b_q zeitlich **sinusförmig** ändern, können wir für die Effektivwerte der EMKe zwischen benachbarten Stromwenderstegen schreiben

$$\mathfrak{e}_R = \sqrt{2}\pi \, w_k \, f \, \Phi \quad \text{und} \quad \mathfrak{e}_B = 2 w_k \frac{B_q}{\sqrt{2}} \, l_i \, v = 2 \sqrt{2} \, w_k \, B_q \, l_i \, \tau \, p \, n, \tag{8a u. b}$$

---

[1]) Die großen Unterschiede in den Zusammenstellungen bei Sequenz erklären sich durch Werte von N/p, die außerhalb des Bereichs der praktischen Ausführung liegen.

worin B_q der zeitliche Höchstwert der mittleren Induktion in der Wendezone ist.

d. Die Beziehung zwischen $\mathscr{E}_R$ und $E_B \equiv E$. Die EMK der Bewegung $\mathscr{E}_B$ kann bei umlaufendem Anker der EMK der Ruhe $\mathscr{E}_R$ im Kreise der von Bürsten überbrückten Ankerspulen entgegenwirken und sie mehr oder weniger unterdrücken. Bei kleinen Drehzahlen, besonders aber bei ruhendem Anker, also im Beginn des Anlaufs der Maschine als Motor, ist $\mathscr{E}_B = 0$, $\mathscr{E}_R$ also allein wirksam. Die durch $\mathscr{E}_R$ hervorgerufenen Kurzschlußströme (vgl. Abschn. 7a) sind um so schwächer und unschädlicher, je kleiner $\mathscr{E}_R$ ist. Der EMK $\mathscr{E}_R$ ist auch die in der ganzen Ankerwicklung induzierte Bewegungs-EMK E proportional, die für eine gegebene Maschinenleistung den Ankerstrom bestimmt. Je kleiner aber die EMK E ist, desto größer ist der Strom und damit auch die erforderliche Bürstenauflagefläche und der Stromwender. Das ist in allen Fällen unerwünscht, weil der Stromwender und sein Bürstenapparat einen beträchtlichen Teil der Herstellungskosten der Maschine ausmachen und eine große Bürstenzahl die Wartung erschwert und die laufenden Betriebskosten vergrößert. Beim Motor für Fahrzeuge kommt als weiterer Nachteil einer kleinen EMK $\mathscr{E}_R$ noch der große Raumbedarf für den Stromwender hinzu, der die Leistung des Motors, der in einem gegebenen Raum untergebracht werden muß, herabsetzt. Aus diesem Grunde geht man bei der Wahl der EMK $\mathscr{E}_R$ gewöhnlich bis an die gerade noch zulässige obere Grenze.

Es läßt sich nun eine einfache Beziehung zwischen der EMK $\mathscr{E}_R$ in der kurzgeschlossenen Ankerspule und der Bewegungs-EMK E in der ganzen Ankerwicklung angeben [L 15, Anmerkung auf S. 135, Sp. 1]. Wir erhalten nach den Gl. 2b, 8a und 7

$$\frac{E}{\mathscr{E}_R} = \frac{k\,n}{\pi\,f}. \tag{9a}$$

Ersetzen wir darin die Stegzahl k durch die Umfangsgeschwindigkeit v_K und die Stegteilung t_K des Stromwenders, so erhalten wir

$$\text{mit} \qquad k = \frac{v_K}{t_K\,n} \qquad\qquad E = \frac{\mathscr{E}_R}{\pi\,f} \cdot \frac{v_K}{t_K}. \tag{9b u. 9}$$

Nach dieser grundlegenden Beziehung[1]) ist die EMK der Ankerwicklung umgekehrt proportional der Frequenz und außerdem nur noch von dem Verhältnis aus Umfangsgeschwindigkeit und Stegteilung des Stromwenders abhängig. Wir erkennen jetzt, warum eine kleine Frequenz für die Bemessung des Wechselstrommotors günstig ist,

---

[1]) Im Schrifttum auch unter der Bezeichnung „Formel von Richter" bekannt [L 16a u. b].

warum man für den Vollbahnbetrieb die sonst übliche Frequenz von 50 Hz auf $50/3 = 16^2/_3$ Hz herabgesetzt hat [L 17a u. b].

Der größte zulässige Wert von $\mathfrak{E}_R$ wird hauptsächlich durch den Vorgang beim Anlauf bestimmt, weil im Betrieb gewöhnlich noch die EMK $\mathfrak{E}_B$ wirksam ist. Bei fester Erregung ($\Phi =$ const) ist $\mathfrak{E}_R$ von der Drehzahl des Ankers unabhängig, bei Reihenschlußerregung ist dies nur bei festem Drehmoment der Fall. Für Vollbahnmotoren, die als Reihenschlußmotoren mit einem starken Drehmoment anlaufen müssen, ist $\mathfrak{E}_R$ bei Stillstand größer als bei Nennbetrieb.

Setzen wir für einen Vollbahnmotor als größte zulässige Werte für $\mathfrak{E}$ und v_K bei Nennbetrieb $\mathfrak{E} = 3$ V und $v = 3200$ cm/s und als kleinsten, praktisch zulässigen Wert $t = 0{,}45$ cm, so erhalten wir bei einer Frequenz $f = 16^2/_3$ Hz, $E = 407$ V. Dieser EMK entspricht beispielsweise bei einer Nennleistung von 600 kW ein Ankerstrom von $I = 600000/407 = 1470$ A. Bei einer Frequenz von 50 Hz würden wir unter sonst gleichen Verhältnissen $E = 136$ V und $I = 4410$ A erhalten; die Bürstenauflagefläche des Stromwenders würde dreimal so groß werden wie bei $16^2/_3$ Hz.

e. Der Höchstwert der Stegspannung. Auch bei den Stromwendermaschinen für Wechselstrom besteht die Gefahr des Rundfeuers (vgl. die Abschn. III A 3 c, Bd. I, u. III B 4 c, Bd. II), wenn die Stegspannung einen gewissen Wert überschreitet. Da noch nicht genügend Erfahrungen darüber vorliegen, ob auch bei Wechselstrom der Höchstwert der Stegspannung für das Rundfeuer maßgebend ist, wird man aus Sicherheitsgründen verlangen, daß dieser Höchstwert den bei größeren Gleichstrommaschinen zulässigen Wert von etwa 30 V nicht überschreitet [L 18].

Der mittlere Effektivwert der Stegspannung ist

$$\mathfrak{E}_{s\,\text{mittel}} = \frac{2\,p}{k}\,U_A\,, \tag{10a}$$

wenn U_A der Effektivwert der Spannung zwischen ungleichpoligen Bürsten ist. Ersetzen wir in dieser Gleichung die Stegzahl k nach Gl. 9a und beachten die Beziehung $f = p\,n_1$, worin n_1 die synchrone Drehzahl ist, so wird

$$\mathfrak{E}_{s\,\text{mittel}} = \frac{2}{\pi}\,\frac{n}{n_1}\,\frac{U_A}{E}\,\mathfrak{E}_R\,. \tag{10b}$$

U_A hängt davon ab, ob in der Ankerwicklung außer der Bewegungs-EMK E noch eine Ruhe-EMK E_R induziert wird. Wenn diese Ruhe-EMK der Bewegungs-EMK E entgegenwirkt, wie bei den wichtigsten doppelt gespeisten Motoren (Abschn. C 1), ist $U_A < E$; bei den Repulsionsmotoren mit kurzgeschlossenen Ankerbürsten ist sogar $U_A = 0$. Deshalb wird gewöhnlich die Stegspannung nur bei solchen Maschinen gefährliche Werte erreichen können, bei denen die Ruhe-EMK E_R, die in der Ankerwicklung induziert wird, Null oder sehr klein ist, wie bei den gewöhnlichen Reihenschlußmotoren (Abschn. B). Bei diesen Motoren kann $U_A \approx 1{,}05\,E$ gesetzt werden. Die Ankerwicklung ist gewöhnlich vollkommen kompensiert, so daß keine merkliche Feldverzerrung unter den Polschuhen auftritt (vgl. Abschn. II A 1 u. 2, Bd. I). Dann ist der größte Effektivwert der Stegspannung im Verhältnis der Polteilung τ zur ideellen Breite b_i des Polbogens größer als der Mittelwert, also

$$\mathscr{E}_{s\,\mathrm{max}} \approx \frac{2{,}1}{\pi\,\alpha}\,\frac{n}{n_1}\,\mathscr{E}_R \quad \text{mit} \quad \alpha = b_i/\tau. \qquad \text{(11 a u. b)}$$

Bei sinusförmig schwingenden Größen ist der Höchstwert der Stegspannung $\sqrt{2}$ mal so groß wie der größte Effektivwert. Setzen wir noch $\alpha \approx 0{,}7$, so erhalten wir

$$\mathscr{E}_{s\,\mathrm{max}} \approx \frac{3 \cdot \sqrt{2}}{\pi}\,\frac{n}{n_1}\,\mathscr{E}_R \approx 1{,}35\,\frac{n}{n_1}\,\mathscr{E}_R. \qquad (11)$$

Je größer die Ruhe-EMK $\mathscr{E}_R$ zwischen benachbarten Stromwenderstegen in der Wendezone und die relative Drehzahl n/n_1 ist, desto größer ist auch der Höchstwert der Stegspannung. Soll dieser nicht größer als 30 V sein, so darf bei einer Ruhe-EMK $\mathscr{E}_R = 3$ V die relative Drehzahl nicht größer als etwa 7,4 sein. Ist sie größer, so wird man nur einen entsprechend kleineren Wert als 3 V für $\mathscr{E}_R$ zulassen dürfen.

3. Richtungsregeln.

a. Phase der EMKe. Jedes Wechselfeld hat eine Doppelrichtung. Man wähle im Ortsdiagramm willkürlich eine der beiden Richtungen positiv (in Abb. 6a beispielsweise die Richtungen Φ_x und Φ_y zweier örtlich um eine halbe Polteilung versetzter Wechselfelder). In der Ankerwicklung (oder Spule), für die die Phasen der EMKe bestimmt werden sollen, wähle man einen positiven Umlaufsinn ($\times$ und $\bullet$ in Abb. 6a), dem man eine positive Wicklungsachse (Spulenachse) nach der Rechtsschraube zuordnet (N in Abb. 6a). Dann gelten nach Abschn. I B 8, Bd. I, folgende Regeln [L 19]:

1. Die EMK der Ruhe ist gegen den magnetischen Fluß um eine Viertelperiode verspätet oder verfrüht, je nachdem der Winkel zwischen der positiven Wicklungsachse und der positiven Feldrichtung spitz oder stumpf ist.

2. Die EMK der Bewegung ist mit dem magnetischen Fluß in Phase oder in Gegenphase, je nachdem sich die positive Wicklungsachse bei der Drehung des Ankers von der positiven Feldrichtung entfernt oder ihr nähert.

Die in Abb. 6a angenommenen Flüsse Φ_x und Φ_y mögen beispielsweise durch die in Abb. 6b dargestellten Zeitvektoren (durch Punkte über den Formelzeichen gekennzeichnet) gegeben sein. Der Anker möge sich in Richtung des Pfeiles n (bei feststehenden Bürsten) drehen. Dann ergibt die Anwendung der Regeln 1 und 2 für die in Abb. 6a dargestellte Ankerspule, die beispielsweise von einer Bürste überbrückt wird, die in Abb. 6b angegebenen induzierten EMKe. Darin ist $\mathfrak{E}_{Rx}$ die Ruhe-EMK herrührend vom Fluß Φ_x und $\mathfrak{E}_{Ry}$ die herrührend vom Fluß Φ_y, $\mathfrak{E}_{Bx}$ die Bewegungs-EMK im Felde des Flusses Φ_x und $\mathfrak{E}_{Ry}$ die im Felde des Flusses Φ_y. Die Summe $\mathfrak{E} = \mathfrak{E}_{Rx} + \mathfrak{E}_{Bx} + \mathfrak{E}_{Ry} + \mathfrak{E}_{By}$ ist die resultierende EMK in der Ankerspule.

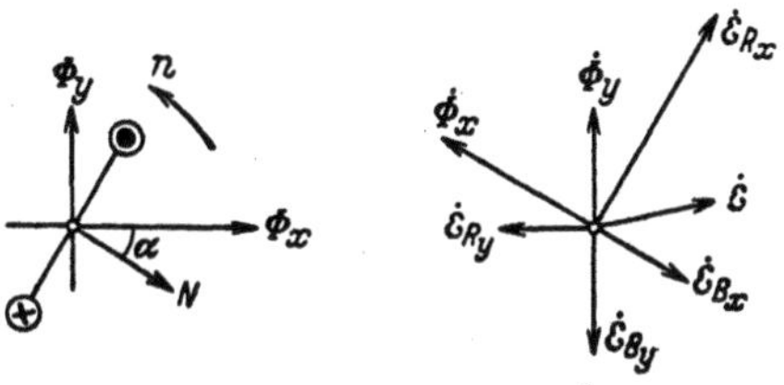

Abb. 6a u. b. Ermittlung der Phasen der induzierten EMKe.

Wenn $\Phi_y = -j\,\Phi_x$ und die Induktion der beiden magnetischen Felder sinusförmig am Ankerumfang verteilt ist, erhalten wir ein reines Drehfeld. Es ist dann beispielsweise für eine von Bürsten überbrückte Ankerspule nach Gl. 8a

$$\mathfrak{E}_{Rx} = -j\,\frac{\pi}{\sqrt{2}}\,\frac{z}{k}\,\frac{p}{a}\,f\,\Phi_x\cos\alpha \quad \text{und} \quad \mathfrak{E}_{Ry} = +\frac{\pi}{\sqrt{2}}\,\frac{z}{k}\,\frac{p}{a}\,f\,\Phi_x\sin\alpha \quad (12\text{a u. b})$$

und nach Gl. 8b mit

$$2/\pi \cdot B_q\,\tau\,l_i = \Phi \tag{12}$$

$$\mathfrak{E}_{Bx} = -\frac{\pi}{\sqrt{2}}\,\frac{z}{k\,a}\,p\,n\,\Phi_x\sin\alpha, \qquad \mathfrak{E}_{By} = +j\,\frac{\pi}{\sqrt{2}}\,\frac{z}{k\,a}\,p\,n\,\Phi_x\cos\alpha. \quad (12\text{c u. d})$$

Für die synchrone Drehzahl $n = n_1 = f/p$, für die die Relativbewegung zwischen Spule und Drehfeld Null ist, wird $\mathfrak{E}_{Rx} + \mathfrak{E}_{By} = 0$ und $\mathfrak{E}_{Ry} + \mathfrak{E}_{Bx} = 0$, die resultierende EMK in der Spule ist also Null.

b. Zählpfeile. Die Zählpfeile, d. h. die Richtungen, in denen wir die Klemmenspannung U und den Strom I positiv zählen, legen wir wie in den früheren Bänden bei einfachen Stromkreisen so, daß beim Durchlaufen des Stromkreises Klemmenspannung und Strom gleichgerichtet sind [vgl. L 9a, Abschn. I B 6]. Es ist dann der Phasenwinkel zwischen Klemmenspannung und Strom bei Erzeugerbetrieb spitz ($U\,I\cos\varphi$ positiv), bei Verbraucherbetrieb stumpf ($U\,I\cos\varphi$ negativ). Hängen zwei Stromkreisteile mit gleicher Klemmenspannung zusammen, so muß entweder die Klemmenspannung oder der Strom in einem der beiden Stromkreisteile entgegengesetzte Zählpfeilrichtung wie in dem andern erhalten, damit für jeden der beiden Stromkreisteile spitze Winkel zwischen Klemmenspannung und Strom Erzeugerbetrieb, stumpfe Verbraucherbetrieb bezeichnen [vgl. L 9a, Abschn. I B 6].

In der Regel werden wir die Zählpfeile in die einzelnen Schaltungen einzeichnen, wobei wir der Einfachheit wegen an Stelle der Diagrammvektoren $\dot{U}$ und $\dot{I}$ nur die Effektivwerte U und I anschreiben.

Wie in früheren Bänden bezeichnen wir das Produkt $R\,\dot{I}$ von Wirkwiderstand R einer Wicklung und ihrem Strom $\dot{I}$ als Wirkspannungsverlust, das Produkt $j\,X_\sigma\,\dot{I}$ aus dem Streublindwiderstand $j\,X_\sigma$ der Wicklung und dem Strom als Blindspannungsverlust zum Unterschied von der vom Hauptfeld (Luftspaltfeld) induzierten EMK $\dot{E}$. Es ist

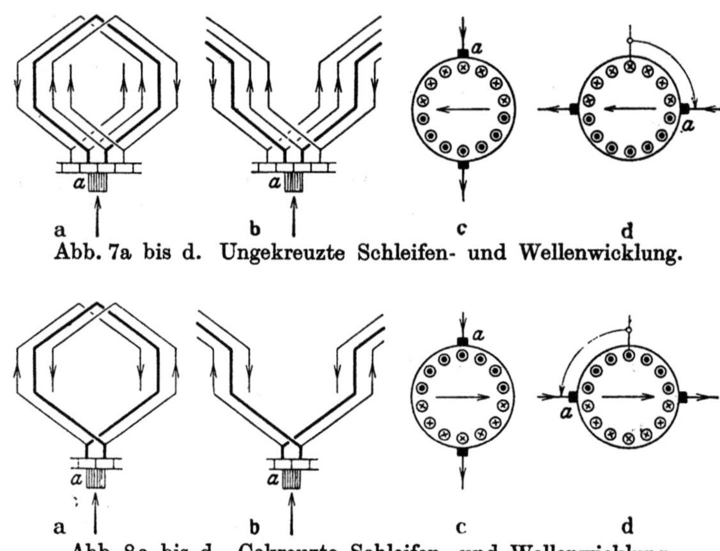

Abb. 7a bis d. Ungekreuzte Schleifen- und Wellenwicklung.

Abb. 8a bis d. Gekreuzte Schleifen- und Wellenwicklung.

dann die Summe aus der Klemmenspannung $\dot{U}$ und dem (gesamten) Spannungsverlust $(R+j\,X_\sigma)\,\dot{I}$ gleich der induzierten EMK, wenn die Zählpfeile für U und I denselben Umlaufsinn erhalten. Die Spannungsgleichung lautet also in diesem Falle

$$\dot{U}+(R+j\,X_\sigma)\,\dot{I}=\dot{E}.\tag{13}$$

Der Magnetisierungsstrom ist dann gegen die EMK $\dot{E}$ um eine Viertelperiode phasenverfrüht. Eine eingehende Begründung der hier angenommenen Zählpfeilrichtung ist in [L 9a, Abschn. I B 6, und 20] gegeben.

c. Darstellung der Schaltbilder. Bei Schaltbildern ist es üblich, die Wicklungen nach der räumlichen Lage ihrer Achsen bei einer zweipoligen Maschine aufzuzeichnen. Die Ankerwicklung wird als Kreis dargestellt, und die Bürsten werden so eingezeichnet, daß die Verbindungslinie von der Bürste, bei der der Strom eintritt, nach der Austrittsbürste die magnetische Achse der Wicklung angibt (vgl.

Abschn. 1 und Abb. 7 d u. 8 d). In Wirklichkeit sind bei symmetrischen Querverbindungen der Ankerwicklung die Bürsten um eine halbe Polteilung gegenüber der vereinfachten Darstellung verschoben. Bezeichnen wir mit a die Bürste, bei der der Strom eintritt, und betrachten die Stromverteilung von der Stromwenderseite aus, so erhalten wir bei ungekreuzten Schleifen- und Wellenwicklungen (Abb. 7 a u. b) die Stromverteilung nach Abb. 7 c, während sich bei gekreuzten Schleifen- und Wellenwicklungen (Abb. 8 a u. b) die Stromverteilung nach Abb. 8 c ergibt. Wir müssen uns also bei der Aufzeichnung der Schaltbilder die Bürsten aus der wirklichen Lage um 90° bei ungekreuzten Wicklungen im Sinne des Uhrzeigers (Abb. 7 d) und bei gekreuzten Wicklungen entgegen dem Uhrzeigersinn (Abb. 8 d) gedreht denken, wenn die „Bürstenachse", d. i. die Verbindungslinie von Eintrittsbürste (a) zu Austrittsbürste, die magnetische Achse der Ankerwicklung angeben soll.

d. Drehmoment. Der Drehsinn des Drehmoments, das ein magnetisches Feld auf die vom Strom durchflossene Ankerwicklung ausübt, ist gleich dem Drehsinn, in dem die magnetische Achse der Ankerwicklung auf dem kürzesten Wege in die Achse des magnetischen Feldes gedreht werden kann [L 19]. Bei Wechselstrom gilt dieser Satz für das mittlere Drehmoment, wenn das zeitlich veränderliche magnetische Feld eine Komponente in Phase mit dem Ankerstrom hat.

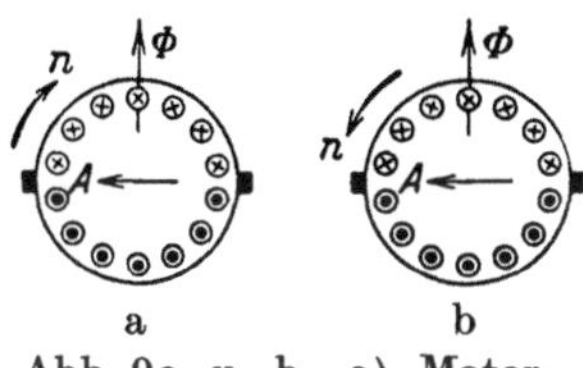

Abb. 9 a u. b. a) Motor-, b) Generatorbetrieb.

In Abb. 9 a ist (willkürlich) die Stromrichtung am Ankerumfang durch Kreuze und Punkte und die zugehörige magnetische Achse A angegeben. Der durch den Pfeil Φ angedeutete Fluß möge eine Komponente in Phase mit dem Ankerstrom haben. Bezeichnet dann der Pfeil n die Drehrichtung des Ankers, so ist diese gleichsinnig mit dem entwickelten Drehmoment, die Maschine arbeitet als Motor. Bei Änderung der Drehrichtung (Abb. 9 b) wirkt das entwickelte Drehmoment der Drehrichtung entgegen, die Maschine arbeitet als Generator. Die in der Ankerwicklung induzierte EMK hat nach Abschn. a im ersten Falle eine Komponente in Gegenphase zum Ankerstrom, im zweiten Falle eine solche in Phase mit dem Ankerstrom. Wir können deshalb den Regeln im Abschn. a noch folgende Regel anfügen:

3. Die EMK der Bewegung hat eine Komponente in Gegenphase zum Ankerstrom, wenn sich der Anker im Sinne des entwickelten Drehmoments dreht; sie hat eine Komponente in Phase mit dem Ankerstrom, wenn der Anker entgegen dem Sinne des entwickelten Drehmoments gedreht wird.

4. Das Drehmoment.

Für das im Anker entwickelte Drehmoment ist, wie aus dem Energiegesetz folgt, derselbe Fluß maßgebend wie für die EMK der Bewegung $e_B \equiv e$. In jedem Augenblick ist das Drehmoment proportional dem Produkt aus Ankerstrom i und dem Fluß φ, der mit einer von Bürsten kurzgeschlossenen Ankerwindung verkettet ist. Es ist also der Augenblickswert des Drehmoments (vgl. Gl. 660, Bd. I)

$$m = \frac{z\,p}{2\,\pi\,a}\,i\,\varphi\,. \qquad (14)$$

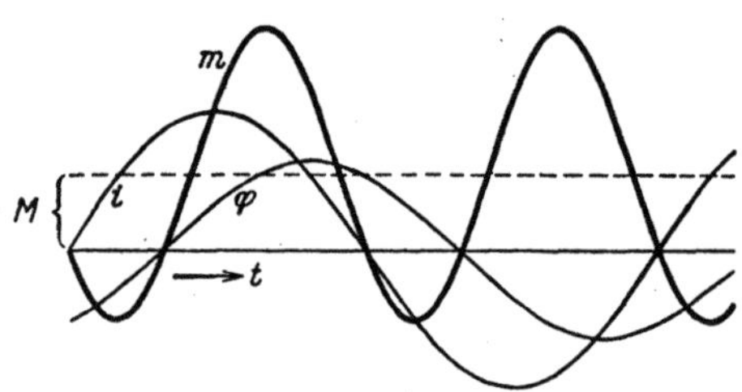

Abb. 10. Drehmoment $m(t)$ bei Einph aenmotoren.

Schreiben wir für den Ankerstrom

$$i = \sqrt{2}\,I \sin \omega\,t \qquad (14\,\mathrm{a})$$

und für den Fluß

$$\varphi = \Phi \sin (\omega\,t - \varepsilon)\,, \qquad (14\,\mathrm{b})$$

so ist der Augenblickswert des Drehmoments

$$m = \sqrt{2}\,\frac{z\,p}{2\,\pi\,a}\,I\,\Phi \sin \omega\,t \cdot \sin(\omega\,t - \varepsilon) = \frac{z\,p}{2\,\pi\,a}\,I\,\frac{\Phi}{\sqrt{2}}\,[\cos \varepsilon - \cos(2\,\omega\,t - \varepsilon)]\,. \quad (14$$

Das Drehmoment schwankt also (Abb. 10) mit der doppelten Frequenz des Wechselstromes um einen Mittelwert

$$M = \frac{z\,p}{2\,\pi\,a}\,I\,\frac{\Phi}{\sqrt{2}}\,\cos \varepsilon\,. \qquad (15)$$

Wegen der großen Massenträgheit des Ankers machen sich die Drehmomentschwankungen an der Welle des umlaufenden Ankers praktisch nicht bemerkbar [L 21 u. 22].

Wenn noch Oberschwingungen im Strom und im Fluß vorhanden sind, so ist das mittlere Drehmoment über der Periodendauer

$$M = \frac{z\,p}{2\,\pi\,a}\,\frac{1}{T} \int_0^T i\,\varphi\,\mathrm{d}t\,. \qquad (16)$$

Zerlegen wir Ankerstrom und Fluß in ihre Einzelschwingungen (Sinusschwingungen),

$$i = i_1 + i_2 + \cdots, \qquad \varphi = \varphi_1 + \varphi_2 + \cdots, \qquad (16\,\mathrm{a\ u.\ b})$$

und beachten, daß die Produkte $i_\nu\,\varphi_\mu$ nur dann einen von Null abweichenden Mittelwert ergeben, wenn $\nu = \mu$ ist, so können wir für den zeitlichen Mittelwert des Drehmoments auch schreiben

$$M = \frac{z\,p}{2\,\pi\,a}\,\sum_\nu I_\nu\,\frac{\Phi_\nu}{\sqrt{2}}\,\cos \varepsilon_\nu\,, \qquad (17\,\mathrm{a})$$

worin ν alle Ordnungszahlen durchläuft, deren Einzelschwingungen im Strom und im Fluß vorhanden sind. In praktischen Fällen ist für $\nu > 1$ mindestens einer der Faktoren I_ν oder Φ_ν sehr klein, so daß wir mit sehr großer Annäherung auch schreiben können

$$M \approx \frac{z\,p}{2\pi a}\, I_1 \frac{\Phi_1}{\sqrt{2}}\cos \varepsilon_1. \tag{17b}$$

Da ferner in fast allen praktischen Fällen die Oberwellen nur einen kleinen Beitrag zu den Effektivwerten von Strom und Fluß liefern, ist auch, und zwar etwas weniger genau als nach Gl. 17b,

$$M \approx \frac{z\,p}{2\pi a}\, I\,\Phi_{\text{eff}}\cos \varepsilon_1 \quad \text{oder} \quad M \approx \frac{1}{9,8}\cdot\frac{z\,p}{2\pi a}\, I\,\Phi_{\text{eff}}\cos \varepsilon_1 \ \text{kgm}, \tag{17c u. c'}$$

wenn in der letzten Gleichung I in A und Φ_{eff} in Vs eingesetzt werden.

Unterschiede im Drehmoment nach den Gl. 17a bis c können sich bei Reihenschlußmaschinen mit hoher magnetischer Beanspruchung ergeben, weil bei Reihenschlußmaschinen die zugehörigen Werte von i und φ durch die magnetische Kennlinie bestimmt sind. Wir werden im Abschn. 6b zeigen, daß aber auch hierbei das Drehmoment nach Gl. 17b nicht merklich von dem genauen nach Gl. 16 oder 17a abweicht, und daß Gl. 17c nur um wenige Hundertstel zu große Werte ergibt.

5. Die magnetische Kennlinie.

Bei gewissen Maschinen, z. B. bei den Repulsionsmotoren mit Regelung durch Verschieben der Bürsten (Abschn. D 2), liegt eine am Ständerumfang verteilte einphasige Ständerwicklung an der Netzspannung. Die Berechnung des Magnetisierungsstromes für eine solche Wicklung, die auch noch Arbeitsstrom führt, haben wir im Abschn. E 1, Bd. IV, bereits behandelt und brauchen deshalb hier nicht näher darauf einzugehen.

Dagegen wollen wir noch die magnetische Kennlinie der Erregerwicklung näher betrachten, die nur den Fluß erregt, der mit dem Ankerstrom das Drehmoment in der Maschine entwickelt, deren Achse (im zweipoligen Schaltbild) also senkrecht zur Bürstenachse steht. In den meisten praktischen Fällen ist diese Erregerwicklung nicht über die Polteilung verteilt, sondern umschlingt jeden Pol wie bei der Gleichstrommaschine. Die magnetische Kennlindie er Augenblickswerte von Fluß φ und Strom i ist hierbei genau so zu berechnen wie bei der Gleichstrommaschine (Abschn. II G, Bd. I); wir wollen sie im folgenden als „Gleichstromkennlinie" bezeichnen. Von dieser Gleichstromkennlinie müssen wir bei der Berechnung der Wechselstrommaschine ausgehen.

Wenn es sich um eine **fremderregte** Maschine handelt und die Erregerwicklung an fester sinusförmiger Spannung liegt, ändert sich auch der Erregerfluß praktisch sinusförmig. Die Augenblickswerte des Stromes in der Erregerwicklung ergeben sich dann nach Maßgabe der Gleichstromkennlinie genau so wie beim leerlaufenden Transformator (Abschn. A 1 c, Bd. III); der zeitliche Verlauf des Magnetisierungsstromes zeigt Oberschwingungen, die eine mehr oder weniger spitze Kurvenform zur Folge haben, aber für das Verhalten der Maschine bedeutungslos sind.

Das in der Maschine entwickelte Drehmoment ergibt sich nach Gl. 17 b oder c mit $\Phi_{\text{eff}} = \Phi_1/\sqrt{2}$, wobei für den Ankerstrom $I_1 \approx I$ gesetzt werden darf, weil bei sinusförmiger Klemmenspannung am Ankerzweig und sinusförmiger Erregerspannung der Ankerstrom nicht wesentlich von der Sinusform abweicht.

Wenn der Fluß durch Widerstände vor der Erregerwicklung geregelt wird (vgl. Abschn. E 4 b), können im Fluß Oberschwingungen auftreten. Diese haben keinen merklichen Einfluß auf das Drehmoment, das nach Gl. 17 b zu berechnen ist, machen sich aber in verstärktem Maße in der EMK der Ruhe $\mathfrak{s}_R$ bemerkbar, die zwischen zwei benachbarten Stromwenderstegen in der Wendezone induziert wird.

Beim **Reihenschlußmotor** fließt der Erregerstrom auch durch die Ankerwicklung. Wenn dabei der zeitliche Verlauf des Flusses φ sinusförmig angenommen wird, verläuft die Stromkurve wegen der Krümmung der Gleichstromkennlinie „spitz", wird der Strom sinusförmig angenommen, so verläuft die Flußkurve flach.

In Wirklichkeit ist aber bei höheren magnetischen Beanspruchungen im Eisen weder der Fluß noch der Strom sinusförmig. Im Abschn. 6 werden wir zeigen, wie man den zeitlichen Verlauf dieser Größen ermitteln kann. Allgemein läßt sich folgendes aussagen [L 23]. Wenn der Streuspannungsverlust des Motors vernachlässigt wird, muß bei sinusförmiger Klemmenspannung auch der Fluß zeitlich sinusförmig schwingen, und zwar sowohl bei ruhendem als auch bei umlaufendem Anker; die Stromkurve ist dann „spitzer" als die Sinuskurve. Unter dem Einfluß des Streublindwiderstandes wird bei ruhendem Anker die Flußkurve und die Stromkurve flacher als beim streuungslosen Motor; die Oberschwingungen des Flusses werden stärker, die des Stromes schwächer. Bei umlaufendem Anker ist dieser Einfluß geringer, und bei unendlich großer Drehzahl würde wie bei der streuungslosen Maschine der zeitliche Verlauf des Flusses sinusförmig, der des Stromes „spitz" sein. Unter dem Einfluß des Wirkwiderstandes und des Streublindwiderstandes wird auch die Kurve des Flusses unsymmetrisch (vgl. $\mathfrak{s}_R$ in Abb. 12a bis d).

In Abb. 11 ist für den im Abschn. K als Beispiel berechneten
Vollbahnmotor der Augenblickswert des Flusses φ über dem Augenblickswert ϑ der Erregerdurchflutung durch Kurve a (Gleichstromkennlinie) dargestellt. Aus dieser Kennlinie sind die Kurven A bei
sinusförmig schwingendem Strom und B bei sinusförmig schwingendem
Fluß ermittelt, die den Effektivwert Φ_{eff} des Flusses über dem Effektivwert Θ der Erregerdurchflutung darstellen. Wir können diese
Kurven als „Wechselstromkennlinien" bezeichnen.

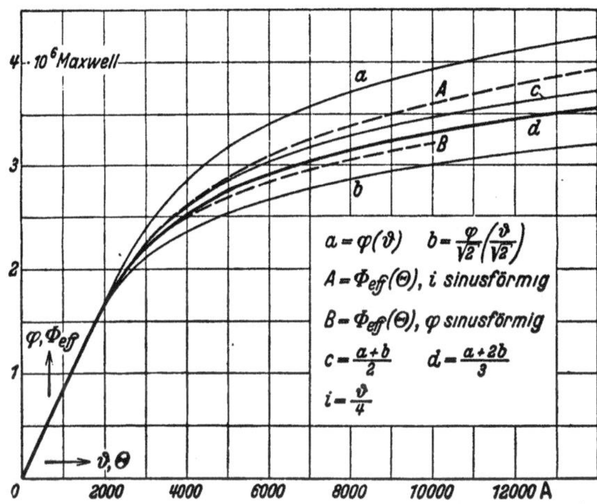

Abb. 11. Magnetische Kennlinien; a Gleichstromkennlinie, d maßgebende
Wechselstromkennlinie $\Phi_{\mathrm{eff}}(\Theta)$.

In Wirklichkeit schwingt nun aber weder der Strom noch der
Fluß zeitlich sinusförmig. Da die Ermittlung des zeitlichen Verlaufs
dieser Größen sehr zeitraubend ist und sich für jeden Belastungszustand
andere Kurven ergeben, legt man der Berechnung des Motors eine „mittlere" Wechselstromkennlinie zugrunde und rechnet so, als würden
sowohl Strom als auch Fluß zeitlich sinusförmig schwingen.

Dividiert man die Ordinaten φ der Gleichstromkennlinie a durch $\sqrt{2}$
und trägt sie über der ebenfalls durch $\sqrt{2}$ dividierten Abszisse $\vartheta/\sqrt{2}$
auf, so erhält man die Kurve b. Bildet man den Mittelwert der Ordinaten von a und b, so ergibt sich die Kennlinie c, die zwischen den
Kurven A und B liegt, und zwar näher an A. Sie wird zuweilen als
Wechselstromkennlinie der Berechnung des Motors zugrunde gelegt
[L 24 u. 25]. Nach den Untersuchungen im Abschn. 6b scheint diese
Kennlinie aber zu kleine Motorströme zu ergeben, während die Wechselstromkennlinie B und die nach der Gleichung $d = (a + 2b)/3$ berechnete
Kurve d angenähert richtige Motorströme ergeben. Die stärker hervorgehobene Kurve d werden wir als mittlere Wechselstromkennlinie
$\Phi_{\mathrm{eff}}(\Theta)$ zugrunde legen.

6. Ermittlung des zeitlichen Verlaufs der Wechselstromgrößen beim Reihenschlußmotor.

a. Das Verfahren. Der zeitliche Verlauf des Erregerflusses φ und des Ankerstromes i beim Reihenschlußmotor läßt sich angenähert zeichnerisch ermitteln, wenn die Ströme in den von Bürsten überbrückten Ankerspulen und die elektrisch gedeckten Eisenverluste vernachlässigt werden [L 24].

Für die in der Erregerwicklung induzierte EMK der Ruhe e_E und die in der Ankerwicklung induzierte EMK der Bewegung e können wir bei Motorbetrieb schreiben

$$e_E = - w_E \frac{d\varphi}{dt} \quad \text{und} \quad e = - C\,n\,\varphi, \qquad (18\text{a u. b})$$

worin C durch Gl. 1a gegeben ist. Bezeichnen wir noch mit u den Augenblickswert der Klemmenspannung und mit $L = X/\omega$ die Induktivität im Stromkreis, die von den Eisenbeanspruchungen unabhängig angenommen werden kann (Streuinduktivität der Wicklungen und Induktivität der Wendewicklung), so lautet die Spannungsgleichung

$$u + R\,i + L\frac{di}{dt} = - C\,n\,\varphi - w_E \frac{d\varphi}{dt}. \qquad (18)$$

Setzen wir in dieser Gleichung

$$\frac{d\varphi}{dt} = \frac{d\varphi}{di}\frac{di}{dt} \qquad (18\text{c})$$

und lösen sie nach di/dt auf, so erhalten wir

$$\frac{di}{dt} = - \frac{u + R\,i + C\,n\,\varphi}{L + w_E\,d\varphi/di}. \qquad (18\text{d})$$

Der Strom i läßt sich zeichnerisch ermitteln, wenn der zeitliche Verlauf der Klemmenspannung u, den wir in der Regel sinusförmig annehmen werden, gegeben ist. Die Beziehung zwischen i und φ wird durch die magnetische Kennlinie für die Augenblickswerte (Gleichstromkennlinie) dargestellt. Daraus läßt sich auch die Kurve $d\varphi/di$ als Funktion von i ermitteln und aufzeichnen. Nehmen wir nun vorläufig einmal an, daß uns zwei zugehörige Werte von u und i (u_1 und i_1) im stationären Zustand gegeben sind, so ist nach der Gleichstromkennlinie auch φ_1 und $d\varphi_1/di_1$ bekannt, und wir können nach Gl. 18d di_1/dt_1 berechnen. Tragen wir in der Zeichenebene t, i den Strom i_1 als Ordinate über der Abszisse t_1 auf und ziehen durch den Punkt t_1, i_1 die nach Gl. 18d berechnete Tangente di_1/dt_1, so erhalten wir eine kurze Strecke der Stromkurve i für die Zeit t_1 bis t_2, die sich um so genauer an die

Stromkurve i anschmiegt, je kleiner das Zeitintervall $t_2 - t_1$ gewählt wird. Wir erhalten also den Strom i_2, mit dem wir wieder nach Gl. 18d $\mathrm{d}i_2/\mathrm{d}t_2$ berechnen, und in derselben Weise, wie wir i_2 aus i_1 erhalten hatten, jetzt i_3. Führen wir die Ermittlung der Stromkurve über eine volle Periode aus, so erhalten wir bei genügend kleinen Zeitintervallen wieder den Strom i_1, also die Stromkurve über einer vollen Periode.

Zwei zugehörige Ausgangswerte u_1 und i_1 sind uns aber für den stationären Zustand noch nicht bekannt; wir müssen beide Ausgangs-

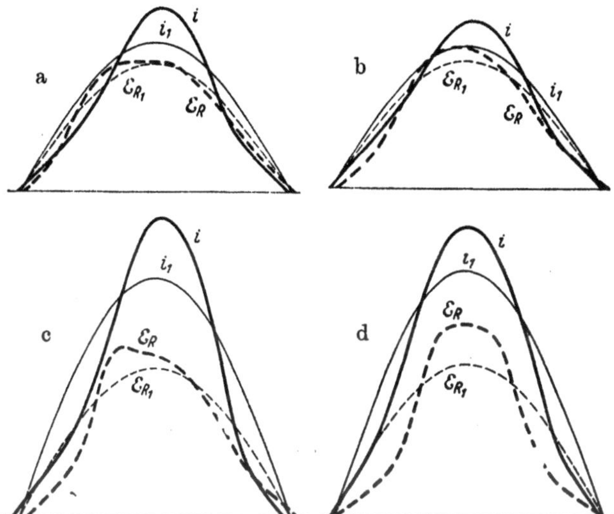

Abb. 12a bis d. Ankerstrom i und Ruhe-EMK $\mathfrak{E}_R$ (Grundschwingung i_1, $\mathfrak{E}_{R_1}$) bei einem Vollbahnmotor; a) u. b) Nennmoment, a) größte Drehzahl, b) halbe Nenndrehzahl, c) u. d) Anlaufmoment, c) Nenndrehzahl, d) 0,2 Nenndrehzahl.

werte willkürlich oder schätzungsweise annehmen. Dabei ergibt sich, wenn die zugehörigen Werte nicht zufällig richtig gewählt sind, ein Einschaltvorgang, ähnlich wie beim Transformator (vgl. Abschn. A 9b, Bd. III), der um so schneller in den stationären Zustand übergeht, je genauer die Anfangswerte u_1 und i_1 geschätzt sind und je größer das Verhältnis $(R + C\,n\,\varphi/i):(L + w_E\,\mathrm{d}\varphi/\mathrm{d}i)$ ist, je größer also der Wirkwiderstand R und die Drehzahl n sind. Unter dem Einfluß der EMK der Bewegung, die sich, durch den Strom dividiert, im wesentlichen wie ein Wirkwiderstand verhält, wird der stationäre Zustand viel schneller erreicht als beim Transformator, meist schon nach einem kleinen Bruchteil einer Periode. Die schrittweise Ermittlung der Stromkurve muß so lange fortgesetzt werden, bis nach einer Periode sich wieder derselbe Stromwert oder nach einer halben Periode derselbe negativ genommene Stromwert ergibt.

Zwei zugehörige Werte u_1 und i_1 lassen sich leicht abschätzen, wenn man für den zu untersuchenden stationären Betriebszustand die Effektivwerte U und I von Klemmenspannung und Strom aus der Wechselstromkennlinie berechnet (vgl. die Abschn. 5 und B 3 c). Es muß dann bei $i_1 = 0$ nach Abb. 32 b $u_1 = \sqrt{2}\,(E_{Eh} + X\,I)$ sein.

Mit der Stromkurve i erhalten wir gleichzeitig auch die Flußkurve φ und die Kurve $e_E = -w_E\,(\mathrm{d}\varphi/\mathrm{d}i)\,(\mathrm{d}i/\mathrm{d}t)$ und die EMK der Ruhe $\mathscr{E}_R = e_E\,w_k/w_E$, die in der Wendezone zwischen benachbarten Stromwenderstegen induziert wird (vgl. Gl. 7 a).

b. Beispiele. Nach diesem Verfahren wurden für den im Abschn. K berechneten Vollbahnmotor die zur Beurteilung wichtigsten Größen für folgende vier Betriebszustände ermittelt: bei etwa Nennmoment mit $n = 1490$ (in der Nähe der betriebsmäßig auftretenden größten Drehzahl) und $n = 500$ U/min (etwa halbe Nenndrehzahl); bei etwa Anfahrmoment mit $n = 1000$ und $n = 200$ U/min. Strom und Fluß wurden phasengleich angenommen, der Einfluß der Ströme in den von Bürsten überbrückten Ankerspulen (vgl. Abschn. 7) also vernachlässigt. In Gl. 18 ist einzusetzen $R = 0{,}015\,\Omega$, $L = 0{,}02/2\pi \cdot 16{,}67 = 1{,}91 \cdot 10^{-4}$ H (Abschn. K 6 c u. 7 e), $C = 620$, $w_E = 20$ (Abschn. K 6 a).

In Abb. 12 a bis d sind Motorstrom i und Ruhe-EMK $\mathscr{E}_R$ in einer kurzgeschlossenen Ankerspule sowie ihre Grundschwingungen über dem Zeitwinkel ωt aufgetragen. Dabei sind zur Platzersparnis die Grundschwingungen i_1 und $\mathscr{E}_{R_1}$ phasengleich eingezeichnet, während sie in Wirklichkeit um 90° gegeneinander phasenverschoben sind. Die Abbildungen lassen die Abweichungen des Stromes i und der EMK $\mathscr{E}_R$ vom sinusförmigen Verlauf erkennen.

Zahlentafel 2. Zusammenstellung der Ergebnisse aus dem Kurvenverlauf von Strom und Fluß eines Vollbahnmotors.

n in U/min	M in kgm nach			Fluß in Maxw		Ruhe-EMK in V			$\dfrac{\mathscr{E}_{R\,max}}{\mathscr{E}_{R_1\,max}}$	Strom in A			$\dfrac{i_{max}}{i_{1\,max}}$
	Gl. 16	Gl. 17 b	Gl. 17 c	Φ_{eff}	$\Phi_{1\,eff}$	$\mathscr{E}_R$	$\mathscr{E}_{R\,max}$	$\mathscr{E}_{R_1\,max}$		I	i_{max}	I_1	
1490	391	385	398	2,83	2,80	2,93	4,20	4,15	1,01	1408	2390	1369	1,22
500	371	367	378	2,82	2,79	2,96	4,60	4,14	1,11	1338	2170	1309	1,17
1000	721	720	751	3,26	3,26	3,45	5,53	4,80	1,15	2291	3900	2200	1,25
200	760	758	788	3,35	3,34	3,68	6,25	4,95	1,26	2338	3780	2273	1,17

In Zahlentafel 2 sind die wichtigsten Ergebnisse der Untersuchung zusammengestellt. In den ersten drei Reihen hinter der Drehzahl n sind die nach den Gl. 16 und 17b u. c berechneten Drehmomente eingeschrieben. Gl. 16 liefert den genauesten Wert. Die Näherungsgleichung 17b, in der nur die Grundschwingungen von Strom und Fluß berücksichtigt sind (in allen Fällen ist $\cos\mathscr{E}_1 \approx 1$), liefert praktisch dieselben Werte für das Drehmoment wie Gl. 16, während die Näherungsgleichung 17c, in der das Drehmoment dem Produkt der Effektivwerte von Strom und Fluß proportional gesetzt ist, etwas zu große Werte ergibt. Die Abweichungen sind um so größer, je größer das Drehmoment ist, und betragen beim Anfahrmoment 4%. Wir sehen also, daß wir in praktischen Fällen das Drehmoment nach der einfachen Gl. 17c berechnen dürfen. In Abb. 13 sind die nach Gl. 17c berechneten Drehmomente über dem Effektivwert I des Motorstroms für unsern Vollbahnmotor aufgetragen. Den mit A, B und d bezeichneten Kurven sind die Wechselstromkennlinien A, B und d in Abb. 11 zugrunde gelegt. Im übrigen ist (vgl. Abschn. 5) dabei angenommen, daß Strom und Fluß sinusförmig schwingen. Für die hier untersuchten Fälle sind die nach der genaueren Gl. 16 berechneten Drehmomente durch kleine Kreise mit den zugehörigen Drehzahlen angedeutet. Die Kreise fallen um so näher an die Kurve B, je größer die Drehzahl ist. Die mit der Wechselstromkennlinie d in Abb. 11 aus den Effektivwerten bei sinusförmig schwingendem Strom und Fluß berechneten Drehmomente stimmen also mit der genauen Gl. 16 ziemlich gut überein. Etwas sicherer für den Strom rechnet man mit der Wechselstromkennlinie B in Abb. 11. Zu ihrer Ermittlung muß jedoch aus der Kurvenform des Stromes, die sich bei sinusförmigem Fluß ergibt, der Effektivwert bestimmt werden, was zur Berechnung

der Kennlinie d nicht erforderlich ist. Die Kurve $M(\mathfrak{E}_R)$ in Abb. 13 gibt für die Wechselstromkennlinie d in Abb. 11 die Beziehung zwischen Drehmoment und Ruhe-EMK $\mathfrak{E}_R$ an, die wir für spätere Berechnungen brauchen.

Hinter den Drehmomenten sind in der Zahlentafel die aus den Kurven des Flusses ermittelten Effektivwerte des Flusses und seiner Grundschwingung eingetragen; sie weichen praktisch kaum voneinander ab.

Es folgen dann in der Zahlentafel die Werte der Ruhe-EMK in einer von Bürsten kurzgeschlossenen Ankerspule. $\mathfrak{E}_{R\,\mathrm{max}}/\mathfrak{E}_{R_1\,\mathrm{max}}$ gibt an, in welchem Verhältnis der tatsächlich auftretende Höchstwert der Ruhe-EMK größer ist, als

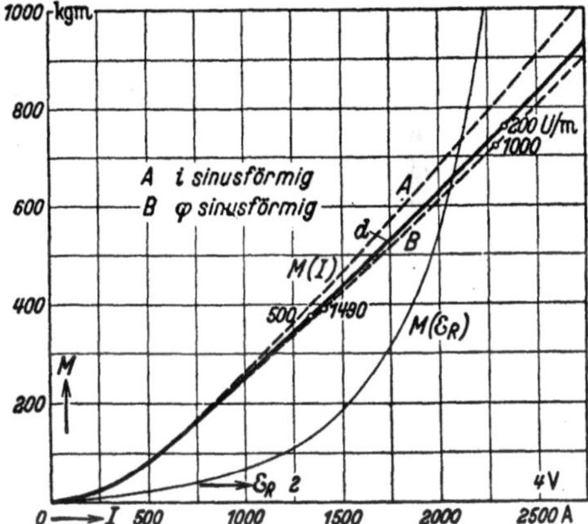

Abb. 13. Drehmoment M über Ankerstrom I für verschiedene Wechselstromkennlinien nach Abb. 11; M über Ruhe-EMK $\mathfrak{E}_R$.

er sich bei sinusförmig schwingendem Fluß ergäbe. Dieses Verhältnis ist für die Beurteilung des Bürstenfeuers, das die Ruhe-EMK oder ihre Restwerte hervorrufen, maßgebend. Mit sinkender Drehzahl und wachsendem Strom wird es größer.

Die letzten Reihen der Zahlentafel enthalten die Stromgrößen. $i_{\mathrm{max}}/i_{1\,\mathrm{max}}$ gibt das Verhältnis des wirklich auftretenden Höchstwertes des Stromes zur Amplitude seiner Grundschwingung an, das bei der magnetischen Kennlinie des Wendepolkreises Beachtung verdient. Mit sinkender Drehzahl wird dieses Verhältnis kleiner, mit wachsendem Strom aber größer.

7. Die Vorgänge in den von Bürsten kurzgeschlossenen Ankerspulen.

a. Bei ruhendem Anker. Bei den Wechselstrommotoren induziert der im Takte des Wechselstromes pulsierende Erregerfluß, der beim fremderregten Gleichstrommotor im stationären Betrieb unveränderlich ist, eine Ruhe-EMK in den von Bürsten kurzgeschlossenen Ankerspulen. Die von dieser EMK herrührenden Kurzschlußströme, die sich quer über die Bürsten schließen, sind besonders bei Stillstand des Ankers gefährlich, wenn die Bürsten einige Sekunden dieselben Stromwenderstege bedecken und eine Abkühlung der Bürstenauflageflächen durch Berührung mit anderen kälteren Stromwenderstegen nicht eintreten kann. Die Bürstenkanten werden dabei bis zum Glühen erhitzt, wodurch das Gefüge der Bürsten leidet und die Bürstenkanten abbröckeln können. Am wenigsten empfindlich sind elektrographitische Bürsten, die bei kurzzeitigem Glühen ihr Gefüge nicht ändern [L 26, S. 129].

Die von Bürsten überbrückten Ankerspulen verhalten sich wie eine über Bürsten kurzgeschlossene Sekundärwicklung eines Transformators, dessen Primärwicklung die Erregerwicklung ist. Sie wirken deshalb auch auf den Strom in der Erregerwicklung zurück und bringen bei Reihenschlußmaschinen Ankerstrom und Erregerfluß außer Phase [L 15], schwächen also nach Gl. 15 das Drehmoment.

Man kann die Kurzschlußströme durch Anwendung genügend kleiner Werte für die Ruhe-EMK $\mathfrak{E}_R$ eindämmen, es wird aber, wie wir im Abschn. 2d gesehen haben, der Stromwender um so größer, je kleiner die Ruhe-EMK in den von Bürsten kurzgeschlossenen Ankerspulen ist.

Die Berechnung der Kurzschlußströme ist bei Stillstand sehr unzuverlässig, weil die Übergangsspannung bei ruhenden Bürsten und ruhendem Stromwender, besonders unter dem Einfluß der Erhitzung, in weiten Grenzen schwankt und die Bürsten nicht mit ihrer vollen Fläche auf den Stromwenderstegen gleichmäßig aufliegen. Trotz dieser großen Unsicherheit wollen wir hier versuchen, den Kurzschlußstrom wenigstens unter vereinfachenden Annahmen zu ermitteln. Wir setzen voraus, daß die Bürstenmitte mit der Mitte des Isoliersteges zusammenfällt und die Bürste gerade zwei Stromwenderstege bedeckt (Abb. 14a). Wir vernachlässigen zunächst den Hauptstrom I/p, der über die Bürste in die Ankerwicklung fließt. Bei Wechselstrom ist nach Abschn. II K, Bd. I, angenähert der Effektivwert des Stromes für die Übergangsspannung maßgebend. Wir können deshalb den Effektivwert der Übergangsspannung von Steg 1 in Abb. 14a zu Bürste und Steg 2 über dem Effektivwert G_k der Stromdichte darstellen. Für die bei Einphasen-Bahnmotoren üblichen Kohlebürsten gilt etwa bei umlaufendem Stromwender die Kurve $V(G_k)$ in Abb. 15a, die wir schätzungsweise über den betriebsmäßig bekannten Bereich hinaus verlängert haben und hier auch bei Stillstand als gültig annehmen wollen.

Der Widerstand des Kurzschlußkreises setzt sich zusammen aus dem Wirkwiderstand R_k und dem Blindwiderstand X_k der kurzgeschlossenen Ankerspule in der betriebsmäßigen Schaltung des Motors und dem Übergangswiderstand von Steg zu Bürste + Bürste zu Steg.

Wir bezeichnen mit I_k die Summe der Ströme in allen kurzgeschlossenen Ankerspulen, wobei wir uns die $2p$ Ankerspulen parallel geschaltet denken, und mit R_1 ihren maßgebenden Wirkwiderstand, mit $X_{1\sigma}$ ihren Streublindwiderstand, mit X_{1h} ihren Hauptblindwiderstand, ferner mit I' den auf den Kurzschlußkreis bezogenen, von den Kurzschlußströmen in der Erregerwicklung induzierten Strom, der beim Reihenschlußmotor auch die mit ihr in Reihe geschalteten Wicklungen des Motors durchfließt, mit R' und X' die auf den Kurzschlußkreis bezogenen Wirk- und Blindwiderstände im Motorkreis (ausschließlich X_{Eh}). Dann lauten die Spannungsgleichungen zur Berechnung des Kurzschlußwiderstandes der von Bürsten überbrückten Ankerspulen

$$\dot{U}_k + R_1\,\dot{I}_k + j\,X_{1\sigma}\,\dot{I}_k + j\,X_{1h}\,(\dot{I}_k + \dot{I}') = 0 \tag{19a}$$

$$R'\,\dot{I}' + j\,X'\,\dot{I}' + j\,X_{1h}\,(\dot{I}_k + \dot{I}') = 0, \tag{19b}$$

wenn $\dot{U}_k$ die an die Stromwenderstege gelegte Spannung ist. Wir erhalten aus Gl. 19a u. b mit der Abkürzung

$$a = \frac{X_{1h}^2}{R'^2 + (X_{1h} + X')^2} \tag{20a}$$

$$\frac{\dot{U}_k}{-\dot{I}_k} = R_k + j\,X_k = R_1 + a\,R' + j\,[(X_{1h} + X_{1\sigma}) - a\,(X_{1h} + X')] \tag{20}$$

oder in grober Annäherung

$$R_k + j\,X_k \approx R_1 + j\,(X_{1\sigma} + X'). \tag{20'}$$

Wir wollen die Zahlenwerte für den im Abschn. K (vgl. K 6 u. 7) berechneten Vollbahnmotor zugrunde legen. Der Wirkwiderstand einer Ankerspule ist $0,001\,\Omega$, also $R_1 = 0,001/2p = 1 \cdot 10^{-4}\,\Omega$. Die Leitwertzahlen der Nutstreuung und der Zahnkopfstreuung ergeben sich nach den Abschn. II M 1 a u. 2, Bd. I, zu $\lambda_N = 2,5$, $\lambda_K = 2$. Damit wird nach den Gl. 376 u. 399, Bd. I, bei 16,67 Hz und mit $q = 1$

$$X_{1N+K} = 0,158 \cdot 0,1667 \cdot \frac{1}{100^2} \cdot \frac{35}{5} \cdot \frac{2,5 + 2}{1} = 0,83 \cdot 10^{-4}\,\Omega, \qquad X_{1\sigma} \approx 0,9 \cdot 10^{-4}\,\Omega.$$

Die Übersetzung zwischen den parallel geschalteten Kurzschlußkreisen und der Erregerwicklung ist 1:20. Beim Anlauf ist nach Abb. 13 $\mathfrak{E}_R = 3,4$ V, $E_{Eh} = 20 \cdot 3,4 = 68$ V und $I = 2310$ A, also $X_{Eh} = E_{Eh}/I = 0,0295\,\Omega$, $X_{1h} = 0,0295/20^2 = 0,739 \cdot 10^{-4}\,\Omega$. Der Wirkwiderstand der Motorwicklungen beträgt in Betriebsschaltung $R = 0,015$, also $R' = 0,375 \cdot 10^{-4}\,\Omega$, der Blindwiderstand im Motorkreis (ohne X_{Eh}) $X = 0,02$, $X' = 0,5 \cdot 10^{-4}\,\Omega$. Mit diesen Zahlenwerten erhalten wir nach Gl. 20 $R_k \approx 0,00011$, $X_k \approx 0,00012\,\Omega$ (die Näherungsgleichung 20' liefert $R_k \approx 0,00010$, $X_k \approx 0,00014$).

Je Pol haben wir 5 Bürsten von je 5 cm Länge, die Stegbreite ist etwa 4,3 mm. Damit erhalten wir die Fläche, mit der sämtliche Bürsten auf je einem Steg aufliegen, zu $10 \cdot 5 \cdot 5 \cdot 0,43 = 107,5$ cm². Runden wir ab auf 100 cm², so ist $I_k = 100\,G_k$ oder $I_k/2p = 10\,G_k$.

Bei Betrachtung der Abb. 15a sind zunächst nur die stärker hervorgehobenen Kurven und Geraden zu beachten. Zur Ermittlung des Kurzschlußstromes $I_k/2p$ tragen wir in das Koordinatennetz der Kurve $V(G_k)$ in Richtung negativer

Ordinaten die Gerade $R_k I_k$ ein und eine zweite Gerade, L in Abb. 15a, die $R_k I_k$ als Funktion von $(1 + X_k) I_k$ darstellt. Für $X_k I_k$ ist derselbe Maßstab wie für $R_k I_k$ und V zu wählen. Der Abszissenabstand der beiden Geraden $R_k I_k$ und L ist dann gleich $X_k I_k$. Wir nehmen nun $\mathfrak{E}_R$ zwischen die Spitzen eines Zirkels, die wir einerseits auf der Geraden L, andrerseits auf der Kurve $V(G_k)$ so auf-

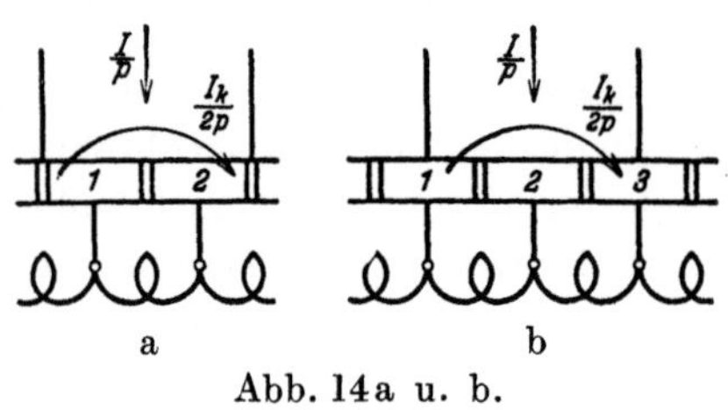

a   b

Abb. 14a u. b.

setzen, daß $\mathfrak{E}_R$ Hypotenuse zu den Katheten $X_k I_k$ und $V + R I_k$ ist. In der in Abb. 15a angedeuteten Weise erhalten wir bei $\mathfrak{E}_R = 3{,}4$ V den Abschnitt $G_k = 68$ A/cm² auf der Abszissenachse (nicht eingeklammerte Maßzahlen), dem der Kurz-schlußstrom in einer Ankerspule $I_k/2p = 10 \cdot 68 = 680$ A entspricht.

In Wirklichkeit fließt durch die Bürsten eines Satzes noch der Anker-hauptstrom $\dot{I}/p$, der in den meisten praktischen Fällen bei Stillstand kleiner als $\dot{I}_k/2p$ und gegenüber $\dot{I}_k$ phasenverschoben ist. Ein Teil dieses Stromes subtrahiert sich im Steg 1 (Abb. 14a) von dem Strom $\dot{I}_k/2p$, der Rest addiert sich im Steg 2 zu $\dot{I}_k/2p$. Die Aufteilung erfolgt derart, daß die neue Übergangsspannung $\dot{V}'$

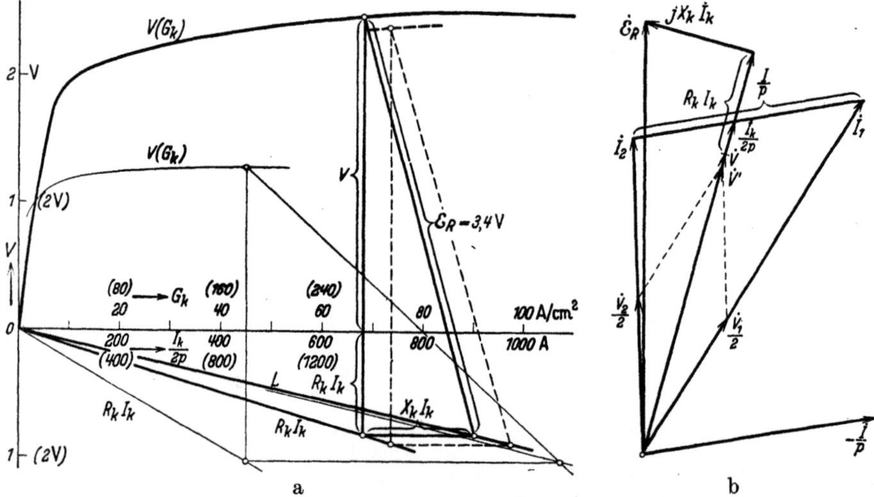

a   b

Abb. 15a u. b. Ermittlung der Kurzschlußströme beim Anlauf.

in Phase mit der alten $\dot{V}$ ist. Unter der Annahme zeitlich sinusförmig schwin-gender Strom- und Spannungsgrößen ist in Abb. 15b mit $I_k/2p = 680$ A und dem Anfahrstrom $I/p = 2310/5 = 462$ A die Aufteilung des Stromes $\dot{I}/p$ auf die Stege 1 und 2 so vorgenommen, daß $\dot{V}'$ in Phase mit $\dot{I}_k$ und $\dot{V}$ ist. Wir erkennen, daß V' etwas kleiner als V wird, der Kurzschlußstrom I_k bei Überlagerung des Hauptstromes also etwas größer werden muß. Angenähert können wir den neuen Kurzschlußstrom ermitteln, indem wir die Ordinaten der Kurve $V(G_k)$ etwa im Verhältnis V'/V verkleinern und für diese Kurve I_k in der beschriebenen Weise ermitteln (gestrichelt in Abb. 15a). Der Kurzschlußstrom $I_k/2p$ wächst also unter dem Einfluß des Hauptstromes von 680 A auf 735 A, also nicht wesentlich.

Wenn die Mittellinien von Bürste und Stromwendersteg zusammenfallen (Abb. 14b), werden zwei in Reihe geschaltete Ankerspulen durch die Bürsten überbrückt. Die zwischen den Stegen 1 und 3 wirkende Ruhe-EMK ist $2\mathfrak{E}_R$, also in unserm Falle 6,8 V. Die Übersetzung zwischen Kurzschlußkreisen und Erregerwicklung ist jetzt 1:10. Der Wirkwiderstand R_1 ist doppelt so groß wie früher, alle übrigen Widerstände werden etwa vervierfacht. Damit erhalten wir nach Gl. 20 $R_k = 2,3 \cdot 10^{-4}$ und $X_k = 5,6 \cdot 10^{-4}\,\Omega$ (die Näherungsgleichung 20' ergibt $R_k = 2,0 \cdot 10^{-4}$, $X_k = 5,6 \cdot 10^{-4}\,\Omega$). Die Fläche, mit der die Bürsten auf den Stegen 1 oder 3 aufliegen, ist jetzt halb so groß, es ist also $I_k/2p = 5\,G_k$. Für diesen Fall gelten die in Abb. 15a durch dünne Linien dargestellten Geraden und Kurven, wobei die Maßstabszahlen in Klammern angegeben sind. Der Kurzschlußstrom je Bürste beträgt im vorliegenden Falle $I_k/2p = 900$ A.

Bei den hohen Stromdichten, die besonders in der Bürstenstellung Abb. 14b nach unserer Rechnung zu erwarten sind, erwärmt sich die Bürste und kommt schließlich zum Aufglühen. Unter dem Einfluß des negativen Temperaturkoeffizienten der Kohle sinkt auch vorüber-

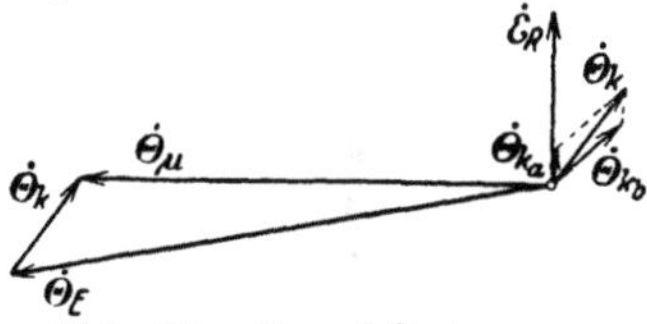

Abb. 15c. Durchflutungs-diagramm beim Anlauf.

gehend der Übergangswiderstand im Spulenkreis, der Kontakt wird unruhig, so daß die hier angegebene Berechnungsweise wertlos erscheint. Nun zeigt aber die Erfahrung, daß bei einer Bürstenbreite, die etwa doppelt so groß wie die Stegteilung ist, noch Effektivwerte der EMK der Ruhe zwischen benachbarten Stromwenderstegen bis etwa 3,5 V zulässig sind, ohne daß die Bürste und der Stromwender darunter leiden. Diese Tatsache erklärt sich dadurch, daß die Bürsten bei Stillstand nicht mit der ganzen Schleiffläche auf dem Stromwender aufliegen, sondern durch die Erschütterungen bei Stillstand, hervorgerufen durch die zeitlich schwankende Zugkraft in Richtung des Stromwenderumfanges, gerüttelt werden und dadurch nicht mehr gleichmäßig auf allen Stegen aufliegen, sondern mehr oder weniger in Richtung des Stromwenderumfangs kippen. Wenn einzelne Bürsten zum Aufglühen kommen, wird der Kontakt durch die Erschütterungen wieder aufgehoben, so daß die hier wiedergegebene Berechnungsweise (Bürstenkennlinie wie bei umlaufendem Anker!) doch nicht so weit von der Wirklichkeit abweicht, wie es zunächst scheinen mag.

Um die Rückwirkung der Kurzschlußströme nach unserer Berechnungsweise überschlägig zu ermitteln, wollen wir annehmen, daß die eine Hälfte aller Bürsten die Lage nach Abb. 14a, die andere die nach Abb. 14b einnimmt. Je vollen magnetischen Kreis liefern dann die Bürsten nach Abb. 14a die Durchflutung $\Theta_{ka} = I_{ka}/2p = 735$ A, die unter Berücksichtigung ihrer Phase in Abb. 15c aufgezeichnet ist. Die Kurzschlußströme in der Bürstenstellung nach Abb. 14b fließen durch zwei in Reihe geschaltete Windungen, es ist deshalb $\Theta_{kb} = 2I_{kb}/2p = 1800$ A; die Phase wird durch das schwach ausgezogene Dreieck in Abb. 15a bestimmt. $|\Theta_{ka} + \Theta_{kb}| = \Theta_k = 2400$ A ist die gesamte Kurzschlußdurchflutung je vollen magnetischen Kreis. Bei der zugrunde gelegten Ruhe-EMK $\mathfrak{E}_{ri} = 3,4$ V ist mit $w_E/p = 4$ und $I = 2310$ A (Abschn. K 6 u. 8, Zahlentafel 8) $\Theta_\mu = 4 \cdot 2310 = 9240$ A. Damit erhalten wir das in Abb. 15c aufgezeichnete Durchflutungsdiagramm. Der Motorstrom ist nach Abb. 15c $\Theta_E/4 = 10800/4 = 2700$ A, das dabei auftretende Drehmoment also im Verhältnis der Komponente von Θ_E in Phase mit Θ_μ zur Magnetisierungsdurchflutung Θ_μ größer als das angenommene Anzugsdrehmoment, d. h. 1,14 mal so groß. Das könnte etwa der Wirklichkeit entsprechen, doch dürfen wir nicht vergessen, daß unsere Näherungsrechnung nicht sehr zuverlässig ist. Das Drehmoment, das die Kurzschlußströme mit dem Feld in der Wendezone bilden, können wir nach Abschn. B 5d vernachlässigen.

Bei stationären Motoren, besonders Repulsionsmotoren, werden häufig sehr schmale Bürsten (bis herunter zu etwa 5 mm) verwendet, die im Bahnbetrieb wegen der Bruchgefahr nicht zulässig sind. Bei diesen schmalen Bürsten können erfahrungsgemäß höhere Werte der EMK der Ruhe (bis zu etwa 5 V) zugelassen werden, wenn dafür gesorgt wird, daß die Maschine beim Einschalten sofort anläuft (letzter Absatz im Abschn. D 3 c).

Um ohne Gefährdung der Bürsten größere Werte der EMK der Ruhe anwenden zu können, kann man künstliche Widerstände zwischen Wicklung und Stromwender einbauen; solche Motoren wurden früher von der Firma BBC ausgeführt. Ein Teil dieser Widerstände wird aber auch vom Hauptstrom durchflossen und verschlechtert den Wirkungsgrad. Um die EMK der Ruhe auf etwa das 1,5-fache gegenüber den Motoren ohne Widerstände erhöhen zu können, müssen die vom Hauptstrom herrührenden Verluste in den künstlichen Widerständen fast den Betrag der Ankerstromwärmeverluste selbst erreichen. In letzter Zeit hat man diese Widerstandsverbindungen verlassen, weil sie bei Vollbahnmotoren zuweilen zu Betriebsstörungen Veranlassung gegeben haben.

Die Ruhe EMK $\mathfrak{E}_R$ in den kurzgeschlossenen Ankerspulen kann bei ruhendem Anker natürlich nicht durch eine Bewegungs-EMK aufgehoben werden. Ihre Unterdrückung ist auch nicht durch eine zweite Ruhe-EMK möglich, die ihr entgegenwirkt. Denn wenn die resultierende Ruhe-EMK verschwindet, ist auch der mit der kurzgeschlossenen Ankerspule verkettete Fluß Null; dann kann aber der Motor kein Drehmoment entwickeln [L 32].

b. Die EMK der Ruhe $\mathfrak{E}_R$ bei umlaufendem Anker. Wenn der Anker anläuft, wird der Kurzschlußstrom der Spule unterbrochen. Dabei entsteht bei höheren, aber praktisch noch zulässigen Werten für die EMK der Ruhe $\mathfrak{E}_R$ an den Bürsten Spritzfeuer, das durch abgeschleuderte kleine, glühend gewordene Kohleteilchen verursacht wird, während der kurzen Zeit des Anlaufs aber gewöhnlich unschädlich ist und den Stromwender nicht angreift. Bei fester EMK $\mathfrak{E}_R$ wird der

Kurzschlußstrom bei anlaufendem Motor zunächst etwas anwachsen, weil die Bürsten besser zum Aufliegen kommen (vgl. S. 29). Aber schon bei mäßiger Drehgeschwindigkeit verschwindet das Spritzfeuer, weil sich die durch die EMK der Ruhe verursachten Kurzschlußströme während der verhältnismäßig kleinen Kurzschlußdauer nicht voll ausbilden können und mit wachsender Drehzahl schnell abnehmen.

Die Kurzschlußdauer T_k einer Ankerspule wird bei einer eingängigen Schleifenwicklung ($a = p$) und sehr schmalen Isolierschichten zwischen den Stromwenderstegen durch das Verhältnis von Bürstenbreite b und Umfangsgeschwindigkeit v_K des Stromwenders bestimmt (Abschn. III B 1 a, Bd. I). Bei Berücksichtigung der Dicke j der Isolierschicht und des Verhältnisses a/p bei beliebigen Stromwenderwicklungen müssen wir die im Abschn. III B 3 b, Gl. 585, Bd. I, eingeführte ideelle Bürstenbreite

$$b_j = b - j + (1 - a/p)\, t_K \qquad (21)$$

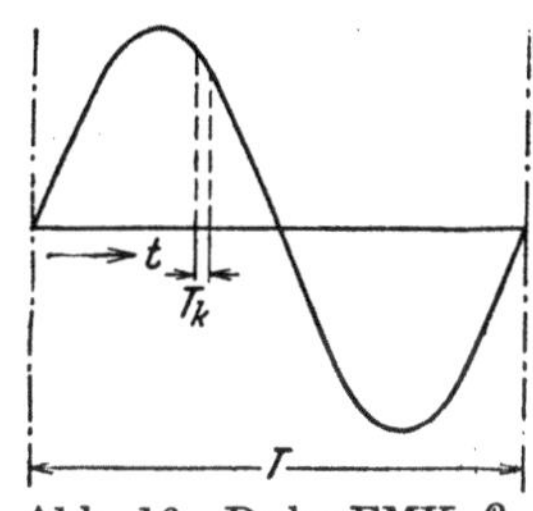

Abb. 16. Ruhe-EMK $\mathfrak{E}_R$ und Kurzschlußdauer T_k.

einsetzen, worin t_K die Stromwenderteilung ist. Für die Kurzschlußdauer erhalten wir dann

$$T_k = \frac{b_j}{v_K} = \frac{\beta\, t_K}{v_K} \quad \text{mit} \quad \beta = \frac{b_j}{t_K}. \qquad (22\,\text{a u. b})$$

Beziehen wir diese Kurzschlußdauer auf die Periodendauer $T = 1/f$ des Wechselstromes, so ist das Verhältnis

$$\frac{T_k}{T} = \frac{\beta\, t_K}{v_K}\, f. \qquad (22\,\text{c})$$

Bei dem im Abschn. K berechneten Vollbahnmotor mit einer Stegteilung $t_K = 0,516$ cm, einer Stromwenderumfangsgeschwindigkeit $v_K = 2855$ cm/s bei Nennbetrieb und einer Bürstenbedeckung $\beta \approx 2$ wird $T_k = 0,00036$ s; bei der für Einphasen-Bahnmotoren üblichen Frequenz von $f = 16^2/_3$ Hz ist $T = 0,06$ s. Damit erhalten wir $T_k/T \approx 0,006$. T_k beträgt also bei Nenndrehzahl nur einen sehr kleinen Bruchteil der Periodendauer des Wechselstromes. In Abb. 16 ist T_k für $^1/_{10}$ Nenndrehzahl eingezeichnet.

Mit der Frequenz des Wechselstromes pulsiert auch der Erregerfluß, der in den kurzgeschlossenen Ankerspulen die Ruhe-EMK $\mathfrak{E}_R$ induziert. Während der kleinen Kurzschlußdauer ist die EMK $\mathfrak{E}_R$ praktisch unveränderlich und gleich ihrem mittleren Augenblickswert. Liefe der Anker genau synchron mit der Frequenz des Wechselstromes, so würde eine bestimmte Spule des Ankers immer bei demselben Betrag der EMK $\mathfrak{E}_R$ kurzgeschlossen werden, der unveränderliche Betrag $\mathfrak{E}_R$ würde aber für die verschiedenen Spulen innerhalb einer Polpaarteilung zwischen den Werten $-\mathfrak{E}_{R\,\text{max}}$ und $\mathfrak{E}_{R\,\text{max}}$ liegen. Ähnlich würde sich die Maschine verhalten, wenn die Drehzahl $1/g$

der synchronen wäre, worin g eine ganze Zahl ist, während für andere Drehzahlen die Spulen abwechselnd bei verschiedenen Augenblickswerten von $\mathfrak{s}_R$ kurzgeschlossen werden. Das Verhältnis zwischen Drehzahl und Frequenz des Wechselstromes ist nun aber nicht fest, die kleinste Änderung der Klemmenspannung, der Netzfrequenz, des Drehmoments oder der Temperatur der Wicklung genügt, um den Wert $\mathfrak{s}_R$ am Ankerumfang zu verschieben, so daß in Wirklichkeit jede Ankerspule alle Augenblickswerte von $\mathfrak{s}_R$ durchläuft und daher alle Stege des Stromwenders praktisch gleichmäßig durch den Kurzschlußstrom und das Bürstenfeuer beansprucht werden, das die EMK der Ruhe verursacht.

Der Verlauf des Kurzschlußstromes wird im wesentlichen durch den Übergangswiderstand von Bürste zu Stromwendersteg bestimmt,

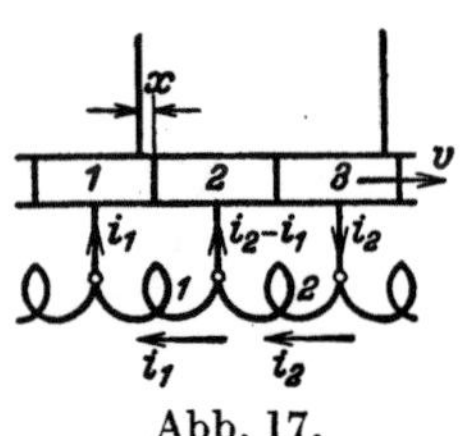
Abb. 17.

wenn nicht besondere Widerstände zwischen Wicklung und Stromwender eingefügt sind (S. 30, Mitte), und durch die Induktivität des Spulenkreises. Da das Verhalten des Übergangswiderstandes während des Vorgangs unter der Bürste nicht genügend bekannt ist, nehmen wir zur überschlägigen Berechnung des Verlaufs des Kurzschlußstromes an, daß der Übergangswiderstand je Einheit der Auflagefläche der Bürsten unveränderlich sei. Das ist hier insofern eher zulässig als bei ruhendem Anker, weil die stärker beanspruchten Teile der Bürsten nicht dauernd auf denselben Stromwenderstegen aufliegen und weil mit wachsender Drehzahl unter dem Einfluß der Induktivität die Kurzschlußströme sinken, so daß bei genügend hoher Drehzahl hauptsächlich der durch die Bürsten fließende Hauptstrom den Übergangswiderstand bestimmt.

Wir setzen voraus, daß die Bürstenbreite b gleich der doppelten Stegteilung t_K ist und vernachlässigen die Breite der Isolierstege. Die Kurzschlußdauer zählen wir von der Zeit $t = 0$, wenn in Abb. 17 $x = 0$ ist, die Spule 1 also gerade im Begriff ist, von der Bürste überbrückt zu werden. Bezeichnen wir mit R den Übergangswiderstand eines der $2p$ vom Hauptstrom I durchflossenen Bürstensätze, so können wir für die Übergangswiderstände R_1, R_2, R_3 an den Stegen 1, 2, 3 schreiben

$$\text{im Bereich } 0 \leq t \leq T_k/2, \qquad 0 \leq x \leq b/2:$$

$$R_1 = \frac{b}{x}\,R, \qquad R_2 = 2R, \qquad R_3 = \frac{b}{t_K - x}\,R = \frac{2b}{b - 2x}\,R. \qquad \text{(23a bis c)}$$

Wir vernachlässigen den Wirkwiderstand der Ankerspulen, der wegen seiner Kleinheit gegenüber den Übergangswiderständen keinen merklichen Einfluß auf den bei umlaufendem Anker auftretenden Kurzschlußstrom hat. L sei die Selbstinduktivität einer Ankerspule (einschließlich der Gegeninduktivität der von den andern Bürsten kurzgeschlossenen Ankerspulen), M die Gegeninduktivität zwischen den Spulen *1* und *2* in Abb. 17, die von demselben Bürstensatz kurzgeschlossen werden. Mit den Stromrichtungen in Abb. 17 ergeben sich nach dem Induktionsgesetz für die Kurzschlußströme i_1 und i_2 eines Bürstensatzes die Gleichungen [L 33]

$$\mathcal{E}_R - L\frac{\mathrm{d}i_1}{\mathrm{d}t} - M\frac{\mathrm{d}i_2}{\mathrm{d}t} = R_1\,i_1 - R_2\,(i_2 - i_1), \tag{24a}$$

$$\mathcal{E}_R - L\frac{\mathrm{d}i_2}{\mathrm{d}t} - M\frac{\mathrm{d}i_1}{\mathrm{d}t} = R_2\,(i_2 - i_1) + R_3\,i_2, \tag{24b}$$

oder mit den Gl. 23a bis c und der Umfangsgeschwindigkeit $v = v_K = \mathrm{d}x/\mathrm{d}t$ des Stromwenders

$$\mathcal{E}_R - L\,v\frac{\mathrm{d}i_1}{\mathrm{d}x} - M\,v\frac{\mathrm{d}i_2}{\mathrm{d}x} = \left(2 + \frac{b}{x}\right)R\,i_1 - 2\,R\,i_2, \tag{25a}$$

$$\mathcal{E}_R - L\,v\frac{\mathrm{d}i_2}{\mathrm{d}x} - M\,v\frac{\mathrm{d}i_1}{\mathrm{d}x} = \left(2 + \frac{2b}{b-2x}\right)R\,i_2 - 2\,R\,i_1. \tag{25b}$$

Eliminieren wir $\mathrm{d}i_2/\mathrm{d}x$ in Gl. 25a und $\mathrm{d}i_1/\mathrm{d}x$ in Gl. 25b, so erhalten wir

$$\frac{\mathrm{d}i_1}{\mathrm{d}x} = \frac{\mathcal{E}_R}{(L+M)\,v} - \left(2 + \frac{b}{x} + 2\frac{M}{L}\right)C\,i_1 + \left[2 + \left(2 + \frac{2b}{b-2x}\right)\frac{M}{L}\right]C\,i_2, \tag{26a}$$

$$\frac{\mathrm{d}i_2}{\mathrm{d}x} = \frac{\mathcal{E}_R}{(L+M)\,v} - \left(2 + \frac{2b}{b-2x} + 2\frac{M}{L}\right)C\,i_2 + \left[2 + \left(2 + \frac{b}{x}\right)\frac{M}{L}\right]C\,i_1 \tag{26b}$$

mit
$$C = \frac{L\,R}{(L^2 - M^2)\,v}. \tag{26c}$$

Diese Gleichungen eignen sich zur zeichnerischen Ermittlung der Stromkurven. Sie gelten zwar nur für den Bereich $0 \leq x \leq b/2$; für $x = b/2$ nimmt aber die Spule *1* dieselbe Lage gegenüber der Bürste ein, die die Spule *2* bei $x = 0$ hat; der Verlauf des Stromes i_2 im Bereich $0 \leq x \leq b/2$ gibt also auch den Verlauf des Stromes i_1 im Bereich $b/2 \leq x \leq b$ an. Für $x = 0$ ist $i_1 = 0$, für $x = b/2$ muß $i_2 = 0$ sein; i_1 bei $x = b/2$ muß gleich sein i_2 bei $x = 0$. Die Kurven i_1 und i_2 können wir angenähert ermitteln, indem wir die Differentialquotienten durch die Differenzenquotienten ersetzen. Dabei schätzen wir zunächst i_2 bei $x = 0$ und verändern diesen Wert solange bis i_1 bei $x = b/2$ gleich i_2 bei $x = 0$ wird.

Für den im Abschn. K berechneten Vollbahnmotor ist bei Nennbetrieb der gesamte Bürstenübergangswiderstand $R_B \approx 2\,\text{V}/1312\,\text{A} = 0{,}001525\,\Omega$, also $R = p\,R_B/2 = 0{,}00381\,\Omega$ und $v_K = 2855\,\text{cm/s}$. Den Blindwiderstand für $2\,p$ parallel geschaltete Ankerspulen hatten wir bei $16^2/_3\,\text{Hz}$ im Abschn. a zu $0{,}00012\,\Omega$ ermittelt. Damit erhalten wir die Selbstinduktivität einer Spule zu $L = 1{,}235 \cdot 10^{-5}\,\text{H}$. Die Bürsten nehmen wir genau doppelt so breit an wie die Stegteilung, also zu $1{,}032\,\text{cm}$. Der Effektivwert $\mathfrak{E}_R$ ist bei Nennbetrieb 2,92 V. Setzen wir in die Gl. 26a u. b diesen Effektivwert an Stelle des Augenblickswertes $\mathfrak{e}_R$ ein, so stellen die so gewonnenen Augenblickswerte der Ströme auch zugleich ihre Effektivwerte dar; bei der schnellen Stromänderung ist nach Abschn. II K (S. 235), Bd. I, der Übergangswiderstand durch den Effektivwert des Stromes bestimmt.

Vernachlässigen wir zunächst die Gegeninduktivität M zwischen den Spulen 1

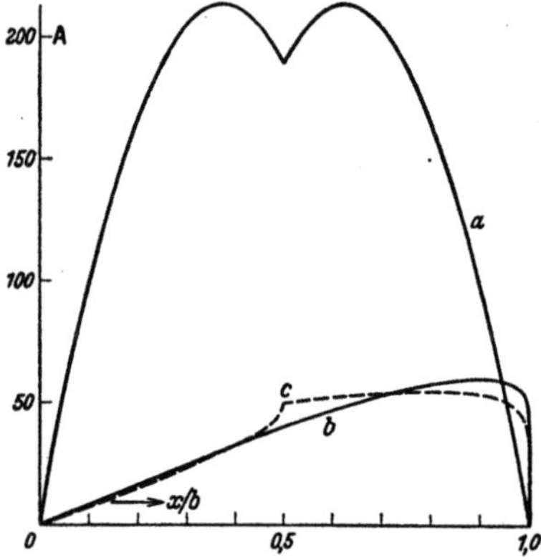

Abb. 18. Strom i in der Ankerspule über der Bürstenbreite; a bei sehr kleiner, b u. c bei Nenndrehzahl.

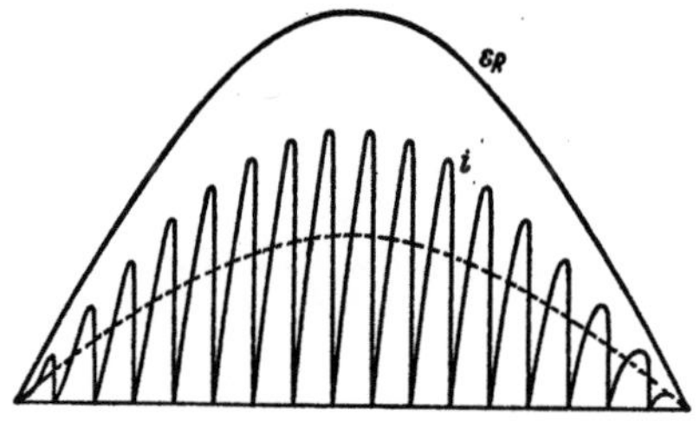

Abb. 19. Zeitlicher Verlauf der Ruhe-EMK $\mathfrak{E}_R$ und des Kurzschlußstromes i für den Fall b in Abb. 18.

und 2 in Abb. 17, so stellt in Abb. 18 die Kurve b für $M = 0$ den Strom i in Spule 1 über dem ganzen Kurzschlußbereich bei Nennbetrieb unseres Motors dar. Durch die Gegeninduktivität M wird die schnelle Änderung des Stromes gegen Ende des Bürstenkurzschlusses gedämpft (vgl. Abschn. III B, 11, Bd. I). Bei der Ankerwicklung unseres Motors sind beide Spulen gleichwertig, und es ist $M \approx L/2$. Hierfür gilt etwa die gestrichelte Kurve in Abb. 18. Zum Vergleich ist in Abb. 18 auch die Stromkurve bei Abwesenheit von Induktivitäten ($L = M = 0$) oder bei verschwindend kleiner Stromänderung aufgezeichnet; sie würde bei Stillstand gelten, wenn die hier angenommene Unveränderlichkeit des Bürstenübergangswiderstandes je Einheit der Auflagefläche, wie er im Mittel für den Hauptstrom bei Nennbetrieb gilt, zulässig wäre.

Der Mittelwert des Stromes in jeder der beiden von einem Bürstensatz überbrückten Spulen ist bei der Kurve a in Abb. 18 180 A. Zu der Kurzschlußdurchflutung je vollen magnetischen Kreis gehören die Durchflutungen von zwei Bürstensätzen verschiedener Polarität. Damit ergibt sich für die Kurve a die Kurzschlußdurchflutung $\Theta_k = 4 \cdot 180 = 720\,\text{A}$. Unter dem Einfluß der Induktivitäten wird der Mittelwert des Kurzschlußstromes gegenüber der Kurve a wesentlich verringert. Er ist für die Kurve c, die für Nennbetrieb gilt, etwa 37 A, also nur etwa 0,2 vom Mittelwert der Kurve a. Die Kurzschlußdurchflutung bei Nennbetrieb ist also $\Theta_k = 4 \cdot 37 = 148\,\text{A}$, das sind von der Erregerdurchflutung $\Theta_E = 4 \cdot 1312 \approx 5250\,\text{A}$ nur etwa 2,8%. Die Rückwirkung der Kurzschlußströme macht sich also bei umlaufender Maschine, auch wenn die Ruhe-EMK $\mathfrak{E}_R$ nicht durch eine Bewegungs-EMK unterdrückt wird, kaum bemerkbar.

Die Kurzschlußströme bei umlaufendem Anker unterscheiden sich noch in andrer Hinsicht von denen bei ruhendem Anker. Während sie im letzten Falle unter dem Einfluß der Induktivität des Spulenkreises gegen die Ruhe-EMK $\mathscr{E}_R$ phasenverspätet sind, ist ihre Grundschwingung bei umlaufendem Anker praktisch phasengleich mit $\mathscr{E}_R$. In Abb. 19 ist der Kurzschlußstrom i in der Wendezone beispielsweise nach der Kurve b in Abb. 18 über einer halben Periode der EMK $\mathscr{E}_R$ angedeutet, wobei der Deutlichkeit wegen T_k 10 mal so groß angenommen ist wie bei Nennbetrieb. Die gestrichelt eingezeichnete Grundschwingung von i ist praktisch in Phase mit der Grundschwingung von $\mathscr{E}_R$.

Mit wachsender Drehzahl wird der mittlere Kurzschlußstrom kleiner, die EMK der Selbstinduktion bei Unterbrechung des Kurzschlußkreises ($t = T_k$) aber vergrößert (vgl. die Kurven a, b und c in Abb. 18 bei $x/b = 1$).

Treibt man einen Stromwenderanker, der sich im festen Wechselfelde der Erregerwicklung befindet, mit wachsender Drehzahl an, so kann man beobachten, daß das

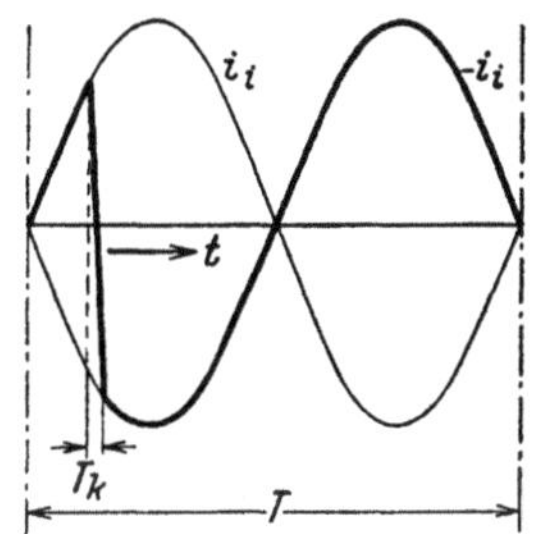

Abb. 20. Leiterstrom bei einer Kurzschlußdauer T_k.

Bürstenfeuer, herrührend von der EMK der Ruhe, mit allmählich wachsender Drehzahl schwächer wird. Man beobachtet, daß Bürstenfeuer sich bei einer Maschine mittlerer Leistung und Nenndrehzahl bei $\mathscr{E}_R = 2$ V kaum bemerkbar macht, bei $\mathscr{E}_R = 3$ V aber deutlich sichtbar ist und bei $\mathscr{E}_R = 4$ V schon unzulässig stark wird.

Die EMK der Ruhe $\mathscr{E}_R$ kann bei umlaufendem Anker durch eine EMK der Bewegung aufgehoben werden, die von einem „Wendefeld" passender Phase und Stärke induziert wird. Die Mittel hierfür werden wir im Abschn. 8 und bei den einzelnen Maschinenarten kennenlernen.

c. **Die EMK der Stromwendung.** Wie wir im Abschn. b gesehen haben, ist, von ganz kleinen Drehzahlen abgesehen, die Kurzschlußdauer T_k sehr klein gegenüber der Periodendauer T des Wechselstromes. Stellt in Abb. 20 die Kurve i_i den Strom in der Ankerspule vor dem Bürstenkurzschluß dar, so muß er während der Zeit T_k in den Strom $-i_i$ gewendet werden. Erfolgt die Stromwendung geradlinig, so nimmt der Strom in der Ankerspule den in Abb. 20 stark hervorgehobenen Verlauf an. Es ist dabei der Deutlichkeit wegen eine verhältnismäßig große Kurzschlußdauer angenommen, die etwa $^1/_{10}$ der Nenndrehzahl unseres Vollbahnmotors entspricht.

Schreiben wir für den Augenblickswert des gesamten Ankerstromes

$$i = \sqrt{2}\, I \sin \omega t, \qquad\qquad (27\,\mathrm{a})$$

so ist der Strom in einem der Ankerzweige

$$i_i = \pm\, i/2a \tag{27b}$$

(vgl. die Abb. 21a u. b). Je nach der Drehrichtung wird der Strom entweder von $+\,i/2a$ auf $-\,i/2a$ oder von $-\,i/2a$ auf $+\,i/2a$ (vgl. Abb. 21a u. b) gewendet. Bezeichnen wir mit L die für die EMK der Stromwendung maßgebende Induktivität der Ankerspule und mit

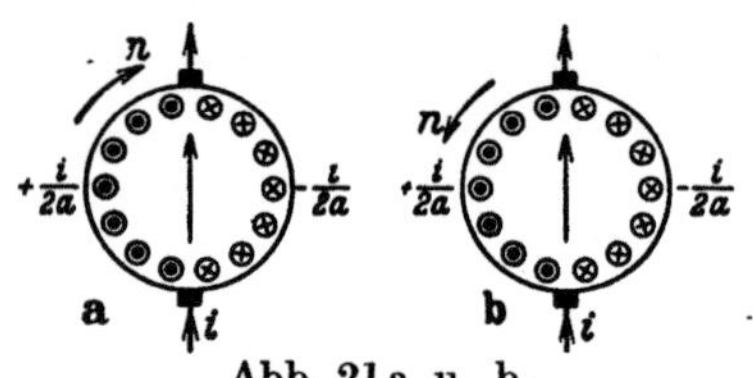

Abb. 21a u. b.

t_1 die laufende Zeit während des Kurzschlusses der Spule ($t - T_k/2 \leq t_1 \leq t + T_k/2$), so erhalten wir die EMK der Stromwendung

$$\varepsilon_W = -\frac{L}{2a}\frac{di}{dt_1}, \tag{28}$$

deren Mittelwert während der Kurzschlußdauer

$$\left.\begin{aligned}
\varepsilon_{W\,m} &= \mp\frac{\sqrt{2}\,I}{2a}\frac{L}{T_k}\left[-\sin\omega\left(t+\frac{T_k}{2}\right)-\sin\omega\left(t-\frac{T_k}{2}\right)\right]\\
&= \pm F\cdot\frac{L}{a\,T_k}\cdot\sqrt{2}\,I\sin\omega t \quad\text{mit}\quad F=\cos\frac{\omega\,T_k}{2}
\end{aligned}\right\} \tag{28a u. b}$$

ist. Mit dem Faktor F ist also die bei Gleichstrom mit dem Bürstenstrom i berechnete EMK der Stromwendung noch zu multiplizieren.

Der Faktor F ist bei sehr kleiner Kurzschlußdauer gleich 1; er sinkt dann mit wachsender Kurzschlußdauer, weicht aber nur bei so kleinen Drehzahlen, für die die EMK der Stromwendung praktisch bedeutungslos ist, merklich von 1 ab.

So erhalten wir für das in den Abschn. a u. b herangezogene Beispiel eines Einphasen-Vollbahnmotors für $\omega = 2\pi f \approx 105\,\mathrm{s^{-1}}$ bei Nenndrehzahl ($T_k = 0,00036\,\mathrm{s}$) $F = 0,9998$, bei 10% der Nenndrehzahl $F = 0,985$ und erst bei 1,2% der Nenndrehzahl $F = 0$; beim Durchschreiten dieser letzten Drehzahl ändert F das Vorzeichen. Bei dem im Abschn. D 3b herangezogenen Beispiel eines Repulsionsmotors für $\omega = 2\pi f = 314\,\mathrm{s^{-1}}$ ist bei synchroner Drehzahl ($T_k = 0,0006\,\mathrm{s}$) $F = 0,996$, bei 20% der synchronen Drehzahl $F = 0,893$ und bei 6% der synchronen Drehzahl $F = 0$.

Nach Gl. 28a ist der zeitliche Mittelwert der EMK der Stromwendung während der Kurzschlußdauer dem Augenblickswert des Ankerstromes proportional, wenn dieser zeitlich sinusförmig verläuft. Dasselbe gilt auch für die Oberschwingungen des Ankerstromes; für die ν-te Schwingung ist in unsern Gleichungen $\nu\omega$ an Stelle von ω zu setzen. Der Faktor F (Gl. 28b) wird aber für die Oberschwingungen mit abnehmender Drehzahl schneller sinken als für die Grundschwingung.

So ist z. B. für den erwähnten Vollbahnmotor der Faktor F für die 3. Schwingung bei Nenndrehzahl 0,9986, bei 10% der Nenndrehzahl noch 0,866. Wenn in der Kurve des Ankerstromes nur Oberwellen kleiner Ordnungszahl auftreten, wie es gewöhnlich der Fall ist, folgt, von ganz kleinen Drehzahlen abgesehen, der Mittelwert der EMK der Stromwendung dem zeitlichen Verlauf des Ankerstromes, und es kann die EMK der Stromwendung durch ein vom Ankerstrom erregtes Wendefeld genau wie bei der Gleichstrommaschine unterdrückt werden. Die EMK der Stromwendung und das zu ihrer Aufhebung erforderliche Wendefeld ist genau so zu berechnen wie bei der Gleichstrommaschine.

Über das Vorzeichen der rechten Seite in Gl. 28a ist noch einiges zu sagen. Da es willkürlich ist, ob wir einen aus der Zeichenebene herausfließenden oder einen in sie hineinfließenden Strom als positiv bezeichnen, ist es zunächst unbestimmt, ob die EMK der Stromwendung mit i oder $-i$ schwingt. Das Vorzeichen der in einer Spule induzierten EMK hängt nach Abschn. 3a auch davon ab, welchen Windungssinn der Spule wir als positiv annehmen. Die Frage des Vorzeichens gewinnt erst eine Bedeutung, wenn noch andere EMKe in der kurzgeschlossenen Spule auftreten. Lassen

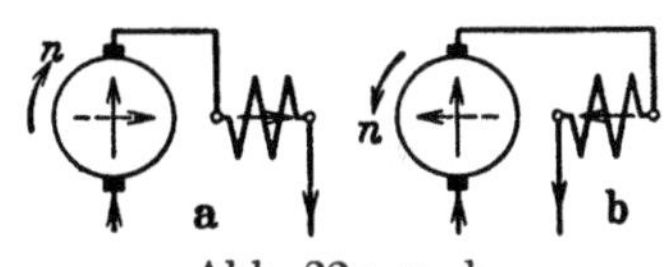

Abb. 22a u. b.

wir z. B. beim Reihenschlußmotor die positive Achse der von Bürsten kurzgeschlossenen Spule immer mit der positiven Achse der Erregerwicklung zusammenfallen (vgl. Abb. 22a u. b) und beachten, daß nach Abb. 381, Bd. I, die EMK der Stromwendung immer phasengleich mit der EMK ist, die in der Ankerspule vom fiktiven Ankerfluß induziert wird, so erhalten wir nach der Regel 2 im Abschn. 3a bei Motorbetrieb die EMK der Stromwendung immer in Phase mit dem Ankerstrom, bei Generatorbetrieb (Änderung der Drehrichtung) in Gegenphase zum Ankerstrom.

Daß bei Doppelbürsten, wie sie zuweilen bei Repulsionsmotoren verwendet werden, die EMK der Stromwendung bei demselben gesamten Bürstenstrom nur etwa halb so groß wie bei Einfachbürsten ist, haben wir schon im Abschn. 1d festgestellt.

Bei Sehnenwicklungen liegen unter und über den von Bürsten kurzgeschlossenen Spulenseiten noch Teile der Wicklung die nicht der Stromwendung unterliegen, aber vom Wechselstrom durchflossen werden. Wie man aus Abb. 2a erkennen kann, sind die Streuflüsse dieser Wicklungsteile mit den beiden Seiten derselben kurzgeschlossenen Ankerspule im entgegengesetzten Sinne verkettet, heben sich also für die Spule auf.

Dagegen findet im allgemeinen noch eine Beeinflussung der kurzgeschlossenen Spule durch die in derselben Nut neben ihr liegenden Spulenseiten statt, die nicht der Stromwendung unterliegen. Diesen Einfluß können wir gewöhnlich vernachlässigen; der Mittelwert der von Strömen dieser Spulenseiten in der kurzgeschlossenen Spule induzierten EMK ist Null.

In der Praxis wird häufig zur Berechnung der EMK der Stromwendung in einer Spule die Pichelmayersche Formel

$$\mathscr{E}_{W_{Sp}} = 2\,\zeta\,w_{Sp}\,v_A\,A\,l_i\,10^{-8}\;\text{V} \tag{29}$$

benutzt. In dieser ist w_{Sp} die Windungszahl einer Spule; die Umfangsgeschwindigkeit v_A ist in cm/s, der Strombelag A in A/cm und die ideelle Länge l_i des Ankers in cm einzusetzen. ζ wird nach der Erfahrung geschätzt und liegt bei Gleichstrommaschinen etwa zwischen 4 und 8 [L 9, S. 504].

Um den Zusammenhang der Pichelmayerschen Formel mit unsern Gleichungen zur Berechnung der EMK der Stromwendung in den Abschn. III B 8 bis 10, Bd. I, zu erkennen, ersetzen wir in Gl. 29

$$v_A = v_K\,\frac{D}{D_K} \quad\text{und}\quad A = \frac{z\,I}{2\pi\,D\,a} = \frac{w_{Sp}\,k\,I}{\pi\,D\,a} = \frac{w_{Sp}\,I}{a\,t_K}\,\frac{D_K}{D}. \tag{30a u. b}$$

Wir erhalten dann

$$\mathscr{E}_{W_{Sp}} = 2\,\zeta\,\frac{w_{Sp}^2\,v_K}{a\,t_K}\,l_i\,I\,10^{-8}\,\text{V}. \tag{30}$$

Nach Gl. 637, Bd. I, ist

$$\mathscr{E}_{W_{Sp}} = L\,\frac{v_K}{b_j}\,\frac{I}{a}, \tag{31}$$

worin $L = L_{N\,\text{mit}} + L_{S\,\text{mit}}$ die Summe der dem Nutstreufeld und dem Stirnstreufeld entsprechenden Induktivitäten ist und b_j durch Gl. 585, Bd. I, gegeben ist, wenn bei Wellenwicklung alle Bürsten aufliegen. Es ist also in der Pichelmayerschen Formel, wenn wir die Breite der Isolierstege zwischen benachbarten Stromwenderstegen $j = 0$ setzen,

$$\zeta = \frac{t_K}{b_j}\,\frac{L}{2\,l_i\,w_{Sp}^2} = \frac{L}{\left(\beta + \dfrac{p-a}{p}\right) 2\,l_i\,w_{Sp}^2}. \tag{32a}$$

Setzen wir $L \approx L_{N\,\text{mit}}$, so ist nach Gl. 636, Bd. I,

$$\zeta = 0{,}628\,\frac{\varrho\,\lambda_N}{\beta + \dfrac{p-a}{p}} \quad\text{mit}\quad \beta = \frac{b}{t_K}, \tag{32b u. c}$$

worin λ_N die Leitwertzahl der Nut ist (Abschn. II M 1, Bd. I). Die bei eingängigen Schleifenwicklungen für verschiedene β und verschiedene Wicklungsanordnungen maßgebenden Werte ϱ sind in Zahlentafel 19, S. 447, Bd. I, zusammengestellt.

Die Pichelmayersche Formel gilt, wie auch unsere Gleichungen, für eine Läuferspule. Bei eingängigen Wellenwicklungen ist also zwischen zwei benachbarten Stromwenderstegen die EMK $p\,\mathscr{E}_{W_{Sp}}$ wirksam.

d. Die resultierende EMK. Die resultierende EMK $\mathscr{E}$ in den von Bürsten überbrückten Ankerspulen ist für das Bürstenfeuer maßgebend.

Sie ist gleich der Summe aus den EMKen der Ruhe, der Stromwendung und der Bewegung, also

$$\mathfrak{e} = \mathfrak{e}_R + \mathfrak{e}_W + \mathfrak{e}_B . \tag{33}$$

Wenn die Bürsten immer in fester Stellung verbleiben, wie z. B. bei den Reihenschlußmotoren für Vollbahnbetrieb, kann die EMK der Stromwendung $\mathfrak{e}_W$, von kleinen Restspannungen abgesehen, nach Abschn. c durch ein vom Ankerstrom erregtes Wendefeld aufgehoben werden, so daß nur noch die EMK $\mathfrak{e}_R$ der Ankerspule wirksam ist, die nach Abschn. 8 bei umlaufendem Anker durch eine Bewegungs-EMK mehr oder weniger vollkommen aufgehoben werden kann. Bei den Motoren, die durch Bürstenverschieben in der Drehzahl geregelt werden, verbietet sich die Anwendung von Wendefeldern in den Wendezonen, weil diese mit den Bürsten wandern. Diese Motoren werden nur für verhältnismäßig kleine Leistung ausgeführt, wobei die EMK der Stromwendung klein ist und auch durch die im Abschn. A 1 d angegebenen Maßnahmen eingeschränkt werden kann.

Die resultierende EMK $\mathfrak{e}$ zeigt bei jeder Maschinenart ein anderes Verhalten und muß deshalb bei diesen besonders behandelt werden.

e. Bürstenfeuer bei Wechselstrom. Die Erfahrung zeigt, daß das Bürstenfeuer bei Wechselstrommaschinen den Stromwender und die Bürsten bei weitem nicht so sehr angreift wie gleich starkes Bürstenfeuer bei Gleichstrommaschinen. Der Grund hierfür liegt in der wechselnden Polarität der Bürsten.

Nach Heinrich [L 26, S. 151 u. 152] läßt sich über das Bürsten-feuer etwa folgendes aussagen: Solange das Bürstenfeuer an der ablaufenden Bürstenkante in „runder Form" stehen bleibt, ist keine Gefahr vorhanden. Meistens hat dieses Bürstenfeuer auch eine etwas weißbläuliche Farbe; es rührt bei Gleichstrom von den Oberschwin-gungen her und hat keine schädigende Wirkung innerhalb gewisser Grenzen zur Folge. Sobald das Feuer von der runden in die dreieckige Form übergeht, also gewissermaßen mit einer Spitze aus der Bürste hervortritt, ist mindestens nicht mehr auf einen einwandfreien Dauer-betrieb zu rechnen. Derartiges Bürstenfeuer steht im innigen Zu-sammenhang mit der eigentlichen Stromwendung, es hat keine blau-weiße Farbe, sondern einen gelben Schein und greift stets den Strom-wender an. Bei Wechselstrom hat das Bürstenfeuer eine ausgesprochen blauweiße Farbe, es hat als „Perlfeuer" einen blauen Kern mit weißer Umhüllung. Das durch die Ruhe-EMK $\mathfrak{e}_R$ hervorgerufene Bürsten-feuer scheint im ganzen weniger schädlich zu sein als das durch eine unvollkommene Unterdrückung der EMK der Stromwendung $\mathfrak{e}_W$.

Die Bürstenreibungsverluste sind unter dem Einfluß der unter den Bür-sten fließenden Wechselströme gewöhnlich kleiner als bei vollkommen stromlosen Bürsten, der Bürstenverschleiß ist aber größer [L 29 u. 30].

8. Unterdrückung der EMKe der Ruhe und der Stromwendung.

Bei umlaufendem Anker können die EMKe der Ruhe $\mathfrak{s}_R$ und der Stromwendung $\mathfrak{s}_W$ durch eine EMK der Bewegung aufgehoben werden, wenn in der Wendezone ein hierfür geeignetes magnetisches Feld erregt wird[1]). Um sie restlos aufzuheben, muß das „Wendefeld"[2]) nicht nur die richtige Stärke und Phase, sondern auch denselben zeitlichen Verlauf haben, wie die EMK $\mathfrak{s}_R + \mathfrak{s}_W$. Dies läßt sich, wie wir sehen werden, im allgemeinen nur sehr unvollkommen erreichen.

Für die Erregung des magnetischen Feldes zur Unterdrückung der EMK der Ruhe haben wir zwei grundsätzlich verschiedene Schaltungen zu unterscheiden. Bei der einen wird das magnetische Feld durch eine Wicklung in der Wendezone erregt, die an einer Spannung von geeigneter Phase liegt, während bei andern Schaltungen Widerstände zu der vom Ankerstrom durchflossenen Wendepolwicklung (oder auch zur Ankerwicklung) parallel geschaltet werden, die eine Verschiebung des Stromes in der Wendepolwicklung gegenüber dem Ankerstrom bewirken.

a. Wendewicklung an fester Spannung zur Unterdrückung von $\mathfrak{S}_R$. Die Schaltung ist ohne Umschaltung der Wendewicklung sowohl für Motor- als auch für Generatorbetrieb und für jede Drehrichtung geeignet. Denn wenn beim Übergang vom Motor- zum Generatorbetrieb die Drehrichtung erhalten bleibt, ändern weder $\mathfrak{s}_R$ noch $\mathfrak{s}_B$ das Vorzeichen; wird die Drehrichtung geändert, so wechseln beide ihr Vorzeichen. Bei der Beurteilung der Schaltung müssen wir zwischen fremderregten und Reihenschluß-Maschinen unterscheiden.

α. **Fremderregte Maschine.** Wenn die Maschine fremd erregt wird (vgl. Abschn. E), ist der zeitliche Verlauf der Ruhe-EMK $\mathfrak{s}_R$,

---

[1]) Die Möglichkeit der Unterdrückung der Ruhe-EMK durch eine Bewegungs-EMK wurde ungefähr zur gleichen Zeit und unabhängig voneinander von Behn-Eschenburg (M. F. Oerlikon, Schweiz), M. Latour (Frankreich), M. Milch (Amerika) und R. Richter (SSW, Deutschland) erkannt. Nur die einige Monate ältere Anmeldung der M. F. Oerlikon führte in Deutschland zur Erteilung eines Patents [L 35], die SSW zogen ihre Patentanmeldung zurück und vereinbarten mit der M. F. Oerlikon eine Zusammenarbeit [L 36, S. 162] auf dem Gebiet der Vollbahnmotoren. Spätere von den SSW ausgehende Verbesserungen wurden als Zusatzpatente zum Oerlikon-Patent erteilt [z. B. L 49]. Die ersten Vollbahnmotoren der M. F. Oerlikon wurden am 11. 11. 05 (Probefahrt am 16. 1. 05) auf der Strecke Seebach-Wettingen [L 36], die der SSW Anfang 1905 (Probefahrt Nov. 1904) auf der Strecke Murnau-Oberammergau in regelmäßigen Betrieb genommen [L 37, dort als „Mehrphasen"-Reihenschlußmotoren bezeichnet].

[2]) Eigentlich ist die Bezeichnung „Wendefeld" für die Komponente des Feldes in der Wendezone, die die Ruhe-EMK aufheben soll, nicht berechtigt, weil die Ruhe-EMK mit der eigentlichen Stromwendung nichts zu tun hat. Der einfachen Ausdrucksweise wegen sprechen wir aber auch in diesem Falle vom Wendefeld und bezeichnen die Wicklung, die es erregt, als Wendewicklung.

die in den kurzgeschlossenen Ankerwindungen induziert wird, im wesentlichen durch den zeitlichen Verlauf der Spannung an den Klemmen der Erregerwicklung festgelegt. Ist diese Spannung sinusförmig, so verläuft auch $\mathfrak{E}_R$ praktisch sinusförmig. Annähernd sinusförmig verläuft auch das Feld in der Wendezone, wenn die Wendewicklung an sinusförmiger Spannung liegt. In diesem Falle ist es also durch passende Einstellung der Stärke und Phase des Wechselfeldes möglich, $\mathfrak{E}_R$ bei nicht zu kleinen Drehzahlen praktisch restlos zu unterdrücken.

Sind in den Spannungen, die die Erregerwicklung des Hauptfeldes und die des Wendefeldes speisen, Oberschwingungen enthalten, so sind sie in der EMK $\mathfrak{E}_R$ in gleicher Stärke vertreten, während sie im Wendefeld im umgekehrten Verhältnis zur Ordnungszahl der Einzelschwingungen geschwächt werden. Die Oberschwingungen von $\mathfrak{E}_R$ können also nicht mehr vollkommen aufgehoben werden. Da aber die Netzspannungen im allgemeinen nur Oberschwingungen von geringer Stärke aufweisen, hat dies bei der fremderregten Maschine für die Unterdrückung von $\mathfrak{E}_R$ nicht viel zu bedeuten.

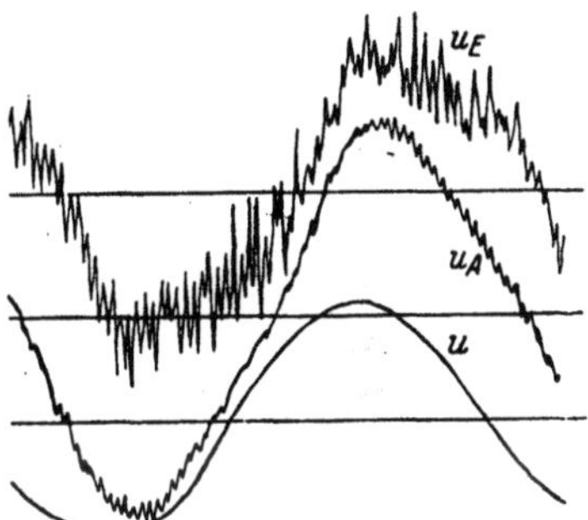

Abb. 23. Klemmenspannung u, Ankerspannung u_A und Spannung u_E an der Erregerwicklung beim Reihenschlußmotor.

β. Reihenschlußmaschine. Bei Reihenschlußmotoren ist auch bei sinusförmiger Klemmenspannung die EMK der Ruhe $\mathfrak{E}_R$ nicht mehr sinusförmig. In Abb. 23 sind z. B. die an einem kleineren Reihenschlußmotor bei Nennbetrieb oszillographisch aufgenommene Klemmenspannung u (zwischen den Punkten 0 und 1 in Abb. 32), Ankerspannung u_A (zwischen den Punkten 0 und 3) und die Spannung u_E an der Erregerwicklung (zwischen den Punkten 2 und 1) dargestellt. Trotzdem die Motorspannung u fast sinusförmig ist, weicht die Spannung u_E, die angenähert auch den zeitlichen Verlauf von $\mathfrak{E}_R$ wiedergibt, wesentlich von der Sinusform ab, auch wenn man die Oberschwingungen höherer Ordnungszahl, die durch den Stromwender hervorgerufen werden, außer acht läßt.

Schreiben wir für den Erregerfluß

$$\varphi = \sum_\nu \Phi_\nu \sin (\nu \omega t + \alpha_\nu), \tag{34}$$

so folgt auch die in der Ankerwicklung induzierte Bewegungs-EMK

$$e_A = c_1 \sum_\nu \Phi_\nu \sin (\nu \omega t + \alpha_\nu) \tag{34a}$$

in ihrem zeitlichen Verlauf diesem Fluß. Die Spannung u_A gibt also ungefähr auch den Verlauf des Erregerflusses an. Die EMK der Ruhe in einer kurzgeschlossenen Ankerwindung ist dagegen

$$\mathscr{E}_R = -\frac{d\varphi}{dt} = -\omega \sum_\nu \nu \Phi_\nu \cos(\nu \omega t + \alpha_\nu). \qquad (34\,\mathrm{b})$$

Die Einzelschwingungen von φ erscheinen also in der Kurve von $\mathscr{E}_R$ um je das ν-fache vergrößert. Umgekehrt verhalten sich die Einzelschwingungen der EMK der Bewegung $\mathscr{E}_B$, wenn das Feld in der Wendezone von einer Wicklung erregt wird, die an fester Spannung

$$u_w = \sum_\nu \sqrt{2}\, U_{w\nu} \sin(\nu \omega t + \beta_\nu) \qquad (35\,\mathrm{a})$$

liegt. Die EMK der Bewegung in einer Ankerwindung ist

$$\mathscr{E}_B = c_2 \varphi_w \approx c_3 \int u_w\, dt = \frac{c_3 \sqrt{2}}{\omega} \sum \frac{U_{w\nu}}{\nu} \sin(\nu \omega t + \beta_\nu). \qquad (35\,\mathrm{b})$$

Es erscheinen also die Einzelschwingungen in der Kurve von $\mathscr{E}_B$ um je $1/\nu$ verkleinert. Die richtige Phase und Stärke von u_w läßt sich also nur für die Grundschwingung von $\mathscr{E}_R$ einstellen, während die Oberschwingungen von $\mathscr{E}_R$ durch eine Wendewicklung, die an fester Spannung liegt, nicht merklich unterdrückt werden können.

b. Unterdrückung der EMK $\mathscr{E}_W$ bei Nebenschlußwendewicklungen. Wenn die Wicklung zur Erzeugung der Wendefeldkomponente, die die Ruhe-EMK $\mathscr{E}_R$ unterdrückt, an fester Spannung liegt — wir wollen sie „Nebenschlußwendewicklung" nennen — ist das Wendefeld durch diese Spannung im wesentlichen festgelegt. Eine vom Ankerstrom durchflossene „Reihenschlußwendewicklung", die auf denselben Wendepolen wie die Nebenschlußwicklung liegt, kann deshalb keine Feldkomponente zur Unterdrückung der EMK der Stromwendung $\mathscr{E}_W$ mehr ausbilden. Eine solche Reihenschlußwicklung würde nur den Strom in der an fester Spannung liegenden Nebenschlußwendewicklung beeinflussen, nicht aber das Wendefeld selbst.

Um die Ausbildung der beiden Wendefelder, die zur Unterdrückung der EMKe der Ruhe und der Stromwendung dienen, zu ermöglichen, sind vom Verfasser verschiedene Mittel angegeben worden [L 38 und 39 a u. b]. So können die beiden Wendefelder von verschiedenen Wendepolen erregt werden, die entweder axial nebeneinander (Abb. 24 a) oder auch abwechselnd am Ankerumfang (Abb. 24 b) angeordnet werden, oder es kann vor die an fester Spannung liegende Wicklung noch eine Drossel geschaltet werden, die den von der Reihenschluß- wicklung in der Nebenschlußwicklung induzierten Strom abdämpft.

Schließlich kann die an fester Spannung liegende Wendewicklung w mehrere Ständerzähne umschlingen, die vom Ankerstrom durchflossene Wicklung W aber nur einen Ständerzahn (Abb. 24 c), so daß sich das vom Ankerstrom erregte Wendefeld durch die Zähne schließen kann, die zwischen den beiden Wicklungen innerhalb der Nebenschlußwicklung liegen, ohne sich mit dieser Wicklung zu verketten. Die

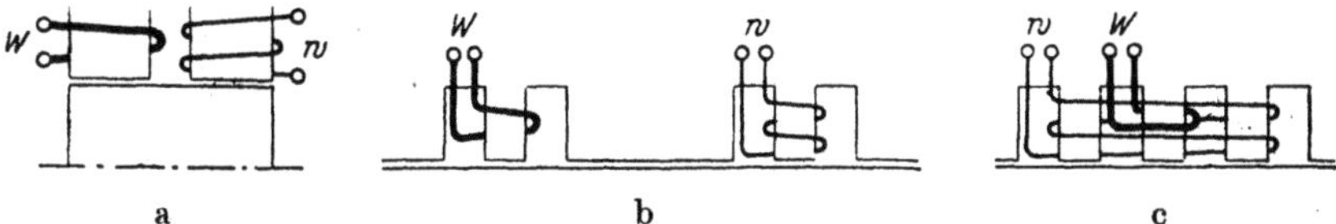

a   b   c

Abb. 24a bis c. Schaltungen der Wendewicklung W zur Unterdrückung der EMK der Stromwendung $\mathfrak{E}_W$ bei an fester Spannung liegender Wicklung w.

Erzeugung beider Feldkomponenten läßt sich auch mit einer einzigen an fester Spannung U_w liegenden Wicklung (w in Abb. 25a) erreichen, wenn durch die Sekundärwicklung eines Transformators t, dessen Primärwicklung vom Ankerstrom I durchflossen wird, ein dem Ankerstrom proportionaler Strom in den Zweig der Nebenschlußwicklung eingefügt wird. Der Transformator ist mit Luftspalt auszubilden, damit die Rückwirkung des Stromes in der Sekundärwicklung möglichst klein ist.

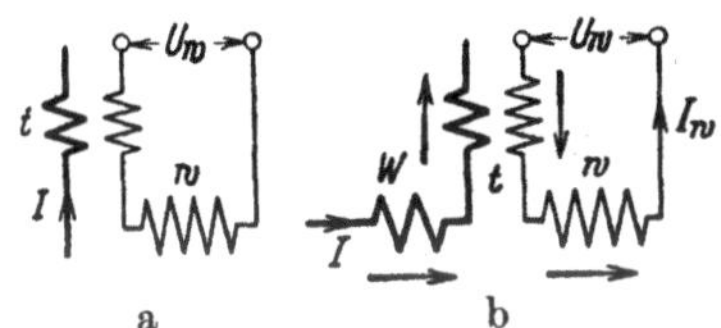

Diese Hilfsmittel sind aber mehr oder weniger unvollkommen wirksam oder technisch nicht einfach ausführbar. Bei Einphasenmaschinen für $16^2/_3$ Hz (Vollbahnbetrieb) überwiegt auch die

Abb. 25a u. b. a) Reihentransformator t, b) Entkopplungstransformator t zur Unterdrückung von $\mathfrak{E}_R$ und $\mathfrak{E}_W$.

EMK der Stromwendung gegenüber der EMK der Ruhe, so daß auf eine möglichst vollkommene Unterdrückung der EMK der Stromwendung der größte Wert gelegt werden muß. Durch Anwendung eines „Entkopplungstransformators" läßt sich erreichen, daß sich die beiden Feldkomponenten ohne gegenseitige Störung ausbilden. Dieser Transformator (t in Abb. 25b) koppelt die beiden Stromkreise, die schon über den Wendepolfluß durch die Wicklungen W und w gekoppelt sind, noch einmal, aber im entgegengesetzten Sinne, so daß sich beide Stromkreise nicht mehr gegenseitig beeinflussen. Die Blindleistungen zur Erregung der beiden Wendefeldkomponenten sind dann allerdings doppelt so groß als sie sonst wären, doch sind sie an sich schon so klein, daß diese Vergrößerung nicht viel zu bedeuten hat.

c. Der Entkopplungstransformator. Bei der Berechnung des Entkopplungstransformators t in Abb. 25b beschränken wir uns auf die Grundschwingungen.

Zur Unterdrückung der Ruhe-EMK $\mathfrak{E}_R$ muß die von der Feldkomponente B_w induzierte EMK der Bewegung $\mathfrak{E}_{Bw}$ gleich $\mathfrak{E}_R$ sein. Damit erhalten wir nach Gl. 8b die Induktionskomponente unter den Wendepolen

$$B_w = \frac{\mathfrak{E}_R}{2\sqrt{2}\,w_k\,l_i\,\tau\,p\,n} \, . \tag{36a}$$

Entsprechend erhalten wir die Feldkomponente B_W, die die EMK der Stromwendung $\mathfrak{E}_W$ aufheben soll, zu

$$B_W = \frac{\mathfrak{E}_W}{2\sqrt{2}\,w_k\,l_i\,\tau\,p\,n} \, . \tag{36b}$$

Beide Feldkomponenten sind wie die EMKe $\mathfrak{E}_R$ und $\mathfrak{E}_W$ sehr angenähert um eine Viertelperiode in der Phase gegeneinander verschoben. Es ist also die resultierende Induktion

$$B_q = \sqrt{B_w^2 + B_W^2} = \frac{\sqrt{\mathfrak{E}_R^2 + \mathfrak{E}_W^2}}{2\sqrt{2}\,w_k\,l_i\,\tau\,p\,n} \, . \tag{36}$$

Bezeichnen wir die ideelle Breite des Wendepolschuhs mit b_i und mit w die gesamte Zahl der in Reihe geschalteten Windungen der Nebenschlußwendewicklung, so ist die vom resultierenden Fluß Φ_q in ihr induzierte EMK

$$E_w = \sqrt{2}\,\pi\,f\,w\,\Phi_q = \frac{\pi}{2}\,\frac{b_i}{\tau}\,\frac{w}{w_k}\,\frac{f}{p\,n}\cdot\sqrt{\mathfrak{E}_R^2 + \mathfrak{E}_W^2} \, . \tag{37}$$

Nach dem Durchflutungsgesetz ist

$$\frac{\sqrt{2}\,I_w\,w}{2p} = \frac{\delta''\,B_w}{\Pi_0} \, , \tag{38a}$$

worin δ'' der ideelle Luftspalt ist, der den Einfluß der Nutung (des Carterschen Faktors) und der Eisenwege im Wendepolkreis berücksichtigt und etwas größer ist als der wirkliche Luftspalt δ unter dem Wendepol. Mit den Gl. 36a u. 38a erhalten wir den Strom in dieser Wicklung zu

$$I_w = \frac{\delta''\,10^8}{0{,}8\,\pi\,w_k\,w\,l_i\,\tau\,n}\,\mathfrak{E}_R \tag{38}$$

in A, wenn $\mathfrak{E}_R$ in V, die Längen in cm und n in Uml/s eingesetzt werden. Die Blindleistung der Nebenschlußwendewicklung ist also

$$E_w\,I_w = \frac{10^8}{1{,}6}\,\frac{b_i}{\tau}\,\frac{\delta''}{\tau}\,\frac{f}{l_i\,p\,n^2}\,\frac{\mathfrak{E}_R\sqrt{\mathfrak{E}_R^2 + \mathfrak{E}_W^2}}{w_k^2}\ \text{VA} \, . \tag{39}$$

Für die Leistung eines Reihenschlußmotors erhalten wir mit den Gl. 9a u. 7, wenn wir noch den Strombelag in der Ankerwicklung

$$A = \frac{z\,I}{4\,a\,p\,\tau} \quad \frac{\mathrm{A}}{\mathrm{cm}} \tag{40a}$$

einführen,

$$E\,I = \frac{2\,p^2\,\tau\,A\,n}{\pi\,f}\;\frac{\mathfrak{S}_R}{w_k}\;\mathrm{VA} \tag{40}$$

und schließlich die auf die Motorleistung bezogene Blindleistung der Nebenschlußwendewicklung mit $v_A = 2\,\tau\,p\,n$

$$\frac{E_w I_w}{E\,I} = \frac{\pi}{1{,}6}\;\frac{b_i}{\tau}\;\frac{\delta''}{\tau}\;\frac{10^8}{l_i\,v_A\,A}\left(\frac{f}{p\,n}\right)^2\frac{\sqrt{\mathfrak{S}_R^2 + \mathfrak{S}_W^2}}{w_k}, \tag{41a}$$

während sich die der Reihenschlußwendewicklung zu

$$\frac{E_W I}{E\,I} = \frac{\mathfrak{S}_W}{\mathfrak{S}_R}\;\frac{E_w I_w}{E\,I} \tag{41b}$$

ergibt.

Um zu zeigen, daß diese relativen Blindleistungen in praktischen Fällen sehr klein sind, setzen wir die Größen für den im Abschn. K berechneten Vollbahnmotor ein. Es wird dann

$$\frac{E_w I_w}{E\,I} = \frac{\pi}{1{,}6}\cdot 0{,}245\cdot 0{,}0222\;\frac{10^8}{35\cdot 3940\cdot 368}\;\frac{1}{5{,}35^2}\cdot\sqrt{2{,}92^2 + 5{,}5^2} = 0{,}00456$$

und

$$\frac{E_W I}{E\,I} = \frac{5{,}5}{2{,}92}\cdot 0{,}00456 = 0{,}0086\,.$$

Für diese relativen Scheinleistungen sind auch die beiden Wicklungen des Entkopplungstransformators bei Nennbetrieb zu bemessen; ihr Mittelwert

$$\frac{N_t}{E\,I} = \frac{E_w I_w + E_W I}{2\,E\,I} = 0{,}00658$$

ist gleich dem Verhältnis der Leistung N_t, die die Größe des Transformators bestimmt, zur Motorleistung. Die Übersetzung des Transformators ist w/W, wenn W die Windungszahl der Reihenschlußwendewicklung bezeichnet; er muß wie der Wendepolkreis für die praktisch auftretenden Ströme eine geradlinige Kennlinie, also einen genügend großen Luftspalt im magnetischen Kreis erhalten.

d. Widerstand parallel zur Reihenschlußwendewicklung. Die EMK der Ruhe läßt sich zusammen mit der EMK der Stromwendung durch eine einzige Wendewicklung unterdrücken, wenn der Strom in dieser Wicklung gegen den Ankerstrom phasenverschoben ist. Eine solche Phasenverschiebung des Ankerstromes kann man bei Reihenschaltung der Wendewicklung mit der Ankerwicklung dadurch erreichen, daß Widerstände parallel zur Wendewicklung (oder zur Kompensationswicklung) geschaltet werden. Dabei ist zu beachten, daß bei Motorbetrieb der Strom in der Wendewicklung gegenüber dem Ankerstrom verspätet, bei Generatorbetrieb verfrüht sein muß. Da der Widerstand der Wendewicklung im wesentlichen induktiv ist, muß man der Wendewicklung W bei Motorbetrieb einen Wirkwiderstand parallel schalten (Abb. 26a). Bei Generatorbetrieb würde man den richtigen Sinn der Phasenverschiebung durch eine Drossel D parallel zur Wendewicklung W (Abb. 26b) erhalten. Da aber der Wirkwiderstand der Wendewicklung verhältnismäßig klein gegen ihren induktiven Widerstand ist, schaltet man mit der Wendewicklung noch einen Wirkwiderstand R in Reihe und parallel zu beiden eine Drossel D (Abb. 26c).

Diese Schaltungen sind bei fremderregten und Nebenschlußmaschinen ungünstiger als die Schaltung mit Nebenschlußwendewicklung, weil die EMK der Ruhe fest, die Wendefeldkomponente

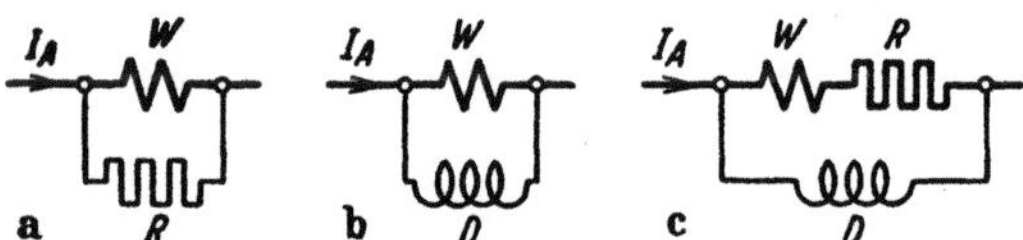

Abb. 26a bis c. Unterdrückung von $\mathfrak{E}_W$ und $\mathfrak{E}_R$ durch eine einzige Wendewicklung W, a) für Motor- b) u. c) für Generatorbetrieb.

zu ihrer Unterdrückung aber dem Strom proportional ist. Es läßt sich mit dieser Schaltung die EMK der Ruhe nur für einen bestimmten Belastungszustand (n, M) unterdrücken.

Viel günstiger verhalten sich die Schaltungen nach Abb. 26a bis c bei Reihenschlußmaschinen, weil bei diesen die EMK $\mathfrak{E}_R$ ebenfalls mit dem Ankerstrom wächst, wenn auch unter dem Einfluß des Sättigungsgrades im andern Verhältnis wie der Strom. Natürlich läßt sich die EMK der Ruhe ohne Änderung des Wirkwiderstandes R oder der Drossel D nur bei einer bestimmten Drehzahl unterdrücken, genau wie bei den Schaltungen mit Nebenschlußwendewicklung an fester Spannung.

Bei Reihenschlußmotoren für Vollbahnbetrieb, für die die Schaltung in Abb. 26a gewöhnlich verwendet wird, hat sie aber den Nachteil, daß bei hohem Sättigungsgrad des magnetischen Hauptkreises der Strom in der Wendewicklung nicht mehr dieselbe Kurvenform wie der Strom in der Ankerwicklung hat, so daß die EMK der Stromwendung nicht vollkommen aufgehoben werden kann. Wenn der Widerstand R so abgeglichen ist, daß die Grundschwingung der EMK der Stromwendung vollständig aufgehoben wird, kann dies nicht mehr für die Oberschwingungen der Fall sein, weil die Oberschwingungen des Stromes zum weitaus größten Teil durch den Wirkwiderstand fließen. Da das Wendefeld hier angenähert sinusförmig verläuft, werden die Oberschwingungen der EMK der Ruhe ebensowenig unterdrückt wie bei Reihenschlußmotoren mit Nebenschlußwendewicklung.

e. Wendewicklung großen Wirkwiderstandes parallel zur Haupterregerwicklung. Schaltet man die Nebenschlußwendewicklung über einen genügend großen Wirkwiderstand an die Klemmen der Erregerwicklung, so ist der Strom in der Nebenschlußwendewicklung im wesentlichen proportional der Spannung an der Haupterregerwicklung, und das Wendefeld zur Unterdrückung der Ruhe-EMK hat, von den Oberschwingungen höherer Ordnungszahl abgesehen, angenähert die richtige Phase und dieselbe Kurvenform wie die EMK der Ruhe. Diese Schaltung ist sowohl für Nebenschluß- oder fremderregte Maschinen als auch für Reihenschlußmaschinen günstig. Das Wendefeld folgt nach Stärke und Phase angenähert der EMK der Ruhe, so daß diese für eine bestimmte Drehzahl ohne Regelung des Wendefeldes für alle Erregerflüsse φ der Maschine angenähert aufgehoben werden kann [L 40].

Die EMK der Stromwendung $\mathfrak{E}_W$ kann dabei durch eine Reihenschlußwendewicklung unterdrückt werden. Ein Entkopplungstransformator ist in diesem Falle entbehrlich, weil der Widerstand im Kreis der Nebenschlußwendewicklung sehr groß ist. Die Oberschwingungen des vom Ankerstrom erregten Wendefeldes werden allerdings auch bei dieser Schaltung wegen der dämpfenden Wirkung des Nebenschlußwendekreises nur unvollkommen unterdrückt.

Trotz des großen Wirkwiderstandes im Kreis der Nebenschlußwendewicklung sind die Verluste in diesem Wirkwiderstand bei Maschinen für Vollbahnbetrieb mit $16\,^2/_3$ Hz erträglich, denn, wie wir im Abschn. c gesehen haben, beträgt die Blindleistung der Wendewicklung weniger als ein Hundertstel der Nennleistung der Maschine. Wir werden im Abschn. B 4f diese günstige Schaltung zur Funkenunterdrückung für ein praktisches Beispiel zahlenmäßig untersuchen.

Mittel zur Milderung des schädlichen Einflusses der Ruhe-EMK $\mathfrak{E}_R$ werden wir im Abschn. B 5 besprechen.

9. Die Eisenverluste.

a. Kreisdrehfeld. Um die Eisenverluste bei einphasigen Maschinen mit denen bei der Drehfeldmaschine vergleichen zu können, wollen wir zunächst die Leistungsumsetzung und die Eisenverluste beim vollkommenen Kreisdrehfeld (vgl. Abschn. 1 4b, Bd. II) und offener Läuferwicklung betrachten, die wir ausführlich im Abschn. B 6a, Bd. IV, behandelt haben.

In Abb. 27a stellt die Kurve N_1' die Differenz aus der von einer dreiphasigen Ständerwicklung dem Netz entnommenen Leistung und den Stromwärmeverlusten in der Wicklung dar ($N_1' = N_1 - 3 R_1 I_1^2$). Es ist

$$N_1' = Q_{E1} \pm Q_{H2} + s\,Q_{W2}, \qquad (42\,\mathrm{a})$$

worin Q_{E1} die Eisenverluste des Ständers, Q_{H2} die Hystereseverluste, Q_{W2} die Wirbelstromverluste im ruhenden Läufer sind und das $+$-Zeichen vor Q_{H2} für untersynchrone (s positiv), das $-$-Zeichen für übersynchrone Drehzahlen (s negativ) gilt. Bei der synchronen Drehzahl n_1 tritt der Hysteresesprung auf, der gleich der doppelten Hysteresewärme des Läufers bei Stillstand ist.

$$N_i' = N_1' - Q_{E1} = \pm Q_{H2} + s\,Q_{W2} \qquad (42\,\mathrm{b})$$

ist die vom Ständer auf den Läufer übertragene Leistung. Die Kurve N_2' zeigt die dem Läufer bei offener Läuferwicklung mechanisch von außen zugeführte Leistung nach Abzug der Verluste durch Reibung und Lüftung ($N_2' = N_{\mathrm{mech}} - Q_{RL}$). Sie ergibt sich als Summe aus der Leistung $-(1-s)\,N_i'$, die im untersynchronen Bereich negativ ist, und den zusätzlichen Verlusten Q_{Ez}, die mechanisch gedeckt werden,

$$N_2' = -(1-s)\,N_i' + Q_{Ez}. \qquad (42\,\mathrm{c})$$

Die Kurven $-(1-s)\,N_i'$ und N_2' weisen wieder bei der synchronen Drehzahl den Hysteresesprung auf. Addieren wir die Kurven N_1' und N_2', so erhalten wir die gesamten Eisenverluste der Maschine, deren Läufer im Kreisdrehfeld umläuft,

$$N_1' + N_2' = Q_{E1} \pm s\,Q_{H2} + s^2\,Q_{W2} + Q_{Ez} = Q_{E1} + Q_{E2}. \qquad (42\,\mathrm{d})$$

Die Eisenverluste Q_{E1} des Ständers werden vom Netz gedeckt und sind unabhängig von der Drehzahl.

Die Eisenverluste können wir formal in zwei Teile aufspalten, in die bei ruhendem Läufer auftretenden Eisenverluste, wir wollen sie als Eisenverluste der Ruhe bezeichnen, und die bei Bewegung des Läufers hinzukommenden Verluste, die wir Eisenverluste der Bewegung nennen. Die Eisenverluste im Ständer sind immer Eisenverluste der Ruhe, die im Läufer setzen sich aus denen der Ruhe und der Bewegung zusammen. In unserm Beispiel betragen die Eisenverluste der Ruhe im Ständer $Q_{R1} = Q_{E1} = 65{,}5\,\mathrm{W}$. Im Läufer sind die Eisenverluste der Ruhe $Q_{R2} = 108 - 65{,}5 = 42{,}5\,\mathrm{W}$; die bei umlaufendem Läufer hinzukommenden „Verluste der Bewegung" Q_B sind zunächst wegen der kleiner werdenden Ummagnetisierungsfrequenz im Läufer negativ und werden erst bei Drehzahlen, die wesentlich über der synchronen liegen, positiv.

Die Kurven in Abb. 27a sind aus Messungen [L 43] an einem genuteten dreiphasig gewickelten Ständer mit ungenutetem Läufer gewonnen ($B_1 = 4200\,\mathrm{G}\beta$, $f = 55\,\mathrm{Hz}$). Der Verlauf von N_1' ist im untersynchronen und im übersynchronen Bereich geradlinig angenommen. Dieser geradlinige Verlauf ist aber nur bei vollkommenem Drehfeld ohne Oberwellen vorhanden, während die Oberwellen eine mehr oder weniger starke Krümmung der Kurve N_1' ergeben (vgl. z. B. Abb. 253a, Bd. IV).

b. Wechselfeld und elliptisches Drehfeld. Die an derselben Maschine aus Messungen gewonnenen Verluste sind beim reinen von der Ständerwicklung erregten Wechselfeld durch die stark hervorgehobenen Kurven in Abb. 27b dargestellt. Der Übersichtlichkeit wegen ist die Kurve für N_1' nur mit *1*, die für N_2' mit *2* und die Summe $Q_{E1} + Q_{E2}$ einfach mit Σ bezeichnet. Es wurden dabei zwei Stränge der dreiphasigen Ständerwicklung gegeneinander geschaltet; wir wollen den so gebildeten Wicklungsteil als Hauptstrang bezeichnen. Die Kurven gelten für dieselbe Induktionsamplitude wie die für das Kreisdrehfeld in Abb. 27a. Die gesamten Eisenverluste der Ruhe betragen dabei nur 65,6 W, das sind 0,605 von denen beim Kreisdrehfeld. Der Hysteresesprung ist auch hier noch vorhanden, aber sehr klein im Verhältnis zum Kreisdrehfeld. Die Eisenverluste der Bewegung $Q_B = \Sigma - Q_R$ sind hier immer positiv und wachsen dauernd mit der Drehzahl.

In Abb. 27b sind auch die entsprechenden Kurven für elliptische Drehfelder dargestellt, wie sie z. B. bei Repulsionsmotoren auftreten. In allen Fällen der Abb. 27 b war die vom Hauptstrang erregte Induktionsamplitude dieselbe wie beim Kreisdrehfeld ($B_1 = 4200$ Gß). Von dem dritten Strang, dem „Hilfsstrang", der um eine halbe Polteilung gegenüber dem Hauptstrang örtlich verschoben ist, wurde ein Wechselfeld erregt, das gegenüber dem des Hauptstrangs um eine Viertelperiode zeitlich verschoben war. Bezeichnet $\varkappa = B_2/B_1$ das Verhältnis der Induktionsamplituden, die vom Hilfs- und vom Hauptstrang erregt werden, so gelten die voll ausgezogenen schwächeren Kurven für $\varkappa = 1$, die gestrichelten für $\varkappa = 0{,}734$, die punktierten für $\varkappa = 0{,}507$ und die schon erwähnten stärker hervorgehobenen für $\varkappa = 0$ (reines Wechselfeld).

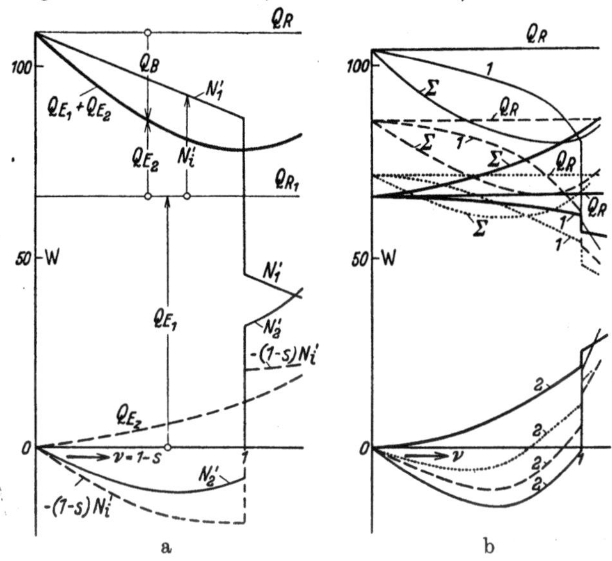

Abb. 27 a u. b. Leistungsumsatz bei offenem Läufer. a) Kreisdrehfeld, b) elliptisches Drehfeld (—— $\varkappa = 1$, ———— $\varkappa = 0{,}734$, ········· $\varkappa = 0{,}507$, —— $\varkappa = 0$), $1 = N_1'$, $2 = N_2'$, $\Sigma = Q_{E\,1} + Q_{E\,2}$.

Für $\varkappa = 1$ müßte sich dieselbe Kurve ergeben wie beim Kreisdrehfeld in Abb. 27 a, wenn das Drehfeld in beiden Fällen gleich vollkommen wäre. Bei den Kurven in Abb. 27 b haben wir aber ein zweiphasiges Drehfeld, bei dem die Induktionsverteilung der beiden einphasigen Felder verschieden ist, weil der Hauptstrang eine Spulenbreite von $^2/_3\,\tau$, der Hilfsstrang eine solche von nur $^1/_3\,\tau$ aufweist. Deshalb sind die gesamten Eisenverluste der Ruhe (Q_R) in Abb. 27 b bei $\varkappa = 1$ etwas kleiner als in Abb. 27 a. Außerdem ist der Hysteresesprung kleiner, und zwar bei $\varkappa < 1$ um so kleiner, je kleiner $\varkappa$ ist. Die Werte von $Q_B = Q_R - Q_{E1} - Q_{E\,2} = Q_R - \Sigma$, die bei $\varkappa = 1$ negativ sind, werden mit sinkendem $\varkappa$ immer größer und sind bei $\varkappa = 0$, stark ausgezogene Kurve in Abb. 27 b bei reinem Wechselfeld, dauernd positiv.

c. Berechnung der Wirbelstromverluste. Setzen wir örtlich sinusförmig verteilte und um eine halbe Polteilung gegeneinander versetzte Wechselfelder voraus, die sinusförmig mit einer Phasenverschiebung von einer Viertelperiode (Zweiphasenfeld) schwingen, so lassen sich unter Annahme unveränderlicher Permeabilität im Eisen die Wirbelstromverluste im ungenuteten Ständer und Läufer auch bei elliptischen Drehfeldern genau berechnen [L 44].

Bezeichnen wir das Verhältnis der Induktionsamplituden der beiden Wechselfelder mit $\varkappa$, das Verhältnis der jeweiligen Drehzahl zur synchronen mit ν,

$$\varkappa = B_2/B_1, \qquad \nu = n/n_1, \qquad\qquad \text{(43a u. b)}$$

und beziehen wir die Wirbelstromwärme im Ständer oder Läufer auf die vom Kreisdrehfeld mit der Induktionsamplitude $B = B_1$ im Ständer oder im ruhenden Läufer ($\nu = 0$) erzeugten Verluste, so ist dieses Verhältnis der Wirbelstromverluste

$$k_W = \tfrac{1}{2}\left[(1 - \varkappa\,\nu)^2 + (\varkappa - \nu)^2\right]. \qquad (43)$$

k_W ist also der Faktor, mit dem die beim Kreisdrehfeld (im Ständer oder ruhenden Läufer) auftretenden Verluste zu multiplizieren sind, um die Wirbelstromverluste im elliptischen Drehfeld (mit dem Induktionsverhältnis $\varkappa$) im Ständer oder im Läufer (bei der relativen Drehzahl ν) zu erhalten.

In Abb. 28 stellen die voll ausgezogenen Kurven k_W im Bereich $0 \leq \nu \leq 2$ bei verschiedenen Verhältnissen $\varkappa$ des zweiphasigen Drehfeldes dar. Zahlentafel 3 enthält die Zusammenstellung einiger Sonderfälle.

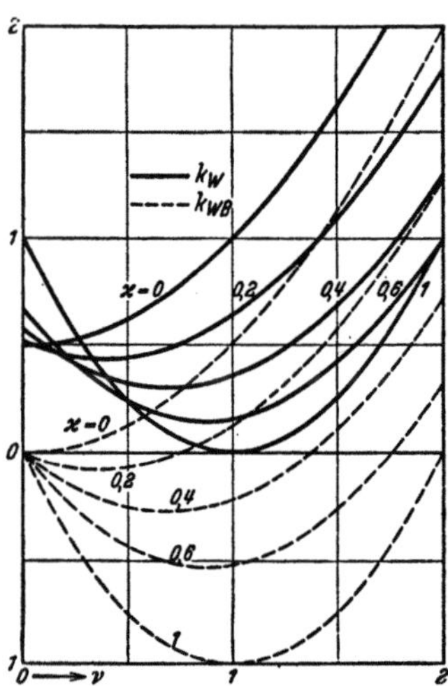

Abb. 28. Wirbelstromfaktoren bei verschiedenen $\varkappa$ über der relativen Drehzahl ν; k_W der gesamten Wirbelstromverluste, k_{WB} der der Bewegung.

Bilden wir die Differenz der Werte von k_W bei umlaufendem und bei ruhendem Läufer, so erhalten wir den Faktor

$$k_{WB} = \tfrac{1}{2}\left[(1 - \varkappa\,\nu)^2 + (\varkappa - \nu)^2 - (1 + \varkappa^2)\right], \qquad (44)$$

der durch Multiplikation mit der Wirbelstromwärme im ruhenden Läufer beim Kreisdrehfeld die Eisenverluste der Bewegung ergibt, die zu den Wirbelstromverlusten bei ruhendem Läufer (Q_{R2}) zu

Zahlentafel 3. Wirbelstromfaktor k_W.

	Ruhender Läufer (Q_{R2}) oder Ständer (Q_{R1}), $\nu = 0$	Umlaufender Läufer ($Q_{R2} + Q_B$)	Synchron umlaufender Läufer ($\nu = 1$)
Reines Drehfeld ($\varkappa = 1$)	1	$(1 - \nu)^2$	0
Reines Wechselfeld ($\varkappa = 0$)	$^1/_2$	$(1 + \nu^2)/2$	1
Elliptisches Drehfeld	$(1 + \varkappa^2)/2$	Gl. 43	$(1 - \varkappa)^2$

addieren sind, um die gesamten Wirbelstromverluste im Läufer zu erhalten (vgl. Abschn. a). k_{WB} ist in Abb. 28 über der relativen Drehzahl ν gestrichelt aufgezeichnet. Die Kurven für k_{WB} zeigen einen ähnlichen Verlauf wie die von $Q_B = Q_R - \sum$ in Abb. 27b. Abweichungen sind darin begründet, daß die Kurven in Abb. 27b auch die Hystereseverluste und die zusätzlichen Wirbelstromverluste (Q_{Ez}) enthalten; die letzteren sind in Abb. 28 Null, weil nicht nur der Läufer, sondern auch der Ständer ungenutet vorausgesetzt ist.

Bei Wechselstrommaschinen mit ausgeprägten Polen, wie sie besonders bei Vollbahnbetrieb verwendet werden, lassen sich die Wirbelstromverluste der Ruhe (im Ständer und im Läufer) wie bei einem einfachen magnetischen Kreis berechnen, weil hier praktisch wechselnde Ummagnetisierung vorliegt. Auch die Oberschwingungen des Wechselfeldes können dabei in bekannter Weise berücksichtigt werden (vgl. Abschn. II F 2b, Bd. I, u. M 1, Bd. IV). Die bei umlaufendem Anker zu diesen Eisenverlusten der Ruhe noch hinzukommenden Eisenverluste der Bewegung im Anker betragen, wenn das magnetische Feld sinusförmig schwingt, die Hälfte der Wirbelstromverluste des Ankers im Gleichstromfelde mit derselben Induktionsamplitude, die wie bei einer Gleichstrommaschine zu berechnen sind. Bei anderm zeitlichen Verlauf des Wechselfeldes ist noch der Formfaktor der Induktionskurve zu berücksichtigen (Abschn. II F 2b u. H 2, Bd. I). Das gilt auch für die zusätzlichen Verluste (Abschn. II H 3 bis 5, Bd. I, und M 1 c bis g, Bd. IV), die mechanisch gedeckt werden.

d. Hystereseverluste. Eine genaue Berechnung der Hystereseverluste des im Wechselfelde oder elliptischen Felde umlaufenden Läufers ist nicht möglich, weil sich die Induktion in jedem Eisenteilchen nicht mehr einfach zyklisch ändert, sondern eine Reihe von Umkehrpunkten innerhalb jeder Periode aufweist [L 43], wofür die Grundlagen der Verlustberechnung fehlen. Außerdem liegt immer ein Gemisch von wechselnder und drehender Ummagnetisierung vor, das die Hystereseverluste beeinflußt.

Die Erfahrung hat nun gezeigt, daß mit einer gewissen Annäherung für Drehzahlen, die über der synchronen liegen, auch die Hystereseverluste der Bewegung, die zu denen der Ruhe hinzukommen, im Wechselfeld nur etwa halb so groß sind wie in einem Gleichstromfelde mit derselben Induktionsamplitude. Nach Versuchen von Radt [L 43] können die Hystereseverluste der Bewegung im Ankerkern zwischen $0 \leq \nu \leq 1$ gleich Null gesetzt werden; bei Drehzahlen über der synchronen (die Versuche wurden nur bis etwa $\nu = 2$ durchgeführt) ergaben sie sich aus den Hystereseverlusten im Gleichstromfelde mit derselben Induktionsamplitude durch Multiplikation mit dem Faktor

$$k_H = 0{,}55\,(\nu - 1)/\nu. \tag{45}$$

Auch für elliptische Felder hat Radt die Berechnung angegeben, auf die hier aber nicht weiter eingegangen werden soll, weil sie von geringerer Bedeutung ist.

e. Praktische Berechnung der Eisenverluste. Die Berechnung der Eisenverluste beim Kreisdrehfeld haben wir im Abschn. M 1, Bd. IV, bei der Induktionsmaschine behandelt. Dort konnten wir bei Vernachlässigung der Oberwellen und der zusätzlichen Verluste (Q_{Ez}), die mechanisch gedeckt werden, voraussetzen, daß die Eisenverluste im Läufer verschwindend klein sind, weil der Läufer nahezu synchron mit dem Drehfeld umläuft. Bei andern Drehzahlen, wie sie bei den Stromwendermaschinen vorkommen, sind die Eisenverluste im Läufer wie die im Ständer unter Berücksichtigung der relativen Geschwindigkeit zwischen Läufer und Drehfeld zu berechnen. Die Berechnung der zusätzlichen Verluste, die mechanisch gedeckt werden, ist in den Abschn. II H 3 bis 5, Bd. I, und M 1 e bis g, Bd. IV, ausführlich behandelt. Wir können die gesamten Eisenverluste in ihre Anteile der Ruhe und der Bewegung nach Abschn. a zerlegen, doch fördert diese Aufteilung beim Kreisdrehfeld nicht die Anschaulichkeit.

Beim elliptischen Drehfeld erhalten wir die Wirbelstromwärme im Ständer und im ruhenden Läufer, indem wir die Wirbelstromverluste im Kreisdrehfeld (mit $B = B_1$) mit dem Faktor k_W (Gl. 43, Abb. 28 und Zahlentafel 3) multiplizieren. Nehmen wir diese Berechnung auch für die Hystereseverluste als zulässig an, so erhalten wir die gesamten Eisenverluste der Ruhe (im Ständer und im Läufer), indem wir die Verluste im Kreisdrehfeld mit dem Faktor k_W multiplizieren. Zu diesen Eisenverlusten der Ruhe kommen noch bei umlaufendem Läufer die der Bewegung hinzu, die wir mit einer gewissen Sicherheit durch Multiplikation der Eisenverluste des ruhenden Ankers im Kreisdrehfeld ($B = B_1$) mit dem Faktor k_{WB} (Gl. 44) erhalten. In gleicher Weise können wir auch beim Wechselfeld verfahren, wenn es örtlich sinusförmig verteilt ist.

Bei Wechselstrommaschinen mit ausgeprägten Polen können wir die Eisenverluste der Ruhe im Ständer und Läufer wie bei einem gewöhnlichen magnetischen Kreis mit wechselnder Ummagnetisierung berechnen. Mit der Flußamplitude $\sqrt{2}\,\Phi_{\text{eff}}$, wobei Φ_{eff} der Wechselstromkennlinie d in Abb. 11 entnommen wird, ergeben sich die Wirbelstromverluste etwas zu klein. Genauer erhält man sie als Summe der Wirbelstromverluste der praktisch in Frage kommenden Einzelschwingungen des Flusses. Die zu diesen Eisenverlusten der Ruhe noch hinzukommenden Eisenverluste der Bewegung bei umlaufendem Läufer führen wir zurück auf die Eisenverluste im Gleichstromfelde. Die Wirbelstromverluste sind bei sinusförmig schwingendem Erregerfluß halb so groß wie die im Gleichstromfelde mit derselben Induktionsamplitude [L 44]. Angenähert gilt dies bei Drehzahlen über der synchronen auch für die Hystereseverluste, so daß die gesamten Eisenverluste (die zusätzlichen eingeschlossen) etwa halb so groß sind wie die im Gleichstromfelde. Genauer scheint man zu rechnen, wenn der Anteil der Hysterseverluste bei untersynchroner Drehzahl gleich Null gesetzt wird, bei übersynchroner Drehzahl aber gleich dem Produkt aus dem Faktor k_H (Gl. 45) und den Hystereseverlusten im Gleichstromfelde.

Die zusätzlichen Eisenverluste Q_{Ez} im Gleichstromfelde, die mechanisch gedeckt werden, sind zu berechnen nach den Abschn. II H 3 bis 5, Bd. I, und M 1a bis g, Bd. IV.

Die von den Feldern in der Wendezone herrührenden Eisenverluste sind wegen der kleinen Induktionsamplitude dieser Felder klein gegen die übrigen Eisenverluste. Will man sie berücksichtigen, so kann man sie so berechnen, als wären sie allein vorhanden, und zu den vom Hauptfeld herrührenden addieren.

B. Der Einphasen-Reihenschlußmotor.

1. Grundsätzlicher Aufbau.

Der wichtigste Stromwendermotor für Einphasenstrom ist in Deutschland der Reihenschlußmotor, weil dieser zum Betrieb von Vollbahnlokomotiven verwendet wird. Aus Gründen, die wir im Abschn. A 2d erörtert haben, wird er mit niedrigerer Frequenz als der sonst üblichen von 50 Hz, nämlich mit $50/3 = 16^2/_3$ Hz betrieben. Ein ganzzahliges Verhältnis der beiden Frequenzen ist mit Rücksicht auf einfache Umformung durch synchrone Motorgeneratoren gewählt.

Beim Einphasenmotor sind wie beim Gleichstrom-Reihenschlußmotor Ankerwicklung und Feldmagnetwicklung in Reihe geschaltet. Der Erregerfluß ist dann fast in Phase mit dem Strom und das im Motor entwickelte Drehmoment schwankt nach Abschn. A 4 um einen festen Mittelwert, der um so größer ist, je kleiner der Phasenwinkel zwischen Strom und Fluß ist. Da der Erregerfluß ein Wechselfluß ist, muß nicht nur der Anker, sondern auch der ganze Feldmagnet aus Blechen zusammengesetzt werden.

Außer dem auch bei Gleichstrommotoren auftretenden Wirk, spannungsverlust in den Wicklungen und den Bürstenauflageflächen treten beim Wechselstrom-Reihenschlußmotor noch induktive Spannungsverluste in der Ankerwicklung und der Feldmagnetwicklung auf, die den Leistungsfaktor verschlechtern.

Um die induktive Spannungskomponente der Ankerwicklung zu verringern, erhält der Feldmagnet eine Kompensationswicklung (K in

Abb. 29a), wie sie auch bei Gleichstrommaschinen zur Unterdrückung der Feldverzerrung unter den Polschuhen verwendet wird. Es bleibt dann nur noch die Streuspannung zwischen Anker und Kompensationswicklung übrig, die verhältnismäßig klein ist. Im Gegensatz zur Gleichstrommaschine könnte die Kompensationswicklung auch, wie in

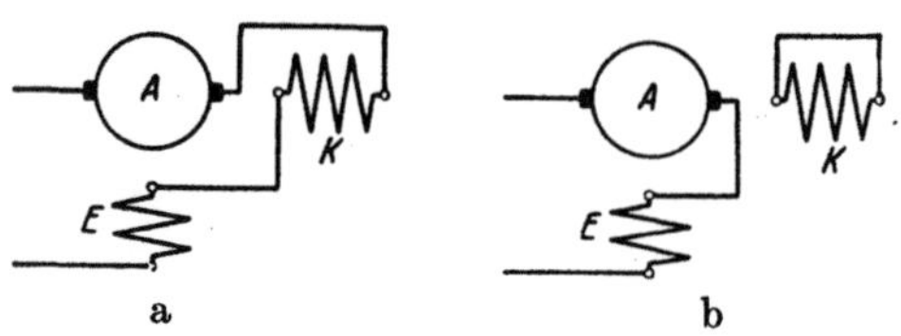

a   b

Abb. 29a u. b. Schaltungen des Reihenschlußmotors mit Kompensationswicklung K.

Abb. 29b, in sich kurzgeschlossen werden; die induktive Spannung im Anker würde dann so klein sein, wie sie mit einer Reihen-Kompensationswicklung nicht besser erreicht werden kann. Da aber eine solche Kurzschlußwicklung ein Feld in der Wendezone, das für die Stromwendung erforderlich ist, mehr oder weniger abdämpft, wird die Kompensationswicklung fast immer in Reihe mit der Ankerwicklung geschaltet.

Der Erregerfluß muß sich in voller Stärke ausbilden können, denn ihm proportional ist das im Motor entwickelte Drehmoment. Wir

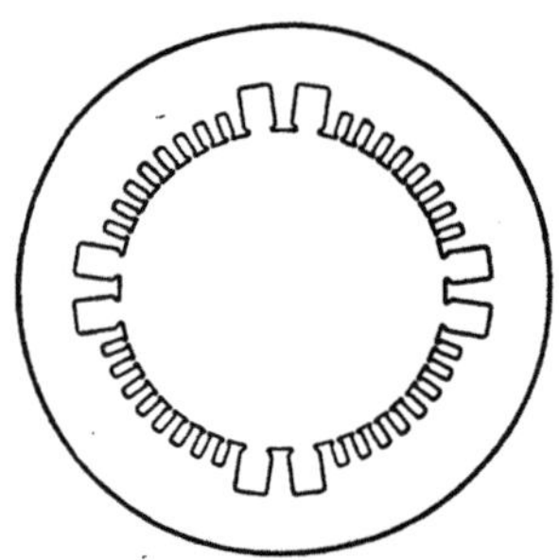

Abb. 30. Ständerblech eines vierpoligen Reihenschlußmotors.

können aber die induktive Spannung der Erregerwicklung einschränken, wenn wir den magnetischen Widerstand für den Erregerfluß möglichst klein halten. Das ist hauptsächlich durch Ausführung des Motors mit möglichst kleiner Luftspaltlänge zwischen Anker und Feldmagnet zu erreichen, dann aber auch durch nicht zu hohe magnetische Beanspruchung im Eisen. Die Windungszahl der Erregerwicklung wird dadurch wesentlich kleiner als beim Gleichstrommotor und kann mit der Wendepolwicklung in einer vergrößerten Nut des Ständerblechs

untergebracht werden. Der Feldmagnet erhält dadurch im Schnitt senkrecht zur Welle eine wesentlich andere Gestalt als bei der Gleichstrommaschine mit den großen Lücken zwischen Haupt- und Wendepolen. In Abb. 30 ist beispielsweise das Ständerblech eines vierpoligen Einphasenmotors dargestellt. Die Wendepole sind dabei zu Wendezähnen mit verhältnismäßig kleinen Abmessungen geworden.

2. Der Phasenwinkel zwischen Ankerstrom und Erregerfluß.

Wir denken uns zunächst den Anker ruhend, die Bürsten abgehoben und an die Erregerwicklung eine Wechselspannung $\hat{U}_E$ gelegt. Die Erregerwicklung verhält sich dann wie eine Drossel oder ein leerlaufender Transformator, und es gilt das Vektordiagramm in Abb. 31 a, worin $X_{E\sigma}$ der Streublindwiderstand der Erregerwicklung und $\dot{E}_{Eh}$ die vom Ankermantelfluß induzierte EMK in der Erregerwicklung ist. Der Strom I ist gleich der Summe aus dem Magnetisierungsstrom $\dot{I}_\mu$ zur Erregung des Flusses Φ und dem Verluststrom $\dot{I}_v$, der durch Multiplikation mit der EMK $\dot{E}_{Eh}$ die Eisenverluste im Ständer und Läufer bei Stillstand bestimmt. Der Winkel ε' zwischen Fluß und Strom ändert sich nur wenig mit der in der Erregerwicklung induzierten EMK.

Wenn der stromlose Anker von außen angetrieben wird, ändern sich nach Abschn. A 9b die Eisenverluste, die von der Erregerwicklung aus gedeckt werden, nur sehr wenig, d. h. der Winkel ε' ist praktisch unabhängig von der Drehzahl. Im umlaufenden Anker treten aber noch Ummagnetisierungsverluste auf, die von dem Antriebsmotor

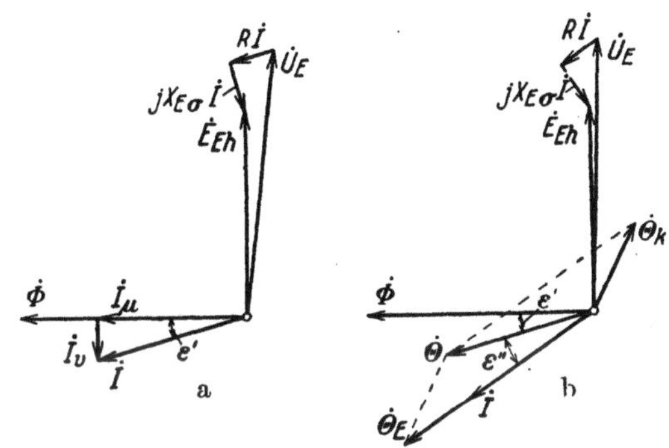

Abb. 31 a u. b. Strom- und Spannungsdiagramme der Erregerwicklung; a) bei abgehobenen, b) bei aufliegenden Bürsten.

gedeckt werden oder beim Betrieb als Motor das Nutzdrehmoment an der Welle des Motors schwächen.

Legen wir nun die Bürsten auf, so verhalten sich, wie wir im Abschn. A 7a gesehen haben, die durch Bürsten kurzgeschlossenen Ankerspulen wie eine in sich kurzgeschlossene Sekundärwicklung eines Transformators, dessen Primärwicklung die Erregerwicklung ist. Die zur Erregung des Flusses Φ erforderliche Durchflutung Θ ist gleich der Summe aus der Durchflutung Θ_E der Erregerwicklung und der Durchflutung Θ_k der kurzgeschlossenen Ankerwindungen für je einen magnetischen Kreis (Abb. 31b). Mit der Durchflutung Θ_E ist der Strom I in der Erregerwicklung, der beim Reihenschlußmotor gleich dem Ankerstrom ist, in Phase. Unter dem Einfluß der kurzgeschlossenen Ankerspulen wird also der Strom noch weiter aus der Phase des Flusses gedrängt als bei abgehobenen Bürsten, und damit wird bei denselben Werten von Fluß und Strom das mittlere Drehmoment geschwächt [L 15]. Der Winkel ε'' zwischen Θ und Θ_E, der der Rückwirkung der kurzgeschlossenen Ankerspulen entspricht, wird, wie wir im Abschn. A 7b gesehen haben, mit zunehmender Drehzahl sehr schnell kleiner.

Das Drehmoment ist proportional $\cos \varepsilon = \cos (\varepsilon' + \varepsilon'')$. Der Winkel ε' ist sehr klein, etwa von der Größenordnung $1°$. Der Winkel $\dot{E}''$

soll bei guten Motoren wegen der Rückwirkung der Ströme in den von Bürsten überbrückten Ankerspulen schon bei ruhendem Anker klein sein und ist es dann erst recht bei umlaufendem Anker. Wir werden deshalb auch in den folgenden Abschnitten $\cos \varepsilon = \cos (\varepsilon' + \varepsilon'') = 1$ setzen, also $\varepsilon \approx 0$. Der Fluß Φ ist dann in Phase mit dem Strom I in der Anker- und Erregerwicklung.

3. Die Kennlinien des Reihenschlußmotors.

a. Schaltung und Spannungsdiagramm. In Abb. 32 ist die Schaltung des Reihenschlußmotors dargestellt mit den Stromrichtungen in den Wicklungen und den magnetischen Wicklungsachsen. Da die Regelung der Drehzahl gewöhnlich durch Ändern der Klemmenspannung erfolgt, ist auch der hierzu erforderliche Stufentransformator dargestellt, von dem wir in späteren Abbildungen häufig nur die Sekundärwicklung zeichnen werden. Seinen Spannungsverlust werden wir im allgemeinen vernachlässigen. Wir entnehmen der Schaltung zunächst die Drehrichtung des Motors nach Abschn. A 3 d im Sinne des Uhrzeigers.

Bei Aufstellung der Spannungsgleichung, nach der die Summe aus Klemmenspannung $\dot U$ und den Spannungsverlusten gleich der induzierten EMK ist, zählen wir die negativ genommene EMK der Ruhe $\dot E_{Eh}$, die in der Erregerwicklung vom Ankermantelfluß induziert wird, als Spannungsverlust $j\,X_{Eh}\,I = -\dot E_{Eh}$, weil sie eine unerwünschte Spannung ist. X_{Eh} ist aber im allgemeinen keine feste Größe, sondern sinkt mit wachsendem Strom nach Maßgabe der magnetischen Kennlinie. Wir bezeichnen ferner mit $X_{E\sigma}$ den Streublindwiderstand, mit R_E den Wirkwiderstand der Erregerwicklung, mit X_K bzw. R_K Blind- und Wirkwiderstand der Kompensationswicklung (einschließlich der Wendewicklung W), mit X_A und R_A Blindwiderstand und Wirkwiderstand der Ankerwicklung, mit $\dot V$ den mit dem Strom I phasengleichen Spannungsverlust unter den Bürsten und mit $\dot E \equiv \dot E_B$ die vom Fluß Φ in der Ankerwicklung induzierte EMK der Bewegung, die nach Abschn. A 3a in Gegenphase zum Erregerfluß Φ ist. Vernachlässigen wir neben dem Phasenwinkel ε zwischen Fluß φ und Strom i die Oberschwingungen dieser Größen, so lautet die Spannungsgleichung

$$\dot U - \dot E_{Eh} + [j\,X_{E\sigma} + R_E + j\,X_K + R_K + j\,X_A + R_A]\,\dot I + \dot V = \dot E. \qquad (46)$$

Bei vollständiger Kompensation sind X_K und X_A Streublindwiderstände. Gewöhnlich überwiegt aber die Durchflutung der Kompensationswicklung gegenüber der Ankerwicklung, wenigstens innerhalb der Wendezone, so daß dann die Blindwiderstände X_K und X_A auch die Induktivität enthalten, die dem Ankermantelfeld in der Ankerachse entspricht. Bei starker Überkompensation kann X_A negativ werden.

Der Gl. 46 entspricht das Spannungsdiagramm in Abb. 32a. Die der Messung zugänglichen Punkte sind sowohl in der Schaltung Abb. 32 als auch in dem Spannungsdiagramm Abb. 32a durch die Zahlen 0 bis 3 hervorgehoben. $\varphi' = 180° - |\varphi|$ ist der Phasenwinkel zwischen dem negativen Strom $-\dot{I}$ und der Klemmenspannung $\dot{U}$.

Um die Drehzahlregelung bei unveränderlichem Drehmoment zu überblicken, zeichnen wir das Spannungsdiagramm in anderer Reihenfolge der Spannungsverluste auf, wobei wir die Wirkwiderstände und die Blindwiderstände zu $R = R_E + R_K + R_A$ und $X = X_{E\sigma} + X_K + X_A$ zusammenfassen, wie es Abb. 32b zeigt. $\dot{U}_0$ ist die Klemmenspannung bei Stillstand. Bei unveränderlichem Drehmoment

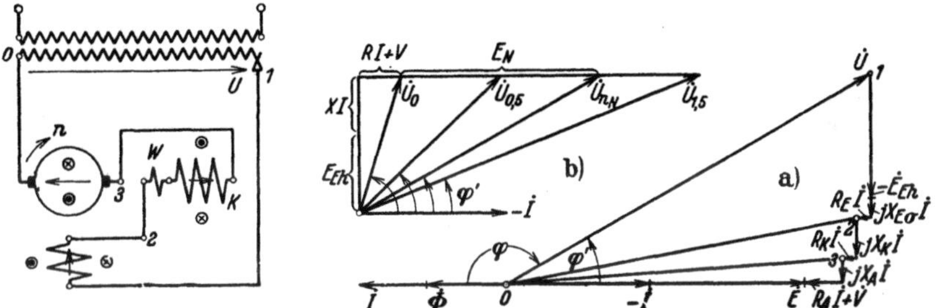

Abb. 32. Schaltung und Spannungsdiagramme des Reihenschlußmotors; a) grundsätzliches Diagramm, b) bei festem Drehmoment.

sind auch $\dot{I}$ und $\dot{\Phi}$ unveränderlich; die EMK E ist nach Gl. 2b dann nur noch proportional der Drehzahl. Aus dem Diagramm können wir entnehmen, wie die Klemmenspannung abzustufen ist, um verschiedene Drehzahlen einzustellen. Mit wachsender Drehzahl wird der Phasenwinkel φ' zwischen dem negativen Strom und der Klemmenspannung kleiner, der Leistungsfaktor also besser. In Abb. 32b sind beispielsweise die Klemmenspannungen für die Drehzahlen 0, $0{,}5\,n_N$, n_N und $1{,}5\,n_N$ eingetragen. In Wirklichkeit ist aber nicht, wie im Diagramm, die Phase des Stromes, sondern die der Klemmenspannung fest; an dem Verhalten des Motors ändert sich dadurch nichts.

b. Kreisdiagramm. Für den Fall, daß die magnetische Kennlinie der Erregerwicklung eine Gerade ist, ist die Ortskurve des Stromes bei fester Klemmenspannung $\dot{U}$ und veränderlichem Strom oder Drehmoment ein Kreis. Dieses Diagramm gibt aber nur einen ungefähren Anhalt, wie sich die zur Beurteilung des Motors maßgebenden Größen bei fester Klemmenspannung und wechselnder Belastung ändern, weil die magnetische Kennlinie der Erregerwicklung bei gut ausgenutzten Motoren wesentlich von der Geraden abweicht, die EMK E_{Eh} der Erregerwicklung also nicht mehr dem Strom I proportional ist.

Bezeichnen wir mit X' den gesamten induktiven Blindwiderstand einschließlich dem, der der EMK E_{Eh} entspricht, und mit R' den gesamten Wirkwiderstand einschließlich dem, der dem Spannungsverlust V unter den Bürsten entspricht, den wir zur Vereinfachung proportional I setzen, so erhalten wir das Diagramm in Abb. 33a. In diesem Diagramm sind die Winkel α und β unveränderlich. Der Winkel α ist ein rechter, der Winkel β ergibt sich aus den Widerständen X' und R'; es ist

$$\operatorname{tg}(\pi - \beta) = X'/R'. \tag{47}$$

Die Punkte a und b wandern deshalb bei fester Klemmenspannung U auf Kreisen, der Punkt a auf einem Halbkreis über $\overline{00'}$; der Mittel-

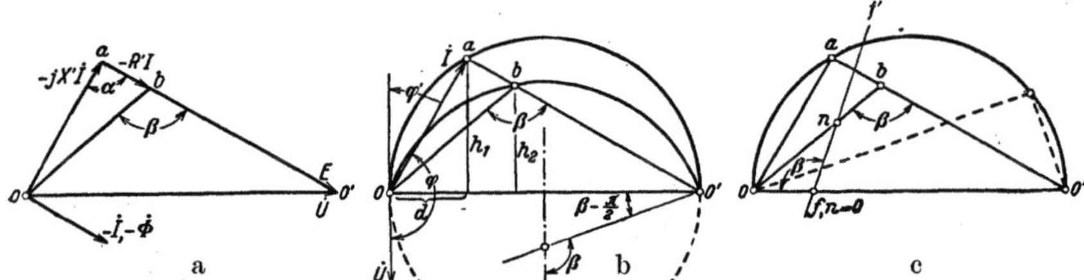

Abb. 33a bis c. a) Spannungsdiagramm, b) Kreisdiagramm für den Strom bei fester Klemmenspannung, c) Darstellung der Drehzahl.

punkt des Kreises b liegt auf der Mittelsenkrechten zu $\overline{00'}$, der Kreis b geht durch 0 und 0'.

Dividieren wir in diesem Diagramm alle Spannungsgrößen durch $-jX'$, so erhalten wir das Stromdiagramm in Abb. 33b mit dem Durchmesser $\overline{00'} = U/X'$. Um die Phase des Stromes I gegen die Klemmenspannung U zu erkennen, muß U aus der Lage in Abb. 33a um 90° im Sinne des Uhrzeigers gedreht werden. Der gestrichelte Teil des Kreises entspricht dem Betrieb als Generator, der aber, wie wir im Abschn. F 1b sehen werden, keine große praktische Bedeutung hat, weil dabei meist Selbsterregung mit Gleichstrom auftritt.

Die Leistungen des Motors lassen sich wie beim Induktionsmotor durch Lote h_1 und h_2 von den Punkten a und b auf den Durchmesser $\overline{00'}$ darstellen. Wir erhalten für die vom Motor aufgenommene elektrische Leistung

$$N_1 = U\,h_1, \tag{48a}$$

worin h_1 im Strommaßstab zu messen ist. Die mechanische Leistung des Motors verhält sich zur aufgenommenen Leistung wie $\overline{0'b} : \overline{0'a}$, ist also

$$N_{\text{mech}} = U\,h_2. \tag{48b}$$

Das Drehmoment ist proportional $\overline{0a^2} = d \cdot \overline{00'}$ (vgl. Abb. 33b). Da $\overline{00'}$ unveränderlich ist, ist das Drehmoment

$$M = C \cdot d, \qquad (48c)$$

worin sich der Maßstabsfaktor C nach Gl. 15 ergibt.

Die Drehzahl ist nach Gl. 2b proportional E/Φ, also proportional $\overline{0'b}/\overline{0a} \sim \overline{0'b}/\overline{0b}$. Ziehen wir durch einen Punkt f auf dem Durchmesser $\overline{00'}$ eine Gerade $\overline{ff'}$, die den Winkel β mit $\overline{0'0}$ einschließt (Abb. 33c), so ist die Strecke

$$\overline{fn} = \frac{\overline{0'b}}{\overline{0b}}\,\overline{0f}, \qquad (49)$$

die der Strahl $\overline{0b}$ auf der Geraden $\overline{ff'}$ abschneidet, ein Maß für die Drehzahl. Im Punkt f ist die Drehzahl Null; der Maßstab ergibt sich aus Gl. 2b.

Es sei nochmals darauf hingewiesen, daß das Kreisdiagramm nur innerhalb des Bereichs gilt, in dem Proportionalität zwischen Strom und Fluß besteht.

c. Berechnung der Betriebskurven. Wenn die magnetische ,,Wechselstromkennlinie" $\Phi_{\mathrm{eff}}(I)$ (vgl. Abschn. A 5) bekannt ist und der Phasenwinkel ε zwischen Strom und Fluß gleich Null gesetzt wird, können wir die Betriebskurven des Motors, welche Drehzahl n, Strom I und Leistungsfaktor $\cos\varphi'$ über dem Drehmoment M bei fester Klemmenspannung U darstellen, auf einfache Weise ermitteln. Nur bei sehr kleinen Drehzahlen ist die Vernachlässigung des Winkels ε nicht berechtigt, weil dann nach Abb. 31b Strom und Fluß nicht mehr in Phase sind. Wollen wir diesen Einfluß berücksichtigen, so müssen wir nach Abschn. A 7a u. b das Durchflutungsdiagramm ermitteln und damit nach Gl. 17c das Drehmoment berechnen. Bei demselben Drehmoment wird dann der Strom etwas größer, der Leistungsfaktor aber etwas besser (vgl. Abb. 31b).

Wir gehen bei der gegebenen Klemmenspannung U von einem Motorstrom I aus und entnehmen der Wechselstromkennlinie (Abschn. A 5) den zugehörigen Fluß Φ_{eff}. Damit erhalten wir nach Gl. 17c das Drehmoment und die in der Erregerwicklung induzierte EMK zu

$$E_{Eh} = 2\pi f \xi_E w_E \Phi_{\mathrm{eff}}. \qquad (50)$$

w_E ist die Zahl der gesamten in Reihe geschalteten Windungen der Erregerwicklung; bei der üblichen Ausführung des Motors mit ausgeprägten Polen ist der Wicklungsfaktor der Erregerwicklung $\xi_E = 1$. Die gesamte Blindspannungskomponente des Motors ist $E_{Eh} + XI$, die Wirkkomponente also

$$U_w = \sqrt{U^2 - (E_{Eh} + XI)^2}. \qquad (50a)$$

Ziehen wir von dieser Spannung den Wirkspannungsverlust ab, so ist die in der Ankerwicklung induzierte EMK

$$E = U_w - (R\,I + V), \tag{50b}$$

mit der wir nach Gl. 1 b die Drehzahl n erhalten. Der Leistungsfaktor ist

$$\cos \varphi' = U_w/U. \tag{50c}$$

Indem wir so von verschiedenen Strömen bei der festen Klemmenspannung U ausgehen, können wir punktweise die Kurven $n\,(M)$, $I\,(M)$ und $\cos \varphi'\,(M)$ ermitteln.

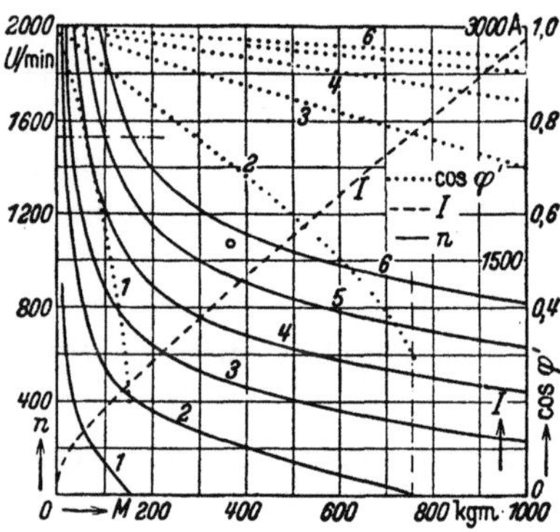

Abb. 34. Kennlinien des im Abschn. K berechneten Reihenschlußmotors bei verschiedenen Klemmenspannungen.

Für den im Abschn. K berechneten Vollbahnmotor sind auf diese Weise die Kennlinien für verschiedene Klemmenspannungen U gleich 60, 120, 180, 240, 300, 360 V (in Abb. 34 mit *1* bis *6* bezeichnet) berechnet und in Abb. 34 über dem im Motor entwickelten (inneren) Drehmoment M dargestellt. Der Berechnung lag die Wechselstromkennlinie d in Abb. 11 zugrunde. Der Winkel ε zwischen Strom und Fluß ist auch für die kleinsten Drehzahlen gleich Null gesetzt. Der Wirkwiderstand wurde so eingesetzt, wie er sich bei Nennbetrieb ergibt, nämlich zu $R + V/I = 0,015\,\Omega$; der Blindwiderstand X ist $0,02\,\Omega$ (vgl. Abschn. K 6 c u. 7e). Die betriebsmäßig vorkommende höchste Drehzahl und das Anlaufmoment sind durch strichpunktierte Geraden abgegrenzt; der Dauerbetrieb ist durch einen kleinen Kreis angedeutet (vgl. Einleitung zu Abschn. K). Die Drehzahlkennlinien zeigen im wesentlichen dasselbe Verhalten wie bei einem Gleichstromreihenschlußmotor. Die Stromkurve $I\,(M)$ gilt für alle Klemmenspannungen U, weil wir den Einfluß der Kurzschlußströme vernachlässigt haben.

4. Der Reihenschlußmotor mit phasenverschobenem Wendefeld.

In den folgenden Abschnitten werden wir die verschiedenen Schaltungen zur Unterdrückung der EMKe der Stromwendung und der Ruhe in den von Bürsten überbrückten Ankerspulen behandeln. Bei den Untersuchungen werden wir im allgemeinen nur die Grundschwingungen des Erregerflusses und des Ankerstromes berücksichtigen und die Oberschwingungen der EMKe der Ruhe $\mathfrak{e}_R$ und der Stromwendung $\mathfrak{e}_W$ außer acht lassen. In welchem Grade sich die Oberschwingungen dieser EMKe bei den einzelnen Schaltungen unterdrücken lassen, haben wir im Abschn. A 8 besprochen. In der Regel werden wir hier voraussetzen, daß das Wendefeld so eingestellt werden soll, daß bei Nennbetrieb (Dauerbetrieb) die EMKe $\mathfrak{e}_W$ und $\mathfrak{e}_R$ praktisch vollkommen unterdrückt werden (vgl. Abschn. K 8). Unter Umständen, nämlich wenn andere Betriebszustände häufig vorkommen, kann diese Einstellung auch für einen andern Betriebszustand erfolgen. Im Abschn. g werden wir die Ergebnisse zusammenfassen und die verschiedenen Schaltungen miteinander vergleichen.

a. Blindwiderstand parallel zur Ankerwicklung. Die Ankerwicklung stellt bei Motorbetrieb im wesentlichen einen Wirkwiderstand dar. Schalten wir deshalb parallel zu den Ankerbürsten eine Drossel (Abb. 35a), so ist der Strom $\dot{I}_A$ in der Ankerwicklung gegen den Strom $\dot{I}_K$ in der Kompensationswicklung phasenverfrüht (Abb. 35b), und die Durchflutungen der Anker- und Kompensationswicklung (einschließlich einer Reihenwendewicklung W) ergeben in der Wendezone die resultierende Durchflutung $\dot{\Theta}_r$. Diese Durchflutung erregt bei richtiger Bemessung der Windungszahl der Kompensationswicklung (einschließlich der Wicklung W) und der Drossel in der Wendezone ein Feld, dessen Bewegungs-EMK die EMK der Stromwendung $\mathfrak{E}_W$ und bei fester Drehzahl auch die Ruhe-EMK $\mathfrak{E}_R$ aufhebt [L 48].

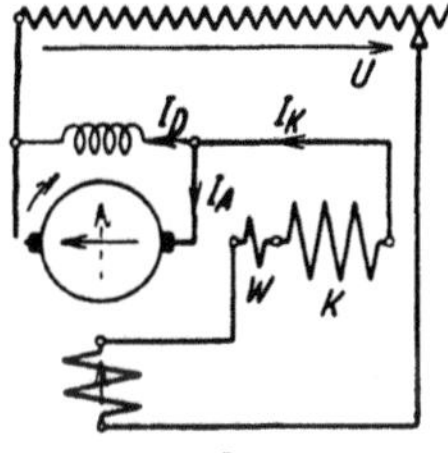

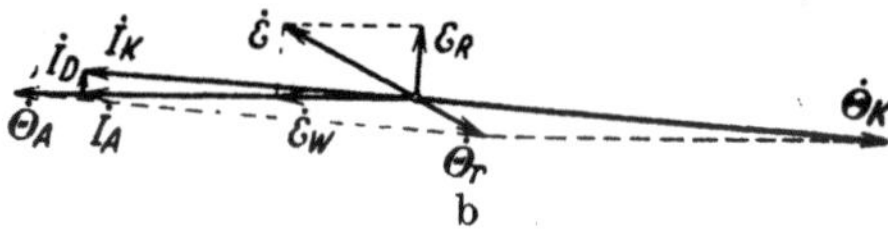

Abb. 35a u. b. a) Drossel parallel zu den Ankerbürsten; b) Strom- und Durchflutungsdiagramm.

Die positiven Achsen der Ankerwicklung und der Erregerwicklung sind in Abb. 35a voll eingezeichnet, die positive Achse der von Bürsten überbrückten Ankerspule ist gestrichelt dargestellt. Die EMK der Ruhe in der Erregerwicklung und die EMK $\mathfrak{E}_R$ in der kurzgeschlossenen Ankerspule sind um eine Viertelperiode gegen $\dot{I}_K$ phasenverspätet. Nach Regel 2 im Abschn. A 3a ist die EMK der Stromwendung $\mathfrak{E}_W$ in Phase mit dem Ankerstrom $\dot{I}_A$ und die der Bewegung in dem von der resultierenden Durchflutung Θ_r erregten Felde in Phase mit $\dot{\Theta}_r$, also der EMK $\mathfrak{E} = \mathfrak{E}_R + \mathfrak{E}_W$ entgegengerichtet. Wirkwiderstand der Drossel und Blindwiderstand der Ankerwicklung (vgl. Abschn. b) sind in Abb. 35b vernachlässigt; sie gilt für Nennmoment (369 kgm) und Nenndrehzahl (1070 U/min) des im Abschn. K berechneten Vollbahnmotors.

Um die Leistung der Drossel abzuschätzen, vernachlässigen wir die sehr kleine Komponente von $\mathfrak{E}_R$, die in Gegenphase zu $\mathfrak{E}_W$ ist. Es muß dann mit der Ankerdurchflutung $\Theta_A = 6 \cdot 1312 = 7872$ A die Komponente von $\dot{\Theta}_r$, die in Gegenphase zu $\mathfrak{E}_W$ (5,5 V) ist, nach Abschn. K 8 gleich $\Theta_{rW} = 1312$ A und die Komponente in Gegenphase zu $\mathfrak{E}_R$ (2,92 V) gleich $\Theta_{rw} = \Theta_{rW} \, 2{,}92/5{,}5 = 696$ A sein. Damit ergibt sich der Strom in der Drossel zu $\dot{I}_D = \dot{I}_A \, \Theta_{rw}/\Theta_A = 116$ A. Die Ankerspannung ist bei Nennbetrieb 328 V, die Leistung der Drossel also $N_D = 38$ kVA, das sind 9,4% der Nennleistung (405 kW).

Wenn die Drossel mit Luftspalt ausgeführt wird, so daß ihre magnetische Kennlinie eine Gerade ist, ist der Strom I_D in der Drossel und die Durchflutungskomponente Θ_{rw} der Ankerspannung, die Komponente Θ_{rW} dem Ankerstrom proportional. Es ergibt sich deshalb hier dieselbe Funkenunterdrückung wie bei der Schaltung in Abb. 36a, die wir im nächsten Abschnitt ausführlicher betrachten werden.

Die Schaltung mit Drossel parallel zum Anker ist auch für Generatorbetrieb geeignet, der nach Abschn. F 1 nur bei fremderregter Maschine in Frage kommt. Daß hier beim Übergang zum Generatorbetrieb die Art des Parallelwiderstandes nicht geändert werden muß (vgl. Abschn. A 8 d), liegt daran, daß die Ankerwicklung bei Generatorbetrieb im wesentlichen einen negativen Wirkwiderstand darstellt.

b. Nebenschlußwendewicklung an den Ankerbürsten. Die geeignete Phase der Induktionskomponente $\dot{B}_w$ in der Wendezone, die die Ruhe-EMK $\mathfrak{E}_R$ durch eine Bewegungs-EMK $\mathfrak{E}_{Bw}$ unterdrückt, erhalten wir sehr angenähert durch eine Wendewicklung w, die von der Spannung an den Ankerbürsten gespeist wird (Abb. 36a) [L 49]. Diese Spannung (Vektor $0\ 3$ in Abb. 32 a) ist sehr angenähert um eine Viertelperiode phasenverspätet gegen die in der Erregerwicklung induzierte EMK $\dot{E}_{Eh}$; denn X_A ist durch die Überkompensation der Ankerwicklung in der Wendezone, die die vom Ankerstrom durchflossene Wendewicklung W

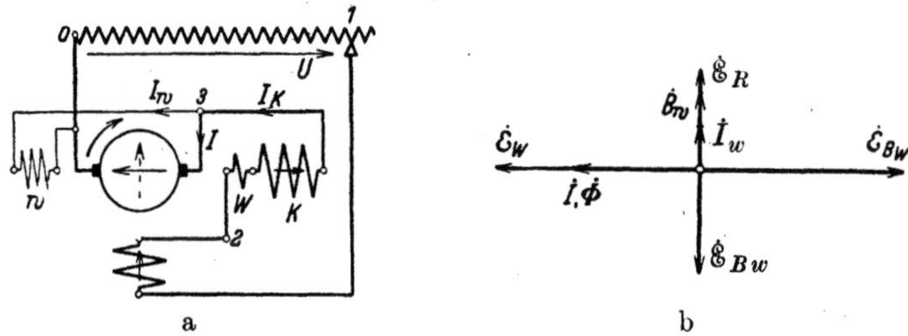

Abb. 36a u. b.   a) Nebenschlußwendewicklung parallel zu den Ankerbürsten;
b) EMKe einer Ankerspule.

bewirkt, verschwindend klein (bei unserm Vollbahnmotor ist die Blindspannung kapazitiv und beträgt bei Nennbetrieb nach Abschn. K 7 d nur wenige Hundertstel, nämlich $0{,}00876 \cdot 1312/328 \approx 0{,}035$, der Ankerspannung $0\ 3$ in Abb. 32 a).

Lassen wir die positive Achse (gestrichelt in Abb. 36 a) der von Bürsten überbrückten Ankerspule mit der magnetischen Achse der Erregerwicklung zusammenfallen, so ist (Abb. 36 b) $\mathfrak{E}_R$ gegen Φ um eine Viertelperiode phasenverspätet. Praktisch in Phase mit $\mathfrak{E}$ ist der Strom I_w in der Wicklung w und die Induktionskomponente $\dot{B}_w$, die von I_w erregt wird. Die in der Ankerspule induzierte EMK der Bewegung $\mathfrak{E}_{Bw}$ ist in Gegenphase zu $\dot{B}_w$ und bei angemessener Windungszahl der Wicklung w sehr angenähert gleich $-\mathfrak{E}_R$.

Damit sich die vom Ankerstrom I erregte Wendefeldkomponente B_W zur Unterdrückung der EMK der Stromwendung $\mathfrak{E}_W$ ungestört ausbilden kann, muß eines der im Abschn. A 8 b angegebenen Mittel (am zweckmäßigsten ein Entkopplungstransformator) angewendet werden. In Abb. 36 a ist angenommen, daß die Wicklungen w und W eine große gegenseitige Streuung aufweisen, wie es durch die größere Spulenweite von w gegenüber W angedeutet ist.

Bei der angenommenen Richtung der Wicklungsachse der kurzgeschlossenen Ankerspule ist nach Abschn. A 7 c bei Motorbetrieb $\mathfrak{E}_W$ in Phase mit dem Ankerstrom I und die EMK der Bewegung $\mathfrak{E}_{BW}$ in Gegenphase zu $\mathfrak{E}_W$. Durch richtige Einstellung der Wendefelder lassen sich also für einen bestimmten Belastungszustand $\mathfrak{E}_R$ und $\mathfrak{E}_W$ durch die Komponenten $\mathfrak{E}_{Bw}$ und $\mathfrak{E}_{BW}$ der EMK der Bewegung praktisch vollkommen aufheben.

Bei unserer Voraussetzung, daß die Wendefeldkomponente zur Unterdrückung von $\mathfrak{E}_W$ nicht durch die Wendefeldkomponente zur Unterdrückung von $\mathfrak{E}_R$ gestört wird, werden bei geradliniger Stromwendung außer der Grundschwingung auch die Oberschwingungen von $\mathfrak{E}_W$ für alle Betriebszustände unterdrückt, sofern die magnetische Kennlinie des Wendepolkreises bis zu den höchsten

Spitzen des Ankerstromes eine Gerade durch den Ursprung ist. Wir haben deshalb, wenn wir die Funkenunterdrückung bei beliebigen Belastungszuständen untersuchen, nur das Verhalten der Rest-EMK $\mathfrak{E}_F = \mathfrak{E}_R - \mathfrak{E}_{Bw}$, die im wesentlichen bei der hier behandelten Schaltung das Bürstenfeuer verursacht, zu betrachten.

Das Nebenschlußwendefeld möge nun so eingestellt sein, daß bei Nennbetrieb (Drehzahl n_N) die Ruhe-EMK $\mathfrak{E}_{RN}$ durch die Bewegungs-EMK $\mathfrak{E}_{BwN}$ vollständig unterdrückt wird. Die Spannung, an der die Nebenschlußwendewicklung liegt, ist angenähert gleich der Bewegungs-EMK $\acute{E}$ in der Ankerwicklung und diese proportional $n\,\mathfrak{E}_R$ (Gl. 9a), also ist die Bewegungs-EMK $\mathfrak{E}_{Bw}$ proportional $n^2\,\mathfrak{E}_R$. Damit erhalten wir die Bewegungs-EMK $\mathfrak{E}_{Bw}$ bei beliebigem Betriebszustand zu

$$\mathfrak{E}_{Bw} = \nu^2\,\frac{\mathfrak{E}_R}{\mathfrak{E}_{RN}}\,\mathfrak{E}_{BwN} = \nu^2\,\mathfrak{E}_R \quad \text{mit} \quad \nu = n/n_N, \qquad \text{(51\,a u. b)}$$

und die Funken-EMK (Rest-EMK), die für das Bürstenfeuer maßgebend ist, zu

$$\mathfrak{E}_F = |\,1 - \nu^2\,| \cdot \mathfrak{E}_R. \qquad (51)$$

Jedem Wert von $\mathfrak{E}_R$ entspricht nun ein bestimmtes Drehmoment (vgl. Abb. 13 für unsern Vollbahnmotor). Wir können deshalb die Funken-EMK in das Koordinatennetz der Drehzahlkennlinien $n\,(M)$ eintragen. Für eine feste Funken-EMK $\mathfrak{E}_F$ erhalten wir bei einem angenommenen Drehzahlverhältnis ν die zugehörige EMK $\mathfrak{E}_R$, der ein bestimmtes Drehmoment entspricht. In Abb. 43a des Abschn. g sind solche Kurven konstanter Funken-EMK (Parameter in V) in das Koordinatennetz M, n für unsern Vollbahnmotor eingezeichnet; die Drehzahlkennlinien sind schwach angedeutet (vgl. Abb. 34), strichpunktierte Geraden begrenzen die größte betriebsmäßig auftretende Drehzahl 1530 U/min und das Anfahrmoment 755 kgm; der Nennbetrieb des Motors ist durch einen kleinen Kreis angedeutet.

Wir erkennen aus den Kurven, daß bei Nenndrehzahl, aber veränderlichem Drehmoment die Funken-EMK Null ist. Bei andern Betriebszuständen wächst die Funken-EMK mit der Abweichung der Drehzahl von der Nenndrehzahl, und zwar um so mehr, je kleiner das Drehmoment ist. Die Berücksichtigung des vernachlässigten Wirkwiderstandes in der Ankerwicklung würde sich darin äußern, daß die Funken-EMK etwas kleiner wird.

Wenn die Nebenschlußwendewicklung über einen Regeltransformator gespeist und ihre Spannung abhängig von der Drehzahl geregelt wird [L 49], läßt sich für alle Betriebszustände, abgesehen von sehr kleinen Drehzahlen, die Funken-EMK praktisch unterdrücken. Mit wenigen Regelstufen läßt sich schon erreichen, daß bis herunter zu etwa $0{,}3\,n_N$ die Funken-EMK unter 1 V bleibt. Für kleine Drehzahlen versagt die Unterdrückung, weil die Induktion in der Wendezone zu hohe Werte annehmen müßte.

Die Nebenschlußwendewicklung stellt einen induktiven Widerstand dar, der der Ankerwicklung parallel geschaltet ist, sie wirkt also praktisch zugleich auch im Sinne der Abb. 35a. Durch die Parallelschaltung der Induktivität der Nebenschlußwendewicklung zur Ankerwicklung wird deshalb die Funkenunterdrückung nicht gestört; der Strom in der Wendewicklung muß nur entsprechend schwächer eingestellt werden. Wir hatten für den bei Nennbetrieb erforderlichen Drosselstrom im Abschn. a 116 A gefunden; der Strom in der Nebenschlußwendewicklung beträgt aber nach Abschn. A 8c selbst bei Anwendung eines Entkopplungstransformators ($E_w \approx E$) nur $0{,}00456 \cdot 1312 \approx 6$ A. $\acute{I}_K$ ist also praktisch in Phase mit $\acute{I}$.

c. Nebenschlußwendewicklung an fester Spannung des Regeltransformators.
Für einen bestimmten Belastungszustand (Drehzahl und Drehmoment) ist die
resultierende EMK $\mathfrak{E}$ aus den EMKen der Ruhe $\mathfrak{E}_R$ und der Stromwendung $\mathfrak{E}_W$
um eine Viertelperiode gegen die Klemmenspannung $\dot{U}$ phasenverfrüht. Für
diesen Belastungszustand läßt sich von einer Wendewicklung w, die an einer
festen Spannung der Sekundärwicklung des Regeltransformators liegt (Abb. 37a),
ein Wendefeld $\dot{B}$ erregen, das eine EMK $\mathfrak{E}_B$ induziert, die die EMK $\mathfrak{E}$ gerade
aufhebt (Abb. 37b) [L 39a u. b].

Da der Belastungszustand, bei dem $\mathfrak{E}$ um eine Viertelperiode gegen $\dot{U}$ verfrüht ist, für Vollbahnmotoren mit $16^2/_3$ Hz bei einer Drehzahl auftrifft, die weit
unter der im Betriebe am häufigsten vorkommenden Drehzahl liegt, wird man den
größten Teil der EMK der Stromwendung $\mathfrak{E}_W$ durch eine vom Ankerstrom erregte
Wendefeldkomponente aufheben, die (wie bei der Schaltung nach Abb. 36a) nicht
durch die Nebenschlußwendewicklung gestört werden darf (vgl. Abschn. A8b).

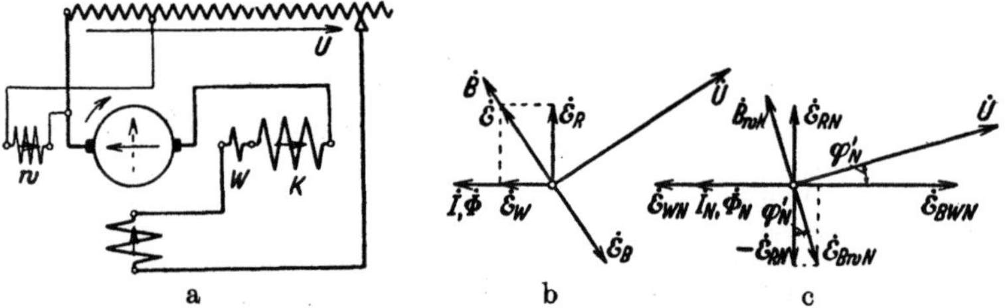

Abb. 37a bis c. a) Nebenschlußwendewicklung an fester Spannung des Regeltransformators; b) EMKe einer Ankerspule ohne, c) mit Reihenschlußwendewicklung (Nennbetrieb).

Die Rest-EMKe, die von der Ruhe-EMK $\mathfrak{E}_R$ und von der Stromwendungs-
EMK $\mathfrak{E}_W$ herrühren, wollen wir zunächst getrennt betrachten.

Das von der Nebenschlußwendewicklung erregte Feld ($\dot{B}_{wN}$ bei Nennbetrieb)
ist gegen die Klemmenspannung $\dot{U}$ um etwa eine Viertelperiode phasenverfrüht.
Damit bei Nennbetrieb die Ruhe-EMK $\mathfrak{E}_{RN}$ durch die zu ihr in Gegenphase
befindliche Komponente der Bewegungs-EMK $\mathfrak{E}_{BwN}$ aufgehoben wird, muß
(vgl. Abb. 37c)

$$\mathfrak{E}_{BwN} \cos \varphi'_N = \mathfrak{E}_{RN} \tag{52a}$$

sein, worin φ'_N der Phasenwinkel zwischen dem negativen Ankerstrom $-\dot{I}_N$ und
der Klemmenspannung $\dot{U}$ ist. Für einen beliebigen Belastungszustand ist dann
mit Gl. 51b die der Ruhe-EMK $\mathfrak{E}_R$ entgegenwirkende Komponente der Bewegungs-EMK

$$\mathfrak{E}_{Bw} \cos \varphi' = \nu\, \mathfrak{E}_{BwN} \cos \varphi' = \nu\, \frac{\cos \varphi'}{\cos \varphi'_N}\, \mathfrak{E}_{RN}, \tag{52b}$$

womit sich die Rest-EMK (in Phase mit $\mathfrak{E}_R$) zu

$$\mathfrak{E}_{FR} = \left| \mathfrak{E}_R - \mathfrak{E}_{Bw} \cos \varphi' \right| = \left| \mathfrak{E}_R - \nu\, \frac{\cos \varphi'}{\cos \varphi'_N}\, \mathfrak{E}_{RN} \right| \tag{52}$$

ergibt. Für ein angenommenes Wertepaar M und n sind nach den Kennlinien
des Motors alle Größen der rechten Seite von Gl. 52 bekannt, so daß wir dafür
$\mathfrak{E}_{FR}$ berechnen und die Kurven konstanter Rest-EMK in der M, n-Ebene aufzeichnen können. Für unsern Vollbahnmotor sind diese Kurven in Abb. 43c
dargestellt.

Während nach der Schaltung Abb. 36a die EMK der Stromwendung $\mathfrak{E}_W$ ausschließlich durch die vom Ankerstrom erregte Wendefeldkomponente aufgehoben wird, ist dies nach der Schaltung Abb. 37a nicht der Fall. Wird die vom Ankerstrom erregte Feldkomponente so eingestellt, daß bei Nennbetrieb $\mathfrak{E}_{WN}$ vollständig unterdrückt wird, so muß die von dieser Feldkomponente induzierte Bewegungs-EMK bei Nennbetrieb (vgl. Abb. 37c)

$$\mathfrak{E}_{BWN} = \mathfrak{E}_{WN} - \mathfrak{E}_{BwN} \sin \varphi'_N = \mathfrak{E}_{WN} - \mathfrak{E}_{RN} \frac{\sin \varphi'_N}{\cos \varphi'_N} \qquad (53\,a)$$

sein. Die EMK der Stromwendung bei beliebiger Belastung ist

$$\mathfrak{E}_W = \iota \, \nu \, \mathfrak{E}_{WN} \quad \text{mit} \quad \iota = I/I_N; \qquad (53\,\text{b u. c})$$

ihr entgegen wirken die vom Reihenschlußwendefeld induzierte EMK

$$\mathfrak{E}_{BW} = \iota \, \nu \, \mathfrak{E}_{BWN} = \iota \, \nu \left(\mathfrak{E}_{WN} - \mathfrak{E}_{RN} \frac{\sin \varphi'_N}{\cos \varphi'_N} \right) \qquad (54\,a)$$

und die vom Nebenschlußwendefeld $\mathfrak{E}_{Bw} \sin \varphi'$ nach Gl. 52b. Die Rest-EMK (in Phase mit dem Ankerstrom) ist also

$$\mathfrak{E}_{FW} = \mathfrak{E}_W - \mathfrak{E}_{BW} - \mathfrak{E}_{Bw} \sin \varphi' = \nu \, \frac{\iota \sin \varphi'_N - \sin \varphi'}{\cos \varphi'_N} \, \mathfrak{E}_{RN}. \qquad (54)$$

Die Kurven konstanter Rest-EMK sind in Abb. 43d für unsern Vollbahnmotor dargestellt, wobei positive Werte von $\mathfrak{E}_{FW}$ Unterkommutierung, negative Überkommutierung bedeuten. Wir sehen, daß die Rest-EMK klein ist.

Abb. 43b stellt schließlich die resultierende Funken-EMK $\mathfrak{E}_F = \sqrt{\mathfrak{E}_{FR}^2 + \mathfrak{E}_{FW}^2}$ dar. Vergleichen wir diese mit der in Abb. 43a, die für Schaltung Abb. 36a gilt, so können wir zwar feststellen, daß die Schaltung Abb. 37a für die Funkenunterdrückung günstiger ist als Abb. 36a; bei Regelung des Wendefeldes in Abhängigkeit von der Drehzahl ist aber hier keine so vollkommene Unterdrückung des Bürstenfeuers möglich wie bei der Schaltung nach Abb. 36a.

d. Kompensationswicklung als Nebenschlußwendewicklung. Eine besondere Nebenschlußwendewicklung kann entbehrt werden, wenn die Kompensationswicklung an eine feste Spannung des Regeltransformators gelegt wird. Damit bei Nennbetrieb das Nebenschlußwendefeld in Phase mit der Ruhe-EMK $\mathfrak{E}_R$ ist, muß in die Verbindungsleitung zwischen Kompensationswicklung und Transformatoranzapfung nach Abb. 38a eine Drossel geschaltet werden. Ein Entkopplungstransformator ist in diesem Falle nicht erforderlich. Beim Entwurf der Drossel ist zu beachten, daß ein Teil der Kompensationswicklung K gewöhnlich in denselben Nuten liegt wie die Reihenschlußwendewicklung.

Im Kompensationskreis $0 - 1' - 1 - 0$ in Abb. 38a sind folgende Spannungen wirksam (vgl. hierzu die Bezeichnung und Berechnung der Widerstände in den Abschn. K 6 u. 7): Transformatorspannung $\dot{U}_K$; in der Kompensationswicklung K: Wirk- und Streuspannung $(R_K + j X_{K\sigma}) \dot{I}_K$, fiktive Hauptblindspannung $j X_{Kh} \dot{I}_K$, $j X_{KW_0} \dot{I}$ herrührend vom Mantelfluß, den die Reihenschlußwendewicklung W_0 erregt, $j X_{g_0} \dot{I}$ herrührend vom Streufluß dieser Wicklung, der mit dem in den Wendepolnuten liegenden Teil der Kompensationswicklung verkettet ist, $- j X_{KA} \dot{I}$ herrührend vom fiktiven Mantelfluß, den die Ankerwicklung erregt; Wirk- und Blindspannung der Drossel $(R_D + j X_D) \dot{I}_\mu$.

Die Spannungsgleichung für den Kompensationskreis lautet also

$$\dot{U}_K + [R_K + j(X_{Kh} + X_{K\sigma})] \dot{I}_K + j(X_{KW_0} + X_{g_0} - X_{KA}) \dot{I} + (R_D + j X_D) \dot{I}_\mu = 0 \qquad (55)$$

oder mit der Strombeziehung

$$\dot{I}_K = \dot{I} + \dot{I}_\mu \tag{56a}$$

$$\dot{U}_K + (R_K + j X_1)\,\dot{I} + [R_K + R_D + j(X_2 + X_D)]\,\dot{I}_\mu = 0, \tag{56}$$

worin zur Abkürzung und mit $X_{KA} = X_{AK} = X_{Kh}$ gesetzt ist

$$X_1 = X_{K\sigma} + X_{g0} + X_{KW0} \quad \text{und} \quad X_2 = X_{Kh} + X_{K\sigma}. \tag{56b u. d}$$

Im Ankerkreis $0 - 1 - 2 - 3 - 4 - 0$ sind folgende Spannungen wirksam: Klemmenspannung $\dot{U}$; die Spannungen in der Kompensationswicklung wie im Kompensationskreis; in der Reihenschlußwendewicklung W_0: Wirkspannung $R_W\dot{I}$, Blindspannung $j(X_{W0h} + X_{W0\sigma})\dot{I}$ herrührend vom Mantelfluß und vom Streufluß dieser Wicklung, $j X_{g0}\dot{I}_K$ herrührend vom Streufluß des Teils der Kompensationswicklung, der in denselben Nuten liegt wie die Reihenschlußwendewicklung, $j X_{W0K}\dot{I}_K$ herrührend

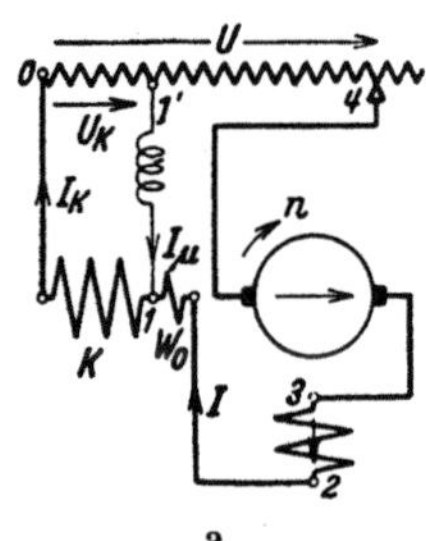

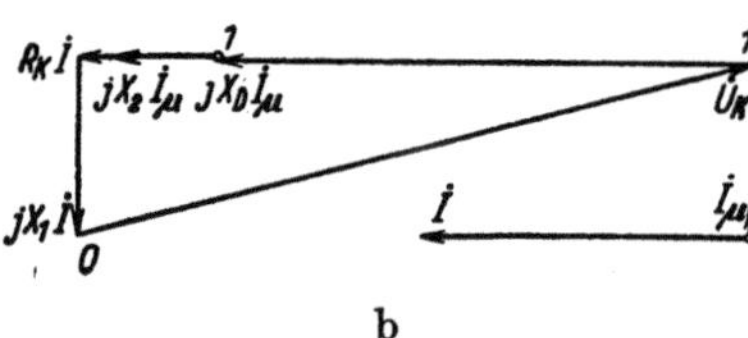

a   b

Abb. 38a u. b. a) Kompensationswicklung als Nebenschlußwendewicklung; b) Spannungsdiagramm für den Kreis der Kompensationswicklung.

von dem Mantelfluß, den der Strom $\dot{I}_K$ in der Kompensationswicklung erregt, $-j X_{W0A}\,\dot{I}$ herrührend vom fiktiven Mantelfluß, den die Ankerwicklung erregt; in der Erregerwicklung: Ruhe-EMK $\dot{E}_{Eh}$ herrührend vom Mantelfluß der Erregerwicklung, Wirk- und Streuspannung $(R_E + j X_{E\sigma})\dot{I}$; in der Ankerwicklung: Bewegungs-EMK $\dot{E}$, Bürstenspannung $\dot{V}$, Wirk- und Streuspannungsverlust $(R_A + j X_{A\sigma})\,\dot{I}$, fiktive Hauptblindspannung $j X_{Ah}\dot{I}$, $-j X_{AW0}\dot{I}$ herrührend vom Mantelfluß der Reihenschlußwendewicklung, und $- j X_{AK}\dot{I}_K$ herrührend vom Mantelfluß, den der Strom $\dot{I}_K$ in der Kompensationswicklung erregt.

Die Spannungsgleichung lautet also für den Ankerkreis

$$\left.\begin{aligned}
& \dot{U} + [R_K + j(X_{Kh} + X_{K\sigma})]\,\dot{I}_K + j(X_{KW0} + X_{g0} - X_{KA})\,\dot{I} + \\
& + [R_W + j(X_{W0h} + X_{W0\sigma} - X_{W0A})]\,\dot{I} + j(X_{g0} + X_{W0K})\,\dot{I}_K + \\
& + (R_E + j X_{E\sigma})\,\dot{I} + \dot{V} + [R_A + j(X_{AK} + X_{A\sigma} - X_{AW0})]\,\dot{I} - \\
& - j X_{AK}\dot{I}_K = \dot{E}_{Eh} + \dot{E}.
\end{aligned}\right\} \tag{57}$$

Ersetzen wir $\dot{I}_K$ nach Gl. 56a, so erhalten wir

$$\dot{U} + \dot{V} + (R + j X_3)\,\dot{I} + (R_K + j X_4)\,\dot{I}_\mu = \dot{E}_{Eh} + \dot{E} \tag{58}$$

mit den Abkürzungen

$$\left.\begin{aligned}
& R = R_A + R_E + R_W + R_K, \quad X_4 = X_{K\sigma} + X_{g0} + X_{W0K} \\
& X_3 = X_{A\sigma} + X_{E\sigma} + X_{W0\sigma} + X_{K\sigma} + X_{W0h} + 2 X_{g0};
\end{aligned}\right\} \tag{58a bis c}$$

in diesen Abkürzungen ist $X_{Kh} = X_{AK}$ und $X_{AW0} = X_{W0A} = X_{W0K} = X_{KW0}$ gesetzt, weil Anker- und Kompensationswicklung gleiche Windungszahlen haben und angenähert gleichartig am Ankerumfang verteilt sind.

Die Wendewicklung W_0 sei so bemessen, daß bei Nennbetrieb die von ihr induzierte Bewegungs-EMK die Stromwendungs-EMK $\mathscr{E}_W$ praktisch vollkommen aufhebt. Als Funken-EMK bleibt dann nur noch die Resultierende aus Bewegungs-EMK $\mathscr{E}_{Bw}$, herrührend vom Felde, das der Strom $\dot{I}_\mu$ in der Kompensationswicklung erregt, und Ruhe-EMK $\mathscr{E}_R$ übrig. Damit diese bei Nennbetrieb unterdrückt wird, muß $\dot{I}_\mu$ in Phase mit $\mathscr{E}_R$, also gegen $\dot{I}$ um eine Viertelperiode phasenverspätet sein; der Betrag von $\dot{I}_\mu$ ergibt sich aus der Bedingung, daß die Beträge $\mathscr{E}_R$ und $\mathscr{E}_{Bw}$ einander gleich sein müssen. Wir erhalten dann nach Gl. 58 die Komponenten $\dot{U}_w$ in Phase mit $-\dot{I}$ und $\dot{U}_b$ um eine Viertelperiode verfrüht gegen $-\dot{I}$. Setzen wir in Gl. 56 den Strom $\dot{I}_\mu$ ein und zerlegen $\dot{U}_K$ in die entsprechenden Komponenten $\dot{U}_{Kw}$ und $\dot{U}_{Kb}$, so muß, da $\dot{U}_K$ in Phase mit $\dot{U}$ ist,

$$U_{Kw}/U_{Kb} = U_w/U_b \tag{59}$$

sein, womit X_D berechnet werden kann.

Für unsern Vollbahnmotor ist die Windungszahl der Kompensationswicklung K eines magnetischen Kreises 6; die Durchflutung zur Erzeugung einer Bewegungs-EMK, die die Ruhe-EMK $\mathscr{E}_{RN} = 2{,}92\,\mathrm{V}$ aufhebt, ist $\Theta_w = 696\,\mathrm{A}$. Damit erhalten wir $\dot{I}_\mu = -j\,116\,\mathrm{A}$, wenn $\dot{I}_\mu$ auf die Phase von $\dot{I}$ bezogen wird. Es ist ferner nach den Abschn. K 6 u. 7 $R_K = 0{,}0016 + 0{,}0009 = 0{,}0025$ (K 6 c), $X_{K\sigma} = X_{K1\sigma} + X_{K2\sigma} = 0{,}0044 + 0{,}00103 \approx 0{,}0054$ (K 7 b β), $X_{KW0} = 6\,X_{W0h} \approx 0{,}0076$ (K 7 a α), $X_1 \approx 0{,}0054 + 0{,}0003 + 0{,}0076 = 0{,}0133$ (K 7 a α), $X_2 \approx 0{,}0054 + 0{,}0844 = 0{,}0898$ (K 7 b α), $R + V/I \approx 0{,}015$ (K 6 c), $X_3 \approx 0{,}0053 + 0{,}00419 + 0{,}0001 + 0{,}0054 + 0{,}0013 + 0{,}0006 = 0{,}0169$ (K 7 d, c, a α), $X_4 \approx 0{,}0054 + 0{,}0003 + 0{,}0076 = 0{,}0133\,\Omega$. Bei Nennbetrieb ist $E = 308$, $E_{Eh} = 58{,}4\,\mathrm{V}$, $I = 1312\,\mathrm{A}$. Nach Gl. 58 ist $U_w = 329\,\mathrm{V}$, $U_b = 80{,}2\,\mathrm{V}$ und nach Gl. 56, wenn wir $R_D \approx 0$ setzen, $U_{Kw} = (13{,}7 + 116\,X_D)\,\mathrm{V}$, $U_{Kb} = 17{,}2$ und mit Gl. 59 $U_{Kw} = 70{,}4\,\mathrm{V}$. Damit erhalten wir $X_D = 0{,}49\,\Omega$ und $U_K = 72{,}5\,\mathrm{V}$.

In Abb. 38 b ist das Spannungsdiagramm für den Kompensationskreis bei Nennbetrieb maßstäblich dargestellt (vgl. Gl. 56). Die Leistung der Drossel beträgt $X_D\,I_\mu^2 = 6{,}6\,\mathrm{kVA}$, d. s. $1{,}6\,\%$ der Nennleistung des Motors.

Bei andern Belastungszuständen ändert sich $\dot{I}_\mu$ nach Stärke und Phase. Auf die Komponenten U_w und U_b der Klemmenspannung hat dies aber keinen merklichen Einfluß. Wir können deshalb U_w und U_b mit dem Strom I_μ, wie er bei Nennbetrieb auftritt, auch für andere Belastungszustände berechnen. Mit diesen Werten U_w und U_b erhalten wir die Komponenten U_{Kw} und U_{Kb}, weil U_K unabhängig von U ist (Spannungsverlust im Transformator vernachlässigt). Aus Gl. 56 ergeben sich dann die Komponenten $\dot{I}_{\mu w}$ und $\dot{I}_{\mu b}$ bezogen auf $\dot{I}$. Die Bewegungs-EMK $\mathscr{E}'_{Bw}$ des von $\dot{I}_{\mu b}$ erregten Feldes ist in Gegenphase zu $\mathscr{E}_R$, die Rest-EMK also $\mathscr{E}_R - \mathscr{E}'_{Bw}$; das von $I_{\mu w}$ erregte Feld induziert die Bewegungs-EMK $\mathscr{E}''_{Bw}$. Damit erhalten wir die Funken-EMK

$$\mathscr{E}_F = \sqrt{(\mathscr{E}_R - \mathscr{E}'_{Bw})^2 + \mathscr{E}''^2_{Bw}}. \tag{60}$$

Die Kurven konstanter Funken-EMK in der M, n-Ebene weichen nur so wenig von denen in Abb. 43 b für die Schaltung Abb. 37 a ab, daß Abb. 43 b auch für die hier behandelte Schaltung sehr angenähert gilt.

e. Widerstand parallel zur Reihenschlußwendepolwicklung. Im Abschn. A 8 d haben wir schon das grundsätzliche Verhalten dieser in Abb. 39 dargestellten Schaltung besprochen. Hier wollen wir nun die Funkenunterdrückung beim Reihenschlußmotor zahlenmäßig untersuchen. Dabei können wir zwei Fälle unterscheiden. Im ersten Fall ist der Widerstand nur parallel zum nichtkompensierenden Teil W der Wendepolwicklung geschaltet, die um den Wendezahn geschlungen ist (Abb. 39α); die vom Ankerstrom durchflossenen Wicklungen K_1 und K_2 kompensieren die Ankerwicklung vollständig. Im zweiten Fall (Abb. 39β) soll der Widerstand parallel zur ganzen Wendepolwicklung $(W + K_2)$ liegen.

α. **Widerstand parallel zum nichtkompensierenden Teil der Wendepolwicklung.** Die Spannung an der Wicklung W setzt sich in diesem Falle (Abb. 39α) zusammen aus der Wirkspannung $R_W\,I_W$, der vom Strom in der Wendewicklung herrührenden Blindspannung $j(X_{Wh} + X_{W\sigma})\,I_W = j\,X_W\,I_W$ und der Spannung $j\,X_g\,I$,

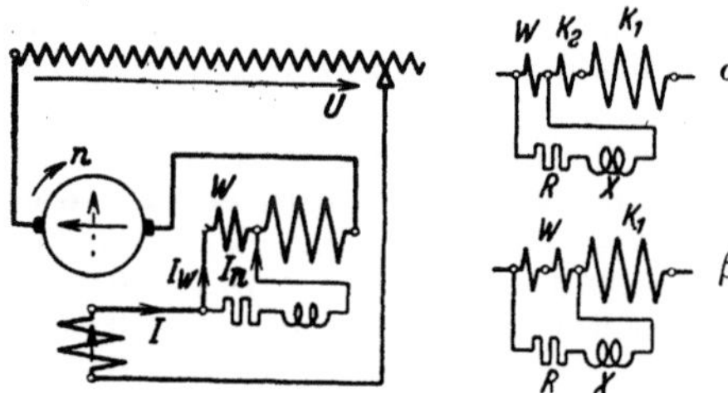

Abb. 39. Widerstand parallel zur Wendewicklung W; α zum nichtkompensierenden Teil, β zur ganzen Wendepolwicklung.

herrührend von dem Streufluß des Teils K_2 der Kompensationswicklung, der in denselben Nuten liegt wie die Wicklung W. Da die Wicklung W nicht genau richtig voraus berechnet werden kann, wird sie etwas reichlich bemessen; dann muß der Parallelwiderstand außer dem Wirkwiderstand R auch noch einen Blindwiderstand X enthalten. Diese Widerstände ergeben sich aus der Spannungsgleichung

$$(R + j\,X)\,I_n = (R_W + j\,X_W)\,I_W + j\,X_g\,I. \tag{61}$$

Den Strom I_W in der Wendewicklung müssen wir so einstellen, daß bei **Nennbetrieb** die EMK $\mathfrak{E} = \mathfrak{E}_W + \mathfrak{E}_R$ durch die vom Wendefeld induzierte Bewegungs-EMK gerade aufgehoben wird.

Schreiben wir für den Strom in der Wicklung W

$$I_W = a\,I - j\,b\,I, \tag{61a}$$

so sind die reellen Zahlenwerte a und b bekannt. Für den Strom I_n im Parallelwiderstand erhalten wir nach Abb. 39 und Gl. 61a

$$I_n = I - I_W = (1 - a)\,I + j\,b\,I. \tag{61b}$$

Setzen wir I_W und I_n nach den Gl. 61a u. b in Gl. 61 ein, so können wir den Strom herausheben und erhalten eine komplexe Gleichung zwischen den Widerständen. Durch Trennung der reellen von den imaginären Gliedern ergeben sich zwei Gleichungen, die wir nach X auflösen:

$$X = \frac{(1 - a)\,R - (a\,R_W + b\,X_W)}{b}, \quad X = \frac{a\,X_W + X_g - b\,(R + R_W)}{1 - a}. \tag{62a u. b}$$

Hieraus erhalten wir den Wirkwiderstand des parallel zur Wicklung W geschalteten Zweiges

$$R = \frac{(1-a)\,(a\,R_W + b\,X_W) + b\,(X_g + a\,X_W - b\,R_W)}{(1-a)^2 + b^2}, \tag{62}$$

der bei Nennbetrieb erforderlich ist, um die EMK $\mathring{\mathfrak{E}} = \mathring{\mathfrak{E}}_W + \mathring{\mathfrak{E}}_R$ zu unterdrücken.

Für unsern Vollbahnmotor ist bei Nennbetrieb die Durchflutungskomponente (je magnetischen Kreis) zur Unterdrückung der EMK der Stromwendung $\mathfrak{E}_W$ $\Theta_{W0} = 1312\,\mathrm{A}$, die Komponente zum Aufheben der Ruhe-EMK $\mathfrak{E}_R$ ist $\Theta_w = 696\,\mathrm{A}$. Die Wicklung W hat zwei Windungen je magnetischen Kreis; es ist also $aI = \Theta_W/2 = 656$ und $bI = \Theta_w/2 = 348\,\mathrm{A}$. Legen wir den Strom I in die reelle Achse, so ist nach den Gl. 61a u. b bei Nennbetrieb

$$\dot{I}_W = (656 - j\,348)\,\mathrm{A} \quad \text{und} \quad \dot{I}_n = (656 + j\,348)\,\mathrm{A}.$$

Mit den Widerständen $R_W = 0{,}00090$, $X_W = X_{Wh} + X_{W\sigma} = 0{,}00508 + 0{,}00050 = 0{,}00558$ und $X_g = 0{,}000588\,\Omega$ (Abschn. K 6c u. 7a β) erhalten wir nach Gl. 62 $R = 0{,}00565$ und nach Gl. 62a $X = 0{,}00327\,\Omega$. In Abb. 40α sind die Strom- und Spannungsdiagramme für diesen Fall dargestellt. Die Stromwärmeverluste im Wirkwiderstand R betragen $R\,I_n^2 = 3{,}12\,\mathrm{kW}$, d. s. $0{,}77\%$ der Nennleistung ($405\,\mathrm{kW}$).

Abb. 40α.
Strom- und Spannungsdiagramm für Schaltung Abb. 39α.

Bei andern Belastungszuständen als Nennbetrieb ändern sich die Ströme $\dot{I}_W$ und $\dot{I}_n$ proportional dem Ankerstrom $\dot{I}$, wenn alle Widerstände der Parallelschaltung von ihren Strömen unabhängig sind, während ihre gegenseitige Phase erhalten bleibt. Es ist also mit den Abkürzungen der Gl. 51b u. 53c die Funken-EMK

$$\mathfrak{E}_F = \mathfrak{E}_R - \mathfrak{E}_{Bw} = \mathfrak{E}_R - \iota\,\nu\,\mathfrak{E}_{RN}. \tag{63}$$

Daraus können wir für ein angenommenes Drehmoment M ($\mathfrak{E}_R$ und ι gegeben) bei fester Funken-EMK $\mathfrak{E}_F$ die zugehörige Drehzahl (ν) berechnen und die Kurven konstanter Funken-EMK in der M, n-Ebene auftragen. Abb. 43e zeigt diese Kurven für unsern Vollbahnmotor. Kurve α in Abb. 41 stellt die im Widerstand R auftretenden Stromwärmeverluste über dem Drehmoment dar.

β. **Widerstand parallel zur ganzen Wendepolwicklung.** Bezeichnen wir jetzt mit W die **ganze** Wendepolwicklung, also einschließlich des Teils K_2 der Kompensationswicklung, der in den Wendepolnuten liegt (Abb. 39β), so gelten auch für diesen Fall die Gl. 61 u. 62. Die Widerstände haben hier aber eine andere Bedeutung. R_W ist der Wirkwiderstand, X_W der (Eigen-) Blindwiderstand der ganzen Wendepolwicklung, während X_g den Blindwiderstand der Gegeninduktivität zwischen der ganzen Wendepolwicklung und der Kompensations- (K_1) und Ankerwicklung (A) bedeutet.

Die mit dem Ankerstrom $\dot I$ phasengleiche Komponente von $\dot I_W$ muß zusammen mit der vom Ankerstrom durchflossenen Wicklung K_1 die Ankerwicklung vollständig kompensieren und noch eine Wendefeldkomponente zur Unterdrückung der EMK der Stromwendung $\mathfrak{E}_W$ erzeugen. Bezeichnen wir die hierfür erforderliche resultierende Durchflutung mit $\Theta_{W0} = W_0 I$ und mit K_1, A und W die Windungszahlen der Wicklungen K_1, A und W, so gilt die Durchflutungsgleichung

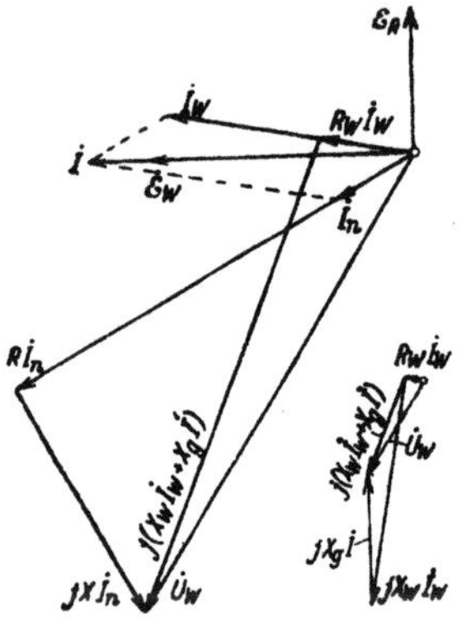

Abb. 40 β. Strom- und Spannungsdiagramm für Schaltung Abb: 39 β.

$$\Theta_{W0} = W_0 I = (K_1 - A + a\,W)\,I, \qquad (64)$$

aus der wir den Zahlenwert

$$a = (W_0 + A - K_1)/W \qquad (64\,\mathrm{a})$$

berechnen können. Die zur Unterdrückung der Ruhe‑EMK $\mathfrak{E}_R$ für einen bestimmten Belastungszustand erforderliche Durchflutungskomponente Θ_w bestimmt den Zahlenwert

$$b = \frac{\Theta_w}{WI} = \frac{W_0}{W}\,\frac{\mathfrak{E}_R}{\mathfrak{E}_W}. \qquad (64\,\mathrm{b})$$

Für unsern Vollbahnmotor ist zu beachten, daß wir in diesem Abschnitt β mit W die Windungszahl (je Polpaar) für die gesamte Wicklung auf den Wendepolen bezeichnet haben. Es sind also für die Wicklung W die Widerstandswerte der Wicklung $P = W + K_2$ in den Abschn. K 6 c und 7 a γ einzusetzen. Die hier maßgebenden Windungszahlen sind $A = 6$, $K_1 = 4$, $W\,(= P) = 4$, $W_0 = 1$. Mit diesen Windungszahlen wird $a = 0{,}75$, $b = 0{,}1326$. Es ist ferner $R_W\,(= R_P) = 0{,}0018$, $X_W\,(= X_P) = 0{,}0230$, $X_g = X_{WK_1} - X_{WA} = X_{Wh}\,(K_1 - A)/W\;(= X_{Ph}(K_1 - A)/W) = -\,0{,}5 \times 0{,}0203 \approx -\,0{,}0101\,\Omega$. Damit erhalten wir $R = 0{,}0254$, $X = 0{,}01396\,\Omega$; $\dot I_W = (985 - j\,174)$, $\dot I_n = (328 + j\,174)\,\mathrm{A}$. In Abb. 40 β sind hierfür die Strom- und Spannungsdiagramme im selben Maßstab wie Abb. 40 α aufgezeichnet; die Zusammensetzung von $jX_W \dot I_W$ und $jX_g \dot I$ zu $j(X_W \dot I_W + X_g \dot I)$ ist daneben in 0,2‑fachem Maßstab angedeutet. Die Stromwärmeverluste im Widerstand R sind hier etwas größer als im Falle α, nämlich 3,49 kW bei Nennbetrieb, d. s. 0,86 % der Nennleistung. Die Schaltung Abb. 39 β hat aber den Vorteil, daß die Wendepolwicklung nicht wie in Abb. 39 α angezapft werden muß.

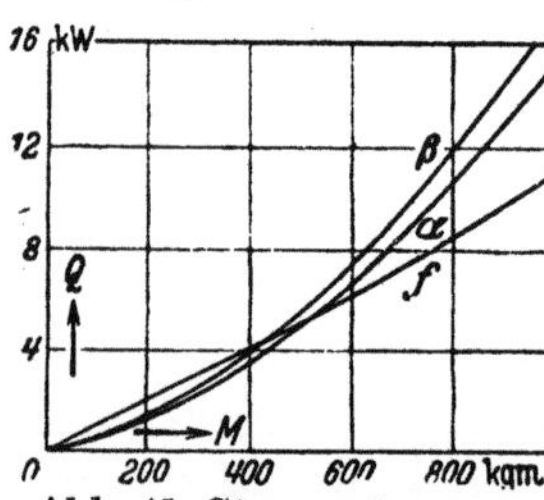

Abb. 41. Stromwärmeverluste; α u. β in R der Abb. 39 α u. β, f in R_w Abb. 42 a.

Für andere Betriebszustände als Nennbetrieb verhält sich die Schaltung Abb. 39 β ebenso wie die Schaltung Abb. 39 α; es gilt also auch hier Abb. 43 e für die Kurven konstanter Funken-EMK $\mathfrak{E}_F$. Die Kurve β in Abb. 41 stellt die Stromwärme im Widerstand R über dem Drehmoment dar.

f. Wendewicklung großen Wirkwiderstandes parallel zur Erregerwicklung. Im Abschn. A 8 e hatten wir bereits auf die Vorzüge dieser Schaltung [L 40] zur teilweisen Unterdrückung der Oberschwingungen niedriger Ordnungszahl der EMK $\mathfrak{s}_R$ hingewiesen. Hier wollen wir nun, wie in den vorangegangenen Abschnitten, das Verhalten der Schaltung bei Vernachlässigung der Oberschwingungen zahlenmäßig verfolgen.

In Abb. 42a ist die vollständige Schaltung dargestellt. Der Strom $\dot{I}_w$ in der Nebenschlußwicklung ist im wesentlichen in Gegenphase zu der in der Erregerwicklung induzierten EMK $\dot{E}_E = -jX_E\dot{I}_E$ (vgl. Abb. 42b). Die Bewegungs-EMK zur Unterdrückung von $\mathfrak{s}_R$ muß also in Phase mit $\dot{I}_w$ sein; damit ergibt sich der Anschluß der Nebenschlußwicklung in Abb. 42a.

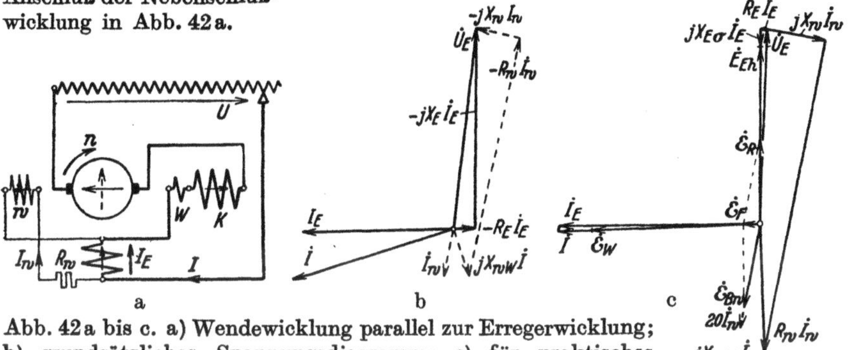

Abb. 42a bis c. a) Wendewicklung parallel zur Erregerwicklung; b) grundsätzliches Spannungsdiagramm; c) für praktisches Beispiel.

Für die beiden parallel geschalteten Wicklungszweige mit der Spannung $\dot{U}_E$ können wir nach den Bezeichnungen und Zählpfeilen in Abb. 42a folgende Spannungsgleichung anschreiben

$$\dot{U}_E = -(R_E + jX_E)\dot{I}_E = -[(R_w + jX_w)\dot{I}_w - jX_{wW}\dot{I}] \tag{65}$$

(vgl. Abb. 42b). Darin bedeutet $X_E = X_{Eh} + X_{E\sigma}$ den gesamten Blindwiderstand der Erregerwicklung mit $X_{Eh} = E_{Eh}/I_E$, X_w den Blindwiderstand der Nebenschlußwicklung w und X_{wW} den Blindwiderstand, der der gegenseitigen Induktion zwischen Reihenschlußwicklung W und Nebenschlußwicklung w entspricht, die beide um den Wendezahn geschlungen sind. Wir führen X_{wW} positiv ein, deshalb muß vor $jX_{wW}\dot{I}$ in Gl. 65 das negative Vorzeichen stehen, denn die positiven Achsen der beiden Wicklungen sind einander entgegengerichtet.

Ersetzen wir in Gl. 65 den Ankerstrom $\dot{I} = \dot{I}_E + \dot{I}_w$ und lösen nach $\dot{I}_w$ auf, so erhalten wir

$$\dot{I}_w = (a + jb)\dot{I}_E, \tag{66}$$

worin

$$a = \frac{R_E R_w + X_1 X_2}{R_w^2 + X_2^2}, \qquad b = \frac{R_w X_1 - R_E X_2}{R_w^2 + X_2^2} \tag{66a u. b}$$

und

$$X_1 = X_E + X_{wW} = X_{Eh} + X_{E\sigma} + X_{wW}; \qquad X_2 = X_w - X_{wW} \tag{66c u. d}$$

ist. Aus Gl. 66b erhalten wir den Wirkwiderstand im Nebenschlußzweig zu

$$R_w = \frac{X_1}{2b} + \sqrt{\left(\frac{X_1}{2b}\right)^2 - \frac{R_E X_2}{b} - X_2^2}. \tag{67}$$

Wenn bei Nennbetrieb die Ruhe-EMK $\mathfrak{E}_R$ gerade durch eine Bewegungs-EMK aufgehoben werden soll, ist in dieser Gleichung b bekannt; der einzustellende Widerstand R_w kann dann mit X_{Eh} für Nennbetrieb nach Gl. 67 berechnet werden.

Je kleiner die Windungszahl w der Nebenschlußwicklung gewählt wird, desto kleiner ist ihre Induktivität, desto besser werden also die Oberschwingungen der Ruhe-EMK $\mathfrak{E}_R$ unterdrückt, desto größer werden aber auch die Verluste im Wirkwiderstand R_w des Nebenschlußzweiges.

α. **Wendewicklung W normal.** Einem Zahlenbeispiel für unsern Vollbahnmotor wollen wir die Windungszahl $w = 100$ der Nebenschlußwicklung zugrunde legen. Die Durchflutungskomponente, die zum Aufheben der Ruhe-EMK $\mathfrak{E}_R$ bei Nennbetrieb erforderlich ist, ist $\Theta_{wN} = 696$ A, die Windungszahl der Nebenschlußwendewicklung je magnetischen Kreis $100/5 = 20$. Die Stromkomponente von I_w zum Aufheben von $\mathfrak{E}_R$ ist also $696/20 = 34,8$ A, so daß sich mit dem Nennstrom $I_{EN} = 1312$ A nach Gl. 66 $b_N = 34,8/1312 = 0,0265$ ergibt.

Nach Abschn. K 7a δ ergeben sich hier folgende Blindwiderstände: $X_w = 0,549$, $X_{wW} = X_{w,W0 + K2} = 0,0323\ \Omega$. Bei Nennbetrieb ist $X_E = 58,4/1312 + 0,00419 = 0,0487\ \Omega$. Es ist also $X_1 = 0,081$, $X_2 = 0,517\ \Omega$. Mit diesen Zahlenwerten und mit $R_{\gamma} = 0,0018\ \Omega$ erhalten wir nach Gl. 67 $R_w = 2,96\ \Omega$ und nach Gl. 66a $a_N = 0,00525$. Es wird, wenn wir I_E in die reelle Achse legen, nach Gl. 66 $I_{wN} = (6,84 + j\,34,8)$ A und $I_{AN} = I_{EN} + I_{WN} = (1319 + j\,34,8)$ A. Wegen der etwas größeren Ankerstromkomponente in Phase mit I_{EN} ist das Drehmoment nur einige Tausendstel größer als das Nennmoment ohne Nebenschlußwendewicklung. Die Stromwärmeverluste im Widerstand des Nebenschlußzweiges betragen bei Nennbetrieb $R_w I_w^2 = 3,73$ kW, d. s. 0,92% der Nennleistung. In Abb. 42c ist das Strom- und Spannungsdiagramm für Nennbetrieb dargestellt. Es bleibt noch eine Rest-EMK in Phase mit I_E übrig, die gleich $\mathfrak{E}_F = \mathfrak{E}_{RN}\,a/b = 2,92 \cdot 6,84/34,8 = 0,574$ V ist.

Bei andern Betriebszuständen ändern sich die Werte von a und b, weil sich der von dem Induktionsfluß abhängige Anteil von X_1, nämlich $X_{Eh} = E_{Eh}/I_E$ ändert. Dieser Anteil läßt sich für jeden Erregerstrom aus der Wechselstromkennlinie berechnen. Damit ist auch das Drehmoment gegeben, praktisch genügend genau mit $I = I_E$, weil die mit I_E phasengleiche Komponente von I_w sehr klein gegenüber I ist. Die Funken-EMK ist

$$\mathfrak{E}_F = \sqrt{\left(\mathfrak{E}_R - \nu\,\frac{b\,I_E}{b_N\,I_{EN}}\,\mathfrak{E}_{RN}\right)^2 + \left(\nu\,\frac{a\,I_E}{b_N\,I_{EN}}\,\mathfrak{E}_{RN}\right)^2}, \tag{68}$$

weil die EMK der Stromwendung für alle Belastungszustände durch die Reihenschlußwendewicklung W unterdrückt wird. In Abb. 43f sind die Kurven konstanter Funken-EMK in der M, n-Ebene für unsern Vollbahnmotor dargestellt. Die Kurve f in Abb. 41 stellt die Stromwärmeverluste im Widerstand des Nebenschlußzweiges über dem Drehmoment dar.

β. **Wendewicklung W verstärkt.** Eine etwas günstigere Funkenunterdrückung erhalten wir, wenn wir die Reihenschlußwendewicklung W_0 so verstärken, daß bei Nennbetrieb die Funken-EMK Null wird. Die Wicklung W_0 muß dann in unserm Falle etwa im Verhältnis $(5,5 + 0,58)/5,5 \approx 1,1$ verstärkt werden. Es wird dann $X_{w,W0 + K} = 0,0254 \cdot 1,1 + 0,0069 \cdot 15,5/15 = 0,0351\ \Omega$. Damit ergibt sich nach Gl. 67 $R_w = 3,09\ \Omega$, nach den Gl. 66a u. 66 $a_N = 0,00502$, $b_N = 0,0265$ und $I_{wN} = (6,6 + j\,34,8)$ A. Die Verluste im Widerstand R_w betragen bei Nennbetrieb 3,86 kW, sind also nur um etwa 3,5% größer als im ersten Falle. Die Kurve f in Abb. 41 gilt angenähert auch für die verstärkte Wicklung W.

Für die Funken-EMK bei beliebiger Belastung erhalten wir in diesem Falle

$$\mathcal{E}_F \approx \sqrt{\left(\mathcal{E}_R - \nu\,\frac{b\,I_E}{b_N\,I_{EN}}\,\mathcal{E}_{RN}\right)^2 + \left[\nu\,(a - a_N)\,\frac{I_E}{b_N\,I_{EN}}\,\mathcal{E}_{RN}\right]^2}. \tag{69}$$

In Abb. 43g sind die Kurven konstanter Funken-EMK in der M, n-Ebene für unsern Vollbahnmotor dargestellt.

g. Zusammenfassung. In den Abschn. a bis f haben wir die Kurven konstanter Funken-EMK für verschiedene Schaltungen in der M, n-Ebene eines Vollbahnmotors ermittelt, die in den Abb. 43a bis i einschließlich der im Abschn. 5b behandelten Schaltungen zusammengestellt sind. Die Schaltungen sind oben rechts in den Abbildungen angedeutet. Die Schaltungen mit einer Drossel parallel zur Ankerwicklung (Abb. 35a) und mit einer Nebenschlußwendewicklung, die an den Ankerklemmen liegt (Abb. 36a), sind hinsichtlich der Funkenunterdrückung praktisch gleichwertig (Abb. 43a). Dasselbe (vgl. Abb. 43b) gilt für die Schaltung, bei der eine Nebenschlußwendewicklung an einer festen Spannung des Regeltransformators liegt (Abb. 37a), und für die Schaltung, bei der die Kompensationswicklung als Nebenschlußwendewicklung dient (Abb. 38a); die Abb. 43c u. d stellen für diese beiden Schaltungen die Komponenten $\mathcal{E}_{FR}$ und $\mathcal{E}_{FW}$ der resultierenden Funken-EMK $\mathcal{E}_F$ dar, die den Rest-EMKen von $\mathcal{E}_R$ und $\mathcal{E}_W$ entsprechen. Die Schaltungen mit Widerstand parallel zur Wendewicklung W allein oder zur Wendewicklung W mit dem Teil K_2 der Kompensationswicklung K, der in denselben Nuten wie die Wicklung W liegt (Abb. 39), sind hinsichtlich der Funkenunterdrückung gleichwertig; die Kurven konstanter Funken-EMK sind hierfür in Abb. 43e dargestellt. Bei der Schaltung mit einer Nebenschlußwendewicklung großen Wirkwiderstandes parallel zur Erregerwicklung (Abb. 42a) haben wir zwei Fälle unterschieden. Im ersten Falle (Abb. 43f) ist die Reihenschlußwendewicklung W wie bei einem Motor ohne phasenverschobenes Wendefeld zu bemessen, im zweiten Falle (Abb. 43g) ist die Wicklung W so verstärkt, daß bei Nennbetrieb die Funken-EMK Null ist. Die Funkenunterdrückung nach den Abb. 43h u. i gilt schließlich für den im Abschn. 5b behandelten Fall, daß die Erregerwicklung im Primärkreis des Regeltransformators liegt.

Vergleichen wir zunächst die Abb. 43a u. b miteinander. Bei kleinen Drehmomenten zeigt b) einen ganz andern Verlauf als a), und zwar ist $\mathcal{E}_F$ bei a), besonders für hohe Drehzahlen, kleiner als bei b), die Schaltungen nach Abb. a sind hier also günstiger. Bei großen Drehmomenten ist der Verlauf von $\mathcal{E}_F = \text{const}$ in beiden Fällen ähnlich, aber $\mathcal{E}_F$ ist hier bei b) kleiner als bei a). Dieses Verhalten ist darin begründet, daß nach den Schaltungen Abb. a das Nebenschlußwendefeld von der Ankerspannung abhängt, während es bei b) im wesentlichen

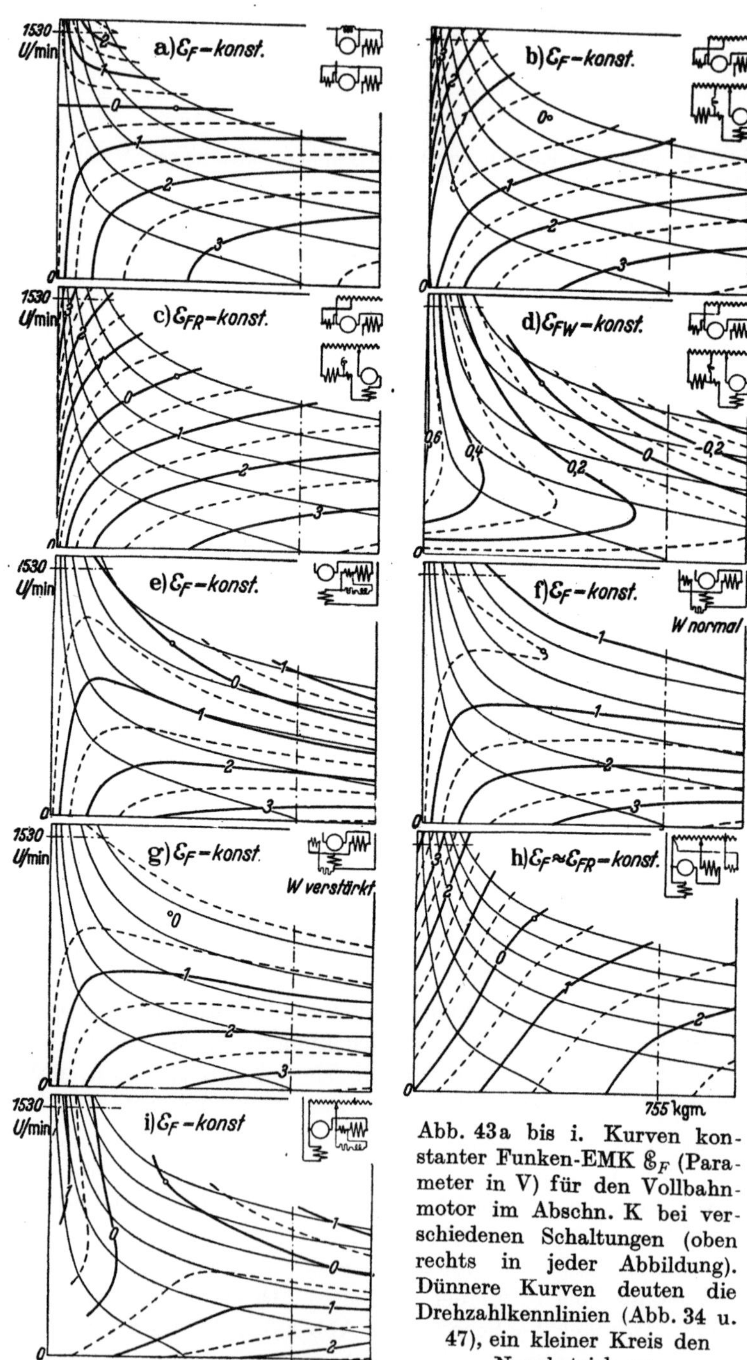

Abb. 43a bis i. Kurven konstanter Funken-EMK $\mathcal{E}_F$ (Parameter in V) für den Vollbahnmotor im Abschn. K bei verschiedenen Schaltungen (oben rechts in jeder Abbildung). Dünnere Kurven deuten die Drehzahlkennlinien (Abb. 34 u. 47), ein kleiner Kreis den Nennbetrieb an.

fest bleibt. Bei großen Drehzahlen ist deshalb bei b) die Bewegungs-EMK groß, während die Ruhe-EMK fast verschwindet; bei großen Drehmomenten und kleinen Drehzahlen ist die Bewegungs-EMK nach den Schaltungen der Abb. a zu klein. Die Schaltungen mit der Funkenunterdrückung nach Abb. b sind im ganzen genommen günstiger als die nach Abb. a; bei den Schaltungen nach Abb. a läßt sich aber die Funken-EMK für alle Betriebszustände bis herab zu etwa $1/_3$ der Nenndrehzahl praktisch vollständig unterdrücken, wenn die Spannung an der Nebenschlußwendewicklung durch einen Regeltransformator in Abhängigkeit von der Drehzahl eingestellt wird [L 49].

Wenn von einer Regelung des Wendefeldes abgesehen wird, ist der Verlauf der Funken-EMK bei den Schaltungen mit Wirkwiderstand parallel zur Wendepolwicklung (Abb. 43e) wesentlich günstiger. Das macht sich besonders bei großen Drehzahlen und bei großen Drehmomenten bemerkbar. Dieses günstige Verhalten der Schaltung ist darauf zurückzuführen, daß die Induktionskomponente zur Unterdrückung der Ruhe-EMK mit dem Ankerstrom wächst. Im Wirkwiderstand des Nebenschlußzweiges treten bei dieser Schaltung aber noch Stromwärmeverluste auf, die bei Nennbetrieb und $16^2/_3$ Hz nur etwa 0,8% der Motor-Nennleistung betragen, aber bei großen Drehmomenten stark anwachsen (Abb. 41).

Bei der Schaltung einer Nebenschlußwicklung großen Wirkwiderstandes parallel zur Erregerwicklung ist die Schaltung mit verstärkter Reihenschlußwendewicklung W (Abb. 43g) etwas günstiger als die mit „normaler" Wicklung W (Abb. f). Vergleichen wir die Funkenunterdrückung nach Abb. g mit der für die Schaltung, bei der ein Wirkwiderstand der Reihenschlußwendewicklung parallel geschaltet ist (Abb. e), so sehen wir, daß beide Schaltungen ziemlich gleichwertig sind. Bei kleinen Drehmomenten (besonders bei kleinen Drehzahlen) ist g) günstiger als e), umgekehrt ist es bei großen Drehmomenten und nicht zu großen Drehzahlen. Die Verluste im Wirkwiderstand der Nebenschlußwicklung sind bei der von uns angenommenen Windungszahl der Nebenschlußwendewicklung bei Nennbetrieb etwas größer als bei der Schaltung nach Abb. e, wachsen aber mit zunehmendem Drehmoment nicht so stark an wie bei der Schaltung nach Abb. e (vgl. Abb. 41).

Die einfache Schaltung mit Parallelwiderstand zur Wendepolwicklung wird bei den Vollbahnmotoren heute wohl immer angewendet. Sie ergibt eine gute Funkenunterdrückung und ist darin den Schaltungen, bei denen eine Nebenschlußwendewicklung an den Ankerklemmen oder an einer festen Spannung des Regeltransformators liegt, überlegen Allerdings müssen bei ihr die Stromwärmeverluste im Parallelwiderstand in Kauf genommen werden, die aber bei $16^2/_3$ Hz in erträglichen Grenzen bleiben. Die Schaltung mit einer Nebenschlußwendewicklung, die an den Klemmen der Erregerwicklung liegt (Abb. 43 g), steht der Funkenunterdrückung bei der Schaltung mit Parallelwiderstand zur Wendepolwicklung kaum nach, hat aber den Vorteil, daß die Oberschwingungen niedriger Ordnungszahl der Ruhe-EMK $\mathfrak{E}_R$ etwas besser unterdrückt werden.

Nur wenn eine Regelung des Wendefeldes in Abhängigkeit von der Drehzahl vorgenommen wird, ist die Funkenunterdrückung bei der Schaltung mit Nebenschlußwendewicklung an den Ankerklemmen (Abb. 43 a) besonders günstig.

Diese Feststellungen gelten nur für Reihenschlußmotoren; daß für den fremderregten Motor die Schaltung mit Parallelwiderstand zur Wendepolwicklung wesentlich ungünstiger ist als die Schaltungen mit Nebenschlußwendewicklung, haben wir im Abschn. A 8 gezeigt.

Zum Vergleich haben wir in den Abb. 43 h u. i die Kurven konstanter Funken-EMK auch noch für die im Abschn. 5 b behandelten Schaltungen, bei denen die Erregerwicklung im Primärkreis des Regeltransformators liegt, dargestellt. Abb. 43 h gilt für die Schaltung Abb. 48 a, bei der eine Nebenschlußwendewicklung an festen Anzapfpunkten der Sekundärwicklung des Regeltransformators liegt, Abb. 43 i für die Schaltung Abb. 48 b mit Nebenschlußwiderstand zur Wendepolwicklung. Vergleichen wir einerseits Abb. h mit b, anderseits i) mit e), so erkennen wir die günstige Wirkung für die Funkenunterdrückung, wenn die Erregerwicklung in den Primärkreis des Regeltransformators geschaltet wird.

5. Milderung des schädlichen Einflusses der Ruhe-EMK $\mathfrak{E}_R$.

a. Schwächung des Erregerflusses beim Anlauf. Der schädliche Einfluß der Ruhe EMK $\mathfrak{E}_R$ äußert sich, wie wir im Abschn. A 7 gezeigt haben, hauptsächlich bei Stillstand der Maschine und sehr kleinen Drehzahlen. Der Reihenschlußmotor hat dann in der Regel auch das größte Drehmoment zu entwickeln. Bei höheren Drehzahlen sinkt das Drehmoment und damit auch die Ruhe-EMK $\mathfrak{E}_R$, die überdies noch durch eine Bewegungs-EMK mehr oder weniger vollkommen aufgehoben werden kann.

Es besteht deshalb das Bedürfnis, den Erregerfluß im Anlauf zu schwächen. Das kann durch Parallelschalten einer Drossel D zur Erregerwicklung (Abb. 44 a), durch Abschalten einiger Windungen der Erregerwicklung (Abb. 44 b) oder durch Änderung der Übersetzung eines Reihentransformators erfolgen, der beispielsweise als Spartransformator t nach Abb. 44 c geschaltet ist. Ein Nachteil dieser Einrichtungen, der nicht gerne in Kauf genommen wird, sind die zusätzlichen Schalter und Apparate. Die Schaltung mit Reihentransformator wurde bei dem kompensierten Repulsionsmotor nach Winter und Eichberg (Abschn. D 6) angewendet [L 93]; bei den neuen Wechselstromlokomotiven (für 25 Hz) der USA. wird die Feldschwächung nach Abb. 44a verwendet.

Durch einfache Schaltung läßt sich nach einem Vorschlag des Verfassers [L 53] erreichen, daß der Erregerfluß selbsttätig mit

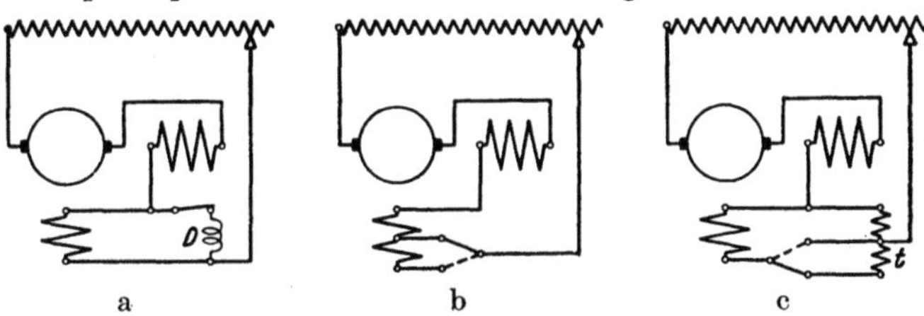

a   b   c

Abb. 44a bis c. Schaltungen zur Schwächung des Erregerflusses beim Anlauf.

wachsender Drehzahl zunimmt, so daß die EMK der Ruhe um so größer ist, je leichter sie durch eine EMK der Bewegung aufgehoben werden kann. Man erreicht dies, indem man die Erregerwicklung mit der Primärwicklung des Regeltransformators in Reihe schaltet, wie es in Abb. 45a dargestellt ist. Der primäre Strom des Transformators ist bei festem Ankerstrom proportional der sekundären Windungszahl

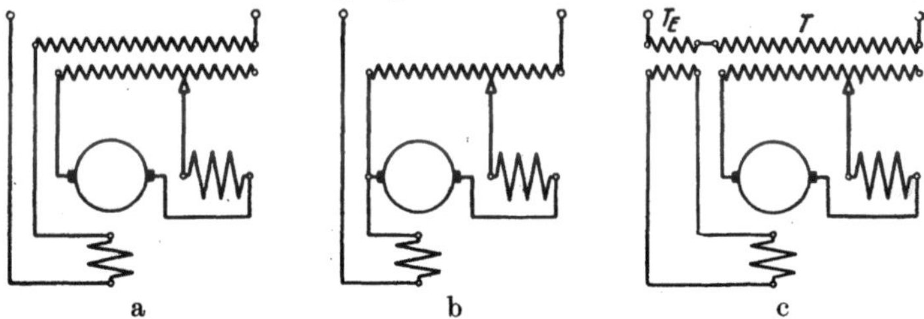

a   b   c

Abb. 45a bis c. Schaltungen mit vom Primärstrom des Regeltransformators durchflossener Erregerwicklung.

des Stufentransformators, die mit wachsender Drehzahl vergrößert werden muß. Abb. 45a eignet sich nicht gut für hohe Fahrdrahtspannungen, wie sie bei Vollbahnlokomotiven vorkommen, weil dann auch die Erregerwicklung für eine verhältnismäßig hohe Spannung bemessen werden muß, und zwar auch dann noch, wenn die eine Klemme der Erregerwicklung geerdet ist. Für niedrigere Spannungen kann man den Regeltransformator wie in Abb. 45b als Spartransformator ausbilden. Nach dieser Schaltung sind Motoren für Grubenbahnen mit 250 V Fahrdrahtspannung gebaut worden [L 54]. Um bei hohen Fahrdrahtspannungen die Erregerwicklung für Niederspannung ausführen zu können, muß ein besonderer Erregertransformator T_E in Abb. 45c verwendet werden. Nach Abb. 45c sind die Güterzuglokomotiven EG 506 mit 15000 V Fahrdrahtspannung geschaltet [L 55a u. b und 56[1])].

b. Kennlinien und Funkenunterdrückung bei den Schaltungen nach Abb. 45a bis c. Um die Kennlinien des Motors in der Schaltung nach Abb. 45a bis c zu ermitteln, gehen wir von dem grundsätzlichen Spannungsdiagramm in Abb. 46 aus, wobei zur Vereinfachung der Magnetisierungsstrom und die Spannungsverluste des Regeltransformators vernachlässigt werden sollen. $U_{Eb} = E_{Eh} + X_{E\sigma} I_E$ ist die Blindkomponente der Spannung an der Erregerwicklung, $U_{Ab} = X_A I_A$ die der Ankerzweigspannung $\dot{U}_A$, $R_E I_E$ die Wirkkomponente der Erregerspannung und $U_{Aw} = R_A I_A + E$ die der Ankerzweigspannung. Bezeichnen

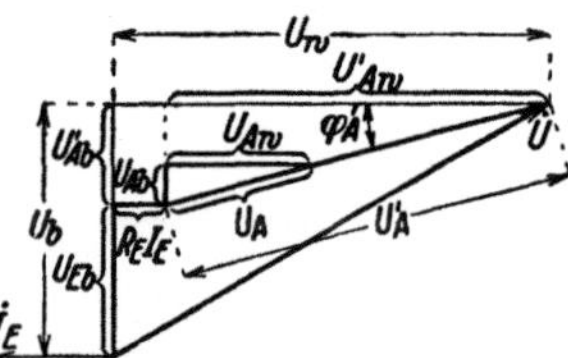

Abb. 46. Grundsätzliches Spannungsdiagramm.

wir mit $\ddot{u} = w_1/w_2$ das Verhältnis zwischen primärer und sekundärer Windungszahl des Regeltransformators, so sind die auf den Primärkreis bezogenen Ankerzweigspannungen $U'_A = \ddot{u}\, U_A$, $U'_{Aw} = \ddot{u}\, U_{Aw} = R'_A I_E + E'$ und $U'_{Ab} = \ddot{u} U_{Ab} = X'_A I_E$ mit $R'_A = \ddot{u}^2 R_A$, $X'_A = \ddot{u}^2 X_A$ und $E' = \ddot{u} E$. $U_w = R_E I_E + U'_{Aw}$ und $U_b = U_{Eb} + U'_{Ab}$ sind Wirk- und Blindkomponente der primären Spannung $\dot{U}$.

Bei der Berechnung der Kennlinien für eine bestimmte Einstellung des Kontaktes am Regeltransformator (festes $\ddot{u}$) gehen wir nacheinander von verschiedenen Erregerströmen I_E aus. Der Wechselstromkennlinie (Abb. 11) entnehmen wir den zugehörigen Fluß Φ_{eff}. Der Ankerstrom ist bei Vernachlässigung des Magnetisierungsstromes im Regeltransformator $I_A = \ddot{u} I_E$. Damit können wir nach Gl. 17c das Drehmoment berechnen. Bei fester Spannung U ist $U_w = \sqrt{U^2 - U_b^2}$, also $E = U_w - (R_E + R'_A) I_E$ und $E = E'/\ddot{u}$. Mit dieser Bewegungs-EMK und dem Fluß Φ_{eff} erhalten wir nach Gl. 1b die Drehzahl; der Leistungsfaktor ist $\cos \varphi' = U_w/U$.

In Abb. 47 sind die für unsern Vollbahnmotor berechneten Kennlinien bei verschiedenen Einstellungen des Regelkontaktes über dem Drehmoment dargestellt. Dabei ist angenommen, daß bei Nennbetrieb ($U = 338{,}5$ V) und Sparschaltung des Regeltransformators $\ddot{u} = 1$ ist. Die an die Kurven angeschriebenen Zahlen entsprechen denselben Regelstufen wie in Abb. 34 mit Spannungen von 60 bis 360 V; es ist also für die Stufen *1* bis *6* $\ddot{u} = 60/338{,}5 = 0{,}1775$, $120/338{,}5 = 0{,}355$, $0{,}5325$, $0{,}71$, $0{,}8875$, $1{,}065$. Der Berechnung ist $R_E \approx 0{,}002$, $R_A (= R - R_E) \approx 0{,}013$, $X_{E\sigma} = 0{,}005$, $X_A (= X - X_{E\sigma}) \approx 0{,}015\ \Omega$ zugrunde gelegt (vgl. die Abschn. K 6c und 7c u. e).

Die Drehzahlkennlinien verlaufen bei Schaltung in Abb. 45a bis c für $\ddot{u} < 1$ etwas steiler als bei Schaltung der Erregerwicklung in den Ankerkreis (vgl. Abb. 34). Bei demselben Drehmoment ist der Ankerstrom von der Stellung des

---

[1]) Die Schaltung der Erregerwicklung wurde in dieser Veröffentlichung auf Wunsch der MSW nicht angegeben.

Kontaktes am Regeltransformator abhängig. Bei der obersten Stufe *6* ist er etwas kleiner als bei Schaltung der Erregerwicklung in den Ankerkreis, bei den übrigen Stufen aber um so größer, je niedriger die Regelstufe ist. Wünscht man keine so starke Änderung des Ankerstroms mit der Einstellung des Regelkontakts, so kann ein Teil der Erregerwicklung vom Ankerstrom gespeist oder

die Übersetzung bei einer andern Klemmenspannung gleich *1* gewählt werden. Der Leistungsfaktor ist bei den Stufen *1* bis *5* erheblich besser als bei Schaltung der Erregerwicklung in den Ankerkreis, weil der Erregerfluß geschwächt wird; bei der oberen Stufe *6* ist er etwas, aber kaum merklich kleiner. Für Stufe *5* sind Strom und Leistungsfaktor nicht eingezeichnet; sie liegen zwischen den Werten der Stufen *4* und *6*.

Der Vorteil dieser selbsttätigen Regelung des Erregerstromes liegt in der Funkenunterdrückung, weil die Rest-EMK sowohl bei Parallelschaltung eines Wirkwiderstandes zur Wendepolwicklung als auch bei

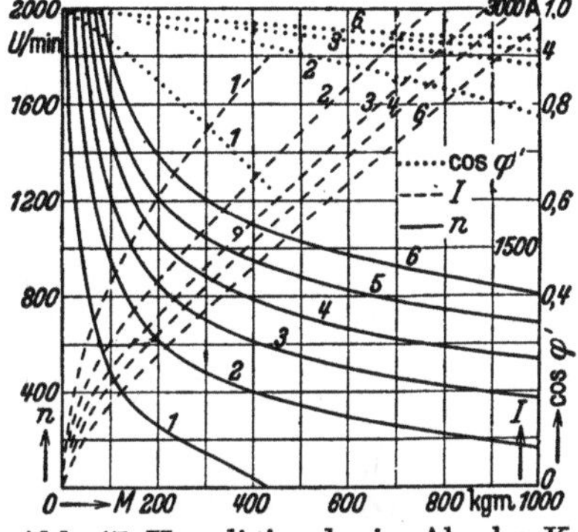

Abb. 47. Kennlinien des im Abschn. K berechneten Reihenschlußmotors für Schaltung nach Abb. 45 b.

Erzeugung der Feldkomponente zur Unterdrückung von $\mathfrak{E}_R$ durch eine Nebenschlußwendewicklung verringert wird.

Im Abschn. 4 c haben wir gesehen, daß bei Schaltung der Erregerwicklung in den Ankerkreis und Speisung der Nebenschlußwendewicklung von einer festen

Spannung des Regeltransformators die mit der EMK der Stromwendung $\mathfrak{E}_W$ phasengleiche Komponente der Bewegungs-EMK die resultierende Funken-EMK nur wenig beeinflußt. Bei der Schaltung nach Abbildung 48 a kann dieser Einfluß praktisch ganz vernachlässigt werden, weil die Spannung (*0 2* in Abb. 32 a), von der die Nebenschluß-

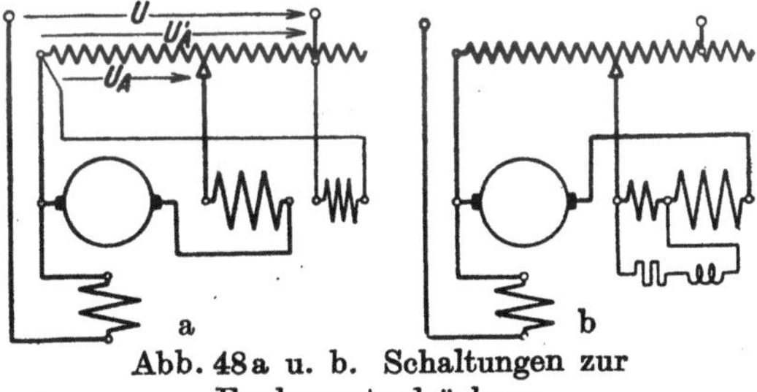

Abb. 48 a u. b. Schaltungen zur Funkenunterdrückung.

wendewicklung hier gespeist wird, nicht auch die Spannung an der Erregerwicklung enthält, die mit $\mathfrak{E}_W$ phasengleiche Komponente der Bewegungs-EMK also viel kleiner ist als im Falle der Schaltung Abb. 37 a. Wir können uns deshalb darauf beschränken, die Rest-EMK zu betrachten, die lediglich von der Ruhe-EMK herrührt. Bemessen wir wieder die Nebenschlußwendewicklung so, daß die Ruhe-EMK $\mathfrak{E}_R$ durch die mit ihr in Gegenphase befindliche Komponente der Bewegungs-EMK bei Nennbetrieb gerade aufgehoben wird, so muß (vgl. Abb. 46 u. Abb. 37 c) $\mathfrak{E}_{BwN} \cos \varphi'_{AN} = \mathfrak{E}_{RN}$ sein. Bei beliebiger Belastung ist dann die Komponente der Bewegungs-EMK, die der Ruhe-EMK entgegenwirkt,

$$\mathfrak{E}_{Bw} \cos \varphi'_A = v\,\mathfrak{E}_{BwN} \frac{U'_A \cos \varphi'_A}{U'_{AN}} = v\,\frac{U'_{Aw}}{U'_{AN}}\,\mathfrak{E}_{BwN}. \tag{70a}$$

Damit ergibt sich die Funken-EMK

$$\mathfrak{E}_F \approx \mathfrak{E}_{FR} = |\mathfrak{E}_R - \mathfrak{E}_{Bw} \cos \varphi'_A| = \left| \mathfrak{E}_R - \nu \, \frac{U'_{Aw}}{U'_{AwN}} \, \mathfrak{E}_{BwN} \right|. \tag{70}$$

Die nach dieser Gleichung berechneten Kurven konstanter Funken-EMK sind für den im Abschn. K berechneten Vollbahnmotor (mit $U'_{AwN} = U_{AwN} = 345$ V) in Abb. 43h des Abschn. 4g dargestellt, wo alle von uns behandelten Schaltungen hinsichtlich der Funkenunterdrückung miteinander verglichen wurden.

Schalten wir zur Funkenunterdrückung einen Widerstand parallel zur Wendepolwicklung (Abb. 48b), so gelten für diese Schaltung die Gleichungen im Abschn. 4e, wenn wir die jeweils zugehörigen Werte von I und I_E und die Kennlinien in Abb. 47 beachten. Die nach Gl. 63 berechneten Kurven konstanter Funken-EMK sind in Abb. 43i dargestellt.

c. Gleichstromüberlagerung. Um bei Stillstand und sehr kleinen Drehzahlen die schädlichen Wirkungen der Ströme in den von Bürsten

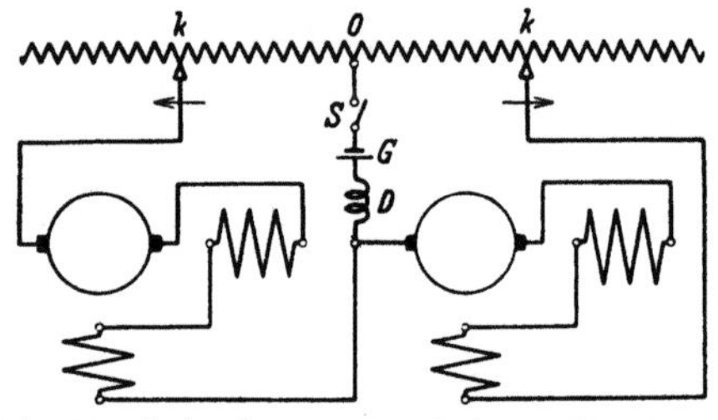

Abb. 49. Anlauf mit zusätzlichem Gleichstrom.

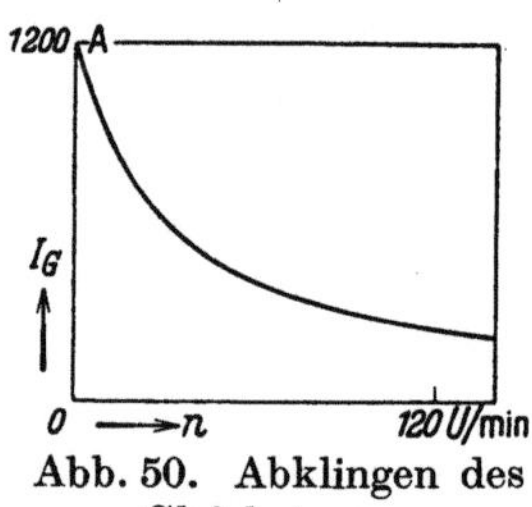

Abb. 50. Abklingen des Gleichstroms.

überbrückten Ankerspulen zu verringern, kann eine Gleichstromquelle kleiner Spannung beim Anlauf in den Motorkreis eingeschaltet werden. Von den vielen hier möglichen Schaltungen [L 57] wollen wir die in Abb. 49 mit 2 Wechselstrommotoren betrachten. Der Wechselstrom fließt hierbei nicht durch die Gleichstromquelle G, die durch eine Akkumulatorenbatterie angedeutet ist. Die Drossel D soll die im Gleichstromkreis auftretenden Ströme doppelter und höherer Netzfrequenz, die bei hohen magnetischen Beanspruchungen im Eisen der Motoren zu erwarten sind, unterdrücken. Die beiden Motoren sind für den Wechselstromkreis in Reihe, für den Gleichstromkreis parallel geschaltet; die Gleichströme ergeben in der Sekundärwicklung des Regeltransformators die resultierende Durchflutung Null. Wenn die beiden Regelkontakte k im Punkte 0 des Transformators stehen, wird das Drehmoment ausschließlich durch den Gleichstrom entwickelt. Mit wachsender Wechselspannung beteiligt sich auch der Wechselstrom an der Drehmomententwicklung. Nehmen wir an, daß durch den Gleichstrom bei Stillstand das halbe Anfahrmoment (755/2 kgm) des im Abschn. K berechneten Vollbahnmotors entwickelt werden soll.

so ist nach der Gleichstromkennlinie Abb. 11 der erforderliche Gleichstrom je Motor etwa 1200 A. Die Spannung der Gleichstromquelle ist für den Ohmschen Spannungsverlust im Motorkreis zu bemessen, d. h. für etwa $0{,}01 \cdot 1200 = 12$ V. Mit wachsender Drehzahl und wachsender Wechselstromspannung an den Motoren klingt der Gleichstrom nach Abb. 50 schnell ab, so daß der Gleichstromkreis, nachdem eine gewisse Drehzahl erreicht ist, durch den Schalter S in Abb. 49 unterbrochen werden kann. Die Schaltung hat bisher keine praktische Anwendung gefunden, deshalb wollen wir hier auch nicht näher auf die Vorgänge beim Anlauf und die Bildung der Drehmomente eingehen (vgl. darüber [L 23]).

d. Zusätzliches Drehmoment der Kurzschlußströme. Die Ströme in den von Bürsten überbrückten Ankerspulen liefern beim Anlauf des Motors im allgemeinen ein zusätzliches Drehmoment, dessen Sinn wir zunächst ermitteln wollen.

Die Durchflutung der Kurzschlußströme hat wie die Durchflutung der kurzgeschlossenen Sekundärwicklung eines Transformators eine Komponente in Gegenphase zur Durchflutung der Erregerwicklung und bildet deshalb ein Drehmoment mit dem Mantelfeld in der Wendezone. In Abb. 51 sind die mit dem Motorstrom I phasengleichen Durchflutungen der Wicklungen und der kurzgeschlossenen Ankerspule durch Kreuze und Punkte, und die sich daraus ergebenden positiven

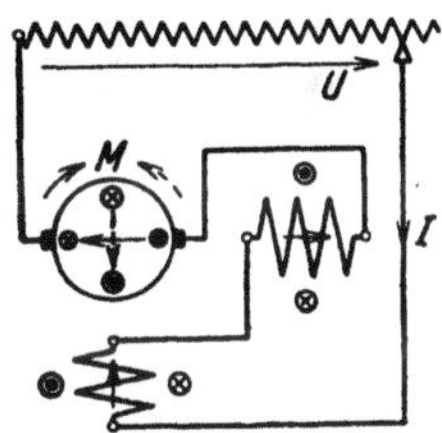

Abb. 51.
Drehmoment der Kurzschlußströme.

Spulenachsen für die Motorwicklungen durch voll ausgezogene Pfeile, für die kurzgeschlossene Ankerspule durch einen gestrichelten Pfeil angedeutet. Nach Regel 2 im Abschn. A 3a entwickeln die Ströme in der Ankerwicklung mit dem Erregerfluß das im Uhrzeigersinne wirkende Hauptmoment, während das zusätzliche Drehmoment, das die Kurzschlußströme mit dem Mantelfeld in der Wendezone bilden, dem Hauptmoment entgegenwirkt, wenn das Wendefeld dem Ankerfeld entgegengerichtet ist (Pfeil in der Kompensationswicklung).

Die Zugkraft, die die Kurzschlußströme mit dem Wendefeld bilden, können wir nach Gl. 69b, Bd. I, berechnen. Bezeichnen wir mit B die Luftspaltinduktion in der Wendezone, so ist das von den Kurzschlußströmen mit diesem Mantelfeld entwickelte mittlere Drehmoment [vgl. L 9a, S. 9]

$$M_{kh} = -\frac{D}{2} \cdot 2 p l_i \frac{B}{\sqrt{2}} \Theta_k \cos (\dot{B}, \Theta_k) \qquad (71\,\text{a})$$

oder

$$M_{kh} = -\frac{p D l_i}{9{,}8 \cdot \sqrt{2}} \frac{B}{1000} \frac{\Theta_k}{1000} \cos (\dot{B}, \Theta_k) \text{ kgm}, \qquad (71\,\text{b})$$

wenn Θ_k die Kurzschlußdurchflutung je magnetischen Kreis bezeichnet und in der letzten Gleichung die Wendefeldinduktion B in Gß, Ankerdurchmesser D in m, ideelle Ankerlänge l_i in cm und Θ_k in A eingesetzt werden.

Für unsern Vollbahnmotor hatten wir beim Anfahrmoment (755 kgm) und Stillstand im Abschn. A 7a (vgl. Abb. 15c) $\Theta_k = 2400$ A gefunden. Der Anfahrstrom ist $I = 2310$ A, also nach Abb. 201 die mittlere Induktion unter dem Wendepol $B = 4300$ Gß. $\dot B$ ist in Gegenphase zu $\dot I$ und nach Abb. 15c $\cos(\dot B, \dot\Theta_k) = 0{,}71$. Damit erhalten wir nach Gl. 71 b

$$M_{kh} = -\frac{5 \cdot 0{,}704 \cdot 35}{9{,}8 \cdot \sqrt{2}}\, 4{,}3 \cdot 2{,}4 \cdot 0{,}71 = -65 \text{ kgm}. \tag{72}$$

Nun befinden sich die von Bürsten kurzgeschlossenen Ankerspulen auch im Streufeld der Ankerwicklung, das wir uns als fiktives Mantelfeld beim ungenuteten Anker denken können [L 9a, S. 9]. Dieses Mantelfeld ergibt mit den Kurzschlußströmen ein mittleres Drehmoment $M_{k\sigma}$, das im Sinne des Hauptmoments wirkt und, wenigstens angenähert, gleich dem Drehmoment M_{kh} gesetzt werden kann, wenn das Wendefeld richtig eingestellt ist. Es ist dann $M_{k\sigma} \approx -M_{kh}$ und das mittlere Drehmoment der Kurzschlußströme kann vernachlässigt werden.

Um beim Anfahren ein zusätzliches Drehmoment der Kurzschlußströme zu erhalten, das im Sinne des Hauptmoments wirkt, müssen wir die Wicklungen, die das Feld in der Wendezone beeinflussen, so umschalten, daß das Wendefeld eine möglichst große Komponente in Gegenphase zu $\dot\Theta_k$ erhält. Das kann auf verschiedene Weise geschehen [L 58]; praktische Bedeutung haben aber wohl nur solche Umschaltungen, die einfach sind, bei denen keine zusätzlichen Widerstände verwendet werden und keine Unterbrechung des Motorstromkreises bei der Umschaltung erfolgt. Eine geeignete Anlaufschaltung, die durch Schließen der Schalter B und Öffnen des Schalters A in die Betriebsschaltung übergeführt wird, ist beispielsweise in Abb. 52 dargestellt, wobei die Betriebsschaltung nach Abb. 39β im Abschn. 4e zugrunde gelegt ist.

In Abb. 52 wird beim Anfahren der Schalter A geschlossen, während die Schalter B offen sind. Es bildet sich dann in der Wendezone ein mit dem Ankerfeld phasengleiches Wendefeld aus. Für unsern Vollbahnmotor ist die Durchflutung in der Wendezone $\Theta = 2 \cdot 2310 = 4620$ A, der nach der magnetischen Kennlinie im Wendepolkreis (Abb. 201) eine Wendefeldinduktion $B = 5300$ Gß entspricht. Damit wird nach den Gl. 71b u. 72 $M_{lh} = 65 \cdot 5300/4300 = 80$ kgm. Dazu kommt noch das Drehmoment des Streuflusses $M_{k\sigma} = 65$ kgm, so daß das gesamte Drehmoment der Kurzschlußströme $M_k = 145$ kgm ist, das sind 19,2% des Anfahrmoments. Abb. 52a zeigt die gegenseitige Phase zwischen resultierender Durchflutung $\dot\Theta$ in der Wendezone und Kurzschlußdurchflutung $\dot\Theta_k$, die wir im Abschn. A 7a (vgl. Abb. 15c) bei Anfahrmoment ermittelt hatten.

Nachdem der Motor eine gewisse Drehzahl, bei der die EMK der Stromwendung $\mathcal{E}_W$ schon anfängt sich bemerkbar zu machen (unterhalb etwa 0,1 der Nenndrehzahl), erreicht hat, wird die Anfahrschaltung in die Betriebsschaltung übergeführt. Die Schalter B werden zunächst geschlossen; die Wendepolwicklung ist dann kurzgeschlossen, das Wendefeld also Null. Dann kann Schalter A ohne Unterbrechung des Motorstromkreises geöffnet werden.

Wichtig ist bei der Schaltung nach Abb. 52, daß die Parallelschaltung zwischen Wendepolwicklung W und dem Nebenschlußwiderstand beim Anfahren unterbrochen wird, weil sonst die mit der negativen Kurzschlußdurchflutung phasengleiche Komponente von Θ zu sehr geschwächt werden würde.

Wir haben bei der zahlenmäßigen Ermittlung des Drehmoments der Kurzschlußströme die Kurzschlußdurchflutung Θ_k zugrunde gelegt, die wir nach der angenäherten Berechnung im Abschn. A 7 a ermittelt

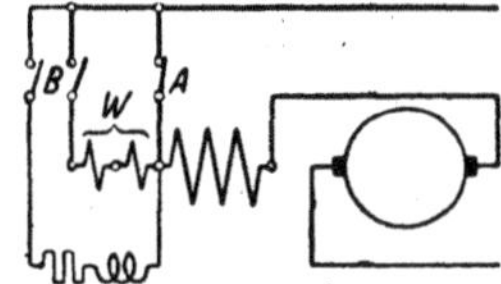

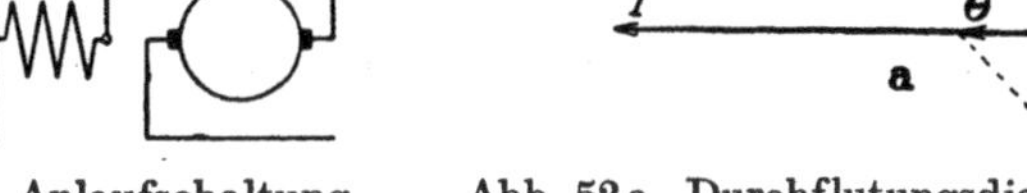

Abb. 52. Anlaufschaltung.
Abb. 52 a. Durchflutungsdiagramm zu Abb. 52.

hatten. Wir haben aber dort festgestellt, daß diese Ermittlung recht unsicher ist, daß wahrscheinlich vorübergehend noch wesentlich größere Kurzschlußdurchflutungen auftreten werden. In diesem Falle wird auch das zusätzliche Drehmoment größer; also gerade dann, wenn die Gefahr der Kurzschlußströme am größten ist, tritt ein kräftiges zusätzliches Drehmoment auf, das den Anlaufvorgang beschleunigt und dadurch den Motor vor Beschädigungen schützt.

e. Geschichtete Bürsten. Um die schädliche Wirkung der Ruhe-EMK $\mathcal{E}_R$ zu mildern und höhere Werte von $\mathcal{E}_R$ zulassen zu können, wurde schon zu Anfang der Entwicklung der Wechselstrommotoren versucht, Bürsten mit großem Querwiderstand herzustellen, die den Widerstand im Kurzschlußkreise erhöhen sollten. Auf diesem Wege ließ sich jedoch der gesamte Widerstand im Kurzschlußkreise nicht merklich vergrößern. Die naheliegende Unterteilung der Bürsten in mehrere voneinander isolierte Schichten quer zur Bürste, zwischen denen besondere Widerstände geschaltet sind, scheiterte an der geringen Bruchfestigkeit solcher Bürsten.

Die Aufgabe der Herstellung geschichteter Bürsten für Vollbahnmotoren wurde um etwa 1932 bei der Reichsbahn von Kasperowski [L 59] wieder aufgenommen. Im Zusammenwirken mit der Industrie gelang es, geschichtete Bürsten herzustellen, die sich auch mechanisch im rauhen Vollbahnbetrieb bewährt haben sollen. Die Schichten werden unter Verwendung eines Bindemittels (Bakelitlack) und isolierender Zwischenlagen (dünnes Papier oder Seide) unter hohem Druck zusammengepreßt, so daß sie eine kompakte Masse bilden. Die einzelnen Schichten jeder Bürste werden über Wirk- oder Scheinwiderstände mit der Stromzuführung leitend verbunden, wie es z. B. für zweischichtige Bürsten in Abb. 53a bis c angedeutet ist; der Wirkwiderstand in Abb. 53c dient zur Abdämpfung der Oberschwingungen [L 61]. Die Widerstände zwischen den einzelnen Schichten verhalten

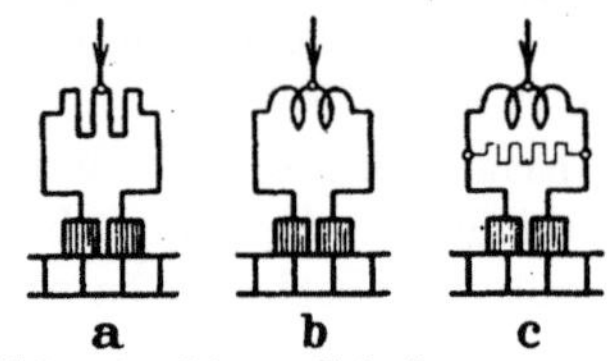

Abb. 53a bis c. Schaltungen mit zweischichtigen Bürsten.

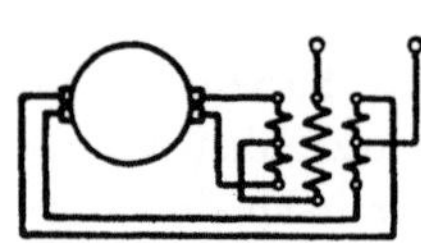

Abb. 54.
Schaltung mit Reihentransformator.

sich dabei ähnlich wie die im Abschn. A 7 b bereits erwähnten künstlichen Widerstände zwischen Ankerwicklung und Stromwender.

Nach einem Vorschlag von Tardel [L 33] können auch statt der Widerstände Wicklungsteile geschaltet werden, in denen eine EMK induziert wird, die der EMK $\mathfrak{E}_R$ im wesentlichen entgegenwirkt. Tardel verwendet dabei Wicklungsteile, die sich auf den Hauptpolen des Motors befinden. Technisch leichter ausführbar ist wohl die Schaltung mit Reihentransformator, wie sie in Abb. 54 angedeutet ist. Der Transformator ist mit großem Magnetisierungsstrom auszuführen, so daß die Rückwirkung der Kurzschlußströme verschwindend klein ist, und seine Magnetisierungskennlinie ist der magnetischen Kennlinie der Erregerwicklung des Motors anzupassen.

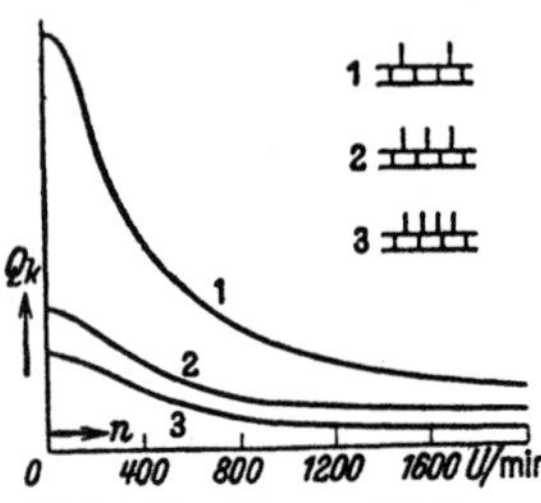

Abb. 55. Kurzschlußverluste bei massiven und unterteilten Bürsten.

Wenn die Widerstände zwischen den einzelnen Schichten der Bürste genügend groß sind oder die Ruhe-EMK $\mathfrak{E}_R$ durch besondere Wicklungsteile zwischen den Schichten im wesentlichen unterdrückt wird, können die Ausgleichströme zwischen den einzelnen Schichten vernachlässigt werden. Man erhält dann ein ungefähres Bild von der Wirksamkeit der Schichtbürste, wenn man den Anker bei aufliegenden Bürsten, aber offenem Motorkreis und Speisung der Erregerwicklung von außen antreibt. Abb. 55 zeigt die von Tardel [L 33] bei massiven, bei zweischichtigen und dreischichtigen Bürsten an einem Versuchsmotor gemessenen Stromwärmeverluste im Kurzschlußkreis als Funktion der Drehzahl. Sie ergeben sich als Differenz der Leistungsaufnahmen der Erregerwicklung bei aufliegenden und bei abgehobenen

Bürsten. Durch die Unterteilung der Bürste in 2 Schichten wird hiernach bei $b = 2t_K$ die Kurzschlußstromwärme wesentlich herabgesetzt, während die Unterteilung in 3 Schichten nur noch geringe Vorteile bietet.

Alle hier besprochenen Ausführungen mit unterteilten Bürsten erfordern zusätzliche Einrichtungen, und da jede Schicht jeder Bürste

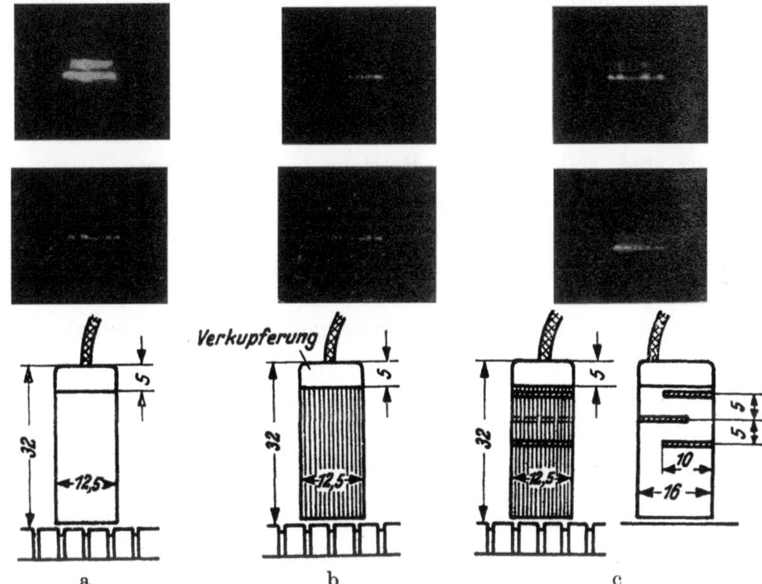

Abb. 56a bis c. Einfluß der Bürstenunterteilung auf Bürstenfeuer. a) Massive Bürste; b) u. c) Feinschichtkohlen, c) mit Seitenschlitzen. Oben Lichtbilder des Bürstenfeuers bei den angeschriebenen Werten von $\mathcal{E}_R$ in V.

des gewöhnlich vielpoligen Motors mit besonderen Zuleitungsanschlüssen ausgerüstet werden muß, sind sehr viele Zuleitungen erforderlich, wodurch die Schaltung recht verwickelt wird. Um diese Schaltung mit ihren zusätzlichen Einrichtungen zu vermeiden, hat Tardel [L 62] Feinschichtkohlen vorgeschlagen, bei denen die Dicke einer Schicht kleiner als die Isolierschicht zwischen benachbarten Stromwenderstegen ist. Die einzelnen Schichten der Bürste sind dabei an ihren Enden leitend miteinander verbunden (Abb. 56b unten), und um den Widerstand zwischen den einzelnen Schichten zu vergrößern, wird der Stromweg von der Auflagefläche der Bürste bis zu ihrer Stromableitung durch seitliche Schlitze in der Bürste vergrößert, sein Querschnitt verkleinert, wie es in Abb. 56c unten dargestellt ist. Um die dabei in der Bürste auftretende verhältnismäßig große Stromwärme abzuführen, wird der Bürstenhalter als Rippenkörper mit großer Oberfläche ausgeführt. Die oberen Teile der Abb. 56a bis c zeigen einige von Tardel photographisch aufgenommene Bilder des Bürstenfeuers bei den neben diesen Bildern angeschriebenen Werten der Ruhe-EMK $\mathfrak{E}_R$; darunter sind die dabei verwendeten Bürsten dargestellt. Durch Vergleich der Bilder 56 a bis c erkennt man, daß das Bürstenfeuer gegenüber der massiven Bürste bei der Feinschichtkohle ohne Seitenschlitze merklich, bei der mit Seitenschlitzen aber bedeutend verringert wird.

Alle geschichteten Kohlen müssen gegenüber den Führungswänden des Bürstenhalters gut isoliert sein, damit nicht die einzelnen Schichten der Bürste durch die Führungswände des Halters leitend überbrückt werden können. Halter aus Aluminium, die nach dem Eloxalverfahren isoliert sind, sollen sich im Betriebe bewährt haben.

Mit den geschichteten Bürsten hofft man, die für eine Frequenz von $16^2/_3$ Hz gebauten Vollbahnmotoren auch für eine Netzfrequenz von 50 Hz verwenden zu können (vgl. Abschn. J 3).

6. Einfluß der Oberschwingungen auf das Bürstenfeuer.

Wie wir im Abschn. A 6 b gezeigt haben, werden bei Reihenschlußmotoren die Oberschwingungen der Ruhe-EMK $\mathfrak{E}_R$ mit wachsender magnetischer Beanspruchung im Eisen größer (vgl. die Werte von $\mathfrak{E}_{R\,max}/\mathfrak{E}_{R1\,max}$ in Zahlentafel 2, S. 24). Für das Bürstenfeuer ist hauptsächlich der Höchstwert von $\mathfrak{E}_R$ maßgebend; zu berücksichtigen ist dabei allerdings auch die Zeitdauer der Höchstwerte. Nach Töfflinger [L 25] darf $\mathfrak{E}_{R\,max}$, um kein unzulässiges Bürstenfeuer befürchten zu müssen, 8 V nicht überschreiten. Blankenburg [L 144] hat gefunden, daß bei Gleichstrommaschinen geringes Bürstenfeuer auftritt, wenn der Höchstwert der Bürstenspannungskurve (Abschn. H 2) etwa 7 V erreicht.

Je größer die Spitzenwerte von $\mathfrak{E}_R$ sind, desto größer sind auch die Restspannungen, die bei Unterdrückung von $\mathfrak{E}_R$ durch eine Bewegungs-EMK übrigbleiben; denn durch das Wendefeld wird bei den Reihenschlußmotoren im wesentlichen nur die Grundschwingung von $\mathfrak{E}_R$ unterdrückt. Es wird deshalb manchmal als unzulässig bezeichnet, die EMKe $\dot{\mathfrak{E}}_R$ und $\dot{\mathfrak{E}}_W$ vektoriell zusammenzusetzen. Diese Zusammensetzung ist natürlich nur für die Grundschwingung zulässig. Die Ansicht, daß es überhaupt wenig Wert hätte, die EMK $\mathfrak{E}_R$ durch besondere Mittel zu unterdrücken [L 64], geht entschieden zu weit, denn experimentelle Untersuchungen haben ergeben, daß die Bürstenabnutzung wesentlich geringer ist, wenn die Ruhe-EMK $\mathfrak{E}_R$ herabgesetzt oder unterdrückt wird [L 30].

Nach Untersuchungen von Kasperowski [L 65] ergeben „spitze" Stromkurven eine wesentlich stärkere Abnutzung der Kohlen. Es scheint jedoch nicht berechtigt zu sein, diese Tatsache auf die Oberschwingungen in der Stromkurve zurückzuführen. Wahrscheinlich sind es die Oberschwingungen in der Ruhe-EMK $\mathfrak{e}_R$, die sich ungünstig auswirken; denn in der Regel werden „spitze" Stromkurven auch höhere Werte von $\mathfrak{e}_{R\,max}$ zur Folge haben, wenn auch bei demselben Drehmoment mit wachsender Drehzahl $\mathfrak{e}_{R\,max}/\mathfrak{e}_{R\,1\,max}$ sinken und $i_{max}/i_{1\,max}$ ansteigen kann (vgl. die letzten 2 Zeilen in Zahlentafel 2, S. 24). Spitze Stromkurven, d. h. solche mit großem Verhältnis $i_{max}/i_{1\,max}$, können aber auch zu Bürstenfeuer Veranlassung geben, wenn die magnetische Kennlinie des Wendepolkreises nicht bis zu den Höchstwerten des Stromes praktisch geradlinig verläuft, so daß erhebliche Restspannungen von $\mathfrak{e}_W$ übrigbleiben (vgl. Abschn. K 5b). Dieser Fall liegt zweifellos bei vielen ausgeführten Vollbahnmotoren vor.

Eine Drossel, die parallel zur Erregerwicklung geschaltet ist, verringert die Bürstenabnutzung [L 65] und das Bürstenfeuer. Das ist zunächst dadurch zu erklären, daß die Ruhe-EMK $\mathfrak{e}_R$ infolge Flußschwächung herabgesetzt wird. Durch entsprechende Formgebung der magnetischen Kennlinie der Drossel können jedoch auch die Oberschwingungen von $\mathfrak{e}_R$ bis zu einem gewissen Grade auf den Strom i verschoben werden.

Um die Oberschwingungen höherer Ordnungszahl in der Ruhe-EMK $\mathfrak{e}_R$, die von der Stromwendung herrühren (vgl. Abb. 23), abzudämpfen, ist die Parallelschaltung eines Wirkwiderstandes zur Erregerwicklung günstig. Statt des Wirkwiderstandes können auch Schwingungskreise der Erregerwicklung parallel geschaltet werden, die so abgestimmt sind, daß sie für die Oberschwingungen, die von der Stromwendung herrühren, einen Kurzschluß bilden.

Ein Wirkwiderstand parallel zur Wendewicklung (vgl. Abb. 39) dämpft auch die Oberschwingungen der in der kurzgeschlossenen Ankerspule durch die Nutung des Ankers induzierten EMK ab. Diese Oberschwingungen machen sich besonders bei kleinem Luftspalt zwischen Anker und Wendepol bemerkbar (vgl. Abschn. III B 5, Bd. I). Anderseits bewirkt jedoch dieser Widerstand, daß die Oberschwingungen des Ankerstromes im wesentlichen durch den Wirkwiderstand fließen, so daß die Oberschwingungen von $\mathfrak{e}_W$ nicht mehr durch eine Bewegungs-EMK unterdrückt werden können.

Einfluß auf die Oberschwingungen von $\mathfrak{e}_R$ und i haben auch Abweichungen der Kurvenform der Klemmenspannung von der Sinusform [L 67]. Stärkere Oberschwingungen in der Klemmenspannung sind besonders dann zu erwarten, wenn das Bahnnetz über Stromrichter gespeist wird.

C. Die doppeltgespeisten Reihenschlußmotoren.

1. Schaltung und Spannungsdiagramm.

Bei der einfachen Schaltung des Reihenschlußmotors nach Abb. 57a wird die Spannung dem Anker unmittelbar vom Netz oder der Sekundärwicklung des Netztransformators zugeführt. ·Vernachlässigen wir die Spannungsverluste im Motor, so ist die Spannung an den Bürsten ($1,2$) gleich der EMK der Bewegung E in der Ankerwicklung (Abbildung 57b). Wird dagegen die Kompensationswicklung nach Abb. 58a an eine feste Spannung geschaltet, die phasengleich mit der gesamten Motor-

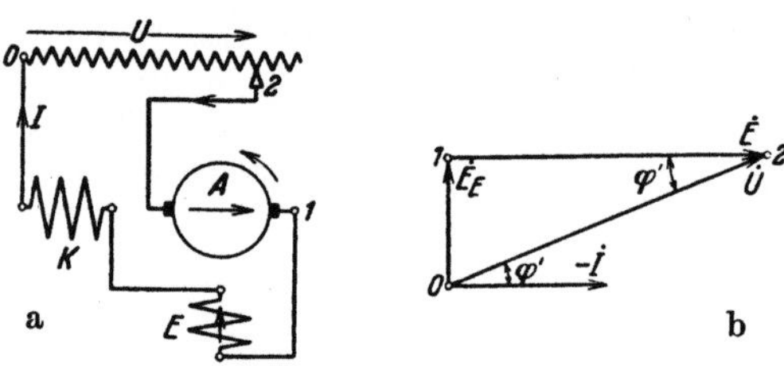

Abb. 57a u. b. Gewöhnlicher Reihenschlußmotor; a) Schaltung; b) vereinfachtes
Spannungsdiagramm.

spannung $\dot{U}$ ist, so erhält der Ankerzweig nur noch einen Teil der Klemmenspannung U unmittelbar, während der Rest ($+ U_K$) ihm durch elektromagnetische Induktion über die Kompensationswicklung zugeführt wird (Abb. 58b). Die Kompensationswicklung bildet in diesem Fall die primäre, die Ankerwicklung die sekundäre Wicklung eines Transformators, dessen Spannungsverlust wir vernachlässigen. Die primäre Wicklung liegt an der Spannung $\dot{U}_K$ und induziert in der Ankerwicklung eine Ruhe-EMK $\dot{E}_R$, die der Spannung $\dot{U}_K$ ent-

Abb. 58a u. b. Reihenschlußmotor mit fester
Spannung an der Kompensationswicklung.

gegengerichtet ist, weil Kompensationswicklung und Ankerwicklung gegeneinander geschaltet sind. $\dot{E}_R$ hat also eine Komponente in Gegenphase zu $\dot{E}$ (Abb. 58b). Die an den Bürsten gemessene Spannung ist jetzt kleiner als im ersten Falle, nämlich nicht gleich E, sondern nur gleich der Spannung zwischen den Punkten 3 und 2. Man bezeichnet einen solchen Motor als doppeltgespeisten Motor, weil dem Anker sowohl unmittelbar als auch durch Induktion Spannung zugeführt wird, oder auch als Reihenschluß-Repulsionsmotor, weil er eine Vereinigung dieser beiden Motoren darstellt.

Es ist nun nicht notwendig, daß das Windungsverhältnis von Kompensationswicklung und Ankerwicklung etwa 1 ist, wie wir es im Abschn. B 4d vorausgesetzt haben. Wir können die Windungszahl der Kompensationswicklung, die man dann Arbeitswicklung nennt, auch größer als die der Ankerwicklung wählen, z. B. doppelt so groß. Der Strom in der Kompensationswicklung (Ständer - Arbeitswicklung) enthält außer dem Magnetisierungsstrom zur Erregung des magnetischen Feldes in der Bürstenachse noch eine Komponente, die (wie beim Transformator) die Durchflutung der Ankerwicklung (Sekundärwicklung) aufhebt und bei dem Windungsverhältnis 2:1 halb so groß ist wie der Ankerstrom. Wir erkennen auch, daß es nicht nötig ist, die Kompensationswicklung mit dem Anker in Reihe zu schalten; sie kann auch an beliebige Anzapfpunkte der Transformatorwicklung gelegt werden. Die Arbeitswicklung übernimmt dann die Kompen-

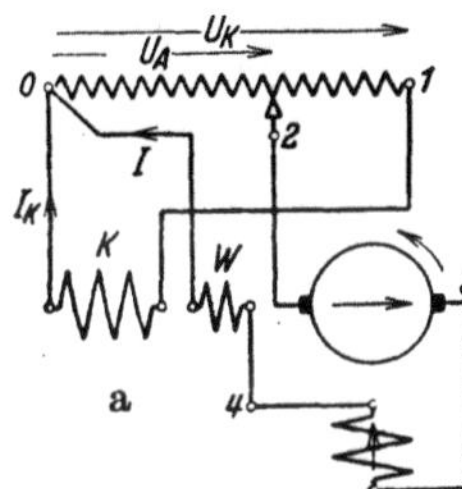
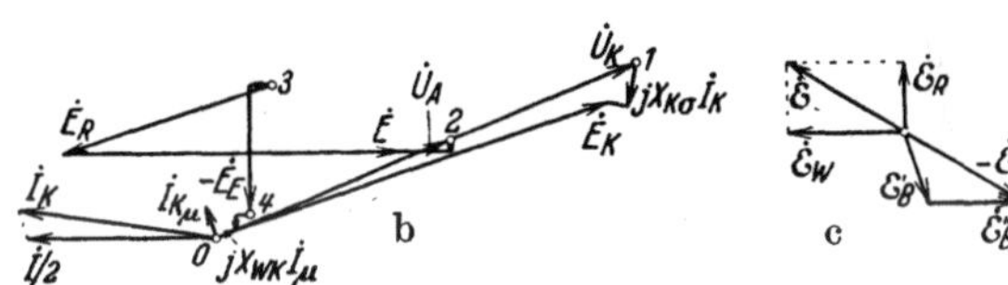

Abb. 59a bis c. Doppeltgespeister Reihenschlußmotor;
b) Spannungsdiagramm mit Berücksichtigung der Spannungsverluste; c) EMKe in der Ankerspule.

sation der Ankerwicklung und die Erregung eines „Querfeldes" (Φ_q in Abb. 60b) zur Funkenunterdrückung. Wir werden bei diesen Schaltungen (z. B. in den Abb. 59a bis 62a) die Wicklungen in demselben Sinne wie in Abb. 58a an den Transformator anschließen, so daß sich Anker- und Ständerarbeitswicklung kompensieren, wenn ihre Ströme im Sinne der Spannungen am Transformator fließen.

Wenn die Phase des Querfeldes zum Aufheben der EMKe der Ruhe $\mathcal{E}_R$ und der Stromwendung $\mathcal{E}_W$ in den von Bürsten kurzgeschlossenen Ankerspulen bei dem am häufigsten vorkommenden Belastungszustand hierbei nicht von selbst den richtigen Wert annimmt, so kann man eine besondere Wendewicklung W anordnen, die vom Ankerstrom I durchflossen wird (Abb. 59a). Die Arbeitswicklung ist dann in gleicher Weise geschaltet wie die Nebenschlußwendewicklung zur Unterdrückung des Bürstenfeuers im Abschn. B 4c, hat hier aber auch die Aufgabe, der Ankerwicklung durch Induktion Spannung zuzuführen und die Ankerwicklung zu kompensieren; sie wird deshalb über den ganzen Ständerumfang verteilt.

In Abb. 59b ist das vollständige Spannungsdiagramm (Eisenverluste und Rückwirkung der kurzgeschlossenen Ankerspulen vernachlässigt, Windungsverhältnis 2:1) dargestellt; seinen Aufbau haben wir bereits im Abschn. B 4d erläutert. Abb. 59c stellt die EMKe $\mathcal{E}_R$ und $\mathcal{E}_W$ in einer von Bürsten kurzgeschlossenen Ankerspule dar, die sich zu der resultierenden EMK $\mathfrak{E}$ zusammensetzen. Eine Komponente davon wird durch die EMK $\mathfrak{E}'_B$, die durch Bewegung in dem von der Kompensationswicklung erregten Feld induziert wird, aufgehoben. Der Rest muß durch die EMK $\mathfrak{E}''_B$ unterdrückt werden, die durch Bewegung in dem Wendefeld induziert wird, das die vom Ankerstrom durchflossene Wendewicklung W erregt. Es ist dann $\mathfrak{E}''_B$ um 180° gegenüber $\mathfrak{E}_W$ verschoben. Das Wendefeld muß also dem fiktiven Ankerfeld entgegengerichtet sein. Durch Einschalten einer Drossel in den Kreis der Kompensationswicklung oder durch künstliche Vergrößerung ihrer Streuung ($X_{K\sigma}$ in Abb. 59 b) läßt sich die Komponente von $\mathfrak{E}'_B$ in Gegenphase zu $\mathfrak{E}_W$ verkleinern oder ganz unterdrücken, so daß die dem Ankerstrom proportionale EMK der Stromwendung $\mathfrak{E}_W$ durch eine EMK der Bewegung $\mathfrak{E}''_B$, die durch die vom Ankerstrom durchflossene Wicklung W in Abb. 59 a erzeugt wird, fast vollständig aufgehoben werden kann.

Ein Vorteil des doppelt gespeisten Motors gegenüber dem Reihenschlußmotor ist die verkleinerte Spannung am Anker (zwischen den Punkten 2 und 3 in Abb. 58 b oder 59 b), wodurch die Gefahr des Rundfeuers (Abschn. A 2 e) verringert wird.

Grundsätzlich kann durch Vertauschen der Wicklungsenden der Ständerarbeitswicklung dem Ankerkreis auch eine solche Ruhe-EMK zugeführt werden, die eine Komponente in Phase mit der Bewegungs-EMK $\dot{E}$ hat; dann ist die Spannung an den Ankerbürsten größer als beim gewöhnlichen Reihenschlußmotor. Praktische Bedeutung hat diese Schaltung jedoch nicht, weil dabei die Bewegungs-EMK, die in einer von Bürsten überbrückten Ankerspule induziert wird, eine Komponente in Phase mit $\mathfrak{E}_R$ hat.

Im folgenden Abschnitt werden wir zunächst verschiedene Schaltungen der Erregerwicklung besprechen. Bei gewissen Schaltungen, nämlich wenn die Erregerwicklung im Ständerkreis liegt und die Ruhe-EMK $\dot{E}_R$, wie bei der praktisch wichtigen Schaltung, der Bewegungs-EMK entgegenwirkt, können bei Motorbetrieb Selbsterregungserscheinungen auftreten, die wir im Abschn. F 5 näher untersuchen werden.

2. Die Schaltungen der Erregerwicklung.

Wir haben bei den Betrachtungen im Abschn. 1 vorausgesetzt, daß die Erregerwicklung in den Ankerkreis geschaltet ist (Abb. 59 a u. 60 a). Im wesentlichen proportional dem Ankerstrom ist aber auch der Strom in der Kompensationswicklung und in der Primärwicklung des Transformators. Wir können deshalb grundsätzlich die Erregerwicklung auch mit der Kompensationswicklung (Abb. 61 a) oder mit der Primärwicklung des Transformators (Abb. 62 a mit Spartransformator) in Reihe schalten. Den Einfluß, den die Schaltung der Erregerwicklung auf die Funkenunterdrückung hat, erkennen wir aus den Spannungsdiagrammen in den Abb. 60, 61 und 62b u. c, bei denen der Übersichtlichkeit wegen die Spannungsverluste vernachlässigt sind. Die EMK der Ruhe $\mathfrak{E}_R$ in den von Bürsten kurzgeschlossenen

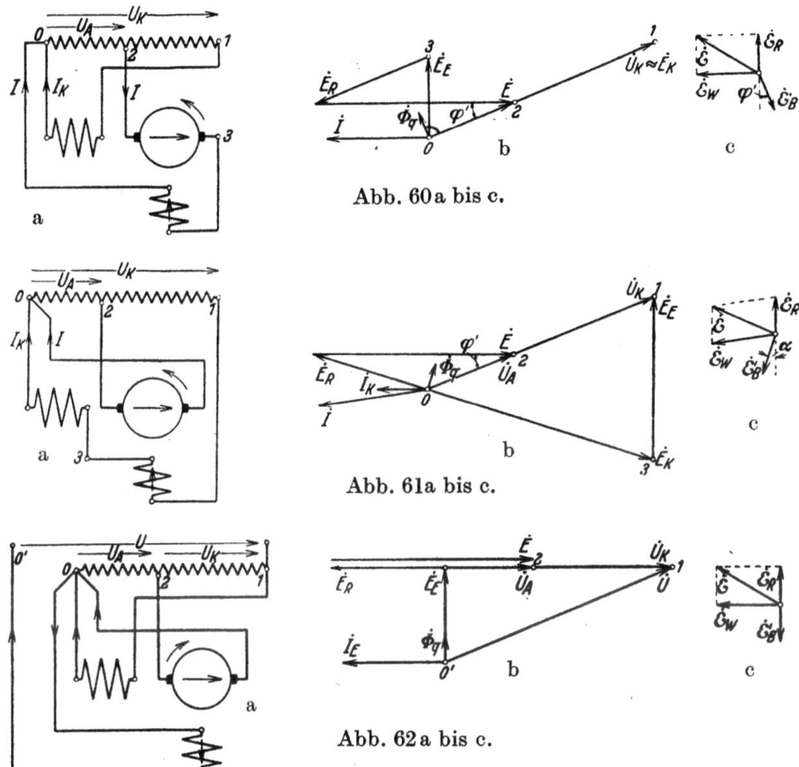

Abb. 60a bis c.

Abb. 61a bis c.

Abb. 62a bis c.

Abb. 60 bis 62a, b, c. Doppeltgespeister Reihenschlußmotor mit Erregerwicklung im Ankerkreis (Abb. 60), im Ständerkreis (Abb. 61) und im Primärkreis des Regeltransformators (Abb. 62).

Ankerspulen ist in Phase mit der EMK $\dot{E}_E$ in der Erregerwicklung, die vom Querfeld (Φ_q) induzierte EMK der Bewegung $\mathfrak{E}'_B$ in Gegenphase zu Φ_q (vgl. die Abb. 60c bis 62c). Bei den Schaltungen nach Abb. 60a u. 61a bleibt bei richtiger Bemessung von Φ_q (z. B. durch Wahl der Spannung U_K) noch eine Komponente von $\mathfrak{E}'_B$ bestehen, die bei der Schaltung nach Abb. 60a der EMK der Stromwendung $\mathfrak{E}_W$ entgegenwirkt, bei der Schaltung nach Abb. 61a aber in Phase mit $\mathfrak{E}_W$ ist, während bei der Schaltung nach Abb. 62a die EMK $\mathfrak{E}'_B$ praktisch vollkommen in Gegenphase zu $\mathfrak{E}_R$ ist. Beachten wir, daß die EMK der Stromwendung $\mathfrak{E}_W$ dem Ankerstrom proportional, das von der Kompensationswicklung erregte Querfeld aber unabhängig vom Ankerstrom ist, so erkennen wir, daß die Schaltung der Erregerwicklung in den Primärkreis des Transformators für die Funkenunterdrückung am günstigsten, die Schaltung der Erregerwicklung in den Kreis der Kompensationswicklung aber am ungünstigsten ist, weil die Restkomponente von $\mathfrak{E}'_B$ dann im Sinne der EMK der Stromwendung wirkt.

Bei Schaltung der Erregerwicklung in den Ankerkreis ist der Phasenwinkel, den die Bewegungs-EMK $\mathfrak{E}'_B$ mit der negativ genommenen Ruhe-EMK in einer kurzgeschlossenen Ankerspule bildet,

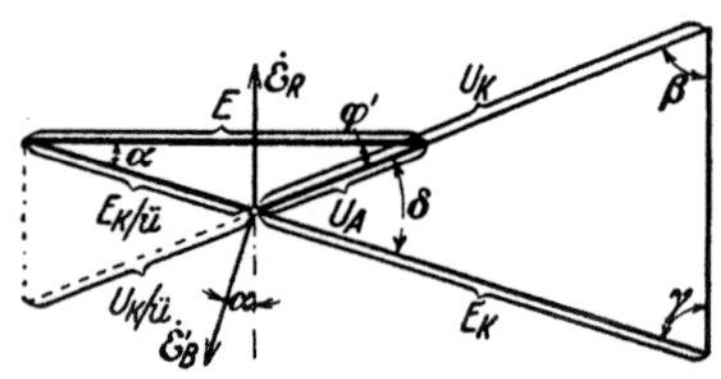

Abb. 63. Zur Ableitung der Gl. 74 b.

gleich dem Phasenwinkel φ' zwischen Bewegungs-EMK $\dot{E}$ der ganzen Ankerwicklung und Klemmenspannung (vgl. die Abb. 60 b u. c). Bei Schaltung der Erregerwicklung in den Primärkreis des Erregertransformators ist der Winkel $-\mathfrak{E}_R, \mathfrak{E}'_B$ praktisch Null (Abb. 62 c).

Bei Schaltung der Erregerwicklung in den Ständerkreis haben wir den Winkel, den die Bewegungs-EMK $\mathfrak{E}'_B$ mit der negativen Ruhe-EMK $\mathfrak{E}_R$ einschließt, mit α bezeichnet (vgl. Abb. 61 c). Wir wollen nun noch die Beziehung zwischen diesem Winkel α und dem Winkel φ' zwischen Bewegungs-EMK $\dot{E}$ und Ankerspannung $\dot{U}_A$ aufstellen.

Das Spannungsdiagramm für die Schaltung in Abb. 61 a ist in Abb. 63 nochmal aufgezeichnet mit Angabe der hier verwendeten Bezeichnungen. $\ddot{u}$ bezeichnet darin die Übersetzung zwischen Ständer-Arbeitswicklung (Kompensationswicklung) und Ankerwicklung (Gl. 78). Aus dem durch stärkere Linien hervorgehobenen Dreieck lesen wir die Beziehung ab

$$\cos\alpha = \frac{E - U_A \cos\varphi'}{E_K/\ddot{u}} = \frac{E - U_A \cos\varphi'}{\sqrt{U_A^2 + E^2 - 2 U_A E \cos\varphi'}} \tag{73}$$

oder, mit der Abkürzung

$$v = \frac{U_A \cos\varphi'}{E}, \qquad \cos\alpha = \frac{(1 - v)\cos\varphi'}{\sqrt{v^2 + (1 - 2v)\cos^2\varphi'}}. \tag{74a u. b}$$

Mit dem Winkel α ergeben sich die Winkel β, γ und δ in Abb. 63 zu

$$\beta = 90^\circ - \varphi', \qquad \gamma = 90^\circ - \alpha, \qquad \delta = \varphi' + \alpha. \tag{75 bis 77}$$

$\cos\alpha$ ist in Abb. 64 für verschiedene $\cos\varphi'$ als Funktion von v aufgetragen. v ist nach Gl. 74 a die mit der Bewegungs-EMK $\dot{E}$ in der Ankerwicklung phasengleiche, dem Ankerkreis unmittelbar zugeführte Spannungskomponente, bezogen auf die EMK E. Wir erkennen aus Abb. 64, daß für $v = 0{,}5$ $\cos\alpha = \cos\varphi'$ ist, für $v < 0{,}5$ ist $\cos\alpha > \cos\varphi'$, für $v > 0{,}5$ ist $\cos\alpha < \cos\varphi'$.

Die Schaltung nach Abb. 61a wird hinsichtlich der Funkenunterdrückung um so ungünstiger, je kleiner $\cos\alpha$ ist (Abb. 61c), je größer also v, d. h. die dem Anker unmittelbar zugeführte Spannung im Vergleich zur gesamten Bewegungs-EMK E ist. Im Grenzfall $v = 1$ wird $U_K = 0$, die Punkte 0 und 1 in Abb. 61a u. b fallen zusammen, und es wird die mit $\mathfrak{E}_R$ phasengleiche Komponente von $\mathfrak{E}'_B$ Null.

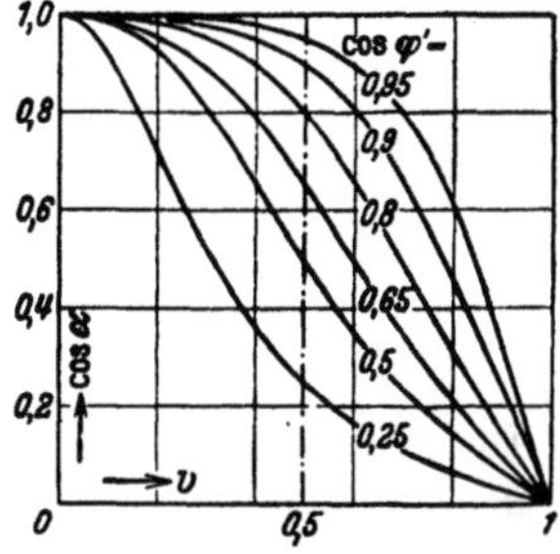

Abb. 64. $\cos\alpha$ (Gl. 74b) über v (Gl. 74a).

Der nachteilige Einfluß der Schaltung nach Abb. 61a verschwindet, wenn die dem Anker unmittelbar zugeführte Spannung Null wird ($v = 0$, kurzgeschlossene Ankerwicklung, Repulsionsmotor). Es fallen dann die Punkte 0 und 2 in Abb. 61a u. b zusammen, und es ist $\mathfrak{E}'_B$ in Gegenphase zu $\mathfrak{E}_R$.

Der bei Abb. 61a für die Funkenunterdrückung günstige Fall $\mathfrak{E}'_B = -\mathfrak{E}_R$, der bei der Schaltung nach Abb. 62a schon praktisch vorliegt, läßt sich für ein gegebenes Verhältnis v erreichen, wenn ein v

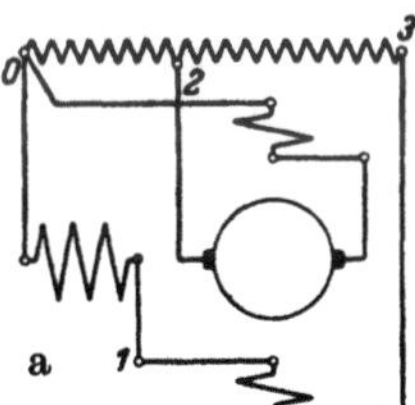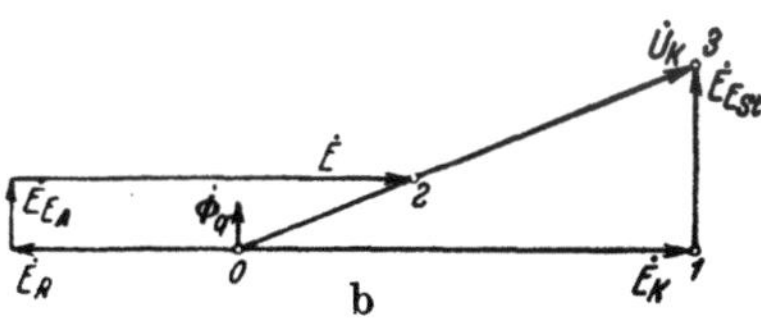

Abb. 65a u. b. Gemischte Schaltung der Erregerwicklung mit Spannungsdiagramm.

proportionaler Teil der Erregerwicklung vom Ankerstrom, ein $v - 1$ proportionaler vom Ständerstrom durchflossen wird (Abb. 65a). Das Spannungsdiagramm ist hierfür unter sonst gleichen Verhältnissen wie bei Abb. 61b in Abb. 65b aufgezeichnet.

Bei den Untersuchungen des folgenden Abschnitts beschränken wir uns der Einfachheit wegen auf die Schaltungen, bei denen die Erregerwicklung entweder vom Ankerstrom (Abb. 60a) oder vom Primärstrom des Regeltransformators (Abb. 62a) durchflossen wird. Nur der Grenzfall $v = 0$ (Abb. 64) sei bei Schaltung der Erregerwicklung in den Ständerkreis noch eingeschlossen; die andern Fälle haben bei Motorbetrieb wegen der Selbsterregungsgefahr kaum praktische Bedeutung.

3. Die Drehzahlregelung.

Den Betrachtungen legen wir die Schaltung in Abb. 66 zugrunde, auf die alle Schaltungen der doppeltgespeisten Motoren, und

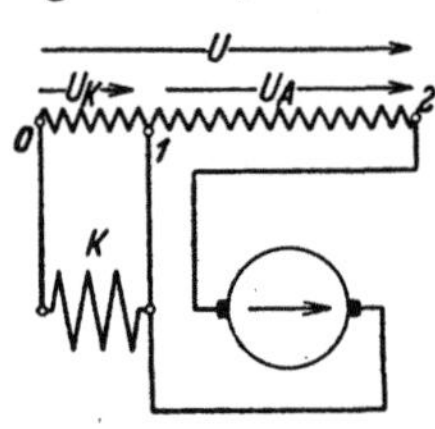

Abb. 66.
Zur Erläuterung
der Gleichungen
im Abschn. 3a.

auch alle Grenzfälle, zurückgeführt werden können, und lassen es zunächst offen, ob die Erregerwicklung vom Ankerstrom (z. B. wie in Abb. 60a) oder vom Primärstrom des Transformators (Abb. 62a) durchflossen wird. Die Erregerwicklung ist deshalb in Abb. 66 nicht eingezeichnet. Zur Regelung kann einer der 3 Anschlüsse am Transformator verschoben werden. Sehr wichtig ist dabei, wie sich die Funkenunterdrückung gestaltet. Deshalb wollen wir zunächst die Gleichungen hierfür ableiten.

a. Gleichung für die Unterdrückung der Ruhe-EMK $\mathfrak{E}_R$. Wir werden hierbei nur die Komponente der Bewegungs-EMK $\mathfrak{E}_B'$ berücksichtigen, die in Gegenphase zur Ruhe-EMK $\mathfrak{E}_R$ ist. Es bleibt dann noch eine Komponente von $\mathfrak{E}_B'$ übrig, die nach Abschn. 2 bei Schaltung der Erregerwicklung in den Ankerkreis in Gegenphase zur EMK der Stromwendung $\mathfrak{E}_W$, bei Schaltung der Erregerwicklung vor den Regeltransformator aber praktisch Null ist. Durch den Beistrich hatten wir den Teil $(\mathfrak{E}_B')$ der Bewegungs-EMK gekennzeichnet, der vom Ankerstrom im wesentlichen unabhängig ist. Da wir im folgenden nur diesen Teil betrachten, lassen wir den Beistrich weg und schreiben für die Funken-EMK $\mathfrak{E}_F$ statt $\mathfrak{E}_{FR}$ (vgl. Abschn. B 4c).

Bezeichnen wir mit

$$\ddot{u} = \xi_K w_K / \xi_A w_A \tag{78}$$

die Übersetzung zwischen der Ständer-Arbeitswicklung und der Ankerwicklung und mit φ' den Phasenwinkel zwischen der EMK der Bewegung $\dot{E}$ und der Spannung $\dot{U}_A$ (vgl. z. B. Abb. 60a u. b), so ist bei Vernachlässigung der Spannungsverluste

$$(U_A + U_K/\ddot{u}) \cos \varphi' = E. \tag{79}$$

Für die Schaltung nach Abb. 62a ist $\cos \varphi' = 1$ zu setzen. Die in der Ständer-Arbeitswicklung induzierte EMK ist nach Gl. 4b

$$U_K = E_K = \sqrt{2} \pi f \xi_K w_K \Phi_q, \tag{80a}$$

worin

$$\Phi_q = (2/\pi) \tau l_i B_q \tag{80b}$$

der Fluß in der Bürstenachse ist, dessen Induktion wir sinusförmig verteilt annehmen. Für die EMK der Bewegung in der Ankerwicklung schreiben wir nach Gl. 2b

$$E = 2\sqrt{2}\, p\, n\, w_A\, \Phi, \tag{80c}$$

worin Φ der mit einer von Bürsten kurzgeschlossenen Ankerwindung verkettete Erregerfluß ist.

Bezeichnen wir mit w_k die für die Funkenspannung maßgebende Zahl der Windungen zwischen zwei benachbarten Stromwenderstegen (Gl. 7), so ist die Bewegungs-EMK in diesem Wicklungsteil

$$\mathcal{E}_B = \sqrt{2}\, w_k\, v_A\, l_i\, B_q \tag{81a}$$

oder mit den Gl. 80 a u. b und den Beziehungen $v_A = 2\,p\,\tau\,n$ und $\xi_A \approx 2/\pi$

$$\mathcal{E}_B = \frac{p\,n}{f}\,\frac{w_k U_K}{\xi_K w_K} = \frac{\pi}{2}\,\frac{p\,n}{f}\,\frac{w_k U_K}{\ddot{u}\,w_A}. \tag{81}$$

Wenn diese Bewegungs-EMK der Ruhe-EMK

$$\mathcal{E}_R = \sqrt{2}\,\pi\,f\,w_k\,\Phi \tag{82a}$$

entgegenwirken soll, so erhalten wir die verbleibende Rest-EMK (in Phase mit $\mathcal{E}_R$), die wir hier als Funken-EMK bezeichnen wollen, zu

$$\mathcal{E}_F = \mathcal{E}_R - \mathcal{E}_B \cos\varphi' = \mathcal{E}_R - \frac{\pi}{2}\,\frac{p\,n}{f}\,\frac{w_k}{w_A}\,\frac{U_K \cos\varphi'}{\ddot{u}}. \tag{82}$$

Diese Funken-EMK beziehen wir auf die Ruhe-EMK

$$\mathcal{E}_{RN} = \sqrt{2}\,\pi\,f\,w_k\,\Phi_N, \tag{83a}$$

die im Motor beim Nennfluß Φ_N auftritt, und führen noch die relative Drehzahl v und den relativen Fluß χ ein,

$$v = n/n_N \quad \text{und} \quad \chi = \Phi/\Phi_N. \tag{83b u. c}$$

Die „Nennwerte" (Zeiger N) der Drehzahl, des Erregerflusses, der Ruhe-EMK und des Drehmoments sollen die Werte bezeichnen, die je nach der Betriebsart entweder längere Zeit auftreten, am häufigsten vorkommen oder bei fortwährend wechselnder Belastung die Mittelwerte darstellen. Wir erhalten dann für die relative Funken-EMK

$$\varepsilon = \frac{\mathcal{E}_F}{\mathcal{E}_{RN}} = \chi - c^2\,\frac{U_K \cos\varphi'}{\ddot{u}\,E_N}\,v, \tag{84}$$

worin zur Abkürzung

$$c = \frac{p\,n_N}{f} \quad \text{und} \quad E_N = 2\sqrt{2}\,p\,n_N\,w_A\,\Phi_N \tag{84a u. b}$$

gesetzt ist. Der „Drehzahlgrad" c bestimmt die Drehzahl bei „Nennbetrieb"; je nachdem $c < 1$, $= 1$ oder > 1 ist, spricht man von untersynchroner, synchroner oder übersynchroner Drehzahl. E_N ist die in der Ankerwicklung induzierte EMK der Bewegung bei Nenndrehzahl und Nennmoment.

α. **Regelung der Ankerspannung** U_A **bei fester Spannung** U_K. U_K ist unveränderlich, wenn zur Regelung der Anschluß bei *2* in Abb. 66 (oder 60a oder 62a) verschoben wird. Im allgemeinen wird man verlangen, daß bei „Nennbetrieb" ($\chi = 1$, $\nu = 1$) die Ruhe-EMK $\mathfrak{E}_{RN}$ aufgehoben wird, daß also nach Gl. 84

$$\varepsilon_N = 1 - c^2 \frac{U_K \cos \varphi'_N}{\ddot{u}\, E_N} = 0 \qquad (85\,\text{a})$$

ist. Es wird dann

$$c^2 = \left(\frac{p\, n_N}{f}\right)^2 = \frac{\ddot{u}\, E_N}{U_K \cos \varphi'_N}, \qquad (85\,\text{b})$$

und Gl. 84 für die Funkenunterdrückung geht bei Regelung der Ankerspannung U_A über in

$$\varepsilon = \chi - \frac{\cos \varphi'}{\cos \varphi'_N}\, \nu. \qquad (85)$$

Die Wahl der festen Spannung U_K und die Übersetzung $\ddot{u}$ bestimmen nach Gl. 85b, ob die Nenndrehzahl bei Untersynchronismus, Synchronismus oder Übersynchronismus auftritt; auf die Funkenunterdrückung hat diese Wahl nach Gl. 85 keinen Einfluß, da $\cos \varphi'/\cos \varphi'_N$ davon unabhängig ist.

β. **Regelung der Spannung** U_K **an der Ständerwicklung** K **bei fester Spannung** U_A. Ersetzen wir in Gl. 84 U_K nach Gl. 79, so erhalten wir ($E/E_N = \chi\,\nu$)

$$\varepsilon = \chi - c^2 \left(\chi\,\nu^2 - \frac{U_A \cos \varphi'}{E_N}\, \nu\right). \qquad (86)$$

Diese Gleichung gilt für $U_A = \text{const}$, wenn also zur Drehzahlregelung der Anschluß *0* in Abb. 66 verschoben wird. Damit bei Nennbetrieb ($\chi = 1$, $\nu = 1$) $\varepsilon = 0$ wird, muß

$$c^2 = \frac{1}{1-b} \quad \text{mit} \quad b = \frac{U_A \cos \varphi'_N}{E_N} \qquad (86\,\text{a u. b})$$

sein, womit sich

$$\varepsilon = \chi - \frac{\chi\,\nu^2 - b\,\nu \cos \varphi'/\cos \varphi'_N}{1-b} \qquad (87)$$

ergibt. Die Wahl von U_A bestimmt nach Gl. 86a u. b, ob die Nenndrehzahl über oder unter der synchronen liegt.

γ. **Regelung bei fester Spannung** U. Setzen wir in Gl. 79 $U_A = U - U_K$ (vgl. Abb. 66), so erhalten wir

$$U_K = \frac{\ddot{u}}{\ddot{u}-1}\left(U - \frac{E}{\cos \varphi'}\right) \qquad (88\,\text{a})$$

und damit nach Gl. 84

$$\varepsilon = \chi - \frac{c^2}{\ddot{u}-1}\left(\frac{U\cos\varphi'}{E_N}\,v - \chi\,v^2\right). \tag{88}$$

Diese Gleichung ist für die Funkenunterdrückung maßgebend, wenn in Abb. 66 der Anschluß *1* zur Regelung verschoben wird. Damit bei Nennbetrieb die Funken-EMK verschwindet, muß

$$c^2 = \frac{\ddot{u}-1}{b-1}, \qquad b = \frac{U\cos\varphi'_N}{E_N} \tag{89a u. b}$$

sein. Mit diesem Werte von b gilt wieder Gl. 87 für die relative Funken-EMK. Gl. 87 hat allgemeine Bedeutung; denn sie gilt auch bei Regelung der Ankerspannung U_A und fester Spannung U_K, wenn $b = \pm \infty$ gesetzt wird, weil dann Gl. 87 in Gl. 85 übergeht.

Gl. 87 enthält außer den beiden Veränderlichen χ und v und dem vom Drehmoment und der Drehzahl im allgemeinen abhängigen Verhältnis $\cos\varphi'/\cos\varphi'_N$ nur noch den Parameter b, so daß jedem Werte von b eine bestimmte Funkenunterdrückung entspricht. Bevor wir diese näher betrachten, wollen wir aber noch die Regelschaltungen zusammenstellen, wie sie sich bei den verschiedenen Werten von b ergeben.

b. Die Regelschaltungen. Die für alle Regelungsarten maßgebende Gl. 87 gilt nach ihrer Ableitung für den praktisch allein wichtigen Fall, daß bei „Nennbetrieb" die Funken-EMK verschwindet. Dies ist, wie wir im Abschn. 1 festgestellt haben, der Fall, wenn die vom Querfeld in der Ankerwicklung induzierte Ruhe-EMK $\dot{E}_R$ eine Komponente in Gegenphase zur Bewegungs-EMK $\dot{E}$ hat. Das ist immer der Fall, wenn in Abb. 66 die Anzapfung *1* innerhalb der Anzapfungen *0* und *2* des Transformators liegt, also $\dot{U}_A$ und $\dot{U}_K$ in Abb. 66 gleichsinnig sind. Außerdem ist es aber auch dann der Fall, wenn $\dot{U}_K$ die entgegengesetzte Richtung wie $\dot{U}_A$ hat, aber $|U_K/\ddot{u}| = |E_R| > |U_A|$ ist. Denken wir uns z. B. in Abb. 58a den Anschluß der Kompensationswicklung bei *0* nach einem Punkt der Transformatorwicklung rechts von *1* verlegt, so ändert $\dot{I}_{K\mu}$ und der Querfluß Φ_q die Richtung. Wenn $|U_K/\ddot{u}| < |U_A|$ ist, wirken $\mathfrak{E}_B$ und $\mathfrak{E}_R$ im gleichen Sinne. Ist aber $|U_K/\ddot{u}| > |U_A|$, so muß die Bewegungs-EMK und damit $\dot{I}$ in der Ankerwicklung das Vorzeichen wechseln. Mit $\dot{I}$ ändert aber auch $\mathfrak{E}_R$ das Vorzeichen, so daß $\mathfrak{E}_B$ und $\mathfrak{E}_R$ dann einander entgegenwirken. Da das nur bei untersynchronen Drehzahlen möglich ist, wobei der Motor für kleine Polzahl und sehr starken Querfluß gebaut werden muß, hat dieser Fall kaum praktische Bedeutung.

In Gl. 79 sind U_A und $U_K/\ddot{u}$ positiv einzuführen, wenn in Abb. 66 der Anzapfpunkt *1* zwischen *0* und *2* liegt. Rückt in Abb. 66 die

Anzapfung *0* rechts von *1*, so ändert U_K, rückt die Anzapfung *2* links von *1*, so ändert U_A das Vorzeichen. Werden in Abb. 66 die Enden entweder der Ständerarbeitswicklung *K* oder der Ankerwicklung vertauscht, so ändert, wenn die Vorzeichen von U_A und U_K beibehalten werden, *ü* das Vorzeichen.

Um festzustellen, ob eine beliebige Schaltung die Bedingung erfüllt, daß bei Nennbetrieb die Ruhe-EMK $\mathfrak{E}_{RN}$ durch eine Komponente der Bewegungs-EMK unterdrückt werden kann, kann man nach folgender Regel verfahren (vgl. z. B. Abb. 67): Man zeichnet im Schaltbild mit Stellung der Regelkontakte bei Nennbetrieb die positive

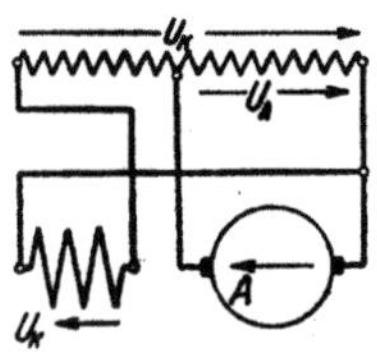

Abb. 67. Zur Beurteilung, ob $\mathfrak{E}_R$ und $\mathfrak{E}_B$ entgegengerichtet sind.

Wicklungsachse *A* des Ankers (die sich ergibt, wenn der Strom im Ankerkreis im Sinne der Ankerspannung U_A fließt) und die Richtung der Spannung U_K an den Klemmen der Ständerarbeitswicklung *K* ein. Wenn beide Pfeile gleichgerichtet sind, kann die Ruhe-EMK $\mathfrak{E}_R$ bei Nennbetrieb immer unterdrückt werden; sind die Pfeile entgegengerichtet, so nur dann, wenn $|U_K/\ddot{u}| > |U_A|$ ist. Im folgenden wollen wir nun die Schaltgruppen α, β und γ (S. 96) näher betrachten, wobei wir die unwichtigen Schaltungen für $c < 1$ außer acht lassen.

Schaltgruppe α, U_1 veränderlich (Abb. 68a). Der für die Funkenunterdrückung maßgebende Wert *b* in Gl. 87 ist hier $b = \mp \infty$ und die relative Funken-EMK nach Gl. 85 unabhängig von dem Betrag der festen Spannung U_K und der Übersetzung *ü*. Der Drehzahlgrad *c*, bei dem die Funken-EMK verschwindet, ist durch Gl. 85b gegeben und kann je nach Wahl von $U_K/\ddot{u}$ ganz beliebig sein. Da c^2 immer positiv ist, müssen nach Gl. 85b E_N und $U_K/\ddot{u}$ dasselbe Vorzeichen haben; soll $c^2 > 1$ sein, so müssen nach Gl. 79 auch U_{AN} und $U_K/\ddot{u}$ dasselbe Vorzeichen haben. Die grundsätzliche Schaltung ist für diese Schaltgruppe in Abb. 68a dargestellt.

Verlangen wir beispielsweise, daß die Nenndrehzahl bei der doppelten synchronen auftritt ($c^2 = 4$) und nehmen $\ddot{u} = 2$ an, so muß nach Gl. 85b $E_N = 2\,U_K \cos\varphi'_N$ sein. Es ergibt sich dann nach Gl. 79 $U_{AN} = \frac{3}{2}\,U_K$. Für diesen Fall ist im Schaltbild der Abb. 68a die Kontaktstellung bei Nennbetrieb eingezeichnet. Die Kontaktstellung bei Anlauf erhalten wir (bei Vernachlässigung der Spannungsverluste) nach Gl. 79 mit $E = 0$ zu $U_{A0} = -\,U_K/2$. Auch diese Kontaktstellung ist hier und in den folgenden Schaltbildern angedeutet; ein kleiner waagrechter Pfeil am Kontakt gibt die Richtung an, in der der Kontakt während des Anlaufs zu verschieben ist.

Neben den Schaltbildern sind in Abb. 68a bis i zur weiteren Veranschaulichung U_A, $U_K/\ddot{u}$ und $E = U_A + U_K/\ddot{u}$ über der Drehzahl $n = 0$ bis $n = n_N$ bei festem Drehmoment aufgetragen. Dabei ist in allen Fällen die Erregerwicklung im Ankerkreis, dieselbe Windungszahl der Ankerwicklung und derselbe Erregerfluß vorausgesetzt; die Spannungsverluste sind vernachlässigt.

Schaltgruppe β, U_K veränderlich (Abb. 68b). Für diese Schaltgruppe ist nach Gl. 86a $c^2 = 1/(1 - b)$. Die Gleichung kann mit $-\infty < b < 1$ erfüllt werden; aber für den praktisch wichtigeren Fall $c^2 > 1$, auf den wir uns in den Schaltbildern der Abb. 68a bis i beschränken, nur mit $0 < b < 1$. Nach Gl. 86b muß $E_N = U_A \cos \varphi'_N / b$ sein und nach Gl. 79 $U_{KN} \cos \varphi'_N / \ddot{u}$ dasselbe Vorzeichen wie $U_A \cos \varphi'_N$ haben, damit bei $c^2 > 1$ und Nennbetrieb die Ruhe-EMK $\mathfrak{E}_R$ durch die Bewegungs-EMK $\mathfrak{E}_B$ aufgehoben wird. In Abb. 68b ist die grundsätzliche Schaltung dargestellt. Soll beispielsweise bei Nennbetrieb die Drehzahl gleich dem 1,41-fachen der synchronen sein ($c^2 = 2$), so ist $b = \frac{1}{2}$, und mit beispielsweise $\ddot{u} = 2$ wird $U_{KN} = 2 U_A$. Die Anlaufspannung ist nach Gl. 79 (mit $E = 0$) $U_{K0} = -2 U_A$. Für diesen Fall sind in Abb. 68b die Stellungen des Regelkontakts bei Anlauf und Nennbetrieb angedeutet.

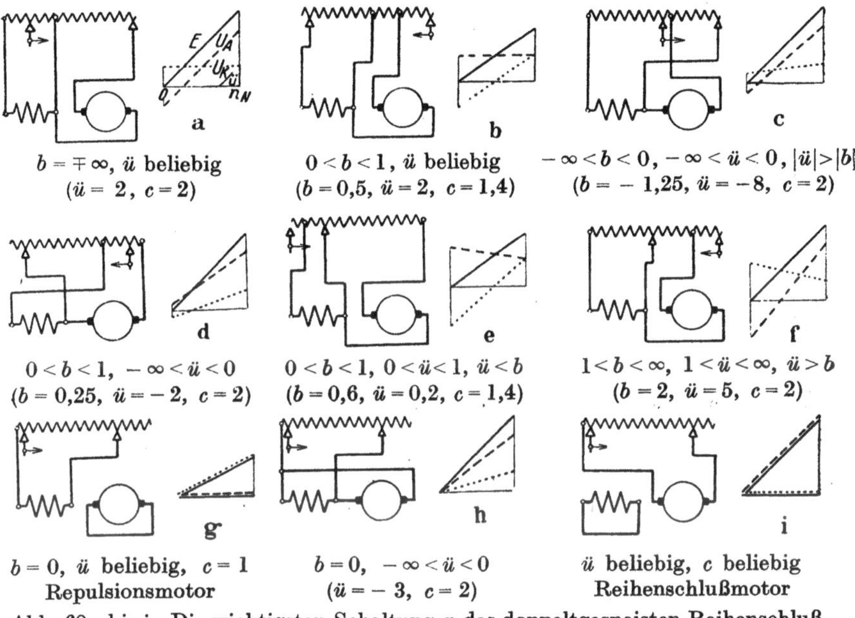

<table>
<tr><td align="center">a
$b = \mp \infty$, $\ddot{u}$ beliebig
($\ddot{u} = 2$, $c = 2$)</td><td align="center">b
$0 < b < 1$, $\ddot{u}$ beliebig
($b = 0,5$, $\ddot{u} = 2$, $c = 1,4$)</td><td align="center">c
$-\infty < b < 0$, $-\infty < \ddot{u} < 0$, $|\ddot{u}| > |b|$
($b = -1,25$, $\ddot{u} = -8$, $c = 2$)</td></tr>
<tr><td align="center">d
$0 < b < 1$, $-\infty < \ddot{u} < 0$
($b = 0,25$, $\ddot{u} = -2$, $c = 2$)</td><td align="center">e
$0 < b < 1$, $0 < \ddot{u} < 1$, $\ddot{u} < b$
($b = 0,6$, $\ddot{u} = 0,2$, $c = 1,4$)</td><td align="center">f
$1 < b < \infty$, $1 < \ddot{u} < \infty$, $\ddot{u} > b$
($b = 2$, $\ddot{u} = 5$, $c = 2$)</td></tr>
<tr><td align="center">g
$b = 0$, $\ddot{u}$ beliebig, $c = 1$
Repulsionsmotor</td><td align="center">h
$b = 0$, $-\infty < \ddot{u} < 0$
($\ddot{u} = -3$, $c = 2$)</td><td align="center">i
$\ddot{u}$ beliebig, c beliebig
Reihenschlußmotor</td></tr>
</table>

Abb. 68a bis i. Die wichtigsten Schaltungen des doppeltgespeisten Reihenschluß-motors (Angaben in Klammern für die eingezeichnete Kontaktstellung). Rechts neben den Schaltungen: ——— Bewegungs-EMK E, - - - - Ankerspannung U_A, ... durch Induktion zugeführte $U_K / \ddot{u}$ über Drehzahl $n = 0$ bis n_N; nicht gezeichnete Erregerwicklung ist im Ankerkreis zu denken.

Schaltgruppe γ, U ist fest (Abb. 68c bis f). Nach Gl. 89a ist in diesem Falle $c^2 = \dfrac{\ddot{u} - 1}{b - 1}$, nach Gl. 89b $\dfrac{E_N}{\cos \varphi'_N} = \dfrac{U}{b}$, nach Gl. 88a $U_{KN} = \dfrac{\ddot{u}(b - 1)}{b(\ddot{u} - 1)} U = \dfrac{\ddot{u}}{b\, c^2} U$; ferner ist nach Gl. 79 $U_{AN} = \dfrac{\ddot{u} - b}{b(\ddot{u} - 1)} U$. Beim Anfahren ergibt sich nach Gl. 79 $U_{K0} = -\ddot{u}\, U_{A0} = -\ddot{u}(U - U_{K0})$, also $U_{K0} = \dfrac{\ddot{u}}{\ddot{u} - 1} U$. Wir wollen nun b alle Werte von $-\infty$ bis $+\infty$ durchlaufen lassen.

a. Für $-\infty < b < 0$ ist Gl. 89a mit $-\infty < \ddot{u} < 1$ erfüllbar. Beschränken wir uns aber auf den praktisch wichtigeren Fall, daß $c^2 > 1$ ist, so muß $-\infty < \ddot{u} < 0$ und $|\ddot{u}| > |b|$ sein. Alle Glieder in Gl. 79 erhalten dann gleiche Vorzeichen. Die grundsätzliche Schaltung ist in Abb. 68c dargestellt.

Verlangen wir beispielsweise, daß $c^2 = 4$ ist, so muß $\ddot{u} = 4b - 3$ sein. Mit $b = -1,25$ wird $\ddot{u} = -8$, $U_{KN} = 1,6\,U$, $E_N/\cos\varphi'_N = -0,8\,U$, $U_{KN}/\ddot{u} = -0,2\,U$, $U_{AN} = -0,6\,U$ und $U_{K0} = \frac{3}{5}\,U$. Für diesen Fall sind in Abb. 68c die Stellungen des Kontakts bei Anlauf und bei Nennbetrieb angedeutet (negatives $\ddot{u}$ bedeutet Vertauschung der Anschlüsse des Ankers gegenüber Abb. 66).

   b. Für $0 < b < 1$ ist Gl. 89a mit $-\infty < \ddot{u} < 1$ erfüllbar. Wir unterscheiden zwischen negativen und positiven Werten von $\ddot{u}$.

Für $-\infty < \ddot{u} < 0$ wird $c^2 > 1$; Gl. 79 ist mit denselben Vorzeichen für alle Glieder erfüllt. Die grundsätzliche Schaltung ist in Abb. 68d dargestellt. Verlangen wir beispielsweise, daß $c^2 = 4$, so wird mit $b = 0,25$ und $\ddot{u} = -2$ $U_{KN} = -2\,U$, $E_N/\cos\varphi'_N = 4\,U$, $U_{KN}/\ddot{u} = U$, $U_{AN} = 3\,U$, $U_{K0} = \frac{2}{3}\,U$. Für diesen Fall sind in Abb. 68d der verschiebbare Kontakt im Schaltbild und daneben U_A, $U_K/\ddot{u}$ und E dargestellt.

Für $0 < \ddot{u} < 1$ ergibt sich $c^2 > 1$ nur mit $\ddot{u} < b$, alle Glieder in Gl. 79 erhalten dann die gleichen Vorzeichen. Verlangen wir beispielsweise, daß $c^2 = 2$ ist, so wird mit $b = 0,6$ und $\ddot{u} = 0,2$, $U_{KN} = \frac{1}{5}\,U$, $E_N/\cos\varphi'_N = \frac{5}{3}\,U$, $U_{KN}/\ddot{u} = \frac{5}{3}\,U$, $U_{AN} = \frac{5}{3}\,U$, $U_{K0} = -\frac{1}{4}\,U$. Für diesen Fall sind in Abb. 68e die Stellungen des verschiebbaren Kontaktes bei Anlauf und bei Betrieb angedeutet.

   c. Für $1 < b < \infty$ muß $1 < \ddot{u} < \infty$ sein und $\ddot{u} > b$ für $c^2 > 1$. Alle Glieder in Gl. 79 erhalten dann gleiche Vorzeichen. Die grundsätzliche Schaltung ist in Abb. 68f dargestellt. Verlangen wir, daß $c^2 = 4$ ist, so wird mit $b = 2$ $\ddot{u} = 5$, $U_{KN} = \frac{5}{8}\,U$, $E_N/\cos\varphi'_N = \frac{1}{2}\,U$, $U_{KN}/\ddot{u} = \frac{1}{8}\,U$, $U_{AN} = \frac{3}{8}\,U$, $U_{K0} = \frac{5}{4}\,U$. Hierfür sind in Abb. 68f die Stellungen des verschiebbaren Kontaktes angedeutet.

   Grenzfälle. Setzen wir in Gl. 86b $b = 0$, so wird $U_A = 0$, d. h. der Ankerkreis ist kurzgeschlossen, und die Regelung erfolgt durch Ändern von U_K. Nach Gl. 86a ist $c^2 = 1$, unabhängig von der Übersetzung. Wir erhalten die Schaltung des Repulsionsmotors in Abb. 68g.

Setzen wir dagegen in Gl. 89b $b = 0$, so wird $U = 0$, d. h. Ankerkreis und Arbeitskreis des Ständers sind parallel geschaltet. Nach Gl. 89a wird $c^2 = 1 - \ddot{u}$. Für $c^2 > 1$ muß $-\infty < \ddot{u} < 0$ sein. Es wird $U_K = -U_A$; U_A und $U_K/\ddot{u}$ haben also in Gl. 79 dasselbe Vorzeichen, und wir erhalten die grundsätzliche Schaltung in Abb. 68h. Soll beispielsweise bei $c^2 = 4$ die Funken-EMK Null werden, so muß $\ddot{u} = -3$ sein. Es wird $U_K/\ddot{u} = +\frac{1}{3}U_A$.

Setzen wir in Gl. 82 $U_K = 0$, so erhalten wir die Schaltung in Abb. 68i mit kurzgeschlossenem Ständerarbeitskreis. In diesem Falle ist $\mathfrak{E}_F = \mathfrak{E}_R$, d. h. die Ruhe-EMK wird bei keiner Drehzahl durch eine Bewegungs-EMK aufgehoben. Gl. 87 ist hier nicht mehr gültig.

4. Funkenunterdrückung.

a. Erregerwicklung im Ankerzweig. Gl. 87 stellt den verbleibenden Rest der Ruhe-EMK $\mathfrak{E}_R$ bezogen auf die Ruhe-EMK $\mathfrak{E}_{RN}$ bei „Nennbetrieb" als Funktion der relativen Drehzahl $v = n/n_N$ und des relativen Erregerflusses $\chi = \Phi/\Phi_N$ dar. Der Betriebszustand des Motors ist jedoch durch die relative Drehzahl und das relative Drehmoment $m = M/M_N$ bestimmt. Die Beziehung zwischen χ und m ist durch die Magnetisierungskennlinie des Motors gegeben.

Legen wir beispielsweise hierfür die Kennlinie in [L 68, Abb. 16] zugrunde, so gehören, wenn die Erregerwicklung vom Ankerstrom durchflossen wird, die folgenden Werte von m und χ zusammen

$m = 0$	0,5	1	1,5	2
$\chi = 0$	0,805	1	1,1	1,15.

Die relative Funken-EMK ist nach Gl. 87 noch von dem Verhältnis des jeweiligen Leistungsfaktors $\cos \varphi'$ zu dem bei Nennbetrieb, $\cos \varphi'_N$ ($\varepsilon = 0$), abhängig. Um den Einfluß des Wertes b auf die Funkenunterdrückung leichter überblicken zu können, setzen wir zunächst $\cos \varphi'/\cos \varphi'_N = 1$ und werden am Schlusse des Abschnitts den Einfluß des Verhältnisses $\cos \varphi'/\cos \varphi'_N$ zeigen.

In den Abb. 69 bis 73 ist die relative Funken-EMK ε durch die Ordinaten über der v, m-Ebene bei den Werten $b = 2$, 4, $\pm \infty$, -3 und 0 dargestellt.

Bei kleinen relativen Drehzahlen (etwa $v < 1$) ist die Funkenspannung bei allen Drehmomenten mit Ausnahme der ganz kleinen (etwa $m < 0{,}1$) für $b = 2$ am kleinsten (Abb. 69) und wächst in der Reihenfolge der Abbildungen bis Abb. 73. Wenn Drehzahlen unter der Nenndrehzahl, besonders bei hohem Drehmoment, häufig vorkommen, sind etwa die Werte $2 \le b \le 4$ für die Funkenunterdrückung am günstigsten.

Bei großer Drehzahl und sehr kleinem Drehmoment (etwa $v \approx 2$ und $m \approx 0$) ist ε für $b = 2$ sehr groß, sinkt aber mit wachsendem b bis $b = \infty$ und weiter von $b = -\infty$ bis 0. Bei $b = 0$ (Abb. 73) wird für $m = 0$ auch $\varepsilon = 0$.

Bei großer Drehzahl (etwa $v > 1$) und größerem Drehmoment (etwa $m > 1$) sinkt ε von $b = 2$ ab, wird bei $b = 4$ fast Null und wächst dann, das Vorzeichen wechselnd, über $b = \pm \infty$ bis $b = 0$. Wenn Drehzahlen $n > n_N$ bei hohem Drehmoment vorkommen, ist etwa $b = 4$ am günstigsten.

Kommen schließlich alle Betriebszustände bis zur doppelten Nenndrehzahl und bis zum doppelten Nenndrehmoment vor, dann ist etwa $b = -3$ am günstigsten, weil der größte Betrag von ε hierfür am kleinsten ist.

Die Wahl der Schaltung mit Rücksicht auf Funkenunterdrückung hängt also von der Art des Betriebes ab. Ist beispielsweise das Drehmoment proportional der Drehzahl, so ist $b = 4$ sehr günstig, weil dabei für alle Betriebszustände $\varepsilon \approx 0$ ist. Ein besonders im Bahnbetrieb vorkommender Fall ist der, daß man bei etwa $m = 2$ bis etwa $v = 1{,}1$ durch Ändern der Klemmenspannung anfährt. Bei der sich ergebenden höchsten Klemmenspannung sinkt dann das Drehmoment mit zunehmender Geschwindigkeit etwa nach der strichpunktierten Kurve, die in der v, m-Ebene der Abb. 69 bis 73 eingezeichnet ist. Während des Anfahrbereichs ($m = 2$, $0 \le v \le 1{,}1$) sind Werte $2 \le b \le \infty$ ziemlich günstig; bei den niedrigeren Werten für b sinkt ε sehr schnell, bei den höheren weniger schnell, erreicht dafür aber bei $v = 1{,}1$ etwas kleinere Werte. Für den zweiten Teil des Betriebes, wo der Motor bei fester Klemmenspannung sich selbst überlassen ist, ist die Funken-EMK für $b = 2$ am kleinsten und wird in der Reihenfolge der Abb. 69 bis 72 immer größer.

Die Schaltung in Abb. 68 f, bei der zur Regelung der gemeinsame Anschlußpunkt von Kompensationswicklung und Ankerwicklung am Transformator verschoben wird, ist von Alexanderson [L 70] bei seinem „Reihenschluß-Repulsionsmotor" mit der Übersetzung $\ddot{u} = 2$ und der Erregerwicklung im Ankerzweig für die Betriebsschaltung verwendet worden. Beim Anlauf hat er aber die Erregerwicklung ohne Änderung der Windungszahl in den Zweig der Kompensationswicklung geschaltet und die Ankerwicklung kurz geschlossen. Die Erregerdurchflutung war also beim Anlauf für denselben Ankerstrom halb so groß wie in der Betriebsschaltung, und der Motor lief mit Flußschwächung in der Schaltung nach Abb. 68 g als Repulsionsmotor an. Ein Vorteil der Schaltung nach Abb. 68 f, den sie mit der Schaltung Abb. 68 e gemeinsam hat, ist auch, daß die Regelschalter nur die Differenz der Ströme der Ankerwicklung und der Kompensationswicklung führen. Ein Nachteil des Motors von Alexanderson ist, daß bei der Übersetzung $\ddot{u} = 2$ und der günstigsten Funkenunterdrückung für $b = 2$ die normale

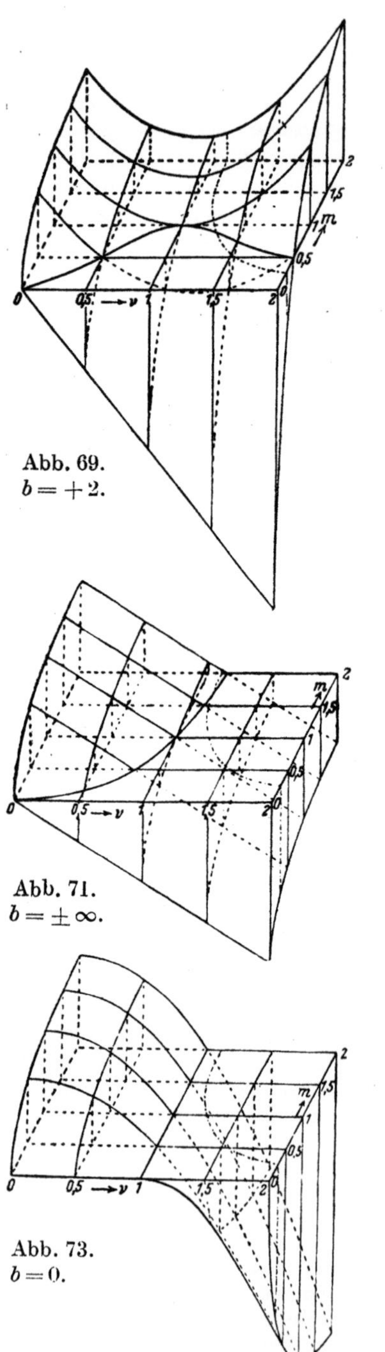

Abb. 69.
$b = +2.$

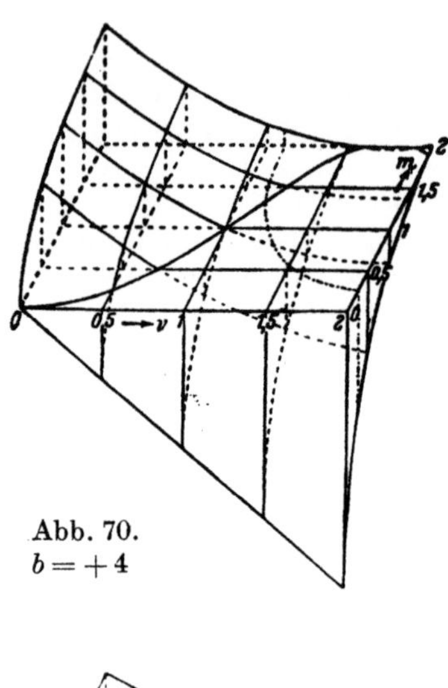

Abb. 70.
$b = +4$

Abb. 71.
$b = \pm \infty.$

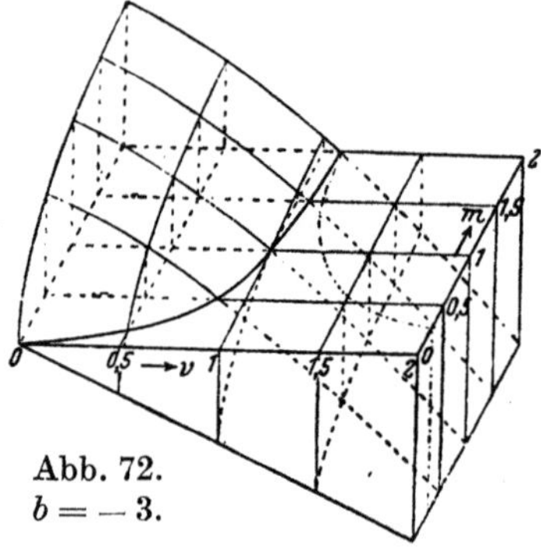

Abb. 72.
$b = -3.$

Abb. 73.
$b = 0.$

Abb. 69 bis 73.
Relative Funken-EMK ε nach Gl. 87
mit $\cos \varphi' / \cos \varphi'_N \approx 1$ bei verschiedenen Werten von b (Gl. 89 b) über
der m, ν-Ebene. Ordinatenmaßstab:
1 bei $m = 1$ und $\nu = 0$ für alle Abbildungen. Erregerwicklung im
Ankerkreis.

Drehzahl nach Gl. 89a gleich der synchronen sein, der Motor also eine verhältnismäßig kleine Polzahl erhalten muß. Große Abmessungen und großes Gewicht machen ihn deshalb für Bahnbetrieb schlecht geeignet.

In Abb. 74 sind die Kurven der relativen Funken-EMK ε bei Nennmoment ($m = 1$) und dem Drehzahlbereich $0 \leq \nu \leq 2$ zusammengestellt (voll ausgezogene Kurven). Ausgehend von $b = -\infty$ wird die Funkenunterdrückung ($b = -2$, 0, 0,5, 0,75) bis zu $b = +1$ um so ungünstiger, je größer b wird. Für $0 < b < 1$ ist sogar die Funken-EMK innerhalb eines gewissen Drehzahlbereichs unterhalb der Nenndrehzahl größer als die Ruhe-EMK $\mathfrak{E}_R$. Die Beträge der Funken-EMK sind um so größer, je mehr sich b dem Werte 1 nähert. Lassen wir b von $+\infty$ bis auf 1 abnehmen, so wird zunächst die Funkenunterdrückung günstiger ($b = 4$, 2, 1,5), um jedoch bei Werten von b, die in der Nähe von 1 liegen, wieder sehr ungünstig zu werden. Diese Kurven geben natürlich kein vollständiges Bild, da sie nur für Nennmoment gelten.

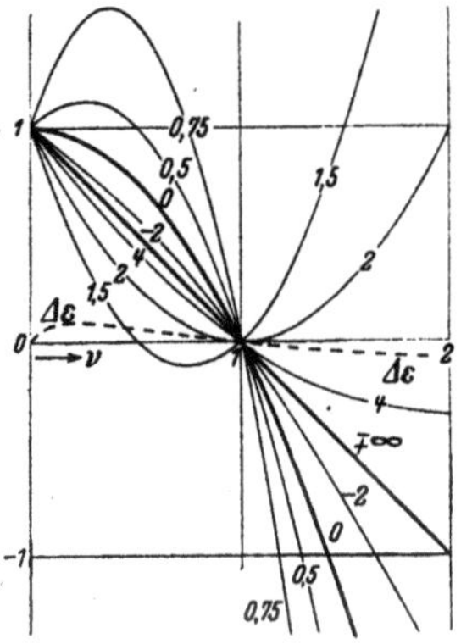

Wir haben nun noch den Einfluß des Verhältnisses $\cos\varphi'/\cos\varphi'_N$ zu zeigen, das wir bei den Kurven in Abb. 69 bis 74 gleich 1 gesetzt haben. Bei Berücksichtigung dieses Verhältnisses ist nach Gl. 87 zu dem mit $\cos\varphi'/\cos\varphi'_N = 1$ berechneten ε noch der Ausdruck

$$\Delta\varepsilon = \left(1 - \frac{\cos\varphi'}{\cos\varphi'_N}\right)\nu\cdot\frac{b}{b-1} \qquad (90)$$

zu addieren. Es ist nun (vgl. Abb. 57 b)

$$\operatorname{tg}\varphi' = \frac{E_E}{E} = \frac{\chi\,E_{EN}}{\chi\,\nu\,E_N} = \frac{1}{\nu}\operatorname{tg}\varphi'_N . \qquad (90\,a)$$

Damit erhalten wir den ersten Faktor in Gl. 90 zu

Abb. 74. ε nach Gl. 87 (mit $\cos\varphi'/\cos\varphi'_N \approx 1$) bei Nennmoment und verschiedenen b über $\nu = n/n_N$; $\Delta\varepsilon$ bei $\cos\varphi'_N = 0,95$ und $b/(b-1) = 1$.

$$k = \left(1 - \frac{\cos\varphi'}{\cos\varphi'_N}\right)\nu = \left(1 - \nu\sqrt{\frac{1 + \operatorname{tg}^2\varphi'_N}{\nu^2 + \operatorname{tg}^2\varphi'_N}}\right)\nu . \qquad (90\,b)$$

Dieser vom Drehmoment unabhängige Ausdruck ist in Abb. 75a für $\cos\varphi'_N$ gleich 0,9, 0,95 und 0,975 über ν aufgetragen. Um $\Delta\varepsilon$ zu erhalten, müssen wir k noch mit $b/(b-1)$ multiplizieren. Abb. 75b stellt diesen Ausdruck über b dar; kleine Kreise mit den angeschriebenen Buchstaben a bis h deuten auf die in Abb. 68a bis h dargestellten Schaltungen hin. Je nachdem nun $b/(b-1) \gtrless 1$ ist, wird der Betrag von $\Delta\varepsilon$ größer oder kleiner als k. Für positive Werte von $b/(b-1)$ ist $\Delta\varepsilon$ im Bereich $0 < \nu < 1$ positiv, im Bereich $1 < \nu < 2$ negativ; für negative $b/(b-1)$ ist es umgekehrt.

In Abb. 74 ist $\Delta\varepsilon$ bei $\cos\varphi'_N = 0,95$ und $b/(b-1) = 1$, also $b = \pm\infty$, durch die gestrichelte Kurve dargestellt. Bei Reihenschlußmotoren für Vollbahnbetrieb und $16\frac{2}{3}$ Hz ist $\cos\varphi'_N$ gewöhnlich größer als 0,95, kann aber bei den doppeltgespeisten Motoren auch wesentlich kleiner sein.

b. Erregerwicklung im Primärkreis des Transformators. Gl. 87 für die relative Funken-EMK gilt auch für die Schaltung, bei der die Erregerwicklung vom Primärstrom des Transformators durchflossen wird, wie z. B. bei der Schaltung nach Abb. 62a. Die zugehörigen Werte von m, χ und ν sind aber hierbei andere, als wenn die Erregerwicklung vom Ankerstrom durchflossen wird. Im Abschn. B 5b haben wir gezeigt, wie wir die zugehörigen Werte ermitteln können.

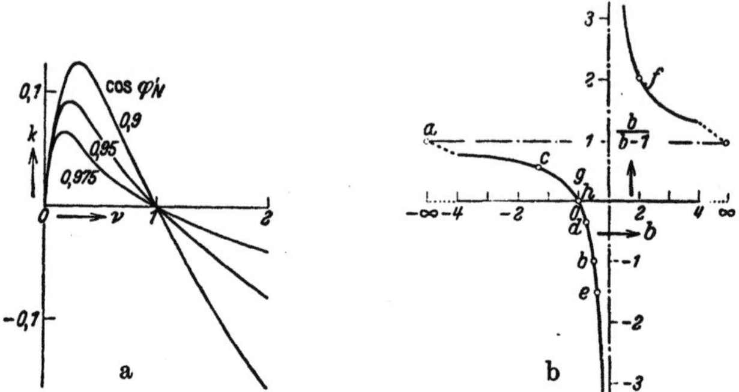

Abb. 75a u. b.   a) Faktor k (Gl. 90 b); b) $b/(b-1)$ über b (vgl. Gl. 90).

Unter der Annahme, daß bei Nennbetrieb die in der Erregerwicklung vom Erregerfluß induzierte EMK das Dreifache der übrigen Streuspannungsverluste beträgt, ist in den Abb. 76 u. 77 die relative Funken-EMK für $b = 4$ und $b = \mp \infty$ dargestellt, die, wie wir durch Vergleich mit den Abb. 70 u. 71 erkennen, kleiner ist als bei Schaltung der Erregerwicklung in den Ankerkreis.

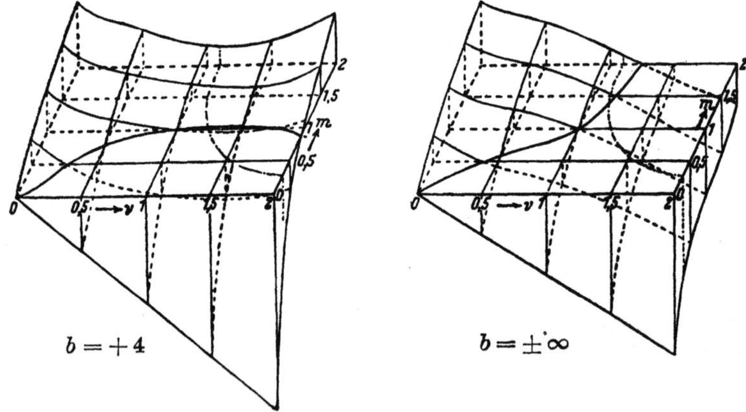

Abb. 76 u. 77. Relative Funken-EMK ε über der m, ν-Ebene.   Ordinatenmaßstab wie in den Abb. 69 bis 73. Erregerwicklung im Primärkreis des Transformators.

5. Praktische Bedeutung der Regelschaltungen
in Abb. 68a bis i.

Von diesen Schaltungen wollen wir hier den Grenzfall der Abb. 68i ausscheiden, weil dabei die Ruhe-EMK $\mathfrak{E}_R$ durch keine Bewegungs-EMK aufgehoben wird (gewöhnlicher Reihenschlußmotor).

Die Schaltung Abb. 68g ist nur geeignet, wenn die Drehzahl, bei der die Ruhe-EMK vollständig aufgehoben wird, die synchrone ist ($c = 1$). Die Polzahl muß deshalb kleiner bemessen werden als bei den übrigen Schaltungen, wodurch der Motor schwerer wird. Die Schaltung Abb. 68g hat aber neben der Einfachheit den Vorteil, daß Spannung und Strom der Ständerwicklung den günstigsten Werten für den Regelschalter angepaßt werden können. Die Funkenunterdrückung ist nicht besonders günstig (vgl. die Abb. 73 u. 74); es ist hier aber wie bei der Schaltung mit der Erregerwicklung im Primärkreis des Transformators die Bewegungs-EMK $\mathfrak{E}_B$ genau in Gegenphase zur Ruhe-EMK $\mathfrak{E}_R$, wenn die Erregerwicklung im Kreis der Ständerarbeitswicklung liegt und die Spannungsverluste vernachlässigt werden.

Die Schaltungen Abb. 68b, d u. e sind für die Funkenunterdrückung nicht günstig, weil $0 < b < 1$ (vgl. Abb. 74). Sie werden um so ungünstiger, je höher der verlangte Drehzahlgrad liegt. Die Schaltung Abb. 68b hat aber den Vorteil, daß die Ständerarbeitswicklung, an der die Regelspannung liegt, für beliebige Spannung bemessen werden darf. Sie kann bei nicht zu hohen Drehzahlen und gewissen Schaltungsabänderungen (vgl. [L 54, Abb. 6]) recht zweckmäßig sein. Schaltung Abb. 68e hat noch den Nachteil, daß wegen der kleinen Übersetzung $ü$ die Regelströme sehr groß werden.

Die noch verbleibenden Schaltungen Abb. 68f, a, c, h haben wir hier etwa in der Reihenfolge der Güte der Funkenunterdrückung geordnet, so daß etwa Abb. 68f im allgemeinen am günstigsten ist. Ein besonderer Vorteil dieser Schaltung, den sie mit der in Abb. 68e gemeinsam hat, ist, daß die Regelschalter nur für die Differenz von Anker- und Ständerstrom zu bemessen sind. Die Schaltung in Abb. 68h hat dagegen den Nachteil, daß der durch den Regelschalter fließende Strom verhältnismäßig groß ist, nämlich gleich der Summe aus Ankerstrom und Strom im Ständerarbeitskreis.

Unsere Untersuchungen haben sich auf die Unterdrückung der Ruhe-EMK $\mathfrak{E}_R$ beschränkt und dabei auch die Spannungsverluste vernachlässigt. Die Berücksichtigung der Spannungsverluste und die Unterdrückung der EMK der Stromwendung $\mathfrak{E}_W$ kann grundsätzlich wie im Abschn. B 4 c u. d und die Berechnung der Blindwiderstände wie im Abschn. K 7 erfolgen.

Im Bahnbetrieb sind die doppeltgespeisten Motoren durch den einfacheren Reihenschlußmotor verdrängt worden. Sie können aber, wenigstens in gewissen Schaltungen (etwa Abb. 68a), wieder Bedeutung gewinnen, um bei weiterer Leistungssteigerung der Rundfeuergefahr zu entgehen (vgl. Abschn. A 2e).

D. Die Repulsionsmotoren.

1. Repulsionsmotoren mit fester Bürstenstellung.

a. Übersicht. Bei den Repulsionsmotoren wird dem Läuferkreis die Spannung ausschließlich durch Induktion über eine Ständerwicklung zugeführt. Wir haben diese Motoren schon als Grenzfälle der doppelt-gespeisten Motoren im Abschn. C 3 b kennengelernt. Die im Ständer liegende Erregerwicklung kann dabei entweder vom Läuferstrom, Abb. 78a, oder vom Ständerstrom, Abbildung 78b, erregt werden. In der letzten Schaltung bezeichnet man den Motor auch als Atkinsonschen Repulsionsmotor [L 118]. Beide Schaltungen ergeben sich aus

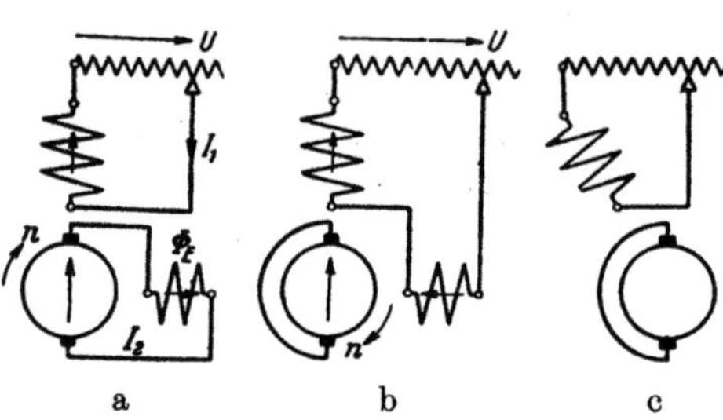

Abb. 78a bis c. Repulsionsmotoren; a) Erregerwicklung im Läufer-, b) im Ständerkreis, c) ohne besondere Erregerwicklung.

der des doppeltgespeisten Motors nach Abb. 60a u. 61a, wenn die dem Läufer zugeführte Spannung $U_A = 0$ ist. Die beiden Ständerwicklungen in Abb. 78b lassen sich auch zu einer einzigen vereinigen, wie es in Abb. 78c dargestellt ist. Wird der Repulsionsmotor mit Doppelbürstensatz ausgerüstet (Abbildung 79a u. b), so ist bei Erregung vom Läuferstrom jeder Bürstensatz auf eine besondere Erregerwicklung zu schalten, wie es in Abb. 79a dargestellt ist.

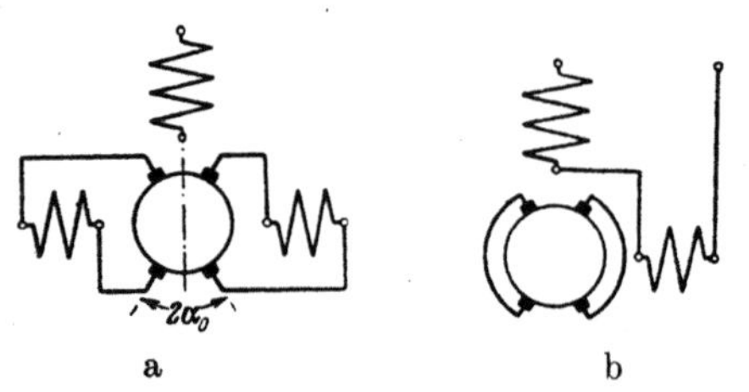

Abb. 79a u. b. Doppelbürstensatz; a) Erregerwicklung im Läufer-, b) im Ständerkreis.

Die Regelung des Repulsionsmotors erfolgt bei fester Bürstenstellung durch Ändern der Spannung am Ständerzweig, wozu, wie beim Reihenschlußmotor, ein Stufenschalter verwendet werden kann. Ein Vorteil des Repulsionsmotors ist, daß die Spannung der Ständerwicklung ohne Rücksicht auf die Läuferspannung bemessen, und somit die Stufenschaltung bei kleinen Strömen erfolgen kann. Diesem Vorteil steht der Nachteil gegenüber, daß, wie wir im Abschn. C 4 gesehen haben, der Repulsionsmotor mit Rücksicht auf die Funkenunterdrückung nicht mit wesentlich höherer Drehzahl als der synchronen betrieben werden darf. Mit der Ständerspannung ändert sich auch die magnetische Beanspruchung in der Arbeitsachse (Verbindungslinie der

Bürsten), die mit Rücksicht auf den Magnetisierungsstrom in der Achse der Ständerarbeitswicklung begrenzt ist.

b. Erregung vom Läuferstrom (Abb. 78a). Bei dieser Schaltung ist der Ständerstrom nicht an der Bildung des Erregerflusses Φ_E (senkrecht zur Bürstenachse) beteiligt. Die Drehrichtung ergibt sich deshalb, wie beim gewöhnlichen Reihenschlußmotor, in der Schaltung nach Abb. 78a im Sinne des Uhrzeigers.

Mit den Zählpfeilen in Abb. 78a lauten die Spannungsgleichungen

$$\dot U + (R_1 + j X_{1\sigma})\dot I_1 = \dot E_1, \quad [R_2 + j(X_{2\sigma} + X_{Eh})]\dot I_2 = \dot E_2 + \dot E, \quad \text{(91 a u. b)}$$

worin R_1 und $X_{1\sigma}$ bzw. R_2 und $X_{2\sigma}$ Wirk- und Streublindwiderstand und $\dot E_1$ bzw. $\dot E_2$ die vom Hauptfluß Φ_1 (in der Achse der Arbeitswicklung) induzierte EMK der Ruhe im Ständer bzw. Läuferkreis bezeichnen; X_{Eh} ist der Hauptblindwiderstand der Erregerwicklung und $\dot E$ die in der Läuferwicklung induzierte EMK der Bewegung.

Wir vernachlässigen hier und in den folgenden Abschnitten die Eisenverluste und die Verluste in den von Bürsten überbrückten Läuferspulen. Für den (primären) Magnetisierungsstrom zur Erregung des Flusses Φ_1 können wir dann schreiben

$$\dot I_\mu = \dot I_1 + \dot I_2' \quad \text{mit} \quad \dot I_2' = \ddot u\, \dot I_2 \quad \text{und} \quad \ddot u = \frac{\xi_2\, w_2}{\xi_1\, w_1}. \quad \text{(92a bis c)}$$

Das Produkt $\xi_2 w_2$ aus Wicklungsfaktor und Windungszahl der Läuferwicklung können wir in dem allgemeinen Falle, daß sowohl die Spulenweite der Läuferwicklung um den Winkel 2β (vgl. Abb. 2d) verkürzt ist, als auch Sehnenbürsten mit dem Winkel $2\alpha_0$ (vgl. Abb. 1d u. 2 mit $\alpha = \alpha_0$) angeordnet sind, nach Gl. 148, Bd. I, berechnen, wenn wir sinusförmige Verteilung des Flusses Φ_1 am Ankerumfang annehmen. Berechnen wir den Wicklungsfaktor ξ_2' nach dieser Gleichung mit

$$\gamma = (\pi - 2\alpha_0)/\pi \quad \text{und} \quad \varsigma = \sin W/\tau \cdot \pi/2 = \cos \beta, \quad \text{(93a u. b)}$$

so ist

$$\xi_2' = \frac{\sin(\pi/2 - \alpha_0)}{\pi/2 - \alpha_0} \cos \beta = \frac{\cos \alpha_0}{\pi/2 - \alpha_0} \cos \beta \quad \text{(93c)}$$

und die dabei maßgebende Windungszahl

$$w_2' = (\pi - 2\alpha_0)/\pi \cdot w_2. \quad \text{(93d)}$$

Damit erhalten wir

$$\xi_2 w_2 = \xi_2' w_2' = 2/\pi \cdot \cos \alpha_0 \cdot \cos \beta \cdot w_2 \quad \text{(93e)}$$

und

$$\xi_2 = 2/\pi \cdot \cos \alpha_0 \cdot \cos \beta. \quad \text{(93)}$$

Der Hauptblindwiderstand der Erregerwicklung ist

$$X_{Eh} = \sqrt{2}\,\pi f\, \xi_E w_E \Phi_E/I_2, \quad \text{(94a)}$$

worin Φ_E der von der Erregerwicklung erregte Mantelfluß ist. Für die in den beiden Arbeitswicklungen vom Mantelfluß Φ_1 induzierten EMKe schreiben wir

$$\dot{E}_1 = -j X_{1h} \dot{I}_\mu, \qquad \dot{E}_2 = -j \frac{X_{2h}}{\ddot{u}} \dot{I}_\mu = -j\ddot{u} X_{1h} \dot{I}_\mu. \qquad \text{(94b u. c)}$$

Der für das Drehmoment und die Bewegungs-EMK in der Ankerwicklung maßgebende Fluß Φ ist ein Teil des von der Erregerwicklung erregten Mantelflusses Φ_E. Man erhält Φ als Mittelwert der Flüsse, die mit den von Bürsten überbrückten Läuferspulen verkettet sind. Es ist also das Verhältnis (vgl. Abb. 2d bis f)

$$\zeta = \frac{\Phi}{\Phi_E} = \frac{\displaystyle\int_{\beta-\alpha_0}^{\pi-(\beta+\alpha_0)} \sin\alpha\, d\alpha + \int_{\alpha_0+\beta}^{\pi-(\beta-\alpha_0)} \sin\alpha\, d\alpha}{2\displaystyle\int_0^\pi \sin\alpha\, d\alpha} = \cos\alpha_0 \cdot \cos\beta = \frac{\pi}{2}\xi_2. \qquad \text{(95a)}$$

Nach Regel 2 im Abschn. A 3a und den Gl. 2b ($E \equiv E_B$, $w = w_2$), 94a u. 95a erhalten wir

$$\dot{E} = -\nu \frac{\xi_2 w_2}{\xi_E w_E} X_{Eh} \dot{I}_2 \quad \text{mit} \quad \nu = \frac{n}{n_1} = \frac{np}{f}; \qquad \text{(95b u. c)}$$

ν ist die auf die synchrone Drehzahl $n_1 = f/p$ bezogene Drehzahl.

Wenn die Flüsse den Strömen proportional sind, die magnetischen Kennlinien $\Phi_1(I_\mu)$ und $\Phi_E(I_2)$ also Gerade durch den Ursprung sind, sind X_{1h} und X_{Eh} Festwerte. In diesem Falle ist bei der üblichen Ausführung des Repulsionsmotors mit konstanter Luftspaltlänge längs des Ankerumfangs

$$X_{Eh} = \ddot{u}_E^2 X_{2h} \quad \text{mit} \quad \ddot{u}_E = \frac{\xi_E w_E}{\xi_2 w_2}, \qquad \text{(96a u. b)}$$

und wir können für die Bewegung-EMK $\dot{E}$ an Stelle der Gl. 95b auch schreiben

$$\dot{E} = -\nu \ddot{u}_E X_{2h} \dot{I}_2. \qquad \text{(95b')}$$

Bei gekrümmten Kennlinien ist X_{1h} von X_E abhängig und umgekehrt; wir werden im Abschn. 5c sehen, wie wir diese Beeinflussung berücksichtigen können. Hier wollen wir der Einfachheit wegen konstante Werte für die Blindwiderstände voraussetzen und die Bewegungs-EMK nach Gl. 95b' einführen.

Setzen wir in die Gl. 91a u. b die EMKe nach den Gl. 94b, c u. 95b' ein und beachten die Gl. 92a u. 96a, so können wir sie nach den Strömen $\dot{I}_1$ und $\dot{I}_2$ auflösen. Führen wir dabei noch die Abkürzungen

$$X_1 = X_{1h} + X_{1\sigma}, \qquad X_2 = X_{2h} + X_{2\sigma}, \qquad \text{(97a u. b)}$$

$$r_1 = \frac{R_1}{X_1}, \quad r_2 = \frac{R_2}{X_2}, \quad \sigma_1 = \frac{X_{1\sigma}}{X_{1h}}, \quad \sigma_2 = \frac{X_{2\sigma}}{X_{2h}}, \quad \sigma = 1 - \frac{X_{1h}X_{2h}}{X_1 X_2} \qquad \text{(97c bis g)}$$

und

$$a = \left(r_2 + \frac{\ddot{u}_E\, v}{1+\sigma_2}\right) r_1 - \frac{\ddot{u}_E^2}{1+\sigma_2} - \sigma, \qquad (98\,\text{a})$$

$$b = \left(1 + \frac{\ddot{u}_E^2}{1+\sigma_2}\right) r_1 + r_2 + \frac{\ddot{u}_E\, v}{1+\sigma_2}, \qquad (98\,\text{b})$$

$$c = r_2 + \frac{\ddot{u}_E\, v}{1+\sigma_2}, \qquad d = 1 + \frac{\ddot{u}_E^2}{1+\sigma_2} \qquad (98\,\text{c u. d})$$

ein, so erhalten wir für die Ströme

$$\dot{I}_1 = -\frac{c+jd}{a+jb} \cdot \frac{\dot{U}}{X_1}, \qquad (99\,\text{a})$$

$$\dot{I}_2 = \frac{-j}{c+jd} \cdot \frac{\dot{I}_1}{(1+\sigma_2)\,\ddot{u}}. \qquad (99\,\text{b})$$

Der Leistungsfaktor ergibt sich aus dem Verhältnis der Wirkkomponente des Primärstromes zu diesem selbst.

Das in der Maschine entwickelte (innere) Drehmoment ist nach Gl. 14 proportional dem Produkt aus dem Läuferstrom i_2 und dem Fluß φ und ergibt sich aus der Leistung der Bewegungs-EMK, wenn diese durch die Winkelgeschwindigkeit des Läufers $\Omega = 2\pi\, n = 2\pi\, fv/p$ dividiert wird, zu

$$m = -\frac{p}{2\pi f}\, \frac{e\, i_2}{v}. \qquad (100)$$

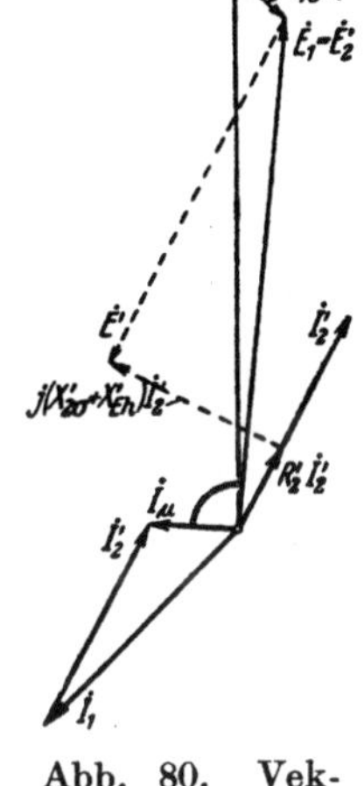

Abb. 80. Vektordiagramm für Motor nach Abschn. 3 b; $v = 0{,}9$, $M = 1{,}29$ kgm.

Das Drehmoment pulsiert also in derselben Weise um einen Mittelwert, wie wir es im Abschn. A 4 festgestellt haben. Beschränken wir uns auf den Mittelwert und nehmen zeitlich sinusförmigen Verlauf des Stromes i_2 und der EMK e an, so erhalten wir mit Gl. 95 b' für das mittlere Drehmoment

$$M = -\frac{p}{2\pi f}\, \frac{E I_2}{v} = \frac{p}{2\pi f}\, \ddot{u}_E X_{2h} I_2^2 \qquad (100\,\text{a})$$

oder mit den Gl. 99a u. b

$$M = \frac{p}{2\pi f} \cdot \frac{\ddot{u}_E X_{2h}}{a^2+b^2} \cdot \frac{U^2}{\ddot{u}^2 (1+\sigma_2)^2 X_1^2} = \frac{p}{2\pi f} \cdot \frac{(1-\sigma)\,\ddot{u}_E}{a^2+b^2} \cdot \frac{U^2}{(1+\sigma_2)\, X_1}. \qquad (100\,\text{b})$$

Setzen wir in die letzte Gleichung f in Hz, U in V und X_1 in Ω ein, so müssen wir noch durch 9,8 dividieren, um das Drehmoment in kgm zu erhalten.

Die Betriebskurven als Funktion des Drehmoments können wir ermitteln, indem wir von verschiedenen relativen Drehzahlen $v = n/n_1$

ausgehen und nach den Gl. 99a u. b die Ströme und den Leistungsfaktor, nach Gl. 100b das Drehmoment berechnen. Die Kurven haben einen ähnlichen Verlauf wie die des Repulsionsmotors mit verschiebbaren Bürsten, worauf wir in den Abschn. 3 u. 4 ausführlicher eingehen werden. Die Drehzahlkennlinien stimmen im wesentlichen mit denen des Reihenschlußmotors überein, der Leistungsfaktor ist aber schlechter, weil auch in der Arbeitsachse ein magnetisches Feld von beträchtlicher Stärke erzeugt werden muß (Fluß Φ_1), zu dessen Erregung der Magnetisierungsstrom I_μ erforderlich ist. Die Funkenunterdrückung haben wir bereits im Abschn. C 4 behandelt.

Wir wollen uns hier darauf beschränken, das Vektordiagramm für einen praktischen Fall aufzuzeichnen, das wir später mit den entsprechenden Diagrammen bei Ständererregung und beim kompensierten Repulsionsmotor vergleichen werden.

Wir legen den im Abschn. 3b näher bezeichneten Repulsionsmotor mit Bürstenverschiebung zugrunde. Die Bürsten denken wir uns in die Achse der Ständerwicklung geschoben und um eine Polteilung versetzt eine besondere Erregerwicklung im Ständer angeordnet, die so bemessen ist, daß $\ddot{u}_E = 0,3$ ist. Für den Blindwiderstand X_{1h} nehmen wir den Durchschnittswert $12\,\Omega$ an, den Streublindwiderstand im Sekundärkreis vergrößern wir im Verhältnis $1 + \ddot{u}_E^2$, um den Einfluß der Streuung der Erregerwicklung zu berücksichtigen; ihren Wirkwiderstand vernachlässigen wir. Es wird dann $X_1 = 12,67\,\Omega$, $r_1 = 0,0126$, $r_2 = 0,0648$, $\sigma_1 = 0,0558$, $\sigma_2 = 0,0450$, $\sigma = 0,1033$.

In Abb. 80 ist das Diagramm beispielsweise für die relative Drehzahl $v = 0,9$ und annähernd Nennmoment, nämlich $M = 1,29$ kgm, dargestellt (vgl. die Gl. 91a u. b). Der Übersicht wegen sind die Größen des Sekundärkreises auf die primäre Ständerwicklung bezogen, d. h. es sind alle Spannungsgrößen durch $\ddot{u} = 0,329$ dividiert, der Strom ist mit $\ddot{u}$ multipliziert.

c. Erregung vom Ständerstrom (Abb. 78b). Die Drehrichtung können wir hier nicht aus den Zählpfeilen ermitteln, sondern müssen

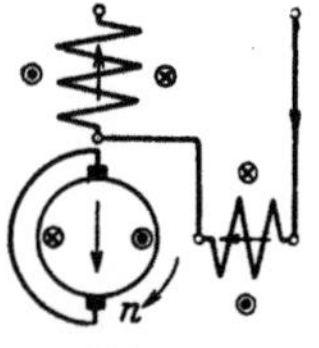

Abb. 81.
Ermittlung der
Drehrichtung.

die wirkliche relative Phase der Ströme im Läufer und in der Erregerwicklung beachten. In Abb. 81 ist die Stromrichtung in der Ständerwicklung willkürlich angenommen. Die Durchflutung der Läuferwicklung muß im wesentlichen der Durchflutung der Ständerwicklung entgegenwirken, d. h. der Läuferstrom muß eine Komponente haben, die in Abb. 81 durch $\otimes$ und $\odot$ im Läufer angedeutet ist. Die Drehrichtung ergibt sich daraus im Uhrzeigersinne.

Mit den Zählpfeilen in Abb. 78b lauten die Spannungsgleichungen

$$\dot{U} + [R_1 + j(X_{1\sigma} + X_{Eh})]\,\dot{I}_1 = \dot{E}_1, \quad (R_2 + jX_{2\sigma})\,\dot{I}_2 = \dot{E}_2 + \dot{E}, \quad (101\text{a u. b})$$

worin die einzelnen Größen die sinngemäße Bedeutung wie im Abschn. b haben, d. h. R_1 ist der Wirkwiderstand, $X_{1\sigma}$ der Streublindwiderstand der Ständerarbeitswicklung und der Erregerwicklung. Der (primäre) Magnetisierungsstrom in der Achse der Ständerwicklung ist wieder durch die Gl. 92a bis c gegeben, für die EMKe $\dot{E}_1$ und $\dot{E}_2$ gelten die Gl. 94b u. c und für die in der Läuferwicklung induzierte Bewegungs-EMK erhalten wir nach Abb. 78b (vgl. Gl. 95b)

$$\dot{E} = v\,\frac{\xi_2 w_2}{\xi_E w_E}\,X_{Eh}\,\dot{I}_1. \tag{101c}$$

Setzen wir auch hier konstante Luftspaltlänge längs des Anker-umfangs und geradlinige magnetische Kennlinien in der Arbeits- und in der Erregerachse voraus, so können wir schreiben

$$X_{Eh} = \ddot{u}_E^2\,X_{1h} \quad \text{mit} \quad \ddot{u}_E = \frac{\xi_E w_E}{\xi_1 w_1} \tag{102a u. b}$$

und erhalten damit und mit $\ddot{u}$ nach Gl. 92c

$$\dot{E} = v\,\ddot{u}\,\ddot{u}_E\,X_{1h}\,\dot{I}_1. \tag{101d}$$

Setzen wir in die Gl. 101a u. b die Werte für $\dot{E}_1$ (Gl. 94b), $\dot{E}_2$ (Gl. 94c) und $\dot{E}$ (Gl. 101d) ein und lösen sie nach $\dot{I}_1$ und $\dot{I}_2$ auf, so erhalten wir mit den Abkürzungen nach den Gl. 97a bis g und mit

$$a = r_1 r_2 - \frac{\ddot{u}_E^2}{1+\sigma_1} - \sigma, \quad b = r_1 + \left(1 + \frac{\ddot{u}_E^2}{1+\sigma_1}\right)r_2 + (1-\sigma)\,\ddot{u}_E\,v \tag{103a u. b}$$

$$\dot{I}_1 = -\frac{r_2 + j}{a+jb}\cdot\frac{\dot{U}}{X_1}, \quad \dot{I}_2 = \frac{\ddot{u}_E\,v - j}{r_2 + j}\cdot\frac{\dot{I}_1}{(1+\sigma_2)\ddot{u}}. \tag{104a u. b}$$

Die Wirkleistung der Bewegungs-EMK ist nach Gl. 101d

$$E I_2 \cos(\dot{E},\dot{I}_2) = v\,\ddot{u}\,\ddot{u}_E\,X_{1h} I_1 I_2 \cos(\dot{I}_1,\dot{I}_2) = v\,\ddot{u}\,\ddot{u}_E\,X_{1h}\left[\frac{\dot{I}_2}{\dot{I}_1}\right]_{\Re e} I_1^2, \tag{105a}$$

worin nach Gl. 104b der reelle Teil des Quotienten $\dot{I}_2/\dot{I}_1$ (vgl. Gl. 12, Bd. II)

$$\left[\frac{\dot{I}_2}{\dot{I}_1}\right]_{\Re e} = \frac{I_2}{I_1}\cos(\dot{I}_1,\dot{I}_2) = \frac{\ddot{u}_E\,r_2\,v - 1}{\ddot{u}\,(1+r_2^2)\,(1+\sigma_2)} \tag{105b}$$

ist. Damit erhalten wir, wenn wir noch die Gl. 104a u. b beachten, das **mittlere Drehmoment**

$$M = -\frac{p}{2\pi f}\cdot\frac{E I_2 \cos(\dot{E},\dot{I}_2)}{v} = \frac{p}{2\pi f}\cdot\frac{(1-\sigma)\,\ddot{u}_E}{a^2+b^2}\cdot\frac{1-\ddot{u}_E\,r_2\,v}{X_1}\,U^2. \tag{105}$$

Für den im Abschn. 3b näher bezeichneten Repulsionsmotor wollen wir ein Vektordiagramm aufzeichnen. Die Bürsten denken wir uns in die Arbeitsachse geschoben und im Ständer eine Erregerwicklung eingelegt, die so bemessen ist, daß, wie im Abschn. b, $\ddot{u}_E = 0{,}3$ ist. Den Blindwiderstand X_{1h} nehmen wir wie im Abschn. b zu 12 Ω an und vergrößern den Streublindwiderstand im primären Kreis im Verhältnis $1 + \ddot{u}_E^2$. Es wird dann $X_1 = 12{,}73\ \Omega$, $r_1 = 0{,}0126$, $r_2 = 0{,}0648$, $\sigma_1 = 0{,}0608$, $\sigma_2 = 0{,}0405$, $\sigma = 0{,}1038$. Mit diesen Größen ist in Abb. 82 das Vektordiagramm des Repulsionsmotors mit Ständererregung für dieselbe relative Drehzahl $v = 0{,}9$, für die Abb. 80 gilt, aufgezeichnet. Das Drehmoment ergibt sich zu $M = 1{,}38$ kgm, also etwas größer als im Falle der Abb. 80. Der vom Strom I_1 erzeugte Erregerfluß ist jetzt nicht mehr in Phase mit dem Läuferarbeitsstrom I_2; dadurch wird der Leistungsfaktor bei Erregung von Ständerstrom erheblich verbessert, wie man durch Vergleich der Abb. 80 u. 82 erkennt.

Die Repulsionsmotoren mit festen Bürsten haben keine große praktische Bedeutung, weil die Regelung durch Ändern der Klemmenspannung bei kleinen Leistungen, für die Repulsionsmotoren in der Regel verwendet werden, verhältnismäßig teuer ist und man die Drehzahl auch ohne jede Hilfsapparate, lediglich durch Verschieben der Bürsten regeln kann. Wir werden deshalb den Repulsionsmotor mit Regelung durch Bürstenverschieben in den folgenden Abschnitten ausführlicher behandeln.

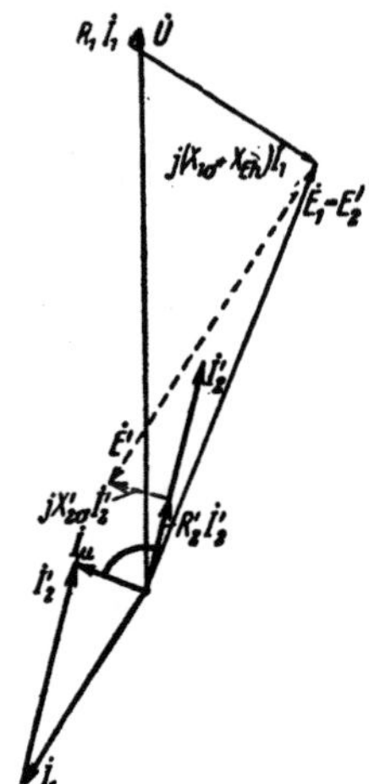

Abb. 82. Vektordiagramm für Motor nach Abschn. 3 b; $v = 0{,}9$, $M = 1{,}38$ kgm.

2. Regelung durch Verschieben aller Bürsten.

a. Das Luftspaltfeld. Die Untersuchungen über das Luftspaltfeld, die im allgemeinen auch für die früher behandelten Maschinen gelten, fügen wir erst hier ein, weil sie für die Motoren mit Bürstenverschiebung besondere Bedeutung haben.

Die Ströme in Ständer- und Läuferwicklung erregen fiktive Wechselfelder mit den Flüssen φ_S und φ_L, die um den räumlichen Phasenwinkel α, den im zweipoligen Schaltbild die Verbindungslinie der Bürsten mit der Achse der Ständerwicklung bildet, verschoben sind. Da Ständer- und Läuferstrom nicht phasengleich sind, treten die Höchstwerte dieser Felder nicht gleichzeitig auf, die Flüsse sind also nicht nur örtlich, sondern auch zeitlich phasenverschoben. Nach Bd. II, Abschn. I 4a u. b, bilden die Grundwellen beider Felder ein elliptisches Drehfeld.

Bezeichnen wir mit x den Ort am Ankerumfang (Abb. 83 b), gezählt von der Achse der Ständerwicklung ($x = 0$), mit α den Winkel, um den die Bürsten (bei der zweipoligen Maschine) aus der Achse der Ständerwicklung verschoben sind, und mit ψ_2 den Winkel, um den der Strom im Läufer gegen den im Ständer zeitlich phasenverspätet ist, so können wir für den Augenblickswert der Grundwelle der Felderregerkurve schreiben

$$v_x = V_S \cos \omega t \cdot \cos \pi x/\tau + V_L \cos (\omega t - \psi_2) \cdot \cos (\alpha - \pi x/\tau), \qquad (106)$$

worin nach Gl. 96, Bd. II, (mit $m = 2$) die Amplituden

$$V_S = \frac{2\sqrt{2}}{\pi}\,\frac{w_1 \xi_1}{p}\,I_1 \quad \text{und} \quad V_L = \frac{2\sqrt{2}}{\pi}\,\frac{w_2 \xi_2}{p}\,I_2 \qquad (106\,\text{a u. b})$$

sind. Schreiben wir Gl. 106 in der Form

$$\dot{V}_x = \dot{V}_S \cos \pi\, x/\tau + \dot{V}_L \cos\,\left(\alpha - \pi\, x/\tau\right) \qquad (107)$$

so sind $\dot{V}_x$, $\dot{V}_S$ und $\dot{V}_L$ Zeitvektoren. Der Endpunkt des resultierenden Zeitvektors $\dot{V}_x$ beschreibt bei Änderung des Parameters x als Ortskurve eine Ellipse. In Abb. 83a sind für einige praktische Fälle ($\alpha = 30°$, $\nu = 0$, 0,4, 0,7, 1 u. 1,3) des im Abschnitt 3 b näher bezeichneten Motors die Ortskurven nach Gl. 107 zeichnerisch ermittelt. Für $x = 0,4\,\tau$ und $\nu = 1,3$ ist die Konstruktion angedeutet[1]).

Die Umlaufgeschwindigkeit des elliptischen Drehfeldes ist, wie aus den in Abb. 83a angeschriebenen Parametern x deutlich wird, nicht konstant. Sie ist, wie sich leicht beweisen läßt, proportional dem Quadrat des Betrages des Zeitvektors $\dot{V}_x$. Tragen wir über dem Ankerumfang die aus Abb. 83a für verschiedene Drehzahlverhältnisse ν ermittelten Höchstwerte von V_x auf, so erhalten wir keine Ellipsen mehr, son-

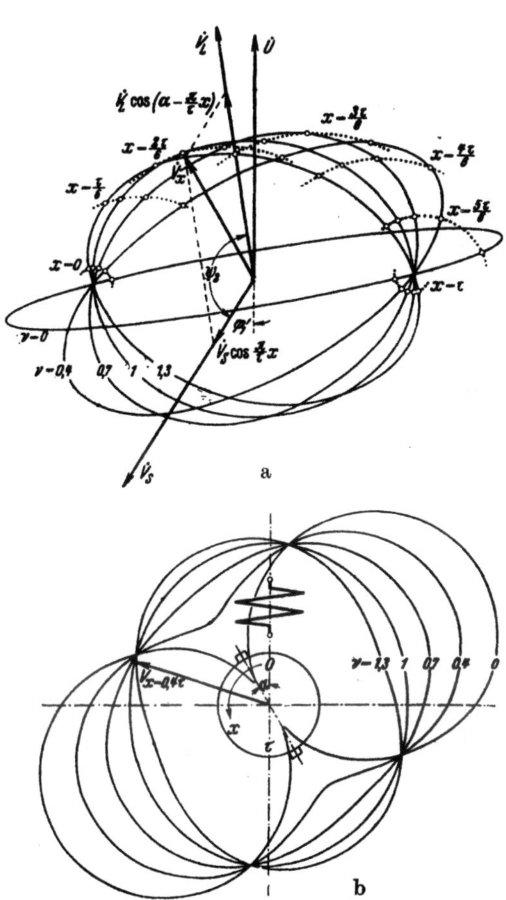

Abb. 83a u. b. a) Ortskurven des Zeitvektors $\dot{V}_x$ der resultierenden Felderregerkurve bei $\alpha = 30°$ und verschiedenen ν; b) Hüllkurven des Höchstwertes über dem Ankerumfang.

dern die in Abb. 83b dargestellten Kurven. Die Kurven zeigen, daß die Höchstwerte der Felderregerkurve und ihre Lage am Ankerumfang

---

[1]) Je zwei Zeitvektoren, deren Parameter sich um 90° unterscheiden, sind konjugierte Halbmesser der Ellipse. Zur Aufzeichnung der Ellipse genügt daher die rechnerische oder zeichnerische Ermittlung von beispielsweise $\dot{V}_x = 0$ und $\dot{V}_x = \tau/2$. Konstruktion der Hauptachsen einer Ellipse aus zwei konjugierten Durchmessern siehe Hütte, Bd. I, 27. Aufl., S. 140.

stark vom Betriebszustand der Maschine (Drehzahl, Belastung, Bürstenwinkel) abhängen.

Aus der Felderregerkurve ergibt sich in bekannter Weise (vgl. z. B. Abb. 87a u. b, Bd. IV) die Induktion im Luftspalt. Bei Vernachlässigung der magnetischen Beanspruchung im Eisen (geradlinige magnetische Kennlinie) besteht Proportionalität zwischen der Felderregerkurve und der Feldkurve im Luftspalt. Durch passende Verteilung der Ständerwicklung läßt sich die Felderregerkurve ziemlich gut der Sinusform anpassen, auch bei der Läuferwicklung ist das annähernd der Fall, wenn man eine passende Sehnung der Wicklung annimmt oder Doppelbürsten mit Sehnenwicklung verwendet (vgl. Abb. 3e). Im folgenden setzen wir voraus, daß die fiktive Induktion jeder Wicklung im Luftspalt sinusförmig verteilt ist. Wir setzen ferner Einfachbürsten oder Doppelbürsten voraus, die zur Drehzahlregelung alle gemeinsam verschoben werden.

b. Drehrichtung. Maßgebend für das Drehmoment ist der Fluß $\Phi = \zeta\,\Phi_E$ (Abb. 84a), den die von Bürsten überbrückten Ankerwindungen umschlingen. Zu diesem Fluß liefert der Ankerstrom keinen Beitrag, wenn wir von Sättigungserscheinungen absehen; er ist also in Phase mit dem Strom in der Ständerwicklung und erregt nach Abb. 84a und Abschn. A 3d ein Drehmoment entgegen dem Uhrzeigersinn. Werden die Bürsten im andern Sinne aus der Symmetrieachse der Ständerwicklung verschoben, so erhält man die entgegengesetzte Drehrichtung. Der Motor dreht sich also in demselben Sinne, wie die Bürsten aus der Symmetrieachse der Ständerwicklung, der „Kurzschlußstellung", verschoben sind. Anlaufstellung der Bürsten ist aber, wie wir im Abschn. 3d sehen werden, der Bürstenwinkel $\alpha = 90°$. Wenn also die Bürsten zum Anlassen aus dieser Stellung, der „Leerlaufstellung", verschoben werden, läuft der Motor entgegen dem Sinn der Bürstenverschiebung an.

c. Die EMKe und die Spannungsgleichungen. Die in Ständer und Läufer vom Luftspaltfeld induzierten EMKe lassen sich berechnen, indem man das elliptische Drehfeld auf zwei gegeneinander umlaufende Kreisdrehfelder (Bd. II, Abschn. I 4) oder auf Wechselfelder zurückführt. Wir werden den zweiten Weg beschreiten. Zur Vereinfachung unserer Untersuchungen nehmen wir zunächst an, daß die magnetischen Felder den sie erregenden Strömen proportional seien (geradlinige magnetische Kennlinie), und daß jede Wicklung ein sinusförmig am Ankerumfang verteiltes Feld errege. Dann gilt (vgl. Gl. 107) für den Fluß

$$\Phi_x = \Phi_S \cos \pi x/\tau + \Phi_L \cos (\alpha - \pi x/\tau). \tag{108}$$

Ferner vernachlässigen wir die vom Netz gedeckten Eisenverluste und den Einfluß der Ströme, die sich in den von Bürsten überbrückten

Läuferwindungen quer durch die Bürsten schließen, und nehmen den Übergangswiderstand der Bürsten als unveränderlich an.

Bei unserer Annahme, daß die magnetische Kennlinie eine Gerade durch den Ursprung sei, sind auch die Hauptblindwiderstände der Wicklungen von den Strömen unabhängig, und es ist gleichgültig, nach welchen Achsen wir das resultierende magnetische Feld zerlegen. Am übersichtlichsten wird die Berechnung, wenn wir neben den Flüssen Φ_1 und Φ_2 noch die Flußkomponente Φ_E senkrecht zur Bürstenachse einführen (Abb. 84b). Die in der Läuferwicklung induzierte EMK setzt sich dann zusammen aus einer EMK der Ruhe $\dot{E}_2$ und einer EMK der Bewegung $\dot{E}$. $\dot{E}_2$ ist proportional dem (wirklichen) Fluß Φ_2 in der Bürstenachse (vgl. Abb. 84b), $\dot{E}$ proportional dem Fluß

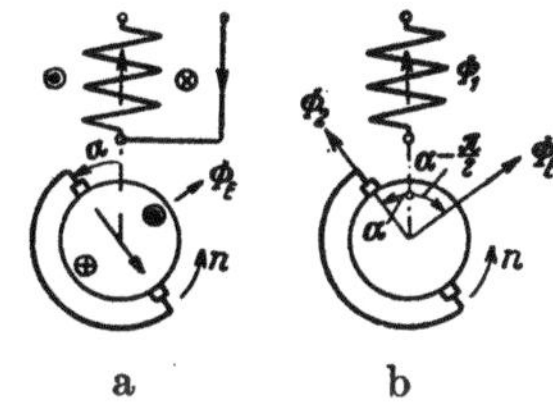

$$\Phi = \zeta \Phi_E \tag{109}$$

(und der Drehzahl); Φ_E ist der (wirkliche) Fluß senkrecht zur Läuferachse. (In Gl. 95a für ζ darf α_0 nicht mit dem hier eingeführten Bürstenverschiebungswinkel α verwechselt werden; α_0 in Gl. 95a, vgl. auch Abb. 1a bis d, mit $\alpha_0 = \alpha$, ist nur bei Sehnenbürsten größer als 0). Die in der Ständerwicklung induzierte EMK der Ruhe $\dot{E}_1$ ist proportional dem (wirklichen) Fluß Φ_1 in der Ständerachse.

Abb. 84a u. b. a) Ermittlung der Drehrichtung, b) Bezeichnung der Flüsse.

Bezeichnen ξ_1 und ξ_2 die Wicklungsfaktoren für die Grundwelle, w_1 und w_2 die Windungszahlen der Ständer- und Läuferwicklung, f die Netzfrequenz und $\nu = n/n_1$ die auf die synchrone Drehzahl $n_1 = f/p$ bezogene Drehzahl, so ist mit den Zählpfeilen in Abb. 84b und der Drehrichtung nach Abb. 84a

$$\dot{E}_1 = -j\sqrt{2}\,\pi\,\xi_1\,w_1\,f\,\Phi_1, \qquad \dot{E}_2 = -j\sqrt{2}\,\pi\,\xi_2\,w_2\,f\,\Phi_2 \tag{109a u. b}$$

und nach Gl. 2b mit den Gl. 95a u. c

$$\dot{E} = \sqrt{2}\,\pi\,\xi_2\,w_2\,\nu\,f\,\Phi_E. \tag{109c}$$

Hierin ist (entsprechend Gl. 108)

$$\Phi_1 = \Phi_S + \Phi_L \cos\alpha, \quad \Phi_2 = \Phi_L + \Phi_S \cos\alpha, \quad \Phi_E = \Phi_S \sin\alpha, \tag{110a bis c}$$

wenn Φ_S bzw. Φ_L den vom Ständer- bzw. Läuferstrom erregten fiktiven Fluß bezeichnet.

Führen wir den Hauptblindwiderstand X_{1h} der Ständerwicklung (Gl. 66a, Bd. II), die Übersetzung von Läufer- zu Ständerwicklung bei Stellung der Bürsten in der Achse der Ständerwicklung

(Kurzschlußstellung, $\alpha = 0$)

$$\ddot{u} = w_2 \xi_2 / w_1 \xi_1 \tag{111}$$

und den Hauptblindwiderstand der Läuferwicklung $X_{2h} = \ddot{u}^2 X_{1h}$ bei dieser Bürstenstellung ein, so gehen die Gl. 109a bis c mit

$$\Phi_S = \frac{X_{1h} \dot{I}_1}{\sqrt{2}\,\pi f \xi_1 w_1} = \frac{X_{2h}}{\sqrt{2}\,\pi f \xi_2 w_2} \cdot \frac{\dot{I}_1}{\ddot{u}}, \tag{111a}$$

$$\Phi_L = \frac{X_{2h} \dot{I}_2}{\sqrt{2}\,\pi f \xi_2 w_2} = \frac{X_{1h}}{\sqrt{2}\,\pi f \xi_1 w_1} \cdot \ddot{u}\,\dot{I}_2 \tag{111b}$$

über in

$$\dot{E}_1 = -j X_{1h} (\dot{I}_1 + \ddot{u}\,\dot{I}_2 \cos\alpha),$$

$$\left.\dot{E}_2 = -j X_{2h} \left(\frac{\dot{I}_1}{\ddot{u}} \cos\alpha + \dot{I}_2\right) \quad \text{und} \quad \dot{E} = \nu X_{2h} \frac{\dot{I}_1}{\ddot{u}} \sin\alpha.\right\} \tag{112a bis c}$$

Sind R_1 und R_2 die Wirkwiderstände, $X_{1\sigma}$ und $X_{2\sigma}$ die Streublindwiderstände von Ständer- und Läuferwicklung, wobei in R_2 der Bürstenübergangswiderstand eingeschlossen sein soll, so lauten die Spannungsgleichungen für Ständer und Läufer

$$\dot{U} + (R_1 + j X_{1\sigma}) \dot{I}_1 = \dot{E}_1 \tag{113a}$$

und

$$(R_2 + j X_{2\sigma}) \dot{I}_2 = \dot{E}_2 + \dot{E}. \tag{113b}$$

d. Gleichungen der Ströme. Der Magnetisierungsstrom in der Ständerwicklung zur Erzeugung des Flusses Φ_1 ist

$$\dot{I}_\mu = \dot{I}_1 + \ddot{u}\,\dot{I}_2 \cos\alpha. \tag{113c}$$

Aus den Spannungsgleichungen 113a u. b lassen sich nach Einsetzen der Gl. 112a bis c die Gleichungen für Ständerstrom $\dot{I}_1$ und Läuferstrom $\dot{I}_2$ ermitteln. Mit den Abkürzungen der Gl. 97a bis g und mit

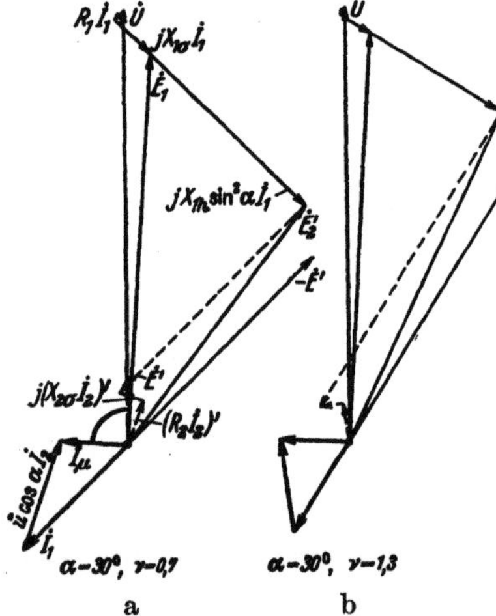

Abb. 85a u. b. Vektordiagramme für zwei Betriebszustände.

$$a = (r_1 r_2 - \sin^2\alpha - \sigma \cos^2\alpha), \quad b = r_1 + r_2 + \nu(1 - \sigma)\sin\alpha \cdot \cos\alpha \tag{114a u. b}$$

erhält man wie im Abschn. 1b u. c

$$\dot{I}_2 = \frac{\nu \sin\alpha - j \cos\alpha}{r_2 + j} \cdot \frac{\dot{I}_1}{\ddot{u}(1 + \sigma_2)}, \tag{115a}$$

$$I_2 = \sqrt{\frac{\nu^2 \sin^2\alpha + \cos^2\alpha}{1 + r_2^2}} \cdot \frac{I_1}{\ddot{u}(1 + \sigma_2)}, \tag{115b}$$

$$\dot{I}_{1w} = -\frac{a r_2 + b}{a^2 + b^2} \cdot \frac{\dot{U}}{X_1}, \quad \dot{I}_{1b} = -j \frac{a - b r_2}{a^2 + b^2} \cdot \frac{\dot{U}}{X_1}, \quad I_1 = \sqrt{\frac{1 + r_2^2}{a^2 + b^2}} \cdot \frac{U}{X_1} \tag{116a bis c}$$

und den primären Leistungsfaktor

$$\cos\varphi_1 = \frac{I_{1w}}{I_1} = \frac{a\,r_2 + b}{\sqrt{a^2 + b^2}\cdot\sqrt{1 + r_2^2}}\,. \tag{117}$$

In den Abb. 85a u. b sind für die dort angegebenen Belastungszustände des Motors, für den im Abschn. 3b die Motorgrößen angegeben sind, Vektordiagramme dargestellt (vgl. die Gl. 113a bis c). Dabei sind die sekundären Spannungsgrößen der Übersichtlichkeit wegen mit dem Verhältnis $\cos\alpha/\ddot{u}$ multipliziert und durch einen Beistrich gekennzeichnet. Mit Gl. 112a u. b ergibt sich durch einfache Umformung

$$\dot{E}_2' = \frac{\cos\alpha}{\ddot{u}}\dot{E}_2 = \dot{E}_1 + j\,X_{1h}\dot{I}_1\sin^2\alpha. \tag{113b'}$$

e. Das Drehmoment. Das im Motor entwickelte (innere) Drehmoment erhalten wir wie im Abschn. 1b u. c aus der Wirkleistung der Bewegungs-EMK (Gl. 112 und 105a u. b) zu

$$M = -\frac{p}{2\pi f}\,\frac{E\,I_2\cos(\dot{E},\dot{I}_2)}{v} = -\frac{p}{2\pi f}\,\frac{X_{2h}\sin\alpha}{\ddot{u}}\left[\frac{\dot{I}_2}{\dot{I}_1}\right]_{\Re e}I_1^2, \tag{118}$$

also mit dem reellen Teil von $\dot{I}_2/\dot{I}_1$ nach Gl. 115a

$$\left.\begin{aligned} M &= -\frac{p}{2\pi f}\cdot\frac{X_{2h}\sin\alpha}{\ddot{u}^2(1+\sigma_2)}\cdot\frac{v\,r_2\sin\alpha - \cos\alpha}{1 + r_2^2}\,I_1^2 \\[2mm] &= \frac{p}{2\pi f}\cdot\frac{\cos\alpha - v\,r_2\sin\alpha}{1 + r_2^2}\cdot\frac{X_{1h}\sin\alpha}{1+\sigma_2}\,I_1^2 \end{aligned}\right\} \tag{118a}$$

oder mit Gl. 116c

$$M = \frac{p}{2\pi f}\cdot\frac{(\cos\alpha - v\,r_2\sin\alpha)(1-\sigma)\sin\alpha}{a^2 + b^2}\cdot\frac{U^2}{X_1}\,. \tag{118b}$$

3. Betriebskurven bei Regelung durch Verschieben aller Bürsten.

a. Vernachlässigung der Spannungsverluste. Einen Überblick über das Verhalten des Repulsionsmotors gewinnen wir schon, wenn wir außer den auf S. 114 angegebenen Vereinfachungen auch die Spannungsverluste im Motor vernachlässigen, d. h. wenn wir in den Gleichungen der Abschn. 2c bis e $r_1 = r_2 = \sigma_1 = \sigma_2 = \sigma = 0$ setzen. Beziehen wir außer der Drehzahl auch die Ströme und das Drehmoment auf die entsprechenden Größen bei Nennbetrieb, so sind die Betriebsgrößen nur noch abhängig von dem Bürstenwinkel α und dem Drehzahlverhältnis $v = n/n_1$, haben also allgemeine Gültigkeit. Unter „Nennbetrieb" verstehen wir die Größen bei synchroner Drehzahl ($v = 1$) und dem Bürstenwinkel α_N, dem das (innere) Nenn-Drehmoment bei synchroner Drehzahl entspricht.

Wir erhalten nach einfachen Umformungen aus Gl. 116c den relativen Ständerstrom

$$\iota_1 = \frac{I_1}{I_{1N}} = \frac{\sin\alpha_N}{\sin\alpha}\,\frac{1}{\sqrt{\sin^2\alpha + v^2\cos^2\alpha}}\,, \tag{119a}$$

aus Gl. 115b den relativen Läuferstrom

$$\iota_2 = \frac{I_2}{I_{2N}} = \sqrt{v^2 \sin^2\alpha + \cos^2\alpha} \cdot \iota_1 = \frac{\sin\alpha_N}{\sin\alpha}\sqrt{\frac{v^2\sin^2\alpha + \cos^2\alpha}{\sin^2\alpha + v^2\cos^2\alpha}} \qquad (119\,\mathrm{b})$$

und aus Gl. 118 das relative (innere) Drehmoment

$$m = \frac{M}{M_N} = \frac{\operatorname{tg}\alpha_N \cdot \operatorname{ctg}\alpha}{\sin^2\alpha + v^2\cos^2\alpha}. \qquad (119\,\mathrm{c})$$

Für den Leistungsfaktor erhalten wir nach Gl. 117

$$\cos\varphi_1' = |\cos\varphi_1| = \frac{v\cos\alpha}{\sqrt{\sin^2\alpha + v^2\cos^2\alpha}}. \qquad (119\,\mathrm{d})$$

Das Nennmoment tritt bei synchroner Drehzahl gewöhnlich etwa bei einem Bürstenwinkel $\alpha_N \approx 15°$ auf. Auf diesen Betriebszustand bezogen sind in Abb. 86a die relative Drehzahl v, die relativen Ströme ι_1 und ι_2 sowie der Leistungsfaktor $\cos\varphi_1'$

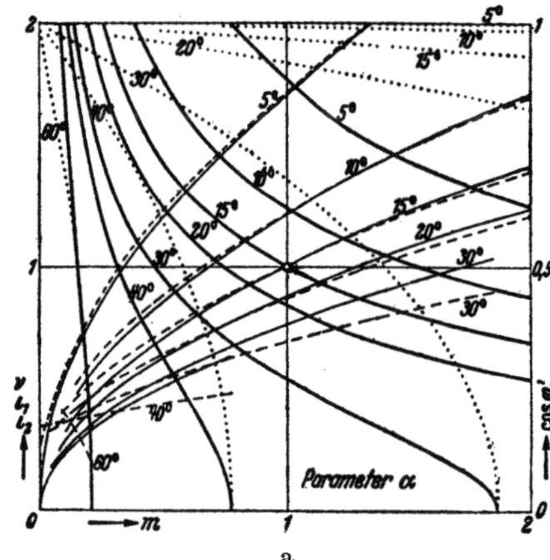
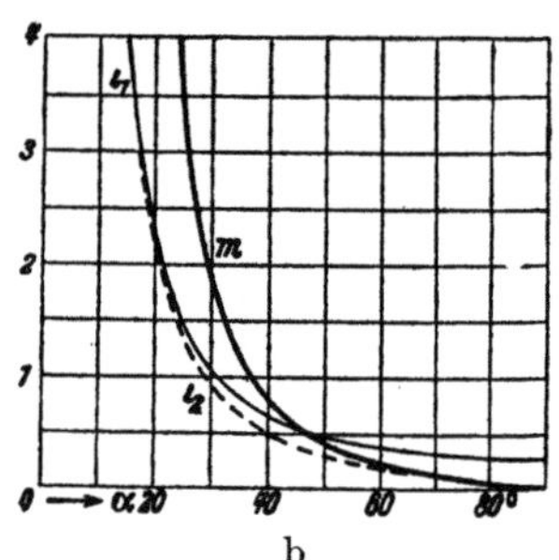

a   b

Abb. 86a u. b. a) Relative Drehzahl v (——), relativer Ständerstrom ι_1 (——), relativer Läuferstrom ι_2 (----), $\cos\varphi_1'$ (....) über dem relativen Drehmoment m;
b) m, ι_1, ι_2 bei Stillstand über dem Bürstenwinkel α.
Spannungsverluste und magnetische Spannung im Eisen vernachlässigt.

über dem relativen Drehmoment m bei verschiedenen Bürstenwinkeln α aufgetragen. Man erkennt, daß der Repulsionsmotor bei fester Bürstenstellung sich ähnlich wie der gewöhnliche Reihenschlußmotor verhält, und daß sich die Drehzahl durch Verschieben der Bürsten regeln läßt.

Setzen wir in den Gl. 119a bis c $v = 0$, so erhalten wir die relativen Größen bei Stillstand des Motors. In Abb. 86b sind hierfür die relativen Ströme und das relative Drehmoment über dem Bürstenwinkel aufgetragen. Da wir die Spannungsverluste vernachlässigt haben, werden bei $\alpha = 0$ die Ströme unendlich groß; die Kurven weichen deshalb bei kleinen Bürstenwinkeln α sehr stark von dem wirklichen Verlauf ab (vgl. Abschn. c).

b. Motorgrößen für ein Beispiel. Für das Beispiel eines vierpoligen Motors von etwa 2 kW Nennleistung bei einer synchronen Drehzahl $n_1 = 1500$ U/min und einer Klemmenspannung von 120 V bei 50 Hz wollen wir nun die Betriebskurven mit Berücksichtigung der Spannungsverluste berechnen. Dabei wollen wir aber die Veränderlichkeit der magnetischen Spannung im Eisen, die Veränderlichkeit des Bürstenübergangswiderstandes, die Eisenverluste und den Einfluß der Ströme in den von Bürsten überbrückten Ankerwindungen vernachlässigen, wie es ja auch die in den Abschn. 2c bis e abgeleiteten Gleichungen voraussetzen.

Abmessungen des Motors und Wicklungsangaben: Bohrungsdurchmesser 200 mm, ideelle Ankerlänge $l_i \approx l_A = 120$ mm, Luftspalt 0,5 mm. Der Ständer trägt eine einschichtige Einphasenwicklung mit $Q = 8$ Nuten je Polteilung, von denen $q = 6$ bewickelt sind. In jeder Nut befinden sich 23 Leiter, so daß bei 2 parallelen Zweigen die Windungszahl $w_1 = 138$ beträgt. Der Wicklungsfaktor ergibt sich nach Gl. 147, Bd. I, zu $\xi_1 = 0,789$. Der Läufer mit 38 Nuten trägt eine eingängige Wellenwicklung, in jeder Nut 6 Leiter, so daß bei einer blinden Spule die Windungszahl $w_2 = (38 \cdot 6 - 2)/4 = 56,5$ ist. Das Verhältnis von Spulenweite zu Polteilung ist $W/\tau = 0,947$; damit ergibt sich nach Gl. 93b der Spulenfaktor $\varsigma = 0,996$. Der Motor hat Durchmesserbürsten ($\alpha_0 = 0$); es ist also nach Gl. 95a $\zeta = \varsigma = 0,996$. Bei der Berechnung des Wicklungsfaktors ist in Gl. 148, Bd. I, $\gamma = 1$ zu setzen; wir erhalten $\xi_2 = (2/\pi)\,\varsigma = 0,635$. Die

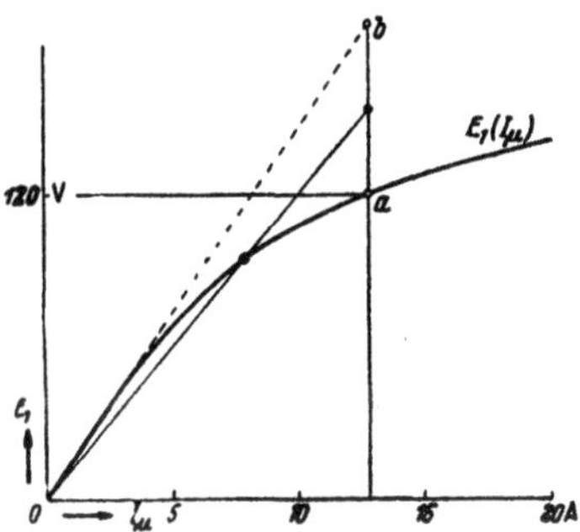

Abb. 87. Magnetische Kennlinie für ein Berechnungsbeispiel.

Übersetzung Läufer zu Ständer ist nach Gl. 111 $\ddot{u} = 0,635 \cdot 56,5/0,789 \cdot 138 = 0,329$. Die Übersetzung $\ddot{u}_k$ zwischen Wicklungsteil benachbarter Stromwenderstege und ganzer Läuferwicklung (Gl. 124c) ist $\ddot{u}_k = 2/(56,5 \cdot 0,635) = 0,0557$.

In Abb. 87 ist die experimentell ermittelte magnetische Kennlinie $E_1(I_\mu)$ der Ständerwicklung bei abgehobenen Läuferbürsten ($E_1 \approx U_1 - X_{1\sigma}I_\mu$) dargestellt. Für einen mittleren Wert der EMK, $E_1 = 95$ V, berechnen wir den Hauptblindwiderstand der Ständerwicklung zu $X_{1h} = 95/7,93 = 12\ \Omega$. Hierfür gilt die in Abb. 87 eingezeichnete Gerade, die bei 120 V (Nennklemmenspannung) den Ordinatenabschnitt $\overline{ab}$ der gestrichelten Tangente an den unteren Teil der Kennlinie in zwei gleiche Teile teilt. Der Hauptblindwiderstand der Läuferwicklung beträgt $X_{2h} = X_{1h}\,\ddot{u}^2 = 1,298 \approx 1,3$. Die Streublindwiderstände erhalten wir bei Stillstand ($\nu = 0$) nach Messung und Rechnung zu $X_{1\sigma} = 0,67$, $X_{2\sigma} = 0,0526\ \Omega$. Der Wirkwiderstand der Ständerwicklung ist $R_1 = 0,16\ \Omega$. Der Wirkwiderstand des Läuferkreises wird zum Teil gebildet durch den Wirkwiderstand R_W der Läuferwicklung, zum Teil durch den Bürstenübergangswiderstand R_B. Der Wicklungswiderstand beträgt $R_W = 0,032\ \Omega$; der Übergangswiderstand der Bürsten ist eigentlich vom Läuferstrom abhängig; wir nehmen ihn aber als unveränderlich an. Setzen wir die Übergangsspannung der Bürsten bei einer Stromdichte von 8 A/cm², entsprechend einem Läuferstrom $I_2 = 8 \cdot 9,6 = 76,5$ A, zu 2 V ein, so erhalten wir $R_B = 0,0262\ \Omega$. Die im Abschn. c angegebenen Betriebskurven sind aber mit $R_B = 0,055\ \Omega$ berechnet, wie er etwa bei $I_2 = 35$ A auftritt, also mit $R_2 = R_W + R_B = 0,087\ \Omega$. Der etwas zu reichlich eingesetzte Widerstand R_2 hat aber nur geringen Einfluß auf die Betriebskurven. Nach den Gl. 97a bis g setzen wir also $X_1 = 12,67$, $X_2 = 1,35\ \Omega$, $r_1 = 0,0126$, $r_2 = 0,0645$, $\sigma = 0,09$, $\sigma_2 = 0,0405$.

c. Betriebskurven mit Berücksichtigung der Spannungsverluste. Bei der Berechnung der Betriebskurven mit Berücksichtigung der Spannungsverluste gehen wir mit einem angenommenen Bürstenverschiebungswinkel α (für den wir nach den Gl. 114a u. b die Werte a und b berechnen können) von einer bestimmten relativen Drehzahl $\nu = n/n_1$ aus und erhalten nach den Gl. 116c u. 115b die Ströme, nach Gl. 118b das innere Drehmoment und nach Gl. 117 den Leistungsfaktor.

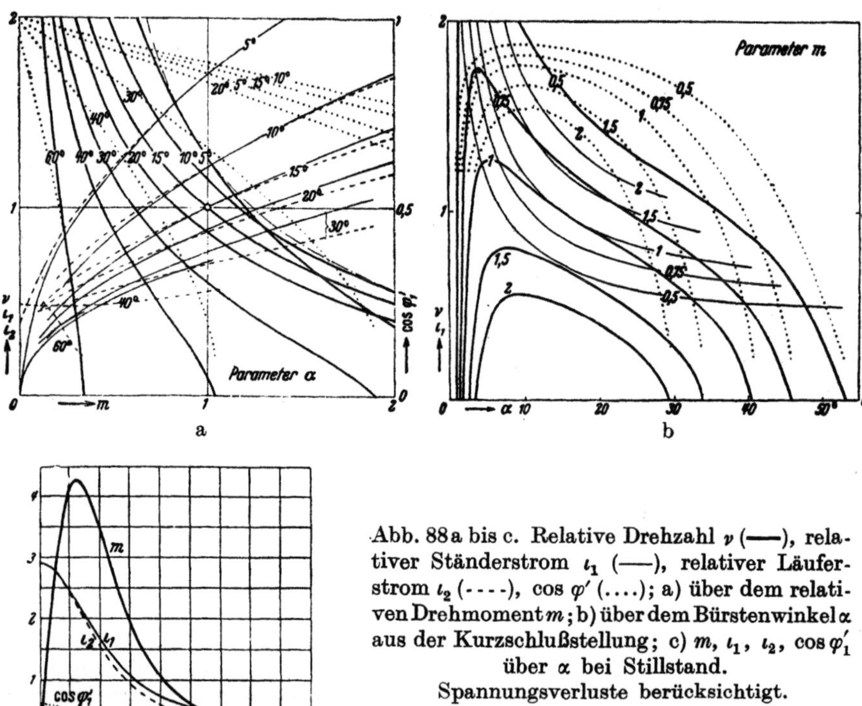

Abb. 88a bis c. Relative Drehzahl ν (——), relativer Ständerstrom ι_1 (——), relativer Läuferstrom ι_2 (- - - -), cos φ' (....); a) über dem relativen Drehmoment m; b) über dem Bürstenwinkel α aus der Kurzschlußstellung; c) m, ι_1, ι_2, cos φ'_1 über α bei Stillstand. Spannungsverluste berücksichtigt.

In Abb. 88a sind die Betriebskurven über dem relativen Drehmoment dargestellt. Der Leistungsfaktor ist natürlich bei Berücksichtigung der induktiven Spannungsverluste wesentlich kleiner als bei ihrer Vernachlässigung (vgl. Abb. 86a). Dagegen unterscheiden sich die auf die Nennströme bezogenen Ströme ι_1 und ι_2 nicht sehr von denen bei Vernachlässigung der Spannungsverluste. Bei den Drehzahlkennlinien $\nu\,(m)$ fällt auf, daß sie bei sehr kleinen Bürstenwinkeln steiler verlaufen als in Abb. 86a (vgl. die Kurven für $\alpha = 5°$). Bei fester Drehzahl wächst mit abnehmendem Bürstenwinkel das Drehmoment nur bis zu einem Grenzwert (strichpunktierte Kurve in

Abb. 88a), der um so größer, je kleiner die Drehzahl ist. Bei weiterer Verkleinerung des Bürstenwinkels nimmt das Drehmoment wieder ab. Dies wird besonders deutlich aus den Kurven in Abb. 88b, in der v, ι_1 und $\cos\varphi_1'$ über dem Bürstenwinkel bei verschiedenen festen Drehmomenten aufgetragen sind. Ein bestimmter Betriebszustand (m, v) läßt sich bei zwei verschiedenen Bürstenwinkeln erreichen, wobei dem kleineren Bürstenwinkel immer ein wesentlich größerer Strom entspricht (vgl. Abb. 88b); praktische Bedeutung haben deshalb nur die größeren Bürstenwinkel.

Denken wir uns in das Koordinatennetz der Kennlinien $m(v)$ für das im Motor entwickelte Drehmoment in Abb. 88a die entsprechenden Kennlinien für ein Belastungsmoment, etwa $m_b = k_1 + k_2\,v$ oder $m_b = k_1 + k_2\,v^2$ (worin k_1 und k_2 Festwerte sind) eingetragen, so erkennen wir, daß sich die Kurven $m(v)$ und $m_b(v)$ nach Abschn. III D 1 b, Bd. I, stabil schneiden, der Repulsionsmotor also für die praktisch gewöhnlich in Frage kommenden Belastungen stabil arbeitet.

Setzen wir in den Gl. 115 bis 118 $v = 0$, so erhalten wir die Größen bei Stillstand des Motors. In Abb. 88c sind die Ströme und das Drehmoment, alle bezogen auf die entsprechenden Nenngrößen, und der Leistungsfaktor über dem Bürstenwinkel α für unser Beispiel (Abschn. b) aufgetragen. Der Anlaufstrom sinkt dauernd mit wachsendem α, während das Drehmoment zunächst schnell anwächst, bei etwa $\alpha = 12{,}5°$ einen Höchstwert erreicht und dann abfällt, um bei $\alpha = 90°$ wieder Null zu werden. Da bei Stillstand der Strom sehr wesentlich von den Verlustwiderständen abhängt, ergeben sich bei kleinen Bürstenwinkeln, also in der Nähe der Kurzschlußstellung $(\alpha = 0)$, sehr starke Abweichungen der Anlaßkurven bei Berücksichtigung der Spannungsverluste von den Kurven bei ihrer Vernachlässigung; bis zu $m = 2$ im rechten Ast der Kurven sind aber die Abweichungen sehr klein, wie ein Vergleich der Abb. 86b u. 88c erkennen läßt.

Dasselbe Anlaufmoment läßt sich nach Abb. 88c im allgemeinen mit zwei verschiedenen Bürstenstellungen erreichen. Da nun der kleinere Bürstenwinkel immer einen größeren Anlaufstrom ergibt und in der Kurzschlußstellung $(\alpha = 0)$ der größte Strom auftritt, wird man zum Anlassen die Bürsten nicht aus der Kurzschlußstellung, sondern aus der Leerlaufstellung $(\alpha = 90°)$ verschieben, bis der Motor anläuft, und dann allmählich die Bürsten in die Stellung bringen, die dem erforderlichen Betriebszustand entspricht. Wir haben bereits im Abschn. 2b gezeigt, daß der Motor dann immer entgegen der Verschiebung der Bürsten aus der Leerlaufstellung anläuft.

In der Leerlaufstellung $(\alpha = 90°)$ umschlingen die von Bürsten kurzgeschlossenen Ankerwindungen den gesamten Fluß $\varPhi_1$. Es besteht deshalb die Gefahr, daß die Kurzschlußströme, die sich quer über die

Bürsten schließen, Bürsten und Stromwender zerstören, wenn die Bürsten längere Zeit in der Leerlaufstellung, bei der kein Drehmoment entwickelt wird, verharren. Diese Gefahr besteht auch noch, wenn die Bürsten langsam verschoben werden, und das entwickelte Drehmoment nicht ausreicht, um den Motor anlaufen zu lassen. Damit Bürsten und Stromwender vor dieser Gefahr geschützt werden, wird die Bürstenverstellvorrichtung in der Regel mit einem Schalter gekuppelt, der die Ständerwicklung erst in einer Bürstenstellung ans Netz legt, bei der ein genügend großes Drehmoment im Motor entwickelt wird.

d. Ortskurven. Der Endpunkt des Zeitvektors I_1 wandert unter Annahme fester Widerstände mit Änderung der Drehzahl bei festem

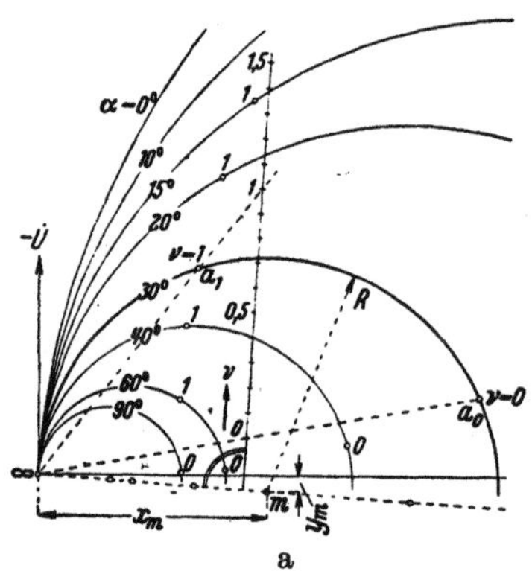
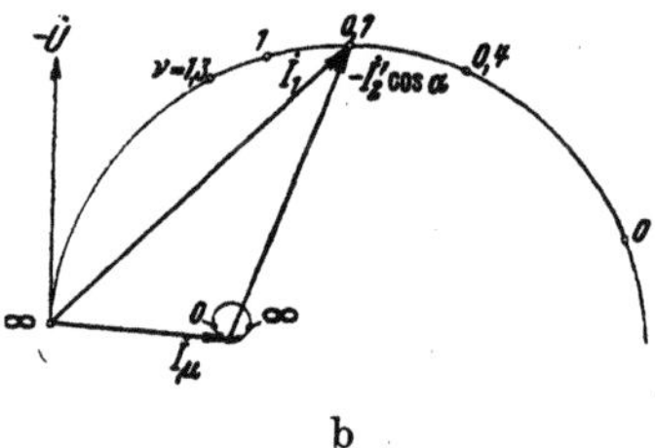

Abb. 89a u. b. a) Ortskurven des Primärstromes; b) Läuferstrom bei $\alpha = 30°$.

Bürstenwinkel α auf einem Kreis durch den Ursprung. Mittelpunktskoordinaten und Halbmesser ergeben sich aus den Gl. 116a u. b nach Bd. II, S. 16, zu

$$x_m = -\frac{1}{2a}\frac{U}{X_1}, \qquad y_m = \frac{r_2}{2a}\frac{U}{X_1}, \qquad R = \frac{\sqrt{1+r_2^2}}{2a}\frac{U}{X_1}. \qquad \text{(120a bis c)}$$

Mit diesen Gleichungen lassen sich die Ortskurven leicht aufzeichnen. Dies ist in Abb. 89a für die im Abschn. b angegebenen Zahlenwerte geschehen; kleine Kreise auf den Ortskurven bezeichnen die Punkte für $\nu = 1$ und $\nu = 0$.

Der Kreismittelpunkt liegt etwas unter der Abszissenachse; er wandert mit Änderung des Bürstenwinkels auf einer Geraden, deren Gleichung $y_m = -r_2\,x_m$ lautet. Der Kreisdurchmesser wächst mit abnehmendem Bürstenwinkel. Alle Kreise laufen durch den Ursprung, dem unabhängig von α die Drehzahl ∞ entspricht. Für beliebige Endpunkte des primären Stromvektors läßt sich zeichnerisch die Drehzahl nach Abschn. I 2c, Bd. II, leicht bestimmen. Die Drehzahlwerte sind auf einer Geraden, die senkrecht zu $\overline{\infty\,m}$ steht (vgl. Abb. 89a, in der der Maßstab von ν auf dieser Geraden für $\alpha = 30°$ angegeben ist), gleichmäßig verteilt. Die Gerade $\overline{\infty\,a_1}$ schneidet auf der Drehzahlgeraden den Wert $v = n/n_1 = 1$ und die Gerade $\overline{\infty\,a_0}$ den Wert $v = 0$ ab. Damit ist der Maßstab gegeben. Für einen beliebigen Endpunkt a des primären Stromvektors erhalten wir das zugehörige Drehzahlverhältnis durch den Schnittpunkt der Geraden $\overline{\infty\,a}$ mit der Drehzahlgeraden.

Für den Läuferstrom $\dot{I}_2$ ließe sich in entsprechender Weise wie für den Ständerstrom $\dot{I}_1$ das Kreisdiagramm aufzeichnen. Um aber den Zusammenhang der Ständer- und Läufergrößen besser überblicken zu können, wollen wir den Läuferstrom aus dem Diagramm des Ständerstromes ermitteln. Zu diesem Zwecke gehen wir von dem Magnetisierungsstrom in der Ständerachse $(\dot{I}_\mu)$ aus. Setzen wir $\dot{I}_1$ und $\dot{I}_2$ nach den Gl. 116a u. b und 115a in Gl. 113c ein, so erhalten wir

$$\dot{I}_\mu = -\,\frac{(v\sin\alpha - j\cos\alpha)\cos\alpha + (r_2 + j)(1 + \sigma_2)}{(1 + \sigma_2)(a + jb)}\cdot\frac{\dot{U}_1}{X_1}\,. \tag{121}$$

Die Ortskurven für $\dot{I}_\mu$ bei konstantem α und veränderlicher Drehzahl sind ebenfalls Kreise. Für $\alpha = 30°$ ist der Kreis in Abb. 89b eingezeichnet. Sein Durchmesser ist klein, denn die Magnetisierungsdurchflutung in der Ständerachse ändert sich nur wenig ($E_1 \approx$ const).

Nach Gl. 113c ist

$$\dot{I}_2' = (\dot{I}_\mu - \dot{I}_1)/\cos\alpha\,; \tag{122}$$

— $\dot{I}_2'\cos\alpha$ wird also beispielsweise für $n/n_1 = 0,7$ und $\alpha = 30°$ durch den in Abb. 89b eingezeichneten Vektor dargestellt. Man erkennt, daß bei sehr großen Drehzahlen (die aber keine praktische Bedeutung haben) $\dot{I}_2'\cos\alpha$ sich $\dot{I}_\mu$ nähert, während $\dot{I}_1$ bei $v = \infty$ Null wird (vgl. Abb. 88a). Die Stromwärmeverluste im Läufer werden dann mechanisch gedeckt; da die Drehzahl unendlich ist, ist das mit dem Drehmoment Null möglich. Die Eisenverluste hatten wir vernachlässigt.

e. Die Funken-EMK. Als Funken-EMK bezeichnen wir (vgl. Abschn. B 4) die Summe der in einer kurzgeschlossenen Ankerspule induzierten EMKe der Ruhe $\mathfrak{E}_R$, der Bewegung $\mathfrak{E}_B$ und der Stromwendung $\mathfrak{E}_W$.

Für die Ruhe-EMK $\mathfrak{E}_R$ ist der Fluß $\Phi = \zeta\,\Phi_E$ maßgebend, der im Hauptkreis der Ankerwicklung die Bewegungs-EMK E induziert, für die Bewegungs-EMK $\mathfrak{E}_B$ der Fluß Φ_2, der im Hauptkreis die Ruhe-EMK E_2 induziert (Abb. 84b).

Unter der Voraussetzung, daß die magnetischen Felder den Strömen proportional sind, ist die Induktionsverteilung des Flusses Φ_2 symmetrisch zur magnetischen Achse der Läuferwicklung, die des Flusses Φ symmetrisch zu einer Achse senkrecht zur Läuferachse (bezogen auf das zweipolige Schaltbild). Wir beschränken uns der Einfachheit

wegen auf Durchmesserbürsten mit Sehnenwicklung (Abb. 90).
In Gl. 95a ist dann bei sinusförmiger Induktionsverteilung $\zeta = \cos\beta$,
worin 2β der Spulenverkürzungswinkel ist (vgl. Abschn. A 2c).

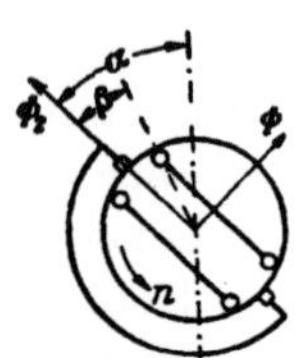

Abb. 90.
Durchmesser-
bürsten mit
Sehnen-
wicklung.

Wir erhalten nach Regel 1 im Abschn. A 3a, wenn
wir die positive Achse der Spule mit Φ zusammenfallen lassen, für die Ruhe-EMK (Gl. 8a)

$$\mathfrak{E}_R = -j\sqrt{2}\,\pi\,w_k\,f\,\Phi = -j\sqrt{2}\,\pi\,w_k\,f\,\Phi_E\cos\beta. \qquad (123\,\text{a})$$

Bezeichnen wir mit B_2 die Induktionsamplitude in
der magnetischen Achse der Ankerwicklung, so ist
zur Berechnung der Bewegungs-EMK $\mathfrak{E}_B$ in Gl. 8b
$B_q = B_2\cos\beta$ und bei sinusförmiger Induktionsverteilung $B_2 = \pi/2 \cdot \Phi_2/l_i\,\tau$ zu setzen. Wir erhalten nach
Regel 2 im Abschn. A 3a

$$\mathfrak{E}_B = -\sqrt{2}\,\pi\,w_k\,p\,n\,\Phi_2\cos\beta. \qquad (123\,\text{b})$$

Drücken wir diese EMKe durch die des Hauptkreises aus, so ergibt
sich mit den Gl. 109b u. c und 95c

$$\mathfrak{E}_R = -j\,\ddot{u}_k\,\frac{\dot{E}}{v}\cos\beta, \quad \mathfrak{E}_B = -j\,\ddot{u}_k\,v\,\dot{E}_2\cos\beta \quad \text{mit } \ddot{u}_k = \frac{w_k}{w_2\xi_2}. \qquad (124\,\text{a bis c})$$

Nach den Gl. 124a u. b lassen sich $\mathfrak{E}_R$ und $\mathfrak{E}_B$ leicht zeichnerisch
aus den EMKen des Hauptkreises bestimmen. So erhalten wir aus
dem Spannungsdiagramm in Abb. 85a die EMKe $\mathfrak{E}_R$ und $\mathfrak{E}_B$ in Abb. 91a
und ihre Summe

$$\dot{\mathfrak{E}} = \mathfrak{E}_R + \mathfrak{E}_B. \qquad (125\,\text{a})$$

Addieren wir dazu die EMK der Stromwendung $\mathfrak{E}_W$, die nach Abschn.
A 7c in Phase mit $\dot{I}_2$ ist, so erhalten wir die resultierende EMK im
Kurzschlußkreis, die Funken-EMK

$$\mathfrak{E}_F = \dot{\mathfrak{E}} + \mathfrak{E}_W. \qquad (125\,\text{b})$$

Unmittelbar aus den Spannungen $\dot{E}_2$ und $-\dot{E}$ der Spannungsdiagramme des Hauptkreises (Abb. 85a u. b) ergibt sich $j\,\dot{\mathfrak{E}}/\ddot{u}_k = (\dot{E}/v +
v\,\dot{E}_2)\cos\beta$ in der in Abb. 91b angedeuteten Weise, und daraus $\dot{\mathfrak{E}}$.

Auch aus den Ellipsen in Abb. 83a können wir die EMK $\dot{\mathfrak{E}}$ zeichnerisch ermitteln. Für unser Beispiel mit $\alpha = 30°$, $v = 0{,}7$ ist die hier
maßgebende Ellipse in Abb. 91c herausgezeichnet. Der Punkt $x = \tau/6$
entspricht dem Winkel $\pi/6 = 30°$, also der Stelle des Ankerumfangs
in der Bürstenachse. An dieser Stelle ist der Vektor $\dot{V}$ bei geradliniger magnetischer Kennlinie dem Fluß Φ_2 proportional. Bei $x +
\tau/2 = 4\tau/6$, entsprechend dem Winkel $120°$, ist er dem Fluß $-\Phi_E$
proportional (vgl. die Abb. 83a u. 84b). Nun ist nach den Gl. 123a
u. b $\mathfrak{E}_R = -j\,c\,\Phi_E$ und $\mathfrak{E}_B = -c\,v\,\Phi_2$ mit $c = \sqrt{2}\,\pi\,w_k\,f\cos\beta$. Damit
erhalten wir die in Abb. 91c ermittelte EMK $\dot{\mathfrak{E}}$.

Zur rechnerischen Ermittlung von $\mathfrak{E}$ ersetzen wir in den Gl. 124a u. b $\dot{E}$ und $\dot{E}_2$ nach den Gl. 112c u. b und $\dot{I}_2$ nach Gl. 115a durch $\dot{I}_1$.

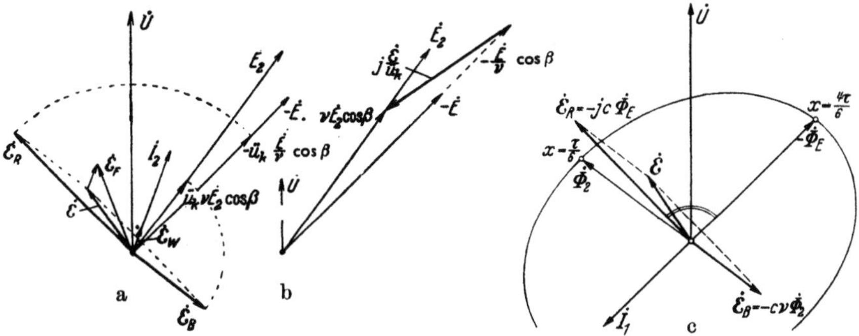

Abb. 91a bis c. Ermittlung der Funken-EMK $\mathfrak{E}_F$; a) u. b) aus dem Vektordiagramm des Hauptkreises (Abb. 85a); c) aus dem Zeitvektor der resultierenden Felderregerkurve.

Wir erhalten dann mit Gl. 116a bis c und a u. b nach 114a u. b.

$$= -\frac{\ddot{u}_k \ddot{u} X_{1h} \cos\beta}{1+\sigma_2} \cdot \frac{A+jB}{r_2+j} \dot{I}_1 = (1-\sigma)\ddot{u}_k \ddot{u} \cos\beta \frac{(aA+bB)+j(aB-bA)}{a^2+b^2} \dot{U} \quad (126)$$

mit

$$\left.\begin{array}{l} A = (1+\sigma_2)\times \\ \times (v\, r_2 \cos\alpha - \sin\alpha) + v^2 \sin\alpha \end{array}\right\} \quad (126\,\mathrm{a})$$

und

$$B = (1+\sigma_2)\, r_2 \sin\alpha + \sigma_2\, v \cos\alpha \quad (126\,\mathrm{b})$$

oder den Betrag

$$\mathfrak{E} = (1-\sigma)\,\ddot{u}_k \ddot{u} \cos\beta \sqrt{\frac{A^2+B^2}{a^2+b^2}} \cdot U \, . \quad (127)$$

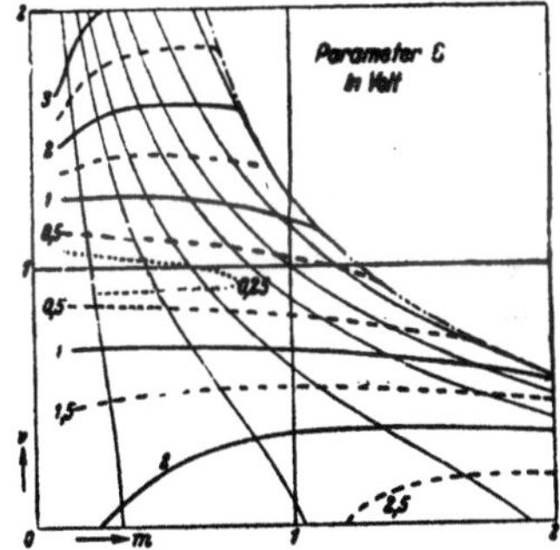

Abb. 92. Kurven konstanter EMK $\mathfrak{E} = |\mathfrak{E}_R + \mathfrak{E}_B|$ in der m, v-Ebene. Drehzahlkennlinien (Abb. 88a) schwächer angedeutet.

Um die Kurven konstanter EMK $\mathfrak{E}$ in der m, v-Ebene wie beim Reihenschlußmotor mit phasenverschobenem Wendefeld (Abschn. B 4) darzustellen, gehen wir von einem bestimmten Bürstenwinkel α aus. Die einzige Veränderliche in Gl. 127 ist dann die relative Drehzahl v, und wir können, indem wir verschiedene Werte für v in Gl. 127 einsetzen, die EMKe $\mathfrak{E}$ berechnen und in die Drehzahlkennlinie (Abb. 88a), die für den angenommenen Bürstenwinkel gilt, einschreiben.

Führen wir die Ermittlung von $\mathfrak{E}$ auch für andere Bürstenwinkel aus und verbinden die Punkte konstanter EMK $\mathfrak{E}$, so erhalten wir bei einer Klemmenspannung $U = 110$ V die in Abb. 92 eingezeichneten Kurven in der m, v-Ebene für den Motor nach Abschn. b. Die der Abb. 88a entnommenen Drehzahlkennlinien sind schwach angedeutet, die zugehörigen Bürstenwinkel α können dieser Abbildung entnommen werden. Bei 120 V, wofür die Kurven in Abb. 88a gelten, bleiben die relativen Drehzahlen unverändert, die Werte von $\mathfrak{E}$ werden aber um 9% größer.

Die Kurven in Abb. 92 stellen für unsern Motor auch sehr angenähert die Funken-EMK $\mathfrak{E}_F$ dar, weil die EMK der Stromwendung $\mathfrak{E}_W$ bei ihm sehr klein ist. Nach Abschn. III B 10a, Bd. I, erhalten wir für $\mathfrak{E}_W = 0{,}00033\, v_K\, I_2$ Volt, wenn die Umfangsgeschwindigkeit des Stromwenders v_K in m/s und der Strom I_2 in A eingesetzt werden. So berechnen wir z. B. für $\alpha = 30°$ und $\nu = 0{,}7$, wofür Abb. 91a gezeichnet ist, mit $v_K = 9{,}35$ m/s und $I_2 = 51{,}6$ A $\mathfrak{E}_W = 0{,}16$ V. (In Abb. 91a ist $\mathfrak{E}_W$ der Deutlichkeit wegen im doppelten Maßstab eingezeichnet.) Auch für andere Betriebszustände unseres Motors ist $\mathfrak{E}_W$ so klein, daß die Funken-EMK $\mathfrak{E}_E = |\mathfrak{E} + \mathfrak{E}_W|$ nicht viel größer als $\mathfrak{E}$ ist.

Will man die EMK $\mathfrak{E}_W$ bei der Ermittlung der Funken-EMK $\mathfrak{E}_F$ berücksichtigen, so muß $\mathfrak{E}$ nach Gl. 126 berechnet und mit $\mathfrak{E}_W$ zur Funken-EMK $\mathfrak{E}_F$ zusammengesetzt werden.

4. Genauere Berechnung der Betriebskurven.

a. Vergleich der nach Abschn. 3c berechneten Betriebskurven mit den gemessenen. In Abb. 93a bis c sind die berechneten Betriebskurven, deren relative Größen für einen etwas zu reichlich angenommenen Bürstenübergangswiderstand (vgl. S. 119 unten) die Abb. 88a bis c zeigen, den gemessenen in Abb. 94a bis c gegenübergestellt. Dabei ist für die berechneten Kurven das am Ankerumfang entwickelte (M, Gl. 118b), für die gemessenen das an der Welle verfügbare Drehmoment M_W aufgetragen. In den Abb. 93b u. 94b, die die Ströme der Ständer- (I_1) und der Läuferwicklung (I_2) darstellen, weicht sowohl der berechnete als auch der gemessene Strom I_1 bei $\alpha = 60°$ und $\alpha = 50°$ so wenig von dem bei $\alpha = 40°$ ab, daß die Unterschiede in der Zeichnung kaum zum Ausdruck kommen. Den berechneten Kurven sind die Gleichungen der Abschn. 2d u. e zugrunde gelegt, wobei der Hauptblindwiderstand $X_{1h} = 12\,\Omega = \text{const}$, der Bürstenübergangswiderstand $R_B = 0{,}0262\,\Omega = \text{const}$ angenommen wurde (vgl. Abschn. 3b); die Eisenverluste sind vernachlässigt.

Wir vergleichen zunächst die berechneten mit den gemessenen Betriebsgrößen bei **synchroner Drehzahl** ($n = 1500$ U/min). Zur Erleichterung des Vergleichs sind sie in Abb. 95 über dem Bürstenwinkel α aufgetragen. Das berechnete Drehmoment muß um das gesamte Verlustmoment größer sein als das an der Welle gemessene. Der Hauptteil des Verlustmoments, der von den Reibungsverlusten und der Lüftungsleistung herrührt, wurde bei synchroner Drehzahl ($n = 1500$ U/min) zu etwa 0,1 kgm experimentell ermittelt; er wächst nur wenig mit der Drehzahl. Schätzen wir das gesamte Verlustmoment zu $M_v = 0{,}16$ kgm, so ergibt sich bei $n = 1500$ U/min für Bürstenwinkel $\alpha > 20°$ befriedigende Übereinstimmung zwischen Rechnung

und Messung; bei kleineren Bürstenwinkeln ist das gemessene Drehmoment nur wenig kleiner als das berechnete. Die gemessenen Ströme,

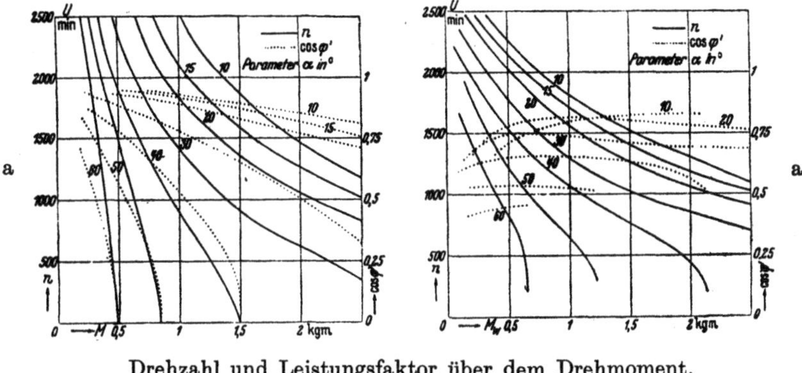

Drehzahl und Leistungsfaktor über dem Drehmoment.

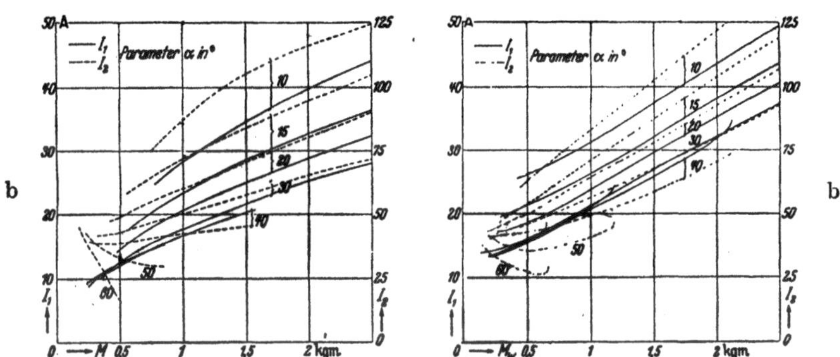

Ströme in Ständer- (I_1) und Läuferwicklung (I_2) über dem Drehmoment.

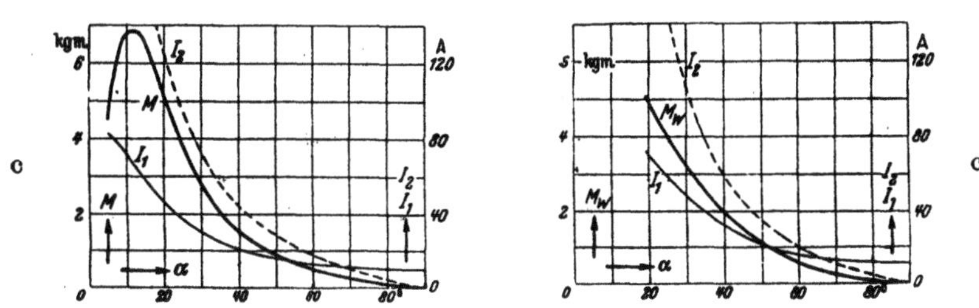

Anzugsmoment und Ströme über dem Bürstenwinkel α.

Abb. 93a bis c. Nach den Gleichungen   Abb. 94a bis c. Gemessene Werte.
der Abschn. 2d u. e berechnet. $M_W =$ Drehmoment an der Welle des
$M =$ inneres Drehmoment.   Motors.

besonders der primäre Strom I_1, sind bei größeren Bürstenwinkeln
und der gemessene Leistungsfaktor über dem ganzen Winkelbereich

etwas größer als die berechneten Werte. Das ist im wesentlichen auf die Eisenverluste zurückzuführen, die bei der Berechnung vernachlässigt wurden. Berücksichtigt man dies, so kann man wohl sagen, daß bei synchroner Drehzahl die unter Annahme einer mittleren Eisenbeanspruchung (vgl. Abschn. b und Abb. 87) berechneten Betriebsgrößen mit den gemessenen befriedigend übereinstimmen.

Bei andern Drehzahlen als $n = 1500$ U/min sind die Abweichungen im allgemeinen erheblich größer. Die berechneten Drehzahlkennlinien (Abb. 93a u. 94a) verlaufen wesentlich steiler als die gemessenen. Auch bei den Strömen erhalten wir erhebliche Abweichungen zwischen Rechnung und Messung. Am größten sind aber die Abweichungen beim Leistungsfaktor, der durch die punktierten Kurven in den Abb. 93a u. 94a dargestellt ist. Dabei fällt besonders auf, daß der berechnete Leistungsfaktor bei größeren Drehzahlen größer, bei kleineren Drehzahlen kleiner als der gemessene ist. Wir werden am Schlusse dieses Abschnittes auf die Ursachen dieser Abweichungen eingehen und in den nächsten Abschnitten einen Weg zur genaueren Berechnung zeigen.

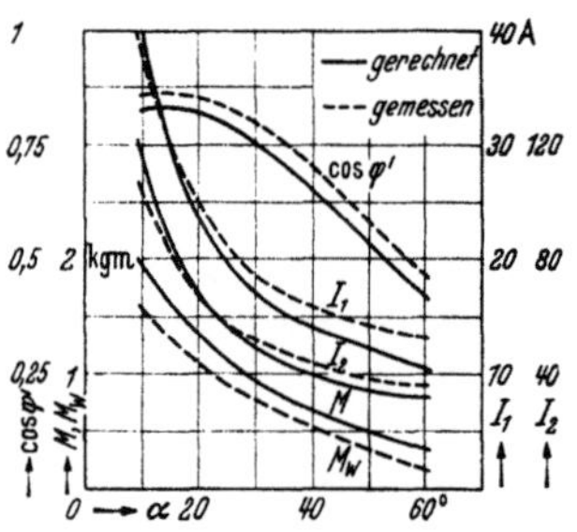

Abb. 95. Berechnete (Eisenverluste vernachlässigt) und gemessene Betriebsgrößen bei $n = n_1 = 1500\,\mathrm{U/min}$.

In Abb. 93c sind berechnetes Anzugsmoment und Ströme (bei ruhendem Läufer) den gemessenen Größen in Abb. 94c gegenüber gestellt.

Vergleicht man die Abb. 86a u. 88a miteinander, die die relative Drehzahl über dem relativen Drehmoment darstellen, wobei die erste die Spannungsverluste vernachlässigt, die zweite sie berücksichtigt, so erkennen wir, daß die relativen Größen bei Vernachlässigung aller Spannungsverluste kaum schlechter mit der Messung übereinstimmen als bei ihrer Berücksichtigung. Für eine angenäherte Berechnung der relativen Drehzahlkennlinien hat es also wenig Zweck, die Spannungsverluste zu berücksichtigen, und es können die allgemein gültigen Kurven in Abb. 86a benutzt werden. Das nichtbezogene Drehmoment bei $n = n_1$ und $\alpha = 15°$ ergibt sich aber bei Vernachlässigung der Spannungsverluste viel zu groß. Wir erhalten dafür nämlich nach Gl. 118b $M = 2,87$, also $M_W = 2,87 - 0,16 \approx 2,7$ kgm, wenn $X_1 = 12,67\,\Omega$ wie bei Berücksichtigung der Spannungsverluste eingesetzt wird, also etwa doppelt so groß wie gemessen.

Die nach den Abbildungen bestehenden Abweichungen der Rechnung von der Messung sind zum Teil darauf zurückzuführen, daß das Verlustmoment bei übersynchroner Drehzahl größer, bei untersynchroner kleiner als bei synchroner ist, daß die Eisenverluste vernachlässigt sind und daß der Bürstenübergangswiderstand, den wir unveränderlich angenommen haben, mit sinkendem Strom anwächst. Diese Einflüsse reichen aber bei weitem nicht aus, um die Abweichungen zu erklären. Es sind dafür vielmehr andere Umstände verantwortlich.

Unsere Gleichungen im Abschn. 2d u. e setzen eine geradlinige magnetische Kennlinie voraus, und bei der Berechnung der Betriebskurven haben wir einen mittleren magnetischen Zustand angenommen, d. h. die wirkliche magnetische Kennlinie durch die vollausgezogene Gerade in Abb. 87 ersetzt. Außerdem haben wir die Ströme in den von Bürsten überbrückten Läuferspulen vernachlässigt, die hauptsächlich dafür verantwortlich zu machen sind, daß bei Drehzahlen, die wesentlich kleiner oder größer als die synchrone sind, der berechnete Leistungsfaktor, das Drehmoment und die Ströme so stark von den gemessenen Größen abweichen. Wir werden in den folgenden Abschnitten zeigen, wie diese Einflüsse berücksichtigt werden können.

b. Aufstellung der Gleichungen zur Berücksichtigung der magnetischen Beanspruchung. Für die Achse der Läuferwicklung ist ein anderer magnetischer Zustand maßgebend als für die Achse senkrecht dazu. Das erkennen wir aus Abb. 83b, die die Amplitude der Felderregerkurve am Läuferumfang beispielsweise bei einem Bürstenwinkel $\alpha = 30°$ und verschiedenen relativen Drehzahlen ν darstellt. Während mit wachsender Drehzahl die Amplitude in der Achse der Läuferwicklung wächst, sinkt sie in der Achse senkrecht dazu. Wir könnten diesem Umstand dadurch Rechnung tragen, daß wir für die Läuferachse, für die Achse senkrecht dazu und für die Ständerachse verschiedene Werte für X_{1h} einführen, die der magnetischen Kennlinie (Abb. 87) für die Magnetisierungsströme $|\ddot{u}\,I_2 + \cos\alpha\,I_1|$, $\sin\alpha\,I_1$ und $|I_1 + \ddot{u}\cos\alpha\,I_2|$ entnommen werden. Man kann dabei zunächst mit den nach den Gleichungen im Abschn. 2d u. e berechneten Strömen die Hauptblindwiderstände in den drei Achsen der Abb. 87 entnehmen und die Berechnung dann in mehrfacher Annäherung ausführen. Die für $\alpha = 15°$ und $\nu = 1,5$ durchgeführte Berechnung ergab aber keine wesentliche Abweichung von den Ausgangswerten. Das liegt wahrscheinlich daran, daß die magnetische Kennlinie in Abb. 87 nur bei Erregung eines Wechselfeldes, nicht aber für den allgemeinen Fall eines elliptischen Drehfeldes gilt.

Um die Verschiedenheit der magnetischen Beanspruchungen zu berücksichtigen, zerlegen wir das magnetische Feld in zwei Komponenten, von denen die eine in die Achse der Ständerwicklung fällt, die andere senkrecht dazu liegt. Den Fluß in der Achse der Ständerwicklung bezeichnen wir wie bisher mit Φ_1, den Mantelfluß senkrecht dazu mit Φ_E (Abb. 96a). Φ_E hat also jetzt eine andere Bedeutung als in den früheren Abschnitten. Ein Teil dieses Flusses $\Phi = \zeta\,\Phi_E$ induziert in der Läuferwicklung eine Bewegungs-EMK, die wir mit E_{BE} bezeichnen. Außer dieser EMK werden in der Ankerwicklung noch eine EMK E_{B1} durch Bewegung im Felde des Flusses Φ_1 und die von den beiden Flüssen Φ_1 und Φ_E herrührenden Ruhe-EMKe E_2 und E_{R_E} induziert.

Abb. 96 a u. b. Neue Bedeutung von Φ_E.

In Abb. 96b sind die Durchflutungen der Arbeitsströme der Ständer- und Läuferwicklung durch Kreuze und Punkte und der vom Läuferstrom erregte Fluß Φ_E angedeutet, woraus sich die eingezeichnete Drehrichtung ergibt.

Mit den Zählpfeilen in Abb. 96a lauten die Spannungsgleichungen für Ständer und Läufer

$$\dot{U} + (R_1 + jX_{1\sigma})\,\dot{I}_1 = \dot{E}_1 \quad \text{und} \quad (R_2 + jX_{2\sigma})\,\dot{I}_2 = \dot{E}_2 + \dot{E}_{B1} + \dot{E}_{R_E} + \dot{E}_{B_E}. \qquad (128\,\text{a u. b})$$

Für den Magnetisierungsstrom in der Ständerwicklung gilt bei Vernachlässigung des kleinen Verluststromes, der den Eisenverlusten entspricht,

$$\dot{I}_\mu = \dot{I}_1 + \ddot{u}\cos\alpha\,\dot{I}_2 \quad \text{mit} \quad \ddot{u} = \frac{\xi_2\,w_2}{\xi_1\,w_1}, \qquad (129\,\text{a u. b})$$

worin, wie im Abschn. 2c, $\ddot{u}$ die Übersetzung in der Kurzschlußstellung ($\alpha = 0$) ist. Für den Fluß Φ_1 können wir die Induktionsverteilung angenähert sinus-

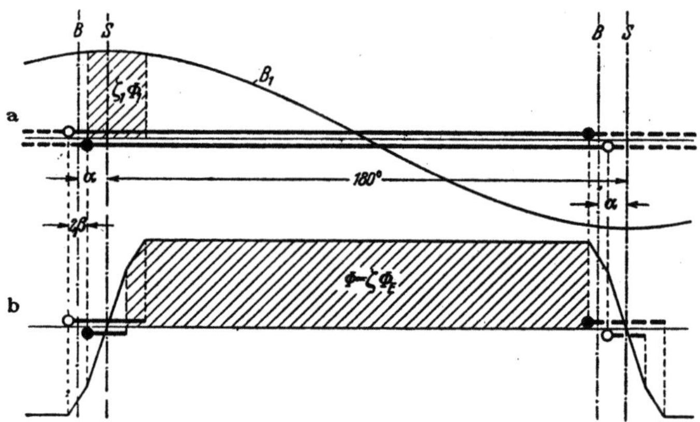

Abb. 97a u. b. Ermittlung von ζ_1 und ζ.

förmig annehmen. Es ist dann mit den Zählpfeilen nach Abb. 96a (vgl. Gl. 109 und 112a u. b)

$$\dot{E}_1 = -j\sqrt{2}\,\pi\,\xi_1\,w_1\,f\,\Phi_1 = -jX_{1h}(\dot{I}_1 + \ddot{u}\cos\alpha\,\dot{I}_2), \qquad (130\,\text{a})$$

$$\dot{E}_2 = -j\sqrt{2}\,\pi\,\xi_2\,w_2\,f\,\Phi_1\cos\alpha = -j\ddot{u}\cos\alpha\,X_{1h}(\dot{I}_1 + \ddot{u}\cos\alpha\,\dot{I}_2). \qquad (130\,\text{b})$$

Zur Berechnung der übrigen EMKe müssen wir nun das magnetische Feld im Luftspalt in die beiden Einzelfelder zerlegen. In Abb. 97a ist für unsern Motor ($\alpha_0 = 0$, Durchmesserbürsten) der Strombelag in Unter- und Oberschicht durch stark hervorgehobene voll ausgezogene und gestrichelte Linien in der üblichen Weise (vgl. Abb. 2a) angegeben. Die von Bürsten kurzgeschlossenen Spulenseiten sind durch kleine Kreise angedeutet, wobei je die ausgefüllten und die nicht ausgefüllten Spulenseiten zu einer Spule gehören. Die Lage des Strombelags gegenüber der Ständerachse S ist beispielsweise für einen Bürstenwinkel $\alpha = 15°$ angegeben. Über dem Strombelag ist die Verteilung der Induktion B_1 des Flusses Φ_1 (symmetrisch zur Ständerachse) angedeutet, sie ist sinusförmig vorausgesetzt. Von dem Teil $\zeta_1\,\Phi_1$ des Flusses Φ_1, der mit der kurzgeschlossenen Spule verkettet ist, wird die Bewegungs-EMK E_{B1} induziert, die der schraffierten

Fläche in Abb. 97a proportional ist. Mit $\zeta_1 = \sin \alpha \cdot \cos \beta$ †) erhalten wir nach den Gl. 2b, 93e (mit $\alpha_0 = 0$) u. 95c

$$\dot{E}_{B1} = v \sqrt{2}\,\pi\,\xi_2\,w_2\,f\,\Phi_1 \sin \alpha = v\,\ddot{u} \sin \alpha\,X_{1h}\,(\dot{I}_1 + \ddot{u} \cos \alpha\,\dot{I}_2). \qquad (130\,\mathrm{c})$$

Den Strombelag der Läuferwicklung in Abb. 97a können wir in zwei Komponenten zerlegen, von denen die eine symmetrisch zur Ständerachse, die andere symmetrisch zu einer Achse senkrecht dazu ist. Die erste Komponente, die den Erregerfluß Φ_E erregt, ist in Abb. 97b durch stärkere voll ausgezogene und gestrichelte Linien hervorgehoben und erzeugt die darüber gezeichnete Felderregerkurve. Im geradlinigen Teil der magnetischen Kennlinie ist Φ_E der Fläche proportional, die die Felderregerkurve mit der Abszissenachse einschließt. Die von diesem Fluß in der Läuferwicklung induzierte Ruhe-EMK ist

$$\dot{E}_{R_E} = -j\sqrt{2}\,\pi\,\xi_E\,w_E\,f\,\dot{\Phi}_E = -j\,X_{Eh}\,\dot{I}_2 \quad \text{mit} \quad w_E = w_2 \cdot 2\alpha/\pi. \qquad (130\,\mathrm{d\ u.\ e})$$

Für die vom Fluß Φ_E herrührende Bewegungs-EMK E_{B_E} ist der Fluß $\Phi = \zeta\,\Phi_E$ maßgebend, der mit der kurzgeschlossenen Läuferspule verkettet und in Abb. 97b schraffiert ist:

$$\dot{E}_{B_E} = -v\,2\sqrt{2}\,f\,w_2\,\zeta\,\dot{\Phi}_E = -v\,\gamma\,X_{Eh}\,\dot{I}_2 \quad \text{mit} \quad \gamma = \zeta/a\,\xi_E. \qquad (130\,\mathrm{f\ u.\ g})$$

Der Zahlenwert γ ergibt sich, wenn wir $\dot{\Phi}_E$ aus Gl. 130d in Gl. 130f einsetzen und Gl. 130e beachten.

Mit diesen EMKen und den Abkürzungen

$$a = R_2 + v(\gamma\,X_{Eh} - \ddot{u}^2 \sin\alpha\cos\alpha\,X_{1h}), \quad b = X_{Eh} + X_{2\sigma} + \ddot{u}^2 \cos^2\alpha\,X_{1h}, \qquad (131\,\mathrm{a\ u.\ b})$$

$$A = X_1(X_{Eh} + X_{2\sigma}) + \ddot{u}^2 \cos^2\alpha\,X_{1h}\,X_{1\sigma} - a\,R_1, \qquad (131\,\mathrm{c})$$

$$B = b\,R_1 + X_1(R_2 + v\,\gamma\,X_{Eh}) - v\,\ddot{u}^2 \sin\alpha\cos\alpha\,X_{11h}\,X_{1\sigma} \quad \text{††}) \qquad (131\,\mathrm{d})$$

erhalten wir nach den Gl. 128a u. b

$$\dot{I}_{1w} = -\frac{bB - aA}{A^2 + B^2}\,\dot{U}, \quad \dot{I}_{1b} = j\,\frac{aB + bA}{A^2 + B^2}\,\dot{U}, \quad I_1 = \sqrt{\frac{a^2 + b^2}{A^2 + B^2}}\,U, \qquad (132\,\mathrm{a\ bis\ c})$$

$$\dot{I}_2 = \frac{v\sin\alpha - j\cos\alpha}{a + jb}\,\ddot{u}\,X_{1h}\,\dot{I}_1, \quad I_2 = \sqrt{\frac{\cos^2\alpha + v^2\sin^2\alpha}{A^2 + B^2}}\,\ddot{u}\,X_{1h}\,U. \qquad (132\,\mathrm{d\ u.\ e})$$

Der Leistungsfaktor ist

$$\cos\varphi_1 = I_{1w}/I_1. \qquad (132\,\mathrm{f})$$

Das im Motor entwickelte Drehmoment ergibt sich wie im Abschn. 2e aus der Wirkleistung der resultierenden Bewegungs-EMK zu

$$M = -\frac{p}{2\pi f} \cdot \frac{E_{B_E} I_2 \cos(\dot{E}_{B_E}, \dot{I}_2) + E_{B1} I_2 \cos(\dot{E}_{B1}, \dot{I}_2)}{v}. \qquad (133)$$

---

†) $\zeta_1 \Phi_1 = \dfrac{\tau}{\pi}\,l_i\,B_1 \displaystyle\int\limits_{-\alpha+\beta}^{\alpha+\beta} \cos x\,\mathrm{d}x = \dfrac{2\tau\,l_i}{\pi}\,B_1 \sin\alpha \cdot \cos\beta = \Phi_1 \sin\alpha \cdot \cos\beta.$

††) A und B sind so umgeformt, daß die Differenz ungefähr gleicher Größen vermieden wird.

$\dot{E}_{B_E}$ ist in Gegenphase zu $\dot{I}_2$ (Eisenverluste der Ruhe vernachlässigt), also nach Gl. 130f

$$E_{B_E} I_2 \cos (\dot{E}_{B_E}, \dot{I}_2) = - \nu \gamma X_{Eh} I_2^2 = - \nu \gamma \ddot{u}^2 X_{1h}^2 X_{Eh} \frac{\cos^2 \alpha + \nu^2 \sin^2 \alpha}{A^2 + B^2} U^2. \quad (133\,\mathrm{a})$$

Mit den Gl. 130c u. 129a ergibt sich

$$\left. \begin{aligned} E_{B_1} I_2 \cos (\dot{E}_{B_1}, \dot{I}_2) &= \nu \ddot{u} X_{1h} \sin \alpha \cdot \left\{ \left[\frac{\dot{I}_1}{\dot{I}_2} \right]_{\Re e} + \ddot{u} \cos \alpha \right\} I_2^2 \\ &= \nu \sin \alpha \frac{(R_2 + \nu \gamma X_{Eh}) \nu \sin \alpha - (X_{Eh} + X_{2\sigma}) \cos \alpha}{\cos^2 \alpha + \nu^2 \sin^2 \alpha} I_2^2. \end{aligned} \right\} \quad (133\,\mathrm{b}$$

Damit erhalten wir das im Motor entwickelte Drehmoment nach den Gl. 133b u. 132e

$$M = \frac{p}{2\pi f} \cdot \frac{\gamma X_{Eh} \cos^2 \alpha + (X_{Eh} + X_{2\sigma}) \sin \alpha \cos \alpha - \nu R_2 \sin^2 \alpha}{A^2 + B^2} \ddot{u}^2 X_{1h}^2 U^2. \quad (134)$$

c. Ermittlung von X_{1h} und X_{Eh}. Die Flüsse Φ_1 und Φ_E beeinflussen sich gegenseitig und damit auch die Blindwiderstände X_{1h} und X_{Eh}. Diese Beeinflussung rechnerisch zu erfassen, ist sehr umständlich; man kann sie aber angenähert experimentell bestimmen.

Bei Durchmesserwicklung im Läufer könnte man bei ruhendem Läufer diesen über zwei Anzapfstellen des Stromwenders speisen, deren Verbindungslinie im

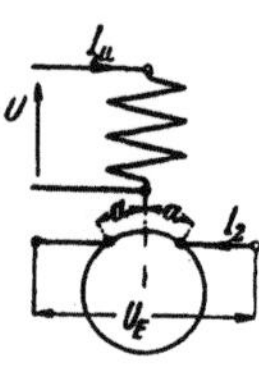

Abb. 98.

zweipoligen Schaltbild senkrecht zur Ständerachse liegt und dem Bürstenwinkel α entspricht (Abb. 98), um die gegenseitige Beeinflussung von Magnetisierungsstrom I_μ in der Ständerwicklung und Spannung U_E an den Läuferanzapfungen experimentell zu ermitteln. Bei unserm Motor weicht nun die Spulenweite von der Polteilung ab (vgl. Abb. 97a). Bei der einfachen Speisung des Läufers, wie sie in Abb. 98 angedeutet ist, ergeben sich dann nach Abschn. A 1d auch Wellen gerader Ordnungszahlen, die in der Betriebsschaltung nicht auftreten, weil sich dann die Bürsten in Durchmesserstellung befinden. Es wurde deshalb in die noch freien Ständernuten (2 je Pol) eine „Erregerwicklung" eingelegt mit der Wicklungsachse senkrecht zur Ständerachse im zweipoligen Schaltbild. Die Windungszahl dieser Wicklung betrug 8. Mit dieser Erregerwicklung wurden nun (bei offenem Läuferkreis) die Änderungen des Magnetisierungsstromes in der Ständerwicklung und die Spannung an der Erregerwicklung untersucht, wenn die Erregerwicklung von Strom durchflossen wird. Die Spannung an der Erregerwicklung wurde so eingestellt, daß ihre Phase um etwa 90° gegen die Spannung an der Ständerhauptwicklung verschoben war, wie es wenigstens angenähert für die wichtigsten Belastungszustände des Motors der Fall ist. Dabei wurde festgestellt, daß Abweichungen des Phasenwinkels bis zu 15° keinen merklichen Einfluß auf die Ergebnisse haben. In Abb. 99a ist das Verhältnis $I_\mu/I_{\mu 0}$ des jeweiligen Magnetisierungsstromes I_μ in der Hauptwicklung zu dem entsprechenden Strom $I_{\mu 0}$ bei $I_E = 0$ und das Verhältnis E_E/E_{E0} der in der Erregerwicklung vom Mantelfluß induzierten EMK E_E zur EMK E_{E0} bei spannungsloser Ständerhauptwicklung über dem Erregerstrom I_E dargestellt. Die Kurven gelten für den praktisch in Frage kommenden Bereich 95 V $\leq E_1 \leq$ 115 V der EMK E_1 in der Ständerhauptwicklung. Außerdem ist in Abb. 99a über dem Strom I_E noch die EMK E_E in der Erregerwicklung unmittelbar aufgezeichnet, wie sie sich unter der Beeinflussung durch das Ständerhauptfeld ergibt. Die

EMKe wurden als Differenz der Beträge der Klemmenspannungen und der Streuspannungsverluste berechnet.

Die Felderregerkurve der Erregerwicklung mit 8 Windungen in $2 \cdot 2p$ Ständernuten, wofür die Kurven in Abb. 99a gelten, stimmt praktisch genügend genau überein mit der Felderregerkurve, die im Betrieb von der Läuferwicklung bei $\alpha = 15°$ erregt wird. Die hierfür maßgebende Windungszahl ist aber bei $\alpha = 15°$ $w_E = (2\alpha/\pi)\, w_2 = 9{,}43$. Deshalb entspricht einem Strom I_2 in der Läuferwicklung ein Strom $I_E = (9{,}43/8)\, I_2 = 1{,}178\, I_2$ in der Erregerwicklung und einer EMK E_E in der Erregerwicklung eine Ruhe-EMK $E_{RE} = 1{,}178\, E_E$ in der Läuferwicklung. ζ ermitteln wir aus Abb. 97b zu 0,91, der Wicklungsfaktor ist $\xi_E = 0{,}96$. Damit erhalten wir nach Gl. 130g $\gamma = 180°/15° \cdot 0{,}91/0{,}96\pi = 3{,}63$.

Der Gang der Berechnung ist der folgende. Wir schätzen zunächst bei dem angenommenen Bürstenwinkel α (hier $\alpha = 15°$) und einem angenommenen Drehzahlverhältnis ν die Blindwiderstände X_{1h} und X_{Eh}, etwa $X_{1h} \approx U/I_{\mu 0}$

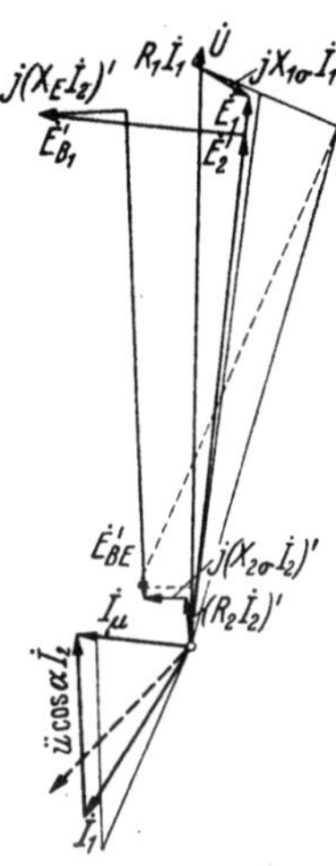

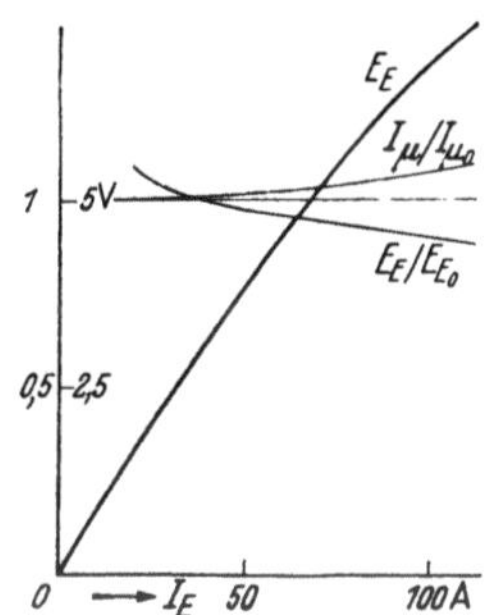

Abb. 99a. Gegenseitige Beeinflussung der Felder.

Abb. 99b. Vektordiagramm $\alpha = 15°$, $\nu = 1{,}5$.

(Abb. 87), und mit einem geschätzten Strom $I_E = 1{,}178\, I_2$, $X_{Eh} = E_{RE}/I_2 = 1{,}178^2\, E_E/I_E$ (Abb. 99a). Wir berechnen mit diesen geschätzten Blindwiderständen I_2 nach Gl. 132e und die Beträge der Stromkomponenten I_{1w} und I_{1b} nach den Gl. 132a u. b. Wir erhalten dann in erster Annäherung

$$E_1 = U_1 - R_1 I_{1w} - X_{1\sigma} I_{1b}. \tag{135}$$

Mit E_1 entnehmen wir der Abb. 87 $I_{\mu 0}$, mit $I_E = 1{,}178\, I_2$ der Abb. 99a E_E und das Verhältnis $I_\mu/I_{\mu 0}$, womit wir I_μ und E_E unter Berücksichtigung der gegenseitigen Beeinflussung der beiden Teilfelder erhalten. Wir berechnen dann $X_{1h} = E_1/I_\mu$ und $X_{Eh} = 1{,}178\, E_E/I_2$ und erhalten damit in zweiter Annäherung I_{1w}, I_{1b} und I_2. Damit können wir in der angegebenen Weise weitere Näherungen ermitteln.

Mit den endgültig erhaltenen Werten von X_{1h} und X_{Eh} für den angenommenen Bürstenwinkel α und das Drehzahlverhältnis ν berechnen wir den primären Strom I_1 nach Gl. 132c sowie seine Wirkkomponente I_{1w} nach Gl. 132a, den Leistungsfaktor nach Gl. 132f und das Drehmoment nach Gl. 134.

Die Berechnung wurde für $\nu = 1{,}5$ ausgeführt und das Vektordiagramm (Gl. 128a u. b und 130d) in Abb. 99b aufgezeichnet. Darüber ist zum Vergleich in dünnen Linien das Vektordiagramm gezeichnet, das sich nach den Gleichungen im

Abschn. 3c ergibt (vgl. die Abb. 85a u. b). Alle sekundären Spannungsgrößen sind wie in Abb. 85a u. b mit $\cos\alpha/ü$ multipliziert und durch einen Beistrich bezeichnet. Der gemessene primäre Strom ist durch den gestrichelten Vektor angedeutet. Wir erkennen, daß sich Strom und Leistungsfaktor den gemessenen Werten nähern. Dasselbe gilt auch für das Drehmoment, das sich zu $M = 0{,}796$ kgm ergibt, während es nach der einfachen Rechnung in Abschn. 3c sich zu $M = 0{,}916$ kgm ergab. Der an der Welle gemessene Wert beträgt $M_W = 0{,}418$ kgm.

d. Einfluß der Kurzschlußströme. Die noch bestehenden Unterschiede zwischen Rechnung und Messung lassen sich hauptsächlich durch die Ströme in den von Bürsten überbrückten Läuferspulen erklären. Die Gleichung für die in einem Kurzschlußkreise wirkende EMK $\mathfrak{E}$ ($\mathfrak{E}_W$ vernachlässigt) haben wir schon im Abschn. 3e abgeleitet (Gl. 126). Dividieren wir $\mathfrak{E}$ durch den maßgebenden Widerstand R_k eines Kurzschlußkreises, so erhalten wir den Strom in einem der Kurzschlußstromkreise. Dieser Strom wirkt auf die Ständerwicklung zurück. Beachten wir, daß in der Regel $2p$ solche Kurzschlußkreise vorhanden sind, so erhalten wir den gesamten auf die Ständerwicklung bezogenen Kurzschlußstrom

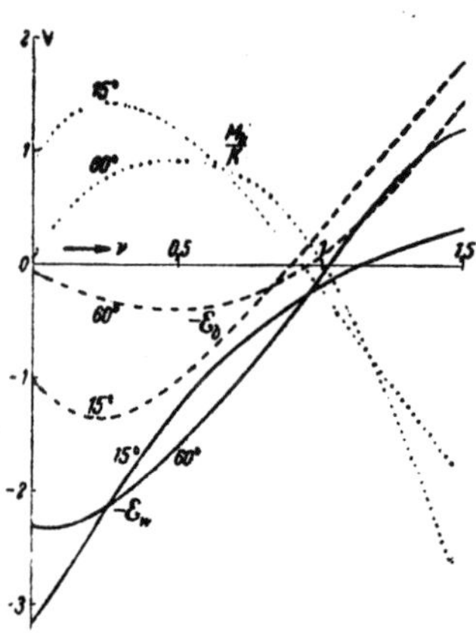

Abb 100. Einfluß der Kurzschlußströme; zusätzliche Komponenten $-\mathfrak{E}_w$ (——), $-\mathfrak{E}_b$ (- - -) und zusätzliches Drehmoment (M_k/K) ($\cdots$) bei $\alpha=15°$ und $60°$ über rel. Drehzahl ν.

$$I_k' = -2p\,ü_k\,ü\,\sin\alpha\cdot\mathfrak{E}/R_k. \tag{136}$$

In Abb. 100 sind beispielsweise für die Bürstenwinkel $\alpha=15°$ und $\alpha=60°$ die negativ genommenen Werte der nach Gl. 129 berechneten Komponenten $\mathfrak{E}_w$ (in Phase mit $\dot{U}$) und $\mathfrak{E}_b$ (um eine Viertelperiode gegen $\dot{U}$ phasenverfrüht) über der relativen Drehzahl aufgetragen. Wir haben die negativen Werte dargestellt, weil sie nach Gl. 136 das Vorzeichen der entsprechenden Stromkomponenten I_{kw}' und I_{kb}' bestimmen. Mit Berücksichtigung der Kurzschlußströme ist der primäre Wirkstrom $I_{1w}+I_{kw}'$, der Blindstrom $I_{1b}+I_{kb}'$, worin I_{1w} und I_{1b} nach Gl. 116a u. b einzusetzen sind. Wir erkennen aus den Kurven für $-\mathfrak{E}_w$ und $-\mathfrak{E}_b$, daß beide Komponenten in der Nähe der synchronen Drehzahl ($\nu=1$) ihr Vorzeichen wechseln. Sie sind für die niedrigeren Drehzahlen negativ, für die höheren positiv und beeinflussen, da I_{1w} bei Motorbetrieb immer negativ ist, den Leistungsfaktor so, daß er sich den gemessenen Werten nähert.

Um den Maßstab für I_k' anzugeben, müssen wir den maßgebenden Widerstand R_k kennen. Man kann I_k' in Abhängigkeit von $\mathfrak{E}$, α und ν experimentell ermitteln, wie es im Abschn. H 4 näher erläutert ist.

Für eine rohe Abschätzung der Stromkomponenten I'_{kw} und I'_{kb}, die wenigstens bei den kleineren Drehzahlen etwa zutreffend sein wird (vgl. Abschn. A 7b), können wir für R_k in Gl. 136 den Übergangswiderstand R_B der Bürsten bei Nennstrom einsetzen, den wir bei unserm Motor zu $0,0262\,\Omega$ angenommen haben. Mit diesem Widerstand erhalten wir den Faktor $2p\,\ddot{u}_k\,\ddot{u}\sin\alpha/R_k$, mit dem wir $-\mathscr{E}_w$ und $-\mathscr{E}_b$ multiplizieren müssen, um die Stromkomponenten I'_{kw} und I'_{kb} zu erhalten, bei $\alpha=15°$ zu $0,73\,\Omega^{-1}$, bei $\alpha=60°$ zu $2,44\,\Omega^{-1}$. Bei $\alpha=60°$ und der kleinsten gemessenen Drehzahl $n=230\,\mathrm{U/min}$ (Abb. 94a), wo die Abweichung des berechneten von dem gemessenen Leistungsfaktor besonders groß ist, erhalten wir $\dot{I}'_k=(-5,10-j\,0,49)$ A. Der nach den einfachen Gleichungen im Abschn. 2d berechnete Leistungsfaktor ($\dot{I}_{1w}=-1,39$ A, $\dot{I}_{1b}=j\,12,0$ A) wächst dabei von $0,115$ auf etwa $0,49$, während $0,46$ gemessen wurde (vgl. Abb. 93a u. 94a). Umgekehrt ergibt sich bei übersynchronen Drehzahlen eine Verschlechterung des Leistungsfaktors. Bei sehr kleinen Bürstenwinkeln, z. B. $\alpha=15°$, reicht bei höheren Drehzahlen, etwa $\nu=1,5$, die Verschlechterung des Leistungsfaktors noch nicht aus, um angenäherte Übereinstimmung mit der Messung zu erhalten. Es ist hierbei aber zu beachten, daß die Kurzschlußströme in diesen Fällen (α und ν klein) auch noch einen merklichen zusätzlichen Fluß in der Achse senkrecht zur Ständerachse erregen, dessen Phase so liegt, daß der Leistungsfaktor verkleinert wird.

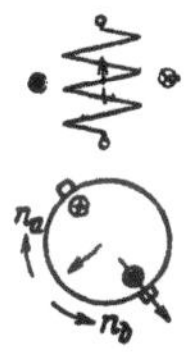

Die Kurzschlußströme erzeugen nun auch ein zusätzliches Drehmoment. Wenn die leitende Verbindung der Bürsten unterbrochen wird, wirkt dieses Drehmoment bei Stillstand dem vom Strom I_2 entwickelten Hauptmoment entgegen (Pfeil n_a in Abb. 101). Fließt aber auch in der Läuferwicklung Strom, so liefern die Kurzschlußströme I_k noch ein Drehmoment (vgl. Abb. 96b), das im Sinne des Hauptmoments wirkt (Pfeil n_b in Abb. 101). Welches von beiden bei umlaufendem Motor überwiegt, hängt hauptsächlich von der Drehzahl ab. Wir können für das resultierende Drehmoment M_k in Anlehnung an Gl. 118 schreiben

Abb. 101. Drehmoment der Kurzschlußströme.

$$M_k=-\frac{p}{\omega}\cdot 2p\,\frac{\mathscr{E}_B}{\nu}\,I_k\cos(\mathscr{E}_B,\dot{I}_k)=-\frac{2p^2}{\omega}\,\frac{\mathscr{E}_B\,\mathscr{E}}{\nu\,R_k}\cos(\mathscr{E}_B,\mathscr{E}). \quad (137)$$

Darin ist

$$\mathscr{E}_B\,\mathscr{E}\cos(\mathscr{E}_B,\mathscr{E})=\mathscr{E}_{Bw}\,\mathscr{E}_w+\mathscr{E}_{Bb}\,\mathscr{E}_b, \quad (137\,\mathrm{a})$$

wenn die Zeiger w die Komponenten der EMKe $\mathscr{E}_B$ und $\mathscr{E}$ in Phase mit $\dot{U}$, die Zeiger b die Komponenten in Phase mit $j\dot{U}$ bezeichnen.

Führen wir für $\mathfrak{E}_{Bw}$ und $\mathfrak{E}_{Bb}$ die Komponenten ein, die sich aus Gl. 124b und den Gl. 112b, 115a und 116a u. b ergeben, so erhalten wir mit den Abkürzungen nach den Gl. 114a u. b und mit

$$D = a\,[(1 + \sigma_2)\,r_2\cos\alpha + \nu\sin\alpha] + b\,\sigma_2\cos\alpha, \qquad (138\,\mathrm{a})$$

$$F = a\,\sigma_2\cos\alpha - b\,[(1 + \sigma_2)\,r_2\cos\alpha + \nu\sin\alpha], \qquad (138\,\mathrm{b})$$

$$M_k = K\,\frac{-\mathfrak{E}_w D - \mathfrak{E}_b F}{a^2 + b^2}\ \text{ mit }\ K = \frac{2\,p^2}{\omega\,R_k}\,\ddot{u}_k\,\ddot{u}\,(1 - \sigma)\cos\beta \cdot U. \quad (138,\ 138\,\mathrm{c})$$

In Abb. 100 ist M_k/K über ν durch die punktierten Kurven für $\alpha = 15°$ und $\alpha = 60°$ dargestellt. Das zusätzliche Drehmoment wechselt wie die Komponenten $-\mathfrak{E}_w$ und $-\mathfrak{E}_b$ in der Nähe der synchronen Drehzahl das Vorzeichen und unterstützt bei niedrigen Drehzahlen das Hauptmoment; bei höheren Drehzahlen wirkt es ihm entgegen, beeinflußt also die berechneten Drehzahlkennlinien wieder so, daß sie mit den gemessenen besser übereinstimmen.

Der Faktor K in Gl. 138 ist in unserm Falle $0{,}051/R_k$ As. Multiplizieren wir damit die Ordinaten der Kurven M_k/K in Abb. 100, so erhalten wir M_k in Joule. Der Widerstand R_k wächst nach Abschn. A 7b mit der Drehzahl. Schätzen wir bei $\nu = 1{,}5$ $R_k = 1{,}4 \cdot 0{,}0262\ \Omega$, so erhalten wir $M_k \approx -(0{,}051/0{,}0411)\,1{,}762 = -2{,}18$ Joule $= -0{,}223$ kgm. Bei $\alpha = 15°$ und $\nu = 1{,}5$ wurde im Abschn. c $M = 0{,}796$ kgm berechnet, damit wird $M + M_k = 0{,}573$ kgm. Gemessen wurde an der Welle $M_W = 0{,}416$ kgm, der Rest von $0{,}157$ kgm kann etwa dem Verlustmoment entsprechen (vgl. S. 128).

e. Zusammenfassung der Ergebnisse. Die nach Abschn. 3c berechneten Betriebsgrößen mit einer mittleren magnetischen Eisenbeanspruchung, die etwa $E_1 = 0{,}8\ U$ der magnetischen Kennlinie der Ständerwicklung entspricht (Abb. 87), stimmen bei s y n c h r o n e r Drehzahl mit der Messung befriedigend überein (Abb. 95, M ist natürlich um das Verlustmoment größer als M_W); die Abweichungen bei den Strömen und von $\cos\varphi'$ können im wesentlichen durch die Vernachlässigung der Eisenverluste bei der Berechnung erklärt werden. Dagegen zeigen sich mit wachsendem Betrag des Schlupfes erhebliche Abweichungen von den Meßwerten. Diese Abweichungen sind zum Teil darin begründet, daß die magnetische Beanspruchung in der Achse der Ständerwicklung eine andere ist als in der Achse senkrecht dazu (im zweipoligen Schaltbild, vgl. Abb. 83b), und daß die magnetischen Felder sich gegenseitig beeinflussen (Abschn. b u. c). Den Haupteinfluß haben aber die Ströme in den von Bürsten überbrückten Läuferspulen (Abschn. d), die sich unter sonst gleichen Verhältnissen um so stärker auswirken, je größer die Abweichung der Drehzahl

von der synchronen ist. Sie verbessern bei untersynchronen Drehzahlen
den Leistungsfaktor und vergrößern das Drehmoment und die Ströme
(vgl. z. B. Abb. 93c mit 94c); bei übersynchronen Drehzahlen ist ihr
Einfluß umgekehrt.

Da die Berücksichtigung dieser Einflüsse zeitraubend und unsicher
ist, wird man sich gewöhnlich damit begnügen, Drehmoment, Drehzahl und Ströme den Kurven für die relativen Größen in den
Abb. 86a u. b zu entnehmen, die die Spannungsverluste vernachlässigen
und daher allgemeine Gültigkeit haben. Sie stimmen bei nicht zu
kleinen Bürstenwinkeln α einigermaßen mit denen bei Berücksichtigung der Spannungsverluste überein. Die Abweichungen der Betriebsgrößen nach diesen Kurven von den wirklichen, besonders des Leistungsfaktors, muß man dann nach Erfahrung abschätzen. Die absoluten
Werte der Größen bei synchroner Drehzahl, wo sich die Kurzschlußströme unter den Bürsten kaum bemerkbar machen, können nach
den Abschn. 2d u. e und 3c mit befriedigender Genauigkeit berechnet
werden (vgl. Abb. 95).

5. Regelung durch Verschieben nur eines Bürstensatzes bei Doppelbürsten.

a. Schaltung. Die feststehenden Bürsten sind in Abb. 102a schwarz
ausgefüllt und stehen bei dem von Déri angegebenen Motor in der
Achse der Ständerwicklung; die nicht ausgefüllten Bürsten werden
zur Drehzahlregelung gemeinsam verschoben. Für den Fall einer
Durchmesserwicklung im Läufer ist die resultierende Stromverteilung
am Läuferumfang durch Kreuze und Punkte angedeutet.

Einem Bürstenverschiebungswinkel 2α aus der Kurzschlußstellung
($\alpha = 0$) entspricht eine Verschiebung der Achse der Läuferwicklung
aus der der Ständerwicklung um den Winkel α. In der Leerlaufstellung
stehen die beweglichen Bürsten desselben Kurzschlußkreises axial unmittelbar neben den festen; der Bürstenverschiebungswinkel aus der
Kurzschlußstellung ist dann $\alpha = \pi$. Die Drehrichtung ergibt sich auch
bei diesem Motor entgegen der Richtung, in der die Bürsten aus der
Leerlaufstellung verschoben werden. Um die Drehrichtung durch
Verschieben der Bürsten zu ändern, müssen die beweglichen Bürsten
an den festen vorbeibewegt werden.

Die festen Bürsten können auch aus der Achse der Ständerwick-
lung verschoben sein. Dadurch lassen sich störende Oberfelder an den
Stellen des Ankerumfangs, wo sich die von Bürsten überbrückten
Spulenseiten des Läufers befinden, abschwächen. Günstig ist die
Stellung der festen Bürsten an der Grenze der Bewicklung des Ständers
[L 92]. Der Motor verhält sich dann aber für beide Drehrichtungen
verschieden. Wir wollen uns hier auf den Déri-Motor beschränken,

bei dem die festen Bürsten in der Achse der Ständerwicklung stehen
(Abb. 102a).

b. Betriebskurven. Während die Windungszahl der Läuferwicklung
beim Verschieben aller Bürsten (gewöhnlicher Repulsionsmotor) vom
Bürstenwinkel α unabhängig ist, ändert sie sich bei dem Déri-Motor
mit dem Bürstenverschiebungswinkel 2α (oder dem Winkel α der
Verschiebung der Wicklungsachse des Läufers). An Stelle der Übersetzung $\ddot{u}$ in Gl. 111 führen wir sinngemäß die Übersetzung ein, die
sich ergibt, wenn bei einem Bürstenwinkel 2α sämtliche Bürsten so

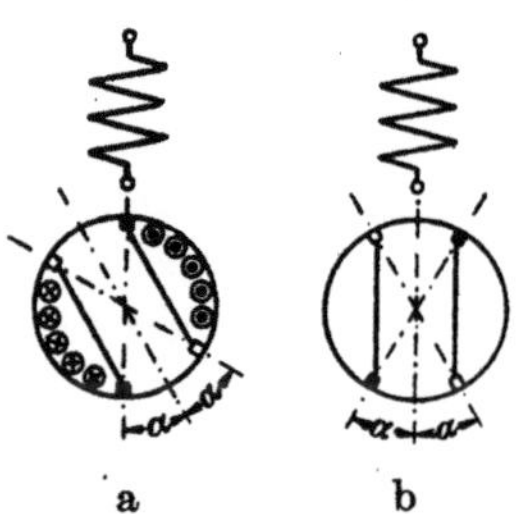

verschoben sind, daß die Wicklungsachse des
Läufers mit der des Ständers zusammenfällt
(Abb. 102b). Die Windungszahl zwischen festen
und beweglichen Bürsten ist dann

$$w_{2\alpha} = \frac{\pi - 2\alpha}{\pi}\, w_2, \qquad (139\,\text{a})$$

wenn w_2 die gesamte Zahl der (in Reihe geschalteten) Windungen bei Durchmesserstellung der
Bürsten ist. Der Wicklungsfaktor ergibt sich
dann nach Abb. 102b (sinusförmige Induktionsverteilung vorausgesetzt) zu

$$\xi_2 = \frac{2\sin(\pi/2 - \alpha)}{\pi - 2\alpha}\,\varsigma = \frac{2\cos\alpha}{\pi - 2\alpha}\,\varsigma, \qquad (139\,\text{b})$$

Abb. 102a. u. b.
a) Déri-Motor, b) Er-
läuterung des Begriffs
der Übersetzung.

worin ς der Spulenfaktor ist (bei Durchmesserwicklung ist $\varsigma = 1$),
und die Übersetzung zu

$$\ddot{u}_\alpha = \frac{\xi_2\, w_{2\alpha}}{\xi_1\, w_1} = \frac{2 w_2 \cos\alpha}{\pi\, \xi_1\, w_1}\,\varsigma = \ddot{u}\cos\alpha, \qquad (139)$$

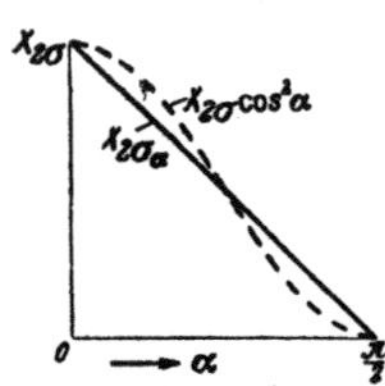

Abb. 103. Streu-
blindwiderstand.

worin $\ddot{u}$ die Übersetzung nach Gl. 111 für Durchmesserbürsten ist (vgl. auch Gl. 93 mit $\alpha_0 = \alpha$ und 93b).

Mit der Übersetzung nach Gl. 139 wird der Hauptblindwiderstand der Läuferwicklung

$$X_{2h_\alpha} = X_{2h}\cos^2\alpha, \qquad (140\,\text{a})$$

wenn X_{2h} der Hauptblindwiderstand bei $\alpha = 0$ ist.

Mit dem Winkel α ändert sich beim Déri-Motor
auch der Streublindwiderstand und der Wirkwiderstand der Läuferwicklung. Es ist

$$X_{2\sigma_\alpha} \approx \frac{\pi - 2\alpha}{\pi}\, X_{2\sigma} \qquad \text{und} \qquad R_{W_\alpha} = \frac{\pi - 2\alpha}{\pi}\, R_W. \qquad (140\,\text{b u. c})$$

Setzen wir (vgl. Abb. 103)

$$X_{2\sigma_\alpha} \approx X_{2\sigma}\cos^2\alpha \qquad \text{und} \qquad R_{W_\alpha} \approx R_W\cos^2\alpha, \qquad (141\,\text{a u. b})$$

so tritt an Stelle der Gl. 97b des gewöhnlichen Repulsionsmotors

$$X_{2\alpha} = (X_{2h} + X_{2\sigma})\cos^2\alpha = X_2\cos^2\alpha, \qquad (141\,\mathrm{c})$$

und es behalten die Streuziffern σ_1, σ_2 und σ dieselben Werte wie beim gewöhnlichen Repulsionsmotor (Gl. 97e bis g). Nehmen wir zunächst auch für den Bürstenübergangswiderstand die Abhängigkeit $R_{B\alpha} = R_B\cos^2\alpha$ vom Winkel α an, so ist das Widerstandsverhältnis $R_{2\alpha}/X_{2\alpha} = (R_{W\alpha} + R_{B\alpha})/X_{2\alpha}$ unabhängig von α und gleich r_2 beim gewöhnlichen Repulsionsmotor (Gl. 97d). Da r_1 (Gl. 97c) für beide Motoren gilt, behalten auch die Gl. 99a u. b ihre Gültigkeit. Die Gl. 116a bis c für den Primärstrom, 117 für den Leistungsfaktor und 118b für das Drehmoment gelten also auch für den Déri-Motor, weil darin die Übersetzung nicht mehr vorkommt. Dagegen ist in den Gl. 115a u. b für den sekundären Strom I_2 $\ddot{u}_\alpha = \ddot{u}\cos\alpha$ an Stelle von $\ddot{u}$ zu setzen, während der auf die Primärwicklung bezogene Strom $I_2' = \ddot{u}\cos\alpha\, I_2$ wieder denselben Wert wie beim gewöhnlichen Repulsionsmotor behält. Vom Netz aus gesehen verhält sich also mit unserer Annahme über den Übergangswiderstand der Bürsten $R_B\cos^2\alpha$ der Déri-Motor mit dem Bürstenverschiebungswinkel 2α ebenso wie der gewöhnliche Repulsionsmotor mit dem Bürstenverschiebungswinkel α; es gelten also auch die in den Abb. 86a, 88a u. b dargestellten Betriebskurven, wenn beim Déri-Motor α der halbe Bürstenverschiebungswinkel ist. Der wirkliche Läuferstrom ist dagegen beim Déri-Motor für denselben Betriebszustand (M, n, α) $1/\cos\alpha$ mal so groß wie beim gewöhnlichen Motor (das Umgekehrte gilt für die Läufer-EMK).

Der Bürstenübergangswiderstand folgt nun nicht dem angenommenen Gesetz $R_B\cos^2\alpha$. Setzen wir ihn wie beim gewöhnlichen Repulsionsmotor als fest voraus, so erhalten wir

$$R_{2\alpha} \approx R_B + R_W\cos^2\alpha. \qquad (142\,\mathrm{a})$$

Die Gleichungen des gewöhnlichen Repulsionsmotors lassen sich dann auf den Déri-Motor ohne weiteres anwenden, wenn wir an Stelle von r_2 (Gl. 97d)

$$r_{2\alpha} \approx \frac{R_B/\cos^2\alpha + R_W}{X_2} \qquad (142\,\mathrm{b})$$

setzen, worin X_2 dieselbe Bedeutung hat wie beim gewöhnlichen Repulsionsmotor.

Beim Déri-Motor gehört zu einer bestimmten Drehzahländerung ein doppelt so großer Bürstenverschiebungswinkel wie beim gewöhnlichen Repulsionsmotor, so daß die Drehzahl genauer eingestellt werden kann. Bei den meisten Antrieben, für die der Repulsionsmotor verwendet wird (z. B. Hebezeuge), ist eine solche genaue Drehzahleinstellung aber nicht erforderlich. Gegenüber dem gewöhnlichen Repulsionsmotor hat der Déri-Motor noch den Vorzug, daß in der Leerlaufstellung ($2\alpha = 180°$) die Ebene der von Bürsten überbrückten Ankerwindungen mit der Achse der Ständerwicklung zusammenfällt, so daß bei Stillstand und am Netz liegender Ständerwicklung keine Kurzschlußströme in den von Bürsten überbrückten Ankerspulen auftreten. Da aber das Drehmoment bei Stillstand nur sehr langsam mit der Bürstenverschiebung aus der Leerlaufstellung anwächst (vgl. Abb. 88c), wird die Ständerwicklung auch beim Déri-Motor gewöhnlich erst in einer Bürstenstellung eingeschaltet, bei der der Anlauf des Motors mit Sicherheit zu erwarten ist, so daß auch diese günstige Eigenschaft des Déri-Motors praktisch nicht zur Auswirkung kommt.

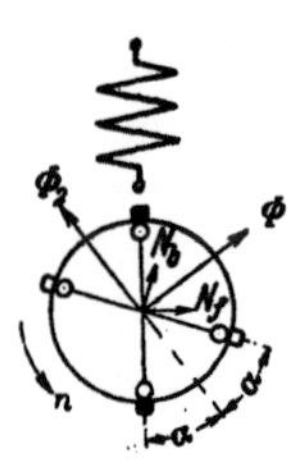

Abb. 104.

In der Tat ist der früher viel verwendete Déri-Motor heute durch den gewöhnlichen Repulsionsmotor (Abschnitt 2 bis 4) verdrängt worden.

c. Funkenunterdrückung. Wir berechnen zunächst die von den Luftspaltfeldern in den von Bürsten überbrückten Läuferspulen induzierte EMK $\mathfrak{E}$. Dabei müssen wir zwischen den von festen Bürsten (Windungsachse N_f in Abb. 104) und den von beweglichen Bürsten (N_b) kurzgeschlossenen Läuferspulen unterscheiden. Beim gewöhnlichen Repulsionsmotor liegt die Windungsachse einer kurzgeschlossenen Spule senkrecht zur Bürstenachse, der Fluß Φ_2 liefert also keinen Anteil zur Ruhe-EMK, während der Fluß Φ keinen Anteil zur Bewegungs-EMK liefert. Beim Déri-Motor ist das nicht mehr der Fall, so daß sich $\dot{E}$ aus vier Komponenten zusammensetzt: der Ruhe-EMKe $\mathfrak{E}_{R\Phi}$ und $\mathfrak{E}_{R\Phi_2}$ und der Bewegungs-EMKe $\mathfrak{E}_{B\Phi}$ und $\mathfrak{E}_{B\Phi_2}$, herrührend von Φ und Φ_2. Wir erhalten nach den Regeln des Abschn. A 3a, wenn wir zur Vereinfachung $\zeta \approx 1$ also $\Phi = \Phi_E$ setzen (sehr kleine Abweichung der Spulenweite von der Polteilung),

$$\mathfrak{E}_{R\Phi} = -j\sqrt{2}\pi w_k f \Phi_E \cos\alpha, \quad \mathfrak{E}_{R\Phi_2} = \pm j\sqrt{2}\pi w_k f \Phi_2 \sin\alpha, \qquad (143\text{a u. b})$$

$$\mathfrak{E}_{B\Phi} = \mp\sqrt{2}\pi w_k v f \Phi_E \sin\alpha, \quad \mathfrak{E}_{B\Phi_2} = -\sqrt{2}\pi w_k v f \Phi_2 \cos\alpha, \qquad (143\text{c u. d})$$

worin das obere Vorzeichen für die von festen, das untere für die von beweglichen Bürsten überbrückten Läuferspulen gilt.

Ersetzen wir in diesen Gleichungen die Flüsse durch die EMKe $\dot{E}_2$ und $\dot{E}$ (Gl. 109b u. c), die in der ganzen Läuferwicklung induziert werden, und bilden die Summe der vier Komponenten, so erhalten wir mit Gl. 124

$$\mathfrak{E} = -\ddot{u}_k\left[\dot{E}\left(j\cos\alpha/v \pm \sin\alpha\right) + \dot{E}_2\left(j v \cos\alpha \pm \sin\alpha\right)\right], \qquad (144\text{a})$$

worin wieder das obere Vorzeichen für die von festen, das untere für die von beweglichen Bürsten überbrückten Spulen gilt.

Drücken wir die EMKe $\dot E$ und $\dot E_2$ durch den Primärstrom $\dot I_1$ aus (Gl. 112b u. c und 115a), so geht Gl. 144a über in

$$\mathfrak{E} = -\frac{\ddot u_k \ddot u X_{1h}}{1+\sigma_2}\cdot\frac{A+jB}{r_2+j}\,I_1\,,\qquad (145)$$

worin für die festen Bürsten

$$A = (1+\sigma_2)\,\nu\,r_2 + \frac{\nu^2-1}{2}\sin 2\alpha,\quad B = \nu\,\sigma_2 \qquad (145\text{a u. b})$$

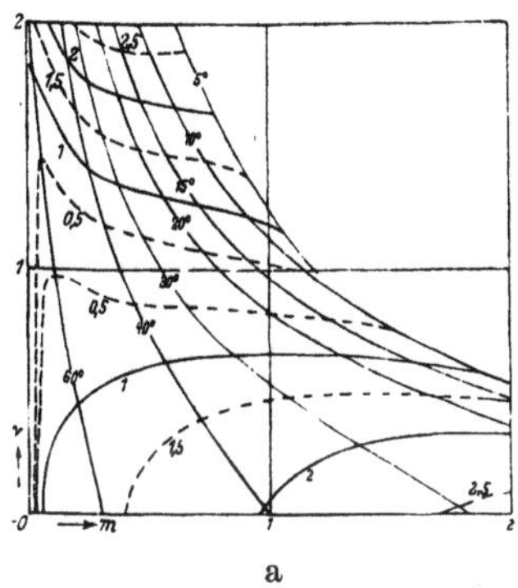
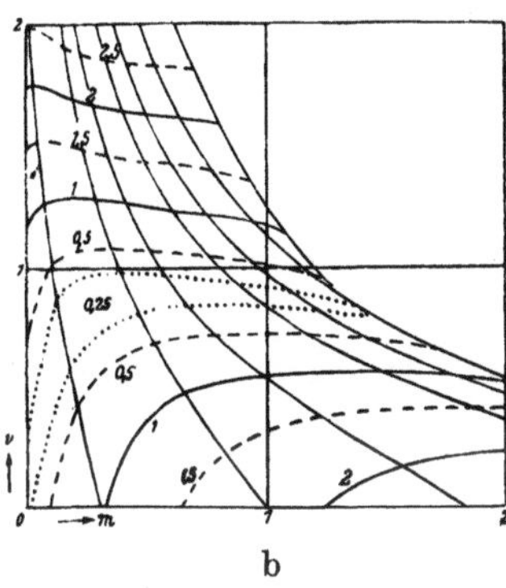

a   b

Abb. 105a u. b. Kurven konstanter Funken-EMK; a) für die festen, b) die beweglichen Bürsten.

und für die beweglichen Bürsten

$$A = (1+\sigma_2)\,(\nu\,r_2\cos 2\alpha - \sin 2\alpha) + \frac{\nu^2+1}{2}\sin 2\alpha,\qquad (145\,\text{c})$$

$$B = (1+\sigma_2)\,r_2\sin 2\alpha + \nu\,\sigma_2\cos 2\alpha \qquad (145\,\text{d})$$

zu setzen ist. Der Betrag von $\mathfrak{E}$ ergibt sich, wenn wir noch den Strom I_1 nach Gl. 116c durch die Klemmenspannung ersetzen (a u. b nach Gl. 114a u. b), zu

$$\mathfrak{E} = (1-\sigma)\,\ddot u\,\ddot u_k\,\sqrt{\frac{A^2+B^2}{a^2+b^2}}\;U\,.\qquad (146)$$

Die Funken-EMK ist $\mathfrak{E}_F = \mathfrak{E} + \mathfrak{E}_W$ (vgl. Abschn. 3e). Die EMK der Stromwendung $\mathfrak{E}_W$ ist in Phase mit $\dot I_2$ und nach Abschn. A 1d bei demselben Gesamtstrom I_2 und derselben Drehzahl nur halb so groß wie beim einfachen Bürstensatz, beim Déri-Motor also für $\alpha < 60°$ kleiner, für $\alpha > 60°$ größer als beim gewöhnlichen Repulsionsmotor mit einfachem Bürstensatz (vgl. S. 139). Für das im Abschn. 3e herangezogene Beispiel können wir deshalb bei den praktisch in Frage kommenden Bürstenwinkeln $\alpha \leq 60°$ $\mathfrak{E}_W$ gegen $\mathfrak{E}$ erst recht vernachlässigen und $\mathfrak{E}_F \approx \mathfrak{E}$ setzen.

In Abb. 105a sind für die feststehenden, in Abb. 105b für die beweglichen Bürsten die Kurven konstanter EMK $\mathfrak{E}$ in der m, ν-Ebene unseres Motors dargestellt. Die schwach angedeuteten Drehzahlkennlinien weichen bei größeren Bürstenwinkeln von den entsprechenden Kurven beim gewöhnlichen Repulsionsmotor (Abb. 92) merklich ab. Diese Abweichungen treten hier allerdings etwas zu stark hervor, weil bei der Berechnung $r_{2\alpha} = {}_2/\cos^2 \alpha$ gesetzt wurde, während Gl. 142b mit den Werten R_B und R_W, die der Abb. 92a zugrunde liegen (0,0556 und 0,032 Ω), bei $\alpha = 60°$ einen etwa 20% kleineren Wert für $r_{2\alpha}$ liefert. Im übrigen erkennen wir, daß die Funkenunterdrückung beim Déri-Motor etwas günstiger ist als beim gewöhnlichen Motor. Sowohl die Abb. 105a u. b als auch Abb. 92 gelten für 110 V Klemmenspannung, bei 120 V bleiben die relativen Drehzahlkennlinien unverändert, während die EMK $\mathfrak{E}$ um 9% größer wird.

6. Der kompensierte Repulsionsmotor.

a. Schaltung. Der kompensierte Repulsionsmotor ergibt sich aus dem Atkinsonschen Repulsionsmotor (Abb. 78b), wenn die besondere Erregerwicklung wegfällt und der primäre Strom über Erregerbürsten, deren Verbindungslinie im zweipoligen Schaltbild senkrecht zur Achse der Ständerwicklung liegt, durch die Läuferwicklung geleitet wird. Die Abb. 106a u. b zeigen zwei Ausführungsformen dieses Motors mit Einfachbürsten nach Eichberg [L 93] und mit Doppelbürsten nach

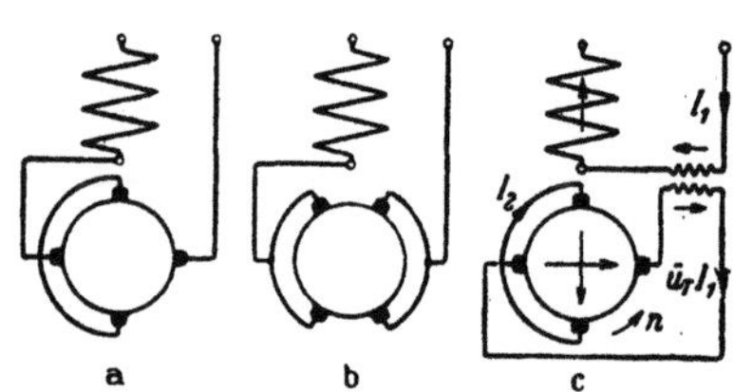

Abb. 106 a bis c. Schaltungen des kompensierten Repulsionsmotors.

Latour [L 94]. In der Läuferwicklung wird durch Bewegung in dem Felde, das in der Achse der Ständerwicklung auftritt, eine EMK induziert, die der Ruhe-EMK, herrührend vom Erregerfluß, entgegenwirkt, diese also bei einem bestimmten Belastungszustand, der in der Nähe der synchronen Drehzahl liegt, kompensiert. Um die Klemmenspannung des Motors von der Läuferspannung unabhängig zu machen, wird zwischen Arbeits- und Erregerkreis ein Reihentransformator geschaltet, wie es Abb. 106c für den Motor mit Einfachbürsten zeigt. Dieser Transformator kann auch, wenn eine seiner Wicklungen Anzapfungen erhält, zur Drehzahlregelung dienen (vgl. Abschn. B 5a).

Wir ermitteln die Drehrichtung des Motors, indem wir in Abb. 106c die Stromrichtung (I_1) im Primärkreis willkürlich annehmen und die mit I_1 phasengleichen Komponenten der übrigen Ströme einzeichnen. Es ergeben sich dann die durch Pfeile angegebenen magnetischen Wicklungsachsen im Läufer beim zweipoligen Schaltbild. Das vom Erregerfluß mit dem Ankerstrom I_2 entwickelte Drehmoment wirkt in dem Sinne, in dem die Wicklungsachse des Läuferstromes I_2 auf kürzestem Wege in die Achse des Erregerstromes $\ddot{u}_T I_1$ gedreht werden kann, also entgegen dem Uhrzeigersinn, wie es der mit n bezeichnete Pfeil angibt. Außerdem wird auch noch ein Drehmoment zwischen dem

Strom $\ddot{u}_T\,\dot{I}_1$ in der Läuferwicklung und dem Fluß in der Ständerachse entwickelt, das, wie wir im Abschn. b sehen werden, dem Hauptmoment entgegenwirkt, aber verhältnismäßig klein ist.

b. Spannungsgleichungen und Drehmoment. Wir beschränken uns auf die Schaltung Abb. 106c mit Einfachbürsten und vernachlässigen zur Vereinfachung den Magnetisierungsstrom im Transformator. Die Streublindwiderstände des Transformators können wir uns in den der Ständerwicklung $X_{1\sigma}$ eingeschlossen denken. Bezeichnen wir mit w_{1T} und w_{2T} die Windungszahlen des Transformators und führen die Übersetzungen

$$\ddot{u} = \frac{\xi_2\,w_2}{\xi_1\,w_1}, \qquad \ddot{u}_T = \frac{w_{1T}}{w_{2T}}, \qquad \ddot{u}_E = \ddot{u}\,\ddot{u}_T \qquad (147\,\text{a bis c})$$

ein, so lauten die Spannungsgleichungen für den Primärkreis und den sekundären Erregerkreis, wenn wir die positive Achse der vom Arbeitsstrom $\dot{I}_2$ durchflossenen Läuferwicklung nicht wie in Abb. 106c entgegen-, sondern gleichgerichtet mit der Achse der Ständerwicklung einführen,

$$\dot{U} + (R_1 + jX_{1\sigma})\,\dot{I}_1 = \dot{E}_1 + \dot{E}_{1T} \qquad (148\,\text{a})$$

und

$$(R_2 + jX_2)\,\ddot{u}_T\,\dot{I}_1 = -\dot{E}_{1T}/\ddot{u}_T + \dot{E}_{B_1}. \qquad (148\,\text{b})$$

$\dot{E}_{B_1}$ ist die Bewegungs-EMK im Felde der Ständerachse, durch die sich der kompensierte Repulsionsmotor von dem Atkinsonschen Repulsionsmotor hauptsächlich unterscheidet. Für den Magnetisierungsstrom $\dot{I}_\mu$ in der Achse der Ständerwicklung und die Übersetzung des Motors gelten auch hier die Gl. 92a bis c wie beim gewöhnlichen Repulsionsmotor mit feststehenden Bürsten.

Setzen wir die Transformator-EMK $\dot{E}_{1T}$ nach Gl. 148b in Gl. 148a ein, so lautet die Gleichung für den Primärkreis

$$\dot{U} + [R_1 + \ddot{u}_T^2\,R_2 + j(X_{1\sigma} + \ddot{u}_T^2\,X_2)]\,\dot{I}_1 = \dot{E}_1 + \ddot{u}_T\,\dot{E}_{B_1}. \qquad (149\,\text{a})$$

Für den sekundären Arbeitskreis gilt dieselbe Gleichung wie für den Atkinsonschen Repulsionsmotor (Gl. 101b)

$$(R_2 + jX_{2\sigma})\,\dot{I}_2 = \dot{E}_2 + \dot{E}. \qquad (149\,\text{b})$$

In diesen Gleichungen haben $\dot{E}_1$ und $\dot{E}_2$ dieselbe Bedeutung wie beim Repulsionsmotor mit feststehenden Bürsten (Gl. 94b u. c),

$$\dot{E}_1 = -jX_{1h}\dot{I}_\mu, \qquad \dot{E}_2 = -j\frac{X_{2h}}{\ddot{u}}\dot{I}_\mu. \qquad (150\,\text{a u. b})$$

Die Bewegungs-EMK $\dot{E}$ setzt sich aus 2 Teilen zusammen. Der Hauptanteil rührt von dem Mantelfluß her, den der Erregerstrom $\ddot{u}_T\,\dot{I}_1$ in der Läuferwicklung erzeugt; er ist durch Gl. 101c gegeben, wenn $\xi_2 w_2$ an Stelle von $\xi_E w_E$, X_{2h} an Stelle von X_{Eh} und $\ddot{u}_T \dot{I}_1$ an Stelle von $\dot{I}_1$ gesetzt wird, und ergibt den Anteil $\nu \ddot{u}_T X_{2h} \dot{I}_1$. Da das Erregerfeld hier von der Läuferwicklung erregt wird, liefert auch noch der Streufluß des Erregerstromes einen Beitrag zur Bewegungs-EMK $\dot{E}$. Der Streufluß des Erregerstroms $\ddot{u}_T \dot{I}_1$ ergibt sich aus der Gleichung $\sqrt{2}\pi f w_2 \Phi_{2\sigma} = X_{2\sigma} \ddot{u}_T \dot{I}_1$. Setzen wir diesen Fluß $\Phi_{2\sigma}$ an Stelle von Φ in Gl. 2b, so erhalten wir mit w_2 an Stelle von w den vom Streufluß herrührenden Anteil der EMK $\dot{E}$ zu $\nu 2/\pi \cdot X_{2\sigma} \ddot{u}_T \dot{I}_1$. Die gesamte Bewegungs-EMK im Arbeitskreis des Läufers ist also

$$\dot{E} = \nu \ddot{u}_T (X_{2h} + 2/\pi \cdot X_{2\sigma})\, \dot{I}_1. \tag{150}$$

Es kommt für diese EMK nicht der volle Streublindwiderstand $X_{2\sigma}$, sondern nur $2/\pi$ davon in Betracht, weil der Streufluß der Erregerwicklung mit allen Windungen verkettet, die Läuferwicklung aber gleichmäßig verteilt ist (Wicklungsfaktor $2/\pi$). Um übersichtliche Gleichungen zu erhalten, runden wir $X_{2h} + 2/\pi\, X_{2\sigma}$ auf $X_{2h} + X_{2\sigma} = X_2$ ab, setzen also für die Bewegungs-EMK

$$\dot{E} \approx \nu \ddot{u}_T X_2 \dot{I}_1. \tag{150c}$$

Auch die Bewegungs-EMK $\dot{E}_{B_1}$, herrührend vom Felde in der Achse der Ständerwicklung, setzt sich aus zwei Teilen zusammen. Der eine Teil, herrührend vom Mantelfluß Φ_1, ist nach Gl. 95b (mit $X_{1h} I_\mu/\xi_1 w_1$ an Stelle von $X_{Eh} I_2/\xi_E w_E$) $-\nu \ddot{u} X_{1h} \dot{I}_\mu$, der andere, herrührend vom Streufeld der Läuferwicklung, das der Arbeitsstrom $\dot{I}_2$ erregt, ist $-\nu 2/\pi X_{2\sigma} \dot{I}_2$. Führen wir auch hier für diesen letzten, verhältnismäßig kleinen Anteil $-\nu X_{2\sigma} \dot{I}_2$ ein, so wird

$$\dot{E}_{B_1} = -\nu (\ddot{u} X_{1h} \dot{I}_\mu + X_{2\sigma} \dot{I}_2) = -\nu (\ddot{u} X_{1h} \dot{I}_1 + X_2 \dot{I}_2). \tag{150d}$$

Setzen wir die EMKe nach den Gl. 150a bis c in die Spannungsgleichungen 149a u. b ein, so erhalten wir mit den Abkürzungen nach den Gl. 97a bis g und mit

$$a = \left(r_1 + \frac{\ddot{u}_E \nu}{1+\sigma_1} + \frac{1+\sigma_2}{1+\sigma_1} \ddot{u}_E^2 r_2\right) r_2 + \frac{1+\sigma_2}{1+\sigma_1} \ddot{u}_E^2 (\nu^2 - 1) - \sigma, \tag{151a}$$

$$b = r_1 + \left(1 + 2\frac{1+\sigma_2}{1+\sigma_1} \ddot{u}_E^2\right) r_2 + \frac{\ddot{u}_E \nu}{1+\sigma_1} \tag{151b}$$

für den primären Strom und den sekundären Arbeitsstrom

$$\dot{I}_1 = -\frac{r_2+j}{a+jb} \cdot \frac{U}{X_1}, \qquad \dot{I}_2 = \frac{(1+\sigma_2)\ddot{u}_E \nu - j}{r_2+j} \cdot \frac{\dot{I}_1}{(1+\sigma_2)\ddot{u}}. \tag{152a u. b}$$

Der Leistungsfaktor ist gleich dem Verhältnis der Wirkkomponente I_{1w} zu I_1.

Die Wirkleistung der Bewegungs-EMK $\dot{E}_{B_1}$ ist nach den Gl. 150d u. 152b

$$E_{B_1}\ddot{u}_T I_1 \cos(\dot{E}_{B_1}, \dot{I}_1) = v\,\ddot{u}_T \left\{ \ddot{u}\,X_{1h} + X_2 \left[\frac{\dot{I}_2}{\dot{I}_1}\right]_{\mathfrak{Re}} \right\} I_1^2 \\ = v\,\frac{(1+\sigma_2)\ddot{u}_E r_2 v + r_2^2}{1+r_2^2}\,\ddot{u}_E X_{1h} I_1^2, \qquad (153\,\mathrm{a})$$

die der Bewegungs-EMK $\dot{E}$ nach den Gl. 150c u. 152b

$$E I_2 \cos(\dot{E}, \dot{I}_2) = v\,\ddot{u}_T X_2 \left[\frac{\dot{I}_2}{\dot{I}_1}\right]_{\mathfrak{Re}} \cdot I_1^2 = v\,\frac{(1+\sigma_2)\ddot{u}_E r_2 v - 1}{1+r_2^2}\,\ddot{u}_E X_{1h} I_1^2. \qquad (153\,\mathrm{b})$$

Mit der Summe dieser Leistungen erhalten wir unter Berücksichtigung von Gl. 152a (vgl. Gl. 105)

$$M = \frac{p}{2\pi f} \cdot \frac{1 - 2(1+\sigma_2)\ddot{u}_E r_2 v - r_2^2}{a^2 + b^2} \cdot \frac{\ddot{u}_E}{(1+\sigma_1) X_1}\,U^2. \qquad (154)$$

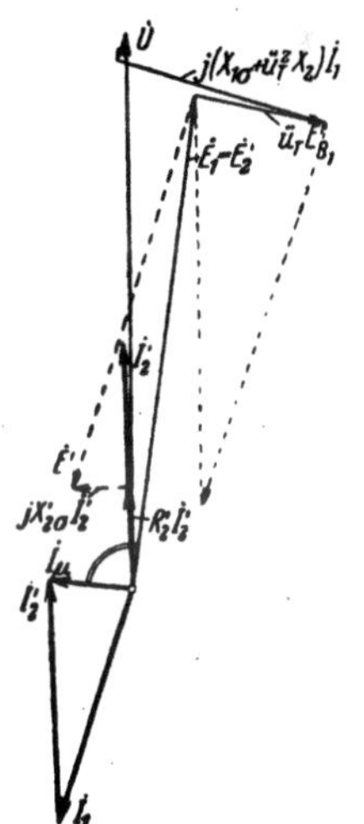

Abb. 107. Vektordiagramm des kompensierten Repulsionsmotors; $v = 0,9$, $M = 1,6$ kgm.

In Abb. 107 ist das Vektordiagramm für dieselbe relative Drehzahl $v = 0,9$, für die die Diagramme in den Abb. 80 u. 82 des gewöhnlichen Repulsionsmotors gelten, dargestellt. Es ist dabei wieder der im Abschn. 3b näher bezeichnete Repulsionsmotor zugrunde gelegt mit $X_1 = 12,67\ \Omega$, $r_1 = 0,0126$, $r_2 = 0,0645$, $\sigma_1 = 0,0558$, $\sigma_2 = 0,0405$, $\sigma = 0,09$. $\ddot{u}_E$ ist wie bei den Abb. 80 u. 82 zu 0,3 angenommen, damit wird nach Gl. 147c die Übersetzung des Reihentransformators $\ddot{u}_T = \ddot{u}_E/\ddot{u} = 0,914$. Das Drehmoment ergibt sich etwas größer als bei den Abb. 80 u. 82, nämlich zu $M = 1,6$ kgm. Durch Vergleich der Abb. 107 mit den Abb. 80 u. 82 erkennen wir, daß der Leistungsfaktor unter dem Einfluß der Bewegungs-EMK E_{B_1} gegenüber dem des gewöhnlichen Repulsionsmotors wesentlich günstiger ist. Daß die Wirkkomponente des Stromes $\dot{I}_1$ in etwas höherem Maße gewachsen ist als das Drehmoment, liegt an dem verhältnismäßig großen Bürstenübergangswiderstand im Erregerkreis; bei den Abb. 80 u. 82 hatten wir den Wirkwiderstand der Erregerwicklung vernachlässigt.

Der kompensierte Repulsionsmotor hat wie alle im Abschn. D behandelten Motoren Reihenschlußeigenschaften. Er hat aber, trotzdem er zuerst von seinen Erfindern Eichberg und Latour für Einphasen-Vollbahnbetrieb bestimmt war und auch ausgeführt wurde, keine praktische Bedeutung erlangt. Der Grund hierfür liegt darin, daß er, wie alle Repulsionsmotoren, mit Rücksicht auf Bürstenfeuer mehr oder weniger an die synchrone Drehzahl gebunden ist. Für Vollbahnbetrieb mit einer Frequenz von $16\tfrac{2}{3}$ Hz muß er für eine kleine Polzahl bemessen werden, wodurch Gewicht und Raumbedarf gegenüber dem gewöhnlichen Reihenschlußmotor groß werden und die Ausführung für große Leistungen sehr erschwert wird. Außerdem sind noch die Erregerbürsten erforderlich, die aber bei der praktischen Ausführung mit Reihentransformator (Abb. 106c) nur für einen Bruchteil des Arbeitsstromes zu bemessen sind.

c. Funkenunterdrückung. Für die Arbeitsbürsten (in der Achse der Ständerwicklung) ist unter sonst gleichen Verhältnissen die Funken-EMK dieselbe wie beim gewöhnlichen Repulsionsmotor. Für die Erregerbürsten wird bei Vernachlässigung der Spannungsverluste im Läufer-Arbeitskreis die EMK der Ruhe, herrührend vom Fluß Φ_1, durch die EMK der Bewegung, herrührend von dem Erregerfluß Φ_E, für jeden Belastungszustand praktisch aufgehoben. Die Gleichungen für Ruhe- und Bewegungs-EMK in einer von Erregerbürsten überbrückten Ankerwindung (vgl. Abb. 108) lauten

$$\mathfrak{E}_R = -j\sqrt{2}\,\pi f\Phi_1 \quad \text{und} \quad \mathfrak{E}_B = \sqrt{2}\,\pi\, v f\Phi_E. \quad \text{(155a u. b)}$$

Abb. 108.

Nun ist aber bei Vernachlässigung der Spannungsverluste im Läufer-Arbeitskreis nach Gl. 149b

$$\dot{E}_2 = -\dot{E} \quad \text{und damit} \quad -j\Phi_1 = -v\Phi_E, \quad \text{(155c u. d)}$$

also

$$\mathfrak{E}_R + \mathfrak{E}_B = 0. \quad (155)$$

In Wirklichkeit ist diese Bedingung wegen der vernachlässigten Spannungsverluste im Läuferkreis nur angenähert erfüllt.

7. Der Repulsions-Induktionsmotor.

Als Repulsions-Induktionsmotor bezeichnet man einen Motor, der als Repulsionsmotor anläuft und in der Nähe der synchronen Drehzahl durch einen im Läufer eingebauten Fliehkraftschalter die Läuferwicklung mehrphasig kurzschließt, so daß der Motor nach erfolgtem Anlauf als Induktionsmotor arbeitet und seine Drehzahl auch bei Entlastung begrenzt. Er wird in einphasigen Netzen für den Antrieb von Aufzügen verwendet [L 95]. Auf das Verhalten eines solchen Motors brauchen wir nicht näher einzugehen, da seine Eigenschaften sich aus denen des Repulsionsmotors und des Induktionsmotors (Abschn. C, Bd. IV) ergeben.

Eine Drehzahlbegrenzung, ähnlich wie beim Repulsions-Induktionsmotor, erhalten wir auch beim Repulsionsmotor mit Doppelbürstensatz (vgl. z. B. Abb. 79b), wenn nach erfolgtem Anlauf die beiden in sich kurzgeschlossenen Bürstensätze noch leitend verbunden werden. Die Läuferwicklung ist dann über die Bürsten mehrphasig kurzgeschlossen und verhält sich ähnlich wie bei unmittelbarem mehrphasigem

Kurzschluß der Läuferwicklung (vgl. Abschn. II C). Die leitende Verbindung kann auch über regelbare Widerstände hergestellt werden, um die Drehzahlbegrenzung von der Belastung abhängig zu machen.

E. Einphasenmaschinen mit Nebenschlußeigenschaften.

Die Einphasenmaschine mit Stromwender läßt sich grundsätzlich auch so schalten, daß sie ähnliche Eigenschaften erhält wie die Gleichstrom-Nebenschlußmaschine; d. h., daß ihre Drehzahl, wenn sie als Motor betrieben wird, sich mit der Belastung nur wenig ändert, und daß sie befähigt ist, durch Vergrößerung der Drehzahl oder Verstärkung der Erregung als Generator zu arbeiten. Hierbei ist es notwendig, daß die Spannung an der Erregerwicklung die richtige Phase ($\approx 90°$) gegenüber der Ankerspannung aufweist, so daß Erregerfluß und Ankerstrom angenähert in Phase sind. Eine solche Spannung kann man aus einem Mehrphasennetz ohne weiteres erhalten, bei Einphasennetzen ist aber dazu ein Phasenumformer oder eine besondere Schaltung der Erregerwicklung mit Hilfe von Widerständen und Kondensatoren erforderlich. Damit auch bei allen Belastungen der Phasenunterschied zwischen Erregerfluß und Ankerstrom einen günstigen Wert beibehält, sind besondere Maßnahmen erforderlich[1]) (Abschn. 1 c u. d), die zum Teil auch bei Mehrphasenmaschinen und Regelsätzen angewendet werden können. Praktische Anwendung hat die fremderregte oder Nebenschlußmaschine für Einphasenstrom bisher nur bei der Nutzbremsung von Vollbahnmotoren (Abschn. G 4) gefunden, und zwar in allen in den Abschn. 1 bis 4 behandelten Schaltungen, meist allerdings ohne besondere Einrichtungen zur selbsttätigen Einstellung des günstigsten Phasenwinkels bei Belastungsänderungen. Als Hilfsmaschine hat sie sich bei Vielfachsteuerung von Einphasen-Vollbahnmotoren [L 100] besonders zweckmäßig erwiesen. Die im Abschn. 6 behandelte Maschine ist die älteste Form der Einphasen-Nebenschlußmaschine, scheint aber heute nicht mehr ausgeführt zu werden.

Bei gewissen Schaltungen kann sich die Maschine auch mit Strömen netzfremder Frequenz erregen. Im Abschn. F werden wir auf diese Erscheinung näher eingehen und die Maßnahmen zur Unterdrückung der netzfremden Ströme besprechen.

Bei den folgenden Betrachtungen setzen wir voraus, daß dem Ankerzweig die Spannung unmittelbar zugeführt wird. Die Schaltungen lassen sich ohne weiteres auch auf solche Maschinen übertragen, bei denen dem Ankerkreis Spannung durch Induktion über die Ständerwicklung zugeführt wird.

---

[1]) Auf die beim fremderregten oder beim Nebenschlußmotor für Einphasen- und Mehrphasenstrom auftretenden Störungen hat der Verfasser hingewiesen und die Mittel zu ihrer Beseitigung angegeben [L 98a u. b, 99a bis d].

1. Die Maschine mit Fremderregung.

Bei Einstellung der Spannungsphase der Erregerwicklung sind zwei Fälle zu unterscheiden, wenn nicht besondere Mittel zur günstigsten Beeinflussung der Spannung U_E an der Erregerwicklung angewendet werden. Im ersten Falle ist die Bewegungs-EMK $\dot{E}$ in Phase (oder Gegenphase) mit der Spannung $\dot{U}$ am Ankerzweig; bei vollkommenem Leerlauf ist dann der Ankerstrom $\dot{I}$ Null, bei Belastung aber stark phasenverschoben gegen $\dot{E}$. Im zweiten Falle ist bei Nennbelastung Ankerstrom und Bewegungs-EMK in Phase (oder Gegenphase), und es können bei andern Belastungszuständen große Phasenunterschiede zwischen $\dot{I}$ und $\dot{E}$ auftreten.

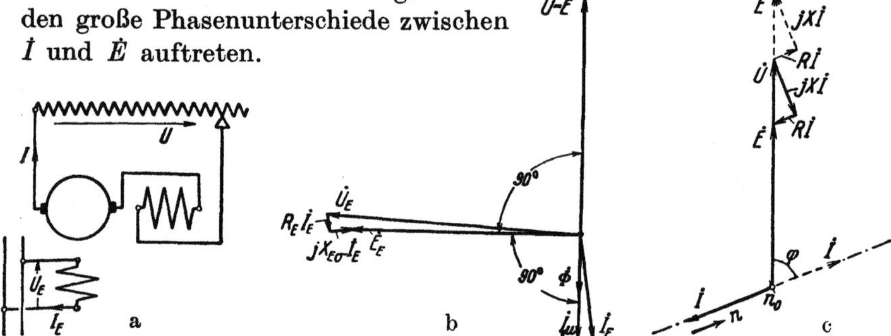

Abb. 109 a bis c. a) Schaltung der fremderregten Maschine; b) Phasenlage zwischen $\dot{U}_E$ und $\dot{U}$; c) Vektordiagramm bei Motor- (——) und Generatorbetrieb (- - -).

a. $\dot{U}$ und $\dot{E}$ phasengleich. In Abb. 109a ist die Schaltung bei Speisung des Ankerzweiges aus dem Netz mit der Spannung $\dot{U}$ dargestellt. Die Erregerwicklung liegt an einem besonderen Netz mit der Erregerspannung $\dot{U}_E$, die dieselbe Frequenz wie die Spannung $\dot{U}$ haben muß.

Damit bei vollkommenem Leerlauf der Ankerstrom Null wird, muß die in der Ankerwicklung induzierte Bewegungs-EMK $\dot{E}$, die in Gegenphase zu dem Magnetisierungsstrom $\dot{I}_\mu$ oder dem Erregerfluß Φ ist, mit der Klemmenspannung $\dot{U}$ in Phase sein. Daraus ergibt sich nach Abb. 109b die erforderliche Phase der Erregerspannung $\dot{U}_E$, die genau um eine Viertelperiode gegenüber $\dot{E}$ verfrüht sein müßte, wenn $\dot{E}_E$ und $\dot{U}_E$ phasengleich wären, der Spannungsverlust in der Erregerwicklung also keine Phasenverschiebung von $\dot{E}_E$ gegen $\dot{U}_E$ hervorriefe. Dieser Spannungsverlust ist aber sehr klein, so daß $\dot{U}_E$ um ungefähr eine Viertelperiode gegenüber der Spannung $\dot{U}$ phasenverfrüht sein muß.

Wegen der vom Erregernetz zu deckenden Eisenverluste der Ruhe und der Rückwirkung der Kurzschlußströme in den von Bürsten überbrückten Ankerwindungen ist der Erregerstrom $\dot{I}_E$ gegen den Magnetisierungsstrom $\dot{I}_\mu$ etwas phasenverschoben. Bei fester Erregerspannung $\dot{U}_E$ kann die Phase von $\dot{I}_E$ durch eine etwa eintretende Änderung der Rückwirkung der Kurzschlußströme beeinflußt werden. Der Spannungsverlust in der Erregerwicklung ändert sich dabei etwas, so daß auch die EMK $\dot{E}_E$ ihre Phase ändern kann. Diese Phasenänderung ist aber wegen der Kleinheit der Spannungsverluste im Erregerzweig sehr gering. Wir dürfen deshalb annehmen, daß bei fester Erregerspannung $\dot{U}_E$ auch die Phase von $\dot{E}$ angenähert (bis zu etwa $\pm 2°$) erhalten bleibt.

In Abb. 109 c sind die Vektordiagramme bei Belastung der Maschine als Motor und (gestrichelt) als Generator dargestellt. Bei fester Klemmenspannung U ist $E/E_E \approx E/U_E$ ein Maß für die Drehzahl. Wenn E_E und damit der Erregerfluß Φ unveränderlich bleibt, ist E/U die auf die Leerlaufdrehzahl bezogene jeweilige Drehzahl.

Der Betrag des Leistungsfaktors im Ankerzweig ist unabhängig von der Belastung und nach Abb. 109 c gleich

$$\cos\varphi = R/\sqrt{R^2 + X^2}, \tag{156}$$

also für große Maschinen, bei denen gewöhnlich der Wirkwiderstand R im Ankerzweig kleiner als der Blindwiderstand X ist, sehr schlecht. Ein gegebenes Drehmoment kann nur mit verhältnismäßig großem Ankerstrom und damit auch großen Verlusten im Ankerzweig erzeugt werden.

Der Blindwiderstand X liegt im allgemeinen fest und ist so klein wie möglich zu bemessen. Wir können uns deshalb die Frage stellen, bei welchem Wirkwiderstand R die Verluste für ein gegebenes Drehmoment M ein Minimum werden. Nach Gl. 17 c ist (mit $\cos \varepsilon_1 = \cos \varphi$)

$$I = \frac{M}{C} \frac{\sqrt{R^2 + X^2}}{R}, \qquad C = \frac{z\,p}{2\,\pi\,a}\,\Phi_{\text{eff}}, \tag{157a u. b}$$

worin C bei der fremderregten Maschine ein Festwert ist. Die Stromwärmeverluste im Ankerzweig sind also

$$R\,I^2 = \left(\frac{M}{C}\right)^2 \left(R + \frac{X^2}{R}\right); \tag{157c}$$

sie werden bei festem Drehmoment M am kleinsten, wenn

$$R = X \tag{157}$$

ist [L 98 b]. Man wird also den Wirkwiderstand, wenn er nicht schon an sich größer als X ist, durch einen zusätzlichen Wirkwiderstand erhöhen, so daß Gl. 157 erfüllt ist. Dann wird $|\cos\varphi| = 0{,}707$ und die Verluste im Ankerzweig werden doppelt so groß, wie sie bei Phasengleichheit zwischen Ankerstrom und Erregerfluß bei demselben Drehmoment wären.

Aus der Spannungsgleichung

$$\dot{U} + R\dot{I} + jX\dot{I} = \dot{E} \quad \text{mit} \quad \dot{E} = -Kn\dot{I}_\mu, \quad \text{(158a u. b)}$$

worin K für jeden Wert von $\dot{I}_\mu$ ein Festwert ist, erhalten wir den Ankerstrom zu

$$\dot{I} = -\frac{\dot{U} + Kn\dot{I}_\mu}{R + jX} = -\frac{(\dot{U} + Kn\dot{I}_\mu)(R - jX)}{R^2 + X^2}. \qquad \text{(159a)}$$

Die Ortskurve des Ankerstromes ist also eine Gerade, die in Abb. 109c strichpunktiert ist. Bei Stillstand ($n = 0$) ist

$$\dot{I}_{n=0} = \frac{-R + jX}{R^2 + X^2}\,\dot{U}. \qquad \text{(159b)}$$

Die Drehzahl kann wie beim Gleichstrommotor sowohl durch Ändern des Erregerflusses, also durch Ändern der Erregerspannung U_E, als auch durch Ändern der Ankerspannung U bei Erhaltung des Phasenwinkels zwischen $\dot{U}$ und $\dot{U}_E$, etwa durch Stufentransformatoren, geregelt werden. Beim Ändern von U_E wird im allgemeinen $\dot{E}$ nicht mehr genau in Phase mit $\dot{U}$ bleiben. Im nächsten Abschnitt werden wir sehen, welchen Einfluß dies auf das Verhalten der Maschine hat.

b. $\dot{E}$ und $\dot{I}$ phasengleich. Die kleinsten Verluste für einen gegebenen Belastungszustand erhalten wir, wenn der Ankerstrom $\dot{I}$ mit der Bewegungs-EMK $\dot{E}$ in Phase oder Gegenphase ist. Dabei ergibt sich auch ein verhältnismäßig guter Leistungsfaktor für den Ankerzweig. Dieser Fall ist in Abb. 110 für Motornennbetrieb durch das stark hervorgehobene Diagramm des Ankerzweiges dargestellt. Der Phasenwinkel zwischen $\dot{U}_E$ und $\dot{U}$ muß um den Phasenwinkel zwischen $\dot{U}$ und $\dot{E}$ kleiner sein als bei den Diagrammen in Abb. 109b u. c. Halten wir $\dot{U}$ und $\dot{U}_E$ fest, so kann der Ankerstrom bei vollkommenem Leerlauf nicht mehr Null werden. Damit das Drehmoment Null wird, muß $\dot{I} \perp \dot{E}$ sein; wir erhalten für Leerlauf mit dem Ankerstrom $\dot{I}_0$ das durch punktierte Linien dargestellte Vektordiagramm im Ankerzweig. Daraus erkennen wir, daß die Drehzahl, für die E ein Maß ist, bei Leerlauf stark ansteigt, und dasselbe gilt für die Verluste im Ankerzweig wegen des großen Ankerstromes I_0 [L 98a].

Bezeichnen wir die Größen bei Leerlauf durch den Zeiger 0, so ist nach Abb. 110 der Leerlaufstrom im Ankerzweig

$$I_0 = XI/R \qquad \text{(160a)}$$

und das Drehzahlverhältnis

$$\frac{n_0}{n} = \frac{E_0}{E} = \frac{E + RI + XI_0}{E} = 1 + \frac{RI}{E}\left[1 + \left(\frac{X}{R}\right)^2\right]. \qquad \text{(160b)}$$

In Abb. 110 ist $X/R = 2,5$ und $RI/E = 0,0463$. Damit wird $I_0 = 2,5\,I$ und $n_0/n = 1,34$. Für $R = X$ wird das Drehzahlverhältnis ein Minimum, nämlich $n_0/n = 1,23$; der Leerlaufstrom wird dann $I_0 = I$. Diese Verhältnisse lassen sich, wenn $X > R$ ist, durch künstliche Vergrößerung von R erreichen.

Einen noch höheren Drehzahlanstieg erhalten wir bei Generatorbetrieb ($\sphericalangle\,\dot{E}, \dot{I} < 90°$), wobei auch der Leistungsfaktor $\cos\varphi$ sehr klein wird. Bezeichnen wir die Größen bei Generatorbetrieb durch den Zeiger G und mit m das Verhältnis des Drehmoments bei Generatorbetrieb zu dem bei Motorbetrieb mit Phasengleichheit zwischen $\dot{I}$ und $\dot{I}_\mu$, also $I_G \cdot \cos(\dot{E}_G, \dot{I}_G) = m \cdot I$, so läßt sich ableiten

$$\frac{I_G}{I} = \sqrt{m^2 + [(1+m)\,X/R]^2}, \quad \cos(E_G, I_G) = \frac{m}{\sqrt{m^2 + [(1+m)\,X/R]^2}}, \quad \text{(161 a u. b)}$$

$$\frac{n_G}{n} = \frac{E_G}{E} = 1 + (1+m)\left[\frac{RI}{E} + \frac{X}{R} \cdot \frac{XI}{E}\right]. \quad \text{(161 c)}$$

Ist das Drehmoment bei Generatorbetrieb halb so groß ($m = 0,5$) wie das bei Motorbetrieb mit Phasengleichheit zwischen $\dot{I}$ und $\dot{I}_\mu$, so wird $I_G = 3,78\,I$, $\cos(\dot{E}_G, \dot{I}_G) = 0,132$, $n_G/n = 1,505$. Für diesen Fall ist in Abb. 110 das Diagramm gestrichelt gezeichnet.

Das schwach ausgezogene Diagramm in Abb. 110 stellt schließlich den Motorbetrieb mit Überbelastung bei demselben Phasenwinkel zwischen $\dot{U}$ und $\dot{U}_E$ wie für die übrigen Diagramme dar. Es ist doppeltes Drehmoment ($m = 2$)

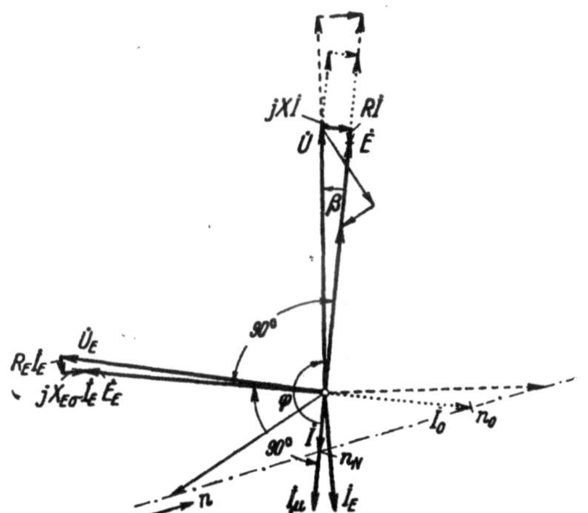

Abb. 110. Vektordiagramm, wenn bei fester Einstellung von $\dot{U}_E$ für Motor-Nennbetrieb $\dot{I}$ und $\dot{E}$ in Gegenphase; ··· Leerlauf-, --- Generatorbetrieb.

angenommen (in den Gl. 161 a bis c ist bei Motorbetrieb mit Überlastung $1 - m$ an Stelle von $1 + m$ zu setzen).

Die Ortskurve des Ankerstromes $\dot{I}$, für den auch hier Gl. 159a gilt, ist eine Gerade, die in Abb. 110 strichpunktiert gezeichnet ist.

Aus den Diagrammen in Abb. 110 erkennen wir, daß Leistungsfaktor und Wirkungsgrad bei Generatorbetrieb sehr schlecht sind, wenn der günstigste Phasenwinkel zwischen $\dot{I}_\mu$ und $\dot{U}$ für einen bestimmten Belastungszustand bei Motorbetrieb eingestellt wird. Dasselbe gilt für Motorbetrieb, wenn der günstigste Phasenwinkel zwischen I_μ und U für Generatorbetrieb eingestellt wird. Es lassen sich deshalb nur innerhalb eines verhältnismäßig kleinen Belastungsbereiches günstige Werte von Leistungsfaktor und Wirkungsgrad erreichen.

c. Phasenwinkel zwischen I und $\dot U$. Zur Bestimmung des festen Phasenwinkels β von $\dot E$ nach $\dot U$ oder $-\dot I_\mu$ nach $\dot U$ (vgl. Abb. 110), der durch Wahl der Phase von $\dot U_E$ eingestellt werden muß, damit bei einem bestimmten Ankerstrom $\dot I$ dieser in Phase oder Gegenphase mit der Klemmenspannung $\dot U$ ist, schreiben wir für den Magnetisierungsstrom

$$\dot I_\mu = -\frac{\dot U}{U} I_\mu \cos\beta + j\frac{\dot U}{U} I_\mu \sin\beta .\qquad(162\,\mathrm a)$$

Wir erhalten dann mit der Abkürzung

$$a = K\,I_\mu/U \qquad\qquad(162\,\mathrm b)$$

nach Gl. 159a

$$\dot I = \frac{(R\cos\beta - X\sin\beta)\,a\,n - R + j\,[X - (R\sin\beta + X\cos\beta)\,a\,n]}{R^2 + X^2}\,\dot U.\ (162)$$

Damit die Blindkomponente von $\dot I$ bei der Drehzahl n_N verschwindet, muß

$$R\sin\beta + X\cos\beta = \frac{X}{a\,n_N} = \frac{U\,X}{K\,n_N\,I_\mu}\qquad(163\,\mathrm a)$$

sein. Ersetzen wir in Gl. 162 $a\cdot n = a\cdot n_N$ durch Gl. 163a, so erhalten wir nach einfachen Umformungen den Ankerstrom $\dot I_N$, der bei einer vorgeschriebenen Drehzahl n_N in Gegenphase oder Phase mit $\dot U$ ist, zu

$$\dot I_N = -\frac{\dot U\sin\beta}{R\sin\beta + X\cos\beta} = -\frac{K\,n_N\,I_\mu}{X}\,\frac{\dot U}{U}\sin\beta ,\qquad(163\,\mathrm b)$$

wobei β für Motorbetrieb positiv, für Generatorbetrieb negativ einzusetzen ist. Die hierbei einzustellende Klemmenspannung ist nach Gl. 163a

$$U = \frac{K\,n_N\,I_\mu}{X}\,(R\sin\beta + X\cos\beta).\qquad(163\,\mathrm c)$$

Man kann nun von einem bestimmten Belastungszustand (I_N, n_N) ausgehen, für den $\dot I_N$ in Gegenphase oder in Phase mit $\dot U$ sein soll, und den Winkel β nach Gl. 163b berechnen, der durch die Phase von $\dot U_E$ genau eingestellt werden muß. Die erforderliche Ankerklemmenspannung ergibt sich dann nach Gl. 163c und der Ankerstrom für andere Belastungszustände nach Gl. 162.

Als Beispiel legen wir die Größen eines Einphasen-Bahnmotors für 350 kW Nennleistung bei 1080 U/min, $16^2/_3$ Hz und Ankernennstrom $I_N = 1000$ A zugrunde [L 133], den wir als fremderregte Maschine schalten. Es ist $R = 0{,}02\ \Omega$, $X = 0{,}05\ \Omega$ und im unteren geradlinigen Teil der magnetischen Kennlinie $K = 0{,}0004\ \Omega\text{min}$. Die magnetische Kennlinie ist in Abb. 156 dargestellt. Obgleich sie nur bis zu etwa 800 A Erregerstrom geradlinig verläuft, setzen wir bei unsern Berechnungen $K = 0{,}0004\ \Omega\text{min}$ bis zu 1000 A Erregerstrom ein, damit bei kleineren Erregerströmen, wie sie bei der Nutzbremsung von Bahnmotoren hauptsächlich in Frage kommen, eine einfache Umrechnung möglich ist.

Wenn bei $I_N = 1000$ A und $n_N = 1080$ U/min der Ankerstrom in Gegenphase oder in Phase mit U sein soll, erhalten wir nach Gl. 163 b, mit $I_\mu = I_N$, $\sin\beta = \pm\,0{,}116$, $\beta = \pm\,6°\,40'$, $\cos\beta = 0{,}993$, worin das $+$ - oder $-$ - Zeichen einzusetzen ist, je nachdem I_N für Motor- oder Generatorbetrieb keine Blindkomponente haben soll. Nach Gl. 163 c ist die einzustellende Klemmenspannung für Motorbetrieb $U = 449$ V, für Generatorbetrieb $U = 409$ V. Die sich hierfür ergebenden Ortskurven des Stromes I (Gl. 159 a) sind in Abb. 111 durch die voll ausgezogenen Geraden G und M dargestellt, wobei G für Einstellung bei Generatorbetrieb, M für Einstellung bei Motorbetrieb gilt. Wir erkennen aus dem Verlauf der Ortskurven, daß sich günstiger Leistungsfaktor und guter Wirkungsgrad nur innerhalb eines kleinen Belastungsbereichs ergeben.

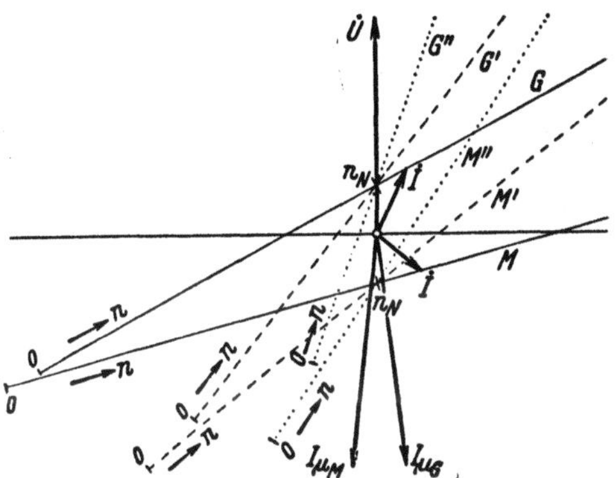

Abb. 111. Ortskurven des Ankerstromes I bei $X = 0{,}05\ \Omega$; G und M für $R = 0{,}02\ \Omega$, G' und M' für $R = X$, G'' und M'' für $R = 2X$.

Um günstigere Leistungsfaktoren zu erhalten, kann der Wirkwiderstand im Ankerkreis vergrößert oder in den Ankerkreis eine dem Ankerstrom phasengleiche EMK (vgl. Abschn. 1 d) eingefügt werden. Die gestrichelten Ortskurven G' und M' gelten für $R = X = 0{,}05\ \Omega$, die punktierten Kurven G'' und M'' für $R = 2X = 0{,}1\ \Omega$. Die Klemmenspannungen, die einzustellen sind, damit bei Nennstrom I_N die Drehzahl n_N auftritt, ergeben sich nach Gl. 163 c bei Einstellung für Motorbetrieb zu $U' = 479$ V, $U'' = 529$ V, für Generatorbetrieb zu $U' = 379$ V, $U'' = 329$ V. Für jede Ortskurve in Abb. 111 gelten also andere Effektivwerte der Klemmenspannung; U hat daher für jede Ortskurve einen anderen Maßstab. Bei unserer Voraussetzung, daß für die Nenngrößen I und U in Phase oder Gegenphase sind, ist die Phase von I_μ unabhängig von R (vgl. Gl. 163 b); für Einstellung auf Motorbetrieb ist der Magnetisierungsstrom mit $I_{\mu M}$, auf Generatorbetrieb mit $I_{\mu G}$ bezeichnet.

Für die Ortskurven in Abb. 111 sind Wirkungsgrad η, Leistungsfaktor $|\cos\varphi|$ (im Ankerzweig) und relative Drehzahl n/n_N über dem relativen Drehmoment $m = M/M_N$ in den Abb. 112 a bis e dargestellt. Die jeweilig geltenden Widerstandsverhältnisse R/X sind an die Kurven angeschrieben; die Abb. 112 a u. b gelten für günstige Einstellung bei Motor-, Abb. 112 c u. d bei Generator-Nennbetrieb, d. h. I_N und U in Gegenphase bzw. Phase. Die Wirkungsgrade sind bei Motor- bzw. Generatorbetrieb nach den Gleichungen

$$\eta = \frac{E\,I\cos(\dot{E},\dot{I})}{U\,I\cos\varphi} \quad \text{bzw.} \quad \eta = \frac{U\,I\cos\varphi}{E\,I\cos(\dot{E},\dot{I})} \qquad (164\,\text{a u. b})$$

berechnet. Wir erkennen aus diesen Kurven noch deutlicher als aus den Ortsgeraden in Abb. 111 den Einfluß des Wirkwiderstandes R auf Wirkungsgrad, Leistungsfaktor und Drehzahl. Mit wachsendem R verschiebt sich der Höchstwert des Wirkungsgrades nach kleineren Drehmomenten, der Leistungsfaktor ist über einen um so größeren Bereich günstig, je größer R ist; die Drehzahl-

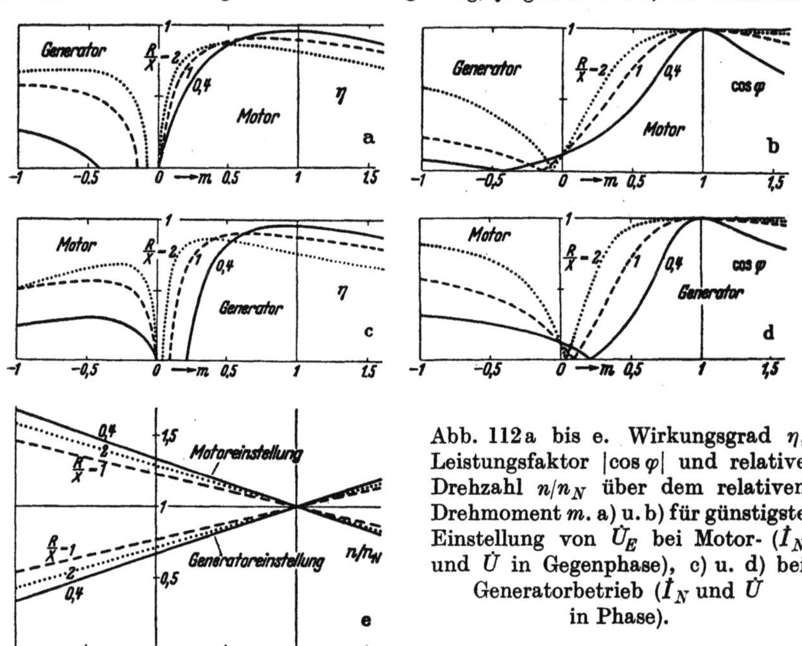

Abb. 112a bis e. Wirkungsgrad η, Leistungsfaktor $|\cos\varphi|$ und relative Drehzahl n/n_N über dem relativen Drehmoment m. a) u. b) für günstigste Einstellung von $\dot{U}_E$ bei Motor- ($\dot{I}_N$ und $\dot{U}$ in Gegenphase), c) u. d) bei Generatorbetrieb ($\dot{I}_N$ und $\dot{U}$ in Phase).

änderung ist bei $R = X = 0{,}05\,\Omega$ am kleinsten (Abb. 112e). Blindleistung wird für $m < 1$ dem Netz entnommen, für $m > 1$ an das Netz abgegeben.

Um den Einfluß einer Abweichung des Winkels β von dem eingestellten Wert zu zeigen, sind η, $\cos\varphi$ und n/n_N für den Fall, daß die Phase von $\dot{U}_E$ bei Generatorbetrieb auf Phasengleichheit zwischen $\dot{I}$ und $\dot{U}$ eingestellt ist und die Abweichungen $-2°$, 0 und $+2°$ betragen, in den Abb. 113a, b u. c für $R = 0{,}4X$ und in den Abb. 114a, b u. c für $R = X$ über dem Drehmomentverhältnis dargestellt. Bei einer Abweichung des Winkels β um $-2°$ verschieben sich die Höchstwerte von η und $\cos\varphi$ nach kleineren, bei einer solchen um $+2°$ nach größeren Drehmomenten; die Drehzahlen werden bei $-2°$ größer, bei $+2°$ kleiner.

Um bei jedem Betriebszustand ungefähr Phasengleichheit (bzw. Gegenphasigkeit) zwischen Ankerstrom und Klemmenspannung oder Ankerstrom und Erregerfluß zu erhalten, muß der Phasenwinkel zwischen $\dot{U}_E$ und $\dot{U}$ in Abhängigkeit von der Belastung geändert oder X unterdrückt werden. Die hierfür geeigneten Mittel, die auch für Mehrphasenmaschinen und Regelsätze Bedeutung haben, sollen in den nächsten beiden Abschnitten ausführlich besprochen werden.

d. Mittel zur Unterdrückung des Blindwiderstandes im Ankerzweig.

Alle Nachteile im Betrieb, die wir in den Abschn. a bis c besprochen

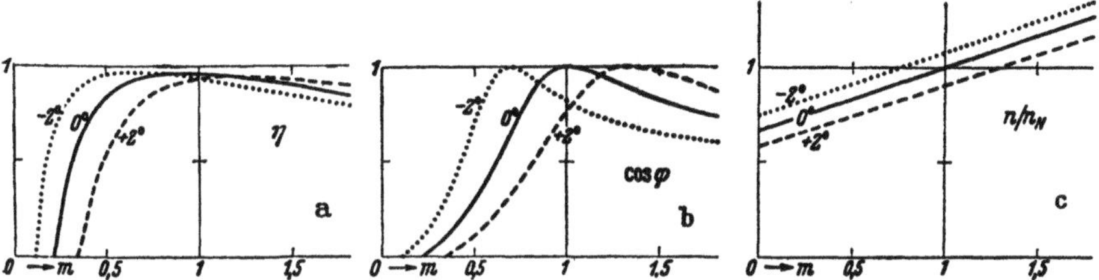

Abb. 113a bis c. Generatorbetrieb, $R = 0{,}4\,X$; η, $\cos\varphi$ und n/n_N bei günstigster Einstellung von U_E und bei $\pm 2°$ Abweichung davon.

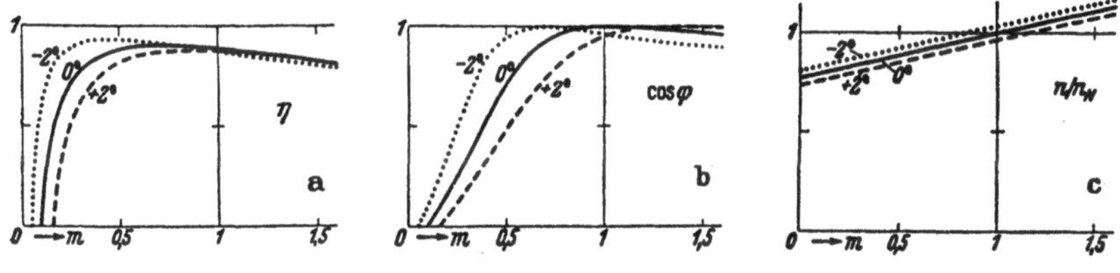

Abb. 114a bis c. Wie Abb. 113a bis c, aber $R = X$.

haben, sind auf den Streublindwiderstand im Ankerzweig zurückzuführen und lassen sich beseitigen, wenn dieser unterdrückt wird. Die fremderregte Wechselstrommaschine verhält sich dann im wesentlichen wie die Gleichstrom-Nebenschlußmaschine, d. h. die Leerlaufdrehzahl ist nur wenig größer als die Drehzahl bei Motorbetrieb mit Nennleistung.

Das einfachste Mittel ist die Einschaltung eines Kondensators in den Ankerzweig, zweckmäßig über einen Transformator, wie in Abb. 115, um eine erhöhte Spannung am Kondensator zu erhalten und dadurch seine Kosten zu verringern [L 98a].

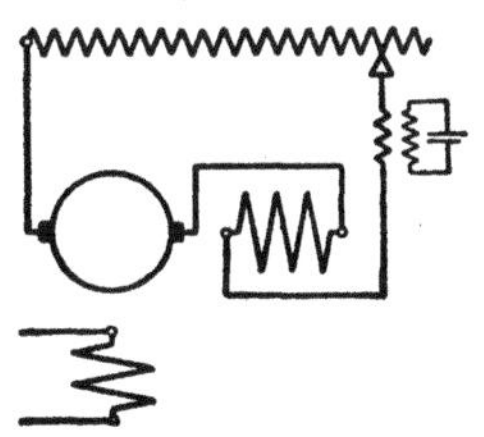

Abb. 115. Kondensator im Ankerkreis.

Wir wollen die Größe des erforderlichen Kondensators überschlagen. Die Blindleistung $X I^2$ des Ankerzweiges beträgt bei Nennbetrieb einen Bruchteil der Leistung N der Maschine, und ist unter sonst gleichen Verhältnissen um so kleiner, je größer die Drehzahl der Maschine ist. Sie ist bei unserm Einphasenbahnmotor (vgl. S. 153) 0,143 der Nennleistung N. Für diese Leistung sind Reihentransformator und Kondensator zu bemessen. Nehmen wir die Übersetzung des Reihentransformators so an, daß bei Nennankerstrom die Spannung am

Kondensator $U_C = 500$ V ist, so beträgt der Kondensatorstrom $I_C = 0{,}143\ N/500$, der Blindwiderstand des Kondensators ist $X_C = U_C/I_C = 1{,}75 \cdot 10^6/N$ und die Kapazität des Kondensators bei $16^2/_3$ Hz $C = 1/\omega\ X_C = N/183$ µF. Bei Nennleistung $N = 350$ kW erhalten wir $C = 1910$ µF. Ein Kondensator für diese Kapazität kostete vor 1945 etwa RM 2000.

Die Blindspannung im Ankerzweig läßt sich auch durch die in einer Stromwendermaschine induzierte EMK aufheben [L 98a]. Dieses Mittel hat gegenüber der Schaltung mit Kondensator den Vorzug, daß die Blindspannung auch bei Frequenzschwankungen unterdrückt wird. In der Schaltung nach Abb. 116a sind hierzu zwei Hilfsmaschinen H_1 und H_2 erforderlich, die mit unveränderlicher Drehzahl angetrieben werden. Die Erregerwicklung der Hilfsmaschine H_2 wird vom Anker-

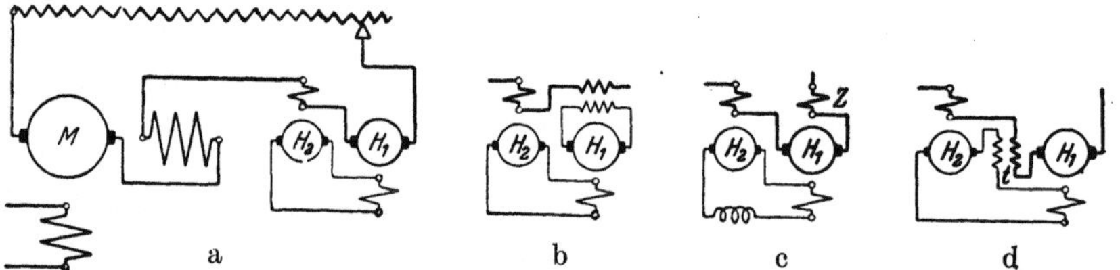

Abb. 116a bis d. Hilfsmaschinen H_1 und H_2 zur Verbesserung des Betriebs.

strom der Hauptmaschine M durchflossen, so daß im Anker der Hilfsmaschine H_2 eine mit dem Ankerstrom phasengleiche EMK induziert wird. Der Anker der Hilfsmaschine H_2 speist die Erregerwicklung der Hilfsmaschine H_1, so daß ihr Erregerfluß gegen die EMK der Hilfsmaschine H_2 und damit gegen den Ankerstrom der Hauptmaschine um ungefähr 90° phasenverschoben ist. Dieselbe Phase hat auch die im Anker der Hilfsmaschine H_1 induzierte EMK, die also, in den Ankerzweig der Hauptmaschine eingefügt, geeignet ist, die Streuspannung dieser Maschine aufzuheben.

Nehmen wir wieder an, daß die Streublindleistung der Hauptmaschine 0,143 ihrer Nennleistung N beträgt, so ist die Hilfsmaschine H_1 für eine Leistung von 0,143 N zu bemessen. Nehmen wir ferner an, daß die Erregerleistung 0,15 der Nennleistung der Hilfsmaschine H_1 beträgt (wie etwa bei einer Frequenz von $16^2/_3$ Hz), so ist die Hilfsmaschine H_2 für $0{,}143 \cdot 0{,}15\ N \approx 0{,}02\ N$ zu bemessen. Im Ankerzweig erhalten wir allerdings einen zusätzlichen Blindspannungsverlust durch die Erregerwicklung der Hilfsmaschine H_2 und den Streublindwiderstand der Hilfsmaschine H_1. Der erste beträgt etwa 0,15 der Leistung der Hilfsmaschine H_2, also rund 0,003 N, der zweite etwa 0,14 der Leistung der Hilfsmaschine H_1, also etwa 0,02 N, so daß die Blindleistung im Ankerzweig durch die Blindwiderstände der Hilfsmaschinen um etwa 14% vergrößert wird.

Praktische Bedeutung hat die Schaltung nach Abb. 116a noch nicht, weil der Stromwender der kleinen Hilfsmaschine H_1 für den verhältnismäßig großen Strom der Hauptmaschine zu bemessen ist. Dieser Nachteil läßt sich aber durch Zwischenschalten eines Transformators (Leistung $\approx 0{,}14\ N$) beseitigen (Abb. 116b).

Die Hilfsmaschine H_2 in Abb. 116a kann entbehrt werden, wenn man nach Abb. 117 eine besondere Hilfserregerwicklung Z in der Hauptmaschine anordnet, die von einer mit unveränderlicher Drehzahl angetriebenen Hilfsmaschine H_1 (Leistung $\approx 0{,}14\,N$) gespeist wird. Diese kann für eine Spannung ausgelegt werden, die einen kleinen Stromwender ergibt. Die Schaltung setzt aber voraus, daß sich die beiden Erregerwicklungen der Hauptmaschine nicht gegenseitig beeinflussen. Sie müssen deshalb entweder axial nebeneinander angeordnet werden, oder es muß ein schmaler Teil des Hauptpols in Richtung des Ankerumfangs für die Hilfserregerwicklung abgespalten werden. Wenn die beiden Erregerwicklungen auf denselben Polen liegen, läßt sich ihre induktive Beeinflussung auch durch einen Entkopplungstransformator, wie wir ihn schon im Abschnitt A 8 b u. c kennengelernt haben, aufheben, der die beiden Erregerkreise im entgegengesetzten Sinne koppelt, als sie durch die Pole der Maschine gekoppelt sind. Dieser Transformator müßte

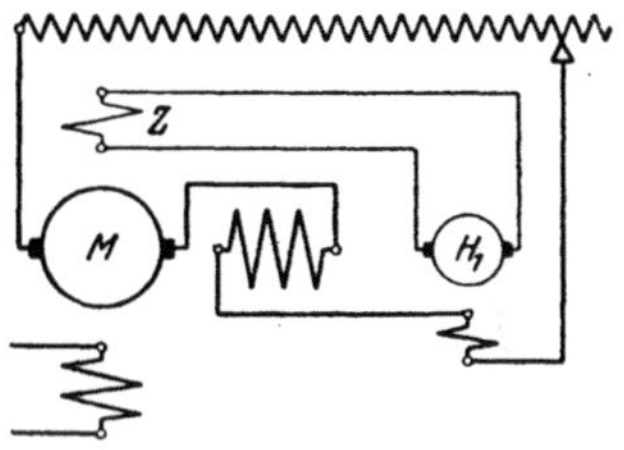

Abb. 117. Schaltung mit nur einer Hilfsmaschine.

aber für etwa 0,14 der Nennleistung der Hauptmaschine bemessen werden und erhöhte die Blindleistung in den Erregerkreisen auf das Doppelte.

Ein einwandfreier Betrieb setzt voraus, daß der Erregerfluß in Phase (bzw. Gegenphase) mit der Klemmenspannung am Ankerzweig ist (vgl. Abb. 109 c, wenn $X = 0$). Dann ist der Ankerstrom beim Motor in Gegenphase, beim Generator in Phase mit der EMK der Bewegung $\dot{E}$. Kleinere Abweichungen der Phase des Erregerflusses können nun die Phase des Ankerstromes gegenüber der EMK der Bewegung beträchtlich verschieben, und zwar um so mehr, je kleiner der Wirkwiderstand im Ankerzweig ist. Dadurch werden Wirkungsgrad und Leistungsfaktor verschlechtert. Bei künstlicher Vergrößerung des Wirkwiderstandes können sich nach Abschn. 1 b Abweichungen in der Phase des Erregerflusses nicht mehr so stark auf die Phase des Ankerstromes auswirken; dann treten aber wieder Verluste im zusätzlichen Wirkwiderstand auf. Um diese zu vermeiden, kann in den Ankerzweig eine dem Ankerstrom proportionale EMK eingefügt werden, die in Gegenphase zum Ankerstrom ist, sich also wie ein Wirkwiderstand verhält. So kann z. B. bei der Schaltung nach Abb. 116a die zusätzliche EMK durch eine vom Ankerstrom durchflossene zusätzliche Erregerwicklung (Z in Abb. 116 c) in der Hilfsmaschine H_1 erzeugt werden, die auf denselben Polen wie die von H_2 gespeiste Erregerwicklung liegen kann, wenn im Ankerkreis von H_2 eine Drossel liegt (vgl. Abschn. A 8 b).

Oder es kann der Ankerkreis der Hauptmaschine mit dem Stromkreis der Hilfsmaschine H_2 durch einen Transformator (t in Abb. 116d) induktiv gekoppelt werden. Die durch die zusätzliche EMK verbrauchte Leistung wird im ersten Falle über die Hilfsmaschine H_1, im zweiten Falle über die Hilfsmaschine H_2 an die Antriebsmaschine zurückgegeben.

e. Mittel zur Änderung des Phasenwinkels zwischen $\dot{U}_E$ und $\dot{U}$ mit der Belastung. Statt die induktive Spannungskomponente im Ankerzweig zu unterdrücken, können wir in den Erregerzweig auch eine Spannung einfügen, die dem Ankerstrom proportional ist und die Spannung in der Erregerwicklung mit der Belastung verschiebt [L 99a bis c]. Diese Verschiebung können wir in der Schaltung nach Abb. 118a durch eine Hilfsmaschine H erreichen, deren Erregerwicklung in den Ankerzweig der Hauptmaschine geschaltet ist.

Um die Wirkungsweise dieser Schaltung leichter überblicken zu können, wollen wir annehmen, daß der Magnetisierungsstrom $\dot{I}_\mu$ gleich dem Strom $\dot{I}_E$ der Erregerwicklung der Hauptmaschine sei. Der in Wirklichkeit vorhandene kleine Phasenwinkel zwischen $\dot{I}_\mu$ und $\dot{I}_E$ hätte nur eine sehr geringe Änderung der Einstellung der Phase von $\dot{U}_E$ zur Folge.

Mit unserer Annahme und dem noch willkürlichen Festwert k lauten die Spannungsgleichungen

$$\dot{U} + R\,\dot{I} + j\,X\,\dot{I} + K\,n\,\dot{I}_\mu = 0, \quad \dot{U}_E + R_E\,\dot{I}_\mu + j\,X_E\,\dot{I}_\mu - k\,\dot{I} = 0, \quad (165\text{a u.}$$

wobei in R und X die Widerstände der Erregerwicklung der Hilfsmaschine eingeschlossen und R_E und X_E die des Erregerkreises sind. Aus diesen Gleichungen erhalten wir mit den Abkürzungen

$$a = R\,X_E + R_E\,X \quad \text{und} \quad b = X\,X_E - R\,R_E \quad (166\text{a u. b})$$

die Ströme

$$\dot{I}_\mu = -\frac{\dot{U}_E - k\,\dot{I}}{R_E + j\,X_E}, \quad \dot{I} = \frac{\dot{U}_E\,K\,n - \dot{U}\,(R_E + j\,X_E)}{k\,K\,n - b + j\,a}. \quad (167\text{a u. b})$$

Schreiben wir für die Erregerspannung

$$U_E = \ddot{u}\,U, \quad \dot{U}_E = \ddot{u}\,\dot{U}\cos\gamma + j\,\ddot{u}\,\dot{U}\sin\gamma, \quad (168\text{a u. b})$$

so geht Gl. 167b für den Ankerstrom über in

$$\dot{I} = \frac{-R_E - j\,X_E + \ddot{u}\,K\cos\gamma\cdot n + j\,\ddot{u}\,K\sin\gamma\cdot n}{-b + j\,a + k\,K\cdot n}\,\dot{U}. \quad (168)$$

Die Ortskurve des Ankerstromes ist also nach Abschn. I 2c, Bd. II, ein Kreis. Lassen wir die Klemmenspannung $\dot{U}$ in die x-Achse eines rechtwinkligen Koordinatensystems fallen, so erhalten wir mit

$$A_x = -R_E\,U\,, \quad B_x = \ddot{u}\cos\gamma\cdot K\,U\,, \quad C_x = -b\,, \quad D_x = k\,K\,, \atop A_y = -X_E\,U\,, \quad B_y = \ddot{u}\sin\gamma\cdot K\,U\,, \quad C_y = a\,, \quad D_y = 0 \qquad (169)$$

die Mittelpunktskoordinaten x_m, y_m des Kreises und seinen Halbmesser r nach den Gl. 37a bis c, Bd. II, zu

$$x_m = \frac{a\,\ddot{u}\cos\gamma + b\,\ddot{u}\sin\gamma - k\,X_E}{2\,k\,a}\,U\,, \qquad (169\,\mathrm{a})$$

$$y_m = \frac{a\,\ddot{u}\sin\gamma - b\,\ddot{u}\cos\gamma + k\,R_E}{2\,k\,a}\,U\,, \qquad (169\,\mathrm{b})$$

$$r = \sqrt{x_m^2 + y_m^2 + c} \quad \text{mit} \quad c = \frac{X_E\cos\gamma - R_E\sin\gamma}{k\,a}\,\ddot{u}\,U^2\,. \qquad (169\,\mathrm{c\ u.\ d})$$

Wenn wir R, X, K, R_E und X_E als gegebene Maschinengrößen
voraussetzen, können wir noch über γ und k so verfügen, daß die
Ortskurve des Ankerstromes eine günstige Lage erhält, und über
U_E und U so, daß bei einem bestimmten Belastungszustand ein ge-
wünschter Magnetisierungsstrom und eine gewünschte Drehzahl auftritt.

Verlangen wir z. B., daß bei Leerlauf der Ankerstrom $I = 0$ ist,
so muß in Gl. 169d $c = 0$ sein; daraus folgt

$$\operatorname{tg}\gamma = X_E/R_E\,. \qquad (170\,\mathrm{a})$$

Sollen ferner bei Motor- und Generatorbetrieb gleich günstige Werte
von $|\cos\varphi|$ und η bestehen, so muß aus Symmetriegründen $x_m = 0$
sein, also nach Gl. 169a

$$k = \frac{a\cos\gamma + b\sin\gamma}{X_E}\,\ddot{u}\,. \qquad (170\,\mathrm{b})$$

Ist ferner der Magnetisierungsstrom $I_{\mu 0}$ bei Leerlauf ($I = 0$) vorgeschrieben, so wird nach Gl. 167a

$$U_E = \sqrt{X_E^2 + R_E^2}\cdot I_{\mu 0}\,. \qquad (170\,\mathrm{c})$$

Schließlich wird mit der vorgeschriebenen Leerlaufdrehzahl n_0 nach
Gl. 165a

$$U = K\,n_0\,I_{\mu 0}\,. \qquad (170\,\mathrm{d})$$

Als Zahlenbeispiel legen wir wieder den schon im Abschn. 1c herangezogenen
Einphasen-Reihenschlußmotor für Bahnbetrieb zugrunde, den wir als fremderregte Maschine schalten. Wir erhalten mit $R = 0{,}02\,\Omega$, $X = 0{,}05\,\Omega$, $K =
0{,}0004\,\Omega\mathrm{min}$, $R_E = 0{,}003\,\Omega$, $X_E = 0{,}041\,\Omega$ (die durch die Schaltung bedingten
zusätzlichen Widerstände im Anker- und Erregerkreis wollen wir wegen ihrer
Kleinheit vernachlässigen), $I_{\mu 0} = 1000\,\mathrm{A}$ und $n_0 = 1080\,\mathrm{U/min}$, nach Gl. 170a
bis d $\operatorname{tg}\gamma = 13{,}67$, $\sin\gamma = 0{,}997$, $\cos\gamma = 0{,}0730$, $\gamma = 85°\ 49'$; $k = 0{,}00476\,\Omega$,

$U_E = 41,1$ V, $U = 432$ V, $\ddot{u} = 0,0951$. Es ist ferner nach Gl. 169a bis d $x_m = 0$, $y_m = r = 4335$ A. In Abb. 119a ist für diesen Fall die Ortskurve des Ankerstromes strichpunktiert dargestellt, Spannungsdiagramme sind für Ankernennstrom $I = 1000$ A bei Generator- und Motorbetrieb eingezeichnet. Das Spannungsdiagramm des Erregerkreises ist im 5-fachen Maßstab des Ankerzweiges gezeichnet, und oben links sind (im 20-fachen Maßstab) noch die Einzelspannungen angegeben; es ist ferner $-j\,X_E\,\dot{I}_\mu = \dot{E}_E$ gesetzt (Gl. 165b). Man erkennt, daß für alle Belastungszustände die für die Drehmomentbildung günstige Phasengleichheit von Ankerstrom $\dot{I}$ und EMK der Bewegung $\dot{E}$ erfüllt ist und der Leistungsfaktor nur sehr wenig von Eins abweicht. Vorausgesetzt ist dabei allerdings, daß der Phasenwinkel zwischen Erregerspannung $\dot{U}_E$ und Ankerspannung $\dot{U}$ genau festgehalten wird. Abweichungen wirken sich auf den Phasenwinkel zwischen $\dot{I}$ und $\dot{E}$ um so weniger aus, je größer der Wirkwiderstand R ist (vgl. Abschn. 1b).

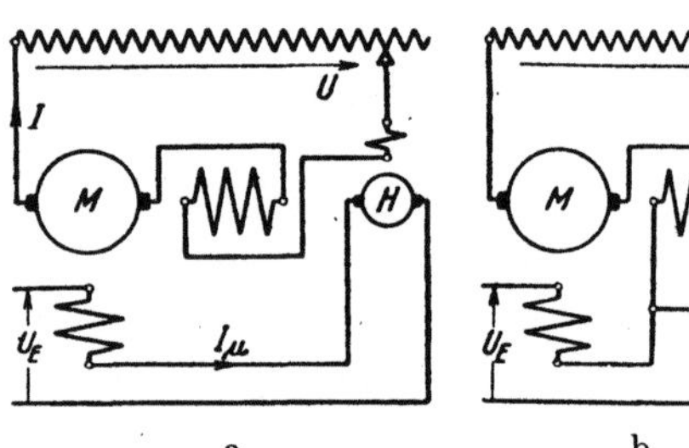

a   b

Abb. 118a u. b. Schaltungen zur Phasenverschiebung des Erregerstromes mit der Belastung; a) mit Hilfsmaschine H, b) mit Widerstand r.

Die Leistung, für die die Hilfsmaschine (H in Abb. 118a) in unserm Beispiel zu bemessen ist, beträgt mit $I = 1000$ A $k\,I^2 = 4,76$ kW, das sind $4,76/432 = 1,1\%$ der Nennleistung $U I$. Damit die Hilfsmaschine auch für einen kleinen Stromwender bemessen werden kann, muß der Anker der Hilfsmaschine über einen Transformator in den Erregerkreis der Hauptmaschine eingefügt oder die Erregerwicklung der Hauptmaschine für kleinen Strom und höhere Spannung bemessen werden. Zur überschlägigen Berechnung der Erregerleistung der Hilfsmaschine nehmen wir an, daß das Verhältnis dieser Erregerleistung zur Gesamtleistung der Hilfsmaschine dasselbe wie bei der Hauptmaschine ist, nämlich 0,095. Dann ist die erforderliche Erregerleistung der Hilfsmaschine $0,095 \cdot 4,76 = 0,452$ kW, während die Blindleistung des Ankerzweiges der Hauptmaschine $X\,I^2 = 50$ kW beträgt. Die Blindspannung des Ankerkreises wird also durch die Erregerwicklung der Hilfsmaschine nur um $0,452/50 \approx 0,9\%$ vergrößert. Es war also berechtigt, diese Vergrößerung bei dem Zahlenbeispiel zu vernachlässigen.

Durch entsprechende Bemessung von k und γ kann natürlich auch erreicht werden, daß der Kreis der Ortskurve des Ankerstromes eine andere Lage einnimmt, so daß ohne merkliche Verschlechterung des Wirkungsgrades die Maschine sowohl als Motor als auch als Generator eine Magnetisierungs-Blindleistung an das Netz abgibt (geringe Vergrößerung von y_m), oder daß der Leistungsfaktor entweder bei Motor- oder Generatorbetrieb besonders günstig wird ($x_m \gtrless 0$).

Die kleine Leistung der Hilfsmaschine H in Abb. 118a von nur $1,1\%$ der Nennleistung der Hauptmaschine legt es nahe, die Spannung der Hilfsmaschine durch die Spannung an einem Wirkwiderstand r zu ersetzen, in der Schaltung, wie sie in Abb. 118b dargestellt ist. Die Schaltung wird dadurch wesentlich vereinfacht. Die Gleichungen, die wir für die Schaltung nach Abb. 118a abgeleitet haben, gelten auch in diesem Falle, wenn wir

an Stelle von $R,$ $K\,n,$ $R_E,$ $k,$

setzen $R+r,$ $K\,n-r,$ $R_E+r,$ $r.$

Mit diesen Ersatzwerten erhalten wir zunächst nach Gl. 170 c u. d $\ddot{u} = U_E/U = \sqrt{X_E^2 + (R_E + r)^2}/(K\,n_0 - r)$ und damit aus den Gl. 170a u. b $r = 0{,}00498\,\Omega$

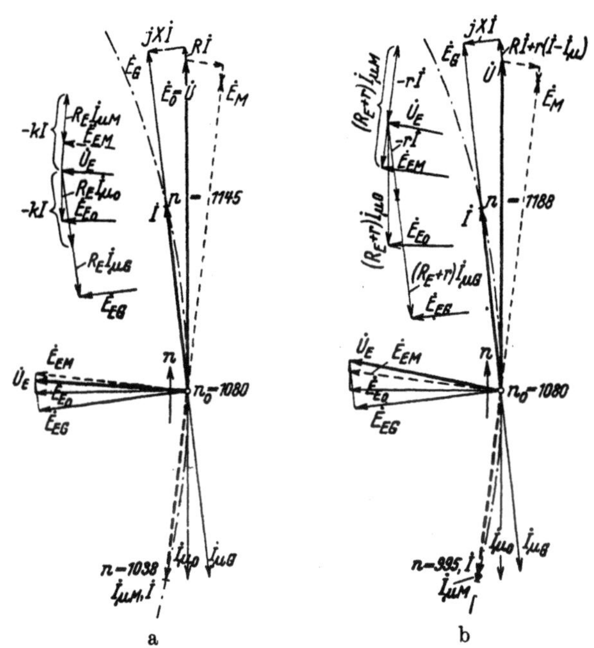

Abb. 119a u. b. Vektordiagramme für die Schaltungen nach Abb. 118a u. b, gestrichelt für Motorbetrieb; links oben vergrößerte Spannungen im Erregerkreis.

und tg $\gamma = 5{,}14$, sin $\gamma = 0{,}981$, cos $\gamma = 0{,}191$, $\gamma = 78°\,59'$, ferner nach Gl. 170 c u. d $U_E = 41{,}8$ V und $U = 427$ V und schließlich nach Gl. 169a bis c $x_m = 0$, $y_m = 4270$ A (vgl. Abb. 119b). Die Verluste in dem zusätzlichen Widerstand r sind von der Belastung abhängig.

Der Strom in diesem Widerstand ist $I_r = I - I_\mu$ (vgl. Abb. 118b); für Motorbetrieb, für den in Abb. 118b die zugehörigen Stromrichtungen im Anker- und Erregerkreis eingezeichnet sind, ist $I_r = |I - I_{\mu M}|$, für Generatorbetrieb ist $I_r = I + I_{\mu G}$. Damit ergeben sich die Verluste im Widerstand r bei Motornennbetrieb $Q_r = 0$, bei Leerlauf ($I = 0$) $Q_r = 4{,}98$ kW und bei Generatornennbetrieb $Q_r = 19{,}32$ kW. Die größten Verluste treten also bei Generatornennbetrieb auf; auf die Nennleistung $U\,I = 427$ kW bezogen, sind das etwa $4{,}5\%$.

Im Gegensatz zu den Fällen, in denen die Streuspannung des Ankerzweiges der Hauptmaschine unterdrückt wird, ist die Verschiebung der Phase der Erregerspannung nach Abb. 118a oder b nur bei einem bestimmten Verhältnis $\ddot{u} = U_E/U$ voll wirksam. Wird die Drehzahl durch Vergrößerung der Ankerspannung U erhöht, so wird die Erregerspannung zu stark verschoben, und dasselbe ist der Fall, wenn die Drehzahl durch Verringerung der Erregerspannung erhöht wird. Mit einer Änderung von U oder U_E müßte also entweder die Drehzahl des Antriebs der Hilfsmaschine in Abb. 118a oder ihre Erregung durch Ab- und Zuschalten von Windungen oder durch Zwischenschaltung eines Transformators geändert werden.

2. Speisung der Maschine aus demselben Einphasennetz mit Arno-Umformer.

Im Abschn. 1 hatten wir vorausgesetzt, daß zur Speisung des Erregerzweiges eine Spannung $\dot{U}_E$ von geeigneter Phase zur Verfügung steht. Eine solche Spannung läßt sich immer erhalten, wenn die Maschine aus einem Mehrphasennetz gespeist wird. Häufig steht aber nur ein Einphasennetz zur Verfügung. Zur Speisung des Erreger-

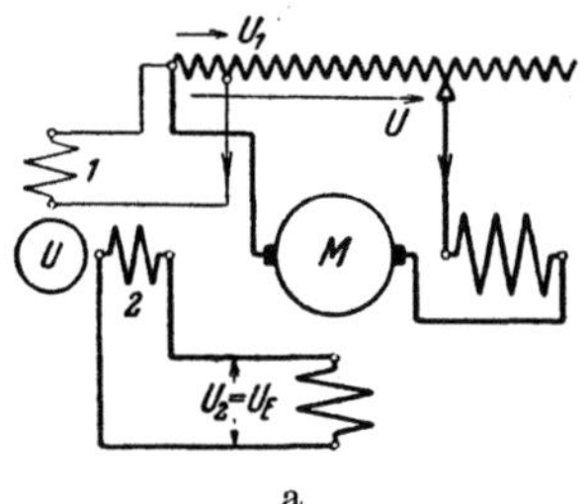

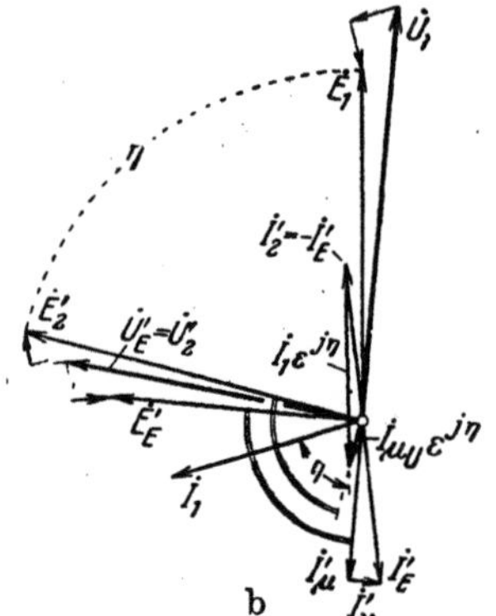

Abb. 120a u. b.   a) Schaltung mit Arno-Umformer U; b) Vektordiagramm.

zweiges muß deshalb noch eine Phasenverdrehung vorgenommen werden. Wir wollen in diesem Abschnitt voraussetzen, daß hierfür ein Phasenumformer mit Kurzschlußläufer verwendet wird. Er ist zuerst von Arno angegeben worden und wird deshalb auch als Arno-Umformer bezeichnet. Zur Entlastung der Primärwicklung des Umformers von Blindströmen kann der Läufer auch noch mit einer Gleichstromerregerwicklung ausgerüstet werden [L 102]. Hier wollen wir voraussetzen, daß der Läufer nur eine Kurzschlußwicklung trägt.

a. Grundsätzliche Schaltung und Wirkungsweise des Umformers. In Abb. 120a ist die Schaltung des Umformers U mit der Einphasenmaschine M dargestellt. Der Umformer trägt im Ständer zwei Wicklungen, eine primäre, am Netz liegende (1), und eine sekundäre (2), die gegenüber der primären um etwa eine halbe Polteilung verschoben ist und die Erregerwicklung der Hauptmaschine speist. Der Läufer ist ein gewöhnlicher Käfiganker mit kleinem Wirk- und Blindwiderstand, um das gegenlaufende Drehfeld möglichst gut abzudämpfen.

Um das wesentliche Verhalten des Umformers zu erkennen, setzen wir der Einfachheit halber voraus, daß das gegenlaufende Drehfeld durch die Käfigwicklung vollkommen abgedämpft wird. Dann unterscheidet sich der Phasenumformer in seinem Verhalten nur dadurch von dem gewöhnlichen Einphasentransformator, daß die primären und sekundären Wechselstromgrößen um den Phasenwinkel η gegeneinander verschoben sind, wenn η/p der Winkel ist, um den die beiden Ständerwicklungen räumlich am Ankerumfang gegeneinander versetzt angeordnet sind.

Bei der Aufzeichnung des Vektordiagramms beziehen wir die Größen im Sekundärkreis des Umformers auf seine Primärwicklung und bezeichnen sie in der üblichen Weise durch einen Beistrich am Formelzeichen. Wir multiplizieren also alle Spannungsgrößen im Sekundärkreis mit der Übersetzung $\ddot{u}_U = w_{1U}\,\xi_{1U}/w_{2U}\,\xi_{2U}$ und die Stromgrößen mit $1/\ddot{u}_U$.

Gehen wir von dem Erregerzweig der Hauptmaschine als Verbraucher mit der Erregerspannung $\dot{U}'_E$ und dem Erregerstrom $\dot{I}'_E$ aus, so erhalten wir die EMK $\dot{E}'_E$ in der Erregerwicklung, indem wir zur Klemmenspannung die Spannungsverluste in der Erregerwicklung addieren (Abb. 120b). Die Stromkomponente $\dot{I}'_v$ in Gegenphase zu $\dot{E}'_E$ stellt den Verluststrom dar, der den Eisenverlusten und den Verlusten in den kurzgeschlossenen Ankerspulen entspricht. Die Stromkomponente $\dot{I}'_\mu$ senkrecht zu $\dot{E}'_E$ ist der Magnetisierungsstrom der Maschine M, mit dem der Erregerfluß $\varPhi$ in Phase ist. Die Klemmenspannung $\dot{U}'_E$ ist auch zugleich die Sekundärspannung $\dot{U}'_2$ des Umformers, während wir den Strom in der Sekundärwicklung des Umformers $\dot{I}'_2 = -\dot{I}'_E$ setzen, weil der Sekundärkreis vom Umformer aus betrachtet als Generator zu behandeln ist. Fügen wir an die Spannung $\dot{U}'_2$ die Spannungsverluste in der Sekundärwicklung des Umformers, so erhalten wir die EMK $\dot{E}'_2$ in dieser Wicklung. Wäre der Umformer ein gewöhnlicher Transformator, so würde $\dot{E}_1 = \dot{E}'_2$ und $\dot{I}_1 = \dot{I}_{\mu U} - \dot{I}'_2$ sein. Beim Umformer sind aber die primären gegenüber den sekundären Größen um den Winkel η zu verdrehen. Wir erhalten so die in Abb. 120b dargestellten primären Strom- und Spannungsgrößen.

In Gegenphase zu $\dot{I}'_\mu$ ist die in der Ankerwicklung der Stromwendermaschine induzierte Bewegungs-EMK $\dot{E}$. Soll diese z. B. in Phase mit $\dot{U}_1$ sein (vgl. Abb. 109a), so ist der Winkel η so zu bemessen, daß $\dot{U}_1$ gegen $\dot{E}'_E$ um 90° phasenverspätet ist. In Wirklichkeit ruft auch noch das gegenlaufende Drehfeld, das nicht vollständig unterdrückt werden kann, einen Spannungsverlust im Umformer hervor, wegen dessen Berücksichtigung auf [L 102] verwiesen sei.

Wenn die beiden Ständerwicklungen des Umformers zu einer geschlossenen Gleichstromankerwicklung vereinigt werden, kann der passende Winkel η durch Anzapfen an der gemeinsamen Wicklung nach Bedarf eingestellt werden.

b. Reihentransformator zur Verbesserung des Betriebes. Um einen einwandfreien Betrieb zu erhalten, muß, wie wir in den Abschn. 1 d u. e gesehen haben, entweder die Induktivität im Ankerzweig unterdrückt oder die Phase des Erregerflusses mit der Belastung der Maschine verdreht werden. Eine solche Verdrehung ist bei dem verwendeten Phasenumformer durch einen einfachen, passend bemessenen Reihentransformator möglich, dessen eine Wicklung vom Ankerstrom der Stromwendermaschine und dessen andere vom Primärstrom des Umformers durchflossen wird (Abb. 121a). Wir wollen auf diese wichtige Schaltung, die auch auf andere ähnliche Fälle anwendbar ist, hier etwas näher eingehen.

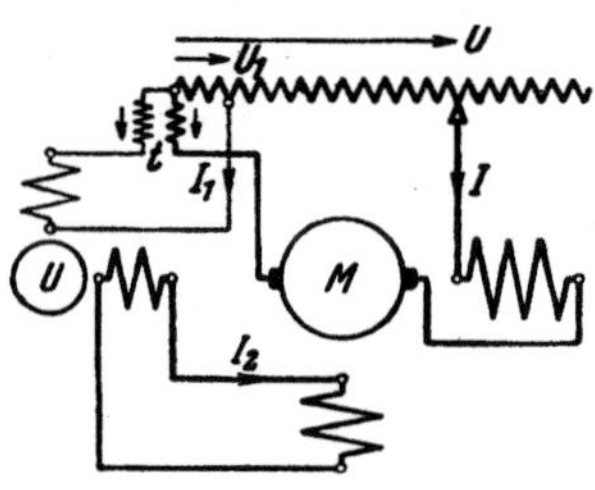

Abb. 121a. Verbesserung des Betriebes durch Reihentransformator t.

Zunächst stellen wir die Spannungsgleichungen auf. Dabei vernachlässigen wir zur besseren Übersicht die Spannungsverluste im Umformer und im Reihentransformator, dessen Windungszahlen w_1 und w_A seien. Wir vernachlässigen ferner den kleinen Verluststrom I_v im Erregerzweig; der Winkel η muß dann 90° sein. Mit den Abkürzungen X_{1t} und X_{At} bezeichnen wir die Hauptblindwiderstände der Wicklungen w_1 und w_A des Transformators, mit X_{gt} ihren gegenseitigen Blindwiderstand $(X_{gt} = X_{1t}\, w_A/w_1 = X_{At}\, w_1/w_A)$; R ist der Wirkwiderstand, X der Blindwiderstand des Ankerzweigs (ohne Transformator), X_{1h} der Hauptblindwiderstand der Primärwicklung des Umformers für das umlaufende Drehfeld allein (vgl. Bd. IV, S. 65). Es gelten dann die Spannungsgleichungen

$$\dot{U}_1 + j\,X_{1t}\,\dot{I}_1 + j\,X_{gt}\,\dot{I} = \dot{E}_1, \qquad \dot{E}_1 = -j\,X_{1h}\,\dot{I}_1 - X_{1h}\,\dot{I}_2' \qquad \text{(171a u. b)}$$

und

$$\dot{U} + R\,\dot{I} + j\,(X + X_{At})\,\dot{I} + j\,X_{gt}\,\dot{I}_1 = \dot{E}, \qquad \dot{E} = -K\,n\,\dot{I}_E = K'\,n\,\dot{I}_2', \qquad \text{(172a u.}$$

worin $K' = K\,I_E/I_2'$ ein Festwert und n die Drehzahl ist. Für den Sekundärkreis des Umformers gilt mit dem Erregerblindwiderstand X_E bei Vernachlässigung der Verluste im Erregerkreis die Stromgleichung

$$\dot{I}_2' = -j\,\frac{X_{1h}}{X_{1h} + X_E'}\,\dot{I}_1. \qquad \text{(173)}$$

Ersetzen wir in Gl. 171 b u. 172b I_2' nach Gl. 173, so erhalten wir aus den Gl. 171a u. 172a, wenn wir noch das Verhältnis U_1/U nach diesen Gleichungen einführen und $X_{1t} = X_{At}\, w_1^2/w_A^2$, $X_{1g} = X_{At}\, w_1/w_A$ beachten, die Beziehung zwischen den Strömen im Primärkreis des Umformers (I_1) und im Ankerzweig (I) zu

$$I_1 = \frac{B + j\,R\,U_1/U}{A_1 + A_2\,n}\,(X_{1h} + X_E') \cdot I, \qquad (174)$$

worin zur Abkürzung

$$A_1 = \frac{w_1}{w_A}\left(\frac{U_1}{U} - \frac{w_1}{w_A}\right)(X_{1h} + X_E')\,X_{At} - X_{1h}\,X_E', \qquad (174\,\text{a})$$

$$A_2 = X_{1h}\,K'\,U_1/U \quad \text{und} \quad B = X_{At}\frac{w_1}{w_A} - (X + X_{At})\,U_1/U \quad (174\,\text{b u. c})$$

gesetzt ist. Mit Gl. 174 erhalten wir schließlich, wenn wir noch die Abkürzungen

$$A_1' = (X_{At}\,w_1\,U/w_A\,U_1) \cdot A_1, \qquad A_2' = (X_{At}\,w_1\,U/w_A\,U_1) \cdot A_2 \qquad (175\,\text{a u. b})$$

und
$$D = (w_1/w_A)^2\,X_{At}\,(X_{1h} + X_E') + X_{1h}\,X_E' \qquad (175\,\text{c})$$

einführen, aus Gl. 172a mit den Gl. 171b u. 173

$$I = \frac{A_1 + A_2 \cdot n}{D\,R - j\,(D\,B\,U/U_1 + A_1') - j\,A_2' \cdot n}\,U. \qquad (175)$$

c. Phasengleichheit zwischen I und E. Wir wollen zunächst den für die Drehmomentbildung günstigsten Fall voraussetzen, daß I in Phase oder Gegenphase zu Φ, also in Gegenphase oder Phase mit E ist. Dann muß mit der Belastung die EMK E_1 im Umformer um denselben Phasenwinkel verfrüht werden gegen U_1 wie die EMK der Bewegung E gegen U. Wir erhalten damit nach den Gl. 171a u. 172a (vgl. auch Abb. 121b) die Bedingung

$$\frac{j(X + X_{At})\,I}{j\,X_{gt}\,I} = \frac{X + X_{At}}{X_{At}\,w_1/w_A} = \frac{U}{U_1}. \qquad (176\,\text{a})$$

Daraus folgt

$$X_{At} = \frac{X}{(w_1\,U/w_A\,U_1) - 1}, \qquad (176)$$

und es wird $B = 0$ (Gl. 174c).

Für eine gegebene Maschine erhalten wir bei Annahme eines Windungsverhältnisses w_1/w_A und des die Drehzahl bestimmenden Verhältnisses U_1/U die Ausdrücke A_1 und A_2 nach Gl. 174a u. b. Damit und mit den Gl. 175a bis c ergibt sich nach Gl. 175 der Ankerstrom I, den wir durch Einsetzen der Zahlenwerte in die rechte Seite der Gleichung in Wirk- und Blindkomponente zu U zerlegen. Mit I

erhalten wir nach Gl. 174 den Strom in der Primärwicklung des Umformers und damit nach Gl. 173 den auf die Primärwicklung des Umformers bezogenen Strom in seiner Sekundärwicklung, der bei $\xi_{1U} = \xi_{2U}$
durch Multiplikation mit dem Windungsverhältnis w_{1U}/w_{2U} des Umformers den Erregerstrom I_E ergibt.

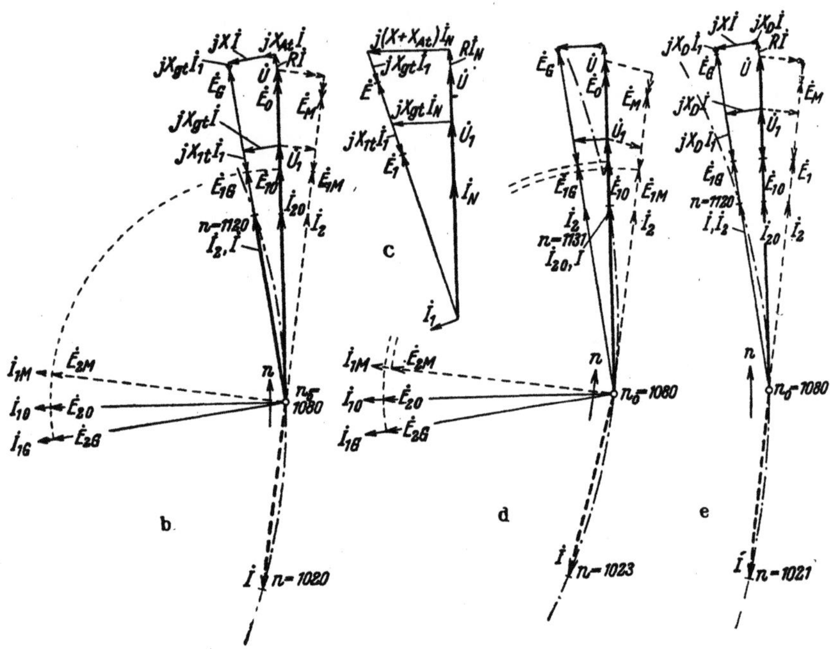

Abb. 121 b bis e. Vektordiagramme zu Abb. 121 a. —— Generator-, ——— Motorbetrieb. b) $\dot{E}$ und $\dot{I}$ phasengleich; d) $\dot{U}$ und $\dot{I}$ phasengleich (c grundsätzliches
Diagramm für d); e) Drosselspule statt Reihentransformator.

Bei Leerlauf muß der Strom $I = 0$ sein. Deshalb ergibt sich die
Leerlaufdrehzahl n_0 nach Gl. 175, wenn $A_1 + A_2\, n = 0$, und mit Gl. 176,
wenn

$$K'\, n_0 = \frac{w_1}{w_A}\, \frac{X_{1h} + X'_E}{X_{1h}}\, X + X'_E\, \frac{U}{U_1}\,. \tag{177a}$$

Für $\dot{I}_1$ erhält man in diesem Falle nach den Gl. 175 u. 174

$$\dot{I}_1 = \dot{I}_{10} = j\, \frac{X_{1h} + X'_E}{D}\, \dot{U}_1\,. \tag{177b}$$

Über die Wahl des Windungsverhältnisses w_1/w_A des Reihentransformators ist folgendes zu sagen. Nach Gl. 176 muß $w_1\, U/w_A\, U_1$
immer größer als 1 sein. Je größer dieses Verhältnis gewählt wird,

desto kleiner wird X_{At}. Nach Gl. 172a vergrößert sich aber der Blind-widerstand X im Ankerzweig um X_{At}. Mit Rücksicht auf den Lei-stungsfaktor im Ankerzweig sollte also $w_1 U / w_A U_1$ möglichst groß sein. Für $w_1 U / w_A U_1 = 5$ ist aber die zusätzliche Blindspannungskom-ponente $X_{At} I$ im Ankerzweig nur noch $0,25\,XI$.

In Abb. 121b sind die strichpunktierte Ortskurve des Ankerstromes I und die Vektordiagramme bei Leerlauf, Motor- und Generatorbetrieb für dieselbe Maschine dargestellt, für die Abb. 119a gilt. Es ist also $R = 0,02$, $X = 0,05$, $X_E = 0,041\ \Omega$, $K = 0,0004\ \Omega\text{min}$, $n_0 = 1080$ U/min; R_E ist vernachlässigt. Die Übersetzung des Umformers ist zu 1 angenommen, die auf die primäre Wicklung des Umformers bezogenen Größen des Sekundärkreises sind also gleich den wirk-lichen Größen (ohne Beistrich). Den Magnetisierungsstrom des Umformers schätzen wir zu $^1/_3$ des Belastungsstromes. Dann ist $X_{1h} = 3X_E = 0,123\ \Omega$. Setzen wir denselben Erregerfluß voraus wie im Diagramm Abb. 119a, so ist $I_2 = I_E = I_\mu = 1000$ A und nach Gl. 173 $I_1 = 1333$ A. Nehmen wir beispielsweise $w_1/w_A = 0,5$ an, so ist nach Gl. 177a $U/U_1 = 9,72$, also $w_1 U / w_A U_1 = 4,86$; damit erhalten wir nach Gl. 176 $X_{At} = 0,01295\ \Omega$. Die einzustellenden Klemmenspannungen sind nach Gl. 171a u. b $U_1 = 45,4$ V, $U = 9,72 \cdot 45,4 = 441$ V. Die Spannungs-größen in den Umformerkreisen sind der Deutlichkeit wegen im 8-fachen Maß-stab gegenüber den Spannungsgrößen im Ankerkreis dargestellt. Für den Generatorbetrieb (voll ausgezogenes Spannungsdiagramm links von $\dot U$) sind die Spannungsverluste angeschrieben. Wir erkennen aus Abb. 121b, daß I immer in Phase (bzw. Gegenphase) mit der EMK der Bewegung $\dot E$ in der Ankerwicklung ist, und daß sich mit der Belastung $\dot E_2$ im sekundären Kreis des Umformers so verschiebt, daß $\dot I_2$ immer in Phase mit $\dot E$ ist.

Obgleich Gl. 175 die Form der Gleichung eines Kreises allgemeiner Lage hat, geht die Ortskurve des Ankerstromes doch durch den Koordinatenanfangs-punkt, weil der Zähler bei einer gewissen Drehzahl, der Leerlaufdrehzahl, Null wird. Die Koordinaten des Kreismittelpunktes und den Halbmesser des Kreises erhalten wir nach den Gl. 37a bis c, Bd. II, wenn wir die Abszisse x in die Richtung der Klemmenspannung $\dot U$ fallen lassen, zu

$$ x_m = 0, \qquad y_m = \frac{U\,w_1/w_A - U_1}{2\,X\,w_1/w_A}, \qquad r = y_m. \qquad \text{(178a bis c)} $$

In unserm Beispiel wird $y_m = r = 3500$ A.

d. I nicht in Phase mit $\dot E$. Durch entsprechende Bemessung des Reihentransformators läßt sich auch erreichen, daß sich bei einem bestimmten Belastungszustand ein vorgeschriebener Phasenwinkel zwischen $\dot U$ und I einstellt. Nehmen wir beispielsweise an, daß bei Generatorbetrieb und dem Ankerstrom I_N der Leistungsfaktor $\cos \varphi = 1$ sein soll, so geht nach Abb. 121c die Beziehung 176a zwischen X_{At} und X über in

$$ \frac{X + X_{At}}{X_{gt}} = \frac{U + R\,I_N}{U_1}, \qquad (179\,\mathrm{a}) $$

woraus die Bedingung folgt (vgl. Abb. 121c)

$$ X_{At} = \frac{w_A\,U_1/U}{w_1\,(U + R\,I_N)/U - w_A\,U_1/U}\,X. \qquad (179) $$

Für das im Abschn. c bei Phasengleichheit zwischen I und $\dot{E}$ behandelte
Beispiel erhalten wir unter der Annahme, daß die Bedingung 179 bei $I_N = 1000$ A
erfüllt ist, die in Abb. 121 d dargestellte Ortskurve des Ankerstromes und die
Vektordiagramme für Leerlauf, Motor- und Generatorbetrieb. Der Strom I_2
im Erregerkreis ist hier für die drei Betriebszustände etwas verschieden; es ist
in Abb. 121 d angenommen, daß er bei Generatorbetrieb 1000 A wie in
Abb. 121 b beträgt.

e. Bemessung des Reihentransformators. Der Hauptblindwiderstand
X_{At} des Transformators ergibt sich nach Gl. 58a, Bd. II, zu

$$X_{At} = 8\pi^2 f \frac{q}{\delta''} w_A^2 \cdot 10^{-9}\ \Omega, \tag{180a}$$

die resultierende Durchflutung des Transformators ist

$$\Theta = w_A \sqrt{I^2 + (w_1/w_A)^2 I_1^2}\ \text{A} \tag{180b}$$

und die Induktion im Transformatorkern

$$B = \sqrt{2} \cdot 0{,}4\pi\, \Theta/\delta''\ \text{Gauß}. \tag{180c}$$

Setzen wir δ'' und Θ nach den Gl. 180c u. 180b in Gl. 180a ein, so
erhalten wir das Produkt aus Windungszahl w_A und Kernquerschnitt q
des Reihentransformators

$$w_A\, q = \frac{X_{At} \sqrt{I^2 + (w_1/w_A)^2 I_1^2}}{\sqrt{2}\,\pi f\, B\, 10^{-8}}\ \text{cm}^2. \tag{180}$$

Eine passende Induktion B wird angenommen (etwa $B = 13\,000$ Gauß);
die Größen der rechten Seite der Gl. 180 sind für einen bestimmten
Fall (nach Gl. 176 ist auch das Verhältnis w_1/w_A gegeben) bekannt.
Damit erhält man das Produkt $w_A\, q$, das man so zerlegt, wie es für
den Entwurf des Transformators günstig erscheint. Den einzustellenden
Luftspalt δ'' können wir dann nach Gl. 180c berechnen.

Der Reihentransformator (t in Abb. 121a) kann auch als Spartransformator
ausgeführt werden. Ersetzen wir ihn durch eine einfache Drossel, so entspricht
dies dem Windungsverhältnis $w_1/w_A = 1$ in unsern Gleichungen. Die Spannung
U_1 muß dann verhältnismäßig klein bemessen werden, wie wir es auch in den
Vektordiagrammen Abb. 121 b u. d mit der Übersetzung 1 im Umformer angenommen haben. Mit $w_1/w_A = 1$ erhalten wir bei Phasengleichheit zwischen I
und $\dot{E}$ das Vektordiagramm in Abb. 121 e, in dem der Blindwiderstand der
Drossel mit X_D bezeichnet ist. Der Teil $j\, X_D\, I$ des Blindspannungsverlustes
im Ankerzweig ist hier noch kleiner als $j\, X_{At}\, I$ in Abb. 121 b, dagegen ist der
Spannungsverlust $j\, X_D\, I_1$ im Primärkreis des Umformers größer als $j\, X_{1t}\, I_1$ in
Abb. 121 b. Das hat aber nicht viel zu sagen, weil die Phasenbeziehung durch
diesen Spannungsverlust nicht gestört wird und sein Betrag und damit auch der
Fluß $\dot{\Phi}$ in der Stromwendermaschine (proportional $\dot{E}_1$) sich mit der Belastung
nur sehr wenig ändert.

In praktischen Fällen wird man die Übersetzung des Umformers so wählen, daß im Primärkreis kleine Ströme auftreten. Dann wird man im allgemeinen den Reihentransformator nicht mehr durch eine Drossel ersetzen dürfen.

f. Verhältnis w_1/w_A bei der Regelung. Die Regelung der Drehzahl bei Motorbetrieb oder die Regelung beim Generator, wenn die Drehzahl veränderlich ist, kann durch Ändern der Spannungen U_1 oder U oder beider erfolgen. Um die Maschine möglichst vollkommen auszunutzen, wird man die Regelung der Klemmenspannung U bevorzugen. In jedem Falle muß mit der Änderung des Spannungsverhältnisses U_1/U eine Änderung der Übersetzung w_1/w_A des Reihentransformators nach Maßgabe der Gl. 176 bzw. 179 erfolgen, um für alle Spannungsverhältnisse U_1/U günstige Betriebsverhältnisse zu erhalten. Für den Fall, daß Ankerstrom $\dot{I}$ und Bewegungs-EMK $\dot{E}$ phasengleich (bzw. in Gegenphase) bleiben sollen, muß nach Gl. 176

$$w_1 = w_A \frac{X + X_{At}}{X_{At}} \cdot \frac{U_1}{U} \tag{181}$$

sein. Bei fester Spannung U_1 und fester Windungszahl w_A muß also w_1 umgekehrt proportional U geändert werden. Mit kleinerer Leerlaufdrehzahl wächst also w_1 und damit der Spannungsverlust $j\,X_{1t}\,\dot{I}_1$, so daß (vgl. Abb. 121b) E, und damit auch der Erregerfluß der Maschine M, dem das Drehmoment proportional ist, sinkt. Die Drehzahlregelung in Schaltung nach Abb. 121a kommt deshalb **nur bis zu gewissen unteren Drehzahlen** in Frage. In dem Zahlenbeispiel des Abschn. c ergibt sich z. B. bei etwa halber Drehzahl und Nennstrom nur noch das 0,75-fache des Nennmoments.

g. Funkenunterdrückung. Zur Unterdrückung der EMK der Ruhe in den von Bürsten kurzgeschlossenen Ankerspulen ist ein Wendefeld erforderlich, das (vgl. z. B. Abb. 121b) etwa in Phase mit $\dot{I}_1$ ist, während das Wendefeld zur Unterdrückung der Stromwende-EMK in Phase

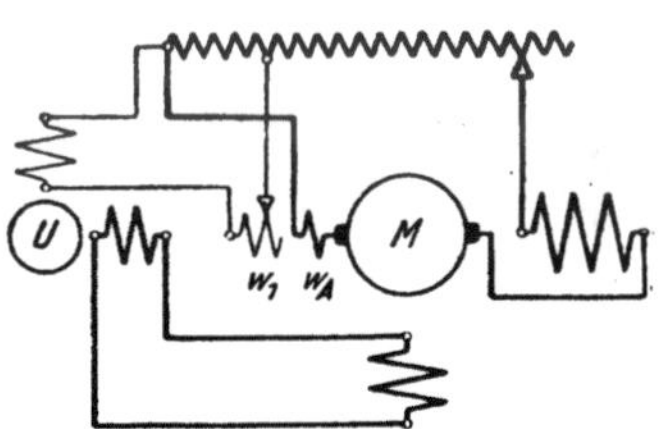

Abb. 122. Ersatz des Transformators in Abb. 121a durch die Wicklungen auf dem Wendepol.

mit $\dot{I}$ sein muß. Wir erhalten deshalb das passende Wendefeld zur Unterdrückung beider EMKe, wenn auf dem Wendezahn zwei Wendewicklungen angeordnet werden, von denen die eine vom primären Strom I_1 des Umformers, die andere vom Ankerstrom I durchflossen wird. Wir können dann den besonderen Reihentransformator entbehren, weil der Wendepolfluß den Transformatorfluß ersetzt. Die Schaltung ist hierfür in Abb. 122 dargestellt. Bei Einhaltung des Windungsverhältnisses w_1/w_A, das ein einwandfreier Betrieb verlangt,

sind die Windungszahlen w_1 und w_A so zu bemessen, daß das Wendefeld die richtige Stärke erhält. Wenn mit der Regelung der Ankerspannung U gleichzeitig auch die Windungszahl w_1 geändert wird,
können die EMKe der Ruhe und der Stromwendung für alle Belastungszustände unterdrückt werden.

h. Kompoundierung. In manchen Fällen ist bei einer bestimmten
Stromänderung im Ankerzweig eine größere Änderung der Drehzahl
erwünscht, als sie nach den Schaltungen in Abb. 121a u. 122 eintritt.
Um dies zu erreichen ist eine Kompoundierung erforderlich, durch die
der Erregerfluß bei Motorbetrieb verstärkt, bei Generatorbetrieb
geschwächt wird. Diese Kompoundierung kann bei Verwendung des
Phasenumformers nach der Schaltung in Abb. 123a oder b erfolgen
[L 103].

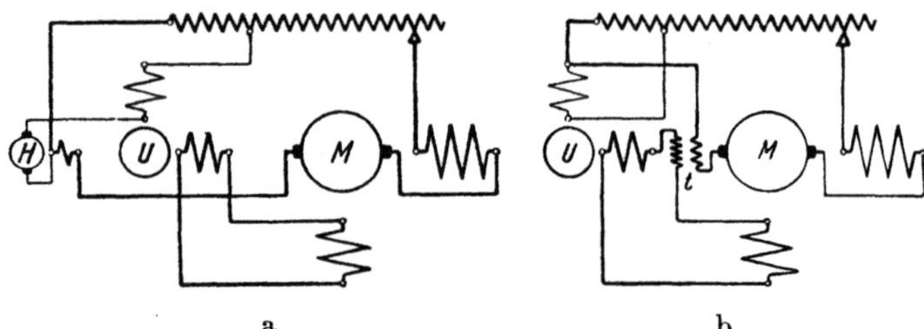

a   b

Abb. 123a u. b. Schaltungen zur Kompoundierung; a) mit Hilfsmaschine H,
b) mit Reihentransformator t.

In Abb. 123a wird in den Primärkreis des Umformers U die Ankerwicklung einer kleinen mit ihm gekuppelten Stromwendermaschine H
geschaltet, die mit dem Ankerstrom der Hauptmaschine M erregt
wird und in den Primärkreis des Umformers eine dem Ankerstrom
phasengleiche EMK einfügt, die die EMK E_1 im Umformer bei Generatorbetrieb der Maschine M verkleinert, bei Motorbetrieb vergrößert.
Damit wird auch die EMK E_2 in der Sekundärwicklung des Umformers in demselben Sinne beeinflußt, so daß der Erregerfluß der
Hauptmaschine M bei Motorbetrieb verstärkt, bei Generatorbetrieb
geschwächt wird (vgl. z. B. Abb. 121b). Durch einfache Umschaltung
kann die Hilfsmaschine H auch zum Anwerfen des Umformers U verwendet werden.

Nach Abb. 123b wird durch einen Reihentransformator t, dessen
Primärwicklung vom Ankerstrom durchflossen wird, in den Erregerkreis der Hauptmaschine eine dem Ankerstrom I proportionale EMK
eingefügt, die, wie z. B. aus Abb. 121b zu ersehen ist, gegen den
Ankerstrom um eine Viertelperiode verschoben ist, so daß beim Motorbetrieb der Erregerfluß verstärkt, beim Generatorbetrieb geschwächt wird.

3. Hilfsmaschine mit Stromwender als Phasenumformer.

Um die geeignete Phase der Erregerspannung für den Betrieb der fremderregten Maschine aus einem Einphasennetz zu erhalten, kann auch eine mit fester Drehzahl angetriebene Stromwendermaschine H in der Schaltung nach Abb. 124a verwendet werden [L 104].

Das Vektordiagramm ist für die Erregerkreise in Abb. 124b dargestellt (Eisenverluste vernachlässigt). Der Magnetisierungsstrom $\dot{I}_\mu$ in der Erregerwicklung der Hauptmaschine ist gegen die Ankerzweigspannung $\dot{U}$, die in Phase mit $\dot{U}_e$ ist, um etwas mehr als 180° phasenverschoben, und zwar in dem Sinne, daß für einen bestimmten Be-

lastungszustand bei Generatorbetrieb Ankerstrom $\dot{I}$ und EMK der Bewegung $\dot{E}$ in Phase sind (vgl. Abb. 121b). Die Abweichung des Winkels zwischen $\dot{I}_\mu$ und $\dot{U}$ von 180°, die durch die Wirkwiderstände in den beiden Erregerkreisen bedingt ist, ist allerdings in praktischen Fällen kleiner als es in Abb. 124b der Deutlichkeit wegen dargestellt ist.

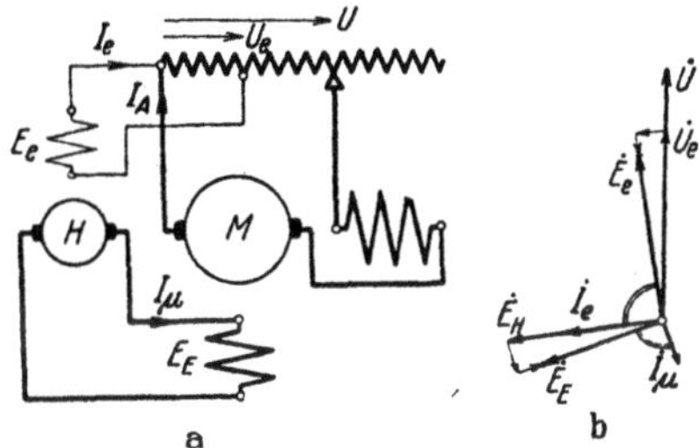

Abb. 124a u. b. a) Hilfsmaschine H mit Stromwender; b) Vektordiagramm.

Um bei Leerlauf den Ankerstrom $I = 0$ zu erhalten, muß bei Leerlauf $\dot{I}_\mu$ in Gegenphase zu $\dot{U}$ sein. Das läßt sich erreichen, wenn in den Erregerkreis, gebildet aus der Ankerwicklung der Hilfsmaschine H und der Erregerwicklung der Hauptmaschine M, noch eine kleine, der Spannung $\dot{U}$ phasengleiche Spannung eingefügt wird, die der Sekundärwicklung des Haupttransformators entnommen werden kann. In diesem Falle lassen sich die in den Abschn. 1c u. d und 2 angegebenen Mittel zur Verbesserung des Betriebes anwenden. So kann der Ankerkreis der Hauptmaschine entweder mit dem Erregerkreis der Hilfsmaschine (Strom I_e) durch einen Reihentransformator (vgl. Abb. 121a) induktiv, oder mit dem Ankerkreis der Hilfsmaschine (Strom I_μ) durch eine zweite Hilfsmaschine (vgl. Abb. 118a) ebenfalls induktiv oder durch einen Wirkwiderstand (vgl. Abb. 118b) konduktiv gekoppelt werden.

Es erübrigt sich, die Spannungsgleichungen und Vektordiagramme hierfür noch anzugeben, da sie sich ohne besondere Überlegungen aus denen im Abschn. 1 u. 2 ableiten lassen (vgl. Abb. 121b, 119a u. b).

4. Speisung der Erregerwicklung aus demselben Netz wie die Ankerwicklung ohne Hilfsmaschine.

a. Brückenschaltung der Erregerwicklung. Die geeignete Phase des Stromes in der Erregerwicklung läßt sich, zunächst wenigstens für einen bestimmten Belastungszustand, auch ohne umlaufende Hilfsmaschinen einstellen. Bei einer von Kann angegebenen Schaltung, die von den SSW zur Nutzbremsung bei der Ricksgränsbahn verwendet wurde, sind nur Wirk- und Blindwiderstände erforderlich [L 123, S. 718]. Diese Brückenschaltung ist in Abb. 125a dargestellt. Für den Fall, daß der Strom in der Erregerwicklung $I_E \approx I_\mu$ genau in Gegenphase zur Spannung U_1 am Haupttransformator ist, ist in Abb. 125b ein Vektordiagramm des Erregerzweiges aufgezeichnet. Es läßt sich aus diesem Diagramm leicht erkennen, daß die gewünschte Phase des Erregerstromes nur mit sehr großen Verlusten $R\,I_R^2$ im Wirkwiderstand erreicht werden kann, die wesentlich größer sind als die Blindleistung $X_E\,I_E^2$ der Erregerwicklung; die Verluste betragen im vorliegenden Falle das 2,4-fache $[(R\,I_R/X_E\,I_E) \cdot (I_R/I_E)]$ der Blindleistung der Erregerwicklung.

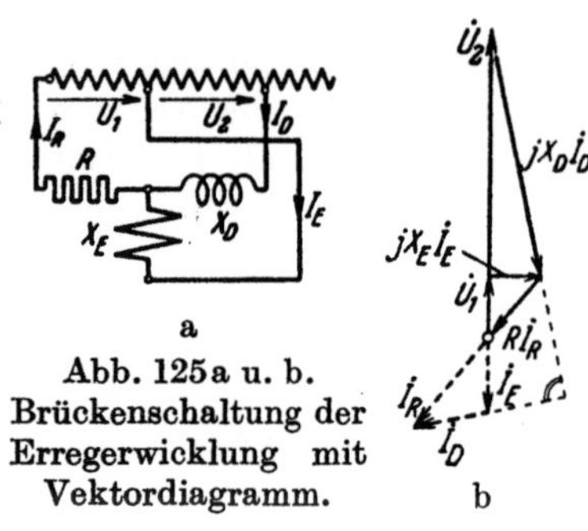

a

Abb. 125a u. b.
Brückenschaltung der
Erregerwicklung mit
Vektordiagramm.

b

b. Kondensator im Erregerkreis. Wesentlich kleinere Verluste im Erregerkreis ergeben sich bei Verwendung von Kondensatoren. Solche Schaltungen sind in den Abb. 126a bis c dargestellt. Die besonderen Wirkwiderstände R_E, in denen der Wirkwiderstand der Erregerwicklung mit eingeschlossen sein soll, sind erforderlich, um die Schaltungen von Schwankungen der Netzfrequenz oder der Induktivität der Erregerwicklung möglichst unabhängig zu machen und bei

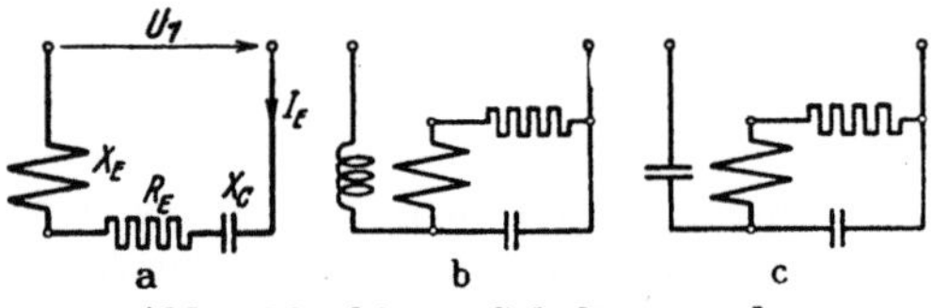

a   b   c

Abb. 126a bis c. Schaltungen der
Erregerwicklung mit Kondensator.

stärkerer magnetischer Beanspruchung im Eisen der Maschine andere Spannungsgleichgewichte im Erregerkreis als das verlangte auszuschließen. Außerdem ist auch ein gewisser Wirkwiderstand erforderlich, um selbsterregte Ströme netzfremder Frequenz zu unterdrücken (vgl. Abschn. J 7). Um einen möglichst kleinen Kondensator zu erhalten, wird man die Erregerwicklung für eine höhere Spannung, etwa 500 V, bemessen. Ist die Erregerwicklung für Reihenschaltung von Ankerwicklung und Erregerwicklung bemessen, so kann zur Herabsetzung der Kosten des Kondensators noch ein Transformator eingefügt werden, der die Erregerspannung auf eine höhere Spannung oder die Kondensatorspannung auf eine niedrigere Spannung umsetzt (vgl. Abb. 115).

Da der Zwischentransformator nur eine zusätzliche Wirk- und Blindspannungskomponente zur Folge hat, die wir uns in die Wirk- und Streublindspannung der Erregerwicklung eingeschlossen denken können, dürfen wir uns bei der rechnerischen Behandlung auf die Schaltungen ohne Zwischentransformator beschränken. Dabei setzen wir der Einfachheit wegen den Strom in der Erregerwicklung $\dot{I}_E = \dot{I}_\mu$, vernachlässigen also die Eisenverluste der Ruhe und die Rückwirkung der Ströme in den von Bürsten kurzgeschlossenen Ankerspulen.

Nach hier nicht wiedergegebenen näheren Untersuchungen scheinen die Schaltungen nach den Abb. 126b u. c keinen Vorteil gegenüber der Schaltung Abb. 126a zu bieten. Bei denselben Verlusten im Wirkwiderstand R_E werden die zusätzlichen Hilfswiderstände teurer und bei der Schaltung nach Abb. 126b ist auch der Einfluß einer Frequenzänderung noch größer als bei der Schaltung nach Abb. 126a. Deshalb beschränken wir uns auf die Untersuchung der Schaltung nach Abb. 126a.

Aus der Spannungsgleichung

$$\dot{U}_1 + [R_E + j\,(X_E - X_C)]\,\dot{I}_E = 0 \qquad (182)$$

ergibt sich der Erregerstrom

$$\dot{I}_E = -\frac{(R_E - j\,(X_E - X_C)}{R_E^2 + (X_E - X_C)^2}\,\dot{U}_1. \qquad (182\,\text{a})$$

Damit dieser in Gegenphase zu $\dot{U}_1$ ist, muß

$$X_C = X_E \qquad (182\,\text{b})$$

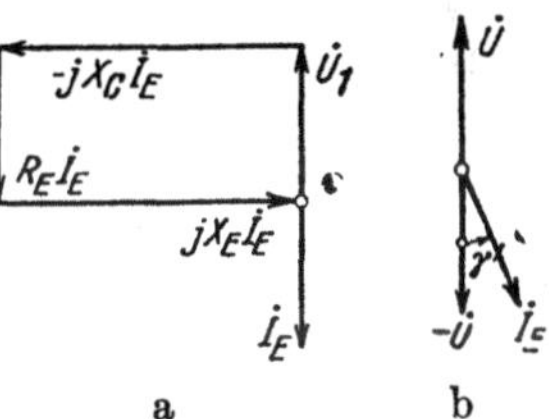

a   b

Abb. 127a u. b. a) Vektordiagramm zu Abb. 126a; b) Phasenwinkel γ'.

sein. Für den Fall, daß die Verluste im Wirkwiderstand R_E halb so groß sind wie die Blindleistung der Erregerwicklung, Relativverluste $v_R = R_E I_E^2 / X_E I_E^2 = 0{,}5$, ist in Abb. 127a das Vektordiagramm dargestellt.

Bei einer Änderung der Frequenz des Netzes von f auf $\alpha\,f$ wird der induktive Widerstand des Erregerkreises $\alpha\,X_E$, der kapazitive X_C/α. Bezeichnen wir mit γ' den Phasenwinkel von $-\dot{U}_1$ nach $\dot{I}_E$ oder $-\dot{U}$ nach $\dot{I}_E$ (vgl. Abb. 127b), so wird nach Gl. 182a bei einer Frequenzänderung auf das α-fache

$$\operatorname{tg}\gamma' = -\frac{\alpha\,X_E - X_C/\alpha}{R_E} \qquad (183\,\text{a})$$

und bei Abstimmung der Kapazität des Kondensators nach Gl. 182b bei Nennfrequenz und mit $v_R = R_E / X_E$

$$\operatorname{tg}\gamma' = \frac{1-\alpha^2}{\alpha\,v_E}. \qquad (183\,\text{b})$$

Der Einfluß einer Frequenzänderung auf den Winkel γ' ist also bei kleinen Frequenzänderungen umgekehrt proportional den relativen

Verlusten v_R im Wirkwiderstand R_E. In Abb. 128a ist der Betrag des Winkels γ' über der Frequenzänderung α bei verschiedenen v_R als Parameter aufgetragen. γ' wird für eine Frequenzerhöhung ($\alpha > 1$) negativ, für eine Frequenzsenkung ($\alpha < 1$) positiv. I_E verschiebt sich in der Phase im ersten Falle in dem Sinne, wie es für Generatorbetrieb, im zweiten Falle wie es für Motorbetrieb bei Belastung günstig ist (vgl. Abschn. 1c). Im allgemeinen sind wohl keine größeren Änderungen als $\pm 1\%$ der Nennfrequenz zu erwarten. Für eine solche Frequenzsenkung ($\alpha = 0{,}99$) stellt die Kurve in Abb. 128b den Phasenwinkel γ' über v_R dar. Um eine möglichst kleine Änderung der Phase des Erreger-

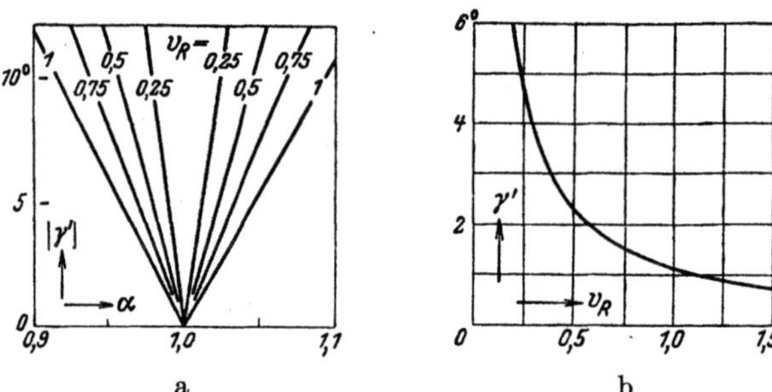

Abb. 128a u. b. Einfluß von Frequenzschwankungen; a) $|\gamma'|$ über Frequenzverhältnis α, b) γ' über $v_R = R_E/X_E$ bei $\alpha = 0{,}99$.

stromes bei einer Frequenzänderung zu erhalten, ist v_R also groß zu wählen, wodurch der Gesamtwirkungsgrad der Maschine natürlich herabgesetzt wird.

Wenn die Maschine nicht im unteren geradlinigen Teil der magnetischen Kennlinie arbeitet, wird der kleinste noch zulässige Wirkwiderstand R_E auch noch durch die Forderung bestimmt, daß keine weiteren Gleichgewichtszustände der Spannungen im Erregerkreis auftreten dürfen als der gewünschte, z. B. der durch Abb. 127a gekennzeichnete Zustand.

Zur ungefähren Bestimmung dieses Widerstandes berücksichtigen wir nur die Grundschwingungen der Wechselstromgrößen.

In Abb. 129 ist die magnetische Kennlinie unseres Vollbahnmotors (S. 153) $E_E = X_E I_E$ und die Kondensatorspannung $X_C I_E$ über dem Erregerstrom I_E aufgetragen. Der Schnittpunkt der beiden Kurven stellt den verlangten Gleichgewichtszustand dar, bei dem $X_E = X_C$ und $I_E = I_{E_0}$ ist. Mit dem noch zu wählenden Wirkwiderstand R_E erhält man die Spannung am Erregerzweig zu $U_1 = R_E I_{E_0}$. Wenn noch andere Gleichgewichtszustände als beim Strom I_{E_0} und der Spannung U_1 möglich sind, muß für diese die Gleichung

$$\sqrt{U_1^2 - (R_E I_E)^2} = R_E \sqrt{I_{E_0}^2 - I_E^2} = (X_E - X_C) I_E \qquad (184)$$

gelten. In Abb. 129 sind außer der Kurve $(X_E - X_C)\,I_E$ noch drei gestrichelte Kurven $R_E\sqrt{I_{E_0}^2 - I_E^2}$ über I_E aufgezeichnet. R_E ist dabei so angenommen, daß die Kurve *1* (mit $R_E = 0{,}0063\,\Omega$) die Kurve $(X_E - X_C)\,I_E$ schneidet, die Kurve *2* ($R_E = 0{,}00775\,\Omega$) sie berührt und die Kurve *3* ($R_E = 0{,}0092\,\Omega$) überhaupt keinen Schnittpunkt mit $(X_E - X_C)\,I_E$ aufweist. Im letzten Falle (Kurve *3*) ist nur der eine Gleichgewichtszustand mit $I_E = I_{E_0}$ möglich, während im ersten Falle (Kurve *1*) noch zwei weitere Gleichgewichtszustände möglich sind, die durch die Schnittpunkte der Kurve *1* mit $(X_E - X_C)\,I_E$ gegeben sind; nämlich bei $I_E = 550$ A, $X_E\,I_E = 22{,}7$ V, $X_C\,I_E = 12{,}1$ V und bei $I_E = 1570$ A, $X_E\,I_E = 41{,}2$ V, $X_C\,I_E = 34{,}4$ V. Der Widerstand R_E, für den die Kurve $R_E\sqrt{I_{E_0}^2 - I_E^2}$ die Kurve $(X_E - X_C)\,I_E$ berührt, ist der kritische Widerstand $R_{E\,\mathrm{kr}}$, und es muß der Wirkwiderstand im Erregerkreis

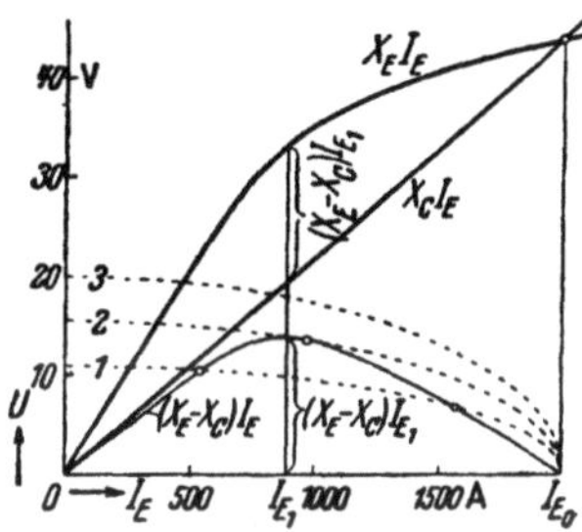

$$R_E > R_{E\,\mathrm{kr}} \qquad (185\,\mathrm{a})$$

bemessen werden, damit kein weiterer Gleichgewichtszustand als der bei I_{E_0} auftreten kann. In unserm Falle ist $R_{E\,\mathrm{kr}} = 0{,}00775\,\Omega$, $R_{E\,\mathrm{kr}}\,I_{E_0} = 15{,}5$ V und $X_E\,I_{E_0} = 43{,}8$ V, also $R_{E\,\mathrm{kr}} = 0{,}355\,X_E$.

Abb. 129. Ermittlung der möglichen Gleichgewichtszustände.

Angenähert kann $R_{E\,\mathrm{kr}}$ aus dem Höchstwert von $(X_E - X_C)\,I_E$ und dem dabei auftretenden Wert von I_E, den wir I_{E_1} nennen wollen (vgl. Abb. 129), berechnet werden. Es ist nach Gl. 184

$$R_{E\,\mathrm{kr}} \approx \frac{(X_E - X_C)\,I_{E_1}}{\sqrt{I_{E_0}^2 - I_{E_1}^2}}. \qquad (185\,\mathrm{b})$$

Der Deutlichkeit wegen haben wir in Abbildung 129 angenommen, daß I_{E_0} gleich dem doppelten Nennstrom unserer Maschine ist. Bei $I_{E_0} = I_{E\,N} = 1000$ A, erhält man $R_{E\,\mathrm{kr}} = 0{,}0045\,\Omega$ oder $R_{E\,\mathrm{kr}} \approx 0{,}1\,X_E$, einen Wert, der wesentlich kleiner ist, als er mit Rücksicht auf Frequenzschwankungen gewählt werden muß.

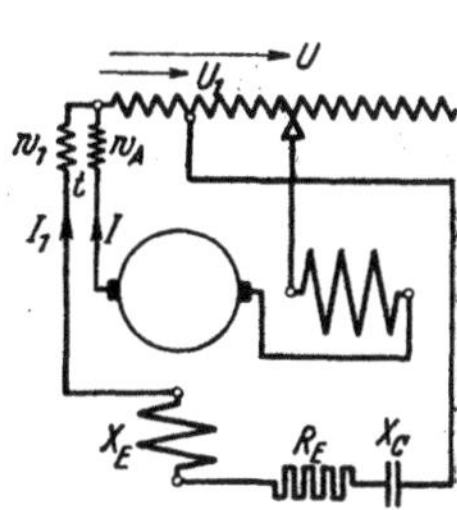

Abb. 130a. Verbesserung des Betriebes durch Transformator *t*.

c. Selbsttätige Einstellung des Erregerflusses mit der Belastung. Die in den Abschn. 1d u. 2b angegebenen Mittel zur selbsttätigen Phaseneinstellung des Erregerflusses mit der Belastung lassen sich auch hier anwenden. Als Beispiel wollen wir die Schaltung in Abb. 130a mit Reihentransformator *t* betrachten. Die Spannungsgleichungen lauten hierfür (vgl. S. 164)

$$\dot{U} + [R + j\,(X + X_{At})]\,\dot{I} + j\,X_{gt}\dot{I}_1 + K\,n\,\dot{I}_1 = 0, \qquad (186\,\mathrm{a})$$

$$\dot{U}_1 + [R_E + j\,(X_E - X_C + X_{1t})]\,\dot{I}_1 + j\,X_{gt}\dot{I} = 0. \qquad (186\,\mathrm{b})$$

Daraus ergibt sich der Strom im Erregerzweig

$$\dot{I}_1 = -\frac{\dot{U}_1 + j\,X_{gt}\,\dot{I}}{R_E + j\,(X_E - X_C + X_{1t})} \qquad (187\,\mathrm{a})$$

und der im Ankerzweig

$$\dot{I} = \frac{\dot{U}\,[R_E + j\,(X_E - X_C + X_{1t})] - \dot{U}_1\,(K\,n + j\,X_{gt})}{-\,X_{gt}^2 + j\,K\,n\,X_{gt} - [R + j\,(X + X_{At})]\cdot[R_E + j\,(X_E - X_C + X_{1t})]}. \qquad (18$$

Damit der Strom $\dot{I}_1$ und damit auch angenähert der Erregerfluß immer in Phase oder Gegenphase mit dem Ankerstrom $\dot{I}$ ist, müssen sich die induktiven Spannungen in den Gl. 186a u. b wie die Klemmenspannungen U und U_1 verhalten (vgl. auch Abb. 121b), also

$$\frac{(X + X_{At})\,I + X_{gt}\,I_1}{(X_E - X_C + X_{1t})\,I_1 + X_{gt}\,I} = \frac{U}{U_1}. \qquad (188)$$

Soll ferner bei Leerlauf mit der Drehzahl n_0 der Ankerstrom I Null sein, so muß auf der rechten Seite der Gl. 187b der Zähler Null werden. Damit erhalten wir

$$R_E = K\,n_0\,U_1/U \qquad (189\,\mathrm{a})$$

und

$$X_E - X_C + X_{1t} = X_{gt}\,U_1/U. \qquad (189\,\mathrm{b})$$

Der Blindwiderstand des Kondensators muß also so eingestellt werden, daß

$$X_C = X_E + X_{1t} - X_{gt}\,U_1/U \qquad (189)$$

ist. Setzen wir $X_E - X_C + X_{1t}$ nach Gl. 189b in Gl. 188 ein, so erhalten wir den Hauptblindwiderstand der vom Ankerstrom durchflossenen Transformatorwicklung

$$X_{At} = \frac{X}{w_1\,U/w_A\,U_1 - 1}, \qquad (190)$$

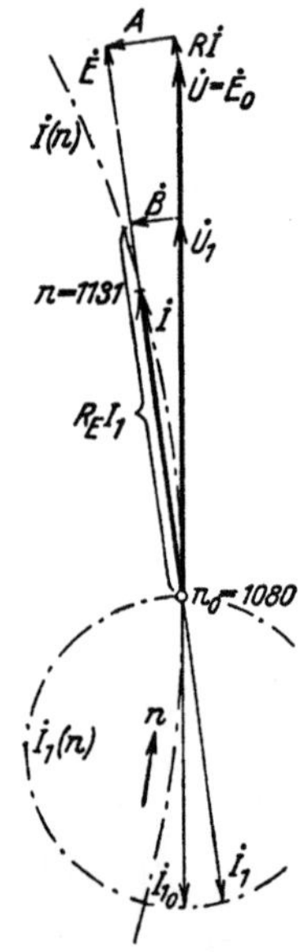

Abb. 130b. Vektordiagramm zu Abb. 130a.

bei dem der Ankerstrom immer in Phase mit $\dot{I}_1$ ist.

Für die früher als Beispiel behandelte Maschine (vgl. S. 153) ist bei Leerlauf $K\,n_0 = 0{,}432\ \Omega$. Lassen wir für den Verlust in dem Wirkwiderstand R_E die halbe Blindleistung der Erregerwicklung zu (vgl. Abb. 127a), so wird $R_E = 0{,}5\,X_E = 0{,}0205\ \Omega$ und wir erhalten nach Gl. 189a $U_1/U = 0{,}0475$. Nehmen wir beispielsweise für den Reihentransformator ein Windungsverhältnis $w_1/w_A = 0{,}5$ an, so wird nach Gl. 190 $X_{At} = 0{,}00525$, $X_{gt} = 0{,}00262$, $X_{1t} = 0{,}00131\ \Omega$. Soll der

Erregerstrom bei Leerlauf $I_E = I_1 = 1000$ A betragen, so wird nach Gl. 187 a $U_1 = 20,5$ und $U = 20,5/0,0475 = 432$ V. Bei Belastung ändert sich der Effektivwert des Erregerstromes nur sehr wenig. Bei Ankernennstrom $I = 1000$ A betragen die Spannungsverluste im Ankerzweig $R\,I = 20$, $(X + X_{At})\,I = 55,3$, $X_{gt}\,I = 2,62$ V, und im Erregerzweig $R_E\,I_1 = 20,5$, $(X_E - X_C + X_{1t})\,I_1 = 0,12$, $X_{gt}\,I_1 = 2,62$ V. In Abb. 130 b ist das Spannungsdiagramm bei Ankernennstrom $(I = 1000$ A) und Generatorbetrieb dargestellt. Zur Abkürzung ist gesetzt $\dot{A} = j\,(X + X_{At})\,\dot{I} + j\,X_{gt}\,\dot{I_1}$ und $\dot{B} = j\,(X_E - X_C + X_{1t})\,\dot{I_1} + j\,X_{gt}\,\dot{I}$ (vgl. Gl. 186 a u. b). Die Ortskurven des Anker- und des Erregerstromes sind strichpunktiert eingezeichnet.

Mit der Einstellung der Leerlaufdrehzahl muß auch X_C geändert werden, damit $\dot{I}$ in Phase oder Gegenphase zu $\dot{I_1}$ bleibt. Mit sinkender Leerlaufdrehzahl, also Verkleinerung von U bei festem U_1, muß nach Gl. 189 X_C größer, die Kapazität C also kleiner eingestellt werden.

Die Schaltung nach Abb. 130 a ist für wesentlich kleinere Drehzahlen noch brauchbarer als die Schaltung nach Abb. 121 a (vgl. Abschn. 2 f), weil der induktive Spannungsverlust $j\,X_{1t}\,\dot{I_1}$ den Erregerfluß nicht schwächt. So erhält man z. B. in unserm Zahlenbeispiel bei $n_0 \approx 250$ U/min und $I = 1000$ A für Generatorbetrieb noch das 0,9-fache des Nennmoments.

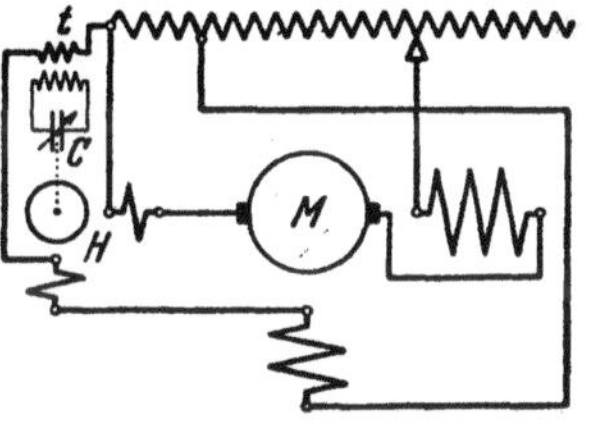

Abb. 131. Selbsttätige Einstellung der günstigsten Phase durch Induktionsmotor H.

d. Einstellung des Erregerflusses durch Relais. An Stelle des Reihentransformators, der die Phasengleichheit von Erregerfluß und Ankerstrom bei veränderlicher Belastung erzwingt, kann auch ein Relais verwendet werden, das geeignete Widerstände im Erregerkreis steuert. So kann z. B. in der Schaltung nach Abb. 130 a das Relais vom Ankerstrom und der Ankerklemmenspannung, die ja fast phasengleich mit dem Erregerfluß ist, gespeist werden; es steuert dann Schaltorgane, die bei Abweichungen der Phase des Ankerstromes von der der Klemmenspannung in dem einen Sinne die Kapazität vergrößern (etwa durch Zuschalten von Kondensatoren, parallel zum Hauptkondensator), bei Abweichung im andern Sinne sie verkleinern.

Nach einer andern Schaltung [L 108] wird ein zweiphasiger Induktionsmotor mit Kurzschlußläufer (H in Abb. 131) als Relais und Steuerorgan verwendet, dessen eine Ständerwicklung vom Ankerstrom und dessen andere vom Erregerstrom der Hauptmaschine M durchflossen wird. Nur wenn diese Ströme phasengleich sind, ist das im Hilfsmotor entwickelte Drehmoment Null; im andern Falle dreht sich der Motor in dem einen oder andern Sinne und ändert die Kapazität im Erregerkreis so lange, bis die Ströme phasengleich sind; der Hilfsmotor bleibt dann stehen.

Die Einrichtungen mit Relais sind sowohl bei Belastungsänderungen als auch bei Frequenzänderungen wirksam; sie sind aber mehr oder weniger träge, so daß sie auf plötzliche Änderungen nicht sofort ansprechen.

5. Bemerkungen zur selbsttätigen Phaseneinstellung.

Bei dem in den Abschn. 1d, 2b bis e und 4c angegebenen Mittel zur selbsttätigen Einstellung des Phasenwinkels zwischen Ankerstrom und Erregerfluß haben wir zu unterscheiden, ob die Spannung am Erregerzweig, in den wir eine vom Ankerstrom abhängige Spannung einfügen, mit der Ankerspannung im wesentlichen phasengleich oder um $90°$ phasenverschoben ist.

Wenn die Spannung des Erregerzweiges oder die Primärspannung eines den Erregerzweig speisenden Umformers, wir wollen diese Spannung allgemein mit $\dot{U}_1$ bezeichnen, in Phase mit der Spannung $\dot{U}$ am

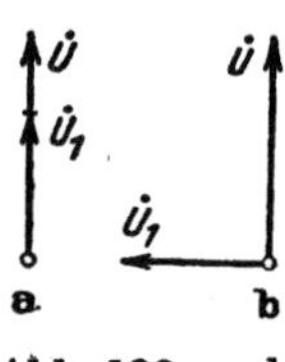

Abb. 132a u. b.

Ankerzweig ist (Abb. 132a), muß in den Erregerzweig mit der Spannung $\dot{U}_1$ eine Spannung eingefügt werden, die dem induktiven Spannungsverlust $j\,X\,\dot{I}$ im Ankerzweig proportional ist. Hierzu ist ein Reihentransformator (mit kleiner Rückwirkung) geeignet, der die beiden Kreise miteinander koppelt. Dabei ist es nicht unwesentlich, welche Phase der Strom $\dot{I}_1$ in dem Erregerzweig mit der Spannung $\dot{U}_1$ hat.

Ist der Strom $\dot{I}_1$ gegen die Spannung $\dot{U}_1$ um $90°$ verfrüht, so wird von dem Strom $\dot{I}_1$ im (primären) Erregerkreis eine Spannungskomponente induziert, die in Gegenphase zur Ruhe-EMK $\dot{E}_1$ im Erregerkreis ist ($j\,X_{1t}\,\dot{I}_1$ in Abb. 121b), die den Erregerfluß schwächt und dadurch für ein gewisses Drehmoment die Drehzahlregelung nach unten beschränkt. Hierher gehören die Schaltungen in den Abb. 121a u. 124a (aber mit Reihentransformator zwischen Ankerkreis und Erregerkreis der Hilfsmaschine) und die zugehörigen Diagramme in Abb. 121b, d u. e.

Wenn jedoch der Strom $\dot{I}_1$ in Gegenphase zu $\dot{U}_1$ ist, ist die Spannungskomponente $j\,X_{1t}\,\dot{I}_1$ gegen die Spannung an der Erregerwicklung um $90°$ verfrüht und schwächt den Erregerfluß nicht wesentlich. Hierher gehört die Schaltung Abb. 130a mit Diagramm Abb. 130b (vgl. auch die letzten Absätze der Abschn. 2f u. 4c).

Wenn die Spannung $\dot{U}_1$ des Erregerzweiges im wesentlichen um $90°$ gegen die Ankerspannung $\dot{U}$ phasenverschoben ist (Abb. 132b), so muß in den Erregerzweig eine Spannung eingefügt werden, die in Phase mit dem Ankerstrom ist und entweder von einer vom Ankerstrom erregten Hilfsmaschine oder einem vom Ankerstrom durchflossenen Wirkwiderstand geliefert wird. Hierher gehören die Schaltungen Abb. 118a u. b mit den Vektordiagrammen in den Abb. 119a u. b.

6. Der kompensierte Repulsionsmotor in Nebenschlußschaltung.

a. Schaltung, Ströme, Drehmoment. Wir haben im Abschn. D 6 gesehen, daß beim kompensierten Repulsionsmotor der Blindwiderstand der Läufererregerwicklung in der Nähe der synchronen Drehzahl durch eine Bewegungs-EMK aufgehoben wird, so daß der Erregerzweig im wesentlichen einen Wirkwiderstand darstellt. Wird die Läuferwicklung über die Erregerbürsten von einer Spannung gespeist, die im wesentlichen phasengleich mit der Netzspannung ist, so erhalten wir eine Maschine mit Nebenschlußeigenschaften. Die grundsätzliche Schaltung ist hierfür in Abb. 133a dargestellt und die sich dabei ergebende Drehrichtung durch den Pfeil n angedeutet. Der Transformator kann entbehrt werden, wenn der Läufer über die Erregerbürsten von einer im Ständer untergebrachten Hilfswicklung oder wie in Abb. 133c von einem kleinen Teil der Ständerhauptwicklung gespeist wird.

Mit den Zählpfeilen in Abbildung 133b lauten die Spannungsgleichungen für den Ständer- (1) und den Läuferarbeitskreis (2) der Abb. 133a

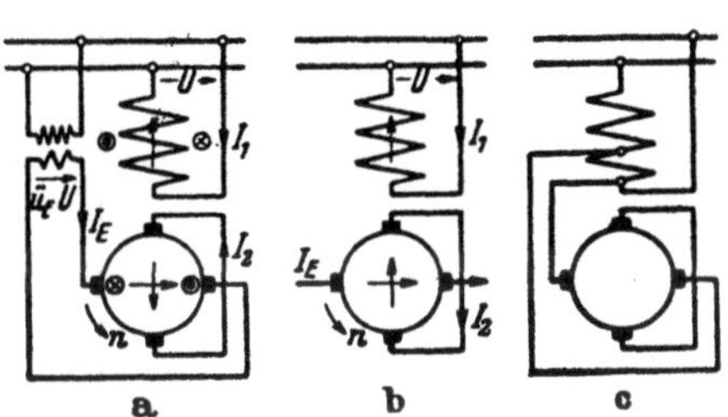

Abb. 133a bis c. Kompensierter Repulsionsmotor in Nebenschlußschaltung.

$$\dot{U} + (R_1 + j X_{1\sigma})\,\dot{I}_1 = \dot{E}_1, \qquad (R_2 + j X_{2\sigma})\,\dot{I}_2 = \dot{E}_2 + \dot{E}. \tag{191a u. b}$$

Vernachlässigen wir der Einfachheit wegen die Spannungsverluste im Transformator, dessen Sekundärwicklung die Läuferwicklung über die Erregerbürsten speist, so ist die Spannung $\dot{U}_E$ in Phase mit der Netzspannung $\dot{U}$, und wir können die Spannungsgleichung für den Erregerzweig schreiben

$$\dot{U}_E + (R_2 + j X_2)\,\dot{I}_E = \ddot{u}_E\,\dot{U} + (R_2 + j X_2)\,\dot{I}_E = \dot{E}_{B_1}. \tag{191c}$$

Der Magnetisierungsstrom der Ständerwicklung ist

$$\dot{I}_\mu = \dot{I}_1 + \ddot{u}\,\dot{I}_2 \quad \text{mit} \quad \ddot{u} = \xi_2 w_2/\xi_1 w_1. \tag{191d u. e}$$

Die von dem Mantelfluß in der Achse der Ständerwicklung induzierten Ruhe-EMKe ergeben sich nach Abschn. D 1b (Gl. 94b u. c) zu

$$\dot{E}_1 = -j\,X_{1h}\,\dot{I}_\mu, \qquad \dot{E}_2 = -j\,\ddot{u}\,X_{1h}\,\dot{I}_\mu. \tag{192a u. b}$$

Für die Bewegungs-EMKe $\dot{E}$ im Arbeitskreis und $\dot{E}_{B_1}$ im Erregerkreis der Läuferwicklung können wir nach Abschn. D 6b (Gl. 150c u. d) schreiben

$$\dot{E} \approx \nu\,X_2\,\dot{I}_E, \tag{192c}$$

$$\dot{E}_{B1} \approx -\nu(\ddot{u}\,X_{1h}\,\dot{I}_\mu + X_{2\sigma}\,\dot{I}_2) = -\nu\,(\ddot{u}\,X_{1h}\,\dot{I}_1 + X_2\,\dot{I}_2). \tag{192d}$$

12*

Setzen wir diese Werte der EMKe in die Gl. 191 a bis c ein, so können wir sie nach I_1, I_2 und I_E auflösen. Mit den Abkürzungen

$$a = r_1 [r_2^2 + (v^2 - 1)] - (1 + \sigma) r_2, \quad b = 2 r_1 r_2 + r_2^2 + \sigma (v^2 - 1), \quad \text{(193 a u. b)}$$

$$c = r_2^2 + v^2 - 1, \qquad\qquad d = 2 r_2 - v \ddot{u}_E / [\ddot{u} (1 + \sigma_2)], \quad \text{(193 c u. d)}$$

$$e = (1 + \sigma_1) \ddot{u}_E r_1 v - \ddot{u} (v^2 - 1), \quad f = (1 + \sigma_1) \ddot{u}_E v - \ddot{u} r_2, \quad \text{(193 e u. f)}$$

$$g = (1 + \sigma_1) \ddot{u}_E (r_1 r_2 - \sigma) - \ddot{u} r_2 v, \quad h = (1 + \sigma_1) \ddot{u}_E (r_1 + r_2), \quad \text{(193 g u. h)}$$

worin die einzelnen Größen durch die Gl. 97 a bis g gegeben sind, erhalten wir nach einfachen Umformungen die **Ströme**

$$\dot{I}_1 = -\frac{c + jd}{a + jb} \cdot \frac{\dot{U}}{X_1}, \qquad \dot{I}_2 = -\frac{e + jf}{a + jb} \cdot \frac{\dot{U}}{(1 + \sigma_2) \ddot{u}^2 X_1}, \quad \text{(194 a u. b)}$$

$$\dot{I}_E = -\frac{g + jh}{a + jb} \cdot \frac{\dot{U}}{(1 + \sigma_2) \ddot{u}^2 X_1}. \qquad\qquad \text{(194 c)}$$

Die **Leistungsfaktoren** des Ständerkreises und des Erregerkreises ergeben sich aus den Wirkströmen (Zeiger w)

$$\cos \varphi_1 = \frac{I_{1w}}{I_1}, \qquad \cos \varphi_E = \frac{I_{Ew}}{I_E}. \qquad \text{(195 a u. b)}$$

Der Leistungsfaktor der ganzen Maschine, also einschließlich des Erregerzweiges, ist

$$\cos \varphi = \frac{I_{1w} + \ddot{u}_E I_{Ew}}{\sqrt{(I_{1w} + \ddot{u}_E I_{Ew})^2 + (I_{1b} + \ddot{u}_E I_{Eb})^2}}; \qquad \text{(195 c)}$$

er weicht wegen der Kleinheit der Transformatorübersetzung $\ddot{u}_E$ schon bei mäßigen Belastungen nur wenig vom Leistungsfaktor $\cos \varphi_1$ des Ständerkreises ab.

Das **Drehmoment**, das der Läuferarbeitsstrom mit dem Erregerfeld entwickelt, ist der Leistung

$$\frac{E I_2 \cos (\dot{E}, \dot{I}_2)}{v} = X_2 \left[\frac{\dot{I}_E}{\dot{I}_2}\right]_{\Re c} \cdot I_2^2 = \frac{eg + fh}{a^2 + b^2} \cdot \frac{1 - \sigma}{X_1} \left(\frac{U}{\ddot{u}}\right)^2 \quad \text{(196 a)}$$

proportional; das Drehmoment, das der Erregerstrom mit dem Mantelfluß in der Achse der Ständerwicklung und dem Streufluß des Läuferarbeitsstromes erzeugt, ist proportional der Leistung

$$\begin{aligned}
E_{B1} I_E \cos (\dot{E}_{B1}, \dot{I}_E) &= \left(\ddot{u} X_{1h} \left[\frac{\dot{I}_1}{\dot{I}_E}\right]_{\Re c} + X_2 \left[\frac{\dot{I}_2}{\dot{I}_E}\right]_{\Re c}\right) I_E^2 \\
&= \frac{\ddot{u} (cg + dh) + eg + fh}{a^2 + b^2} \cdot \frac{1 - \sigma}{X_1} \left(\frac{U}{\ddot{u}}\right)^2.
\end{aligned} \qquad \text{(196 b)}$$

Damit erhalten wir (vgl. die Abschn. D 1b u. c) das in der Maschine entwickelte Drehmoment

$$M = -\frac{p}{2\pi f} \cdot \frac{2\,(e\,g + f\,h) + \ddot{u}\,(c\,g + d\,h)}{a^2 + b^2} \cdot \frac{1 - \sigma}{X_1} \left(\frac{U}{\ddot{u}}\right)^2. \tag{196}$$

b. Beispiel. Als Beispiel wählen wir den im Abschn. D 3b näher bezeichneten Repulsionsmotor für 120 V und 50 Hz, indem wir die Arbeitsbürsten in die Achse der Ständerwicklung einstellen und noch Erregerbürsten auflegen. Mit der Übersetzung $\ddot{u} = 0{,}329$ und dem Durchschnittswert $X_{1h} = 12\ \Omega$ erhalten wir $X_1 = 12{,}67\ \Omega$, $X_2 = 1{,}35\ \Omega$, $r_1 = 0{,}0126$, $r_2 = 0{,}065$, $\sigma_1 = 0{,}0558$, $\sigma_2 = 0{,}0405$, $\sigma = 0{,}1033$.

Setzen wir zunächst $\ddot{u}_E = 0$, denken uns also die Erregerbürsten kurzgeschlossen, so erhalten wir die nach den Gl. 194a bis c, 195c u. 196 berechneten

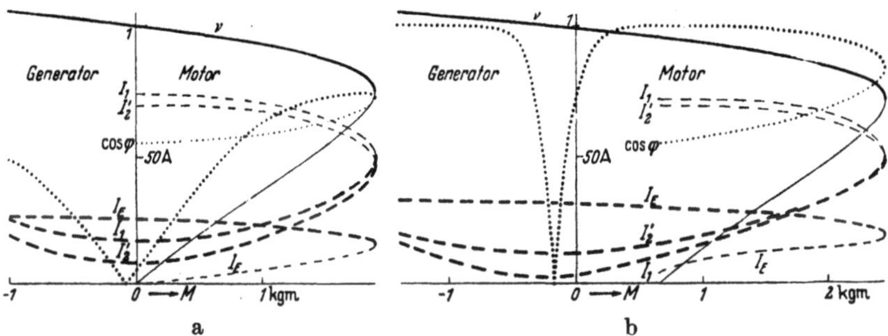

Abb. 134a u. b. Betriebskurven für den kompensierten Repulsionsmotor nach Abb. 133a. a) $\ddot{u}_E = 0$ (Erregerbürsten kurzgeschlossen); b) $\ddot{u}_E = 0{,}05$.

Betriebskurven über dem inneren Drehmoment M in Abb. 134a. Darin sind die für den praktischen Betrieb maßgebenden Äste der Kurven durch stärkere Strichart hervorgehoben, die schwächer gezeichneten Äste kommen nur für den Anlauf als Motor in Frage. Der besseren Übersicht wegen ist nicht der Strom I_2, sondern der auf die Ständerwicklung bezogene Strom $I_2' = \ddot{u}\,I_2 = 0{,}329\,I_2$ eingezeichnet. Die Maschine verhält sich ähnlich wie die einfache Induktionsmaschine (vgl. Abb. 46, Bd. IV) und bietet dieser gegenüber keine Vorteile; das Anlaufmoment ist Null.

Mit wachsendem $\ddot{u}_E$ wachsen Anlaufmoment und Überlastbarkeit. In Abb. 134b sind beispielsweise für $\ddot{u}_E = 0{,}05$, d. h. $U_E = 6$ V, die entsprechenden Kurven dargestellt. Unter dem Einfluß von U_E wird auch der Leistungsfaktor $\cos\varphi_1$ des Ständerkreises verbessert; er ist bei dem von uns angenommenen Wert von $\ddot{u}_E$ über einen großen Bereich des Drehmoments 1. Im Bereich $-0{,}87$ kgm $< M < 0{,}6$ kgm gibt die Ständerwicklung Magnetisierungsblindstrom an das Netz ab.

Um die Phasenlage der Ströme und EMKe mit wachsendem Drehmoment zu erkennen, sind in den Abb. 135a bis c drei Vektordiagramme für $\nu = 1{,}05$, $M = -1{,}3$ kgm, für $\nu = 1$, $M = -0{,}2165$ kgm und für $\nu = 0{,}9$, $M = 1{,}5$ kgm aufgezeichnet (vgl. die Gl. 191a bis c u. 192d); die Größen im Erregerkreis sind gestrichelt angegeben. Der gesamte dem Netz entnommene Strom ist bei

Vernachlässigung des Magnetisierungsstromes im Transformator gleich der Summe aus $\dot{I}_1$ und $\ddot{u}_E\,\dot{I}_E = 0{,}05\,\dot{I}_E$ und ist in den Abbildungen nicht ein gezeichnet.

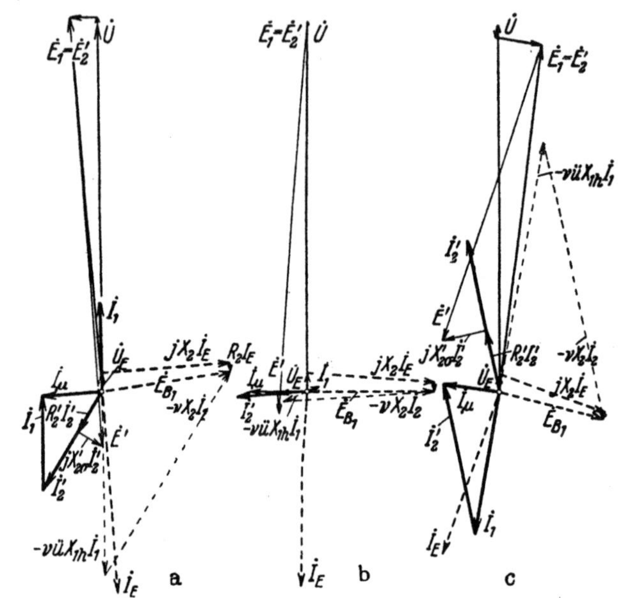

Abb. 135a bis c. Vektordiagramme zu Abb. 133a, $\ddot{u}_E = 0{,}05$. a) $M = -1{,}3$ kgm, $v = 1{,}05$; b) $M = -0{,}216$ kgm, $v = 1$; c) $M = +1{,}5$ kgm, $v = 0{,}9$.

c. Drehzahlregelung. Die Drehzahl läßt sich nicht durch Ändern der Erregerspannung $\dot{U}_E$ regeln, weil diese im wesentlichen nur Einfluß auf die Phase von $\dot{I}_E$ hat. Wir erkennen dies aus den Spannungs-

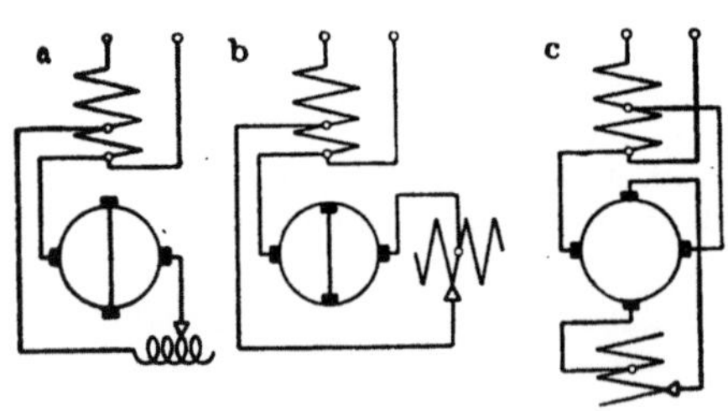

Abb. 136a bis c. Schaltungen zur Drehzahlregelung.

diagrammen des Erregerkreises in den Abb. 135a bis c und auch durch Vergleich der Abb. 134a u. b, nach denen $\ddot{u}_E$ keinen wesentlichen Einfluß auf die Drehzahl hat.

Eine Beeinflussung der Drehzahl ergibt sich aber durch Einschalten einer regelbaren Drossel in den Erregerkreis, wie es in Abb. 136a angedeutet ist. An Stelle der Spannung $j\,X_2\,\dot{I}_E$ in den Abb. 135a bis c tritt dann die Spannung $j\,(X_2 + X_D)\,\dot{I}_E$, und es ist $I_E \approx E_{B_1}/(X_2 + X_D)$. Nun ist aber angenähert $E_{B_1} \sim n$, bei geradliniger magnetischer Kennlinie also auch $\Phi_E \sim I_E \sim n/(X_2 + X_D)$. Da anderseits angenähert $n \sim 1/\Phi_E$ ist, ergibt sich etwa $n \sim \sqrt{X_2 + X_D}$. Die Drehzahl kann also durch eine Drossel im Erregerkreis geregelt werden; allerdings ist diese Regelung nur nach oben möglich.

Um eine Drehzahlregelung nach oben und unten zu erhalten, kann im Ständer noch eine zusätzliche Erregerwicklung in der Achse der Erregerbürsten angeordnet werden, wie es in Abb. 136b angedeutet ist. Nehmen wir an, daß diese zusätzliche Erregerwicklung ebenso wie die Läuferwicklung am Ankerumfang verteilt ist, so wird die Induktivität im Erregerkreis etwa im Verhältnis $[(w_L \mp w_Z)/w_L]^2$ vergrößert, wenn w_L die Windungszahl der Läuferwicklung, w_Z die der zusätzlichen Erregerwicklung ist und das $-$-Zeichen eine gegensinnige, das $+$-Zeichen eine gleichsinnige Schaltung der zusätzlichen Erregerwicklung zur Läuferwicklung bezeichnet. Der Strom I_E ist also etwa $E_{B_1}/(w_L \mp w_Z)^2$ und die Durchflutung in der Achse der Erregerbürsten $E_{B_1}/(w_L \mp w_Z)$ proportional. Da $E_{B_1} \sim n$ und $n \sim 1/\Phi_E$, erhalten wir bei geradliniger magnetischer Kennlinie $n \sim \sqrt{w_L \mp w_Z}$. Bei gegensinniger Schaltung wird der Fluß verstärkt, die Drehzahl verringert, bei gleichsinniger Schaltung ist es umgekehrt. Man kann auch die Regelungen nach den Abb. 136a u. b miteinander vereinigen, so daß die Einstellung der zusätzlichen Erregerwicklung zur Grobregelung, die der Drossel zur Feinregelung dient.

Ein andrer Weg zur Drehzahlregelung ist durch Einfügen einer mit der Klemmenspannung im wesentlichen phasengleichen Spannung in den Läuferarbeitskreis gegeben, wie es in Abb. 136c angedeutet ist. Die Drehzahl kann dann ähnlich wie bei der doppelt gespeisten Maschine (Abschn. C 1) durch Ändern der in den Arbeitskreis des Läufers eingeführten Spannung geregelt werden. Fügt man in den Läuferarbeitskreis eine feste Spannung ein, die die Drehzahl nach unten verschiebt, so kann auch lediglich durch eine regelbare Drossel (Abb. 136a) die Drehzahl im unter- und übersynchronen Bereich geregelt werden.

Die umständlichen Einrichtungen zur Drehzahlregelung haben dem kompensierten Repulsionsmotor in Nebenschlußschaltung keine Verbreitung gesichert.

F. Die Selbsterregungserscheinungen und Generatorbetrieb.

Die Einphasenmaschinen können sich in gewissen Schaltungen im Betrieb mit Gleichstrom oder mit Wechselstrom netzfremder Frequenz selbsterregen. Die Selbsterregung kann, je nach der Schaltung, bei Motor- oder Generatorbetrieb auftreten; in den meisten Schaltungen ist sie bei Generatorbetrieb zu befürchten. Um einen einwandfreien Betrieb zu erhalten, müssen die selbsterregten Ströme, die sich über die Ströme der Netzfrequenz lagern, unterdrückt werden, was durch

Einschalten genügend hoher Wirkwiderstände grundsätzlich immer möglich ist. Wir werden uns in diesem Abschnitt mit den Selbsterregungserscheinungen näher beschäftigen und untersuchen, bei welchen Schaltungen Störungen des Betriebs durch selbsterregte Ströme zu befürchten sind.

Dabei werden wir zunächst den Einfluß des Sättigungsgrades, der von den netzfrequenten Strömen herrührt (vgl. Abschn. 7), außer acht lassen und diesen für die Unterdrückung der Selbsterregung günstigen Einfluß im Abschn. 7a an dem Beispiel der Repulsionsmotoren in Generatorschaltung zeigen.

1. Die gewöhnliche Reihenschlußmaschine.

a. Motorbetrieb. Bezeichnen wir mit R den gesamten Wirkwiderstand und mit L die gesamte Induktivität im Maschinenkreise, die wir vom Strom unabhängig annehmen, so gilt für einen am Netz mit der Klemmenspannung $u = \sqrt{2}\,U \sin \omega t$ liegenden Motor die Gleichung

$$\sqrt{2}\,U \sin \omega t = -L\,\frac{di}{dt} - (K n + R)\,i, \qquad (197)$$

worin

$$-K n i = e \qquad (197\,\text{a})$$

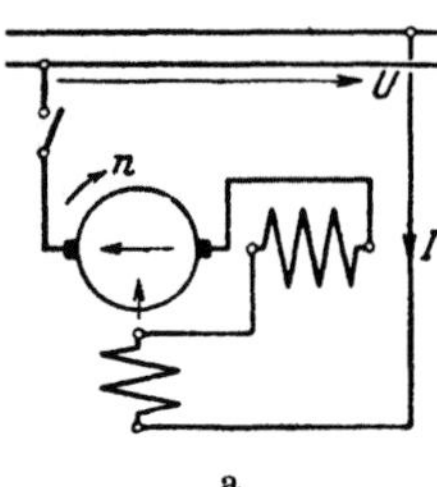 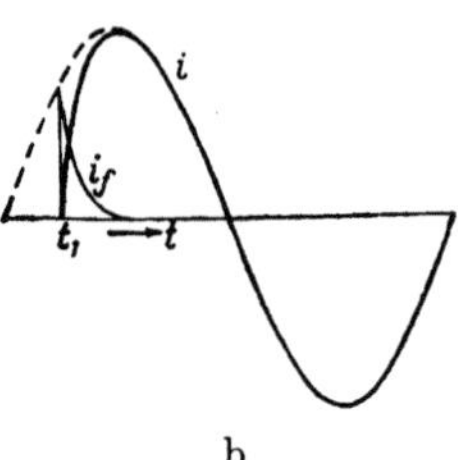

a   b

Abb. 137a u. b. Einschaltvorgang beim
Reihenschlußmotor.

die in der Ankerwicklung induzierte EMK der Bewegung ist; n ist die Drehzahl und K ein Faktor, der durch die Magnetisierungskurve der Maschine bestimmt wird. Beim Motorbetrieb sind K und n positiv, denn die EMK der Bewegung ist in Gegenphase zum Strom (Gl. 197a). Setzen wir $K = \text{const}$ (geradlinige magnetische Kennlinie), so lautet die allgemeine Lösung der Gl. 197

$$i = \frac{-\sqrt{2}\,U}{\sqrt{(K n + R)^2 + (\omega L)^2}}\,\sin(\omega t - \varphi) + C\,\varepsilon^{-\frac{K n + R}{L}\,t} \qquad (198)$$

mit

$$\operatorname{tg}\varphi = \frac{\omega L}{K n + R}, \qquad \cos\varphi = \frac{K n + R}{\sqrt{(K n + R)^2 + (\omega L)^2}}. \qquad (198\,\text{a})$$

Nehmen wir an, daß die Maschine (Abb. 137a) unmittelbar vor dem Anlegen an das Wechselstromnetz mit der Drehzahl n angetrieben wird, so kann die Integrationskonstante C aus den Anfangsbedingungen berechnet werden. Zur Zeit $t = t_1$ werde die Maschine ans Netz gelegt. In diesem Augenblick ist der Strom $i = 0$. Daraus folgt

$$C = \frac{\sqrt{2}\,U}{\sqrt{(K\,n + R)^2 + (\omega\,L)^2}}\,\sin(\omega\,t_1 - \varphi)\cdot\varepsilon^{\frac{K\,n + R}{L}\,t_1}, \qquad (199\,a)$$

womit sich der Motorstrom ergibt zu

$$i = \frac{-\sqrt{2}\,U}{\sqrt{(K\,n + R)^2 + (\omega\,L)^2}}\left[\sin(\omega\,t - \varphi) - \sin(\omega\,t_1 - \varphi)\cdot\varepsilon^{-\frac{K\,n + R}{L}\,(t - t_1)}\right]. \quad (199)$$

Die ersten Glieder in den Gl. 198 u. 199 stellen den stationären Strom bei der Drehzahl n dar, während die zweiten Glieder einem Ausgleichstrom entsprechen, der sich über den stationären Strom lagert. Dieser Aus-gleichstrom klingt exponentiell ab, und zwar sehr schnell, da die reziproke Zeitkonstante $(K\,n + R)/L$ für einen Vollbahnmotor bei Nennbetrieb etwa die Größenordnung $500\ \mathrm{s^{-1}}$ hat. Für den schon früher als Beispiel behandelten Vollbahnmotor (S. 153) ist in

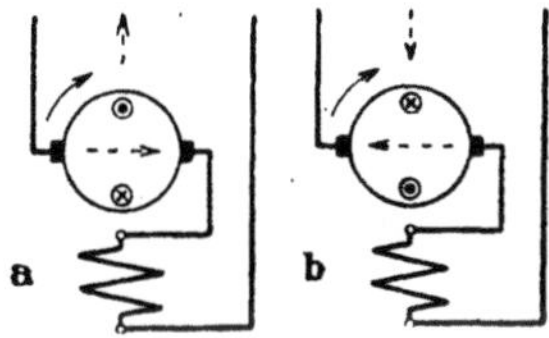

Abb. 138 a u. b.

Abb. 137 b der Stromverlauf nach Gl. 199, wenn beim Einschalten $\omega\,t_1 = \pi/4$ ist, aufgezeichnet. Der Ausgleichstrom i_f ist schon nach einem Bruchteil einer Periode des Wechselstromes praktisch abge-klungen, so daß der Betrieb als Motor stabil ist.

Auch wenn ein remanenter Magnetismus im Feldmagneten beim Einschalten des Motorkreises vorhanden ist, kann sich die als Motor betriebene Maschine nicht selbst erregen, da bei der Motordrehrichtung (vgl. Abb. 137 a) der durch remanenten Magnetismus induzierte Strom immer den remanenten Magnetismus auszulöschen sucht. Dies läßt sich aus den Abb. 138 a u. b erkennen, in denen der gestrichelte Pfeil in der Achse der Erregerwicklung den remanenten Magnetismus und der gestrichelte Pfeil im Anker die Richtung der vom remanenten Magnetismus induzierten EMK angibt.

b. Generatorbetrieb. Der Reihenschlußmotor wird zum Generator, wenn bei derselben Drehrichtung die Stromrichtung in der Erreger-wicklung umgekehrt (K negativ) oder bei der Motorschaltung die Drehrichtung geändert wird (n negativ), wie es auch aus der Ortskurve des Stromes in Abb. 33 b hervorgeht. In den Gl. 197 bis 199 ist also das Vorzeichen vor $K\,n$ negativ (e ist dann in Phase mit i). Setzen wir aber $K\,n$ immer positiv, so ist Gl. 199 folgendermaßen zu schreiben

$$i = \frac{-\sqrt{2}\,U}{\sqrt{(-K\,n + R)^2 + (\omega\,L)^2}}\left[\sin(\omega\,t - \varphi) - \sin(\omega\,t_1 - \varphi)\cdot\varepsilon^{\frac{K\,n - R}{L}\,(t - t_1)}\right] \quad (200)$$

mit

$$\operatorname{tg}\varphi = \frac{\omega L}{R-Kn}, \qquad \cos\varphi = \frac{R-Kn}{\sqrt{(R-Kn)^2+(\omega L)^2}}. \qquad \text{(200a u. b)}$$

Der Ausgleichstrom, der sich in diesem Falle über den stationären Strom lagert, wächst, wenn $Kn>R$ ist, exponentiell an, d. h. die Maschine erregt sich bei festem Kn mit einem dauernd anwachsenden Gleichstrom, der gleich dem zweiten Glied der rechten Seite von Gl. 200 ist. Dasselbe ist auch der Fall, wenn in der Maschine ein remanenter Magnetismus vorhanden ist, gleichgültig in welchem Sinne (vgl. Abb. 138a u. b bei geänderter Drehrichtung). Die Remanenz hängt davon ab, in welchem Zeitpunkt der Maschinenstromkreis unterbrochen wurde. Je größer der Augenblickswert bei der letzten Unterbrechung des Stromes war, desto heftiger ist die Selbsterregungserscheinung.

In Wirklichkeit wird dem Anwachsen des Gleichstromes eine Grenze gesetzt, die durch die magnetische Kennlinie $e\,(i)$ der Maschine bei Gleichstrom und den Widerstand R im Stromkreis bestimmt wird.

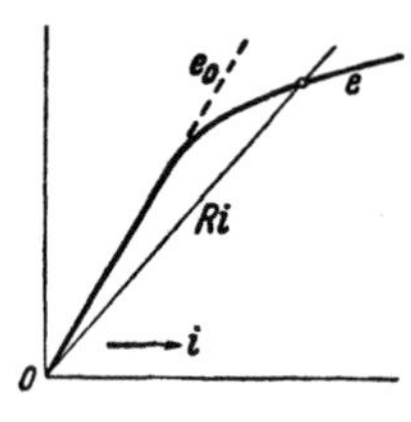

Abb. 139.
Selbsterregung.

Der stationäre Zustand des Gleichstromes tritt nach Gl. 200 ein, wenn $Kn=R$ ist, oder mit $e=Kni$, wenn

$$Ri = e. \qquad \text{(201a)}$$

Stellt in Abb. 139 e die EMK der Bewegung als Funktion des Stromes i (bei fester Drehzahl) dar, so erregt sich die Maschine bis zum Schnittpunkt der Widerstandsgeraden Ri und der Kurve e. Bezeichnen wir mit $e_0\,(i)$ die durch den Koordinatenanfangspunkt gelegte Tangente an die magnetische Kennlinie (vgl. Abb. 139), so können wir die Selbsterregungsbedingung in der Form schreiben

$$Ri < e_0. \qquad \text{(201b)}$$

Wenn die Selbsterregungsbedingung 201b erfüllt ist (was ohne künstliche Vergrößerung von R schon bei sehr kleinen Drehzahlen der Fall ist) und die Maschine am Netz liegt, fließt der Gleichstrom über das Netz oder bei der üblichen Speisung der Maschine über einen Transformator durch die Sekundärwicklung des Transformators. Der in der Maschine fließende Strom ist ein Wellenstrom.

Wir wollen das Verhalten der Maschine verfolgen, wenn wir, vom Motorbetrieb ausgehend, die Drehzahl der Maschine bei unveränderlichem Drehmoment allmählich bis zum Stillstand durch entsprechende Einstellung der Klemmenspannung verringern und sie dann durch äußern Antrieb umkehren. In Abb. 140 gilt das voll ausgezogene Vektordiagramm mit der Klemmenspannung $\dot{U}_M$ für

Motorbetrieb ($\measuredangle\ \dot{I}, \dot{U}_M$ stumpf). Mit dem unveränderlich vorausgesetzten Drehmoment bleibt bei der Drehzahlregelung auch der Betrag des Stromes $\dot{I}$ derselbe, während sich seine Phase bei fester Phase der Klemmenspannung ändert. Der Übersichtlichkeit wegen wollen wir annehmen, daß die Phase des Stromes fest bleibt. In diesem Falle wandert mit der Änderung der Drehzahl (proportional E) der Endpunkt des Vektors der Klemmenspannung $\dot{U}$ auf der strichpunktierten Geraden (parallel zu $\dot{I}$). Bei Stillstand ($E=0$) muß der Maschine die Spannung $\dot{U}_0$ zugeführt werden. Wird dann die Drehrichtung durch den Antrieb geändert,

so ändert auch $\dot{E}$ das Vorzeichen. Wenn $|E|=|R\,I|$ ist, wird der Wirkspannungsverlust $R\,\dot{I}$ gerade durch die EMK der Bewegung aufgehoben; die dem Netz entnommene Leistung ist Null ($\dot{I}\perp\dot{U}$). Bei weiterer Steigerung der Drehzahl wird der Winkel $\dot{I}, \dot{U}$ spitz, d. h. die Maschine arbeitet als Generator auf das Wechselstromnetz (Diagramm mit der Klemmenspannung $\dot{U}_G$). Praktisch läßt sich diese Generatorwirkung aber nicht

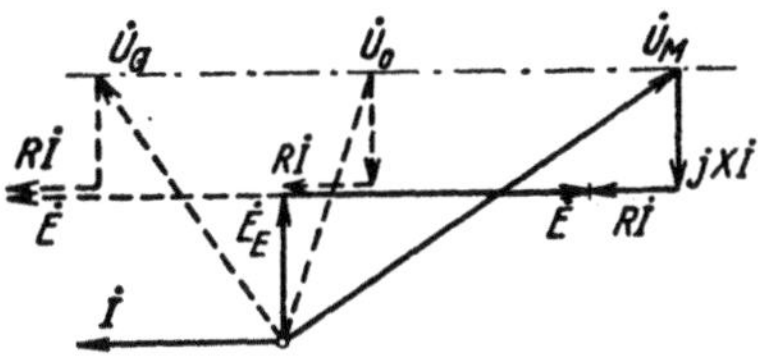

Abb. 140. Übergang von Motor- zu Generatorbetrieb.

ausnützen, weil dabei im allgemeinen auch ein selbsterregter Gleichstrom auftritt, der über den zur Regelung verwendeten Haupttransformator fließt und diesen magnetisch so stark beansprucht, daß der Wechselstrombetrieb gestört wird.

2. Selbsterregte Schwingungen.

a. Reihenschlußmaschine mit induktiver Kopplung von Anker- und Erregerkreis. Wenn mit der Maschine ein Kondensator in Reihe geschaltet ist, kann sie sich nicht mit Gleichstrom erregen. Die genaue Untersuchung (Abschn. I 1 c, Bd. II) zeigt, daß sie sich in diesem Falle mit Wechselstrom erregen kann. Dasselbe ist auch der Fall, wenn der Erregerkreis mit dem Ankerkreis durch einen Reihentransformator induktiv gekoppelt ist.

Bei induktiver Kopplung von Anker- und Erregerkreis kann der eine oder der andere Kreis ans Netz geschaltet werden. Die Schaltung, bei der der Erregerkreis am Netz liegt, hatten wir schon früher in den Abschn. B 5a u. b

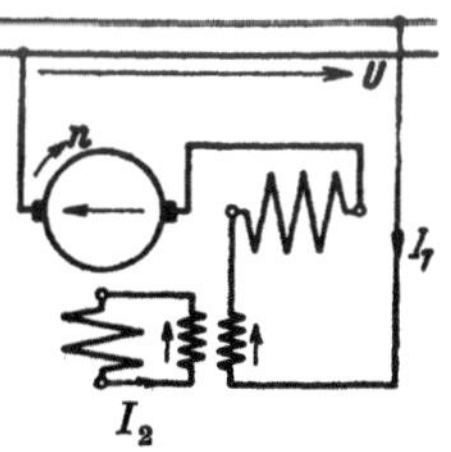

Abb. 141. Induktive Kopplung zwischen Anker- und Erregerkreis.

(vgl. Abb. 45c) zur Verbesserung der Funkenunterdrückung kennengelernt. Wir wollen hier den andern Fall, bei dem der Ankerkreis der Primärkreis ist (Abb. 141), annehmen, weil diese Schaltung schon zur Nutzbremsung bei Vollbahnen praktische Verwendung gefunden hat [L 129].

Bezeichnen wir mit R_1 und R_2 die Wirkwiderstände, mit L_1 und L_2 die Selbstinduktivitäten und mit M die Gegeninduktivität der beiden Stromkreise, so gelten mit den Zählpfeilen in Abb. 141 die

Spannungsgleichungen

$$\sqrt{2}\,U \sin \omega t + R_1 i_1 + L_1 \frac{\mathrm{d}i_1}{\mathrm{d}t} + M \frac{\mathrm{d}i_2}{\mathrm{d}t} = \pm K n\, i_2, \qquad (202\,\mathrm{a})$$

$$R_2 i_2 + L_2 \frac{\mathrm{d}i_2}{\mathrm{d}t} + M \frac{\mathrm{d}i_1}{\mathrm{d}t} = 0, \qquad (202\,\mathrm{b})$$

worin das positive Vorzeichen vor $K n\, i_2$ für Motorbetrieb, das negative für Generatorbetrieb gilt, sofern K und n immer positiv eingeführt werden. Das positive Vorzeichen vor $K n$ (im Gegensatz zu Gl. 197) ist darin begründet, daß bei unmittelbarer Reihenschaltung von Anker- und Erregerwicklung die EMK der Bewegung in Gegenphase zum Strom ist ($e = -K n i$), hier aber bei der in Abb. 141 angenommenen Zählpfeilrichtung der sekundäre Strom i_2 negativ wird.

Um die Glieder mit $\mathrm{d}i_2/\mathrm{d}t$ zu eliminieren, multiplizieren wir Gl. 202a mit L_2, Gl. 202b mit M, subtrahieren sie voneinander und lösen nach i_2 auf. Setzen wir dann i_2 und das daraus abgeleitete $\mathrm{d}i_2/\mathrm{d}t$ in Gl. 202b ein, so erhalten wir die Differentialgleichung zweiter Ordnung

$$\frac{\mathrm{d}i_1^2}{\mathrm{d}t^2} + a_1 \frac{\mathrm{d}i_1}{\mathrm{d}t} + a_2 i_1 = -\frac{\sqrt{R_2^2 + (\omega L_2)^2}}{L_1 L_2 - M^2}\,\sqrt{2}\,U \sin(\omega t + \varphi), \quad (203)$$

worin

$$a_1 = \frac{R_1 L_2 + R_2 L_1 \pm M K n}{L_1 L_2 - M^2}, \quad a_2 = \frac{R_1 R_2}{L_1 L_2 - M^2}, \quad \mathrm{tg}\,\varphi = \frac{\omega L_2}{R_2} \quad (203\,\mathrm{a\ bis\ c})$$

ist.

Die Lösung dieser Gleichung setzt sich aus 2 Teilen zusammen, aus dem stationären Maschinenstrom i_{1d} mit Netzfrequenz und dem freien Strom i_{1f},

$$i_1 = i_{1d} + i_{1f}. \qquad (204)$$

Für den stationären Maschinenstrom gilt

$$i_{1d} = \sqrt{\frac{R_2^2 + (\omega L_2)^2}{(\omega a_1)^2 + (\omega^2 - a_2)^2}} \cdot \frac{\sqrt{2}\,U}{L_1 L_2 - M^2} \cos(\omega t + \varphi - \psi), \quad (205)$$

worin

$$\mathrm{tg}\,\psi = \frac{\omega a_1}{\omega^2 - a_2}. \qquad (205\,\mathrm{a})$$

Unter der Voraussetzung, daß das Netz, an dem der primäre Kreis der Maschine liegt, unendlich stark sei, erhalten wir den freien oder selbsterregten Strom, wenn wir das Störungsglied in Gl. 202a $\sqrt{2}U \sin \omega t = 0$ setzen. Bei dem selbsterregten Strom haben wir zu unterscheiden, ob $(a_1/2)^2 \gtrless a_2$ ist.

Für
$$(a_1/2)^2 \geqq a_2 \quad \text{ist} \quad i_{1f} = C_1\,\varepsilon^{\lambda_1 t} + C_2\,\varepsilon^{\lambda_2 t} \qquad (206)$$
mit
$$\lambda_1 = -a_1/2 - \sqrt{(a_1/2)^2 - a_2} \quad \text{und} \quad \lambda_2 = -a_1/2 + \sqrt{(a_1/2)^2 - a_2}. \qquad (206\,\text{a u. b})$$

Wir erhalten im allgemeinen die Summe zweier aperiodischer Vorgänge, von denen der eine mit der Zeit abklingt, der andere anwächst.

Für
$$(a_1/2)^2 < a_2 \quad \text{ist} \quad i_{1f} = (C_3 \sin \omega_0 t + C_4 \cos \omega_0 t)\,\varepsilon^{-\frac{a_1 t}{2}} \qquad (207)$$
mit
$$\omega_0 = \sqrt{a_2 - (a_1/2)^2}\,; \qquad (207\,\text{a})$$

es ergibt sich eine harmonische Schwingung, deren Amplituden bei positivem a_1 nach einer Exponentialfunktion abklingen, bei negativem a_1 anwachsen.

Wenn das Netz, an dem der Primärkreis der Maschine liegt, nicht unendlich stark ist, müssen wir den Wirkwiderstand R_N und die Induktivität L_N des Netzes in R_1 und L_1 einschließen, um die Größen a_1 und a_2 nach den Gl. 203 a u. b zu erhalten, mit denen wir den selbsterregten Strom berechnen.

b. Das Hurwitzsche Determinantenkriterium. Oft handelt es sich nur darum, festzustellen, ob selbsterregte Schwingungen abklingen. Dazu ist das Hurwitzsche Determinantenkriterium geeignet [L 115]. Der Strom i in einem der zusammenhängenden Stromkreise möge durch die Differentialgleichung m-ter Ordnung

$$a_0\,\frac{\mathrm{d}^m i}{\mathrm{d}t^m} + a_1\,\frac{\mathrm{d}^{m-1} i}{\mathrm{d}t^{m-1}} + \cdots + a_{m-1}\,\frac{\mathrm{d}i}{\mathrm{d}t} + a_m\,i = 0 \qquad (208)$$

gegeben sein. Mit dem Ansatz

$$i = C\,\varepsilon^{\lambda t} \qquad (208\,\text{a})$$

erhalten wir für den Exponenten λ die Gleichung m-ten Grades

$$a_0\,\lambda^m + a_1\,\lambda^{m-1} + \cdots + a_{m-1}\,\lambda + a_m = 0. \qquad (208\,\text{b})$$

λ hat m Wurzeln; jede Wurzel liefert ein partikuläres Integral der Gl. 208. Das allgemeine Integral setzt sich mit m willkürlichen Konstanten ($C_1, C_2, \ldots C_m$) unter der Voraussetzung, daß alle λ voneinander verschieden sind, zu einer Lösung von der Form

$$i = \sum_{k=1}^{m} C_k\,\varepsilon^{\lambda_k t} \qquad (208\,\text{c})$$

zusammen. Selbsterregte Schwingungen können nicht bestehen, wenn die Realteile der m Wurzeln von λ sämtlich negativ sind. Dazu müssen notwendigerweise alle a in Gl. 208b positiv sein. Diese Bedingung ist aber nicht hinreichend. Die notwendige und hinreichende Bedingung liefert in einfachster Form das Hurwitzsche Determinantenkriterium. Hierbei wird vorausgesetzt, daß in Gl. 208b a_0 positiv ist; bei negativem a_0 müßte also die ganze Gleichung mit -1 multipliziert werden.

Man bilde nun die Determinante

$$\Delta_k \atop (k = 1, 2, \ldots m) \qquad \begin{vmatrix} a_1 & a_3 & a_5 & \cdots & a_{2k-1} \\ a_0 & a_2 & a_4 & \cdots & a_{2k-2} \\ 0 & a_1 & a_3 & \cdots & a_{2k-3} \\ \multicolumn{5}{c}{\cdots\cdots\cdots\cdots\cdots} \\ \multicolumn{5}{c}{\cdots\cdots\cdots\; a_m} \end{vmatrix}, \qquad (209)$$

in der die Zeiger in jeder Zeile immer um zwei Einheiten wachsen, in jeder Spalte um eine Einheit abnehmen. Dabei ist $a_k = 0$ zu setzen, wenn der Zeiger negativ oder größer als m ist. Die notwendige und hinreichende Bedingung dafür, daß Gl. 208b, in der a_0 positiv vorausgesetzt ist, nur Wurzeln mit negativen Realteilen hat, ist die, daß die Determinanten $\Delta_1, \Delta_2, \Delta_3, \ldots \Delta_m$ sämtlich positiv sind. Die Bedingung, daß Δ_m positiv sein soll, ist gleichbedeutend mit der Bedingung daß a_m positiv ist.

Beispielsweise lautet also die Bedingung für eine Gleichung 4. Grades $(m = 4)$

$$\Delta_1 = a_1 > 0, \qquad \Delta_2 = \begin{vmatrix} a_1 & a_3 \\ a_0 & a_2 \end{vmatrix} = a_1 a_2 - a_0 a_3 > 0, \quad (210\text{a u. b})$$

$$\Delta_3 = \begin{vmatrix} a_1 & a_3 & 0 \\ a_0 & a_2 & a_4 \\ 0 & a_1 & a_3 \end{vmatrix} = a_1 a_2 a_3 - a_1^2 a_4 - a_0 a_3^2 = a_3 \Delta_2 - a_1^2 a_4 > 0, \quad (210\text{c})$$

$$\Delta_4 = a_4 > 0. \qquad (210\text{d})$$

Für die Schaltung in Abb. 141 lauten, wenn wir λ an Stelle von $\mathrm{d}/\mathrm{d}t$ setzen, die Spannungsgleichungen

$$(R_1 + \lambda L_1) i_1 + \lambda M i_2 \mp K n i_2 = 0, \qquad (211\text{a})$$

$$(R_2 + \lambda L_2) i_2 + \lambda M i_1 = 0. \qquad (211\text{b})$$

Ersetzen wir i_2 in Gl. 211a durch i_2 nach Gl. 211b, so erhalten wir

$$a_0 \lambda^2 + a_1 \lambda + a_2 = 0 \qquad (212)$$

mit

$$a_0 = 1, \quad a_1 = \frac{R_1 L_2 + R_2 L_1 \pm M K n}{L_1 L_2 - M^2}, \quad a_2 = \frac{R_1 R_2}{L_1 L_2 - M^2}, \quad (212\text{a bis c})$$

woraus die Bedingungen für die **Unterdrückung** der selbsterregten Schwingungen folgen

$$\Delta_1 = a_1 > 0, \quad a_2 > 0, \qquad \text{(213a u. b)}$$

die sich auf die eine Bedingung in Gl. 213a beschränken, wenn wir beachten, daß $R_1 R_2$ und $L_1 L_2 - M^2$ immer positiv sind. Mit positivem a_1 ergeben sich auch nach den Gl. 206 u. 207 exponentiell abklingende Schwingungen.

c. Komplexe Schreibweise. Um die stationären Schwingungen der Selbsterregung zu ermitteln, können wir mit einer gewissen Annäherung die Effektivwerte der Wechselstromgrößen einführen. Für die Schaltung nach Abb. 141 lauten dann mit der Kreisfrequenz ω_0 der selbsterregten Schwingungen die Spannungsgleichungen der beiden Stromkreise

$$(R_1 + j\,\omega_0\,L_1)\,\dot{I}_1 + j\,\omega_0\,M\,\dot{I}_2 \mp K\,n\,\dot{I}_2 = 0, \qquad \text{(214a)}$$

$$(R_2 + j\,\omega_0\,L_2)\,\dot{I}_2 + j\,\omega_0\,M\,\dot{I}_1 = 0, \qquad \text{(214b)}$$

wobei in R_1 und L_1 Wirkwiderstand und Induktivität des Netzes einzuschließen sind, an dem der Primärkreis liegt. Setzen wir $\dot{I}_2$ nach Gl. 214b in Gl. 214a ein, so erhalten wir eine Gleichung mit reellen und imaginären Gliedern. Für die imaginären Glieder wird

$$R_1 L_2 + R_2 L_1 \pm M K n = 0, \qquad \text{(215a)}$$

für die reellen

$$\omega_0 = \frac{R_1 R_2}{L_1 L_2 - M^2}. \qquad \text{(215b)}$$

Gl. 215a ist die Bedingung für das Auftreten stationärer Schwingungen. Ist die linke Seite größer als Null, so klingen die Schwingungen exponentiell ab (vgl. Gl. 213a), ist sie kleiner als Null, so wachsen die Schwingungen exponentiell an. Gl. 215b liefert die Kreisfrequenz der stationär selbsterregten Schwingungen, die für $a_1 = 0$ mit Gl. 207a übereinstimmt.

d. Die komplexe Kreisfrequenz. Zur Untersuchung der Selbsterregungserscheinungen kann man auch den Begriff der komplexen Kreisfrequenz einführen (Abschn. I 1c, Bd. II; vgl. auch [L 119]). Man erhält diesen aus folgender Überlegung.

Der reelle Teil

$$v = V \cos(\gamma\,t + \varphi) \qquad \text{(216a)}$$

des Zeitvektors

$$\dot{V} = V\,\varepsilon^{j\,(\gamma t + \varphi)} \qquad \text{(216)}$$

stellt den zeitlichen Ablauf einer Schwingung dar. Setzen wir in Gl. 216

$$\dot{\gamma} = \omega_0 - j\,\beta, \qquad \text{(217)}$$

so wird

$$\dot{V} = V\,\varepsilon^{j(\omega_0 t - j\beta t + \varphi)} = V\,\varepsilon^{\beta t}\,\varepsilon^{j(\omega_0 t + \varphi)}, \qquad (217a)$$

dessen reeller Teil

$$v = V\,\varepsilon^{\beta t}\cos(\omega_0 t + \varphi) \qquad (217b)$$

eine Schwingung darstellt, deren Amplitude sich zeitlich nach der Exponentialfunktion $\varepsilon^{\beta t}$ ändert, also bei negativem β abklingt, bei positivem β anwächst.

Führen wir für die selbsterregten Ströme die komplexe Kreisfrequenz $\dot{\gamma}$ nach Gl. 217 ein, so können wir mit $\dot{\gamma}$ die selbsterregten Ströme rechnerisch wie stationäre Schwingungen behandeln.

Die Gleichung zur Ermittlung der komplexen Kreisfrequenz $\dot{\gamma}$ ergibt sich aus den Spannungsgleichungen der Stromkreise, in denen die selbsterregten Ströme fließen. Sie lauten für die Schaltung nach Abb. 141, wenn wir uns die Wirk- und Blindwiderstände des Netzes in R_1 und L_1 eingeschlossen denken,

$$(R_1 + j\,\dot{\gamma}\,L_1)\,\dot{I}_1 + j\,\dot{\gamma}\,M\,\dot{I}_2 = \pm\,K\,n\,\dot{I}_2, \qquad (218a)$$

$$(R_2 + j\,\dot{\gamma}\,L_2)\,\dot{I}_2 + j\,\dot{\gamma}\,M\,\dot{I}_1 = 0. \qquad (218b)$$

Indem wir $\dot{I}_2$ aus Gl. 218b in Gl. 218a einsetzen, erhalten wir

$$R_1 R_2 - \dot{\gamma}^2\,(L_1 L_2 - M^2) + j\,\dot{\gamma}^2\,(R_1 L_2 + R_2 L_1 \pm M\,K\,n) = 0 \qquad (218)$$

und mit den Abkürzungen nach den Gl. 203a u. b

$$\dot{\gamma} = j\,a_1/2 \pm \sqrt{a_2 - (a_1/2)^2}. \qquad (219)$$

Setzen wir die rechten Seiten der Gl. 219 u. 217 einander gleich, so erhalten wir die (reelle) Kreisfrequenz ω_0 der selbsterregten Schwingungen und den Faktor β, aus dessen Vorzeichen (vgl. Gl. 217b) man erkennt, ob die selbsterregten Schwingungen abklingen (β negativ) oder anwachsen (β positiv). Es ergibt sich:

1. $a_1/2 > 0$, $(a_1/2)^2 > a_2$: $\omega_0 = 0$, $\beta = -\left(a_1/2 \pm \sqrt{(a_1/2)^2 - a_2}\right)$, aperiodisch abklingend,

2. $a_1/2 > 0$, $(a_1/2)^2 = a_2$: $\omega_0 = 0$, $\beta = -a_1/2$, aperiodisch abklingend,

3. $a_1/2 > 0$, $(a_1/2)^2 < a_2$: $\omega_0 = \sqrt{a_2 - (a_1/2)^2}$, $\beta = -a_1/2$, gedämpfte Schwingung,

4. $a_1/2 = 0$, $(a_1/2)^2 < a_2$: $\omega_0 = \sqrt{a_2}$, $\beta = 0$, ungedämpfte Schwingung,

5. $a_1/2 < 0$, $(a_1/2)^2 < a_2$: $\omega_0 = \sqrt{a_2 - (a_1/2)^2}$, $\beta = |a_1/2|$, ansteigende Schwingung,

6. $a_1/2 < 0$, $(a_1/2)^2 = a_2$: $\omega_0 = 0$, $\beta = |a_1/2|$, aperiodisch ansteigend,

7. $a_1/2 < 0$, $(a_1/2)^2 > a_2$: $\omega_0 = 0$, $\beta = |a_1/2| \pm \sqrt{(a_1/2)^2 - a_2}$, aperiodisch ansteigend.

3. Motor- und Generatorbetrieb bei Schaltung nach Abb. 141.

Für das Abklingen der selbsterregten Schwingungen hatten wir die Bedingung

$$R_1 L_2 + R_2 L_1 \pm M K n > 0 \qquad (221)$$

gefunden (Gl. 212b). Bei Motorbetrieb $(+M K n!)$ ist diese Bedingung immer erfüllt. Der Motorbetrieb ist also stabil.

Der Generatorbetrieb $(-M K n!)$ ist nach Gl. 221 dagegen nur dann selbsterregungsfrei, wenn

$$K n < \frac{R_1 L_2 + R_2 L_1}{M} \qquad (222\,\mathrm{a})$$

ist. Für das Auftreten stationärer selbsterregter Schwingungen muß sein

$$K n = \frac{R_1 L_2 + R_2 L_1}{M}. \qquad (222\,\mathrm{b})$$

Wir wollen nun die Selbsterregung an einem Beispiel verfolgen. Für den wiederholt als Zahlenbeispiel behandelten Vollbahnmotor (vgl. S. 153) beträgt die Erregerscheinleistung 45 kVA. Hierfür können wir nach Abschn. L 1, Bd. III, den Kernquerschnitt des Reihentransformators zu etwa 200 cm² annehmen. Bei einer Kerninduktion von 13000 Gauß ergibt sich, wenn der Transformator mit der Übersetzung $w_2/w_1 = 1$ ausgeführt wird, $w_1 = w_2 = 23$. Damit erhalten wir bei $f = 16\frac{2}{3}$ Hz, also $\omega = 104{,}7$ Hz, nach Gl. 58a, Bd. II, mit $\delta' = 0{,}1$ cm den Hauptblindwiderstand des Transformators zu $X_{1h} = X_{2h} = X_{12} = 1{,}4\,\Omega$. Vernachlässigen wir die Streublindwiderstände des Transformators, so ist $X_1 = X_{12} + X_A = 1{,}45\,\Omega$, $X_2 = X_{12} + X_E = 1{,}445\,\Omega$, $X_1 X_2 - X_{12}^2 = \omega^2 (L_1 L_2 - M^2) = X_{12} \times (X_A + X_E) + X_A X_E = 0{,}1352\,\Omega^2$. Den Blindwiderständen sind die Induktivitäten proportional. Bei Vernachlässigung der Wirkwiderstände des Transformators ist $R_1 = 0{,}02\,\Omega$, $R_2 = 0{,}003\,\Omega$, bei Nenndrehzahl $K\,n_N = 0{,}432\,\Omega$ (im geradlinigen Teil der Kennlinie). Mit diesen Widerstandswerten erhalten wir nach den Gl. 203a u. b $a_1/2 = (12{,}88 - 234\,n/n_N)\,\mathrm{s}^{-1}$ und $a_2 = 4{,}85\,\mathrm{s}^{-2}$.

Lassen wir die Drehzahl des Generators von 0 anwachsen, so durchlaufen wir der Reihe nach die in der Zusammenstellung 220 angegebenen Fälle. Es ergibt sich für $n/n_0 < 0{,}0456$ Fall 1, $n/n_0 = 0{,}0456$ Fall 2, $0{,}0456 < n/n_0 < 0{,}0555$ Fall 3, $n/n_0 = 0{,}0555$ Fall 4, $0{,}0555 < n/n_0 < 0{,}0644$ Fall 5, $n/n_0 = 0{,}0644$ Fall 6, $n/n_0 > 0{,}0644$ Fall 7. Die Fälle 1 bis 6 liegen also alle in der Nähe von 6% der Nenndrehzahl, so daß sie keine praktische Bedeutung haben. Bei höheren Drehzahlen tritt Selbsterregung ein, und zwar ist der selbsterregte Strom zunächst ein anwachsender Gleichstrom $(a_1/2 < 0$, $(a_1/2)^2 > a_2$, Gl. 206 oder Fall 7 in 220).

Dem Anwachsen des selbsterregten Gleichstromes, der mit entsprechender Phasenverschiebung auch im Sekundärkreis auftritt, wird durch die magnetische Kennlinie der Maschine eine Grenze gesetzt. Wenn der Selbsterregungsvorgang sich dem stationären Zustand (Schnittpunkt der Widerstandsgeraden mit der Kennlinie e, vgl. Abb. 139) nähert, also $\mathrm{d}i_1/\mathrm{d}t$ immer kleiner wird, stirbt der selbsterregte Strom i_2 allmählich ab. Dadurch wird auch die in der Ankerwicklung induzierte Bewegungs-EMK, herrührend vom selbsterregten Strom, allmählich Null. Durch die zwischen dem primären und sekundären Strom bestehende Phasenverschiebung erregt sich aber die Maschine, wenn der Strom im Primärkreis Null geworden ist, von neuem, und es wiederholt sich derselbe Vorgang wie zuvor, aber mit entgegengesetzter Stromrichtung. Auf diese Weise entsteht statt des anwachsenden Gleichstromes, wie wir ihn bei unmittelbarer Reihenschaltung von Anker- und Erregerwicklung beobachten, ein selbsterregter von der Sinusform abweichender Wechselstrom. In Abb. 142 ist für einen praktischen Fall (Maschine für 13 kW bei $16^2/_3$ Hz) ein Oszillogramm des selbsterregten Stromes dargestellt.

Die Frequenz der selbsterregten Ströme beträgt in praktischen Fällen nur einige Hertz. Mit $a_1 = 0$ erhalten wir nach Gl. 207a für den als Beispiel herangezogenen Vollbahnmotor $\omega_0 = 2,21$ Hz. Ein einwandfreier Betrieb der Maschine mit Netzfrequenz ist in diesem Falle nicht möglich.

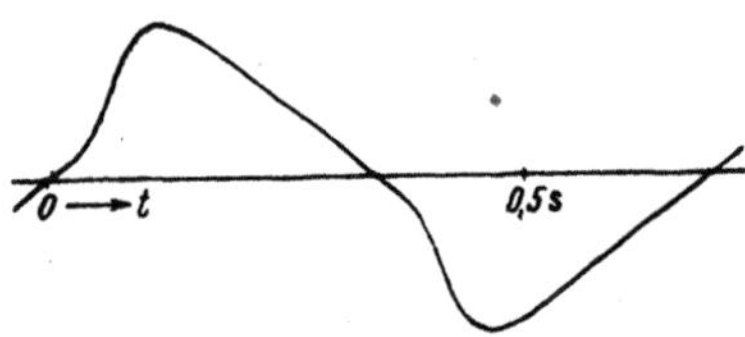

Abb. 142. Selbsterregter Strom bei Schaltung nach Abb. 141.

Der Widerstand R, der durch Multiplikation mit dem Erregerstrom die Widerstandsgerade ergibt, ist bei Vernachlässigung der Wirkwiderstände des Reihentransformators nach Gl. 222b $R = (R_1 L_2 + R_2 L_1)/M = 0,0238\ \Omega$, also nur wenig größer als der ohne Zwischenschaltung des Transformators ($R_1 + R_2 = 0,0230\ \Omega$). Die Widerstandsgerade verläuft also bei starker induktiver Kopplung der Stromkreise mit der Übersetzung 1 nur wenig steiler als bei unmittelbarer Reihenschaltung der Wicklungen. Im Abschn. G 4b werden wir den Betrieb der Maschine als Generator genauer untersuchen und sehen, daß bei zweckmäßiger Bemessung des Reihenschlußtransformators ein Generatorbetrieb in gewissen Grenzen ohne Selbsterregung möglich ist.

4. Die Repulsionsmaschinen.

Die Untersuchung auf Selbsterregung führen wir am einfachsten nach Abschn. 2b aus.

Bei Erregung vom Läuferstrom lauten mit $\lambda = \mathrm{d}/\mathrm{d}t$ die Spannungsgleichungen für die beiden Kreise der Maschine (vgl. Abb. 78a)

$$(R_1 + \lambda L_1)\,i_1 + \lambda M\,i_2 = 0, \qquad (R_2 + \lambda L_2)\,i_2 + \lambda M\,i_1 \pm K\,n\,i_2 = 0, \qquad (223\mathrm{a})$$

worin M die Gegeninduktivität zwischen Ständer- und Läuferarbeitswicklung ist und das positive Vorzeichen vor $K\,n$ wieder für Motor-, das negative für Generatorbetrieb gilt. Die Auflösung dieser Gleichungen nach λ liefert

$$\lambda^2 + \frac{R_1 L_2 + (R_2 \pm K\,n)\,L_1}{L_1 L_2 - M^2}\,\lambda + \frac{R_1\,(R_2 \pm K\,n)}{L_1 L_2 - M^2} = 0 . \qquad (223)$$

Daraus ergeben sich die Bedingungen zur Unterdrückung der Selbsterregung

$$\frac{R_1 L_2 + (R_2 \pm K n) L_1}{L_1 L_2 - M^2} > 0, \qquad \frac{R_1 (R_2 \pm K n)}{L_1 L_2 - M^2} > 0. \qquad \text{(224a u. b)}$$

Bei Motorbetrieb sind diese Gleichungen immer erfüllt, er ist also selbsterregungsfrei, der Generatorbetrieb ($-Kn!$) aber nur dann, wenn $Kn < R_2$ ist. Das ist dieselbe Bedingung, die für die gewöhnliche Reihenschlußmaschine aus Gl. 201b mit $R = R_2$ folgt.

Bei Erregung vom Ständerstrom (vgl. Abb. 78b) erhalten wir aus den Gleichungen

$$(R_1 + \lambda L_1)\, i_1 + \lambda M\, i_2 = 0, \qquad (R_2 + \lambda L_2)\, i_2 + \lambda M\, i_1 \mp K n\, i_1 = 0 \qquad \text{(225a u. b)}$$

die Bedingungen zur Unterdrückungen der Selbsterregung

$$\frac{R_1 L_2 + R_2 L_1 \pm M K n}{L_1 L_2 - M^2} > 0, \qquad \frac{R_1 R_2}{L_1 L_2 - M^2} > 0, \qquad \text{(226a u. b)}$$

also dieselben Bedingungen wie bei der Schaltung nach Abb. 141 (Gl. 221), wobei aber zu beachten ist, daß dort M die Gegeninduktivität zwischen den beiden Wicklungen des Reihentransformators, hier die zwischen der primären und sekundären Arbeitswicklung bedeutet. Der Motorbetrieb (oberes Vorzeichen vor $M K n$) ist also auch bei der Erregung vom Ständerstrom immer selbsterregungsfrei, der Generatorbetrieb aber nur dann, wenn

$$K n < (R_1 L_2 + R_2 L_1)/M \qquad \text{(227)}$$

ist, denn die Bedingung 226b ist immer erfüllt. Selbsterregung tritt also erst bei höherer Drehzahl auf als bei der Schaltung mit Erregung vom Läuferstrom, doch ist diese Drehzahl in praktischen Fällen immer noch so klein, daß ein Generatorbetrieb ohne wesentliche künstliche Vergrößerung der Wirkwiderstände oder Ausnutzung der Sättigungserscheinungen (vgl. Abschn. 7), die wir hier vernachlässigt haben, nicht in Frage kommt.

Der Repulsionsmotor mit Bürstenverschiebung wird zum Generator, wenn entweder die Drehrichtung geändert wird oder bei derselben Drehrichtung die Bürsten im entgegengesetzten Sinne aus der Leerlaufstellung verschoben werden wie bei Motorbetrieb. Bezeichnen wir hier mit M_0 die Gegeninduktivität zwischen Ständer- und Läuferwicklung, wenn die Bürstenachse mit der Ständerachse zusammenfällt ($\alpha = 0$), und mit K_0 den Faktor, der bei der Bürstenstellung $\alpha = 90°$ durch Multiplikation mit der Drehzahl n und dem Strom I_1 die Bewegungs-EMK ergibt, so lauten die Spannungsgleichungen

$$(R_1 + \lambda L_1)\, i_1 + \lambda\, M_0 \cos \alpha \cdot i_2 = 0, \qquad (228\,\text{a})$$

$$(R_2 + \lambda L_2)\, i_2 + \lambda\, M_0 \cos \alpha \cdot i_1 \mp K_0\, n \sin \alpha \cdot i_1 = 0, \qquad (228\,\text{b})$$

worin das obere Vorzeichen vor $K_0 n$ für Motor-, das untere für Generatorbetrieb gilt, wenn α immer positiv eingeführt wird. Daraus ergeben sich die Bedingungen zur Unterdrückung der Selbsterregung

$$R_1 L_2 + R_2 L_1 \pm K_0\, n\, M_0 \cos \alpha \cdot \sin \alpha > 0, \qquad R_1 R_2 > 0. \quad (229\,\text{a u. b})$$

Der Motorbetrieb ist also selbsterregungsfrei, der Generatorbetrieb aber nur dann, wenn Gl. 229a mit dem negativen Vorzeichen vor $K_0 n$ erfüllt ist. Führen wir die Streuziffern σ_1 und σ_2 (Gl. 97e u. f) und die Übersetzung $\ddot{u}$ (Gl. 111) ein und beachten, daß $K_0 = p X_{12}/f = p\, \ddot{u}\, X_{1h}/f$ ist ($K_0 = E_0/n\, I_1$, Gl. 112c mit $\sin \alpha = 1$ und $\nu = n\, p/f$), so können wir die Bedingung zur Unterdrückung der Selbsterregung bei Generatorbetrieb auch in der Form

$$n < \frac{f}{p} \cdot \frac{R_1(1 + \sigma_2) + R_2(1 + \sigma_1)/\ddot{u}^2}{X_{1h} \sin \alpha \cdot \cos \alpha} = \frac{f}{p} \cdot \frac{R_1(1 + \sigma_2) + R_2'(1 + \sigma_1)}{X_{1h} \sin \alpha \cdot \cos \alpha} \qquad (230)$$

schreiben. Die größte Drehzahl, bei der diese Bedingung gerade noch erfüllt wird, hängt vom Bürstenwinkel α ab und ist für $\alpha = 45°$ mit $\sin \alpha \cdot \cos \alpha = 0{,}5$ am kleinsten. Aber auch für andere praktisch in Frage kommende Bürstenwinkel liegt sie ohne künstliche Vergrößerung der Wirkwiderstände so niedrig, daß der Generatorbetrieb nicht ausgenutzt werden kann (vgl. aber Abschn. 7c).

5. Die doppeltgespeisten Maschinen.

Bei den doppeltgespeisten Maschinen (Abschn. C) sind die beiden Stromkreise der Maschine noch über den Leistungstransformator induktiv gekoppelt. Diese Kopplung kann die Ursache von Selbsterregungserscheinungen sein, und zwar nicht nur beim Generator, sondern in gewissen Schaltungen auch beim Motor.

a. Erregung vom Ankerstrom. In den Abb. 143a u. b sind die grundsätzlichen Schaltungen des doppeltgespeisten Motors dargestellt. Abb. 143a setzt voraus, daß die dem Anker unmittelbar zugeführte Spannung $\dot{U}_A$ eine Komponente in Gegenphase zu der ihm durch Induktion über die Ständerwicklung zugeführten EMK $\dot{E}_R$ hat (vgl. Abb. 58a u. b), während in Abb. 143b der unwichtigere Fall der Phasengleichheit vorausgesetzt ist. In beiden Abbildungen sind die Stromrichtungen bei Motorbetrieb und die sich dabei ergebenden Drehrichtungen eingezeichnet.

Die Gleichungen zur Ermittlung der Bedingungen für die Unterdrückung der Selbsterregung lauten mit $\lambda = \mathrm{d}/\mathrm{d}t$ und den Zählpfeilen in Abb. 143a u. b für den Fall, daß die **Primärwicklung des Transformators unterbrochen ist**,

$$(R_1 + \lambda L_1)\, i_1 + \lambda\, (\pm M_T - M_M)\, i_2 \pm K n\, i_1 = 0, \qquad (231\,\text{a})$$

$$(R_2 + \lambda L_2)\, i_2 + \lambda\, (\pm M_T - M_M)\, i_1 = 0. \qquad (231\,\text{b})$$

Darin bedeuten M_M Gegeninduktivität zwischen Anker- und Ständerarbeitswicklung, M_T Gegeninduktivität zwischen den beiden Teilen der Sekundärwicklung des Transformators, L_1 Gesamtinduktivität des Läuferkreises 1, L_2 die des Ständerarbeitskreises 2 und R_1, R_2 die Wirkwiderstände. Das obere Vorzeichen bei M_T gilt für die Schaltung nach Abb. 143a, das untere für die nach Abb. 143b, während das obere Vorzeichen vor $K n$ für Motor-, das untere für Generatorbetrieb gilt (Umkehrung der Stromrichtung in der Erregerwicklung oder der Drehrichtung).

Aus den Gl. 231a u. b erhalten wir nach Abschn. 2b die Bedingungen für die Unterdrückung der selbsterregten Ströme für beide Schaltungen Abb. 143a u. b $(a_0 = L_1 L_2 - (\pm M_T - M_M)^2$ ist immer positiv)

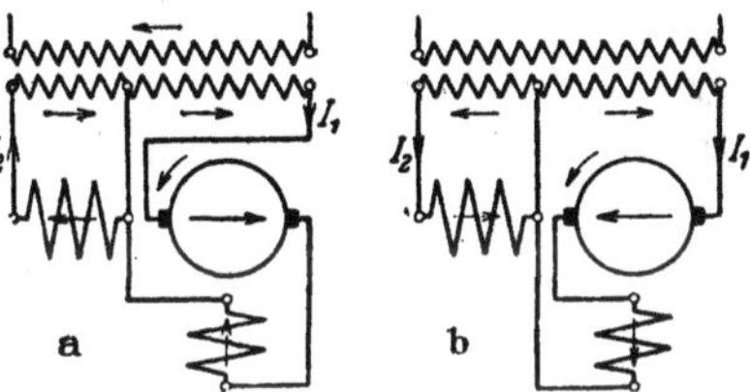

Abb. 143a u. b. Läufererregung; a) $\dot U_A$ und $\dot E_R$ in Gegenphase, b) in Phase. Stromrichtung für Motorbetrieb.

$$a_1 = R_2 L_1 + (R_1 \pm K n)\, L_2 > 0, \qquad a_2 = (R_1 \pm K n) > 0. \qquad (232\,\text{a u. b})$$

Beide Bedingungen sind für **Motorbetrieb** $(+ K n!)$ immer erfüllt; **der Motor arbeitet sowohl bei Abb. 143a als auch bei Abb. 143b selbsterregungsfrei.**

Für **Generatorbetrieb** $(- K n!)$ können wir die Bedingungen für die Unterdrückung der selbsterregten Ströme

$$K n < R_1 + R_2 L_1/L_2, \qquad K n < R_1 \qquad (233\,\text{a u. b})$$

schreiben. Die zweite Bedingung ist dieselbe wie beim gewöhnlichen Reihenschlußmotor. Daran ändert sich auch nichts, wenn die Kopplung zwischen den beiden Sekundärwicklungen gelockert wird, also wenn die Primärwicklung des Transformators am Netz liegt. Ein störungsfreier Betrieb als Generator bei Leistungsabgabe an das Netz mit netzfrequenten Strömen ist also nur bei sehr kleinen Drehzahlen möglich.

b. Erregung vom Ständerstrom. Die grundsätzlichen Schaltungen hierfür sind in Abb. 144a u. b dargestellt, wobei die Drehrichtung für Motorbetrieb eingezeichnet ist. Die dem Anker unmittelbar zugeführte Spannung $\dot U_A$ hat in Abb. 144a eine Komponente in Gegenphase, in

Abb. 144b in Phase mit der dem Anker durch Induktion über die Ständerwicklung zugeführten EMK $\dot{E}_R$. Wir setzen zunächst auch hier voraus, daß die Primärwicklung offen ist; dann lauten mit den Zählpfeilen in den Abb. 144a u. b die Gleichungen für die selbsterregten Ströme

$$(R_1 + \lambda L_1)\, i_1 + \lambda\, (\pm M_T - M_M)\, i_2 \pm K\, n\, i_2 = 0, \qquad (234a)$$

$$(R_2 + \lambda L_2)\, i_2 + \lambda\, (\pm M_T - M_M)\, i_1 = 0, \qquad (234b)$$

wobei das obere Vorzeichen bei M_T für Abb. 144a, das untere für Abb. 144b und das obere Vorzeichen bei $K\,n$ für Motor-, das untere

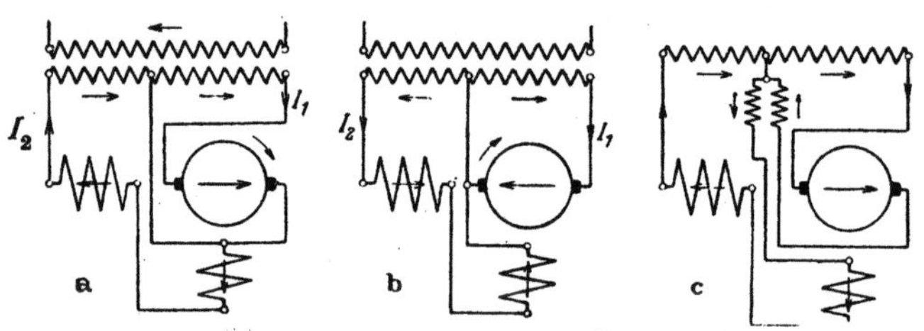
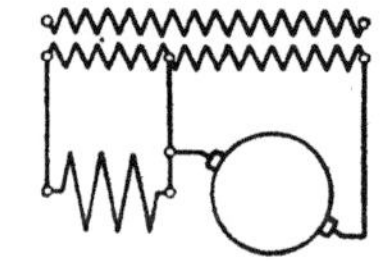

Abb. 144a bis c. Ständererregung; a) $\dot{U}_A$ und $\dot{E}_R$ in Gegenphase, b) in Phase, c) mit Entkopplungstransformator. Stromrichtung für Motorbetrieb.

Abb. 145.
Bürstenverschiebung.

für Generatorbetrieb gilt. Nach Abschn. 2b ergibt sich hieraus als einzige Bedingung für die Unterdrückung der selbsterregten Ströme

$$R_1 L_2 + R_2 L_1 \mp K\, n\, (\pm M_T - M_M) > 0. \qquad (234c)$$

Wir betrachten zunächst die wichtigere Schaltung nach Abb. 144a $(+ M_T!)$. Sie ist bei Motorbetrieb $(-K\,n$ in Gl. 234c) selbsterregungsfrei, wenn $(R_1 L_2 + R_2 L_1) - K\,n\,(M_T - M_M) > 0$ ist. Das wäre immer der Fall, wenn $M_M > M_T$ wäre. In praktischen Fällen ist aber meist M_T größer als M_M; dann ist der Motorbetrieb nur selbsterregungsfrei, wenn

$$K\,n < \frac{R_1 L_2 + R_2 L_1}{M_T - M_M} \qquad (235)$$

ist. Diese Bedingung ist aber gewöhnlich nur bei kleinen Drehzahlen erfüllt. Der Generatorbetrieb ist dagegen nach Gl. 234c $(+ K\,n!)$ in der Schaltung nach Abb. 144a bei $M_T > M_M$ selbsterregungsfrei.

Betrachten wir nun die Schaltung nach Abb. 144b $(- M_T!)$. Sie ist nach Gl. 234c für Motorbetrieb $(-K\,n!)$ immer selbsterregungsfrei. Bei Generatorbetrieb ist Gl. 234c $(+ K\,n!)$ nur erfüllt, wenn $K\,n\,(M_T + M_M) < R_1 L_2 + R_2 L_1$ ist, also nur bei sehr kleinen Drehzahlen. Daß die Schaltung nach Abb. 144b praktisch unwichtig ist, haben wir in Abschn. C 1 gezeigt.

Um bei der wichtigeren Schaltung nach Abb. 144a die Gefahr der Selbsterregung bei Motorbetrieb zu verringern, könnte der Transformator mit hinreichend großem Luftspalt ausgeführt werden, wodurch M_T verkleinert wird. Dadurch wird aber auch der Magnetisierungsstrom größer und der gesamte Leistungsfaktor verschlechtert. Auch mit einem Entkopplungstransformator t in der Schaltung nach Abb. 144 c könnte man die Selbsterregung unterdrücken. Durch diesen Transformator werden die beiden Stromkreise nochmal gekoppelt, aber nicht im Sinne des Haupttransformators, sondern im Sinne von Ständer- und Läuferarbeitswicklung der Maschine. Dieses Hilfsmittel wird aber wegen der Kosten des Entkopplungstransformators praktisch nicht in Frage kommen. Die Selbsterregungsgefahr bei Motorbetrieb in Schaltung nach Abb. 144 a läßt sich auch verringern, wenn die beiden Sekundärkreise von getrennten Transformatoren gespeist werden.

Läßt man den Motor in Schaltung nach Abb. 144 a anlaufen, so tritt, wenn er die kritische Drehzahl erreicht hat, ein generatorisches Moment auf, das die Maschine plötzlich abbremst. Sie fällt in der Drehzahl ab bis unterhalb der kritischen Drehzahl die Selbsterregung verschwindet; dann wächst wieder die Drehzahl bis Selbsterregung eintritt, und so pendelt die Maschine dauernd zwischen zwei Grenzdrehzahlen.

Wenn die Primärwicklung am Netz liegt oder kurzgeschlossen ist, kann sich der Fluß, mit dem die beiden Teile der Sekundärwicklung verkettet sind, nur schwach ausbilden. Die Kopplung wird wesentlich lockerer, so daß M_T kleiner wird. Hierdurch und unter dem Einfluß des von den netzfrequenten Strömen herrührenden Sättigungsgrades (vgl. Abschn. 7) kann die Bedingung 234 c auch bei Motorbetrieb erfüllt sein. So kann es vorkommen, daß bei der Motorschaltung nach Abb. 144 a mit am Netz liegender Primärwicklung der Betrieb einwandfrei vor sich geht, aber bei einer plötzlichen Unterbrechung der primären Stromlieferung die Maschine sich selbst erregt und zwischen zwei Grenzdrehzahlen zu pendeln beginnt. Dieser Vorgang ist immer mit heftigen Bremsstößen und Bürstenfeuer verbunden. Ohne besondere Bemessung der Widerstände und Induktivitäten ist also ein einwandfreier Betrieb des doppelt gespeisten Motors mit Erregung vom Ständerstrom und in Schaltung nach Abb. 144 a nicht möglich.

Ähnlich wie die Schaltung nach Abb. 144 a verhält sich auch die in Abb. 145 dargestellte Schaltung mit Regelung durch Bürstenverschiebung, bei der zuerst die Selbsterregungserscheinungen im Motorbetrieb beobachtet wurden [L 111 u. 112].

6. Die fremderregte und die Nebenschlußmaschine.

a. Fremderregung. Wenn die Erregerwicklung der fremderregten Maschine aus einem Netz gespeist wird, das nicht mit dem Netz, welches den Ankerzweig speist, verkettet ist, kann sich die Maschine nicht über den Fluß der Hauptpole selbsterregen. Die Gefahr der Selbsterregung ist auch nicht groß, wenn die Erregerwicklung aus demselben Netz wie der Ankerzweig über einen Umformer gespeist wird, bei dem die Kopplung von Anker- und Erregerkreis sehr unvollkommen ist, wie z. B. nach der Schaltung Abb. 120a. Auch ein Reihentransformator zur Verbesserung des Betriebes wird in diesem Falle den Betrieb nicht stören, weil er die beiden Stromkreise nur sehr lose koppelt.

Bei der Schaltung nach Abb. 124a mit Stromwender-Hilfsmaschinen als Phasenumformer ist keine Selbsterregung zu erwarten. In praktischen Fällen wird jedoch bei der Stromrückgewinnung in den Ankerkreis der Hilfsmaschine ein kleiner zusätzlicher Wirkwiderstand geschaltet, um Selbsterregung durch ungenaue Bürsteneinstellung (vgl. Abschn. 8) zu unterdrücken. Ungenaue Bürstenstellung macht sich hier besonders störend bemerkbar, weil der Wirkwiderstand der Hauptwicklung, auf die der Anker der Hilfsmaschine geschaltet ist, sehr klein ist.

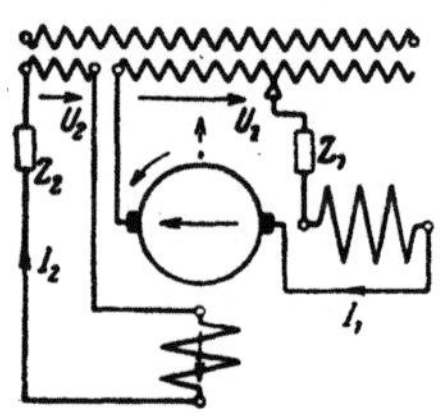

Abb. 146. Nebenschlußmaschine.

b. Nebenschlußerregung. In der einfachsten Form kann die Nebenschlußmaschine durch die Schaltung in Abb. 146 dargestellt werden, worin Z_1 und Z_2 zunächst beliebige Scheinwiderstände seien, die so bemessen sind, daß der Erregerstrom eine genügend große Komponente in Phase mit dem Ankerstrom erhält. Für Motorbetrieb sind die beiden Stromzweige der Sekundärwicklung Verbraucher, die Strompfeile in den Sekundärwicklungen also gleichgerichtet. Wir erhalten die in Abb. 146 angedeutete Drehrichtung bei Motorbetrieb.

Die beiden Stromkreise sind nun über die beiden Sekundärwicklungen des Transformators induktiv gekoppelt. Diese Kopplung besteht auch, wenn die Primärwicklung des Transformators am Netz liegt, wenn sie dann auch loser ist als bei abgeschalteter Primärwicklung. Ein remanenter Magnetismus, beispielsweise im Sinne des gestrichelten Pfeiles in der Achse der Erregerwicklung, induziert einen Strom im Ankerkreis im Sinne des eingezeichneten Stromzählpfeils in diesem Kreise. Durch die induktive Kopplung der beiden sekundären Transformatorwicklungen fließt der Strom im Erregerkreis im wesentlichen entgegengesetzt dem voll ausgezogenen Pfeil in diesem Kreis; er unterstützt also den remanenten Magnetismus, so daß sich die Maschine bei Motorbetrieb mit netzfremder Frequenz selbst erregen kann. Das ist auch bei Generatorbetrieb der Fall, wenn die Drehrichtung hierbei dieselbe wie bei Motorbetrieb ist; im andern Falle ist der Generatorbetrieb selbsterregungsfrei. Ein Beispiel für den selbsterregungsfreien Generatorbetrieb ist die Schaltung der M. F. Oerlikon (Abb. 165) für Nutzbremsung.

c. Kondensator im Erregerkreis. Die hierfür in Frage kommenden Schaltungen haben wir im Abschn. E 4 kennengelernt. Hier wollen wir den einfachsten Fall nach Abb. 147 voraussetzen. Die Spannungsgleichungen lauten für diesen Fall mit $\lambda = d/dt$ und $1/\lambda = \int dt$

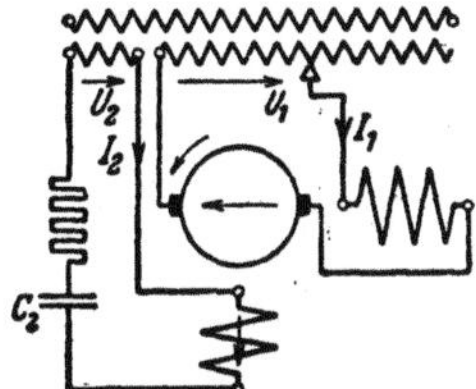

$$(R_1 + \lambda L_1)\,i_1 + \lambda M\,i_2 + K n\,i_2 = 0, \quad (236\,\text{a})$$

$$\left(R_2 + \lambda L_2 + \frac{1}{\lambda C_2}\right) i_2 + \lambda M\,i_1 = 0. \quad (236\,\text{b})$$

Ersetzen wir in Gl. 236a i_2 nach Gl. 236b, so erhalten wir für λ eine Gleichung 3. Grades $(m = 3)$, woraus sich die Faktoren a in Gl. 208 zu

Abb. 147. Kondensator im Erregerkreis.

$$a_0 = C_2(L_1 L_2 - M^2), \quad a_1 = C_2(R_1 L_2 + R_2 L_1 - M K n), \left.\begin{array}{l}\\\\\end{array}\right\}$$
$$a_2 = R_1 R_2 C_2 + L_1, \quad a_3 = R_1 \qquad\qquad (237\,\text{a bis d})$$

ergeben. Da a_0 positiv ist, lauten die Bedingungen für die Unterdrückung der Selbsterregung (Δ_1 und Δ_2 nach den Gl. 210a u. b, $\Delta_3 = a_3$)

$$\left.\begin{array}{l}\dfrac{R_1 L_2 + R_2 L_1}{M} - K n > 0,\\[2.5em]\dfrac{R_1 L_2 + R_2 L_1}{M} - \dfrac{R_1(L_1 L_2 - M^2)}{M(R_1 R_2 C_2 + L_1)} - K n > 0, \qquad R_1 > 0.\end{array}\right\} \quad (238\,\text{a bis c})$$

Die letzte Bedingung ist immer erfüllt, die erste ist in der zweiten eingeschlossen. Die Schaltung Abb. 147 ist also selbsterregungsfrei, wenn die Bedingung 238b besteht.

Für die praktische Berechnung wollen wir die Bedingung 238b in etwas übersichtlicherer Form schreiben. Statt der Induktivitäten und der Kapazität führen wir die Blindwiderstände ein, es ist z. B. $\omega M = X_{12}$, $\omega C_2 = 1/X_C$, und bezeichnen mit σ_1 und σ_2 die Streuziffern der beiden Transformatorwicklungen mit den Windungszahlen w_1 und w_2; es ist also

$$X_1 = X_{12}\,\frac{w_1}{w_2}\,(1 + \sigma_1) + X_A, \quad X_2 = X_{12}\,\frac{w_2}{w_1}\,(1 + \sigma_2) + X_E. \quad (239\,\text{a u. b})$$

Gl. 238b geht dann über in

$$\frac{R_2 X_1}{X_{12}} + \frac{R_1 X_2}{X_{12}} - \frac{R_1(X_1 X_2 - X_{12}^2)}{X_{12}(R_1 R_2/X_C + X_1)} > K n. \quad (239)$$

Vernachlässigen wir im letzten, an sich schon sehr kleinen Glied der linken Seite $R_1 R_2/X_C$ gegen X_1, so können wir schreiben

$$\frac{R_2 X_1}{X_{12}} + \frac{R_1 X_{12}}{X_1} > K n. \qquad (239')$$

An der im Abschn. E 4c (vgl. auch S. 153) als Beispiel herangezogenen Maschine wollen wir die Selbsterregung nachprüfen. Beachten wir die unterschiedliche Bedeutung der Zeiger für die Betriebsgrößen gegenüber Abschn. E 4c und nehmen wir auch hier an, daß der Wirkwiderstand $R_2 = 0,5 \cdot X_E = 0,0205 \, \Omega$ ist (vgl. Abb. 127a), so ist $w_1/w_2 = U_1/U_2 = 21,1$. Um X_{12}, σ_1 und σ_2 zu berechnen, müssen wir den Haupttransformator für die Maschine kennen. Eine überschlägige Berechnung des Transformators ergibt etwa $X_{12} = 5 \, \Omega$. σ_1 und σ_2 schätzen wir zu $\sigma_1 = \sigma_2 = 0,05$. Es ist ferner $X_C = X_E = 0,041$, $X_A = 0,05$, $R_1 = 0,02 \, \Omega$. Wir erhalten nach den Gl. 239a u. b $X_1 = 110,8 + 0,05 \approx 110,8$, $X = 0,249 + 0,041 = 0,290 \, \Omega$. Damit muß nach Gl. 239 oder 239' $0,454 + 0,0009 - 0,000137 = 0,455 \, \Omega > K n \, \Omega$ sein. Bei den Nenngrößen $I_1 = I_2 = 1000 \, \text{A}$, $n = 1080 \, \text{U/min}$ ist $K n = 0,432 \, \Omega$, der Betrieb ist also selbsterregungsfrei, und zwar sowohl bei Motor- als auch bei Generatorbetrieb. Dabei hatten wir vorausgesetzt, daß die Primärwicklung des Transformators vom Netz abgeschaltet ist; bei am Netz liegender Primärwicklung ist der Betrieb erst recht selbsterregungsfrei.   .

Bei Regelung der Drehzahl durch Ändern der Spannung U_1 am Ankerzweig ändert sich die linke Seite von 239 und 239' angenähert proportional w_1/w_2. In etwa demselben Verhältnis ändert sich auch die Drehzahl n, so daß der Betrieb auch bei Regelung der Drehzahl selbsterregungsfrei bleiben wird.

7. Einfluß der Ströme von Netzfrequenz.

Wir hatten vorausgesetzt, daß zu Beginn der Selbsterregung in der Maschine nur der remanente Magnetismus vorhanden sei, so daß für das Einsetzen der Selbsterregung der untere geradlinige Teil der magnetischen Kennlinie maßgebend ist. Die Erfahrung hat nun gezeigt, daß bei Anwesenheit eines von Strömen der Netzfrequenz erregten Feldes die Selbsterregungsgefahr um so geringer ist, je stärker die von diesen Strömen herrührende magnetische Beanspruchung im Eisen ist. Die selbsterregten Ströme finden dann bereits einen gewissen Sättigungsgrad vor, ihre Felder müssen sich über den vorhandenen magnetischen Zustand lagern, so daß nicht nur der von den selbsterregten Strömen allein herrührende magnetische Zustand maßgebend ist. Dadurch wird der zusätzliche Wirkwiderstand, der bei fester Drehzahl erforderlich ist, wesentlich kleiner, als er sich nach den Untersuchungen in den früheren Abschnitten ergibt, so daß die Maschine mit wesentlich kleineren Verlusten als Generator auf das Netz zurückarbeiten kann.

a. Reihenschlußmaschine. Für den einfachen Fall der Reihenschlußmaschine (Abb. 137a) hat A. Leonhard gezeigt, wie man etwa den Einfluß der Vormagnetisierung rechnerisch erfassen kann [L 119].

In der Spannungsgleichung für die Selbsterregung (Generatorbetrieb)

$$R\,i + L\,\frac{\mathrm{d}i}{\mathrm{d}t} = K\,n\,i, \qquad (240)$$

aus der wir bei fester Drehzahl n den kritischen Wirkwiderstand R oder bei festem R die kritische Drehzahl n berechnen können, sind jetzt L und K von i und damit auch von der Zeit t abhängig. Beschränken wir uns auf sehr kleine selbsterregte Ströme, so ist für die Hauptinduktivität der Erregerwicklung und die Bewegungs-EMK der

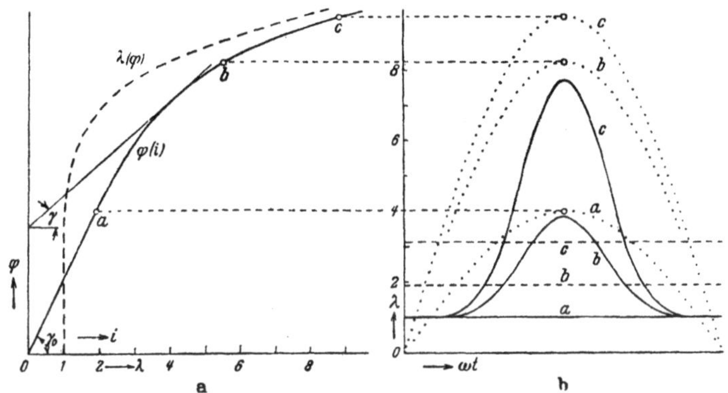

Abb. 148a u. b. Berücksichtigung des Sättigungsgrades. a) --- $\lambda(\varphi)$; b) —— $\lambda(\omega t)$ bei sinusförmigem Verlauf von $\varphi(\omega t)$ ($\cdots$), --- Mittelwert.

Tangentenwinkel γ in dem jeweiligen Punkte der Gleichstromkennlinie $\varphi(i)$ maßgebend (Abb. 148a). Vernachlässigen wir der Einfachheit wegen die Streuinduktivitäten und bezeichnen durch den Zeiger 0 die Größen im unteren geradlinigen Teil der Kennlinie, so haben wir in Gl. 240 zu setzen

$$L = \frac{L_0}{\lambda} \quad \text{und} \quad K = \frac{K_0}{\lambda} \quad \text{mit} \quad \lambda = \frac{\operatorname{tg}\gamma_0}{\operatorname{tg}\gamma}, \qquad (240\,\text{a bis c})$$

worin λ eine Funktion der Zeit t ist. Damit erhalten wir die Differentialgleichung

$$\frac{\mathrm{d}i}{i} = \frac{K_0\,n - \lambda R}{L_0}\,\mathrm{d}t. \qquad (241)$$

In Abb. 148a ist die Funktion $\lambda(\varphi)$ aufgezeichnet. Nehmen wir zeitlich sinusförmigen Verlauf des Flusses φ an, so erhalten wir beispielsweise für die in Abb. 148a mit a, b und c bezeichneten Höchstwerte des Flusses φ die in Abb. 148b über der Zeit punktiert aufgetragenen Augenblickswerte des Flusses φ. Aus diesen ergibt sich dann der zeitliche Ablauf von λ. Für die Kurve a, deren Höchstwert an der Grenze des unteren geradlinigen Teils der Kennlinie liegt, und für noch kleinere Höchstwerte des Flusses ist $\lambda = 1$ und unabhängig von der Zeit. Für alle übrigen Höchstwerte ist λ bis zu den Augenblickswerten, die noch im unteren geradlinigen Teil der Kennlinie liegen, ebenfalls 1, wächst aber mit zunehmendem Sättigungsgrad schnell (voll ausgezogene Kurven in Abb. 148 b). λ ändert sich dann periodisch mit doppelter Netzfrequenz.

Schreiben wir

$$\lambda = \lambda_0 + \sum_{k=1}^{\infty} \lambda_{ak} \sin(k\,2\omega\,t) + \sum_{k=1}^{\infty} \lambda_{bk} \cos(k\,2\omega\,t), \qquad (241\,\mathrm{a})$$

worin das konstante Glied λ_0 gleich dem jeweiligen Mittelwert von λ ist (gestrichelt in Abb. 148 b), so können wir Gl. 241 schreiben

$$\frac{\mathrm{d}i}{i} = \left\{ \frac{K_0 n - \lambda_0 R}{L_0} - \left[\sum_{k=1}^{\infty} \lambda_{ak} \sin(k\,2\omega\,t) + \sum_{k=1}^{\infty} \lambda_{bk} \cos(k\,2\omega\,t) \right] \frac{R}{L_0} \right\} \mathrm{d}t \quad (242)$$

mit der Lösung

$$i = C\,\varepsilon^{\frac{K_0 n - \lambda_0 R}{L_0} t} \cdot \varepsilon^{\frac{R}{L_0}\sum \frac{\lambda_{ak}}{k\,2\omega}\cos(k\,2\omega t)} \cdot \varepsilon^{-\frac{R}{L_0}\sum \frac{\lambda_{bk}}{k\,2\omega}\sin(k\,2\omega t)}. \quad (242\,\mathrm{a})$$

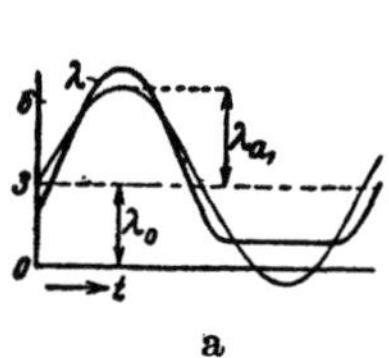
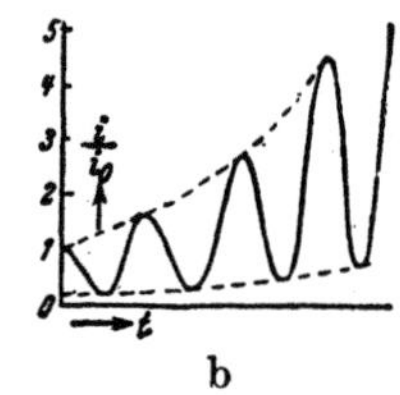

a   b

Abb. 149 a u. b. a) λ für einen praktischen Fall; b) selbsterregter Strom.

Die Integrationskonstante C ergibt sich aus dem Strom i_0, der zur Zeit $t = 0$ fließt, zu

$$C = \frac{i_0}{\varepsilon^{\frac{R}{L_0}\sum \frac{\lambda_{ak}}{k\,2\omega}}}. \qquad (242\,\mathrm{b})$$

Berücksichtigen wir zur Vereinfachung unserer Betrachtungen nur die Grundschwingung von λ, so vereinfacht sich Gl. 242 a. Für den in Abb. 149 a dargestellten Verlauf von λ mit $\lambda_0 = 3$ erhält man die Amplitude der Grundschwingung $\lambda_{a1} = 3{,}5$. Hiermit und mit beispielsweise $(K_0 n - \lambda_0 R)/L_0 = 16\ \mathrm{s}^{-1}$, $\omega = 50\ \mathrm{s}^{-1}$ und $R/L_0 = 57\ \mathrm{s}^{-1}$ ergibt sich der auf den Anfangsstrom i_0 bezogene selbsterregte Strom i in Abb. 149 b. Er setzt nach seiner Ableitung sehr kleine Ströme voraus; bei größeren Strömen werden die Sättigungserscheinungen schon wieder anders.

Wenn nur der kritische Wirkwiderstand, für den bei fester Drehzahl, oder die kritische Drehzahl, für die bei festem Wirkwiderstand gerade Selbsterregung auftritt, ermittelt werden soll, kommt es nur auf den Faktor $\varepsilon^{(K_0 n - \lambda_0 R)t/L_0}$ in Gl. 242 a an. Der Einfluß des Sättigungsgrades äußert sich also bei fester Drehzahl in einer λ_0-fachen scheinbaren Vergrößerung des Wirkwiderstandes R, so daß bei Anwesenheit eines netzfrequenten Stromes ein Generatorbetrieb mit wesentlich kleineren Verlusten möglich ist als ohne diesen Strom.

Leonhard hat auch gezeigt, daß, wenn der netzfrequente Strom noch einem Betrieb im unteren geradlinigen Teil der Kennlinie entspricht, durch das Zusammenwirken von Netzstrom und fremderregtem Strom ein selbsterregungsfreier Zustand mit wesentlich kleinerem Wirkwiderstand als ohne Netzbetrieb möglich sein kann.

b. Repulsionsmaschine mit besonderer Erregerwicklung. Wesentlich verwickelter liegen die Vorgänge, wenn Arbeits- und Erregerkreis induktiv gekoppelt sind. Bei Reihenschlußmaschinen (Abb. 141) spielt dann auch noch der Sättigungsgrad des Kopplungstransformators, bei Repulsionsmaschinen der in der Arbeitsachse eine Rolle. Da der Repulsionsmotor häufig zur Nutzbremsung bei Kranbetrieb verwendet wird, wollen wir versuchen, einige Meßergebnisse zu erklären.

Der im Abschn. D 3 b näher bezeichnete Repulsionsmotor wurde mit einer Erregerwicklung in den noch freien Nuten des Ständers (2 je Pol) ausgerüstet, ihre Windungszahl war von 16 auf 32 umschaltbar. Bei den Versuchen wurde sie mit der Arbeitswicklung des Ständers (138 Windungen) in Reihe geschaltet (Abb. 78 b); die Bürstenachse lag in der Achse der Ständerarbeitswicklung.

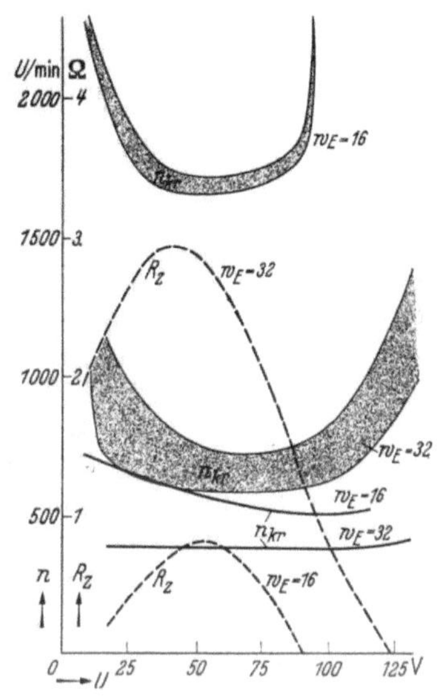

Abb. 150. Kritische Drehzahl n_{kr}, gemessen innerhalb der gerasteten Gebiete, berechnet in Kurven für $w_E = 16$ und 32; gemessener kritischer zusätzlicher Widerstand R_Z bei 2000 U/min. Über U beim Repulsionsmotor nach Abb. 78 b.

Die am Netz liegende Maschine wurde in Generatorschaltung bei verschiedenen Netzspannungen von außen angetrieben und zunächst die kritische Drehzahl n_{kr} ermittelt, bei der Selbsterregung festzustellen war. Das zeigte sich durch Unregelmäßigkeiten am Stromzeiger und durch das bei Selbsterregung hörbare polternde Geräusch der Maschine. Die bei den Windungszahlen $w_E = 16$ und $w_E = 32$ beobachteten Werte der kritischen Drehzahl n_{kr} liegen innerhalb der gerasteten Gebiete in Abb. 150. Die Streuung der beobachteten Werte ist hauptsächlich durch den schwankenden Übergangswiderstand der Bürsten zu erklären. Es ergaben sich aber auch verschiedene kritische Drehzahlen, je nachdem die Drehzahl langsam oder schnell gesteigert wurde. Bei den in der Nähe der unteren Grenzkurven liegenden Beobachtungswerten trat Selbsterregung nur vorübergehend auf, verschwand also wieder im Dauerbetrieb. Auch durch Aufdrücken der Bürsten konnte man vorübergehende Selbsterregungserscheinungen schon bei niedrigen Drehzahlen beobachten.

Genauer läßt sich der Eintritt der Selbsterregung feststellen, wenn man die Drehzahl konstant hält und einen zusätzlichen Wirkwiderstand R_Z im Ständerkreis so einstellt, daß gerade Selbsterregung einsetzt, weil sich hierbei der Übergangswiderstand der Bürsten weniger bemerkbar macht. Die gestrichelten Kurven in Abb. 150 zeigen den zusätzlichen Widerstand R_Z für die beiden Erregerwindungszahlen 16 und 32 bei der festen Drehzahl $n = 2000$ U/min.

Auffallend ist, daß von einem gewissen Spannungswert an mit sinkender Klemmenspannung U die kritische Drehzahl wieder wächst und entsprechend der kritische zusätzliche Widerstand R_Z sinkt. Das erklärt sich dadurch, daß bei den kleinen Klemmenspannungen auch der Läuferstrom sehr klein war und dabei der Übergangswiderstand der Bürsten stark anwächst, der bei der kleinen Maschine verhältnismäßig groß ist.

Nach Fraenckel [L 120] soll bei Repulsionsmaschinen mit Regelung durch Bürstenverschieben der Sättigungsgrad in der Achse der Ständerwicklung, wie er sich aus der Kennlinie $E_1(I_\mu)$ ergibt, maßgebend sein (vgl. auch Abschn. II G 4). Der Hauptblindwiderstand X_{1h} soll durch die Tangente an Punkt E_1 dieser Kennlinie bestimmt sein. Wir wollen zeigen, zu welchen Ergebnissen diese Rechnungsweise bei unserer Versuchsmaschine führt.

Mit den Gl. 101 c, 102 b u. 92 c wird

$$K = \frac{E}{n\,I_1} = \frac{v}{n}\,\frac{\xi_2\,w_2}{\xi_E\,w_E}\,X_{Eh} = \frac{p}{f}\,\frac{\ddot{u}}{\ddot{u}_E}\,X_{Eh}. \tag{243a}$$

Ersetzen wir in der Bedingung 227 für die Unterdrückung der Selbsterregung das Ungleichheitszeichen durch das Gleichheitszeichen und die Induktivitäten durch die Blindwiderstände ($\omega\,M = \ddot{u}\,X_{1h}$) und lösen nach der kritischen Drehzahl auf, so erhalten wir

$$n_{\mathrm{kr}} = \frac{\ddot{u}_E\,f}{p} \cdot \frac{R_1\,\ddot{u}^2\,(1+\sigma_2) + R_2\,(1+\sigma_1 + X_E/X_{1h})}{\ddot{u}^2\,X_{Eh}}. \tag{243b}$$

Nach dieser Gleichung sind die Kurven n_{kr} für $w_E = 16$ und 32 in Abb. 150 berechnet, wenn X_{1h} aus der Tangente an die Wechselstromkennlinie $E_1(I_\mu)$ in Abb. 87 ermittelt (vgl. Abb. 335), während $X_{Eh} = E_{Eh}/I_1$ gesetzt ist. Die von den netzfrequenten Strömen herrührenden Spannungsverluste sind vernachlässigt ($U \approx E_1$), der Bürstenübergangswiderstand ist aber nach der Bürstenkennlinie, berücksichtigt. Dies war möglich, weil die Ströme unmittelbar vor dem Einsetzen der Selbsterregung gemessen wurden.

Wir erhalten auch nach der Rechnung bei kleinen Klemmenspannungen wachsende kritische Drehzahlen mit sinkender Spannung, während bei größeren Klemmenspannungen die kritische Drehzahl wieder ansteigt. Wir sehen ferner, daß die berechneten kritischen Drehzahlen erheblich kleiner sind als die gemessenen, was nach Abschn. a auch zu erwarten war. Hätten wir in Gl. 243 b auch X_{Eh} im selben Verhältnis wie X_{1h} verkleinert, so würde die Kurve für $w_E = 32$ in die Gegend der gemessenen Werte fallen, die für $w_E = 16$ würden etwa halb so groß sein wie die gemessenen.

c. Repulsionsmaschine mit Regelung durch Bürstenverschieben. Der Repulsionsmotor wird zum Generator, wenn die Bürsten bei derselben Drehrichtung im entgegengesetzten Sinne aus der Leerlaufstellung verschoben werden.

In Ungleichung 230 können wir $R_1\,(1+\sigma_2) + R_2'\,(1+\sigma_1) \approx R\,(1+\sigma_2)$ setzen, worin R sehr angenähert gleich dem Wirkwiderstand R_k ist, den wir bei kurzgeschlossenem Sekundärkreis und dem Bürstenwinkel $\alpha = 0$ im Ständerkreis messen. Damit erhalten wir den kritischen Widerstand $(R = R_{kr})$

$$R_{kr} \approx \frac{p\,X_{1h}\sin\alpha \cdot \cos\alpha}{(1+\sigma_2)\,f}\,n = \frac{p\,X_1\sin\alpha \cdot \cos\alpha}{(1+\sigma_1)\,(1+\sigma_2)\,f}\,n. \tag{244}$$

Der experimentell ermittelte kritische Widerstand ist in Abb. 151a für eine Repulsionsmaschine mit 42 kW Motor-Nennleistung bei 600, 720 und 900 U/min und in Abb. 151b für eine solche mit 130 kW Motor-Nennleistung bei 720 U/min über der Klemmenspannung U (Nullpunkt unterdrückt) durch die voll ausgezogenen Kurven dargestellt. Beide Maschinen sind für 500 V Klemmenspannung (50 Hz) bestimmt und haben $p = 5$ Polpaare. Alle Bürsten sind gemeinsam verschiebbar; die Kurven gelten für eine Bürstenstellung $\alpha = 45°$. Der kritische

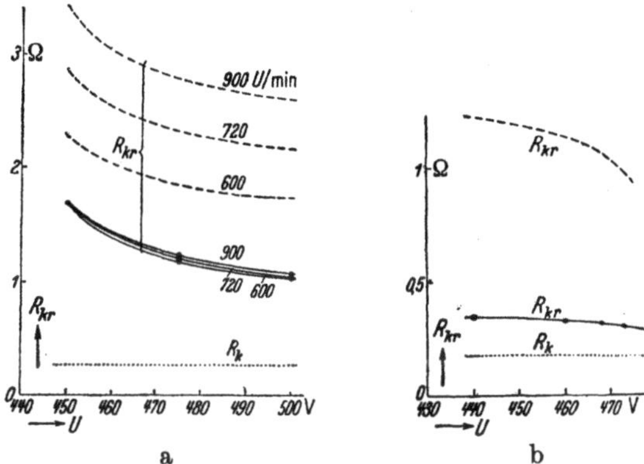

Abb. 151a u. b. Gemessener (—) und nach Gl. 244 berechneter kritischer Widerstand R_{kr} bei $\alpha = 45°$. a) Maschinenleistung 42 kW; b) 130 kW, 720 U/min. R_k Wirkwiderstand der Maschine.

Widerstand wurde durch zusätzliche Wirkwiderstände im Ständerkreis ermittelt. Ohne Vorschaltwiderstand wurde am Ständerkreis der Kurzschlußwiderstand R_k gemessen, der in den Abbildungen durch punktierte Parallelen zur Abszissenachse angedeutet ist. Der zusätzliche Widerstand ist also $R_Z = R_{kr} - R_k$.

Die gestrichelten Kurven für den kritischen Widerstand sind nach Gl. 244 berechnet, wobei X_1 aus den hier nicht wiedergegebenen Kennlinien $U\,(I_\mu)$ durch die Tangenten (im Punkte U) an diese Kurven bestimmt wurde; $(1+\sigma_1)\times$ $(1+\sigma_2)$ wurde zu 1,1 eingesetzt. Diese Ermittlung ist natürlich nicht richtig. Wir wollen hier aber nur zeigen, wie weit die Ergebnisse der stark vereinfachten Berechnung nach Fraenckel von denen der Messung abweichen. Der berechnete kritische Widerstand ist besonders bei der großen Maschine (Abb. 151b) sehr viel größer als der gemessene. Auffallend ist der kleine Einfluß der Drehzahl bei den gemessenen Werten in Abb. 151a; denn bei demselben Bürstenwinkel sinkt mit wachsender Drehzahl der Strom (vgl. Abb. 89a) und damit auch der Erregerfluß, so daß sich dann kleinere magnetische Beanspruchungen ergeben. Ebenso erkennen wir auch aus Abb. 150, daß bei nur 16 Windungen der Erregerwicklung das Verhältnis zwischen der berechneten und der gemessenen kritischen Drehzahl, das dem Verhältnis der entsprechenden Werte von R_{kr} etwa umgekehrt proportional ist, wesentlich kleiner ist als bei 32 Windungen. Eine befriedigende Erklärung hierfür kann nicht gegeben werden. Es ist auch kaum anzunehmen, daß die durch Bürsten kurzgeschlossenen Läuferspulen, deren Einfluß wir vernachlässigt haben, dafür verantwortlich sind.

Aus den Meßwerten des kritischen Widerstandes erkennen wir jedenfalls, daß die Verluste in dem zusätzlichen Widerstand verhältnismäßig klein sind und bei der großen Maschine (Abb. 151 b) sogar noch etwas kleiner als die gesamten Stromwärmeverluste in der Maschine selbst. Vergleichen wir den kritischen Widerstand, wie er sich ergibt, wenn die Induktivitäten aus dem unteren geradlinigen Teil der magnetischen Kennlinie berechnet werden, so ergibt er sich bei dem Motor für 42 kW 9,25 mal so groß wie er bei $U = 500$ V und $n = 900$ U/min gemessen wurde. Bei dem Motor für 130 kW ist diese Verhältniszahl bei $U = 475$ V und $n = 720$ U/min 10,25.

In Wirklichkeit ist also die Selbsterregungsgefahr bei Generatorbetrieb sehr viel kleiner (besonders bei großen Drehzahlen) als sie sich nach den Gleichungen im Abschn. 2 ergibt, die eine geradlinige magnetische Kennlinie voraussetzen.

8. Selbsterregung bei ungenauer Bürsteneinstellung.

a. Ursache der Selbsterregung. Wir betrachten zunächst die Schaltung ohne besondere Erregerwicklung, bei der die Bürsten aus der

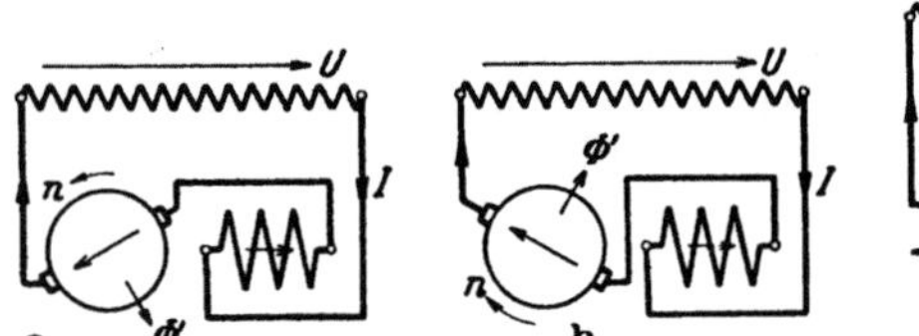

Abb. 152 a u. b. Reihenschlußmotor mit
verschobenen Bürsten;
Motor selbsterregungsfrei.

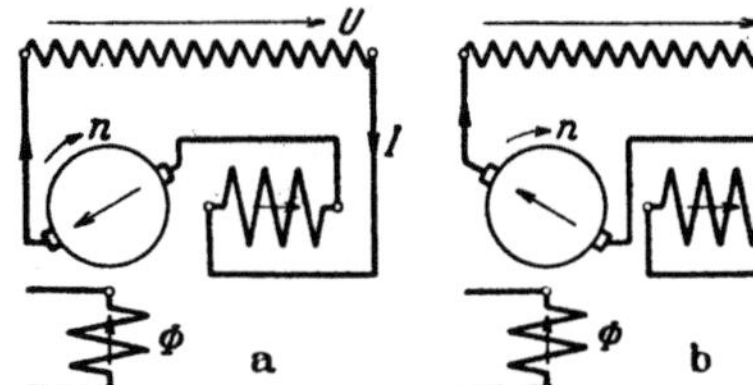

Abb. 153 a u. b. Fremderregte Maschine.
a) Selbsterregung möglich;
b) selbsterregungsfrei.

Symmetriestellung verschoben sind (Abb. 152 a u. b). Unter Symmetriestellung verstehen wir die Stellung der Bürsten, bei der Anker- und Ständerwicklung (Kompensations- und Wendepolwicklung) gleichachsig sind. Anker- und Ständerwicklung erregen zusammen einen Fluß Φ', der etwa die in Abb. 152 a u. b angedeutete räumliche Lage hat. Mit diesem Fluß ergibt sich die Drehrichtung als Motor im Sinne der Bürstenverschiebung aus der Symmetriestellung. Die Maschine kann sich bei dieser Drehrichtung nicht selbst erregen, weil die selbsterregten Ströme das von der Ständer- und Ankerwicklung erregte magnetische Feld auszulöschen suchen. Ändern wir dagegen die Drehrichtung durch äußeren Antrieb, so wird die Maschine zum Generator, und sie kann sich dann, genau wie bei der gewöhnlichen Reihenschlußmaschine, mit Gleichstrom selbsterregen. Der Motorbetrieb ist also bei den Bürstenstellungen nach den Abb. 152a u. b selbsterregungsfrei, nicht aber der Generatorbetrieb.

Beim Reihenschlußmotor mit besonderer Erregerwicklung lagert sich der Fluß Φ', der von der ungenauen Einstellung der Bürsten herrührt, über den Fluß Φ, der hier ebenfalls vom Ankerstrom erregt wird. Der resultierende Fluß bestimmt die Drehzahl und die Drehrichtung. Der Motorbetrieb ist auch in diesem Falle selbsterregungsfrei, während bei Generatorbetrieb Selbsterregung auftreten kann.

Anders verhält sich die fremderregte oder Nebenschlußmaschine bei ungenauer Bürstenstellung. Hier wird die Drehrichtung bestimmt durch den Hauptfluß Φ. Wir erhalten bei Motorbetrieb die durch Pfeile n in den Abb. 153a u. b angegebene Drehrichtung. Durch Vergleich mit den Abb. 152a u. b erkennen wir, daß die Schaltung nach Abb. 153a, bei der die Bürsten gegen die Drehrichtung aus der Symmetrieachse verschoben sind, nicht mehr selbsterregungsfrei ist, weil die Drehrichtung entgegengesetzt ist wie in Abb. 152a, während die Schaltung Abb. 153b, bei der die Bürsten in der Drehrichtung verschoben sind, selbsterregungsfrei ist. Grundsätzlich ebenso wie der Motor verhält sich der Generator, denn der fremderregte oder Nebenschlußmotor wird zum Generator, wenn ohne Änderung der Drehrichtung die Drehzahl hinreichend vergrößert wird. Durch ungenaue Bürstenstellung kann also bei der fremderregten oder Nebenschlußmaschine sowohl bei Motor- als auch bei Generatorbetrieb ein **selbsterregter Gleichstrom auftreten, wenn die Bürsten gegen die Drehrichtung aus der Symmetrieachse verschoben sind.**

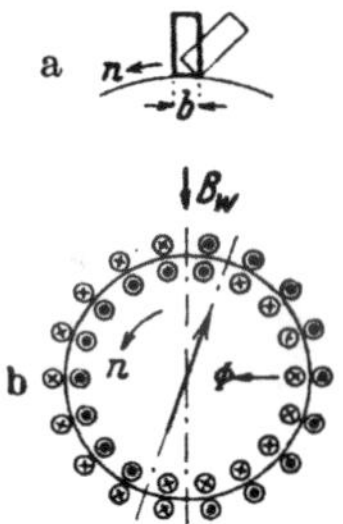

Abb. 154a u. b. Selbsterregungsgefahr bei kippenden Bürsten.

b. Bemessung des Widerstandes im Ankerzweig bei fremderregten oder Nebenschlußmaschinen. Eine Abweichung der Bürstenstellung von der Symmetrielage kann nicht nur durch ungenaue Bürsteneinstellung, sondern auch dadurch eintreten, daß die Bürsten nicht gleichmäßig über der Bürstenbreite b am Stromwender aufliegen. Wenn die Bürsten vollständig kippen könnten, so daß sie nur mit einer Kante auflägen, so entspräche dies einer Verschiebung der Achse der Ankerwicklung um die halbe Bürstenbreite am Stromwenderumfang, und zwar entgegen dem Drehsinn der Maschine (Abb. 154a), wobei nach Abschn. a bei fremderregten oder Nebenschlußmaschinen Selbsterregung begünstigt wird. Diesen Fall, der bei gleichmäßig aufliegenden Bürsten einer Ungenauigkeit der Bürsteneinstellung um eine halbe

Bürstenbreite entsprechen würde, wollen wir unserer überschlägigen Berechnung zugrunde legen.

Bezeichnen A den Strombelag der Ankerwicklung, D_A und D_K die Durchmesser des Ankers und des Stromwenders, z die Zahl der gesamten Leiter am Ankerumfang und $2a$ die Zahl der parallelen Ankerzweige, so ist die Ankerlängsdurchflutung (Abb. 154b), die durch die angenommene ungenaue Bürsteneinstellung auftritt, für einen magnetischen Kreis

$$\vartheta_{Al} = \frac{b\,D_A}{D_K}\,A = \frac{b\,z}{2a\,D_K\,\pi}\,i. \tag{245}$$

Vernachlässigen wir den Einfluß der Sättigungserscheinung, herrührend von den netzfrequenten Strömen und legen wir die magnetische Kennlinie der Maschine im unteren geradlinigen Teil zugrunde, so ist der von der Ankerlängsdurchflutung ϑ_{Al} erregte Fluß

$$\varphi_{Al} = c\,\vartheta_{Al} = \frac{\varphi_E}{\vartheta_E}\cdot\vartheta_{Al}, \tag{245a}$$

worin $c = \varphi_E/\vartheta_E$ das Verhältnis aus Erregerfluß und -durchflutung im unteren geradlinigen Teil der Kennlinie bedeutet. Damit erhalten wir den oberen Grenzwert der vom Fluß φ_{Al} induzierten Bewegungs-EMK

$$e' = \frac{z\,p}{a}\,\varphi_{Al}\cdot n = \frac{c\,b\,z^2\,p}{2\,\pi\,D_K\,a^2}\,i\,n. \tag{245b}$$

Nun wird bei ungenauer Bürsteneinstellung auch noch vom Wendepolfluß eine Bewegungs-EMK e'' in der Ankerwicklung induziert. Die in Abb. 154b angedeuteten Ströme und Pfeile sind für Motorbetrieb bei Netzfrequenz eingezeichnet. Die Richtungen der Ströme und der Induktion B_W in der Wendezone gelten (sowohl bei Generatorals auch bei Motorbetrieb) auch für den selbsterregten Gleichstrom, wenn ein remanenter Magnetismus vorausgesetzt wird, der dem Pfeil Φ in Abb. 154b entgegengerichtet ist. Der Ankerlängsfluß und die Induktion B_W unterstützen dann den remanenten Fluß, die selbsterregte EMK e'' wirkt in demselben Sinne wie e'. Dasselbe ist auch der Fall, wenn wir den remanenten Magnetismus in Richtung von Φ in Abb. 154b annehmen; der selbsterregte Gleichstrom und die Induktion B_W ändern dann ihre Richtung. Der Fluß, der die EMK e'' induziert, ist

$$\varphi'' = \frac{b\,D_A}{D_K}\,l_i\,b_W, \tag{246}$$

wenn b_W die von dem selbsterregten Strom herrührende mittlere Induktion im Bereich der Bürstenverschiebung ist. Damit erhalten wir

$$e'' = \frac{z\,p}{a}\,\varphi''\,n = \frac{z\,p}{a}\,\frac{b\,D_A}{D_K}\,l_i\,b_W\,n. \tag{246a}$$

Damit keine Selbsterregung durch ungenaue Bürsteneinstellung (um den Bogen $b/2$ am Stromwenderumfang) eintritt, muß der gesamte Widerstand im Ankerkreis etwa sein

$$R > \frac{e' + e''}{i}. \tag{247}$$

Die in den früheren Abschnitten behandelte Maschine können wir hier nicht als Beispiel heranziehen, weil uns die dafür erforderlichen Unterlagen fehlen. Wir wollen deshalb den im Abschn. K berechneten Vollbahnmotor zugrunde legen. Es ist dafür $z = 620$, $p = a = 5$, $D_A = 70,4$ cm, $D_K = 51$ cm, $b = 1,25$ cm, $l_i = 35$ cm und $c = 8,5 \cdot 10^{-6}$ Vs/A (vgl. Abb. 11). Damit und mit $B_W = 2,17 \cdot I$ Gauß (I in A) für den Wendepolkreis (Abb. 201) wird $b_W/i = 2,17/\sqrt{2} = 1,53$ Gß/A, und wir erhalten $R > (0,00255 + 0,00057)n = 0,00312\,n$ in Ω, wenn die Drehzahl in Uml/s eingesetzt wird. Bei Dauerdrehzahl $n = 1070/60 = 17,85$ Uml/s müßte zur Unterdrückung des selbsterregten Gleichstroms $R > 0,0558\,\Omega$ sein. Das ist fast das 4-fache vom Wirkwiderstand in der Maschine. Wenn also bei Schaltung der Maschine als fremderregte oder als Nebenschlußmaschine die Widerstände in der Sekundärwicklung des Regeltransformators, die den Ankerzweig speist, und die Widerstände der im Ankerkreis noch liegenden Leitungen und Apparate den gesamten Widerstand im Ankerkreis nicht auf etwa $0,06\,\Omega$ ergänzen, müßte noch ein zusätzlicher Widerstand eingeschaltet werden, um bei Dauerdrehzahl die Selbsterregung sicher zu unterdrücken. Die Ungenauigkeit der Bürsteneinstellung von der halben Bürstenbreite ist allerdings sehr reichlich angenommen, und für die EMK e' in Gl. 247, die in unserm Falle fast 5 mal so groß ist wie e'', ist der geradlinige untere Teil der magnetischen Kennlinie vorausgesetzt; schließlich ist auch nicht berücksichtigt, daß die netzfrequenten Ströme die Selbsterregungsgefahr verringern.

9. Selbsterregung innerhalb der Maschine.

Selbsterregungserscheinungen sind bei mehrpoligen Maschinen, auch wenn sie vom Netz abgetrennt waren, beobachtet worden. Die Voraussetzung für diese Art der (inneren) Selbsterregung ist, daß im Ständer mehrere Zweige (ohne Ausgleichsverbindungen) parallel geschaltet sind und auch im Läufer eine Parallelwicklung (Schleifenwicklung) ohne Ausgleichsverbindungen verwendet wird. So können sich z. B. bei einer 8-poligen Läuferwicklung Ströme über die gleichpoligen, leitend miteinander verbundenen Bürsten ausbilden und in der Maschine ein 4-poliges Feld erregen. Ebenso ist dies bei der Ständerwicklung möglich, wenn alle Pole parallel geschaltet sind. Unterstützen sich die von den inneren Strömen in Ständer und Läufer erregten Felder, so kann Selbsterregung auftreten.

Paul Müller [L 112] hat diese Vorgänge für verschiedene Schaltungen verfolgt. Danach wird Selbsterregung unterdrückt, wenn bei beliebiger Schaltung der Ständerwicklung die Läuferwicklung entweder eine Wellenwicklung ist, bei der ja alle Pole in Reihe geschaltet sind, oder eine Schleifenwicklung mit genügend vielen Ausgleichsverbindungen, oder wenn bei beliebiger Läuferwicklung (ohne Ausgleichsverbindungen) die Ständerwicklung keine parallel geschalteten Zweige aufweist. Bei 4-poligen Maschinen mit zwei parallelen Zweigen der Ständerwicklung kann auch die Selbsterregung bei Schleifenwicklung ohne Ausgleichsverbindungen im Läufer unterdrückt werden, wenn der eine Zweig der Ständerwicklung alle Nordpole, der andere alle Südpole erregt, weil dann ein innerer Ausgleichstrom kein mit der Läuferwicklung verkettetes Feld erregen kann.

G. Die elektrischen Bremsschaltungen.

1. Die elektrischen Bremsarten.

Im Bahnbetrieb hat die elektrische Bremsung der Fahrzeuge eine besondere Bedeutung: es werden dabei nicht nur die Radreifen, die Bremsklötze und der Schienenoberbau geschont, sondern es wird auch die Sicherheit des Betriebes vergrößert. Die größere Sicherheit ist durch zwei Umstände bedingt: es fällt der für die Wicklungen der elektrischen Maschinen gefährliche metallische Bremsstaub weg, und die Möglichkeit, bei der elektrischen Bremsung die Bremswirkung stoßfrei zu regeln, verhindert Locker- oder Unrundwerden der Radbandagen. Als „Sicherheitsbremse“ bezeichnet man aber die elektrische Bremse nur dann, wenn sie allein (ohne die mechanische Bremse) das Fahrzeug immer abzubremsen vermag. Dies ist z. B. nicht der Fall, wenn die elektrische Bremse aufhört wirksam zu sein, sobald die Fahrdrahtspannung wegbleibt. Gewöhnlich wird die elektrische Bremse nur als Zusatzbremse zur mechanischen Bremse angewendet.

Die elektrische Bremsung kann bei Fahrt des Zuges im Gefälle (Vernichtung potentieller Energie) und zum Stillsetzen des Zuges (Vernichtung kinetischer Energie) angewendet werden. Im ersten Falle ist die Drehzahl des Fahrzeugmotors nur wenig veränderlich, während sie im zweiten Falle bis zu Null sinkt. Die Bewegungsenergie beim Abbremsen eines Zuges ist dem Quadrat der Geschwindigkeit des Zuges proportional. Beispielsweise ist die Bremsenergie eines Zuges von 170 km/h Geschwindigkeit bis zum Stillstand etwa gleich der Gefällenergie desselben Zuges bei der Talfahrt auf einer Strecke von 5 km Länge und einem Gefälle von $22^0/_{00}$ [L 138 b].

Damit die elektrische Bremse stabil ist, muß das Bremsmoment mit wachsender Geschwindigkeit ansteigen. Bei der Verzögerungsbremse soll bei Verringerung der Geschwindigkeit bis auf Null das Bremsmoment nur wenig schwanken, bei der Gefällebremse soll es bei ungefähr fester Geschwindigkeit in weiten Grenzen geregelt werden können. Für die Verzögerungsbremse sind deshalb möglichst flache Bremskurven (Abb. 155a), die das Bremsmoment über der Geschwindigkeit darstellen, bei der Gefällebremse dagegen steile Bremskurven

(Abb. 155b) erwünscht, um mit möglichst wenig Regelstufen auszukommen. Dies wird durch die Abb. 155a u. b veranschaulicht. In Abb. 155a mit flachen Bremskurven sind bei annähernd festem Bremsmoment (Verzögerungsbremse) nur wenig Regelstufen erforderlich, wie es der durch starke Linien hervorgehobene Übergang von einer zur anderen Stufe andeutet, während bei annähernd fester Geschwindigkeit (Gefällebremse) sehr viel Stufen erforderlich wären, wie es durch die weniger starken Linien beim Übergang von einer zur anderen Stufe veranschaulicht ist. Umgekehrt ist es in Abb. 155b bei steilen Bremskurven; wenig Regelstufen ergeben sich hier bei der Gefällebremse (dicker Linienzug), viel bei der Verzögerungsbremse (schwächerer Linienzug).

Man unterscheidet zwischen Widerstandsbremsung und Nutzbremsung. Bei der Widerstandsbremsung wird die Bremsenergie in besonderen Wirkwiderständen vernichtet, bei der Nutzbremsung wird ein Teil der Bremsenergie in das Wechselstromnetz zurückgeliefert.

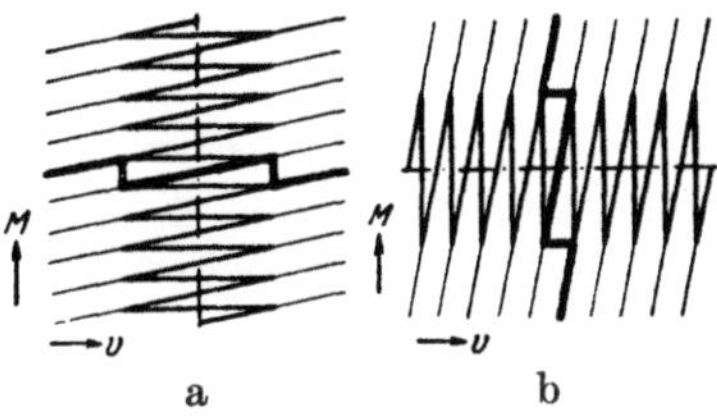

Abb. 155a u. b. Günstige Bremskurven; a) für Verzögerungs-, b) für Gefällebremse.

Die Widerstandsbremse kann als „Kurzschlußbremse" oder als „Gegenstrombremse" ausgeführt werden. Bei der Kurzschlußbremsung arbeitet die Maschine als Generator auf Widerstände, bei der Gegenstrombremsung wird ein Teil der im Bremswiderstand vernichteten Energie noch vom Wechselstromnetz geliefert.

2. Widerstandsbremse.

a. Gleichstromkurzschlußbremse. Die bei Gleichstrom-Reihenschlußmaschinen übliche Widerstands-Kurzschlußbremse kann auch bei Wechselstrommaschinen ausgeführt werden. Der Reihenschlußmotor wird zu diesem Zweck vom Wechselstromnetz abgetrennt und nach Umschaltung der Erregerwicklung auf einen regelbaren Bremswiderstand geschaltet (vgl. Abschn. III D 3a, Bd. I). In diesem Falle erregt sich die Maschine mit Gleichstrom. Für unsern Vollbahnmotor (vgl. S. 153) mit der Kennlinie nach Abb. 156, die wir auch für Gleichstrom als maßgebend annehmen wollen, sind die Bremskurven, die für verschiedene Widerstandseinstellungen das auf das Nennmoment des Motors bezogene Bremsmoment darstellen, in Abb. 157 aufgezeichnet ($m = M/M_N$).

Im unteren geradlinigen Teil der magnetischen Kennlinie ist nach den Abschn. III D 2a u. 3a, Bd. I, der Betrieb unstabil. Kleine Bremsmomente lassen sich deshalb nicht einstellen, und gewöhnlich sind die verlangten Bremsmomente wesentlich kleiner als das Nennmoment bei Motorbetrieb. Außerdem ist die Selbsterregung nicht sicher genug, weil bei der für Wechselstrommaschinen erforderlichen Ausführung des Feldmagneten mit geblättertem Eisen der remanente

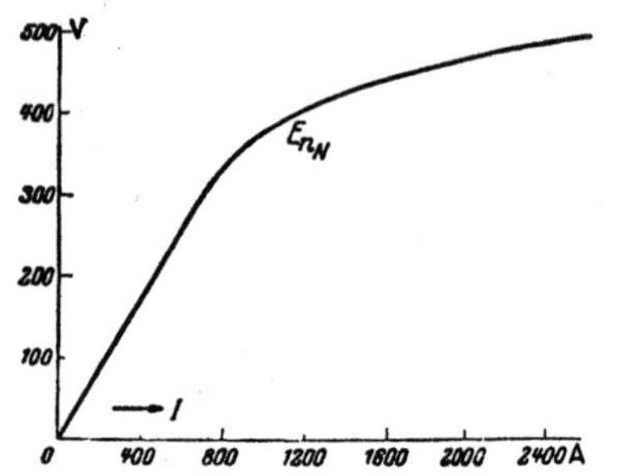

Abb. 156. Magnetische Kennlinie,
E_{n_N} Bewegungs-EMK bei Nenndrehzahl.

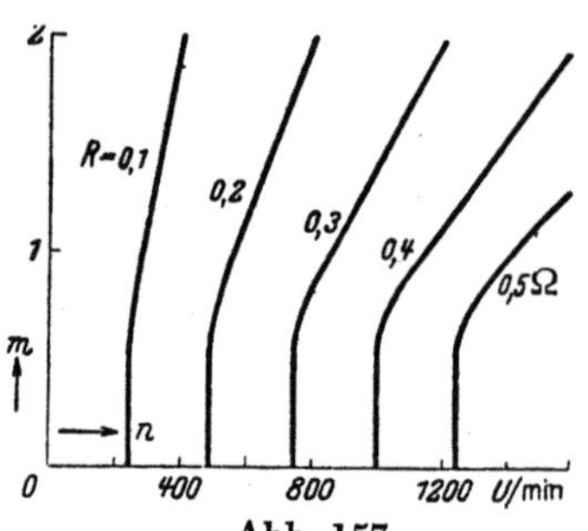

Abb. 157.
Gleichstromkurzschlußbremsung.

Magnetismus auch verschwinden kann, wenn die letzte Wechselstromunterbrechung im ungünstigsten Augenblick erfolgte. Der Sicherheit wegen ist deshalb ein Anstoß von einer Gleichstromquelle aus erforderlich. Man kann dabei der Feldmagnetwicklung eine zusätzliche Fremderregung durch eine Akkumulatorenbatterie geben, wodurch der Nullpunkt der magnetischen Kennlinie im Sinne negativer Abszissen verschoben wird (vgl. S. 495, Bd. I), so daß man stabile Schnittpunkte der Widerstandsgeraden mit der magnetischen Kennlinie auch bei kleinen Strömen erhält.

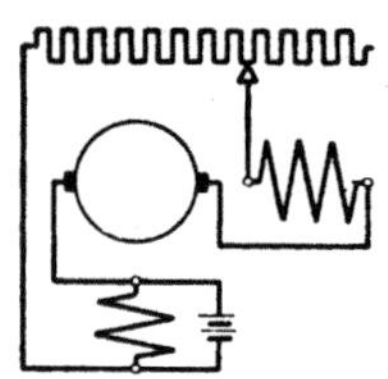

Abb. 158. Bremsschaltung mit Batterie parallel zur Erregerwicklung.

In der Schaltung nach Abb. 158 ist der Erregerwicklung eine Akkumulatorenbatterie parallel geschaltet. Mit anwachsendem Bremsstrom sinkt der Batteriestrom, wird Null und ändert schließlich bei höheren Bremsströmen sein Vorzeichen, so daß die Batterie aufgeladen wird. Bei sehr feinstufigem Bremswiderstand kann eine praktisch feste Bremskraft bis herunter zu kleinen Drehzahlen eingestellt werden [L 121].

Um mit einem festen Bremswiderstand auszukommen, kann man die Maschine mit Gleichstrom fremderregen und den Erregerstrom durch Widerstände regeln. Die Bremsmomente über der Drehzahl sind dann Geraden durch den Ursprung, ähnlich wie in Abb. 159b.

b. Wechselstromkurzschlußbremse. Um die zusätzliche Gleichstromquelle zu vermeiden, wird die Feldmagnetwicklung der Maschine vom Wechselstromnetz gespeist (Abb. 159a). Die Bremswirkung kann dann bei fester Spannung der Erregerwicklung durch den Bremswiderstand oder bei festem Bremswiderstand durch die Spannung an der Erreger-wicklung geregelt werden [L 123]. In beiden Fällen ist auf jeder Bremsstufe die Bremsleistung dem Quadrat der Geschwindigkeit, die Bremskraft also der Geschwindigkeit proportional. Die Bremskurven $M(n)$ oder $m(n)$ stellen Geraden durch den Koordinatenanfangspunkt dar. Für unsern Vollbahnmotor sind sie bei einem Erregerstrom von 1000 A und verschiedenen Wirkwiderständen im Ankerkreis in Abb. 159 b angegeben. Diese Widerstandsbremse versagt jedoch, wenn die Netz-spannung ausbleibt. Sie kann deshalb nur als Zusatzbremse, nicht aber als Sicherheitsbremse angewendet werden.

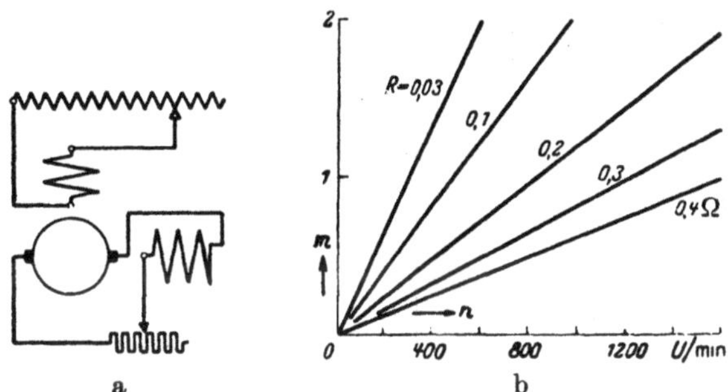

a   b

Abb. 159a u. b. a) Wechselstromkurzschlußbremse; b) Bremskurven.

Wenn Erreger- und Ankerkreis über einen Schwingungskreis ge-koppelt werden, der von einer Gleichstromquelle angestoßen wird, erhält man eine Wechselstromkurzschlußbremse, die von der Netz-spannung unabhängig ist. Sie hat gegenüber der Gleichstromwider-standsbremse einige schaltungstechnische Vorteile [L 124].

3. Gegenstrombremse.

Vergrößern wir bei der am Wechselstromnetz liegenden Reihen-schlußmaschine in Generatorschaltung oder -drehrichtung (Abb. 137 a, gestricheltes Diagramm mit $\dot{U}_G$ in Abb. 140) den Wirkwiderstand R im Ankerkreis durch Ein-schalten von Vorschalt-widerstand, so verschwin-det die Selbsterregung, wenn bei Vernachlässi-gung des Einflusses des Sättigungsgrades (Abschn. F 7) $R\,I > E_0$ (vgl. Abb. 139) wird. Der

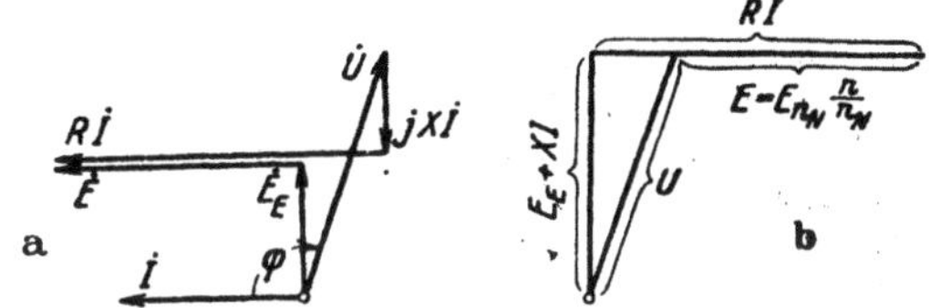

a   b

Abb. 160a u. b. Spannungsdiagramme bei Gegenstrombremsung.

Winkel φ wird stumpf und der Maschinenstromkreis nimmt vom Netz Leistung auf ($U\,I\cos\varphi$ in Abb. 160a). Diese und die vom

Wechselstromgenerator erzeugte Leistung EI werden im gesamten Wirkwiderstand R des Maschinenkreises in Wärme umgesetzt; die Bremsleistung ist aber nur EI, $(RI-E)I$ muß vom Netz gedeckt werden. Man bezeichnet diesen Fall, bei dem nur Wechselstrom der Netzfrequenz in der Maschine fließt, als Gegenstrombremsung. Die dem Netz entnommene und nutzlos im Widerstand verbrauchte Leistung wird man möglichst klein halten, nicht größer, als daß mit einer gewissen Sicherheit keine Selbsterregung auftritt.

Die Regelung der Bremswirkung kann durch Ändern der Klemmenspannung U und des Widerstandes im Maschinenkreis erfolgen. Um bei der Klemmenspannung U für eine Widerstandsstufe das entwickelte Drehmoment M als Funktion der Drehzahl der Maschine zu erhalten, zeichnen wir das Spannungs-

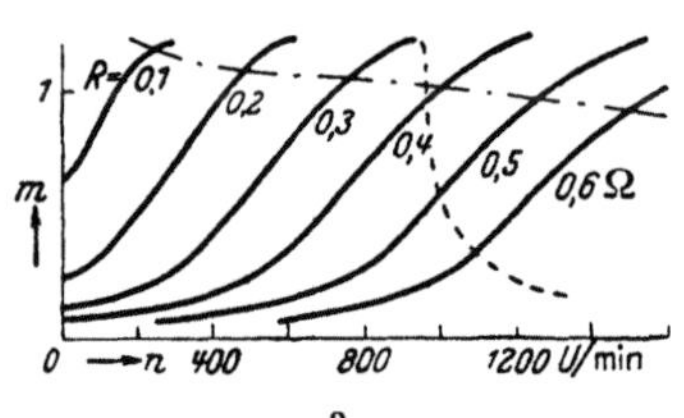

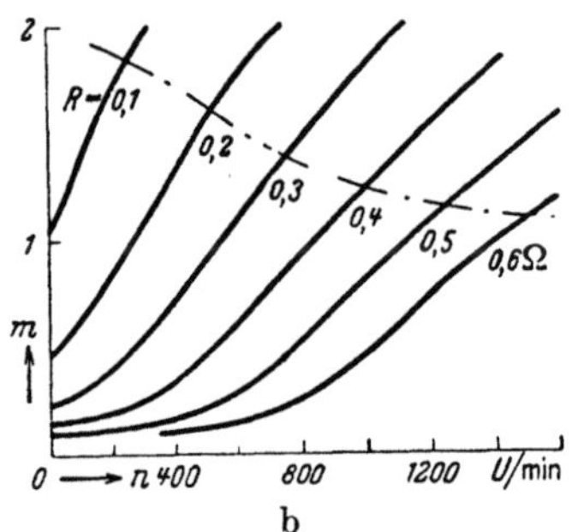

Abb. 161 a u. b. Bremskurven bei Gegenstrombremsung; a) $U = 100$, b) $U = 140\,\text{V}$.

diagramm in etwas anderer Form (Abb. 160 b) auf. Wir gehen von einem bestimmten Strom I aus, und entnehmen dazu der magnetischen Kennlinie (Abb. 156) die EMK E_{n_N}, die bei Nenndrehzahl n_N in der Ankerwicklung induziert wird. Diese steht in einem festen Verhältnis zu der in der Erregerwicklung induzierten EMK E_E. Aus der Gleichung

$$(E_E + XI)^2 + (RI - E_{n_N}\, n/n_N)^2 = U^2 \tag{248a}$$

erhalten wir dann das zu dem angenommenen Strom gehörige Drehzahlverhältnis

$$\frac{n}{n_N} = \frac{RI}{E_{n_N}} - \frac{\sqrt{U^2 - (E_E + XI)^2}}{E_{n_N}}. \tag{248b}$$

Das Drehmoment ergibt sich nach Gl. 17 c.

Für unsern Vollbahnmotor (S. 153) mit $E_E = 0,095\, E_{n_N}$ und $X = 0,054\,\Omega$ sind in Abb. 161 a u. b für die Klemmenspannungen $U = 100$ V und $U = 140$ V die Bremskurven bei verschiedenen Wirkwiderständen R im Maschinenkreis dargestellt. Die strichpunktierten Kurven geben die Grenze der Drehzahl an, bis zu der die Maschine auch dann selbsterregungsfrei ist ($RI = E_0$, Gl. 201 b), wenn die Netzspannung ausbleibt. Solange die Maschine an der Netzspannung liegt, ist aber unter dem Einfluß des Sättigungsgrades, herrührend von den netzfrequenten Strömen (vgl. Abschn. F 7), erst bei wesentlich höherer Drehzahl Selbsterregung mit Gleichstrom zu erwarten [L 125 u. 126]. Für jede Klemmenspannung gibt es eine obere Grenze des Drehmoments, die durch $E_E + XI = U$ gegeben ist (vgl. Abb. 160 a). Bei weiterer Erhöhung der Drehzahl sinkt das Bremsmoment wieder, wie es in Abb. 161 a für $R = 0,3\,\Omega$ gestrichelt angedeutet ist. In diesem Bereich könnte selbsterregungsfreier Betrieb nur unter dem Einfluß der von netzfrequenten Strömen herrührenden Sättigungserscheinungen möglich sein. Dann findet Nutzbremsung statt, d. h. es wird beim Bremsen Leistung an das Netz abgegeben. Dabei ist die Bremse allerdings nicht stabil, weil mit wachsender Geschwindigkeit das Bremsmoment sinkt.

Der Teil der Verluste im Widerstand R, der vom Netz gedeckt wird, ohne Bremsleistung zu erzeugen, ist bei $(X_E + X) I = U$ gleich Null, wächst dann aber mit sinkender Drehzahl und sinkendem Drehmoment an. Die gesamten Verluste im Widerstand R sind deshalb größer als bei der Widerstandsbremse. Aus diesem Grunde scheint die Gegenstrombremse auch bisher im Bahnbetrieb keine Verwendung gefunden zu haben, obgleich sie· den Vorteil hat, daß beim Übergang von Motor- zu Bremsbetrieb keine Umschaltung im Maschinenkreis erforderlich ist, sondern nur die Einschaltung eines Wirkwiderstandes.

4. Nutzstrombremse.

Die Nutzbremsung setzt voraus, daß sich die Maschine nicht mit Strömen netzfremder Frequenz selbsterregt. Zur Nutzbremsung sind ohne weiteres alle Schaltungen geeignet, bei denen überhaupt keine Selbsterregung bei Generatorbetrieb auftreten kann. Bei anderen Schaltungen müssen die Verhältnisse so gestaltet werden, daß innerhalb des in Frage kommenden Bremsbereiches die Selbsterregung unterdrückt wird. Da die Selbsterregung stoßweise einsetzt und gewöhnlich mit heftigem Bürstenfeuer verbunden ist, ist es nötig, wenn man bis an die Grenze der Selbsterregung gehen will, einen Sicherheitsschalter anzuordnen, der bei etwa auftretender Selbsterregung die Maschine sofort vom Netz abtrennt.

a. Zahlenbeispiel für Nutzbremsung mit Reihentransformator, Abb. 141. Wir wollen hierbei den Einfluß des Sättigungsgrades durch die netzfrequenten Ströme auf die Selbsterregung außer acht lassen, also die erschwerte Forderung stellen, daß auch bei offener Primärwicklung des Haupttransformators keine Selbsterregung auftreten darf. Es muß also die Bedingung 222b bei Generatorbetrieb erfüllt sein.

Den stationären Betriebszustand mit Strömen der Netzfrequenz erhalten wir aus den Spannungsgleichungen

$$\dot{U} + (R_1 + j\,X_1)\,\dot{I}_1 + j\,X_{12}\,\dot{I}_2 \mp K\,n\,\dot{I}_2 = 0, \qquad (R_2 + j\,X_2)\,\dot{I}_2 + j\,X_{12}\,\dot{I}_1 = 0, \qquad (249\,\text{a u. b})$$

worin $K\,n$ positiv einzuführen und das obere Vorzeichen vor $K\,n$ für Motorbetrieb, das untere für Generatorbetrieb gilt. Die Auflösung dieser Gleichungen nach $\dot{I}_1$ liefert mit

$$\dot{I}_2 = -\frac{j\,X_{12}}{R_2 + j\,X_2}\,\dot{I}_1 = -\frac{X_2 + j\,R_2}{R_2^2 + X_2^2}\,X_{12}\,\dot{I}_1 \qquad (250)$$

und den Abkürzungen

$$A = X_1\,X_2 - X_{12}^2 - R_1\,R_2 \quad \text{und} \quad B = \mp X_{12}\,K\,n - (X_1\,R_2 + X_2\,R_1) \qquad (251\,\text{a u. b})$$

$$\dot{I}_1 = \frac{R_2 + j\,X_2}{A + j\,B}\,\dot{U} = \frac{A\,R_2 + B\,X_2 + j\,(A\,X_2 - B\,R_2)}{A^2 + B^2}\,\dot{U}. \qquad (251)$$

Wir können hiernach den Betrag des Stromes I_1 und seine Phase gegenüber der Klemmenspannung berechnen.

Um den Einfluß der einzelnen Größen auf die Selbsterregung besser überblicken zu können, gehen wir von dem Grenzfall der Selbsterregung

$$\frac{R_1 L_2 + R_2 L_1}{M} = \frac{R_1 X_2 + R_2 X_1}{X_{12}} = K\, n_{kr}, \tag{252}$$

aus. Es wird dann in Gl. 251b $(n = n_{kr})$ $B = 0$, und wir erhalten für den stationären Ankerstrom mit Netzfrequenz

$$I_1 = (R_2 + j X_2)\, U / (X_1 X_2 - X_{12}^2 - R_1 R_2). \tag{252a}$$

Damit ergibt sich der Leistungsfaktor

$$\cos\varphi = R_2 / \sqrt{R_2^2 + X_2^2}. \tag{253}$$

Die von der Maschine bei Generatorbetrieb erzeugte Leistung N_i ist gleich dem Produkt aus primärem Ankerstrom I_1 und der mit I_1 phasengleichen Komponente E_w von $E = K\, n_{kr}\, I_2$, also mit Gl. 250, 252 u. 252a

$$N_i = E_w I_1 = \frac{R_1 X_2 + R_2 X_1}{R_2^2 + X_2^2} X_2 I_1^2 = \frac{R_1 X_2 + R_2 X_1}{(X_1 X_2 - X_{12}^2 - R_1 R_2)^2} X_2 U^2. \tag{254a}$$

Für die an das Netz abgegebene Leistung N_a können wir mit Gl. 252a schreiben

$$N_a = U I_{1w} = \frac{R_2}{X_1 X_2 - X_{12}^2 - R_1 R_2} U^2. \tag{254b}$$

Als Wirkungsgrad der Rückarbeitsschaltung bezeichnen wir das Verhältnis der an das Netz abgegebenen Leistung zu der gesamten in der Maschine erzeugten Leistung, also mit Gl. 254a u. b, wenn wir die Eisenverluste vernachlässigen,

$$\eta = \frac{N_a}{N_i} = \frac{R_2 (X_1 X_2 - X_{12}^2 - R_1 R_2)}{X_2 (R_1 X_2 + R_2 X_1)}. \tag{254}$$

Aus Gl. 253 erkennen wir, daß an der Grenze der Selbsterregung nur die Größen des Sekundärkreises Einfluß auf den Leistungsfaktor haben; damit der Leistungsfaktor größer als 0,707 wird, muß $R_2 > X_2$ sein. Der Wirkungsgrad wird bei Beachtung der Größenordnung der einzelnen Widerstände nach Gl. 254 um so besser, je kleiner R_1 ist.

Die Blindwiderstände X_1 und X_2 haben folgende Bedeutung

$$X_1 = X_A + \frac{w_1}{w_2} X_{12}, \qquad X_2 = X_E + \frac{w_2}{w_1} X_{12}, \tag{255a u. b}$$

worin w_1 und w_2 die Windungszahlen des Reihentransformators sind und X_A und X_E auch die Streublindwiderstände des Reihentransformators enthalten. X_A, X_E und R_1 sind für die Maschine gegebene Größen, willkürlich kann noch die Übersetzung w_1/w_2 des Transformators und sein Blindwiderstand X_{12} der gegenseitigen Induktion gewählt werden. Die günstigsten Widerstände können auf folgende Weise ermittelt werden.

Die kritische Drehzahl n_{kr}, bei der Selbsterregung auftreten darf, sei vorgeschrieben. Dann ist $K\, n_{kr}$ in Gl. 252 bekannt, und wir erhalten, indem wir X_1 und X_2 von Gl. 255a u. b in Gl. 252 einsetzen, eine Beziehung zwischen den drei noch willkürlichen Größen R_2, X_{12} und w_1/w_2. Nehmen wir nun einen Wert von R_2 an, so können wir aus Gl. 252 die zugehörigen Werte X_{12} und w_1/w_2 berechnen und damit nach Gl. 253 u. 254 die entsprechenden Werte von $\cos\varphi$ und η. Tragen wir X_{12}, $\cos\varphi$, η und $\eta\cdot\cos\varphi$ über dem Windungsverhältnis w_1/w_2 auf, so können wir diesen Kurven die für Leistungsfaktor und Wirkungsgrad günstigen Übersetzungen bei dem angenommenen Widerstand R_2 entnehmen. Indem wir solche Kurven für andere Werte von R_2 berechnen und auftragen, erkennen wir leicht, welche Werte von R_2 und w_1/w_2 zweckmäßig zu wählen sind. Für unser Beispiel (S. 153) sind in Abb. 162 solche Kurven für $R_2 = 0{,}05$, $0{,}075$ und $0{,}1\,\Omega$ bei $K\,n_{\mathrm{kr}} = 0{,}432\,\Omega$ ($n_{\mathrm{kr}} = n_N = 1080$ U/min) aufgezeichnet. Mit Rücksicht auf ein möglichst großes Produkt $\eta\cdot\cos\varphi$ ergeben sich hiernach günstige Wertepaare R_2, w_1/w_2 etwa für $R_2 = 0{,}1\,\Omega$, $w_1/w_2 = 3$ und für $R_2 = 0{,}05\,\Omega$, $w_1/w_2 = 7$.

Im ersten Falle ($R_2 = 0{,}1\,\Omega$, $w_1/w_2 = 3$) ist $\eta = 0{,}579$, $\cos\varphi = 0{,}871$, $\eta\cdot\cos\varphi = 0{,}505$, $X_{12} = 0{,}0464\,\Omega$. Um diesen verhältnismäßig kleinen Blindwiderstand der Gegeninduktivität zu erhalten, muß der Reihentransformator mit großem Luftspalt oder großer magnetischer Beanspruchung im Eisen und verhältnismäßig großem Kernquerschnitt ausgeführt werden. Bei Ankernennstrom $I_1 = 1000$ A wird nach Gl. 250 der Erregerstrom $I_2 = 403$ A, die Spannung an der Sekundärwicklung des Transformators also $\sqrt{R_2^2 + X_E^2}\,I_2 = 43{,}6$ V. Nehmen wir den Kernquerschnitt des Transformators zu 400 cm² und die Kerninduktion zu 13400 GS bei Nenn-

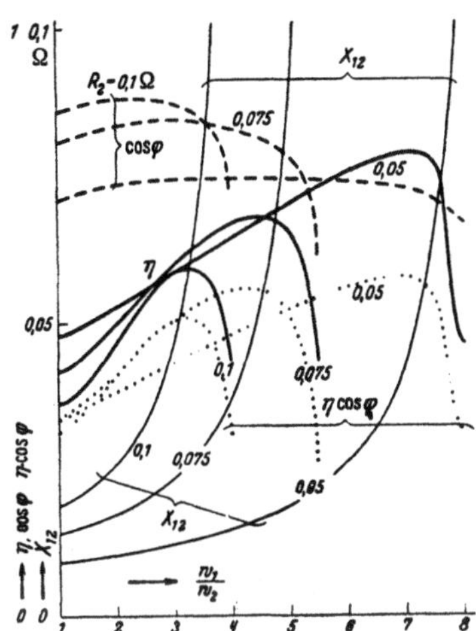

Abb. 162. Generatorbetrieb für Abb. 141 an der Grenze der Selbsterregung; η, $\cos\varphi$, $\eta\cdot\cos\varphi$ und X_{12} bei verschiedenen R_2 über w_1/w_2.

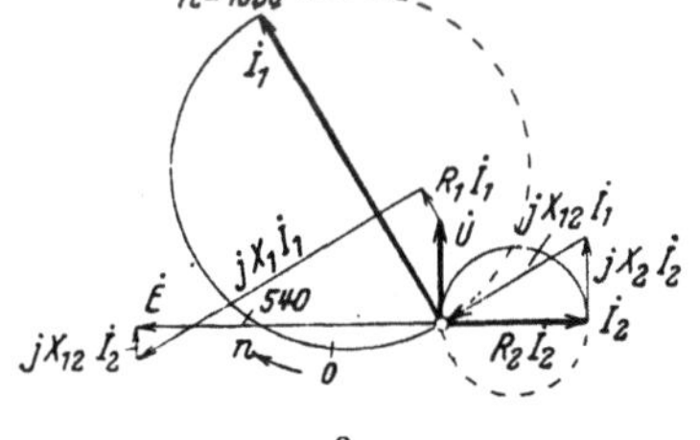

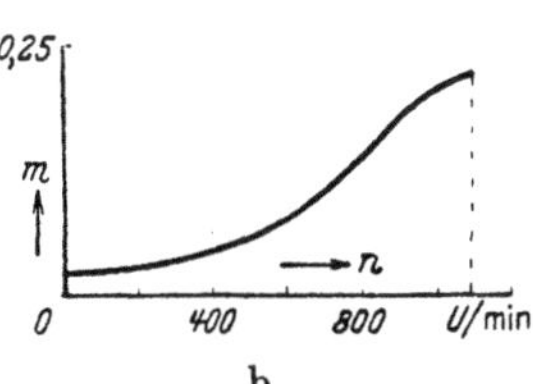

a   b

Abb. 163a u. b. a) Ortskurven der Ströme für $R_2 = 0{,}1\,\Omega$ und $w_1/w_2 = 3$, Vektordiagramme an der Grenze der Selbsterregung, $I_1 = 1000$ A bei $n = 1080$ U/min; b) Bremskurven bei $U = 56{,}8$ V.

ankerstrom an, so muß die Windungszahl $w_2 = 11$ sein. Mit dieser Windungszahl und dem Kernquerschnitt 400 cm² ergibt sich nach Gl. 58a, Bd. II, der erforderliche fiktive Luftspalt im Transformator zu $\delta'' = 4{,}12$ cm. Die Klemmenspannung, die einzustellen ist, damit bei Nenndrehzahl $n = 1080$ U/min und Ankernennstrom $I_1 = 1000$ A gerade Selbsterregung eintritt, ergibt sich nach Gl. 252a zu 56,8 V. Für diesen Fall ist in Abb. 163a das Vektordiagramm aufgezeichnet. Der Strom I_2 ist nach Gl. 250 u. 252a hierbei um eine

Viertelperiode gegen $\dot{U}$ phasenverspätet, die EMK $\dot{E}$ also um eine Viertelperiode
gegen $\dot{U}$ phasenverfrüht. Bei mit wachsender Belastung sinkender Drehzahl
wandern die Endpunkte der Stromvektoren $\dot{I}_1$ (nun nach Gl. 251, da B nicht
mehr Null ist) und $\dot{I}_2$ auf Kreisen; der Bereich der Selbsterregung ist (bei Vernachlässigung der Sättigungserscheinungen) gestrichelt gezeichnet. Dabei bleibt
der für das Drehmoment maßgebende $\cos\psi$ des Phasenwinkels ψ zwischen $\dot{I}_1$
und $\dot{E}$, der nach Gl. 250

$$\cos\psi = \left(X_2 / \sqrt{X_2^2 + R_2^2}\right) \tag{256}$$

ist, unveränderlich. In Abb. 163b ist das relative Bremsmoment über der Drehzahl bei der Klemmenspannung $U = 56{,}8$ V aufgetragen.

Für den **zweiten Fall** ($R_2 = 0{,}05\,\Omega$, $w_1/w_2 = 7$) ist $\eta = 0{,}788$, $\cos\varphi = 0{,}729$,
$\eta \cdot \cos\varphi = 0{,}575$, $X_{12} = 0{,}042\,\Omega$. Bei denselben Abmessungen des Reihentransformators und derselben Kernin-
duktion ist der fiktive Luftspalt
$\delta'' = 8{,}8$ cm (!) einzustellen. Die
Klemmenspannung ergibt sich zu
$U = 196$ V, wenn bei offener

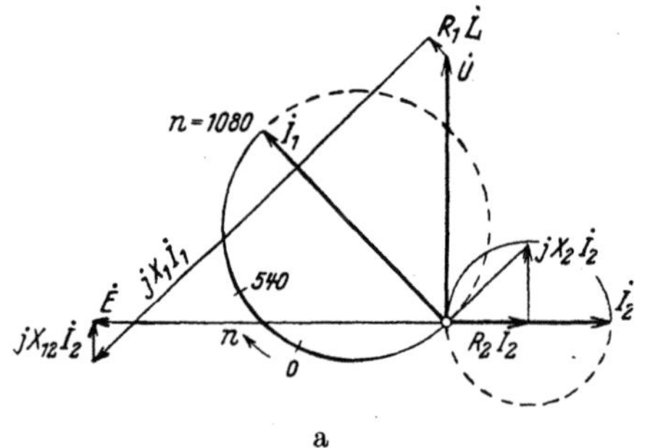

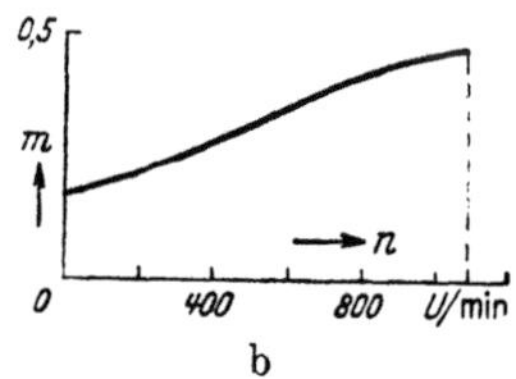

Abb. 164a u. b. Wie Abb. 163a u. b, aber $R_2 = 0{,}05\,\Omega$, $w_1/w_2 = 7$, $U = 196$ V.

Primärwicklung des Haupttransformators Selbsterregung erst bei $n = 1080$ U/min
und $I_1 = 1000$ A auftreten darf. Für diesen Fall ist das Vektordiagramm in
Abb. 164a, das relative Bremsmoment in Abb. 164b dargestellt.

Aus unseren Untersuchungen ergibt sich, daß hohe Übersetzung w_1/w_2 des
Reihentransformators und kleiner Widerstand R_2 in bezug auf Wirkungsgrad
und Produkt aus Wirkungsgrad und Leistungsfaktor günstig sind (vgl. Abb. 162).

Bei andern Klemmenspannungen, als sie in den Abb. 163b u. 164b vorausgesetzt sind, ändert sich (feste Blindwiderstände vorausgesetzt) das Bremsmoment mit dem Quadrat der Klemmenspannung. In den Abb. 163a u. 164a
ändern sich alle Strom- und Spannungsgrößen proportional der Klemmenspannung U, wobei die Parametereinteilung der Drehzahl erhalten bleibt. Wird
der Reihentransformator mit kleinem Luftspalt und großer magnetischer Beanspruchung im Eisen ausgeführt, so besteht diese Proportionalität nicht mehr
und die Eisenverluste des Transformators, die wir bisher vernachlässigt haben,
werden dann größer. Anderseits erhöht sich aber unter dem Einfluß des Sättigungsgrades, der von den netzfrequenten Strömen herrührt (Abschn. F 7), die
kritische Drehzahl, bei der Selbsterregung auftritt. Dieser Einfluß muß durch
Versuche ermittelt werden. Praktische Anwendung hat die Schaltung nach
Abb. 141 bei der französischen Südbahn gefunden [L 129].

b. Die Schaltung von Behn-Eschenburg. Nach der Schaltung
in Abb. 165 liegt die Erregerwicklung unmittelbar an der Sekundärwicklung des Haupttransformators, und in den Ankerkreis ist eine

Drossel mit dem Blindwiderstand X_D eingeschaltet. Diese von Behn-Eschenburg angegebene Schaltung wird von der M. F. Oerlikon seit vielen Jahren zur Nutzbremsung von Vollbahnmotoren verwendet [L 135]. Obgleich die Erregerwicklung im Nebenschluß zum Ankerzweig liegt, zeigt die Maschine doch nicht das wesentliche Verhalten einer Gleichstromnebenschlußmaschine, bei der die Drehrichtung für Generator- und Motorbetrieb dieselbe ist. Um ohne Umschaltung der Erregerwicklung von Generator- auf Motorbetrieb überzugehen, muß, wie wir noch sehen werden, die Drehrichtung der Maschine geändert werden. Im Verhalten hat die Maschine also nicht die Merkmale einer Nebenschlußmaschine.

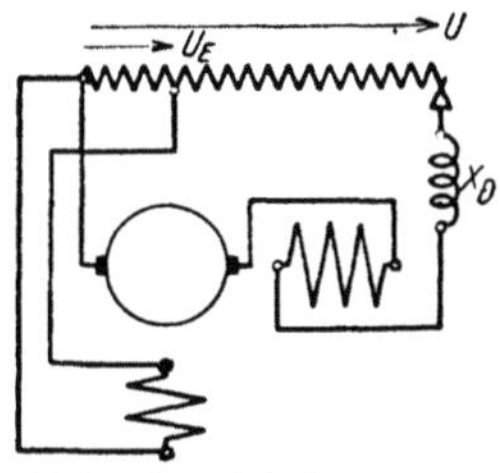

Abb. 165. Schaltung von Behn-Eschenburg.

Nach Abschn. F 6b ist bei der äußeren Form der Nebenschlußschaltung, wie sie hier vorliegt, der Motorbetrieb im allgemeinen nicht selbsterregungsfrei, und dasselbe gilt auch für den Generatorbetrieb, wenn dabei die Drehrichtung dieselbe ist wie bei Motorbetrieb. Da in der Schaltung nach Abb. 165 aber die Drehrichtung geändert

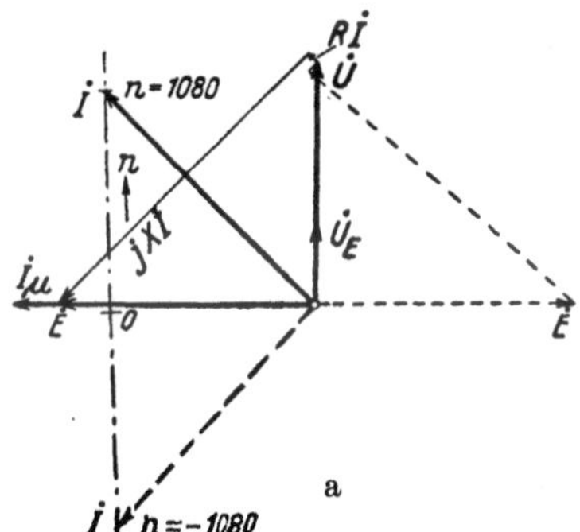

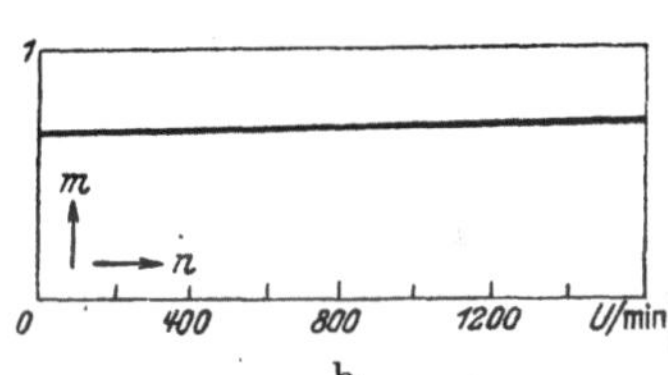

Abb. 166a u. b. a) Ortskurve ($—\cdot—\cdot—$) von $\dot{I}$ und Vektordiagramme bei Generator- ($—$) und Motornennbetrieb ($---$); b) Bremskurve. Schaltung nach Abb. 165.

werden muß, um von Motor- auf Generatorbetrieb überzugehen, hat diese Schaltung die Eigentümlichkeit, daß der Generatorbetrieb, also die Nutzbremsung, vollkommen selbsterregungsfrei ist.

Der Magnetisierungsstrom der Erregerwicklung ist sehr angenähert um eine Viertelperiode gegenüber der Klemmenspannung $\dot{U}_E$ verfrüht. Die EMK der Bewegung $\dot{E}$ ist deshalb gegenüber der Ankerzweigspannung $\dot{U}$ um etwa 90° phasenverschoben, und die Differenz muß im wesentlichen durch den Spannungsverlust in der Drossel ausgeglichen werden (vgl. Abb. 166a). Da das Drehmoment proportional $\Phi I \cos(\dot{\Phi}, \dot{I})$, der Leistungsfaktor im Ankerzweig aber hier $\cos(\dot{U}, \dot{I}) = \sin(\dot{\Phi}, \dot{I})$ ist, läßt sich ein guter Wirkungsgrad nicht mit günstigem Leistungsfaktor vereinigen.

Die folgenden Gleichungen schreiben wir für **Generator**betrieb
an; für Motorbetrieb ist das Vorzeichen vor Kn zu ändern. Die
Spannungsgleichung im Ankerkreis lautet

$$\dot{U} + R\dot{I} + jX\dot{I} = Kn\dot{I}_\mu, \qquad (257)$$

worin R der Wirkwiderstand im Ankerkreis und $X = X_A + X_D$ der
gesamte Blindwiderstand im Ankerzweig ist. Vernachlässigen wir den
kleinen Wirkwiderstand und den Streublindwiderstand im Erregerzweig, der keinen wesentlichen Einfluß auf das Verhalten der Maschine
hat, sowie die Eisenverluste und die Rückwirkung der von Bürsten
überbrückten Ankerspulen, so können wir für den Magnetisierungsstrom

$$\dot{I}_\mu = \dot{I}_E = j\,\dot{U}_E/X_E \qquad (257\,a)$$

schreiben. Damit erhalten wir nach Gl. 257 den Strom im Ankerkreis

$$\dot{I} = \frac{X\,Kn\,\dot{U}_E - R\,X_E\,\dot{U} + j\,(R\,Kn\,\dot{U}_E + X\,X_E\,\dot{U})}{X_E\,(R^2 + X^2)} . \qquad (258)$$

Verlangen wir z. B., daß bei Ankernennstrom I_N und Nenndreh-
zahl n_N der Leistungsfaktor des Ankerzweiges $\cos\varphi_N = 0{,}707$ ist, wobei
sich sehr angenähert die kleinste Drossel ergibt, so erhält man durch
Gleichsetzen der Wirk- und Blindkomponente des Ankerstroms

$$X = \frac{\ddot{u}\,Kn_N + X_E}{\ddot{u}\,Kn_N - X_E}\,R \quad \text{mit} \quad \ddot{u} = \frac{U_E}{U} . \qquad (259\text{a u. b})$$

Die Wirkkomponente bei Nennbetrieb ist für $\cos\varphi_N = 0{,}707$ gleich
$0{,}707\,I_N$. Damit erhalten wir nach Gl. 258, 257 und 259a u. b die bei
$n = n_N$ einzustellende Klemmenspannung

$$U = Kn_N\,\dot{I}_\mu - 1{,}414\,R\,I_N . \qquad (260)$$

Für ein Zahlenbeispiel legen wir wieder die schon früher herangezogene
Maschine (S. 153) mit $R = R_A = 0{,}02\,\Omega$, $K = 0{,}0004\,\Omega\text{min}$, $X_E = 0{,}041\,\Omega$, $I_\mu = I_{AN} = 1000\,\text{A}$ zugrunde. Bei $n_N = 1080\,\text{U/min}$ ist die Klemmenspannung bei
Generatorbetrieb auf $U = 432 - 28 = 404\,\text{V}$ einzustellen. Die Spannung am
Erregerzweig ist $U_E = 41\,\text{V}$ und der Blindwiderstand des Ankerzweigs nach
Gl. 259a $X = 0{,}591\,\Omega$, wovon $X_D = 0{,}591 - 0{,}050 = 0{,}541\,\Omega$ auf die Drossel
entfällt.

In Abb. 166a ist das Vektordiagramm für diesen Fall durch die voll ausgezogenen Linien dargestellt; für Motorbetrieb mit $I = 1000\,\text{A}$ ist es gestrichelt
gezeichnet. Die Ortskurve des Ankerstromes ist die strichpunktierte Gerade.
Dem Diagramm können wir das eigenartige Verhalten der Maschine entnehmen.
Bei veränderlicher Drehzahl ändert sich das Drehmoment (prop. $I\,I_\mu \cos(\dot{I}, \dot{I}_\mu)$)
nur wenig und würde überhaupt unveränderlich sein, wenn der Wirkwiderstand
im Ankerzweig $R = 0$ wäre. Die Maschine zeigt also kein Nebenschlußverhalten
im Sinne der Gleichstromnebenschlußmaschine, ist aber zum Bremsen bis zum
Stillstand geeignet. Das Drehmoment kann durch die Klemmenspannung am

Ankerzweig geregelt werden, wobei (feste Blindwiderstände vorausgesetzt) alle
Größen im Ankerzweig sich proportional der Klemmenspannung ändern. Mit
wachsender Drehzahl wird der Leistungsfaktor besser, der Strom für ein festes
Drehmoment aber größer (Wirkungsgrad schlechter); bei sinkender Drehzahl ist
es umgekehrt.

Für $U = 404$ V ist in Abb. 166 b das auf Nennmoment des Motors bei Reihenschaltung ($M_N = 339$ kgm) bezogene Bremsmoment über der Drehzahl dargestellt. Die Bremskurve verläuft sehr flach, weil wir den Wirkwiderstand der
Drossel ganz vernachlässigt haben. Für $R > 0{,}02\,\Omega$ ergeben sich etwas steilere
Bremskurven.

Die große Drossel, deren Blindleistung nach Abb. 166 a größer als
die an das Netz abgegebene Wirkleistung ist, und der schlechte
Leistungsfaktor sind empfindliche Nachteile
der Schaltung nach Abb. 166 a. Durch zusätzliche Einrichtungen ist aber die Schaltung
von Behn-Eschenburg jetzt verbessert worden [L 137].

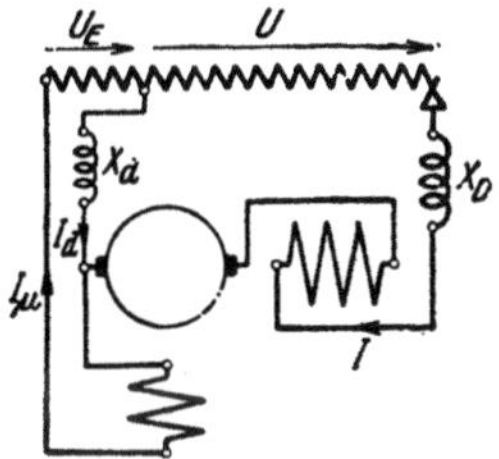

Abb. 167 a. Schaltung
von Mirow.

c. Die Schaltung von Mirow. Um bei der
Schaltung nach Abb. 165 den Leistungsfaktor
zu verbessern und mit einer kleineren Drossel
im Ankerkreis auszukommen, muß der Phasen-
winkel zwischen $\dot{U}$ und $\dot{I}_\mu$ (vgl. Abb. 166 a) verkleinert werden. Nach einem Vorschlag von
Mirow läßt sich dies durch die Schaltung in Abb. 167 a erreichen
[L 133]. Bei der als Reihenschlußgenerator geschalteten Maschine
wird die Erregerwicklung über eine Drossel d noch an eine feste Spannung des Regeltransformators gelegt. Wenn der Blindwiderstand X_d
dieser Drossel Null ist, erhält man die Schaltung Abb. 165, ist er unendlich groß, so haben wir den einfachen Reihenschlußgenerator vor
uns. Der Blindwiderstand X_d muß also genügend klein bemessen
werden, um Selbsterregung zu unterdrücken.

Mit denselben Vereinfachungen, die wir im Abschn. b gemacht
haben, lauten die Spannungsgleichungen für Generatorbetrieb

$$\dot{U} + R\dot{I} + jX\dot{I} - jX_d\dot{I}_d = Kn\dot{I}_\mu, \qquad \dot{U}_E + jX_E\dot{I}_\mu + jX_d\dot{I}_d = 0, \qquad \text{(261 a u. b)}$$

worin

$$\dot{I}_d = \dot{I}_\mu - \dot{I} \qquad \text{(261 c)}$$

ist. Der Magnetisierungsstrom in der Erregerwicklung ergibt sich
nach den Gl. 261 b u. c zu

$$\dot{I}_\mu = \frac{X_d}{X_E + X_d}\,\dot{I} + j\,\frac{\dot{U}_E}{X_E + X_d}. \qquad \text{(262)}$$

Lösen wir die Gl. 261 a bis c nach $\dot{I}$ auf, so erkennen wir, daß die
Ortskurve des Ankerstromes $\dot{I}$ ein Kreis ist, dessen Bestimmungsstücke wir in bekannter Weise berechnen können.

In Abb. 167b ist ein Vektordiagramm für dieselbe Maschine, für die Abb. 166a gilt, aufgezeichnet, wobei zunächst wie in Abb. 166a angenommen ist, daß der Phasenwinkel zwischen I_μ und I_N 45° beträgt und $I_\mu = I_N = 1000$ A ist; I_N ist aber mit $U = 215$ V in Phase vorausgesetzt. Damit ergeben sich $X = X_A + X_D = 0{,}277\ \Omega$, $X_d = 0{,}099\ \Omega$, $U_E = 99$ V, $I_d = 765$ A. Die Ortskurven für den Ankerstrom I und den Magnetisierungsstrom I_μ sind strichpunktiert eingezeichnet, wobei vorausgesetzt ist, daß die Widerstände vom Strom unabhängig sind. Bei Stillstand ($n = 0$) sind I und I_μ wie bei Abb. 166a fast phasengleich.

Durch Vergleich der Abb. 166a u. 167b erkennen wir, daß bei Nennstrom und Nenndrehzahl nicht nur der Leistungsfaktor des Ankerzweiges, sondern auch der gesamte Leistungsfaktor wesentlich besser geworden ist und der Blindwiderstand im Ankerkreis nur etwa 0,47 von dem bei Schaltung Abb. 165 beträgt.

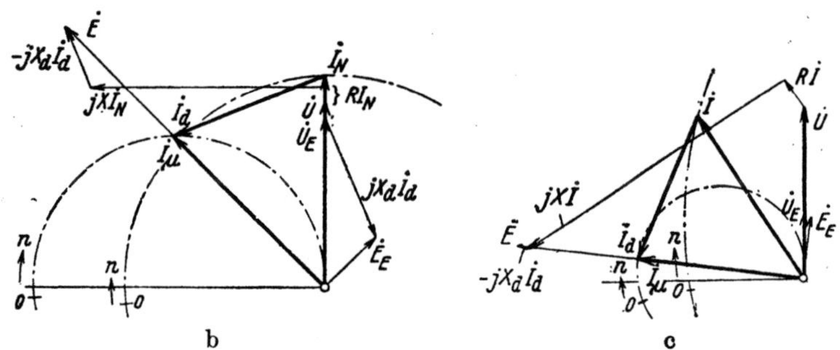

b   c

Abb. 167 b u. c. Ortskurven von I und I_μ und Vektordiagramme bei Nennbetrieb für zwei Fälle, von denen nur c) stabil und selbsterregungsfrei. U_E im doppelten Maßstab von U.

Die Leistung der zusätzlichen Drossel mit dem Blindwiderstand X_d beträgt nur etwa 0,21 des gesamten Blindwiderstandes im Ankerzweig. Leider ist hier der Bremsbetrieb nicht stabil, weil mit wachsender Drehzahl das Drehmoment sinkt. Das Bremsmoment ist proportional $I\,I_\mu \cos(I, I_\mu)$ und bei der Drehzahl $n = 0$ etwa 1,8 mal so groß wie bei Nenndrehzahl $n_N = 1080$ U/min. Außerdem würde bei dem verhältnismäßig großen Wert von $X_d = 0{,}099\ \Omega$ auch Selbsterregung mit netzfrequenzfremden Strömen zu erwarten sein.

Um sinkendes Bremsmoment mit sinkender Drehzahl zu erhalten, muß der Mittelpunkt der Ortskurve von I nach rechts rücken, damit mit abnehmender Drehzahl auch der Ankerstrom stark sinkt. Dadurch wird aber auch der erforderliche Blindwiderstand X wesentlich größer, so daß die Vorteile gegenüber der Schaltung nach Abb. 166a wieder zum Teil verlorengehen. Günstig für den Betrieb wirken sich auch die durch die Schaltung bedingten zusätzlichen Wirkwiderstände aus, die wir vernachlässigt haben.

Wir können auf die Bemessung der einzelnen Widerstände hier nicht näher eingehen, wollen aber für einen von Mirow [L 133] behandelten (selbsterregungsfreien) Fall, bei dem alle Wirkwiderstände berücksichtigt sind, das Vektordiagramm in Abb. 167c wiedergeben. Es ist dabei $U = 200$ V, $U_E = 38$ V, $R = 0{,}04$, $X = 0{,}4$, $R_E = 0{,}008$, $X_E = 0{,}045$, $R_d = 0{,}0006$, $X_d = 0{,}015\ \Omega$ angenommen. Für einen praktischen Fall berechnet Mirow den gesamten Leistungsfaktor zu 0,822, den Wirkungsgrad zu 79,5%, denen er die entsprechenden Werte bei der Schaltung nach Abb. 165 mit 0,668 und 77,6% gegenüberstellt. Die Leistung der beiden Drosseln beträgt 0,87 von der der einen Drossel in Abb. 165.

Hiernach ergeben sich noch recht beachtenswerte Vorteile bei der Mirowschen Schaltung, die aber wohl auch durch die neuen Schaltungen der M. F. Oerlikon [L 137] erreicht werden.

Die Bremskurven verlaufen hier ähnlich wie in Abb. 166 b.

d. Schaltungen mit Nebenschlußeigenschaften. Alle Schaltungen, die wir in den Abschn. E und F für den fremderregten und Nebenschlußgenerator behandelt haben, sind auch zur Nutzstrombremsung geeignet. Die Bremskurven haben dabei im wesentlichen den in Abb. 168 angedeuteten Verlauf, wobei die Neigung der Bremskurven durch Kompoundierung (Abschn. G 2h) in weitem Maße beeinflußt werden kann. Eine stärkere Neigung ergibt sich bei den einfachen Schaltungen ohne Reihentransformator (Abschn. E 1a u. b) von selbst.

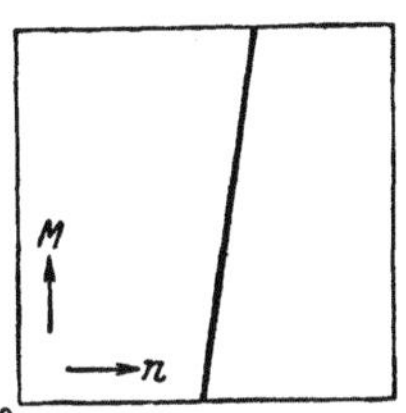

Abb. 168. Bremskurve für Nebenschlußschaltung (Abb. 130a).

Bei der im Abschn. E 3 behandelten Schaltung wird bei mehreren Motoren auf einem Fahrzeug der eine zur Speisung der Erregerwicklungen der übrigen geschaltet.

Über andere, hier nicht behandelte Schaltungen, sei auf das einschlägige Schrifttum verwiesen [L 129, 132, 133, 136].

H. Experimentelle Untersuchung.

Wir setzen hierbei den wichtigsten Einphasenmotor, nämlich den Vollbahnmotor, voraus und werden dann noch im Abschn. 4 auf eine besondere Untersuchung bei Repulsionsmotoren eingehen.

1. Prüfung nach den REB.

In den „Regeln für elektrische Maschinen und Transformatoren auf Bahn- und anderen Fahrzeugen" (REB 38) des VDE sind die für Fahrzeugmotoren vorgeschriebenen Prüfungen angegeben. Da wir ähnliche Untersuchungen für die Gleichstrommaschine (Bd. I) und die Induktionsmaschine (Bd. IV) sehr ausführlich behandelt haben, können wir uns hier auf kurze Ergänzungen beschränken.

Nach § 12 ist die Nennleistung von Fahrmotoren die Stundenleistung. Hierauf müssen wir besonders hinweisen, weil wir in früheren Abschnitten auch die Dauerleistung als „Nennleistung" angenommen haben. Bei den heutigen Vollbahnmotoren beträgt das Dauermoment etwa 0,9 des Stundenmoments.

Nach § 52 kann auch bei Fahrzeugmotoren der Wirkungsgrad entweder unmittelbar (durch Messung der Abgabe und Aufnahme) oder mittelbar (durch Berechnung aus den gemessenen Verlusten) bestimmt

werden. Für die unmittelbare Bestimmung des Wirkungsgrades dienen
das Bremsverfahren und das Belastungsverfahren (Abschn. III E 2a,
Bd. I), für die mittelbare Bestimmung sollen bei Wechselstrom-
Kommutatormaschinen die Verluste nach dem Einzelverlustverfahren
ermittelt werden (§ 56). Die Eisenverluste (bei Leerlauf) werden nach
§ 57 aus den Leistungen, die der Erregerwicklung elektrisch und dem
Anker mechanisch zugeführt werden, ermittelt, wobei die Bürsten
abgehoben sind. Im Abschn. A 9 haben wir dies näher erläutert. Die
Last-Stromwärmeverluste sollen nach dem Einzelverlustverfahren auch
bei den Wechselstrom-Kommutatormaschinen aus den mit Gleichstrom
gemessenen und auf 75° umgerechneten Widerständen, und die Verluste in den Bürsten mit 2 V Übergangsspannung berechnet werden.
Für die Zusatzverluste sind 1% der Leistungsaufnahme des Motors
bei Nennspannung einzusetzen.

Wenn bei der Prüfung des Motors der Fahrbetrieb (§ 20) nach-
geahmt werden soll, empfiehlt sich die vom Verfasser vorgeschlagene
Belastungsschaltung [L 139 bis 141]. In der Regel werden jedoch nur
die Anfahrprüfungen (nach § 43) verlangt. Nach den Prüfungsvor-
schriften soll bei dem 1,7-fachen des Nennstroms der Motor in der
betriebsmäßigen Anfahrschaltung für eine Dauer von 10 s und an-
schließend bei geringer Drehzahl (höchstens 3% der größten Drehzahl)
1 min lang geprüft werden. Dabei kann vorübergehend starkes Bürstenfeuer auftreten, das aber den betriebsfähigen Zustand nicht beein-
trächtigen darf.

Die Einstellung der Bürsten kann wie bei der Gleichstrommaschine
(Abschn. III E 1b, Bd. I) erfolgen. Bei Betrieb des Wechselstrommotors
mit Gleichstrom läßt sich die richtige Stellung der Bürsten auch aus
der Bürstenspannungskurve, die die Spannung zwischen Bürste und
Stromwender längs der Bürstenbreite angibt (Abschn. III E, 4b, Bd. I),
nachprüfen [L 144, S. 29].

In den folgenden Abschnitten werden wir noch auf gewisse Messungen eingehen, die über die Vorgänge am Stromwender Aufschluß
geben.

2. Einstellung des Wendefeldes.

In der Regel wird bei Vollbahnmotoren zur Funkenunterdrückung
ein phasenverschobenes Wendefeld erregt, und zwar heute wohl allgemein durch Parallelschalten eines Wirkwiderstandes zur Wendepolwicklung, die mit der Ankerwicklung in Reihe geschaltet ist. Da der
Luftspalt im Wendepolkreis nicht wie bei Gleichstrommaschinen
durch Bleche zwischen Wendepolkern und Joch eingestellt werden kann,
wird die Wendepolwicklung im voraus etwas reichlich bemessen und
ihr ein Scheinwiderstand, bestehend aus einer Drossel und einem

Wirkwiderstand, parallel geschaltet. Auf den wichtigen Fall der Parallelschaltung eines Scheinwiderstandes zur Wendepolwicklung wollen wir hier näher eingehen.

a. Komponente zur Unterdrückung von $\mathfrak{s}_W$. Die Einstellung der beiden Feldkomponenten zur Unterdrückung der EMK der Stromwendung $\mathfrak{s}_W$ und der Ruhe-EMK $\mathfrak{s}_R$ wird zweckmäßig getrennt vorgenommen. Zur Ermittlung der Feldkomponente für die Unterdrückung von $\mathfrak{s}_W$ kann man den Motor mit Gleichstrom betreiben und den günstigsten Strom in der Wendepolwicklung durch einen Wirkwiderstand, der der Wendepolwicklung parallel geschaltet ist, einstellen.

Um bei diesem „Gleichstromversuch" nicht allein auf die unsichere subjektive Beobachtung des Bürstenfeuers angewiesen zu sein, kann man den günstigsten Wendepolstrom durch Aufnahme der Bür-
stenspannungskurve (Abschn. III
E 4b, Bd. I) ermitteln. Um hierbei nicht die zeitlichen Mittelwerte, die mit einem polarisierten Instrument gemessen werden,
sondern die jeweilig auftretenden
Höchstwerte zu erfassen, ist die
Messung mit einem Kathoden-
strahloszillographen [L 144] aus-

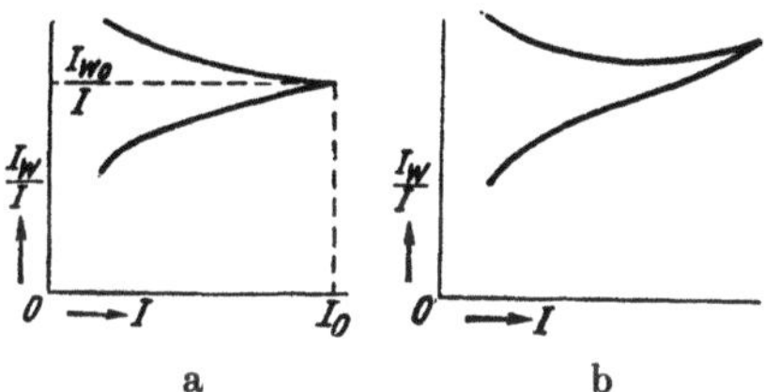

Abb. 169a u. b. Günstigstes Verhältnis von Wendepolstrom I_W und Ankerstrom I beim Gleichstromversuch.

zuführen. Ein besonderes Gerät zur Messung des Höchstwertes der Spannung ist von Punga und Schliephake entwickelt worden [L 145].

In der Praxis hat sich auch folgendes Verfahren als zweckmäßig erwiesen. Man ermittelt bei fester Drehzahl (zweckmäßig Dauerdrehzahl) und verschiedenen Ankerströmen I die Grenzwerte des Wendepolstromes I_W, bei denen gerade schwaches Bürstenfeuer sichtbar wird. Wenn die Wendepolwicklung genügend reichlich bemessen ist, kann die Einstellung der Werte von I_W durch einen der Wendepolwicklung parallel geschalteten Widerstand erfolgen; im andern Falle könnte man die Wendepolwicklung fremd erregen, um eine genügend starke Überkommutierung zu erhalten. Trägt man die so ermittelten Grenzwertverhältnisse I_W/I über dem Ankerstrom I auf und verbindet sie durch Kurven, so erhält man etwa die in Abb. 169a dargestellten Grenzkurven für I_W/I, die bei einem gewissen Ankerstrom I_0 zusammenfallen. I_0 stellt den Grenzwert des Ankerstromes dar, bis zu dem noch praktisch funkenfreie Stromwendung möglich ist, und die zugehörige Ordinate I_{W_0}/I das günstigste Verhältnis zwischen dem Strom in der Wendepolwicklung und dem Ankerstrom.

15*

Bei der Aufnahme dieser Kurven empfiehlt es sich [L 9, S. 504], die ablaufende und die auflaufende Kante einzelner Bürsten fest auf den Stromwender aufzudrücken, um besonders das Bürstenfeuer an den Bürstenkanten zu erfassen, wenn die Bürsten noch nicht vollständig eingeschliffen sind. Damit bei Wechselstrom auch noch der Höchstwert funkenfrei gewendet werden kann, muß I_0 gleich oder größer sein als der Höchstwert des Wechselstroms. Wenn die obere Grenzkurve für I_W/I_0 bei höheren Ankerströmen wieder ansteigt (Abb. 169b), so ist das ein Zeichen dafür, daß die Wendepolkennlinie nicht geradlinig verläuft, die magnetische Beanspruchung im Eisen des Wendepolkreises also zu groß ist.

Der so ermittelte Wendepolstrom I_{W_0} ist bei Wechselstrom angenähert gleich der mit dem Ankerstrom phasengleichen Komponente I_W' von I_W, die zum Aufheben der EMK $\mathfrak{E}_W$ erforderlich ist. In Wirklichkeit ist, wie wir im Abschn. A 7c gesehen haben, bei Wechselstrom $\mathfrak{E}_W$ nicht genau proportional der Drehzahl, kleine Restspannungen können also bei anderen Drehzahlen auftreten.

b. Komponente zur Unterdrückung von $\mathfrak{E}_R$. Die Wendefeldkomponente, die zur Unterdrückung der Ruhe-EMK $\mathfrak{E}_R$ bei einem bestimmten Belastungszustand (etwa bei Nennbetrieb) erforderlich ist, muß nun beim Betrieb des Motors mit Wechselstrom durch Parallelschalten eines Scheinwiderstandes, bestehend aus Blindwiderstand X und Wirkwiderstand R, zur Wendepolwicklung (vgl. Abb. 39 im Abschn. B 4e) so eingestellt werden, daß das Bürstenfeuer verschwindet oder möglichst klein wird. Um dabei die Unterdrückung der EMK der Stromwendung $\mathfrak{E}_W$ möglichst wenig zu stören, muß zu jedem Wert von X ein ganz bestimmter Wert von R eingestellt werden. Die zugehörigen Werte von X und R können berechnet werden, wenn man annimmt, daß die Ströme sinusförmig schwingen.

Setzen wir in die Spannungsgleichung 61 des Abschn. B 4e den Strom $I_n = I - I_W$ (Gl. 61b) ein, so erhalten wir die Komponenten I_W' und I_W'' von I_W, von denen die erste Phase mit dem Ankerstrom I, die andere um eine Viertelperiode phasenverschoben ist, zu

$$I_W' = \frac{R\,(R + R_W) + (X - X_g)\,(X + X_W)}{(R + R_W)^2 + (X + X_W)^2}\,I, \qquad (263\,\mathrm{a})$$

$$I_W'' = -j\,\frac{R\,X_W - R_W\,X + X_g\,(R + R_W)}{(R + R_W)^2 + (X + X_W)^2}\,I. \qquad (263\,\mathrm{b})$$

Aus dem Gleichstromversuch ist uns nun das Verhältnis $I_W'/I = I_{W_0}/I_0$ bekannt, und wir können damit aus Gl. 263a den Wirkwiderstand R berechnen, der zu einem angenommenen Blindwiderstand X gehört.

Setzen wir zur Abkürzung $a = I_{W_0}/I_0$, so wird

$$R = \frac{2a-1}{2(1-a)}\, R_W + \sqrt{\left(\frac{2a-1}{2(1-a)}\, R_W\right)^2 + \frac{a[R_W^2 + (X+X_W)^2] - (X-X_g)(X+X_W)}{1-a}}. \quad (263)$$

Einem Zahlenbeispiel wollen wir die im Abschn. B 4e β behandelte Schaltung zugrunde legen, bei der der Scheinwiderstand der ganzen Wendepolwicklung parallel geschaltet ist. Wir hatten für diese Schaltung und den im Abschn. K berechneten Vollbahnmotor $R_W = 0,0018$, $X_W = 0,023$ und $X_g = -0,0101\ \Omega$ eingesetzt. Rechnerisch hatten wir im Abschn. B 4e β $a = 0,75$ ermittelt. Nehmen wir an, daß sich dieser Wert auch durch den Gleichstromversuch ergeben hat, so erhalten wir nach Gl. 263 den in Abb. 170 über dem Blindwiderstand X dargestellten Wirkwiderstand R. Nach dieser Kurve wären beim Wechselstromversuch die zugehörigen Werte von X und R einzustellen. In Abb. 170 ist auch das nach Gl. 263b berechnete Stromverhältnis I_W''/I über dem Blindwiderstand X angegeben. Die strichpunktierte Gerade deutet die Werte von X, R und I_W''/I an, die wir im Abschn. B 4e β für die Funkenunterdrückung bei Nennbetrieb berechnet haben. Beim Versuch würden sich wahrscheinlich etwas davon abweichende Werte ergeben.

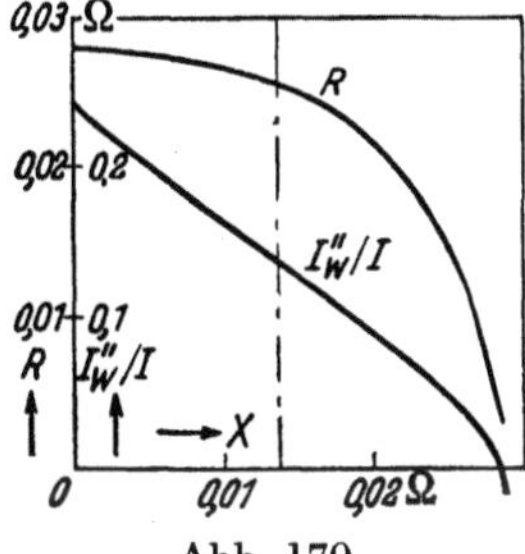

Abb. 170.
Widerstände R und X
im Nebenschlußzweig.

Will man sich nicht auf die subjektive Beobachtung des Bürstenfeuers verlassen, so kann man durch Leistungsmessungen an der Erregerwicklung feststellen, ob die Komponente I_W'' des Stromes in der Wendepolwicklung richtig eingestellt ist [L 146]. Der Anker des Motors wird zunächst bei abgehobenen Bürsten von außen mit fester Drehzahl angetrieben und die Spannung an der Erregerwicklung so eingestellt, daß ihr Strom gleich dem betriebsmäßigen Ankerstrom ist. In diesem Zustand wird die Leistung der Erregerwicklung gemessen. Das voll ausgezogene Vektordiagramm in Abb. 171 erläutert diesen Zustand, wobei der Verluststrom I_v, der den Eisenverlusten der Ruhe entspricht, übertrieben groß angenommen ist. Der Motor wird dann bei derselben Drehzahl (und demselben Strom) belastet. Wenn dann im Betrieb als Motor die EMK der Ruhe $\mathfrak{E}_R$ nicht aufgehoben ist, gilt etwa das gestrichelte Vektordiagramm in Abb. 171. I_k' ist die auf die Erregerwicklung bezogene Summe der Kurzschlußströme in den von Bürsten überbrückten Ankerspulen. Die Stromkomponente I_W'' in der Wendepolwicklung wird nun so eingestellt, daß an der Erregerwicklung dieselbe Leistung gemessen wird wie bei abgehobenen Bürsten. Es verschwindet dann I_k', d. h. die Ruhe-EMK $\mathfrak{E}_R$ wird durch eine Bewegungs-EMK angenähert aufgehoben.

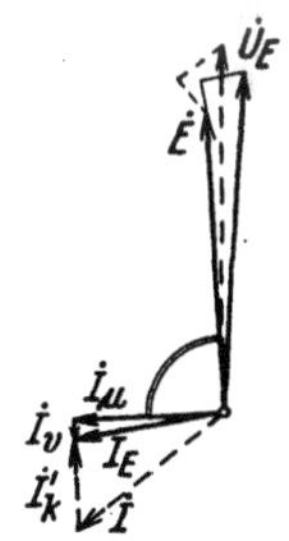

Abb. 171.

Praktisch einfacher ist es, wenn für eine feste Einstellung von R und X die Drehzahl so lange geändert wird, bis I_k' verschwindet,

und aus dieser Messung die richtige Wendepolerregung für die Nenndrehzahl berechnet und durch eine zweite Messung bei der neuen
Einstellung von R und X experimentell nachgeprüft wird.

Ein anderes Verfahren zur Bestimmung der Verluste in den Kurzschlußkreisen ist von Tardel angegeben [L 33].

Angaben über die experimentelle Einstellung des Scheinwiderstandes findet man auch bei Krauß [L 147]. Dort wird auch empfohlen, beim Versuch zur Einstellung der Widerstände X und R
Bürsten mit kleinem Übergangswiderstand zu verwenden, die gegen
eine falsche Einstellung des Wendefeldes besonders empfindlich sind.

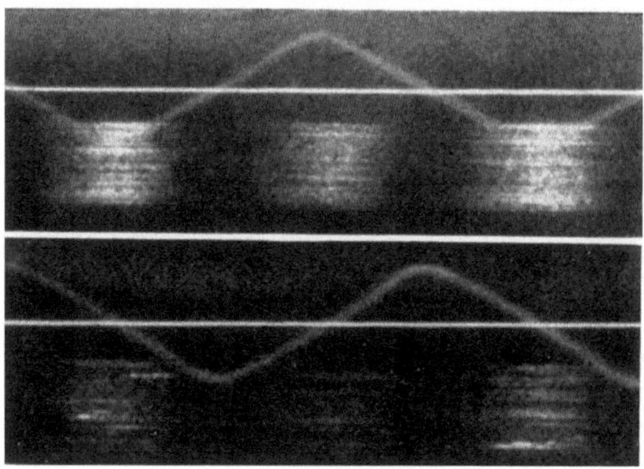

Abb. 172. Lichtbilder vom Bürstenfeuer mit eingeschriebener Stromkurve; oben,
wenn nicht $\mathfrak{E}_W$, unten, wenn nicht $\mathfrak{E}_R$ unterdrückt ist.

c. Trennung des Bürstenfeuers von $\mathfrak{E}_W$ und $\mathfrak{E}_R$. Um beim Betrieb
eines feuernden Motors unterscheiden zu können, ob das Bürstenfeuer
durch ungenaue Einstellung der Feldkomponente zur Unterdrückung
der EMK der Stromwendung oder der Komponente zur Unterdrückung
der Ruhe-EMK hervorgerufen wird, ist von den SSW [L 18] ein
Stroboskop entwickelt worden, das das Funkenbild zusammen mit der
Stromkurve zu photographieren gestattet. In Abb. 172 sind zwei solche
Aufnahmen wiedergegeben. In dem oberen Bild tritt das Bürstenfeuer
in der Gegend des Höchstwertes des Stromes auf, d. h. es ist die Feldkomponente zur Unterdrückung der EMK der Stromwendung nicht
richtig eingestellt. Im unteren Bild erscheint das Bürstenfeuer an den
Stellen, wo die Stromkurve durch Null geht; es rührt also von einer
nicht vollständig aufgehobenen Ruhe-EMK her (oder von einer sie
überwiegenden Bewegungs-EMK). Die Aufnahmen zeigen ferner, daß
das Bürstenfeuer, genau wie bei der Gleichstrommaschine, auch beim
Wechselstrommotor von der Stromrichtung abhängt.

3. Messung der Restspannungen.

a. Durch Oszillographieren des Kurzschlußstromes. Wenn in den Kreis einer Ankerspule ein kleiner Wirkwiderstand eingeschaltet wird, dessen Enden über Schleifringe zu einem Oszillographen führen, läßt sich der Kurzschlußstrom oszillographisch aufzeichnen, und man kann aus dieser Kurve schließen, in welchem Maße die EMK der Stromwendung und die der Ruhe unterdrückt werden. Um dabei auch Schwingungen höherer Frequenz, die von den Restspannungen herrühren, zu erkennen, ist ein Kathodenstrahloszillograph zu verwenden. Diese Messungen können ergänzt werden durch Aufnahme des Stromes, der einem Stromwendersteg zufließt [L 148].

b. Durch Messung der Spannung an Hilfsbürsten. Von der Reichsbahn [L 30] werden zur Beurteilung der Funkenunterdrückung Hilfs-

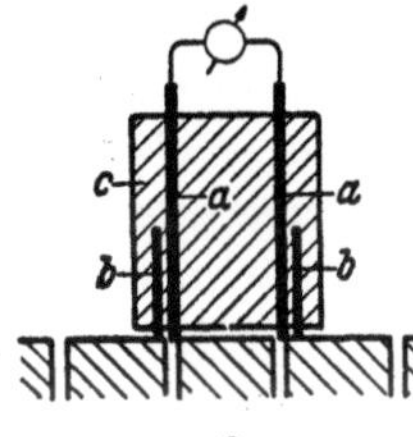 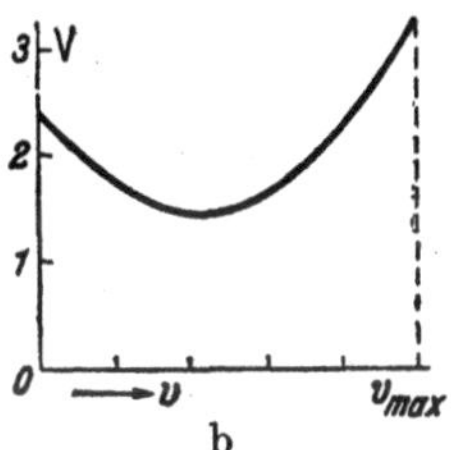 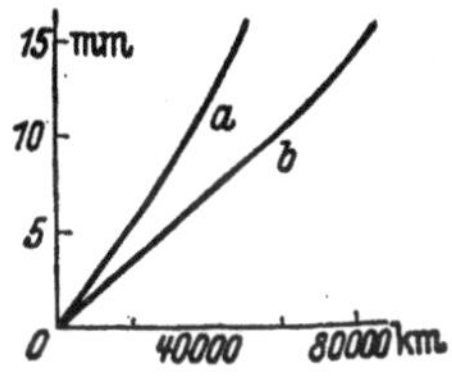

Abb. 173 a u. b. a) Meßbürsten; b) Restspannung über der Geschwindigkeit.

Abb. 174. Kohlenabnutzung über der Zahl der Lokomotiv-km.

bürsten verwendet, ähnlich wie wir sie im Abschn. III E 5, Bd. I, zur Aufnahme der Feldkurve angegeben haben. Zwei Meßbürsten a (Abb. 173a), die aus Bronzekohlen bestehen und etwas schmäler als die Isolierschicht des Stromwenders sind, befinden sich in einem Block c aus Isolierstoff von den Abmessungen der Kohlebürsten in einem Abstand, der gleich der Stromwenderteilung ist. Neben diesen Meßbürsten a sind, durch Glimmer isoliert, noch zwei gleichartige Lamellen b angeordnet, um die Festigkeit der Meßbürsten a zu erhöhen und zu verhindern, daß diese in die Nut des ausgekratzten Stromwenders hineingedrückt werden. Mit dieser Meßbürstenanordnung, die in die vorhandenen Bürstenhalter eingesetzt werden kann, wurden an verschiedenen Motoren Spannungsmessungen ausgeführt, die etwa den in Abb. 173b wiedergegebenen Verlauf über der Drehzahl zeigen. Das Minimum solcher Kurven entspricht etwa der besten Funkenunterdrückung. Durch sorgfältige Einstellung der beiden Feldkomponenten zur Unterdrückung von $\mathfrak{s}_W$ und $\mathfrak{s}_R$ lassen sich die Ordinaten der Kurve herabdrücken.

Genaueren Aufschluß über die Restspannungen gibt die oszillographisch aufgenommene Spannung an den Meßbürsten [L 149].

c. Messung der Bürstenabnutzung. Ein gutes Urteil über die Schädlichkeit des nicht ganz zu vermeidenden Bürstenfeuers gibt die Messung der Kohleabnutzung nach einer gewissen Betriebszeit, obgleich hierbei auch noch mechanische Einflüsse mitspielen [L 30]. Die Abnutzung wird durch Wägen der Kohle vor und nach der Betriebszeit ermittelt. So zeigt z. B. in Abb. 174 Kurve a die Kohlenabnutzung als Funktion der Zahl der Lokomotiv-km bei Motoren ohne Feldkomponente zur Unterdrückung der Ruhe-EMK $\mathfrak{E}_R$, während die Kurve b die Kohlenabnutzung erkennen läßt, wenn durch ein phasenverschobenes Wendefeld die Ruhe-EMK unterdrückt wird.

4. Ermittlung von I_k' beim Repulsionsmotor.

Zur Berechnung der Rückwirkung der Ströme, die in den von Bürsten überbrückten Läuferspulen fließen, und des von diesen Strömen entwickelten zusätzlichen Drehmomentes M_k müssen wir nach Abschn. D 4d den maßgebenden Widerstand R_k in einem der Kurzschlußkreise kennen oder auch den auf die Primärwicklung bezogenen Strom der Kurzschlußkreise, den wir im Abschn. D 4d mit I_k' bezeichnet haben.

I_k' ist nach Abschn. A 7b praktisch in Phase mit der EMK, die in einem der $2p$ Kurzschlußkreise wirksam ist. Deshalb können wir I_k' auch bei der Bürstenstellung $\alpha = 90°$ beim einfachen Repulsionsmotor ermitteln, wenn wir den Läufer von außen antreiben und die Leistungsaufnahme der Ständerwicklung einmal bei aufliegenden, das andere Mal bei abgehobenen Bürsten messen. Führen wir beide Messungen bei derselben Spannung U an der Ständerwicklung aus, so ist die vom Hauptfluß in der Ständerwicklung induzierte EMK bei aufliegenden und bei abgehobenen Bürsten praktisch dieselbe, nämlich $E_1 \approx U - X_{1\sigma} I_\mu$. Mit $\dot{E}_1$ ist auch die EMK im Kurzschlußkreise (hier die Ruhe-EMK $\mathfrak{E}_R$) in Phase, und mit den Bezeichnungen im Abschn. D 4d ist $\mathfrak{E}_R = \ddot{u}_k \ddot{u} \dot{E}_1$. Da mit E_1 auch die Eisenverluste bei beiden Messungen dieselben sind, erhalten wir, wenn N_m die bei aufliegenden, N_0 die bei abgehobenen Bürsten gemessene Leistungsaufnahme der Ständerwicklung bezeichnet,

$$I_k' \approx \frac{N_m - N_0 - R_1 (I_{1\,m}^2 - I_{1\,0}^2)}{E_1} \sin\alpha \approx \frac{N_m - N_0}{\mathfrak{E}_R} \ddot{u}_k \ddot{u} \sin\alpha. \quad (264)$$

Führen wir die Messung bei verschiedenen Ständerspannungen U aus, so können wir auf diese Weise I_k' in Abhängigkeit von der EMK im Kurzschlußkreise (hier $\mathfrak{E}_R$) und vom Bürstenwinkel α angeben.

Um bei diesen Messungen auch den Einfluß des Hauptstromes (I_2) zu berücksichtigen (vgl. auch Abschn. II H 4), können wir, wenn 2 Bürsten je Bolzen vorhanden sind, diese gegeneinander isolieren und den Hauptstrom in die eine der beiden Bürsten einleiten und an der andern ableiten. Bei vierpoligen Maschinen könnte man diesen Strom wohl auch durch Verbindungsleitungen gleichpoliger Bürsten schicken. Auf das Ergebnis wird es wahrscheinlich keinen großen Einfluß haben, wenn statt des Wechselstromes I_2 Gleichstrom angewendet wird.

J. Entwurf.

Das wichtigste Anwendungsgebiet der Einphasenmotoren ist der Antrieb von Fahrzeugen für Vollbahnen. Wir werden deshalb den Entwurf der Vollbahnmotoren ausführlicher behandeln und erst im Abschn. 4 noch auf den Repulsionsmotor eingehen.

1. Vollbahnmotoren für $16^2/_3$ Hz.

Von den Vollbahnmotoren wird in Deutschland zur Zeit ausschließlich der Reihenschlußmotor verwendet, und zwar in der Regel mit phasenverschobenem Wendefeld, um die EMK der Ruhe in den von Bürsten überbrückten Ankerspulen mehr oder weniger zu unterdrücken. Im Laufe der Zeit hat sich die Erzeugung des phasenverschobenen Wendefeldes durch Parallelschalten eines Wirkwiderstandes zu der vom Ankerstrom durchflossenen Reihenschlußwendewicklung durchgesetzt. Die Schaltung ist dabei einfach, und die Stromwärmeverluste im Wirkwiderstand sind bei $16^2/_3$ Hz erträglich. Widerstandsverbindungen zwischen Ankerwicklung und Stromwender werden zur Zeit nicht mehr ausgeführt.

Die hochliegenden langsamlaufenden Motoren mit Stangenantrieb, wie sie früher ausgeführt wurden, hat man verlassen und ist zu schnelllaufenden Motoren mit Zahnradantrieb übergegangen. Auf den Entwurf solcher Motoren wollen wir uns deshalb auch beschränken. Der Berechnungsgang ist zwar für langsamlaufende Motoren derselbe, nur ist der Einbauraum bei diesen weniger beschränkt.

a. Leistungsschaubilder. Die Anforderungen, die an einen Vollbahnmotor gestellt werden, hängen davon ab, ob der Motor zum Antrieb von Triebwagen oder von Lokomotiven dient. Bei Triebwagen wird der Haftwert zwischen Rad und Schiene nicht voll ausgenutzt, weil sehr viele Achsen des Fahrzeuges durch Motoren angetrieben werden; es können deshalb hohe Überlastungen des Motors für die Beschleunigung des Fahrzeuges ausgenutzt werden. Bei den Lokomotivmotoren ist dagegen die Zahl der von Motoren angetriebenen Achsen im Vergleich zur Achsenzahl des ganzen Zuges klein; die Überlastbarkeit braucht deshalb nicht sehr groß zu sein, weil der Haftwert zwischen Rad und Schiene hier die Grenze bildet. Dagegen werden für Lokomotivmotoren größere Motorleistungen verlangt [L 153 bis 157].

Die in Abb. 175a u. b für Triebwagen- und Lokomotivmotoren über der Zuggeschwindigkeit (oder der Drehzahl des Motors) aufgetragenen Leistungen (——) und Drehmomente (- - - -) stellen etwa die heutigen Anforderungen dar [L 154, 156, 174]. Die Geschwindigkeit ist auf die Höchstgeschwindigkeit und die Leistungen und Drehmomente sind auf die entsprechenden Werte bei Stundenleistung und -drehzahl bezogen. Es bedeuten die Kurven d, h und a Dauer-, Stunden- und Anfahrbetrieb, $ü$ kurzzeitige Überlastung. Die bei $v = 0.7\, v_{max}$

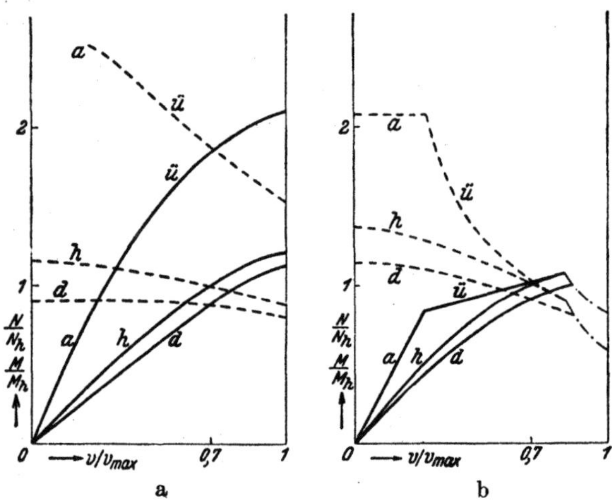

Abb. 175a u. b. Leistung (——) und Drehmoment (- - - -) über der Zuggeschwindigkeit; a) für Triebwagen, b) für Lokomotiven; d Dauer-, h Stunden-, a Anfahrbetrieb, $ü$ kurzzeitige Überlastung.

auftretende Dauer- und Stundenleistung wird schlechthin als Dauer- und Stundenleistung bezeichnet. Durch Anwendung von Fremdbelüftung ist es gelungen, die Dauerleistung bis auf etwa 0,9 der Stundenleistung heraufzusetzen und für die Überlastung der Lokomotivmotoren noch höhere Werte zu erreichen, als sie in Abb. 175b dargestellt sind [L 166, 174]. Die strichpunktierten Kurven in Abb. 175b stellen Leistung und Drehmoment bei der größten Klemmenspannung des Motors dar. Als Nennspannung bezeichnet man nach § 9 der REB 90% der Höchstspannung an der Sekundärwicklung des Regeltransformators [L 167].

Die Höchstgeschwindigkeit des Fahrzeuges beträgt zur Zeit bei Triebwagen bis zu 120 km/h, bei Schnellzugslokomotiven bis zu 180 km/h.

b. Die Hauptabmessungen. Die Hauptabmessungen des Motors richten sich nach dem zur Verfügung stehenden Einbauraum und

lassen sich erst nach Durchrechnung einiger Probeentwürfe genau festlegen. Eigentlich müßte man dabei von der EMK der Ruhe $\mathfrak{E}_R$ ausgehen, die beim Anfahren zwischen benachbarten Stromwenderstegen auftritt. Diese sollte bei Lokomotivmotoren etwa 3,5 V, bei
Motoren für häufiges Anfahren, z.B. für Triebwagen, 3 V nicht überschreiten. Da aber das Verhältnis der Ruhe-EMKe bei Anfahr- und
Stundenmoment für die heute verwendeten Motoren ziemlich festliegt,
kann man auch von dem noch zulässigen Wert bei Stundenmoment
ausgehen, der bei Lokomotivmotoren zu etwa 3 V, bei Triebwagenmotoren zu etwa 2,5 V angenommen werden darf. Für sehr hohe
Leistungen, die sich bei gegebenem Einbauraum nur durch Vergrößerung der Drehzahl erreichen lassen, kann man gezwungen sein, mit
der EMK der Ruhe wesentlich unter 3 V zu bleiben, damit der Höchstwert der Stegspannung (vgl. Abschn. A 2e), der bei der größten
Klemmenspannung zu erwarten ist, nicht zu groß und Rundfeuergefahr
vermieden wird.

Der Vollbahnmotor wird heute wohl immer mit eingängiger
Schleifenwicklung und einer Windung zwischen benachbarten Stromwenderstegen ausgeführt. Nehmen wir dabei für die Stundenleistung
eines Lokomotivmotors $\mathfrak{E}_R = 3$ V an, so ergibt sich nach Gl. 8a
der Polfluß zu

$$\Phi = 0,0405\,\text{Vs}\,. \tag{265a}$$

Damit erhalten wir

$$\tau\,l_i\,B_L = \Phi/\alpha \quad \text{mit} \quad \alpha = b_i/\tau\,. \tag{265b u. c}$$

α liegt bei geschickt entworfenen Motoren etwa zwischen 0,65 und 0,7.
Setzen wir $\alpha = 0,68$, so erhalten wir

$$\tau\,l_i\,B_L = 5,95 \cdot 10^6\ \text{cm}^2\,\text{Gß}\,. \tag{265}$$

Vollbahnmotoren werden in der Regel axial belüftet, so daß radiale
Kühlkanäle fehlen. Die ideelle Ankerlänge l_i kann dann gleich dem
Mittelwert aus den Blechpaketlängen des Ständers (l_P) und des Ankers
(l_A), die die Isolierlagen zwischen den Blechen einschließen, gesetzt
werden,

$$l_i \approx (l_P + l_A)/2\,. \tag{266}$$

l_A wird zweckmäßig aus den im Abschn. II G 2d, Bd. I, erörterten
Gründen 0,5 bis 1 cm länger bemessen als l_P. Die gesamte Baulänge
des Motors ist dadurch bestimmt, daß der Motor zwischen den Trieb-
rädern bzw. dem Fahrzeugrahmen Platz finden muß. Gewöhnlich
ergibt sich bei Normalspur und Zahnradantrieb eine Ankerlänge von
etwa 34 bis 36 cm.

Durch die Einbaumaße ist der äußere Durchmesser des Ständerbleches festgelegt. Wir können dann für den ersten Entwurf die radiale

Höhe des Ständerbleches abschätzen und erhalten damit die Ständerbohrung. Die Polpaarzahl p nehmen wir so an, daß wir mit einer ebenfalls angenommenen Luftspaltinduktion B_L unter Polmitte vorläufig angemessen erscheinende Werte für τ und l_i erhalten.

Die Induktion B_L liegt bei Stundendrehmoment etwa zwischen 7000 und 9000 Gß. Höhere Induktionen ergeben bei derselben EMK $\mathfrak{E}_R$ einen kleineren Strombelag und auch eine kleinere EMK der Stromwendung, verlangen aber einen größeren Raum für die Unterbringung der Erregerwicklung im Ständer.

Mit den so erhaltenen Hauptabmessungen wird sich bei der weiteren Berechnung zeigen, ob die angenommenen Größen günstig sind, oder ob wir die Polpaarzahl p und die Induktion B_L abändern müssen.

Als weiterer Anhalt möge dienen, daß der mittlere Drehschub (vgl. Abschn. II E 2 u. 4, Bd. I)

$$\sigma = \frac{1}{\pi^2} \frac{N_h}{n\,D^2\,l_i}, \tag{267}$$

worin N_h die Stundenleistung ist, bei Vollbahnmotoren für $16^2/_3$ Hz mit Zahnradantrieb etwa bei $15\,\text{kJ/m}^3$ liegt und bei besonders gut ausgenutzten, belüfteten und sorgfältig entworfenen Motoren größerer Leistung etwa $20\,\text{kJ/m}^3$ erreichen kann.

c. Stromwender. Der Entwurf des Ankers läßt sich von dem des Stromwenders nicht trennen. Deshalb wird man zunächst Durchmesser D_K und Stegzahl k des Stromwenders für einen ersten Entwurf annehmen.

Im Abschn. A 2d haben wir gesehen, daß die Umfangsgeschwindigkeit des Stromwenders möglichst groß, die Teilung t_K möglichst klein sein soll. Durch werkstatttechnische Verbesserungen konnte man mit der Umfangsgeschwindigkeit des Stromwenders im Laufe der Zeit immer höher gehen. Als höchste Umfangsgeschwindigkeit kann man heute etwa $v_{K\,\text{max}} = 50\,\text{m/s}$ annehmen, so daß sich bei Stundendrehzahl eine Umfangsgeschwindigkeit $v_K = 0{,}7 \cdot 50 = 35\,\text{m/s}$ ergibt. Der zulässige Höchstwert der Umfangsgeschwindigkeit des Ankers liegt etwa bei $70\,\text{m/s}$, also bei Stundenleistung $v_A = 0{,}7 \cdot 70 = 49\,\text{m/s}$. Diese hohen Werte der Umfangsgeschwindigkeiten wird man aber nur dann dem Entwurf zugrunde legen, wenn die geforderte Leistung es verlangt, um nicht unnötig teuere und weniger betriebssichere Ausführungen zu erhalten. Der Durchmesser des Stromwenders ist in allen praktischen Fällen kleiner als der des Ankers; dies ist schon deshalb notwendig, um genügend Raum für die Bürsten mit ihren Haltern und die Schaltleitungen zur Verfügung zu haben. Der Durchmesser des Stromwenders ist gewöhnlich um ein Mehrfaches (3 bis 5) der Nuttiefe des Ankers kleiner als der Ankerdurchmesser.

Die Stegteilung richtet sich nach der Bürstenbreite, weil man bei der angenommenen EMK $\mathcal{E}_R = 3\,\mathrm{V}$ bei Stundenleistung das Verhältnis $\beta = b/t_K$ von Bürstenbreite zu Stegteilung nicht gerne größer als 2,2 wählt (man findet aber Ausführungen bis zu $\beta = 2,8$). Von den genormten Bürstenbreiten [DIN VDE 42900] kommen wohl nur solche von 10 und 12,5 mm in Frage; die nächst kleinere Bürstenbreite von 8 mm scheidet wegen der Bruchgefahr bei den starken Erschütterungen im Bahnbetrieb aus, während die nächst größere Bürstenbreite von 16 mm eine zu große Stegteilung ergeben würde. Bei 10 mm breiten Bürsten ergäbe sich $t_K \approx 10/2,2 \approx 4,5$ mm, bei 12,5 mm breiten Bürsten $t_K \approx 5,7$ mm. Aus den angenommenen Werten des Durchmessers und der Stegteilung erhält man die Stegzahl k des Stromwenders.

Aus dem Strom je Bürstenbolzen I/p und der Bürstenbreite ergibt sich mit der Stromdichte (etwa 12 A/cm² bei Stundenleistung) die gesamte Länge der Bürsten je Pol und damit die axiale Länge des Stromwenders. Über die Bürsten und die Bürstenhalter und ihre Ausgestaltung auf Grund langjähriger Erfahrung findet man wichtige Angaben in [L 30, 179, 181].

d. Ankernutung und Leiteranordnung. Die Leiterzahl der Ankerwicklung je Polteilung ist bei eingängigen Schleifenwicklungen doppelt so groß wie die Stegzahl, also gleich k/p. Hieraus ergibt sich die Nutenzahl, wenn man die Zahl der Leiter in der Nut annimmt. Die Nutenzahl je Polpaar wird ungerade gewählt. Je größer diese Zahl ist, desto kleiner wird die Breite der Wendezone und die des Wendepolschuhs. Eine kleine Wendepolschuhbreite ist für die Ausnutzung der Maschine günstig, weil $\alpha = b_i/\tau$ um so größer bemessen werden kann, je kleiner die Wendepolschuhbreite ist, und der Wendepolfluß kleiner wird (vgl. Abschn. f u. K 9). Die Nutenzahl je Polpaar sollte mindestens 19 betragen. Nach diesen Grundsätzen ist die Anordnung der Leiter in der Nut zu wählen.

Zunächst wird man versuchen, die Leiter in der üblichen Weise in zwei Schichten anzuordnen. Es kommen dann die in den Abb. 176a bis c angedeuteten Leiteranordnungen mit u gleich 2, 3 und 4 in Frage, wobei die letzte Anordnung wohl in den meisten Fällen wegen der zu kleinen Nutenzahl je Polpaar ausscheidet. Die Leiterhöhen müssen mit Rücksicht auf die zusätzliche Stromwärme durch Stromverdrängung in der Ankerwicklung bemessen werden. Im Abschn. 2 werden wir die Berechnung dieser zusätzlichen Stromwärme an Beispielen zeigen. Um sie bei höheren Drehzahlen (z. B. Stundenleistung) nicht unzulässig hoch anwachsen zu lassen, wird man auf sehr kleine Leiterhöhen geführt, die einen sehr kleinen Querschnitt, also sehr große mittlere Stromdichten in den Leitern ergeben. Will man deshalb

nicht wenigstens in der Oberschicht stromverdrängungsfreie Leiter
ausführen (Abschn. 33 D der „Ankerwicklungen" [L 11]), so müssen
Kunstschaltungen mit unterteilten Leitern angewendet werden (vgl.
Abschn. 2c u. d). Die einfachste und schon recht wirksame Ausführung
ist die Unterteilung des Leiters in Einzelleiter, die erst an den Enden
jeder Windung miteinander leitend verbunden werden. Für die einfache Unterteilung in 2 Einzelleiter ist diese Ausführung in Abb. 176d
angedeutet. Bei 4 Leitern in der Nut kann man die Wicklung auch
als Vierschichtwicklung ausführen, indem die nebeneinander liegenden
Leiter der Abb. 176a in der Nut übereinander angeordnet werden,
wie es in Abb. 176e angedeutet ist. Diese Vierschichtwicklung, die der
Zweischichtwicklung in Abb. 176a mit $u = 2$ entspricht, ist wohl die

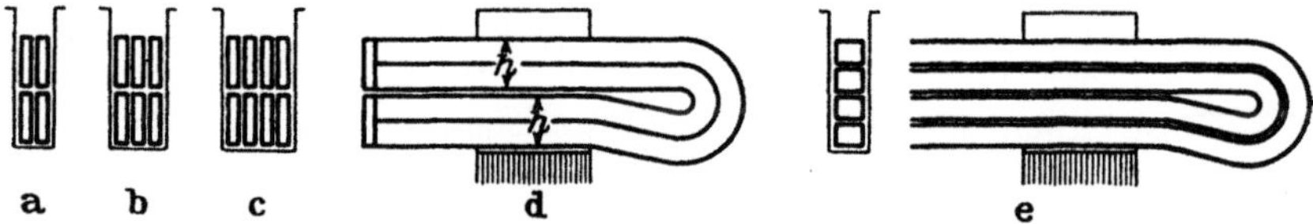

Abb. 176a bis e. Leiteranordnungen in der Nut; a) $u = 2$, b) $u = 3$, c) $u = 4$,
d) einfache Unterteilung des Leiters, e) Vierschichtwicklung.

günstigste Leiteranordnung. Der Nutenraum wird gut ausgenutzt,
weil nur 1 Leiter quer zur Nut liegt, und wie im Abschn. 18 C der
„Ankerwicklungen" und in III B 8c u. 11, Bd. I, gezeigt ist, ergibt
die Leiteranordnung nach Abb. 176a bei $N/p =$ ungerade und Treppenwicklung (vgl. Abschn. II B 1a, Bd. I) für alle Spulen vollkommen
gleiche, für das Bürstenfeuer durch Restspannungen maßgebende
Induktivitäten („Endinduktivitäten" in Abschn. III B 11, Bd. I). Das
ist auch sehr angenähert bei der Vierschichtwicklung nach Abb. 176e
der Fall.

    e. Anker und Isolierung. Bei angenommener Nutenzahl und Nut-
tiefe im Anker ergibt sich die Nutbreite aus der zulässigen Induktion
in den Zähnen. Diese darf mit Rücksicht auf die Eisenverluste, die
bei den hohen relativen Drehzahlen wegen der großen Ummagnetisierungsfrequenz recht beträchtlich sein können, nicht zu hoch bemessen werden. Da aber die Leiterbreite um so kleiner wird, die Wicklungsverluste also um so größer werden, je kleiner die Zahninduktion
ist, muß diese so bemessen werden, daß die Summe der Verluste
möglichst klein wird. Der Höchstwert der scheinbaren Zahninduktion
wird bei Stundenleistung etwa zwischen 20000 und 24000 Gß liegen.
Wenn nicht schon durch die so ermittelte Zahninduktion im Anker
der für den Anlauf in gewissen Grenzen erwünschte flache Verlauf der
magnetischen Kennlinie erreicht wird, ist er durch höhere magnetische

Beanspruchung in den Zähnen des Ständers zu erstreben, weil hier die Ummagnetisierungsverluste wegen der kleinen Frequenz gering sind.

Die Nuten werden bei größeren Nutteilungen in halbgeschlossener Form ausgeführt. Bei kleinen Nutteilungen, wie z. B. bei der vierschichtigen Leiteranordnung der Abb. 176e, sind sie ganz offen, wenn nicht die Zähne durch den Verschlußkeil zu stark geschwächt werden.

Um Störungen im Fernsprechnetz zu unterdrücken [L 159 bis 162], werden die Ankernuten gegenüber den Ständernuten schräg gestellt, bei halbgeschlossenen Nuten oft nur um $^1/_2$ Nutteilung, bei ganz offenen um 1 Nutteilung, bezogen auf die ganze Eisenlänge l_A des Ankers.

Für die Isolierung der Leiter wird heute wohl ausschließlich Glimmer mit Bindemittel (Klasse B) verwendet, wobei nach § 39 der REB eine größere Grenzerwärmung (Dauerbetrieb 105, Stundenbetrieb 120° C aus Widerstandszunahme berechnet) als bei Klasse A zugelassen ist. Glimmer ermöglicht auch die Anwendung dünnerer Isolierschichten, die mehr Raum für die Leiter in der Nut übrig lassen und den Temperaturausgleich zwischen Wicklung und Eisen begünstigen.

Die mittlere Induktion im Ankerkern wird bei Stundenleistung möglichst nicht größer als 14000 Gß angenommen. Wegen der hohen Frequenz der Ummagnetisierung (bis zu etwa 140 Hz) im Anker machen sich die Verluste durch Wirbelströme, da diese mit dem Quadrat der Frequenz wachsen, besonders bemerkbar. Es wird deshalb heute wohl immer verlustarmes Blech verwendet, etwa mit einer Verlustziffer $V_{10} \approx 2\,\mathrm{W/kg}$.

f. Ankerwicklung und EMK der Stromwendung. Die Ankerwicklung ist durch die Anordnung der Leiter in der Nut noch nicht vollkommen festgelegt. Reine Durchmesserwicklung ist zwar durch die als zweckmäßig erkannte Wahl ungerader Verhältniszahlen von N/p nicht mehr möglich, man kann aber die Spulenweite mehr oder weniger verkürzen und Treppenwicklung anwenden. Dabei ist dreierlei zu beachten. Erstens soll der Mittelwert der EMK der Stromwendung $\mathfrak{S}_W$ möglichst klein sein, zweitens soll ihr Verlauf im Bereich der Wendezone sich der vom Wendefeld induzierten Bewegungs-EMK anpassen, so daß die Restspannungen, die aus der Summe der EMK der Stromwendung und der vom Wendefeld induzierten EMK übrig bleiben, möglichst klein sind, und drittens sollen die Induktivitäten der einzelnen Spulen bei Unterbrechung des Kurzschlusses möglichst klein sein. Diese Untersuchungen sind genau gleicher Art wie bei der Gleichstrommaschine, für die wir sie sehr eingehend besprochen haben (Abschn. III B 8 bis 11, Bd. I).

Hier wollen wir zeigen, wie sich beispielsweise bei dem Vollbahnmotor, den wir im Abschn. K als Berechnungsbeispiel behandeln werden, verschiedene

Ankerwicklungen verhalten. Mit Rücksicht auf das Verhältnis N/p (Abschn. d) und ein angemessenes Verhältnis $\beta = b/t_K$ (Abschn. c) kommen hier nur Wicklungen mit 6 ($u=3$) oder 4 ($u=2$) Leitern je Nut in Frage (vgl. Abschn. K 2). Bei $u=3$ erhalten wir mit $N=105$ die Stromwenderstegzahl $k=315$, bei $u=2$ mit $N=155$, $k=310$. Für die Wicklung mit 4 Leitern in der Nut sind die Nuten zugrunde gelegt, mit denen der im Abschn. K behandelte Motor ausgeführt ist (Abb. 202 d); für die Wicklungen mit 6 Leitern in der Nut ist dieselbe Nuttiefe, aber eine Breite von 10 mm bei halbgeschlossenen Nuten angenommen. Der Übersichtlichkeit wegen runden wir die Werte $\beta = 2{,}42$ bzw. $\beta = 2{,}46$ auf $\beta = 2{,}5$ ab und vernachlässigen die Breite der Isolierstege.

Für die Wicklungen mit $u=3$ (vgl. Abb. 176 b) unterscheiden wir 2 Fälle. Im 1. Falle nehmen wir an, daß es sich um eine Wicklung handelt, bei der

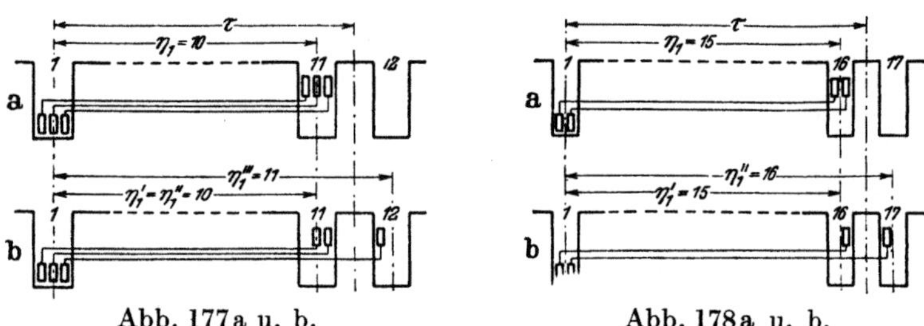

Abb. 177 a u. b.   Abb. 178 a u. b.

Anordnung der Leiter in den Nuten; Abb. 177 $u=3$, Abb. 178 $u=2$;
a) gewöhnliche, b) Treppenwicklung.

alle Spulen wie in Abb. 177 a dieselbe Weite $\eta_1 = 10$ Nutteilungen haben, $y_1 = 3\eta_1 = 30$ (gewöhnliche Wicklung nach Abschn. II B 1 a, Bd. I); im 2. Falle (Abb. 177 b) nehmen wir eine Treppenwicklung an mit $y_1 = 31$, $\eta_1' = \eta_1'' = 10$, $\eta_1''' = 11$.

Bei der Wicklung mit $u=2$ (vgl. Abb. 176 a u. e) untersuchen wir 3 Fälle. Im 1. Falle (Abb. 178 a) sollen alle Spulen dieselbe Weite $\eta_1 = 15$ Nutteilungen haben, $y_1 = 2\eta_1 = 30$. Im 2. und 3. Falle betrachten wir eine Treppenwicklung mit $y_1 = 31$, $\eta_1' = 15$, $\eta_1'' = 16$, wobei im 2. Falle die übliche Anordnung der Leiter in der Nut nach Abb. 176 a vorausgesetzt ist (Abb. 178 b), im 3. Falle aber alle 4 Leiter in der Nut übereinanderliegen wie in Abb. 176 e. Andere Wicklungen, als wir sie hier voraussetzen, kommen mit Rücksicht auf die Breite der Wendezone nicht in Frage.

Für diese 5 Fälle berechnen wir nun die EMK der Stromwendung $\mathfrak{E}_W = \mathfrak{E}_N + \mathfrak{E}_S$ nach Abschn. III B 8 u. 9, Bd. I, wobei wir geradlinige Stromwendung voraussetzen. Der vom Stirnfeld herrührende Teil $\mathfrak{E}_S$ der EMK der Stromwendung ist eigentlich wie der vom Nutquerfeld herrührende Teil $\mathfrak{E}_N$ eine Stufenkurve. Da aber $\mathfrak{E}_S$ sich nur wenig mit der Lage der Spule zu den Bürsten ändert (Abschn. III B 9, Bd. I) und an sich klein ist gegenüber $\mathfrak{E}_N$, führen wir für $\mathfrak{E}_S$ den Mittelwert während der Kurzschlußdauer ein. Im Abschn. K 2 b ist die Berechnung dieser EMKe für die Wicklung, mit der der Motor ausgeführt wurde (Abb. 176 e, $u=2$), gezeigt.

In den Abb. 179 a u. 180 a, die eine gewöhnliche Wicklung (Abb. 177 a u. 178 a) voraussetzen, stellt im unteren Teil die voll ausgezogene Stufenkurve die EMK der Stromwendung bei $I = 1400$ A in den Spulen dar, die von jener Bürste überbrückt werden, die am Stromwender rechts (mittlere Bürste in

Abb. 189 a) von der betrachteten Wendezone (im Bereich der Nuten 1 und 2 in
Abb. 189 a) liegt; sie ist aufgetragen über der jeweiligen Lage der Spulenseiten

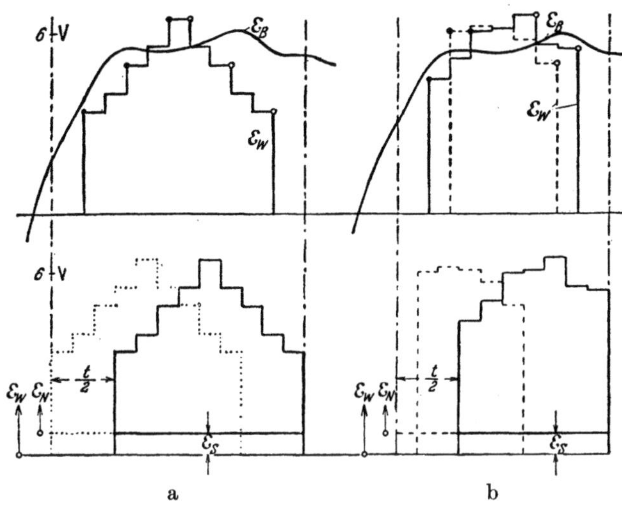

a   b

Abb. 179 a u. b. EMKe der Stromwendung $\mathfrak{E}_W$ und der Bewegung $\mathfrak{E}_B$ über der
Wendezone bei $u = 3$. a) gewöhnliche Wicklung (Abb. 177 a), unten Stufenkurven $\mathfrak{E}_W$ über den Spulenseiten der von benachbarten Bürsten überbrückten
Spulen, oben $\mathfrak{E}_W$ und $\mathfrak{E}_B$ über der um eine halbe Polteilung verschobenen
Mittellinien der Spulen; b) Treppenwicklung (Abb. 177 b),
— kurze, - - - lange Spulen.

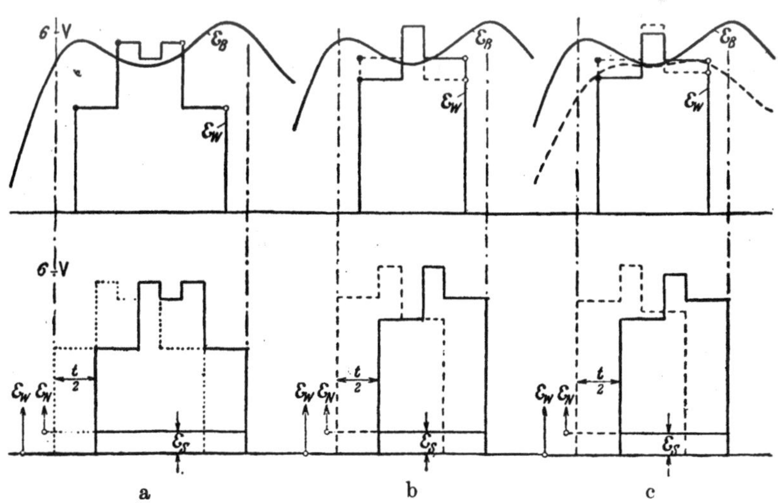

a   b   c

Abb. 180 a bis c. Wie bei Abb. 179 a u. b, aber $u = 2$. a) gewöhnliche Wicklung
(Abb. 178 a); b) Treppenwicklung (Abb. 178 b); c) vierschichtige Treppenwicklung
(Abb. 176 e), gestrichelte Kurve $\mathfrak{E}_B$ für verschmälerten Wendepolschuh.

(Nutschlitzmitte!) im betrachteten Wendezonenbereich und in der Mittelebene des Blechpaketes (wegen der Nutschrägung). Die punktiert angedeutete Kurve in den Abb. 179a u. 180a stellt die entsprechende EMK der Spule dar, die von der Bürste überbrückt wird, die links von den betrachteten Leitern der Wendezone, über die die EMK $\mathfrak{E}_W$ aufgetragen ist, liegt; sie ergibt sich durch Verschieben der vollausgezogenen Kurve um $t/2$ nach links.

Bei den Abb. 179b und 180b u. c, die Treppenwicklungen voraussetzen, müssen wir „kurze" und „lange" Spulen unterscheiden; die EMK der kurzen Spulen ist durch voll ausgezogene, die der langen Spulen durch gestrichelte Stufenkurven dargestellt, und beide Kurven gelten für die von der rechten Bürste überbrückten Spulen (unterer Teil der Abb. 179b und 180b u. c). Die EMKe der Spulen, die von der linken Bürste überbrückt werden, sind der Deutlichkeit wegen im unteren Teil der Abb. 179b und 180b u. c nicht eingezeichnet; sie ergeben sich für die kurzen Spulen durch Verschieben der vollausgezogenen Kurve um $t/2$ nach links, für die langen Spulen um $t/2$ der gestrichelten Kurve nach rechts. Wir erhalten dann die strichpunktierten Ordinaten, die die Wendezone abgrenzen, deren Breite auch nach Gl. 587, Bd. I, berechnet werden kann.

Im Abschn. K 5a werden wir für den Motor, dem die Kurven im unteren Teil der Abb. 180b u. c zugrunde liegen, die EMK $\mathfrak{E}_B$ berechnen, die durch Bewegung im Wendefeld in einer Ankerspule beim Strom $i = 1980$ A induziert wird, und daraus den Effektivwert $\mathfrak{E}_B$ der Bewegungs-EMK beim Effektivwert des Ankerstromes $I = 1400$ A umrechnen, der im oberen Teil der Abb. 180b u. c eingezeichnet ist. Die in Abb. 180c gestrichelt angegebene Kurve $\mathfrak{E}_B$ gilt für den Fall, daß der Wendepolschuh von 32 auf 22 mm verkleinert wird (Abschn. K 9a).

In derselben Weise sind die Kurven $\mathfrak{E}_B$ auch für die andern Wicklungen ermittelt und im oberen Teil der Abb. 179a u. b und 180a eingezeichnet. Sie stellen die in einer Ankerspule induzierte EMK $\mathfrak{E}_B$ über der um eine halbe Polteilung ($\tau/2$) verschobenen Mittellinie der Spule dar. Für alle Fälle ist dieselbe Ständerwicklung und -nutung angenommen, mit der der im Abschn. K berechnete Motor ausgeführt ist.

Um die EMK der Stromwendung $\mathfrak{E}_W$ mit der Bewegungs-EMK $\mathfrak{E}_B$ vergleichen zu können, müssen wir $\mathfrak{E}_W$ in die der EMK $\mathfrak{E}_B$ entsprechende Lage bringen. Wir erhalten diese für die von der rechten Bürste überbrückten Spulen der gewöhnlichen Wicklungen (Abb. 179a u. 180a) und der kurzen Spulen der Treppenwicklungen (Abb. 179b und 180b u. c), wenn wir die voll ausgezogenen Stufenkurven im unteren Teil der Abb. 179a u. b und 180a bis c um $\tau/2 - W/2 = t/4$ nach links, für die von der rechten Bürste überbrückten langen Spulen der Treppenwicklungen, wenn wir die gestrichelten Stufenkurven im unteren Teil der Abb. 179b und 180b u. c um $W/2 - \tau/2 = t/4$ nach rechts verschieben. Sie sind im oberen Teil der Abb. 179a u. b und 180a bis c aufgezeichnet. Für die von der linken Bürste überbrückten Spulen (im unteren Teil der Abb. 179a u. 180a punktierte Treppenkurve) muß die Verschiebung im entgegengesetzten Sinne erfolgen, so daß im oberen Teil der Abb. 179a u. b und 180a bis c die Kurven $\mathfrak{E}_W$ der von der rechten und der von der linken Bürste überbrückten Spulen zusammenfallen.

Die Bewegung des Ankers ist von rechts nach links vorausgesetzt. Die Stellen, an denen die Spulen den Bürstenkurzschluß verlassen, sind durch ausgefüllte, die, an denen sie in den Kurzschluß eintreten, durch nichtausgefüllte kleine Kreise angedeutet. Wir erkennen, daß in allen Fällen noch beträchtliche Restspannungen bestehen bleiben, die durch entsprechende Formgebung der Polschuhe des Wendepols gemildert werden können (Abschn. K 9a). Im Falle der Abb. 179a u. b und 180a haben wir bei der Spule, die als letzte den Kurzschluß verläßt, wo also wegen der mangelnden Dämpfung Bürstenfeuer am meisten zu befürchten ist, Unterkommutierung. Eine solche liegt auch bei der Treppenwicklung in Abb. 179b vor, während bei den Wicklungen der Abb. 180b u. c alle Spulen überkommutieren. Diese Wicklungen haben ferner den Vorteil, daß für beide Spulen durch die noch kurzgeschlossenen Spulen eine wirksame Dämpfung auftritt, sie ergeben auch die schmalste Wendezone. Für den im Abschn. K berechneten Vollbahnmotor wurde die vierschichtige Wicklung (Abb. 176e u. 180c) verwendet, weil diese gegenüber der zweischichtigen Wicklung mit ebenfalls 4 Leitern in der Nut (Abb. 176a) und denselben Spulenweiten thermisch wesentlich günstiger ist (Abschn. 2c).

Daß in Abb. 180c die gestrichelte Stufenkurve nicht symmetrisch zur vollausgezogenen ist (wie in Abb. 180b), liegt daran, daß die Spulen, die mit einer Seite in derselben Nut liegen, nicht dieselbe Induktivität haben, wie es bei der üblichen Zweischichtwicklung der Fall ist.

Der an die Abb. 179a u. b und 180a bis c angeschriebene Maßstab gilt für $I = 1400$ A Ankerstrom ($M = 402$ kgm) und $n = 1070$ U/min.

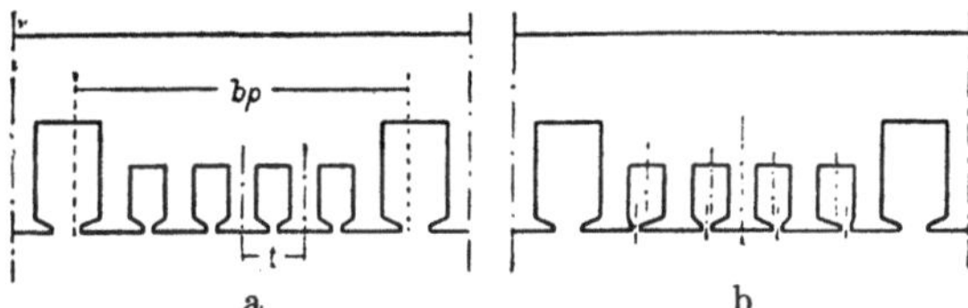

Abb. 181a u. b. Ständernutung; a) mit normalen, b) versetzten Nutschlitzen.

Gewöhnlich wird zur Berechnung der EMK der Stromwendung die Pichelmayersche Formel (Gl. 29) benutzt. In unserm Falle ist $w_{Sp} = 1$ und ζ kann zu etwa 5 eingesetzt werden. Die Pichelmayersche Formel gibt sehr schnell einen ungefähren Überblick über den zu erwartenden Wert der EMK der Stromwendung, reicht aber für genauere Untersuchungen, wie sie beim Vollbahnmotor erforderlich sind, nicht aus.

Von den neuesten Vollbahnmotoren wird verlangt, daß sie noch bei Dauerstrom und Höchstgeschwindigkeit kurzzeitig betriebsfähig sind.

Der Strombelag liegt für Stundenleistung etwa bei 450 A/cm, als obere Grenze kann vielleicht heute 500 A/cm angesehen werden.

g. Ständer. Der Polbogen b_P kann bei gut ausgenutzten Motoren zu etwa $0{,}68\,\tau$ angenommen werden. In den Polen ist die Kompensationswicklung unterzubringen. Man wird zunächst versuchen, alle Leiter der Kompensationswicklung in Reihe zu schalten, wobei sich auch eine gute Ausnutzung des Raumes in den Kompensationsnuten ergibt. Bezeichnen wir mit K die Zahl der Kompensationsnuten je Pol, so wird (vgl. Abb. 181a) die Nutteilung

$$t_1 \approx b_P/(K+1). \tag{268a}$$

16*

Damit die Ankerwicklung im Polschuhbereich bei Reihenschaltung aller Leiter der Kompensationswicklung mit einer Windung je Nut so genau wie möglich kompensiert wird, muß für die Schleifenwicklung

$$\frac{z}{(2p)^2}\, I = \frac{\tau}{t_1}\, I \tag{268b}$$

sein. Setzen wir in diese Gleichung t_1 nach Gl. 268a ein, so erhalten wir

$$K = \frac{z}{(2p)^2}\, \frac{b_P}{\tau} - 1\,. \tag{268}$$

Das ist gewöhnlich eine gebrochene Zahl, die man auf die nächst höhere ganze Zahl abrunden wird. Man erhält dann eine leichte Überkompensation im Polschuhbereich, die den Vorteil hat, daß die großen Nuten, die die Erregerwicklung und die Wendepolwicklung aufnehmen müssen, etwas entlastet werden. Durch Versetzen der Nutschlitze gegenüber den Nutmitten der Kompensationswicklung (vgl. Abb. 181b) kann die Entlastung der großen Nuten auch ohne Überkompensation erreicht werden. Nach Möglichkeit wird man K gerade wählen, damit die Querverbindungen der Kompensations-wicklung nicht zu weit ausladen.

Die zusätzlichen Eisenverluste, die mechanisch gedeckt werden (vgl. Abschn. A 9), sind um so kleiner, je kleiner die Nutteilung t_1 ist. Bei kleinen Nutteilungen, also bei größerer Zahl der Kompensations-nuten, wird man zuweilen zwei Zweige der Kompensationswicklung parallel schalten müssen; man schaltet die Zweige dann so, daß der eine alle Nordpole, der andere alle Südpole erregt. Weniger als $K = 4$ Nuten je Pol sind nicht zu empfehlen. Mit Rücksicht auf die zusätz-lichen Eisenverluste werden die Kompensationsnuten halbgeschlossen ausgeführt.

Eine große Länge δ des Luftspaltes zwischen Hauptpol und Anker ist erwünscht, um die Oberschwingungen in Fluß und Strom klein zu halten (Abschn. A 6b), und zwar ist δ um so größer anzunehmen, je stärker die magnetische Beanspruchung in den Anker- und Kompen-sationszähnen ist. Mit anderen Worten, die magnetische Kennlinie darf nicht zu flach verlaufen, um keine zu starken Oberschwingungen im Strom und in der Ruhe-EMK $\mathfrak{E}_R$ zu erhalten. Größere Werte von δ vergrößern auch die Durchflutung der Erregerwicklung, wodurch die Rückwirkung der Kurzschlußströme beim Anlauf weniger zur Geltung kommt, sie verringern außerdem die zusätzlichen Eisenverluste; da-gegen verlangen sie mehr Platz für die Erregerwicklung und ver-schlechtern den Leistungsfaktor. Die Geschicklichkeit des Berechners muß hier einen angemessenen Ausgleich finden. Gewöhnlich liegt δ etwa zwischen 2,5 und 3 mm. Damit sich die Normalkomponente der

Induktion am Ankerumfang in der Nähe der Polkanten nicht zu plötzlich ändert, wodurch zusätzliche Verluste hervorgerufen werden können (vgl. Abschn. III F 6, Bd. I), wäre eine Erweiterung des Luftspalts an den Polkanten erwünscht; im allgemeinen wird sich das aber nicht empfehlen, weil dann nach Abschn. K 4 u. 9 b der ideelle Polbogen b_i zu sehr verkleinert wird.

Über die zweckmäßigste Schaltung der einzelnen Spulen der Erregerwicklung sind die Meinungen geteilt. Die Parallelschaltung aller Polspulen ist insofern günstig, als sich dabei immer gleiche Polflüsse ergeben, auch wenn der Anker nicht genau zentrisch gelagert ist. Ungleiche Polflüsse sind aber bei den heutigen Vollbahnmotoren auch bei Reihenschaltung aller Polspulen kaum zu befürchten, weil die Motoren mit Rollenlagern ausgeführt werden, die nicht in dem Maße wie Gleitlager der Abnutzung unterliegen. Andere Ursachen ungleicher Polflüsse kommen wohl kaum in Frage, weil der Feldmagnet aus Blechen (keine Gußblasen!) aufgeschichtet wird. Der Vorteil der Parallelschaltung ist also nicht sehr hoch zu bewerten. Dagegen ist nach Abschn. F 9 Selbsterregung durch innere Ausgleichströme möglich, wenigstens wenn die Schleifenwicklung des Ankers ohne oder mit nicht genügend vielen Ausgleichsverbindungen ausgeführt wird. Paul Müller [L 169] empfiehlt deshalb Reihenschaltung aller Leiter der Erregerwicklung, wobei keine Selbsterregung durch innere Ausgleichströme möglich ist. Auch bei Parallelschaltung zweier Zweige der Erregerwicklung, von denen jeder nur gleichsinnige Pole erregt, wird die Selbsterregung unterbunden (vgl. Abschn. F 9). Die Selbsterregungsgefahr scheint übrigens auch bei Parallelschaltung aller Pole nicht sehr groß zu sein, da der mit dieser Schaltung der Erregerwicklung ausgeführte Gleitlagermotor für die Güterzuglokomotive EG 506 [L 55a u. b, 56] auch bei einer Schleifenwicklung ohne Ausgleichsverbindungen keine Selbsterregung zeigte.

Da heute die Ankerwicklung von Vollbahnmotoren wohl immer mit Ausgleichsverbindungen ausgeführt wird, ist die Reihenschaltung der Erregerwicklung von untergeordneter Bedeutung. Häufig wird als Vorteil der Reihenschaltung aller Leiter noch angegeben, daß der Nutenraum dabei besser ausgenutzt werden kann. Dabei ist jedoch zu beachten, daß die Leiter zur Unterdrückung der zusätzlichen Stromwärme dann unterteilt werden müssen (vgl. Abschn. K 6 b). Ein Nachteil der Reihenschaltung ist, daß sich dabei nur ganz wenige Windungen je Pol (etwa 2) ergeben, so daß der gewünschte Polfluß durch entsprechende Bemessung der Luftspaltlänge δ zwischen Anker und Polschuh erreicht werden muß.

Die Breite des Wendepolschuhes richtet sich nach der Breite der Wendezone (Gl. 587, Bd. I). Die Polschuhbreite darf nicht zu knapp,

aber auch nicht zu reichlich bemessen werden, weil dann der Verlauf
der EMK der Bewegung, die die EMK der Stromwendung unterdrücken
soll, im Bereich der Wendezone einen merklich andern Verlauf hat
als die EMK der Stromwendung (vgl. die Abb. 179 u. 180a bis c).
Um den Verlauf der Bewegungs-EMK dem der Stromwendungs-EMK
anzupassen, kann die Luftspaltlänge zwischen Wendepolschuh und
Ankerumfang auch nach den Kanten zu vergrößert werden (vgl.
Abb. 206). Zu breite Wendepolschuhe vergrößern auch den Wendepolfluß und damit die magnetischen Beanspruchungen im Wendepolkreis, so daß der geradlinige Verlauf der Kennlinie gestört werden kann.

Eine große Luftspaltlänge δ_W unter dem Wendepol ist günstig,
um die durch die Ankernutung hervorgerufenen Oberschwingungen
des Wendefeldes (vgl. Abschn. III B 5, Bd. I) zu verringern und um
eine möglichst geradlinige Wendepolkennlinie bis zu den größten
vorkommenden Stromspitzen zu erhalten. Wenn aber δ_W zu reichlich
bemessen wird, dringt auch das Hauptfeld merklich in die Wendezone
ein und verschlechtert die Funkenunterdrückung (vgl. Abschn. K 5a,
Abb. 200a bis c). Große Werte von δ_W haben auch zur Folge, daß die
Wendepolwicklung mehr Raum in der großen Nut beansprucht. Gewöhnlich bemißt man δ_W etwas größer als δ, etwa zwischen 3,5 bis
4,5 mm.

Die Durchflutung der Wendepole muß den Rest der Durchflutung
der Ankerwicklung kompensieren und das Wendefeld erzeugen, das
die EMK der Stromwendung $\mathfrak{E}_W$ unterdrücken soll. Diese EMK bestimmt die Stärke des Wendefeldes und damit auch die Wendepoldurchflutung. Wenn noch durch Parallelschalten eines Wirkwiderstandes eine Feldkomponente zur Unterdrückung der EMK der Ruhe
$\mathfrak{E}_R$ erregt werden soll, ist die Windungszahl des Wendepols entsprechend
reichlicher zu bemessen.

Bei der Wendepolwicklung wird man bestrebt sein, alle Windungen
in Reihe zu schalten, doch ergibt oft schon eine Windung je Pol mehr
oder weniger ein zu großes oder zu kleines Wendefeld. Wie beim
Hauptpol läßt sich dies durch die Luftspaltlänge δ_W ausgleichen,
wenn man Parallelschaltung der Wicklung vermeiden will.

h. Ständernutung und Leiteranordnung. Es lassen sich nun die
Nuten entwerfen, die die Ständerwicklungen aufnehmen müssen.

Die Breite der großen Nut muß so reichlich wie möglich bemessen
werden, um möglichst viel Raum für die Wicklungen in der großen
Nut zu erhalten. Sie wird aber dadurch beschränkt, daß der Streufluß
der großen Nut immer einen Endzahn des Hauptpols und den Wendepol belastet und die Beanspruchung dieser Zähne nicht zu groß werden
darf, damit der ideelle Polbogen nicht gar zu klein wird und die Kennlinie des Wendepolkreises geradlinig verläuft. Die Eisenverluste sind

auch bei höheren Induktionen wegen der kleinen Ummagnetisierungsfrequenz verhältnismäßig klein. Die Induktion der Kompensationszähne kann etwa zwischen 22000 und 26000 Gß liegen.

Die Tiefe der großen Nut muß so bemessen werden, daß eine nicht zu große Jochinduktion an der Stelle der großen Nut auftritt. Die Beschränkung dieser Jochinduktion ist mit Rücksicht auf den Wendepolkreis erforderlich, dessen Kennlinie geradlinig verlaufen soll. Den Einfluß der Jochbeanspruchung auf den Wendepolkreis haben wir im Abschn. III C 1, Bd. I, gezeigt. Die zulässige Jochinduktion läßt sich allgemein schwer angeben, da sie von der Stärke des Wendepolflusses abhängt, der also so klein wie möglich sein soll. In den meisten Fällen wird sie bei Stundenleistung wohl kleiner als 13000 Gß sein müssen.

a   b

Abb. 182a u. b. a) Erreger- und Wendepolwicklung; b) Vereinigung der Erregerwicklung mit einem Teil der Wendepolwicklung.

Die Erregerwicklung wird aus baulichen Gründen zweckmäßig am Nutengrunde angeordnet, die Wendepolwicklung darüber, wobei auch Wendepolzahn und Joch vom Streufluß entlastet werden. Obgleich die Frequenz des Wechselstromes verhältnismäßig klein ist, kann die zusätzliche Stromwärme durch Stromverdrängung bei massiven Leitern sehr groß werden. Wie wenig das früher bei Vollbahnmotoren beachtet wurde, geht aus Untersuchungen des Verfassers [L 187] hervor. Auch für die in den Kompensationsnuten liegenden Leiter wird man die zusätzliche Stromwärme durch Kunststäbe oder entsprechende Unterteilung der Leiter einschränken. Nicht zu vermeiden ist das aber bei den in der Nähe der Nutöffnung liegenden Leitern der großen Nut, wie wir im Abschn. K 6b sehen werden. Der Unterdrückung der zusätzlichen Stromwärme muß also nicht nur im Anker, sondern auch im Ständer die größte Sorgfalt zugewandt werden. Die zulässigen Stromdichten in den Wicklungen lassen sich nicht gut allgemein angeben, da sie von der mehr oder weniger vollkommenen Unterdrückung der zusätzlichen Stromwärme, der Nutbreite und -tiefe und der Belüftung abhängen. Als Anhalt möge das Berechnungsbeispiel in den Abschn. 2 u. K 6 dienen. Für die Isolierung wird auch im Ständer Glimmer mit Bindemittel (Klasse B) verwendet.

Sehr wichtig ist es, die großen Nuten von der Stromwärme zu entlasten. So kann man nach einem Vorschlag des Verfassers die Erregerwicklung mit einem Teil der Wendepolwicklung zu einer gemeinsamen Wicklung vereinigen (vgl. auch Abb. 331, Bd. I), wodurch wenigstens die Hälfte der großen Nuten entlastet wird (Abb. 182a u. b). Es ist dann aber je eine solche Wicklung für jede Drehrichtung erforderlich. Maschinen mit solchen Wicklungen sind z. B. bei den Lokomotiven der MSW für die Mittenwaldbahn vom Verfasser angegeben worden. Alle Spulen wurden vor dem Einlegen in die Nuten fertig isoliert hergestellt und sind auswechselbar. Bei Maschinen mit kleineren Werten der EMK der Stromwendung $\mathscr{E}_W$ kann sogar die Wendepolwicklung ganz wegfallen, wobei sich eine besonders einfache Wicklung ergibt [L 176].

Um mehr Raum für die große Nut zu gewinnen, wird diese auch am Grunde der Nut verbreitert, so daß sie in den Hauptpol hineinragt (Abb. 183), oder ein Teil der Erregerwicklung in die vertiefte benachbarte Nut der Kompensationswicklung gelegt (Abb. 184). Oft werden auch axiale Lüftungskanäle in den großen Nuten angeordnet [L 170], doch geht dadurch wieder Wicklungsraum verloren.

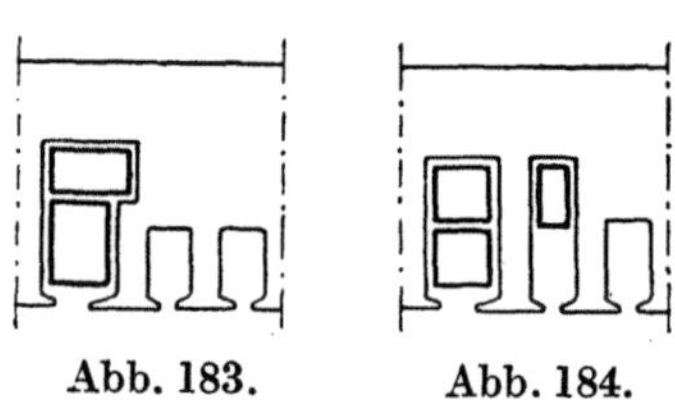

Abb. 183.   Abb. 184.

Wicklungsanordnungen zur Entlastung der großen Nut.

i. Lüftung und Erwärmung. Nachdem die Abmessungen der Eisenbleche, der Wicklungen und des Stromwenders auf Grund verschiedener Einzelentwürfe endgültig festgelegt und die Verluste berechnet sind, muß dafür gesorgt werden, daß die Wärme im Motor, ohne daß die nach den REB zulässige Grenzerwärmung überschritten wird, abgeführt werden kann. Die Grundlagen der Lüftungs- und Erwärmungsberechnung sind in den Abschn. II N und O, Bd. I zu finden[1]). Auf Grund langjähriger Erfahrungen im Bahnbetrieb haben sich gewisse Führungen des Luftstromes herausgebildet [L 174].

Bei großen Leistungen, wie sie für Lokomotivmotoren in Frage kommen, wird heute Fremdbelüftung angewendet. Besonders vorteilhaft ist es, für Ständer und Anker vollkommen getrennte Luftströme anzuordnen, die auch von getrennten Lüftern versorgt werden. Die Luftmenge kann dann für Ständer und Anker getrennt eingestellt werden, und es braucht nicht mit einem Wärmeaustausch zwischen Ständer und Anker gerechnet zu werden, der immer größere Temperaturgefälle zur Folge hat. Man könnte hier sogar noch einen Schritt weitergehen und auch den Luftstrom über den Stromwender durch einen besonderen Lüfter erzeugen, um den Wärmeaustausch zwischen Anker und Stromwender möglichst zu unterbinden. Je größer die in

---

[1]) Berichtigung auf S. 355, Bd. I: Zeile 21 von unten ist „anfangs langsamer" zu ersetzen durch „bei kleinen Erwärmungen etwas schneller". Dadurch wird auch Zeile 19 von unten berührt, in der „Einen ähnlichen Einfluß hat auch" zu ersetzen ist durch „Den entgegengesetzten Einfluß hat".

einem gegebenen Raum eingebaute Leistung ist, desto mehr Sorgfalt muß natürlich auf die Luftführung gelegt und desto reichlicher die Kühlluftmenge sein. In der Belüftung der Motoren spiegelt sich deshalb auch die Leistungssteigerung der letzten Jahre deutlich wieder.

Für Triebwagenmotoren ist die Fremdbelüftung wegen des durch sie hervorgerufenen starken Geräusches, das die Fahrgäste belästigen würde, weniger zu empfehlen und auch im allgemeinen nicht notwendig, weil diese Motoren für kleinere Leistung bemessen werden. Man findet hier in der Regel Eigenbelüftung.

Wegen baulicher Einzelheiten, soweit sie nicht schon in den Abschn. a bis h besprochen sind oder aus Abschn. 2 hervorgehen, muß auf das einschlägige Schrifttum verwiesen werden [z. B. L 174, 179].

k. Leistung je Polpaar. Durch die Beschränkung des Polflusses mit Rücksicht auf die zulässige EMK der Ruhe $\mathscr{E}_R$ zwischen benachbarten Stromwenderstegen in der Wendezone ist auch im wesentlichen die Leistung je Polpaar

$$N/p = E\,I/p \qquad (269\,\text{a})$$

bei gegebener Netzfrequenz festgelegt. Da sie häufig zur Abschätzung der „Grenzleistung" angegeben wird, wollen wir sie durch leicht abschätzbare Größen ausdrücken.

Ersetzen wir in Gl. 269a die EMK der Bewegung E nach Gl. 2b, den Fluß darin durch die EMK $\mathscr{E}_R$ nach Gl. 8a und den Strom durch den Strombelag

$$A = z\,I/4\,a\,p\,\tau, \qquad (269\,\text{b})$$

so erhalten wir

$$\frac{N}{p} = \frac{2\,\tau\,p\,A}{\pi\,f}\,n\,\mathscr{E}_R. \qquad (269)$$

Der Strombelag A darf mit Rücksicht auf die EMK der Stromwendung $\mathscr{E}_W$ einen gewissen Wert nicht überschreiten. Für eine überschlägige Berechnung können wir ihn durch $\mathscr{E}_W$ nach Gl. 29 ausdrücken und erhalten mit $v_A = 2\,p\,\tau\,n$ die Polpaarleistung zu

$$\frac{N}{p} = \frac{\mathscr{E}_R\,\mathscr{E}_W}{2\pi\,f\,l_i\,\zeta\,w_{Sp}}\,10^5 \text{ kW}, \qquad (270)$$

worin $\mathscr{E}_R$ und $\mathscr{E}_W$ in V, f in Hz und l_i in cm einzusetzen sind.

Den durch zweckmäßige Ausführung der Ankerwicklung erreichbaren kleinsten Wert für ζ schätzen wir zu $\zeta = 4,5$ und nehmen ferner für Stundenleistung $\mathscr{E}_R = 3$ V, $\mathscr{E}_W = 8$ V als noch zulässig an. Dann erhalten wir bei eingängiger Schleifenwicklung ($w_{Sp} = 1$) für den Höchstwert der Polpaarleistung bei Stundenbetrieb

bei $f = 16^2/_3$ Hz mit $l_i \approx 35$ cm $N/p \approx 145$ kW,
bei $f = 50$ Hz mit $l_i \approx 26$ cm $N/p \approx$ 65 kW.

2. Die zusätzliche Stromwärme.

a. Ständer- und Ankerwicklung. Die zusätzliche Stromwärme durch Stromverdrängung (vgl. Abschn. II L 2 bis 6, Bd. I) darf trotz der kleinen Wechselstromfrequenz von $16^2/_3$ Hz nicht vernachlässigt werden. Sie macht sich für die Ständerwicklung besonders in den Leiterlagen der Wendepolnut bemerkbar, die an der Nutöffnung liegen. Bei großen Leiterquerschnitten müssen deshalb die Leiter in parallel geschaltete Einzelleiter unterteilt, und diese so gegeneinander isoliert durch die Nuten geführt werden, daß die zusätzliche Stromwärme in mäßigen Grenzen bleibt [L 189]. Beispiele hierfür werden wir im Abschn. K 6 behandeln.

In der Ankerwicklung kann die zusätzliche Stromwärme bei den höheren Drehzahlen wegen der großen Drehzahlfrequenz $f_n = p\,n$ recht beträchtliche Werte annehmen. Die Leiter dürfen deshalb nicht zu hoch sein, und es sind außerdem im allgemeinen noch besondere Maßnahmen erforderlich, um die zusätzliche Stromwärme zu verringern (vgl. Abschn. d). Die stromverdrängungsfreien Ankerleiter, wie z. B. der Roebelstab [L 11, Abschn. 33 D], sind hier weniger geeignet, weil bei den Vollbahnmotoren die Leiter schmal sind (etwa 2 mm bei Zweischichtwicklungen) und dadurch der stromverdrängungsfreie Stab verhältnismäßig viel Raum für Isolierung erfordert. Deshalb wird man bei Zweischichtwicklungen die einfache Unterteilung der Leiter in ihrer Höhe und die Isolierung der Einzelleiter gegeneinander längs einer ganzen Windung vorziehen (vgl. Abb. 176d), wobei auch die Lötstellen zwischen Nutenleiter und Stirnverbindung erspart werden. Will man die Leiter nicht unterteilen, so können die Leiter in der Oberschicht (an der Nutöffnung) niedriger bemessen werden. Schließlich kann man auch bei massiven Leitern mehrschichtige Wicklungen ausführen (vgl. Abb. 176e mit 4 Schichten).

b. Berechnung der zusätzlichen Stromwärme. Für die Berechnung der zusätzlichen Stromwärmeverluste in der Ständerwicklung sind die Angaben in den Abschn. II L 2 u. 3, Bd. I, besonders in Verbindung mit [L 189] ausreichend. Auch die zusätzliche Stromwärme in der Ankerwicklung haben wir im Abschn. II L 4, Bd. I, schon behandelt. Dort haben wir aber nur Gleichungen für die gesamten zusätzlichen Stromwärmeverluste in der Ankerwicklung angegeben. Zur vollständigen Beurteilung der Wicklung müssen wir aber auch die zusätzlichen Verluste in der Leiterlage kennen, in der sie am größten sind; das ist die Oberschicht (an der Nutöffnung) der Wicklung. Wir wollen deshalb die Gleichungen in Bd. I noch durch Berechnung der Verluste in jeder einzelnen Leiterlage ergänzen. Die Grundlagen dafür findet man in einer Arbeit von Dreyfus [L 190, vgl. auch L 189, S. 37 u. f., und L 190a]. Wir setzen zunächst massive Leiter voraus.

Für eine **Wicklung** mit m Leiterlagen können wir für das „Widerstandsverhältnis", d. i. das Verhältnis der Stromwärmen bei Wechselstrom und bei Gleichstrom mit demselben Effektivwert des Stromes, innerhalb der Nut schreiben

$$k_N = 1 + F\,\frac{4}{3\pi}\,m^2\,\xi^2,\qquad(271)$$

worin ξ nach den Gl. 323c u. e, Bd. I, mit der Drehzahlfrequenz $f_n = p\,n$ des Motors zu berechnen ist. Mit $F = 1$ erhält man das Widerstandsverhältnis bei unendlich schneller Stromwendung; der Faktor F berücksichtigt die endliche Dauer der Stromwendung. Er ist eine Funktion der „spezifischen Kommutierungsdauer" [L 190, Gl. 12a]

$$\gamma = \frac{\pi^3}{2}\,\frac{\vartheta}{\xi^2},\qquad \text{worin}\qquad \vartheta = \frac{T_k}{T_1} = \frac{b + (u-1)\,t_K}{\tau_K}\qquad(271\,\text{a u. b})$$

das Verhältnis der Kurzschlußdauer T_k einer Leiterlage zur halben Grundperiode T_1 des Wechselstromes ist (vgl. Abschn. II L 4, Bd. I).

F setzt sich aus zwei Teilen F_1 und F_0 (bei **Dreyfus** f_1 und $\tilde f$) nach folgender Gleichung zusammen

$$F = \frac{1}{m^2}\,F_1 + \frac{4}{3}\,\frac{m^2 - 1}{m^2}\,F_0.\qquad(272\,\text{a})$$

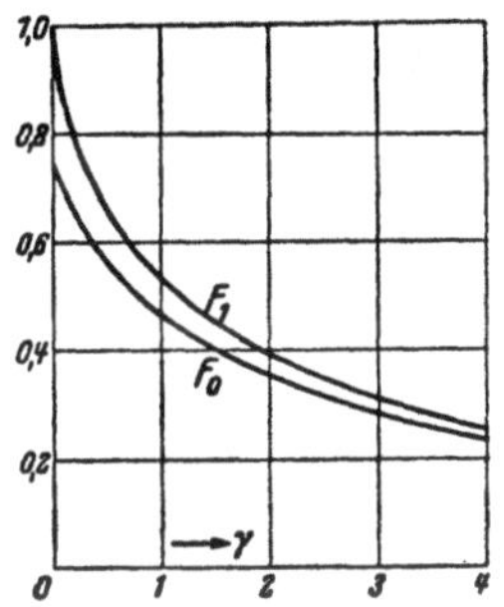

Abb. 185. F_1 und F_0 über der spezifischen Kurzschlußdauer γ.

F_1 entspricht der Stromwendung in nur einer Schicht (ohne Berücksichtigung der darunter liegenden Schichten), F_0 gibt den Einfluß der Unterschichten auf die Oberschichten an. Es ist dabei Durchmesserwicklung vorausgesetzt; der Einfluß einer Spulenverkürzung ist nach den Untersuchungen von **Dreyfus** so gering, daß wir ihn vernachlässigen dürfen. Das liegt daran, daß die zusätzliche Stromwärme in den oberen Schichten hauptsächlich durch die Stromwendung in den Unterschichten bestimmt wird.

Die Faktoren F_1 und F_0 sind in Abb. 185 über der spezifischen Kommutierungsdauer γ dargestellt. Genauere Zahlenwerte findet man bei **Dreyfus** [L 190, S. 300]. Mit guter Annäherung, besonders für den wichtigen Faktor F_0, können wir für den praktisch in Frage kommenden Bereich von γ $(\gamma > 0{,}5)$ setzen

$$F_1 \approx \frac{1{,}5}{2 + \gamma},\qquad F_0 \approx \frac{1{,}425}{2 + \gamma}.\qquad(272\,\text{b u. c})$$

Mit diesen Gleichungen und den Gl. 272a bis c geht Gl. 271 über in

$$k_N = 1 + \left[F_1 + \frac{4}{3}\,(m^2 - 1)\,F_0\right]\frac{4\,\xi^2}{3\pi} \approx 1 + \frac{0{,}81\,m^2 - 0{,}17}{15{,}5\,\vartheta + 2\,\xi^2}\,\xi^4.\qquad(272)$$

Eine exakte Berechnung von k_N findet man bei **Prassler** [L 190a].
Das Widerstandsverhältnis der ganzen Ankerwicklung (einschließlich der Querverbindungen) ist nach Gl. 346, Bd. I,

$$k = \frac{k_N + \lambda k_S}{1 + \lambda},\tag{273}$$

worin k_S das Widerstandsverhältnis der Querverbindungen (gewöhnlich ist $k_S \approx 1$) und $\lambda = l_S/l_A$ das Verhältnis der Leiterlänge außerhalb der Nut zu der innerhalb der Nut ist.

Das Widerstandsverhältnis für die einzelnen Leiterlagen erhält man aus dem Mittelwert k_N des Widerstandsverhältnisses aller Einzellagen auf folgende Weise. Es ist bei zwei Leiterlagen ($m = 2$ in Gl. 272)

$$k_{N_{m=2}} = \frac{k_{N_1} + k_{N_2}}{2},\tag{274a}$$

also

$$k_{N_2} = 2 k_{N_{m=2}} - k_{N_1} = 1 + (F_1 + 8 F_0)\frac{4\xi^2}{3\pi}.\tag{274b}$$

Entsprechend verfährt man bei $m = 3, 4, \ldots$ Leiterlagen. Man erhält so allgemein für die p-te Leiterlage innerhalb der Nut

$$k_{N_p} = 1 + [F_1 + 4 p (p-1) F_0]\frac{4\xi^2}{3\pi} \approx 1 + \frac{0{,}65 + 2{,}42 p(p-1)}{15{,}5\,\vartheta + 2\xi^2}\xi^4.\tag{274}$$

Wenn die Leiterhöhen in jeder Lage verschieden sind, ist für jede Lage der entsprechende Wert für ξ einzusetzen; k_N ist dann der Mittelwert aller k_{Np}, also

$$k_N = \frac{1}{m}\sum_{p=1}^{m} k_{N_p}.\tag{275}$$

c. Beispiele. In Zahlentafel 4 sind für das Berechnungsbeispiel im Abschn. K die wichtigsten Größen zur Beurteilung einiger Wicklungen bei Dauerdrehzahl 1070 U/min und Dauerstrom $I \approx 1400$ A (vgl. Abschn. K 8) zusammengestellt. Die zur Berechnung der Widerstandsverhältnisse erforderlichen Größen sind Bürstenbreite $b = 12{,}5$ mm, Stromwenderteilung $t_K = 5{,}09$, Polteilung am Stromwender $\tau_K = 160$ mm, Drehzahlfrequenz $f_n \approx 90$ Hz, $\alpha = 0{,}985$ (Gl. 323 e, Bd. I) mit $\varrho = 0{,}023\ \Omega$ mm²/m und $\lambda = l_S/l_A \approx 1$, die allen Wicklungen zugrunde gelegt sind. Die Zeilen 1 bis 7 gelten für die Leiteranordnung nach Abb. 176 b, d. h. für $m = 2$ in der Nut übereinander und 3 nebeneinander liegende Leiter; die Zeilen 1 bis 4 setzen gleiche Leiterhöhen in Unter- und Oberschicht voraus, die Zeilen 5 bis 7 größere Leiterhöhen in der Unter- als in der Oberschicht [L 188]. Die Zeilen 8 und 9 gelten für die Leiteranordnung nach Abb. 176 e, d. h. mit 4 Leitern in der Nut, die alle übereinander liegen ($m = 4$). Die Reihe I gibt die gesamte Leiterhöhe H und die Höhen h_1, h_2, h_3, h_4 der Einzelleiter an. Es folgen dann unter II die nach Gl. 274 berechneten Widerstandsverhältnisse k_{Np} für die einzelnen Lagen und das mittlere Widerstandsverhältnis k_N innerhalb der Nut. Nach Gl. 271 b ist für die Wicklungen mit 6 Leitern in der Nut $\vartheta = 0{,}142$, für die mit 4 Leitern in der Nut $\vartheta = 0{,}110$. Man erkennt aus den Zeilen 1 bis 4 und 8 u. 9 wie die Widerstandsverhältnisse mit abnehmender Leiterhöhe sinken. Die Zeilen 5 bis 7 lassen den Einfluß größerer

Leiterhöhen in der Unterschicht erkennen. An sich geben diese Widerstandsverhältnisse noch keinen genügenden Anhalt zur Beurteilung der Wicklung; sie dienen aber zur Berechnung der weiteren Angaben.

Die Leiterbreite beträgt für die Wicklungen in den Zeilen 1 bis 7 je 2 mm, in den Zeilen 8 und 9 je 4,6 mm. Damit ergeben sich in Reihe III die Leiterquerschnitte q_1, q_2, q_3, q_4 und die entsprechenden Stromdichten G_1, G_2, G_3, G_4 für 1400 A Ankerstrom bei Vernachlässigung der Wirbelströme.

In Reihe IV sind nun zunächst die Stromwärmeverluste des in Nuten eingebetteten Teils der Ankerwicklung angegeben. Diese sind bei den Wicklungen mit gleichen Schichthöhen (Zeile 1 bis 4 und Zeile 8 u. 9)

$$Q_N = \frac{\varrho \, z \, l_A}{q} \left(\frac{I}{2a}\right)^2 k_N; \tag{276a}$$

bei den Wicklungen mit verschieden hohen Schichten (Zeile 5 bis 7) ist

$$Q_N = \frac{\varrho \, z \, l_A}{2} \left(\frac{I}{2a}\right)^2 \left(\frac{k_{N_1}}{q_1} + \frac{k_{N_2}}{q_2}\right). \tag{276b}$$

Die Ankerlänge ist $l_A = 0,35$ m, $2a = 10$; für die Wicklungen mit 6 Leitern in der Nut ist die Leiterzahl $z = 6 N = 6 \cdot 105 = 630$, für die mit 4 Leitern ist $z = 4 \cdot 155 = 620$. Q_N ist in der Zahlentafel für $I = 1400$ A mit $\varrho = 0,023 \,\Omega$ mm^2/m angegeben. Diese Wärme muß, soweit sie nicht nach den kälteren Stirnverbindungen abfließt und über den äußeren Ankermantel abgeführt wird, durch Kühlkanäle im Inneren des Ankers abgeleitet werden. Q_N ist deshalb ein Maß für die Bemessung dieser Kühlkanäle, die nach Abschn. II O 1d u. 3c, Bd. I, berechnet werden können.

In Reihe IV sind noch die Temperaturunterschiede t_1, t_2, t_3, t_4 zwischen Leiter und Nutflanke für die einzelnen Leiterschichten eingetragen, die sich unter der Annahme ergeben, daß die Wärme jeder Schicht nur nach den Nutflanken abfließt, also keine Abströmung nach den kälteren Stirnverbindungen und den unteren Leiterschichten stattfindet.

Die Wärmeströmung in der p-ten Schicht, also das Verhältnis aus der Stromwärmeleistung in der p-ten Schicht zur Flankenfläche $2 \, l_A \, h_p$, ist bei den Wicklungen Zeile 1 bis 7 bzw. denen nach Zeile 8 und 9

$$w_{N_p} = 3 \frac{\varrho \cdot 0,01}{q_p} \left(\frac{I}{2a}\right)^2 \frac{k_{N_p}}{2 h_p} \quad \text{bzw.} \quad w_{N_p} = \frac{\varrho \cdot 0,01}{q_p} \left(\frac{I}{2a}\right)^2 \frac{k_{N_p}}{2 h_p} \frac{W}{cm^2}, \tag{277a u. b}$$

wenn q_p in mm^2, h_p in cm und ϱ in mm^2/m eingesetzt wird.

Aus der Wärmeströmung berechnet man den Temperaturverlust t_p in der Isolierschicht von der Dicke δ zwischen Leiter und Nutflanke nach Gl. 471a, Bd. I, zu

$$t_p = \frac{w_{N_p} \delta}{k}. \tag{277c}$$

Bei den in Zahlentafel 4 eingetragenen Temperaturunterschieden t_p ist $\delta = 0,1$ cm und die Wärmeleitfähigkeit $k = 0,0015$ W/°C cm angenommen (vgl. Zahlentafel 16, S. 332, Bd. I). Schließlich sind in Reihe IV auch die Temperaturunterschiede t zwischen Leiter und Nutflanke eingetragen, die sich ergeben würden, wenn ein vollkommener Wärmeaustausch zwischen den Leiterlagen stattfände. Es ist dann für die Wicklungen mit gleichen Leiterhöhen $t = 1/m \cdot \sum t_p$. Für die Wicklungen mit verschieden hohen Leitern (Zeile 5 bis 7) ist

$$w_N = 3 \frac{\varrho \cdot 0,01}{2H} \left(\frac{I}{2a}\right)^2 \sum_1^m \frac{k_{N_p}}{q_p} \frac{W}{cm^2} \quad \text{und} \quad t = \frac{w_N \delta}{k}. \tag{278a u. b}$$

Zahlentafel 4. Widerstandsverhältnis (k_N) und Stromwärmeverluste (Q_N) innerhalb der Nuten und Temperaturdifferenz ($t_1, t_2, \ldots$) zwischen Leiter und Nut bei verschiedenen Wicklungen; Abströmung der Wärme nach den kälteren Querverbindungen vernachlässigt.

Nr.	I		II					III		IV					
	H mm	h_1, h_2, h_3, h_4 mm	k_{N_1}	k_{N_2}	k_{N_3}	k_{N_4}	k_N	q_1, q_2, q_3, q_4 mm²	G_1, G_2, G_3, G_4 A/mm²	Q_N kW	t_1 °C	t_2 °C	t_3 °C	t_4 °C	t °C
1	32	16	1,58	5,64	—	—	3,61	32	4,38	11,2	13,9	49,5	—	—	31,7
2	29	14,5	1,45	4,59	—	—	3,01	29	4,83	10,3	15,5	49,3	—	—	32,4
3	26	13	1,33	3,68	—	—	2,50	26	5,4	9,57	17,7	49	—	—	33,3
4	20	10	1,15	2,25	—	—	1,70	20	7	8,45	25,8	50,7	—	—	38,2
5	29	16 13	1,58	3,68	—	—	2,63	32 26	4,39 5,4	9,5	13,9	49,0	—	—	29,8
6	29	19 10	1,90	2,25	—	—	2,08	38 20	3,69 7	8,07	11,9	50,7	—	—	25,3
7	26	16 10	1,58	2,25	—	—	1,92	32 20	4,39 7	8,05	13,9	50,7	—	—	33,3
8	32	8	1,09	1,72	2,98	4,88	2,66	36,8	3,81	7,07	5,6	8,8	15,3	25	13,6
9	28	7	1,05	1,47	2,29	3,52	2,08	32,2	4,35	6,31	6,7	9,8	15,3	23,4	13,8

Von den Wicklungen, die wir in Zahlentafel 4 zusammengestellt haben, ergeben die zweischichtigen Wicklungen mit 3 in der Nut nebeneinander liegenden Leitern in der obersten Schicht den großen Temperaturverlust von etwa 50° C zwischen Leiter und Nut, der sich bei den vierschichtigen Wicklungen auf etwa die Hälfte verringert. Die aus dem Nutraum abzuführenden Wärmeverluste Q_N sinken bei den Wicklungen in Zeile 1 bis 4 mit abnehmender Leiterhöhe. Sie lassen sich bei Vergrößerung der Leiterhöhe in der Unterschicht noch etwas verringern, sind aber bei den Vierschichtwicklungen wesentlich kleiner. Die Vierschichtwicklungen verdienen also bei massiven Leitern aus wärmetechnischen Gründen entschieden den Vorzug. Dabei ist noch zu berücksichtigen, daß die hohe Wärmebeanspruchung der Oberschicht bei der Vierschicht nur $1/_4$, bei der Zweischichtwicklung aber $1/_2$ der gesamten Leiterhöhe H ausmacht, was in der Temperaturdifferenz t (letzte Reihe) zum Ausdruck kommt, und daß bei den Wicklungen mit 3 nebeneinander liegenden Leitern auch noch die Wärme des mittleren Leiters über die Isolierschicht nach den äußeren Leitern abströmen muß, wobei die Temperatur des mittleren Leiters noch größer wird. In Wirklichkeit ergeben sich die Temperaturverluste allerdings nicht so hoch, wie wir sie berechnet haben, weil ein Teil der in den Nuten entwickelten Wärme nach den kälteren Querverbindungen abströmen kann.

Wir haben bei diesen Betrachtungen nur den Zustand

bei Dauerdrehzahl und Dauerstrom vorausgesetzt. Das war insofern berechtigt, als die Abnahmeprobe bei diesen Größen vorzunehmen ist. Mit der Drehzahl sinken die zusätzlichen Verluste sehr schnell, und es sind deshalb bei kleineren Drehzahlen größere Leiterhöhen wärmetechnisch günstiger. Andrerseits kommen aber auch Drehzahlen größer als Dauerdrehzahl vor, die nur etwa 0,7 der größten Drehzahl beträgt. Dabei ergeben sich noch wesentlich größere Widerstandsverhältnisse als bei Dauerdrehzahl, die aber dann gewöhnlich bei kleineren Strömen auftreten, so daß die Stromwärmeverluste wieder kleiner werden. Um die günstigste Leiterhöhe zu ermitteln, müßte man die Häufigkeit der bei den verschiedenen Drehzahlen vorkommenden Ströme kennen.

Außer der zusätzlichen Stromwärme, die durch die Stromwendung hervorgerufen wird, tritt noch eine solche durch den Wechselstrom der Netzfrequenz auf. Diese ist unabhängig von der Drehzahl und kann nach den Gl. 329b u. 330b, Bd. I, berechnet werden. Diese auf die Gleichstromwärme bezogene zusätzliche Stromwärme beträgt z. B. bei der Wicklung in Zeile 1 bei $16^2/_3$ Hz 0,16 in der Oberschicht und 0,09 in der ganzen Nut, vergrößert also die Widerstandsverhältnisse k_{N_2} und k_N von 5,64 auf etwa 5,8 und von 3,61 auf 3,7. Für die vierschichtige Wicklung in Zeile 9 beträgt sie nur noch 0,03 bzw. 0,01.

d. Unterteilte Leiter. Um die zusätzliche Stromwärme weiter zu verringern und auch größere Leiterhöhen anwenden zu können, sind die Leiter in Einzelleiter zu unterteilen. Wenn dann diese Einzelleiter bis zu ihrer Parallelschaltung so gegeneinander isoliert durch die Nuten geführt werden, daß mit jedem der parallel geschalteten Einzelleiter derselbe Nutstreufluß verkettet ist, wie z. B. beim Roebelstab, so bleibt nur noch die Stromwärme übrig, die sich bei Reihenschaltung sämtlicher Einzelleiter ergeben würde. Das Widerstandsverhältnis für den ganzen in Nuten eingebetteten Teil der Wicklung läßt sich dann nach Gl. 272 berechnen, wenn für m die gesamte Zahl der in der Nut übereinanderliegenden Einzelleiter gesetzt und ξ mit der Höhe eines Einzelleiters berechnet wird. So erhält man z. B. für die Wicklung in Zeile 1 der Zahlentafel 4 bei 2 Einzelleitern ($m = 2 \cdot 2 = 4$) $k_N = 2{,}42$, bei 4 Einzelleitern ($m = 4 \cdot 2 = 8$) $k_N = 1{,}5$. Bei weiterer Unterteilung sinkt dann das Widerstandsverhältnis sehr schnell auf $k_N \approx 1$ (vgl. auch k_{N_2} in Zahlentafel 5). Nach Gl. 274 lassen sich auch die Widerstandsverhältnisse in den einzelnen Lagen der Wicklung berechnen. Wenn aber jeder Einzelleiter alle Lagen innerhalb der Nut durchläuft, wie z. B. beim Roebelstab, kann die größere Wärme der oberen Lagen durch die Einzelleiter selbst nach den unteren abfließen, so daß die ungleiche Wärmebeanspruchung der Einzellagen weniger praktische Bedeutung hat.

Für den Roebelstab kommt nur eine sehr feine Unterteilung der Leiter in Frage, um keinen zu großen Raumverlust in der Nuthöhe zu erhalten. Aber auch bei dieser feinen Unterteilung beansprucht der Roebelstab bei den schmalen Ankerleitern auch quer zur Nut zusätzlichen Raum für die Isolierung. Deshalb begnügt man sich häufig mit der einfachen Unterteilung des Leiters in Einzelleiter, die an den Enden jeder Windung leitend miteinander verbunden werden. Eine solche Wicklung hatten wir schon in Abb. 176d mit $n=2$ Einzelleitern in jeder Schicht angedeutet. In der Oberschicht ist dabei die Reihenfolge der Einzelleiter die entgegengesetzte wie in der Unterschicht; man bezeichnet solche Windungen als verschränkte Windungen.

Für verschränkte Windungen kann man die zusätzliche Stromwärme gleich der Summe aus zwei Anteilen setzen, die wir als zusätzliche Stromwärme 1. und 2. Grades bezeichnen [L 189]. Die 1. Grades würde allein auftreten, wenn die Einzelleiter stromverdrängungsfrei wären, die 2. Grades ist nach S. 25 in [L 189] immer kleiner als die zusätzliche Stromwärme, die sich bei Reihenschaltung sämtlicher Einzelleiter ergeben würde. Man berechnet also die zusätzliche Stromwärme zu reichlich, wenn man sie gleich der Summe aus der 1. Grades und der bei Reihenschaltung sämtlicher Einzelleiter setzt (der Roebelstab hat nur zusätzliche Stromwärme 2. Grades). Die zusätzliche Stromwärme 1. Grades wächst, die 2. Grades sinkt mit wachsender Zahl n der Einzelleiter (vgl. $k_1 - 1$ und $k_N - 1$ in Zahlentafel 5).

Die zusätzliche Stromwärme 1. Grades ist auch bei unendlich vielen Einzelleitern ($n = \infty$) verhältnismäßig klein. Nehmen wir zunächst an, daß sich der Strom mit der Drehzahlfrequenz $f_n = p\,n$ sinusförmig ändert, dann können wir die Berechnung nach [L 189, S. 18 bis 26] anwenden. Den Einfluß der Oberschwingungen des Stromes werden wir später durch einen angemessenen Zuschlag berücksichtigen. Die reduzierte Leiterhöhe ist hier [L 189, Gl. 2 c]

$$\xi' = \sqrt{\frac{h-d}{h\,(1+\lambda)}} \cdot \xi \quad \text{mit} \quad \xi = \alpha\,h, \qquad (279\,\text{a u. b})$$

worin h (vgl. Abb. 176d) die Höhe eines Leiters einschließlich der Isolierschichten zwischen den Einzelleitern innerhalb der Nut, d die gesamte Dicke der Isolierschichten zwischen den Einzelleitern und λ das Verhältnis der Leiterlängen außerhalb (bis zu den Niet- und Lötverbindungen der Einzelleiter) und innerhalb der Nut ist.

Die Berechnung des Widerstandsverhältnisses 1. Grades k_1 ist für einschichtige Wicklungen mit beliebiger Anzahl n der übereinanderliegenden Einzelleiter auf S. 17 bis 25 in [L 189] sowohl für unverschränkte als auch für verschränkte Leiter, wie sie Abb. 176d darstellt, angegeben. Das Verhältnis ist nach Gl. 6 [L 189] zu berechnen, worin die Komponenten X und Y in Tabelle 2 für unverschränkte und in den Tabellen 3 u. 4 für verschränkte Leiter angegeben sind. Der in den Tabellen vorkommende Faktor f ist durch Gl. 6b bestimmt, worin ξ' aber mit $2h$ und k_1 mit $2n$ berechnet ist, weil dort eine Einschichtwicklung vorausgesetzt ist. Das Widerstandsverhältnis 1. Grades für

Zweischichtwicklungen (Abb. 176d) ist aber dasselbe wie für verschränkte Einschichtwicklungen (mit $2n$) und dasselbe wie bei einer unverschränkten Einschichtwicklung mit halb so großem ξ' [L 189, S. 9 u. 11].

Nach den Gleichungen und Tabellen in [L 189] können wir bei sinusförmigem Strom die auf die Gleichstromwärmeverluste bezogenen zusätzlichen Stromwärmeverluste 1. Grades nach den folgenden Gleichungen berechnen:

$$n=2:\ k_1'-1\approx\frac{\xi'^4}{16+\xi'^4},\quad n=3:\ k_1'-1\approx\frac{\xi'^4}{13+0,715\xi'^4},\qquad \left.\begin{array}{l}\\[2ex]\\\end{array}\right\}\ \begin{array}{l}(280\,\text{a}\\ \text{bis d})\end{array}$$

$$n=4:\ k_1'-1\approx\frac{\xi'^4}{12,2+0,62\xi'^4},\qquad n=\infty:\ k'-1=\varphi(\xi').$$

ξ' ist darin durch die Gl. 279a u. b gegeben, n ist die Zahl der übereinander liegenden Einzelleiter in einer Schicht, $\varphi(\xi')$ ist durch Gl. 323a u. Abb. 224, Bd. I, gegeben.

Die Widerstandsverhältnisse k_1' setzen sinusförmigen Strom voraus. Für $n=\infty$ können wir aber mit ξ' an Stelle von ξ das Widerstandsverhältnis k_1 mit Berücksichtigung der Oberschwingungen des Stromes nach Gl. 272 mit $m=1$ berechnen; denn die zusätzliche Stromwärme ist bei $n=\infty$ gleich der einer Einschichtwicklung ($m=1$) und halbem ξ' der Einschichtwicklung, also mit ξ' der Zweischichtwicklung (vgl. S. 9 u. 11 [L 189]). Multiplizieren wir dann $k_1'-1$ bei beliebiger Zahl der Einzelleiter mit dem Verhältnis $(k_1-1)/(k_1'-1)$ bei $n=\infty$, so erhalten wir angenähert die auf die Gleichstromwärme bezogene zusätzliche Stromwärme k_1-1 mit Berücksichtigung der Oberschwingungen.

Für die Wicklung in Zeile 1 der Zahlentafel 4 wollen wir die Widerstandsverhältnisse berechnen, wobei wir in den Gl. 279a u. b der Einfachheit wegen $d\approx 0$ setzen. Es ist dann mit $\lambda=1$ $\xi'=0,985\cdot 1,6/\sqrt{2}=1,114$. Die damit berechneten Werte $k_1'-1$ sind in Zahlentafel 5 eingetragen. Mit Berücksichtigung der Oberschwingungen des Stromes erhalten wir für $n=\infty$ mit $\xi'=1,114$ und $m=1$ nach Gl. 272 $k_1-1=0,21$, also $(k_1-1)/(k_1'-1)=1,62$, und damit angenähert die Werte k_1-1 für endliche Werte von n in Zahlentafel 5.

Zahlentafel 5. Widerstandsverhältnisse 1. (k_1), 2. Grades (k_{N_2}), gesamtes der Nut (k_N), der Querverbindungen (k_S) bei n-facher Unterteilung der Leiter für Wicklung Nr. 1 in Zahlentafel 4.

n	$k_1'-1$	k_1-1	k_{N_2}	k_N	k_S	$\dfrac{Q_N}{\text{kW}}$	$\dfrac{t}{°\text{C}}$
1	0	0	3,61	3,61	1	11,2	31,7
2	0,088	0,14	2,42	2,56	1,14	8,0	21,3
3	0,109	0,18	1,80	1,98	1,18	6,2	16,5
4	0,117	0,19	1,495	1,685	1,19	5,2	14,0
∞	0,130	0,21	1	1,21	1,21	3,8	10,1

Das Widerstandsverhältnis 2. Grades ergibt sich nach Gl. 272 mit $m = 2n$ und $\xi = 0{,}985 \cdot 1{,}6/n$ und ist unter k_{N_2} in Zahlentafel 5 eingetragen. Damit erhalten wir angenähert das Widerstandsverhältnis $k_N \approx k_{N_2} + k_1 - 1$. Das der Stirnverbindungen ist hier $k_S = k_1$. In den letzten beiden Reihen der Zahlentafel 5 sind noch die gesamten Stromwärmeverluste Q_N innerhalb der Nuten eingeschrieben und die mittlere Temperaturdifferenz t zwischen den Leitern und der Nutflanke. Wir erkennen aus dieser Zusammenstellung, daß sich durch Unterteilung der Leiter nach Abb. 176d sowohl die Stromwärmeverluste Q_N, die aus dem Anker abgeführt werden müssen, als auch die mittlere Temperaturdifferenz zwischen Leiter und Nutflanke wesentlich herabdrücken lassen.

3. Der Vollbahnmotor für 50 Hz.

Obgleich sich die Deutsche Reichsbahn wiederholt dahin ausgesprochen hat, den Betrieb der Vollbahnen mit einphasigem Wechselstrom von $16^2/_3$ Hz auch für die Zukunft beizubehalten [L 151], sind die Bestrebungen, die Vollbahnen unmittelbar aus den Kraftnetzen mit der üblichen Frequenz von 50 Hz zu betreiben, nicht zur Ruhe gekommen. Sie erhielten einen neuen Antrieb, nachdem sich gezeigt hatte, daß sich die für die Höllentalbahn ausgeführte Probelokomotive mit einphasigen Stromwendermotoren für 50 Hz [L 192] im wesentlichen bewährt hat. Trotzdem ändert sich aber nichts an der Tatsache, daß in einen gegebenen Raum unter sonst gleichen Betriebsbedingungen bei 50 Hz nicht dieselbe Leistung eingebaut werden kann wie bei $16^2/_3$ Hz.

Begründet ist dies hauptsächlich darin, daß für die EMK der Ruhe $\mathfrak{E}_R$ bei 50 Hz nicht wesentlich größere Werte als bei $16^2/_3$ Hz zulässig sind. Bei demselben Wert von $\mathfrak{E}_R$ ergibt sich aber nach Gl. 9 unter sonst gleichen Bedingungen (v_K, t_K) die Ankerspannung zu nur $^1/_3$ von der bei $16^2/_3$ Hz. Bei derselben Leistung und Drehzahl würde also der Ankerstrom dreimal so groß wie bei $16^2/_3$ Hz sein, der Motor also einen viel längeren Stromwender erhalten. Wegen der größeren Induktivität der von Bürsten kurzgeschlossenen Ankerspulen bei 50 Hz (vgl. Abschn. A 7a) kann man allerdings einen etwas größeren Wert von $\mathfrak{E}_R$ als bei $16^2/_3$ Hz zulassen (etwa 15% mehr).

Wenn man eine eingängige Schleifenwicklung, wie sie bei Vollbahnmotoren für $16^2/_3$ Hz die Regel ist, zugrunde legt, darf der Polfluß nur etwa $^1/_3$ von dem bei $16^2/_3$ Hz (Gl. 265a) betragen. Das kann bei eingängiger Schleifenwicklung durch Verkleinerung der Eisenlänge und Vergrößerung der Polpaarzahl erreicht werden. Mit wachsender Polzahl wird aber die Polteilung kleiner, wodurch das Verhältnis $\alpha = b_i/\tau$ verringert und die Maschine schlechter ausgenutzt wird. Bei sehr kleiner Polteilung am Stromwender lassen sich auch die Bürstenhalter nicht mehr betriebssicher am Stromwenderumfang unterbringen. Will man größere Ankerlängen bei größeren Polteilungen erhalten, so muß für die Ankerwicklung eine zweigängige Schleifenwicklung angenommen werden. Der Polfluß darf dann etwa $^2/_3$ von dem bei $16^2/_3$ Hz betragen. Das Verhältnis der Leistungen bei 50 und $16^2/_3$ Hz und demselben Einbauraum können wir zu etwa 0,7 abschätzen. Entsprechend wirkt sich natürlich auch das auf die Leistungseinheit bezogene Gewicht aus. Zur Beurteilung des gesamten Gewichts der elektrischen Lokomotivausrüstung ist allerdings zu beachten, daß die Transformatorengewichte bei 50 Hz nur etwa 60% von denen bei $16^2/_3$ Hz betragen.

Wenn zur Unterdrückung der Ruhe-EMK $\mathfrak{E}_R$ ein Widerstand der Wendewicklung parallel geschaltet wird, wie es bei $16^2/_3$ Hz heute üblich ist (Abschn. B 4e), wachsen bei 50 Hz die Verluste in diesem Widerstand stark an und betragen meist mehr als 3% der Nennleistung. Man kann sie durch umständliche Schaltungen mit Kondensatoren verringern; praktisch unterdrückt werden sie aber bei Anwendung der Schaltungen nach den Abschn. B 4b bis d, bei denen die Nebenschlußwicklung ohne Wirkwiderstände an der Anker- oder der Transformatorwicklung liegt.

Zugunsten des Motors für 50 Hz wird angegeben [L 18], daß bei weiterer Leistungssteigerung, die durch noch stärkere Belüftung vielleicht erreicht werden könnte, die Motoren für $16^2/_3$ Hz bald an die Grenze der Rundfeuergefahr kommen, während dies bei dem Motor für 50 Hz nicht zu befürchten ist, weil die Ankerspannung kleiner ist. Diese Gefahr könnte man aber auch bei $16^2/_3$ Hz beseitigen, wenn man sich dazu entschließen würde, in der Ankerwicklung außer der EMK der Bewegung noch eine EMK der Ruhe, die jener entgegenwirkt, zu induzieren. Das würde zum doppeltgespeisten Motor führen (Abschn. C), der noch in mancher Hinsicht entwicklungsfähig ist.

Zu beachten wäre noch, daß die betriebssichere Herstellung des Stromwenders wegen seiner großen Länge bei 50 Hz schwierig ist. Bei der Versuchslokomotive für die Höllentalbahn ist der Stromwender mit Schrumpfring ausgeführt, um eine Formänderung bei hoher Drehzahl zu verhindern [L 192].

Im übrigen ist der Gang der Berechnung bei 50 Hz (mit $\Phi \approx 0,0155$ Vs bei eingängiger, $\Phi \approx 0,03$ Vs bei zweigängiger Schleifenwicklung in Gl. 265a) derselbe wie bei $16^2/_3$ Hz und braucht deshalb hier nicht weiter verfolgt zu werden.

Erst wenn es gelingen sollte, für die EMK der Ruhe $\mathfrak{E}_R$ in den von Bürsten überbrückten Ankerspulen einen wesentlich höheren Wert als etwa 3 V zuzulassen, könnte der Motor für 50 Hz so ausgebildet werden, daß er dem für $16^2/_3$ Hz nur noch wenig nachsteht. Das wäre z. B. denkbar, wenn die im Abschn. B 5e angegebene Unterteilung der Bürsten eine in jeder Hinsicht technisch befriedigende und betriebssichere Lösung finden würde.

4. Repulsionsmotoren.

Der Einphasenmotor hat für andere Antriebe als Fahrzeuge an Bedeutung verloren, nachdem die dreiphasigen Stromwendermotoren eine gewisse Vervollkommnung erlangt haben und die Leitungsnetze fast ausschließlich Dreiphasennetze sind. Der Repulsionsmotor mit Regelung durch Verschieben der Bürsten wird aber wegen der einfachen Schalteinrichtungen für Kranbetriebe häufig verwendet. Deshalb wollen wir auf den Entwurf dieses Motors, soweit er von dem des einfachen Reihenschlußmotors abweicht, noch eingehen.

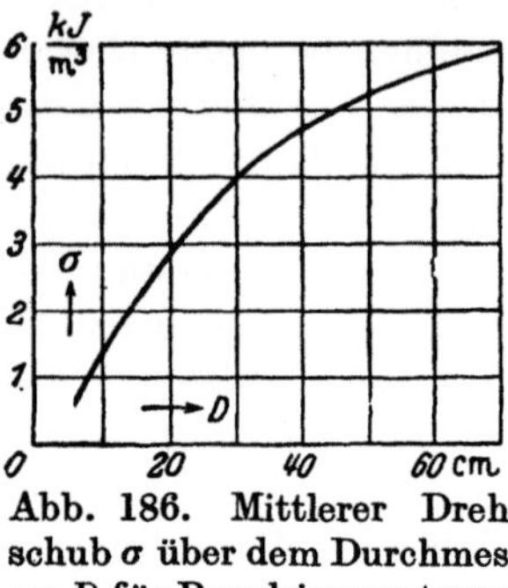

Abb. 186. Mittlerer Drehschub σ über dem Durchmesser D für Repulsionsmotoren.

Einen Anhalt über die Hauptabmessungen des Motors gibt der in Abb. 186 über dem Durchmesser D des Läufers dargestellte mittlere Drehschub (vgl. Abschn. II E 2, Bd. I und [L 9 a], Abschn. III C 2)

$$\sigma = \frac{1}{\pi^2} \frac{N}{n D^2 l_i} \qquad (281)$$

von ausgeführten Repulsionsmotoren. Abb. 186 gilt für eine Frequenz von 50 Hz bei mäßig belüfteten Maschinen für kurzzeitigen Betrieb, bei sehr stark belüfteten Maschinen etwa auch für Dauerbetrieb. Für N ist dabei der Einfachheit wegen die Nutzleistung an der Welle der Maschine eingesetzt. Bei regelbaren Motoren ist für N/n das jeweils vorkommende größte Verhältnis von Leistung zu Drehzahl einzusetzen. Die größte Drehzahl sollte mit Rücksicht auf gute Funkenunterdrückung etwa 20% der synchronen nicht überschreiten. Bei kleinen Leistungen wird die Polpaarzahl gewöhnlich zu $p = 2$ gewählt. Mit wachsender Leistung muß sie größer bemessen werden; die größte ausgeführte Leistung je Polpaar (N/p) scheint etwa bei 26 kW zu liegen.

Die Ständerwicklung wird gewöhnlich so ausgeführt, daß die Wicklung etwas mehr als $^2/_3$ des Ankerumfangs einnimmt, bis etwa 0,75, wobei sich unter Berücksichtigung der magnetischen Beanspruchung in den Zähnen eine nicht zu sehr von der Sinusform abweichende Feldkurve ergibt.

Der Luftspalt zwischen Ständer und Läufer darf nicht zu klein sein, damit sich kein zu kleiner Bürstenwinkel α bei Nennbetrieb ergibt. Er darf aber auch nicht zu groß bemessen werden, weil sonst, besonders bei kleinen Drehzahlen, der Leistungsfaktor zu schlecht wird. Die Induktion im Luftspalt in der Achse der Ständerwicklung liegt etwa zwischen 4500 und 7000 Gß. Der Magnetisierungsstrom in der Ständerachse beträgt etwa 0,25 bis 0,5 des Nennstromes. Wenn der Motor auch zur Nutzbremsung verwendet werden soll, ist nach Abschn. F 7 ein möglichst flacher Verlauf der magnetischen Kennlinie erwünscht; es ist dann die Luftspaltlänge verhältnismäßig klein, die magnetische Beanspruchung im Eisen genügend groß zu bemessen.

Die Läuferwicklung wird bei der Regelung durch Verschieben aller Bürsten zweckmäßig so bemessen, daß die Felderregerkurve sich der Sinusform nähert, um zusätzliche örtliche Felder in der Wendezone zu unterdrücken, die die Funken-EMK vergrößern. Besonders vorteilhaft ist der Doppelbürstensatz mit Sehnenwicklung (vgl. Abb. 2d).

Die Funken-EMK zwischen benachbarten Stromwenderstegen soll bei einer Bürstenbedeckung $\beta = b/t_K = 2$ im Betriebe möglichst 2,5 V nicht überschreiten. Für kurzzeitigen Anlauf können etwa bis 5 V zugelassen werden. Bei Vernachlässigung der EMK der Stromwendung gibt die Abb. 92 einen Anhalt über die im Betrieb auftretende Funken-EMK. Die Ruhe-EMK bei Stillstand und in der Leerlaufstellung der Bürsten ($\alpha = 90°$) beträgt für die Kurven in Abb. 92 bei $U = 110$ V $\mathfrak{C}_R \approx 1,9$ V. Bei größeren Motoren ist zur Verkleinerung der EMK der Stromwendung Sehnenwicklung mit Doppelbürstensatz anzuwenden.

Die Berechnung der Betriebsgrößen nach Abschn. D 3 c stimmt bei synchroner Drehzahl befriedigend mit der Messung überein (vgl. Abschn. D 4 a). Den Einfluß der Ströme in den von Bürsten überbrückten Läuferspulen, der sich bei andern Drehzahlen bemerkbar macht, kann man nach Abschn. D 4d abschätzen, wenn keine genaueren Unterlagen über die Rückwirkung dieser Ströme und das von ihnen entwickelte zusätzliche Drehmoment vorliegen. Dasselbe gilt für das Anlaufmoment und die Überlastbarkeit.

Auf Einzelheiten der Berechnung brauchen wir hier nicht näher einzugehen, da diese, soweit sie nicht auch für die Induktionsmaschine (Bd. IV) gelten, schon in den Abschn. D 3 u. 4 ausführlich behandelt sind. Bei den verwickelten Vorgängen im Repulsionsmotor ist man für den Entwurf sehr auf die Erfahrung angewiesen.

K. Beispiel für die Berechnung eines Vollbahnmotors $16^2/_3$ Hz.

Als Beispiel der Berechnung eines Vollbahnmotors für $16^2/_3$ Hz soll ein vom Verfasser zusammen mit den MSW entworfener Motor dienen. Er war für eine leichte Güter- und Personenlokomotive Bo—Bo mit Einzelantrieb und Tatzenlager bestimmt, die der Reichsbahn zunächst als Versuchslokomotive zur Verfügung gestellt wurde. Sie sollte die frühere 1 B—1 B-Lokomotive durch eine in der Anschaffung billigere Bauart mit erweitertem Leistungsbereich ersetzen

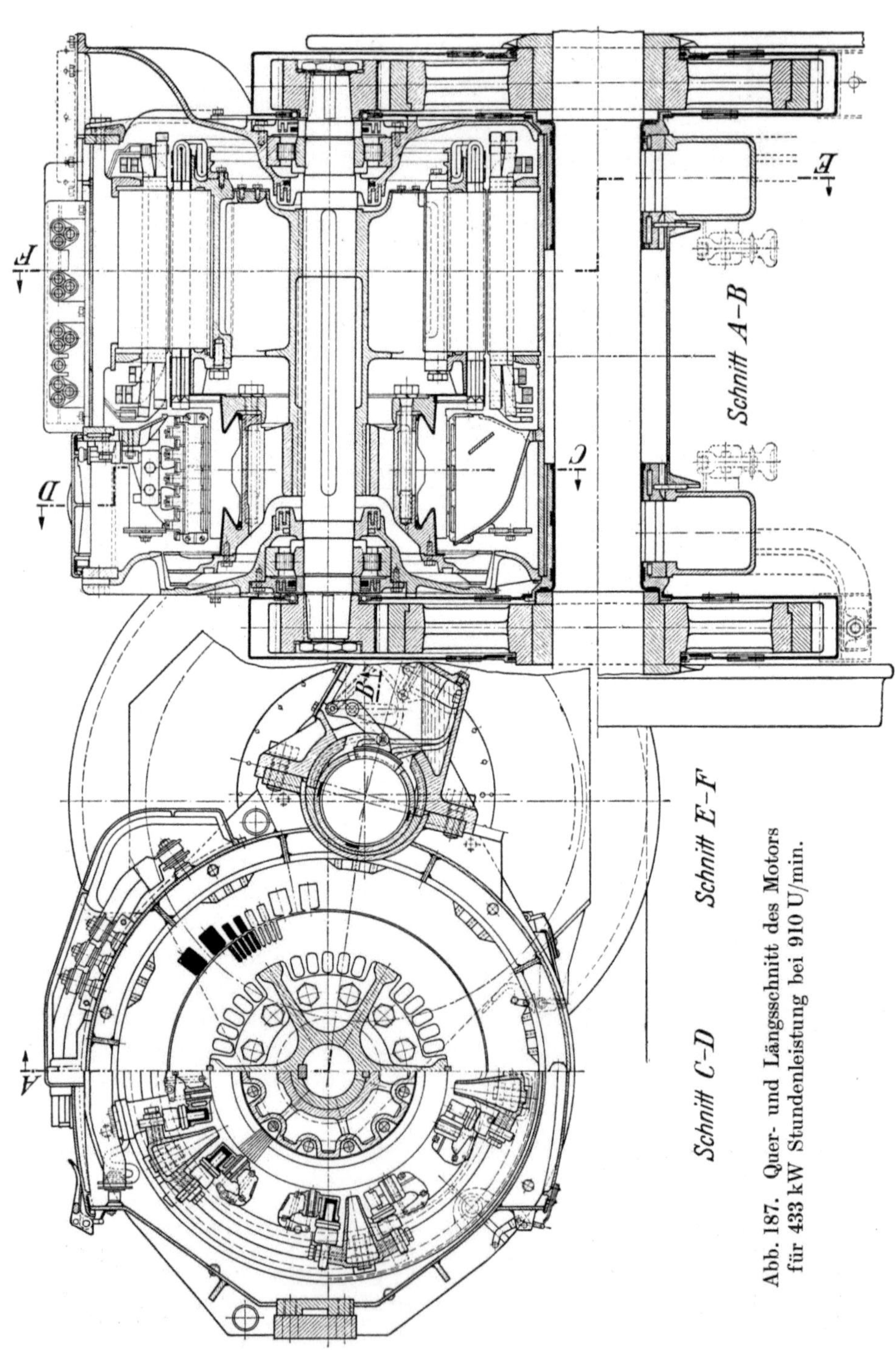

Abb. 187. Quer- und Längsschnitt des Motors für 433 kW Stundenleistung bei 910 U/min.

[L 194 u. 196]. Der Berechnung des Motors wurden folgende Anforderungen zugrunde gelegt:

Dauerleistung   405 kW bei 1070 U/min, 369 kgm ⎫
Stundenleistung   433 kW bei 910 U/min, 462 kgm ⎬ ohne mechanische
Anfahrleistung   294 kW bei 382 U/min, 755 kgm ⎭ Verluste,
größte Drehzahl   1530 U/min.

Die Motoren sollten aber so ausgelegt werden, daß sie kurzzeitig noch größere Drehmomente entwickeln können[1]).

1. Hauptabmessungen.

In Abb. 187 ist der Quer- und Längsschnitt des Motors dargestellt [L 194]. Der äußere Durchmesser des Ständerblechs ergab sich durch die Einbaumaße zu $D_a = 93,5$ cm und der Ankerdurchmesser auf Grund eines Probeentwurfs zu $D = 70,4$ cm, die Länge des Ankerblechpakets zu $l_A = 35$ cm und die Polpaarzahl zu $p = 5$, also die Polteilung zu $\tau = 22,1$ cm. Diese Polpaarzahl und Abmessungen ergaben sich auch bei dem endgültigen Entwurf, für den die Blechschnitte in Abb. 188 angegeben sind, als günstig und sollen deshalb im folgenden bei der Bemessung der Wicklungen und der Nutung des Motors zugrunde gelegt werden.

Für die Umfangsgeschwindigkeit des Ankers ergibt sich bei Dauerdrehzahl und höchster Drehzahl $v_A = 39,4$, $v_{A\,max} = 56,4$ m/s. Den Durchmesser des Stromwenders nehmen wir nach Abschn. J 1c zu $D_k = 51$ cm an, womit sich die Umfangsgeschwindigkeiten bei Dauerdrehzahl und größter Drehzahl zu $v_K = 28,5$ und $v_{K\,max} = 40,9$ m/s ergeben. Die größten Umfangsgeschwindigkeiten liegen also noch wesentlich unter den Werten, die wir mit Rücksicht auf Konstruktion und Herstellung als äußerste Grenzwerte erachtet haben (Abschn. J 1c). Der Anker ist zur Vermeidung von Störungen im Fernsprechbetrieb (Abschn. J 1e) mit geschrägten Nuten ausgeführt, und zwar um eine Nutteilung bezogen auf die ganze Ankerlänge.

Die Bürstenbreite ist wie in der Regel bei Vollbahnmotoren zu $b = 12,5$ mm vorausgesetzt. Je Pol sind 5 Bürsten angeordnet mit je $5 \cdot 1,25 = 6,25$ cm² Auflagefläche (Marke EG 30).

2. Ankerwicklung.

a. Nutung und Wicklung. Die Ankerwicklung wird in der üblichen Weise als eingängige Schleifenwicklung ausgeführt. Die Stegteilung des Stromwenders ergibt sich bei $\beta = 2,2$ (Abschn. J 1c) zu etwa $t_K = 12,5/2,2 = 5,7$ mm und damit die Stegzahl $k \approx 51 \cdot \pi/0,57 = 281$. Um die immer erwünschte Reihenschaltung der Leiter der Kompensationswicklung ausführen zu können, kann diese Stegzahl nur ungefähr eingehalten werden.

Nehmen wir, wie im Schnitt der Abb. 188 zu ersehen, 4 Kompensationsnuten je Pol an und ordnen in jeder Kompensationsnut und den Nuten zwischen Hauptpol und Wendepol einen Leiter für die Kompensationswicklung an, so ergibt sich bei Reihenschaltung aller Leiter der Kompensations-

---

[1]) Daß die Motoren dies bei einwandfreier Stromwendung und geringer Bürstenabnützung geleistet haben, ergibt sich aus den Betriebsergebnissen, die zu weiteren Bestellungen der Reichsbahn mit denselben Motoren führten [L 195, S. 288; 196, S. 6].

wicklung die Durchflutung $6I$ für einen magnetischen Kreis. Für die Ankerdurchflutung erhalten wir bei unendlich schmalen Bürsten

$$\Theta_{A0} = \frac{2kI}{4ap} = \frac{k}{50} \cdot I. \tag{282}$$

Durch die Bürstenbedeckung wird die Ankerdurchflutung etwas kleiner. Schätzen wir $\Theta_A \approx 0{,}95\,\Theta_{A0}$, so erhalten wir, wenn die Ankerdurchflutung gleich der gesamten Kompensationsdurchflutung sein soll, die Stegzahl aus der Gleichung

$$0{,}95\,\frac{k}{50}\,I = 6I, \tag{283}$$

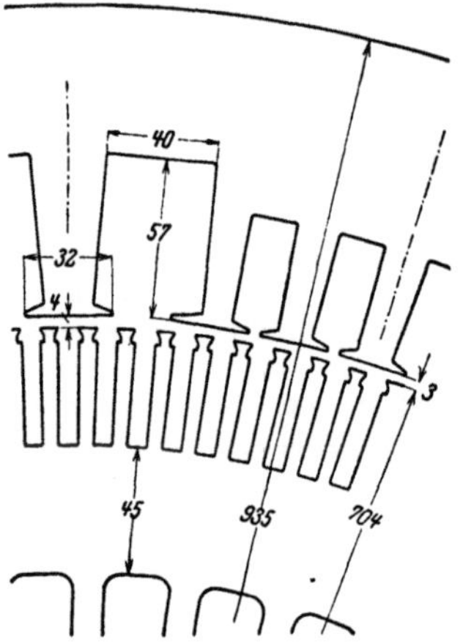

Abb. 188. Blechschnitte des Motors (s. auch Abb. 202a bis d).

also zu $k \approx 316$. Für die Ankerwicklung kommen im vorliegenden Fall nur 6 ($u = 3$) oder 4 ($u = 2$) Leiter je Nut in Frage. Nehmen wir für $u = 3$ $N = 105$ Nuten an, so ist $N/p = 21$, also noch nicht zu klein. Es ist dann $k = 315$, $t_K = 5{,}09$ mm und bei einer Bürstenbreite $b = 12{,}5$ mm ist $\beta = b/t_k = 2{,}46$. Mit $N = 155$ bei $u = 2$ ist $N/p = 31$, $k = 310$, $t_K = 5{,}16$ mm, $\beta = 2{,}42$. Für β ergibt sich ein verhältnismäßig großer Wert, der aber noch gerade zulässig ist. Für diese Nuten- und Stegzahlen haben wir schon im Abschn. J1f die EMK der Stromwendung bei verschiedenen Spulenweiten und Leiteranordnungen in der Nut untersucht und gefunden, daß mit Rücksicht auf Stromwendung und eine kleine Breite der Wendezone die Wicklung mit 4 Leitern in der Nut den Vorzug verdient. Andererseits haben wir im Abschn. J2c gezeigt, daß die Wicklung mit 4 Leitern in der Nut bei demselben Ankerstrom wesentlich kleinere Höchst-

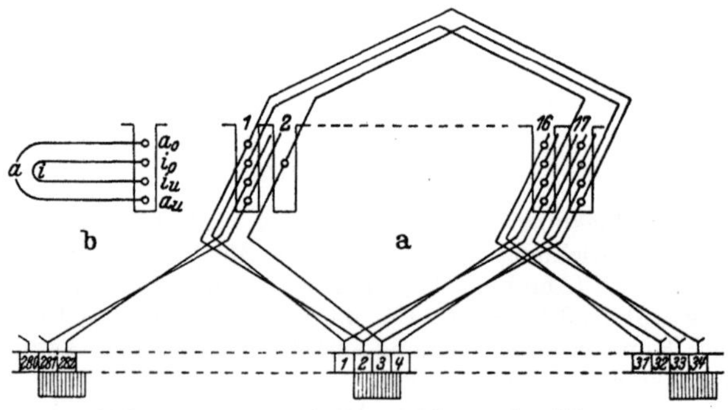

Abb. 189a u. b. Ankerwicklung des Motors.

temperaturen ergibt, wenn sie als Vierschichtwicklung nach Abb. 176e ausgeführt wird. Diese Wicklung mit $N = 155$ Nuten (vgl. auch Abb. 189a) wurde deshalb für unsern Vollbahnmotor gewählt. Die Nut- und Leiterabmessungen sind in Abb. 202d angegeben.

b. EMK der Stromwendung. Für die gewählte Wicklung wollen wir nun die EMK der Stromwendung berechnen. Zunächst ermitteln wir nach Abschn.

II M 1a, Bd. I, die für die Stromwendung maßgebenden Leitwertzahlen der Nut. Die Leiter bezeichnen wir nach Abb. 189b mit a_u, i_u, i_o, a_o. Die Leiter a_u und a_o gehören zu den „äußeren" Spulen, die mit den Leitern a_u am Grunde der Nut (unten) und mit a_o an der Nutöffnung (oben) liegen; sie bilden nach Abb. 178b die „langen" Spulen ($\eta_1'' = 16$).

Die Leiter i_u und i_o gehören zu den „inneren" Spulen, den „kurzen" Spulen ($\eta_1' = 15$).

Die Leitwertzahl der Selbstinduktion einer inneren Spule erhalten wir nach Abschn. II M 1a, Bd. I, zu $\lambda_{si} = \lambda_{i_u} + \lambda_{i_o} = 3,77 + 2,51 = 6,28$, die einer äußeren Spule zu $\lambda_{sa} = \lambda_{a_u} + \lambda_{a_o} = 4,78 + 1,26 = 6,04$. Außerdem brauchen wir noch die Leitwertzahlen der Gegeninduktion zwischen den einzelnen Leitern. Die Leitwertzahl zwischen dem Leiter a_o und je einem der übrigen Leiter (oder umgekehrt) ist $\lambda_{g a_o} = 1,42$, zwischen i_o und den darunter liegenden Leitern (oder umgekehrt) ist $\lambda_{g i_o} = 2,66$ und zwischen den Leitern i_u und a_u ist $\lambda_{g i_u} = 3,93$. Mit diesen Leitwertzahlen erhalten wir in der im Abschn. III B 8c, Bd. I, erläuterten Weise die in Abb. 190 ermittelte resultierende Leitwertzahl λ_R für die beiden Spulen, die mit einer Seite in derselben Nut liegen. Die voll ausgezogene Kurve mit dem Höchstwert $\lambda_{R\,max} = 18,5$ gilt für die kurzen Spulen, die gestrichelte mit $\lambda_{R\,max} = 19,5$ für die langen Spulen; der Mittelwert ist $\lambda_m = 15,5$.

Wir wollen nun den dieser resultierenden Leitwertzahl entsprechenden Teil $\mathfrak{E}_N$ der EMK der Stromwendung, der von dem Nutquerfeld herrührt, bei einem Ankerstrom $I = 1400$ A und einer Drehzahl $n = 1070$ U/min berechnen. Aus der Leitwertzahl λ_R erhalten wir nach Gl. 617b, Bd. I, die Induktivität $L_N = 0,4\pi\,l_i\,\lambda_R \cdot 10^{-8} = 44 \cdot 10^{-8}\,\lambda_R$ H und damit, der Stromwenderumfangsgeschwindigkeit $v_K = 2860$ cm/s und der Bürstenbreite $b = 1,25$ cm nach Gl. 616 mit 635a, Bd. I, $\mathfrak{E}_N = 0,64 \cdot 10^6\,L = 0,282\,\lambda_R$ V. Mit $\lambda_m = 15,5$ erhalten wir $\mathfrak{E}_{N\,m} = 4,37$ V, mit $\lambda_{R\,max} = 19,5$, $\mathfrak{E}_{N\,max} = 5,50$ V.

Den andern Teil $\mathfrak{E}_S$ der EMK der Stromwendung, der vom Stirnstreufeld herrührt, berechnen wir nach Abschn. III B 9, Bd. I. Wir erhalten nach Gl. 634, Bd. I, $L_{S\,mit} = 1,08 \cdot 10^{-6}$ H und damit bei $I = 1400$ A und $n = 1070$ U/min $\mathfrak{E}_S = 0,69$ V. In Abb. 180c oben hatten wir die Summe $\mathfrak{E}_W = \mathfrak{E}_N + \mathfrak{E}_S$, die die EMK der Stromwendung darstellt, für jede der beiden Spulen über der Wendezone zusammen mit der nach Abschn. 5a ermittelten EMK der Bewegung $\mathfrak{E}_B$ (voll ausgezogen), die von dem Wendefeld induziert wird, aufgetragen. Die Differenz $\mathfrak{E}_W - \mathfrak{E}_B$ ist die verbleibende Restspannung.

Die Breite der Wendezone ergibt sich nach Abb. 180c oder auch nach Gl. 587, Bd. I, übereinstimmend zu 24,4 mm. Der Wendepolschuh ist 32 mm breit bemessen.

3. Ständerwicklung und -nutung.

Die Windungszahl der Kompensationswicklung hatten wir schon im Abschn. 2a festlegen können. Der Hauptteil der Kompensationswicklung mit 4 Leitern je Pol ist in 4 Nuten des Hauptpols untergebracht; von den andern beiden,

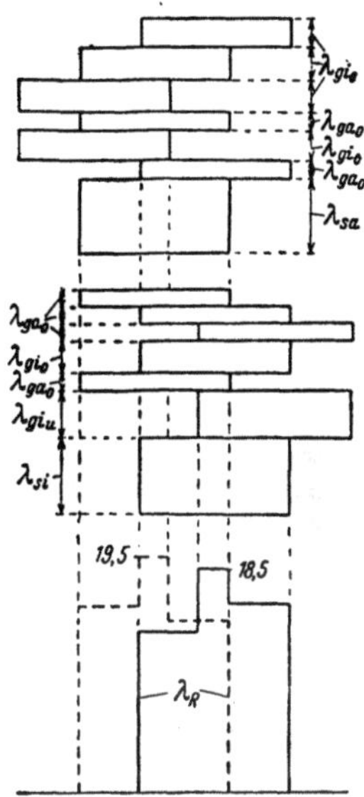

Abb. 190. Ermittlung der resultierenden Leitwertzahl λ_R der Nut, — kurze, --- lange Spulen.

bei Reihenschaltung aller Leiter noch erforderlichen 2 Leitern je Pol, liegt je einer in den Nuten zwischen Haupt- und Wendepol. Bei Reihenschaltung aller Leiter der Kompensationswicklung wird die Ankerwicklung in der Mitte der Wendezone vollständig kompensiert. Für die Wendewicklung ist nach Abschn. 5a, S. 271, zum Aufheben der EMK der Stromwendung nur ein Leiter je Pol notwendig. Da aber durch einen Widerstand parallel zur Wendepolwicklung ein phasenverschobenes Wendefeld eingestellt werden soll, das für einen bestimmten Belastungszustand auch die Ruhe-EMK $\mathfrak{E}_R$ aufhebt, sind bei unserm Motor 2 Leiter je Pol für die Wendewicklung vorgesehen.

Die Windungszahl der Erregerwicklung ergibt sich aus der magnetischen Kennlinie, die erst nach Festlegung der Nutung des Motors berechnet werden kann. Die Nutabmessungen ergeben sich aus den etwa angemessenen magnetischen Beanspruchungen bei Stundenmoment. Hierbei soll die Ruhe-EMK $\mathfrak{E}_R$ nicht wesentlich mehr als 3 V, also $\Phi \approx 0{,}0405$ Vs betragen, wobei zeitlich sinusförmiger Verlauf des Flusses angenommen werden kann. Nach mehrfachen Proberechnungen wurden die Nutabmessungen in Abb. 188 gewählt, womit wir im Abschn. 4 die „Gleichstromkennlinie'' $\varphi(\vartheta)$ berechnen werden. Hieraus haben wir im Abschn. A 5 die „Wechselstromkennlinie'' ermittelt und als für unsern Motor maßgebend die Kennlinie d in Abb. 11 angenommen, die $\Phi_{\mathrm{eff}}(\Theta)$ darstellt. Aus dieser Kurve erhalten wir mit $\Phi_{\mathrm{eff}} \approx 0{,}0405/\sqrt{2} = 0{,}0286$ Vs die effektive Durchflutung $\Theta \approx 5900$ A der Erregerwicklung je magnetischen Kreis. Nehmen wir bei Reihenschaltung aller Leiter der Erregerwicklung 2 Windungen je Pol an, so ist also $I = 5900/4 = 1475$ A. Dabei ist das Drehmoment nach Gl. 17'c 430 kgm, bei dem $\mathfrak{E}_R \approx 3$ V auftritt.

Die Leiterquerschnitte der Ständerwicklungen sind in den Abb. 202a bis c eingezeichnet. Bei der Bemessung dieser Querschnitte in den Nuten zwischen Haupt- und Wendepolen ist berücksichtigt, daß in der Betriebsschaltung ein Widerstand parallel zur Wendewicklung und dem in den Wendepolnuten liegenden Teil der Kompensationswicklung geschaltet ist (vgl. Abschn. B 4e β). Die Unterteilung der Querschnitte in einzelne Bänder ist mit Rücksicht auf möglichst kleine zusätzliche Stromwärmeverluste vorgenommen, die wir im Abschn. 6 berechnen werden.

4. Magnetische Kennlinie des Hauptkreises.

a. Ankerkreis stromlos. Wir nehmen zunächst Anker-, Kompensations- und Wendepolwicklung stromlos an, berechnen also die Leerlaufkennlinie. Dabei müssen wir die Endzähne (Zeiger e) des Hauptpols und die übrigen (Zeiger i) getrennt behandeln. Der Berechnung legen wir die Magnetisierungskurve für normales Dynamoblech, Bd. II, S. 104, zugrunde.

Die Berechnung des Flusses φ_i (Abb. 191) stößt auf keinerlei Schwierigkeiten. Die Oberflächen von Anker- und Hauptpol denken wir uns in bekannter Weise durch glatte Oberflächen mit dem Abstand $\delta' = k_{CA} k_{CK} \delta = 1{,}244 \cdot 1{,}031 \delta \approx 1{,}3 \delta$ voneinander ersetzt. Die Oberflächen sind längs des Bogens b' (Abb. 191) Potentialflächen mit dem Abstand $\delta' = 1{,}3 \cdot 0{,}3 = 0{,}39$ cm, die mittlere Luftspaltinduktion über einer Zahnteilung des Ständers ist also bei umlaufendem Anker konstant, die Zähne werden gleichmäßig beansprucht. Die Zahnspannungen v_{ZA} und v_{ZK} sind in bekannter Weise zu berechnen. Der in Abhängigkeit von $2(v_L + v_{ZA} + v_{ZK})$ ermittelte Fluß φ_i ist in Abb. 192 dargestellt.

Schwieriger ist die Berechnung der Kennlinie für φ_e, und zwar besonders deswegen, weil der Luftspalt unter den Endzähnen nach Abb. 188 u. 193 etwas anwächst (vgl. Abschn. J 1g). Aus einem Feldbild (Abb. 193) wurden die Leitwerte des Luftspalts für den Nutzfluß ermittelt. Wegen der Verbreiterung des

Luftspalts unter dem Endzahn verteilt sich der Fluß hier nicht gleichmäßig auf die darunter liegenden Ankerzähne. Die magnetischen Spannungen benachbarter Ankerzähne müssen daher verschieden sein. Die Oberfläche des Zahnkopfes des Ständerzahns ist wegen der in der schmalen Spitze des Endzahnes auftretenden hohen Beanspruchungen keine Potentialfläche; eine Verbreiterung des Endzahns nach dem Wendepol zu ist fast wirkungslos. Berücksichtigt man diese Erscheinungen in der Rechnung nicht, so erhält man, da die Endzähne einen beträchtlichen Teil des Gesamtflusses, etwa 40%, führen, merkliche Fehler.

Zur Berücksichtigung des Einflusses der Spannung in den Ankerzähnen kann man für die Rechnung die in Abb. 191 eingezeichnete Stellung der Ankerzähne gegenüber dem Endzahn zugrunde legen. Aus dem Feldbild erhält man für jeden im Wirkungsbereich des Endzahnes liegenden Ankerzahn $\varkappa$ ($\varkappa = 1, 2,$

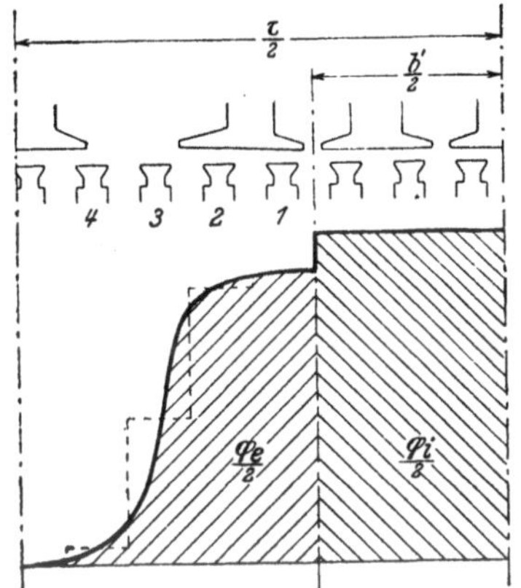

Abb. 191. Mittlere Induktion unter dem Hauptpol.

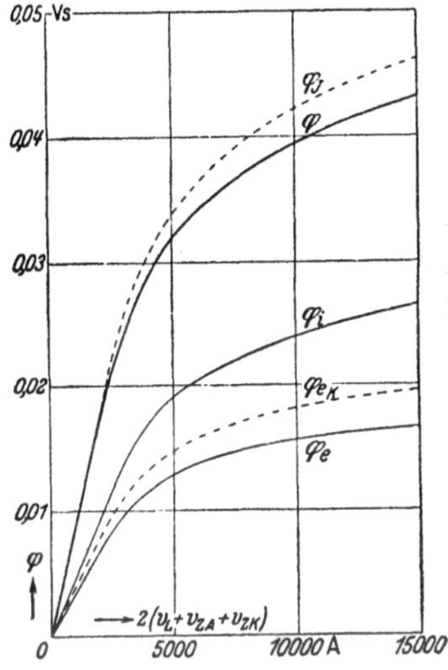

Abb. 192. Einzelflüsse und Gesamtfluß φ über $2(v_L + v_{ZA} + v_{ZK})$.

3 und 4) einen Leitwert des Luftraumes, der den in den betreffenden Ankerzahn eintretenden Fluß $\varphi_{ZA\varkappa}$ führt. Der Leitwert ist proportional der Zahl der Einheitsröhren $m_\varkappa$. Mit $\varphi_{ZA\varkappa} = 0{,}4\,\pi\,m_\varkappa\,l_i\,v_{L\varkappa}$ (vgl. Gl. 24, Bd. I) berechnet man sowohl die Luftspaltspannung $v_{L\varkappa}$ über dem Zahn $\varkappa$ als auch die magnetische Spannung des Zahnes. So erhält man für die in Betracht kommenden Ankerzähne Kennlinien $\varphi_{ZA\varkappa} = f\,(v_L + v_{ZA})$ in Abb. 194, wobei die Aufteilung von $(v_L + v_{ZA})$ auf $v_{L\varkappa}$ und $v_{ZA\varkappa}$ für die einzelnen Zähne verschieden ist. Praktisch haben die Wurzeln dieser Zähne gleiches Potential. Betrachten wir noch näherungsweise die Endzahnoberfläche als Potentialfläche, so ergibt die Summierung der 4 Kennlinien in Abb. 194 den gesamten, in einen Endzahn (des Ständers) tretenden Nutzfluß $\varphi_e/2$ in Abhängigkeit von der magnetischen Potentialdifferenz $v_L + v_{ZA}$ zwischen Endzahnoberfläche und Wurzel der Ankerzähne.

Das schon erwähnte Auftreten hoher Induktionen in der Endzahnspitze hat zur Folge, daß die Summe der 4 Ankerzahnflüsse als Funktion von $2(v_L + v_{ZA})$ einen zu hohen Wert des Flusses $\varphi_e/2$ ergibt. Denn wir hatten die Oberfläche des Endzahnkopfes als Niveaufläche angenommen. Es wurde deshalb von jener Summe ein Abzug gemacht, der nach überschlägigen Berechnungen bei den höchsten magnetischen Spannungen in Abb. 194 bis zu 10% beträgt.

Bei der Berechnung der magnetischen Spannung im Hals des Endzahnes müssen wir noch die zusätzliche Beanspruchung durch den Streufluß berücksichtigen. Der von der Hauptpoldurchflutung herrührende Streufluß φ_s belastet beide Endzähne eines Hauptpols zusätzlich. Wir können ihn mit Hilfe der Leitwertzahl λ_N (Bd. I, Abschn. II M 1) bestimmen oder, wenn m_s die aus dem Feldbild Abb. 193 ermittelte Zahl der Streuröhren ist (Bd. I, Abschn. II G 4b), $\varphi_s \approx 0,4\,\pi\,m_s\,l_i\,(v_L + v_{ZA})$ setzen. Damit läßt sich, ausgehend von φ_e mit $\varphi_{eK}/2 = \varphi_e/2 + \varphi_s/2$ die Beanspruchung und die magnetische Spannung in den Endzähnen mit genügender Genauigkeit berechnen. Hierbei darf die Entlastung des Zahnes durch den Fluß in den parallel geschalteten Nuträumen und Isolationszwischen-

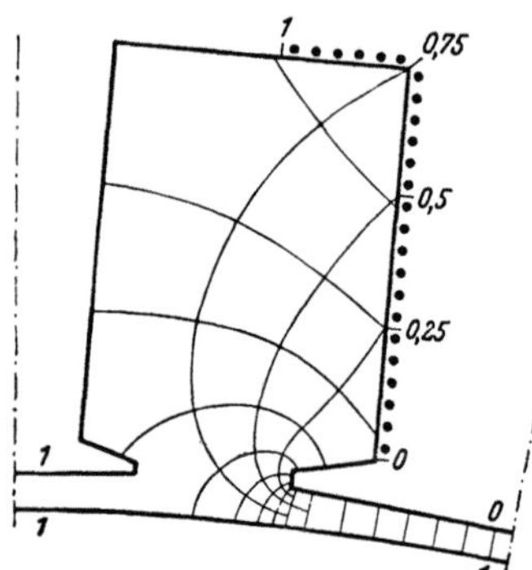

Abb. 193. Feldbild bei Leerlauf.

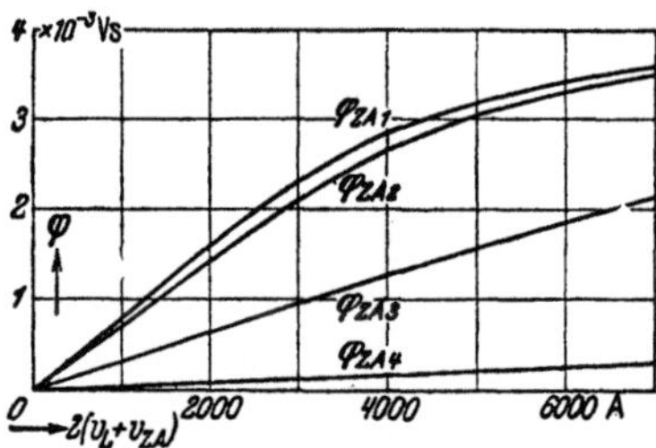

Abb. 194. Flüsse in den Zähnen 1 bis 4
in Abb. 191 über $2\,(v_L + v_{ZA})$.

lagen der Bleche (Bd. I, Abschn. II G 3) nicht vernachlässigt werden. Wir erhalten schließlich Nutzfluß φ_e und Fluß in den Endzähnen φ_{eK} als Funktion von $2\,(v_L + v_{ZA} + v_{ZK})$ in Abb. 192.

Bilden wir die Summe der in Abb. 192 eingezeichneten Kennlinien φ_e und φ_i, so erhalten wir die stärker ausgezogene Kurve $\varphi = f\,[2\,(v_L + v_{ZA} + v_{ZK})]$, die den gesamten Luftspaltfluß als Funktion der magnetischen Spannung zwischen den Zahnwurzeln von Ständer und Läufer darstellt. Die Zahnwurzeln der Innen- und Endzähne haben praktisch dasselbe magnetische Potential, ebenso sind die Zahnwurzeln der Ankerzähne praktisch potentialgleich. φ_J stellt den Fluß im Joch an der großen Nut dar. Die Berechnung der magnetischen Spannungen im Joch (v_J) und Ankerkern (v_A) bietet keine Schwierigkeiten. Ihre Summe beträgt nur wenige Hundertstel der gesamten Umlaufspannung (vgl. Abschn. c, Zahlentafel 6).

Wir hatten bei dieser Untersuchung vorausgesetzt, daß die Mitte einer Ankernut mit der Mitte der äußeren Kompensationsnut zusammenfällt (Abb. 191). In der anderen Grenzstellung des Ankers, in der die Mittellinie eines Ankerzahnes mit der der Kompensationsnut zusammenfällt, würde sich bei gleichen Spannungen im Endzahn und im Kompensationszahn der Fluß des Ankerzahnes je zur Hälfte auf die beiden Ständerzähne verteilen. Wegen der höheren Beanspruchung im Endzahn wird dieser jedoch entlastet, wodurch sich der Fluß etwas vergrößert. Die in Abb. 191 angenommene Stellung des Ankers scheint also eine gewisse Sicherheit für die Berechnung des Flusses φ zu bieten. Diese Berechnung kann deshalb auch für geschrägte Nuten zugrunde gelegt werden.

b. Einfluß des Stromes im Ankerkreis. Anker- und Kompensationswicklung ergeben in der Mittelebene des Blechpakets die in Abb. 195 dargestellten Felderregerkurven v_A und v_K. Dabei ist für v_A der Mittelwert bei umlaufendem

Anker (Abschn. III B 7a, Bd. I) eingesetzt und bei v_K angenommen, daß die Kompensationswicklung gleichmäßig über ihre Nutschlitze verteilt ist. Die Differenz dieser beiden Kurven ergibt die stärker hervorgehobene resultierende Kurve v, die bei Vernachlässigung der magnetischen Spannung im Eisen etwa die von Anker- und Kompensationswicklung herrührende Feldkurve darstellt. Für die Ebenen an den Enden des Blechpakets erhalten wir die entsprechenden Kurven v durch Verschieben von v_A gegenüber v_K um eine halbe Nutteilung des Ankers, wodurch sich die Kurve v für die eine Endebene etwas hebt, für die andere etwas senkt. Man erkennt, daß die Kompensation nicht vollständig ist, sondern ein zusätzliches Feld verursacht, welches den von der Hauptpoldurchflutung erregten Nutzfluß auf der einen Seite (im wesentlichen im Endzahn) vergrößert, auf der andern Seite verkleinert. Dies hat infolge der Zahnspannungen eine geringe Schwächung des gesamten Flusses zur Folge, die aber, wie eine genauere Untersuchung zeigt, weniger als 1 % ausmacht.

Die in der Nut zwischen den Haupt- und Wendepolen liegenden Leiter der

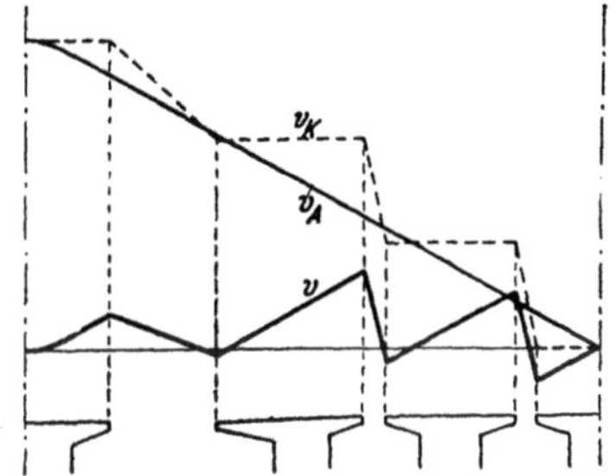

Abb. 195. Felderregerkurven der Anker- und Kompensationswicklung.

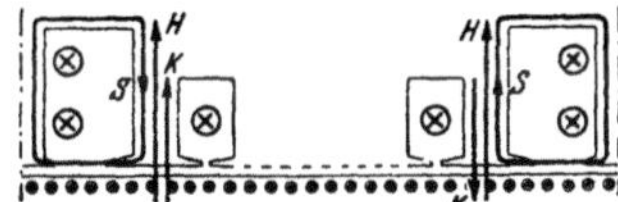

Abb. 196. Flüsse in den Endzähnen.

Kompensationswicklung und der Wendepolwicklung erregen nun Streufelder (S in Abb. 196), die die Induktion in den Endzähnen des Hauptpols, in denen die Beanspruchung durch das Hauptfeld (H) durch Überkompensation (K) verstärkt wird, wieder schwächen, während es in den andern Endzähnen umgekehrt ist. Überkompensation und Streufluß wirken also einander entgegen; eine genauere Untersuchung zeigt, daß sie zusammen keinen merklichen Einfluß auf den Fluß φ haben.

Dagegen müssen wir noch die Überlagerung von Haupt- und Wendepolfluß im Ständerjoch berücksichtigen (vgl. Abschn. III C 1, Bd. I). Im Ankerkern dürfen wir diesen Einfluß außer acht lassen, weil sich Wendepolfluß und Ankerstreufluß dort im wesentlichen aufheben. Ist b_J die fiktive vom Hauptpolfluß, b_{WJ} die vom Wendepolfluß herrührende Induktion, die wir im Abschn. 5 b ermitteln werden, so treten die resultierenden Induktionen $b_J' = b_J - b_{WJ}$ bzw. $b_J'' = b_J + b_{WJ}$ im Joch des Hauptpolkreises auf, womit sich jetzt die Jochspannung $v_J' = (h_J' + h_J'') L_J/2$ (Gl. 646, Bd. I) ergibt.

c. Zusammenstellung. In Zahlentafel 6 sind die wichtigsten Größen der magnetischen Kennlinie für Dauer-, Stunden- und Anfahrmoment zusammengestellt. Die Länge des Ständerjochs ist dabei zu 12 cm angenommen; im Ankerkern ist nur die radiale Tiefe bis zu den Lüftungslöchern (Abb. 188) eingesetzt.

Addieren wir zu $2(v_L + v_{ZA} + v_{ZK})$ in Abb. 192 noch $v_J + v_A$, so erhalten wir die Leerlaufkennlinie (Ankerkreis stromlos); addieren wir zu $2(v_L + v_{ZA} + v_{ZA})$ noch $v_J' + v_A$, so erhalten wir die für den Motor bei Belastung maßgebende Kennlinie $\varphi(\vartheta)$, die nur wenig von der Leerlaufkennlinie abweicht. Diese Kennlinie, die für die Augenblickswerte von Fluß und Durchflutung gilt, hatten wir

Zahlentafel 6. Magnetische Kennlinie des Hauptpolkreises.

Drehmoment in kgm		$M_d = 369$	$M_h = 462$	$M_a = 755$
Φ	$\Big\}$ in Vs	0,0379	0,0396	0,0429
$\Phi + \Phi_s$		0,0406	0,0423	0,0460
B_L in Gß		7 500	7 890	8 650
$B'_{i\,\text{max}}$	$\Big\}$ scheinbare Höchstwerte	19 200	20 200	22 200
$B'_{e\,\text{max}}$		24 100	25 300	28 200
$B'_{AZ\,\text{max}}$ (Zahnwurzel)		22 800	23 900	26 200
B_J		11 900	12 400	13 500
B_A		13 000	13 600	14 700
$2 v_L$		4 680	4 920	5 390
$2 v_{ZK}$		690	970	1 870
$2 v_{ZA}$		3 090	4 140	7 030
v_A	Höchstwerte in A	150	190	320
$v'_J\,(v_J)$		110 (70)	140 (90)	350 (130)
ϑ_{max}		8 720	10 360	14 960
i_{max}		2 180	2 590	3 740

schon in Abb. 11 für unsern Motor dargestellt und dort als „Gleichstromkennlinie" bezeichnet. Aus dieser Kennlinie gewinnen wir nach Abschn. A 5 die
magnetische „Wechselstromkennlinie" $\Phi_{\text{eff}}(I)$, die dort für unsern Motor ermittelt wurde.

d. Die Feldkurve. Im unteren Teil der Abb. 191 ist die Feldkurve bei Leerlauf
dargestellt, und zwar für $i_{\text{max}} = 1980$ A, entsprechend $I = 1190$ A und einem
Drehmoment $M = 325$ kgm, also etwas kleiner als Dauermoment. Dabei ist
unter dem Bereich $b'/2$ die mittlere Induktion B über je eine Nutteilung des
Ständers angegeben. Unter dem Endzahn ist jeweils der Mittelwert der Normalkomponente der Luftspaltinduktion über der Nutteilung des Ankers (gestrichelte
Stufenkurve) aufgezeichnet, wie er sich bei der Stellung des Ankers, die unserer
Berechnung im Abschn. a zugrunde gelegt wurde, ergibt. Bei umlaufendem Anker
ergibt sich etwa die stärker hervorgehobene mittlere Feldkurve. Der sprunghafte
Abfall an der Grenze von Innen- und Endzahn für die örtlich mittlere Induktion
ist auf die getrennte Berechnung für die Innen- und Endzähne zurückzuführen
(hohe Beanspruchung der Endzähne!); in Wirklichkeit verläuft natürlich die
Kurve stetig. Der gesamte Fluß ist $\Phi = \Phi_i + \Phi_e$.

Wie wir im Abschn. b gezeigt haben, gilt die Feldkurve in Abb. 191 im
wesentlichen auch dann, wenn der Ankerkreis von Strom durchflossen wird,
und wenn die Ankernuten gegenüber den Ständernuten um eine Nutteilung
des Ankers schräg gestellt sind. Diese Schrägung der Nuten hat auch keinen
merklichen Einfluß auf den Fluß, der für das entwickelte Drehmoment und die
in der Ankerwicklung durch Bewegung induzierte EMK E maßgebend ist, weil
der Anteil des Flusses, der in die Wendezone eindringt, gegenüber dem Gesamtfluß verschwindend klein ist.

Der ideelle Polbogen ergibt sich nach Gl. 228a, Bd. I, zu $b_i = \Phi\,B_L\,l_i$. Für
$i_{\text{max}} = 2300$ A ($M = 400$ kgm) ist $\Phi = 0,0384$ Vs, $B_L = 7600$ Gß, also $b_i = 14,45$ cm
und damit $\alpha = b_i/\tau = 0,653$. Mit $b' = 3\,t_1$ kann man auch, wie eine einfache
Rechnung zeigt, schreiben $b_i = b'\,(1 + \Phi_e/\Phi_i)$. Bei geringeren magnetischen Beanspruchungen wird b_i etwas größer, der aus dem Feldbild Abb. 193 ermittelte

Grenzwert ist dann $\alpha = \dfrac{b_i}{\tau} = \dfrac{m_e\,\delta_0 + b'}{\tau} = \dfrac{2\cdot 8,3\cdot 0,39 + 8,7}{22,12} = 0,686$. Bei gün-
stigerer Anordnung der Kompensationsnuten, die einen Ausgleich der Belastungen
von End- und Innenzähnen gestattet (vgl. Abschn. 9b), läßt sich auch bei höherer
magnetischer Beanspruchung der Grenzwert $\alpha = 0,686$ erreichen, eine Vergrößerung darüber hinaus ist nur möglich bei Verbreiterung des Hauptpols,
vorausgesetzt, daß durch entsprechende Formgebung die hohen Induktionen in
der Endzahnspitze vermieden werden können.

5. Wendepolkreis.

a. Feldkurve. Die Feldkurve im Bereich der Wendezone läßt sich nach Abschn. II G 2a, Bd. I, mit einer gewissen Annäherung aus einem Feldbild ermitteln. Wir berechnen zunächst den zur günstigen Stromwendung nötigen Über-
schuß der Wendepoldurchflutung über die Anker- und Kompensationsdurchflutung.

Im Abschn. 2b hatten wir den Effektivwert $\mathcal{E}_W$ der EMK der Stromwendung
bei einem effektiven Ankerstrom $I = 1400$ A und einer Drehzahl $n = 1070$ U/min
($v_A = 3940$ cm/s) berechnet. Bilden wir den Mittelwert während der Kurzschluß-
dauer, so erhalten wir $\mathcal{E}_{W_m} = \mathcal{E}_{N_m} + \mathcal{E}_S = 5,06$ V und daraus den mittleren
Augenblickswert

$$\mathcal{E}_{W_m} = \frac{5,06}{3940\cdot 1400}\cdot v_A\,i = 91,8\cdot 10^{-8}\,v_A\,i. \tag{284}$$

Damit berechnen wir den Mittelwert der erforderlichen Luftspaltinduktion im
Bereich der Wendezone zu

$$b_{W_m} = \frac{\mathcal{E}_{W_m}\,10^8}{2\,l_i\,v_A} = 1,31\cdot i \ \ \text{G}\text{ß}, \tag{285}$$

worin i in A einzusetzen ist. Wir werden im Verlauf dieses Abschnittes sehen,
daß die Feldkurve in der Mitte des Wendepols stark eingesattelt ist (stärkere
voll ausgezogene Kurve a in Abb. 199a), so daß der Mittelwert der Wendefeldinduktion in unserm Falle etwa 1,12 mal so groß ist wie die Induktion b_{W_0} in
der Mitte des Wendepols. Die glatte Ersatzfläche des genuteten Ankers muß
von der Mitte des Wendepolschuhs den Abstand $\delta' = k_C\,\delta = 0,465$ cm haben.
Damit erhalten wir die erforderliche magnetische Span-
nung zwischen Wendepolschuh und Ankeroberfläche in
der Mitte des Wendepols zu

$$v_L = \frac{b_{W_m}\,\delta'}{0,4\,\pi\cdot 1,12} = 0,433\,i. \tag{286}$$

Die magnetische Spannung im Eisen des Wendepolkreises soll immer klein sein gegenüber $2v_L = 0,866\,i$.
Wir können deshalb für die Durchflutung je magne-
tischen Kreis mit einiger Sicherheit $\vartheta_W \approx i$ setzen. Damit
ergibt sich eine einzige Windung je magnetischen
Kreis, die wir durch Parallelschalten zweier Zweige,
von denen der eine alle Nord-, der andere alle Südpole magnetisiert, erhalten könnten.

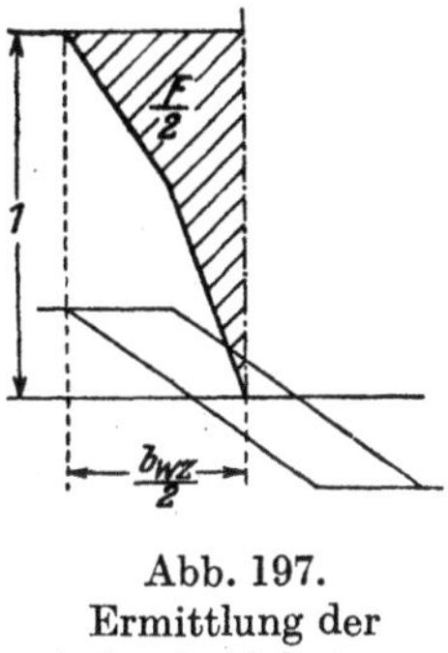

Die Durchflutung der Ankerwicklung hatten wir
schon im Abschn. K 2a geschätzt und wollen sie jetzt
genauer ermitteln. Nehmen wir geradlinige Stromwen-
dung an, so erhalten wir nach Abb. 197 in der im Abschn. III B 7a, Bd. I,
erläuterten Weise die Verteilung des Strombelags der Ankerwicklung im Bereich der Wendezone. Bezeichnen wir die dort schraffierte Fläche mit $F/2$, so

Abb. 197.
Ermittlung der
Ankerdurchflutung.

wird die Ankerdurchflutung $\vartheta_{A\,0} = z\,i/4a\,p = 6{,}20\,i$ bei unendlich schmalen Bürsten durch die wirkliche Bürstenbreite im Verhältnis $\eta = 1 - F/\tau = 0{,}955$ verringert. Es ist also $\vartheta_A = 5{,}92 \cdot i \approx 6 \cdot i$ und gleich der Durchflutung der Kompensationswicklung. Damit erhalten wir das Verhältnis $(\vartheta_K + \vartheta_W)/\vartheta_A \approx 7/6$. Für dieses Verhältnis ist in Abb. 198 die Potentialverteilung auf der Oberfläche des Wendepols und der Ankeroberfläche eingeschrieben, wobei für die Potentialverteilung auf der Ankeroberfläche die Stromverteilung nach Abb. 197 berücksichtigt wurde. Die Auswertung des Feldbildes ergab die voll ausgezogene Feldkurve a in Abb. 199a. Der angeschriebene Induktionsmaßstab gilt für $i = 1980$ A.

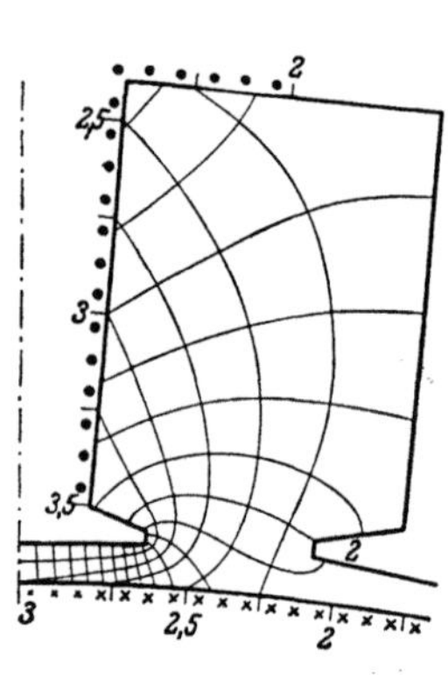

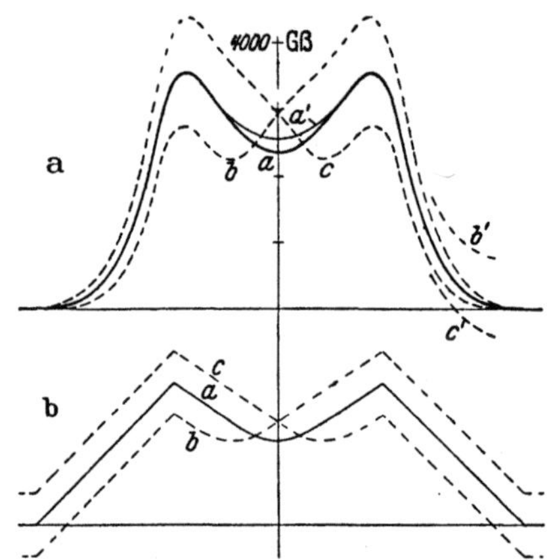

Abb. 198.
Feldbild des Wendepolflusses.

Abb. 199a u. b. a) Feldkurven;
b) Felderregerkurven.

Die Zähne des Ankers sind nun gegenüber dem Wendepol um eine Nutteilung, bezogen auf die ganze Eisenlänge, schräg gestellt. Die Feldkurve a in Abb. 199a gilt deshalb nur für die Mittelebene des Blechpakets. Für andere Ebenen senkrecht zur Welle des Ankers verschiebt sich die Felderregerkurve des Ankers gegenüber der des Ständers. Für diese Ebenen können die Feldkurven wieder aus Feldbildern gewonnen werden. Einfacher und genügend genau kommen wir aber bei dem verhältnismäßig breiten Polschuh zum Ziel, wenn wir die Feldkurve, die für die Mittelebene des Blechpakets gilt, im Verhältnis der resultierenden Felderregerkurven umrechnen. Dabei können wir in dem weniger wichtigen Teil außerhalb des Bereichs des Wendepolschuhs annehmen, daß die Wendepolwicklung und der Teil der Kompensationswicklung, der in der Wendepolnut liegt, längs des Nutschlitzes gleichmäßig verteilt ist, so daß die resultierende Felderregerkurve zwischen Wendepolkante und Hauptpolkante geradlinig verläuft. Sie ist, wie wir im Abschn. 4b (Abb. 195) gezeigt haben, an der Kante der Hauptpole zufällig fast Null.

In Abb. 199b ist die Felderregerkurve a, die für die Mittelebene des Blechpakets gilt, voll ausgezogen. Für die beiden Endebenen sind sie gestrichelt gezeichnet (b und c). Multiplizieren wir die jeweiligen Ordinaten der Feldkurve für die Mittelebene im Verhältnis der entsprechenden Ordinaten der resultierenden Felderregerkurven für die Endebenen und die Mittelebene, so erhalten wir die in Abb. 199a gestrichelt gezeichneten, symmetrisch zueinander liegenden Feldkurven b und c an den Endebenen des Blechpakets. Ebenso können wir die

Feldkurven für andere Ebenen senkrecht zur Ankerwelle ermitteln, sie liegen zwischen den Grenzwerten der Feldkurven, die für die Mittelebene und die Endebenen gelten. Bei Ermittlung der Feldkurven für die Endebenen aus einem hier nicht wiedergegebenen Feldbild ergibt sich nur in den Pollücken ein merklich anderer Feldverlauf, der im rechten Teil der Abb. 199a durch die Kurvenstücke b' und c' angedeutet ist. Da diese Abweichung hier nur von verschwindend kleinem Einfluß auf den Verlauf der später ermittelten Kurven ist, legen wir für die folgenden Untersuchungen die Kurven b und c zugrunde.

Die mittlere Feldkurve über die axiale Länge des Blechpakets können wir mit genügender Annäherung nach der Simpsonschen Regel aus den Kurven a, b und c in Abb. 199a ermitteln. Sie weicht nur im Sattel von der stark ausgezogenen Kurve a ab und ist in Abb. 199a durch die schwach ausgezogene Kurve a' angedeutet. Die Fläche, die die Kurve a' mit der Abszissenachse einschließt, ist dem Hauptfluß im Wendepol proportional.

Um jene mittlere Feldkurve zu erhalten, mit der man die in einem Ankerleiter induzierte Bewegungs-EMK bei geschrägten Ankerzähnen berechnen kann, müssen wir zunächst die Kurve b in Abb. 199a um eine halbe Nutschrägung (in unserem Falle eine halbe Nutteilung) nach rechts, die Kurve c um eine solche nach links verschieben. Wir erhalten die in Abb. 200a dargestellten Kurven b und c. Bilden wir dann nach der Simpsonschen Regel den Mittelwert der Kurven a, b und c in Abb. 200a, so erhalten wir die stark hervorgehobene Kurve b_W, herrührend von Anker-, Kompensations- und Wendepolwicklung.

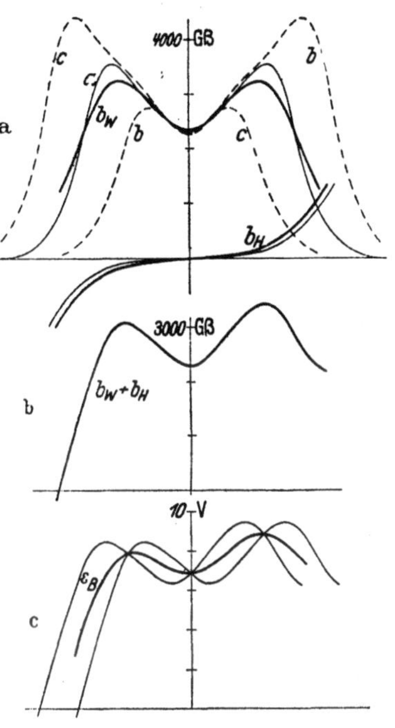

Abb. 200a bis c. Ermittlung von $\mathfrak{E}_B$ aus den Feldkurven; $i = 1980$ A, $n = 1070$ U/min.

Die von der Nutung herrührenden Oberwellen der Feldkurve (vgl. Abschn. III B 5, Bd. I) können wir aus zwei Gründen außer acht lassen: erstens, weil die Nuten um eine Ankernutteilung geschrägt sind, und zweitens, weil die Weite der Ankerspulen um eine halbe Nutteilung von der Polteilung abweicht.

Nun dringt auch noch das Hauptfeld mehr oder weniger in den Bereich der Wendezone ein. Wir erhalten die Normalkomponente dieses Feldes wieder aus einem Feldbilde (Abb. 193). Die Auswertung dieses Feldbildes liefert unter Berücksichtigung der magnetischen Beanspruchungen im Hauptkreise (vgl. Abschn. 4) für die Mittelebene des Blechpakets die schwächer ausgezogene Kurve neben b_H in Abb. 200a bei $i = 1980$ A. Bilden wir von dieser Kurve die Mittelwerte längs einer Nutteilung des Ankers und tragen sie über der Mitte dieser Nutteilung auf, so erhalten wir die stärker hervorgehobene Kurve b_H, die die Nutschrägung des Ankers berücksichtigt. Die Summe $b_W + b_H$ ist in Abb. 200b dargestellt.

Um die Bewegungs-EMK zu ermitteln, die bei einer Abweichung der Spulenweite von der Polteilung in der Ankerspule induziert wird, müssen wir die Mittelwerte der Ordinaten in Abb. 200b bilden, die um jene Abweichung — in unserem Falle also um $t/2$ — auseinander liegen. Am übersichtlichsten bestimmen wir diese Mittelwerte, indem wir die Feldkurve in Abb. 200b einmal nach rechts, das andere Mal nach links um $t/4$ verschieben (Abb. 200c) und den Mittelwert dieser beiden Kurven bilden. Damit erhalten wir die stark hervorgehobene Kurve $\mathfrak{s}_B$ in Abb. 200c. Der Ordinatenmaßstab in V gilt für Dauerdrehzahl $n = 1070$ U/min.

Die stärker hervorgehobenen Kurven b_W und b_H in Abb. 200a, $b_W + b_H$ in Abb. 200b und $\mathfrak{s}_B$ in Abb. 200c gelten für einen Strom $i = 1980$ A, und zwar mit Berücksichtigung der Nutschrägung und der magnetischen Beanspruchung im Eisen. Für die Kurve b_W ist die magnetische Spannung $2 v_{LW}$ maßgebend, die bei $i = 1980$ A etwa $2 v_{LW} \approx 2055 \cdot 1980/2180 = 1870$ A beträgt, weil nach Zahlentafel 7 und Abb. 201 in diesem Bereich die magnetische Kennlinie der Wendepole noch praktisch geradlinig verläuft. Für andere Ströme ist b_W im Verhältnis der Werte $2 v_{LW}$ umzurechnen, wobei die Kurvenform von b_W angenähert erhalten bleibt[1]). So sind z. B. für den größten beim Anfahren vorkommenden Höchstwert $i_{\max} = 3740$ A die Ordinaten der Kurve b_W in Abb. 200a im Verhältnis $3115/1870 \approx 1,67$ (Zahlentafel 7) zu vergrößern. Der Einfluß des Hauptfeldes ist bei größeren Strömen wegen der starken magnetischen Beanspruchung in den Endzähnen des Hauptpols relativ geringer, so daß bei starken Strömen auch die Unsymmetrie der Kurven in Abb. 200b u. c geringer wird. Bei kleineren Strömen ist es umgekehrt, doch ist dann auch die EMK der Stromwendung $\mathfrak{s}_W$ geringer, so daß die Rest-EMK $\mathfrak{s}_W + \mathfrak{s}_B$ trotzdem kleiner wird.

Wenn die Höchstwerte des Stromes bis in den gekrümmten Teil der magnetischen Kennlinie der Wendepole hineinreichen, läßt sich die EMK der Stromwendung nicht mehr für alle Augenblickswerte restlos unterdrücken. Bis zu etwa $i_{\max} = 2600$ A verläuft aber die magnetische Kennlinie für unsern Motor praktisch geradlinig (Abb. 201). Für diesen Fall können wir die Ordinaten der Kurve $\mathfrak{s}_B$ in Abb. 200c auf den Effektivwert umrechnen. Wir erhalten bei dem Effektivwert $I = 1400$ A des Stromes ($i_{\max} \approx 2330$ A) $\mathfrak{s}_B \approx \dfrac{1400}{1980}\, \mathfrak{s}_B = 0,71\, \mathfrak{s}_B$; das ist die im oberen Teil der Abb. 180b u. c mit $\mathfrak{s}_B$ bezeichnete Kurve, die wie die Kurve $\mathfrak{s}_B$ in Abb. 200c für $n = 1070$ U/min gilt.

b. Magnetische Kennlinie. Die Berechnung der Umlaufspannung können wir im wesentlichen nach Bd. I, Abschn. III C, und Zusammenstellung S. 585 vornehmen. Wir gehen von verschiedenen Luftspaltinduktionen b_{LW} unter Wendepolmitte aus und berechnen die Luftspaltspannung v_{LW} an dieser Stelle. Es ist $v_{LW} = 0,8\, k_C\, \delta_W\, b_{LW}$. Der ideelle Wendepolbogen b_{Wi} ergibt sich aus dem Feldbilde Abb. 198 bei einem ideellen Luftspalt unter Wendepolmitte von $\delta_{W0} = 0,465$ cm zu $m\, \delta_{W0} = 11,8 \cdot 0,465 = 5,5$ cm (Gl. 653, Bd. I). Damit erhalten wir den Mantelfluß, der in den Wendepol eintritt, zu $\varphi_W = b_{Wi}\, l_{Wi}\, b_{LW}$. Die Bestimmung der wenig ins Gewicht fallenden Ankerzahnspannung (Gl. 252 u. 651, Bd. I) bietet keine Schwierigkeiten. Bei der Berechnung der Spannungen in Wendezahn und Joch ist der Streufluß zu berücksichtigen, bei Berechnung der Jochspannung außerdem die Überlagerung von Haupt- und Wendepolfluß. Diese Überlagerung, die wir schon bei Behandlung des Hauptpolkreises, Abschn. 3b,

---

[1]) Die bei größeren Strömen auftretende größere Eisenbeanspruchung bewirkt eine verhältnismäßig größere Verschiedenheit der Luftspaltspannung unter Wendepolmitte und -kante und damit eine etwas stärkere Ausprägung der Einsattlung.

betrachtet haben, ruft auch im Wendepolkreis eine zusätzliche, hier aber sehr störende Spannung $v'_{JW} = \frac{1}{2}(h''_J - h'_J) L_J$ hervor.

Der Streufluß schließt sich zum größten Teil über das hochbeanspruchte Eisen der Endzähne und über das Joch (vgl. Abb. 198), seine genaue Berechnung ist deshalb kaum möglich. Ohne genauere Berechnung des Streuflusses ist auf einfache Weise die Berechnung zweier Grenzkurven der magnetischen Kennlinie möglich: Bei Vernachlässigung der Endzahnspannung erhalten wir mit $\varphi_{Ws} = 0,4 \pi m_s l_{Wi} v_{LW}$ aus dem Feldbild einen zu großen Wert für den Streufluß, damit zu hohe Spannungen in Endzahn und Joch, d. h. im Endergebnis eine zu niedrig liegende Kennlinie b'_{LW_0} in Abhängigkeit von der Umlaufspannung $\vartheta = i$ (Abb. 201). Vernachlässigen wir dagegen den Streufluß vollständig, so erhalten wir bei sonst entsprechender Rechnung die Kennlinie b''_{LW_0} in Abb. 201.

Beide Kennlinien weichen in dem für uns wichtigen Gebiet verhältnismäßig wenig voneinander ab, so daß ihr Mittelwert b_{LW_0} nur wenige Hundertstel von dem wahren Wert verschieden sein wird. Zu beachten ist, daß die erwähnten Kennlinien die Induktion unter Wendepolmitte darstellen, der Mittelwert über die Wendezone ist nach Abb. 199a etwa 12% höher und in Abb. 201 durch die stark hervorgehobene Kurve $b_{LWm} = 1,12 \cdot b_{LW_0}$ dargestellt.

Für die Effektiv- und die Höchstwerte der bei Dauerbetrieb (d und D), Stundenleistung (h und H) und Anfahrt (a und A) auftretenden Ströme (vgl. Zahlentafel 8, S. 281) sind in Abb. 201 die Betriebspunkte in die Kennlinie b_{LWm} (i) eingezeichnet.

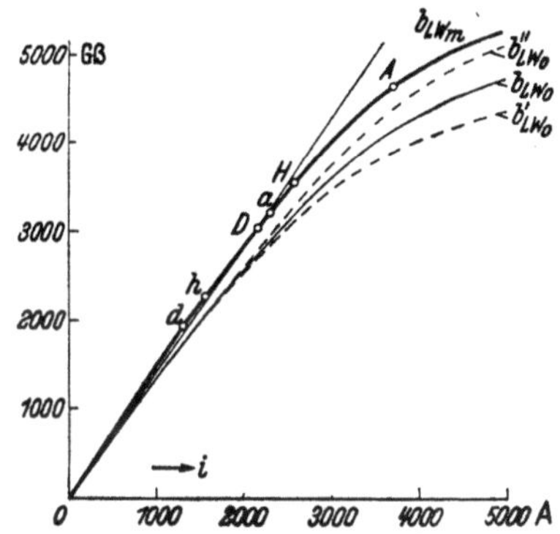

Abb. 201. Magnetische Kennlinie b_{LW_m} (i) des Wendepolkreises.

Stellen wir das Wendefeld so ein, daß z. B. bei dem Höchstwert des Stromes für Dauerbetrieb die EMK der Stromwendung gerade vom Wendefeld aufgehoben wird, so gibt die Abweichung der in Abb. 201 schwach ausgezogenen Geraden von der stark hervorgehobenen Kurve die Restwerte zwischen EMK der Stromwendung $\mathscr{E}_W$ und Bewegungs-EMK $\mathscr{E}_B$ an. Wir erkennen, daß diese Restwerte selbst bei den größten Stromspitzen noch verhältnismäßig klein sind.

In Zahlentafel 7 sind die Größen für den Wendepolkreis zusammengestellt.

6. Wirkwiderstände.

Der Berechnung der Wirkwiderstände legen wir einen Durchschnittswert des spezifischen Widerstandes von $\varrho = 0,023\ \Omega\ \text{mm}^2/\text{m}$ zugrunde, der nach Gl. 319c, Bd. I, einer Wicklungstemperatur von etwa 100° C entspricht.

a. Gleichwiderstände. Der Teil K_1 der Kompensationswicklung, der in den Nuten der Hauptpole untergebracht ist, erhält je Leiter 15 Bänder von je $14 \cdot 2,2 = 30,8\ \text{mm}^2$ (Abb. 202a), es ist also der ganze Leiterquerschnitt $15 \cdot 30,8 = 462\ \text{mm}^2$. Mit der mittleren Windungslänge 1,37 m und 20 Windungen erhalten wir den Gleichwiderstand $R_{GK_1} = 0,00136\ \Omega$.

Die Leiter der Erregerwicklung bestehen aus 11 parallel geschalteten Bändern von je $20 \cdot 2 = 40\ \text{mm}^2$ (Abb. 202b), der gesamte Querschnitt ist $440\ \text{mm}^2$, die mittlere Windungslänge 1,52 m, die Windungszahl 20, der Gleichwiderstand also $R_{GE} = 0,00159\ \Omega$.

Zahlentafel 7. Magnetische Kennlinie des Wendepolkreises
(Zeiger W weggelassen).

Drehmoment in kgm		$M_d = 369$	$M_h = 462$	$M_a = 755$
Φ in Vs		0,00534	0,00614	0,00795
$\Phi + \Phi_s$ in Vs		0,00712	0,00819	0,01049
B_L in Gß		2760	3190	4140
$B_{K\,max}$		10500	11900	15500
$B_{AZ\,max}$ (an der Wurzel)		9400	10900	14000
B_J		2100	2410	3090
B_A		1840	2120	2740
$2v_L$	Höchstwerte in A	2055	2390	3115
$2v_{ZK}$		27	52	223
$2v_{ZA}$		15	22	53
v_A		11	12	14
$v'_J\,(v_J)$		63 (9)	104 (10)	324 (11)
$i_{max} = \vartheta_{max}$		2180	2590	3740

Die Wicklung auf dem Wendepol besteht aus 2 Teilen, der eigentlichen Wendepolwicklung W und dem Teil K_2 der Kompensationswicklung. Jeder Leiter besteht aus 11 parallel geschalteten Bändern von je $15 \cdot 2 = 30$ mm² (Abb. 202c), der ganze Leiterquerschnitt ist also 330 mm². Mit der mittleren Windungslänge 1,2 m und je 10 Windungen (vgl. Abb. 203 β) erhalten wir $R_{GW} = R_{GK_2} \approx 0{,}00085\ \Omega$.

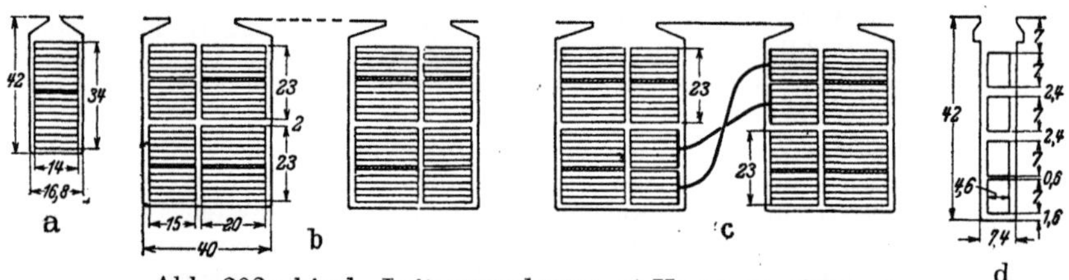

Abb. 202 a bis d. Leiteranordnung. a) Kompensationsnut; b) u. c) große Ständernut, b) für Erreger-, c) für Wendepolwicklung; d) Ankernut.

Der Querschnitt eines Leiters der Ankerwicklung (Abb. 202d) ist $4{,}6 \cdot 7 = 32{,}2$ mm², die mittlere Windungslänge 1,4 m, die gesamte Leiterzahl $z = 620$, der Gleichwiderstand $R_{GA} = 0{,}00311\ \Omega$.

b. Widerstandsverhältnisse. Unter „Widerstandsverhältnis" verstehen wir wie üblich das Verhältnis zwischen den Wechselstrom- und den Gleichstromwärmeverlusten bei demselben effektiven Strom. Um die in Nuten eingebetteten Wicklungsteile von der Stromwärme zu entlasten und diese teilweise auf die gut belüfteten Wicklungsköpfe zu verlagern, sind die Leiter in Einzelleiter unterteilt und gegeneinander durch Lackschichten isoliert. Außerdem ist auch noch eine besondere Isolierzwischenlage in der Nähe des mittleren Einzelleiters eingefügt, die in den Abb. 202a bis c schraffiert angedeutet ist. Die Höhe der Einzelleiter ist so klein bemessen, daß die zusätzlichen Stromwärmeverluste in einem Einzelleiter, die bei Reihenschaltung sämtlicher Einzelleiter auftreten würden, verschwindend klein sind.

Kompensationswicklung (Abb. 202a). Die Einzelleiter sind an den Enden jeder Spule durch Vernieten miteinander leitend verbunden. Der Teil der Windung bis zu den Nietverbindungen beträgt für jede Spule 1,3 m, so daß das Verhältnis zwischen den Leiterlängen außerhalb und innerhalb der Nut für jede Spule $\lambda = (1,3 - 0,7)/0,7 \approx 0,86$ ist. Die für das Widerstandsverhältnis bei unterteilten Leitern maßgebende Größe ξ' ergibt sich nach den Gl. 279a u. b (Abschn. J 2d) mit $\alpha = 0,503$ cm^{-1} zu $\xi' = 1,25$. Damit erhalten wir das Widerstandsverhältnis einer Windung zwischen den Nieten, durch die die Einzelleiter miteinander leitend verbunden sind, zu $k_i = \varphi(\xi') = 1,2$. In dem übrigen Teil der Wicklung können wir das Widerstandsverhältnis gleich 1 setzen und erhalten dann für die ganze Wicklung K_1 das Widerstandsverhältnis zu $k = (1,2 \cdot 1,3 + 0,07)/1,37 = 1,19$.

Wäre die Wicklung mit massiven Leitern von demselben Querschnitt und derselben Leiterbreite ausgeführt, so ergäbe sich innerhalb der Nut $k_N = 1,53$ und für die ganze Wicklung $k = (1,53 \cdot 0,7 + 0,67)/1,37 = 1,27$. Es wird also durch die Unterteilung nicht nur die Nut, sondern auch die gesamte Wicklung von der Stromwärme entlastet.

Erregerwicklung (Abb. 202b). An den Enden jeder Windung sind die Einzelleiter durch Nieten leitend verbunden, das Verhältnis λ ist 0,86. Das von der Wendepolwicklung, die in denselben Nuten wie die Erregerwicklung liegt, erzeugte Streufeld kommt hier nicht in Betracht, weil es jeden Stromkreis, gebildet aus zwei Einzelleitern in beiden Nuten der Erregerspule im entgegengesetzten Sinne durchsetzt. Wir können deshalb das Streufeld der Wendepolwicklung ganz außer acht lassen. Wir erhalten mit $\alpha = 0,378$ cm^{-1} $\xi' = 0,6375$. Damit ergibt sich für die untere Spule (am Nutengrund) $k_u = 1,015$, für die obere (an der Nutöffnung) $k_o = 1,125$; der Mittelwert ist $k_m = 1,07$. Für die ganze Wicklung wird das Widerstandsverhältnis durch die Schaltverbindungen noch etwas kleiner, nämlich $k = (1,07 \cdot 1,3 + 0,22)/1,52 = 1,06$.

Würden wir die Wicklung mit massiven Leitern ausführen, so müßten wir berücksichtigen, daß in der einen Nut das Streufeld der Wendepolwicklung das Widerstandsverhältnis der Erregerwicklung vergrößert, in der andern Nut allerdings verkleinert. Eine besondere Untersuchung, auf die hier nicht näher eingegangen werden soll, ergibt für die Leiter in der Nut, wo sich die Durchflutungen der Erreger- und Wendepolwicklung unterstützen, für den oberen Leiter der Erregerwicklung $k_{No} = 2,06$; für die ganze Wicklung erhält man $k = 1,16$. Die vorgenommene Unterteilung der Leiter ist also besonders dort wirksam, wo die Stromwärme am größten ist; sie wird dort im Verhältnis $1,125/2,06 = 0,548$ verringert.

Wendepolwicklung (Abb. 202c). Bei der Wendepolwicklung ist jeder aus 11 Einzelleitern bestehende Leiter nochmal unterteilt, und die beiden Teilleiter mit 5 und 6 Einzelleitern sind beim Übergang von der unteren Windung zur oberen verschränkt, wodurch das Widerstandsverhältnis noch weiter verringert wird als bei der Erregerwicklung. Wie im Abschn. J 2d können wir auch hier unterscheiden zwischen der zusätzlichen Stromwärme 1. und 2. Grades. Zur Berechnung der Stromwärme 1. Grades setzen wir voraus, daß die beiden Leiter, die nach einer Windung verschränkt werden, schon stromverdrängungsfrei sind. Damit erhalten wir die auf die Gleichstromwärmeverluste bezogenen zusätzlichen Stromwärmeverluste 1. Grades nach Gl. 280a im Abschn. J 2d mit $\alpha = 0,326$ cm^{-1}, $h = 2,3$ cm und $\xi' = 0,615$ $k_1 - 1 = 0,009$. Die zusätzliche Stromwärme 2. Grades ergibt sich, wenn alle 4 in der Nut übereinander liegenden Leiter in Reihe geschaltet werden. Mit $\alpha = 0,326$ cm^{-1}, $h = 1,15$ cm und $\xi' = 0,308$ wird nach Gl. 330b,

Bd. I, $k_2 - 1 = (15,8 \cdot 0,009)/9 = 0,0158$. Damit wird die Summe $k_1 - 1 + k_2 - 1 = 0,025$. Mit Rücksicht auf die noch auftretenden zusätzlichen Verluste in den Einzelleitern bei Reihenschaltung sämtlicher Einzelleiter schätzen wir für das Widerstandsverhältnis $k \approx 1,04$. Die zusätzliche Stromwärme ist also in der Wendepolwicklung fast ganz zu vernachlässigen.

Ankerwicklung. Das Widerstandsverhältnis der Ankerwicklung unseres Motors hatten wir schon im Abschn. J 2 c untersucht (vgl. S. 254, Zahlentafel 4, letzte Zeile). Innerhalb der Nuten ergab sich bei Dauerdrehzahl 1070 U/min $k_N = 2,08$, womit das Widerstandsverhältnis der ganzen Wicklung ($\lambda \approx 1$) sich zu $k = (2,08 \cdot 1 + 1)/2 = 1,54$ ergibt. Dieses Verhältnis ändert sich natürlich mit der Drehzahl.

c. Wirkwiderstände im Motorkreis. Multiplizieren wir die Gleichwiderstände mit ihren Widerstandsverhältnissen, so erhalten wir die Wirkwiderstände der Wicklungen: $R_{K_1} = 0,00136 \cdot 1,19 \approx \mathbf{0,0016}$, $R_E = 0,00159 \cdot 1,06 \approx \mathbf{0,0017}$, $R_W = R_{K_2} = 0,00085 \cdot 1,04 \approx \mathbf{0,0009}$, $R_P = R_W + R_{K_2} \approx \mathbf{0,0018}\,\Omega$ und bei 1070 U/min $R_A = 0,00311 \cdot 1,54 \approx \mathbf{0,005}\,\Omega$. Für die betriebsmäßige Schaltung des Motors müßten wir berücksichtigen, daß zur Wendepolwicklung ein Widerstand parallel geschaltet ist. Vernachlässigen wir diesen kleinen Einfluß, so erhalten wir für den gesamten Widerstand der Wicklung des Motors $0,0102\,\Omega$. Setzen wir die Bürstenübergangsspannung bei 1400 A zu 2,5 V ein, so erhalten wir den Bürstenübergangswiderstand $R_B = \mathbf{0,0018}\,\Omega$. Damit wird der gesamte Wirkwiderstand im Motorkreis $R = 0,012\,\Omega$, den wir bei Berechnung der Kennlinien im Abschn. B 3 wegen der noch im Motorkreis liegenden Schaltverbindungen und Apparate auf $R \approx \mathbf{0,015}\,\Omega$ abgerundet haben.

7. Blindwiderstände.

In diesem Abschnitt wollen wir die Blindwiderstände für unsern Vollbahnmotor berechnen, die wir in früheren Abschnitten zu verschiedenen Untersuchungen verwendet haben. Bei den Wendepolwicklungen vernachlässigen wir die Blindwiderstände der Stirnverbindungen wegen ihrer Kleinheit. Wir unterscheiden die Wendewicklung W_0, die zur Unterdrückung der EMK der Stromwendung $\mathfrak{S}_W$ ungefähr ausreicht (1 Windung je Polpaar), von der verstärkten Wendewicklung W (2 Windungen) und den Wendepolwicklungen $P_0 = W_0 + K_2$ (3 Windungen) und $P = W + K_2$ (4 Windungen je Polpaar); vgl. Abb. 203 α bis γ.

a. Wendepolwicklungen. α. Wenn wir kein phasenverschobenes Wendefeld durch Wirkwiderstand parallel zur Wendewicklung erregen, reichen $W_0 = 5$ gesamte in Reihe geschaltete Windungen der Wendewicklung W_0 aus. In den Wendepolnuten (vgl. Abb. 203 α) liegen noch $K_2 = 10$ in Reihe geschaltete Windungen der Wicklung K_2, die zusammen mit der Wicklung K_1 in den Hauptpolnuten die Ankerwicklung vollständig kompensieren.

Der Wendepol(mantel)fluß ist bei 5 in Reihe geschalteten Windungen der reinen Wendewicklung W_0 und Nennstrom $I = 1312$ A $\Phi_W = 0,00451$ Vs; die von ihm in der Wicklung W_0 induzierte EMK ist nach Gl. 4 b $E_{W_0 h} = 1,665$ V, der Hauptblindwiderstand also $X_{W_0 h} = \mathbf{0,00127}\,\Omega$. Die in der Kompensationswicklung $K_1 + K_2$ und in der Ankerwicklung vom Fluß Φ_W induzierten EMKe heben sich gegenseitig auf.

Die Wicklung K_2 liegt am Nutengrunde, die Wicklung W_0 an der Nutöffnung. Wir erhalten nach den Gl. 383 a bis c, Bd. I, die Leitwertzahlen $\lambda_{s\,W_0} = 0,545$, $\lambda_{s\,K_2} = 1,12$, $\lambda_{g_0} = 0,64$. Damit ergeben sich nach den Gl. 374 a u. 375 b, Bd. I, der Streublindwiderstand der Wicklung W_0 zu $X_{W_0\sigma} = 2\pi f\,\Pi_0\,l_i\,\lambda_{SW_0}\,W_0^2/p = 920 \cdot 10^{-3}\,W_0^2\,\lambda_{SW_0} = \mathbf{0,000125}\,\Omega$, der der Wicklung K_2 zu $X_{K_2\sigma} = 920 \cdot 10^{-8}\,K_2^2$

$\lambda_{S K_2} = \mathbf{0{,}00103}\ \Omega$ und der gegenseitigen Induktion $X_{g 0} = 920 \cdot 10^{-8}\ W_0\, K_2\, \lambda_{g 0} = \mathbf{0{,}000294}\ \Omega$. Der Streublindwiderstand beider Wicklungen $P_0 = W_0 + K_2$ zusammen ist also $X_{P_0 \sigma} = X_{W_0 \sigma} + X_{K_2 \sigma} + 2 X_{g 0} = \mathbf{0{,}001743}\ \Omega$.

β. Zur Erregung eines phasenverschobenen Feldes in der Wendezone muß die Wicklung W_0 verstärkt werden. Sie erhält dann $W = 10$ in Reihe geschaltete Windungen wie die Wicklung K_2, die in denselben Nuten liegt (Abb. 203β). In diesem Falle ist der Blindwiderstand, herrührend vom Wendepol(mantel)fluß, für die Wicklung W $X_{W h} = 4 X_{W 0 h} = \mathbf{0{,}00508}\ \Omega$; es ist ferner $X_{W \sigma} = 4 X_{W 0 \sigma} = \mathbf{0{,}00050}\,\Omega$, $X_g = 2 X_{g 0} = \mathbf{0{,}000588}\,\Omega$, während $X_{K_2 \sigma} = \mathbf{0{,}00103}\ \Omega$ unverändert bleibt.

γ. Fassen wir die Wicklungen W und K_2 in Abb. 203β zu einer einzigen Wicklung P zusammen (Abb. 203γ), so ist $X_{P h} = \left(\dfrac{W + K_2}{W}\right)^2 X_{W h} = 4 \cdot 0{,}00508 = 0{,}0203$, $X_{P \sigma} = X_{W \sigma} + 2 X_g + X_{K \sigma} = 0{,}00271$, und $X_P = X_{P \sigma} + X_{P h} = \mathbf{0{,}0230}\ \Omega$.

δ. Bei gewissen Schaltungen wird außer der Reihenschlußwicklung W_0 noch eine Nebenschlußwicklung verwendet, die zusammen mit W_0 und K_2 in den Wendepolnuten liegt. Die Anordnung der Wicklungen in der Wendepolnut ist für diesen Fall in Abb. 203δ dargestellt.

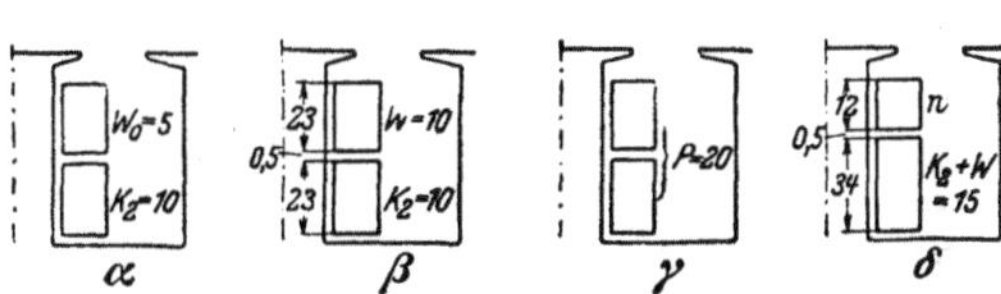

Abb. 203α bis δ.
Zur Erläuterung der Blindwiderstände.

Die Leitwertzahlen der Nut ergeben sich für die Nebenschlußwicklung w zu $\lambda_{s w} = 0{,}45$ und $\lambda_{g w} = 0{,}5$. Hat diese Wicklung w in Reihe geschaltete Windungen, so ist ihr Hauptblindwiderstand $X_{w h} = (w/5)^2\, X_{W 0 h} = 0{,}508\,(w/100)^2$ und ihr Streublindwiderstand $X_{w \sigma} = (w/5)^2\, (\lambda_w / \lambda_{s W 0})\, X_{W 0 \sigma} = 0{,}041\,(w/100)^2\ \Omega$. Damit erhalten wir den Eigen-Blindwiderstand der Nebenschlußwicklung w zu $X_w = X_{w h} + X_{w \sigma} = \mathbf{0{,}549}\cdot (w/100)^2\ \Omega$.

Dem von der Wicklung W_0 erregten Felde entspricht der Blindwiderstand der gegenseitigen Induktion $X_{w, W_0 h} = (w/5)\, X_{W 0 h} = 0{,}0254 \cdot w/100\ \Omega$, den von den Wicklungen W_0 und K_2 erregten Streufeldern der Blindwiderstand $X_{w, (W_0 + K_2) \sigma} = 920 \cdot 10^{-8}\,(W_0 + K_2)\, w\, \lambda_{g w} = 0{,}0069 \cdot w/100\ \Omega$. Damit wird der gesamte Blindwiderstand der gegenseitigen Induktion $X_{w, W_0 + K_2} = \mathbf{0{,}0323}\ w/100\ \Omega$.

b. Kompensationswicklung. α. Für gewisse Schaltungen brauchen wir den Hauptblindwiderstand der gesamten Kompensationswicklung $(K = K_1 + K_2)$, den wir nach Gl. 247b, Bd. IV, mit $m = 2$ berechnen können, wobei aber zu berücksichtigen ist, daß der ideelle Luftspalt δ'' für die Hauptpole und die Wendepole verschieden ist, δ'' also unter das Integralzeichen zu setzen ist. Vernachlässigen wir die magnetische Spannung im Eisen gegenüber der in der Luft, so erhalten wir $X_{K h} = \mathbf{0{,}0844}\ \Omega$. Der Einfluß der magnetischen Beanspruchung im Eisen macht sich nicht sehr bemerkbar, weil den größten Beitrag zu $X_{K h}$ das magnetische Feld unter dem Wendepol liefert, besonders wenn das Feld, zu dessen Berechnung wir $X_{K h}$ verwenden (vgl. Abschn. B 4d), schwach und um etwa eine Viertelperiode gegenüber den Hauptstromfeldern zeitlich phasenverschoben ist.

β. Die Leitwertzahlen des Teils K_1 der Kompensationswicklung, der in den Nuten der Hauptpole untergebracht ist, ergeben sich nach Gl. 379, Bd. I, für die Nutstreuung zu $\lambda_N = 1{,}6$, nach Gl. 402 für die Zahnkopfstreuung zu $\lambda_K = 0{,}124$. Damit erhalten wir nach den Gl. 376 u. 400, Bd. I, den Blindwiderstand der Nut- und Zahnkopfstreuung zu $X_{N + K} = 0{,}0319\ \Omega$. Für die Leitwertzahl der Stirnstreuung ist nach S. 163 u. 172, Bd. IV, $\lambda_S \approx 0{,}17$ und nach Gl. 279,

Bd. IV, der Streublindwiderstand der Stirnstreuung $X_S = 0,00121\,\Omega$. Der Streublindwiderstand des in den Nuten der Hauptpole untergebrachten Teils der Kompensationswicklung ist also $X_{K_1\sigma} = X_{N+K} + X_S = \mathbf{0,0044\,\Omega}$.

γ. Um die großen Nuten zwischen Haupt- und Wendepolen zu entlasten, ist die Ankerwicklung unter den Hauptpolen etwas überkompensiert. Es wird deshalb in dem Teil K_1 der Kompensationswicklung noch ein positiver Blindwiderstand der Wicklung K_1 und ein negativer der Ankerwicklung vorherrschen. Wir können diese Blindwiderstände aus den Haupt- und Gegeninduktivitäten berechnen. Da hierbei aber die Differenz nicht sehr voneinander verschiedener Werte zu bilden ist, die nicht genau vorausberechnet werden können, schlagen wir einen anderen Weg zur Abschätzung der Blindwiderstände ein. Vernachlässigen wir die magnetische Beanspruchung im Eisen, so erhalten wir nach Gl. 247b, Bd. IV, den Hauptblindwiderstand der Wicklung K_1 zu $X_{K_1h} \approx 0,04\,\Omega$. Das Verhältnis zwischen den Durchflutungen der Wicklung K_1 und dem Teil der Ankerwicklung, der unter dem Hauptpol liegt, ist nach Abb. 195 etwa 1,19. Damit erhalten wir den Blindwiderstand durch Überkompensation in der Wicklung K_1 zu $X_{K\ddot{u}} \approx 0,19 \cdot 0,04 = 0,0076\,\Omega$, während der entsprechende der Ankerwicklung $X_{A\ddot{u}} \approx -0,0076/1,19 = -\mathbf{0,00639\,\Omega}$ beträgt. Der im ganzen Motorkreis wirksame (positive) Blindwiderstand durch Überkompensation ist $X_{\ddot{u}} = X_{K\ddot{u}} + X_{A\ddot{u}} \approx \mathbf{0,00121\,\Omega}$. Durch die verhältnismäßig hohe magnetische Beanspruchung in den Ständer- und Ankerzähnen im Bereich der Hauptpole wird er noch merklich kleiner.

c. Erregerwicklung. Der Hauptblindwiderstand der Erregerwicklung ist $X_{Eh} = E_{Eh}/I$, wobei E_{Eh} mit dem zu I nach der Wechselstromkennlinie (Abschn. A 5) gehörigen Fluß Φ zu berechnen ist.

Die Erregerwicklung liegt neben den beiden Wicklungen W und K_2 in den Wendepolnuten und hat dieselbe Windungszahl wie die Wicklungen W und K_2 zusammen (vgl. Abb. 203β). Es ist deshalb (vgl. Abschn. a β) $X_N = X_{W\sigma} + X_{K_2\sigma} + 2X_g = 0,00271\,\Omega$. Ähnlich wie unter b erhalten wir $X_S = 0,00148\,\Omega$. Damit ergibt sich $X_{E\sigma} = \mathbf{0,00419\,\Omega}$.

d. Ankerwicklung. Die Leitwertzahl der Nut ist $\lambda_N = 2,5$, die der Zahnkopfstreuung $\lambda_K = 0,8$. Mit der Windungszahl $W_A = 6$ und $q = N/2p = 15,5$ erhalten wir nach den Gl. 376 u. 400, Bd. I, $X_{N+K} = 0,00353\,\Omega$. Die Leitwertzahl der Stirnstreuung ist nach Gl. 422, Bd. I, $\lambda_S = 0,1$ und damit der Blindwiderstand $X_S = 0,00177\,\Omega$. Der Streublindwiderstand der Ankerwicklung ist also $X_{A\sigma} = \mathbf{0,00530\,\Omega}$.

Der Blindwiderstand der gegenseitigen Induktion zwischen der reinen Wendewicklung W_0 (Abb. 203α) und der Ankerwicklung ist $X_{AW_0} = -\,{}^{30}/_5\,X_{W_0h} = -\mathbf{0,00762\,\Omega}$. Im ganzen Motorkreis wird die in der Ankerwicklung durch den Wendefluß induzierte EMK durch die in der Kompensationswicklung aufgehoben, so daß X_{AW_0} für den ganzen Motorkreis nicht in Erscheinung tritt.

Den Blindwiderstand durch Überkompensation innerhalb des Bereichs der Hauptpole haben wir im Abschn. b γ bei Vernachlässigung der magnetischen Beanspruchung im Eisen zu $X_{A\ddot{u}} \approx -0,00639\,\Omega$ gefunden. Der Blindwiderstand der Ankerwicklung ist also $X_A = X_{A\ddot{u}} + X_{AW_0} + X_{A\sigma} = -\mathbf{0,00871\,\Omega}$.

e. Gesamter Blindwiderstand im Motorkreis. Der gesamte Blindwiderstand (ausschließlich X_{Eh}) im Motorkreis ist beim gewöhnlichen Reihenschlußmotor (d. h. ohne verstärkte Reihenschlußwendewicklung) $X = X_{W_0h} + X_{P_1\sigma} + X_{K_1\sigma} + X_{E\sigma} + X_{A\sigma} + X_{\ddot{u}} = \mathbf{0,0181\,\Omega}$. Bei der Berechnung der Motorkennlinien im Abschn. B 3c haben wir $X \approx \mathbf{0,02\,\Omega}$ gesetzt.

8. Berechnungen in früheren Abschnitten.

Verschiedene Einzelheiten der Berechnung haben wir schon in früheren Abschnitten ausgeführt, wobei wir unsern Motor als Beispiel herangezogen haben. So finden wir im Abschn. A 5 die Ermittlung der „Wechselstromkennlinien" aus der „Gleichstromkennlinie"; die Kurve d in Abb. 11 haben wir für unsern Motor als maßgebend angesehen. Die Berechnung des Drehmoments nach den verschiedenen Näherungsgleichungen des Abschn. A 4 haben wir im Abschn. A 6b nachgeprüft und in Abb. 13 das Drehmoment über dem Ankerstrom dargestellt; Kurve d hatten wir den weiteren Untersuchungen zugrunde gelegt. In dieser Abbildung ist auch die Ruhe-EMK $\mathcal{E}_R$ über dem Drehmoment dargestellt. Im Abschn. A 6b haben wir auch für verschiedene Belastungen den zeitlichen Verlauf von Strom, Fluß und Ruhe-EMK ermittelt (Abb. 12a bis d und Zahlentafel 2) und die Ergebnisse mit unserer angenäherten Berechnung verglichen.

Zahlentafel 8. Zusammenstellung einiger Betriebsgrößen.

Betrieb	Dauer-	Stunden-	Anfahr-
Leistung in kW	405	433	294
Drehzahl in U/min	1070	910	382
Drehmoment in kgm . . .	369	462	755
Strom I in A	1312	1560	2310
Strom i_{max}	2180	2590	3740
Φ_{eff} in Vs	0,0279	0,0294	0,0325
$\mathcal{E}_R$ in V	2,92	3,08	3,40
$\mathcal{E}_{Wm}$	4,75	4,80	2,99
$\mathcal{E}_{W\,max}$	5,81	5,88	3,65

Im Abschn. B 3c wurden die Betriebskurven des Motors bei verschiedener Klemmenspannung berechnet und in Abb. 34 über dem Drehmoment aufgetragen. Bei verschiedenen Schaltungen des Motors zur Funkenunterdrückung haben wir im Abschn. B 4 die Funken-EMK berechnet und in den Abb. 43a bis i die Kurven konstanter Funken-EMK in der M, n-Ebene eingezeichnet. Bei diesen Untersuchungen hatten wir den Nennstrom gleich dem Dauerstrom $I = 1312$ A, die EMK der Stromwendung aber etwas reichlich, nämlich zu $\mathcal{E}_W = 5,5$ V (entsprechend $\lambda_N = 18,3$, vgl. Abb. 190), eingesetzt. Damit berechneten wir die Komponente der Wendefelddurchflutung zur Unterdrückung von $\mathcal{E}_W$ zu $\Theta_W \approx$ $(7 - 6)\,1312 = 1312$ A (vgl. Abschn. B 4a) und die zur Unterdrückung von $\mathcal{E}_R = 2,92$ V zu $\Theta_w = 1312 \cdot 2{,}92/5{,}5 = 696$ A. Auch für die Untersuchungen der Anlaufvorgänge im Abschn. A 7a und für die Verbesserung des Anlaufs im Abschn. B 5 haben wir unsern Motor als Beispiel herangezogen.

Genauere Untersuchungen über die Unterdrückung der EMK der Stromwendung finden wir im Abschn. J 1f, über die Temperaturdifferenz zwischen Ankerwicklung und Nut im Abschn. J 2c. Dabei haben wir, wie auch in den Abschn. K 2b, 5a u. 9a, den Dauerstrom auf $I = 1400$ A aufgerundet, um die mechanischen Verluste angenähert zu berücksichtigen.

Einige Ergebnisse dieser Untersuchung sind in Zahlentafel 8 zusammengestellt. Die Effektivwerte von Strom (I) und Fluß (Φ_{eff}) sind den Kurven d in den Abb. 11 u. 13, die Höchstwerte des Stromes (i_{max}) der Zahlentafel 2, S. 24, entnommen; die Ruhe-EMK $\mathcal{E}_R$ ist unter der Annahme, daß sich der Fluß sinusförmig ändert, berechnet.

9. Verbesserungen des Motors.

Die Untersuchungen in den Abschn. 4 u. 5 weisen den Weg zu einigen Verbesserungen des Motors.

a. Wendepol. Wie aus Abb. 180c hervorgeht, ist der Bereich, in dem das Wendefeld noch nicht wesentlich absinkt, breiter als notwendig und die Feldkurve stark eingesattelt. Man kann deshalb die Breite des Wendepolschuhs verkleinern, um die störende Einsattelung mehr oder weniger zu unterdrücken. Damit ergeben sich, wie wir zeigen werden, noch verschiedene Vorteile.

Unter Beibehaltung sämtlicher übriger Abmessungen wollen wir beispielsweise annehmen, daß der Polschuh von 32 auf 22 mm verschmälert wird. Die

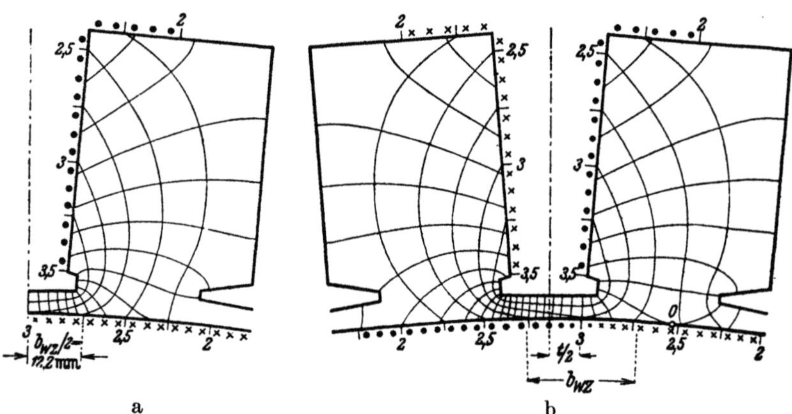

a   b

Abb. 204 a u. b. Feldbilder des Wendepolflusses bei verschmälertem Wendepolschuh; a) in der Mittelebene, b) in einer Endebene des Blechpakets.

Feldkurve in der Mittelebene des Ankers wurde aus dem für die neue Polschuhbreite aufgezeichneten Feldbild (Abb. 204a) ermittelt und ist in Abb. 205a durch die Kurve a dargestellt. Da hier die Ermittlung der Feldkurve für die Endebenen durch Umrechnen aus den Felderregerkurven (vgl. Abb. 199b) wegen der kleinen Polschuhbreite weniger genau ist, wurde zur genaueren Bestimmung noch ein Feldbild für die Endebene (Abb. 204b) herangezogen. Dieses Feldbild läßt erkennen, daß bei der kleinen Polschuhbreite von 2,2 cm die Wendezone in der Nähe der Endebene wegen der Nutschrägung weit über die eine Wendepolkante hinausgeht (die Wendezonenmitte ist gegenüber der Wendepolmitte um $t/2$ verschoben). Die Normalkomponente der Induktion nimmt nach Abb. 204b noch innerhalb der Wendezone schnell ab, um im Punkt 0 ihr Vorzeichen zu wechseln.

In Abb. 205a sind die Feldkurven (b u. c) in den Endebenen schon wie in Abb. 200a in der Lage zum Wendepolschuh so eingezeichnet, wie sie für die in einem Ankerleiter induzierte Bewegungs-EMK maßgebend sind. Der nach der Simpsonschen Regel gebildete Mittelwert der Kurven a, b u. c ist die stärker hervorgehobene Kurve b_W in Abb. 205a. Addieren wir dazu den von den Hauptpolen herrührenden Anteil b_H, der sich im Wendezonenbereich nur wenig größer als bei dem breiteren Polschuh (Abb. 200a) ergab, und berücksichtigen die Abweichung der Spulenweite von der Polteilung bei unserm Motor, so erhalten wir in der im Abschn. 5a näher erläuterten Weise die Kurve s_B in Abb. 205b.

Sie entspricht der ebenso bezeichneten Kurve in Abb. 200c und stellt die EMK
der Bewegung dar, die vom Wendefeld in einer Ankerspule bei einem Ankerstrom
$i = 1980$ A und einer Drehzahl $n = 1070$ U/min induziert wird. In dieser Kurve
ist die Einsattelung fast verschwunden, und daß die „Breite" des Wendefeldes
noch ausreicht, erkennt man aus dem oberen Teil der Abb. 180c, in dem $\mathfrak{S}_B$
durch die gestrichelte Kurve dargestellt ist.

Mit der Verschmälerung des Wendepolschuhs ergeben sich folgende Vorteile.
Der Hauptfluß des Wendepols geht um fast 30%, der Polkernfluß um mehr als
20% zurück. Bei gleicher Induktion kann der Querschnitt im Kern um 20%
verkleinert werden. Die Wendepolnut rückt damit um etwa 2 mm von jedem
Endzahn des Hauptpols ab, so daß der bisher stark magnetisch beanspruchte
Endzahn bei Verbreiterung um etwa 2 mm entlastet wird und eine Vergrößerung

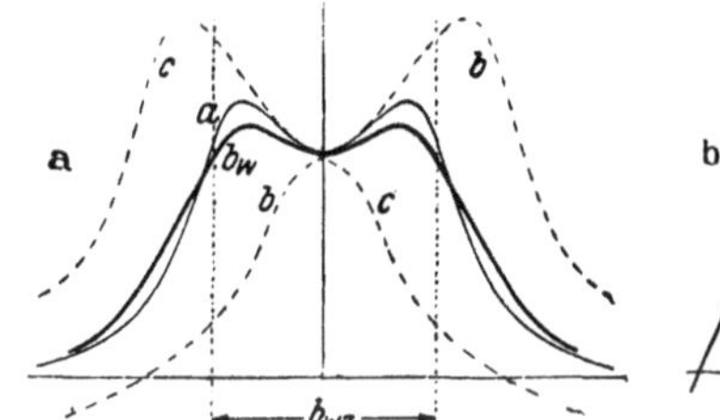
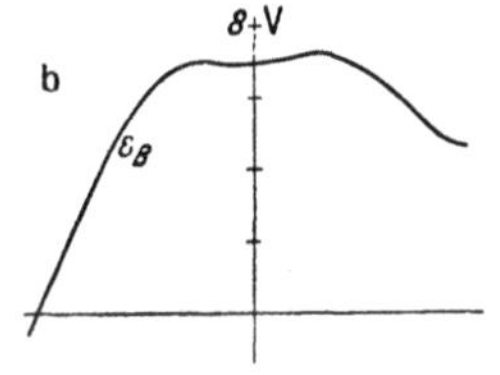
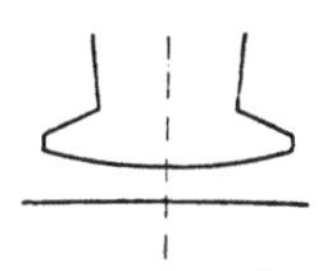

Abb. 205a u. b. a) Feldkurven (vgl. Abb. 200a), b) EMK $\mathfrak{S}_B$;   Abb. 206. Andere
bei verschmälertem Wendepolschuh.   Form des
    Wendepolschuhs.

des ideellen Polbogens eintritt. Außerdem wird aber auch der Wendepolfluß
im Ständerjoch um etwa 20% verringert. Da dieser nach Zahlentafel 7 den
Hauptanteil zu der magnetischen Spannung im Eisen des Wendepolkreises liefert,
wird die magnetische Kennlinie des Wendepols (Abb. 201) sich noch mehr der
gewünschten Geraden nähern. Nachteile des schmäleren Wendepolschuhs sind
allerdings, daß die durch die Nutung des Ankers hervorgerufenen Schwankungen
des Wendepolflusses stärker werden, und die Maschine empfindlicher gegen
ungenaue Bürsteneinstellung ist.

Eine andere Möglichkeit zur Unterdrückung der Einsattelung des Wendefeldes besteht in der Verbreiterung des Luftspalts von der Mitte des Wendepolschuhs bis zu seinen Enden, wie es z. B. in Abb. 206 für unsern Motor angedeutet ist.

b. Hauptpol. Wir konnten im Abschn. 4 feststellen, daß die Endzähne der
Hauptpole wesentlich stärker belastet sind als die Innenzähne. Hierdurch wird
der ideelle Polbogen verkleinert. Durch die im Abschn. a empfohlene Verschmälerung des Wendepolschuhs werden die Endzähne entlastet. Eine weitere
Entlastung kann dadurch erreicht werden, daß die Nutschlitzmitten gegenüber den
Nutmitten der Kompensationswicklung versetzt werden, wie wir es in Abb. 181b
angedeutet haben. Verzichtet man schließlich auch auf die Vergrößerung
des Luftspalts unter den Endzähnen, so wird ebenfalls der ideelle Polbogen
größer, die Berechnung der magnetischen Kennlinie außerdem wesentlich vereinfacht.

II. Mehrphasen-Stromwendermaschinen.

Von den Mehrphasen-Stromwendermaschinen haben fast ausschließlich die aus einem Dreiphasennetz gespeisten Maschinen praktische Bedeutung. Alle Schaltpläne werden wir deshalb für Dreiphasennetze zeichnen; sie lassen sich sinngemäß auf Netze mit andrer Phasenzahl übertragen. In der Regel berücksichtigen wir bei unsern Untersuchungen nur die Grundwelle des Drehfeldes und die Grundschwingung der Ströme, deren Oberschwingungen bei Mehrphasenstrom verhältnismäßig klein sind (vgl. Abschn. E 2, Bd. IV).

A. Der Läufer mit Stromwender im Drehfeld.
1. Der Stromwender als Frequenzwandler.

Wir denken uns in den Ständer eines gewöhnlichen Induktionsmotors einen Gleichstromanker mit Stromwender eingebaut, der für dieselbe Polzahl $2p$ wie der Ständer gewickelt ist. Im Ständer erregen

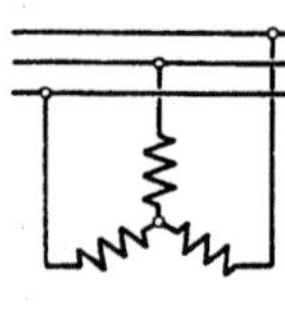

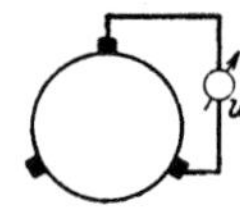

Abb. 207. Stromwender als Frequenzwandler.

wir, beispielsweise aus einem dreiphasigen Netz mit einer in Stern geschalteten Wicklung, ein Drehfeld und legen auf den Stromwender pm gleichmäßig am Umfang verteilte Bürsten auf (Abb. 207 mit $m = 3$ und $p = 1$). Treiben wir den Läufer von außen an, so werden durch das Drehfeld in den einzelnen Leitern am Umfang des Läufers EMKe induziert, deren Effektivwerte und deren Frequenz proportional der Schlüpfung sind. Die Welle dieser EMKe längs des Läuferumfanges (vgl. S. 19, Bd. IV) läuft also gegenüber dem Läufer mit der Winkelgeschwindigkeit $s\Omega_1$ um, wenn s die Schlüpfung und Ω_1 die Winkelgeschwindigkeit des Drehfeldes ist. Da nun der Läufer selbst mit der Geschwindigkeit $(1-s)\,\Omega_1$ im Raume umläuft, so ist die Winkelgeschwindigkeit der Welle der EMKe in der Läuferwicklung gegenüber den festen Bürsten gleich $s\Omega_1 + (1-s)\,\Omega_1 = \Omega_1$, also gleich der Geschwindigkeit des Drehfeldes, so daß wir an den Bürsten dreiphasige Spannungen messen (u in Abb. 207), die wieder die Frequenz des Netzes haben.

Der Stromwender wandelt also die in der Läuferwicklung induzierten EMKe und Ströme der Frequenz sf in die Netzfrequenz f um, wobei der Effektivwert proportional der Schlüpfung ist. Diese Eigenschaft des Stromwenderläufers im Drehfeld gestattet die Speisung des Läufers über die Bürsten aus demselben Netz, an dem die Ständerwicklung liegt, und die Regelung der Drehzahl ohne besonderen Frequenzumformer, lediglich durch Ändern des Effektivwertes der Läuferbürstenspannung bei festem Drehfeld oder durch Ändern der Stärke des Drehfeldes bei fester Läuferspannung. Die verschiedenen Schaltungen eines solchen Stromwendermotors werden wir in späteren Abschnitten behandeln.

2. Die Stromverteilung im Läufer.

a. Die grundsätzlichen Bürstenschaltungen. Die Phasenzahl der Stromwenderwicklung kann grundsätzlich von der Phasenzahl des Netzes verschieden sein. Die Vergrößerung der Phasenzahl ist ein

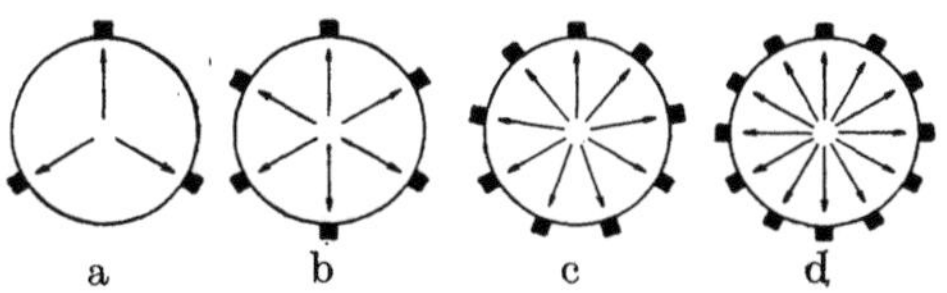

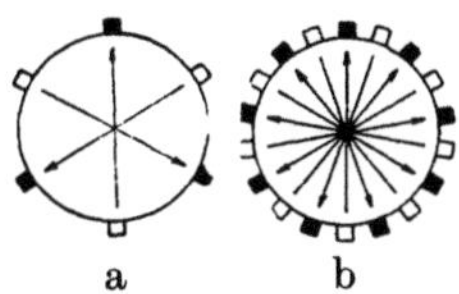

Abb. 208a bis d. 3-, 6-, 9-, 12-phasige Bürstenschaltung für verkettete Stromkreise. a) „Dreibürstenschaltung"; b) „Sechsbürstenschaltung".

Abb. 209a u. b. a) 3-, b) 9-phasige Bürstenschaltung für unverkettete Stromkreise; a) „Sechsbürstenschaltung".

Mittel, um bei derselben resultierenden Durchflutung der Stromwenderwicklung die EMK der Stromwendung zu verkleinern. Wir haben zu unterscheiden zwischen Schaltungen, bei denen die Bürsten auf verkettete Wicklungen geschaltet werden, und solchen, bei denen die äußern Stromkreise unverkettet sind.

Durch Auflegen von m im zweipoligen Schaltbild gleichmäßig am Stromwenderumfang verteilten Bürsten erhalten wir eine in m-Eck geschaltete Stromwenderwicklung, die auf verkettete m-phasige Stromkreise geschaltet werden kann oder muß. So sind z. B. in Abb. 208a bis d solche Bürstenanordnungen für 3-, 6-, 9- und 12-Phasenstrom dargestellt.

Wenn die Stromkreise, auf die die Bürsten des Stromwenders geschaltet werden, unverkettet sind, muß die Zahl der Bürsten immer gerade sein. Tritt beispielsweise der Strom aus den schwarz ausgefüllten Bürsten aus und in die weißen Bürsten ein, so erhalten wir aus Abb. 208a oder 208b die in Abb. 209a dargestellte dreiphasige Bürstenschaltung, worin die Verbindungslinie von der weißen zur schwarzen gleichphasigen Bürste die (positive) Wicklungsachse des betreffenden Stranges andeutet. Ebenso ergibt sich durch Verdopplung der Bürstenzahl in Abb. 208c die in Abb. 209b dargestellte neunphasige Bürstenschaltung. In diesen Fällen befinden sich die gleichphasigen Bürsten in Durchmesserstellung, entsprechen also der einphasigen Schaltung in Abb. 1a im Abschn. I A 1a.

Wie bei der einphasigen Stromwenderwicklung können die gleichphasigen Bürsten auch gegeneinander verschoben sein, so daß die Verbindungslinie gleichphasiger Bürsten im zweipoligen Schaltbild eine Sehne ist. So erhalten wir beispielsweise aus Abb. 209a die Abb. 210a mit einfachen Sehnenbürsten und die Abb. 210b mit Doppelsehnenbürsten (vgl. Abschn. I A 1 b, Abb. 1 c u. d) bei Dreiphasenstrom.

Die heute wichtigsten Bürstenschaltungen sind die nach den Abb. 208a u. b, 209a und 210a u. b, die wir der Kürze wegen als Dreibürstenschaltung (Abb. 208a), Sechsbürstenschaltung mit

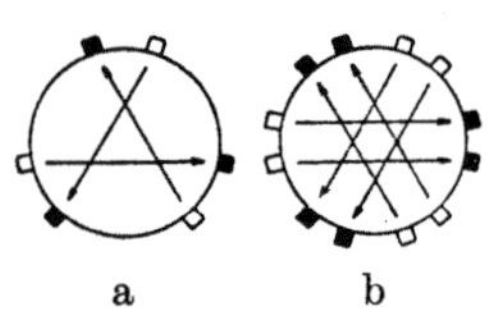

a   b

Abb. 210a u. b. Sehnenbürsten. a),,Sechsbürstenschaltung"; b) „Zwölfbürstenschaltung".

Durchmesserbürsten (Abb. 208b u. 209a), Sechsbürstenschaltung mit Sehnenbürsten (Abb. 210a) und Zwölfbürstenschaltung (mit Sehnenbürsten Abb. 210b) bezeichnen wollen. Auf diese Bürstenschaltungen werden wir uns im allgemeinen beschränken, doch kann man bei sehr großen Leistungen auf noch größere Bürstenzahlen geführt werden, um die EMK der Stromwendung in noch zulässigen Grenzen zu halten [L 197].

Bei der Behandlung der verschiedenen Bürstenschaltungen müssen wir beachten, daß die Ströme in den Leitern der Stromwenderwicklung dieselbe Frequenz haben wie die Bürstenströme. In jedem Leiter induziert zwar das Drehfeld EMKe der Schlupffrequenz, und das wäre auch für die Ströme der Fall, wenn die Anzapfstellen, wie beim Induktionsmotor, fest wären. Da sich aber durch die feststehenden Bürsten die Anzapfstellen mit dem $(1-s)$-fachen der Synchrongeschwindigkeit verschieben, fließen in der Läuferwicklung Ströme, die dieselbe Frequenz haben wie das Netz, an dem die Bürsten liegen.

b. Dreibürstenschaltung bei Durchmesserwicklung. Die Läuferwicklung stellt eine in Dreieck geschaltete Wicklung dar. Die Bürstenströme I_I, I_{II}, I_{III} ergeben sich aus den Strangströmen $I_{I\,II}$, $I_{II\,III}$, $I_{III\,I}$ nach Abb. 211a als Differenz je zweier Strangströme. In Abb. 211b sind die Phasen der in den Wicklungssträngen fließenden Ströme durch verschiedene Stricharten unterschieden. Zwischen den Effektivwerten des Stromes I_i in einem Leiter und des Bürstenstromes I, sowie des Strangstromes I_{Str} und des Bürstenstromes I bestehen nach den Abb. 211a u. b die Beziehungen

$$I_i = I/\sqrt{3}\ a \quad \text{und} \quad I_{Str} = I/\sqrt{3}\,. \qquad (287\text{a u. b})$$

Die Ankerwicklung wird in der üblichen Weise als Zweischichtwicklung ausgeführt, so daß in der Nut immer zwei Spulenseiten übereinander liegen, die verschiedenen Wicklungssträngen angehören. Wenn im Querschnitt senkrecht zur Welle des Läufers in der Oberschicht eines Stranges die Ströme in die Zeichenebene hinein fließen, fließen sie in der Unterschicht desselben Stranges aus der Zeichenebene heraus. Bei Durchmesserwicklung ergibt sich die in Abb. 211c angegebene Stromverteilung, bei der die Phase der (positiven) Ströme in der Oberschicht durch dieselbe Strichart dargestellt ist wie die der Ströme in Abb. 211b, während die Phase der (negativen) Ströme in der Unterschicht durch die entsprechende Strichart gestrichelt angedeutet ist. Der Strombelag des Wicklungsstranges zwischen den Bürsten *I* und *II* ist also durch die dicken (voll ausgezogenen und gestrichelten) Linien, der des Stranges

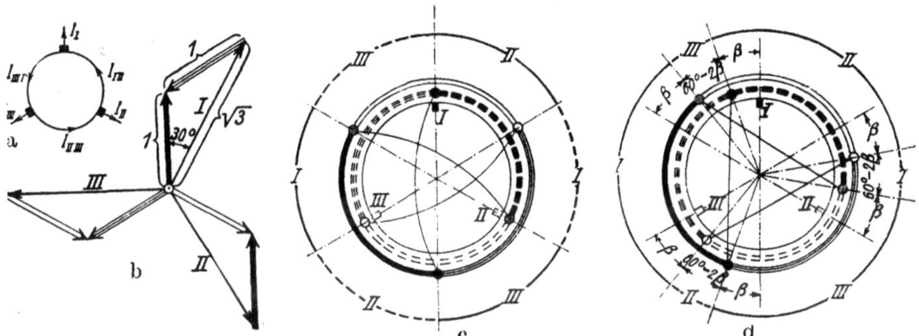

Abb. 211a bis d. Dreibürstenschaltung. a) u. b) Ströme; c) u. d) Stromverteilung; c) Durchmesser-, d) Sehnenwicklung ($2\beta = 40°$).

zwischen den Bürsten *II* und *III* durch die Doppellinien und der des Wicklungsstranges zwischen den Bürsten *III* und *I* durch die Dreifachlinien bezeichnet. Die Bürste *I* ist schwarz ausgefüllt, die Bürste *II* schraffiert und die Bürste *III* weiß; in derselben Weise sind die entsprechenden Spulenseiten (kleine Kreise) der von Bürsten kurz geschlossenen Spulen angedeutet.

Die Ströme in Unter- und Oberschicht sind nach Abb. 211b u. c um je 60° gegeneinander phasenverschoben und ergeben die mit den Phasen der Bürstenströme übereinstimmenden und am äußern Kreis der Abb. 211c angegebenen resultierenden Strombeläge *I*, *II* und *III*, wobei negative Ströme wieder gestrichelt angedeutet sind.

Die Läuferwicklung mit Durchmesserspulen in Dreibürstenschaltung kann also (wie der Verfasser gezeigt hat [L 199]) für die rechnerische Behandlung ersetzt werden durch eine gewöhnliche dreiphasige Spulenwicklung mit der Spulenbreite $\tau/3$, die von den Bürstenströmen gespeist wird. Der Bürstenstrom in einem Leiter der Ersatzwicklung ist gleich dem resultierenden Strom zweier übereinander liegender Leiter der Läuferwicklung. Deshalb muß die Wahl der in Reihe geschalteten Windungen eines Stranges der Ersatzwicklung genau halb so groß sein wie die eines Stranges der Läuferwicklung. Da diese $z/6a$ beträgt, wenn z die gesamte Zahl der Ankerleiter bezeichnet, so ist die Windungszahl der Ersatzwicklung je Strang

$$w = z/12\,a\,. \tag{287}$$

Vergleichen wir die Stromwärme Q der Läuferwicklung bei Dreibürstenschaltung mit der Stromwärme Q_0, wie sie sich bei Phasengleichheit der Ströme in Ober- und Unterschicht ergibt (wie bei Sechsbürstenschaltung mit Durchmesserbürsten, Abschn. d), so erhalten wir bei denselben resultierenden Strombelägen

$$Q = (2/\sqrt{3})^2\,Q_0 = \tfrac{4}{3}\,Q_0\,. \tag{288}$$

Bei diesen und den folgenden Betrachtungen ist vorausgesetzt, daß die Bürsten unendlich schmal sind, also keine Leiter der Läuferwicklung durch die Bürstenüberbrückung mehr oder weniger unwirksam werden.

c. Dreibürstenschaltung bei Sehnenwicklung. In Abb. 211 d ist gezeigt, wie sich eine Verkürzung der Spulenweite um den Winkel 2β auf die Stromverteilung bei Dreibürstenschaltung auswirkt. Der äußere Kreis stellt wieder die resultierende Stromverteilung aus Unter- und Oberschicht dar. Für jeden einzelnen Strang ist die resultierende Durchflutung innerhalb einer Polpaarteilung (in Abb. 211 d des ganzen Ankerumfangs) nicht mehr Null. In der Felderregerkurve ist deshalb die Halbwelle unterhalb der Abszissenachse nicht mehr das Spiegelbild der Halbwelle oberhalb der Abszissenachse, so daß die Felderregerkurve auch Oberwellen gerader Ordnungszahl aufweist (vgl. Abschn. I A 1 c u. d). Es ist daher im allgemeinen nicht zweckmäßig, bei Dreibürstenschaltung Sehnenwicklung anzuwenden.

Nur in einem Sonderfall, auf den wir im Abschn. III A 4 zurückkommen werden, wird die Ankerwicklung mit einer Spulenweite $W = 2\,\tau/3$ $(2\beta = 60°)$ ausgeführt. In diesem Falle ergibt sich die Stromverteilung nach Abb. 212, in der der einfache mittlere Kreis die resultierende Stromverteilung darstellt. In der resultierenden Stromverteilung fließen nur positive Ströme von der Phase der Bürstenströme; sie kann also nicht durch eine gewöhnliche Spulenwicklung mit der Spulenbreite $\tau/3$ ersetzt werden. Dies könnte jedoch durch eine von Bürstenströmen durchflossene Ringwicklung mit der Spulenbreite $2\,\tau/3$ geschehen. Der Bürstenstrom in einem Leiter der Ringwicklung ist wieder gleich dem resultierenden Strom zweier übereinander liegender Leiter der Läuferwicklung. Da bei der Ringwicklung nur die am Ankerumfang liegenden Leiter wirksam sind, ist die Zahl der in Reihe geschalteten Windungen der Ersatz-Ringwicklung

$$w = z/6\,a\,. \tag{289a}$$

Will man die Läuferwicklung durch eine Mantelwicklung ersetzen, so kann dies, wie die äußern vier Kreise der Abb. 212 zeigen, durch eine vierschichtige Wicklung geschehen, bei der der resultierende Strom von vier übereinanderliegenden und von Bürstenströmen durchflossenen Leitern gleich dem dreifachen Bürstenstrom ist. $^4/_3$ Leiter der Ersatzwicklung sind also gleichwertig zwei Leitern der Läuferwicklung. Deshalb ist die Zahl der in Reihe geschalteten Windungen der Ersatz-Mantelwicklung gleich zwei Drittel der der Läuferwicklung, also je Strang

$$w = \tfrac{2}{3} \cdot z/6\,a = z/9\,a \,. \qquad (289\,\text{b})$$

Technisch kann diese Ersatzwicklung mit zwei übereinanderliegenden Zweischichtwicklungen ausgeführt werden, deren Spulenweite $W = 2\tau/3$ ist (vgl. auch Abschn. g).

d. Sechsbürstenschaltung mit Durchmesserbürsten. Damit jeder der drei Ströme unbeeinflußt von den übrigen durch die Wicklung fließen kann, müssen wir im allgemeinen das speisende Drehstromnetz unverkettet voraussetzen. Das kann bei einem (verketteten)

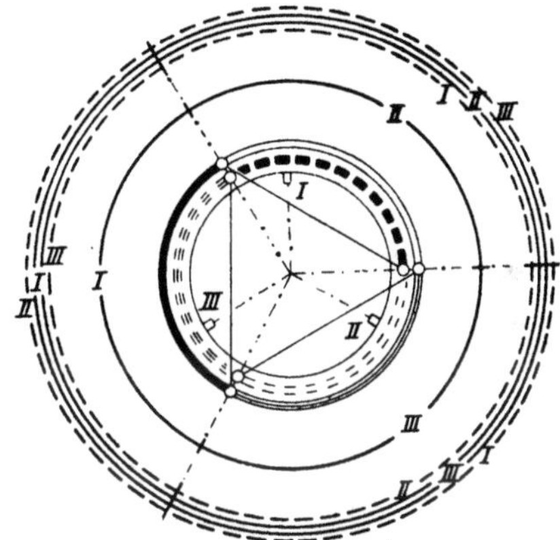

Abb. 212. Dreibürstenschaltung; Spulenweite $= {}^2/_3$ Polteilung.

Dreiphasennetz unter Zwischenschaltung eines Transformators verwirklicht werden, dessen Primärwicklung beispielsweise in Stern, dessen Sekundärwicklung aber unverkettet geschaltet ist (vgl. Abb. 217b).

Bei der hier zunächst vorausgesetzten Durchmesserstellung der Bürsten, aber nur bei dieser, könnte auch die Sekundärwicklung des Transformators sechsphasig in Stern verkettet werden, die Stromverteilung wird dadurch nicht beeinflußt.

In Abb. 213a sind die Bürsten, aus denen die Ströme austreten, schwarz ausgefüllt. Jeder der drei Ströme durchfließt dann bei unverketteten Spannungen, unabhängig von den übrigen, sämtliche Leiter der Wicklung genau wie bei der einphasigen Speisung (vgl. Abb. 1a), so daß sich in jedem Leiter der Wicklung drei Ströme verschiedener Phase überlagern. In Abb. 213b sind für Durchmesserwicklung die Strombeläge, die jeder der drei durch die Bürsten fließenden Ströme in Unter- und Oberschicht der Ankerwicklung erzeugt, (in Übereinstimmung mit Abb. 211c) durch Kreisbögen und römische Ziffern angedeutet; es sind dies die unmittelbar über dem Stromwenderkreis liegenden drei Doppelkreise, wobei jeder Leiter den halben Bürstenstrom ($I/2$) führt. Der äußerste Doppelkreis stellt die resultierenden

Strombeläge in Unter- und Oberschicht dar, wie sie sich durch Überlagerung der drei Ströme ergeben, wobei jeder Kreis dem vollen
Bürstenstrom (I) entspricht.

Auch die Läuferwicklung nach Abb. 213b läßt sich also durch eine
gewöhnliche Dreiphasenwicklung ersetzen, deren Spulenseiten je Strang
ein Drittel der Polteilung einnehmen und von Bürstenströmen gespeist

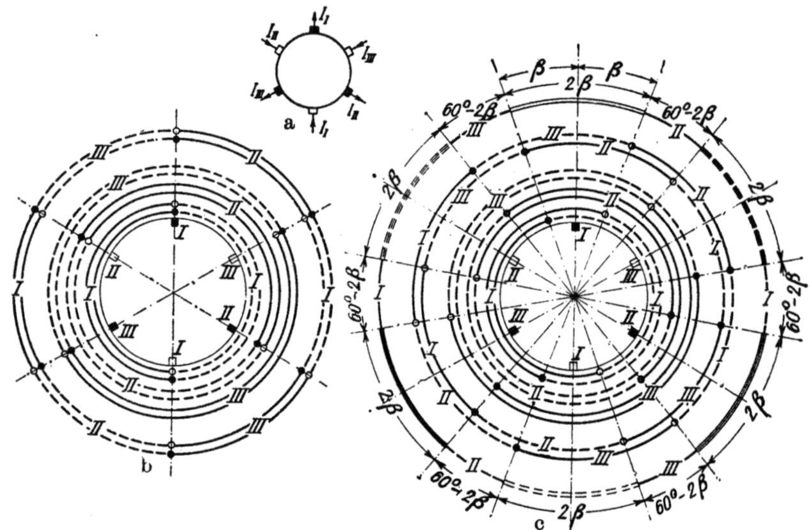

Abb. 213a bis c. Sechsbürstenschaltung mit Durchmesserbürsten. a) Ströme;
b) u. c) Stromverteilung; b) Durchmesser-, c) Sehnenwicklung ($2\beta = 40°$).

werden. Der resultierende Strom in einem Leiter der Stromwenderwicklung ist doppelt so groß wie bei einphasiger Speisung,

$$I_i = 2\,I/2a = I/a\,; \qquad (290\,\text{a})$$

das ist bei der Berechnung des Strombelags zu berücksichtigen (vgl.
Abschn. 4c). Zwei übereinanderliegende Leiter ergeben also den
Strom $2\,I/a$, während sie bei der Dreibürstenschaltung nach Gl. 287a
und Abb. 211b nur I/a ergeben. Die Zahl der in Reihe geschalteten
Windungen der Ersatzwicklung, die die Stromwenderwicklung
durch eine gewöhnliche Dreiphasenwicklung ersetzt, ist also doppelt
so groß wie bei der Dreibürstenschaltung (Gl. 287), nämlich

$$w = z/6\,a. \qquad (290)$$

Unter- und Oberschicht führen hier immer Ströme gleicher Phase
und Stärke, im Gegensatz zu der Dreibürstenschaltung. Deshalb verhalten sich bei demselben resultierenden Strombelag die

Stromwärmen in den Wicklungen bei Dreibürstenschaltung und Sechsbürstenschaltung mit Durchmesserbürsten wie 4:3 (vgl. Gl. 288), d. h. die Dreibürstenschaltung ergibt 33% mehr Stromwärme als die Sechsbürstenschaltung mit Durchmesserbürsten, wenn der Strom in einer Bürste bei Sechsbürstenschaltung genau halb so groß wie bei Dreibürstenschaltung ist.

Sehnenwicklungen ergeben bei Sechsbürstenschaltung mit Durchmesserbürsten ebenso wie Durchmesserwicklungen eine symmetrische Verteilung des Strombelags und damit eine Felderregerkurve, die nur Oberwellen ungerader Ordnungszahl enthält. In Abb. 213c ist die Stromverteilung für eine Verkürzung der Spulenweite um den räumlichen Phasenwinkel $2\beta = 40°$ dargestellt. Es ergibt sich derselbe resultierende Strombelag wie bei Durchmesserwicklung mit Sehnenstellung der Bürsten, wenn in beiden Fällen der Sehnenwinkel derselbe ist ($2\beta = 2\alpha$, vgl. Abb. 213c mit Abb. 214b).

e. Sechsbürstenschaltung mit Sehnenbürsten. Bei Sehnenstellung der Bürsten (Abb. 214a, einphasig Abb. 1b) muß der Läufer, um Kurzschlüsse zu vermeiden, immer von unverketteten Wicklungen gespeist werden. In Abb. 214b ist für Durchmesserwicklung die Stromverteilung am Ankerumfang entwickelt, beispielsweise für den Winkel $2\alpha = 40°$, um den die weißen Bürsten aus ihrer Durchmesserstellung verschoben sind. Die drei Doppelkreise unmittelbar über dem Stromwenderkreis stellen die Stromverteilung in Unter- und Oberschicht, herrührend von den drei Bürstenströmen I_I, I_{II} und I_{III} dar. Mit der Verschiebung der weißen Bürste um den Winkel 2α aus der Durchmesserstellung bewegt sich auch die von ihr kurzgeschlossene Spule (durch unausgefüllte kleine Kreise angedeutet) und, da nach jeder kurzgeschlossenen Spulenseite ein Wechsel der Stromrichtung am Ankerumfang stattfindet, läßt sich ohne weiteres für beliebige Bürstenstellungen die Stromrichtung am Ankerumfang, herrührend von einem der drei Ströme, angeben.

In Abb. 214b ist angenommen, daß sich der Strom, der durch ein Bürstenpaar fließt, auf die beiden parallel geschalteten Ankerzweige gleichmäßig verteilt. Eine andere Annahme über das Verhältnis der Ströme in den beiden Zweigen hat keinen Einfluß auf die resultierende Stromverteilung in jeder einzelnen Schicht, die durch den vierten Doppelkreis (vom Stromwenderkreis aus gezählt) dargestellt ist, und auf die resultierende Stromverteilung aus beiden Schichten, die der äußerste Kreis in Abb. 214b angibt.

Wir erkennen aus Abb. 214b, daß in dem resultierenden Strombelag (äußerster Kreis) 12 Zonen zu unterscheiden sind. In 6 Zonen, die je den Winkel $60° - 2\alpha$ einnehmen, kann der resultierende Strombelag durch eine gewöhnliche dreiphasige Spulenwicklung erzeugt werden, die von den Bürstenströmen I_I, I_{II} und I_{III} gespeist wird und die

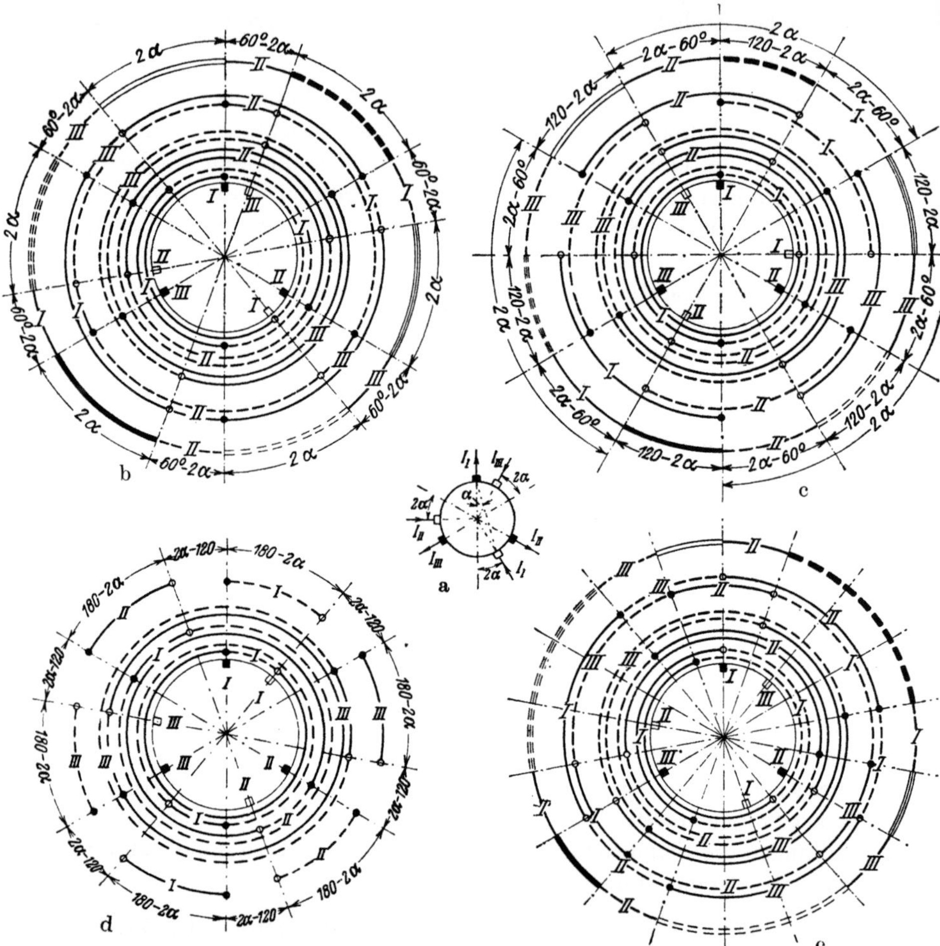

Abb. 214a bis e. Sechsbürstenschaltung mit Sehnenbürsten. a) Ströme; b) bis e) Stromverteilung; b) bis d) Durchmesserwicklung, b) $2\alpha = 40°$, c) $2\alpha = 90°$, d) $2\alpha = 140°$; e) Sehnenwicklung, $2\beta = 40°$, $2\alpha = 20°$.

Breite $(60° - 2\alpha)\,\tau/180°$ hat. In den übrigen 6 Zonen, die je den Winkel 2α einnehmen, kann der resultierende Strombelag durch eine gewöhnliche Spulenwicklung von der Spulenbreite $2\alpha\tau/180°$ erzeugt werden, die von Strömen gespeist wird, die gegenüber den Bürstenströmen in der Phase gemäß Abb. 211b verschoben sind. Die von beiden Gruppen der Strombeläge erregten magnetischen Felder sind phasengleich, addieren sich also algebraisch, da sie räumlich um denselben Phasenwinkel (nämlich 30°) am Ankerumfang verschoben sind, wie zeitlich ihre Ströme.

Die Stromverteilung in Abb. 214b gilt nur für Bürstenwinkel $0 \leq 2\alpha \leq 60°$. In den Zonen $60° - 2\alpha$ ist ein von doppelten Bürstenströmen durchflossener Leiter der Ersatzwicklung gleichwertig zwei solchen Leitern der Läuferwicklung. In den Zonen 2α sind nach Abb. 214b u. 211b zwei von Bürstenströmen durchflossene Leiter der Läuferwicklung gleichwertig einem Leiter, der vom dreifachen Läuferzweigstrom bei Dreibürstenschaltung durchflossen wird.

Wenn $2\alpha = 60°$ wird, fällt die weiße Bürste *I* mit der schwarzen Bürste *II* (vgl. Abb. 214b) die weiße *II* mit der schwarzen *III* und die weiße Bürste *III* mit der schwarzen Bürste *I* zusammen. Je zwei in der Phase um 60° verschobene Bürstenströme vereinigen sich im Stromwendersteg, und es ergibt sich eine resultierende Stromverteilung, die sich von der mit einfachem Bürstensatz in Abb. 211c nur dadurch unterscheidet, daß die resultierenden Ströme um den Phasenwinkel $\alpha = 30°$ verschoben sind.

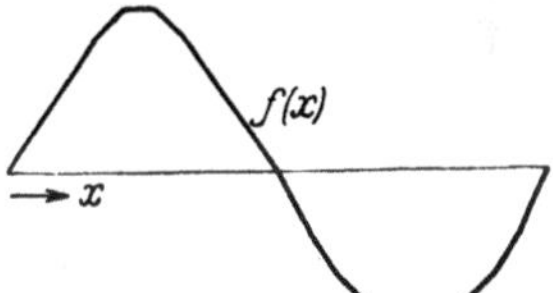

Abb. 214f. Felderregerkurve der Abb. 214e.

Wenn $60° \leq 2\alpha \leq 120°$ ist, erhalten wir die in Abb. 214c dargestellte Stromverteilung für beispielsweise $2\alpha = 90°$. In dem Zonenbereich $2\alpha - 60°$ ist der Strom in der Unter- oder der Oberschicht Null und ein vom Bürstenstrom durchflossener Leiter der Ersatzwicklung gleichwertig einem Leiter der Läuferwicklung. In den Zonen $120° - 2\alpha$ ist die Stromverteilung dieselbe wie in den Zonen 2α in Abb. 214b.

Wir haben schließlich noch den Bereich $120° \leq 2\alpha \leq 180°$ zu betrachten (Abb. 214d für $2\alpha = 140°$). Dabei erhalten wir Zonen mit dem Winkel $180° - 2\alpha$, in denen der resultierende Strom in einer Läuferschicht Null, in der anderen gleich dem Bürstenstrom ist, genau so wie in den Zonen $2\alpha - 60°$ des Winkelbereichs $60° \leq 2\alpha \leq 120°$. In den übrigen Zonen mit dem Zonenwinkel $2\alpha - 120°$ ist der resultierende Strombelag in jeder Wicklungsschicht Null.

Wir wollen nun noch die Stromwärme Q bei Sehnenstellung auf die Stromwärme Q_0 bei Durchmesserstellung der Bürsten beziehen, wenn die Bürstenströme dieselben sind. Im Bereich $0 \leq 2\alpha \leq 60°$ (vgl. die Abb. 214b u. 213b) ist der resultierende Strombelag in jeder Schicht und deshalb auch die Stromwärme unabhängig vom Winkel 2α. Im Bereich $60° \leq 2\alpha \leq 120°$ (vgl. Abb. 214c) ist sie in den Zonen $120° - 2\alpha$ dieselbe wie bei $2\alpha = 0$, in den Zonen $2\alpha - 60°$ dagegen halb so groß, weil je eine Schicht stromlos ist. Es ist also

$$Q = \frac{120° - 2\alpha + \alpha - 30°}{60°}\, Q_0 = \frac{90° - \alpha}{60°}\, Q_0. \qquad (291)$$

Im Bereich $120° \leqq 2\alpha \leqq 180°$ sind in den Zonen $2\alpha - 120°$ beide Schichten stromlos, in den Zonen $180° - 2\alpha$ je eine Schicht. Es ergibt sich Q wie im Bereich $60° \leqq 2\alpha \leqq 120°$.

Bei denselben Bürstenströmen ist also die Stromwärme der Wicklung

$$\text{im Bereich } 0° \leqq 2\alpha \leqq 60°: \quad Q = Q_0, \qquad (291\,a)$$

$$„ \quad „ \quad 60° \leqq 2\alpha \leqq 180°: \quad Q = \frac{90° - \alpha}{60°}\, Q_0; \qquad (291\,b)$$

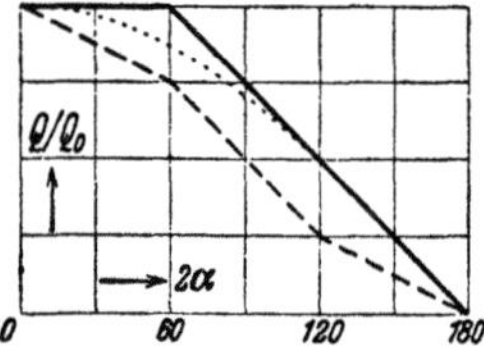

Abb. 215. Stromwärme-
verhältnis über 2α bei
Sehnenbürsten;
— Sechs-, – – – Zwölf-
bürstenschaltung,
··· $\cos \alpha$.

sie ist in Abb. 215 über den ganzen Winkelbereich durch die voll ausgezogene Kurve dargestellt, sie wird für $2\alpha = 180°$ Null, weil die Läuferwicklung dann stromlos ist, denn der an einer Bürste eintretende Strom fließt unmittelbar über den Stromwendersteg an der andern Bürste wieder ab.

Sehnenwicklungen wird man bei Sechsbürstenschaltung mit Sehnenbürsten vermeiden, weil sie eine unsymmetrische resultierende Stromverteilung am Ankerumfang ergeben, so daß die Felderregerkurve auch Oberwellen gerader Ordnungszahl enthält (vgl. Abschn. I A 1 d, Abb. 2 b u. 3 c). In Abb. 214 e ist beispielsweise für eine Verkürzung der Spulenweite um den Winkel $2\beta = 40°$ bei einer Verschiebung der Bürsten um $2\alpha = 20°$ aus der Durchmesserstellung die Stromverteilung am Ankerumfang dargestellt. Die sich hierfür ergebende Felderregerkurve $f(x)$ ist in Abb. 214 f für den Zeitpunkt aufgezeichnet, in dem der durch die Bürste I fließende Strom seinen Höchstwert hat.

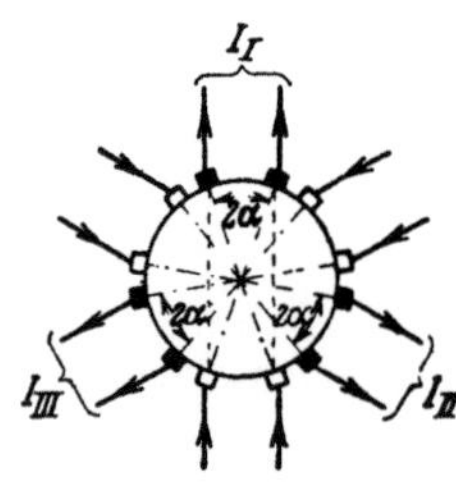

Abb. 216.
Zwölfbürstenschaltung
(mit Sehnenbürsten).

f. Zwölfbürstenschaltung (mit Sehnenbürsten). Um die Stromwärme und die EMK der Stromwendung noch weiter zu verringern (vgl. Abschn. 7 b γ), können für jede Stromphase Doppelbürsten in Sehnenstellung verwendet werden, wie wir sie schon für die einphasigen Maschinen in den Abb. 2 d bis f erläutert haben. Wir erhalten dann die in Abb. 216 dargestellte Bürstenanordnung mit zwölf Bürsten im zweipoligen Schaltbild. Die gleichphasigen Bürsten müssen auf zwei getrennte Wicklungen oder Wicklungszweige geschaltet werden. In diesem Falle sind, wie wir beim einphasigen Bürstensatz gezeigt haben, die Bereiche zwischen den gleichphasigen Eintrittsbürsten (weiße Bürsten in Abb. 216) und den gleichphasigen Austrittsbürsten (schwarze Bürsten in Abb. 216) für die betreffende Phase stromlos. In Abb. 214b z. B. ist dann beim Doppelbürstensatz stromlos der vom Strom I_I herrührende Strombelag in den Zonen 2α oben links und unten rechts, der vom Strom I_{II} herrührende in den Zonen 2α rechts und links und der von I_{III} herrührende in den Zonen 2α unten links und oben rechts. Der Strom in den Zonen $60° - 2\alpha$ in Unter- und Oberschicht ist dann derselbe, in den Zonen 2α ist er in jeder Schicht $\sqrt{3}/2$ von dem in Abb. 213b. Die Stromwärme ist also bei denselben gesamten Bürstenströmen

im Bereich $0 \leq 2\alpha \leq 60°$: $\quad Q = \dfrac{60° - 2\alpha + \frac{3}{4} \cdot 2\alpha}{60°} Q_0 = \dfrac{120° - \alpha}{120°} Q_0.$ (292a)

In Abb. 214c ist bei Doppelbürsten in den Zonen $120° - 2\alpha$ der Strom je einer Phase Null, die Stromwärme also nur $^3/_4$ von der in der Abb. 213b; in den Zonen $2\alpha - 60°$ fließt in jeder Schicht nur der halbe Strom wie in Abb. 213b, weil die Ströme je zweier Phasen Null sind, die Stromwärme ist also nur $^1/_4$ von der in Abb. 213b. Damit wird

im Bereich $60° \leq 2\alpha \leq 120°$:

$$Q = \frac{\frac{3}{4}(120° - 2\alpha) + \frac{1}{4}(2\alpha - 60°)}{60°} Q_0 = \frac{75° - \alpha}{60°} Q_0.$$ (292b)

Schließlich ergibt sich für Abb. 214d, jedoch mit Doppelbürsten, daß die Zonen $2\alpha - 120°$ wieder stromlos sind, in den Zonen $180° - 2\alpha$ aber der halbe Strom in beiden Schichten fließt. Wir erhalten

im Bereich $120° \leq 2\alpha \leq 180°$: $\quad Q = \dfrac{\frac{1}{4}(180° - 2\alpha)}{60°} Q_0 = \dfrac{90° - \alpha}{120°} Q_0.$ (292c)

In Abb. 215 ist die auf die Stromwärme Q_0 bei Sechsbürstenschaltung mit Durchmesserbürsten bezogene Stromwärme Q für die Zwölfbürstenschaltung über dem Bürstenwinkel 2α gestrichelt dargestellt, sie läßt die Verringerung der Stromwärme gegenüber der Sechsbürstenschaltung (voll ausgezogene Kurve) erkennen.

Bei Zwölfbürstenschaltung und Sehnenwicklung läßt sich die Stromverteilung durch Überlagerung der Ströme jeder einzelnen Phase, für die wir die Stromverteilung im Abschn. I A 1c angegeben haben, ermitteln. Es ergibt sich dabei eine symmetrische Stromverteilung, d. h. die Durchflutung der Ströme jeder einzelnen Phase ist innerhalb einer Polpaarteilung Null, und die Felderregerkurve enthält nur Oberwellen ungerader Ordnungszahl.

g. Die Kompensationswicklung. Bei feststehenden Bürsten will man in gewissen Fällen die Durchflutung der Läuferwicklung durch eine entsprechende Wicklung im Ständer, eine sogenannte Kompensationswicklung, aufheben. Hierzu sind die in den Abschn. b bis d abgeleiteten Ersatzwicklungen geeignet, wenn sie von negativen Strömen durchflossen werden, ihre Wicklungsenden also vertauscht werden. In der Stromverteilung der Ersatzwicklung, die in den Abschn. b bis d für die verschiedenen Läuferschaltungen dargestellt ist, sind dann vollausgezogene und gestrichelte Stricharten zu vertauschen. Bei Dreibürstenschaltung mit Durchmesserwicklung muß die mit Bürstenströmen gespeiste Kompensationswicklung K (Abb. 217a), deren Lage

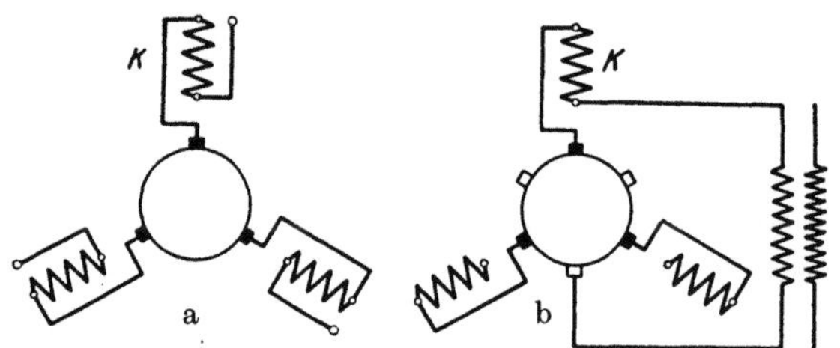

Abb. 217a u. b. Kompensationswicklung K, a) bei Dreibürsten-, b) bei Sechsbürstenschaltung.

am Ankerumfang aus Abb. 211c hervorgeht, die Zahl der in Reihe geschalteten Windungen je Strang nach Gl. 287 erhalten.

Für die Läuferdurchmesserwicklung mit Sechsbürstenschaltung und Durchmesserbürsten (Abb. 217b) ist die Lage der Kompensationswicklung durch Abb. 213b, die Zahl der in Reihe geschalteten Windungen je Strang durch Gl. 290 gegeben.

Bei Dreibürstenschaltung mit Spulen von der Spulenweite $W = 2\tau/3$ gibt der mittlere Kreis in Abb. 212 die Lage der als Ringwicklung ausgeführten Kompensationswicklung an, wobei jeder Strang die in Gl. 289a angegebene Zahl der in Reihe geschalteten Windungen erhält. Aus Herstellungsgründen wird aber die Kompensationswicklung als Mantelwicklung ausgeführt; sie kann nach Abschn. 2c durch zwei übereinanderliegende Zweischichtwicklungen mit der Spulenweite $W = 2\tau/3$ entsprechend den äußeren Vierfachkreisen in Abb. 212 ausgeführt werden mit der Zahl der in Reihe geschalteten Windungen eines Stranges nach Gl. 289b [vgl. L 328a u. b].

Will man die vierschichtige Wicklung vermeiden, so läßt sich die Kompensationswicklung auch als Zweischichtwicklung ausführen. In Abb. 218a ist eine solche Wicklung im abgewickelten Schaltplan zweipolig dargestellt. Je zwei nebeneinander und übereinander liegende Leiter ergeben in dem ersten Drittel der Polpaarteilung eine Durchflutung in Phase mit dem Strom $\dot{I}_I$, im zweiten Drittel eine solche in Phase mit $\dot{I}_{II}$ und im dritten Drittel eine in Phase mit $\dot{I}_{III}$. Durch Abb. 218b wird dies näher erläutert. Die ersten beiden übereinanderliegenden Leiter ergeben den resultierenden Strom $\dot{I}_1 = \dot{I}_I - \dot{I}_{III}$, die zweiten beiden übereinanderliegenden Leiter den Strom $\dot{I}_2 = \dot{I}_I - \dot{I}_{II}$; ihre Summe $\dot{I} = \dot{I}_1 + \dot{I}_2$ ist in Phase mit dem Strom $\dot{I}_I$. Die in Abb. 218a dargestellte Wicklung kann mit 9 oder auch mit 18 Nuten je Polpaarteilung ausgeführt werden. Wird sie mit 9 Nuten ausgeführt, so ist die Durchflutung jeder Nut in Phase mit dem Bürstenstrom; wird sie mit 18 Nuten ausgeführt, so weicht die Phase der Durchflutung einer Nut

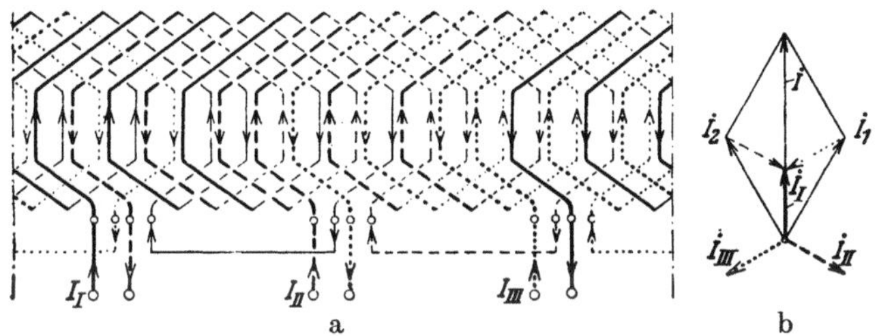

Abb. 218a u. b. Zweischichtige Kompensationswicklung.

etwas vom Bürstenstrom (vgl. Abb. 218b) ab, und erst die Durchflutung zweier Nuten ergibt eine genaue Kompensation in Phase mit dem Bürstenstrom.

Die auf diese Weise ausgeführten Kompensationswicklungen heben nicht nur die Grundwelle, sondern, von den durch die Nutung hervorgerufenen Feldschwankungen bei Drehung des Läufers abgesehen, auch die Oberwellen der Felderregerkurve des Läufers auf.

Die Läuferwicklungen mit Sehnenstellung der Bürsten werden in der Regel nicht mit Kompensationswicklung verwendet. Die Grundwelle der Felderregerkurve könnte hier durch eine einzige, von Bürstenströmen gespeiste Hauptwicklung, ersetzt werden, deren Lage und Windungszahl aus den Untersuchungen in den Abschn. 2d bis f hervorgeht. Um auch die Oberwellen der Felderregerkurve des Läufers zu unterdrücken, müßten zwei getrennte Wicklungen verwendet werden, von denen die eine mit Bürstenströmen gespeist wird, die andere mit solchen Strömen, die gegenüber den Bürstenströmen um 30° verschoben sind und deren Effektivwert das $1/\sqrt{3}$-fache des Bürstenstromes beträgt. Auf diesen unwichtigen Fall wollen wir nicht eingehen.

3. Die Latoursche Läuferwicklung.

Um bei Schleifenwicklungen Ausgleichsverbindungen entbehrlich zu machen, schaltet man der Schleifenwicklung eine Wellenwicklung parallel. Diese vereinigte Wicklung wird im Schrifttum als

„Latoursche Wicklung" [L 202] oder auch als „Froschbeinwicklung"
[L 203] bezeichnet. Je zwei um eine Polpaarteilung am Ankerumfang
auseinanderliegende Schleifenwindungen werden durch eine Wellen-
windung miteinander verbunden, wie es z. B. für eine eingängige
Schleifenwicklung mit $N = 18$ und $p = 2$ in Abb. 219a dargestellt ist.
Aus solchen Elementen setzt sich die ganze Wicklung zusammen.

Der in Abb. 219a durch stärkere Linien hervorgehobene Wicklungszug, gebildet aus einer Schleifenwindung und der mit ihr in Reihe
geschalteten Wellenwindung, verbindet zwei um eine Polpaarteilung
auseinanderliegende Stromwenderstege. Solche Punkte der Ankerwicklung werden aber auch durch die bei Schleifenwicklungen zur Ver-
gleichmäßigung ungleicher Polflüsse erforderlichen Ausgleichsleitungen

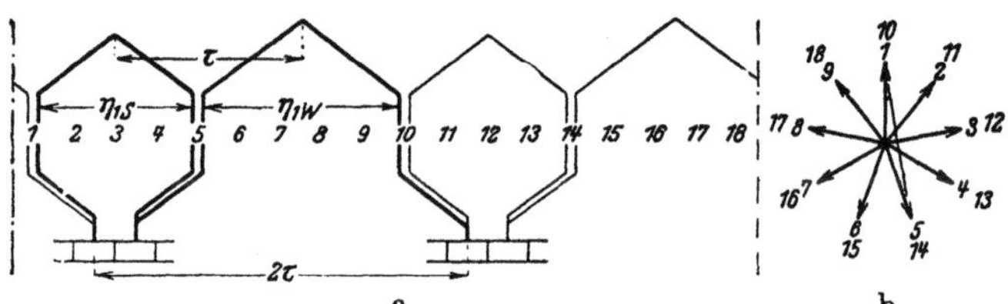

Abb. 219a u. b. Latoursche Wicklung mit ungeradem N/p.

miteinander verbunden; wir haben sie im Abschn. I 11 der „Ankerwicklungen" als Ausgleichsverbindungen „erster Art" bezeichnet.
Damit der in Abb. 219a durch stärkere Linien hervorgehobene Wicklungszug als Ausgleichsverbindung erster Art wirksam ist und keine
schädlichen Ausgleichströme über die gleichpoligen Bürsten fließen,
muß die in diesem Wicklungszug vom Polfluß oder bei Drehfeldmaschinen von der Grundwelle des Drehfeldes induzierte EMK Null
sein. Das ist bei dem Wicklungszug nach Abb. 219a, wo die linke
Seite der Wellenwindung in derselben Nut liegt wie die rechte Seite
der Schleifenwindung, immer der Fall, wenn die Summe der in Nutteilungen gemessenen Spulenweite η_{1S} der Schleifenspule und η_{1W}
der Wellenspule gleich der Polpaarteilung ist, also wenn

$$\eta_{1S} + \eta_{1W} = N/p \qquad (293a)$$

ist. Diese Bedingung folgt unmittelbar aus dem Spannungsstern in
Abb. 219b; es ist der Vektor von 10 nach 5 entgegengesetzt gleich dem
von 5 nach 1. Die Teilschritte können bei Einhaltung der Bedingung
293a beliebig sein.

Gl. 293a ist auch bei gerader Nutenzahl je Polpaar ($N/p = $ gerade)
eine Bedingung dafür, daß bei magnetischer Symmetrie der Fluß in
dem Wicklungszug, gebildet aus zwei in Reihe geschalteten Schleifen-
und Wellenwindungen wie in Abb. 219a, Null ist. Diese Bedingung ist

aber bei gerader Nutenzahl je Polpaar außerdem auch dann erfüllt, wenn die Schleifen- und Wellenwindung am Ankerumfang um eine Polteilung τ auseinanderliegen und

$$\eta_{1S} = \eta_{1W} \tag{293b}$$

ist. In Abb. 220a ist der Wicklungszug für eine eingängige Schleifenwicklung mit $N = 20$ und $p = 2$ und einer Spulenweite $\eta_{1S} = \eta_{1W} = 4$

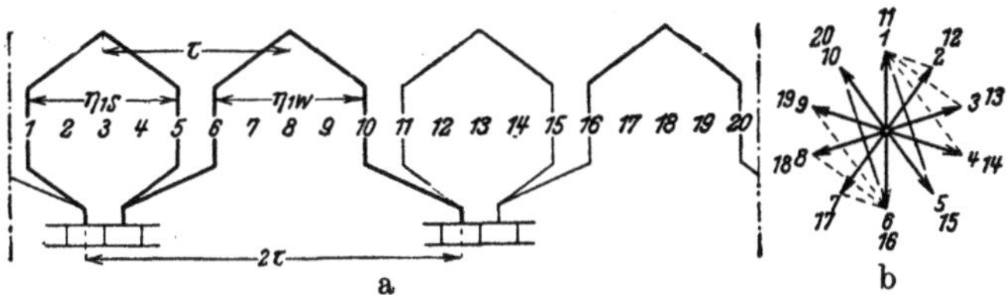

Abb. 220a u. b. Latoursche Wicklung mit geradem N/p.

dargestellt. Aus dem Spannungsstern Abb. 220b erkennen wir, daß der Vektor von 10 nach 6 entgegengesetzt gleich dem Vektor von 5 nach 1 ist. Ebenso erkennen wir aus dem Spannungsstern, daß auch die Schritte $\eta_{1S} = \eta_{1W} = 1, 2, 3, 4$ die resultierende EMK Null im Wicklungszug ergeben. Bei Wicklungen mit N/p ungerade ergibt Gl. 293b nicht die resultierende EMK Null, weil sich im Spannungsstern (vgl. Abb. 219b) keine Verbindungslinien zwischen den Endpunkten der N/p Strahlen ziehen lassen, die parallel laufen und gleich lang sind, wie es bei N/p gerade (vgl. gestrichelte Linien in Abb. 220b) möglich ist.

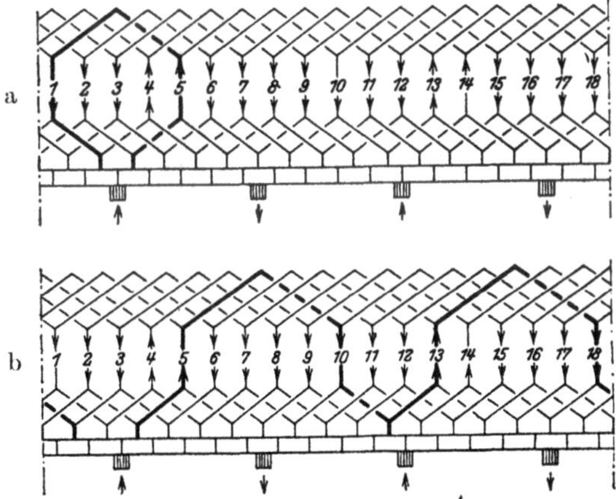

Abb. 221a u. b. a) Eingängige Schleifenwicklung, b) zweigängige Wellenwicklung als Teile der Latourschen Wicklung bei $p = 2$.

In den Abb. 221a u. b sind mit den Wicklungselementen in Abb. 219a die Schleifen- und die Wellenwicklung der Übersichtlichkeit wegen getrennt übereinander gezeichnet; die gleichliegenden Stromwenderstege muß man sich also vereinigt denken. Ein Umlauf der Wellenwicklung ist in Abb. 221b durch stärkere Linien hervorgehoben und läßt erkennen, daß die der eingängigen Schleifenwicklung parallel geschaltete Wellenwicklung eine p-gängige Wellenwicklung ist. Damit sich dieselbe Polarität der durch den Stromwender parallel geschalteten Wicklungen ergibt, müssen beide Wicklungen entweder ungekreuzt (wie in Abb. 221a u. b) oder gekreuzt sein (vgl. S. 91 u. 93, Bd. I).

Eine Wellenwicklung kann auch bei mehrgängiger Schleifenwicklung dieser parallel geschaltet werden, wobei dann wieder sinngemäß die Abb. 219a u. 220a für die Wicklungselemente gelten. Bei einer m_S-gängigen Schleifenwicklung ist die Wellenwicklung eine $m_S\,p$-gängige Wicklung; es muß also $a/p = m_S = $ ganz sein. Die Bedingungen Gl. 293a bzw. b lassen sich auch erfüllen, wenn mehrere Spulenseiten in der Nut nebeneinander liegen ($u > 1$), und zwar auch bei Treppenwicklung.

Nach Abschn. I 12C der „Ankerwicklungen" bilden bei zweigängigen Schleifenwicklungen mit ungerader Nutenzahl je Polpaar die Ausgleichsverbindungen erster Art auch zugleich Ausgleichsverbindungen zweiter Art, die die Aufgabe haben, die Spannung zwischen den Stromwenderstegen an den Enden einer Schleifenspule durch den dazwischenliegenden Steg in zwei gleiche Teile zu teilen. Für zweigängige Schleifenwicklungen sind also bei ungeradem N/p auch bei der vereinigten Schleifen- und Wellenwicklung keine Ausgleichsverbindungen zweiter Art erforderlich.

Hinsichtlich der Stromverteilung am Ankerumfang verhält sich die vereinigte Schleifen- und Wellenwicklung bei ungeradem N/p wie eine Sehnenwicklung. Bei Sechsbürstenschaltung mit Sehnenbürsten treten deshalb in der Felderregerkurve auch Wellen gerader Ordnungszahl auf, die bei der Zwölfbürstenschaltung fehlen. Bei geradem N/p und $\eta_{1S} = \eta_{1W}$ verhält sich dagegen (vgl. Abb. 220a) die Latoursche Wicklung auch bei Sechsbürstenschaltung hinsichtlich der Stromverteilung am Ankerumfang wie eine Zwölfbürstenschaltung mit Sehnenbürsten; es treten also bei der Latourschen Wicklung mit geradem N/p und $\eta_{1S} = \eta_{1W}$ auch bei Sechsbürstenschaltung keine Wellen gerader Ordnungszahl auf. Das ist ein weiterer Vorteil der Latourschen Wicklung. Der einzige Nachteil ist die etwas schlechtere Ausnutzung des Nutraumes wegen der kleineren Leiterquerschnitte, die aber auch zur Verringerung der zusätzlichen Stromwärme durch Stromverdrängung günstig sein können.

4. Die Ersatzwicklung.

Bei der rechnerischen Behandlung der Vorgänge in Mehrphasenmaschinen werden wir uns die Stromwenderwicklung durch eine entweder in Stern verkettete oder durch eine unverkettete Wicklung ersetzt denken, die von Bürstenströmen durchflossen wird und dieselbe Strangzahl wie die Ständerwicklung hat. Für die Dreibürstenschaltung

ist in Abb. 222a die in Stern verkettete Ersatzwicklung unmittelbar
in den Stromwenderkreis eingezeichnet; für die Sechsbürstenschaltung
sind in Abb. 222b u. c, für die Zwölfbürstenschaltung in Abb. 222d
die unverketteten Ersatzwicklungen nur für je einen Strang angedeutet. Bei Dreibürstenschaltung fallen die Achsen der Wicklungsstränge mit den Mittellinien der Bürsten, bei den Sechs- und Zwölf-
bürstenschaltungen mit den Verbindungslinien der gleichphasigen
Bürsten zusammen.

a. Windungszahl und Wicklungsfaktor. Im Abschn. 2b u. d haben
wir die Windungszahl der Läuferersatzwicklung für Drei- (Gl. 287) und

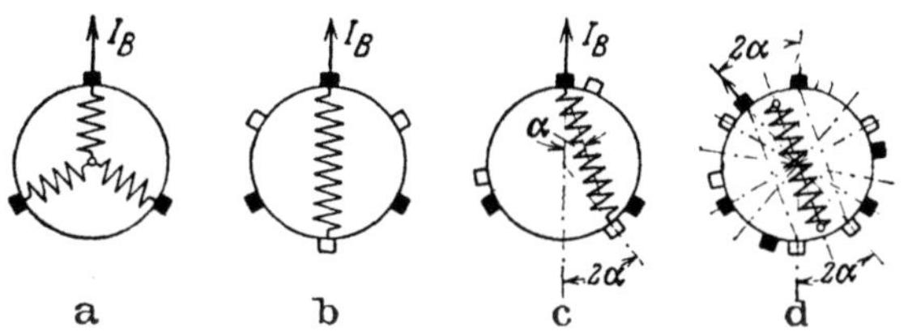

Abb. 222a bis d. Ersatzwicklungen.

Sechsbürstenschaltung (Gl. 290) abgeleitet. Der zugehörige Wicklungsfaktor ist bei Durchmesserwicklung mit größerer Nutenzahl im
Läufer $3/\pi$, bei Sehnenwicklung $3\varsigma/\pi$, wenn

$$\varsigma = \sin \frac{W}{\tau} \frac{\pi}{2} = \cos \beta \tag{294}$$

den Spulenfaktor der Läuferwicklung bezeichnet. Bei Sehnenbürsten
(Zwölfbürstenschaltung) sind diese Faktoren noch mit $\cos \alpha$ zu multiplizieren. Wir erhalten also für die Drei- bzw. Sechs- und Zwölfbürstenschaltung die Windungszahl und den Wicklungsfaktor der Ersatzwicklung zu

$$w_L = z/12a \qquad \text{bzw.} \qquad w_L = z/6a, \tag{295a u. b}$$

$$\xi_L = 3\varsigma/\pi \qquad \text{bzw.} \qquad \xi_L = 3\varsigma/\pi \cdot \cos \alpha. \tag{296a u. b}$$

b. Wirkwiderstand. Den Gleichwiderstand der dreiphasigen Stromwenderwicklung beziehen wir auf den Widerstand R_D der einphasig
gespeisten Wicklung bei Durchmesserstellung der Bürsten, den wir
in bekannter Weise wie bei einer Gleichstromankerwicklung berechnen
können, etwa nach Gl. 319b, Bd. I, zu

$$R_D = \frac{\varrho \, l_m \, z}{(2a)^2 \, q} \, . \tag{297}$$

Bei Dreibürstenschaltung ist dann nach Abb. 223a u. b der Gleichwiderstand eines Strangs der in **Dreieck** geschalteten Stromwender-

wicklung $^4/_3 R_D$. Die Ersatzwicklung ist eine in Stern geschaltete Wicklung, für die bei gleicher Stromwärme mit dem Strom $I = \sqrt{3}\, I_{Str}$ der Strangwiderstand $^1/_3$ des Strangwiderstandes der Dreieckwicklung sein muß. Der Gleichwiderstand der Ersatzwicklung ist also bei Dreibürstenschaltung

$$R_L = \tfrac{4}{9} R_D. \tag{298}$$

Bei Sechsbürstenschaltung und Durchmesserbürsten ist nach Abb. 213b bei Durchmesserwicklung der Effektivwert des Stromes in einem Leiter doppelt so groß wie bei einphasiger Speisung mit demselben Bürstenstrom (einer Phase). Da nun auch die Ersatzwicklung für denselben Bürstenstrom I gilt, ist die Stromwärme aller drei Stränge 4 mal so groß wie bei einphasiger Speisung, der Gleichwiderstand der Ersatzwicklung je Strang also

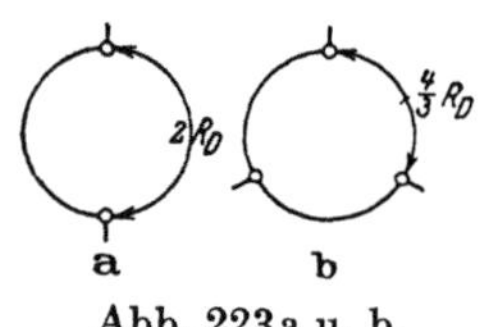

Abb. 223a u. b.

$$R_L = 2^2 \frac{R_D}{3} = \frac{4}{3} R_D. \tag{299}$$

Bei Sehnenbürsten ändert sich der Widerstand R_L im Verhältnis der Stromwärmen bei demselben Bürstenstrom. Bei Sechsbürstenschaltung ist deshalb nach den Gl. 291a u. b

im Bereich $\quad 0 \leq 2\alpha \leq 60°$: $\quad R_L = \tfrac{4}{3} R_D$, $\hfill$ (300a)

,, $\qquad$,, $\quad 60° \leq 2\alpha \leq 180°$: $\quad R_L = \dfrac{90° - \alpha}{60°} \cdot \dfrac{4}{3} R_D = \dfrac{90° - \alpha}{45°} R_D.$ (300b)

Die Ersatzwicklung bei Zwölfbürstenschaltung gilt für den gesamten Bürstenstrom einer Phase, also für $I = I/2 + I/2$ (vgl. Abb. 216). Wir erhalten nach den Gl. 292a bis c

im Bereich $\quad 0 \leq 2\alpha \leq 60°$: $R_L = \dfrac{120° - \alpha}{120°} \cdot \dfrac{4}{3} R_D = \dfrac{120° - \alpha}{90°} R_D,$ (301a)

,, $\quad$,, $\quad 60° \leq 2\alpha \leq 120°$: $R_L = \dfrac{75° - \alpha}{60°} \cdot \dfrac{4}{3} R_D = \dfrac{75° - \alpha}{45°} R_D,$ (301b)

,, $\quad$,, $\quad 120° \leq 2\alpha \leq 180°$: $R_L = \dfrac{90° - \alpha}{120°} \cdot \dfrac{4}{3} R_D = \dfrac{90° - \alpha}{90°} R_D.$ (301c)

Den Wirkwiderstand der Wicklung erhalten wir durch Multiplikation des Gleichwiderstandes mit dem Widerstandsverhältnis k, das nach Abschn. II L 2 bis 4, Bd. I, unter Berücksichtigung der gegenseitigen Phase der resultierenden Ströme in Ober- und in Unterschicht berechnet werden kann. Die zusätzliche Stromwärme (durch Stromverdrängung) setzt sich aus zwei Teilen zusammen, einem Teil herrührend von dem Strangstrom und einem Teil herrührend von der

Stromwendung, die sich ähnlich wie beim Einankerumformer zusammensetzen (Abschn. III A 3d, Bd. II). In den meisten praktischen Fällen ist der Wirkwiderstand angenähert gleich dem Gleichwiderstand.

Zu dem Wirkspannungsverlust der Stromwenderwicklung kommt noch der im Übergangswiderstand der Bürsten. Dieser hängt nach Maßgabe der Bürstenkennlinie vom Bürstenstrom ab und kann bei Kohlebürsten für den Dreibürstensatz mit etwa 1 V, für die übrigen Bürstensätze mit etwa 2 V eingesetzt werden.

c. Streublindwiderstand. Der Streublindwiderstand, der für einen Strang der Läuferwicklung nach Abschn. 10 berechnet wird, gilt bei Sechs- und Zwölfbürstenschaltung auch für die Ersatzwicklung; er ist bei diesen Bürstenschaltungen von dem Bürstenwinkel 2α abhängig. Bei Dreibürstenschaltung ist der für den wirklichen Strang der Stromwenderwicklung berechnete Streublindwiderstand durch 3 zu dividieren, damit die Streublindleistung der Ersatzwicklung dieselbe wie die der in Dreieck geschalteten Stromwenderwicklung ist (vgl. auch Abschn. K 3d, Bd. IV).

5. Durchflutung und Strombelag der Stromwenderwicklung.

Das Verhalten der mehrphasigen Stromwenderwicklung wird, abgesehen von dem im Abschn. 2c behandelten Sonderfall, im wesentlichen durch die Grundwelle der resultierenden Durchflutung bestimmt. Nach den Gl. 98 u. 98a, Bd. II, ist die Grundwellenamplitude der Durchflutung einer Mehrphasenwicklung

$$\Theta = \frac{2\sqrt{2}\,m}{\pi}\,\frac{\xi\,w}{p}\,I, \tag{302}$$

worin m die Strangzahl, p die Polpaarzahl, w die Zahl der in Reihe geschalteten Windungen, ξ der Wicklungsfaktor (für die Grundwelle) und I der Effektivwert des Stromes eines Strangs ist.

Für die einzelnen Größen in Gl. 302 können wir entweder die eines Wicklungsstrangs der Stromwenderwicklung oder die ihrer Ersatzwicklung einsetzen; in beiden Fällen muß sich nach der Definition der Ersatzwicklung dieselbe Durchflutung Θ ergeben. Setzen wir die Größen der Ersatzwicklung ein, so ist bei der Dreibürstenschaltung $m=3$, $\xi=3\varsigma/\pi$, $w=z/12\,a$, und wir erhalten

$$\Theta = \frac{3}{\sqrt{2}\,\pi^2}\,\frac{z\,\varsigma}{a\,p}\,I. \tag{303}$$

Für Sechs- und Zwölfbürstenschaltung mit Durchmesser- bzw. Sehnenbürsten mit einer Bürstenverschiebung von 2α aus der Durchmesserstellung ist $m = 3$, $w = z/6\,a$, $\xi = 3\,\varsigma/\pi$ bzw. $3\,\varsigma/\pi\cdot\cos\alpha$ zu setzen. Es ist also

$$\Theta = \frac{3\sqrt{2}}{\pi^2}\,\frac{z\,\varsigma}{a\,p}\,I \quad\text{bzw.}\quad \Theta = \frac{3\sqrt{2}}{\pi^2}\,\frac{z\,\varsigma}{a\,p}\,I\cos\alpha. \tag{303}$$

Der (resultierende) effektive Strombelag ergibt sich für die Drei- bzw. Sechsbürstenschaltung mit Durchmesserbürsten zu

$$A = \frac{m\,2\,w\,I}{2\,p\,\tau} = \frac{z}{4\,p\,\tau}\,\frac{I}{a} \quad\text{bzw.}\quad A = \frac{z}{2\,p\,\tau}\,\frac{I}{a}, \tag{304a u. b}$$

den wir bei der Berechnung der EMK der Stromwendung nach der Pichelmayerschen Formel zugrunde legen werden (Abschn. 7b). Für die Erwärmung sind diese Strombeläge natürlich im allgemeinen nicht maßgebend; so sind z. B. für die Dreibürstenschaltung, weil die Strombeläge in Unter- und Oberschicht phasenverschoben sind, die wirklichen Strombeläge $2/\sqrt{3}$ mal so groß.

6. Die vom Drehfeld in der Stromwenderwicklung induzierte EMK.

a. Die Oberwellen des Drehfeldes. Wir beschränken uns bei allen Betrachtungen auf zeitlich sinusförmig veränderliche Ströme, wie wir es auch bei der Induktionsmaschine in der Regel als zulässig erkannt haben (Abschn. E 2, Bd. IV). Das Drehfeld enthält aber auch dann noch, selbst wenn wir von Schwankungen des magnetischen Leitwertes absehen, außer der Grundwelle Oberwellen.

Die Oberwellen sind zweifacher Art (vgl. Einleitung zu Abschn. H, Bd. IV). Eine Gruppe dieser Oberwellen rührt von den Oberwellen der Felderregerkurven der Wicklungen her, die das Drehfeld erregen. Diese Oberwellen (vgl. Abschn. F 2 u. 3, Bd. IV) induzieren in den Wicklungen EMKe, die wir zur Spaltstreuung zählen (Abschn. 10b bis d).

Die andere Gruppe der Oberwellen wird durch die Sättigungserscheinung im Eisen hervorgerufen, die zur Folge hat, daß sich das von der Grundwelle der Felderregerkurve erregte Drehfeld gegenüber der Sinusform abflacht (Abschn. E 2f, Bd. IV). Diese Oberwellen laufen mit derselben Geschwindigkeit um wie die Grundwelle des Drehfeldes und induzieren zwischen den Bürsten der Stromwenderwicklung EMKe, deren Effektivwert und Frequenz proportional der Ordnungszahl der betreffenden Welle und der Relativgeschwindigkeit zwischen Stromwenderwicklung und Drehfeld ist. Bei Dreibürstenschaltung sind sie verschwindend klein, weil nach Abschn. E 2f, Bd. IV, nur die 3. Einzelwelle besonders hervortritt und die von ihr induzierten EMKe in verketteten dreiphasigen Wicklungen nicht zur

Geltung kommen. Aber auch bei unverketteten Stromwenderwicklungen sind sie wegen der verhältnismäßig kleinen Wicklungsfaktoren so klein, daß sie keinen merklichen Beitrag zum Effektivwert der gesamten EMK der Stromwenderwicklung ergeben.

Wir können uns deshalb bei der Berechnung der in der Stromwenderwicklung induzierten EMK auf die Grundwelle des Drehfeldes beschränken; wir vernachlässigen dabei den Einfluß der von Bürsten überbrückten Läuferspulen.

b. Einphasiger Bürstensatz mit Durchmesserbürsten. Auf den einphasigen Bürstensatz mit Durchmesserbürsten (Abb. 224a) werden wir die EMK bei der mehrphasigen Schaltung beziehen. Wir können auf zwei Wegen zu der induzierten EMK gelangen.

Einmal, indem wir sie aus Gl. 163, Bd. I, für die Gleichstrommaschine berechnen. Wir erhalten den Effektivwert der EMK,

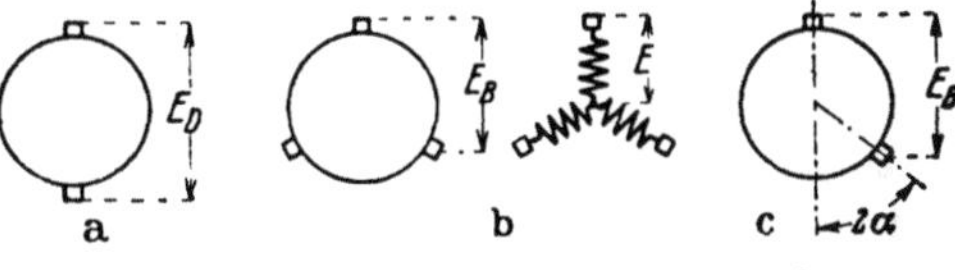

Abb. 224a bis c. EMKe bei verschiedenen Bürstenschaltungen.

wenn wir auch für Φ_W den Effektivwert $\Phi_{W\,\text{eff}} = \Phi_W/\sqrt{2}$ einsetzen. Φ_W ist der mit einer Spule der Stromwenderwicklung verkettete Fluß. Das Verhältnis dieses Flusses zum Drehfeldfluß Φ_1 ist

$$\frac{\Phi_W}{\Phi_1} = \left[\int_{(\tau - W)/2}^{(\tau + W)/2} \sin \frac{\pi\,x}{\tau}\,\mathrm{d}\,x \right] : \left[\int_0^\tau \sin \frac{\pi\,x}{\tau}\,\mathrm{d}\,x \right] = \sin \frac{W}{\tau}\,\frac{\pi}{2} = \varsigma, \quad (305)$$

also gleich dem Spulenfaktor ς der Stromwenderwicklung; W bedeutet die Spulenweite. Bezeichnen wir noch mit s die Schlüpfung der Stromwenderwicklung gegen das Drehfeld (die nur bei der läufergespeisten Nebenschlußmaschine gleich 1 ist) und mit n_1 die synchrone Drehzahl, so erhalten wir den Effektivwert der in der Stromwenderwicklung mit einphasigen Durchmesserbürsten von der Grundwelle Φ_1 des Luftspaltflusses induzierten EMK

$$E_D = z \,\frac{p}{a}\, s\, n_1 \frac{\varsigma\,\Phi_1}{\sqrt{2}}. \quad (306)$$

Das andere Mal können wir von Gl. 126, Bd. I, für die in einer Wechselstromwicklung induzierte EMK ausgehen und erhalten, wenn f die Netzfrequenz bezeichnet,

$$E = \sqrt{2}\,\pi\,\xi\,w\,s\,f\,\Phi_1. \quad (307)$$

Setzen wir in diese Gleichung für ξ den Wicklungsfaktor einer gleichmäßig am Umfang verteilten Wicklung ein, also $\xi = 2\varsigma/\pi$ und bezeichnen mit w_D die Windungszahl der einphasig gespeisten Wicklung mit Durchmesserbürsten, so erhalten wir

$$E_D = 2 \sqrt{2}\, w_D\, s\, f\, \varsigma\, \Phi_1.$$

(307a)

Beachten wir die Beziehungen

$$w_D = z/4a \quad \text{und} \quad f = n_1\, p,$$

(307b u. c)

so erkennen wir, daß sich nach den Gl. 306 u. 307a dieselben Werte für die EMK ergeben.

c. Dreibürstenschaltung. In diesem Falle (Abb. 224b) ergibt sich unmittelbar aus dem Spannungskreis die Bürstenspannung

$$E_B = \frac{\sqrt{3}}{2}\, E_D = \sqrt{2}\, \sqrt{3}\, w_D\, s\, f\, \varsigma\, \Phi_1 = \frac{\sqrt{3}}{2\sqrt{2}}\, z\, \frac{p}{a}\, s\, n_1\, \varsigma\, \Phi_1,$$

(308a)

der die Sternspannung

$$E = \frac{1}{2}\, E_D = \sqrt{2}\, w_D\, s\, f\, \varsigma\, \Phi_1 = \frac{1}{2}\, z\, \frac{p}{a}\, s\, n_1\, \frac{\varsigma\, \Phi_1}{\sqrt{2}}$$

(308b)

entspricht.

d. Sechs- und Zwölfbürstenschaltung. Da die Durchmesserstellung der Bürsten nur ein Sonderfall (nämlich $\alpha = 0$) der Sehnenstellung ist, schreiben wir die EMK gleich für Sehnenbürsten an. Wir erhalten nach Abb. 224c

$$E = E_B = E_D \cos\alpha = 2\sqrt{2}\, w_D\, s\, f\, \varsigma\, \Phi_1 \cos\alpha = z\, \frac{p}{a}\, s\, n_1\, \frac{\varsigma\, \Phi_1}{\sqrt{2}}\, \cos\alpha.$$

(309)

<h3 align="center">7. Die Vorgänge in den von Bürsten überbrückten Läuferspulen.</h3>

a. Die von der Grundwelle des Drehfeldes induzierte EMK $\mathscr{E}_{R_1}$. Die Vorgänge in den von Bürsten überbrückten Läuferspulen sind ähnlich wie bei der einphasigen Maschine (vgl. Abschn. I A 8). Neben der EMK der Stromwendung $\mathscr{E}_W$ tritt noch eine vom Drehfeld induzierte „Drehfeld-EMK" auf, die sich ähnlich äußert wie die Ruhe-EMK beim Einphasenmotor. Wir bezeichnen sie deshalb auch hier mit $\mathscr{E}_R$, obgleich sie eigentlich eine EMK der Bewegung ist. Bei der läufergespeisten Nebenschlußmaschine (Abschn. D) ruht die Stromwenderwicklung gegenüber der am Netz liegenden Wicklung. Die von der Grundwelle des Drehfeldes induzierte EMK $\mathscr{E}_{R_1}$ ist dann, wie bei der Einphasenmaschine ohne phasenverschobenes Wendefeld, von der Drehzahl unabhängig. Bei der ständergespeisten Maschine ist dies dagegen nicht der Fall, und zwar ist $\mathscr{E}_{R_1}$ proportional der Schlüpfung des Läufers gegen das Drehfeld, verschwindet also bei der synchronen

Drehzahl ($s = 0$). Die Drehfeld-EMK der ständergespeisten Maschine verhält sich daher bei festem Drehfeld genau so wie die Resultierende aus der Ruhe-EMK beim einphasigen Motor mit festem Wechselfeld und einer Bewegungs-EMK in einem festen Wendefeld, die bei der synchronen Drehzahl die Ruhe-EMK gerade aufhebt (vgl. Abschn. I B 4 c).

Multiplizieren wir den Effektivwert der Ruhe-EMK, die vom zeitlich sinusförmig schwingenden Wechselfluß Φ_1 induziert wird (Gl. 8a), mit der Schlüpfung s, so erhalten wir bei der ständergespeisten Maschine die von der Grundwelle Φ_1 des Drehfeldes im Wicklungsteil zwischen benachbarten Stromwenderstegen induzierte EMK zu

$$\mathfrak{E}_{R_1} = \sqrt{2}\,\pi\,w_k\,s\,f\,\varsigma\,\Phi_1 \approx \frac{\pi}{\sqrt{2}}\,\frac{p}{a}\,\frac{z}{k}\,s\,f\,\varsigma\,\Phi_1 . \tag{310}$$

Darin ist $w_k \approx z p/2ka$ (Gl. 7) die zwischen benachbarten Stromwenderstegen maßgebende Windungszahl, die nur bei der eingängigen Schleifenwicklung ($a = p$) gleich der Windungszahl einer Läuferspule ist; ς ist der Spulenfaktor der Läuferwicklung (Gl. 294), der für Durchmesserwicklung gleich 1 ist. Bei der läufergespeisten Maschine ist in Gl. 310 $s = 1$ zu setzen.

b. Die EMK der Stromwendung. Die EMK der Stromwendung in einer Läuferspule wird durch die Änderung des Stromes in dieser Spule bestimmt, wenn sie während des Bürstenkurzschlusses von einem Wicklungsstrang in den andern übertritt. Im allgemeinen findet zwar noch eine Beeinflussung durch die übrigen gleichzeitig von Bürsten kurzgeschlossenen Spulenseiten statt, die in denselben Nuten liegen wie die betrachtete Spule, doch ist diese Beeinflussung bei der angestrebten geradlinigen Stromwendung ebenfalls der Stromänderung in der betrachteten Spule proportional und kann in der Induktivität L der Spule Berücksichtigung finden.

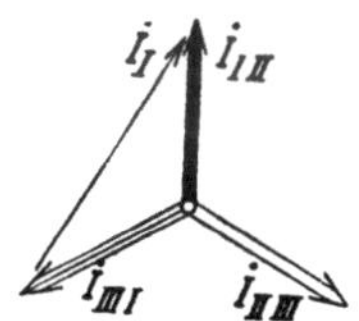

Abb. 225.
Stromphasen.

α. **Dreibürstenschaltung.** Schreiben wir für die gesamten gleichphasigen Ströme, die durch die Bürsten I, II, III fließen (vgl. Abb. 225),

$$i_I = \sqrt{2}\,I \sin \omega t, \qquad i_{II} = \sqrt{2}\,I \sin (\omega t - 2\pi/3)$$

und

$$i_{III} = \sqrt{2}\,I \sin (\omega t - 4\pi/3), \tag{311a bis c}$$

so läuft nach Abschn. I C 7, Bd. I, das von ihnen im Raume erregte Drehfeld im Uhrzeigersinne um. Denken wir uns nun den Läufer im Sinne des Drehfeldes, also ebenfalls im Uhrzeigersinne, umlaufen und bezeichnen (willkürlich) die voll ausgezogenen Strombeläge in Abb. 211 c positiv, die gestrichelten negativ, so wird in der Zeit von $t - T_k/2$ bis

$t + T_k/2$ der Strom in der Spule, die von der Bürste I in Abb. 211 c überbrückt wird (schwarz ausgefüllte Spulenseite über der Bürste I), von

$$-i_{III\,I\,i} = -\frac{\sqrt{2}\,I}{\sqrt{3}\,a}\sin\left[\omega\left(t - \frac{T_k}{2}\right) + 150°\right] \qquad (312\,\mathrm{a})$$

auf
$$-i_{I\,III\,i} = -\frac{\sqrt{2}\,I}{\sqrt{3}\,a}\sin\left[\omega\left(t + \frac{T_k}{2}\right) + 30°\right] \qquad (312\,\mathrm{b})$$

gewendet (vgl. auch Abschn. I A 7 c). Wir erhalten damit den Mittelwert der EMK der Stromwendung

$$\mathbf{s}_{Wm} = -L\,\frac{-i_{I\,III\,i} + i_{III\,I\,i}}{T_k} = \left(\cos\frac{\omega\,T_k}{2} - \frac{1}{\sqrt{3}}\sin\frac{\omega\,T_k}{2}\right)\frac{L}{a\,T_k}\cdot i_I. \quad (312)$$

In denselben Nuten, in denen sich die von der Bürste überbrückten Spulenseiten befinden, fließt noch der von der Stromwendung unbeeinflußte Strom

$$i_{II\,III\,i} = \frac{\sqrt{2}\,I}{\sqrt{3}\,a}\sin\left(\omega\,t - \frac{\pi}{2}\right) = -\frac{\sqrt{2}\,I}{\sqrt{3}\,a}\cos\omega\,t \qquad (313\,\mathrm{a})$$

(vgl. Abb. 211 c) in der Oberschicht (und $-i_{II\,III\,i}$ in der Unterschicht), dessen Streufeld in der von Bürsten überbrückten Spule eine EMK $\mathbf{s}_f$ bzw. einen Mittelwert über der Zeit $t - T_k/2 \leq t_1 \leq t + T_k/2$),

$$\mathbf{s}_f = -M\,\frac{\mathrm{d}\,i_{II\,III\,i}}{\mathrm{d}\,t} = -\frac{\omega\,M}{\sqrt{3}\,a}\,i_I, \qquad \mathbf{s}_{fm} = -\frac{2\,M}{\sqrt{3}\,a\,T_k}\sin\frac{\omega\,T_k}{2}\cdot i_I, \quad (313\,\mathrm{b\ u.\ c})$$

induziert. Sie wirkt bei Drehung des Läufers im Sinne des Drehfeldes der EMK der Stromwendung $\mathbf{s}_{Wm}$ entgegen.

Bei Änderung der Drehrichtung wird der Strom in der kurzgeschlossenen Spule von

$$-i_{I\,II\,i} = -\frac{\sqrt{2}\,I}{\sqrt{3}\,a}\sin\left[\omega\left(t - \frac{T_k}{2}\right) + 30°\right] \qquad (314\,\mathrm{a})$$

auf
$$-i_{III\,I\,i} = -\frac{\sqrt{2}\,I}{\sqrt{3}\,a}\sin\left[\omega\left(t + \frac{T_k}{2}\right) + 150°\right] \qquad (314\,\mathrm{b})$$

gewendet. Das Vorzeichen bei $T_k/2$ ist jetzt für denselben Strom das entgegengesetzte wie in den Gl. 312a u. b. In dem Ausdruck für die EMK $\mathbf{s}_{Wm}$ in Gl. 312 ändert sich dadurch das Vorzeichen bei $\cos\omega\,T_k/2$. Die Phase von $\mathbf{s}_f$ wird durch die Drehrichtung nicht beeinflußt.

Wir erhalten somit den Mittelwert der von den Streuflüssen in der kurzgeschlossenen Läuferspule induzierten EMK, die wir kurz mit $\mathbf{s}_W$

bezeichnen, zu

$$\mathfrak{E}_W = \mathfrak{E}_{Wm} + \mathfrak{E}_{fm} = \left[(\pm) \cos \frac{\omega T_k}{2} - \frac{1}{\sqrt{3}} \left(1 + \frac{2M}{L} \right) \sin \frac{\omega T_k}{2} \right] \frac{L}{a\,T_k} \cdot i_I. \quad (314)$$

Sie ist in Phase mit dem Strom der Bürste, die die betrachtete Spule kurzschließt (vgl. Gl. 311a). Das $+$-Zeichen vor dem ersten Glied gilt, wenn der Läufer im Drehfeldsinne, das $-$-Zeichen, wenn er im entgegengesetzten Sinne umläuft. Da der letzte Fall vermieden wird, ist das $-$-Zeichen eingeklammert.

Die in der kurzgeschlossenen Spule induzierte EMK können wir in zwei Anteile zerlegen, von denen der eine ($\mathfrak{E}'_W$) im wesentlichen der Drehzahl proportional, der andere ($\mathfrak{E}''_W$) dagegen von der Drehzahl praktisch unabhängig ist. Schreiben wir

$$\mathfrak{E}_W = \mathfrak{E}'_W + \mathfrak{E}''_W \quad (315)$$

und beachten, daß von sehr kleinen Drehzahlen abgesehen $\cos \omega T_k/2 \approx 1$ und $\sin \omega T_k/2 \approx \omega T_k/2$ ist, so ist der von der Drehzahl im wesentlichen abhängige Teil wie bei der Einphasenmaschine (Abschn. I A 7 c)

$$\mathfrak{E}'_W = (\pm) \cos \frac{\omega T_k}{2} \cdot \frac{L}{a\,T_k} \cdot i_I \quad (315\,\text{a})$$

und der von der Drehzahl praktisch unabhängige Teil

$$\mathfrak{E}''_W = - \left(1 + \frac{2M}{L} \right) \sin \frac{\omega T_k}{2} \cdot \frac{L}{\sqrt{3}\,a\,T_k} \cdot i_I. \quad (315\,\text{b})$$

Die Induktivitäten M und L werden hauptsächlich durch die entsprechenden Nutinduktivitäten bestimmt. Diese verhalten sich angenähert wie u/μ, wenn u die Zahl der gesamten in der Nut nebeneinanderliegenden Spulenseiten und μ die Zahl der in der Nut jeweils von einer Bürste kurzgeschlossenen Läuferspulen ist. Für $u = \mu$ ist $M \approx L$.

An einem Zahlenbeispiel wollen wir die Größenordnung der Effektivwerte $\mathfrak{E}'_W$, $\mathfrak{E}''_W$ und $\mathfrak{E}_W$ überschlagen. Für den im Abschn. B 6 b als Beispiel behandelten Drehstromreihenschlußmotor ist nach Gl. 21 $b_j = b - j + (1 - a/p)\,t_K = 0,8 - 0,08 + 0,5 \cdot 0,413 = 0,926$ cm und bei synchroner Drehzahl $v_K = 1412$ cm/s. Damit wird bei synchroner Drehzahl die Kurzschlußdauer $T_k = 0,000655$ s und der Winkel $\omega T_k/2 = 0,1029 = 5,9°$. Es ist $\cos \omega T_k/2 = 0,995$, $\sin \omega T_k/2 \approx \omega T_k/2 = 0,1029$. Mit diesen Zahlenwerten wird $\mathfrak{E}'_W = (0,995/0,000655)\,LI/a = 1517\,LI/a$ und mit beispielsweise $M/L = 1$ $\mathfrak{E}''_W = 272\,LI/a$, also $\mathfrak{E}_W = 1245\,LI/a$.

Mit wachsender Drehzahl bleibt $\mathfrak{E}''_W$ praktisch unveränderlich und der Anteil an $\mathfrak{E}_W$ wird mit wachsender Drehzahl immer kleiner. Mit sinkender Drehzahl sinkt $\mathfrak{E}'_W$, während sich $\mathfrak{E}''_W$ nur sehr wenig ändert. So erhalten wir z.B. bei $^1/_3$ der synchronen Drehzahl $\cos \omega T_k/2 = 0,953$, $\sin \omega T_k/2 = 0,304$ und $\omega T_k/2 = 0,309$. Es wird damit $\mathfrak{E}'_W = 485\,LI/a$, $\mathfrak{E}''_W = 270\,LI/a$ und $\mathfrak{E}_W = 215\,LI/a$. Bei $n \approx 0,2\,n_1$

wird die resultierende EMK Null; bei noch kleinerer Drehzahl ändert sie ihr Vorzeichen (vgl. Abb. 227).

Für $^1/_3$ der synchronen Drehzahl sind in Abb. 226a der Bürstenstrom i_I, die Strangströme $-i_{II\,III\,i}$ und $-i_{III\,I\,i}$ (wobei $a=1$ und $M=L$ angenommen ist), sowie die EMKe $\mathfrak{E}'_W$ und $\mathfrak{E}''_W$ über dem Zeitwinkel ωt aufgetragen, ihre Summe $\mathfrak{E}_W$ ist durch die stärkere Kurve hervorgehoben. Beispielsweise für den Fall, daß die EMK $\mathfrak{E}_W$ ihren Höchstwert hat, ist der Strom in der von Bürste I kurzgeschlossenen Läuferspule bei geradliniger Stromwendung durch stärkere gestrichelte Linien angegeben.

β. **Sechsbürstenschaltung.** Wir betrachten eine Spule, deren eine Spulenseite in Abb. 213b über oder in Abb. 213c links von

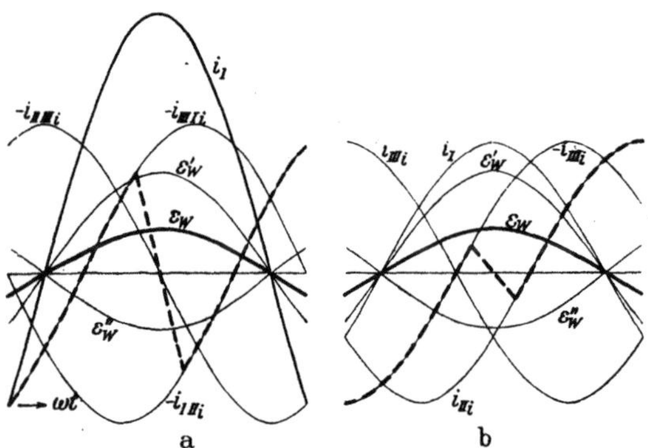

der schwarz ausgefüllten Bürste I liegt. Der Vorgang der Stromwendung ist ähnlich wie bei einphasiger Speisung (Abschn. I A 7c).

Für die gesamten in die Bürsten I, II, III eintretenden Ströme (schwarz ausgefüllte Bürsten in Abb. 213b u. c) mögen wieder die Gl. 311a bis c gelten. Wir können die EMK der Stromwendung, herrührend von dem Strom I_I

Abb. 226a u. b. Ströme (gestrichelt hervorgehoben, wenn $\mathfrak{E}_W$ seinen Höchstwert hat) und EMKe $\mathfrak{E}'_W$, $\mathfrak{E}''_W$, $\mathfrak{E}_W$ über ωt. a) Drei-, b) Sechsbürstenschaltung; $n = n_1/3$.

(erster Doppelkreis über dem Stromwenderkreis in Abb. 213b u. c), berechnen und den Einfluß der (fremden) Ströme I_{II} und I_{III} wie bei Dreibürstenschaltung berücksichtigen.

Für $\mathfrak{E}_{Wm}$ erhalten wir dann denselben Wert wie im Abschn. I A 7c (Gl. 28a u. b). Bei Durchmesserwicklung (Abb. 213b) ist L fast doppelt so groß wie bei Sehnenwicklung (Abb. 213c) oder bei Dreibürstenschaltung (Abb. 211c). Die Spule wird nun noch von dem fremden Strom $i_{II}/2a - i_{III}/2a$ beeinflußt, der in jeder Schicht in denselben Nuten fließt, in denen sich die betrachtete kurzgeschlossene Spule befindet (vgl. die Abb. 213b u. c). Für beide Schichten ist dieser Strom nach den Gl. 311b u. c $i_{II}/a - i_{III}/a = -(\sqrt{3}\cdot\sqrt{2}\,I/a)\cos\omega t$. Er liefert zu der gesamten von den Streuflüssen herrührenden EMK in der kurzgeschlossenen Spule den Beitrag $\mathfrak{E}_f$ bzw. den Mittelwert $\mathfrak{E}_{fm}$ während der Kurzschlußdauer,

$$\mathfrak{E}_f = -\frac{\sqrt{3}\,\omega\,M}{a}\,i_I, \qquad \mathfrak{E}_{fm} = -\frac{2\sqrt{3}\,M}{a\,T_k}\sin\frac{\omega\,T_k}{2}\cdot i_I. \quad (316\text{a u. b})$$

Damit ergibt sich die resultierende EMK

$$\mathcal{E}_W = \mathcal{E}_{Wm} + \mathcal{E}_{fm} = \left[{(\pm)} \cos \frac{\omega T_k}{2} - \frac{2\sqrt{3}\,M}{L} \sin \frac{\omega T_k}{2} \right] \frac{L}{a\,T_k} \cdot i_I , \quad (316)$$

wobei wieder das eingeklammerte Vorzeichen für Drehung des Läufers gegen den Drehfeldsinn gilt. Durch Vergleich mit Gl. 314 erkennen wir, daß bei denselben Werten von i_I und von L, wenn also bei Sechsbürstenschaltung die Läuferspulen genügend verkürzt sind (Abb. 213c), der im wesentlichen von der Drehzahl abhängige Teil ($\mathcal{E}'_W$ in Gl. 315a) bei beiden Bürstenschaltungen derselbe ist, während der von der Drehzahl praktisch unabhängige Teil ($\mathcal{E}''_W$) bei der Sechsbürstenschaltung und $M = L$ doppelt so groß ist wie bei der Dreibürstenschaltung.

Bei Durchmesserwicklung und derselben resultierenden Durchflutung der Läuferwicklung ist der in die gleichphasigen Bürsten eintretende Strom halb so groß wie bei Dreibürstenschaltung (Abschn. 2d). L ist bei Sechsbürstenschaltung mit Durchmesserwicklung etwa doppelt so groß wie bei Dreibürstenschaltung. Es ist also bei beiden Bürstenanordnungen und Durchmesserwicklung für dieselbe resultierende Durchflutung das Produkt $L\,I$ praktisch dasselbe, und damit, sofern $M = L$ bei Dreibürstenschaltung, auch die von Streuflüssen in der kurzgeschlossenen Spule induzierte EMK dieselbe.

Für $^1/_3$ der synchronen Drehzahl, wofür auch Abb. 226a bei Dreibürstenschaltung gilt, sind in Abb. 226b für Durchmesserwicklungen ($M = 0{,}5\,L$) der Bürstenstrom i_I und die Strangströme $i_{II\,i}$, $i_{III\,i}$ und $-i_{III\,i}$ (bei einphasiger Speisung), sowie die Anteile

$$= {(\pm)} \left(\cos \frac{\omega T_k}{2} \right) \frac{L}{a\,T_k} \cdot i_I \quad \text{und} \quad \mathcal{E}''_W = - \frac{\sqrt{3}\,L}{a\,T_k} \sin \frac{\omega T_k}{2} \cdot i_I \approx - \frac{\sqrt{3}}{2} \frac{\omega L}{a} \cdot i_I \quad (316'\text{a u. b})$$

der EMK nach Gl. 316 und ihre Summe $\mathcal{E}_W$ über dem Zeitwinkel ωt aufgetragen. Beispielsweise für den Fall, daß die EMK $\mathcal{E}_W$ ihren Höchstwert hat, ist der Strom in der von der Bürste I kurzgeschlossenen Läuferspule bei geradliniger Stromwendung durch stärkere gestrichelte Linien hervorgehoben.

In Abb. 227 ist der Faktor

$$F = \cos \frac{\omega T_k}{2} - \sqrt{3} \sin \frac{\omega T_k}{2} , \quad (317)$$

der bei umlaufendem Läufer im Sinne des Drehfeldes durch Multiplikation mit $L\,i_I/a\,T_k = L\sqrt{2}\,I/a\,T_k \cdot \sin \omega t$ die EMK der Stromwendung für Sechsbürstenschaltung mit Durchmesserwicklung und für Dreibürstenschaltung mit $M = L$ ergibt (Gl. 314), über der relativen Drehzahl

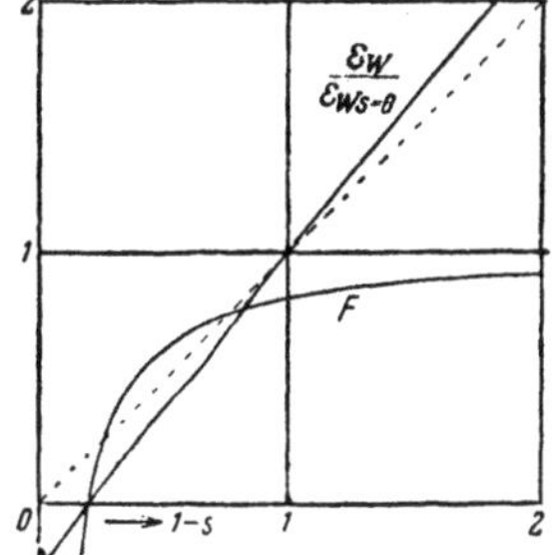

Abb. 227.
Faktor F (Gl. 317) und $\mathcal{E}_W/\mathcal{E}_{W\,s=0}$ über $1-s$.

$1-s$ aufgetragen. Die Kurve $\mathfrak{E}_W/\mathfrak{E}_{W\,s\,=\,0}$ stellt das Verhältnis des Effektivwertes der EMK bei geradliniger Stromwendung und beliebiger Drehzahl zu der bei synchroner Drehzahl für unser Zahlenbeispiel dar, wenn der Bürstenstrom unverändert bleibt. Durch Vergleich mit der gestrichelten Geraden erkennen wir, daß $\mathfrak{E}_W$ nicht proportional der Drehzahl ist, sondern bei übersynchroner Drehzahl schneller ansteigt, bei untersynchroner Drehzahl schneller sinkt als proportional der Drehzahl.

γ. **Zusammenfassung und Folgerungen.** Nach den Untersuchungen in den Abschn. α u. β wird in der kurzgeschlossenen Läuferspule von den Streuflüssen eine EMK induziert (Gl. 314 u. 316), die in Phase mit dem Strom der Bürste ist, die die Läuferspule überbrückt, und die wir zusammenfassend als EMK der „Stromwendung" bezeichnen wollen, da sie dem Bürstenstrom proportional ist. Diese EMK enthält auch Anteile, die von den Strömen herrühren, die in denselben Nuten fließen wie der Strom der kurzgeschlossenen Spule, aber nicht der Stromwendung unterworfen sind. Der Faktor F (Wert der eckigen Klammer in den Gl. 314 u. 316), der durch Multiplikation mit $(L/a\,T_k)i_I$ die EMK der Stromwendung ergibt, nähert sich bei umlaufendem Läufer im Sinne des Drehfeldes mit wachsender Drehzahl dem Wert 1 (vgl. Abb. 227), der für Gleichstrom gilt, und sinkt mit abnehmender Drehzahl, um schließlich bei einer gewissen kleinen Drehzahl sein Vorzeichen zu wechseln. Die EMK der Stromwendung ist bei festem Bürstenstrom nicht mehr proportional der Drehzahl des Läufers, sondern enthält noch einen Anteil, der praktisch von der Drehzahl unabhängig ist (vgl. Abb. 227). Dieser Anteil fällt bei großen Drehzahlen gegenüber der gesamten EMK der Stromwendung nicht sehr ins Gewicht, kann aber, wenn der Läufer im Drehfeldsinne umläuft, bei kleineren Drehzahlen die gesamte EMK der Stromwendung wesentlich schwächen.

Für Durchmesserwicklung und dieselben gesamten in die Bürsten ein- oder austretenden gleichphasigen Ströme ist die EMK bei Sechsbürstenschaltung mit Durchmesserbürsten praktisch dieselbe wie bei Dreibürstenschaltung. Die beiden Bürstenanordnungen ergeben dann nach Abschn. 4 auch dieselbe resultierende Durchflutung. Bei **Dreibürstenschaltung** ist die EMK der Stromwendung für denselben Bürstenstrom von einer Verkürzung der Spulenweite unabhängig, sofern diese nicht etwa $\tau/3$ ist.

Wenn wir nun bei Sechsbürstenschaltung im folgenden den Einfluß der Verkürzung der Spulenweite und die Abweichung der Bürstenstellung von der Durchmesserstellung abschätzen, so wollen wir der Einfachheit wegen den bei höheren Drehzahlen verhältnismäßig kleinen Einfluß der fremden Ströme auf die EMK der Stromwendung außer acht lassen. Dann brauchen wir nur solche Stromänderungen in der kurzgeschlossenen Spule zu beachten, die von dem Strom der Bürste herrühren, die die Spule kurzschließt (z. B. erster Doppelkreis in den Abbildungen des Abschn. 2d), und die Lage der Spulenseiten zu berücksichtigen. Wenn diese in verschiedenen Nuten liegen, ist die EMK der Stromwendung nur etwa halb so groß wie bei gleichnutiger Lage. Wir vergleichen die EMK der Stromwendung $\mathscr{E}_W$ mit der bei Durchmesserwicklung und Durchmesserbürsten $\mathscr{E}_{W0}$ bei denselben Bürstenströmen und setzen bei Sehnenwicklung und Sehnenbürsten solche Abweichungen vom Durchmesser voraus, daß die kurzgeschlossenen Spulenseiten in verschiedene Nuten zu liegen kommen.

Sowohl bei Sehnenwicklung und Durchmesserstellung der Bürsten (vgl. Abb. 213c mit Abb. 213b) als auch bei Durchmesserwicklung mit Sehnenbürsten (vgl. Abb. 214b bis d mit Abb. 213b) ist dann $\mathscr{E}_W \approx \mathscr{E}_{W0}/2$, wenn wir gewisse Grenzfälle ausschließen, bei denen die von Bürsten kurzgeschlossenen Spulenseiten in dieselbe Nut zu liegen kommen (z. B. Sehnenwicklung mit $2\beta = 60°$ und Durchmesserbürsten). Auch bei Sehnenwicklung und Sehnenbürsten ist $\mathscr{E}_W \approx \mathscr{E}_{W0}/2$, wie durch Vergleich der Abb. 214d mit Abb. 214b hervorgeht.

Bei Zwölfbürstenschaltung (Sehnenbürsten) ist dagegen $\mathscr{E}_W \approx \mathscr{E}_{W0}/4$, weil der Strom in einer Spulenseite nicht von i auf $-i$, sondern von i auf 0 bzw. 0 auf $-i$ gewendet wird.

Durch Anwendung von Sehnenwicklung bei Durchmesserbürsten oder von Sehnenbürsten bei Durchmesserwicklung wird also die EMK der Stromwendung bei Sechsbürstenschaltung und denselben Bürstenströmen auf etwa $^1/_2$, bei Zwölfbürstenschaltung auf etwa $^1/_4$ von der bei Durchmesserwicklung und Durchmesserbürsten verringert, wenn wir die Induktivität der Stirnverbindungen vernachlässigen und nur solche Bürstenstellungen in Betracht ziehen, bei denen alle kurzgeschlossenen Spulen in verschiedenen Nuten liegen. Besonders die Zwölfbürstenschaltung (mit Sehnenbürsten) ist also geeignet, die EMK der Stromwendung weitgehend zu verringern. Es ist dabei allerdings zu beachten, daß nach Abschn. 4 bei demselben Bürstenstrom die resultierende Durchflutung bei Sehnenwicklung und bei Sehnenbürsten kleiner ist als bei Durchmesserwicklung und Durchmesserbürsten.

Benutzt man zur überschlägigen Berechnung der EMK der Stromwendung $\mathscr{E}_W$ die Pichelmayersche Formel (Gl. 29, Abschn. I A 7c) und multipliziert die EMK $\mathscr{E}_W$ einer Spule mit dem Verhältnis p/a ($w_{Sp}\,p/a = w_k$, Gl. 7), so erhält man angenähert die auf benachbarte Stromwenderstege bezogene EMK $\mathscr{E}_W$ der Stromwendung

$$\mathscr{E}_W = 2\,\zeta\,w_k\,v_A\,A\,l_i\,10^{-8}\ \text{V.}\qquad (318$$

Führt man dann bei Dreibürstenschaltung den Strombelag nach Gl. 304a, bei Sechs- und Zwölfbürstenschaltung den nach Gl. 304b ein, so kann man für Maschinen ohne Dämpferwicklung (Abschn. 9b) schätzungsweise setzen:

Ständergespeiste Maschinen
Dreibürstenschaltung (Durchmesser- oder Sehnenwicklung) $\zeta \approx 8$
Sechsbürstenschaltung mit Durchmesserbürsten und
    Durchmesserwicklung ≈ 8
Sechsbürstenschaltung mit Sehnenwicklung und Durch-
    messerbürsten oder mit Durchmesserwicklung und
    Sehnenbürsten ≈ 5
Zwölfbürstenschaltung $\approx 3{,}5$

Läufergespeiste Nebenschlußmaschinen, bei denen die
    Regelwicklung in der Nähe der Nutöffnung angeordnet ist,
    Sechsbürstenschaltung ≈ 4
    Zwölfbürstenschaltung ≈ 3

$$(31$$

Bei zweigängigen Schleifenwicklungen muß dafür gesorgt werden (etwa durch Ausgleichverbindungen dritter Art oder die Schragesche Hilfswicklung nach Abb. 234c), daß die Spannung der Läuferspulen durch die Zwischenstege in gleiche Teile geteilt wird. Bei Maschinen mit Dämpferwicklung können etwa die 0,8-fachen Werte für ζ in die Pichelmayersche Formel eingesetzt werden.

Praktisch funkenfreier Betrieb ist bei nicht zu hohen Werten von $\mathscr{E}_R$ zu erwarten, wenn etwa $\mathscr{E}_W + \mathscr{E}_{R_1} \leqq 2{,}5\ \mathrm{V}$ ist.

c. Die resultierende EMK. Wir haben drei Anteile der in einer von Bürsten kurzgeschlossenen Läuferspule induzierten EMK zu unterscheiden, die EMK der Stromwendung $\mathscr{E}_W$, die EMK $\mathscr{E}_{R_1}$, herrührend von der Grundwelle, und die EMK $\mathscr{E}_{Ro}$, herrührend von den Oberwellen des Drehfeldes, die wir noch im Abschn. 8 behandeln werden. Die EMK $\mathscr{E}_W$ ist dem Bürstenstrom proportional, hat also dieselbe Frequenz wie der Bürstenstrom, nämlich Netzfrequenz f. Die EMK $\mathscr{E}_{R_1}$ ist dem Schlupf proportional und hat die Schlupffrequenz sf, während die Frequenzen der EMK $\mathscr{E}_{Ro}$ von sf abweichen und bei größeren Drehzahlen ein Vielfaches der Netzfrequenz f sind (Gl. 321).

Trotzdem die Frequenzen der EMKe $\mathscr{E}_W$ und $\mathscr{E}_{R_1}$ verschieden sind, können wir sie doch vektoriell zusammensetzen. Für die Zusammensetzung kommt nur die kurze Zeit in Frage, während der die Spule innerhalb der Wendezone von der Bürste überbrückt wird. Von der Bürste aus betrachtet, hat aber auch die EMK $\mathscr{E}_{R_1}$ die Netzfrequenz, weil sich der Läufer mit $(1-s)$-facher Synchrongeschwindigkeit bewegt.

Schreiben wir deshalb für den Fluß

$$\varphi_1 = \Phi_1 \sin\left(\omega t - \frac{x\,\pi}{\tau}\right), \tag{319}$$

worin x die laufende Koordinate am Ständerumfang bezeichnet, so ist, vom Ständer aus betrachtet, die in einer von der Bürste kurzgeschlossenen Windung induzierte EMK

$$\mathfrak{E}_{R_1} = -s\,\varsigma\,\frac{d\varphi_1}{dt} = -s\,\omega\,\varsigma\,\Phi_1 \cos\left(\omega t - \frac{x\,\pi}{\tau}\right), \tag{319a}$$

worin ς der Spulenfaktor (Gl. 294) der Läuferwicklung ist.

Der kleine Bereich am Ständerumfang, in dem die betrachtete Spule kurzgeschlossen ist, ist durch die ideelle Bürstenbreite b_j (Gl. 21) gegeben. Da wir nun bei der EMK der Stromwendung mit dem Mittelwert während der Kurzschlußdauer rechnen, wollen wir auch für die EMK $\mathfrak{E}_{R_1}$ den Mittelwert **während der Kurzschlußdauer** einführen. Denken wir uns b_j auf den Läuferumfang bezogen, so ist dieser Mittelwert

$$\mathfrak{E}_{R_1 m} = \frac{1}{b_j} \int\limits_{-b_j/2}^{+b_j/2} \mathfrak{E}_{R_1}\,dx = \frac{2 s\,\omega\,\tau}{\pi\,b_j}\,\varsigma\,\Phi_1 \sin\frac{\pi\,b_j}{2\,\tau}\cos\omega t \approx s\,\omega\,\varsigma\,\Phi_1 \cos\omega t; \tag{319b}$$

für den kleinen Winkel $\pi b_j/2\tau$ kann der Sinus gleich dem Winkel gesetzt werden. Damit erhalten wir den Effektivwert der von der Grundwelle des Drehfeldes induzierten EMK

$$\mathfrak{E}_{R_1} \approx w_k\,s\,\omega\,\varsigma\,\Phi_1/\sqrt{2}, \tag{319c}$$

worin s der Schlupf und w_k die maßgebende Windungszahl zwischen benachbarten Stromwenderstegen ist (Gl. 7).

Der Effektivwert $\mathfrak{E}_{R_1}$ nach Gl. 319c ist ebenso wie $\mathfrak{E}_W$ nicht der Effektivwert **einer** Ankerspule während der Kurzschlußdauer, sondern der Effektivwert sämtlicher in den Kurzschluß nacheinander eintretenden Spulen. Jede kurzgeschlossene Spule durchläuft alle Werte der EMK von ihrem positiven bis zu ihrem negativen Höchstwert, wie wir es im Abschn. I A 7b für die Einphasenmaschine erläutert haben.

Wir können nun die resultierende EMK $\mathfrak{E}_1$ aus der von der Grundwelle des Drehfeldes induzierten EMK $\mathfrak{E}_{R_1}$ und der EMK der Stromwendung $\mathfrak{E}_W$ in der kurzgeschlossenen Ankerspule ermitteln. Dabei nehmen wir an, daß der Phasenwinkel zwischen der in der Läuferwicklung induzierten EMK $\dot{E}_L$ und dem Bürstenstrom $\dot{I}_L$ gegeben sei. Bei Behandlung der verschiedenen Maschinenarten werden wir diesen

Winkel bestimmen. Hier nehmen wir ihn beliebig an und beachten nur, daß er für Motorbetrieb bei Untersynchronismus spitz, bei Übersynchronismus stumpf ist. Wir setzen eine ständergespeiste Nebenschlußmaschine oder eine Reihenschlußmaschine voraus.

Die Feststellung im Abschn. b, daß $\mathfrak{E}_W$ in Phase mit dem Bürstenstrom $\dot{I}_L$ ist, gibt uns noch keinen sicheren Anhalt dafür, ob die EMK der Stromwendung $\mathfrak{E}_W$ phasengleich oder in Gegenphase zu $\dot{I}_L$ ist; denn bei Änderung der Drehrichtung ändert sich auch die Richtung von $\mathfrak{E}_W$, wenn die Phase von $\dot{I}_L$ erhalten bleibt. In Abb. 381, Bd. I, haben wir gezeigt, daß $\mathfrak{E}_W$ phasengleich mit der EMK ist, die durch Bewegung der Spule in dem Felde induziert wird, das der Ankerstrom I_L selbst erzeugt. Die Richtung dieses Feldes (Pfeil A in Abb. 228a)

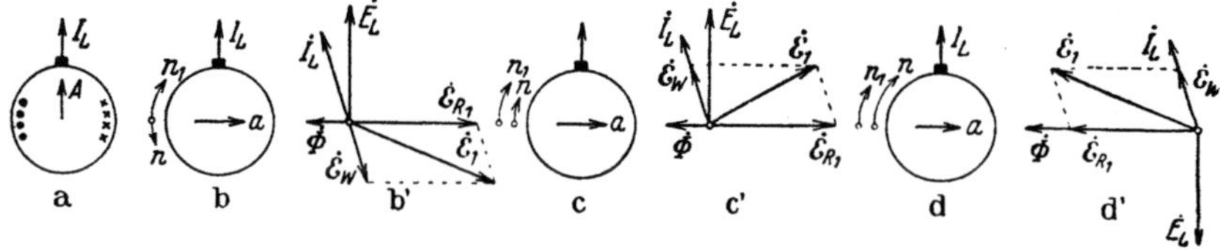

Abb. 228a bis d. Resultierende EMK $\mathfrak{E}_1 = \mathfrak{E}_{R_1} + \mathfrak{E}_W$ bei verschiedenen Drehzahlen und -richtungen n gegenüber der synchronen n_1.

wird im Wicklungsbild durch die Verbindungslinie von Läufermitte zu Bürste dargestellt, wenn der Strom aus der Bürste austritt.

In Abb. 228b bis d bedeuten die Pfeile n die Drehrichtung des Läufers, die Pfeile n_1 die des Drehfeldes. Die positive Wicklungsachse, die die Richtung des vom Läuferstrom I_L selbst erregten Feldes angibt, ist durch die Stromrichtung I_L angedeutet (vgl. Abb. 228a). Senkrecht dazu liegt die Achse a einer von Bürsten kurz geschlossenen Ankerspule; sie ist willkürlich von links nach rechts angenommen. (Abb. 228b bis d).

In Abb. 228b ist die Drehrichtung des Läufers gegen das Drehfeld vorausgesetzt. Die vom Drehfeld in der Läuferspule induzierte EMK $\mathfrak{E}_{R_1}$ ist gegenüber der EMK $\dot{E}_L$ in der Läuferwicklung um eine Viertelperiode verspätet (Abb. 228b′), weil das Drehfeld erst die Achse (Bürste) der Läuferwicklung und dann die Spulenachse a erreicht. Bei der angenommenen Drehrichtung der Läuferwicklung nähert sich die Spulenachse a der Richtung des von dem Strome I_L erregten magnetischen Feldes; die EMK der Bewegung in diesem Felde, mit der die EMK der Stromwendung phasengleich ist, ist also nach Abschn. 1 A 3 a der Phase des Stromes $\dot{I}_L$ entgegengerichtet. Die Resultierende aus $\mathfrak{E}_{R_1}$ und $\mathfrak{E}_W$ ergibt, abgesehen von der EMK $\mathfrak{E}_{R_0}$, die für das Bürstenfeuer maßgebende EMK $\mathfrak{E}_1 = \mathfrak{E}_{R_1} + \mathfrak{E}_W$ in der kurzgeschlossenen Ankerspule.

In den Abb. 228c u. d ist die Drehung des Läufers im Sinne des Drehfeldes angenommen; Abb. 228c gilt für Untersynchronismus $(n < n_1)$, Abb. 228d für Übersynchronismus $(n > n_1)$.

Im Vektordiagramm der Abb. 228c′ behalten $\dot{E}_L$ und $\mathfrak{E}_{R_1}$ dieselbe Richtung wie in Abb. 228b′, weil die Bewegung des Drehfeldes gegenüber dem Läufer dieselbe geblieben ist wie im Falle der Abb. 228b′. Die EMK der Stromwendung $\mathfrak{E}_W$ hat sich dagegen umgekehrt, weil sich die Drehrichtung gegenüber Abb. 228b geändert hat.

Die Diagramme in den Abb. 228b′ und 228c′ gelten sowohl für die Betrachtung vom feststehenden Ständer als auch vom umlaufenden Läufer aus. Es ist nur im ersten Falle die Zeitlinie mit der Winkelgeschwindigkeit $\omega_1 = p\Omega_1$, im zweiten Falle mit der Geschwindigkeit $s\omega_1 = sp\Omega_1$ umlaufend zu denken (vgl. Abschn. B 2a, Bd. IV). Sie läuft also in jedem Falle in derselben Richtung um, da s positiv ist. Bei beiden Betrachtungen kommt also das Drehfeld erst zur Bürstenachse, dann zur Spulenachse, so daß die EMK $\mathfrak{E}_{R_1}$ immer gegenüber der EMK $\dot{E}_L$ phasenverspätet ist.

Betrachten wir das Vektordiagramm bei Übersynchronismus (Abb. 228d′) vom Ständer aus, lassen also die Zeitlinie mit der Winkelgeschwindigkeit ω_1 im Sinne des Uhrzeigers umlaufen, so ändern $\dot{E}_L$ und $\mathfrak{E}_{R_1}$ ihre Vorzeichen gegenüber den Diagrammen in Abb. 228b′ und 228c′, weil sich die Relativbewegung zwischen Läufer und Drehfeld geändert hat. $\mathfrak{E}_{R_1}$ ist wie in den Abb. 228b′ u. 228c′ gegenüber $\dot{E}_L$ phasenverspätet. Betrachten wir dagegen die Vorgänge vom Läufer aus, so muß die Zeitlinie mit der Winkelgeschwindigkeit $s\omega_1$ umlaufen, also, da s negativ ist, entgegengesetzt wie ω_1. Es ist dann $\mathfrak{E}_{R_1}$ gegenüber $\dot{E}_L$ phasenverfrüht, weil die umlaufende Zeitlinie erst zur Spulenachse a und dann zur Bürstenachse kommt. Die EMK $\mathfrak{E}_W$ hat dieselbe Lage gegenüber $\dot{I}_L$ wie in Abb. 228c′, da die Drehrichtung dieselbe ist.

Die von den Oberwellen der Feldkurve herrührende EMK $\mathfrak{E}_{Ro}$ können wir nicht mit den andern beiden EMKen in derselben Ebene vektoriell zusammensetzen, weil jede Einzelschwingung von $\mathfrak{E}_{Ro}$ eine andere Frequenz hat, die von der Frequenz sf der EMK $\mathfrak{E}_{R_1}$ verschieden ist (vgl. Gl. 321). Wir erhalten deshalb den gesamten Effektivwert von allen nacheinander in den Kurzschluß eintretenden Spulen zu

$$\mathfrak{E} = \sqrt{(\mathfrak{E}_W + \mathfrak{E}_{R_1})^2 + \mathfrak{E}_{Ro}^2}. \tag{320}$$

Dieser Effektivwert ist aber nicht allein ein Maß für das Bürstenfeuer. Von großem Einfluß ist auch der Höchstwert der EMK, der unter Berücksichtigung der Einzelwellen von $\mathfrak{E}_{Ro}$ wesentlich größer als $\sqrt{2}\,\mathfrak{E}$ ist.

8. Einfluß der Oberwellen.

Wir setzen in den Abschn. a u. b eine **ständergespeiste Nebenschlußmaschine** voraus; auf andere Stromwendermaschinen werden wir im Abschn. c eingehen.

a. Herrührend von der Wicklungsverteilung bei stromlosem Läufer.
Bei der Berechnung der in der ganzen Läuferwicklung induzierten EMK konnten wir uns auf die Grundwelle des Drehfeldes beschränken, weil wir die von der Wicklungsverteilung herrührenden Oberwellen zur Streuung zählen (vgl. Abschn. 6). Diese Oberwellen können aber auf die in einer Läuferspule induzierte EMK $\mathfrak{s}_R$ einen beträchtlichen Einfluß haben; sie erhöhen sowohl den Höchstwert als auch den Effektivwert. Im folgenden beschränken wir uns auf den Effektivwert der EMK; ihr zeitlicher Verlauf ist in einer ausführlichen Arbeit des Verfassers [L 217a bis c] untersucht, auf die hier verwiesen sei.

Wir denken uns das magnetische Feld im Luftspalt zunächst von der Ständerwicklung allein erregt und setzen voraus, daß die Ströme zeitlich sinusförmig schwingen und die Nutschlitze sehr schmal sind.

Bezeichnen wir mit v_1 die Umfangsgeschwindigkeit der Grundwelle der Felderregerkurve (oder des von ihr erregten Drehfeldes) gegenüber der ruhenden Ständerwicklung oder den feststehenden Bürsten der Läuferwicklung, so läuft die Einzelwelle v-ter Ordnung mit der Geschwindigkeit $\mp v_1/v$ gegenüber der Ständerwicklung oder dem ruhenden Läufer um (vgl. z. B. S. 43, Bd. II). Dabei gilt (vgl. auch Abschn. F 2b u. Gl. 213, Bd. IV) das obere negative Vorzeichen für alle gegen die Grundwelle ($v = 5, 11, 17, \ldots$), das untere positive Vorzeichen für alle im Sinne der Grundwelle ($v = 7, 13, 19, \ldots$) umlaufenden Einzelwellen. Die Frequenz der von den Oberwellen in der Ständerwicklung und auch in der ruhenden Läuferwicklung induzierten EMKe ist die Netzfrequenz, weil die Polzahl jeder Einzelwelle ihrer Ordnungszahl proportional ist. Die von den Einzelwellen der Luftspaltinduktion in einer Läuferspule induzierte EMK ändert ihre Stärke und Frequenz mit der Drehzahl des Läufers.

Führen wir die Ordnungszahlen v der mit der Grundwelle umlaufenden Einzelwellen positiv ($v = 1, 7, 13, 19, \ldots$), die der gegenlaufenden Einzelwellen negativ ($v = -5, -11, -17, \ldots$) ein, so ist die relative Umfangsgeschwindigkeit der v-ten Einzelwelle gegenüber dem umlaufenden Läufer

$$v_{vL} = \frac{v_1}{v} - (1-s)\,v_1; \qquad\qquad (321\,\text{a})$$

sie bestimmt Frequenz und Effektivwert der Drehfeld-EMK $\mathfrak{E}_{R\nu}$. Beziehen wir diese auf den Effektivwert $\mathfrak{E}_{R\nu,0}$ bei ruhendem Läufer $(1-s=0)$, so erhalten wir

$$\frac{\mathfrak{E}_{R\nu}}{\mathfrak{E}_{R\nu,0}} = \frac{f_{\nu L}}{f_{\nu L,0}} = \frac{f_{\nu L}}{f} = \frac{v_{\nu L}}{v_1/\nu} = 1 - (1-s)\,\nu\,. \tag{321}$$

In diesem Verhältnis wird die in einer Spule des umlaufenden Läufers von der ν-ten Einzelwelle der Luftspaltinduktion induzierte EMK und ihre Frequenz gegenüber den Werten bei ruhendem Läufer geändert.

Für das Verhältnis der Amplituden der ν-ten Einzelwelle und der Grundwelle der Felderregerkurve erhalten wir nach Gl. 181, Bd. I,

$$\frac{A_{\mu\nu}}{A_{\mu_1}} = \frac{\xi_{S\nu}}{\nu\,\xi_{S_1}}\,. \tag{322a}$$

Die ν-te Einzelwelle läuft nun gegenüber der Ständerwicklung, also auch gegenüber dem ruhenden Läufer mit der Geschwindigkeit v_1/ν um; deshalb erhalten wir das Verhältnis der EMKe, die in einer Läuferspule mit dem Spulenfaktor

$$\varsigma_\nu = \sin \nu\,\frac{\pi}{2} \cdot \sin \nu\,\frac{W}{\tau}\,\frac{\pi}{2} \tag{322b}$$

von der ν-ten Einzelwelle und der Grundwelle bei Stillstand des Läufers (Zeiger 0) induziert werden,

$$\frac{\mathfrak{E}_{R\nu,0}}{\mathfrak{E}_{R_1,0}} = \frac{1}{\nu}\,\frac{A_{\mu\nu}}{A_{\mu_1}}\,\frac{\varsigma_\nu}{\varsigma_1} = \frac{\xi_{S\nu}}{\nu^2\,\xi_{S_1}}\,\frac{\varsigma_\nu}{\varsigma_1}\,. \tag{322}$$

Multiplizieren wir die Gl. 321 und 322 miteinander, so erhalten wir das Verhältnis der von der ν-ten Einzelwelle bei beliebiger Drehzahl und der von der Grundwelle bei ruhendem Läufer in einer Läuferspule induzierten EMK

$$\varepsilon_\nu = \frac{\mathfrak{E}_{R\nu}}{\mathfrak{E}_{R_1,0}} = \left(\frac{1}{\nu^2} - \frac{1-s}{\nu}\right)\frac{\xi_{S\nu}}{\xi_{S_1}}\,\frac{\varsigma_\nu}{\varsigma_1}\,. \tag{323}$$

In [L 217a] ist gezeigt, daß die von den einzelnen Oberwellen in der Läuferspule induzierten EMKe im allgemeinen verschiedene Frequenz und eine andere als die von der Grundwelle induzierte EMK haben. Nur bei synchroner Drehzahl $(s=0)$ und gewissen kleinen untersynchronen Drehzahlen, nämlich $s=3/4,\ 6/7,\ 9/10,\ 12/13,\ \ldots$, ergeben sich für gewisse Oberwellen der Felderregerkurve dieselbe Frequenz. Der Effektivwert ist dann von der jeweiligen Lage der betrachteten Läuferspule zur Zeit $t=0$ am Ständerumfang abhängig; der gesamte Effektivwert aller Spulen ist derselbe wie bei der Annahme, daß alle Oberwellen verschiedene Frequenzen der EMKe ergeben. Beschränken wir uns bei den Sonderfällen auf diesen gesamten

Effektivwert, so erhalten wir (vgl. Gl. 155, Bd. I) den gesamten Effektivwert der EMK als Quadratwurzel aus der Summe aller Quadrate der von den einzelnen Wellen der Felderregerkurve herrührenden Einzelschwingungen. Für die auf $\mathfrak{E}^2_{R_{1,0}}$ bezogene Summe der Quadrate aller Oberwellenschwingungen erhalten wir

$$\left.\begin{aligned}
\varepsilon_0^2 &= \sum_{\nu=-5,7,-11,13,\dots} \varepsilon_\nu^2 = \sum\left(\frac{\mathfrak{E}_{R\nu}}{\mathfrak{E}_{R_{1,0}}}\right)^2 = \sum\left(\frac{1}{\nu^2} - \frac{1-s}{\nu}\right)^2\left(\frac{\xi_{S\nu}}{\xi_{S_1}}\frac{\varsigma_\nu}{\varsigma_1}\right)^2 \\
&= \sum\left[\frac{1}{\nu^4} - 2(1-s)\frac{1}{\nu^3} + (1-s)^2\frac{1}{\nu^2}\right]\left(\frac{\xi_{S\nu}}{\xi_{S_1}}\frac{\varsigma_\nu}{\varsigma_1}\right)^2.
\end{aligned}\right\} \quad (324\,\mathrm{a})$$

Die Grundschwingung $\mathfrak{E}_{R_1}$ ist proportional dem Betrag des Schlupfes s. Beziehen wir auch sie auf $\mathfrak{E}_{R_{1,0}}$, so ist

$$\varepsilon_1 = \frac{\mathfrak{E}_{R_1}}{\mathfrak{E}_{R_{1,0}}} = s. \qquad (324\,\mathrm{b})$$

Damit ergibt sich schließlich der gesamte Effektivwert, bezogen auf die EMK, herrührend von der Grundwelle bei Stillstand $(1-s=0)$,

$$\varepsilon = \frac{\mathfrak{E}_R}{\mathfrak{E}_{R_{1,0}}} = \sqrt{\varepsilon_1^2 + \varepsilon_0^2} = \sqrt{s^2 + \varepsilon_0^2}. \qquad (324)$$

Um die Größe von ε_0 abzuschätzen, berücksichtigen wir nur das letzte Glied $(1-s)^2/\nu^2$ in der eckigen Klammer der Gl. 324a, weil die übrigen Glieder mit $1/\nu^3$ und $1/\nu^4$ einen sehr kleinen Beitrag zu ε_0^2 liefern. Setzen wir ferner eine Ständerwicklung mit der Spulenbreite $\tau/3$ und mit unendlich vielen Nuten voraus $(q=\infty)$, so ist nach Gl. 148, Bd. I, mit dem Spulenfaktor $\varsigma_{S\nu}=1$ (Durchmesserwicklung)

$$\xi_{S\nu} = \frac{2\sin\nu 60°}{\nu\,\pi/3} \quad \text{und} \quad \left(\frac{\xi_{S\nu}}{\xi_{S_1}}\right)^2 = \frac{1}{\nu^2}, \qquad (325\,\mathrm{a\ u.\ b})$$

und wir erhalten dann nach Gl. 324a für eine Durchmesserspule im Läufer $(\varsigma_\nu/\varsigma_1=1)$

$$\varepsilon_0 \approx (1-s)\sqrt{\sum_{\nu=5,7,11\dots} 1/\nu^4} = (1-s)\sqrt{\frac{5\pi^4}{486} - 1} = (1-s)\sqrt{0{,}00215} = 0{,}0464\,(1-s)\,^*).$$

Der Effektivwert aller Oberschwingungen in der vom Luftspaltfeld in einer Durchmesser-Läuferspule induzierten EMK beträgt in diesem Falle $(q=\infty)$ also bei synchroner Drehzahl $(s=0)$ nur etwa 5%, bei doppelter synchroner Drehzahl 10% der EMK der Grundschwingung bei ruhendem Läufer.

$^*)\ \displaystyle\sum_{\nu=1,5,7,11,\dots}^{\infty} 1/\nu^4 = \sum_{\lambda=1}^{\infty}\frac{1}{(2\lambda-1)^4} - \sum_{\lambda=1}^{\infty}\frac{1}{[3(2\lambda-1)]^4} = \frac{80}{81}\sum_{\lambda=1}^{\infty}\frac{1}{(2\lambda-1)^4},$

$\displaystyle\sum_{\lambda=1}^{\infty}\frac{1}{(2\lambda-1)^4} = \left(1-\frac{1}{2^4}\right)\sum_{\lambda=1}^{\infty}\frac{1}{\lambda^4}$ [L 218, Fußnote S. 245] und $\displaystyle\sum_{\lambda=1}^{\infty}\frac{1}{\lambda^4} = \frac{\pi^4}{90}$

[L 218, S. 245].

Bei Berücksichtigung nur des letzten der drei Summenglieder in Gl. 324a ist $\sum\limits_{|\nu|>1} (\xi_{S\nu}/\nu\xi_{S_1})^2 = \sigma_{So}$, wo σ_{So} die Ziffer der Spaltstreuung der Ständerwicklung ist, wie man durch Vergleich mit Gl. 244b, Bd IV, erkennt. Bei der „leerlaufenden" Maschine, bei der das Luftspaltfeld nur von der Ständerwicklung erregt wird, können wir also schreiben

$$\varepsilon_o^2 \approx (1-s)^2 \sigma_{So}. \tag{326}$$

Die Zahlenwerte von σ_{So} sind für Durchmesserwicklungen auf S. 141 (Gl. 251a), Bd. IV, zusammengestellt; für zweischichtige Sehnenwicklungen können sie der Abb. 101a, Bd. IV, entnommen werden. So erhält man z. B. mit $\sigma_{So} = 0,0141$ für Durchmesserwicklung und $q = 3$ bei synchroner Drehzahl $\varepsilon_o = \sqrt{0,0141} = 0,119$; der Effektivwert aller Oberschwingungen der EMK $\mathfrak{E}_R$ beträgt also bei synchroner Drehzahl etwa 12 %, bei doppelter synchroner Drehzahl 24 % des Effektivwertes der Grundschwingung ($\mathfrak{E}_{R_{1,0}}$) bei ruhendem Läufer. Für diesen Fall ist in Abb. 230b ε_o (Gl. 324a), ε_1 (Gl. 324b) und ε (Gl. 324) durch die für $I_L = 0$ geltenden Kurven dargestellt.

b. Einfluß des Läuferstromes. Bei unsern Ableitungen und der Zahlenberechnung haben wir vorausgesetzt, daß das magnetische Feld nur von der Ständerwicklung erregt wird und die Läuferwicklung stromlos ist. Im allgemeinen ist auch die Läuferwicklung von Strom durchflossen und das Luftspaltfeld wird dann von Ständer- und Läuferwicklung gemeinsam erzeugt.

Bei der ständergespeisten Nebenschlußmaschine stellt sich der Wirkstrom $\dot{I}_{Sw}$ der Ständerwicklung, bezogen auf die vom Luftspaltfeld induzierte EMK, so ein, daß die von $\dot{I}_{Sw}$ und vom Wirkstrom $\dot{I}_{Lw}$ der Läuferwicklung erzeugte Grundwelle der Felderregerkurve verschwindet (vgl. Abb. 283).

Es ist dann in der I. Hauptstellung der Bürsten, d. h. wenn die Bürstenachse mit der Achse der Ständerwicklung zusammenfällt (vgl. Abschn. 10c), bei gleichen Strangzahlen im Ständer und Läufer

$$\dot{I}_{Sw} = -\dot{I}_{Lw}' = -\frac{\xi_{L_1} w_L}{\xi_{S_1} w_S} \dot{I}_{Lw}, \tag{327a}$$

und wir erhalten nach Gl. 181, Bd. I, die resultierende Felderregerkurve zu

$$f(x,t)_r = -\frac{3\sqrt{2}}{\pi} \frac{w_S}{p} I_{Lw}' \left[\frac{1}{5}\left(\xi_{S_5} - \xi_{L_5}\frac{\xi_{S_1}}{\xi_{L_1}}\right)\sin\left(\omega t + 5\frac{x\pi}{\tau}\right) - \right.$$
$$\left. -\frac{1}{7}\left(\xi_{S_7} - \xi_{L_7}\frac{\xi_{S_1}}{\xi_{L_1}}\right)\sin\left(\omega t - 7\frac{x\pi}{\tau}\right) - \cdots \right]. \tag{327}$$

Werden die Bürsten aus der I. Hauptstellung um den Winkel α verschoben, so ist für die Läuferwicklung in Gl. 181, Bd. I, der Felderregerkurve $(x\pi/\tau + \alpha)$ an Stelle von $x\pi/\tau$ zu setzen. Damit dann wieder die Grundwelle herrührend von den Strömen $\dot{I}_{Sw}$ und $\dot{I}_{Lw}$ verschwindet, muß der Strom $\dot{I}_{Lw}$ um den Zeitwinkel α gegen $\dot{I}_{Sw}$ verfrüht sein; denn dann ist (bei festgehaltener Phase von $\dot{I}_{Sw}$)

$$I_{Sw} \sin\left(\omega t - x\frac{\pi}{\tau}\right) = -I'_{Lw} \sin\left[(\omega t + \alpha) - \left(x\frac{\pi}{\tau} + \alpha\right)\right]. \qquad (328\,\mathrm{a})$$

Setzen wir in Gl. 181, Bd. I, I_{Sw} an Stelle von I und w_S an Stelle von w, so erhalten wir die Felderregerkurve der Ständerwicklung. Setzen wir in Gl. 181, Bd. I $(\omega t + \alpha)$ an Stelle von ωt und $(x\pi/\tau + \alpha)$ an Stelle von $x\pi/\tau$, so erhalten wir mit I_{Lw} an Stelle von I und w_L an Stelle von w die Felderregerkurve der Läuferwicklung. Die Summe liefert uns die resultierende Felderregerkurve. Für ihre ν-te Einzelwelle erhalten wir

$$f(x,t)_{r\nu} = \mp \frac{3\sqrt{2}}{\pi}\frac{w_S}{p} I'_{Lw}\frac{1}{\nu}\left\{\xi_{S\nu}\sin\left(\omega t \pm \nu\frac{x\pi}{\tau}\right) - \left. - \xi_{L\nu}\frac{\xi_{S_1}}{\xi_{L_1}}\sin\left[(\omega t + \alpha) \pm \nu\left(\frac{x\pi}{\tau} + \alpha\right)\right]\right\}, \qquad (328\,\mathrm{b})\right.$$

worin das obere Vorzeichen vor $3\sqrt{2}/\pi$ für die 5., 13., 17., ..., das untere für die 7., 11., 19., ..., das obere Vorzeichen vor $\nu x\pi/\tau$ bzw. $\nu(x\pi/\tau + \alpha)$ für die 5., 11., 17., ..., das untere für die 7., 13., 19., ... Einzelwelle gilt. Auf das Vorzeichen der Felderregerkurve kommt es aber bei unsern Betrachtungen nicht an, wir können dann ohne Rücksicht auf das Vorzeichen schreiben

$$f(x,t)_{r\nu} = \frac{3\sqrt{2}}{\pi}\frac{w_S}{p} I'_{Lw}\frac{1}{\nu}\left\{\xi_{S\nu}\sin\left(\omega t - \nu\frac{x\pi}{\tau}\right) - \left. - \xi_{L\nu}\frac{\xi_{S_1}}{\xi_{L_1}}\sin\left[\left(\omega t - \nu\frac{x\pi}{\tau}\right) + (1-\nu)\alpha\right]\right\}, \qquad (329)\right.$$

wenn wir in diese Gleichung die Ordnungszahlen der mit der Grundwelle umlaufenden Einzelwellen positiv ($\nu = 7$, 13, 19, ...) und der gegenlaufenden Einzelwellen ($\nu = -5$, -11, -17, ...) negativ einführen. Der Phasenwinkel zwischen den Amplituden der vom Ständer (S_ν) und der vom Läufer (L_ν) herrührenden Anteile der resultierenden Amplitude A_ν ist $(1-\nu)\alpha$ (vgl. Abb. 229). Wir erhalten also die Amplitude der ν-ten Einzelwelle der resultierenden

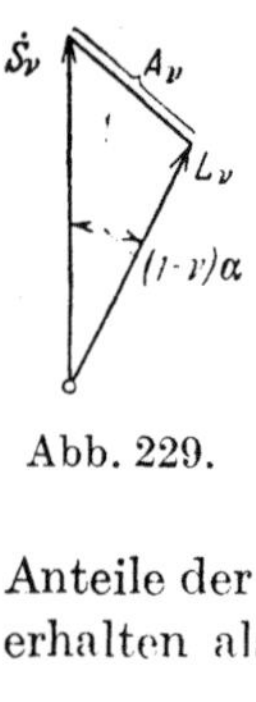

Abb. 229.

Felderregerkurve zu

$$A_\nu = \sqrt{S_\nu^2 + L_\nu^2 - 2\,S_\nu L_\nu \cos(1-\nu)\alpha} \left.\right\}$$
$$= \frac{3\sqrt{2}}{\pi}\,\frac{w_S}{p}\,\frac{I_L'}{\nu}\sqrt{\xi_{S\nu}^2 + \left(\xi_{L\nu}\frac{\xi_{S_1}}{\xi_{L_1}}\right)^2 - 2\,\xi_{S\nu}\,\xi_{L\nu}\frac{\xi_{S_1}}{\xi_{L_1}}\cos(1-\nu)\alpha,} \quad (330a)$$

oder auf die Amplitude der Felderregerkurve des Magnetisierungsstromes

$$A_{\mu_1} = \frac{3\sqrt{2}}{\pi}\,\frac{w_S}{p}\,I_\mu \xi_{S_1} \qquad (330b)$$

bezogen

$$\frac{A_\nu}{A_{\mu_1}} = \frac{I_L'}{I_\mu\,\nu}\sqrt{\left(\frac{\xi_{S\nu}}{\xi_{S_1}}\right)^2 + \left(\frac{\xi_{L\nu}}{\xi_{L_1}}\right)^2 - 2\,\frac{\xi_{S\nu}}{\xi_{S_1}}\frac{\xi_{L\nu}}{\xi_{L_1}}\cos(1-\nu)\alpha,} \qquad (330)$$

und damit nach den Gl. 322, 323 u. 324a, wenn wir wie früher die Glieder mit $1/\nu^3$ und $1/\nu^4$ gegen $(1-s)^2/\nu^2$ vernachlässigen,

$$\varepsilon_o^2 \approx (1-s)^2\left(\frac{I_L'w}{I_\mu}\right)^2 \sum_{\nu=-5,7,-11,13,\ldots}\left(\frac{\varsigma_\nu}{\nu\varsigma_1}\right)^2\left[\left(\frac{\xi_{S\nu}}{\xi_{S_1}}\right)^2 + \right.$$
$$\left. + \left(\frac{\xi_{L\nu}}{\xi_{L_1}}\right)^2 - 2\,\frac{\xi_{S\nu}}{\xi_{S_1}}\frac{\xi_{L\nu}}{\xi_{L_1}}\cos(1-\nu)\alpha\right]. \left.\right\} \qquad (331)$$

Schreiben wir

$$\alpha = (1+g)\,\pi/6, \qquad (331a)$$

worin g alle ganzen negativen und positiven Zahlen (einschließlich 0) durchläuft, so ist für ungerade g $(1-\nu)\alpha$ gleich Null oder einem ganzen positiven oder negativen Vielfachen von 2π. Diese Werte für α entsprechen nach Abschn. 10c der I. Hauptstellung der Bürsten. Wir erhalten dafür

$$\varepsilon_o^2 \approx (1-s)^2\left(\frac{I_L'w}{I_\mu}\right)^2 \sum_{\nu=-5,7,-11,13,\ldots}\left[\frac{\varsigma_\nu}{\nu\varsigma_1}\left(\frac{\xi_{S\nu}}{\xi_{S_1}} - \frac{\xi_{L\nu}}{\xi_{L_1}}\right)\right]^2. \qquad (331_\mathrm{I})$$

Für gerade g, mit denen wir den Bürstenwinkel in Gl. 331a als II. Hauptstellung der Bürsten bezeichnen (vgl. Abschn. 10c), wird für $\nu = -5,\ 7,\ -17,\ 19,\ -29,\ 31,\ldots \cos(1-\nu)\alpha = -1$, während für $\nu = -11,\ 13,\ -23,\ 25,\ -35,\ldots \cos(1-\nu)\alpha = +1$ wird. Wir erhalten also für die II. Hauptstellung der Bürsten

$$\varepsilon_o^2 \approx (1-s)^2\left(\frac{I_L'w}{I_\mu}\right)^2\left\{\sum_{\nu=-5,7,-17,\ldots}\left[\frac{\varsigma_\nu}{\nu\varsigma_1}\left(\frac{\xi_{S\nu}}{\xi_{S_1}} + \frac{\xi_{L\nu}}{\xi_{L_1}}\right)\right]^2 + \right.$$
$$\left. + \sum_{\nu=-11,13,-23,\ldots}\left[\frac{\varsigma_\nu}{\nu\varsigma_1}\left(\frac{\xi_{S\nu}}{\xi_{S_1}} - \frac{\xi_{L\nu}}{\xi_{L_1}}\right)\right]^2\right\}. \left.\right\} \qquad (331_\mathrm{II})$$

Bei der Auswertung der Gl. 331, 331_I, 331_{II} wird man im Zweifel sein, welche Werte man bei umlaufendem Läufer für die Wicklungsfaktoren ξ_{Lr} einzusetzen hat, da sich die Gestalt der Felderregerkurve mit der Lage der Bürsten zum Stromwender ändert. Es läßt sich nun zeigen [L 217 b], daß die von der Felderregerkurve der Läuferwicklung in einer Läuferspule induzierte EMK den gleichen Verlauf hat wie die von einer Ständerwicklung herrührende mit derselben Nutenzahl je Pol und Strang, wenn die Bürstenbreite gleich der Stegteilung des Stromwenders und die Nutenzahl des Läufers gleich der Stegzahl

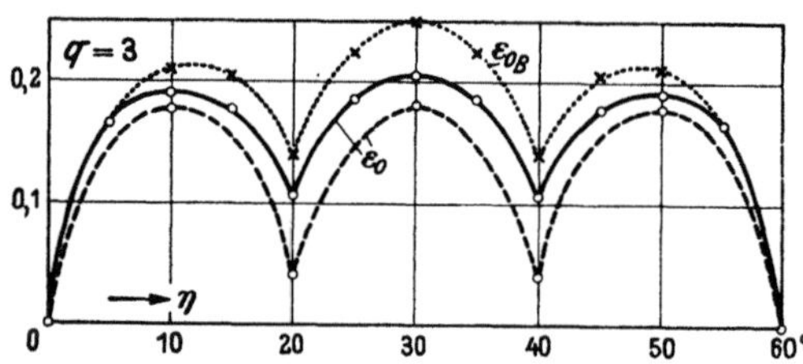

Abb. 230a. Relative effektive EMK der Oberwellen bei synchroner Drehzahl und $h = I'_{Lw}/I_\mu = 1$ über dem Bürstenverschiebungswinkel $\eta \equiv \alpha$. ε_0 für ein und dieselbe Durchmesser- (—), Sehnenspule (– – –), ε_{0B} ($\cdots$) für die von Bürsten überbrückten Spulen. $q = q_L = q_S = 3$.

des Stromwenders ist. In diesem Falle dürfen wir für ξ_{Lr} die Werte einsetzen, die sich ergeben, wenn keine Spule von Bürsten kurzgeschlossen wird.

In der I. Hauptstellung ist dann nach Gl. 331_I bei Gleichheit der Nutenzahlen je Pol und Strang $\xi_{Sr}/\xi_{S_1} - \xi_{Lr}/\xi_{L_1} = 0$. Die von den Belastungsströmen herrührende EMK wird Null, und es ergeben sich dieselben verhältnismäßig kleinen Werte für ε_0 wie bei stromlosem Läufer (Kurven $I_L = 0$ für $q_L = q_S = 3$ in Abb. 230b).

In der II. Hauptstellung, d. h. wenn die Bürsten um den räumlichen Phasenwinkel 30° oder ein ungerades Vielfaches davon gegenüber der I. Hauptstellung verschoben sind, addieren sich die Verhältnisse ξ_{Sr}/ξ_{S_1} und ξ_{Lr}/ξ_{L_1} der Wicklungsfaktoren von Ständer- und Läuferwicklung je für die 5., 7., 17., ... Einzelwelle, während sich die übrigen subtrahieren; es ergeben sich dann verhältnismäßig große Werte ε_0.

In Abb. 230a sind die nach den Gl. 331, 331_I und 331_{II} berechneten Werte der relativen EMK ε_0 für $q = q_L = q_S = 3$, $s = 0$ und $h = I'_{Lw}/I_\mu = 1$ durch die voll ausgezogene Kurve über dem Bürstenwinkel $\eta \equiv \alpha$ aufgezeichnet. ε_0 wächst nicht stetig von der I. Hauptstellung ($\eta = 0$) bis zur II. Hauptstellung ($\eta = 30°$), sondern weist Scheitelwerte und Tiefpunkte auf. Die Zahl der Scheitelwerte im Bereich $0 \leq \eta \leq 60°$ ist gleich der Nutenzahl q_S je Pol und Strang im Ständer. Der größte Scheitelwert tritt nur für ungerade q_S bei $\eta = 30°$ auf, für gerade q_S dagegen bei $\eta = (q_S - 1)30°/q_S$ [L 217 c]. Die gestrichelte Kurve in Abb. 230a gilt für eine Spulenverkürzung im Ständer und im Läufer um eine Nutteilung. Die Werte von ε_0 in Abb. 230a sind noch mit dem jeweils vorliegendem Verhältnis $h = I'_{Lw}/I_\mu$ (z. B. 3) und mit der relativen Drehzahl $1 - s$ zu multiplizieren. Mit wachsendem q_S sinkt ε_0 [L 217 c].

Die abgeleiteten Gleichungen gelten für ein und dieselbe Spule des Läufers. Für das Bürstenfeuer ist nun aber die EMK der jeweilig von der Bürste überbrückten Spulen maßgebend. Diese EMKe sind Ausschnitte aus den Kurven der EMKe ein und derselben Spule. Der Effektivwert aller nacheinander in den Kurzschluß eintretenden Spulen kann dann [vgl. L 217 c] bei ungünstigster Bürstenstellung noch etwas größer sein

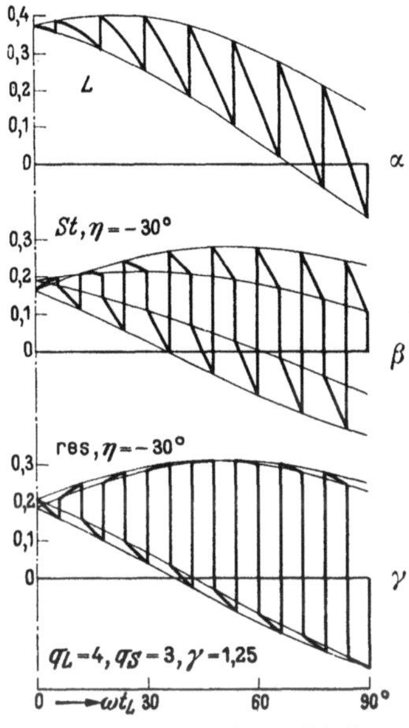

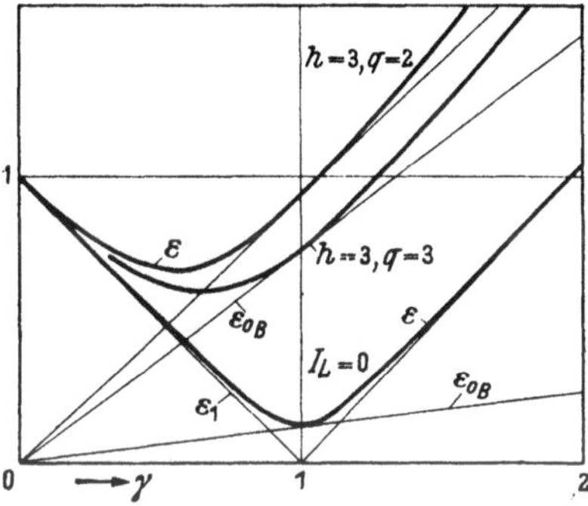

Abb. 230 b. ε_{0B}, $\varepsilon_1 (= |s|)$ und $\varepsilon = \sqrt{\varepsilon_{0B}^2 + \varepsilon_1^2}$ über $\gamma = 1 - s$. Bei Belastung in ungünstigster Bürstenstellung für $h = 3$, $q = q_L = q_S = 2$ und 3; für stromlosen Läufer ($I_L = 0$) bei $q = 3$.

Abb. 230 c α bis γ. Augenblickswerte der relativen EMKe der Oberwellen in den von Bürsten überbrückten Spulen. $q_L = 4$, $q_S = 3$, $h = 1$, $\gamma = 1,25$. $\eta = \alpha = -30°$ aus der I. Hauptstellung.

als in ein und derselben Spule. Für unser Beispiel mit Durchmesserspulen ergibt sich die punktierte Kurve ε_{0B} in Abb. 230a.

Unter der Annahme, daß das Verhältnis $h = I'_{Lw}/I_\mu = 3$ ist und Ständer und Läufer Durchmesserwicklung haben, sind in Abb. 230b ε_{0B} und ε für $q = q_L = q_S = 2$ und 3 bei der ungünstigsten Bürstenstellung über der relativen Drehzahl $\gamma = 1 - s$ aufgezeichnet. Wir erkennen, daß die Oberwellen der Felderregerkurve den relativen Effektivwert ε stark vergrößern können. Für $q = 3$ erreicht ε schon bei 1,28-facher, bei $q = 2$ sogar bei 1,06-facher synchroner Drehzahl den Wert bei ruhendem Läufer. Für das Bürstenfeuer ist zwar nicht allein der Effektivwert, sondern auch der Höchstwert maßgebend, der aber teilweise noch mehr vergrößert wird als der Effektivwert.

Abb. 230c stellt die Augenblickswerte der relativen EMK der Oberwellen in den von Bürsten überbrückten Läuferspulen (bezogen auf die Amplitude der EMK, die bei ruhendem Läufer von der Grundwelle induziert wird) über dem Zeitwinkel ωt_L des Läuferstromes dar, wenn der Läufer mit $\gamma = 1{,}25$-facher Synchrongeschwindigkeit umläuft. Die Kurven gelten für $q_L = 4$, $q_S = 3$ und $h = 1$; a) wenn Läufer, b) Ständer, c) beide von Strom durchflossen werden und die Bürsten um $\eta \equiv \alpha = -30°$ aus der I. Hauptstellung verschoben sind. Schwächere Linien bezeichnen die Hüllkurven. Bei beispielsweise $h = 3$ ist also der relative Höchstwert der EMK der Oberwellen $3 \cdot 0{,}31 = 0{,}93$, während der von der Grundwelle herrührende ($s = -0{,}25$) nur $0{,}25$ beträgt.

Wenn die Bürste breiter ist als die Stegteilung und in der Nut mehrere Spulenseiten nebeneinander liegen, ist die von den Oberwellen induzierte EMK in der I. Hauptstellung nicht mehr Null, aber doch kleiner als in der II. Hauptstellung.

c. Andere Stromwendermaschinen. Bei der ständergespeisten Maschine mit besonderer Erregerwicklung (Abschn. E) wird die Stromwenderwicklung des Läufers durch die Ständerwicklung kompensiert. Die Bürsten stehen dabei in der I. Hauptstellung, und das Drehfeld wird von einer besonderen Wicklung erregt. Hinsichtlich der Oberwellen der EMK $\mathfrak{s}_R$ verhält sich deshalb diese Maschine wie die ständergespeiste Nebenschlußmaschine mit den Bürsten in der I. Hauptstellung.

Bei der Reihenschlußmaschine stehen die Ströme in der Ständer- und Läuferwicklung zwangsläufig in einem festen Verhältnis. Im Abschn. B 8b werden wir für diesen Sonderfall den Einfluß der Oberwellen in Abhängigkeit von der Bürstenstellung untersuchen.

Bei der läufergespeisten Nebenschlußmaschine ist die Stromwenderwicklung nur eine zusätzliche Regelwicklung, die in den Nuten der Primärwicklung untergebracht ist und vom Sekundärstrom durchflossen wird. Die resultierende Felderregerkurve wird deshalb hauptsächlich durch die beiden stromwenderlosen Wicklungen bestimmt, wie bei der gewöhnlichen Induktionsmaschine. Während bei der ständergespeisten Nebenschlußmaschine (Abschn. a u. b) die relative Lage der Felderregerkurven der Primär- und Sekundärwicklung durch den (festen) Bürstenwinkel α bestimmt ist, ändert sich also bei der läufergespeisten Maschine ihre relative Lage stetig, so daß alle Lagen der sekundären zur primären Wicklung vorkommen. Im Mittel wird sich deshalb die läufergespeiste Maschine etwa so verhalten wie eine ständergespeiste Nebenschlußmaschine mit einer Bürstenstellung, die zwischen der I. und II. Hauptstellung liegt.

Genauer kann man die Vorgänge mit den Gleichungen verfolgen, die wir für die Felderregerkurven der Induktionsmaschine in Bd. IV abgeleitet haben. So erhalten wir nach Gl. 220 und 214a die Felderregerkurve für die ν-te Einzelwelle der Primärwicklung, bezogen auf die bei der läufergespeisten Maschine ruhende Sekundärwicklung, und nach den Gl. 227, 227a u. 220a die von der ν-ten Einzelwelle der Sekundärwicklung erregte Felderregerkurve mit dem von der ν-ten Einzelwelle der Primärwicklung induzierten Strom nach Gl. 287. Die Summe dieser Felderregerkurven ist die resultierende Felderregerkurve der ν-ten Einzelwelle, bezogen auf die ruhende Ständerwicklung. Die Stromwenderspule der Regelwicklung läuft nun mit der Geschwindigkeit $-(1-s)v_1$ um. Wir erhalten deshalb die Relativgeschwindigkeit als Summe der Geschwindigkeit der ν-ten resultierenden Einzelwelle und $(1-s)\,v_1$.

d. Von der Sättigungserscheinung herrührende Oberwellen. Durch die Sättigungserscheinung wird das von der Grundwelle der Felderregerkurve herrührende Drehfeld gegenüber der Sinusform abgeflacht (Abschn. E 2, Bd. IV). Die dadurch sich ergebenden Oberwellen laufen im Gegensatz zu den in den Abschn. a bis c betrachteten Oberwellen gegenüber der Primärwicklung mit derselben Geschwindigkeit um wie die Grundwelle. Während ihr Beitrag zur gesamten in der Stromwenderwicklung induzierten EMK verschwindend klein ist (Abschn. 6), können sie sich in den einzelnen Läuferspulen, die von Bürsten überbrückt werden, bemerkbar machen.

Wenn die Sekundärwicklung eine Stromwenderwicklung ist (ständergespeiste Nebenschlußmaschine oder Reihenschlußmaschine), ist die Frequenz der in einer Läuferspule induzierten EMK $s\nu f$, worin f die Netzfrequenz ist, und ihr Effektivwert der Schlüpfung proportional, also für alle Drehzahlen auch proportional der von der Grundwelle des Drehfeldes induzierte EMK $\mathfrak{E}_{R_1}$. Bei der läufergespeisten Maschine ruht die Stromwenderwicklung gegenüber der Primärwicklung, die Frequenz der in einer Läuferspule induzierten EMK ist dann νf und ihr Effektivwert unabhängig von der Schlüpfung.

Die von der Sättigungserscheinung herrührenden Anteile der Oberschwingungen der Drehfeld-EMK $\mathfrak{E}_R$ wachsen nicht in so hohem Maße an wie die von der Wicklungsverteilung herrührenden Anteile. Nach Abschn. E 2f, Bd. IV, ist es hauptsächlich die 3. Einzelwelle, die die Sättigungserscheinung hervorruft. Die von ihr in einer Stromwenderspule induzierte EMK kann unterdrückt werden, wenn die Spulenweite gleich $(1\mp {}^1/_3)\,\tau$ ist, doch dürfen nach Abschn. A 2b u. c Sehnenspulen bei Sehnenbürsten nur bei der Zwölfbürstenschaltung verwendet werden, um die Wellen gerader Ordnungszahl in der Felderregerkurve zu vermeiden.

9. Einrichtungen zur Verbesserung der Funkenunterdrückung.

a. Wahl der Wicklung. Durch richtige Wahl der Wicklung läßt sich das Bürstenfeuer auch ohne Wendepole unterdrücken. Diese Wahl muß einerseits mit Rücksicht auf eine möglichst kleine EMK der Stromwendung, andrerseits mit Rücksicht auf möglichst schwache Oberwellen der Feldkurve erfolgen.

In Abschn. 7c haben wir gesehen, daß bei der Sechsbürstenschaltung mit Sehnenwicklung die EMK der Stromwendung gegenüber der Dreibürstenschaltung und auch gegenüber der Sechsbürstenschaltung mit Durchmesserwicklung auf fast die Hälfte verringert werden kann. Eine weitere Verringerung auf fast $^1/_4$ gegenüber der Dreibürstenschaltung erhält man bei Zwölfbürstenschaltung mit Sehnenbürsten und darüber hinaus durch Vergrößerung der Bürsten- und Phasenzahl.

Die Latoursche Wicklung (Abschn. 3) mit ungerader Nutenzahl je Polpaar (vgl. Abb. 219a) verhält sich hinsichtlich der EMK der Stromwendung ähnlich wie eine Sehnenwicklung. Bei gerader Nutenzahl je Polpaar ergibt sich mit $\eta_{1S} = \eta_{1W} = N/2p$ (vgl. Abb. 220a) eine Durchmesserwicklung, mit $\eta_{1S} = \eta_{1W} \neq N/2p$ eine Sehnenwicklung. Beide Wicklungen verhalten sich ähnlich wie die gewöhnliche Durchmesserwicklung oder Sehnenwicklung. Es hat zwar nach Abb. 220a den Anschein, als würde die EMK der Stromwendung bei der Latourschen Wicklung gegenüber der bei gewöhnlicher Sehnenwicklung auf die Hälfte verringert, weil die von den Bürsten gleicher Polarität kurzgeschlossenen Schleifen- und Wellenwindungen in verschiedenen Nuten liegen, doch ist zu beachten, daß in denselben Nuten, in denen die von gleichpoligen Bürsten kurzgeschlossene Wellenwindung liegt, sich auch die von Bürsten anderer Polarität kurzgeschlossene Schleifenwindung befindet.

Um die von den Oberwellen des Drehfeldes induzierte EMK $\mathfrak{E}_{Ro}$ einzuschränken, müssen die Oberwellen des Drehfeldes möglichst unterdrückt werden. Günstig sind hierfür möglichst viele Nuten sowohl im Ständer als auch im Läufer und Verkürzung der Spulenweite im Ständer und im Läufer (vgl. Abschn. 8, Abb. 230a). Wicklungen, für die die Felderregerkurve auch Wellen gerader Ordnungszahl aufweist, sind zu vermeiden. Das sind Sehnenwicklungen bei Dreibürstenschaltung und bei Sechsbürstenschaltung mit (einfachen) Sehnenbürsten. Will man bei Sechsbürstenschaltung mit Sehnenbürsten eine Sehnenwicklung verwenden, dann ist die Latoursche Wicklung mit gerader Nutenzahl je Polpaar $\eta_{1S} = \eta_{1W}$ zu wählen, bei der keine Wellen gerader Ordnungszahl in der Felderregerkurve auftreten. Dasselbe gilt auch für die gewöhnliche Sehnenwicklung und Zwölfbürstenschaltung.

Außerdem ist ein nicht zu kleiner Luftspalt zwischen Ständer und Läufer erwünscht, weil nach Abschn. 8b die von den Belastungsströmen herrührenden Oberwellen der Feldkurve mit größerem Luftspalt (größeres I_μ!) schwächer werden. Schließlich wird man, um die von der Sättigungserscheinung herrührenden Oberwellen einzuschränken, die magnetische Beanspruchung in den Zähnen nicht zu hoch wählen (vgl. die Abschn. II B 3, Bd. II u. E 2f, Bd. IV), so daß die magnetische Kennlinie nicht zu sehr von der Geraden durch den Ursprung abweicht.

Die Unterdrückung der Oberwellen der Feldkurve durch eine dafür günstige Wicklung ist besonders wichtig für die Maschinen mit Regelung durch Bürstenverschieben, weil, wie wir im Abschn. 8b gezeigt haben, sich die Oberwellen in gewissen Stellungen der Bürsten besonders stark ausbilden können.

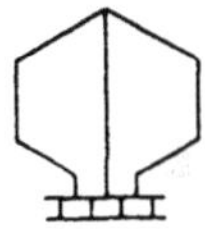

Bei größeren Stromwendermaschinen erhält man schon bei Schleifenwicklung mit nur einer Windung je Stromwendersteg eine unzulässig große von der Grundwelle des Drehfeldes induzierte EMK $\mathcal{E}_{R_1}$. Man ist deshalb gezwungen, mehrgängige Schleifenwicklungen zu verwenden, die auch zuweilen Ausgleichsverbindungen dritter Art (Abschn. I 13 der „Ankerwicklungen") erhalten. Auch die mehrgängige Latoursche Wicklung ist hierfür geeignet. Von den Skoda-Werken [L 219] wird eine Wicklung verwendet, die ähnlich wie die in Abb. 68[1]) der „Ankerwicklungen" ausgeführt ist, bei der aber alle möglichen Ausgleichsverbindungen zweiter Art angeschlossen sind. Zur Verringerung der EMK $\mathcal{E}_{R_1}$ zwischen benachbarten Stromwenderstegen werden auch Zwischenstege angeordnet, durch die die Spannung zwischen den Enden einer Windung unterteilt wird [L 13 u. 14]. Eine solche Anordnung einfachster Art mit einem Zwischensteg ist in Abb. 231 angedeutet, wobei die Verbindungsleitung zum Zwischensteg nicht am äußern Umfang des Läufers, sondern im feldfreien Innern des Läufers zu denken ist. Die Schorch-Werke verwenden zur Unterteilung ·der Spannung die am Schlusse des Abschn. b beschriebene Hilfsspule (vgl. Abb. 234b), die an die Enden der Hauptspule angeschlossen ist. Wenn diese in der Mitte (bei a in Abb. 234b) angezapft und mit einem Zwischensteg verbunden wird, teilt dieser die Spannung zwischen den Enden der Hauptwindung in zwei praktisch gleiche Teile [L 221].

Abb. 231.
Zwischensteg.

---

¹) Diese Wicklung ist entgegen der Angabe zu Abb. 68 auch für $u =$ ungerade ausführbar, worauf mich Herr Dr. Kauders aufmerksam gemacht hat. Die Bedingungen dafür lauten: $N/2p =$ ganz und $y_1 = k/2p + 1$, $y_2 = k/2p - 1$, wenn die Wicklung ungekreuzt ausgeführt wird.

Mehrgängige Schleifenwicklungen mit solchen Hilfsspulen (vgl. Abb. 234c) sind wohl zuerst von Schrage angegeben worden, der auch die Ausführbarkeit dieser Wicklungen näher untersucht hat [L 200].

b. Dämpferwicklungen. Wir haben im Abschn. 8b gesehen, daß die Oberwellen des Drehfeldes, die von der Wicklungsverteilung, also von der Form der Felderregerkurve abhängen, einen beträchtlichen Beitrag zu der gesamten EMK liefern können, die vom Luftspaltfeld in den von Bürsten überbrückten Läuferwindungen induziert wird. Grundsätzlich können die Oberwellen durch in sich kurzgeschlossene Mehrphasenwicklungen unterdrückt werden, die in den Ständer- oder Läufernuten untergebracht und je für die Polzahlen der Oberwellen, die unterdrückt werden sollen, gewickelt sind [L 210]. Jede dieser Wicklungen dürfte vom Grundfeld nicht induziert werden; weniger wichtig wäre, daß die Stränge genau um $2/m_\nu$ der Polteilung der Oberwelle am Ankerumfang versetzt sind, wenn m_ν die Strangzahl der Kurzschlußwicklung ist. Um eine solche Wicklung für die ν-te Einzelwelle ausführen zu können, die nicht von der Grundwelle des Drehfeldes induziert wird, muß die Nutenzahl je Polteilung durch die Ordnungszahl ν teilbar sein. Das läßt sich aber um so schwerer erreichen, je höher die Ordnungszahl der zu unterdrückenden Einzelwelle ist.

Die 5. Einzelwelle liefert nun oft schon einen Beitrag von mehr als 50% zu der von den Oberwellen induzierten EMK, so daß schon etwas erreicht ist, wenn es gelingt, diese Oberwelle zu unterdrücken. Bei einer dreiphasigen Ständerwicklung mit 5 Nuten je Pol und Strang ist dies möglich; die Kurzschlußwicklung kann hier dreiphasig ausgeführt werden. Gewöhnlich ist aber die Nutenzahl je Polteilung kleiner als 15; dann läßt sich eine Kurzschlußwicklung für die 5. Einzelwelle nicht mehr so ausführen, daß sie von der Grundwelle unbeeinflußt bleibt. Wenn man sie trotzdem anwenden will, so muß man gewisse Restspannungen, herrührend von der Grundwelle, in Kauf nehmen und sie durch genügend großen Widerstand der Kurzschlußwicklung unschädlich machen.

Wirksamer ist aber diese Kurzschlußwicklung, wenn sie im Läufer untergebracht wird, weil die Geschwindigkeit der Oberwelle gegenüber dem Läufer für die praktisch in Frage kommenden Drehzahlen wesentlich größer ist als gegenüber dem Ständer (vgl. Abschn. 8b). Die Läuferhauptwicklung läßt sich nun sehr leicht für eine durch 5 teilbare Nutenzahl je Pol ausführen, und es ergibt sich eine m_ν-phasige Kurzschlußwicklung, wenn $m_\nu = N/2\,p\,\nu \geq 2$ ist. So erhält man beispielsweise bei 10 Nuten je Polteilung $m_\nu = 10/5 = 2$, also eine zweiphasige Wicklung (Abb. 232a), während bei $N/2\,p = 15$ eine dreiphasige Kurzschlußwicklung ausführbar ist (Abb. 232b).

Eine solche Kurzschlußwicklung ist auch geeignet, die Induktivität der von Bürsten überbrückten Läuferspule und damit das Bürstenfeuer zu verringern. Um dies zu zeigen, können wir den Wirkwiderstand der Kurzschlußwicklung bei großen Stromänderungen, die zu Bürstenfeuer führen, vernachlässigen. Wir setzen beispielsweise für die Hauptwicklung eine Durchmesserwicklung in Sechsbürstenschaltung voraus und vernachlässigen die Stirnstreuung und die gegenseitige Streuung zwischen Leitern, die in derselben Nut liegen. Das von einem Strang der Kurzschlußwicklung erregte Luftspaltfeld vernachlässigen wir, weil

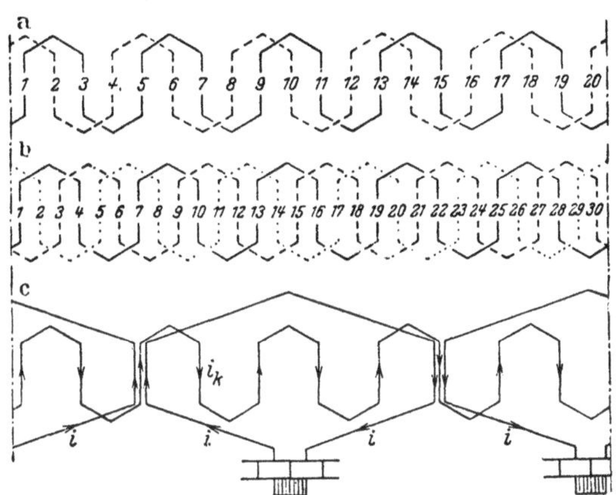

Abb. 232a bis c. Kurzschlußwicklungen im Läufer. a) zweiphasig; b) dreiphasig; c) Abdämpfung bei b).

es durch die andern Stränge abgedämpft wird. Für einen Leiter in der Nut sei die Induktivität L. Mit den Bezeichnungen in Abb. 232c ergeben sich dann die Spannungsgleichungen

$$4L\frac{\mathrm{d}i}{\mathrm{d}t} + 2L\frac{\mathrm{d}i_k}{\mathrm{d}t} = \mathfrak{e} \quad \text{und} \quad 10L\frac{\mathrm{d}i_k}{\mathrm{d}t} + 4L\frac{\mathrm{d}i}{\mathrm{d}t} = 0. \quad (332\,\text{a u. b})$$

Aus der letzten Gleichung erhalten wir $i_k = -0,4\,i$. Dies in Gl. 332a eingesetzt, ergibt $\mathfrak{e} = 3,2\,L\,\mathrm{d}i/\mathrm{d}t$, während ohne die Kurzschlußwicklung $\mathfrak{e} = 4\,L\,\mathrm{d}i/\mathrm{d}t$ wäre. Die Induktivität der von Bürsten überbrückten Läuferspule wird also auf 80 % verringert. Bei Dreibürstenschaltung erhalten wir dieselbe Abdämpfung.

Auch die Oberwellen des Drehfeldes, die von der Sättigungserscheinung herrühren und eine Abflachung der Feldkurve zur Folge haben, können durch mehrphasige Kurzschlußwicklungen unterdrückt werden. Diese Wellen laufen nach Abschn. 8d, gegenüber der Primärwicklung mit synchroner Geschwindigkeit um. Bei ständergespeisten Maschinen ist die Geschwindigkeit gegenüber dem Läufer dem Schlupf proportional. Deshalb werden die Kurzschlußwicklungen zweckmäßig im

Ständer untergebracht. Praktisch in Frage kommt nach Abschn. E 2f,
Bd. IV, hauptsächlich die 3. Einzelwelle. Da bei Dreiphasenwicklungen
die Nutenzahl je Polteilung in der Regel durch 3 teilbar ist, läßt sich
für jeden Strang die Kurzschlußwicklung so ausführen, daß sie nicht
von der Grundwelle induziert wird. Man kann die Kurzschlußwicklung
für jeden Strang als Einlochwicklung ausführen; die Strangzahl ergibt
sich dann zu $m_3 = q$ der Nutenzahl je Pol und Strang der Hauptwicklung. In Abb. 233 ist beispielsweise eine Ständerwicklung mit $q = 3$
Nuten je Pol und Strang angedeutet und darunter die zugehörige (dreiphasige) Kurzschlußwicklung zur Unterdrückung der 3. Einzelwelle
der Feldkurve. Wird die Kurzschlußwicklung nach Abb. 233 im Läufer

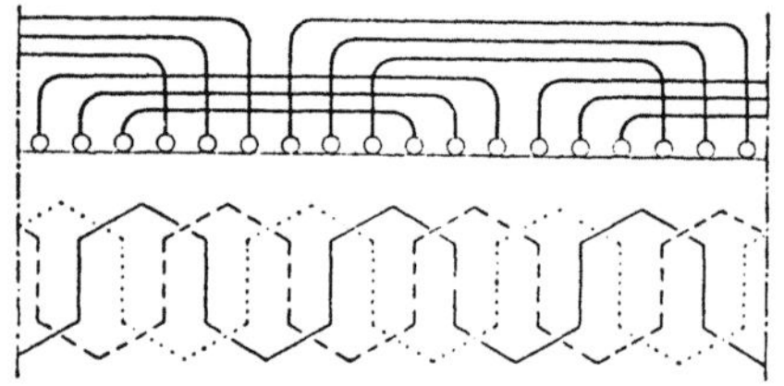

untergebracht, so ergeben die
den Gl. 332a u. b entsprechenden Gleichungen eine Verringerung der Spuleninduktivität auf
0,667.

Wir hatten bisher angenommen, daß die Dämpferwicklung
so ausgebildet ist, daß sie nicht
von der Grundwelle des Drehfeldes induziert wird. Ist die

Abb. 233. Ständerwicklung mit dreiphasiger Kurzschlußwicklung im Ständer.

Dämpferwicklung bei ständergespeisten Maschinen im Läufer untergebracht, und der Wicklungsfaktor eines Strangs für die Grundwelle von Null verschieden, so erzeugen die in der Dämpferwicklung induzierten Ströme bei untersynchronen Drehzahlen ein motorisches, bei übersynchronen ein generatorisches Drehmoment. Es
findet also bei untersynchronen Drehzahlen eine Stromentlastung, bei
übersynchronen eine Überlastung der Stromwenderwicklung statt. Um
diesen Einfluß auf praktisch noch zulässige Grenzen zu beschränken,
müßte die Dämpferwicklung mit großem Widerstand ausgeführt werden. Bei der gewöhnlichen Käfigwicklung als Dämpferwicklung würde
dann die Wärmebeanspruchung dieser Wicklung unzulässig groß
werden. Verwendet man dagegen die Kurzschlußwicklung mit mehreren Stäben im Strang, wie sie vom Verfasser für Induktionsmotoren
mit großem Anlaufmoment vorgeschlagen ist [L 220], so kann die hohe
Wärmebeanspruchung vermieden werden. In der wichtigsten Form
ergibt sich dann die Wicklung mit einer Windung im Strang und stark
verkürzter Spulenweite (Abb. 70, Bd. IV), bis zur Spulenweite von
einer Nutteilung. Eine solche Wicklung ist geeignet, die Induktivität
der von Bürsten überbrückten Spulen zu verringern und die Oberwellen des Drehfeldes wenigstens teilweise abzudämpfen. Durch den
Widerstand bzw. Wicklungsfaktor dieser Dämpferwicklung läßt sich
das zusätzliche von der Dämpferwicklung herrührende Drehmoment

festlegen. Je größer dieses ist, desto weniger darf die größte betriebsmäßig vorkommende Drehzahl die synchrone übersteigen, um eine
größere Strombelastung der Stromwenderwicklung zu vermeiden.

In der Praxis haben sich Dämpferwicklungen im Läufer bewährt,
wie sie in den Abb. 234a bis c dargestellt sind. Zu jeder Spule der
Hauptwicklung ist eine Hilfsspule parallel geschaltet, so daß auch die
aus den Hilfsspulen bestehende Wicklung der Läuferhauptwicklung
parallel geschaltet ist. Je eine Spule der Läuferhauptwicklung ist in
den Abb. 234a u. b durch stärkere Linien hervorgehoben, während die
Hilfsspulen durch dünne Linien angedeutet sind. Windungszahl und
Spulenweite sind so zu bemessen, daß von der Grundwelle des Drehfeldes in der Hilfsspule dieselbe EMK nach Stärke und Phase induziert

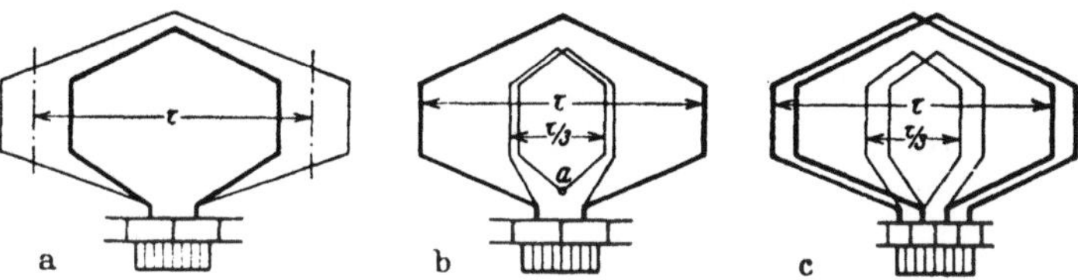

Abb. 234a bis c. Dämpferwicklungen im Läufer. a) u. b) für eingängige, c) für
zweigängige Schleifenwicklungen.

wird wie in der Hauptspule, der sie parallel geschaltet ist. In dem aus
den beiden parallel geschalteten Spulen gebildeten Kurzschlußkreis wird
also von der Grundwelle des Drehfeldes keine EMK induziert. So ist
z. B. in Abb. 234a die Weite der Hilfsspule um denselben Betrag
größer als die Polteilung τ, wie die der Hauptspule kleiner als τ ist;
beide Spulen haben dieselbe Windungszahl. In Abb. 234b sind beispielsweise Durchmesserspulen für die Hauptwicklung und Sehnenspulen mit der Spulenweite $\tau/3$ für die Hilfswicklung vorausgesetzt;
damit in beiden Spulen von der Grundwelle des Drehfeldes dieselbe
EMK induziert wird, müssen die Spulenachsen zusammenfallen, und
die Hilfsspule muß doppelt so viel Windungen erhalten wie die Hauptspule. In Abb. 234c ist schließlich die entsprechende Ausführung für
eine zweigängige Wicklung dargestellt. Derartige Dämpferwicklungen
haben sich sowohl bei ständergespeisten als auch bei läufergespeisten
Maschinen bewährt. Über die Ausführbarkeit der Wicklung nach
Abb. 234c siehe [L 200].

Die Leiter der Hilfswicklung erhalten einen wesentlichen kleineren
Querschnitt als die der Hauptwicklung und werden in der Regel an der
Nutöffnung angeordnet. Ihr Streublindwiderstand ist dann wesentlich
kleiner, ihr Wirkwiderstand größer als die entsprechenden Widerstände
der Hauptwicklung. Die Spulen der Hilfswicklung dämpfen daher die
gegen Ende des Bürstenkurzschlusses auftretende schnelle Änderung

des Kurzschlußstromes. Außerdem dämpfen die aus der Haupt- und Hilfsspule gebildeten Kurzschlußkreise auch die Oberschwingungen der Drehfeld-EMK $\mathfrak{E}_R$ ab. Diese Kurzschlußkreise haben eine ähnliche Form wie die einzelnen Kurzschlußkreise eines Kurzschlußläufers mit mehreren Stäben im Strang, wie wir sie im Abschn. D 2, Bd. IV, behandelt haben (vgl. z. B. Abb. 71a). Die Anordnung nach Abb. 234a ist geeignet, Oberwellen gerader Ordnungszahl abzudämpfen, wie sie bei Sehnenwicklung und Dreibürstenschaltung oder Sechsbürstenschaltung mit Sehnenbürsten auftreten (vgl. S. 294), während bei Wicklungen nach den Abb. 234b u. c die Oberwellen ungerader Ordnungszahl mehr oder weniger abgedämpft werden.

Die Schorch-Werke verwenden die Schaltung nach Abb. 234b, wobei jedoch die Hilfswicklung im Grunde der Nut angeordnet und durch Zwischenlagen aus Eisenblech von der Hauptwicklung magnetisch getrennt wird [L 221]. Angeblich soll dabei die EMK der Stromwendung auf die Hälfte verringert werden. Es scheint aber, daß die Hilfswicklung nur den Einfluß einer, wenn auch nur unvollkommenen Abdämpfung hat, ähnlich wie wir sie bei den Wicklungen in den Abb. 232c u. 233 besprochen haben. Nach Untersuchungen der British Thomson Houston Cy soll diese Ausführung auch weniger wirksam sein als bei Anordnung der Leiter der Hilfswicklung an der Nutöffnung [L 222]. Bei einer solchen Dämpferwicklung soll man wegen der geringeren Empfindlichkeit gegen Bürstenfeuer die Nennleistung oder die Überlastbarkeit gegenüber der Maschine ohne Dämpferwicklung erheblich vergrößern können.

c. Wendepole bei Drehfeldmaschinen. Grundsätzlich lassen sich bei feststehenden Bürsten auch bei der mehrphasigen Stromwendermaschine innerhalb der Wendezonen magnetische Felder erregen, die in den von Bürsten überbrückten Läuferspulen EMKe induzieren, die der EMK der Stromwendung entgegenwirken. Die magnetischen Felder können von Wicklungen auf den Ständerzähnen in den Wendezonen erregt werden, wenn sie von den zu den kurzgeschlossenen Spulen gehörigen Bürstenströmen gespeist werden. Diese Felder haben, weil sie nur innerhalb kleiner eng begrenzter Zonen auftreten, keine Drehfeldeigenschaften; sie überlagern sich als örtliche Wechselfelder über das von den Hauptwicklungen erregte Drehfeld.

In Abb. 235a sind für eine zweipolige dreiphasige Maschine die resultierenden Strombeläge der Läuferwicklung durch voll ausgezogene und gestrichelte Kreisbögen dargestellt (vgl. Abschn. 2, Abb. 211c u. 213b) und die Phasen der Ströme durch römische Ziffern bezeichnet. Die von Bürsten kurzgeschlossenen Spulenseiten sind durch kleine Kreise angedeutet. Ebenso sind die Strombeläge im Ständer dargestellt, die die Strombeläge des Läufers kompensieren. Über diese

Strombeläge lagern sich noch die Strombeläge des Magnetisierungsstromes, die auch durch eine besondere dreiphasige Erregerwicklung
erzeugt werden können. Vom Ständer sind nur die Zähne eingezeichnet,
die in den Wendezonen liegen. Zur Unterdrückung der EMK der
Stromwendung tragen diese Zähne Wicklungen, die von den Bürstenströmen durchflossen werden. Nehmen wir an, daß voll ausgezogene
Strombeläge die Stromrichtung aus der Zeichenebene heraus, gestrichelte die Richtung in die Zeichenebene hinein bezeichnen, so ist
die positive Wicklungsachse der Phase I der Läuferströme nach oben

gerichtet, sie ist mit A_I bezeichnet.
Um der EMK der Stromwendung
durch eine EMK der Bewegung im

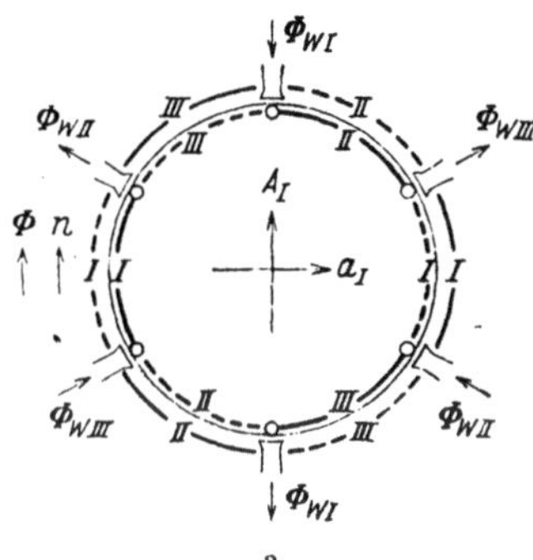
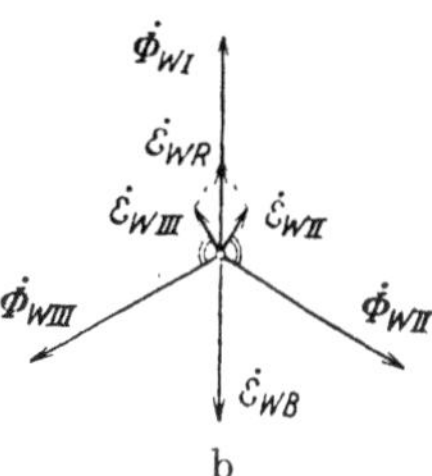

a   b

Abb. 235a u. b. a) Stromverteilung und Wendepolflüsse; b) Vektordiagramme
der EMKe $\mathcal{E}_{WR}$ und $\mathcal{E}_{WB}$.

Wendefeld entgegenzuwirken, muß nach Abb. 381, Bd. I, der Wendepolfluß Φ_{WI} der Achse A_I entgegengerichtet sein. Entsprechendes
gilt für die Wendeflüsse Φ_{WII} und Φ_{WIII}.

Die Wendeflüsse Φ_{WI}, Φ_{WII}, Φ_{WIII} induzieren in der Ständer- und
der Läuferwicklung EMKe (der Ruhe), die sich bei Gegenschaltung von
Ständer- und Läuferwicklung (vgl. Abschn. E 2) im Ankerstromkreis
aufheben, wenn die Ständerwicklung die Läuferwicklung vollkommen
kompensiert. Werden Ständer- und Läuferwicklung getrennt gespeist,
so werden die von den Wendepolflüssen induzierten EMKe sich im
Ständerkreis zu der vom Drehfeld induzierten EMK addieren, im
Läuferkreis subtrahieren, auf das Verhalten der Maschine aber keinen
wesentlichen Einfluß ausüben.

Anders ist es bei den von Bürsten überbrückten Läuferspulen. Betrachten wir beispielsweise die zur Phase I gehörige Läuferspule, deren
Windungsebene mit der Achse A_I zusammenfällt. Diese Spule umschlingt die Flüsse Φ_{WII} und Φ_{WIII}. Ordnen wir dieser Spule (willkürlich) die Wicklungsachse a_I zu, so ist Φ_{WII} im wesentlichen a_I entgegengerichtet, Φ_{WIII} gleichgerichtet, und wir erhalten nach Abschn. I A 3a die in der Spule induzierten EMKe $\mathcal{E}_{WII}$ und $\mathcal{E}_{WIII}$ in

Abb. 235b, die sich zu der resultierenden EMK $\mathfrak{E}_{WR}$ zusammensetzen.

Wenn $\dot{I}_I$ gegenüber $\dot{I}_{II}$, $\dot{I}_{II}$ gegenüber $\dot{I}_{III}$ phasenverfrüht ist (vgl. die Gl. 311a bis c), läuft das Drehfeld nach Abschn. I C 7, Bd. I, im Sinne des Pfeils Φ in Abb. 235a um. In diesem Sinne soll auch der Läufer bei den praktisch in Frage kommenden Mehrphasenmaschinen umlaufen (Pfeil n in Abb. 235a). Dann dreht sich die Achse a_I in die Richtung des Flusses Φ_{WI}, und wir erhalten nach Abschn. I A 3a die EMK der Bewegung $\mathfrak{E}_{WB}$ in Gegenphase zu Φ_{WI} (Abb. 235b). Es wird also von den fremden Wendeflüssen in der kurzgeschlossenen Läuferspule eine EMK der Ruhe $\mathfrak{E}_{WR}$ induziert, die in Gegenphase zu der EMK der Bewegung $\mathfrak{E}_{WB}$ ist und dieselbe Frequenz, nämlich Netzfrequenz hat. Ändern wir die Richtung des Drehflusses Φ durch Änderung der Phasenfolge der Ströme von $\dot{I}_I$, $\dot{I}_{II}$, $\dot{I}_{III}$ in $\dot{I}_I$, $\dot{I}_{III}$, $\dot{I}_{II}$, praktisch also durch Vertauschen zweier Zuleitungen zum Ankerkreis bei Reihenschaltung von Ständer- und Läuferwicklung, oder durch Vertauschen zweier Zuleitungen sowohl im Ständer- als auch im Läuferkreis, wenn Ständer- und Läuferwicklung getrennt gespeist werden, so ändert sich auch die Drehrichtung des Motors. $\mathfrak{E}_{WB}$ ist dann in Phase mit Φ_{WI}; aber auch $\mathfrak{E}_{WR}$ ändert das Vorzeichen, weil im Zeitdiagramm Abb. 235b Φ_{WII} und Φ_{WIII} gegeneinander zu vertauschen sind.

Von den Wendefeldern wird also außer einer der Drehzahl proportionalen EMK ($\mathfrak{E}_{WB}$) noch eine von der Drehzahl unabhängige EMK ($\mathfrak{E}_{WR}$) induziert, die ebenfalls dem Strom in der Wendewicklung, also dem Strom in der Bürste proportional ist, von der die Spule kurzgeschlossen wird. Beide EMKe wirken bei im Sinne des Drehfeldes umlaufendem Läufer einander entgegen. Dasselbe Verhalten haben wir im Abschn. 7b auch für die Anteile $\mathfrak{E}'_W$ und $\mathfrak{E}''_W$ der EMK $\mathfrak{E}_W$ festgestellt, die von den Streuflüssen in der kurzgeschlossenen Spule induziert werden. In den Gl. 315a u. b z. B. wirken die EMKe $\mathfrak{E}'_W$ und $\mathfrak{E}''_W$, wenn der Läufer im Sinne des Drehfeldes umläuft, einander entgegen, und es ist $\mathfrak{E}'_W$ im wesentlichen der Drehzahl proportional, $\mathfrak{E}''_W$ unabhängig von der Drehzahl. Wenn $\mathfrak{E}_{WR}/\mathfrak{E}_{WB} = \mathfrak{E}''_W/\mathfrak{E}'_W$ wäre, würde also die gesamte von den Streufeldern herrührende EMK $\mathfrak{E}_W$ durch die von den Wendefeldern herrührende aufgehoben werden.

Mit

$$\Phi_W = l\,t\,B_W \quad \text{und} \quad v_A = 2\,p\,\tau\,n = 2(1-s)\,f\,\tau, \quad (333\text{a u. b})$$

worin $l =$ Ankerlänge, $t =$ Ständernutteilung, $\tau =$ Polteilung ist, erhalten wir

$$\mathfrak{E}_{WR} = \sqrt{3}\,2\pi\,f\,\Phi_W = \sqrt{3}\,\sqrt{2}\,\pi\,f\,t\,l\,B_W \qquad (334\text{a})$$

und

$$\mathfrak{E}_{WB} = 2\,v_A\,l\,\frac{B_W}{\sqrt{2}} = 2\,\sqrt{2}\,(1-s)\,f\,\tau\,l\,B_W, \qquad (334\text{b})$$

also

$$\frac{\mathfrak{E}_{WR}}{\mathfrak{E}_{WB}} = \frac{\sqrt{3}\,\pi}{2(1-s)}\,\frac{t}{\tau}. \tag{334}$$

Beachten wir die Beziehungen

$$T_k = b_j/v_K \quad \text{und} \quad v_K = 2p\,\tau_K\,n = 2(1-s)\,f\,\tau_K \tag{335a u. b}$$

und setzen $\operatorname{tg}\omega T_k/2 \approx \omega T_k/2$, so erhalten wir mit $M = L$ bei Dreibürstenschaltung (Gl. 315a u. b) und $L = 2M$ (Durchmesserwicklung) bei Sechsbürstenschaltung (Gl. 316)

$$\frac{\mathfrak{E}_W''}{\mathfrak{E}_W'} = \frac{\sqrt{3}\,\pi}{2(1-s)}\,\frac{b_j}{\tau_K}. \tag{335}$$

Die Gl. 334 u. 335 stimmen überein, wenn $t/\tau = b_j/\tau_K$ ist. Das ist aber wenigstens angenähert der Fall.

Auch die Drehfeld-EMK $\mathfrak{E}_{R_1}$, die von der Grundwelle des Drehfeldes induziert wird, könnte durch ein zusätzliches Wendefeld, das ähnlich wie bei der Einphasenmaschine mit netzfrequenten Strömen zu erregen ist, in einem gewissen Drehzahlbereich unterdrückt werden. Praktisch lohnt sich das aber kaum, weil $\mathfrak{E}_{R_1}$ bei synchroner Drehzahl verschwindet und in ihrer Nähe sehr klein ist.

Die mehrphasigen Drehfeldmaschinen werden in der Regel ohne Wendepole ausgeführt; diese verbieten sich ohnehin, wenn die Regelung durch Verschieben der Bürsten erfolgt, mit denen auch die Wendezone am Läuferumfang wandert.

10. Streublindwiderstände der mehrphasigen Stromwendermaschinen.

Wir setzen bei den folgenden Betrachtungen voraus, daß in der Maschine außer der Ständerwicklung nur noch die Stromwenderwicklung des Läufers vorhanden sei, und legen in der Regel die ständergespeiste Nebenschlußmaschine zugrunde. Bei der läufergespeisten Nebenschlußmaschine liegt die Stromwenderwicklung in denselben Nuten wie die im Läufer untergebrachte Primärwicklung; wir werden auf die Berechnung der Streublindwiderstände dieser Maschine erst im Abschn. D 5 eingehen.

a. Stirn- und Nutstreuung bei ruhendem Läufer. Bei ruhendem Läufer sind die von den Nuten- und Stirnstreufeldern herrührenden Blindwiderstände in derselben Weise zu berechnen wie bei der Induktionsmaschine.

Den **Stirn-Streublindwiderstand** erhalten wir nach Abschn. G 3, Bd. IV, für Primär- und Sekundärwicklung gemeinsam, und zwar auf die Primärwicklung bezogen; es ist dort angegeben, in welchem

Verhältnis er sich etwa auf Primär- und Sekundärwicklung verteilt. Für die Nebenschlußmaschine werden wir in der Regel die Widerstände ebenfalls wie bei der Induktionsmaschine auf die Primärwicklung beziehen. Bei den Reihenschlußmaschinen müssen wir aber den unbezogenen Stirnstreublindwiderstand der Läuferwicklung einführen, d. h. wir müssen den auf die Ständerwicklung bezogenen Stirnstreublindwiderstand des Läufers mit dem Quadrat der Übersetzung $\ddot{u}$ zwischen Läufer und Ständer (vgl. Abschn. B 2) multiplizieren.

Der Nut-Streublindwiderstand kann bei ruhendem Läufer für Ständer- und Läuferwicklung nach Abschn. G 2, Bd. IV, berechnet werden. Für die Läuferwicklung wollen wir aber die Gleichungen zur Berechnung des Nutstreublindwiderstandes noch auf eine für die Stromwendermaschine zweckmäßige Form bringen[1]).

α. Dreibürstenschaltung. Den Blindwiderstand eines Stranges der in Dreieck geschalteten Läuferwicklung können wir nach Gl. 384, Bd. I, berechnen, wenn wir darin $q = N/2mp = N/6\,p$ setzen. Wir erhalten mit $w = z/2am = z/6a$

$$X_N = 0{,}1052\,\frac{f}{100}\left(\frac{z}{100 \cdot 2a}\right)^2 \frac{l_i}{N}\,\lambda'_N\ \Omega, \qquad (336\,\mathrm{a})$$

worin N die Nutenzahl des Läufers ist. Die Leitwertzahl λ'_N ist nach Gl. 384 a, Bd. I, zu berechnen und ergibt sich bei Durchmesserwicklung mit genügender Annäherung zu $\lambda'_N = {}^3/_4\,\lambda_N$, wenn λ_N die Leitwertzahl der Nut bei Phasengleichheit der Ströme in Unter- und Oberschicht ist (Abschn. II M 1 b, Bd. I). Für die in Stern geschaltete Ersatzwicklung ist der Blindwiderstand $^1/_3$ des Strangwiderstandes der in Dreieck geschalteten Wicklung, so daß wir für die in Stern geschaltete Ersatzwicklung, wenn wir noch λ'_N durch λ_N ersetzen,

$$X_N = 0{,}0263\,\frac{f}{100}\left(\frac{z}{100 \cdot 2a}\right)^2 \frac{l_i}{N}\,\lambda_N\ \Omega. \qquad (336\,\mathrm{b})$$

erhalten. Zu demselben Ergebnis gelangen wir, wenn wir in Gl. 376, Bd. I, die für eine Einschichtwicklung gilt, die Werte der im Abschn. II A 2 b abgeleiteten Ersatzwicklung einsetzen. Für diese ist $w = z/12a$ (Gl. 287), $q = N/6p$ und λ_N die Leitwertzahl bei Phasengleichheit von Unter- und Oberschicht, die für die Läufernut zu berechnen ist.

β. Sechsbürstenschaltung in Durchmesserstellung. Setzen wir in Gl. 376, Bd. I, die Werte der im Abschn. II A 2 d abgeleiteten Ersatzwicklung ein, nämlich $w = z/6a$, $q = N/6p$ und λ_N bei Phasengleichheit der Ströme in Unter- und Oberschicht, so erhalten wir für

---

[1]) In Bd. I, S. 272, Zeile 13 lies n Spulenseiten statt n Nuten.

Durchmesserwicklung

$$X_N = 0{,}1052 \frac{f}{100} \left(\frac{z}{100 \cdot 2a} \right)^2 \frac{l_i}{N} \, \lambda_N \; \Omega. \qquad (337)$$

Dieser Wert ist viermal so groß wie bei der Ersatzwicklung der Dreibürstenschaltung (Gl. 336b). Beachten wir, daß bei der Sechsbürstenschaltung mit Durchmesserbürsten der Strom der Ersatzwicklung halb so groß wie bei der Dreibürstenschaltung ist, so erkennen wir, daß die Streublindleistung für beide Bürstensätze gleich groß ist. Zu demselben Ergebnis gelangen wir, wenn wir von dem Streublindwiderstand der einphasig gespeisten Wicklung in Durchmesserstellung, Gl. 385, Bd. I, ausgehen und beachten, daß nach Abschn. 2d der resultierende Leiterstrom bei dreiphasiger Speisung doppelt so groß wie bei einphasiger Speisung ist und in einem Wicklungsstrang (z. B. zwischen den Bürsten I, I in Abb. 213a) $^2/_3$ des Strangs nur den halben Beitrag zum Streublindwiderstand liefern.

Bei Sehnenbürsten können wir mit hinreichender Genauigkeit (und Sicherheit) den Blindwiderstand der Nutstreuung und auch den der Stirnstreuung im Läufer in demselben Verhältnis verkleinern wie den Wirkwiderstand (Abschn. A 2e u. Abb. 215).

b. Spaltstreuung bei ruhendem Läufer. Die Spaltstreuung äußert sich bei den Stromwendermaschinen in etwas anderer Weise als bei der Induktionsmaschine. Bei dieser (Abschn. G I, Bd. IV) ändert sich bei umlaufendem Läufer die Lage der Läuferwicklung gegenüber der Ständerwicklung, während sie bei der Stromwendermaschine sowohl bei ruhendem als auch bei umlaufendem Läufer lediglich durch die Stellung der Bürsten bestimmt wird und für alle Drehzahlen praktisch erhalten bleibt.

Bei unsern Betrachtungen setzen wir voraus, daß alle Bürsten gemeinsam verschoben werden. Bei $q_S = q_L \approx \infty$ erhalten wir dann Stellungen der Bürsten, bei denen die Stromverteilung am Ankerumfang für beide Wicklungen dieselbe ist, so daß sich die von den Belastungsströmen der Ständer- und Läuferwicklung herrührenden Oberwellen der Felderregerkurven aufheben (vgl. Abschn. 8b). Die reine doppeltverkettete Streuung (d. h. nach Abzug der Zahnkopfstreuung, also bei $q = \infty$) ist Null, denn es gibt, von der Zahnkopfstreuung abgesehen, keine Feldlinien, die den Luftspalt durchsetzen und nicht mit beiden Wicklungen gleichmäßig verkettet sind. Dieser Fall tritt bei den Stromwenderwicklungen, wie sie gewöhnlich verwendet werden, immer nach Bürstenstellungen von je $\pi/3 = 60°$, bezogen auf die zweipolige Maschine, auf. In diesen Stellungen können wir die Spaltstreuung gleich der Zahnkopfstreuung setzen, und zwar

22*

sowohl bei ruhendem als auch bei umlaufendem Läufer. Wir bezeichnen diese Bürstenstellungen als „I. Hauptstellung".

In den andern Bürstenstellungen stimmt die Stromverteilung in den beiden Wicklungen auch bei $q_L = q_S = \infty$ nicht mehr genau überein, so daß außer Zahnkopfstreuung noch reine doppeltverkettete Streuung auftritt. Sie erreicht ihren Höchstwert bei Bürstenstellungen, die gegenüber jenen mit der doppeltverketteten Streuung Null um $\pi/6 = 30°$ verschoben sind. Diese Bürstenstellungen bezeichnen wir als „II. Hauptstellung". Zwischen diesen Grenzwerten ändert sich die reine doppeltverkettete Streuung (also auch ihr Blindwiderstand) bei ruhendem

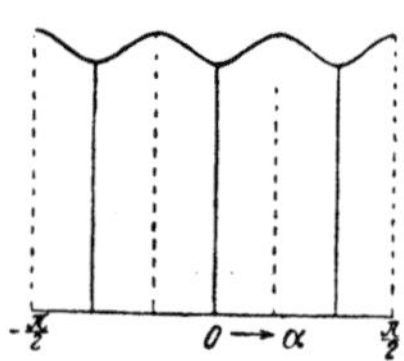

Abb. 236.
Streublindwider-
stand über dem
Bürstenwinkel α.

Läufer cosinusförmig mit der Bürstenstellung. Tragen wir den Streublindwiderstand über dem Bürstenwinkel (bezogen auf die zweipolige Maschine) auf, und bezeichnen mit $\alpha = 0$ eine Stellung, bei der die reine doppeltverkettete Streuung Null ist, so erhalten wir den in Abb. 236 dargestellten Verlauf, worin die Differenz zwischen dem Höchstwert und dem Kleinstwert der größten auftretenden reinen doppeltverketteten Streuung entspricht. Abb. 236 gilt für den im Abschn. C 4 näher bezeichneten Nebenschlußmotor und ist aus der Messung bei Speisung der Ständerwicklung und über die Bürsten kurzgeschlossener Läuferwicklung bei ganz kleinen Drehzahlen gewonnen.

Aus diesen Überlegungen erkennen wir, daß es sich bei den ständergespeisten Nebenschlußmaschinen empfiehlt, die Spaltstreuung in die beiden Anteile Zahnkopfstreuung und doppeltverkettete Streuung bei unendlich vielen Nuten zu zerlegen, eine Zerlegung, die bei der gewöhnlichen Induktionsmaschine nicht zweckmäßig ist. Die Zahnkopfstreuung ist dann praktisch unabhängig von der Bürstenstellung, während die reine doppeltverkettete Streuung von der Bürstenstellung gemäß Abb. 236 abhängt. Der Kleinstwert des Blindwiderstandes in Abb. 236 enthält also (bei ruhendem Läufer) die Summe aus den Blindwiderständen der Nut-, Zahnkopf- und Stirnstreuung, während der Höchstwert noch den Blindwiderstand der doppeltverketteten Streuung bei unendlich vielen Nuten enthält. Die Zahnkopfstreuung kann nach Abschn. G 4, Bd. IV, berechnet werden.

c. Doppeltverkettete Streuung bei ruhendem Läufer. Die Felderregerkurve einer dreiphasigen Wicklung schwankt bekanntlich zeitlich um die sinusförmige Grundwelle der Felderregerkurve (immer zeitlich sinusförmig veränderliche Ströme vorausgesetzt). Die Grenzwerte dieser Schwankungen werden für Durchmesserwicklung und $q = \infty$ durch die beiden Linienzüge a und b in Abb. 237 dargestellt, sie entsprechen den beiden Fällen, daß in einem der Wicklungsstränge der Strom Null

(Kurve a) oder gleich dem Höchstwert (Kurve b) ist. Die Differenz (c) dieser Kurven entspricht der Felderregerkurve, die die reine doppeltverkettete Streuung in der II. Hauptstellung der Bürsten, d. h. bei den Bürstenwinkeln $(g+1)\pi/6$ hervorruft, worin g eine gerade Zahl einschließlich Null ist.

Zur Berechnung des Blindwiderstandes, der der reinen doppeltverketteten Streuung in der II. Hauptstellung der Bürsten entspricht, gehen wir von der Felderregerkurve einer Dreiphasenwicklung nach Gl. 181, Bd. I, aus, die wir auch für die dreiphasige Läuferwicklung anwenden können.

Der Wicklungsfaktor der ν-ten Einzelwelle ist für $q = \infty$ nach Gl. 148, Bd. I, mit $\gamma = {}^1/_3$

$$\xi_\nu = \frac{6 \sin \nu\, 30°}{\pi\, \nu}\, \varsigma_\nu = \pm \frac{3}{\pi}\, \frac{\varsigma_\nu}{\nu}, \qquad (338)$$

worin ς_ν der Spulenfaktor ist. Setzen wir zur Abkürzung

$$A = \frac{3\sqrt{2}\,w}{\pi\,p} \cdot \frac{6\,|\sin \nu\, 30°|}{\pi}\, I = \frac{9\sqrt{2}\,w}{\pi^2\,p}\, I, \qquad (339\,\mathrm{a})$$

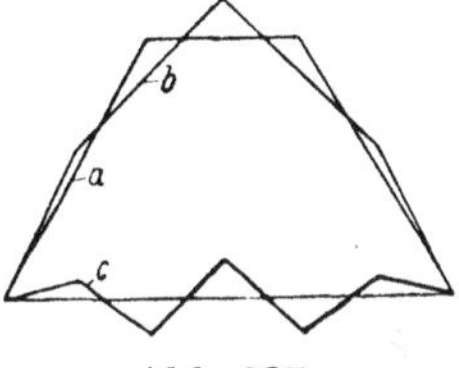

Abb. 237.
Felderregerkurven in der II. Hauptstellung.

so können wir für die Felderregerkurve nach Gl. 181, Bd. I, schreiben

$$f(x, t) = A \sum_{\nu = 1,\, -5,\, 7,\, -11,\, \ldots} \frac{\varsigma_\nu}{\nu^2} \sin\left(\omega t - \nu\, \frac{x\pi}{\tau}\right), \qquad (339)$$

wenn wir im Argument der sinus die Oberwellen der mit der Grundwelle umlaufenden Einzelwellen positiv ($\nu = 1,\ 7,\ 13,\ \ldots$), die der gegenlaufenden Einzelwellen negativ ($\nu = -5,\ -11,\ -17,\ \ldots$) einführen.

Setzen wir in Gl. 339 $\omega t = \pi$, so erhalten wir

$$f(x, t)_a = A \sum_{\nu = 1,\, -5,\, 7,\, -11,\, \ldots} \frac{\varsigma_\nu}{\nu^2} \sin \nu\, \frac{x\pi}{\tau}. \qquad (340\,\mathrm{a})$$

Diese Reihe wird für $\varsigma_\nu = 1$ (Durchmesserwicklung) durch die trapezförmige Kurve a in Abb. 237 dargestellt.

Denken wir uns die Läuferwicklung mit derselben Windungszahl und demselben Spulenfaktor wie die Ständerwicklung (Kurve a) in die II. Hauptstellung verschoben, setzen also in Gl. 339 $x - \tau/6$ an Stelle von x, und entsprechend den Zeitwinkel $\omega t = \pi - \pi/6$ an Stelle von $\omega t = \pi$, so erhalten wir

$$f(x, t)_b = A \sum_{\nu = 1,\, -5,\, 7,\, -11,\, \ldots} \frac{\varsigma_\nu}{\nu^2} \sin\left[\nu\, \frac{x\pi}{\tau} + \frac{(1-\nu)\pi}{6}\right]. \qquad (340\,\mathrm{b})$$

Das ergibt mit $\varsigma_\nu = 1$ die Kurve b in Abb. 237. In der Differenz

$$f(x, t)_c = f(x, t)_a - f(x, t)_b$$

$$= A \sum_{\nu = 1, -5, 7, -11, \ldots} \frac{\varsigma_\nu}{\nu^2} \left\{ \sin \nu \frac{x\pi}{\tau} - \sin \left[\nu \frac{x\pi}{\tau} + \frac{(1-\nu)\pi}{6} \right] \right\} \qquad ((340\,\mathrm{c})$$

heben sich die Wellen mit $\nu = 1, -11, +13, -23, +25, \ldots$ heraus, da

für diese $\sin \left(\nu \dfrac{x\pi}{\tau} + \dfrac{(1-\nu)\pi}{6} \right) = \sin \nu \dfrac{x\pi}{\tau}$ ist, während für die übrigen

Wellen mit $\nu = -5, 7, -17, 19, -29, 31, \ldots \sin \left(\nu \dfrac{x\pi}{\tau} + \dfrac{(1-\nu)\pi}{6} \right) =$

$-\sin \nu \dfrac{x\pi}{\tau}$ ist. Wir erhalten also für die resultierende Felderregerkurve

$$f(x, t)_c = 2A \sum_{\nu = -5, 7, -17, 19, \ldots} \frac{\varsigma_\nu}{\nu^2} \sin \nu \frac{x\pi}{\tau}. \qquad (340)$$

Mit $\varsigma_\nu = 1$ ist das die Kurve c in Abb. 237.

Wir haben bei dieser Ableitung vorausgesetzt, daß Windungszahl (w) und Spulenfaktoren (ς_ν) für Ständer- und Läuferwicklung dieselben sind. Auch wenn dies nicht der Fall ist, stellt sich bei ständergespeisten Nebenschlußmaschinen der Wirkstrom I_{SW} der Ständerwicklung (bezogen auf die vom Luftspaltfeld induzierte EMK) so ein, daß die von I_{SW} und vom Wirkstrom I_{LW} der Läuferwicklung erzeugte Grundwelle der Felderregerkurve verschwindet (vgl. S. 321). Es ist also bei gleichen Strangzahlen in Ständer und Läufer

$$w_S I_{Sw} = \frac{\xi_{L_1}}{\xi_{S_1}} w_L I_{Lw} \approx \frac{\varsigma_{L_1}}{\varsigma_{S_1}} w_L I_{Lw}. \qquad (341\,\mathrm{a})$$

Wir erhalten für die resultierende Felderregerkurve, die für die doppeltverkettete Streuung in der II. Hauptstellung der Bürsten maßgebend ist (vgl. Gl. 340a u. b und 339a),

$$
\begin{aligned}
f(x, t)_c = \frac{9\sqrt{2}}{\pi^2 p} &\sum_{\nu = 1, -5, 7, -11, \ldots} \left\{ w_S I_{Sw} \frac{\varsigma_{S\nu}}{\nu^2} \sin \nu \frac{x\pi}{\tau} - \right. \\
&\left. - w_L I_{Lw} \frac{\varsigma_{L\nu}}{\nu^2} \sin \left[\nu \frac{x\pi}{\tau} + \frac{(1-\nu)\pi}{6} \right] \right\} \\
= \frac{9\sqrt{2}}{\pi^2 p} w_L I_{Lw} &\left[\sum_{\nu = -5, 7, -17, 19, \ldots} \frac{1}{\nu^2} \left(\varsigma_{L\nu} + \frac{\varsigma_{L_1}}{\varsigma_{S_1}} \varsigma_{S\nu} \right) \sin \nu \frac{x\pi}{\tau} - \right. \\
&\left. - \sum_{\nu = -11, 13, -23, 25, \ldots} \frac{1}{\nu^2} \left(\varsigma_{L\nu} - \frac{\varsigma_{L_1}}{\varsigma_{S_1}} \varsigma_{S\nu} \right) \sin \nu \frac{x\pi}{\tau} \right].
\end{aligned} \qquad (341)
$$

Die Blindwiderstände der reinen doppeltverketteten Streuung erhalten wir nach den Gl. 244 und 245, Bd. IV, zu

$$X_{So} = \sigma_{So} X_{Sh} \quad \text{und} \quad X_{Lo} = \sigma_{Lo} X_{Lh}. \qquad \text{(342a u. b)}$$

Die dort für die Streuziffer angegebene Gl. 244b setzt voraus (vgl. die Ableitung auf S. 84, Bd. II), daß die Felderregerkurve nur von der einen Wicklung erzeugt wird. Für unsern Fall, daß sie von der Ständer- und der Läuferwicklung gemeinsam erregt wird, müssen wir an Stelle der Amplitude V_ν der ν-ten Einzelwelle in Gl. 120a, Bd. II, die entsprechende Amplitude nach Gl. 341 einsetzen, mit der wir $B_\nu = \Pi_0 V_\nu / \delta''$ und $\Phi_\nu = 2/\pi \cdot \tau/\nu \cdot l_i B_\nu$ erhalten. Die in der Ständer- und Läuferwicklung von der ν-ten Einzelwelle induzierten EMKe sind

$$E_{S\nu} = \sqrt{2}\,\pi\,\xi_{S\nu} w_S f_\nu \Phi_\nu \quad \text{und} \quad E_{L\nu} = \sqrt{2}\,\pi\,\xi_{L\nu} w_L f_\nu \Phi_\nu, \qquad \text{(343a u. b)}$$

worin $f_\nu = f$ und die Wicklungsfaktoren bei $q_S = q_L = \infty$

$$\xi_{S\nu} = \frac{3}{\pi}\,\frac{\varsigma_{S\nu}}{\nu} \quad \text{und} \quad \xi_{L\nu} = \frac{3}{\pi}\,\frac{\varsigma_{L\nu}}{\nu} \qquad \text{(344a u. b)}$$

einzusetzen sind. Damit erhalten wir die Blindwiderstände der ν-ten Einzelwelle $X_{So\nu} = E_{S\nu}/I_{Sw}$ und $X_{Lo\nu} = E_{L\nu}/I_{Lw}$. Summieren wir über alle Oberwellen und beziehen die Summe auf die Hauptblindwiderstände der Ständer- und Läuferwicklung (Gl. 69, Bd. II, mit $\xi_{S\nu} \approx 3\varsigma_{S\nu}/\pi\nu$ und $\xi_{L\nu} \approx 3\varsigma_{L\nu}/\pi\nu$)

$$X_{Sh_1} = \frac{108\,\Pi_0}{\pi^3}\,\frac{l_i \tau f}{p\,\delta''}\,(w_S \varsigma_{S_1})^2, \qquad X_{Lh_1} = \frac{108\,\Pi_0}{\pi^2}\,\frac{l_i \tau f}{p\,\delta''}\,(w_L \varsigma_{L_1})^2, \qquad \text{(345a u. b)}$$

so erhalten wir die Ziffer der doppeltverketteten Streuung ($q_S = q_L = \infty$) zu

$$\sigma_{So} = \sum_{\nu = -5,7,-17,19,\ldots} \frac{1}{\nu^4}\left[\frac{\varsigma_{S\nu}}{\varsigma_{S_1}}\frac{\varsigma_{L\nu}}{\varsigma_{L_1}} + \left(\frac{\varsigma_{S\nu}}{\varsigma_{S_1}}\right)^2\right] - \sum_{\nu = -11,13,-23,25,\ldots} \frac{1}{\nu^4}\left[\frac{\varsigma_{S\nu}}{\varsigma_{S_1}}\frac{\varsigma_{L\nu}}{\varsigma_{L_1}} - \left(\frac{\varsigma_{S\nu}}{\varsigma_{S_1}}\right)^2\right], \qquad \text{(346a)}$$

$$\sigma_{Lo} = \sum_{\nu = -5,7,-17,19,\ldots} \frac{1}{\nu^4}\left[\left(\frac{\varsigma_{L\nu}}{\varsigma_{L_1}}\right)^2 + \frac{\varsigma_{L\nu}}{\varsigma_{L_1}}\frac{\varsigma_{S\nu}}{\varsigma_{S_1}}\right] - \sum_{\nu = -11,13,-23,25,\ldots} \frac{1}{\nu^4}\left[\left(\frac{\varsigma_{L\nu}}{\varsigma_{L_1}}\right)^2 - \frac{\varsigma_{L\nu}}{\varsigma_{L_1}}\frac{\varsigma_{S\nu}}{\varsigma_{S_1}}\right]. \qquad \text{(346b)}$$

Bei $\varsigma_{L\nu} = \varsigma_{S\nu} = \varsigma_\nu$ gehen die Gleichungen über in

$$\sigma_{So} = \sigma_{Lo} = \sum_{\nu = -5,7,-17,19,\ldots} \frac{2}{\nu^4}\left(\frac{\varsigma_\nu}{\varsigma_1}\right)^2. \qquad \text{(346c)}$$

Für Durchmesserwicklungen ist $\varsigma_\nu = 1$, und wir erhalten

$$\sigma_{So} = \sigma_{Lo} = \sum_{\nu = -5,7,-17,\ldots} \frac{2}{\nu^4} = 0{,}004\,08. \qquad \text{(346d)}$$

d. Umlaufender Läufer. Die Streublindwiderstände der Ständerwicklung sind bei der ständergespeisten Maschine ebenso wie bei der Induktionsmaschine von der Drehzahl des Läufers unabhängig.

Während aber bei umlaufendem Läufer der Induktionsmaschine sich der Streublindwiderstard des Läufers im Verhältnis der Schlüpfung ändert, ist dies für den Läufer der ständergespeisten Nebenschlußmaschine nur für einen Teil dieser Blindwiderstände der Fall; der Rest ist dagegen unabhängig von der Schlüpfung. Nicht alle Streulinien der Wicklungsstränge der Läuferwicklung sind nämlich so miteinander verkettet, daß sie ein Drehfeld bilden, wie es für das Luftspaltfeld der Fall ist. Ein Teil der Streulinien ist vielmehr nur mit einzelnen Leitern oder Leiterbündeln je eines Läuferstranges verkettet, ohne auf die übrigen Stränge einzuwirken. Bei der Induktionsmaschine hat dies keinen Einfluß auf den Streublindwiderstand, weil alle Wicklungsteile des Läufers von Strömen der Schlupffrequenz durchflossen werden.

Die Trennung der beiden Teile der Streuung ist bei der Nut- und Stirnstreuung rechnerisch nicht sicher möglich, sie kann aber auf Grund von Messungen mit genügender Genauigkeit geschätzt werden. Gewöhnlich liegt im äußeren Läuferkreis auch noch der wesentlich größere, von der Schlupffrequenz unabhängige Streublindwiderstand eines Transformators.

Besondere Beachtung verdient die doppeltverkettete Streuung in der II. Hauptstellung der Bürsten. Bei umlaufendem Läufer bleibt für die Ständerwicklung der Blindwiderstand der doppeltverketteten Streuung ebenso wie der der übrigen Streuung unverändert, und die Streuspannungsverluste haben die Netzfrequenz. Auch „an den (feststehenden) Bürsten" der Läuferwicklung ist die Frequenz der Streuspannungsverluste gleich der Netzfrequenz; die Beträge der doppeltverketteten Streuung ändern sich aber mit der Drehzahl des Läufers. Diese sind proportional den relativen Geschwindigkeiten zwischen den einzelnen Oberwellen und dem Läufer. Bei ruhendem Läufer ist nach Abschn. 8a die Relativgeschwindigkeit zwischen der ν-ten Einzelwelle und dem Läufer $v_\nu = v_1/\nu$, wenn wir die Ordnungszahlen ν der Einzelwellen der Felderregerkurve, die mit der Grundwelle umlaufen, positiv, die der gegenlaufenden Wellen negativ einführen. Mit dieser Vorzeichenfestlegung ist die Relativgeschwindigkeit $v_{\nu L}$ zwischen der ν-ten Einzelwelle und dem Läufer durch Gl. 321a gegeben. Es wird also der Streublindwiderstand jeder Einzelwelle im Verhältnis

$$v_{\nu L}/v_\nu = 1 - (1 - s)\,\nu \tag{347}$$

gegenüber Stillstand vergrößert. Wir erhalten mit den Gl. 347 u. 346b

$$\sigma_{L0} = \sum_{\nu = -5,\,7,\,-17,\ldots} \frac{1 - (1 - s)\,\nu}{\nu^4}\left[\left(\frac{\varsigma_{L\nu}}{\varsigma_{L_1}}\right)^2 + \frac{\varsigma_{L\nu}}{\varsigma_{L_1}}\frac{\varsigma_{S\nu}}{\varsigma_{S_1}}\right] - \sum_{\nu = -11,\,13,\,-23,\ldots} \frac{1 - (1 - s)\,\nu}{\nu^4}\left[\left(\frac{\varsigma_{L\nu}}{\varsigma_{L_1}}\right)^2 - \frac{\varsigma_{L\nu}}{\varsigma_{L_1}}\frac{\varsigma_{S\nu}}{\varsigma_{S_1}}\right]. \tag{347a}$$

Bei Gleichheit der Spulenfaktoren und Durchmesserwicklung $(\varsigma_{Lv} = \varsigma_{Sv} = 1)$ wird

$$
\left.
\begin{aligned}
\sigma_{Lo} &= \sum_{v\,=\,-5,7,\,-17,19,\ldots} 2\left[\frac{1}{v^4}(1-v) + s\,\frac{1}{v^3}\right]\\
&= 0{,}01920 - 0{,}005004 + 0{,}0004284 - 0{,}0002772 + \cdots\\
&\quad + [-0{,}016 + 0{,}005838 - 0{,}0004046 + 0{,}0002926 - \cdots]\,s\\
&\approx 0{,}0144 - 0{,}0103\,s\,.
\end{aligned}
\right\} \quad (347\,\text{b})
$$

e. Zusammenfassung. Die Blindwiderstände der Ständerwicklung sind unabhängig von der Schlüpfung des Läufers gegenüber dem Drehfeld. Die Nut-, Stirn- und Zahnkopf-Streublindwiderstände können in bekannter Weise, z. B. nach Abschn. G 2 bis 4, Bd. IV, berechnet werden. Nach Abschn. G 3, Bd. IV, erhält man zunächst den gesamten, auf die Ständerwicklung bezogenen Streublindwiderstand der Stirnstreuung $X_{S\sigma_S} + X'_{L\sigma_S}$, der sich nach den Angaben in jenem Abschnitt auf Ständer- und Läuferwicklung verteilen läßt. Wir erhalten für den Fall, daß die Bürsten sich in Stellung des kleinsten Streublindwiderstandes befinden (I. Hauptstellung), den Streublindwiderstand der Ständerwicklung zu

$$
X_{S\sigma} = X_{S\sigma_N} + X_{S\sigma_S} + X_{S\sigma_K}\,. \tag{348}
$$

Zu diesem Streublindwiderstand kommt noch bei anderer Bürstenstellung der Streublindwiderstand der doppeltverketteten Streuung bei $q = \infty$, der sich nach Gl. 346a und unter Beachtung des Verlaufes des Blindwiderstandes nach Abb. 236 zu

$$
X_{So} = \frac{1}{2}\left[1 + \sin\left(6\alpha - \frac{\pi}{2}\right)\right]\sigma_{So}\,X_{Sh} \tag{349}
$$

ergibt. Der Hauptblindwiderstand X_{Sh} ist nach Gl. 244a, Bd. IV, zu berechnen. Wenn Ständer und Läufer Durchmesserwicklung haben, ist $\sigma_{So} = 0{,}00408$.

Für den ruhenden Läufer berechnen wir den Nut-, Stirn- und Zahnkopf-Streublindwiderstand bei Stillstand wie für die Ständerwicklung. Für die praktische Berechnung sind die Gleichungen für den Nutblindwiderstand im Abschn. a angegeben. Die Summe dieser Blindwiderstände

$$
X_{L\sigma s=1} = X_{L\sigma_N} + X_{S\sigma_S} + X_{L\sigma_K} \tag{350}
$$

zerlegen wir bei umlaufendem Läufer in einen vom Schlupf unabhängigen Teil $X_{L\sigma_0}$ und einen ihm proportionalen Teil $X_{L\sigma_v}$ und erhalten für den Streublindwiderstand des umlaufenden Läufers, wenn die Bürsten in der I. Hauptstellung stehen,

$$
X_{L\sigma} = X_{L\sigma_0} + s\,X_{L\sigma_v}; \tag{351}
$$

dabei können wir schätzungsweise setzen

$$X_{L\sigma_0} \approx 0{,}15\, X_{L\sigma_v}. \tag{351a}$$

In andern Bürstenstellungen kommt noch der Streublindwiderstand der doppeltverketteten Streuung hinzu, für den wir nach Gl. 349 schreiben können

$$X_{Lo} = \frac{1}{2}\left[1 + \sin\left(6\alpha - \frac{\pi}{2}\right)\right]\sigma_{Lo}\, X_{Lh}, \tag{351b}$$

worin σ_{Lo} durch Gl. 347a, für Durchmesserwicklung durch Gl. 347b gegeben ist.

Die Aufteilung der Blindwiderstände für die I. und II. Hauptstellung der Bürsten prüfen wir an den im Abschn. G 3 gemessenen Blindwiderständen bei Speisung des Läufers und kurzgeschlossener Ständerwicklung nach. In Abb. 238 sind diese Blindwiderstände über dem Schlupf dargestellt. Wir erhalten für die I. und II. Hauptstellung

$$X_{k_I} = (0{,}011 + 0{,}160 \cdot s)\ \Omega \tag{352a}$$

und

$$X_{k_{II}} = (0{,}039 + 0{,}143 \cdot s)\ \Omega. \tag{352b}$$

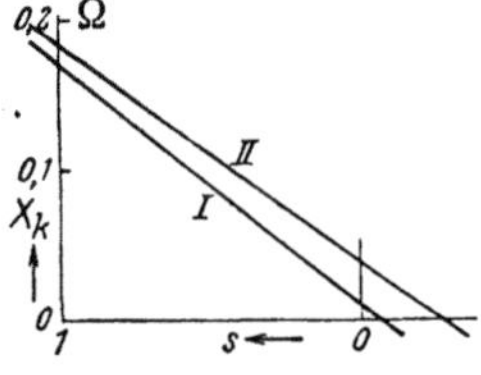

Abb. 238. Kurzschluß-Blindwiderstände.

In der II. Hauptstellung kommen zu den Blindwiderständen in der I. Hauptstellung noch die der Oberwellen hinzu. Im unteren Teil der Leerlaufkennlinie (Abb. 293b) ist $X_{Sh} = 6{,}02\ \Omega$, $X_{Lh} = X'_{Sh} = \ddot{u}^2 X_{Sh} = 2{,}28\ \Omega$, $1 + \sigma_S = 1{,}04$, $\sigma_{So} = 0{,}00408$ (Gl. 346d). Damit wird (vgl. Gl. 492c) $X'_{So}/(1 + \sigma_S) = \sigma_{So}\, X'_{Sh}/(1 + \sigma_S) = 0{,}0089\ \Omega$. Wäre die Läuferwicklung eine genaue Durchmesserwicklung, so erhielte man nach Gl. 351b mit Gl. 347b ($\alpha = \pi/6$) $X_{Lo} = \sigma_{Lo}\, X_{Lh} = (0{,}0328 - 0{,}0235 \cdot s)\ \Omega$. Es wäre dann in der II. Hauptstellung $X_{k_{II}} = X_{k_I} + X_{Lo} + s X'_{So}/(1 + \sigma_S) = (0{,}0438 + 0{,}145 \cdot s)\ \Omega$, also X_{k_0} etwas zu groß, während X_{k_v} mit dem gemessenen Wert (vgl. Gl. 352b) praktisch übereinstimmt. Das Ergebnis ist befriedigend, wenn man beachtet, daß die experimentelle Zerlegung von X_k in X_{k_0} und X_{k_v} nicht sehr genau ist (Abschn. G 3), und daß die Spulenweite der Läuferwicklung in Wirklichkeit etwas von der Polteilung abweicht.

11. Die Beziehungen zwischen E_D und $\mathfrak{E}_{R_1}$.

Bei der Mehrphasenmaschine können wir, ähnlich wie bei der Einphasenmaschine (Abschn. I A 2d), das Verhältnis zwischen der vom Drehfeld in der Läuferwicklung induzierten EMK und der in einer kurzgeschlossenen Läuferspule induzierten EMK $\mathfrak{E}_{R_1}$ so umformen, daß es nur noch durch die Frequenz f des Netzstromes, die Umfangsgeschwindigkeit v_K des Stromwenders und die Stromwenderteilung t_K bestimmt ist.

Die EMK der Läuferwicklung hängt von der Bürstenanordnung am Stromwender ab und ist im Abschn. 6 für die verschiedenen Bürstenschaltungen angegeben und auf die EMK E_D der Läuferwicklung bei

Durchmesserstellung der Bürsten bezogen. Auch hier wollen wir diese EMK E_D einführen, aus der sich dann ohne weiteres nach den Gleichungen des Abschn. 6 die Läufer-EMK E bei den verschiedenen Bürstenschaltungen ergibt. Nach Gl. 306 ist

$$E_D = z\,\frac{p}{a}\,s\,n_1\,\frac{\varsigma\,\varPhi_1}{\sqrt{2}} = \frac{1}{\sqrt{2}}\,\frac{z}{a}\,s\,f\,\varsigma\,\varPhi_1. \qquad (353\,\mathrm{a})$$

Die EMK $\mathfrak{E}_{R_1}$, die von demselben Fluß $\varPhi_1$ in einem Wicklungsteil zwischen benachbarten Stromwenderstegen induziert wird, ist (Gl. 310)

$$\mathfrak{E}_{R_1} = \frac{\pi}{\sqrt{2}}\,\frac{z}{k}\,\frac{p}{a}\,s\,f\,\varsigma\,\varPhi_1. \qquad (353\,\mathrm{b})$$

Bilden wir das Verhältnis dieser beiden EMKe und beachten die Beziehung $v_{K_1} = k\,t_K\,n_1$ zwischen Umfangsgeschwindigkeit v_{K_1} des Stromwenders bei synchroner Drehzahl n_1, der Stegzahl k des Stromwenders und der Stromwenderteilung t_K, so erhalten wir

$$\frac{E_D}{\mathfrak{E}_{R_1}} = \frac{k}{\pi\,p} = \frac{1}{\pi\,f}\,\frac{v_{K_1}}{t_K} \qquad (354\,\mathrm{a})$$

oder, wenn wir die Umfangsgeschwindigkeit $v_{K\,\mathrm{max}}$ bei der größten betriebsmäßig vorkommenden Drehzahl n_{max} einführen,

$$\frac{E_D}{\mathfrak{E}_{R_1}} = \frac{1}{\pi\,f}\,\frac{v_{K\,\mathrm{max}}}{t_K}\,\frac{n_1}{n_{\mathrm{max}}}. \qquad (354\,\mathrm{b})$$

Nehmen wir die größte Umfangsgeschwindigkeit zu $v_{K\,\mathrm{max}} = 2500$ cm/s an, und die kleinste technisch ausführbare Stegteilung zu 0,4 cm, wobei die Bürstenbreite dann etwa 0,8 cm betragen darf, so erhalten wir nach Gl. 354b mit $f = 50$ Hz

$$E_D = 39{,}8\,\frac{n_1}{n_{\mathrm{max}}}\,\mathfrak{E}_{R_1}. \qquad (354\,\mathrm{c})$$

Die in der Läuferwicklung induzierte EMK, die bei Sechsbürstenschaltung mit Durchmesserbürsten E_D ist, soll immer möglichst groß sein, um einen kleinen Stromwender zu erhalten, der bei den Stromwendermaschinen für Wechselstrom zum großen Teil die Kosten des Motors bestimmt. Der größte im Betrieb auftretende Wert $\mathfrak{E}_{R_1}$ ist mit Rücksicht auf das Bürstenfeuer beschränkt und darf erfahrungsgemäß höchstens 2,5 bis 3 V zwischen benachbarten Stromwenderstegen betragen, wenn die Bürsten nicht mehr als zwei Stromwenderstege bedecken. Da bei den ständergespeisten Maschinen $\mathfrak{E}_{R_1}$ von der Schlüpfung abhängt, tritt bei diesen Maschinen der größte Wert von $\mathfrak{E}_{R_1}$ bei dem größten betriebsmäßig vorkommenden Betrag der Schlüpfung auf; beim Herabregeln durch Ändern der Läuferspannung bis auf Null tritt er also im

Stillstand ($s = 1$) auf, sofern die größte Drehzahl kleiner als die doppelte synchrone Drehzahl ist. Da n_1/n_{max} für einen gegebenen Betrieb festliegt und die Netzfrequenz f, gewöhnlich 50 Hz, auch gegeben ist, kann $E_D/\mathfrak{S}_{R_1}$ nur durch das Verhältnis $v_{K\,max}/t_K$ möglichst groß bemessen werden.

12. Das Drehmoment.

Wir legen unsern Betrachtungen eine Maschine zugrunde, bei der nur die Ständerwicklung (Zeiger S) und die Stromwenderwicklung (Zeiger L) vorhanden sind (ständergespeiste Nebenschlußmaschine mit Primärwicklung im Ständer oder Reihenschlußmaschine). Bei der läufergespeisten Nebenschlußmaschine liegt die Sekundärwicklung im Ständer, die Primärwicklung im Läufer, in dem auch die Stromwenderwicklung untergebracht ist, die aber keinen Einfluß auf das in der Maschine entwickelte Drehmoment hat. Das Drehmoment kann dann wie bei der Induktionsmaschine berechnet werden, und die hier abgeleiteten Gleichungen gelten auch für die läufergespeiste Nebenschlußmaschine, wenn die Zeiger S und L vertauscht werden.

a. Herrührend von den Bürstenströmen. Der Hauptteil des in der Stromwendermaschine entwickelten Drehmoments rührt bei Nennbetrieb von den Strömen her, die der Läuferwicklung durch die Bürsten zufließen.

Außer der Grundwelle des Drehfeldes treten in der Maschine noch Oberwellen auf. Ein Teil dieser Oberwellen rührt daher, daß der Strombelag der Wicklung nicht sinusförmig am Ankerumfang verteilt werden kann, sondern daß die stromführenden Leiter in Nuten gelegt werden müssen. Auf S. 150 u. 151, Bd. IV, haben wir gezeigt, daß eine Spulenwicklung, die vom Drehfeld induziert wird, auf die Oberwellen keine merkliche Rückwirkung ausübt und deshalb auch kein praktisch in Frage kommendes Drehmoment mit den Oberwellen entwickeln kann. Dasselbe gilt für die Stromwendermaschine, wenn die Ströme der Läuferwicklung vom Drehfeld induziert werden, wie es z. B. der Fall ist, wenn die Läuferwicklung über die Bürsten kurzgeschlossen ist. Aber auch wenn die Läuferströme von außen über die Bürsten zugeführt werden, wie es z. B. bei der Reihenschlußmaschine der Fall ist, können die Oberwellen mit den Läuferströmen kein praktisch in Frage kommendes Drehmoment entwickeln, weil die Spulenbreite groß gegenüber der Polteilung der Oberwellen ist. Der andere Teil der Oberwellen rührt von der Sättigungserscheinung im Eisen her (Abschn. 6a). Auf S. 176, Bd. IV, haben wir gezeigt, daß auch das dadurch hervorgerufene Dehmoment bei der Induktionsmaschine vernachlässigbar klein ist. Das ist auch bei der Stromwendermaschine der Fall. Von wesentlicher Bedeutung ist nur die 3. Welle; im Strombelag der dreiphasigen Läuferwicklung, die mit sinusförmigen Strömen gespeist wird, kommt aber nach Abschn. II D 4, Bd. I, die 3. Welle nicht vor.

Wir dürfen daher den Einfluß der Oberwellen der Feldkurve auf das Drehmoment außer acht lassen. Im folgenden werden wir, um die schwierige Aufgabe der räumlichen Verteilung der mechanischen Kräfte beim Nutenanker zu umgehen, einen glatten Anker voraussetzen. Das Drehmoment entsteht dann durch Zusammenwirken des Strombelags am Läuferumfang mit dem resultierenden Drehfeld im Luftspalt. Im stationären Betrieb sind die (resultierende) Drehfeldinduktion am Läuferumfang und der Strombelag, sowie ihre gegenseitige Lage am

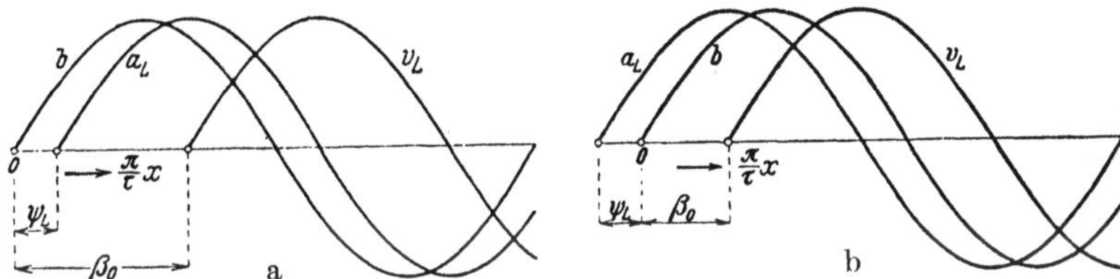

Abb. 239a u. b. Wellen der Induktion b, sowie des Strombelags a_L und der Felderregerkurve v_L des Läufers.

Läuferumfang unveränderlich, so daß auch das Drehmoment von der Zeit unabhängig ist.

Bezeichnen wir mit b die Induktion und mit a_L den Strombelag des Läufers als Funktion des Ständer- oder Läuferumfangs, so erhalten wir das im Läufer entwickelte Drehmoment zu

$$M = \frac{p \, l_i \, D}{2} \int_{x=0}^{2\tau} b \, a_L \, \mathrm{d}x, \qquad (355)$$

wenn l_i die ideelle Ankerlänge, D der Läuferdurchmesser und p die Polpaarzahl ist. Schreiben wir (vgl. die Abb. 239a u. b) für die resultierende Grundwelle der Induktion im Luftspalt und für den Strombelag am Läuferumfang

$$b = B_1 \sin \frac{\pi}{\tau} x \quad \text{und} \quad a_L = \frac{\pi}{\tau} \frac{\Theta_L}{2} \sin \left(\frac{\pi}{\tau} x \mp \psi_L \right), \qquad (355\text{a u. b})$$

worin Θ_L die resultierende Durchflutung der Läuferwicklung je Polpaar ist, setzen b und a_L in Gl. 355 ein und führen die Integration aus, so erhalten wir

$$M = \frac{\tau \, p^2 \, l_i}{2} B_1 \Theta_L \cos \psi_L. \qquad (356)$$

ψ_L ist der räumliche Phasenwinkel, um den die Welle des Strombelags a_L gegenüber der Welle der Induktion b am Ankerumfang verschoben ist; er ist gleich dem zeitlichen Phasenwinkel zwischen der in der Läuferwicklung bei Stillstand induzierten EMK und dem Läuferstrom.

Nach Abschn. II D 1, Bd. I, ist die Felderregerkurve gleich dem Integral des Strombelags, wobei die Integrationskonstante so zu bestimmen ist, daß das Integral der Felderregerkurve über eine Polpaarteilung Null wird. Wir erhalten also, wenn wir mit β_0 den räumlichen Phasenwinkel zwischen der Induktionswelle b und der Felderregerkurve

$$v_L = -\Theta_L/2 \cdot \cos(\pi x/\tau \mp \psi_L)$$

des Läufers bezeichnen (vgl. die Abb. 239a u. b),

$$\beta_0 = \pi/2 \pm \psi_L \quad \text{und} \quad \sin\beta_0 = \cos\psi_L. \qquad \text{(357a u b)}$$

Ersetzen wir in Gl. 356 die Induktionsamplitude B_1 durch den resultierenden Fluß Φ_1, so erhalten wir mit Gl. 357b

$$M = \frac{\pi\, p^2}{4}\, \Phi_1\, \Theta_L \sin\beta_0. \qquad (357)$$

Ersetzen wir in Gl. 357 die Läuferdurchflutung Θ_L durch den Läuferstrom I_L nach Gl. 302 (mit den Zeigern L) und den Fluß Φ_1 durch die von ihm in der festen Ständerwicklung induzierte EMK (Gl. 369b) und beachten die Beziehung $2\pi f = \omega = p\Omega_1$ zwischen Netzfrequenz f und Winkelgeschwindigkeit Ω_1 des Drehfeldes, so wird

$$M = \frac{p\, m_L}{\omega}\, \frac{\xi_L w_L}{\xi_S w_S}\, E_S I_L \cos\psi_L. \qquad \text{(358a)}$$

Führen wir noch in dem allgemeinen Falle, daß $m_L \neq m_S$ ist, die Übersetzung

$$\ddot{u} = \frac{m_L}{m_S}\, \frac{\xi_L w_L}{\xi_S w_S} = \frac{m_L}{m_S}\, \frac{E_{L0}}{E_S} \qquad \text{(358b)}$$

ein, worin E_{L0} die im Läufer vom Drehfeld induzierte EMK bei ruhendem Läufer ist, so erhalten wir

$$M = \frac{p\, m_L}{\omega}\, E_{L0} I_L \cos\psi_L = \frac{p\, m_S}{\omega}\, E_S I_L' \cos\psi_L = \frac{p\, m_S}{\omega}\, E_S I_{Lw}', \qquad (358)$$

worin $I_L' = \ddot{u} I_L$ der auf die Ständerwicklung bezogene Läuferstrom und $I_L' \cos\psi_L = I_{Lw}'$ die mit $\dot{E}_S$ phasengleiche Wirkkomponente des bezogenen Läuferstroms I_L' ist.

Zu demselben Ergebnis müssen wir auch nach dem Energiegesetz (vgl. Abschn. II E 1, Bd. I) gelangen, indem wir die innere Läuferleistung $m_L\, s\, E_{L_0}\, I_L \cos\psi_L$ durch die Winkelgeschwindigkeit zwischen Läufer und Drehfeld dividieren. Wir erhalten dann das Drehmoment zu

$$M = \frac{p\, m_L\, s\, E_{L_0}\, I_L \cos\psi_L}{s\,\omega} = \frac{p\, m_S}{\omega}\, E_S\, \ddot u\, I_L \cos\psi_L = \frac{p\, m_S}{\omega}\, E_S\, I'_{Lw} \qquad (359)$$

in Übereinstimmung mit Gl. 358.

b. Herrührend von den Kurzschlußströmen. Außer dem Drehmoment, das die über die Bürsten der Läuferwicklung zufließenden Ströme entwickeln, bilden auch die Ströme in den von Bürsten überbrückten Läuferspulen mit dem Drehfeld ein (zusätzliches) Drehmoment, das bei größeren Abweichungen der Drehzahl von der synchronen nicht vernachlässigt werden darf.

Für dieses Drehmoment können wir in Übereinstimmung mit Gl. 358 schreiben

$$M_k = \frac{p\, E_{k_0} \sum (I_k \cos\psi_k)}{\omega}. \qquad (360\,\mathrm{a})$$

Darin ist E_{k_0} die beim Schlupf $s=1$ induzierte EMK und I_k der Strom (ψ_k Phasenwinkel zwischen $\dot E_{k_0}$ und $\dot I_k$) in je einer kurzgeschlossenen Windung; die Summation ist über alle kurzgeschlossenen Windungen zu erstrecken. Die Berechnung dieser Ströme ist nur mit großer Unsicherheit möglich. Dagegen können wir den auf die Ständerwicklung bezogenen Strom

$$I'_k = \ddot u_k \frac{\sum I_k}{m_S} \quad \text{mit} \quad \ddot u_k = \frac{\xi_{Lk}}{\xi_S\, w_S} \qquad (360\,\mathrm{b\ u.\ c})$$

messen (vgl. Abschn. H 4), worin ξ_{Lk} der Wicklungsfaktor der von Bürsten überbrückten Läuferspulen ist. Wenn jede einzelne Windung von Bürsten überbrückt wird, ist $\xi_{Lk} = \varsigma_L = \sin(W/\tau \cdot \pi/2)$. Bei Lauf ist $\cos\varphi_k = 1$ (vgl. Abschn. I A 7 b). Damit geht Gl. 360 a über in

$$M_k = \frac{p\, m_S}{\omega}\, E_S\, I'_k. \qquad (360)$$

M_k hängt im wesentlichen von der EMK $\mathfrak{E}_{R_s}$, die zwischen benachbarten Stromwenderstegen vom Drehfeld induziert wird, von dem Verhältnis Bürstenbreite zu Stegteilung, der Bürstenbeanspruchung, der gesamten Bürstenauflagefläche und der Bürstenart ab. Es ist bei untersynchronen Drehzahlen positiv, bei übersynchronen negativ. Da die Berechnung von I_k sehr unsicher ist, muß man sich auf die Messung von I'_k oder noch besser von M_k unmittelbar beschränken, die wir im Abschn. H 4 behandeln werden.

Bei der läufergespeisten Maschine (Abschn. D) ist $M_k = 0$, weil die Stromwenderwicklung in demselben Teil wie die Primärwicklung untergebracht ist.

c. Herrührend vom Verluststrom I_{v2}. Außer den von den Strömen I_L' und I_k' herrührenden Drehmomentanteilen tritt noch wie bei der Induktionsmaschine ein (zusätzliches) Drehmoment auf, das wir bei stromlosem Läufer messen können. Wir haben die Vorgänge bei der Induktionsmaschine (vgl. B 6a, Bd. IV) und auch im Abschn. I A 9a ausführlich behandelt. Hier wollen wir nur an Hand der Abb. 240 die Berechnung des Drehmoments zeigen, das gewöhnlich wegen seiner Kleinheit vernachlässigt wird.

Ziehen wir von der Leistung, die der Ständer bei abgehobenen Bürsten dem Netz entnimmt, die Stromwärmeverluste in der Ständerwicklung ab, so erhalten wir die Summe aus den Eisenverlusten Q_{E_1} des Ständers und der auf den Läufer übertragenen Leistung N_i'. Die über der Drehzahl aufgetragene Kurve $N_1' = Q_{E_1} + N_i'$ weist bei der synchronen Drehzahl einen Sprung auf, den sogenannten Hysteresesprung, der den doppelten Hystereseverlusten des Läufers bei Stillstand entspricht. Legen wir durch den Mittelwert der Ordinaten bei synchroner Drehzahl eine Parallele zur Abszissenachse, so stellt diese die praktisch festen Eisenverluste Q_{E_1} im Ständer dar, während der Rest die bei stromlosem Läufer vom Ständer auf den Läufer übertragene Leistung N_i' darstellt. $I_{v2} = N_i/m_S E_S$ ist der Strom, der mit $m_S E_S$ multipliziert, die vom Ständer auf den Läufer übertragene Leistung darstellt. Mit diesem Strom erhalten wir das Drehmoment

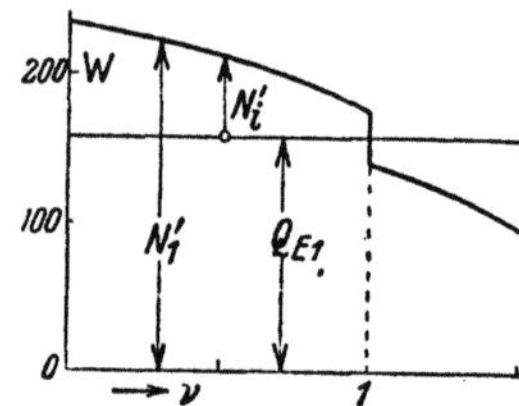

Abb. 240. Zur Berechnung des Drehmoments M_{v2}.

$$M_{v2} = \frac{p\,m_S}{\omega}\, E_S I_{v2} = \frac{p}{\omega}\, N_i'. \qquad (361)$$

M_{v2} ist wie M_k bei untersynchronen Drehzahlen positiv, bei übersynchronen negativ.

Schließlich können wir für das gesamte in der Maschine entwickelte Drehmoment auch schreiben

$$M_i = \frac{p\,m_S}{\omega}\, E_S(I_{Lw}' + I_k' + I_{v2}) \qquad (362\,\mathrm{a})$$

oder

$$M_i = \frac{p\,m_S}{9,8\,\omega}\, E_S(I_{Lw}' + I_k' + I_{v2})\ \mathrm{kgm}, \qquad (362\,\mathrm{b})$$

wenn in die letzte Gleichung $\omega = 2\pi f$ in Hz, E_S in V und die Ströme in A eingesetzt werden. Bei der läufergespeisten Maschine ist $I_k' = 0$ zu setzen.

B. Der Dreiphasen-Reihenschlußmotor.
1. Die Schaltungen.

Grundsätzlich könnte man den Dreiphasen-Reihenschlußmotor so schalten, wie er sinngemäß aus dem Einphasenmotor (Abb. 29a) hervorgeht, d. h. mit Kompensationswicklung K im Ständer zum Aufheben des Läuferfeldes und mit besonderer Erregerwicklung E, wie es in Abb. 241a für die Dreibürstenschaltung dargestellt ist. Diese Ausführung hätte den Vorteil, daß dabei die von den Belastungsströmen herrührenden Oberwellen der Feldkurve unterdrückt werden (vgl. die Abschn. A 8b u. B 8b). Man kann aber auch Erregerwicklung und Kompensationswicklung zu einer einzigen Wicklung S vereinigen, ähnlich wie wir es beim Repulsionsmotor gesehen haben, und erhält damit die heute allgemein üblicheWicklungsanordnung nach Abb. 241b.

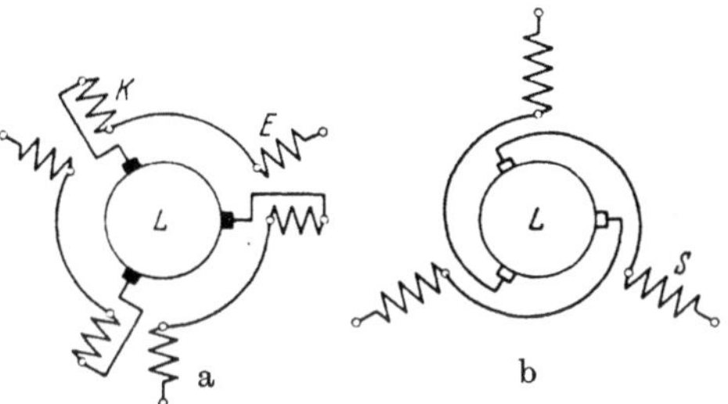

Abb. 241a u. b. Reihenschlußmotor. a) Mit, b) ohne besondere Erregerwicklung.

Die Drehzahl kann wie beim Einphasen - Reihen - schlußmotor durch Ändern der dem Motor zugeführten Spannung, etwa durch einen Stufentransformator, geregelt werden. Die hierzu erforderlichen Regeleinrichtungen verteuern aber die Anlage erheblich, so daß dieses Regelverfahren keine praktische Anwendung gefunden hat. Ähnlich wie beim Repulsionsmotor läßt sich aber auch bei fester Spannung die Drehzahl durch Verstellen der Bürsten regeln. Auch in diesem Falle ist im allgemeinen der Motor über einen Transformator mit fester Übersetzung ans Netz zu schalten, weil die Läuferspannung, für die der Motor mit Rücksicht auf die Funkenunterdrückung gebaut werden muß, bei der üblichen Netzfrequenz von 50 Hz wesentlich kleiner als die Netzspannung ist (vgl. Abschn. A 11).

Gewöhnlich bevorzugt man deshalb die Schaltung mit sogenanntem Zwischentransformator, bei der der Transformator zwischen Ständerwicklung S und Läuferwicklung L geschaltet ist, wie es die Dreibürstenschaltung Abb. 242a darstellt, oder die gleichwertige Schaltung 242b, bei der die Reihenfolge von Ständerwicklung und Primärwicklung des Transformators umgekehrt ist wie in Abb. 242a.

Bei Sechsbürstenschaltung mit Durchmesserbürsten könnte, wenn die Bürsten zur Regelung der Drehzahl alle gemeinsam verschoben werden, die Sekundärwicklung des Zwischentransformators auch in Stern verkettet geschaltet werden; sie wird aber zur Unterdrückung von Selbsterregungserscheinungen (vgl. Abschn. G) auch in diesem Falle gewöhnlich unverkettet ausgeführt, wie es in Abb. 242c dargestellt ist.

Bei Zwölfbürstenschaltung (Abschn. A 2f) müssen die gleichphasigen Bürstenpaare auf getrennte Wicklungen des Zwischentransformators

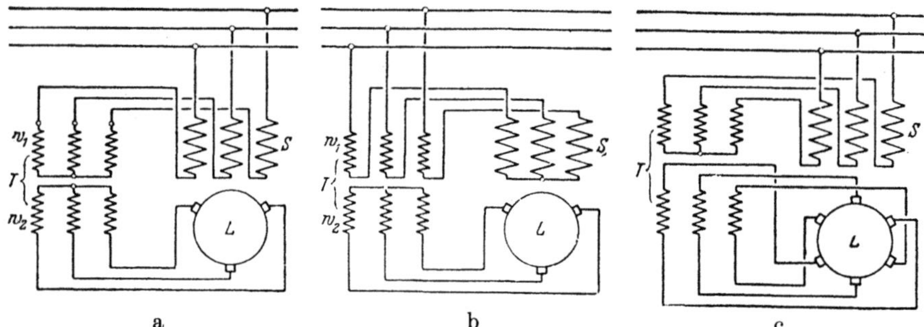

a   b   c

Abb. 242 a bis c. Schaltungen mit Zwischentransformator; Regelung durch Verschieben aller Bürsten.

geschaltet werden. Die Vorteile der Zwölfbürstenschaltung haben wir in den Abschn. A 2f u. 7b γ besprochen. Ein Nachteil ist der kleine Abstand der Bürsten am Stromwenderumfang. Wird der Zwischentransformator in den Schaltungen nach Abb. 242a bis c als Drehtransformator ausgebildet, so kann die Regelung der Drehzahl auch bei feststehenden Bürsten durch Verdrehen des Drehtransformators erfolgen [L 233].

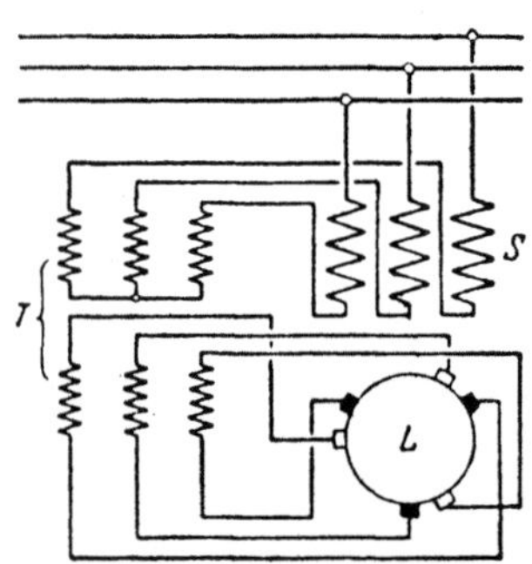

Abb. 243. Regelung mit festen und beweglichen Bürsten.

Wenn bei der Sechsbürstenschaltung die zu einem „Bürstensatz" gehörigen Bürsten zur Regelung der Drehzahl gegeneinander verschoben werden (vgl. Abschn. A 2e), muß die Sekundärwicklung des Transformators ebenfalls unverkettet mit den Läuferbürsten verbunden werden, wie es Abb. 243 zeigt. Der eine der beiden Bürstensätze (schwarze Bürsten in Abb. 243) verbleibt dann in der Achslage der Ständerwicklung, während der andere (weiße Bürsten) zur Regelung verschoben wird.

Während bei der Regelung durch Verschieben sämtlicher Bürsten um den Winkel α auch die magnetische Achse des Läufers um diesen Winkel verschoben wird, müssen beim Festhalten des einen Bürstensatzes die Bürsten des andern um den Winkel 2α verschoben werden, um eine Verschiebung der magnetischen Achse des Läufers um den Winkel α zu erhalten. Aus diesem Grunde hatten wir auch im Abschn. A 2e den Bürstenverschiebungswinkel bei Sechsbürstenschaltung mit $2\,\alpha$ bezeichnet; α bedeutet also in allen Fällen den Winkel der Verschiebung der Wicklungsachse des Läufers (vgl. Abb. 214a u. b).

Der Zwischentransformator braucht nicht für die ganze Motorleistung, sondern nur für die Leistung des Läufers bemessen zu werden, die allerdings mit der Drehzahl in ziemlich weiten Grenzen schwankt. Durch Anzapfungen am Zwischentransformator hat man auch die Möglichkeit, die Übersetzung von Läufer zu Ständer zu ändern. Außerdem läßt sich bei genügend starker magnetischer Beanspruchung im Transformator die Drehzahl des Motors nach oben begrenzen, die sonst bei Vernachlässigung des Einflusses der Kurzschlußströme unter den Bürsten im vollkommenen Leerlauf unendlich groß werden würde (wie beim Gleichstrom- und beim Einphasen-Reihenschlußmotor).

Wir setzen bei unsern Betrachtungen in den Abschn. 2 bis 6 voraus, daß die Drehzahlregelung durch Verschieben aller Bürsten in der Schaltung mit Zwischentransformator (Abb. 242a bis c) erfolgt und vernachlässigen den Einfluß der Ströme in den von Bürsten überbrückten Läuferspulen und den an sich kleinen Magnetisierungsstrom des Transformators. Den Einfluß dieses Stromes, wenn er bewußt hoch bemessen wird, werden wir im Abschn. 5c besonders untersuchen. Den Wirk- und Streublindwiderstand des Transformators können wir berücksichtigen, indem wir ihn zu dem gesamten Wirk- und Blindwiderstand des Motors schlagen.

Die Läuferwicklung denken wir uns durch die im Abschn. A 4 eingeführte Wicklung ersetzt, die bei Dreibürstenschaltung in Stern, bei Sechsbürstenschaltung aber unverkettet geschaltet ist und erst über die Primärwicklung des Transformators in Stern und in Reihe mit der Ständerwicklung geschaltet wird (Abb. 242a bis c).

2. Durchflutung und Drehmoment.

a. Übersetzung und Durchflutungsdiagramm. Die Amplituden der Ständer- und Läuferdurchflutung werden wir zu der resultierenden Durchflutung zusammensetzen. Dabei können wir je für Ständer und für Läufer zuerst die Resultierende aller Stränge bilden und dann diese beiden resultierenden Einzeldurchflutungen zur gesamten resultierenden Durchflutung zusammenfassen. Führen wir für die Läuferwicklung die Windungszahl w_L der Ersatzwicklung mit ihrem Wicklungsfaktor ξ_L (Abschn. A 4) ein, die dieselbe Strangzahl ($m_L = m_S$) wie die Ständerwicklung hat, so erhalten wir für die resultierenden Amplituden der Grundwellendurchflutungen von den Ständer- und den

Läufersträngen

$$\Theta_S = \frac{2\sqrt{2}}{\pi}\,\frac{m_S\,\xi_S\,w_S}{p}\,I_S \quad \text{und} \quad \Theta_L = \frac{2\sqrt{2}}{\pi}\,\frac{m_S\,\xi_L\,w_L}{p}\,I_L. \quad (363\,\text{a u. b})$$

Bezeichnen wir mit w_1 die Windungszahl der primären (mit der die Ständerwicklung in Reihe geschaltet ist) und mit w_2 die der sekundären Wicklung des Transformators, so erhalten wir bei Vernachlässigung des Magnetisierungsstromes im Zwischentransformator für die Übersetzung der Durchflutungen von Läufer zu Ständer

$$\ddot{u} = \frac{\Theta_L}{\Theta_S} = \frac{\xi_L\,w_L}{\xi_S\,w_S}\,\frac{I_L}{I_S} = \frac{\xi_L\,w_L}{\xi_S\,w_S}\,\frac{w_1}{w_2}. \quad (363)$$

Diese Übersetzung ist gleich dem Produkt aus der Übersetzung $\ddot{u}_M$ der Maschine und der des Transformators $\ddot{u}_T$,

$$\ddot{u}_M = \xi_L\,w_L/\xi_S\,w_S, \quad \ddot{u}_T = w_1/w_2, \quad \ddot{u} = \ddot{u}_M\,\ddot{u}_T. \quad (363\,\text{c bis e})$$

Die in der ruhenden Läuferwicklung induzierte EMK E_{L_0} und der Läuferstrom I_L, sowie die auf den Ständerkreis bezogenen Größen E'_{L_0} und I'_L sind

$$E_{L_0} = \ddot{u}_M\,E_S, \quad I_L = \ddot{u}_T\,I_S, \quad E'_{L_0} = \ddot{u}_T\,E_{L_0} = \ddot{u}\,E_S, \quad I'_L = I_S. \quad (364\,\text{a bis d})$$

Zur Untersuchung der Betriebseigenschaften der Maschine können wir die einfache Reihenschaltung von Ständer- und Läuferersatzwicklung in Abb. 246a zugrunde legen. Wir denken uns also die Übersetzung der Maschine gleich $\ddot{u}$ und die des Transformators $\ddot{u}_T = 1$. Mit dieser Annahme ist nach Gl. 364c in den Abb. 250 bis 254 $E'_{L_0} = E_{L_0}$. Für die wirklich vorliegende Übersetzung $\ddot{u}_M$ ist dann die des Zwischentransformators $\ddot{u}_T = \ddot{u}/\ddot{u}_M$ zu bemessen, und die in der wirklichen Läuferwicklung induzierte EMK ist $1/\ddot{u}_T$, der wirkliche Bürstenstrom $\ddot{u}_T$ mal so groß wie bei der Schaltung in Abb. 246a.

Die Schaltung in Abb. 246a schließt alle Bürstenschaltungen ein, wenn zur Drehzahlregelung die Bürsten gemeinsam um den bei der Regelung veränderlichen Winkel α verschoben werden. Auch die Sehnenbürstenstellung (Abb. 244) bei Sechs- und Zwölfbürstenschaltung ist eingeschlossen. $2\,\alpha_0$ ist in Abb. 244 der feste Winkel, um den die Bürsten aus der Durchmesserstellung dauernd verschoben sind, während α der Winkel ist, den die Wicklungsachse des Läufers mit der des Ständers einschließt und dem der Bürstenwinkel α in Abb. 246a entspricht. Für die Berechnung des Wicklungsfaktors ξ_L der Läuferersatzwicklung ist dann in Gl. 296b α_0 an Stelle von α zu setzen.

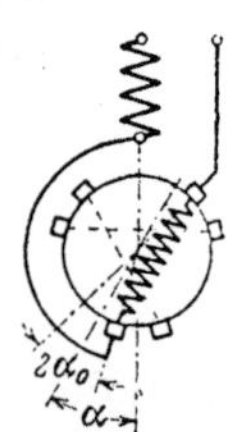

Abb. 244.
Sehnenbürsten
bei Sechsbürstenschaltung.

Abb. 246a zeigt die Betriebsstellung der Bürsten. Außer dieser Betriebsstellung können wir noch die Leerlaufstellung der Bürsten (Abb. 245a) herausheben, bei der (im zweipoligen Schaltbild) $\alpha = 180°$ ist, die magnetischen Achsen der Wicklungen also zusammenfallen, und die Kurzschlußstellung der Bürsten in Abb. 247a, bei der $\alpha = 0$ ist und die magnetischen Achsen der beiden Wicklungen einander entgegengerichtet sind.

Da die Ständer- und die Läuferwicklung von demselben Strom, also beide von gleichphasigen Strömen durchflossen werden, ergibt sich die resultierende Durchflutung aus der geometrischen Zusammen-

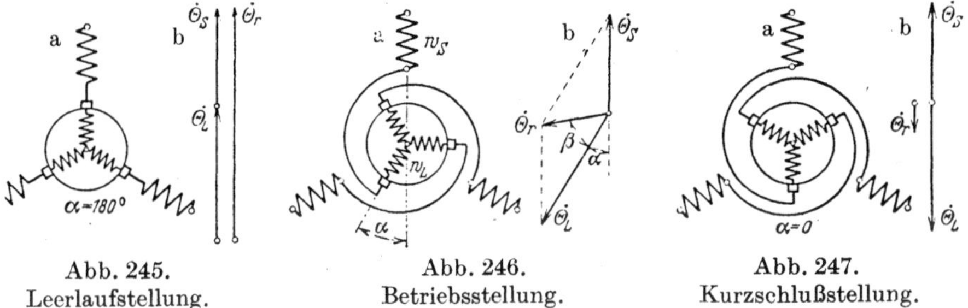

Abb. 245.
Leerlaufstellung.

Abb. 246.
Betriebsstellung.

Abb. 247.
Kurzschlußstellung.

a) Bürstenstellung; b) Durchflutungsdiagramm.

setzung der Durchflutungen von Ständer und Läufer. In den Vektordiagrammen der Mehrphasenmaschinen stellen wir immer nur die Größen eines Strangpaares dar. Wir beschränken uns deshalb auch bei der Darstellung der Durchflutungen auf ein Strangpaar, wobei nur zu beachten ist, daß die resultierende Durchflutung aller Stränge jeder Wicklung gleich dem $m/2 = 1{,}5$-fachen eines Strangs, also durch Gl. 363a bzw. b gegeben ist.

Abb. 245b bis 247b zeigen die räumliche Zusammensetzung; sie ist unabhängig von der Drehrichtung des in der Maschine umlaufenden Drehfeldes, die durch Vertauschen zweier vom Netz zur Ständerwicklung führender Leitungen geändert werden kann. In der Betriebsstellung sind die Durchflutungen um den Winkel $180° - \alpha$ gegeneinander verschoben; ihre geometrische Summe ergibt die resultierende Durchflutung Θ_r (je Polpaar). In der Leerlauf- und der Kurzschlußstellung setzen sich die Durchflutungsamplituden algebraisch zusammen. Die Diagramme in Abb. 245b bis 247b sind für denselben Strom gezeichnet; bei derselben Klemmenspannung würde natürlich der Strom in der Kurzschlußstellung ein Vielfaches des Stromes in der Leerlaufstellung sein. Den Bürstenverschiebungswinkel α haben wir von der Kurzschlußstellung aus gezählt, weil dieser im Betriebe verhältnismäßig klein ist (etwa $30°$ bei Nennbetrieb).

Durch Anwendung des cos-Satzes erhalten wir nach Abb. 246 b mit $\Theta_L = \ddot{u}\,\Theta_S$

$$\Theta_r = \Theta_S \sqrt{1 + \ddot{u}^2 - 2\ddot{u}\cos\alpha}\,. \tag{365}$$

Diese resultierende Durchflutung ist bei Vernachlässigung der Eisenverluste und der Rückwirkung der Ströme in den von Bürsten überbrückten Läuferspulen gleich der Magnetisierungsdurchflutung Θ_μ, die das im Luftspalt umlaufende Drehfeld erregt. Gewöhnlich ist $\Theta_\mu \approx \Theta_r$, wie wir es in der Regel voraussetzen. Aus der magnetischen Kennlinie, die die Grundwelle Φ_1 des Drehfeldes als Funktion der Magnetisierungsdurchflutung Θ_μ je Polpaar darstellt (Abb. 248), können wir den zu jeder Polpaardurchflutung Θ_μ gehörenden Fluß Φ_1 entnehmen.

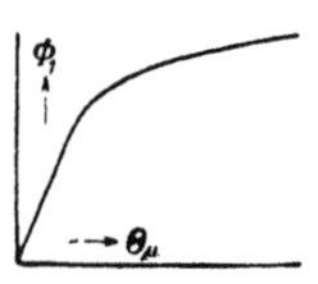

Abb. 248.
Magnetische
Kennlinie.

b. Drehrichtung und Drehmoment. Die Drehrichtung des Motors bestimmen wir entweder nach der Handregel (S. 39, Bd. I) oder der im Abschn. I A 3d angegebenen Regel, wonach die magnetische Achse der Läuferwicklung sich auf dem kürzesten Wege in die Achse des Flusses Φ_1 oder der resultierenden Durchflutung $\Theta_\mu \approx \Theta_r$ im Raumdiagramm einzustellen sucht. Wir erhalten bei der in Abb. 249 eingezeichneten Bürstenstellung die Drehrichtung im Uhrzeigersinn (Pfeil n); bei der entgegengesetzten Bürstenverschiebung aus der Kurzschlußstellung würde sich auch die entgegengesetzte Drehrichtung ergeben. Der Motor läuft also, und zwar unabhängig von der Drehrichtung des im Motor umlaufenden Drehfeldes in der Richtung an, in der die Bürsten aus der Kurzschlußstellung verschoben sind. Die Kurzschlußstellung der Bürsten wird man aber nicht als Anlaßstellung der Bürsten wählen, weil hierbei die Stromaufnahme am größten wäre. Anlaßstellung ist die Leerlaufstellung.

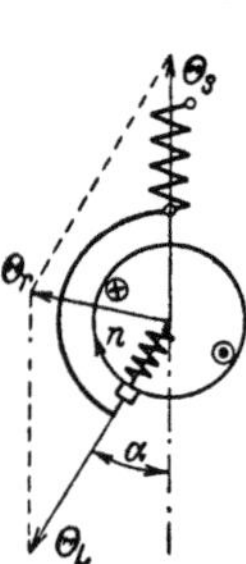

Abb. 249. Ermittlung des
Drehsinnes.

Wenn die Bürsten aus dieser Stellung verschoben werden, läuft also der Motor entgegen der Bürstenverschiebung an (wie beim Repulsionsmotor).

Das Drehmoment haben wir im Abschn. A 12a (Gl. 357) abgeleitet zu

$$M = \frac{\pi\,p^2}{4}\,\Phi_1\,\Theta_L \sin\beta_0, \tag{366}$$

worin β_0 der Phasenwinkel zwischen der Magnetisierungsdurchflutung Θ_μ, die den Drehfluß Φ_1 erregt, und der Durchflutungsamplitude Θ_L ist. Vernachlässigen wir die Eisenverluste und die Rückwirkung der von Bürsten kurzgeschlossenen Läuferspulen, so nimmt das Drehmoment unter sonst gleichen Verhältnissen seinen größten Wert an, wenn $\beta \approx \beta_0 = \pi/2$ ist. Das ist nach Abb. 246b der Fall für

$$\ddot{u} = \Theta_L/\Theta_S = \cos\alpha. \tag{367}$$

In der Leerlauf- und in der Kurzschlußstellung ist bei Vernachlässigung der Eisenverluste und der Rückwirkung der von Bürsten kurzgeschlossenen Läuferspulen das Drehmoment Null, weil $\beta \approx \beta_0$ gleich 180° oder Null ist, der Strombelag also gegenüber dem Drehfelde um 90° am Ankerumfang verschoben ist.

3. Das Spannungsdiagramm.

a. Ständer- und Läufer-EMK. Bei ruhendem Läufer induziert das Luftspaltfeld in den Wicklungssträngen von Ständer und Läufer

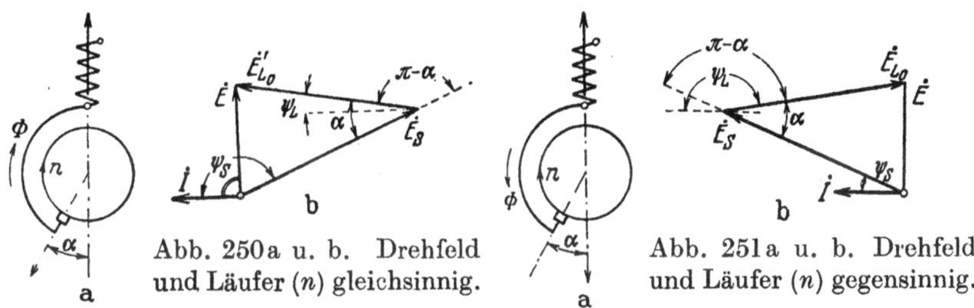

Abb. 250a u. b. Drehfeld und Läufer (n) gleichsinnig.

Abb. 251a u. b. Drehfeld und Läufer (n) gegensinnig.

EMKe, die wie die Wicklungsachsen um den Winkel $\pi - \alpha$ gegeneinander verschoben sind. Um diesen Phasenwinkel ist, vom Ständer aus betrachtet, die Läufer-EMK verfrüht oder verspätet, je nachdem das Drehfeld im Sinne des entwickelten Drehmoments oder im entgegengesetzten Sinne umläuft (vgl. die Abb. 250 und 251a u. b). Der Strom I ($= I_S$) ist bei Stillstand und Vernachlässigung der Verluste im Motor ein reiner Magnetisierungsstrom und deshalb gegen $\dot{E}$ um eine Viertelperiode verfrüht. Läuft der Motor im Sinne des Drehfeldes an (Abb. 250b), so ist die Ständerwicklung Verbraucher ($\pi/2 < \psi_S < \pi$) und die Läuferwicklung Generator ($0 < \psi_L < \pi/2$); läuft er im entgegengesetzten Sinne an (Abb. 251b), so ist es umgekehrt. Die Leistung, die die eine Wicklung verbraucht, wird also von der andern geliefert, während dem Netz keine Wirkleistung entnommen wird, da wir die Verluste vernachlässigt haben. Wir können die Abb. 250b u. 251b zu einem Spannungsdiagramm vereinigen, wenn wir uns für den zweiten Fall, wo Drehfeld und Läufer gegensinnig umlaufen, die Zeitlinie nicht im Uhrzeigersinne, wie wir es gewöhnt sind, sondern im entgegengesetzten Sinne umlaufend denken und das Vorzeichen des Stromes ändern.

Das Verhältnis der Effektivwerte der EMKe ist bei Stillstand gleich der Übersetzung

$$\ddot{u} = E'_{L_0}/E_S. \tag{368a}$$

Für festen Bürstenwinkel α bewegt sich bei ruhendem Läufer der Endpunkt von $\dot{E}_S$ auf einem Kreis, der die resultierende EMK $\dot{E}$, die sich von der Klemmenspannung $\dot{U}$ nur um den Spannungsverlust in den Wicklungen unterscheidet, als Sehne hat. In Abb. 252 sind z. B. die Fälle $\ddot{u} = 0{,}8$, $\ddot{u} = 1$ und $\ddot{u} = 1{,}2$ für gleiche Bürstenwinkel α dargestellt.

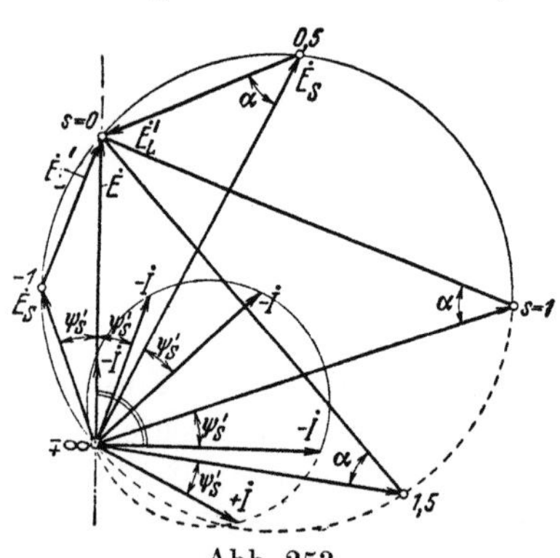

Abb. 252.
Diagramme der EMKe bei Stillstand und verschiedenen $\ddot{u}$.

Auch beim umlaufenden Läufer bleibt bei demselben Bürstenwinkel α der Phasenwinkel $\pi - \alpha$ zwischen den beiden EMKen der Ständer- und Läuferwicklung erhalten; der Endpunkt von $\dot{E}_S$ bewegt sich also auf demselben Kreis wie bei Stillstand mit veränderlichem $\ddot{u}$. Die Verteilung der Schlüpfung s auf dem Kreis hängt von $\ddot{u}$ ab; es ist

$$s = E_L/E_{L0} = E'_L/E'_{L0} = E'_L/E_S\ddot{u}. \qquad (368\,\mathrm{b})$$

In Abb. 253, die für den Fall $\ddot{u} = 1$ gilt, sind einige Schlupfwerte s an den Kreis angeschrieben. Der Kreisbogen von $s = 1$ über $s = 0$ nach $s = -\infty$ gilt für den Lauf des Motors im Sinne des Drehfeldes, der Bogen von $s = 1$ über $1{,}5$ nach $s = +\infty$ für den praktisch unwichtigen Lauf gegen das Drehfeld und ist deshalb gestrichelt. Bei der synchronen Drehzahl ($s = 0$) ist auch die im Läufer induzierte EMK Null, weil die Relativbewegung zwischen

Abb. 253.
Kreisdiagramm bei Lauf, $\ddot{u} = 1$.

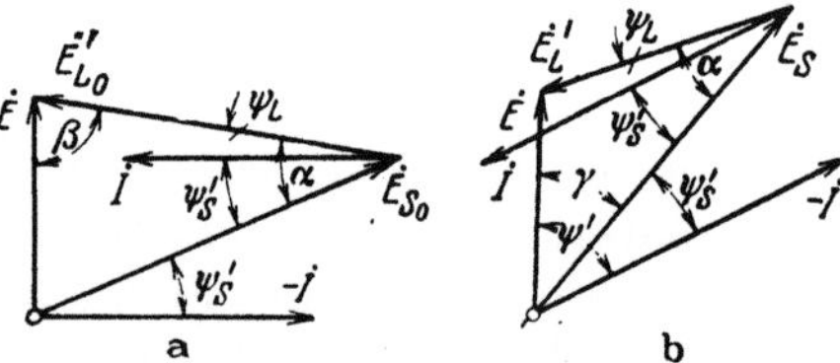

Abb. 254a u. b. Winkelbezeichnungen.
a) Ruhender, b) umlaufender Läufer.

Drehfeld und Läufer fehlt, und es ist $\dot{E}_S = \dot{E}$. Die in einer Läuferspule induzierte EMK $\mathcal{E}_{R_1}$ ist bei Synchronismus ebenfalls Null und bei andern Drehzahlen proportional der Schlüpfung.

Aus dem cos-Satz erhält man nach Abb. 254b ($E'_L = s\ddot{u}E_S$) die resultierende EMK zu

$$E = E_S\sqrt{1 + s^2\ddot{u}^2 - 2s\ddot{u}\cos\alpha} \quad \text{mit} \quad E_S = \sqrt{2}\,\pi\,\xi_S\,w_S\,f\,\Phi_1. \qquad (369\,\mathrm{a\ u.\ b})$$

b. Die Phasenwinkel ψ und der Leistungsfaktor. Wir wollen zunächst die Beziehungen zwischen den Winkeln $\beta \approx \beta_0$, ψ'_S und ψ_L ableiten, die in den Gleichungen des Abschn. A 12 für das Drehmoment vorkommen.

Der Winkel ψ_S zwischen Strom und Ständer-EMK ist unabhängig von der Drehzahl des Motors, weil die relative Lage zwischen Strombelag der Ständerwicklung und resultierendem Drehfeld im Luftspalt bei demselben Bürstenwinkel α für jede Drehzahl dieselbe ist. Wir erhalten also nach Abb. 254 a u. b unabhängig von der Drehzahl

$$\psi_S' = \pi - \psi_S = \alpha - \psi_L.\tag{370}$$

Für jeden Winkel α ist deshalb auch der Phasenwinkel ψ_L zwischen Strom und Läufer-EMK unabhängig von der Drehzahl, und wir können die Winkel ψ_L und ψ_S' wie bei ruhendem Läufer berechnen. Wir erhalten nach Abb. 254 a (Sinussatz)

$$\cos \psi_L = \sin \beta = \frac{E_{S0}}{E} \sin \alpha = \frac{\sin \alpha}{\sqrt{1 + \ddot{u}^2 - 2\ddot{u}\cos\alpha}}\tag{370a}$$

und mit Gl. 370

$$\cos \psi_S' = \frac{\ddot{u}\sin\alpha}{\sqrt{1 + \ddot{u}^2 - 2\ddot{u}\cos\alpha}}, \quad \sin\psi_S' = \frac{1 - \ddot{u}\cos\alpha}{\sqrt{1 + \ddot{u}^2 - 2\ddot{u}\cos\alpha}}.\tag{370 b u. c}$$

Betrachten wir das Verhalten der Ständer- und der Läuferwicklung über dem ganzen Betriebsbereich, so ergibt sich aus der Größe der Winkel ψ_S und ψ_L, daß bei $s = 1$ bis $s = 0$ die Ständerwicklung Verbraucher, die Läuferwicklung Generator, für $s = 0$ bis $s = -\infty$ beide Wicklungen Verbraucher sind und für $s = 1$ bis $s = +\infty$ die Läuferwicklung Verbraucher, die Ständerwicklung Generator ist (vgl. Abschn. a).

Zur Berechnung des Winkels ψ zwischen Motorstrom und resultierender EMK $\dot{E}$ müssen wir beachten, daß der Winkel ψ_S' zwischen negativem Strom $(-\dot{I})$ und Ständer-EMK $\dot{E}_S$ bei festem Bürstenwinkel ebenfalls fest und unabhängig von der Drehzahl ist. In Abb. 253, die für $\ddot{u} = 1$ gilt, ist $\psi_S' = \alpha/2$. In dieser Abbildung ist zu den Spannungsdiagrammen noch der zugehörige negative Strom $(-\dot{I})$ eingezeichnet, dessen Ortskurve nach Abschn. 6 ein Kreis ist. Der Phasenwinkel $\psi' = \pi - \psi$ zwischen $-\dot{I}$ und $\dot{E}$ ändert sich mit der Phase von $\dot{E}_S$. Mit sinkender Schlüpfung wird er kleiner; für die synchrone Drehzahl ist $\psi' = \psi_S' = \alpha/2$, bei doppeltem Synchronismus ist $\psi' = 0$. Für noch höhere Drehzahlen würde ψ' negativ werden, doch kommen so hohe Drehzahlen mit Rücksicht auf die Funkenunterdrückung praktisch nicht in Frage.

Für den Leistungsfaktor $\cos\psi'$ des Motors erhalten wir nach Abb. 254 b

$$\cos\psi' = \cos(\gamma + \psi_S') = \cos\gamma \cdot \cos\psi_S' - \sin\gamma \cdot \sin\psi_S'.\tag{371}$$

Nach dem sin- und dem cos-Satz ist

$$\sin\gamma = \frac{s\,\ddot{u}\,E_S}{E}\sin\alpha = \frac{s\,\ddot{u}\sin\alpha}{\sqrt{1 + s^2\,\ddot{u}^2 - 2s\,\ddot{u}\cos\alpha}}. \tag{371a}$$

und

$$\cos\gamma = \frac{1 - s\,\ddot{u}\cos\alpha}{\sqrt{1 + s^2\,\ddot{u}^2 - 2s\,\ddot{u}\cos\alpha}}. \tag{371b}$$

Beachten wir noch Gl. 370b, so erhalten wir für den Leistungsfaktor

$$\cos\psi' = \frac{\ddot{u}\sin\alpha}{\sqrt{1 + \ddot{u}^2 - 2\ddot{u}\cos\alpha}} \cdot \frac{1 - s}{\sqrt{1 + s^2\,\ddot{u}^2 - 2s\,\ddot{u}\cos\alpha}} \tag{372a}$$

und für den Blindleistungsfaktor

$$\sin\psi' = \frac{1 + s\,\ddot{u}^2 - (1 + s)\,\ddot{u}\cos\alpha}{\sqrt{1 + \ddot{u}^2 - 2\ddot{u}\cos\alpha} \cdot \sqrt{1 + s^2\,\ddot{u}^2 - 2s\,\ddot{u}\cos\alpha}}. \tag{372b}$$

Der erste Faktor in Gl. 372a ist gleich $\cos\psi'_S$ (Gl. 370b) und gleich dem Leistungsfaktor bei Synchronismus ($s = 0$), der zweite Faktor gibt den

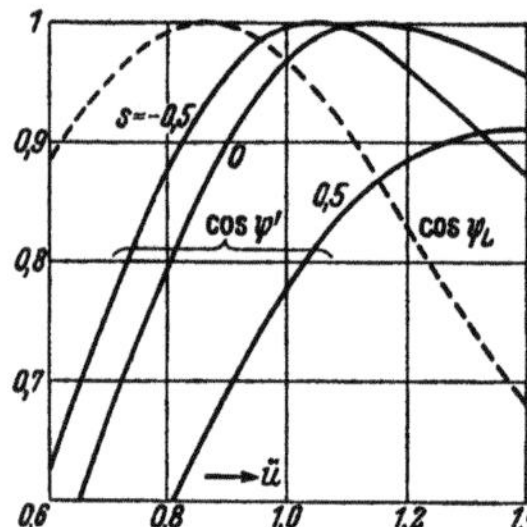

Einfluß der Abweichung von der synchronen Drehzahl an. Der Leistungsfaktor $\cos\psi'$ ist nur abhängig von der Übersetzung $\ddot{u}$, dem Bürstenwinkel α und der Schlüpfung s (oder Drehzahl), unabhängig aber von der magnetischen Beanspruchung im Motor. Er ist sehr angenähert gleich dem Leistungsfaktor $\cos\varphi'$, der noch die Spannungsverluste im Motor berücksichtigt (vgl. Abb. 260a bis c).

Abb. 255. $\cos\psi'$ bei $\alpha = 30°$ und verschiedenen s ($-0{,}5$, 0, $0{,}5$) über $\ddot{u}$; --- $\cos\psi_L$.

Um den Einfluß der Übersetzung $\ddot{u}$ auf den Leistungsfaktor $\cos\psi'$ zu veranschaulichen, ist dieser durch die voll ausgezogenen Kurven in Abb. 255 über dem Bereich $0{,}6 < \ddot{u} < 1{,}4$ für s gleich $0{,}5$, 0 und $-0{,}5$ ($0{,}5\,n_1$, n_1, $1{,}5\,n_1$) beispielsweise für den Bürstenwinkel $\alpha = 30°$ dargestellt. Dieser Bürstenwinkel tritt in praktischen Fällen etwa bei Nennbetrieb auf. Die rechten Äste der Kurven für $s = 0$ und $s = -0{,}5$ entsprechen einer Magnetisierungsstrom-Abgabe an das Netz.

Aus den Kurven erkennt man, daß der Leistungsfaktor des Drehstrom-Reihenschlußmotors verhältnismäßig günstig ist, und daß er bei kleinen Drehzahlen dadurch verbessert werden kann, daß die Übersetzung etwas größer als 1 gewählt wird. Dies läßt sich an Hand der Abb. 246b leicht erklären. Je größer die Übersetzung, desto größer ist die mit der resultierenden Durchflutung Θ_r phasengleiche Komponente der Läuferdurchflutung $\Theta_L = \ddot{u}\,\Theta_S$, desto mehr beteiligt sich also der Läufer an der Magnetisierungsdurchflutung. Da nun aber die im Läufer verbrauchte Magnetisierungsblindleistung dem Schlupf proportional ist, wird diese um so kleiner, je kleiner die Schlüpfung ist, und bei negativer Schlüpfung sogar negativ. Mit der Vergrößerung der Übersetzung wird aber der Wirkungsgrad verschlechtert, weil nach Abb. 246b dasselbe Drehmoment mit dem kleinsten Strom bei $\ddot{u} = \cos\alpha$ erreicht wird. Wie sich $\ddot{u}$ auf die Ausnutzung des Motors auswirkt, zeigt die von der Drehzahl unabhängige (gestrichelte) Kurve $\cos\psi_L = \sin\beta_0$ in Abb. 255, die ein Maß für das Drehmoment bei festgehaltenem Produkt $\Phi_1\,\Theta_L$ ist (Gl. 366).

4. Vereinfachte Berechnung der Kennlinien bei Regelung durch Verschieben aller Bürsten.

a. Ableitung der Gleichungen. Das wesentliche Verhalten des Drehstrom-Reihenschlußmotors können wir schon überblicken, wenn wir die Spannungsverluste, die Eisenverluste und die Ströme in den von Bürsten kurzgeschlossenen Läuferspulen, sowie den Magnetisierungsstrom des Zwischentransformators vernachlässigen und annehmen, daß die magnetische Kennlinie $E_S(\Theta_\mu)$ des Motors eine Gerade sei.

Wir können dann das Drehmoment in Abhängigkeit entweder von der Klemmenspannung U, die nach unserer Voraussetzung gleich der resultierenden EMK E ist, oder vom Strom I darstellen.

Die Beziehung zwischen dem Strom und der Magnetisierungsdurchflutung Θ_μ, die nach unsern Voraussetzungen gleich der resultierenden Durchflutung Θ_r ist, ergibt sich nach den Gl. 363a u. 365. Das Durchflutungsgesetz vermittelt die Verbindung zwischen der Magnetisierungsdurchflutung Θ_μ und der Induktionsamplitude:

$$\Theta_\mu = 2\,\delta'\,B_1/\Pi_0. \tag{373a}$$

Beachten wir noch die Beziehung zwischen B_1 und Φ_1 und zwischen Φ_1 und E_S (Gl. 369b), so erhalten wir mit den Gl. 365 u. 363a

$$E_S = \frac{4\,\Pi_0\,l_i\,\tau\,m_S\,(\xi_S\,w_S)^2\,f\,\sqrt{1 + \ddot{u}^2 - 2\ddot{u}\cos\alpha}}{\pi\,p\,\delta'}\,I. \tag{373b}$$

Ersetzen wir in Gl. 358 für das Drehmoment $\cos\psi_L$ nach Gl. 370a, so ergibt sich das Drehmoment in Abhängigkeit vom Strom

$$M = C_1\,\ddot{u}\sin\alpha\cdot I^2, \tag{374}$$

worin

$$C_1 = 2\left(\frac{m_S\,\xi_S\,w_S}{\pi}\right)^2\cdot\frac{\Pi_0\,l_i\,\tau}{\delta'} \tag{374a}$$

nur noch von den Abmessungen des Motors und der Ständerwicklung abhängt.

Drücken wir andrerseits in der Gleichung für das Drehmoment den Strom durch E_S nach Gl. 373b aus und beachten Gl. 369a, so erhalten wir

$$M = C \cdot \frac{\ddot{u} \sin \alpha}{(1 + \ddot{u}^2 - 2\ddot{u}\cos\alpha)(1 + s^2\ddot{u}^2 - 2s\ddot{u}\cos\alpha)} E^2, \qquad (375)$$

worin

$$C = \frac{p^2\,\delta'}{8\,\Pi_0\,l_i\,\tau\,(\xi_S\,w_S)^2\,f^2} \qquad (375\,\mathrm{b})$$

nur von den Abmessungen des Motors, der Ständerwicklung und von der Netzfrequenz abhängt.

Nach Gl. 375 ist bei unsern Vernachlässigungen das Drehmoment proportional dem Quadrat der Klemmenspannung $U = E$.

Beziehen wir das Drehmoment auf das Nennmoment, das bei der synchronen Drehzahl ($s = 0$) auftritt, wenn der Bürstenwinkel α_N eingestellt wird, so erhalten wir für das relative Drehmoment

$$m = \frac{M}{M_N} = \frac{\sin\alpha}{\sin\alpha_N} \cdot \frac{1 + \ddot{u}^2 - 2\ddot{u}\cos\alpha_N}{(1 + \ddot{u}^2 - 2\ddot{u}\cos\alpha)(1 + s^2\ddot{u}^2 - 2s\ddot{u}\cos\alpha)}. \qquad (376)$$

Für den Fall, daß $\ddot{u} = 1$ ist, vereinfacht sich dieser Ausdruck, wenn wir die Beziehungen $1 - \cos x = 2\sin^2 x/2$ und $\sin x = 2\sin x/2 \cdot \cos x/2$ beachten, zu

$$m = \frac{\operatorname{tg}\alpha_N/2}{\operatorname{tg}\alpha/2} \cdot \frac{1}{1 + s^2 - 2s\cos\alpha}. \qquad (376\,\mathrm{a})$$

Beziehen wir den Strom auf Nennstrom, d. h. auf den beim Nennmoment auftretenden Strom, so erhalten wir nach Gl. 374

$$\iota = \frac{I}{I_N} = \sqrt{\frac{M\sin\alpha_N}{M_N\sin\alpha}} = \sqrt{\frac{m\sin\alpha_N}{\sin\alpha}}. \qquad (377)$$

Für $\ddot{u} = 1$ ist

$$\iota = \frac{\sin\alpha_N/2}{\sin\alpha/2} \cdot \frac{1}{\sqrt{1 + s^2 - 2s\cos\alpha}}. \qquad (377\,\mathrm{a})$$

b. Kennlinien nach den Gleichungen im Abschn. a. In den Abb. 256a bis c sind für $\ddot{u}$ gleich 0,8, 1 und 1,2 und für den Fall, daß das Nennmoment bei $\alpha_N = 30°$ auftritt, die relative Drehzahl $v = n/n_1 = 1 - s$ durch stärkere Linien und der (nicht bezogene) Leistungsfaktor $\cos\psi' = \cos\varphi'$ gestrichelt über dem relativen Drehmoment m (bezogen auf das Drehmoment bei $\alpha = 30°$ und $s = 0$) bei verschiedenen Bürstenwinkeln α aufgetragen. Es ist angenommen, daß die Ständerwicklung unverändert bleibt und nur die Wicklung des Läufers (oder die Übersetzung des Zwischentransformators, dessen Magnetisierungsstrom wir vernachlässigt haben) geändert wird. Die nicht bezogenen Nennmomente sind dann bei $\ddot{u}=0,8$ und $\ddot{u}=1,2$ etwas kleiner als bei $\ddot{u}=1$; sie verhalten sich bei $\ddot{u}=0,8$, 1 und 1,2 nach Gl. 375 (mit $s=0$ und $\alpha=30°$)

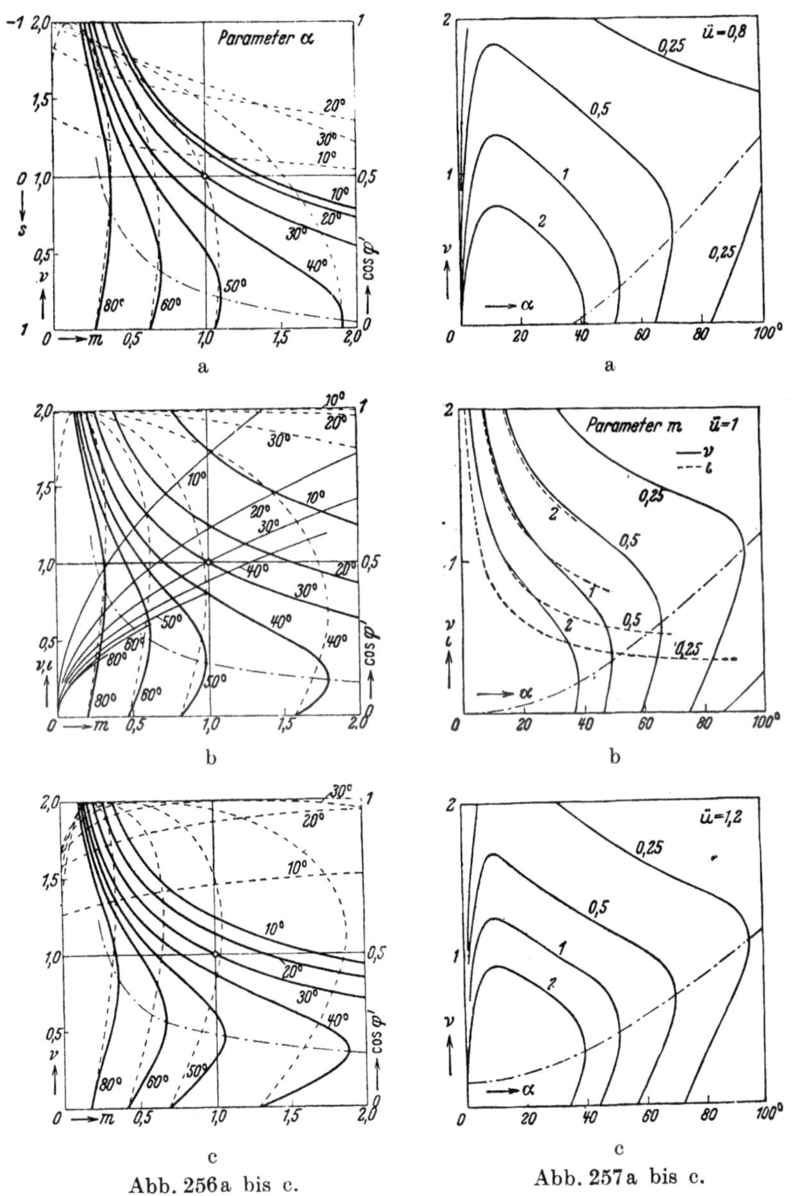

Abb. 256a bis c.   Abb. 257a bis c.

Betriebskurven bei Vernachlässigung der Spannungsverluste und bei geradliniger magnetischer Kennlinie. a) $\ddot{u}=0,8$, b) $\ddot{u}=1$, c) $\ddot{u}=1,2$. Abb. 256 über dem relativen Drehmoment m ($—v$, $— \iota$, $\cdots\cos\varphi'$), Abb. 257 über α ($\cdots\iota$).

wie $0,84:1:0,89$. In Abb. 256b ist auch der relative Strom (schwächere voll ausgezogene Kurven) über dem relativen Drehmoment m aufgetragen; er ist nach Gl. 377 bei demselben relativen Drehmoment für alle Übersetzungen derselbe. Die nicht bezogenen Nennströme verhalten sich wie $\sqrt{0,84}:1:\sqrt{0,89}=0,917:1:0,944$. Für jede Übersetzung gelten die in Abb. 256b dargestellten Ströme natürlich nur bis zu dem größten jeweils auftretenden Drehmoment (Kippmoment), das für die drei Übersetzungen verschieden ist. Wir werden im nächsten Abschnitt diese Kennlinien noch besprechen.

In Abb. 257a bis c ist die relative Drehzahl auch über dem Bürstenwinkel α bei verschiedenen festen Drehmomenten ($m = 0,25$, $0,5$,

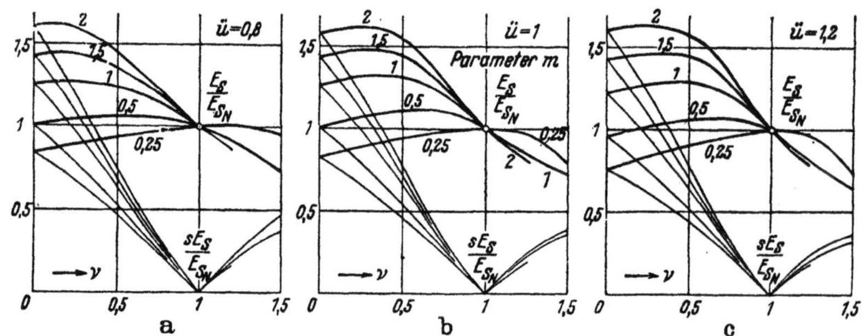

Abb. 258a bis c. E_S/E_{SN} und Relativwert sE_S/E_{SN} der Drehfeld-EMK $\mathfrak{E}_{R_1}$ über der relativen Drehzahl v.

1, 2) aufgezeichnet; gestrichelte Kurven geben in Abb. 257b die dabei auftretenden Ströme an, die für alle drei Übersetzungen $\ddot{u}$ gelten. Die Kurven erhält man aus den Abb. 256a bis c. Für $\ddot{u} \leqq 1$ läßt sich dieselbe Drehzahl bei zwei verschiedenen Bürstenwinkeln erreichen, von denen der kleinere aber wegen des dabei auftretenden Stromes keine praktische Bedeutung hat. Bei $\ddot{u} = 1$ ergibt sich zu jeder Drehzahl nur ein Bürstenwinkel, weil wir die Spannungsverluste vernachlässigt haben, und deshalb bei $\alpha = 0$ der Strom unendlich wird. Die Abbildungen lassen erkennen, daß sich die Drehzahl bei festem Drehmoment innerhalb verhältnismäßig weiter Grenzen durch Bürstenverschiebung regeln läßt.

Das Verhältnis E_S/E_{SN} der jeweiligen EMK E_S in der Ständerwicklung zu der bei synchroner Drehzahl ($E_{SN} = E$) ergibt sich aus Gl. 369a. Tragen wir dieses Verhältnis für verschiedene Bürstenwinkel α über der relativen Drehzahl v auf und bezeichnen auf diesen Kurven mit Hilfe der Drehzahlkennlinien in den Abb. 256a bis c die Punkte konstanten Drehmomentverhältnisses $m = M/M_N$, so können wir die Kurven E_S/E_{SN} bei festem Drehmoment über der relativen Drehzahl aufzeichnen; sie sind in Abb. 258a bis c durch die stärker hervorgehobenen Kurven dargestellt. Das Verhältnis E_S/E_{SN} ist auch gleich dem jeweilig auftretenden Fluß zu dem bei synchroner Drehzahl und ein Maß für die magnetische Beanspruchung im Motor. Multiplizieren wir E_S/E_{SN} mit dem Schlupf ($s = 1 - \nu$), so erhalten wir die vom Drehfeld in einer Läuferspule induzierte EMK $\mathfrak{E}_{R_1}$, bezogen auf die entsprechende EMK, die bei Stillstand und Nennfluß auftritt, also wenn die Spannung an der Ständerwicklung E_{SN} ($= U$) ist. sE_S/E_{SN} ist in den Abb. 258a bis c schwächer gezeichnet und zeigt, wie sich die Drehfeld-EMK $\mathfrak{E}_{R_1}$ bei verschiedenen festen Drehmomenten mit der Drehzahl ändert.

Schließlich ist noch für $\ddot{u} = 1$ in Abb. 259 der relative Anlaufstrom $\iota_A = I_A/I_N$ und das relative Anzugsmoment $m_A = M_A/M_N$ über dem Bürstenwinkel dargestellt. Sie zeigt, daß das Drehmoment mit dem Bürstenverschiebungswinkel $180° - \alpha$ aus der Leerlaufstellung ($\alpha = 180°$) anfangs nur sehr langsam anwächst und erst bei etwa $\alpha = 48°$ das Nennmoment erreicht. Bei $\alpha = 0$ werden ι_A und m_A unendlich, weil

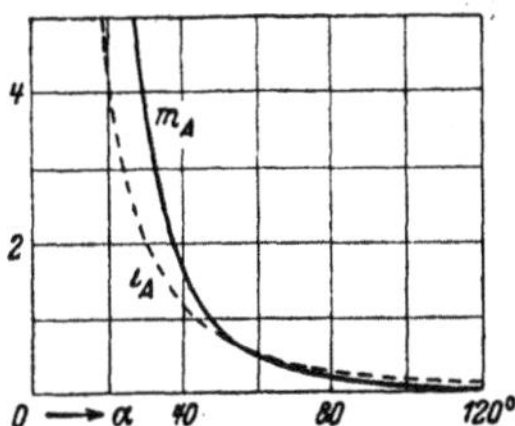

Abb. 259. Relatives Anzugsmoment m_A und Strom ι_A über α.

wir die Spannungsverluste vernachlässigt haben. Die entsprechenden Kurven für $\ddot{u} = 0,8$ und $\ddot{u} = 1,2$ sind nicht eingezeichnet, weil sie in dem dargestellten Bereich fast mit denen für $\ddot{u} = 1$ zusammenfallen.

c. Stabilität des Motors und Leistungsfaktor. Wir erkennen aus den Kennlinien in den Abb. 256a bis c, daß der Motor bei festem Bürstenwinkel im wesentlichen die Eigenschaften eines Gleichstrom-Reihenschlußmotors hat. Im Gegensatz zum Gleichstrom-Reihenschlußmotor haben die Kurven aber im allgemeinen bei Drehzahlen größer als Null ein Kippmoment. Wir erhalten den Kippschlupf, bei dem das Kippmoment auftritt, indem wir den Differentialquotienten dm/ds von Gl. 376 bilden, diesen gleich Null setzen und nach dem Schlupf auflösen. Es wird dann der Kippschlupf

$$s_K = \frac{\cos \alpha}{\ddot{u}}. \tag{378a}$$

Wenn das Belastungsmoment unabhängig von der Drehzahl ist, ist der Bereich $s > \cos\alpha/\ddot{u}$ oder $\nu = n/n_1 = 1 - s < 1 - \cos\alpha/\ddot{u}$ unstabil, d.h. in diesem Bereich läßt sich die Drehzahl des Motors nicht einstellen, weil mit wachsender Drehzahl das entwickelte Drehmoment größer ist als das Belastungsmoment (vgl. Abschn. III D 1b, Bd. I). Der Motor wird sich auf eine relative Drehzahl $\nu > 1 - \cos\alpha/\ddot{u}$ beschleunigen, bei der Gleichgewicht zwischen dem Belastungsmoment und dem im Motor entwickelten Moment eintritt, oder er wird bis zum Stillstand in der Drehzahl abfallen.

Ersetzen wir in Gl. 376 $\cos \alpha$ durch Gl. 378a, so erhalten wir das relative Kippmoment als Funktion des Kippschlupfes zu

$$m_K = \frac{1 + \ddot{u}^2 - 2\,\ddot{u}\cos\alpha_N}{\sin\alpha_N\,[1 + \ddot{u}^2\,(1 - 2\,s_K)]\,\sqrt{1 - s_K^2\,\ddot{u}^2}}\,. \tag{378b}$$

In den Abb. 256 u. 257a bis c ist der Kippschlupf (oder die entsprechende Drehzahl) über dem relativen Drehmoment m bzw. Bürstenwinkel α durch die strichpunktierte Kurve dargestellt. Diese Kurve stellt die Grenze des stabilen Betriebes dar, wenn das Belastungsmoment unabhängig von der Drehzahl ist. Für viele andere Betriebe ergeben sich aber gewöhnlich stabile Schnittpunkte zwischen den Betriebskurven des Motors und den Kurven der Drehzahl als Funktion des Belastungsmoments, so z. B. wenn das Belastungsmoment einfach oder mit dem Quadrat der Drehzahl wächst. Alerdings können sich auch hier, wenn das erforderliche Anzugsmoment verhältnismäßig groß ist, bei großen Bürstenwinkeln α unstabile Bereiche ergeben. Die Stabilitätsgrenze ist unabhängig von der magnetischen Beanspruchung im Eisen, da Bürstenwinkel α und Übersetzung $\ddot{u}$ davon unabhängig sind.

Die Stabilitätsgrenze läßt sich erweitern, wenn die Übersetzung kleiner als 1 gewählt wird, wie es Abb. 256a erkennen läßt. Das geht auch aus dem Spannungsdiagramm Abb. 252 hervor. Wenn bei Stillstand E_S Durchmesser des Kreises ist, sinkt beim Anlaufen im Sinne des Drehfeldes $s = E_L'/E_S$ vom Stillstand aus dauernd; es ist dann $\cos\alpha = \ddot{u}$, d. h. der Kippschlupf tritt bei Stillstand auf. Um dies für jeden Bürstenwinkel zu erreichen, müßte die Übersetzung mit dem Bürstenwinkel geändert werden. Durch die Verkleinerung der Übersetzung wird aber der Leistungsfaktor verschlechtert. Dies geht auch aus den Abb. 256a bis c hervor, in denen der Leistungsfaktor (gestrichelt) über dem Drehmoment dargestellt ist. Stabilität und guter Leistungsfaktor widersprechen also einander. Nun wird aber, wie wir in den Abschn. 5e u. 7d sehen werden, durch das zusätzliche Drehmoment der Kurzschlußströme die Stabilität des Motors, besonders bei den großen Bürstenwinkeln, wesentlich verbessert, so daß man in praktischen Fällen zugunsten eines guten Leistungsfaktors auf eine Übersetzung $\ddot{u} < 1$ verzichten kann.

5. Berücksichtigung der Vernachlässigungen.

Bei unsern bisherigen Betrachtungen hatten wir außer den Wirk- und Streublindwiderständen im Motor und im Transformator den Magnetisierungsstrom im Transformator sowie die Eisenverluste und die Rückwirkung der kurzgeschlossenen Ankerspulen außer acht gelassen. Ferner hatten wir im Abschn. 4 die magnetische Kennlinie des

Motors als Gerade durch den Ursprung vorausgesetzt, also die veränderliche magnetische Beanspruchung im Eisen nicht berücksichtigt. Wir wollen nun zeigen, wie sich diese Vernachlässigungen berücksichtigen lassen.

a. Spannungsverluste. Die Wirkwiderstände der Wicklungen können wir zu dem resultierenden Wirkwiderstand

$$R = R_S + R'_L + R_1 + R'_2 \qquad (379\,\text{a})$$

zusammenfassen. Darin ist R_S der Wirkwiderstand eines Stranges der Ständerwicklung, $R'_L = (w_1/w_2)^2 R_L$ der auf den Ständerkreis bezogene Wirkwiderstand eines Stranges der Ersatzwicklung des Läufers, R_1 der Widerstand eines Stranges der Primärwicklung, $R'_2 = (w_1/w_2)^2 R_2$ der auf den Ständerkreis bezogene Wirkwiderstand eines Stranges der Sekundärwicklung des Transformators.

Die Streublindwiderstände je Strang fassen wir zusammen zu

$$X_\sigma = X_{S\sigma} + X'_{L\sigma 0} + s\,X'_{L\sigma v} + X_{1\sigma} + X'_{2\sigma}. \qquad (379\,\text{b})$$

Darin ist $X_{S\sigma}$ der Streublindwiderstand eines Stranges der Ständerwicklung, $X'_{L\sigma 0} + s\,X'_{L\sigma v} = (w_1/w_2)^2 (X_{L\sigma 0} + s\,X_{L\sigma v})$ der auf den Ständerkreis bezogene Streublindwiderstand eines Stranges der Ersatzwicklung des Läufers, der sich nach Abschn. A 10 aus einem von der Schlüpfung unabhängigen Teil $(X_{L\sigma 0})$ und einem vom Schlupf abhängigen Teil $(s\,X_{L\sigma v})$ zusammensetzt; $X_{1\sigma}$ und $X'_{2\sigma}$ sind die Streublindwiderstände des Transformators.

Die Ziffern der Spaltstreuung ändern sich nach Abschn. A 10d mit der Bürstenstellung. Für die praktische Berechnung genügt es, Mittelwerte einzusetzen, die wie bei der Induktionsmaschine zu berechnen sind (vgl. Rechnungsgang in Abschn. 7 b u. c). Zur weiteren Vereinfachung kann auch ohne großen Fehler $X_{L\sigma 0} + s\,X_{L\sigma v} = s\,X_{L\sigma}$ wie bei der Induktionsmaschine gesetzt werden.

Außer den Spannungsverlusten in den Widerständen R und X_σ ist noch der Spannungsverlust der Bürsten zu berücksichtigen, der in Phase mit dem Bürstenstrom des Läufers ist. Beim einfachen Bürstensatz können wir hierfür bei Kohlenbürsten etwa 1 V, beim Doppelbürstensatz etwa 2 V setzen. Beziehen wir diesen Spannungsverlust auf den Ständerkreis, so erhalten wir für die Drei- oder Sechsbürstenschaltung

$$V' \approx (w_1/w_2)\ \text{Volt} \qquad \text{oder} \qquad V' \approx 2\,(w_1/w_2)\ \text{Volt}. \qquad (380\,\text{a u. b})$$

Das Spannungsdiagramm des Motors haben wir jetzt durch die Spannungsverluste zu ergänzen. Für den im Abschn. 5e als Beispiel behandelten Motor mit $\ddot{u} = \ddot{u}_T = 1$ (die Beistriche an den Formelzeichen des Läuferkreises können dann wegbleiben) sind die ergänzten

Spannungsdiagramme in Abb. 260a bei dem Schlupf $s = 0,3$, in Abb. 260c bei $s = -0,3$ aufgezeichnet. Beide Diagramme gelten für den Bürstenwinkel $\alpha = 30°$; die Eisenverluste und die Ströme in den von Bürsten überbrückten Läuferspulen sind vernachlässigt. In Abb. 260b sind für $s = 0,3$ die Spannungsverluste für Ständer- und Läuferwicklung getrennt, so daß $\dot{U}_S$ und $\dot{U}_L$ die an ihren Klemmen auftretenden Spannungen darstellen. Wir erkennen aus den Abb. 260a u. c, daß der Leistungsfaktor $\cos \varphi'$ mit Berücksichtigung der Spannungsverluste nicht wesentlich kleiner ist als bei ihrer Vernachlässigung ($\cos \psi'$).

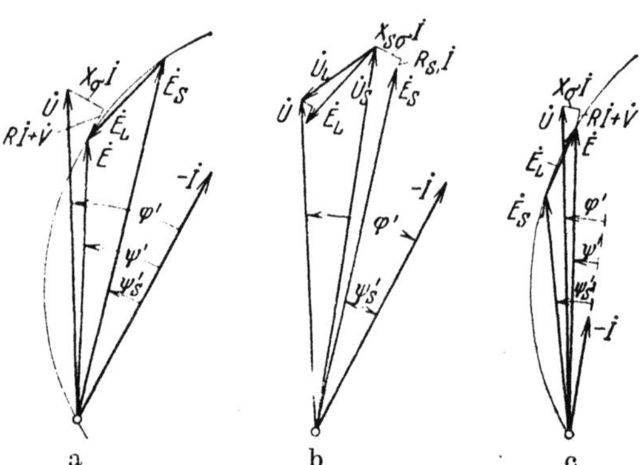

a   b   c

Abb. 260a bis c. Berücksichtigung der Spannungsverluste, $\alpha = 30°$. a) u. b) $s = 0,3$; c) $s = -0,3$.

b. Magnetische Kennlinie des Motors. Um bei der Berechnung der Kennlinien des Motors, die für verschiedene Bürstenwinkel α und Übersetzungen $\ddot{u}$ die Drehzahl als Funktion des Drehmoments darstellen, neben den Spannungsverlusten auch die magnetische Kennlinie des Motors zu berücksichtigen, können wir folgendermaßen verfahren. Wir nehmen eine bestimmte Drehzahl n und damit den Schlupf s an und schätzen E (vgl. Abb. 260a u. c) oder setzen in erster Annäherung $E \approx U$. Aus E berechnen wir nach Gl. 369a E_S und entnehmen der magnetischen Kennlinie $E_S(I_\mu)$ (vgl. Abb. 264) den Magnetisierungsstrom I_μ. Mit $\Theta_\mu \approx \Theta_r$ erhalten wir dann in erster Annäherung den Strom

$$I = \frac{I_\mu}{\sqrt{1 + \ddot{u}^2 - 2\,\ddot{u}\cos\alpha}} . \tag{381}$$

Der Winkel ψ' zwischen $\dot{E}$ und $-\dot{I}$ ist nach den Gl. 372a u. b oder dem Spannungsdiagramm bekannt, und wir können durch Anfügen der Spannungsverluste an die Klemmenspannung $\dot{U}$ (je Strang) den verbesserten Wert von E gewinnen und mit E_S der magnetischen Kennlinie I_μ entnehmen. Damit erhalten wir I in zweiter Annäherung. Erforderlichenfalls ist I in mehrfacher Annäherung zu bestimmen. Mit I und dem nach Gl. 370a bestimmten Winkel ψ_L erhalten wir nach Gl. 366 das Drehmoment und somit einen Punkt der Drehzahlkennlinie $n(M)$. Durch Annahme verschiedener Drehzahlen (Schlupfwerte) können wir die Drehzahlkennlinien punktweise ermitteln. Die Eisenverluste und der Einfluß der Ströme in den von Bürsten überbrückten Läuferspulen können nach Abschn. d berücksichtigt werden.

Ebenso erhalten wir für $s = 1$ in derselben Weise die Anlaufkennlinien $M(\alpha)$ und $I(\alpha)$ bei konstanter Klemmenspannung U je Strang.

c. Magnetisierungsstrom des Zwischentransformators. Näherungsweise können wir den Einfluß des Magnetisierungsstromes im Transformator berücksichtigen, wenn wir die Spannungsverluste in der Läuferwicklung und der Sekundärwicklung des Transformators vernachlässigen. Es gilt dann

$$I_{\mu T} = -\frac{w_1}{w_2}\frac{\dot{E}_L}{j X_{1h}} = j\frac{w_1}{w_2}\frac{\dot{E}_L}{X_{1h}}, \quad (382)$$

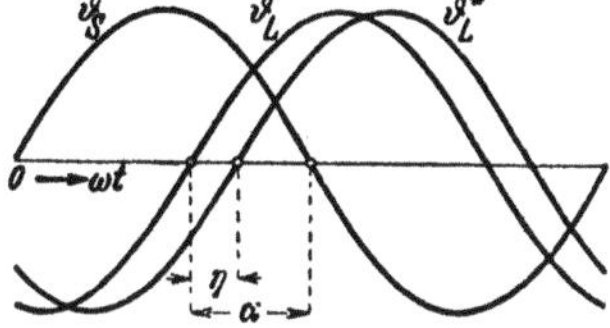

Abb. 261. Einfluß des Zwischentransformators.

worin X_{1h} der Hauptblindwiderstand der Primärwicklung des Transformators ist. Im allgemeinen ist nun der auf den Ständerkreis bezogene Läuferstrom nicht mehr, weder dem Betrage noch der Phase nach, gleich dem Ständerstrom I_S. Dadurch wird die resultierende Durchflutung beeinflußt.

Im Zeitdiagramm ist bei Phasengleichheit von Ständer- und Läuferstrom die Läuferdurchflutung gegenüber der Ständerdurchflutung um den Phasenwinkel $\pi - \alpha$ verspätet, wenn Drehfeld und Drehrichtung des Motors gleichsinnig sind, wie es dem praktischen Betriebe entspricht. Das folgt ohne weiteres aus Abb. 250a, nach der die magnetische Achse der Ständerwicklung um den Phasenwinkel $\pi - \alpha$ gegenüber der Läuferwicklung im Drehsinn voraus ist. Es ergibt sich auch, wenn wir uns Ständer- und Läuferwicklung gleichachsig denken. Dann muß, um dieselbe resultierende Durchflutung zu erhalten, der Strom in der Läuferwicklung um $\pi - \alpha$ gegen den in der Ständerwicklung phasenverspätet sein; denn es ist $\sin(\omega t - x\,\pi/\tau) = \sin[(\omega t - \alpha) - (x\,\pi/\tau - \alpha)]$.

In Abb. 261 sind die Ständerdurchflutung ϑ_S und die Läuferdurchflutung ϑ_L bei Phasengleichheit von Ständer- und Läuferstrom dargestellt, wenn die Wicklungsachse des Läufers um den Winkel α aus der Kurzschlußstellung verschoben ist. Nehmen wir an, daß der Läuferstrom um den Zeitwinkel η gegenüber dem Ständerstrom phasenverspätet ist, so erhalten wir die Läuferdurchflutung ϑ_L^* in Abb. 261. Eine Verspätung des Läuferstromes gegenüber dem Ständerstrom wirkt sich also hinsichtlich der Durchflutung so aus, als wäre der Winkel α um den Winkel η verkleinert, umgekehrt wirkt sich eine Verfrühung des Läuferstromes um den Zeitwinkel η so aus, als wäre der Winkel α um den Winkel η vergrößert.

24*

Die zeitliche Phasenverschiebung von Ständer- und Läuferstrom
wirkt sich aber nicht auf die Phasenbeziehung der im Ständer und im
Läufer induzierten EMKe aus, weil diese nur durch die Lage der Wicklungsachsen von Ständer und Läufer, also durch den Winkel α bestimmt wird. Dabei bleibt auch der Phasenwinkel ψ_S' unverändert,
weil dieser durch den Winkel α bei Stillstand des Motors bestimmt ist,
und zwar unabhängig von der Größe des Magnetisierungsstromes im
Transformator (vgl. Abb. 250b).

Den Strom im Läufer erhalten wir nun bei Untersynchronismus
nach Abb. 262a, indem wir den Magnetisierungsstrom $I_{\mu T}$ des Trans-

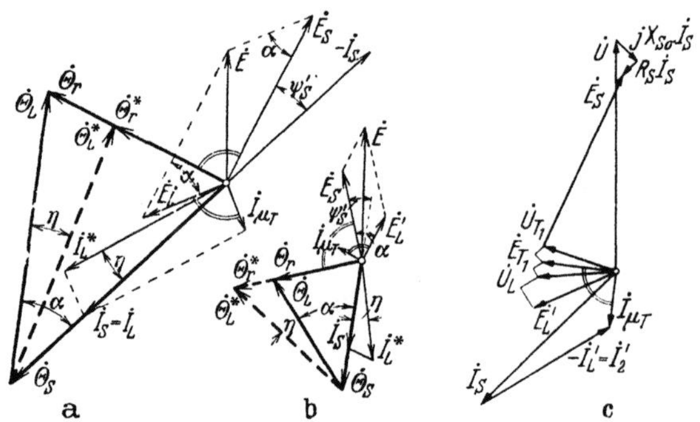

Abb. 262a bis c. Durchflutungsdiagramme mit $I_{\mu T}$ (*) und ohne $I_{\mu T}$, a) unter-,
b) übersynchron; c) vollständiges Spannungsdiagramm zu a).

formators gegen $\dot{E}_L'$ um eine Viertelperiode verfrüht auftragen. Bezeichnen wir die Größen bei Berücksichtigung des Magnetisierungs-
stromes im Transformator mit einem Stern, so ist $\dot{I}_L^* = \dot{I}_S - \dot{I}_{\mu T}$,
worin die Phase von $\dot{I}_S$ wie bei Vernachlässigung von $\dot{I}_{\mu T}$ festliegt. Bei
Untersynchronismus (Abb. 262a) ist $\dot{I}_L^*$ um den Winkel η phasenverspätet gegen $\dot{I}_L = \dot{I}_S$, bei Übersynchronismus (Abb. 262b) phasenverfrüht.

Lassen wir in den Abb. 262a u. b die Ständerdurchflutung Θ_S mit
der Richtung des Stromes $\dot{I}_S$ zusammenfallen, so ergäbe sich die Läuferdurchflutung zu Θ_L^* und damit die resultierende Durchflutung Θ_r^*. Θ_r
und Θ_r^* sind dabei nach Gl. 370 und Abb. 254a um $\pi/2$ gegen $\dot{E}_S$ phasenverfrüht. Die resultierende Durchflutung würde also durch den Magnetisierungsstrom $I_{\mu T}$ des Transformators bei Untersynchronismus geschwächt und bei Übersynchronismus verstärkt. Da wir die Spannungsverluste vernachlässigt haben, müssen aber die EMKe bei der
durch das Spannungsdiagramm gegebenen Drehzahl unverändert
bleiben, und dasselbe gilt für den resultierenden Fluß und die resultierende Durchflutung. Daraus folgt, daß bei demselben Fluß die
Ströme im Verhältnis Θ_r/Θ_r^* bei Untersynchronismus wachsen, bei

Übersynchronismus sinken müssen. Mit dem Läuferstrom wächst und sinkt aber auch das Drehmoment. Dieselbe Drehzahl tritt also bei Untersynchronismus bei höheren, bei Übersynchronismus bei niedrigeren Drehmomenten auf, während bei der synchronen Drehzahl der Transformator keinen Einfluß hat, weil dann die EMK und somit der Magnetisierungsstrom des Transformators Null ist (Abb. 263). Ein großer Magnetisierungsstrom, besonders wenn er durch hohe magnetische Beanspruchung im Eisen des Zwischentransformators erreicht wird, äußert sich also darin, daß die Drehzahlkurve über dem Drehmoment gestreckt wird, dieselbe übersynchrone Drehzahl tritt bei sehr viel kleineren, dieselbe untersynchrone bei größeren Drehmomenten auf.

Bei Berücksichtigung der Spannungsverluste mildert sich der Einfluß des Magnetisierungsstromes im Transformator. Bei Untersynchronismus nimmt der Fluß nicht mehr den vollen Wert an, den er bei Vernachlässigung der Spannungsverluste haben würde, während er bei Übersynchronismus etwas größer ist. Das ist beim Anlauf für die Funkenunterdrückung günstig. $\dot{I}_{\mu\,T}$ ist nun auch nicht gegen $\dot{E}'_L$, sondern

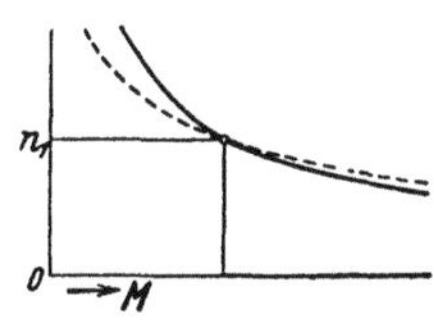

Abb. 263.
Einfluß von $I_{\mu\,T}$ auf die Drehzahl.

gegen die EMK $\dot{E}_{T_1}$ in der Primärwicklung des Zwischentransformators um $\pi/2$ verspätet, wie es in dem vollständigen Spannungsdiagramm Abb. 262c angedeutet ist, bei dem der Deutlichkeit wegen die Spannungsverluste übertrieben groß angenommen sind. An einem praktischen Beispiel werden wir im Abschn. 7d noch den Einfluß des Zwischentransformators mit großem Magnetisierungsstrom auf die Betriebskurven zeigen.

d. Eisenverluste und Rückwirkung der Kurzschlußströme. Die zusätzlichen Eisenverluste, die mechanisch gedeckt werden, sind von der mechanischen Leistung des Motors abzuziehen, um die Nutzleistung an der Welle zu erhalten; sie haben sonst keinen Einfluß auf das Verhalten des Motors.

Die vom Netz gedeckten Eisenverluste des Ständers $Q_{E\,S}$ haben einen Verluststrom

$$I_{v1} = Q_{E1}/3\,E \qquad\qquad (383\,\text{a})$$

in Gegenphase zur EMK $\dot{E}$ zur Folge. Aus der vom Ständer auf den Läufer übertragenen Leistung bei abgehobenen Bürsten (vgl. Abb. 240) ergibt sich der Verluststrom

$$I_{v\,2} = N'_i/3\,E\,. \qquad\qquad (383\,\text{b})$$

Der Verluststrom I'_k (vgl. Abschn. A 12b u. c), der der Rückwirkung der von Bürsten überbrückten Läuferspulen entspricht, erzeugt wie beim

Induktionsmotor bei untersynchronen Drehzahlen ein motorisches Drehmoment, das sich zu dem im Abschn. 2b berechneten Hauptmoment addiert, bei übersynchronen Drehzahlen ein generatorisches, das jenem entgegenwirkt. In gleicher Weise, aber in viel geringerem Maße, äußert sich auch der Verluststrom I_{v2}. Das generatorische Drehmoment hat zur Folge, daß der Motor bei Leerlauf auch ohne Zwischentransformator eine endliche Drehzahl annimmt und nicht durchgeht.

Der gesamte Verluststrom

$$\dot I_V = \dot I_{v1} + \dot I_{v2} + \dot I_k' \qquad (383)$$

in Gegenphase zur EMK $\dot E$ eines Strangpaares ist vektoriell von dem Motorstrom $\dot I = \dot I_S$ abzuziehen, um den Strom zu erhalten, mit dem sich die Magnetisierungsdurchflutung Θ_μ ergibt, die bei Vernachlässigung von $\dot I_V$ gleich Θ_r ist. Gilt in Abb. 262a bzw. b das voll ausgezogene Durchflutungsdreieck bei Vernachlässigung von $\dot I_V$, so ist $\Theta_r = \Theta_\mu$. Denken wir uns nun zu $\dot I_S$ dieser Abbildung $\dot I_V$ addiert, so dreht sich das Durchflutungsdreieck um einen Winkel ε entgegen dem Uhrzeigersinn unter gleichzeitiger Vergrößerung seiner Seiten im Verhältnis $|\dot I_S + \dot I_V|/I_S$. Der Phasenwinkel zwischen Θ_μ und Θ_L, der bei Vernachlässigung von $\dot I_V$ $\beta_0 = \beta$ ist, wird jetzt $\beta_0 = \beta - \varepsilon$. In Gl. 366 für das Drehmoment wird also $\sin \beta_0$ verkleinert, Θ_L aber vergrößert, so daß sich das Drehmoment dadurch nicht wesentlich ändert. Gewöhnlich wird es etwas vergrößert. Daneben tritt natürlich noch das zusätzliche Drehmoment auf, das die Ströme I_k' und I_{v2} mit dem Drehfeld entwickeln.

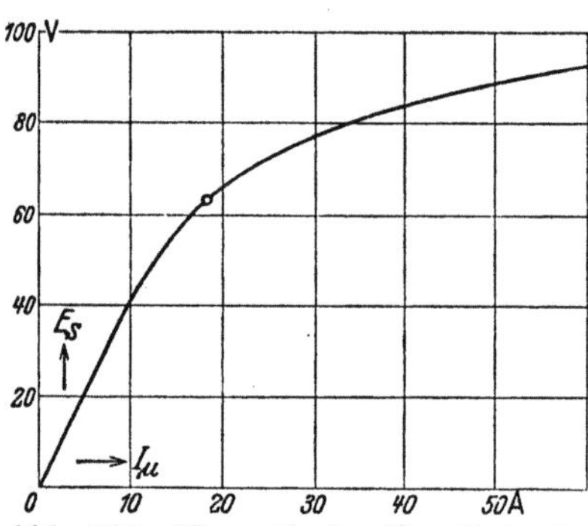

Abb. 264. Magnetische Kennlinie für Berechnungsbeispiel.

e. Kennlinien mit Berücksichtigung der Vernachlässigungen. Um den Einfluß der Spannungsverluste und der magnetischen Kennlinie auf die Betriebskurven des Motors zu zeigen, legen wir den Reihenschlußmotor nach Abschn. 7b zugrunde, für den die magnetische Kennlinie $E_S(I_\mu)$ in Abb. 264 gilt; es ist dafür $\Theta_S = 50,5\,I$. Die Läuferwicklung denken wir uns von $\ddot u = 1,162$ auf $\ddot u = 1$ umgewickelt und ohne Transformator mit der Ständerwicklung in Reihe geschaltet, alle Bürsten in Durchmesserstellung gemeinsam verschiebbar. Es ergeben sich folgende, auf einen Strang bei Sternschaltung bezogene Widerstände $R_S = 0,038$, $R_{LW} = 0,0504$, $X_{\sigma 0} = X_{S\sigma} + X_{L\sigma 0} = 0,145$, $X_{L\sigma v} = 0,067\ \Omega$ (vgl. S. 369, 377 und 379), wobei für die Spaltstreuung der in Abb. 264 angedeutete Punkt auf der Kennlinie vorausgesetzt ist. Für den Spannungsverlust an den Bürsten (Sechsbürstenschaltung mit Durchmesserbürsten) ist für alle Belastungen 2 V angenommen.

Die Rechnung wurde nach dem im Abschn. 5b angegebenen Gang durchgeführt; Eisenverluste und Ströme in den von Bürsten kurzgeschlossenen Läuferspulen wurden vernachlässigt.

In Abb. 265a sind relative Drehzahl v, relativer Strom ι und Leistungsfaktor über dem relativen Drehmoment m aufgetragen. Als Nennmoment ist das Drehmoment angenommen, das bei $\alpha = 30°$ und $v = 1$ auftritt, nämlich nach Rechnung $M_N = 4{,}12$ kgm, wobei der Strom $I_N = 34{,}8$ A beträgt. Das sind dieselben Werte, die wir im Abschn. 7b für den Fall berechnen werden, daß bei Doppelbürsten die Drehzahl nur durch Verschieben eines der Bürstensätze geregelt wird. Daß diese Werte gut mit der Messung übereinstimmen, ist in Abschn. 7c gezeigt. Vergleichen wir die Kurven mit denen in Abb. 256b, die bei geradliniger magnetischer Kennlinie und bei Vernachlässigung der Spannungsverluste gelten und

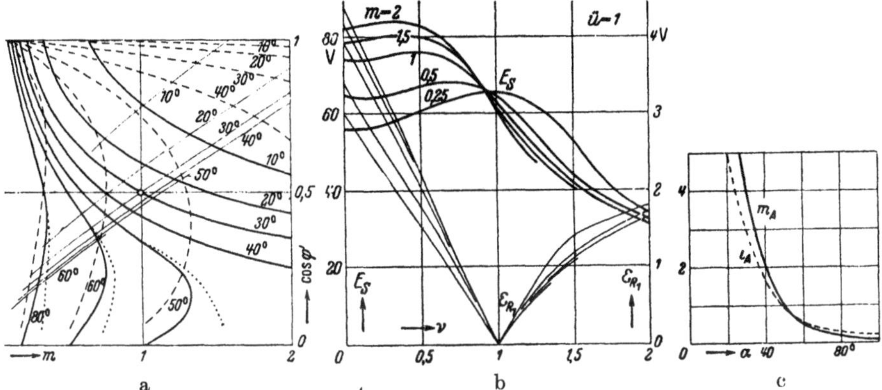

Abb. 265a bis c. a) Betriebskurven über relativem Drehmoment m ($—\ v$, $—\ \iota$, --- $\cos \varphi'$); b) E_S und $\mathfrak{S}_{R_1}$ über relativer Drehzahl v; c) ι_A und m_A über Bürstenwinkel α. Spannungsverluste und magnetische Kennlinie berücksichtigt.

deshalb allgemein gültig sind, so erkennen wir, daß diese schon den Verlauf der relativen Größen und des Leistungsfaktors im wesentlichen richtig wiedergeben. In Abb. 265a verlaufen aber die Drehzahlkennlinien etwas flacher und verlagern sich bei $\alpha < 30°$ nach kleineren, bei $\alpha > 30°$ und $v < 1$ nach größeren Drehmomenten. Bei den relativen Strömen ist es umgekehrt. Dadurch wird auch der Leistungsfaktor beeinflußt.

Abb. 265b stellt die in der Ständerwicklung induzierte EMK E_S und die zwischen benachbarten Stromwenderstegen wirksame EMK $\mathfrak{S}_{R_1}$ dar. Bei $\alpha = 30°$ und $v = 1$ ist $E_S = 63{,}1$ V; dieser Wert ist in der Kennlinie Abb. 264 durch einen kleinen Kreis angedeutet. Mit der EMK $\mathfrak{S}_{R_1}$ können wir das von den Strömen in den von Bürsten überbrückten Läuferspulen herrührende zusätzliche Drehmoment M_k bei $v \lessgtr 1$ angenähert ermitteln. Addieren wir das in Abb. 346b (Abschn. H 4 b) für unsern Motor experimentell gefundene zusätzliche Drehmoment $M_k + M_{v2}$ zu dem vom Läuferstrom herrührenden berechneten Drehmoment, so ergeben sich etwa die im untern Teil der Abb. 265a punktiert angedeuteten Drehzahlkennlinien, aus denen wir erkennen, daß unter dem Einfluß der Ströme in den von Bürsten überbrückten Läuferspulen die Stabilität des Motors verbessert wird.

In Abb. 265c sind schließlich noch Anzugsmoment (m_A) und der dabei auftretende Strom (ι_A), beide bezogen auf ihre Nenngrößen (bei $\alpha = 30°$ und $v = 1$), über dem Bürstenwinkel α dargestellt. Vergleichen wir diese Kurven mit denen in Abb. 259, so können wir feststellen, daß bei Berücksichtigung der magnetischen Kennlinie und der Spannungsverluste das relative Anzugsmoment nur wenig, der dabei auftretende relative Strom aber etwas mehr vergrößert wird.

Im Abschn. 7c ist die Berechnung mit Berücksichtigung der Eisenverluste und der Ströme in den von Bürsten überbrückten Läuferspulen erläutert und mit der Messung verglichen. Im Abschn. 7d ist auch der Einfluß des Zwischentransformators mit großem Magnetisierungsstrom auf die Betriebskurven gezeigt.

6. Die Ortskurve des Stromes.

Die Spannungsgleichung für die Reihenschlußmaschine lautet mit den Bezeichnungen in den Gl. 379a u. b, wenn noch zur Abkürzung

$$X_{\sigma 0} = X_{S\sigma} + X'_{L\sigma 0} + X_{1\sigma} + X'_{2\sigma} \tag{384a}$$

gesetzt wird,

$$\dot{U} + [R + j\,(X_{\sigma 0} + s\,X'_{L\sigma v})]\,\dot{I} = \dot{E}. \tag{384b}$$

Für die Phase von $\dot{E}$ können wir nach Abb. 254b schreiben

$$\dot{E} = -E\,\frac{\dot{I}}{I}\,\varepsilon^{j\,\psi'} = -E\,\frac{\dot{I}}{I}\,(\cos\psi' + j\sin\psi'). \tag{384}$$

Der Betrag von $\dot{E}$ ist durch Gl. 369a gegeben; den von $\dot{I}$ erhalten wir aus Gl. 365, wenn wir $\Theta_\mu \approx \Theta_r$ setzen, und mit Gl. 381. Setzen wir den so gewonnenen Wert für $\dot{E}$ in Gl. 384b ein, so erhalten wir den Strom

$$\dot{I} = -\left.\frac{\dot{U}}{\begin{aligned}R + (1-s)\,\ddot{u}\,X_{Sh}\sin\alpha + j\,\big\{(1 - \ddot{u}\cos\alpha)\,X_{Sh} + X_{\sigma 0} + \\ + s\,[(\ddot{u} - \cos\alpha)\,\ddot{u}\,X_{Sh} + X'_{L\sigma v}]\big\}.\end{aligned}}\right\} \tag{385}$$

Für feste Blindwiderstände ist die Ortskurve ein Kreis, dessen Bestimmungsstücke sich nach den Gl. 37a bis c, Bd. II, zu

$$x_m = \ddot{u}\,X_{Sh}\sin\alpha \cdot U/N, \quad y_m = [(\ddot{u} - \cos\alpha)\,\ddot{u}\,X_{Sh} + X_{\sigma v}]\cdot U/N, \tag{386a u. b}$$

$$r = \sqrt{x_m^2 + y_m^2} \tag{386c}$$

mit

$$N = 2\left\{(R + \ddot{u}\,X_{Sh}\sin\alpha)\,[(\ddot{u} - \cos\alpha)\,\ddot{u}\,X_{Sh} + X_{\sigma v}] + \atop + [(1 - \ddot{u}\cos\alpha)\,X_{Sh} + X_{\sigma 0}]\,\ddot{u}\,X_{Sh}\sin\alpha\right\} \tag{386d}$$

ergeben, wenn $\dot{U}$ in die negative Ordinatenachse gelegt wird.

Für die Übersetzung $\ddot{u} = 1$ sind in Abb. 266 solche Kreise (voll ausgezogen) für verschiedene Bürstenwinkel α aufgezeichnet. Es sind dabei die Widerstandswerte des Motors zugrunde gelegt, für den wir im Abschn. 5e die Kennlinien berechnet haben. Für den Übergangswiderstand der Bürsten wurde der Wert eingesetzt, der sich bei 2 V und Nennstrom $I = 34{,}8$ A zu $R_B = 0{,}0575\,\Omega$ ergibt, und für den Blindwiderstand der Wert, der dem Nennbetrieb ($v = 1$, $\alpha = 30°$) entspricht und durch einen kleinen Kreis auf der magnetischen Kennlinie in

Abb. 264 angedeutet ist; es ist also $R = 0{,}146$, $X_{Sh} = 3{,}5$, $X_{\sigma 0} = 0{,}145$, $X'_{L\sigma v} = 0{,}067\ \Omega$ gesetzt. Die relativen Drehzahlen $v = 0$ und $v = 1$ sind durch kleine Kreise, andere Werte von v durch kleine Querstriche auf den voll ausgezogenen Ortskurven angedeutet. Die Ortskurven, die sich bei Berücksichtigung der magnetischen Kennlinien ergeben (Abschn. 5d), sind in Abb. 266 gestrichelt eingezeichnet.

Nach den Gl. 386a bis d wurde auch die in Abb. 253 eingezeichnete Ortskurve des Stromes für $\ddot{u} = 1$ und $R = X_{\sigma 0} = X_{L\sigma v} = 0$ berechnet.

7. Regelung durch Verschieben nur eines Bürstensatzes bei Doppelbürsten.

a. Der vollkommen stabilisierte Motor. In den Abschn. 2 bis 6 hatten wir vorausgesetzt, daß alle Bürsten gemeinsam verschoben werden. Wir wollen nun noch die Regelung der Drehzahl behandeln, wenn bei Sechsbürstenschaltung nur einer der beiden Bürstensätze verschoben wird, der andere aber in der Achse der Ständerwicklung verbleibt (vgl. Abb. 243). Der Bürstenverschiebungswinkel muß dann doppelt so groß sein (2α), damit sich die magnetische Achse der Läufer-

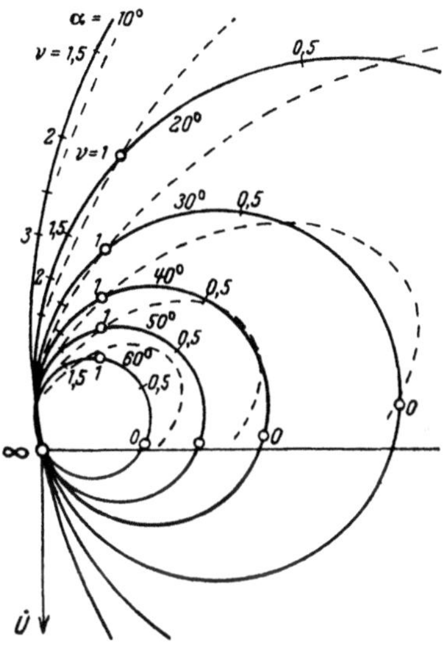

Abb. 266. Ortskurven für I bei verschiedenen α; - - - mit Berücksichtigung der magnetischen Kennlinie.

wicklung um den Winkel α verschiebt (vgl. Abschn. A 2d u. B 1). Beim Verschieben der Bürsten ändert sich auch die Übersetzung. Bezeichnen wir mit $\ddot{u}_0$ die Übersetzung bei dem Bürstenwinkel $2\alpha = 0$, so ist nach Abb. 222b u. c die jeweilige Übersetzung

$$\ddot{u} = \ddot{u}_0 \cos \alpha. \tag{387}$$

Mit Ausnahme der Gleichungen für die bezogenen Größen am Schluß des Abschn. 4a behalten dann die Gleichungen in den Abschn. 2 bis 6 ihre Gültigkeit, wenn wir für $\ddot{u}$ den Wert nach Gl. 387 einsetzen.

Für $\ddot{u}_0 = 1$ ist
$$\ddot{u} = \cos \alpha. \tag{388}$$

Das ist die Stabilitätsbedingung, die in diesem Falle für alle Bürstenwinkel erfüllt ist (vgl. Gl. 378a). Setzen wir in die Gl. 375 u. 374 diesen Wert für $\ddot{u}$ ein, so erhalten wir das relative Drehmoment

$$m = \frac{M}{M_N} = \frac{\operatorname{tg}\alpha_N}{\operatorname{tg}\alpha\,[1 - s\,(2 - s)\cos^2\alpha]} \tag{388a}$$

und den relativen Strom

$$\iota = \frac{I}{I_N} = \sqrt{m \, \frac{\sin \alpha_N \cos \alpha_N}{\sin \alpha \cos \alpha}} = \sqrt{m \, \frac{\sin 2\alpha_N}{\sin 2\alpha}} \, . \qquad (388\,\mathrm{b})$$

Der Leitungsfaktor ergibt sich nach Gl. 372a zu

$$\cos \psi' = \frac{(1 - s) \cos \alpha}{\sqrt{1 - s\,(2 - s)\cos^2 \alpha}} \, . \qquad (388\,\mathrm{c})$$

In Abb. 267 sind unter der Annahme einer geradlinigen magnetischen Kennlinie und Vernachlässigung der Spannungsverluste die

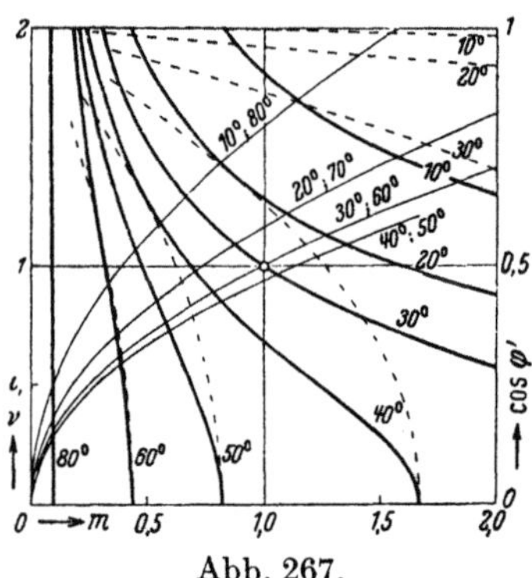

relative Drehzahl $v = 1 - s$, der relative Strom ι und der Leistungsfaktor $\cos \varphi' = \cos \psi'$ über dem relativen Drehmoment bei verschiedenen Verschiebungswinkeln α der Läuferachse aus der Kurzschlußstellung dargestellt. Die Stabilitätsgrenze fällt hier mit der Abszissenachse zusammen, der Betrieb ist also im ganzen Regelbereich stabil. Gl. 388 entspricht auch (vgl. Abschn. 2b) der günstigsten Drehmomentbildung. Stabilität und guter Wirkungsgrad sind also gleichzeitig erfüllt. Das ist ein Vorteil der Regelung durch Verschieben nur eines der beiden Bürsten-

Abb. 267.
Regelung durch Verschieben nur eines Bürstensatzes. Parameter α.

sätze gegenüber der durch Verschieben aller Bürsten. Dieser Vorteil wird aber durch eine wesentliche Verschlechterung des Leistungsfaktors erkauft (vgl. Abb. 267 mit 256b).

Die Stabilität des Motors hat nur bei kleinen Drehzahlen und großen Bürstenwinkeln 2α Bedeutung, nicht aber bei höheren Drehzahlen. Deshalb empfiehlt es sich, die Übersetzung bei Durchmesserstellung der Bürsten ($\ddot{u}_0$ in Gl. 387) etwas größer als 1 zu wählen. Man könnte aber auch bei den höheren Drehzahlen, bei denen die Stabilität des Motors immer ausreicht, die sonst festen Bürsten im Sinne einer Verbesserung des Leistungsfaktors verschieben; dadurch würde aber die Regeleinrichtung wesentlich umständlicher werden.

b. Berücksichtigung der magnetischen Kennlinie und der Spannungsverluste.
Der Berechnung legen wir einen ausgeführten vierpoligen Motor für $\sqrt{3}\,U = 120$ V Klemmenspannung bei 50 Hz und eine Leistung von 5,5 kW bei etwa 1300 U/min zugrunde, der für eine Drehzahlregelung zwischen den Grenzen 375 und 1875 U/min ($0,25 \leqq v \leqq 1,25$) bestimmt ist. Der Motor trägt im Ständer eine gewöhnliche dreiphasige Wechselstromwicklung mit $q = 3$, $w_1 = 39$ Windungen je Strang, im Läufer eine eingängige Wellenwicklung, die bei einer blinden Spule in 46 Nuten mit je 6 Leitern untergebracht ist. Die Stegzahl des Stromwenders ist $k = 137$,

die Wicklungsschritte sind $y_1 = 36$, $y = 69$. Der Durchmesser des Stromwenders beträgt 180 mm; von den 2×6 Bürstenbolzen der beiden Bürstensätze trägt jeder eine Bürste, Marke QS, mit $0,8 \times 3$ cm² Auflagefläche. Die magnetische Kennlinie $E_S(I_\mu)$ hatten wir schon in Abb. 264 dargestellt.

Bei der Berechnung der Kennlinien nach dem Rechnungsgang im Abschn. 4b setzen wir unmittelbare Reihenschaltung von Ständer- und Läuferwicklung (also ohne Zwischentransformator) voraus. Die Übersetzung des Motors ist dann bei Durchmesserstellung der Bürsten $(2\alpha = 0)$ $\ddot{u}_0 = 1,162$. Zur Vereinfachung der Berechnung setzen wir für die Ziffern der Spaltstreuung der Ständer- und Läuferwicklung Mittelwerte ein, die wie bei der Induktionsmaschine zu berechnen sind.

Für die Ständerwicklung ist der Wirkwiderstand $R_S = 0,038\,\Omega$, der Nut- und Stirn-Streublindwiderstand $X_{S_{N+S}} = 0,067\,\Omega$, die Ziffer der Spaltstreuung

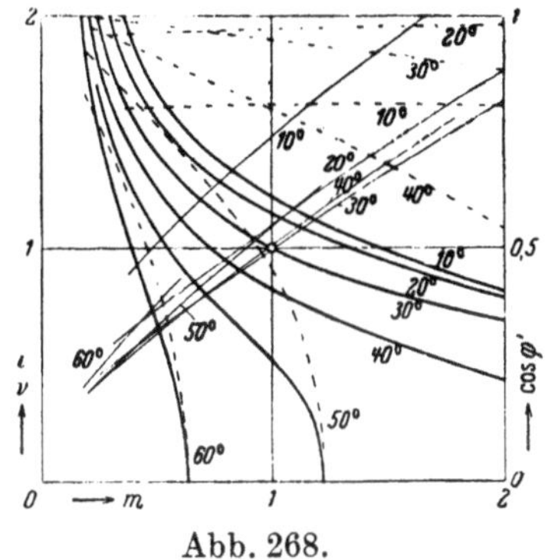

Abb. 268.

Wie Abb. 267, aber Spannungsverluste und magnetische Kennlinie berücksichtigt; ohne Zwischentransformator.

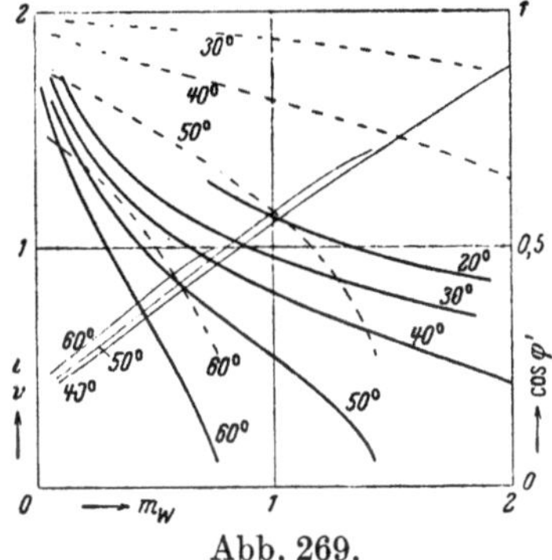

Abb. 269.

Gemessene Betriebskurven über relatives Drehmoment m_W an der Welle; ohne Zwischentransformator.

$\sigma_{S_0} = 0,0141$, also $X_{S_0} = 0,0141 X_{Sh}$, wobei $X_{Sh} = E_S/I_\mu$ der magnetischen Kennlinie (Abb. 264) zu entnehmen ist.

Für die Läuferwicklung ist bei $2\alpha = 0$ der Wirkwiderstand $R_{LW} = 0,068\,\Omega$, der Nut- und Stirn-Streublindwiderstand $X_{L_{N+S}} = 0,08\,\Omega$. Die Verkleinerung dieser beiden Widerstände mit wachsendem Bürstenwinkel 2α ist nach Abb. 215 berücksichtigt. Der Mittelwert der Ziffer der Spaltstreuung ist $\sigma_{L_0} = 0,0078$, also $X_{L_0} = \sigma_{L_0} X_{Lh} = \sigma_{L_0} X_{Sh} \ddot{u}_0^2 \cos^2 \alpha = 0,0105\, X_{Sh} \cos^2 \alpha$. Der gesamte Streublindwiderstand $X_{L\sigma}$, der sich bei jeder Bürstenstellung ergibt, ist in zwei Teile zerlegt, in den vom Schlupf unabhängigen Teil $X_{L\sigma 0} \approx 0,2\, X_{L\sigma}$ und in den dem Schlupf proportionalen Teil $s X_{L\sigma v} = 0,8\, s X_{L\sigma}$. Der Spannungsverlust im Bürstenübergangswiderstand ist zu $2\,V = \text{const}$ eingesetzt.

In Abb. 268 sind relative Drehzahl, relativer Strom und Leistungsfaktor über dem relativen Drehmoment aufgezeichnet. Vergleichen wir die Kurven mit denen in Abb. 267, die für $\ddot{u}_0 = 1$ gelten. Wie zu erwarten war, verlaufen die Kurven in Abb. 268 wegen der Berücksichtigung der magnetischen Kennlinie flacher und der Leistungsfaktor ist wegen der Vergrößerung von $\ddot{u}_0$ von 1 auf 1,162 günstiger geworden; für $\alpha = 20°$ und $10°$ wird Magnetisierungsblindstrom an das Netz abgegeben (vgl. Einfluß von $\ddot{u}$ in Abb. 256 b u. c). Allerdings hat auch die Berücksichtigung der Spannungsverluste in Abb. 268, die in Abb. 267 vernachlässigt sind, einen gewissen Einfluß auf die Kurven. Die bei $\alpha = 30°$ und $v = 1$ berechneten Werte von Drehmoment und Strom ergeben hier dieselben Werte $M_N = 4,12$ kgm und $I_N = 34{,}8$ A wie in Abb. 256a, die für den Fall gilt, daß beide Bürstensätze zur Drehzahlregelung gemeinsam verschoben werden.

c. Vergleich mit der Messung. In Abb. 269 sind die gemessenen Betriebskurven bei unmittelbarer Reihenschaltung von Ständer- und Läuferwicklung über dem an der Welle gemessenen Drehmoment dargestellt. Dabei sind das an der Welle gemessene Drehmoment M_W und der Strom I auf die durch Rechnung gewonnenen Nenngrößen $M_N = 4{,}12$ kgm und $I_N = 34{,}8$ A bezogen. Bei $\alpha = 20°$ trat die im Abschn. G 3 besprochene Selbsterregungserscheinung auf, so daß die Drehzahl nicht über $n = 1{,}25\,n_1$ gesteigert werden konnte (vgl. auch Abschn. 7d). Wegen der starken Pendelung des Stromes ist dieser und der Leistungsfaktor nicht angebbar und in Abb. 269 weggelassen. Der Strom für $\alpha = 30°$ ist nicht eingezeichnet, weil er nur sehr wenig kleiner als bei $\alpha = 40°$ ist.

Beim Vergleich der Abb. 268 und 269 ist zu beachten, daß in Abb. 268 das in der Maschine vom Läuferstrom I entwickelte Drehmoment, in Abb. 269 aber das an der Welle gemessene Drehmoment dargestellt ist, und daß die Eisenverluste und der Einfluß der Ströme in den kurzgeschlossenen Läuferspulen bei den Kurven in Abb. 268 vernachlässigt ist. Bei der synchronen Drehzahl müßte dieser Einfluß auf die Drehzahl verschwinden. Zeichnen wir die Kurven in Abb. 268 auf ein durchsichtiges Papier und legen es über Abb. 269, so können wir durch Verschieben des Pausblattes im Sinne negativer Abszissen um $m_v \approx 0{,}09$ feststellen, daß alle berechneten Drehzahlkennlinien (natürlich mit Ausnahme von $\alpha = 20°$) bei der relativen Drehzahl $v = 1$ die gemessenen schneiden, und dasselbe gilt auch angenähert für die Ströme und den Leistungsfaktor $\cos \varphi'$. Das Verlustmoment ist also bei der Drehzahl $n = n_1 = 1500$ U/min etwa $M_v = 0{,}09 \cdot 4{,}12 = 0{,}37$ kgm.

Zunächst wollen wir die berechneten mit den gemessenen Größen bei Nennbetrieb ($v = 1$, $\alpha = 30°$) vergleichen. Das Verlustmoment setzt sich zusammen aus den Anteilen, die den Lagerreibungs- und Lüftungsverlusten Q_{RL}, den Bürstenreibungsverlusten Q_B und den mechanisch gedeckten zusätzlichen Eisenverlusten Q_{Ez} entsprechen. Diese Einzelverluste wurden nach Abschn. N 1e, Bd. IV, experimentell ermittelt. Bei $n = 1500$ U/min ergab sich $Q_{RL} = 197$ W (der Motor hat Kugellager). Die Bürstenreibungsverluste konnten nur in grober Annäherung ermittelt werden, denn sie schwanken stark mit dem Zustand des Stromwenders und der Bürsten sowie der Strombelastung der Bürsten. Bei stromlosen Bürsten lag Q_B zwischen den Grenzen 240 und 420 W. Bei Strombelastung sind sie erheblich kleiner (vgl. Abschn. I A 7e); wir wollen sie hier zu $Q_B = 250$ W schätzen. Die zusätzlichen Verluste Q_{Ez} hängen von der EMK E_S ab, die beispielsweise bei $\alpha = 30°$ zu $E_S = 63{,}1$ V berechnet wurde (vgl. Abb. 265b). Bei dieser EMK und $n = 1500$ U/min wurde $Q_{Ez} = 123$ W ermittelt. Es ist also bei $n = 1500$ und $\alpha = 30°$ $Q_{RL} + Q_B + Q_{Ez} = 570$ W, womit sich nach Gl. 184b, Bd. I, das Verlustmoment zu $M_v = 0{,}974 \cdot 570/1500 = 0{,}37$ kgm ergibt. Andrerseits wurde bei $n = 1500$ U/min und $\alpha = 30°$ $M = 4{,}12$ kgm berechnet und $M_W = 3{,}75$ kgm gemessen. Die Differenz ergibt ebenfalls $M_v = 0{,}37$ kgm, also eine sehr gute Übereinstimmung zwischen berechneten und gemessenen Größen. Bei $n = 1500$ U/min und $\alpha = 30°$ ist der gemessene Strom $I = 37$ A etwas größer als der zu $I = 34{,}8$ A berechnete Strom. Jener enthält aber auch noch den Verluststrom I_v, der bei synchroner Drehzahl praktisch den Eisenverlusten Q_{E_1} im Ständer entspricht, die wir bei der Rechnung vernachlässigt haben. Q_{E_1} wurde experimentell zu 205 W ermittelt. I_v ist in Gegenphase zu U und beträgt $I_v = 205/3 \cdot 69{,}3 \approx 1$ A, so daß der berechnete von dem gemessenen Strom nur um 3 % abweicht. Der berechnete Leistungsfaktor stimmt bei $v = 1$ und $\alpha = 30°$ mit dem gemessenen $\cos \varphi' = 0{,}95$ überein.

Weniger gute Übereinstimmung zwischen Rechnung und Messung, wie wir sie eben für $v = 1$ und $\alpha = 30°$ nachgewiesen haben, erhalten wir bei andern Drehzahlen, und zwar ergeben sich hier dieselben Abweichungen, wie wir sie schon beim Repulsionsmotor (Abschn. I D 4a) erkannt haben. Die berechneten Drehzahlkennlinien verlaufen, besonders bei kleinen Bürstenwinkeln, wesentlich steiler als die gemessenen und der berechnete Leistungsfaktor ist bei $v < 1$ kleiner, bei $v > 1$ größer als der gemessene. Die Abweichungen lassen sich bei den kleinen Drehzahlen hauptsächlich durch die Ströme in den von Bürsten überbrückten Läuferspulen, bei den großen Drehzahlen hauptsächlich durch das größere Verlustmoment erklären. Wir wollen das bei einer über- und einer untersynchronen Drehzahl, bei denen die Abweichungen besonders groß sind, zeigen.

Bei $v = 1,5$ ($n = 2250$ U/min) und $\alpha = 30°$ wurde berechnet $M = 1,76$ kgm, $I = 21$ A, $\cos\varphi' = 0,993$, $E_S = 44,8$ V und gemessen $M_W = 0,97$ kgm, $I = 20,8$ A, $\cos\varphi' = 0,978$. Wir berechnen zunächst das Verlustmoment aus den gemessenen Eisenverlusten $Q_{RL} + Q_B + Q_{Ez} = 620 + 600 + 116 = 1336$ W zu $M_v = 0,974 \times 1336/2250 = 0,58$ kgm. Die Bürstenreibungsverluste haben wir dabei zu 600 W eingesetzt; sie wachsen nach der Messung etwas schneller als proportional der Drehzahl und sind etwas größer als bei Nennstrom einzusetzen, weil die Strombelastung der Bürsten kleiner ist. Wir erhalten $M_W + M_v = 0,97 + 0,58 = 1,55$ kgm. Diese Summe müßte gleich dem in der Maschine entwickelten Drehmoment sein, das jetzt auch noch das von den Strömen in den kurzgeschlossenen Läuferspulen herrührende Drehmoment M_k und das den Eisenverlusten im Läufer entsprechende Drehmoment M_{v2} enthält. Es ist also $M_i = M + M_k + M_{v2}$, worin bei übersynchroner Drehzahl $M_k + M_{v2}$ negativ ist. Die zwischen benachbarten Stromwenderstegen wirksame EMK ist bei Vernachlässigung der EMK der Stromwendung $\mathfrak{E}_{R_1} = E_S \ddot{u}_k \cdot |s| = 44,8 \cdot 0,0534 \cdot 0,5 \approx 1,2$ V. Damit entnehmen wir der Abb. 346 b, die die für unsere Maschine experimentell ermittelte Summe $M_k + M_{v2}$ darstellt, zu $M_k + M_{v2} = -0,08$ kgm und erhalten $M_i = 1,76 - 0,08 = 1,68$ kgm gegenüber $M_W + M_v = 1,55$ kgm. Der Unterschied beträgt 0,13 kgm, das sind nur etwa 3% vom Nennmoment 4,12 kgm. Der berechnete Strom ist nur sehr wenig größer als der gemessene. Der kleine Unterschied läßt sich durch den Verluststrom $I_V = I_{v1} + I'_k + I_{v2}$ (vgl. Abb. 320 b) erklären. I_{v1} entspricht den Eisenverlusten Q_{E_1} im Ständer, die 91 W betragen, $I_{v1} = 0,68$ A. $I'_k + I_{v2}$ berechnet sich nach den Gl. 360 u. 361 zu $I'_k + I_{v2} = -0,92$ A. Damit wird $I_V = -0,24$ A. $\dot{I}_V$ ist in Phase mit $\dot{E}$, also angenähert in Phase mit $\dot{U}$; ziehen wir ihn von dem berechneten Strom $\dot{I} = 21$ A ab, so erhalten wir Übereinstimmung mit dem gemessenen Strom $I = 20,8$ A. Der Leistungsfaktor ist dann praktisch gleich dem gemessenen. Mit dem verbesserten berechneten Strom ergibt sich auch ein etwas kleineres berechnetes Drehmoment, so daß die Übereinstimmung zwischen Rechnung und Messung noch besser wird.

Bei $v = 0,25$ ($n = 375$ U/min) und $\alpha = 50°$ wurde berechnet $M = 4,92$ kgm, $I = 43,1$ A, $\cos\varphi' = 0,197$, $E_S = 79,6$ V und gemessen $M_W = 5,57$ kgm, $I = 48,6$ A, $\cos\varphi' = 0,385$. Aus den gemessenen Einzelverlusten $Q_{RL} + Q_B + Q_{Ez} = 4,1 + 60,0 + 21,9 = 86$ W erhalten wir $M_v = 0,22$ kgm. Es ist also $M_W + M_v = 5,79$ kgm. Mit $\mathfrak{E}_{R_1} = 79,6 \cdot 0,0534 \cdot 0,75 = 3,18$ V erhalten wir nach Abb. 346 b $M_k + M_{v2} = 0,82$ kgm und $M + M_k + M_{v2} = 5,74$ kgm. Die kleine Differenz zwischen $M_W + M_v$ und $M + M_k + M_{v2}$ ist 0,05 kgm, beträgt also nur etwa 1% vom Nennmoment. Mit $Q_{E_1} = 354$ W erhalten wir $I_{v1} = 1,48$ A, aus $M_k + M_{v2}$ $I'_k + I_{v2} = 4,9$ A, also $I_V = 6,38$ A. $\dot{I}_V$ ist in Gegenphase zu $\dot{E}$, und ergibt zu dem berechneten Strom vektoriell addiert, den Motorstrom $I = 48,2$ A in befriedigender Übereinstimmung mit der Messung. Der Leistungsfaktor wächst von 0,197 auf 0,31 und nähert sich dem gemessenen Wert 0,39.

d. Einfluß des Zwischentransformators. In Abb. 270 sind schließlich die gemessenen Ergebnisse mit Zwischentransformator dargestellt. Der Transformator hat die Übersetzung 1:1, so daß $\ddot{u}_0$ durch den Transformator nicht geändert wird; seine magnetische Kennlinie ist in Abb. 271 aufgezeichnet. Wir erkennen den im Abschn. 5c besprochenen Einfluß des Zwischentransformators durch eine starke Abflachung der Drehzahlkennlinien und eine engere Begrenzung der Leerlaufdrehzahlen (vgl. Abb. 270 mit 269). Der Zwischentransformator wirkt auch im Sinne einer Stabilitätsvergrößerung des Motors.

Bei der Schaltung mit Zwischentransformator trat bei $\alpha = 20°$ keine Selbsterregungserscheinung auf; der Zwischentransformator ist also auch geeignet, Selbsterregung zu unterdrücken (vgl. Abschn. H 3).

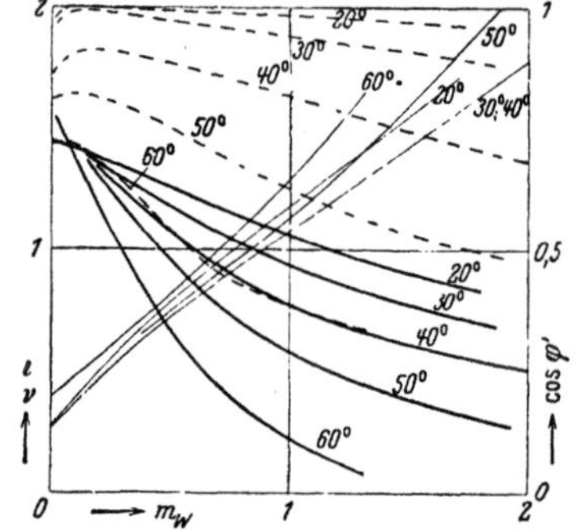

Abb. 270. Gemessene Betriebskurven mit Zwischentransformator.

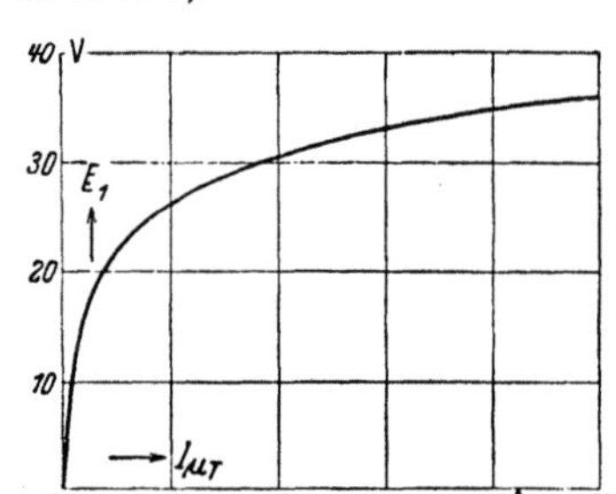

Abb. 271. Magnetische Kennlinie des Zwischentransformators.

8. Die Funkenunterdrückung.

a. Vernachlässigung der Oberschwingungen. Wenn wir neben den Oberschwingungen der in den kurzgeschlossenen Läuferspulen induzierten EMK zunächst auch die EMK der Stromwendung $\mathfrak{E}_W$ vernachlässigen, so ist nur die vom Drehfeld in den kurzgeschlossenen Läuferspulen induzierte EMK wirksam, deren Effektivwert

$$\mathfrak{E}_{R_1} = s\,E_S\,\ddot{u}_k \quad \text{mit} \quad \ddot{u}_k = \frac{w_k\,\xi_k}{w_S\,\xi_S} \qquad (389\,\text{a u. b})$$

ist, worin $\ddot{u}_k$ die Übersetzung zwischen Kurzschlußkreis und Ständerwicklung bedeutet; w_k ist die maßgebende Windungszahl zwischen benachbarten Stromwenderstegen (Gl. 7), ξ_k der Wicklungsfaktor, der in des Regel auch bei Sehnenwicklung im Läufer nur wenig von 1 abweicht.

Bei dem Reihenschlußmotor, für den wir im Abschn. 7b die näheren Angaben gemacht haben, ist bei der Regelung durch Verschieben nur eines der beiden Bürstensätze nach Gl. 389b $\ddot{u}_k = 2 \cdot 0{,}997/(39 \cdot 0{,}96) = 0{,}0534$. Für das Rechenbeispiel des Motors, der durch Verschieben aller Bürsten geregelt wird, haben wir uns die Läuferwicklung von der Übersetzung $\ddot{u}_0 = 1{,}162$ auf $\ddot{u} = 1$ umgewickelt gedacht; es ist also für diesen Motor $\ddot{u}_k = 0{,}0534/1{,}162 = 0{,}0459$ zu setzen. $\mathfrak{E}_{R_1}$ hatten wir bereits in Abb. 265b dargestellt. Tragen wir $\mathfrak{E}_{R_1}$ in die v, m-Ebene der

Drehzahlkennlinien (Abb. 265a) ein und verbinden die Punkte gleicher Werte von $\mathscr{E}_{R_1}$, so erhalten wir die Kurven konstanter EMK $\mathscr{E}_{R_1}$, die in Abb. 272a für unsern Motor mit der Übersetzung $\ddot{u} = 1$ zwischen Läufer- und Ständerwicklung dargestellt sind. Abb. 273a zeigt die entsprechenden Kurven für den Motor mit der Übersetzung $\ddot{u}_0 = 1,162$ (Abschn. 7b), wenn der eine Bürstensatz in der Achse

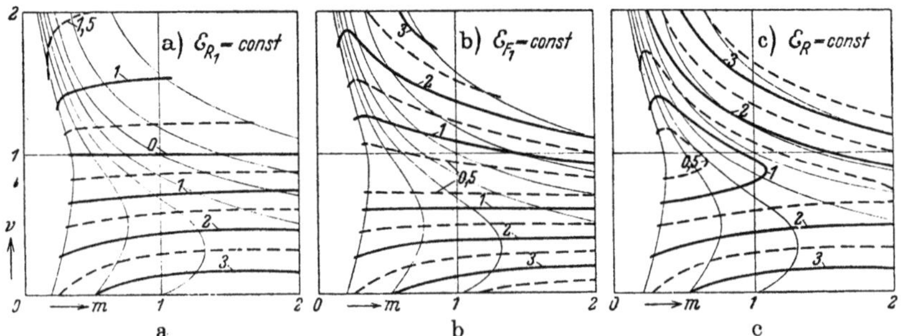

Abb. 272a bis c. Kurven konstanter EMK einer Läuferspule; alle Bürsten verschiebbar, $q_L = q_S = 3$, $\ddot{u} = 1$; Parameter in Volt. a) $\mathscr{E}_{R_1}$; b) $\mathscr{E}_{F_1} = |\mathscr{E}_{R_1} + \mathscr{E}_W|$;
c) $\mathscr{E}_R = \sqrt{\mathscr{E}_{R_1}^2 + \mathscr{E}_0^2}$.

der Ständerwicklung verbleibt, zur Regelung aber der andere verschoben wird. Die höheren Werte von $\mathscr{E}_{R_1}$ gegenüber Abb. 272a sind durch die größere Windungszahl der Läuferwicklung bedingt. Durch dünne Linien sind die Drehzahlkennlinien angedeutet.

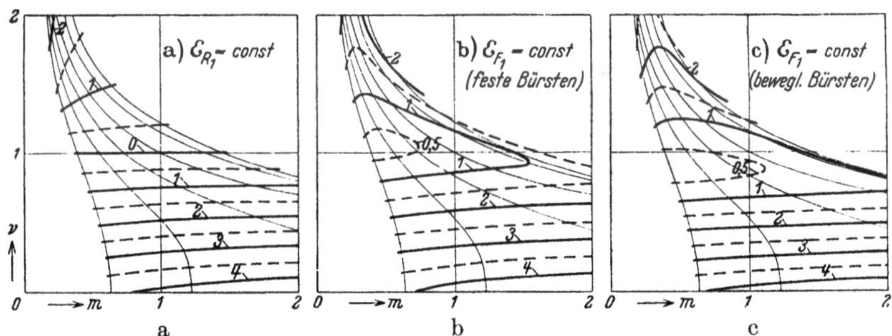

Abb. 273a bis c. Wie Abb. 272a u. b, aber ein Bürstensatz fest, $\ddot{u}_0 = 1,162$.
a) $\mathscr{E}_{R_1}$, b) $\mathscr{E}_{F_1}$ für die festen, c) $\mathscr{E}_{F_1}$ für die beweglichen Bürsten.

Addieren wir zu $\mathscr{E}_{R_1}$ die EMK der Stromwendung $\mathscr{E}_W$, so erhalten wir die resultierende EMK bei Vernachlässigung der Oberschwingungen. Die Zusammensetzung der EMKe $\mathscr{E}_{R_1}$ und $\mathscr{E}_W$ ist im Abschn. A 7c ausführlich behandelt, wobei wir den Phasenwinkel ψ_L zwischen $\dot{E}_L$ und $\dot{I}$ als bekannt vorausgesetzt haben. Mit der in den Abb. 228b angenommenen positiven Achse der von Bürsten überbrückten Läuferspulen ist beim Motor mit Regelung durch Verschieben aller Bürsten $\mathscr{E}_{R_1}$ um eine Viertelperiode gegen $\dot{E}_L$ phasenverspätet. Wir erhalten nach den

Abb. 228c' u. d'

$$\mathfrak{E}_{F_1} = \sqrt{\mathfrak{E}_{R_1}^2 + \mathfrak{E}_W^2 \mp 2\,\mathfrak{E}_{R_1}\,\mathfrak{E}_W \cos\psi_L},\tag{390a}$$

worin das obere Vorzeichen für untersynchrone, das untere für übersynchrone Drehzahlen gilt.

Bleibt aber der eine Bürstensatz fest in der Achse der Ständerwicklung, während der andere um den Winkel 2α aus der Kurzschlußstellung verschoben wird, so ist (vgl. Abb. 214a u. 104) $\mathfrak{E}_{R_1}$ für die von festen Bürsten überbrückten Läuferspulen um den Winkel $\pi/2 - \alpha$, für die von beweglichen Bürsten überbrückten Läuferspulen um $\pi/2 + \alpha$ gegen $\dot{E}_L$ phasenverspätet. Wir erhalten damit

$$\mathfrak{E}_{F_1} = \sqrt{\mathfrak{E}_{R_1}^2 + \mathfrak{E}_W^2 \mp 2\,\mathfrak{E}_{R_1}\,\mathfrak{E}_W \sin(\psi_L \mp \alpha)},\tag{390b}$$

worin das $-$-Zeichen vor α für die festen, das $+$-Zeichen für die beweglichen Bürsten, das $-$-Zeichen vor $2\,\mathfrak{E}_{R_1}\,\mathfrak{E}_W \sin(\psi_L \mp \alpha)$ für untersynchrone, das $+$-Zeichen für übersynchrone Drehzahlen gilt.

Für unsern Motor berechnen wir, wenn zur Regelung alle Bürsten gemeinsam verschoben werden, die EMK der Stromwendung zu etwa $\mathfrak{E}_W = 0{,}02\,vI$ (bei $v = 1$ und $I = 34{,}8$ A ist mit $\zeta = 5{,}65$, $w_k = 2$, $v_A = 1768$ cm/s, $A = 135$ A/cm und $l_i = 13$ cm nach Gl. 318 $\mathfrak{E}_W = 0{,}7$ V). Mit diesem Wert von $\mathfrak{E}_W$ ist die EMK $\mathfrak{E}_{F_1} = |\mathfrak{E}_{R_1} + \mathfrak{E}_W|$ berechnet, und es sind in Abb. 272b die Kurven konstanter EMK in der v, m-Ebene dargestellt.

Wenn nur der eine der beiden Bürstensätze zur Regelung verschoben wird, ist die EMK der Stromwendung $\mathfrak{E}_W$ im allgemeinen kleiner, weil sich nach Abschn. A 7b γ die von gleichphasigen Bürsten überbrückten Läuferspulen weniger oder gar nicht beeinflussen. In der Grenzstellung $2\alpha = 60°$ fällt die Achse der beweglichen Bürsten des einen Strangs in die Achse der Bürsten eines andern Strangs, so daß sich die von diesen Bürsten überbrückten Läuferspulen wieder beeinflussen. Vernachlässigen wir diesen Einfluß und setzen unter Berücksichtigung der größeren Windungszahl des Läufers ($\ddot{u}_0 = 1{,}162$) für alle Bürstenstellungen $\mathfrak{E}_W = 0{,}017\,vI$ (bei $v = 1$ und $I = 34{,}8$ A ist dann $\mathfrak{E}_W = 0{,}59$ V), so erhalten wir die Kurven konstanter Funken-EMK $\mathfrak{E}_{F_1}$ in Abb. 273b für die von festen, und in Abb. 273c für die von beweglichen Bürsten überbrückten Läuferspulen. Für untersynchrone Drehzahlen verhalten sich die von festen, für übersynchrone die von beweglichen Bürsten überbrückten Läuferspulen ungünstiger.

b. Einfluß der Oberschwingungen. Im Abschn. A 8 hatten wir den Einfluß der Oberwellen der Feldkurve auf die Oberschwingungen der EMK $\mathfrak{E}_R$ untersucht und die von der Wicklungsverteilung herrührenden Oberwellen, auf die wir uns hier beschränken wollen, im Unterabschnitt b behandelt. Dabei wurde jedoch vorausgesetzt, daß sich der Strom der Ständerwicklung so einstellen kann, daß die von den Belastungsströmen herrührende resultierende Grundwelle der Felderregerkurve verschwindet, wie es bei Nebenschlußmaschinen der Fall ist. Bei der Reihenschlußmaschine fließt aber der Ständerstrom auch durch die Läuferwicklung oder steht in einem festen Verhältnis zu diesem Strom, wenn wir den Magnetisierungsstrom des Zwischentransformators vernachlässigen.

Setzen wir in Gl. 181, Bd. I, w_S an Stelle von w und $\xi_{S\nu}$ an Stelle von ξ_ν, so erhalten wir die Felderregerkurve der Ständerwicklung. Für die Läuferwicklung müssen wir in Gl. 181 bei Gleichachsigkeit von Ständer- und Läuferwicklung (d. h. wenn beim Motor mit Verschiebung aller Bürsten $\alpha = 180°$ ist) und demselben Strom I an Stelle von w setzen $w_L = \ddot{u} w_S \xi_{S_1}/\xi_{L_1}$ (bei $w_1 = w_2$, vgl. Gl. 363) und $\xi_{L\nu}$ an Stelle von ξ_ν. Sind die Bürsten aus der Kurzschlußstellung um einen beliebigen Winkel α verschoben, so erhalten wir die Felderregerkurve der Läuferwicklung, wenn wir noch $x + (\pi - \alpha)\tau/\pi$ an Stelle von x, oder die negativ genommene Felderregerkurve, wenn wir $x - \alpha\tau/\pi$ an Stelle von x setzen.

Addieren wir die Felderregerkurven von Ständer und Läufer, so ergibt sich die resultierende Felderregerkurve. Die Vorzeichen der Einzelwellen ändern sich nach einem bestimmten Gesetz, auf das wir hier nicht einzugehen brauchen. Für die ν-te Einzelwelle der Felderregerkurve erhalten wir

$$f(x)_\nu = \pm \frac{3\sqrt{2}}{\pi} \frac{w_S \xi_{S_1}}{p} \frac{I}{\nu} \left[\frac{\xi_{S\nu}}{\xi_{S_1}} \sin\left(\omega t \mp \nu \frac{x\pi}{\tau}\right) - \ddot{u}\frac{\xi_{L\nu}}{\xi_{L_1}} \sin\left(\omega t \mp \nu \frac{x\pi}{\tau} \pm \nu\alpha\right)\right]. \tag{391}$$

Der Phasenwinkel zwischen den Amplituden der vom Ständer (S_ν) und vom Läufer (L_ν) herrührenden Anteile der resultierenden Amplitude A_ν ist $\nu\alpha$; wir erhalten also die Amplitude der ν-ten Einzelwelle der resultierenden Felderregerkurve (vgl. Abb. 229) zu

$$A_\nu = \sqrt{S_\nu^2 + L_\nu^2 - 2 S_\nu L_\nu \cos\nu\alpha}$$
$$= \frac{3\sqrt{2}}{\pi} \frac{w_S \xi_{S_1}}{p} \frac{I}{\nu} \sqrt{\left(\frac{\xi_{S\nu}}{\xi_{S_1}}\right)^2 + \ddot{u}^2\left(\frac{\xi_{L\nu}}{\xi_{L_1}}\right)^2 - 2\ddot{u}\frac{\xi_{S\nu}}{\xi_{S_1}}\frac{\xi_{L\nu}}{\xi_{L_1}}\cos\nu\alpha}, \tag{392a}$$

oder auf die Amplitude der resultierenden Grundwelle bezogen

$$\frac{A_\nu}{A_1} = \frac{1}{\nu} \sqrt{\frac{(\xi_{S\nu}/\xi_{S_1})^2 + \ddot{u}^2(\xi_{L\nu}/\xi_{L_1})^2 - 2\ddot{u}(\xi_{S\nu}/\xi_{S_1})(\xi_{L\nu}/\xi_{L_1})\cos\nu\alpha}{1 + \ddot{u}^2 - 2\ddot{u}\cos\alpha}}. \tag{392}$$

Beschränken wir uns für eine übersichtliche Betrachtung auf den Fall, daß $\ddot{u} = 1$ und $\xi_{L\nu} = \xi_{S\nu}$ ist, so geht Gl. 392 über in

$$\frac{A_\nu}{A_1} = \frac{1}{\nu}\frac{\xi_{S\nu}}{\xi_{S_1}}\sqrt{\frac{1 - \cos\nu\alpha}{1 - \cos\alpha}} = \frac{1}{\nu}\frac{\xi_{S\nu}}{\xi_{S_1}}\frac{\sin\nu\alpha/2}{\sin\alpha/2}. \tag{393}$$

Diese Gleichung tritt jetzt an Stelle der Gl. 322a im Abschn. A 8a, die für die Ständerwicklung allein gilt; sie enthält gegenüber jener Gleichung noch den Faktor $(\sin\nu\alpha/2)/(\sin\alpha/2)$. Damit ergeben sich auch sinngemäß die Gleichungen bis zu Gl. 324 im Abschn. A 8a. Wir berücksichtigen auch hier nur das letzte Glied mit $1/\nu^2$ hinter dem Summenzeichen in Gl. 324a. Dann erhalten wir das Verhältnis der Summe der Quadrate aller Effektivwerte $\mathfrak{E}_{R\nu}$ zum Quadrat des Effektivwertes $\mathfrak{E}_{R_{1,0}}$, den die resultierende Grundwelle bei ruhendem Läufer induzieren würde, zu

$$\varepsilon_o^2 = \sum_{\nu = 5,7,11,\ldots} \left(\frac{\mathfrak{E}_{R\nu}}{\mathfrak{E}_{R_{1,0}}}\right)^2 \approx (1-s)^2 \sum_{\nu = 5,7,11,\ldots} \frac{1}{\nu^2}\left[\frac{\xi_{S\nu}}{\xi_{S_1}}\frac{\varsigma_\nu}{\varsigma_1}\frac{\sin \nu\alpha/2}{\sin \alpha/2}\right]^2 . \tag{394}$$

Die Reihe konvergiert für den allgemeinen Fall nur langsam, doch läßt sich das Restglied beliebig genau berechnen.

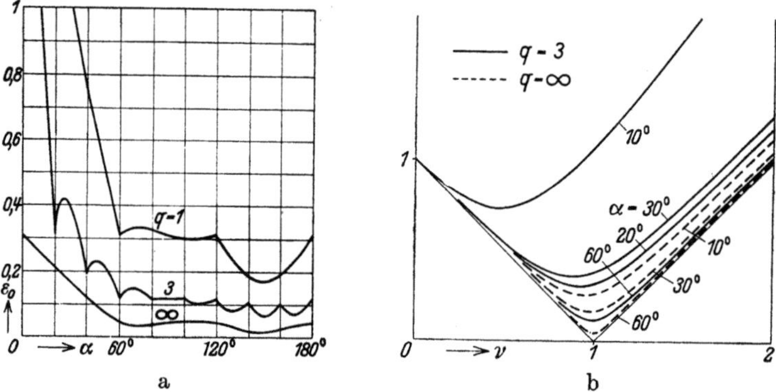

Abb. 274a u. b. a) ε_0 (Gl. 394) bei synchroner Drehzahl über α, wenn $\xi_{L\nu} = \xi_{S\nu}$ und $q = q_S = q_L = 1$, 3 und ∞; b) ε über ν bei $q = 3$ und ∞ und verschiedenen α.

Als Ergebnis der Rechnung ist in Abb. 274a ε_0 bei synchroner Drehzahl $(s = 0)$ und Durchmesserwicklung $(\varsigma_\nu = 1)$ für $q = q_S = q_L = 3$ und für die Grenzfälle $q = 1$ und $q = \infty$ dargestellt. Für $q = \infty$ ist $\xi_{S\nu}/\xi_{S_1} = 1/\nu$,

$$\varepsilon_{0q = \infty} \approx (1-s)\sqrt{\sum_{\nu = 5,7,11,\ldots} \frac{1}{\nu^4}\left(\frac{\sin \nu\alpha/2}{\sin \alpha/2}\right)^2}. \tag{395}$$

Der Wert bei 60° wiederholt sich bei den Bürstenwinkeln 90°, 120° und 180°, denn für diese Winkel ist $|(\sin \nu\,\alpha/2)/(\sin \alpha/2)| = 1$. Die Abstände der in der Abbildung ersichtlichen Unstetigkeitsstellen der Differentialquotienten entsprechen jeweils einer Nutteilung, die 60° bei $q = 1$ und 20° bei $q = 3$ beträgt. Abb. 274b zeigt für $q = 3$ und $q = \infty$ die bezogene EMK $\varepsilon = \sqrt{\varepsilon_0^2 + s^2}$ (Gl. 324) für einige Bürstenwinkel α über der relativen Drehzahl ν.

Die Ableitung für die von den Oberwellen der Felderregerkurve induzierte EMK gilt für ein und dieselbe Spule des Läufers, während für das Bürstenfeuer die EMK der jeweils von der Bürste überbrückten Läuferspulen maßgebend ist. Der Effektivwert aller dieser EMKe ist nach den Untersuchungen [L 217 c] noch etwas größer, bei $q = 3$ etwa 23% größer als die Werte nach Abb. 274a.

Aus den Abb. 274a u. b erkennen wir, daß der Einfluß der Oberwellen der Felderregerkurve auf ε nur bei kleinen Bürstenwinkeln (etwa $\alpha < 20°$) beträchtlich ist, bei denen aber auch der Wert $\mathfrak{E}_{R_1,0}$, auf den $\mathfrak{E}_{R_1} + \mathfrak{E}_{R_0}$ bezogen ist, verhältnismäßig klein ist. Beim Vergleich mit der Nebenschlußmaschine (Abb. 230b) ist noch zu beachten, daß in Gl. 394 nicht mehr das Verhältnis $h = I'_{Lw}/I_\mu$ auftritt (Gl. 331). Bei $\alpha = 60°$ ist ε nur noch so klein wie bei der Nebenschlußmaschine mit stromlosem Läufer. Wir erkennen also, daß sich beim Reihenschlußmotor ε_0 bei weitem nicht in so hohem Maße wie bei der Nebenschlußmaschine bemerkbar macht [L 217 c].

Abb. 272c enthält schließlich die Kurven konstanten Effektivwertes der EMK $\mathfrak{E}_R$ in der v, m-Ebene unseres Motors; sie ist gleich dem Effektivwert $\mathfrak{E}_F$ der Funken-EMK, wenn die EMK der Stromwendung $\mathfrak{E}_W = 0$ ist. Zur Berechnung wurde die Kurve für $q = 3$ in Abb. 274a durch eine stetig verlaufende mittlere Kurve ersetzt.

Um den gesamten Effektivwert der Funken-EMK zu erhalten, müßten wir noch $\mathfrak{E}_{F_1} = |\mathfrak{E}_{R_1} + \mathfrak{E}_W|$ und $\mathfrak{E}_{R_0}$ zu der resultierenden EMK

$$\mathfrak{E}_F = \sqrt{\mathfrak{E}_{F_1}^2 + \mathfrak{E}_{R_0}^2} \tag{396}$$

zusammensetzen. Wir verzichten auf diese Zusammensetzung, weil das Bürstenfeuer ja weniger vom Effektivwert als von den Höchstwerten der Funken-EMK abhängt, die im allgemeinen wesentlich größer sind als $\sqrt{2}\,\mathfrak{E}_F$ (siehe darüber [L 217 c]). Die Abb. 272b u. c sollen durch Vergleich mit Abb. 272a auch nur zeigen, welchen Einfluß die EMK der Stromwendung $\mathfrak{E}_W$ (Abb. 272b) einerseits und die Oberschwingungen der Drehfeld-EMK $\mathfrak{E}_{R_0}$ (Abb. 272c) andrerseits auf den Effektivwert der Funken-EMK haben können, der sich besonders bei den höheren Drehzahlen bemerkbar macht (vgl. Abb. 274b).

C. Die ständergespeiste Nebenschlußmaschine ohne besondere Erregerwicklung.

1. Regelung mit Transformator.

a. Schaltung. Wir haben im Abschn. A 1 gezeigt, daß die Drehzahl der mehrphasigen Stromwendermaschine, deren Ständerwicklung am Netz liegt, durch die an die Bürsten des Stromwenders gelegte Spannung von Netzfrequenz geregelt werden kann. Eine solche Maschine bezeichnet man zum Unterschied von den Maschinen, bei denen die Läuferwicklung über Schleifringe am Netz liegt (Abschn. D), als „ständergespeiste" Nebenschlußmaschine. Wir behandeln in diesem Abschnitt die Maschinen ohne besondere Erregerwicklung, bei denen also die Ströme in der Ständer- und in der Läuferwicklung im allgemeinen gemeinsam das Drehfeld erregen, wie es ja auch bei der gewöhnlichen Induktionsmaschine der Fall ist. In Abb. 275 ist die

Schaltung einer solchen Maschine M in einfachster Form dargestellt, wobei zur Regelung der Drehzahl ein Stufentransformator T angenommen ist.

Denken wir uns die Bürsten so eingestellt, daß die Wicklungsachsen von Läufer- und Ständerwicklung zusammenfallen (I. Hauptstellung, Abschn. A 10b), so hängt das Betriebsverhalten der Maschine noch von der Phase der Läuferspannung gegenüber der Ständerspannung ab. Sind bei dieser Bürstenstellung Läufer- und Ständerspannung phasengleich, so erhält man zwar bei Leerlauf einen sehr kleinen Läuferstrom, der bei Vernachlässigung der Spannungsverluste in der Ständerwicklung und im Regeltransformator Null wäre. Bei Belastung ergibt sich aber eine starke Phasenverschiebung zwischen der in der Läuferwicklung induzierten EMK und dem Läuferstrom, so daß ein bestimmtes Drehmoment große Läuferströme verlangt. Die Vorgänge sind ähnlich wie bei der einphasigen Nebenschlußmaschine (Abschn. I E 1); die Maschine arbeitet mit schlechtem Wirkungsgrad, schlechtem Leistungsfaktor und großem Drehzahlabfall.

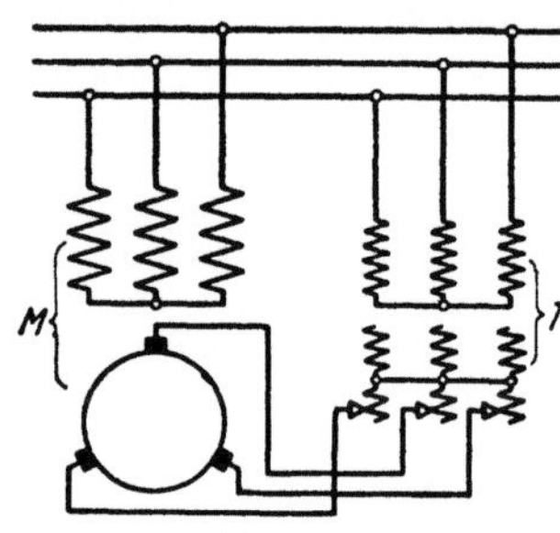

Abb. 275.
Grundsätzliche Schaltung
mit Stufentransformator.

Um für jeden Belastungszustand die günstigste Phase zwischen EMK und Strom im Läufer zu erhalten, müßte wie bei der einphasigen Nebenschlußmaschine entweder der Blindspannungsverlust aufgehoben (Abschn. I E 1c) oder die Phase der Läuferspannung gegenüber der Ständerspannung mit dem Belastungszustand der Maschine geändert werden (I E 1d). Da dies nicht mit einfachen Mitteln möglich ist, begnügt man sich damit, die günstigste Phase der Läuferspannung etwa für Nennmoment einzustellen, und nimmt bei Abweichungen vom Nennmoment die Blindströme in Kauf. Diese können bei Leerlauf oder gar bei negativem Drehmoment (Generatorbetrieb, wenn die Phase der Läuferspannung für Motorbetrieb eingestellt ist) sehr hohe Werte erreichen.

Die Vorgänge sind grundsätzlich gleicher Art wie bei Einphasenmaschinen, hier kommt aber als zusätzliche Erscheinung die Veränderlichkeit des Streublindwiderstandes im Läufer mit der Schlüpfung (oder Drehzahl) hinzu. Nach Abschn. A 10e setzt sich der Streublindwiderstand der Läuferwicklung aus zwei Teilen zusammen, der eine Teil $X_{L\sigma0}$ ist von der Schlüpfung unabhängig, der andere Teil $sX_{L\sigma v}$ ist der Schlüpfung s proportional.

b. Spannungsdiagramme. Statt bei fester Bürstenstellung in der Achse der Ständerwicklung die Spannung an der Läuferwicklung gegen die Ständerspannung zu verdrehen, können auch bei Phasengleichheit von Ständer- und Regelspannung die Bürsten um den entsprechenden Phasenwinkel (aber im entgegengesetzten Sinne) gegen die Ständerachse verschoben werden. Wir wollen beide Fälle hier etwas näher betrachten. Die Läuferwicklung ersetzen wir durch eine gleichwertige Wicklung (Ersatzwicklung, Abschn. A 4). Die Eisenverluste und die Ströme in den von Bürsten überbrückten Läuferspulen vernachlässigen wir, ebenso auch die Veränderlichkeit der Streuung mit der Bürstenstellung. Es bezeichnet I_S den Ständerstrom, I_L den Läuferstrom, I_1 den Strom in der primären, am Netz liegenden Transformatorwicklung, I_2 den sekundären und I den gesamten dem Netz entnommenen Strom, ferner

$$\ddot{u}_M = \xi_L\, w_L / \xi_S\, w_S \qquad (397\,\text{a})$$

die Übersetzung der Maschine.

Zunächst betrachten wir die übersichtlichere Schaltung in Abb. 276 a, bei der die Wicklungsachsen von Ständer- und Läuferwicklung zusammenfallen (I. Hauptstellung der Bürsten). Die Läuferwicklung denken wir uns der besseren Anschaulichkeit wegen von einem Drehtransformator gespeist. Die Strangspannung $\dot{U}_S = \dot{U}$ und die Ströme $\dot{I}_L$ und $\dot{I}_S$ seien für einen bestimmten Belastungszustand als Motor, beispielsweise $s = 0{,}75$, nach Abb. 276 b gegeben. Addieren wir $R_S\dot{I}_S + j X_{S\sigma}\dot{I}_S$ zu $\dot{U}$, so erhalten wir die vom Luftspaltdrehfeld in der Ständerwicklung induzierte EMK $\dot{E}_S$. Bezeichnen wir die in der ruhenden Läuferersatzwicklung induzierte EMK mit $\dot{E}_{L_0}$, so ist die auf die Ständerwicklung bezogene EMK bei umlaufendem Läufer

$$\dot{E}_L' = s\, \dot{E}_{L_0}/\ddot{u}_M = s\, \dot{E}_S. \qquad (397)$$

Um eine Viertelperiode phasenverfrüht ist der Magnetisierungsstrom $\dot{I}_\mu$ der Maschine, der gleich der Summe aus $\dot{I}_S$ und $\dot{I}_L'$ ist,

$$\dot{I}_\mu = \dot{I}_S + \dot{I}_L' \quad \text{mit} \quad \dot{I}_L' = \ddot{u}_M \dot{I}_L; \qquad (398\,\text{a u. b})$$

in Abb. 276 b ist $\ddot{u}_M = 0{,}6$ angenommen. Ziehen wir von $\dot{E}_L'$ den auf die Ständerwicklung bezogenen Spannungsverlust $(R_L' + j X_{L\sigma}')\, \dot{I}_L'$ ab, so erhalten wir die auf die Ständerwicklung bezogene Läuferspannung $\dot{U}_L' = \dot{U}_L/\ddot{u}_M$. Bei Untersynchronismus ist $\sphericalangle\, \dot{E}_L',\, \dot{I}_L'$ spitz, und bei größeren Abweichungen vom Synchronismus auch $\sphericalangle\, \dot{U}_L',\, \dot{I}_L'$, d. h. die Läuferwicklung gibt Leistung an die Sekundärwicklung des Transformators ab (umgekehrt ist es bei Übersynchronismus).

Die sekundäre Seite des Transformators ist also Verbraucher, d. h. wir müssen, wenn wir die Phase der Klemmenspannung $\dot{U}_L'$ auch für den Transformator beibehalten (vgl. S. 27 bis 31 [L 9 a]), den Transformatorstrom

$$\dot{I}_2' = -\dot{I}_L' \qquad (398\,\text{c})$$

setzen, damit $\sphericalangle\,\dot U_L',\dot I_2'$ einem Verbraucher entsprechend stumpf ist. $\dot I_2'$ ist wieder auf die Ständerwicklung bezogen (Gl. 398b). Zur Vereinfachung nehmen wir beim Transformator an, daß der gesamte Spannungsverlust in der Sekundärwicklung auftritt; dann ist die vom Hauptfluß des Transformators in seiner Sekundärwicklung induzierte EMK gleich $\dot U_{20}$. Wir erhalten die auf die Ständerwicklung bezogene Spannung $\dot U_{20}'$ des Transformators, indem wir zu $\dot U_L'$ den gesamten auf

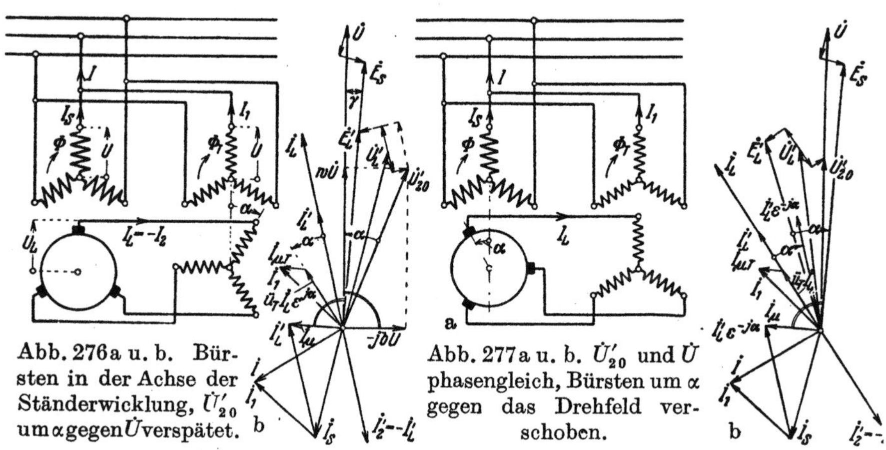

Abb. 276a u. b. Bürsten in der Achse der Ständerwicklung, $\dot U_{20}'$ um α gegen $\dot U$ verspätet.

Abb. 277a u. b. $\dot U_{20}'$ und $\dot U$ phasengleich, Bürsten um α gegen das Drehfeld verschoben.

die Ständerwicklung bezogenen Spannungsverlust $(R_T' + j X_{\sigma T}')\,\dot I_2'$ des Transformators addieren. Es ist

$$R_T' = (R_{2\,T} + R_{1\,T}\ddot u_T^2)/\ddot u_M^2 \quad \text{und} \quad X_{\sigma T}' = (X_{2\,\sigma T} + X_{1\,\sigma T}\ddot u_T^2)/\ddot u_M^2, \quad (399\,\text{a u. b})$$

worin

$$\ddot u_T = w_{2\,T}/w_{1\,T} = U_{20}/U = U_{20}'\,\ddot u_M/U \qquad (400\,\text{a})$$

ist oder

$$\dot U_{20}' = \ddot u\,\dot U\,\varepsilon^{-j\alpha} \quad \text{mit} \quad \ddot u = \ddot u_T/\ddot u_M. \qquad (400\,\text{b u. c})$$

In unserm Beispiel ist $\ddot u = U_{20}'/U = 0{,}6$, also $\ddot u_T = 0{,}6 \cdot 0{,}6 = 0{,}36$ einzustellen.

Den Strom in der Primärwicklung des Transformators erhalten wir bei Vernachlässigung des Magnetisierungsstromes im Transformator seinem Betrage nach zu $I_1 = \ddot u_T\,I_L$, seiner Phase nach um den Winkel α phasenverfrüht gegen $-\dot I_2' = \dot I_L'$, wenn, wie in unserm Falle, $\dot U_{20}'$ gegen $\dot U$ um den Phasenwinkel α verspätet ist (vgl. Abschn. A 2c, Bd. IV). Addieren wir zu diesem Strom $\ddot u_T\,\dot I_L\varepsilon^{j\alpha}$ den Magnetisierungsstrom des Transformators $\dot I_{\mu\,T}$, angenähert um eine Viertelperiode phasenverfrüht gegen $\dot U$, so ergibt sich der wirkliche Primärstrom des Transformators zu

$$\dot I_1 = \ddot u_T\,\dot I_L\,\varepsilon^{j\alpha} + \dot I_{\mu\,T}. \qquad (400\,\text{d})$$

Addieren wir I_S und I_1, so erhalten wir den Strom I, den der Motor mit Transformator dem Netz entnimmt.

In der Schaltung nach Abb. 277a sind die in den Wicklungen des Transformators vom Hauptfluß induzierten EMKe phasengleich angenommen, die Bürsten aber aus der I. Hauptstellung um den räumlichen Phasenwinkel α entgegen dem Drehsinn des Drehfeldes verschoben. Da jetzt die vom Luftspaltfeld in der Läuferwicklung induzierte EMK gegen die in der Ständerwicklung um den Zeitwinkel α phasenverfrüht ist, muß der Strom I_L gegen I_L in Abb. 276a um denselben Phasenwinkel α verfrüht sein, damit wir denselben Belastungszustand wie im Falle der Abb. 276b erhalten. Um die auf die Ständerwicklung bezogene Magnetisierungsdurchflutung zu ermitteln, können wir uns die Bürsten in die Achse der Ständerwicklung gedreht und den Läuferstrom um den Zeitwinkel α verspätet denken (Abb. 277b, vgl. auch [L 9a, Abschn. V B 2]). Der Magnetisierungsstrom I_μ der Maschine ist jetzt also gleich der Summe aus I_S und $I'_L \varepsilon^{-\alpha}$. Ebenso wie der Läuferstrom sind jetzt auch alle Spannungen im Läuferkreis um den zeitlichen Phasenwinkel α gegenüber Abb. 276 verfrüht. Der Strom in der Primärwicklung des Transformators ist bei Vernachlässigung des Magnetisierungsstromes in Phase mit I_L, also gleich $ü_T I_L$ und ergibt mit dem Magnetisierungsstrom des Transformators wieder den Strom I_1 nach Stärke und Phase wie im Falle der Abb. 276a. Damit ergibt sich dann auch derselbe Gesamtstrom I wie im ersten Fall.

Wir sehen also, daß sich eine Verschiebung der Bürsten um den räumlichen Phasenwinkel α entgegen dem Drehsinn des Drehfeldes ebenso auswirkt wie eine zeitliche Phasenverspätung der Spannung U'_{20} gegen U um den Zeitwinkel α. Im folgenden werden wir in der Regel voraussetzen, daß die Bürsten in der I. Hauptstellung verbleiben und nur die Phase der Bürstenspannung geändert wird. Schließen wir den Wirkwiderstand R'_T und den Streublindwiderstand $X'_{\sigma T}$ des Transformators (Gl. 399a u. b) in die entsprechenden Größen R'_L und $X'_{L\sigma 0}$ des Läufers ein, so können wir U'_L und I'_2 ganz außer acht lassen und schreiben (in Abb. 276b gestrichelt angedeutet)

$$\dot{E}'_L = \dot{U}'_{20} + (R'_L + j\, X'_{2\sigma})\, \dot{I}'_L . \tag{401}$$

Für die Leerlaufspannung U'_{20} des Transformators schreiben wir

$$\dot{U}'_{20} = ü\, \dot{U}\, \varepsilon^{-j\alpha} = ü\, (\cos\alpha - j \sin\alpha)\, \dot{U} = (w - j\, b)\, \dot{U} , \tag{402}$$

worin $ü$ durch Gl. 400c gegeben und

$$w = ü \cos\alpha , \quad b = ü \sin\alpha \tag{402a u. b}$$

ist (Abb. 276b). Für den praktisch in Frage kommenden Betrieb der Maschine als Motor ist $\dot{U}'_{20}$ bei untersynchroner Drehzahl gegen $\dot{U}$ phasenverspätet einzustellen; es ist dann also b positiv.

Die Diagramme in den Abb. 276b u. 277b sind für Motorbetrieb und Untersynchronismus aufgezeichnet, bei Übersynchronismus ändert $\dot{E}'_L$ das Vorzeichen. Der Winkel $\dot{E}'_L, \dot{I}_L$ wird stumpf, d. h. der Läufer nimmt Leistung vom Transformator auf. Während bei Untersynchronismus die Primärwicklung des Transformators Generator ist, ist sie bei Übersynchronismus Verbraucher. Die Drehzahl ergibt sich zu

$$n = (1 - s)\,n_1 = (1 - E'_L/E_S)\,n_1, \tag{403}$$

worin n_1 die synchrone Drehzahl ist.

c. Die Spannungsgleichungen. Vernachlässigen wir die Eisenverluste und die Vorgänge in den von Bürsten überbrückten Läuferspulen, so können wir für die Spannungsgleichungen der Ständer- und Läuferwicklung schreiben

$$\dot{U} + (R_S + j\,X_{S\sigma})\,\dot{I}_S = \dot{E}_S, \quad \dot{U}'_{20} + [R'_L + j\,(X'_{L\sigma 0} + s\,X'_{L\sigma v})]\,\dot{I}'_L = s\,\dot{E}_S, \tag{404a u. b}$$

worin

$$\dot{E}_S = -j\,X_{Sh}\,(\dot{I}_S + \dot{I}'_L) \tag{404c}$$

und $\dot{U}'_{20}$ durch Gl. 402 gegeben ist. In Gl. 404c ist X_{Sh} der Hauptblindwiderstand der Ständerwicklung (Gl. 69a, Bd. II); die Bedeutung der übrigen Größen haben wir bereits im Abschn. b erklärt.

Aus Gl. 404b berechnen wir mit Gl. 402 den auf die (primäre) Ständerwicklung bezogenen Läuferstrom zu

$$\dot{I}'_L = -\frac{(w - j\,b)\,\dot{U} + j\,s\,X_{Sh}\,\dot{I}_S}{R'_L + j\,[X'_{L\sigma 0} + s\,(X_{Sh} + X'_{L\sigma v})]}. \tag{405}$$

Setzen wir diesen Strom in Gl. 404a ein, so erhalten wir den Ständerstrom zu

$$\dot{I}_S = -\frac{R'_L - b\,X_{Sh} + j\,[X'_{L\sigma 0} + (s - w)\,X_{Sh} + s\,X'_{L\sigma v}]}{A + j\,B}\,\dot{U}, \tag{406}$$

worin zur Abkürzung mit $X_S = X_{Sh} + X_{S\sigma}$

$$A = R_S\,R'_L - X_S\,(X'_{L\sigma 0} + s\,X'_{L\sigma v}) - s\,X_{Sh}\,X_{S\sigma}, \tag{406a}$$

$$B = R_S\,[X'_{L\sigma 0} + s\,(X_{Sh} + X'_{L\sigma v})] + R'_L\,X_S \tag{406b}$$

gesetzt ist. Für $w = 0$, $b = 0$, $X'_{L\sigma 0} = 0$ geht mit $X'_{L\sigma}$ an Stelle von $X'_{L\sigma v}$ Gl. 406 in die für die Induktionsmaschine geltende Gl. 70b, Bd. IV, über, aus der wir im Abschn. B 5, Bd. IV, das „genaue" Kreisdiagramm der Induktionsmaschine abgeleitet haben.

Auch für die ständergespeiste Nebenschlußmaschine sind nach Abschn. I 2c, Bd. II, die Ortskurven der Ströme Kreise, wenn die

Widerstandsgrößen von E_S und den Strömen unabhängig sind und die Vorgänge unter den Bürsten vernachlässigt werden. Die Bestimmungsstücke der Kreise können nach den Gl. 37a bis c, Bd. II, berechnet werden.

2. Die Ortskurven der Ströme.

Wegen des Einflusses der Ströme in den von Bürsten kurzgeschlossenen Läuferspulen und des vom Läuferstrom abhängigen Übergangswiderstandes der Bürsten, die wir auf einfache Weise nicht berücksichtigen können, geben die aus den Gl. 405 u. 406 abgeleiteten Ortskurven das Verhalten der ständergespeisten Nebenschlußmaschine nur unvollkommen wieder. Wir wollen deshalb zur Darstellung der Ortskurven den vereinfachten Ersatzstromkreis nach Abschn. B 3b, Bd. IV, zugrunde legen, um die grundsätzlichen Abweichungen des Verhaltens der Nebenschlußmaschine von dem der Induktionsmaschine zu zeigen. Wir vernachlässigen dabei die Eisenverluste und den Einfluß der Ströme in den von Bürsten kurzgeschlossenen Läuferspulen und nehmen an, daß die Widerstandsgrößen vom Läuferstrom unabhängig sind.

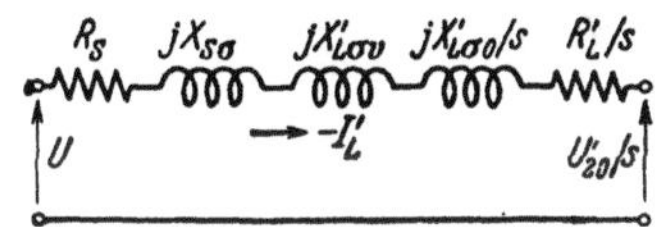

Abb. 278. Vereinfachter Ersatzstromkreis.

a. Läuferstrom. Auf den vereinfachten Ersatzstromkreis werden wir auch noch im Abschn. III B näher eingehen. Dort ist vorausgesetzt, daß einer Induktionsmaschine über die Schleifringe durch Hilfsmaschinen eine Spannung aufgezwungen wird. Bei der Nebenschlußmaschine wird eine entsprechende Spannung den Stromwenderbürsten zugeführt, wodurch die Leerlaufdrehzahl der Maschine geregelt werden kann. Im Gegensatz zur Induktionsmaschine enthält der Läuferkreis der Stromwendermaschine außer dem dem Schlupf proportionalen Streublindwiderstand $s X_{L\sigma v}$ noch einen vom Schlupf unabhängigen Blindwiderstand, den wir mit $X_{L\sigma 0}$ bezeichnet haben. Es gilt also für den Läuferstrom der Nebenschlußmaschine der vereinfachte Ersatzstromkreis nach Abb. 278. Darin sind die Läuferwiderstände auf die Ständerwicklung bezogen (also durch $\ddot{u}_M^2$, Gl. 397a, dividiert); der Wirkwiderstand R'_T des Transformators (Gl. 399a) ist in dem Läuferkreiswiderstand R'_L und der Streublindwiderstand $X'_{\sigma T}$ (Gl. 399b) in dem vom Schlupf unabhängigen Widerstand $X'_{L\sigma 0}$ enthalten; U'_{20} ist die auf die Ständerwicklung bezogene Leerlaufspannung an der Sekundärwicklung des Transformators (Gl. 402).

Die Spannungsgleichung für den vereinfachten Ersatzstromkreis lautet also

$$\dot{U} + [R_S + R'_L/s + j\,(X_{S\sigma} + X'_{L\sigma v} + X'_{L\sigma 0}/s)] \cdot (-\dot{I}'_L) = \dot{U}'_{20}/s, \qquad (407\,\text{a})$$

woraus sich mit Gl. 402 der negativ genommene Strom I'_L zu

$$- I'_L = - \frac{-w + jb + s}{R'_L + j\,X'_{L\sigma 0} + s\,[R_S + j\,(X_{S\sigma} + X'_{L\sigma v})]}\,\dot U \qquad (407)$$

ergibt. Die Ortskurve ist ein Kreis, dessen Bestimmungsstücke wir nach den Gl. 37a bis c, Bd. II, berechnen können. Legen wir $\dot U$ in die negative Ordinatenachse (d. h. multiplizieren die rechte Seite in Gl. 407 mit $-j$), so erhalten wir für die Mittelpunktskoordinaten und den Radius des Kreises

$$\left.\begin{aligned} x_m &= [R'_L + wR_S - b\,(X_{S\sigma} + X'_{L\sigma v})]\,U/2N,\\ y_m &= -[X'_{L\sigma 0} + w\,(X_{S\sigma} + X'_{L\sigma v}) + bR_S]\,U/2N, \end{aligned}\right\} \quad (408\text{a u. b})$$

$$R = \sqrt{x_m^2 + y_m^2 + b\,U^2/N}, \quad N = R'_L\,(X_{S\sigma} + X'_{L\sigma v}) - R_S\,X'_{L\sigma 0}. \quad (408\text{c u. d})$$

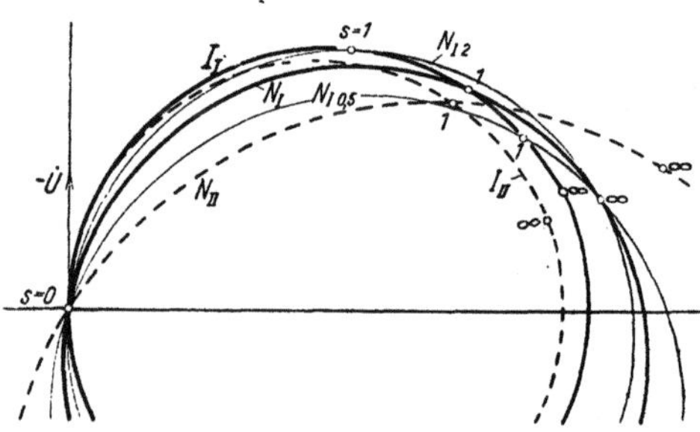

Abb. 279. Ortskurven von $-I'_L$; $w = b = 0$. N_I für I. Hauptstellung (I_I Induktions-Motor), $N_{I\,0,5}$ halber, $N_{I\,2}$ doppelter Läuferwiderstand; N_{II} für II. Hauptstellung (I_{II} Ind.-M.).

Wir wollen nun den Einfluß der Einzelwiderstände und der Zahlenwerte w und b auf die Ortskurve von $-I'_L$ näher betrachten. Dabei legen wir, um praktische Größenverhältnisse zu erhalten, die im Abschn. 4 b als Beispiel behandelte Nebenschlußmaschine zugrunde für $U = 110/\sqrt{3} = 63{,}5$ V.

Wir setzen zunächst $w = 0$ und $b = 0$, schließen also die Stromwenderbürsten der Nebenschlußmaschine kurz. Die Maschine verhält sich dann ähnlich wie die Induktionsmaschine; die Leerlaufdrehzahl ist die synchrone Drehzahl, gegen die der Läufer mit wachsender Motorbelastung schlüpft.

Betrachten wir zuerst die voll ausgezogenen Kreise in Abb. 279, die für die I. Hauptstellung der Bürsten gelten, mit $R_S = 0{,}090$, $X_{S\sigma} = 0{,}230$, $R'_L = 0{,}168$, $X'_{L\sigma v} = 0{,}200$, $X'_{L\sigma 0} = 0{,}029\ \Omega$. Der Kreis I_I für die Induktionsmaschine mit denselben Widerstandswerten, wie sie die Nebenschlußmaschine bei Stillstand aufweist, und der Kreis N_1 für die Nebenschlußmaschine sind durch stärkere Linien hervorgehoben. Beide Kreise haben nach Gl. 407 den Punkt $s = 1$ gemeinsam. Die Kreisteile oberhalb der Abszissenachse gelten für Motorbetrieb, die unterhalb für Generatorbetrieb. Wir sehen, daß unter dem Einfluß des vom Schlupf unabhängigen Blindwiderstandes ($X'_{L\sigma 0}$) bei Motorbetrieb die Überlastbarkeit verringert und der Leistungsfaktor verschlechtert wird. Für Generatorbetrieb ist es umgekehrt. Die schwächeren voll ausgezogenen Kreise $N_{I\,0,5}$ und $N_{I\,2}$ die für den halben $(R'_L = 0,5 \times$ $0,168\,\Omega)$ und den doppelten Läuferwiderstand $(R'_L = 2 \cdot 0,168\,\Omega)$ gelten, zeigen, daß das Verhalten der Maschine als Motor um so ungünstiger wird, je kleiner der Wirkwiderstand des Läuferkreises ist. Ein großer Läuferwirkwiderstand mildert also den nachteiligen Einfluß des vom Schlupf unabhängigen Teils des Streublindwiderstandes im Läuferkreis.

Die gestrichelten Kreise I_{II} und N_{II} gelten für die II. Hauptstellung der Bürsten $(R'_L = 0,168,\ X'_{L\sigma v} = 0,152,\ X'_{L\sigma 0} = 0,100\,\Omega)$, N_{II} für die Nebenschlußmaschine, I_{II} für die Induktionsmaschine mit denselben Widerständen wie die der Nebenschlußmaschine bei Stillstand. Wir erkennen die viel ungünstigere Lage des Kreises
N_{II} der Nebenschlußmaschine in der II. Haupt-
stellung der Bürsten, weil
der vom Schlupf unab-
hängige Teil des Streu-
blindwiderstandes der
Läuferwicklung vergrö-
ßert ist. Die II. Haupt-
stellung der Bürsten
ist deshalb bei Neben-
schlußmaschinen zu ver-
meiden.

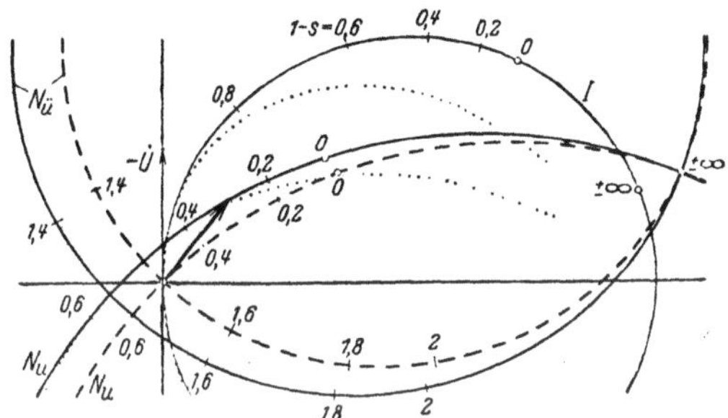

Abb. 280. Ortskurven von $-I'_L$ für I. Hauptstellung. N_u für $w = 0,506$, $N_{\ddot u}$ für $w = -0,506$,
$---\ b = 0$, — $b = 0,0455$ (I Ind.-M.).

In Abb. 280 wollen wir nun den Einfluß der drehzahlregelnden Komponente $w\,\dot U$ und der blindstromregelnden Komponente $-j\,b\,\dot U$ (vgl. Abb. 276b) der sekundären Leerlaufspannung $\dot U'_{2\,0}$ des Regeltransformators zeigen. Dabei legen wir die im Abschn. 4b angenommenen Werte $w = 0,506$, $b = 0,0455$ bei untersynchroner Drehzahl (Leerlaufschlupf $s_0 \approx 0,5$) und $w = -0,506$, $b = 0,0455$ bei übersynchroner Drehzahl (Leerlaufschlupf $s_0 \approx -0,5$) zugrunde; die Bürsten sollen sich in der I. Hauptstellung befinden. Die Widerstandswerte der Ständerwicklung sind hierbei dieselben wie für den Kreis N_I in Abb. 279; im Läuferkreis kommen noch die Widerstände des Regeltransformators hinzu. Wie für den Kreis N_I ist also $X'_{L\sigma v} = 0,200\,\Omega$, während $X'_{L\sigma 0}$ und R'_L noch den Streublind- und Wirkwiderstand des Transformators enthalten. Es ist bei der untersynchronen Drehzahl $X'_{L\sigma 0} = 0,0425$, $R'_L = 0,208\,\Omega$, wie wir es auch für die übersynchrone Drehzahl annehmen.

Die gestrichelten Kreise gelten für $b = 0$, zeigen also den Einfluß der drehzahlregelnden Komponente von $\dot U'_{2\,0}$ allein. Zum Vergleich ist die Ortskurve I der Induktionsmaschine mit den Widerständen der Nebenschlußmaschine bei Stillstand eingezeichnet. Zur Beurteilung der jeweiligen Drehzahl sind einige Werte der relativen Drehzahl $1-s$ auf den Kreisen angegeben. Unter dem Einfluß der drehzahlregelnden Komponente $w\dot U$ von $\dot U_{20}'$ wird bei positivem w (untersynchrone Drehzahl, gestrichelter Kreis N_u) im Motorbetrieb und bei negativem w (übersynchrone Drehzahl, gestrichelter Kreis $N_{\ddot u}$) im Generatorbetrieb die über die Ständerwicklung dem Netz als Magnetisierungsstrom entnommene Blindkomponente von $-I_L'$ gegenüber der der entsprechenden Induktionsmaschine vergrößert, die Überlastbarkeit, die in grober Annäherung dem größten Wirkstrom von $-I_L'$ proportional gesetzt werden kann (vgl. Abschn. c), verkleinert. Bei gleichen Widerständen der Nebenschlußmaschine ist diese Verschlechterung des Betriebes um so größer, je größer $|w|$ ist, je mehr also die jeweilige Leerlaufdrehzahl von der synchronen abweicht.

Die voll ausgezogenen Kreise N_u und $N_{\ddot u}$ zeigen den Einfluß der Komponente $-jb\dot U$ von $\dot U_{20}'$. N_u gilt für positives w $(n_0/n_1 \approx 0,5)$, $N_{\ddot u}$ für negatives w $(n_0/n_1 \approx 1,5)$; in beiden Fällen ist $b = 0,0445$ positiv angenommen. Wir erkennen, daß im Leerlauf bei positivem b die Blindkomponente von $-I_L'$ Magnetisierungsstrom über die Ständerwicklung an das Netz abgibt. Durch passende Einstellung von b kann praktisch für einen bestimmten Belastungszustand jede gewünschte Phase von $-I_L'$ gegenüber $\dot U$ erhalten werden. Mit der Belastung ändert sich aber die Blindkomponente von I_L' sehr stark, so daß beim Betrieb mit untersynchronen Leerlaufdrehzahlen, wenn b für eine günstige Phase von $-I_L'$ bei Nennmoment eingestellt ist, sich sehr große Leerlaufblindströme des Läufers ergeben. Diese Blindströme sind um so größer, je mehr die Drehzahl von der synchronen abweicht. Wir werden im Abschn. 3c hierauf noch näher eingehen.

Für die voll ausgezogene Ortskurve N_u ist der bei etwa Nennmoment auftretende Läuferstrom $-I_L'$ eingetragen; für die andern Ortskurven ergibt sich bei Nennmoment angenähert dieselbe Wirkkomponente des Stromes. Um Phasengleichheit zwischen I_L' und $\dot U$ zu erhalten, müßte bei untersynchroner Drehzahl b noch wesentlich größer, bei der übersynchronen b sogar negativ eingestellt werden.

Unter dem Einfluß eines positiven Wertes von b wird auch die Überlastbarkeit vergrößert.

b. Ständerstrom. Den Strom in der Ständerwicklung erhalten wir aus I_L' durch Anfügen des Magnetisierungsstromes I_μ und des Verluststromes I_V vor den Anfangspunkt O' des Stromvektors $-I_L'$ (vgl. Abb. 281 a).

I_μ ist von der Ständer-EMK E_S nach Maßgabe der magnetischen Kennlinie abhängig. In unserm vereinfachten Diagramm nehmen wir I_μ als unveränderlich an, etwa für E_S bei Nennbetrieb und um eine Viertelperiode gegen $\dot U$ verfrüht.

I_V enthält außer den von der Ständerwicklung gedeckten Eisenverlusten noch die Rückwirkung der Ströme in den kurzgeschlossenen Läuferspulen, die von der Drehzahl abhängen. In unserm vereinfachten Diagramm nehmen wir I_V als unveränderlich und in Gegenphase zu $\dot U$ an.

In Abb. 281a ist beispielsweise die voll ausgezogene Ortskurve N_u der Abb. 280 für den Strom $-\dot I_L'$ in etwas größerem Maßstab übertragen und durch die Ströme $\dot I_\mu$ und $\dot I_V$ ergänzt. Wir erhalten damit die Ortskurve des Ständerstromes $\dot I_S$ mit dem Anfangspunkt O.

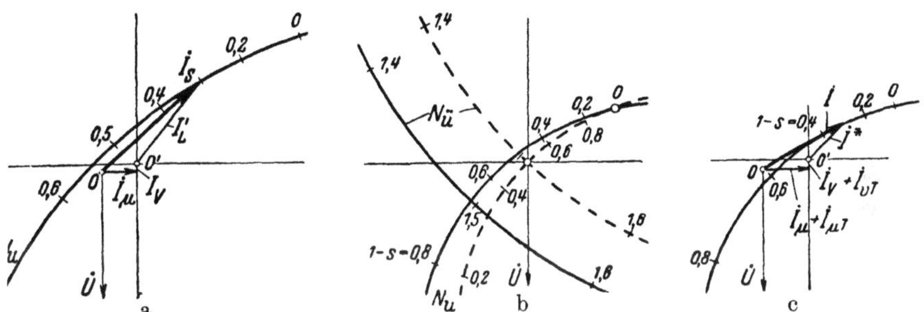

Abb. 281a bis c. Ortskurven. a) Ständerstrom $\dot I_S$ zu N_u in Abb. 280; b) Netzstrom $\dot I^*$ (Gl. 411) zu N_u und $N_{\ddot u}$ in Abb. 280; c) Netzstrom $\dot I$ (Gl. 413) zu N_u in b).

c. Drehmoment und Überlastbarkeit. Die primäre Leistung ist nur ein sehr grober Maßstab für die Überlastbarkeit der Nebenschlußmaschine. Maßgebend für die Überlastbarkeit ist wie bei der Induktionsmaschine die innere Leistung

$$N_i = m_S (U h_S - R_S I_S^2), \quad \text{worin} \quad h_S = I_L' \cos (\dot U, \dot I_L') \qquad \text{(409a u. b)}$$

die mit $\dot U$ phasengleiche Wirkkomponente von $\dot I_L'$ ist, also durch die Ordinate der Ortskurve $-\dot I_L'$ dargestellt wird. Die Darstellung der inneren Leistung durch Hilfskreise, wie wir sie bei der Induktionsmaschine (Abschn. B 3c, Bd. IV) angegeben haben, ist hier auf einfache Weise nicht möglich, dagegen läßt sich nach Abschn. I 2f, Bd. II, eine Nullinie für die innere Leistung angeben, so daß der senkrechte Abstand des Endpunktes von $-\dot I_L'$ von dieser Geraden der inneren Leistung proportional ist. Diese Gerade geht durch die Punkte s_0 und $s = \infty$ auf dem Kreis. Übersichtlicher ist es aber, wenn wir von dem jeweiligen Wirkstrom h_S der Ortskurve von $-\dot I_L'$ den Wirkstrom $R_S I_S^2/U$ abziehen, so daß die Ordinate

$$h = h_S - R_S I_S^2/U \qquad \text{(410a)}$$

ein Maß für die innere Leistung und damit auch für das Drehmoment ist. Die innere Leistung ergibt sich damit zu

$$N_i = m_S U h \qquad \text{(410b)}$$

und das Drehmoment zu

$$M = \frac{N_i}{2\,\pi\,n_1} = \frac{p\,N_i}{2\,\pi\,f}. \tag{410}$$

Die Kurve für h ist in Abb. 280 für die voll ausgezogenen Ortskurven I und N_u punktiert angedeutet. Wir erkennen daraus, daß die Überlastbarkeit der Nebenschlußmaschine für die von uns angenommene Leerlaufdrehzahl sehr viel kleiner ist als die der Induktionsmaschine. Bei übersynchronen Drehzahlen wird dagegen die Überlastbarkeit wesentlich vergrößert.

d. Der gesamte Netzstrom. Wir vernachlässigen zunächst den Magnetisierungsstrom und den Verluststrom sowohl in der Maschine als auch im Regeltransformator und bezeichnen die ermittelten Ströme durch einen Stern am Formelzeichen. Es ist dann der Ständerstrom $I_S^* = -I_L'$ und wir erhalten nach Abb. 276b den resultierenden Strom I^* aus $-I_L'$ und $I_L\,\ddot{u}_T\,\varepsilon^{j\alpha}$ zu

$$I^* = -I_L' + I_L\,\ddot{u}_T\,\varepsilon^{j\alpha} = -I_L'\,(1 - w - j\,b) \tag{411a}$$

oder mit Gl. 407

$$I^* = -\frac{(\ddot{u}^2 - w) + j\,b + s\,[(1 - w) - j\,b]}{R_L' + j\,X_{L\sigma0}' + s\,[R_S + j\,(X_{S\sigma} + X_{L\sigma v}')]}\;\dot{U}. \tag{411}$$

Die Ortskurve ist ein Kreis, dessen Mittelpunktskoordinaten und Halbmesser sich nach Gl. 37a bis c, Bd. II, zu

$$x_m = [(1 - w)\,R_L' - (\ddot{u}^2 - w)\,R_S - b\,(X_{S\sigma} + X_{L\sigma v}' + X_{L\sigma0}')]\,U/2\,N, \tag{412a}$$

$$y_m = [(\ddot{u}^2 - w)\,(X_{S\sigma} + X_{L\sigma v}') - (1 - w)\,X_{L\sigma0}' - b\,(R_S + R_L')]\,U/2\,N, \tag{412b}$$

$$R = \sqrt{x_m^2 + y_m^2 + b\,[(\ddot{u}^2 - w) + (1 - w)]\,U^2/N} \tag{412c}$$

ergeben, worin N wieder durch Gl. 408d gegeben ist.

In Abb. 281b sind die Ortskreise von I^* für die untersynchrone Leerlaufdrehzahl $n_0 \approx 0{,}5\,n_1$ und die übersynchrone $n_0 \approx 1{,}5\,n_1$, die den voll ausgezogenen Ortskurven N_u und $N_{\ddot{u}}$ für den Strom $-I_L'$ in Abb. 280 entsprechen, dargestellt.

Durch Anfügen der Magnetisierungsströme I_μ und $I_{\mu T}$ und der Verlustströme I_V und I_{vT} der Maschine und des Transformators vor den Anfangspunkt O' von I^* erhält man den gesamten dem Netz entnommenen Strom

$$I = I^* + I_\mu + I_{\mu T} + I_V + I_{vT}. \tag{413}$$

In Abb. 281c ist die Ortskurve von I mit dem Anfangspunkt O für die untersynchrone Leerlaufdrehzahl $n_0 \approx 0{,}5\,n_1$ dargestellt.

3. Die Kennlinien.

a. Vereinfachte Berechnung. Wir legen dieser Berechnung den vereinfachten Ersatzstromkreis Abb. 278 zugrunde. Mit den Abkürzungen

$$R = R'_L + s R_S \quad \text{und} \quad X = X'_{L\sigma 0} + s(X_{S\sigma} + X'_{L\sigma v}) \quad \text{(414a u. b)}$$

wird nach Gl. 407, wenn wir den Strom I'_L in seine rechtwinkligen Komponenten zu U zerlegen,

$$I'_L = I'_{Lw} + I'_{Lb} = \frac{(s-w)R + bX}{R^2 + X^2}\, U + j\, \frac{bR - (s-w)X}{R^2 + X^2}\, U. \quad \text{(414c)}$$

Damit erhalten wir die vom Ständer dem Netz entnommene Leistung $N_1 = m U I'_{Lw}$ und die vom Ständer auf den Läufer übertragene Leistung (bei Vernachlässigung der Eisenverluste und mit $I_S \approx I'_L$)

$$\left.\begin{aligned}
N_i \approx N_1 - m R_S I'^2_L &= m\left[\frac{(s-w)R + bX}{R^2 + X^2} - R_S\left(\frac{I'_L}{U}\right)^2\right] U^2 \\
&= m\, \frac{(s-w)R + bX - [(s-w)^2 + b^2]R_S}{R^2 + X^2}\, U^2,
\end{aligned}\right\} \quad \text{(414d)}$$

der das Drehmoment nach Gl. 410 proportional ist.

Der Leerlaufschlupf ergibt sich, wenn wir N_i gleich Null setzen, also zu

$$s_0 = \frac{w(R'_L + w R_S) + b(b R_S - X'_{L\sigma 0})}{R'_L + w R_S + b(X_{S\sigma} + X'_{L\sigma v})}. \quad \text{(415)}$$

Mit den Wirk- und Blindwiderständen des Motors, für den die Ortskurven in den Abb. 280 und 281a bis c gelten, ist in Abb. 282 der nach Gl. 414c berechnete Läuferstrom in A und das Drehmoment in kgm (nach Gl. 414d mit Gl. 410, 1 kgm = 1 Joule/9,8) über dem Schlupf s bzw. der relativen Drehzahl v aufgetragen. Die voll ausgezogenen Kurven gelten für $b = 0$ und $w = 0,5$, $0,25$, 0, $-0,25$, stärkere für das Drehmoment, schwächere für den Strom. $w = 0$ und $b = 0$ entspricht dem über Bürsten kurzgeschlossenen Motor; die Drehzahl bei ideellem Leerlauf ist wie beim Induktionsmotor die synchrone. Das verhältnismäßig große Anzugsmoment ist dem großen Übergangswiderstand der Bürsten bei der niedrigen Läuferspannung zuzuschreiben. Bei größeren untersynchronen Leerlaufdrehzahlen ($w = 0,5$) macht sich ein starkes Absinken der Drehzahl mit der Belastung bemerkbar; größere Drehmomente lassen sich nicht mehr bei Motorbetrieb erreichen.

Die gestrichelten Kurven in Abb. 282 gelten bei $w = 0,5$ für $b = 0,0445$. Die (schwächere) Kurve für I'_L gilt für Motorbetrieb nur bis zur Leerlaufsdrehzahl, darüber schon für Generatorbetrieb; alle übrigen Kurven sind nur für Motorbetrieb (N_i positiv) gezeichnet.

Aus I_L' erhalten wir durch Anfügen von I_V und I_μ nach Abb. 281a den Strom I_S in der Ständerwicklung. Der Leistungsfaktor des Motors ohne Regeltransformator ergibt sich aus dem Verhältnis der Wirkkomponente von I_S zu dem Betrag I_S. Nachdem wir I_S bestimmt haben, können wir auch die Leistung N_i genauer berechnen, indem wir in Gl. 414d $R_S I_S^2$ an Stelle von $R_S I_L'^2$ setzen.

Die Behandlung des Stromkreises des Regeltransformators, der außerhalb der Maschine liegt, haben wir in den Abschn. 1a und 2d erläutert. Der gesamte dem Netz entnommene Strom I ergibt sich aus der geometrischen Summe von Ständerstrom I_S und Primärstrom I_1 des Transformators, der Leistungsfaktor des Motors mit Regeltransformator aus dem Wirkstrom von I und dem Betrage I. Bei stark untersynchronen Drehzahlen ist die Bestimmung von I mit größeren Fehlern behaftet, weil I_S und I_1 im wesentlichen entgegengesetzt gerichtet sind.

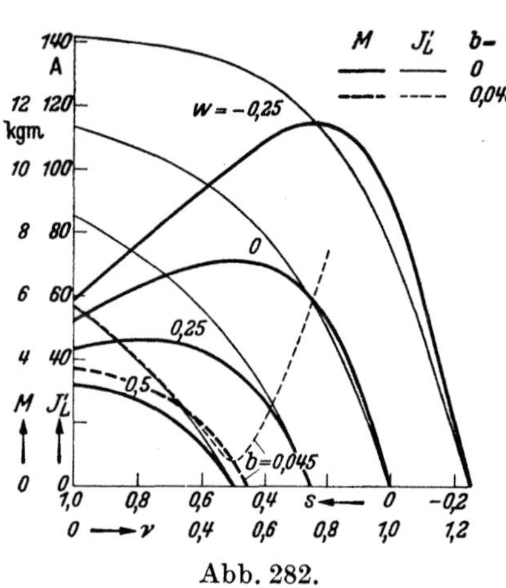

Abb. 282.
Kennlinien des ständergespeisten Nebenschlußmotors. $M_N \approx 3$ kgm.

Es sei nochmals hervorgehoben, daß die Ströme in den von Bürsten kurzgeschlossenen Läuferspulen, die ein zusätzliches Drehmoment erzeugen, das bei untersynchronen Drehzahlen das Hauptmoment unterstützt, bei übersynchronen schwächt, vernachlässigt wurden.

b. Genauere Berechnung. Bei Vernachlässigung der Eisenverluste und der Ströme in den von Bürsten überbrückten Läuferspulen, sowie der Abhängigkeit des Hauptblindwiderstandes X_{Sh} von E_S erhalten wir die Kennlinien nach den Gleichungen im Abschn. 1c etwas genauer als nach Abschn. 2a. Für einen angenommenen Schlupf s ergibt sich nach Gl. 406 der Strom I_S. Die vom Ständer dem Netz entnommene Leistung ist $N_S = U I_S \cos(\dot{U}, \dot{I}_S)$ und die vom Ständer auf den Läufer übertragene Leistung $N_i = N_S - m_S R_S I_S^2$, womit das Drehmoment nach Gl. 410 berechnet werden kann.

In diesem Abschnitt wollen wir nun zeigen, wie sich alle Einflüsse berücksichtigen lassen, wenn Ständerspannung U und die auf die Ständerwicklung bezogene sekundäre Leerlaufspannung U_{20}' (Gl. 402) des Transformators gegeben sind. Die Bürsten sollen sich in der I. Hauptstellung befinden, bei der die Wicklungsachsen der Ständer- und Läuferwicklung zusammenfallen (Abb. 276a u. b).

Wir gehen von den Gl. 404a u. b aus, die auch mit Berücksichtigung des Verluststromes I_V gelten, während Gl. 404c und die Stromgleichungen 405 und 406 jetzt nicht mehr gültig sind. Die Ströme $\dot{I}'_L$ und $\dot{I}_S$ zerlegen wir in zwei Komponenten, von denen die eine in Phase mit $\dot{E}_S$, die andere in Phase mit $j\dot{E}_S$, also um eine Viertelperiode gegen $\dot{E}_S$ phasenverfrüht ist, und bezeichnen sie durch die Zeiger w (wirk) und b (blind) (vgl. Abb. 283)

$$\dot{I}'_L = \dot{I}'_{Lw} + \dot{I}'_{Lb}, \qquad \dot{I}_S = \dot{I}_{Sw} + \dot{I}_{Sb}. \qquad (416\text{a u. b})$$

In der letzten Gleichung ist

$$\dot{I}_{Sw} = -\dot{I}'_{Lw} + \dot{I}_V \quad \text{und} \quad \dot{I}_{Sb} = \dot{I}_\mu - \dot{I}'_{Lb}. \qquad (416\text{c u. d})$$

Der Verluststrom $\dot{I}_V$ setzt sich aus drei Teilen zusammen: dem Strom $\dot{I}_{v1}$, der den Eisenverlusten im Ständer, dem Strom $\dot{I}_{v2}$, der der vom Ständer auf den Läufer übertragenen Leistung bei abgehobenen Bürsten entspricht, und dem Strom $\dot{I}'_k$, der gleich den auf die Ständerwicklung bezogenen Strömen in den von Bürsten überbrückten Läuferspulen ist.

Mit den Stromkomponenten nach den Gl. 416a bis d lauten die Gl. 404a u. b

$$\left.\begin{array}{l} \dot{U} - (R_S + j\,X_{S\sigma})(\dot{I}'_{Lw} - \dot{I}_V) + \\ \qquad + (R_S + j\,X_{S\sigma})(\dot{I}_\mu - \dot{I}'_{Lb}) = \dot{E}_S, \end{array}\right\} \quad (417\text{a})$$

$$\left.\begin{array}{l} \dot{U}'_{20} + [R'_L + j\,(X'_{L\sigma0} + s\,X'_{L\sigma v})]\,(\dot{I}'_{Lw} + \dot{I}'_{Lb}) \\ \qquad = s\,\dot{E}_S. \end{array}\right\} \quad (417\text{b})$$

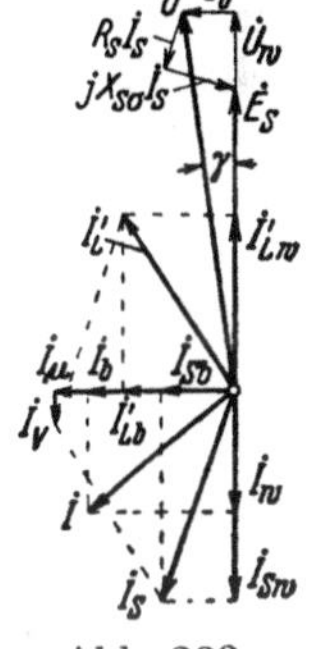

Abb. 283. Wirk- und Blindkomponenten bezogen auf $\dot{E}_S$.

Zerlegen wir nun auch die Ständerspannung (Netzspannung) $\dot{U}$ in die beiden Komponenten $\dot{U}_w$ in Phase mit $\dot{E}_S$ und $\dot{U}_b$ in Phase mit $j\dot{E}_S$, also um eine Viertelperiode phasenverfrüht gegen $\dot{E}_S$ (Abb. 283), und führen diese Komponenten in Gl. 417a ein, so können wir die Gleichung in zwei Teile spalten, von denen der eine alle Spannungskomponenten in Phase mit $\dot{E}_S$, der andere die in Phase mit $j\dot{E}_S$ enthält. Wir legen nun fest, daß positive Beträge I_{Lw} (Motorbetrieb) und U_w Phasengleichheit mit $\dot{E}_S$, und positive Beträge I_{Lb} und U_b Phasengleichheit mit $j\dot{E}_S$ (negative Beträge, also Phasengleichheit mit $-\dot{E}_S$ bzw. $-j\dot{E}_S$) bedeuten, und führen den Betrag des Stromes I_V positiv ein, wenn er (wie immer bei untersynchronen Drehzahlen) in Gegenphase zu $\dot{E}_S$ (negativ also, wenn er in Phase mit $\dot{E}_S$ ist). Mit diesen Festsetzungen erhalten wir dann aus Gl. 417a die beiden reellen Gleichungen

$$U_w = E_S + R_S\,(I'_{Lw} + I_V) + X_{S\sigma}\,(I_\mu - I'_{Lb}), \qquad (418\text{a})$$

$$U_b = X_{S\sigma}\,(I'_{Lw} + I_V) - R_S\,(I_\mu - I'_{Lb}). \qquad (418\text{b})$$

In Gl. 417 b ersetzen wir zunächst die Transformatorspannung $\dot{U}'_{20}$ nach Gl. 402 und zerlegen $\dot{U}$ in die beiden Komponenten $\dot{U}_w$ und $\dot{U}_b$ (Abb. 283) gegenüber $\dot{E}_S$, schreiben also (vgl. Abb. 276 b)

$$\dot{U}'_{20} = (w - jb)\,\dot{U} = (w - jb)\,(\dot{U}_w + \dot{U}_b). \tag{419}$$

Trennen wir dann in der so erhaltenen Gleichung die Glieder, die mit $\dot{E}_S$ in Phase und Gegenphase sind, von den übrigen, so erhalten wir auch für Gl. 417 b zwei reelle Gleichungen. Ersetzen wir in diesen Gleichungen noch E_S nach Gl. 418 a und U_b nach Gl 418 b, so lauten die beiden reellen Gleichungen

$$(b X_{S\sigma} + s R_S)\,I_V + D\,I'_{Lw} + (s X_{S\sigma} - b R_S)\,I_\mu - A\,I'_{Lb} = (s - w)\,U_w, \tag{419a}$$

$$w X_{S\sigma}\,I_V + C I'_{Lw} - w R_S\,I_\mu + B\,I'_{Lb} = b U_w, \tag{419b}$$

worin zur Abkürzung

$$A = X'_{L\sigma 0} + s(X_{S\sigma} + X'_{L\sigma v}) - b R_S, \quad B = R'_L + w R_S, \tag{419c u. d}$$

$$C = X'_{L\sigma 0} + s X'_{L\sigma v} + w X_{S\sigma}, \qquad D = R'_L + s R_S + b X_{S\sigma} \tag{419e u. f}$$

gesetzt ist. Lösen wir diese Gleichungen nach I'_{Lb} auf und setzen die Ausdrücke einander gleich, so erhalten wir eine Beziehung zwischen der Wirkkomponente I'_{Lw} und der Schlüpfung s. Die Beziehung ist für I'_{Lw} linear, für s quadratisch. Deshalb lösen wir sie nach I'_{Lw} auf und erhalten den auf die Ständerwicklung bezogenen **Wirkstrom des Läufers** zu

$$I'_{Lw} = \frac{[A b + B(s - w)]\,U_w + [A w R_S - B(s X_{S\sigma} - b R_S)]\,I_\mu - E I_V}{A C + B D}, \tag{420}$$

worin noch zur Abkürzung

$$E = A w X_{S\sigma} + B(s R_S + b X_{S\sigma}) \tag{420a}$$

gesetzt ist. Für den **bezogenen Läuferblindstrom** erhalten wir damit nach Gl. 419 b

$$I'_{Lb} = \frac{b U_w + w R_S\,I_\mu - C I'_{Lw} - w X_{S\sigma}\,I_V}{B}. \tag{421}$$

Für einen angenommenen Schlupf s können wir nach den Gl. 420 u. 421 den auf die Ständerwicklung bezogenen Läuferstrom nach Stärke und nach Phase gegenüber $\dot{E}_S$ berechnen. Dabei schätzen wir zunächst I_μ und I_V und setzen $U_w = U$. Mit den so erhaltenen Werten von I'_{Lw} und I'_{Lb} können wir U_b nach Gl. 418 b und damit $U_w = \sqrt{U^2 - U_b^2}$ berechnen. In praktischen Fällen ist aber U_w nicht merklich von U verschieden, weil der Winkel γ zwischen $\dot{E}_S$ und $\dot{U}$ sehr klein ist (vgl. z. B. die Abb. 283). Mit U_w erhalten wir nach Gl. 418a E_S und können der magnetischen Kennlinie $E_S\,(I_\mu)$ den genaueren Wert von I_μ entnehmen und damit gleich die genaueren Werte von I'_{Lw} und I'_{Lb} nach den Gl. 420 u. 421 berechnen. Ebenso können wir den genaueren Wert von I_V gleich einsetzen, wenn die Unterlagen zu seiner Ermittlung bekannt sind. Auch den in R_L enthaltenen Bürstenübergangswiderstand können wir mit dem in der ersten Annäherung berechneten Wert von I_L genauer berücksichtigen, wenn uns die Bürstenkennlinie $V\,(I_L)$ bekannt ist.

Der Schlupf s liegt bei einer eingestellten Spannung U'_{20} für größere Leerlaufdrehzahlen innerhalb verhältnismäßig kleiner Grenzen und ist bei (stabilem) Motorbetrieb etwas größer, bei Generatorbetrieb etwas kleiner als bei Leerlauf (vgl. z. B. die Drehzahlkennlinie in Abb. 302). Vernachlässigen wir die Drehmomentanteile M_k und M_{v2} (Abschn. A 12 b u. c), so erhalten wir den Leerlaufschlupf aus Gl. 420, wenn wir $I'_{Lw} = 0$ setzen. Vernachlässigen wir dabei auch den Strom I_V und setzen A nach Gl. 419 c ein, so ergibt sich der Leerlaufschlupf zu

$$s_0 = \frac{(Bw - Fb)\,U_w - (Bb + Fw)\,R_S\,I_\mu}{(Gb + B)\,U_w + (Gw R_S - B X_{S\sigma})\,I_\mu}, \qquad (422)$$

worin noch die Abkürzungen

$$F = X'_{L\sigma 0} - b R_S \quad \text{und} \quad G = X_{S\sigma} + X'_{L\sigma v} \qquad (422\text{a u. b})$$

eingeführt sind. Gewöhnlich können in Gl. 422 die Glieder mit dem Faktor I_μ gegen die mit U_w vernachlässigt werden, sie geht dann über in Gl. 415. In ganz roher Annäherung ist $s_0 \approx w$.

Das in der Maschine entwickelte Drehmoment setzt sich nach Abschn. A 12 im allgemeinen aus drei Teilen zusammen:

$$M_i = M + M_k + M_{v2} = \frac{p\,m_S\,E_S}{9{,}8\,\omega}\,(I'_{Lw} + I'_k + I_{v2})\ \text{kgm}. \qquad (423)$$

Das von I'_k herrührende Drehmoment macht sich nur bei größeren Abweichungen der Drehzahl von der synchronen bemerkbar, das von I_{v2} herrührende ist immer klein, beide Ströme werden bei übersynchroner Drehzahl negativ.

Den Ständerstrom und seine auf $\dot{E}_S$ bezogenen Komponenten erhalten wir nach den Gl. 416 c u. d, wenn wir die Vorzeichen der Beträge der Stromkomponenten einführen, wie wir sie auf S. 401 festgesetzt haben, zu

$$I_{Sw} = -I'_{Lw} - I_V \quad \text{und} \quad I_{Sb} = I_\mu - I'_{Lb}. \qquad (424\text{a u. b})$$

Beim primären Strom des Regeltransformators vernachlässigen wir zunächst den Magnetisierungsstrom $I_{\mu T}$ und die Eisenverluste (I_{vT}) des Transformators und kennzeichnen dies durch einen

Stern am Formelzeichen. Es ist dann nach den Gl. 398b, 400c u. d
und 402a u. b (Abb. 276a)

$$\dot{I}_1^* = \dot{I}_L \ddot{u}_T \varepsilon^{j\,a} = (w + jb)\,(\dot{I}'_{Lw} + \dot{I}'_{Lb}) \tag{425}$$

und

$$I^*_{1w} = w\,I'_{Lw} - b\,I'_{Lb} \quad \text{und} \quad I^*_{1b} = b\,I'_{Lw} + w\,I'_{Lb}. \tag{425a u. b}$$

Schließlich ergibt sich der gesamte, dem Netz entnommene Strom
(wieder bei Vernachlässigung von $I_{\mu T}$ und I_{vT}) zu .

$$\dot{I}^* = \dot{I}_S + \dot{I}_1^* \tag{426}$$

und

$$I^*_w = - [(1 - w)\,I'_{Lw} + b\,I'_{Lb} + I_V], \quad I^*_b = b\,I'_{Lw} - (1 - w)\,I'_{Lb} + I_\mu. \tag{426a u.}$$

Diesen Stromkomponenten sind noch die des Verluststromes $\dot{I}_{vT}$
und des Magnetisierungsstromes $\dot{I}_{\mu T}$ des Transformators anzufügen.
$\dot{I}_{vT}$ und $\dot{I}_{\mu T}$ sind sehr angenähert in Phase mit $-\dot{U}$ bzw. $j\dot{U}$ (Gl. 429a
u. b). Nehmen wir zur Vereinfachung an, daß sie in Phase mit $-\dot{E}_S$
bzw. $j\dot{E}_S$ wären, so ergäbe sich $I_w = I^*_w - I_{vT}$ und $I_S = I^*_b + I_{\mu T}$.

Die Komponenten sämtlicher Ströme hatten wir auf $\dot{E}_S$ bezogen,
hauptsächlich mit Rücksicht auf das Drehmoment, das dem Produkt
aus E_S und der Summe $I'_{Lw} + I'_k + I_{v2}$ proportional ist (Gl. 423). Um
die Wirk- und Blindkomponenten der Ströme auf die Netzspannung zu
beziehen, führen wir den Winkel γ ein (vgl. Abb. 283),
um den die Netzspannung $\dot{U}$ gegenüber $\dot{E}_S$ phasenverfrüht ist. Es ist nach Gl. 418b

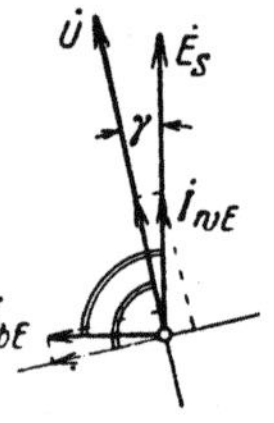

$$\sin\gamma = \frac{X_{S\sigma}(I'_{Lw} + I_V) - R_S(I_\mu - I'_{Lb})}{U}, \tag{427a}$$

$$\cos\gamma = + \sqrt{1 - \sin^2\gamma}. \tag{427b}$$

Abb. 284.

Ergeben sich negative Werte für $\sin\gamma$, so ist $\dot{U}$ gegen
$\dot{E}_S$ phasenverspätet.

Die auf $\dot{U}$ bezogenen Stromkomponenten I_{wU} und I_{bU} ergeben sich (vgl. Abb. 284) aus den entsprechenden auf $\dot{E}_S$ bezogenen
Komponenten I_{wE} und I_{bE} nach den Gleichungen

$$I_{wU} = I_{wE}\cos\gamma + I_{bE}\sin\gamma, \quad I_{bU} = I_{bE}\cos\gamma - I_{wE}\sin\gamma, \tag{428a u. b}$$

worin positive Werte von I_{wU} in Phase mit $\dot{U}$, positive Werte von I_{bU}
um eine Viertelperiode gegen $\dot{U}$ phasenverfrüht sind. Für I_{wE} und
I_{bE} sind die entsprechenden auf $\dot{E}_S$ bezogenen Komponenten mit ihrem
Vorzeichen einzusetzen.

Setzen wir z. B. in den Gl. 428a u. b $I_{wE} = I^*_w$ und $I_{bE} = I^*_b$
(Gl. 426a u. b), so erhalten wir die auf die Netzspannung bezogenen
Komponenten des gesamten, dem Netz entnommenen Stromes bei

Vernachlässigung von $I_{\mu T}$ und $I_{v T}$ des Regeltransformators. Nehmen wir näherungsweise an, daß $\dot I_{\mu T}$ um eine Viertelperiode gegen $\dot U$ verfrüht, $\dot I_{v T}$ in Gegenphase zu $\dot U$ ist, so erhalten wir

$$I_{w U} \approx I^*_{w U} - I_{v T} \quad \text{und} \quad I_{b U} \approx I^*_{b U} + I_{\mu T} \qquad \text{(429a u. b)}$$

($I_{v T}$ und $I_{\mu T}$ immer positiv) und können daraus den Leistungsfaktor der Maschine mit Regeltransformator berechnen.

Im Abschn. 4 werden wir nach den hier abgeleiteten Gleichungen die Kennlinien der Maschine berechnen und sie mit den experimentell gewonnenen vergleichen.

c. Wahl und Einfluß der Phase von $\dot U'_{20}$. Lösen wir die Gl. 419a u. b nach b und w auf, so erhalten wir mit den Gl. 419c bis f

$$b = \frac{U_w K - H L + s\,[U_w\,(H + X'_{L\sigma v}\,I'_{Lw}) + H M]}{U_w^2 + H^2}, \qquad \text{(430a)}$$

$$w = \frac{-U_w L - H K + s\,[U_w\,(U_w + M) - H X'_{L\sigma v}\,I'_{Lw}]}{U_w^2 + H^2}, \qquad \text{(430b)}$$

worin zur Abkürzung gesetzt ist

$$\left.\begin{aligned}
H &= X_{S\sigma}\,(I'_{Lw} + I_V) - R_S\,(I_\mu - I'_{Lb}),\\
K &= X'_{L\sigma 0}\,I'_{Lw} + R'_L\,I'_{Lb},\\
L &= R'_L\,I'_{Lw} - X'_{L\sigma 0}\,I'_{Lb},\\
M &= -X_{S\sigma}\,I_\mu - R_S\,(I'_{Lw} + I_V) + (X_{S\sigma} + X'_{L\sigma v})\,I'_{Lb}.
\end{aligned}\right\} \quad \text{(430c bis f)}$$

Mit diesen Gleichungen können wir, wenn die Widerstandsgrößen bekannt sind, für einen gegebenen Schlupf s und die dabei gewünschten Komponenten I'_{Lw} und I'_{Lb} des (bezogenen) Läuferstromes die einzustellenden Werte von b und w berechnen, die nach den Gl. 402, 402a u. b $\dot U'_{20}$ nach Stärke und Phase bestimmen. Verlangen wir beispielsweise, daß $\dot I'_L$ in Phase mit $\dot E_S$ ist, daß also das Drehmoment mit dem kleinsten Läuferstrom erzeugt wird, so ist $I'_{Lb} = 0$ zu setzen. b ist außer von s auch noch in starkem Maße von dem Läuferstrom I'_L abhängig, während w von diesem Strom nicht wesentlich beeinflußt wird. Man erkennt dies leicht, wenn man beachtet, daß die Größen H, K, L und M klein gegenüber U_w sind, so daß in erster Annäherung diese Größen gegenüber U_w vernachlässigt werden dürfen. Da die Änderung der Größen b und w mit dem Läuferstrom I'_L nicht mit einfachen Mitteln möglich ist (vgl. Abschn. 7), so begnügt man sich gewöhnlich damit, b und w für Nennläuferstrom einzustellen. Auf diesen wichtigen Fall wollen wir uns zunächst beschränken.

Bei festem Läuferstrom $\dot I'_L = \dot I'_{Lw} + \dot I'_{Lb}$ und festen Widerständen für alle Werte von w und b ist sowohl b als auch w linear abhängig von der Schlüpfung s, d. h. der geometrische Ort für den Endpunkt von $\dot{U}'_{20}$ ist eine Gerade. Zum Aufzeichnen dieser Geraden genügen zwei Werte von s, etwa $s=0$ und $s=1$.

Für den Nebenschlußmotor, für den im Abschn. 4b die Widerstandswerte angegeben werden, sind in Abb. 285 zwei solcher Ortskurven (Geraden) für $\dot{U}'_{20}$ strichpunktiert dargestellt ($U=110/\sqrt{3}$ V). Die mit a bezeichnete Gerade setzt

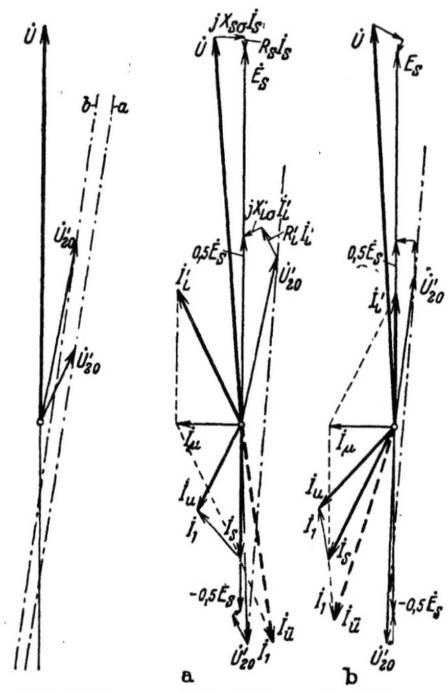

voraus, daß bei „Nennwirkstrom" $I'_{Lw}=21{,}5$ A (der wirkliche Nennstrom des Motors ist etwas größer) der Blindstrom $I'_{Lb}=10{,}5$ A ($=I_\mu$) ist, während bei der Geraden b angenommen ist, daß der Nennstrom $I'_L=I'_{Lw}$ in Phase mit $\dot{E}_S$ ist ($I'_{Lb}=0$). Es ist nach den Gl. 430a u. b im Falle a $b=0{,}0436+0{,}1425\cdot s$, $w=-0{,}0664+0{,}965\cdot s$ und im Falle b $b=0{,}0099+0{,}126\cdot s$, $w=-0{,}071+0{,}925\cdot s$ ($I_V=0$ gesetzt, Widerstände wie für Abb. 280).

In den Abb. 286a u. b sind für diese beiden Fälle die Spannungs- und Stromdiagramme bei „Nennwirkstrom" $I'_{Lw}=21{,}5$ A für $s=0{,}5$ und $s=-0{,}5$ (gestrichelt) dargestellt. Die Eisenverluste und die Ströme in den von Bürsten überbrückten Läuferspulen sind der Einfachheit wegen vernachlässigt. E_S ist bei festem Läuferstrom (also festem Drehmoment) in beiden Fällen unabhängig vom Schlupf, weil der Spannungsverlust $(R_S+jX_{S\sigma})\dot{I}_S$ davon unabhängig ist. Um in beiden Fällen denselben Magnetisierungsstrom zu erhalten, ist nicht für U, sondern für E_S derselbe Wert (60 V) angenommen. Mit $\dot{I}'_L$

Abb. 285. Günstige Ortskurven a und b von $\dot{U}'_{20}$ bei Nennmoment.

Abb. 286a u. b. Vektordiagramme bei $s=0{,}5$ und $s=-0{,}5$ für die Fälle a und b in Abb. 285.

erhält man nach den Gl. 416a bis d $\dot{I}_S$ und nach Abschn. 1b (Gl. 400d) den Strom $\dot{I}_1$ in der primären Wicklung des Regeltransformators, der zu $\dot{I}_S$ addiert den Netzstrom $\dot{I}$ ergibt; er ist für die untersynchrone Drehzahl ($s=0{,}5$) mit $\dot{I}_u$, für die übersynchrone ($s=-0{,}5$) mit $\dot{I}_{\ddot{u}}$ bezeichnet. Magnetisierungsstrom und Eisenverluste des Transformators sind vernachlässigt.

Wir hatten schon festgestellt, daß es für die Bildung des Drehmoments am günstigsten ist, wenn der Läuferstrom phasengleich mit $\dot{E}_S$ ist, also keine Blindkomponente gegenüber dieser EMK aufweist. Mit Rücksicht auf einen guten Leistungsfaktor ist es dagegen erwünscht, daß der Läuferstrom eine Komponente in Phase mit $\dot{I}_\mu$ hat, also mindestens einen Teil der Magnetisierungsdurchflutung übernimmt (in Abb. 286a ist $I'_{Lb}=I_\mu$). Die vom Läuferkreis gedeckte Magnetisierungsleistung ist nämlich der EMK $\dot{E}'_L=s\dot{E}_S$ proportional, also im Verhältnis s

kleiner als die vom Ständerkreis gedeckte Magnetisierungsleistung. Sie wird bei $s = 0$ ebenfalls Null; bei $s < 0$ wird sogar Magnetisierungsblindleistung vom Läuferkreis über die Ständerwicklung an das Netz abgegeben, wenn der Läuferstrom eine genügend große Komponente in Phase mit $\dot I_\mu$ hat (vgl. Abb. 286a für $s = -0,5$). Im Falle a sind die Wicklungsverluste im Ständer so klein wie möglich, im Falle b gilt dies für den Läufer. Wenn $I'_{Lb} > I_\mu$ ist, werden sowohl im Ständer als auch im Läufer die Wicklungsverluste größer. Für Nennmoment scheint deshalb der Fall a besonders günstig zu sein.

Wenn die Belastung vom Nennmoment abweicht, ändert sich, ebenso wie bei der Einphasenmaschine (Abschn. I E 1), die Blindkomponente des Läuferstromes, sie wird bei größerer Belastung kleiner, bei kleinerer Belastung größer. Bei vollkommenem Leerlauf muß $I'_{Lw} = 0$ sein. Damit erhalten wir den Leerlaufblindstrom nach Gl. 421 zu

$$I'_{Lb0} = \frac{b\,U_w + w\,(R_S\,I_\mu - X_{S\sigma}\,I_V)}{w\,R_S + R'_L}\,. \tag{431}$$

In den Abb. 287a u. b sind die Stromdiagramme bei vollkommenem Leerlauf für dieselbe Einstellung von $\dot U'_{20}$ wie in den Abb. 286a u. b dargestellt (es ist

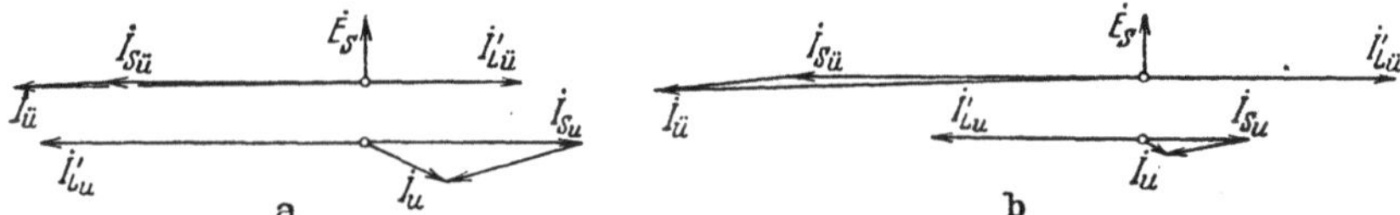

a   b

Abb. 287a u. b. Stromdiagramme bei Leerlauf und Einstellung von $\dot U'_{20}$ wie in den Abb. 286a u. b; Strommaß wie in Abb. 286a u. b.

wieder $I_V = 0$ gesetzt). Auch Läufer- und Ständerstrom sind hier abhängig von der Drehzahl; sie sind deshalb für die unter- und übersynchrone Drehzahl durch die Zeiger u und $\ddot u$ unterschieden. Läufer- und Ständerstrom sind bei der untersynchronen Drehzahl im Falle a ($I'_{Lu} = 31,7$, $I_{Su} = 21,2$ A) wesentlich größer als im Falle b ($I'_{Lu} = 20,65$, $I_{Su} = 10,15$ A), bei der übersynchronen Drehzahl ist es umgekehrt. Da wir die Eisenverluste vernachlässigt haben, muß bei vollkommenem Leerlauf $m_S\,U\,I\cos(\dot U, \dot I)$ gleich den gesamten Stromwärmeverlusten sein. Daß dies aus den Abb. 287a u. b nicht zu erkennen ist, liegt daran, daß wir die Ströme nicht gegenüber $\dot U$, sondern gegenüber $\dot E_S$ aufgezeichnet haben.

Günstiger Leistungsfaktor und kleiner Leerlaufblindstrom widersprechen also einander bei den untersynchronen Drehzahlen. Die Wahl des Blindstroms bei Nennbetrieb wird davon abhängen, ob im Betrieb häufig Leerlauf und kleine Belastungen vorkommen oder ob im wesentlichen mit konstantem Moment gearbeitet wird. Im ersten Falle wird man bei Nennbetrieb I'_L etwa phasengleich zu $\dot E_S$ annehmen, während im zweiten Falle mit Rücksicht auf guten Leistungsfaktor eine Phasenverfrühung zweckmäßig ist.

In Abb. 288 sind die Leerlaufblindströme für solche Einstellungen von $\dot U'_{20}$, bei denen der bei „Nennwirkstrom" $I'_{Lw} = 21,5$ A auftretende Blindstrom I_{Lb} gleich $-10,5$, 0 bzw. $+10,5$ A ist, über der relativen Drehzahl $v = n/n_1 = 1 - s$ aufgetragen (alle Ströme wie bisher auf die Phase von $\dot E_S$ bezogen). Die voll ausgezogenen Kurven gelten für den Läufer (I'_{Lb0} nach Gl. 431 mit $I_\mu = 10,5$ A, $I_V = 0$, $U_w = 110/\sqrt3$), die gestrichelten für den Ständer (I_{Sb0} nach Gl. 416d mit

I'_{Lb0} an Stelle von I'_{Lb}) und die punktierten für den gesamten dem Netz entnommenen Leerlaufblindstrom (I_{b0} nach Gl. 426b mit $I'_{Lw}=0$); sie sind in Abb. 288 auf $I'_{Lw}=21{,}5$ A bezogen. Die bei vollkommenem Leerlauf wirklich auftretende Drehzahl ist natürlich größer als bei Nennwirkstrom; sie kann nach Gl. 422 berechnet werden. Die in die Kurven eingezeichneten kleinen Kreise entsprechen etwa der Einstellung von $\dot{U}'_{20}$, wie sie in den Abb. 286a u. b und 287a u. b vorausgesetzt ist. Bei den Kurven in Abb. 288 ist ferner angenommen, daß die Widerstände der Maschine (einschließlich Transformator) sowohl vom Strom als auch von der Einstellung des Regeltransformators unabhängig sind, die Ortskurve von $\dot{U}'_{20}$ also eine Gerade ist (vgl. Abb. 285). Da aus Gründen der Funkenunterdrückung keine hohen übersynchronen Drehzahlen in Frage kommen, sind die hohen Blindströme besonders bei den untersynchronen Drehzahlen zu befürchten. Die hohen Blindströme im Ständer und Läufer machen sich übrigens, wie aus Abb. 288 hervorgeht, bei den untersynchronen Drehzahlen im gesamten Netzstrom nicht bemerkbar, weil der Strom in der Primärwicklung des Regeltransformators eine beträchtliche Komponente in Gegenphase zum Ständerstrom hat (vgl. Abb. 287a u. b).

Man könnte natürlich die Blindkomponente von $\dot{U}'_{20}$ für jede Regelstufe so einstellen, daß innerhalb des praktisch in Frage kommenden Belastungsbereichs die kleinsten Blindströme auftreten. Die Ausführung des Transformators wird dann aber nicht einfach. Während der Regelung würde man in diesem Falle von einer der Kurven in Abb. 288 zur nächsten übergehen. Bei fester Einstellung des Regeltransformators und Vernachlässigung der Veränderlichkeit von I_μ und I_V ist nach Gl. 421 die Blindkomponente I'_{Lb} des Läuferstromes linear abhängig von I'_{Lw}, also auch angenähert vom Drehmoment.

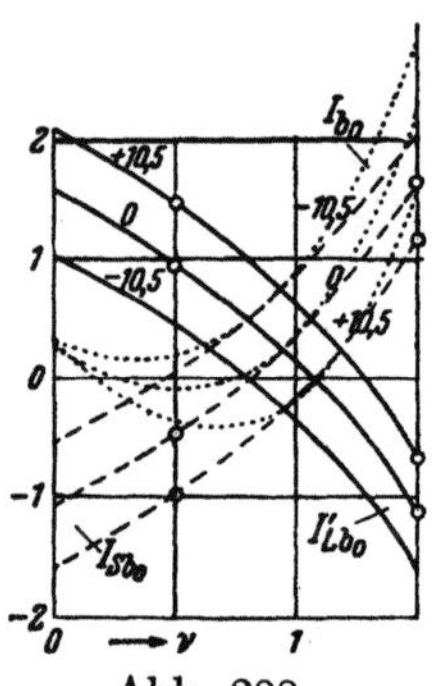

Abb. 288.
Leerlaufblindströme
(bezogen auf $I'_{Lw}=$
21,5 A). —— Läufer,
– – – Ständer,
··· Netz; Parameter
I'_{Lb} bei $I'_{Lw}=21{,}5$ A.

Die Kurzschlußströme und die Veränderlichkeit der Widerstände während der Regelung werden die Kurven in Abb. 288 noch beeinflussen. Besonders bemerkbar macht sich der Bürstenübergangswiderstand bei kleinen Maschinen, der nicht fest ist, wie wir es angenommen haben, sondern vom Strom abhängt (vgl. Abschn. 4b).

Zu den Gl. 421 u. 431 für den auf die Ständerwicklung bezogenen Läuferblindstrom ist noch eine Bemerkung am Platze. Bei $w=-R'_L/R_S$ wird der Nenner der Gleichungen Null, so daß es den Anschein hat, als würde der Blindstrom dann unendlich werden. Das ist aber nicht der Fall, denn mit dem Nenner wird auch der Zähler Null, wovon man sich überzeugen kann, wenn man I'_{Lw} nach Gl. 420 mit $w=R'_L/R_S$ berechnet und in Gl. 421 einsetzt. In praktischen Fällen ist immer $-w$ wesentlich kleiner als R'_L/R_S und $U\approx U_w$, so daß es sich erübrigt, den Grenzwert von I'_{Lb} zu ermitteln.

d. Einfluß einer in den Läuferkreis geschalteten Ständerhilfswicklung.
Um die gewünschte Phase der den Läuferbürsten aufgezwungenen Leerlaufspannung $\dot{U}_{20}$ bei Phasengleichheit der Regelspannung am Transformator und der Ständerspannung zu erhalten, kann man eine im Ständer angeordnete Zusatzwicklung in den Läuferkreis einfügen. Die grundsätzliche Schaltung ist hierfür in Abb. 289a für je einen Wicklungsstrang angegeben. S ist die Ständerhauptwicklung, Z die Zusatz-

wicklung, T der Regeltransformator. Die positive Achse der Zusatzwicklung sei um den räumlichen Phasenwinkel δ gegenüber der der Ständerhauptwicklung im Sinne der Drehrichtung des Drehfeldes verschoben. Die resultierende Durchflutung in der Maschine enthält also

außer den Durchflutungen der Läuferwicklung und der Ständerhauptwicklung noch die Durchflutung der Zusatzwicklung. Denken wir uns die Achse der Wicklung Z in die Achse der Wicklung S gedreht, so müssen wir nach Abschn. 1b im Zeitdurchflutungsdiagramm den Strom in der Wicklung Z mit $-\dot{I}_L \varepsilon^{j\delta}$ einführen (vgl. die Abb. 277a u. b). Mit den Übersetzungen

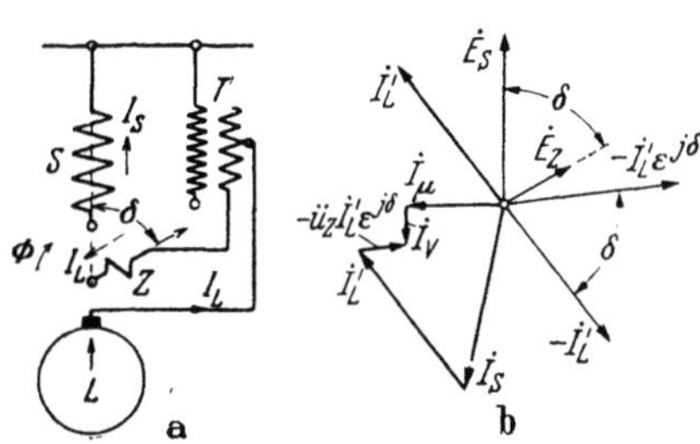

Abb. 289a u. b. Einfluß einer Zusatzwicklung Z auf Stromdiagramm.

$$\ddot{u}_M = \frac{\xi_L\, w_L}{\xi_S\, w_S}, \qquad \ddot{u}_Z = \frac{\xi_Z\, w_Z}{\xi_L\, w_L} \quad \text{und} \quad \dot{I}'_L = \ddot{u}_M\, \dot{I}_L \qquad \text{(432a bis c)}$$

erhalten wir (vgl. Abb. 289b) dann

$$\dot{I}_\mu + \dot{I}_V = \dot{I}_S + \dot{I}'_L - \ddot{u}_Z\, \dot{I}'_L\, \varepsilon^{+j\delta} = \dot{I}_S + [1 - \ddot{u}_Z\, (\cos\delta + j\sin\delta)]\, \dot{I}'_L. \qquad (432)$$

Daraus ergeben sich die Beträge der Wirk- und Blindkomponente des Ständerstromes I_S mit den Vorzeichen, wie wir sie im Abschn. 3a (S. 401) festgelegt haben, zu

$$I_{Sw} = -I_V - (1 - \ddot{u}_Z \cos\delta)\, I'_{Lw} - \ddot{u}_Z \sin\delta \cdot I'_{Lb}, \qquad (433a)$$

$$I_{Sb} = I_\mu - (1 - \ddot{u}_Z \cos\delta)\, I'_{Lb} + \ddot{u}_Z \sin\delta \cdot I'_{Lw}, \qquad (433b)$$

die jetzt an Stelle der Gl. 424a u. b im Abschn. 3b treten.

Vernachlässigen wir die Streuung in der kleinen Hilfswicklung und ihren Einfluß auf die Streuspannung in der Ständerhauptwicklung, so gelten, wie der Berechnungsgang nach Abschn. 3b ergibt, wieder die Gl. 420, 420a und 421 für I'_{Lw} und I'_{Lb}, wenn in den Abkürzungen 419c bis f für A bis D

$$X^*_{S\sigma} = (1 - \ddot{u}_Z \cos\delta)\, X_{S\sigma} - \ddot{u}_Z \sin\delta \cdot R_S \quad \text{an Stelle von} \quad X_{S\sigma} \qquad (434a)$$

und

$$R^*_S = (1 - \ddot{u}_Z \cos\delta)\, R_S + \ddot{u}_Z \sin\delta \cdot X_{S\sigma} \quad \text{an Stelle von} \quad R_S \qquad (434b)$$

gesetzt wird, sonst aber $X_{S\sigma}$ und R_S in den Gl. 420, 420a u. 421 ihre wirkliche Bedeutung behalten. In den Gl. 418a u. b für U_w und U_b sind bei den Spannungsverlusten der Ströme I'_{Lw} und I'_{Lb} ebenfalls

$X_{S\sigma}$ und R_S nach 434a u. b zu ersetzen, während bei den Spannungsverlusten der Ströme I_V und I_μ $X_{S\sigma}$ und R_S ihre wirkliche Bedeutung haben.

Bei der Berechnung des Stromes $\dot{I}_1^*$, der bei Vernachlässigung von $I_{\mu T}$ und $I_{v T}$ in der Primärwicklung des Transformators fließt, müssen wir beachten, daß hier (vgl. Abb. 276 b) $\dot{I}_1^*$ in Phase mit $-\dot{I}_2 = \dot{I}_L$ ist. Es ist also

$$I_{1w}^* = \ddot{u}_T I_{Lw} = \frac{\ddot{u}_T}{\ddot{u}_M} I_{Lw}', \qquad I_{1b}^* = \frac{\ddot{u}_T}{\ddot{u}_M} I_{Lb}'. \qquad \text{(435a u. b)}$$

$\ddot{u}_T = w_2/w_1$ bedeutet darin die Übersetzung des Transformators (ohne Rücksicht auf die Zusatzwicklung im Ständer); $\ddot{u}_T$ ist negativ einzusetzen, wenn die Sekundärspannung des Transformators der Primärspannung entgegengerichtet ist. Für den gesamten Netzstrom I^* (Vernachlässigung von $I_{\mu T}$ und $I_{v T}$) gilt wieder

$$I_w^* = I_{1w}^* + I_{Sw}, \qquad I_b^* = I_{1b}^* + I_{Sb}. \qquad \text{(435c u. d)}$$

Die auf die EMK $\dot{E}_S$ in der Ständerwicklung bezogenen Stromkomponenten können wir wieder nach den Gl. 427a u. b und 428a u. b

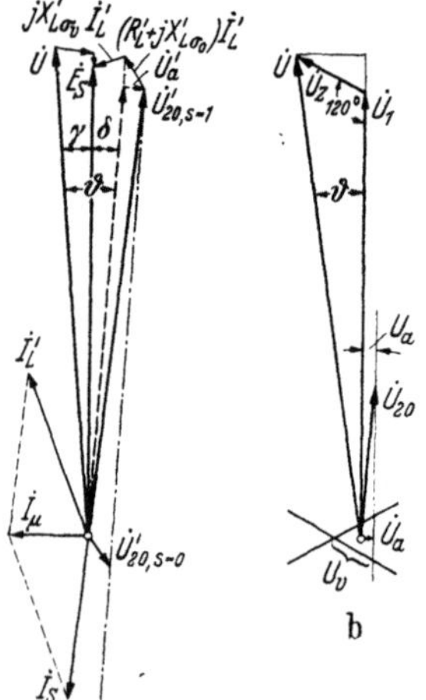

auf die Klemmenspannung U beziehen und zu diesen die bisher vernachlässigten Ströme $\dot{I}_{\mu T}$ und $\dot{I}_{v T}$ des Transformators addieren (vgl. Gl. 429a u. b).

Die Anwendung der Gleichungen werden wir im Abschn. 5b u. c zeigen.

4. Regelung mit Stufentransformator.

a. Schaltung des Stufentransformators.
In Abb. 290a ist für den Nebenschlußmotor mit den Widerstandswerten nach Abschn. b das Stromdiagramm mit $I_{Lw}' = 21{,}5$ A und $I_{Lb}' = 8$ A aufgezeichnet, das nach Abschn. 3c etwa einem günstigen Betrieb hinsichtlich Leistungsfaktor bei $I_{Lw}' = 21{,}5$ A und Läufer

Abb. 290a u. b. Vektordiagramme zur Begründung der Schaltung in Abb. 291.

blindstrom bei Leerlauf entspricht (I_V ist vernachlässigt). Die strichpunktierte Gerade ist die Ortskurve der Leerlaufspannung U_{20}' des Regeltransformators, wenn wir die Widerstände im Regelkreis von den Regelstufen unabhängig annehmen. Für die Schlupfwerte $s = 1$ und $s = 0$ ist die Spannung U_{20}' eingezeichnet. Legen wir in Abb. 290a eine Parallele zur strichpunktierten Ortsgeraden von U_{20}', die durch den Koordinatenanfangspunkt geht, so erkennen wir, daß sich U_{20}' in zwei Komponenten zerlegen läßt, von denen die eine mit einer Spannung phasengleich ist, die gegen $\dot{U}$ um den Phasenwinkel $\vartheta = \gamma + \delta$ verspätet ist und deren Betrag sich bei der Drehzahlregelung ändert, während die andere Komponente $\dot{U}_a'$, senkrecht dazu, von der Regelung unabhängig und gleich dem gegenseitigen Abstand der beiden parallelen Geraden ist.

Wir behandeln zunächst die erste Komponente. Den Phasenwinkel ϑ erhalten wir als Summe der Einzelwinkel γ und δ. Die Kreisfunktionen des Winkels γ hatten wir schon im Abschn. 3b (Gl. 427a u. b) angegeben; den Winkel δ erhalten wir nach Abb. 290a aus der Gleichung

$$\operatorname{tg} \delta = X'_{L\sigma v} I'_{Lw} / (E_S + X'_{L\sigma v} I'_{Lb}). \quad (436)$$

In unserm Beispiel ist $\vartheta = 8°11'$. Statt die Spannungskomponente um diesen Zeitwinkel gegen $\dot{U}_S$ verspätet einzustellen, können wir nach Abschn. 1a auch die Bürsten aus der I. Hauptstellung gegen den Drehsinn des Drehfeldes verschieben. Mit Rücksicht auf eine günstige Funkenunterdrückung und kleinen Streuspan

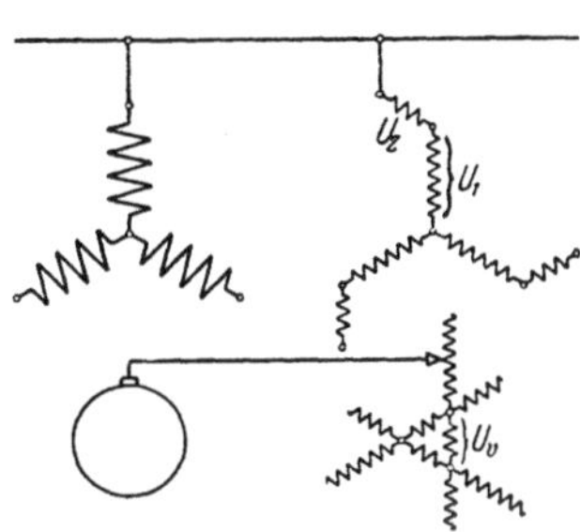

Abb. 291. Schaltung des Regeltransformators.

nungsverlust ist es jedoch vorzuziehen, die Bürsten in der I. Hauptstellung stehen zu lassen, wie wir es hier auch voraussetzen wollen.

Die Phasenverspätung der Spannungskomponente von $\dot{U}_{20}'$ um den Zeitwinkel ϑ gegen $\dot{U}$ kann durch eine zusätzliche Spannung erhalten werden, die der Spannung der Primärwicklung des Regeltransformators angefügt wird. Wir erhalten sie durch eine kleine zusätzliche Wicklung im Regeltransformator selbst, die mit der Primärwicklung des Transformators in Reihe zu schalten ist.

In Abb. 291 oben rechts ist eine hierfür geeignete Schaltung im Primärkreis des Regeltransformators dargestellt. Der Übersichtlichkeit wegen sind die Wicklungsteile des Transformators so gezeichnet, daß ihre Achsen zugleich das Vektorbild (Abb. 290b) für den Transformator ergeben; die gleichachsigen Wicklungsteile befinden sich also auf denselben Kernen. Aus Abb. 291 u. 290b folgt

$$U_Z = \frac{2}{\sqrt{3}} U \sin \vartheta. \quad (437a)$$

Jeder Strang der Hauptwicklung des Transformators ist zu bemessen für die Spannung (vgl. auch Abb. 290b)

$$U_1 = U \cos \vartheta - U_Z/2. \quad (437b)$$

Die zweite, feste Komponente $\dot{U}_a'$ der Sekundärspannung $\dot{U}_{20}'$ muß nach Abb. 290b gegen die Spannung $\dot{U}_1$, die in die gestrichelte

Gerade der Abb. 290a fällt, um eine Viertelperiode phasenverspätet sein. Ihr Betrag ist $U_a' = (X_{L\sigma 0}' I_{Lw}' + R_L' I_{Lb}') \cos \delta \approx X_{L\sigma 0}' I_{Lw}' + R_L' I_{Lb}'$; er beträgt in unserm Beispiel etwa 2,58 V. Um den wirklichen Betrag der Sekundärseite zu erhalten, müssen wir U_a' mit der Übersetzung $\ddot{u}_M = 0{,}616$ multiplizieren; es ist also $U_a = 1{,}59$ V. Diese Komponente erhalten wir durch die gemischte Schaltung der Sekundärwicklung des Transformators nach Abb. 291 rechts unten, der das durch dünne Linien angedeutete Vektorbild in Abb. 290b entspricht. Der in Dreieck geschaltete Wicklungsteil mit der Spannung $U_v = 5{,}5$ V ist gewöhnlich sehr klein gegenüber den in Stern geschalteten Wicklungsteilen.

Nach diesen Angaben läßt sich der Transformator entwerfen, wobei sich die Bemessung der in Stern geschalteten Teile der Sekundärwicklung nach dem Regelbereich richtet und an Hand des Vektordiagramms (Abb. 290b) leicht festgelegt werden kann.

Für die Wirkkomponente $wU = 0{,}506\,U = 32{,}1$ V von $\dot{U}_{20}'$ (vgl. Abschn. b) ist in Abb. 290b die Spannung $\dot{U}_{20} = \ddot{u}_M \dot{U}_{20}'$ eingezeichnet. Es ergibt sich dabei nach Abb. 276b $b = (wU \sin \vartheta + U_a')/U \cos \vartheta = 0{,}113$.

Im allgemeinen wird der Verlustscheinwiderstand des Stufentransformators, der einen Teil des Scheinwiderstandes $R_L' + jX_{L\sigma 0}'$ des Läuferkreises bildet, auf den einzelnen Regelstufen nicht unveränderlich sein. Er ist in der Regel um so größer, je größer U_{20}' ist, je mehr also die Drehzahl von der synchronen abweicht. Fordern wir dann wieder, daß die Blindkomponente von $\dot{I}_L'$ bei Nennmoment auf jeder Regelstufe dieselbe bleibt, so muß U_a' mit wachsendem Schlupf s ebenfalls wachsen. Der Verlustblindwiderstand des Regeltransformators hängt allerdings sehr stark von der Anordnung der einzelnen Wicklungsteile ab. Wollen wir die Blindkomponente von $\dot{I}_L'$ bei Nennmoment auf allen Regelstufen festhalten, so müssen mit den einzelnen Schaltstufen noch zusätzliche Windungen in Reihe geschaltet werden.

b. Vergleich zwischen Rechnung und Messung. Um die Berechnung der Kennlinien nach den im Abschn. 3b abgeleiteten Gleichungen zu zeigen, und sie mit den durch Messung ermittelten zu vergleichen, schalten wir einen Nebenschlußmotor, der eigentlich zur Regelung ohne Transformator nach Abschn. 6 bestimmt ist, für die Regelung mit Transformator. Der Motor ist ausführlich beschrieben in [L 4, S. 213 u. f.]. Die gemischt geschaltete Ständerwicklung wurde aufgelöst und einfach in Stern für 110 V Klemmenspannung geschaltet (durch Verbinden der Punkte A_{III}, B_{III}, C_{III} in Abb. 106 [L 4]). In dieser Schaltung ist die Übersetzung nach Gl. 432a $\ddot{u}_M = 0{,}616$. Die Läuferbürsten wurden in die I. Hauptstellung gebracht. Die Widerstände des Motors ergaben sich durch Messung und Rechnung zu $R_S = 0{,}09$, $X_{S\sigma} = 0{,}23$, $R_L = 0{,}064$, $X_{L\sigma 0} = 0{,}011$, $X_{L\sigma v} = 0{,}076\ \Omega$.

Der Regeltransformator wurde primär nach Abb. 291 oben rechts geschaltet. Bei Nennspannung $U = 63{,}5$ V betrug die Spannung an der Hauptwicklung $U_1 = 60$, die an der Zusatzwicklung $U_Z = 6{,}55$ V. Es ist damit $\sin \vartheta = 0{,}0893$, $\cos \vartheta = 0{,}993$. Um die berechneten Kennlinien mit den gemessenen zu vergleichen, wollen wir uns auf eine einzige Drehzahlstufe beschränken, und zwar auf eine untersynchrone, bei der sich das von den Strömen in den durch Bürsten überbrückten Läuferspulen herrührende Drehmoment bemerkbar macht. Dazu war es nicht nötig, die Sekundärwicklung des Transformators nach Abb. 291 rechts unten zu schalten, sie wurde von der primären Hauptwicklung des Transformators abgezweigt, so daß die Spannung $U_{20} = 60/3 = 20\,\mathrm{V}$ oder $U'_{20} = 20/0{,}616 = 32{,}4\,\mathrm{V}$ betrug und in Phase mit $\dot{U}_1$ war. Damit ist $U'_{20w} = U'_{20}\cos\vartheta = 32{,}2$, $U'_{20b} = U'_{20}\sin\vartheta = 2{,}89\,\mathrm{V}$, oder $w = 32{,}2/63{,}5 = 0{,}506$ und $b = 2{,}89/63{,}5 = 0{,}0455$. Bei Kurzschluß der primären Klemmen wurde $R_T = 0{,}015$, $X_{\sigma T} = 0{,}0052\,\Omega$ gemessen. Damit ergeben sich die gesamten Widerstände im Läuferkreis zu $R_L = 0{,}064 + 0{,}015 = 0{,}079$, $X_{L\sigma v} = 0{,}076$ und $X_{L\sigma 0} = 0{,}0110 + 0{,}0052 = 0{,}0162\,\Omega$ oder durch $\ddot{u}_M^2$ dividiert $R'_L = 0{,}208$, $X'_{L\sigma v} = 0{,}2$ und $X'_{L\sigma 0} = 0{,}0425\,\Omega$. Mit diesen Widerständen sind die Kennlinien berechnet.

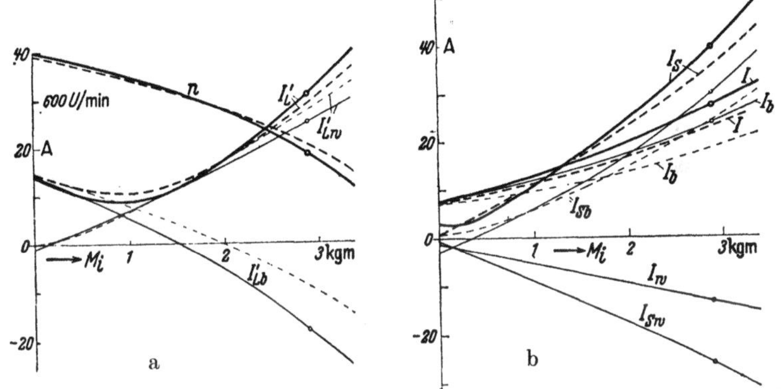

Abb. 292a u. b. a) Drehzahl n, Läuferstrom I'_L; Stromkomponenten auf $\dot{E}_S$ bezogen. b) Ständerstrom I_S, Netzstrom I; Stromkomponenten auf $\dot{U}$ bezogen. —— berechnet, - - - gemessen.

In Abb. 292a u. b sind für diese Einstellung des Regeltransformators die berechneten Kennlinien durch vollausgezogene, die gemessenen durch gestrichelte Kurven über dem inneren (am Ankerumfang entwickelten) Drehmoment des Motors aufgetragen. Bei der Messung ist das innere Drehmoment gleich der Summe aus dem an der Welle abgegebenen Drehmoment und dem durch besondere Messungen ermittelten Drehmoment, das den gesamten Reibungsverlusten und der Lüftungsleistung entspricht, gesetzt. Es sind also die mechanisch gedeckten zusätzlichen Verluste vernachlässigt, die bei der untersynchronen Drehzahl verhältnismäßig klein sind. Der Übergangswiderstand der Bürsten ist als unabhängig vom Läuferstrom angenommen. Bei der Berechnung sind sonst alle Einflüsse auf das Drehmoment berücksichtigt, also auch das durch die Ströme in den von Bürsten überbrückten Ankerspulen entwickelte Drehmoment M_k und das den Eisenverlusten im Läufer entsprechende M_{v2}. Die Summe $M_k + M_{v2}$ wurde nach dem Verfahren im Abschn. H 4 b angenähert ermittelt und ist in Abb. 293a über dem Schlupf s dargestellt. Die EMK E_S in der Ständerwicklung betrug dabei 58 V bei $s = 0{,}8$ und sank bis auf $E_S = 54\,\mathrm{V}$ bei $s = -0{,}5$. Abb. 293b zeigt die magnetische Kennlinie $E_S(I_\mu)$ der Maschine. Im Abschn. c werden wir den Gang der Berechnung der Kennlinien im einzelnen zeigen.

In Abb. 292a sind die Drehzahl n und der auf die Ständerwicklung bezogene Läuferstrom I'_L sowie seine auf $\dot{E}_S$ bezogenen Komponenten I'_{Lw} und I'_{Lb} dargestellt. Die gegenüber der Klemmenspannung gemessenen Blindströme von

I_L sind ebenfalls auf die EMK $\dot{E}_S$ umgerechnet. Die Unterschiede zwischen gemessenen und berechneten Blindströmen I'_{Lb} erklären sich hauptsächlich durch eine Abweichung der Bürstenstellung von der I. Hauptstellung, weil die Kurven von I'_{Lb} bei verschiedenen Drehmomenten durch Null gehen. Die Abweichungen entsprechen einer ungenauen Bürsteneinstellung von einem räumlichen Grad oder 1,3 mm am Umfang des Stromwenders. Da die Bürstenbreite selbst 7,5 mm beträgt, kann die Abweichung schon allein dadurch hervorgerufen sein, daß die Bürsten nicht mit der vollen Breite auflagen. Die Abweichungen beim Wirkstrom I'_{Lw} und bei der Drehzahl n sind teilweise durch die Unterschiede der Blindströme bedingt, lassen sich aber auch durch ungenaue Berücksichtigung der Widerstände erklären, wobei besonders der unsichere Übergangswiderstand der Bürsten eine Rolle spielt, durch die etwas unsichere experimentelle Ermittlung von $M_k + M_{v2}$

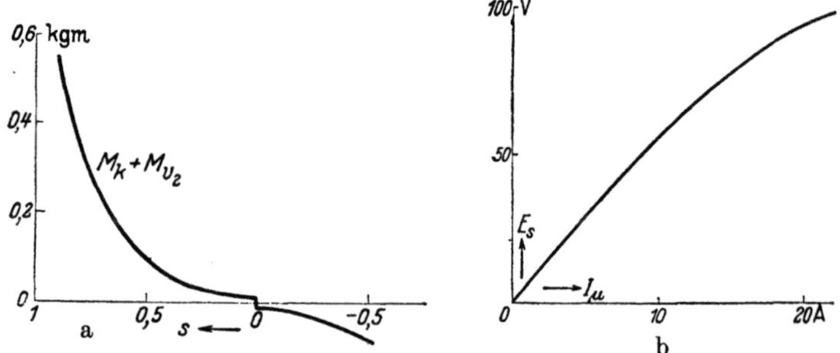

Abb. 293a u. b. a) Zusätzliches Drehmoment $M_k + M_{v2}$ über Schlupf s;
b) magnetische Kennlinie für Berechnungsbeispiel.

und die ungenaue experimentelle Zerlegung des Läuferstromes in seine Wirk- und Blindkomponente. Die Abweichungen beim gesamten Läuferstrom I'_L sind hauptsächlich auf die Abweichungen der Blindströme zurückzuführen.

Vergleichen wir die Kurven $I'_L(M)$ in Abb. 292a mit der entsprechenden Kurve nach der vereinfachten Rechnung im Abschn. 3a und tragen I'_L nach Gl. 414c über M nach Gl. 414d auf (vgl. Abb. 282 für $w = 0,5$, $b = 0,0455$), so erkennen wir, daß I'_L bei $M < 2$ kgm etwas kleiner, bei $M > 2$ kgm etwas größer als in Abb. 292a ist. Zum Teil sind diese Abweichungen auf die Vernachlässigung des zusätzlichen Moments M_k bei der vereinfachten Rechnung zurückzuführen.

In Abb. 292b sind dargestellt der Ständerstrom I_S und der gesamte dem Netz entnommene Strom I, sowie die hier auf die Klemmenspannung U bezogenen Komponenten I_{Sw}, I_{Sb} und I_w, I_b. Die gerechneten und gemessenen Wirkströme I_{Sw} und I_w fallen zusammen. Die Abweichungen bei den Blindströmen, und damit auch bei den gesamten Strömen, sind auf die bei Abb. 292a erläuterten Gründe zurückzuführen. Der Magnetisierungsstrom des Transformators ist bei der Berechnung um eine Viertelperiode phasenverfrüht gegen $\dot{U}_S$ angenommen, der kleine, den Eisenverlusten im Transformator entsprechende Strom ist vernachlässigt.

Die Leistungsfaktoren, die sich aus dem Verhältnis der Wirkkomponente des Stromes zu diesem selbst ergeben, sind in den Abb. 292a u. b nicht eingetragen. In Abb. 292b, in der die gemessenen und berechneten Wirkkomponenten übereinstimmen, sind die Abweichungen des Leistungsfaktors durch die der Ströme selbst gegeben. Wegen der schon erwähnten ungünstigen Einstellung des Transformators ist der Leistungsfaktor des Motors mit Transformator klein; er liegt bei Drehmomenten von 1,5 kgm und darüber bei etwa 0,5; durch Vergrößerung von b

läßt er sich wesentlich verbessern. Der Wirkungsgrad ist bei dem kleinen Motor und der kleinen Drehzahl ebenfalls gering; sein Höchstwert liegt nach der Messung nur wenig über 50%.

Nach den Kurven in Abb. 292a ist bei Nennmoment ($M_i \approx 2,75$ kgm) die Blindkomponente von I'_L dem Magnetisierungsstrom entgegengerichtet, während es mit Rücksicht auf den Leistungsfaktor erwünscht ist, daß sie dem Magnetisierungsstrom gleichgerichtet ist. In der Tat beträgt b nur 0,0455, während wir nach Abschn. 3b $b = 0,113$ für günstig erkannt hatten. Das ist aber für unsern Zweck, nämlich zu zeigen, wie die berechneten von den gemessenen Kennlinien abweichen, unwesentlich. Eine bessere Übereinstimmung zwischen gerechneten und gemessenen Kennlinien, als sie die Kurven in Abb. 292a u. b zeigen, können wir wegen der Unsicherheit der Bürstenstellung und des in Wirklichkeit veränderlichen Übergangswiderstandes der Bürsten nicht erwarten.

c. Rechnungsgang für eine angenommene Drehzahl. Den Gang der Berechnung der Kurven in den Abb. 292a u. b wollen wir für die Drehzahl $n = (1-s)n_1 = 375$ U/min zeigen. Der Schlupf ist hierbei $s = 0,75$. Die für die Einstellung des Transformators gültigen Werte $w = 0,506$ und $b = 0,0455$ hatten wir schon im Abschn. b berechnet, dort sind auch die Widerstandswerte für den Motor mit Transformator angegeben. Wir erhalten nach den Gl. 419c bis f und 420a $A = 0,3604$, $B = 0,2525$, $C = 0,3087$, $D = 0,286\ \Omega$, $E = 0,0616\ \Omega^2$. Schätzen wir zunächst $I_\mu = 9,8$ und $I_V = 3\,A$, so erhalten wir nach Gl. 420

$$I'_{Lw} = \frac{4,98 - 0,0262\,I_\mu - 0,0616\,I_V}{0,1838} = 24,6\ \text{A}$$

und nach Gl. 421

$$I'_{Lb} = \frac{2,895 + 0,0455\,I_\mu - 0,1163\,I_V - 0,309\,I'_{Lw}}{0,2535} = -18,2\ \text{A}.$$

Nach Gl. 417b wird $U_b = 3,83$, also $U_w \approx U = 63,5$ V und nach Gl. 417a $E_S = 54,7$ V; damit ergibt sich nach Abb. 293b der Magnetisierungsstrom $I_\mu = 9,7$ A, also nur wenig kleiner als der geschätzte Wert (9,8 A). Mit $E_S = 54,7$ V und $I'_{Lw} = 24,6$ A erhalten wir nach Gl. 359 das vom Läuferstrom I_L entwickelte Drehmoment $M = 2,63$ kgm.

Die Ständerspannung ist bei der in Abb. 293a dargestellten Summe $M_k + M_{v2}$ $E_S \approx 57,5$ V für $s = 0,75$. Der in unserm Falle etwas kleinere Wert von E_S wirkt sich auf $M_k + M_{v2}$ etwa ebenso aus wie eine Verkleinerung des Schlupfes auf $s \cdot 54,7/57,5 = 0,714$. Damit entnehmen wir der Abb. 293a $M_k + M_{v2} = 0,25$ kgm und erhalten das gesamte in der Maschine entwickelte Drehmoment zu $M_i = M + M_k + M_{v2} = 2,88$ kgm.

Mit den Werten I'_{Lw} und I'_{Lb} erhalten wir nach Gl. 424a u. b die auf $\dot{E}_S$ bezogenen Komponenten $I_{Sw} = -27,76$ und $I_{Sb} = 27,9$ von $I_S = 39,4$ A. Diese beziehen wir nun auf die Klemmenspannung $\dot{U}$. Wir erhalten nach den Gl. 427a u. b $I_{SwU} = -25,9$, $I_{SbU} = 29,5$ A.

Die auf $\dot{E}_S$ bezogenen Komponenten des gesamten dem Netz entnommenen Stromes I sind bei Vernachlässigung des Magnetisierungsstromes $I_{\mu\,T}$ und des Verluststromes $I_{v\,T}$ des Transformators nach Gl. 426a u. b $I_w^* = -14,48$ und $I_b^* = 19,82$ A. Beziehen wir sie auf die Klemmenspannung, so erhalten wir nach Gl. 428a u. b $I_{wU}^* = -13,21$ und $I_{bU}^* = 20,64$ A. Der Magnetisierungsstrom des Transformators ist $I_{\mu\,T} = 3$ A, den Verluststrom $I_{v\,T}$ vernachlässigen wir wegen seiner Kleinheit. Damit erhalten wir schließlich die auf die Netzspannung bezogenen Komponenten des gesamten Stromes I $I_{wU} = I_{w}^{*}{}_{U} = -13{,}21$ und $I_{bU} = 23{,}64$ A.

In den Abb. 292a u. b sind die hier berechneten Ströme durch kleine Kreise angedeutet.

5. Regelung mit Drehtransformator.

Durch Stufentransformatoren läßt sich die Drehzahl nur in Sprüngen ändern, die mehr oder weniger grob sind, je nach der Anzahl der Anzapfungen der Sekundärwicklung des Transformators. In vielen Fällen ist eine stetige Regelung der Drehzahl erwünscht, die man mit Drehtransformatoren erhalten kann. Diese sind zwar wesentlich teurer als Stufentransformatoren, erfordern aber auch keinen besonderen Schaltapparat, wie er beim Stufentransformator nötig ist.

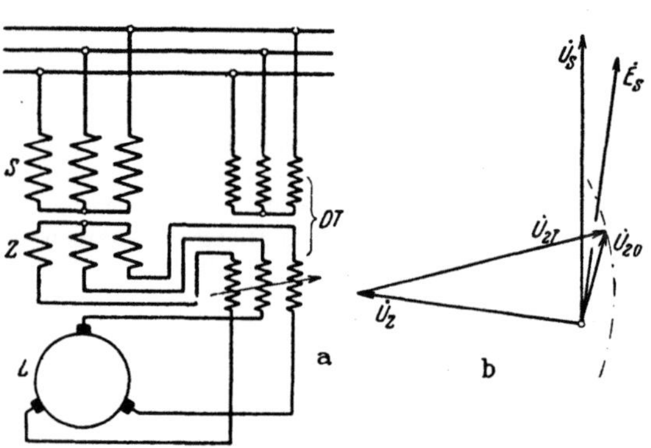

Abb. 294a u. b. Schaltung mit einfachem Drehtransformator (DT).

a. Schaltungen. Bei kleinen Regelungsbereichen wird von den Schorch-Werken die Schaltung nach Abb. 294a mit einfachem Drehtransformator DT verwendet. Da der einfache Drehtransformator eine Spannung von praktisch festem Betrage aber veränderlicher Phase liefert, wird in den Läuferkreis noch eine feste Spannung $\dot{U}_Z$ durch die Zusatzwicklung Z eingefügt, die in den Nuten der Ständerwicklung untergebracht ist. Sie ist gegenüber der Ständerhauptwicklung S um etwa eine halbe Polteilung versetzt. In Abb. 294b ist das Vektordiagramm dieses Motors aufgezeichnet. Die strichpunktierte Ortskurve für die Spannung $\dot{U}_{20}$ ist ein Kreis, der sich um so mehr der Geraden anschmiegt, die nach Abschn. 3c (vgl. Abb. 286a u. b) bei festem Drehmoment anzustreben ist, je größer die Zusatzspannung U_Z ist. Der Transformator wird dabei um so schlechter ausgenutzt, je mehr sich der Kreis der gewünschten Ortsgeraden anschmiegt, weil dann nur ein Teil der Regelspannung des Drehtransformators ausgenutzt werden kann. Da in praktischen Fällen die Anschmiegung an die Ortsgerade immer noch sehr unvollkommen ist, kommt diese Regelung nur bei sehr kleinen Regelbereichen, etwa $s = \pm 0{,}2$ in Frage. Trotz des kleinen Regelbereiches müssen hierbei immer noch verhältnismäßig große Blindströme in Kauf genommen werden.

Für größere Regelbereiche verwenden die Schorch-Werke in der grundsätzlichen Schaltung nach Abb. 295a einen Doppel-Drehtransformator, bei dem bekanntlich die Phase der resultierenden Sekundär-spannung bei Leerlauf erhalten bleibt (vgl. Abschn. A 2f, Bd. IV). Auch hier wird von einer Zusatzwicklung Z, die in denselben Nuten wie die Ständerhauptwicklung S liegt, eine feste Spannung $\dot{U}_Z$ in den Läuferkreis eingefügt. Wenn die Maschine mit Doppelbürstensatz (Sechsbürstenschaltung) ausgeführt wird, ist der Sternpunkt der Wicklung Z aufzulösen, und die freien Enden sind an den zweiten Bürstensatz zu führen. Die Ortskurve der für die Regelung maßgebenden

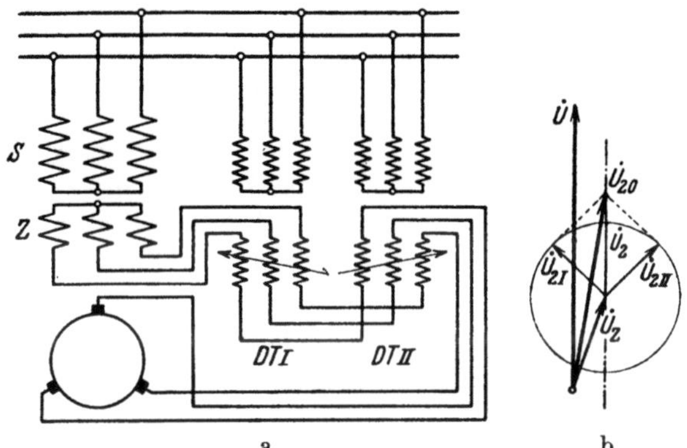

Abb. 295a u. b. Schaltung mit Doppel-Drehtransformator.

Spannung $\dot{U}_{20}$ ist hier bei Vernachlässigung des Magnetisierungsstroms des Transformators eine Gerade parallel zu $\dot{U}$ (Abb. 295b). Die Lage der Zusatzwicklung Z gegenüber der Hauptwicklung S im Ständer richtet sich nach dem gewünschten Abstand der Ortsgeraden von dem Spannungsvektor $\dot{U}$ und nach den Grenzwerten der zu regelnden Drehzahl.

Um eine Neigung der Ortskurve von $\dot{U}_{20}$ um den Winkel β gegenüber der Ständerspannung $\dot{U}$ zu erhalten, kann man die auf gemeinsamer Welle sitzenden Läufer der beiden Einzel-Drehtransformatoren so aufkeilen, daß die Wicklungsachse des einen gegenüber der zugehörigen Ständerwicklung den Winkel 2β bildet, wenn die Wicklungsachsen des andern Einzeltransformators zusammenfallen. Dies erläutert Abb. 296a und das zugehörige Vektordiagramm in Abb. 296b.

Die SSW verwenden zur Regelung einen einzigen Drehtransformator DT in Verbindung mit einem festen Transformator T in der Schaltung nach Abb. 297a. Haben die beiden Teile a und b der Ständerwicklung und die Wicklung c des Läufers des Drehtransformators dieselben Windungszahlen, so haben die in ihnen induzierten EMKe auch gleiche

Effektivwerte. Die Spannungen U_a und U_b an den Wicklungsteilen a und b sind immer phasengleich, während sich die Phase der Spannung U_c an der Läuferwicklung c mit der Verdrehung des Drehtransformators nach Abb. 297b ändert. Der Punkt A wandert bei Veränderung des

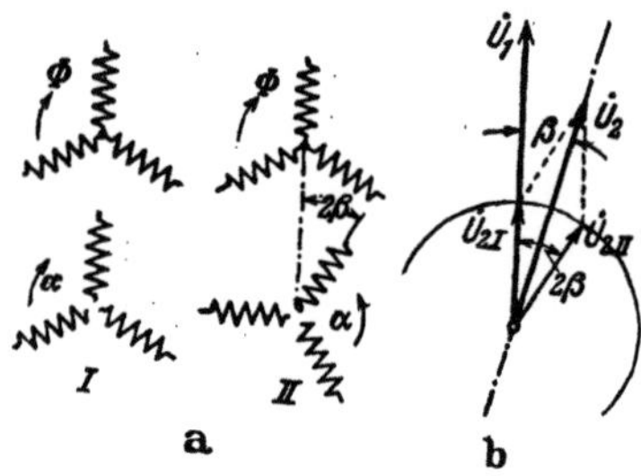

Winkels β am Drehtransformator auf der Mittelsenkrechten zu der an den Drehtransformator gelegten Netzspannung U (je Strang), der geometrische Ort der Spannung U_{1T} an der Primärwicklung des festen Transformators T ist die strichpunktierte Gerade senkrecht zu U. Wird die Sekundärwicklung des Transformators T in Dreieck geschaltet, so ist ihre Spannung in Phase mit der Netzspannung U, entspricht also etwa der Phase der

Abb. 296a u. b. Doppel-Drehtransformator für festen Winkel β zwischen U_1 und U_2.

erforderlichen Regelspannung U_{20}; wird die Sekundärwicklung in Stern geschaltet, so müssen die Bürsten um 90° verschoben werden.

Einen andern Weg, um mit einem einfachen Drehtransformator auszukommen, hat die AEG eingeschlagen. Die Schaltung ist hierbei

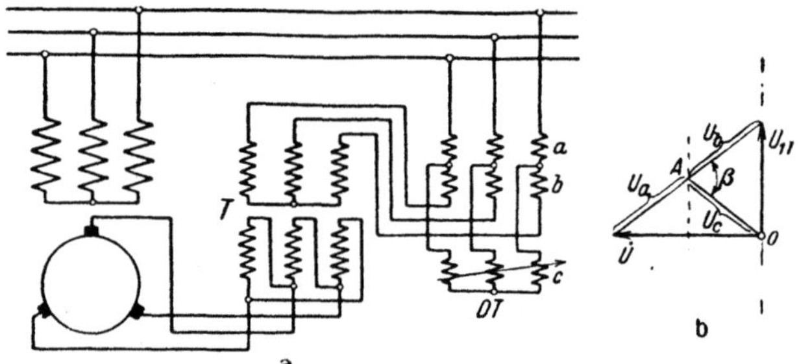

Abb. 297a u. b. Schaltung mit einfachem Drehtransformator für U_{20} in Phase mit U.

grundsätzlich dieselbe wie in Abb. 294a; um aber die veränderte Phase der Sekundärspannung des Regeltransformators auszugleichen, werden mit dem Drehtransformator gleichzeitig die Bürsten um einen entsprechenden Winkel verschoben, da ja nach Abschn. 1a eine Verschiebung der Spannung U_{20}, die dem Stromwender zugeführt wird, durch eine entsprechende Verschiebung der Bürsten aus der ersten Hauptstellung aufgehoben werden kann. Die Bürstenbrücke ist deshalb über einen Zahnradantrieb mit dem Drehtransformator gekuppelt und der Drehtransformator unmittelbar über dem Motor angeordnet und in einem gemeinsamen Gehäuse mit ihm vereinigt, wie es Abb. 298

erkennen läßt, die auch die räumliche Anordnung wiedergibt. Die Wicklung a ist die Ständerhauptwicklung (S in Abb. 294a), die Wicklung b die zusätzliche Wicklung (Z in Abb. 294a) und d ist die Sekundärwicklung des Drehtransformators.

Um das Grundsätzliche dieses Regelverfahrens zu erläutern, nehmen wir zunächst an, daß die Übersetzung zwischen Drehtransformator und Bürstenbrücke (bezogen auf die Polpaarzahl $p=1$) 2:1 ist und die Effektivwerte der Spannung U_b an der Zusatzwicklung b und U_d an der Sekundärwicklung des Drehtransformators d einander gleich seien. Wir erhalten dann die in Abb. 299a bis e dargestellten Vektordiagramme für die resultierende, den Bürsten zugeführte Spannung $\dot{U}_{20}$ mit der darunter angegebenen Bürstenstellung.

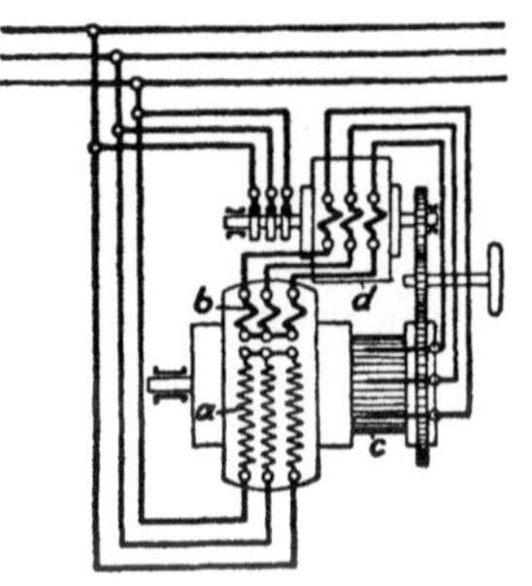

Abb. 298.
Nebenschlußmaschine der AEG.

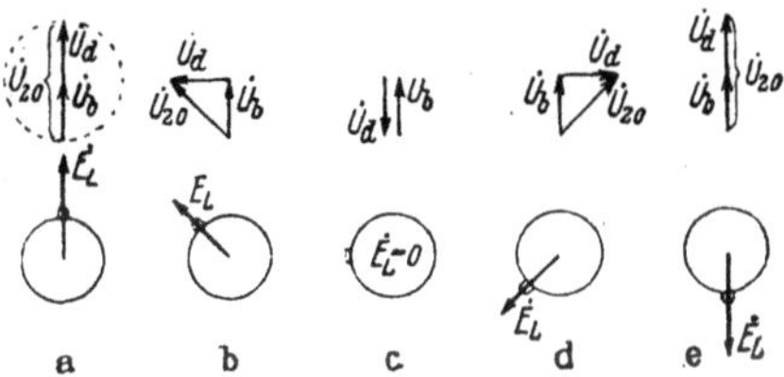

Abb. 299a bis e. Erläuterung zu der Maschine nach Abb. 298.

Abb. 299a gilt für die niedrigste Drehzahl, $\dot{U}_b$ und $\dot{U}_d$ sind phasengleich, ihre Summe $\dot{U}_{20}$ ist in Phase mit der induzierten EMK $\dot{E}_L$. Abb. 299b stellt die entsprechenden Bilder nach einer Drehung des Drehtransformators um 90° und einer Bürstenverschiebung um 45° dar; die Spannung $\dot{U}_{20}$ ist wieder gleichphasig mit der im Läufer induzierten EMK $\dot{E}_L$. Nach einer weiteren Verdrehung des Drehtransformators um 90° (Abb. 299c) ist $\dot{U}_{20}=0$ und $\dot{E}_L=0$ (synchrone Drehzahl). Bei weiterer Verdrehung des Drehtransformators mit den Bürsten sind $\dot{U}_{20}$ und $\dot{E}_L$ entgegengesetzt gerichtet; wir erhalten übersynchrone Drehzahl (Abb. 299d u. e). Abb. 299e gilt für den Höchstwert der Drehzahl.

Wir wissen, daß hierbei noch nicht die günstigsten Betriebsbedingungen vorliegen, daß vielmehr eine Verschiebung der Spannung $\dot{U}_{20}$ gegenüber der in der Läuferwicklung induzierten EMK nötig ist, die von der Drehzahl abhängt, und daß bei synchroner Drehzahl (Abb. 299c) eine Komponente der dem Läufer zugeführten Spannung bestehen muß, die gegenüber $\dot{E}_S$ phasenverspätet ist (vgl. Abb. 290a). Um dies zu erreichen, wird U_b entsprechend größer gewählt als U_d. Um auch für andere Drehzahlen eine günstige Phase von $\dot{U}_{20}$ gegenüber $\dot{E}_S$ zu erhalten, wird die mechanische Übersetzung zwischen Drehtransformator und Bürstenbrücke so bemessen, daß die Bürstenbrücke gegenüber dem Drehtransformator bei untersynchroner Drehzahl etwas vor-, bei übersynchroner etwas nacheilt [L 255].

Wenn der Drehtransformator bei dem hier beschriebenen Regelungsverfahren der AEG voll ausgenutzt werden soll, muß die Drehzahl bei Unter- und bei Übersynchronismus im gleichen Maße und im gleichen Betrage von der synchronen Drehzahl abweichen. Nehmen wir an, daß bei 1,5-facher synchroner Drehzahl ein Betrieb noch zulässig ist, so ergibt sich ein Regelbereich zwischen $0,5\,n_1$ und $1,5\,n_1$, also ein Verhältnis $1:3$. Wird ein größerer Regelbereich verlangt, so muß man auf eine volle Ausnutzung des Drehtransformators im übersynchronen Bereich verzichten oder die niedrigen Drehzahlen durch andere Hilfsmittel, etwa durch Einschalten von Widerständen in den Ständer- oder Läuferkreis, erreichen. Im letzten Falle ist natürlich die Drehzahl stark von dem Drehmoment abhängig.

b. Unterlagen für den Vergleich in Abschn. c. Dem Vergleich zwischen Rechnung und Messung werden wir einen vierpoligen Nebenschlußmotor der Schorchwerke mit Doppeldrehtransformator in der grundsätzlichen Schaltung nach Abb. 295a zugrunde legen, aber in Sechsbürstenschaltung. In diesem Abschnitt stellen wir zunächst die für den Vergleich maßgebenden Unterlagen zusammen.

Klemmenspannung 120 V, Regelbereich zwischen 670 und 2000 U/min bei einer Leistung zwischen 2,4 und 7,2 kW (also bei festem Drehmoment).

Ständer. Äußerer Durchmesser 310 mm, Bohrung 220 mm, Blechpaketlänge 125 mm. 36 halbgeschlossene Nuten, 14,5 mm breit, 22,5 mm tief, 2,5 mm Nutschlitzbreite. Polzahl $2\,p=4$.

Hauptwicklung. Gewöhnliche Wechselstromwicklung mit 8 Leitern je Nut $2,7\cdot5,3\,\mathrm{mm^2}$ Querschnitt, in Reihe geschaltete Windungszahl je Strang $w_S=48$.

Hilfswicklung. Je 1 Leiter in 24 Nuten, Windungszahl je Strang $w_Z=4$.

Läufer. Äußerer Durchmesser 218,8 mm, Blechpaketlänge 125 mm. 41 Nuten, 8,5 mm breit, 28 mm tief.

Hauptwicklung. Eingängige ungekreuzte Wellenwicklung mit einer Windung je Spule, 6 Leiter je Nut, $1,6\cdot7\,\mathrm{mm^2}$ Querschnitt, $u=3$, $y_1=24$, $y_2=37$, $y=61$.

Hilfswicklung. Eingängige ungekreuzte Wellenwicklung mit 2 Windungen je Spule, 12 Leiter je Nut, 1,3 mm Durchmesser, $u=3$, $y_1=9$, $y_2=52$, $y=61$, der Hauptwicklung parallelgeschaltet (vgl. Abb. 234b für Schleifenwicklung).

Stromwender. Durchmesser 150 mm, Stegzahl $k=123$. Doppelbürstensatz (Sechsbürstenschaltung) mit 6 Bürstenbolzen, je 1 Bürste $0,64\cdot3,2\,\mathrm{cm^2}$ Schleiffläche. Metallhaltige Kohlenbürste Marke MK 50.

Die Übersetzungen des Motors ergeben sich nach Messung und Rechnung (Gl. 432a u. b) $\ddot{u}_M=0,804$, $\ddot{u}_Z=0,1035$, die Wirkwiderstände der Wicklungen bei 60° C zu $R_S=0,0885$, $R_Z=0,003$, $R_L=0,053\,\Omega$, die Blindwiderstände $X_{S\sigma}=0,149$, $X_{L\sigma v}=0,0904$, $X_{L\sigma0}=0,006\,\Omega$, wenn die Bürsten in der I. Hauptstellung stehen. Die Übergangsspannung der beiden in Reihe geschalteten Metall-Kohle-Bürsten nehmen wir bei 30 A zu 1 V an. Damit ist der Bürstenübergangswiderstand $R_{LB}=0,033\,\Omega$. Die magnetische Kennlinie $E_S(I_\mu)$ ist durch die voll ausgezogene Kurve in Abb. 300 dargestellt.

Regeltransformator. Der gesamte Streublindwiderstand des Regeltransformators ändert sich bei der Regelung etwas mit dem Winkel α_T, den die Achsen

der primären und der sekundären Wicklung einschließen. Er ist bei $\alpha_T = 0°$, $60°$, $120°$ ein Minimum, bei $\alpha_T = 30°$, $90°$, $150°$ ein Maximum. Die bei Kurzschluß der Primärwicklung von der Sekundärwicklung aus gemessenen Widerstände betragen $R_T = 0{,}066$, $X_{\sigma T\,min} = 0{,}068$, $X_{\sigma T\,max} = 0{,}084\ \Omega$. Für $\alpha = 15°$, $45°$, $\ldots 165°$ ist der Mittelwert $X_{\sigma T\,mittel} = 0{,}076\ \Omega$ maßgebend. Die Widerstände der Primärwicklung betragen $R_1 = 0{,}084$ und $X_{1\sigma} = 0{,}206\ \Omega$.

Für die Berechnung fassen wir alle Widerstände im Läuferkreis zusammen und bezeichnen sie kurz mit R_L, $X_{L\sigma 0}$ und $X_{L\sigma v}$. Es ist also $R_L = 0{,}053 + 0{,}033 + 0{,}003 + 0{,}066 \approx 0{,}16\ \Omega$ und mit $X_{\sigma T} = 0{,}076$ und einem Zuschlag von $0{,}007\ \Omega$ für den Streublind-widerstand der Ständerhilfswicklung $X_{L\sigma 0} = 0{,}006 + 0{,}076 + 0{,}007 = 0{,}089\ \Omega$, $X_{L\sigma v} = 0{,}0904\ \Omega$, auf die Ständerwicklung bezogen $R'_L = \mathbf{0{,}248}$, $X'_{L\sigma 0} = \mathbf{0{,}138}$, $X'_{L\sigma v} = \mathbf{0{,}14}\ \Omega$. Die Widerstände der Ständerhauptwicklung hatten wir zu $R_S = \mathbf{0{,}0885}$ und $X_{S\sigma} = \mathbf{0{,}149}\ \Omega$ ermittelt.

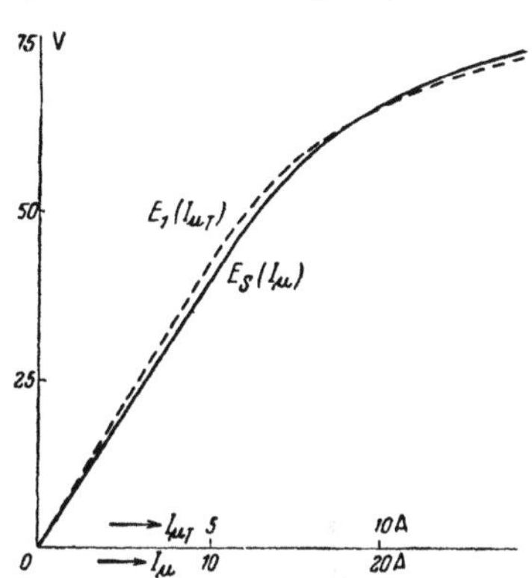

Abb. 300. Magnetische Kennlinie der Maschine und des Transformators.

Die magnetische Kennlinie $E_1\,(I_{\mu\,T})$ des Transformators ist in Abb. 300 durch die gestrichelte Kurve dargestellt. Den geo-metrischen Ort des Endpunkts von $\mathring{U}_{20}$ er-halten wir aus der Summe der EMKe in der Hilfswicklung Z und der Sekundär-wicklung des Transformators bei Leerlauf zu $\mathring{E}_Z + \mathring{E}_2$. Er ist durch die strich-punktierte Linie in Abb. 304 angedeutet. Die Neigung der strichpunktierten Ge-raden gegen $\mathring{U}$ ist durch den Magnetisierungsstrom des Transformators bedingt.

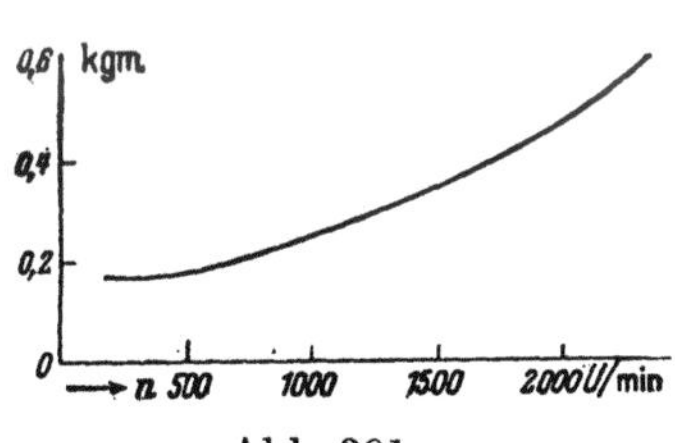

Abb. 301a.
Verlustmoment über Drehzahl.

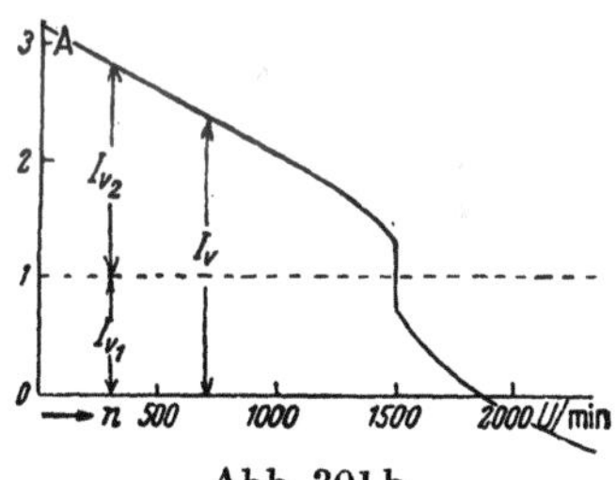

Abb. 301 b.
Verlustströme über Drehzahl.

Nach Abschn. 3b sollte sie eigentlich für günstige Betriebsbedingungen im ent-gegengesetzten Sinne gegen $\mathring{U}$ geneigt sein. Das kann durch eine kleine Ver-schiebung der Bürsten aus der I. Hauptstellung ausgeglichen werden, wenn nur eine Drehrichtung in Frage kommt.

Die Summe der Drehmomente M_k und M_{v2} ist für unsern Motor nach dem Näherungsverfahren des Abschn. H 4a ermittelt und in Abb. 344 dargestellt. Darin ist auch das von den Ausgleichsströmen in den Kurzschlußkreisen, gebildet aus der Parallelschaltung von Läuferhaupt- und Läuferhilfswicklung (vgl. Abb. 234b) entwickelte Drehmoment enthalten. Abb. 301a stellt das nach Ab-schn. N 1e, Bd. IV, ermittelte Verlustmoment und Abb. 301b die Verlustströme bei abgehobenen Bürsten über der Drehzahl dar; diese ergeben sich aus der um

die Stromwärmeverluste verringerten Leistungsaufnahme, die nach Abschn. N 1c,
Bd. IV, gemessen wurde.

c. Vergleich zwischen Rechnung und Messung.

In Abb. 302 sind zunächst die
bei einigen Stellungen des Doppeldrehtransformators gemessenen Drehzahlen über
dem an der Welle abgegebenen Drehmoment durch die voll ausgezogenen Kurven
dargestellt. Sie zeigen den bei Nebenschlußmaschinen üblichen Verlauf der Drehzahl, nur sinkt die Drehzahl mit wachsender Belastung stärker als bei Gleich-
stromnebenschlußmotoren. Für die Transformatorstellungen α_T gleich $0°$, $90°$
und $170°$ ist durch die punktierten Kurven der gesamte Leistungsfaktor $\cos\varphi$,
durch die gestrichelten der gesamte Wirkungsgrad η angedeutet. Beide sind aus
der Messung gewonnen und schließen den
Drehtransformator ein.

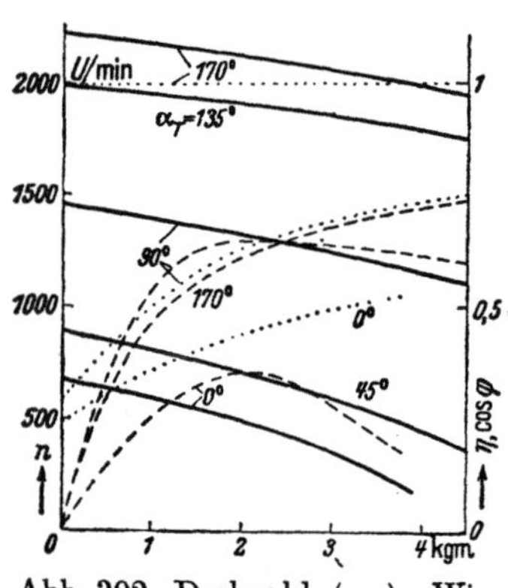

Abb. 302. Drehzahl (—), Wirkungsgrad (– – –), Leistungsfaktor (· · ·) über dem
nutzbaren Drehmoment M_W.

Den Vergleich der berechneten Kennlinien mit den durch Messung gewonnenen
wollen wir bei einer untersynchronen Drehzahl, die der Transformatorstellung $\alpha_T = 45°$
entspricht, und der größten übersynchronen
Drehzahl bei $\alpha_T = 170°$ zeigen.

Transformatorstellung $\alpha_T = 45°$. Nach
der Ortskurve für $\dot U_{20}$ (Abb. 304) ist die mit
$\dot U$ phasengleiche Komponente $U_{20w} = 23,7$ V,
die Komponente $U_{20b} = 4,5$ V, also $U'_{20w} =
U_{20w}/\ddot u_M = 29,5$, $U'_{20b} = 5,6$V. Damit ergibt sich
$w = U'_{20w}/U = 29,5/69,4 = 0,425$, $b = 0,0808$. In
Strenge müßte eigentlich berücksichtigt werden, daß sich die zusätzliche EMK $\dot E_Z$ in
der Hilfswicklung bei Belastung etwas mit
der EMK $\dot E_S$ verdreht und ihr Betrag sich
etwas verringert. Dieser Einfluß ist aber nicht
groß und soll hier, ebenso wie die zusätzliche
Streuung der Wicklungen S und Z durch ihre gegenseitige Beeinflussung vernachlässigt werden. Der Winkel δ, um den die EMK $\dot E_Z$ der Ständerhilfswicklung Z gegen $\dot U$ phasenverspätet ist, beträgt $60°$. Es ist deshalb $1 - \ddot u_Z \times
\cos\delta = 0,948$ und $\ddot u_Z \sin\delta = 0,0896$, also nach den Gl. 434a u. b $X^*_{S\sigma} = 0,1333$
und $R^*_S = 0,0973\ \Omega$. Mit diesen Werten sind die Abkürzungen A bis E in den
Gl. 419c bis f und 420a zu berechnen.

In den Abb. 303a u. b sind die berechneten Kennlinien voll ausgezogen über
dem inneren (in der Maschine entwickelten) Drehmoment aufgetragen. Die
schwächer voll ausgezogenen Komponenten der Ströme sind auf $\dot E_S$ bezogen.
Die gemessenen Kennlinien sind gestrichelt gezeichnet; das innere Drehmoment
ist dabei als Summe aus dem an der Welle abgegebenen Drehmoment und dem
Verlustmoment (Abb. 301a) berechnet. Die entsprechenden Stromkomponenten
sind nicht eingezeichnet, weil ihre Messung sehr unsicher ist. Sie lassen sich leicht
abschätzen, wenn man berücksichtigt, daß die Wirkkomponenten mindestens
angenähert bei der Rechnung und der Messung übereinstimmen müssen (vgl.
auch Abschn. 4b u. c).

In Abb. 303a sind Drehzahl n, der auf die Ständerwicklung bezogene Läuferstrom I'_L und der Ständerstrom I_S, und in Abb. 303b der primäre Transformatorstrom I_1 und der gesamte dem Netz entnommene Strom I dargestellt. Die Abweichungen zwischen Rechnung und Messung sind zum Teil darauf zurückzuführen, daß wir die Änderung von $\dot E_Z$ mit der Belastung und die zusätzliche

Streuung der Wicklungen S und Z vernachlässigt und den Bürstenübergangswiderstand als vom Strom unabhängig angenommen haben, und daß die Ermittlung des zusätzlichen Drehmoments $M_k + M_{v2}$ etwas unsicher ist. Wir haben zur Vereinfachung der Berechnung auch nicht berücksichtigt, daß die für das zusätzliche Drehmoment maßgebende EMK E_S nicht für alle Betriebszustände genau denselben Wert hat wie bei der Messung nach Abb. 344. Hauptsächlich sind aber die Abweichungen wohl dadurch zu erklären, daß die Bürsten nicht genau in der I. Hauptstellung standen, wie wir es bei der Berechnung vorausgesetzt haben. Daß schon eine kleine Abweichung der Bürstenstellung großen Einfluß auf die Blindkomponente I'_{Lb} hat, hatten wir im Abschn. C 4b gezeigt.

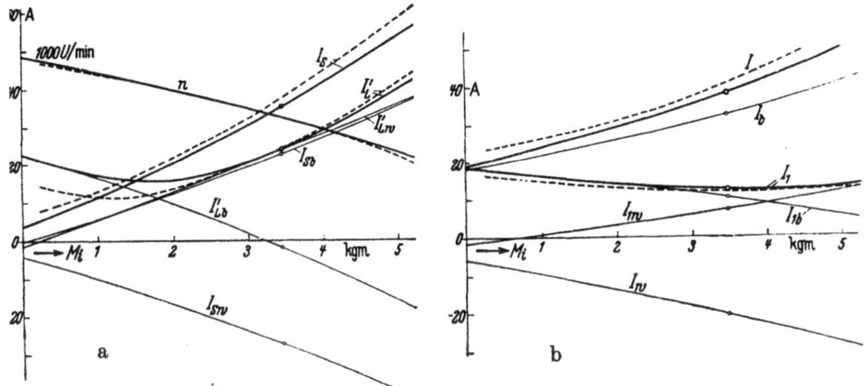

Abb. 303a u. b. Berechnete (——) und gemessene (– – –) Kennlinien über M_i; berechnete Stromkomponenten (—·—) bezogen auf $\dot{E}_S$; Transformatorstellung $\alpha_T = 45°$. a) Drehzahl n, Ständerstrom I_S, Läuferstrom I'_L; b) Transformatorstrom I_1, Netzstrom I.

Den Gang der Berechnung wollen wir für die Drehzahl $n = 650$ U/min, entsprechend dem Schlupf $s = 0,567$, zeigen. Wir erhalten für die Abkürzungen 419c bis f mit $X^*_{S\sigma}$ und R^*_S an Stelle von $X_{S\sigma}$ und R_S (vgl. die Gl. 434a u. b) $A = 0,285$, $B = 0,289$, $C = 0,274$, $D = 0,314\ \Omega$ und mit $X_{S\sigma}$ und R_S nach Gl. 420a $E = 0,036\ \Omega^2$. Schätzen wir zunächst $E_S = 63,7$ V, so erhalten wir nach Abb. 300 $I_\mu = 18,4$ A. Der Abb. 344 entnehmen wir bei $n = 650$ U/min ($v = 0,433$) $M_k + M_{v2} = 0,51$ kgm. Damit berechnen wir nach Gl. 362b $I'_k + I_{v2} = 4,1$ A; der Verluststrom, der den Eisenverlusten im Ständer entspricht, ist nach Abb. 301b $I_{v1} = 1$ A, so daß sich der gesamte Verluststrom zu $I_V = 5,1$ A ergibt (über die Bedeutung des Vorzeichens der Strombeträge vgl. S. 401).

Wir können nun nach den Gl. 420 u. 421 die auf $\dot{E}_S$ bezogenen Komponenten des Läuferstromes I'_L berechnen. Wir erhalten $I'_{Lw} = 24,0$, $I'_{Lb} = -1,7$ und $I_L \approx 24,0$ A. Damit wird nach Gl. 417a (mit $U_w \approx U = 69,4$ V) $E_S = 69,4 - (0,0973 \cdot 24,0 + 0,0885 \cdot 5,1 + 0,149 \cdot 18,4 + 0,1333 \cdot 1,7) \approx 63,6$ V. Der zugehörige Magnetisierungsstrom $I_\mu = 18,5$ A weicht so wenig von dem angenommenen (18,4) ab, daß wir die Werte von I'_{Lw} und I'_{Lb} beibehalten können. Wir erhalten damit das von den Läuferströmen, die den Bürsten zugeführt werden, herrührende Drehmoment nach Gl. 359 zu $M = 2,96$ kgm. Das gesamte in der Maschine entwickelte Drehmoment ist $M_i = M + M_k + M_{v2} = 2,96 + 0,51 = 3,47$ kgm.

Nach den Gl. 433a u. b ergeben sich die Komponenten des Ständerstromes zu $I_{Sw} = -27,7$, $I_{Sb} = 22,2$ und $I_S = 35,5$ A. Die sekundäre Leerlaufspannung des

Drehtransformators ist nach Abb. 304 $U_{20w} - E_Z \sin \delta = 23{,}7 - 5{,}8 \cdot 0{,}5 = 20{,}8$ V. Damit wird $\ddot{u}_T = 20{,}8/69{,}4 = 0{,}300$ und $\ddot{u}_T/\ddot{u}_M = 0{,}373$. Wir erhalten die Komponenten des Primärstromes des Transformators bei Vernachlässigung des Magnetisierungsstromes $I_{\mu\,T}$ und des Verluststromes $I_{v\,T}$ im Transformator nach den Gl. 435a u. b zu $I_{1w}^{*} = 8{,}9$, $I_{1b}^{*} \approx -0{,}6$ A. Der Verluststrom ist $I_{v\,T} \approx 1{,}5$, den Magnetisierungsstrom schätzen wir zunächst zu 10 A und erhalten damit (vgl.

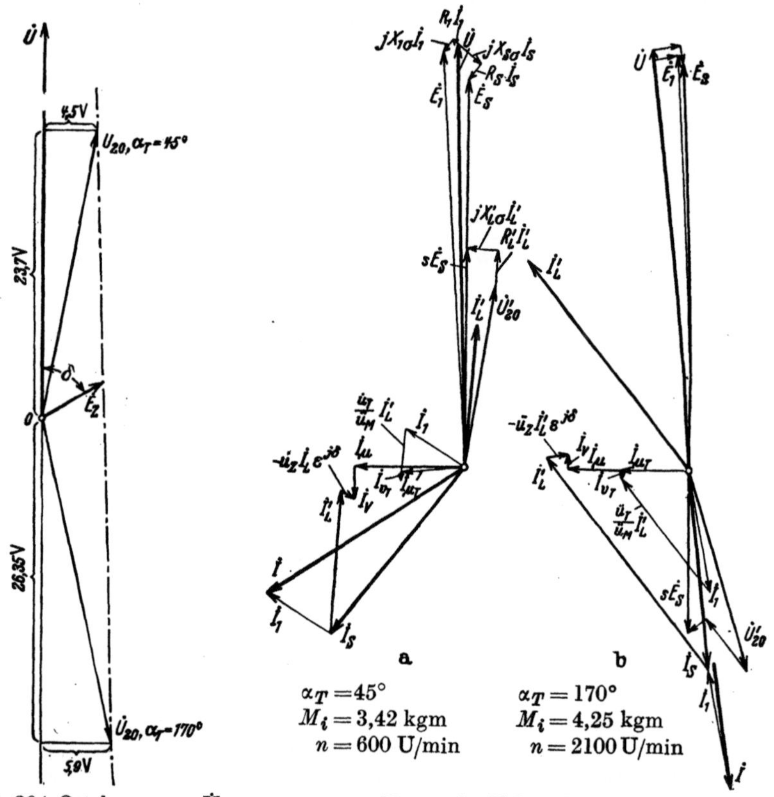

<table>
<tr><td>Abb. 304. Ortskurve von $\dot{U}_{20}$.</td><td>305a u. b. Vektordiagramme.</td></tr>
</table>

Gl. 429a u. b) $I_{1w} = -1{,}5 + 8{,}9 = 7{,}4$, $I_{1b} = 10 - 0{,}6 = 9{,}4$ A. Damit ergibt sich die EMK im Transformator zu $E_1 \approx U_w + R_1 I_{1w} - X_{1\sigma} I_{1b} = 69{,}4 + 0{,}084 \cdot 7{,}4 - 0{,}206 \cdot 9{,}4 = 68{,}1$ V, womit wir der Abb. 300 $I_{\mu\,T} = 11$ A entnehmen. Es wird dann $I_{1w} = 7{,}4$, $I_{1b} = 10{,}4$, $I_1 = 12{,}8$ A. Schließlich ergibt sich der gesamte dem Netz entnommene Strom zu $I_w = I_{1w} + I_{Sw} = -20{,}4$, $I_b = I_{1b} + I_{Sb} = 32{,}6$, $I = 38{,}6$ A.

Sämtliche Ströme sind in den Abb. 303a u. b durch kleine Kreise angedeutet. In Abb. 305a sind die vollständigen Spannungs- und Stromdiagramme (vgl. Gl. 432) für den berechneten Betriebszustand aufgezeichnet, wobei zur Ermittlung von I_1 der Phasenunterschied zwischen $\dot{E}_1$ und $\dot{E}_S$ berücksichtigt ist.

Transformatorstellung $\alpha_T = 170°$. Für diese Einstellung ist nach der Ortskurve in Abb. 304 $U_{20w} = -26{,}35$, $U_{20b} = 5{,}9$ V, also $U_{20w}' = -32{,}8$, $U_{20b}' = 7{,}35$ V und $w = -0{,}473$, $b = 0{,}106$. Die mit diesen Werten berechneten Ströme und ihre Komponenten, sowie die Drehzahl n sind in den Abb. 306a u. b durch die voll ausgezogenen Kurven dargestellt; die gestrichelten Kurven geben die Meßergebnisse wieder. Die Unterschiede zwischen Berechnung und Messung erklären sich wie bei den Abb. 303a u. b.

Den Gang der Berechnung wollen wir auch hier andeuten, und zwar für die Drehzahl $n = 2100$ U/min, entsprechend $s = -0,4$. Wir erhalten für die Abkürzungen 419c bis f u. 420a $A = 0,0185$, $B = 0,202$, $C = 0,019$, $D = 0,223\,\Omega$, $E = -0,0052\,\Omega^2$. Mit dem zunächst geschätzten Wert $E_S = 66,5$ V ist $I_\mu = 22,3$ A. Nach Abb. 344 ist $M_k + M_{v2} = -0,38$ kgm, womit wir $I'_k + I_{v2} = -2,9$ und $I_V = -2,9 + 1,0 = -1,9$ A erhalten. Damit wird $I'_{Lw} = 32,0$, $I'_{Lb} = 28,1$, $I'_L = 42,6$ A. Die Nachprüfung von E_S ergibt hier den geschätzten Wert. Mit

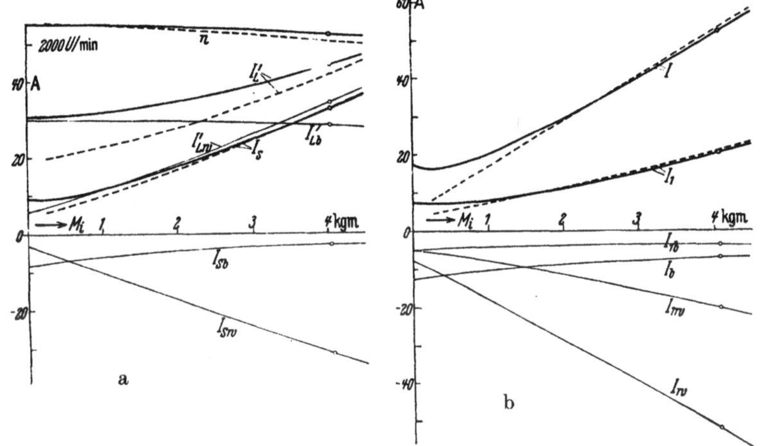

Abb. 306a u. b. Wie Abbildung 303a u. b, aber Transformatorstellung $\alpha_T = 170°$.

$I'_{Lw} = 32,0$ A wird $M = 4,43$ und $M_i = 4,43 - 0,38 = 4,05$ kgm. Wir erhalten ferner $I_{Sw} = -31,0$, $I_{Sb} \approx -2$, $I_S \approx 31$ A. Nach Abb. 304 ist $\ddot{u}_T / \ddot{u}_M = (-26,35 - 2,9)\,69,4/0,804 = -0,525$. Mit $I_{vT} \approx 1,5$ und $I_{\mu T} \approx 11,1$ A wird dann $I_{1w} \approx -18,3$, $I_{1b} \approx -3,6$, $I_1 \approx 18,7$ A und schließlich $I_w \approx -49,3$, $I_b \approx -5,6$, $I \approx 49,8$ A. Die Ströme sind auch in den Abb. 306a u. b durch kleine Kreise angedeutet. In Abb. 305b sind die vollständigen Spannungs- und Stromdiagramme aufgezeichnet.

6. Regelung ohne Transformator.

a. Schaltung. Der Regeltransformator (vgl. Abb. 275) kann entbehrt werden, wenn zur Regelung in den Nuten des Ständers eine Wicklung mit Anzapfungen angeordnet wird, wie es die grundsätzlichen Schaltungen in den Abb. 307a u. b veranschaulichen, wobei in Abb. 307a Ständerhauptwicklung und Regelwicklung nach Art der Sparschaltung zu einer Wicklung S vereinigt sind. Bei getrennten Wicklungen kann auch die Regelwicklung R gegenüber der Ständerhauptwicklung S versetzt angeordnet werden, damit die als zweckmäßig erkannte Phasenverspätung der Regelspannung gegenüber der Spannung $\dot{U}$ erreicht wird (Abb. 307c). Um die nach Abschn. 3c erwünschte Änderung der

Phase der Regelspannung mit der Drehzahlregelung zu erhalten, kann
die Regelwicklung, ähnlich wie die Sekundärwicklung des Regeltransformators (Abb. 291) gemischt geschaltet werden, oder es kann durch
eine Hilfswicklung Z noch eine kleine, aber feste Spannung in den
Läuferkreis eingefügt werden. In Abb. 308a ist die Lage und Schaltung
der Wicklungen im zweipoligen Schaltbild für einen Strang dargestellt. Die EMK $\dot{E}_3$, die durch die Wicklungen R und Z in den
Läuferkreis eingefügt wird, ist nach Abb. 308b gleich der Summe der

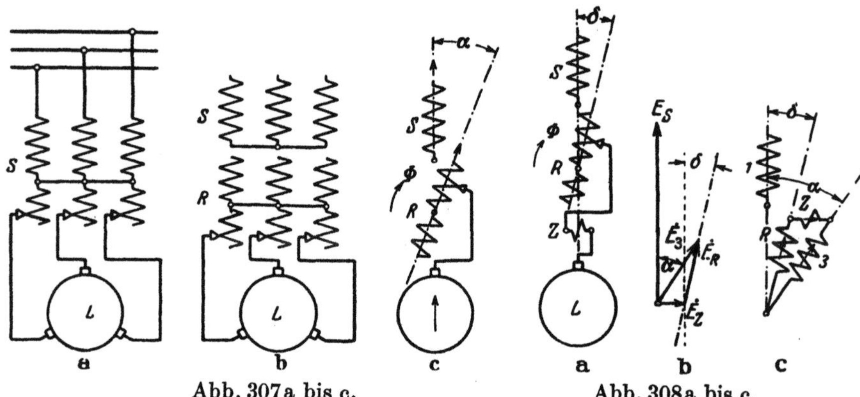

Abb. 307a bis c.
Abb. 308a bis c.

Abb. 307a bis c. Regelung ohne Transformator; a) vereinigte, b) getrennte
Ständerwicklungen, c) Verdrehung der Regelwicklung R gegen die
Ständerhauptwicklung S.

Abb. 308a bis c. a) Schaltung mit Zusatzwicklung Z, b) Vektordiagramm,
c) Ersatzwicklung 3.

EMKe $\dot{E}_R$ und $\dot{E}_Z$ in der Regelwicklung R und der Zusatzwicklung Z.
Der Endpunkt des Vektors $\dot{E}_3$ bewegt sich bei der Regelung auf der
in Abb. 308b eingezeichneten strichpunktierten Geraden.

Der Vorteil der Ersparnis eines besonderen Regeltransformators
wird durch die sehr umständliche Schaltung der Regelwicklung im
Ständer erkauft; denn die Wicklungsteile jeder Stufe der Regelwicklung
müssen über den ganzen Ankerumfang verteilt werden.

In der Schaltung ohne Regeltransformator mit Regelwicklung im
Ständer wurden die ersten regelbaren Drehstromnebenschlußmotoren
der AEG nach Patenten und Angaben von Eichberg [L 246 u. 248]
ausgeführt. Eine ausführliche Beschreibung und Untersuchung eines
solchen Motors findet man in [L 4, S. 213 u. f.].

Trotzdem die Schaltung heute nicht mehr ausgeführt wird, wollen
wir doch auf die Berechnung der Kennlinien eingehen, da wir diese unmittelbar auf den wichtigen läufergespeisten Motor (Abschn. D) übertragen können. Um diese Übertragung leichter zu überblicken,

unterscheiden wir nicht zwischen Ständer- und Läuferwicklung, sondern zwischen Primärwicklung (Zeiger 1), Sekundärwicklung (Zeiger 2) und Regel- und Zusatzwicklung (Zeiger 3); der besondere Regeltransformator fällt jetzt weg.

b. Kennlinien. Bei den folgenden Untersuchungen nehmen wir an, daß die Bürsten in der Achse der Ständerwicklung stehen und denken uns die Wicklungen R und Z durch eine einzige Wicklung (3) ersetzt, wie es in Abb. 308c für je einen Wicklungsstrang der Maschine angedeutet ist. Der Winkel α, um den die positiv angenommene Wicklungsachse 3 gegen die der Wicklung 1 im Drehfeldsinne verschoben ist, ist im allgemeinen für jede Stellung des Regelkontakts ein anderer (vgl. Abb. 308b) und wird stumpf, wenn der Regelkontakt im unteren Teil der Regelwicklung R liegt (übersynchrone Leerlaufdrehzahlen). Denken wir uns die Achse der Wicklung 3 in die Achse der Wicklung 1 gedreht, so müssen wir nach Abschn. 1b im Zeit-Durchflutungsdiagramm den Strom in der Wicklung 3 mit $-I_2\,\varepsilon^{j\alpha}$ einführen und erhalten damit die Durchflutungsgleichung

$$\xi_1\,w_1\,(\dot{I}_\mu + \dot{I}_V) = \xi_1\,w_1\,\dot{I}_1 + \xi_2\,w_2\,\dot{I}_2 - \xi_3\,w_3\,\dot{I}_2\,\varepsilon^{j\alpha}.\qquad(438\text{a})$$

Bei der hier angegebenen Definition des Winkels α ist die Windungszahl w_3 immer positiv einzuführen.

Setzen wir in Übereinstimmung mit den Gl. 432a und 400a u. c

$$\ddot{u}_M = \frac{\xi_2\,w_2}{\xi_1\,w_1},\qquad \ddot{u}_T = \frac{\xi_3\,w_3}{\xi_1\,w_1},\qquad \ddot{u} = \frac{\ddot{u}_T}{\ddot{u}_M} = \frac{\xi_3\,w_3}{\xi_2\,w_2}\qquad(438\text{b bis d})$$

und beziehen den Sekundärstrom $\dot{I}_2$ auf die Primärwicklung 1,

$$\dot{I}'_2 = \ddot{u}_M\,\dot{I}_2,\qquad\qquad(438\text{e})$$

so lautet die aus Gl. 438a gewonnene Stromgleichung

$$\dot{I}_\mu + \dot{I}_V = \dot{I}_1 + (1 - \ddot{u}\,\varepsilon^{j\alpha})\,\dot{I}'_2 = \dot{I}_1 + (1 - w)\,\dot{I}'_2 - jb\,\dot{I}'_2,\qquad(439\text{a})$$

worin zur Abkürzung

$$w = \ddot{u}\cos\alpha,\qquad b = \ddot{u}\sin\alpha\qquad(439\text{b u. c})$$

gesetzt ist. Zerlegen wir die Ströme nach ihren Komponenten zu $\dot{E}_1$, so erhalten wir die Komponenten des primären Stromes $\dot{I}_1$, der hier gleich dem Netzstrom $\dot{I}$ ist,

$$I_{1w} = I_V - (1 - w)\,I'_{2w} + jb\,I'_{2b},\qquad I_{1b} = I_\mu - (1 - w)\,I'_{2b} + jb\,I'_{2w}.\qquad(440\text{a u. b})$$

Mit den Vorzeichen der Beträge nach S. 401 (vgl. auch Abb. 283) wird

$$I_{1w} = -I_V - (1 - w)\,I'_{2w} - b\,I'_{2b},\qquad I_{1b} = I_\mu - (1 - w)\,I'_{2b} + b\,I'_{2w}.\qquad(440\text{c u. d})$$

Bei Aufstellung der Spannungsgleichungen der beiden Stromkreise ist zu berücksichtigen, daß sich die Streublindwiderstände der Ständerwicklungen 1 und 3 gegenseitig beeinflussen. Wir bezeichnen mit X_{13} den Blindwiderstand der gegenseitigen Induktion zwischen den Wicklungen 1 und 3 bei Gleichachsigkeit der Wicklungen. Die vom Strom $-\dot{I}_2$ im positiven Sinne durchflossene Wicklung 3 ist nun im Drehfeldsinne um den räumlichen Phasenwinkel α verdreht, das von ihr erregte Streufeld, das wir als Drehfeld auffassen können, kommt also zur Wicklung 1 um den Zeitwinkel α früher als zur Wicklung 3. Deshalb können wir für den gesamten Streuspannungsverlust der Wicklung

$$\dot{U}_{1\sigma} = j\,(X_{1\sigma}\dot{I}_1 - X_{13}\dot{I}_2\,\varepsilon^{j\alpha}) \tag{441a}$$

schreiben. Mit der Bezeichnung

$$X'_{13} = X_{13}/\ddot{u}_T \tag{441b}$$

wird der Blindspannungsverlust der Primärwicklung 1

$$\dot{U}_{1\sigma} = j\,(X_{1\sigma}\dot{I}_1 - \ddot{u}X'_{13}\dot{I}'_2\varepsilon^{j\alpha}) = j\,(X_{1\sigma}\dot{I}_1 - w\,X'_{13}\dot{I}'_2) + b\,X'_{13}\dot{I}'_2. \tag{441c}$$

Damit erhalten wir die Spannungsgleichung für den Primärkreis zu

$$\dot{U}_1 + R_1\dot{I}_1 + j\,(X_{1\sigma}\dot{I}_1 - w\,X'_{13}\dot{I}'_2) + b\,X'_{13}\dot{I}'_2 = \dot{E}_1. \tag{441}$$

Entsprechend können wir für den Blindspannungsverlust der Wicklung 3

$$\dot{U}_{3\sigma} = j\,(X_{3\sigma}\dot{I}_2 - X_{13}\dot{I}_1\varepsilon^{-\alpha}) \tag{442a}$$

schreiben. Setzen wir

$$X'_{3\sigma} = X_{3\sigma}/\ddot{u}_T^2 \tag{442b}$$

und beziehen den Blindspannungsverlust in der Wicklung 3 auf die Primärwicklung, indem wir ihn durch $\ddot{u}_M$ dividieren, so erhalten wir

$$\left. \begin{aligned} \dot{U}'_{3\sigma} = \frac{\dot{U}_{3\sigma}}{\ddot{u}_M} &= j\,(\ddot{u}^2\,X'_{3\sigma}\dot{I}'_2 - \ddot{u}\,X'_{13}\dot{I}_1\varepsilon^{-j\alpha}) \\ &= j\,(\ddot{u}^2\,X'_{3\sigma}\dot{I}'_2 - w\,X'_{13}\dot{I}_1) - b\,X'_{13}\dot{I}_1. \end{aligned} \right\} \tag{442c}$$

Die in der Wicklung 3 vom Luftspaltfeld induzierte EMK ist

$$\dot{E}_3 = \ddot{u}_T\,\dot{E}_1\varepsilon^{-j\alpha}. \tag{442d}$$

Beziehen wir sie auf die Ständerwicklung, d. h. dividieren sie durch $\ddot{u}_M$, so erhalten wir

$$\dot{E}'_3 = \ddot{u}\,\dot{E}_1\varepsilon^{-j\alpha} = w\,\dot{E}_1 - j\,b\,\dot{E}_1. \tag{442e}$$

Diese EMK entspricht der Spannung $\dot{U}_{20}$ im Abschn. 1b und wirkt der auf die Primärwicklung bezogenen Läufer-EMK $\dot{E}'_2 = s\,\dot{E}_1$ entgegen.

Wir erhalten also für den Sekundärkreis die Spannungsgleichung

$$R_2' \dot{I}_2' + j\,(X_{2\sigma0}' + s\,X_{2\sigma v}')\,\dot{I}_2' + j\,(\ddot{u}^2\,X_{3\sigma}'\,\dot{I}_2' - w\,X_{13}'\,\dot{I}_1) - b\,X_{13}'\,\dot{I}_1 \atop = (s-w)\,\dot{E}_1 + j\,b\,\dot{E}_1, \right\} \quad (442)$$

worin R_2' den gesamten bezogenen Wirkwiderstand im Sekundärkreis bezeichnet. Die Wicklungen R und Z, die wir durch eine resultierende Wicklung 3 ersetzt haben, werden gewöhnlich in den Nuten unter oder über der Wicklung 1 angeordnet. Um einfachere Gleichungen zu erhalten, wollen wir annehmen, daß sie in der Nut nebeneinander angeordnet sind. Dann ist mit beiden Wicklungen derselbe Streufluß verkettet, und es ist

$$X_{3\sigma}' = X_{13}' = X_{1\sigma}. \qquad (443)$$

Für diesen Fall gehen die Gl. 441 u. 442 über in

$$\dot{U}_1 + R_1\dot{I}_1 + j\,X_{1\sigma}(\dot{I}_1 - w\,\dot{I}_2') + b\,X_{1\sigma}\dot{I}_2' = \dot{E}_1, \qquad (443\,\text{a})$$

$$R_2'\dot{I}_2' + j\,(X_{2\sigma0}' + s\,X_{2\sigma v}' + \ddot{u}^2\,X_{1\sigma})\,\dot{I}_2' - b\,X_{1\sigma}\dot{I}_1 - j\,w\,X_{1\sigma}\dot{I}_1 \atop = (s-w)\,\dot{E}_1 + j\,b\,\dot{E}_1. \right\} \quad (443\,\text{b})$$

Ersetzen wir in Gl. 443a den Strom $\dot{I}_2'$ durch seine Komponenten, $\dot{I}_2' = \dot{I}_{2w}' + \dot{I}_{2b}'$, den Strom $\dot{I}_1$ durch die entsprechenden Komponenten nach den Gl. 440a u. b und die Spannung $\dot{U}_1$ durch die Komponenten $\dot{U}_{1w}$ und $\dot{U}_{1b}$, bezogen auf $\dot{E}_1$, so können wir die so erhaltene Gleichung in zwei Teile zerlegen, von denen der eine alle Spannungskomponenten in Phase (oder Gegenphase) zu $\dot{E}_1$, der andere die in Phase (oder Gegenphase) zu $j\dot{E}_1$ enthält. Mit den auf S. 401 angegebenen Vorzeichen für die Beträge erhalten wir die beiden reellen Gleichungen

$$U_{1w} = E_1 + R_1 I_V + (1-w)\,R_1 I_{2w}' + X_{1\sigma} I_\mu - (X_{1\sigma} - b\,R_1)\,I_{2b}', \qquad (444\,\text{a})$$

$$U_{1b} = X_{1\sigma} I_V + (X_{1\sigma} - b\,R_1)\,I_{2w}' - R_1 I_\mu + (1-w)\,R_1 I_{2b}'. \qquad (444\,\text{b})$$

Verfahren wir ebenso mit Gl. 443b und ersetzen dann E_1 nach Gl. 444a, so erhalten wir wieder zwei reelle Gleichungen. Lösen wir diese nach I_{2w}' und I_{2b}' auf, so erhalten wir

$$I_{2w}' = \frac{[b\,A + (s-w)\,B]\,U_{1w} - B\,s\,X_{1\sigma}I_\mu - E\,I_V}{A\,C + B\,D}, \qquad (445\,\text{a})$$

$$I_{2b}' = \frac{b\,U_{1w} - C\,I_{2w}' - (w\,X_{1\sigma} + b\,R_1)\,I_V}{B}, \qquad (445\,\text{b})$$

worin zur Abkürzung

$$\left. \begin{aligned} A &= X_{2\sigma0}' + s\,(X_{2\sigma v}' + X_{1\sigma}) - b\,(s-w)\,R_1, \\ B &= R_2' + b^2 R_1, \\ C &= X_{2\sigma0}' + s\,X_{2\sigma v}' + w\,X_{1\sigma} + b\,(1-w)\,R_1, \\ D &= R_2' + (s-w)(1-w)\,R_1 + b\,X_{1\sigma}, \\ E &= A\,w\,X_{1\sigma} + B\,(s-w)\,R_1 + b\,(A\,R_1 + B\,X_{1\sigma}) \end{aligned} \right\} \quad (445\,\text{c bis g})$$

gesetzt ist.

Nach Gl. 445a bis g können wir die auf $\dot{E}_1$ bezogenen Stromkomponenten im Sekundärkreis berechnen. Die Komponenten des primären Stromes, der hier gleich dem Netzstrom ist, ergeben sich nach den Gl. 440a u. b, ihre Beträge nach den Gl. 440c u. d. Das in der Maschine entwickelte Drehmoment ist wie im Abschn. C 3a nach Gl. 423 zu berechnen.

Der Schlupf bei vollkommenem Leerlauf ergibt sich bei Vernachlässigung von I_V, M_k und M_{v2} nach Gl. 445a für $I'_{2w}=0$ zu

$$s_0 = \frac{(w\,R'_2 - b\,X'_{2\sigma 0})\,U_{1w}}{[R'_2 + b\,(X_{1\sigma} + X'_{2\sigma v})]\,U_{1w} - (R'_2 + b^2\,R_1)\,X_{1\sigma}\,I_\mu}. \tag{446}$$

Der Ständerstrom ist bei dieser Maschine auch zugleich der Strom, den sie als Motor dem Netz entnimmt. Seine auf $\dot{E}_1$ bezogenen Komponenten (Gl. 440a u. b und c u. d) ergeben deshalb denselben Ausdruck, den wir in den Gl. 426a u. b für den Netzstrom beim Motor mit besonderem Regeltransformator bei Vernachlässigung des Magnetisierungs- und Verluststromes in diesem erhalten haben. Über die Vorzeichen gilt das auf S. 401 Gesagte.

Um die Stromkomponenten auf die Netzspannung $\dot{U}_1$ zu beziehen, können wir ebenso verfahren wie im Abschn. C 3a, wobei $\sin\gamma = U_{1b}/U_1$ ist (Gl. 444b).

    c. Einstellung von w und b. Wir wollen nun noch die Werte von w und b berechnen, die für einen bestimmten Belastungszustand (s, I'_{2w}, I'_{2b}) einzustellen sind. Hierbei werden wir, um genügend einfache Gleichungen zu erhalten, gewisse Vernachlässigungen machen, die aber für praktische Verhältnisse belanglos sind. Setzen wir in Gl. 445b B und C nach den Gl. 445d u. e ein, so tritt ein Glied $b^2 R_1 I'_{2b}$ auf, das wir gegenüber den Gliedern mit dem Faktor b, nämlich $b[U_{1w} - (1-w)R_1 I'_{2w}]$ vernachlässigen dürfen. Wir erhalten dann

$$b = \frac{R'_2 I'_{2b} + (X'_{2\sigma 0} + s\,X'_{2\sigma v} + w\,X_{1\sigma})\,I'_{2w} + w\,X_{1\sigma}\,I_V}{U_{1w} - (1-w)\,R_1\,I'_{2w} - R_1\,I_V}. \tag{447a'}$$

Es ist nun w wenig verschieden von s (bei Vernachlässigung der Spannungsverluste ist $w = s$), deshalb können wir ohne großen Fehler in dieser Gleichung auch w durch s ersetzen und erhalten dann

$$b \approx \frac{R'_2 I'_{2b} + [X'_{2\sigma 0} + s\,(X'_{2\sigma v} + X_{1\sigma})]\,I'_{2w} + s\,X_{1\sigma}\,I_V}{U_{1w} - (1-s)\,R_1\,I'_{2w} - R_1\,I_V}. \tag{447a}$$

Da hierin w nicht mehr vorkommt, läßt sich b aus den bekannten Größen berechnen. Setzen wir diesen Wert von b in Gl. 445a ein, vernachlässigen die hier sehr kleinen Glieder mit dem Faktor I_V und setzen schließlich $U_{1w} + s R_1 I'_{2w}$ an Stelle von $U_{1w} + w R_1 I'_{2w}$, um das Glied mit w^2 zu unterdrücken, so erhalten wir

$$\frac{(U_{1w} - X_{1\sigma} I_\mu) + [X'_{2\sigma 0} + s(X'_{2\sigma v} + X_{1\sigma} - b R_1)] I'_{2b} - (R'_2 + s R_1 + b X_{1\sigma}) I'_{2w}}{U_{1w} - R_1 (I'_{2w} + b I'_{2b})}. \quad (447\,\text{b})$$

Durch Einsetzen des nach dieser Gleichung berechneten Wertes von w in Gl. 447a′ kann man sich leicht überzeugen, daß die Näherunggleichung 447a für b genügend genau ist.

7. Selbsttätige Einstellung der günstigsten Phase des Läuferstromes.

Wir hatten bei der Behandlung der Nebenschlußmaschine ohne besondere Erregerwicklung vorausgesetzt, daß eine selbsttätige günstigste Einstellung der Phase des Läuferstromes gegenüber der in der Läuferwicklung induzierten EMK nicht stattfindet, weil diese nicht mit einfachen Mitteln möglich ist. In der Regel verzichtet man deshalb auf eine solche selbsttätige Einstellung in Abhängigkeit von der Belastung. Aus diesem Grunde wollen wir auch hier nur kurz die Mittel angeben, die für die Regelung in Frage kommen könnten.

Um für jeden Belastungszustand die günstigste Phase zwischen Strom und EMK im Läufer zu erhalten, müßte wie bei der Einphasenmaschine entweder der Streublindwiderstand im Läuferkreis unterdrückt oder die Phase der Läuferspannung gegenüber der Ständerspannung mit dem Belastungszustand der Maschine geändert werden (Abschn. I E 1 c u. d).

a. Unterdrückung des Streublindwiderstandes. Der Streublindwiderstand kann wie bei der Einphasenmaschine durch Kapazitäten, die über Transformatoren mit der Läuferwicklung in Reihe geschaltet sind, aufgehoben werden [L 257 a u. b]. Um eine möglichst vollständige Unterdrückung des Blindspannungsverlustes zu erreichen, muß die Kapazität der Kondensatoren oder die Übersetzung des Zwischentransformators mit der Drehzahl geändert werden, weil sich der Blindspannungsverlust mit der Drehzahl ändert. Wenn die Schaltung mit Kondensatoren überhaupt angewendet wird, begnügt man sich mit ihrer Einschaltung bei den niedrigen Drehzahlen, um dadurch auch die sonst starke Änderung der Drehzahl mit der Belastung zu verringern. Bei solchen Schaltungen wurden Selbsterregungserscheinungen mit netzfremder Frequenz beobachtet, die durch besondere Einrichtungen unterdrückt werden müssen. Die Schorch-Werke haben hierfür die Parallelschaltung einer besonders bemessenen Induktivität zum Kondensator als geeignet erkannt [L 257 c].

Grundsätzlich kann der Blindspannungsverlust auch durch die in einer Hilfsmaschine induzierte EMK unterdrückt werden (vgl. Abschn. I E 1 c). Da diese EMK besonders bei kleinen Drehzahlen wirksam sein muß, darf die Hilfsmaschine nicht mit der Nebenschlußmaschine gekuppelt werden, sondern muß mit einer festen Drehzahl oder noch besser mit einer solchen, die mit sinkender Drehzahl der Nebenschlußmaschine anwächst, angetrieben werden. Die Kosten dieser Maschine, die mit Stromwender auszubilden wäre, schließen wohl dieses Mittel zur Verbesserung des Betriebes aus.

b. Phasenverdrehung. Die selbsttätige Verdrehung der Phase des Läuferstromes durch einen Reihentransformator, wie wir es bei der Einphasenmaschine (Abschn. I E 2 b) behandelt haben, scheidet bei der Mehrphasenmaschine aus, weil der auf die Ständerwicklung bezogene Läuferstrom ungefähr gleich dem Ständerstrom ist.

Eine selbsttätige Regelung könnte aber auch durch Relais gesteuert werden, die gewisse Organe so lange verstellen, bis der Läuferstrom die gewünschte Phase angenommen hat. Als Steuerorgan kommt z. B. die Verstellung der Bürsten oder bei Regelung mit Doppeldrehtransformator die Verstellung des einen der beiden Einzeldrehtransformatoren in Frage. Solche Einrichtungen lohnen sich aber wegen der hohen Kosten nur bei großen Maschinen.

D. Die läufergespeiste Nebenschlußmaschine.
1. Schaltung.

Wenn man beim gewöhnlichen Induktionsmotor Primär- und Sekundärwicklung gegeneinander vertauscht, den Läufer also vom Netz über Schleifringe speist und die Ständerwicklung kurzschließt, so ändert sich an dem Verhalten des Motors im Wesen nichts. Da jetzt aber die Sekundärwicklung feststeht, muß der Läufer entgegen dem Drehsinne des Drehfeldes umlaufen, so daß die relative Geschwindigkeit zwischen Drehfeld und Sekundärwicklung wieder dieselbe ist wie beim ständergespeisten Motor. Betrachten wir die Vorgänge vom Läufer aus, so hat sich gegenüber dem gewöhnlichen Induktionsmotor mit Ständerspeisung nichts geändert.

Zur praktisch verlustlosen Regelung der Drehzahl eines solchen Motors muß der Sekundärwicklung (Ständerwicklung) eine Spannung von Schlupffrequenz zugeführt werden. Wenn die Läuferwicklung, wie z. B. beim Einankerumformer, zugleich als Stromwenderwicklung ausgebildet (Abb. 309a) oder außer der über Schleifringe gespeisten Läuferwicklung noch eine besondere Stromwenderwicklung im Läufer angeordnet wird (Abb. 309b), können wir den auf dem umlaufenden Stromwender schleifenden und gegenüber der Ständerwicklung ruhenden

Bürsten Spannungen entnehmen, deren Frequenz jeweils gleich dem Produkt aus Schlupf und Netzfrequenz ist. Bezeichnen wir mit $\Omega_1 = \omega_1/p$ die Winkelgeschwindigkeit des gegenüber dem Läufer synchron umlaufenden Drehfeldes und mit $\Omega = \omega/p$ die Winkelgeschwindigkeit des Läufers selbst, so ist

$$p \frac{\Omega_1 - \Omega}{2\pi} = \frac{\omega_1 - \omega}{2\pi} = f - (1-s)f = sf. \tag{448}$$

In Abb. 309a ist der läufergespeiste Nebenschlußmotor in seiner einfachsten Form dargestellt[1]). L ist die Läuferwicklung, die zugleich

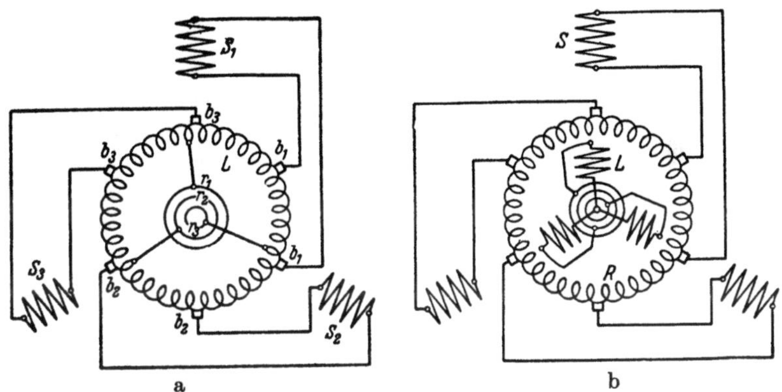

Abb. 309a u. b. Läufergespeiste Nebenschlußmaschine; a) vereinigte, b) getrennte Primär- (L) und Regelwicklung (R).

wie beim Einankerumformer als Stromwenderwicklung ausgebildet ist. Vom Stromwender wird über Bürsten b die Ständerwicklung S gespeist. Entsprechend der Vertauschung von Ständer- und Läuferwicklung gegenüber dem ständergespeisten Motor entspricht die Wicklung L in Abb. 309a der Wicklung S in Abb. 307a, und die Wicklung S in Abb. 309a der Wicklung L in Abb. 307a. Während in Abb. 307a die der Sekundärwicklung zugeführte Spannung durch Anzapfungen an der Regelwicklung geändert wird, ist diese Änderung bei Abb. 309a durch Verschieben der einander zugeordneten Bürsten ($b_1 - b_1$, $b_2 - b_2$, $b_3 - b_3$) ohne besondere Schaltapparate möglich. In der eingezeichneten Bürstenstellung wirken die EMKe in der Ständerwicklung und

---

[1]) Die Abb. 309a ist der Patentanmeldung des Verfassers vom Jahre 1910 entnommen (ETZ 1925, S. 1928), in der der läufergespeiste Nebenschlußmotor zuerst angegeben und in seinem Verhalten erkannt wurde.

Der läufergespeiste Nebenschlußmotor wird im Schrifttum auch als Schrage-Motor [L 258], als Richter-Schrage-Motor oder Schrage-Richter-Motor [L 266, 261, 262, 269] und als Richter-Motor [L 265, S. 352] bezeichnet. Schrage gebührt das Verdienst, ihn in der Industrie eingeführt zu haben.

in dem durch die Bürsten abgegriffenen Wicklungsteil im selben Sinne, die Bürstenstellung entspricht also einer übersynchronen Drehzahl. Wenn die zu den einzelnen Wicklungssträngen der Ständerwicklung gehörigen Bürsten (z. B. $b_1 - b_1$), die aneinander vorbeibewegt werden können, auf denselben Stromwenderstegen aufliegen, ist die der Sekundärwicklung zugeführte Spannung Null; die Leerlaufdrehzahl der Maschine ist die synchrone. Werden nun die Bürsten im gleichen Sinne weiterverschoben, so ändert die den Bürsten entnommene Spannung ihr Vorzeichen und der Motor läuft untersynchron.

Bei der Vereinigung der Hauptläuferwicklung L mit der Stromwenderwicklung R ist im allgemeinen noch ein Transformator erforderlich, dessen Sekundärwicklung an den Schleifringen r_1, r_2, r_3 in Abb. 309a und dessen Primärwicklung am Netz liegt, um die Stromwenderwicklung für die günstigste Spannung bemessen zu können. Trennt man die beiden Wicklungen voneinander, wie es in Abb. 309b dargestellt ist, so fällt der Transformator weg; den Schleifringen muß dann allerdings die volle Netzspannung zugeführt werden[1]). Mit getrennten Läuferwicklungen entspricht der Motor im wesentlichen der Schaltung des ständergespeisten Motors in Abb. 307b. Es entsprechen einander die Läuferwicklungen L und R in Abb. 309b den Ständerwicklungen S und R in Abb. 307b, die Ständerwicklung S in Abb. 309b der Läuferwicklung L in Abb. 307b. Läuferwicklung L und Regelwicklung R können auch, wie es bei Einankerumformern bekannt ist (Abb. 502, Bd. II), miteinander in Sparschaltung verbunden werden [L 260].

Der ständergespeiste (Abb. 307a u. b) und der läufergespeiste Motor (Abb. 309a u. b) müssen im wesentlichen dasselbe Verhalten zeigen. Ein Unterschied besteht nur darin, daß beim ständergespeisten Motor die Läuferströme und -spannungen von Schlupffrequenz auf die Netzfrequenz umgeformt werden, während beim läufergespeisten Motor die Umformung im umgekehrten Sinne erfolgt, d. h. durch den Stromwender werden die Ströme und Spannungen von Netzfrequenz auf die Schlupffrequenz der Sekundärwicklung umgeformt. Dadurch ergeben sich auch andere Werte der Funkenspannung und eine andere Bemessung des Stromwenders.

Das Verhältnis der Windungszahlen von Stromwenderwicklung und Ständerwicklung richtet sich nach dem Regelungsbereich. Wenn die Drehzahl bis zum Stillstand herab geregelt werden soll, muß bei Durchmesserstellung der Bürsten das Windungsverhältnis 1 sein. Wird als

---

[1]) Der Ersatz der einzigen Läuferwicklung durch zwei getrennte Wicklungen war bei läufergespeisten Maschinen schon vor dem Jahre 1910 eine bekannte Maßnahme, über deren Vor- und Nachteile eingehend diskutiert wurde (vgl. z. B. ETZ 1902, S. 920, 993 u. 1050).

kleinste Drehzahl $n_u = (1 - s_u) n_1$ verlangt und als höchste Drehzahl $n_o \leq (1 + s_u) n_1$, so muß bei Durchmesserstellung der Bürsten das Windungsverhältnis etwa s_u sein.

2. Die Bürsteneinstellvorrichtung.

a. Einrichtung zum Einstellen der drehzahl- und der blindstromregelnden Komponente. Wir hatten schon erwähnt, daß die auf die einzelnen Wicklungsstränge der sekundären Ständerwicklung geschalteten Bürsten der Regelwicklung gegeneinander bewegt werden. Eine Einrichtung dafür ist in Abb. 310 angedeutet. B_1 und B_2 sind die beiden Bürstenträger, die am Umfang je einen Zahnkranz erhalten, in

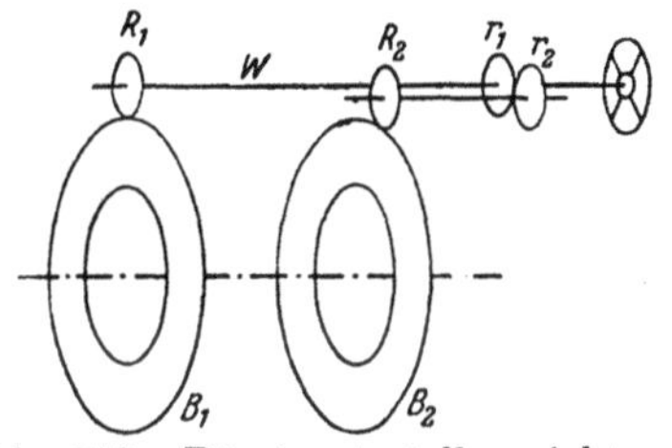

Abb. 310. Bürsteneinstellvorrichtung.

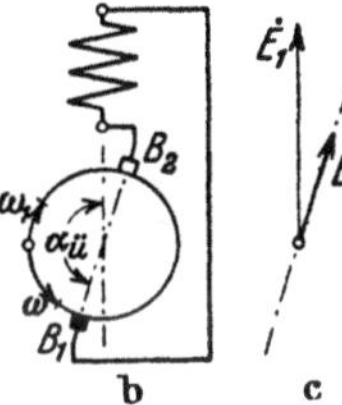

Abb. 311a bis c. Phasenverdrehung von $\dot{E}_R$.

den die Ritzel R_1 und R_2 eingreifen. R_1 ist auf der Welle W, durch deren Drehung die Bürsten verstellt werden, aufgekeilt, während das Ritzel R_2 über die Umkehrritzel r_1 und r_2 von der Welle W angetrieben wird. Fallen die Bürsten in der einen Endstellung, die der kleinsten untersynchronen Drehzahl entspricht, in die Achse der Ständerwicklung, so bleibt, wenn die Übersetzung von Welle W auf Bürstenträger B_2 dieselbe ist wie von W auf B_1, die Verbindungslinie der Bürsten parallel zur Achse der Ständerwicklung, und es ist die blindstromregelnde Komponente der in der Regelwicklung induzierten EMK Null. In vielen Fällen, hauptsächlich bei kleinen Motoren, nimmt man den Wegfall dieser Komponente in Kauf, besonders wenn der Motor oft mit sehr kleinen Drehmomenten belastet ist. Kommen jedoch bei kleinen Drehzahlen größere Drehmomente längere Zeit vor, so ist es zur Einschränkung der dabei auftretenden Blindströme nötig, eine blindstromregelnde Komponente in den Sekundärkreis einzufügen.

Dies kann dadurch geschehen, daß man in der Grenzstellung der Bürsten, die der kleinsten untersynchronen Leerlaufdrehzahl entspricht (Abb. 311a), die Bürsten im Sinne des Drehfeldes, also hier entgegen der Drehrichtung des Motors um den Bürstenwinkel α_u aus der Achse der Ständerwicklung verstellt. Je größer α_u, desto mehr wird das Netz bei untersynchronen Drehzahlen von Magnetisierungsströmen entlastet.

28*

Sind dann die Übersetzungen von der Welle W auf die Bürstenbrücken B_1 und B_2 die gleichen, so bleibt der Winkel α, um den die Regel-EMK $\dot{E}_R$ gegen die primäre EMK phasenverspätet ist, bis zur Deckung beider Bürsten unverändert, $\alpha = \text{const} = \alpha_u$. In dieser Bürstenstellung sind die Bürsten durch den Stromwendersteg, auf dem sie aufliegen, kurzgeschlossen; der Motor verhält sich wie ein gewöhnlicher Induktionsmotor. Bei weiterer Verschiebung ändert sich das Vorzeichen der Regel-EMK, und es ist bis zur Endstellung, die der größten übersynchronen Drehzahl entspricht (Abb. 311 b), $\alpha = \alpha_{\ddot{u}} = \pi - \alpha_u = \text{const}$. Der Endpunkt der Regel-EMK $\dot{E}_R$ bewegt sich bei der Regelung auf der strichpunktierten Geraden in Abb. 311 c. In den Abb. 311 a u. b und den folgenden ist die Bürste B_1 schwarz ausgefüllt,

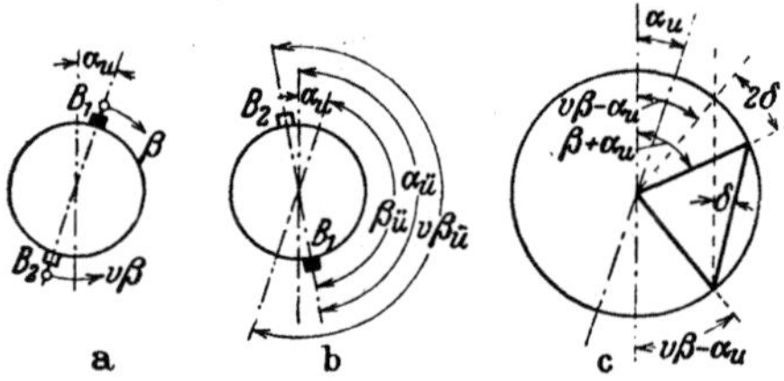

<table><tr><td>a</td><td>b</td><td>c</td></tr></table>

Abb. 312 a bis c. Bürsten bei kleinster und größter Drehzahl in Durchmesserstellung.

um sie von B_2 unterscheiden zu können.

Wir haben im Abschn. C 3 b gesehen, daß diese Lage der Ortskurve nicht besonders günstig ist, sie sollte vielmehr etwa die Lage in Abb. 290 a haben, so daß, wenn die drehzahlregelnde Komponente $\dot{E}_{Rw} = 0$ ist, noch eine Komponente $\dot{E}_{Rb}$ in Phase mit $-j\dot{E}_1$ auftritt, die erst bei höheren Drehzahlen ihr Vorzeichen wechselt. Grundsätzlich kann man, wenn jeder der beiden Bürstensätze nach einem bestimmten Gesetz verschoben wird, jede gewünschte Ortskurve für $\dot{E}_R$ erreichen. Die mechanischen Einrichtungen dafür sind aber sehr umständlich. Man begnügt sich deshalb damit, wenigstens in den Grenzstellungen der Bürsten eine vorteilhafte Phase von $\dot{E}_R$ einzustellen. Das geschieht durch verschieden große Übersetzungen zwischen den Bürstenbrücken B_1 und B_2 und der Antriebswelle W in Abb. 310.

b. Bürsten bei kleinster und größter Drehzahl in Durchmesserstellung. Stellt Abb. 312 a die Bürstenlage bei der kleinsten untersynchronen Drehzahl dar, und ist die mechanische Übersetzung für den Bürstensatz B_2 v mal so groß wie für den Bürstensatz B_1 $(v > 1)$, und verlangt man, daß in der andern Endstellung, die der größten übersynchronen Drehzahl entspricht, der Winkel α, den die Verbindungslinie von Bürste 2 nach Bürste 1 mit der Achse der Ständerwicklung einschließt, gleich $\alpha_{\ddot{u}}$ sei (Abb. 312 b), so läßt sich das zugehörige Übersetzungsverhältnis v berechnen. β bezeichne den Winkel, um den die Bürste B_1, $v\beta$ den, um den B_2 aus der Anfangslage verschoben wird[1]). Die Bürsten

---

[1]) β darf nicht mit dem Spulenverkürzungswinkel 2β verwechselt werden (vgl. Abschn. A 2 c).

kommen bei der Verschiebung aus ihrer Anfangslage (Abb. 312a) zur Deckung, wenn $\beta + v\beta = \pi$, und erreichen ihre Endlage (Abb. 312b), wenn $\beta + v\beta = 2\pi (= \beta_{\ddot{u}} + v\beta_{\ddot{u}}$ in Abb. 312b) ist. Bezeichnen wir für diese beiden Bürstenstellungen die Winkel β mit β_0 bzw. $\beta_{\ddot{u}}$, so wird

$$\beta_0 = \frac{\pi}{1+v}, \qquad \beta_{\ddot{u}} = \frac{2\pi}{1+v}. \qquad \text{(449a u. b)}$$

Da nun nach Abb. 312b

$$\beta_{\ddot{u}} = \alpha_{\ddot{u}} - \alpha_u \qquad\qquad\qquad \text{(450a)}$$

sein muß, erhalten wir mit Gl. 449b

$$v = \frac{2\pi + \alpha_u - \alpha_{\ddot{u}}}{\alpha_{\ddot{u}} - \alpha_u}. \qquad\qquad \text{(450b)}$$

Der (spitze) Winkel δ, den die Verbindungslinie der Bürsten mit der Wicklungsachse des Ständers einschließt, ergibt sich nach Abb. 312c aus

$$= \beta + \alpha_u - (v\beta - \alpha_u) \quad \text{zu} \quad \delta = \alpha_u - (v-1)\frac{\beta}{2} = \alpha_u - \frac{\pi + \alpha_u - \alpha_{\ddot{u}}}{\alpha_{\ddot{u}} - \alpha_u}\beta. \quad \text{(450c u.d)}$$

Ebenfalls nach Abb. 312c erhalten wir die Regel-EMK

$$E_R = 2\frac{E_{RD}}{2}\sin\left(\frac{\pi}{2} - \frac{1+v}{2}\beta\right) = E_{RD}\cos\frac{1+v}{2}\beta \qquad \text{(451)}$$

und ihre Komponenten

$$\left.\begin{aligned} E_{Rw} &= E_{RD}/2 \cdot [\cos(\beta + \alpha_u) + \cos(v\beta - \alpha_u)] \\ &= E_{RD}\cos(1+v)\beta/2 \cdot \cos\delta \approx E_{RD}\cos(1+v)\beta/2, \end{aligned}\right\} \quad \text{(451a)}$$

$$\left.\begin{aligned} E_{Rb} &= E_{RD}/2 \cdot [\sin(\beta + \alpha_u) - \sin(v\beta - \alpha_u)] \\ &= E_{RD}\cos(1+v)\beta/2 \cdot \sin\delta \approx E_{Rw}\delta. \end{aligned}\right\} \quad \text{(451b)}$$

Die Näherungen beruhen darauf, daß der Winkel δ klein ist; E_{RD} bedeutet die Regel-EMK bei Durchmesserstellung und $\delta = 0$.

Nach dem Näherungswert der Gl. 451b ist die auf $\dot{E}_{RD}$ bezogene Blindkomponente E_{Rb} der Regel-EMK für verschiedene Fälle berechnet und in Abb. 313a durch die voll ausgezogenen und gestrichelten Kurven über dem Bürstenwinkel β (vgl. Abb. 312a) dargestellt. Die voll ausgezogenen Kurven gelten für $\alpha_u = 6°$, die stärker hervorgehobene Kurve für $\alpha_{\ddot{u}} = 180°$ ($v = 1,069$), die schwächer gezeichneten Kurven für $\alpha_{\ddot{u}}$ gleich 178° ($v = 1,093$) und 182° ($v = 1,045$). Die gestrichelten Kurven gelten wie die stärker hervorgehobene für $\alpha_{\ddot{u}} = 180°$, aber bei α_u gleich 4° ($v = 1,045$) und 8° ($v = 1,093$). Praktisch kommen wohl nur Einstellungen innerhalb dieser Bereiche in Frage. Die punktierte Kurve stellt in 0,1-fachem Maßstab die nach der Näherung (Gl. 451a) berechnete drehzahlregelnde Komponente E_{Rw} für den Fall $\alpha_u = 6°$ und $\alpha_{\ddot{u}} = 180°$ dar. Für die andern Fälle verschieben sich die Ordinaten der punktierten Kurve praktisch nur im negativen Bereich ein wenig, weil die Grenzwerte für $\beta_{\ddot{u}} = \alpha_{\ddot{u}} - \alpha_u$ nur $\pm 2°$ von $\beta_{\ddot{u}} = 174°$ abweichen. Die nach den genauen Werten der Gl. 451a u. b berechneten Komponenten E_{Rw} und E_{Rb} stimmen fast mit den Kurven in Abb. 313a überein.

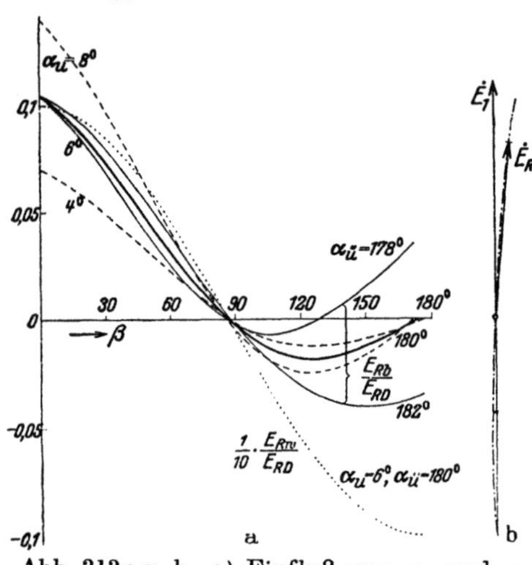

Abb. 313a u. b. a) Einfluß von α_u und $\alpha_{\ddot{u}}$ auf E_{Rb}/E_{RD}, punktiert $0,1 \cdot E_{Rw}/E_{RD}$; b) Ortskurve von $\dot{E}_R$ für $\alpha_u = 6°$ und $\alpha_{\ddot{u}} = 180°$.

Für den Fall $\alpha_u = 6°$, $\alpha_{\ddot{u}} = 180°$ ist in Abb. 313b die Ortskurve der Regel-EMK $\dot{E}_R$ strichpunktiert dargestellt.

Zum Umsteuern des Motors sind wie beim dreiphasigen ständergespeisten Motor zwei Zuleitungen zur Primärwicklung zu vertauschen. An der Bürsteneinstellvorrichtung braucht, wenn auf die Blindstromregelung verzichtet wird, die Verbindungslinie der Bürsten also immer parallel der Wicklungsachse des Ständers bleibt, nichts geändert zu werden.

Wird aber auch die Regelung des Blindstromes verlangt, so müssen noch Änderungen an der Bürsteneinstellvorrichtung vorgenommen werden. In der Endstellung für kleinste Drehzahl (Abb. 311a u. 312a) müssen die Bürstensätze um den Winkel α_u gegen die neue Drehrichtung verschoben sein, und es muß die Drehrichtung der Antriebswelle W in Abb. 310 geändert werden.

c. Bürsten bei kleinster und größter Drehzahl in Sehnenstellung. Da sich die drehzahlregelnde Komponente E_{Rw} der Regel-EMK in der Nähe der kleinsten Drehzahl nur wenig mit dem Bürstenwinkel ändert (vgl. die punktierte Kurve in Abb. 313a bei kleinen Bürstenwinkeln β), kann man den Bürstensatz B_2 bei der kleinsten Drehzahl in die Achse der Ständerwicklung fallen lassen und die Bürste B_1 um $2\alpha_u$ verschieben, damit die Achse der Läuferwicklung denselben Winkel α_u mit der Achse der Ständerwicklung einschließt wie in Abb. 312a bei Durchmesserstellung der Bürsten. Zum Umsteuern braucht dann nur der Bürstensatz B_1 um den Winkel $4\alpha_u$ in die neue Anfangsstellung (B_1') verschoben zu werden, wie es in Abb. 314a angedeutet ist. Diese Umstellung kann z. B. durch Verdrehen des Ritzels r_1 in Abb. 310

erfolgen. In der Endstellung nehmen dann die Bürsten die in Abb. 314b für beide Drehrichtungen angedeutete Lage ein. Es wird jetzt nach Abb. 314c

$$\beta_{\ddot{u}} = 2\,(\alpha_{\ddot{u}} - \alpha_u) - \pi \quad \text{und} \quad v = \frac{\pi}{\beta_{\ddot{u}}} = \frac{\pi}{2\,(\alpha_{\ddot{u}} - \alpha_u) - \pi}. \quad (452\,\text{a u. b})$$

δ, E_R, E_{Rw} und E_{Rb} erhalten wir nach Abb. 312c, wenn wir in Gl. 450c $\beta + 2\alpha_u$ an Stelle von $\beta + \alpha_u$ und $v\beta$ an Stelle von $v\beta - \alpha_u$ setzen, zu

$$\delta = \alpha_u - (v-1)\frac{\beta}{2} = \alpha_u - \frac{\pi + \alpha_u - \alpha_{\ddot{u}}}{2\,(\alpha_{\ddot{u}} - \alpha_u) - \pi}\,\beta, \qquad (452\,\text{c})$$

$$E_R = E_{RD}\cos\left[(1+v)\,\beta/2 + \alpha_u\right], \qquad (453)$$

$$\left.\begin{aligned} E_{Rw} &= E_{RD}/2 \cdot \left[\cos\,(\beta + 2\alpha_u) + \cos v\beta\right] \\ &= E_{RD}\cos\left[(1+v)\,\beta/2 + \alpha_u\right]\cos\delta \approx E_{RD}\cos\left[(1+v)\,\beta/2 + \alpha_u\right], \end{aligned}\right\} \quad (453\,\text{a})$$

$$\left.\begin{aligned} E_{Rb} &= E_{RD}/2 \cdot \left[\sin\,(\beta + 2\alpha_u) - \sin v\beta\right] \\ &= E_{RD}\cos\left[(1+v)\,\beta/2 + \alpha_u\right]\sin\delta \approx E_{Rw}\,\delta. \end{aligned}\right\} \quad (453\,\text{b})$$

In diesem Falle empfiehlt es sich, die Kurven nicht über β, sondern über $v\beta$ aufzutragen, weil $v\beta_{\ddot{u}} = 180°$ ist. Die Komponenten E_{Rw} und E_{Rb} haben hier einen ähnlichen Verlauf wie in Abb. 313a [L 263].

3. Die Spannungsgleichungen.

Die Gleichungen für den ständergespeisten Nebenschlußmotor mit Regelwicklung im Ständer hatten wir so angeschrieben, daß sie auch für den läufergespeisten Motor gelten. Hier haben wir nur zu beachten,

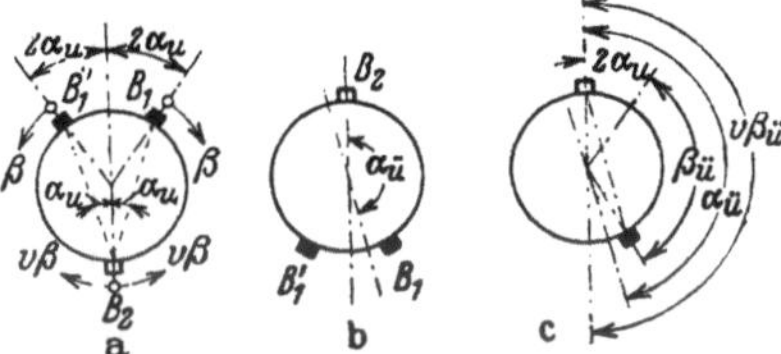

Abb. 314a bis c. Bürsten bei kleinster und größter Drehzahl in Sehnenstellung.

daß $X'_{2\sigma 0} = 0$ und $X'_{2\sigma}$ an Stelle von $X'_{2\sigma v}$ zu setzen ist, weil die Sekundärwicklung die ruhende Ständerwicklung ist. Für den Fall, daß die Regelwicklung in den Läufernuten neben der Primärwicklung liegt $(X'_{3\sigma} = X'_{13} = X'_{1\sigma})$, lauten die Gl. 443a u. b also

$$\dot{U}_1 + (R_1 + jX_{1\sigma})\,\dot{I}_1 + (bX_{1\sigma} - jwX_{1\sigma})\,\dot{I}'_2 = \dot{E}_1, \qquad (454\,\text{a})$$

$$\left[R'_2 + j\,(sX'_{2\sigma} + \ddot{u}^2 X_{1\sigma})\right]\dot{I}'_2 - (bX_{1\sigma} + jwX_{1\sigma})\,\dot{I}_1 = (s - w + jb)\dot{E}_1. \quad (454\,\text{b})$$

Für die Ströme gilt Gl. 439a wie für die ständergespeiste Maschine.

Die im Abschn. C 6 im allgemeinen noch vorausgesetzte Zusatzwicklung Z fällt hier weg; es ist also $\dot{E}_R \equiv \dot{E}_3$. Daraus folgt, daß beim Verschieben der Bürsten aus der Anfangslage (kleinste Leerlaufdrehzahl) bis zu der Stellung, in der die Bürsten denselben Stromwendersteg bedecken, $\alpha = \delta$ ist, von da ab aber $\alpha = \pi - \delta$.

Bezeichnen wir bei **Durchmesserstellung** der Bürsten und $\delta = 0$

$$\ddot{u}_{T0} = \frac{\xi_R w_R}{\xi_1 w_1} \equiv \frac{\xi_3 w_3}{\xi_1 w_1} \quad \text{und} \quad \ddot{u}_0 = \frac{\xi_R w_R}{\xi_2 w_2} \equiv \frac{\xi_3 w_3}{\xi_2 w_2}, \qquad \text{(455a u. b)}$$

so lauten die Gl. 438c u. d in Abschn. C 6b

$$\ddot{u}_T = \ddot{u}_{T0} \frac{E_R}{E_{RD}} \quad \text{und} \quad \ddot{u} = \ddot{u}_0 \frac{E_R}{E_{RD}}. \qquad \text{(455c u. d)}$$

Das Verhältnis E_R/E_{RD} ist durch die Gl. 451 bzw. 453 gegeben; wenn auf die Regelung des Blindstromes verzichtet wird, wird $E_R/E_{RD} = \cos\beta$. β ist der Winkel, um den die Bürsten mit der kleinsten mechanischen Übersetzung (B_1 in Abb. 311a, 312a, 314a) aus der Anfangslage verschoben werden. Für die Zahlenwerte w und b in den Gl. 454a u. b können wir schreiben

$$w = E_{Rw}/E_2 = \ddot{u}_0 E_{Rw}/E_{RD} \quad \text{und} \quad b = E_{Rb}/E_2 = \ddot{u}_0 E_{Rb}/E_{RD}. \quad \text{(456a u. b)}$$

Die Verhältnisse E_{Rw}/E_{RD} und E_{Rb}/E_{RD} sind durch die Gl. 451a u. b bzw. 453a u. b gegeben.

4. Die Ortskurven der Ströme.

Bei der läufergespeisten Maschine entwickeln die Ströme in den von Bürsten überbrückten Läuferspulen kein Drehmoment, weil die Regelwicklung in denselben Nuten wie die Primärwicklung liegt. Wir können deshalb das Verhalten des läufergespeisten Motors mit größerer Genauigkeit aus den Ortskurven der Ströme ablesen als beim ständergespeisten Motor. Dabei müssen wir allerdings voraussetzen, daß der Hauptblindwiderstand X_{1h} von der EMK E_1 unabhängig ist; dagegen wollen wir die Abhängigkeit des Magnetisierungsstromes von E_1 bei $X_{1h} = \text{const}$ berücksichtigen, also das „genauere" Diagramm im Sinne des Abschn. B 5, Bd. IV, betrachten. Den Verluststrom $\dot{I}_V$ vernachlässigen wir zunächst und können ihn mit genügender Annäherung nachträglich in Gegenphase zur Klemmenspannung $\dot{U} = \dot{U}_1$ berücksichtigen. Wir nehmen ferner der Einfachheit wegen an, daß die Läuferwicklung und die Regelwicklung in den Nuten nebeneinander liegen, setzen also $X'_{13} = X'_{3\sigma} = X'_{1\sigma}$.

Dann gelten die Spannungsgleichungen 454a u. b. Bei Vernachlässigung von I_V erhalten wir mit Gl. 439a im Abschn. C 6b

$$\dot{E}_1 = -j X_{1h} \dot{I}_\mu = - X_{1h}\{b \dot{I}'_2 + j [\dot{I}_1 + (1 - w)\, \dot{I}'_2]\}. \qquad \text{(457)}$$

Setzen wir $\dot{E}_1$ in die Gl. 454a u. b ein, so können wir wie bei der Induktionsmaschine die Gleichungen nach $\dot{I}_1$ und $\dot{I}'_2$ auflösen. Führen wir dann noch die Abkürzungen

$$r_1 = \frac{R_1}{X_1}, \quad r_2 = \frac{R'_2}{X'_2}, \quad \sigma_1 = \frac{X_{1\sigma}}{X_{1h}}, \quad \sigma_2 = \frac{X'_{2\sigma}}{X_{1h}}, \quad \sigma = 1 - \frac{1}{(1+\sigma_1)(1+\sigma_2)} \qquad \text{(457a bis}$$

und die weiteren Abkürzungen

$$A = 1 + \sigma_2 - w, \qquad B = (1 + \sigma_2)\, r_2, \qquad\left.\begin{array}{l}\\[1ex]\end{array}\right\} \quad \text{(457f bis i)}$$
$$C = (1 + \sigma_1)\, \ddot{u}^2 - w, \qquad D = b\, r_1 - (1 + \sigma_2)\, \sigma$$

ein, so erhalten wir

$$\dot{I}_1 = -\ \frac{(B - b) + jC + s\,(b + jA)}{N} \cdot \frac{\dot{U}}{X_1}, \qquad (458\,\mathrm{a})$$

$$-\dot{I}_2' = \frac{(1 + \sigma_1)\, b + j\,(1 + \sigma_1)\, w - js}{N} \cdot \frac{\dot{U}}{X_1} \qquad (458\,\mathrm{b})$$

mit
$$N = r_1\,(B - b) + j\,(B + r_1 C) + s\,(D + j r_1 A). \qquad (458\,\mathrm{c})$$

Die Ortskurven für $\dot{I}_1$ und $-\dot{I}_2'$ sind nach Abschn. I 2c, Bd. II, Kreise, deren Bestimmungsstücke sich nach den Gl. 37a bis c, Bd. II, ergeben. Legen wir die Klemmenspannung U in die negative Ordinatenachse, so erhalten wir für $\dot{I}_1$

$$x_m = \frac{(1 + \sigma_2)\,\{r_2\,[(1 + \sigma_2)\,(1 + \sigma) - w] - b\,\sigma\}}{2\,N_{Kr}} \cdot \frac{U}{X_1}. \qquad (459\,\mathrm{a})$$

$$y_m = \frac{2\,r_1\,[(B - b)\,A - b\,C] + (1 + \sigma_2)\,\sigma\,C - b\,B}{2\,N_{Kr}} \cdot \frac{U}{X_1}, \qquad (459\,\mathrm{b})$$

$$R^2 = x_m^2 + y_m^2 + \frac{C\,b - (B - b)\,A}{N_{Kr}}\left(\frac{U}{X_1}\right)^2 \qquad (459\,\mathrm{c})$$

und für $-\dot{I}_2'$

$$x_m = \frac{(1 + \sigma_1)\,(r_1 A\,w + b\,D) + r_1 C + B}{2\,N_{Kr}} \cdot \frac{U}{X_1}, \qquad (460\,\mathrm{a})$$

$$y_m = \frac{(1 + \sigma_1)\,(w\,D - r_1 b\,A) + r_1\,(B - b)}{2\,N_{Kr}} \cdot \frac{U}{X_1}, \qquad (460\,\mathrm{b})$$

$$R^2 = x_m^2 + y_m^2 + \frac{(1 + \sigma_1)\,b}{N_{Kr}}\left(\frac{U}{X_1}\right)^2, \qquad (460\,\mathrm{c})$$

worin in beiden Fällen

$$N_{Kr} = r_1^2\,(B - b)\,A = (B + r_1 C)\,D \qquad (460)$$

zu setzen ist.

Für den Motor, für den wir in dem Abschn. 6a u. b die näheren Angaben machen werden, sind in den Abb. 315a u. b einige Ortskurven für den Primärstrom $\dot{I}_1$ und in Abb. 315c für den negativ genommenen und auf die Primärwicklung bezogenen Sekundärstrom $(-\dot{I}_2')$ dargestellt.

Die Abb. 315a u. c gelten für den Fall, daß $b = 0$, also $w = \ddot{u}$, ist, die Verbindungslinie der gleichphasigen Bürsten also immer in Richtung der Achse der zugehörigen Ständerwicklung fällt ($\delta = 0$). Die Wirkwiderstände sind zu

$R_1 = 0{,}058$, $R_2' = 0{,}12\,\Omega$, die Durchschnittswerte der Blindwiderstände zu $X_{1h} = 2{,}4$, $X_{1\sigma} = 0{,}116$, $X_{2\sigma}' = 0{,}074\,\Omega$ angenommen, also $r_1 = 0{,}023$, $r_2 = 0{,}0485$, $\sigma_1 = 0{,}048$, $\sigma_2 = 0{,}031$, $\sigma = 0{,}0745$. Klemmenspannung $U = 69{,}4\,\mathrm{V}$. Die Kreise in den Abb. 315a u. c für die kleinste Leerlaufdrehzahl ($\nu_0 \approx 0{,}44$) gelten wie die Kurven in Abb. 321a für $\beta = 0$, also für $w = \ddot{u} = \ddot{u}_0 = E_{RD}/E_2 = 0{,}543$, die für die größte Leerlaufdrehzahl ($\nu_0 \approx 1{,}54$) ebenso wie die Kurven in Abb. 321b für $\beta = 160°$, also für $w = \ddot{u}_0 \cos 160° = -0{,}51$. Außerdem sind noch die Ortskurven für $w = 0{,}27$ ($\beta = 60° \, 8'$), $w = 0$ ($\beta = 90°$) und $w = -0{,}255$ ($\beta = 118°$) aufgezeichnet. In Abb. 315a sind die Punkte für die relativen Drehzahlen $\nu = 1 - s$ gleich 0,

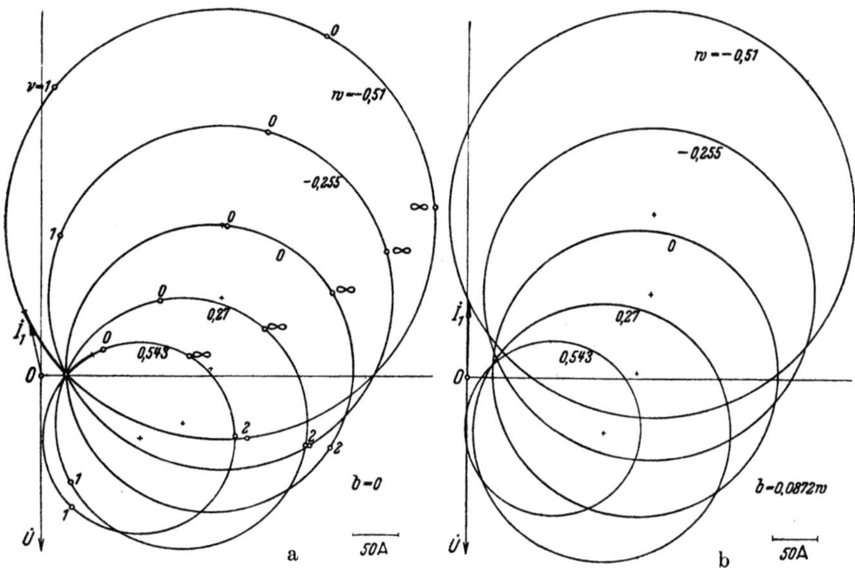

Abb. 315a u. b. Ortskurven des Primärstromes $\dot{I}_1$ für ein Berechnungsbeispiel;
a) $b = 0$,   b) $b = 0{,}0872\,w$.

1, 2, ∞, in Abb. 315c die für ν gleich 1 und ∞ durch kleine Kreise auf den Ortskurven angedeutet. In Abb. 315a ist der Stromvektor $\dot{I}_1$ für $w = -0{,}51$ bei dem Drehmoment $M_i \approx 5$ kgm, in Abb. 315c $-\dot{I}_2'$ für $w = 0{,}543$ bei $M_i \approx 6$ kgm eingezeichnet. Für den praktischen Betrieb kommt nur ein kleiner Bereich in der Nähe der Leerlaufdrehzahlen in Frage; er ist für die Bereiche, für die die Kurven in Abb. 321a u. b gelten (bis $\nu = 0{,}24$ und $\nu = 1{,}4$), in den Ortskurven der Abb. 315a u. c stärker hervorgehoben. Bei Leerlauf ist $\dot{I}_2' = 0$ und nach Gl. 458b $s_0 = (1 + \sigma_1)w$, also für die Ortskurven mit $w = 0{,}543$ und $w = -0{,}51$ ist $\nu_0 \approx 0{,}43$ und $\nu_0 \approx 1{,}53$.

In Abb. 315b ist gezeigt, wie sich die Ortskurven für den Primärstrom $\dot{I}_1$ gegenüber Abb. 315a bei denselben Werten von w verändern, wenn die Verbindungslinie der gleichphasigen Bürsten mit der Achse der zugehörigen Ständerwicklung bei der Drehzahlregelung einen festen Winkel δ einschließt ($\nu = 1$ in Gl. 450d) und $b = 0{,}0872\,w$ ist. Das ist nach den Gl. 456a u. b und 451a u. b der Fall, wenn $\delta = 5°$ ist. Die Blindströme werden für die untersynchronen Leerlaufdrehzahlen kleiner, für die übersynchronen größer. Um auch für die übersynchronen Drehzahlen günstige Werte für den Leistungsfaktor zu erhalten, müssen die Bürstensätze mit verschiedener Geschwindigkeit verschoben werden, ($v>1$, Abschn. 2b, Abb. 313a u. b); es ergeben sich dann kleinere Leerlaufströme.

Für den praktisch in Frage kommenden Betriebsbereich erhält man fast dieselben Ortskurven, wenn gemäß dem vereinfachten Kreisdiagramm des Induktionsmotors (Abschn. B 3b, Bd. IV) neben dem Verluststrom I_V zunächst auch der Magnetisierungsstrom I_μ vernachlässigt, $U_D = U_1 - X_{1\sigma} I_\mu$ an Stelle von U_1 eingeführt und I_μ nachträglich angefügt wird (vgl. Abschn. 5a).

Das in der Maschine entwickelte Drehmoment können wir aus der Ortskurve für I_1 etwa in folgender Weise ermitteln: Die primär aufgenommene Leistung ist $m_1 U I_{1w}$, die vom Läufer auf den Ständer übertragene Leistung also

$$N_i = m_1 (U I_{1w} - R_1 I_1^2) - Q_1, \quad (461)$$

wenn Q_1 gleich der Summe aus den Eisenverlusten des Läufers und den Stromwärmeverlusten in den durch Bürsten überbrückten Spulen der Regelwicklung ist, die ja im Läufer untergebracht ist. Da wir diese Summe in unsern Kreisdiagrammen vernachlässigt haben, ist $Q_1 = 0$ zu setzen, und I_{1w} ist gleich dem Lot vom Endpunkt des Vektors I_1 auf die Abszissenachse. Würde nun die Regelspannung der Sekundärwicklung von außen zugeführt werden, so erhielte man das Drehmoment $M_i = N_i/2\pi n_1$. Tatsächlich ist aber die Regelwicklung im primären Teil der Maschine untergebracht, und die Leistung wN_i wird an die Primärwicklung zurückgegeben. Wir erhalten deshalb

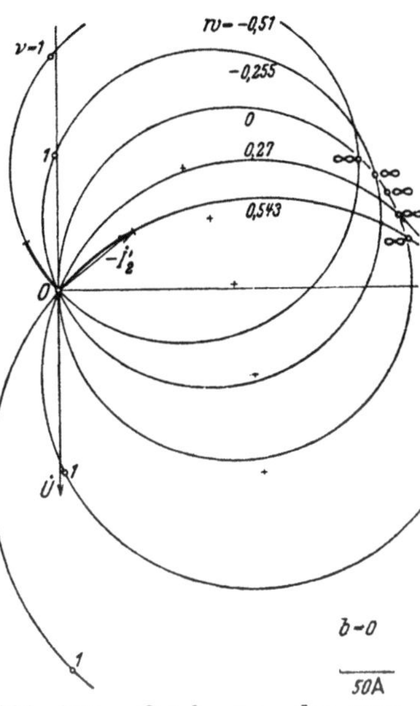

Abb. 315c. Ortskurven des negativen und auf die Primärwicklung bezogenen Sekundärstromes für den Fall der Abb. 315a.

$$M_i = \frac{N_i}{(1-w)\,2\pi n_1} \quad \text{oder} \quad M_i = 0{,}974\,\frac{N_i}{(1-w)\,n_1}\ \text{kgm}, \quad (461\,\text{a u. b})$$

wenn in die letzte Gleichung N_i in W und n_1 in U/min eingesetzt werden.

5. Die Kennlinien.

a. Vereinfachte Berechnung. Wie beim vereinfachten Kreisdiagramm der Induktionsmaschine (Abschn. C 4, Bd. IV) vernachlässigen wir zunächst den Magnetisierungsstrom I_μ und den Verluststrom I_V und kennzeichnen den so erhaltenen Primärstrom durch einen Stern (I_1^*). Ersetzen wir in den Gl. 454a u. b den Primärstrom durch den bezogenen Sekundärstrom I_2' (Gl. 439a mit $I_\mu = I_V = 0$) und berücksichtigen den Spannungsverlust, den der Magnetisierungsstrom in der Primärwicklung hervorruft, durch Einführung von $U_D = U_1 - X_{1\sigma} I_\mu$ an Stelle von U_1, so gehen die Gl. 454a u. b über in

$$\dot U_D - [(1-w)\,R_1 + j\,(X_{1\sigma} - b\,R_1)]\,\dot I_2' = \dot E_1, \quad \dot U_D = (U_1 - X_{1\sigma} I_\mu)\,\dot U_1/U_1, \quad \text{(462a u.}$$

$$[(R_2' + b\,X_{1\sigma}) + j\,(s\,X_{2\sigma}' + w\,X_{1\sigma})]\,\dot I_2' = (s - w + jb)\,\dot E_1. \quad \text{(462c)}$$

Lösen wir diese Gleichungen durch Elimination von $\dot E_1$ nach $\dot I_2'$ auf, so erhalten wir mit den Abkürzungen

$$R = R_2' + [(1-w)\,(s-w) + b^2]\,R_1 \quad \text{und} \quad X = (1-s)\,b\,R_1 + s\,(X_{1\sigma} + X_{2\sigma}') \quad \text{(463a u.}$$

$$\dot I_2' = \dot I_{2w}' + \dot I_{2b}' = \frac{(s-w) + jb}{R + jX}\,\dot U_D = \frac{(s-w)\,R + b\,X}{R^2 + X^2}\,\dot U_D - j\,\frac{(s-w)\,X - b\,R}{R^2 + X^2}\,\dot U_D \quad \text{(46…}$$

und nach Gl. 439a (mit $\dot I_\mu = \dot I_V = 0$)

$$\dot I_1^* = \dot I_{1w}^* + \dot I_{1b}^* = -\frac{[(1-w)\,(s-w) + b^2]\,R + b\,(1-s)\,X}{R^2 + X^2}\,\dot U_D +$$
$$+ j\,\frac{[(1-w)\,(s-w) + b^2]\,X - b\,(1-s)\,R}{R^2 + X^2}\,\dot U_D, \quad \left.\right\} \quad \text{(463d)}$$

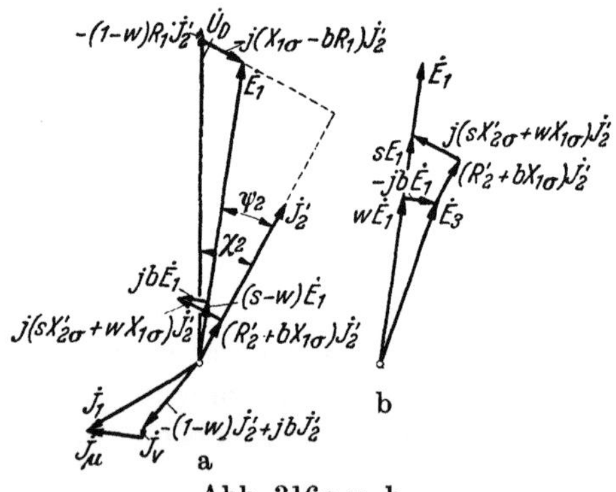

Abb. 316a u. b.
Vektordiagramm nach Gl. 462a bis c.

wobei die Stromkomponenten $\dot I_{2w}'$, $\dot I_{2b}'$, $\dot I_{1w}^*$, $\dot I_{1b}^*$ auf die primäre Klemmenspannung bezogen sind.

In Abb. 316a ist das Vektordiagramm, wie es sich nach den Gl. 462a bis c aufbaut, für eine untersynchrone Drehzahl aufgezeichnet. Die Abbildung gilt für den im Abschn. 6a näher bezeichneten Motor, nämlich für $I_\mu = 22$, $I_V = 3{,}2$ A; $w = 0{,}543$, $b = 0{,}1$, $s = 0{,}75$; $R_1 = 0{,}058$, $R_2' = 0{,}120$, $X_{1\sigma} = 0{,}139$, $X_{2\sigma}' = 0{,}0845\ \Omega$; $U = 120/\sqrt{3} = 69{,}3$, $U_D = 66{,}2$ V. Aus dieser Abbildung lesen wir ab

$$N_i = E_1 I_2' \cos\psi_2 = [U_D \cos\chi_2 - (1-w)\,R_1 I_2']\,I_2' = U_D I_{2w}' - (1-w)\,R_1 I_2'^2, \quad \text{(46…}$$

womit sich das Drehmoment nach Gl. 359 (mit I_{2w} nach Gl. 463c)

$$M = \frac{p}{\omega}\,m_1 [U_D I_{2w}' - (1-w)\,R_1 I_2'^2] \quad \text{(464b)}$$

ergibt. Für $X_{1\sigma}$ und $X'_{2\sigma}$ können dieselben Streublindwiderstände wie bei der Induktionsmaschine (also ohne Rücksicht auf die Regelwicklung 3) eingesetzt werden. Der primäre Strom $\dot I_1 = \dot I_1^* + \dot I_\mu + \dot I_V$ ist hier zugleich der dem Netz entnommene Strom, da ein Regeltransformator nicht vorhanden ist. Der Verlauf der Kennlinien über dem Drehmoment ist ähnlich wie beim ständergespeisten Nebenschlußmotor.

Um den Zusammenhang mit der Darstellung in Abb. 276b erkenntlich zu machen, ist in Abb. 316b $s\dot E_1$ (entsprechend $\dot E_L$ in Abb. 276b) und $\dot E_3 = w\dot E_1 - jb\dot E_1$ (entsprechend U'_{20} in Abb. 276b) aufgezeichnet; $s\dot E_1 - \dot E_3$ ergibt den Spannungsverlust im Sekundärkreis.

b. Genauere Berechnung. Die genauere Berechnung der Kennlinien kann nach den Gl. 445a bis g mit $X'_{2\sigma 0} = 0$ und $X'_{2\sigma}$ an Stelle von $X'_{2\sigma v}$ erfolgen, wenn wir $X'_{3\sigma} = X'_{13} = X_{1\sigma}$ setzen (Gl. 454a u. b), was angenähert zulässig ist. Hier wollen wir aber die Gleichungen auch für den Fall anschreiben, daß jene Annahme nicht erfüllt ist, wobei wir uns aber der Übersichtlichkeit wegen darauf beschränken, daß $\alpha = 0$, die Blindkomponente von $\dot E_R \equiv \dot E_3$ also Null ist. Wir erhalten dann nach den Gl. 441 u. 442 mit $b = 0$, $w = \ddot u$, $X'_{2\sigma 0} = 0$, $X'_{2\sigma v} = X'_{2\sigma}$

$$I'_{2w} = \frac{(s - \ddot u) R'_2 U_{1w} - D R'_2 I_\mu - E I_V}{AC + BR'_2}, \quad I'_{2b} = -\frac{C I'_{2w} + \ddot u X'_{13} I_V}{R'_2}, \quad \text{(465a u. b)}$$

worin zur Abkürzung

$$A = s X'_{2\sigma} + (s - \ddot u)(1 - \ddot u) X_{1\sigma} + \ddot u^2 X'_{3\sigma} + \ddot u [(1 - \ddot u) + (s - \ddot u)] X'_{13}, \quad \text{(465c)}$$

$$B = R'_2 + (s - \ddot u)(1 - \ddot u) R_1, \quad C = s X'_{2\sigma} + \ddot u^2 X'_{2\sigma} + \ddot u (1 - \ddot u) X'_{13}, \quad \text{(465d u. e)}$$

$$D = (s - \ddot u) X_{1\sigma} + \ddot u X'_{13}, \quad E = A \ddot u X'_{13} + (s - \ddot u) R_1 R'_2 \quad \text{(465f u. g)}$$

gesetzt ist. Im Abschn. 6d werden wir die Anwendung dieser Gleichung zeigen.

6. Vergleich mit der Messung.

a. Motor für ein Berechnungsbeispiel. Für die Berechnung der Kennlinien und zum Vergleich mit der Messung legen wir einen vierpoligen Motor der SSW für 120 V Klemmenspannung bei 50 Hz mit einem Regelbereich zwischen 700 und 2100 U/min bei 3,5 bis 10,5 kW (festes Moment) zugrunde.

Ständer. Äußerer Durchmesser 335 mm, Bohrung 240 mm. Blechpaketlänge 150 mm. 36 Nuten nach Abb. 317. Die Wicklung (2 in Abb. 317) ist eine Zweischichtwicklung mit der Spulenweite $W = 7$ Nutteilungen. Zahl der in Reihe geschalteten Windungen $w_2 = 39$ je Strang.

Läufer. Äußerer Durchmesser 239 mm, innerer 110 mm, Blechpaketlänge 150 mm. 24 Nuten nach Abb. 317. Die Hauptwicklung (1 in Abb. 317) ist eine Zweischichtwicklung mit der Spulenweite $W = 5$ Nutteilungen, $w_1 = 34$ in Reihe geschaltete Windungen je Strang. Die Regelwicklung (3 in Abb. 317) ist eine eingängige Schleifen-

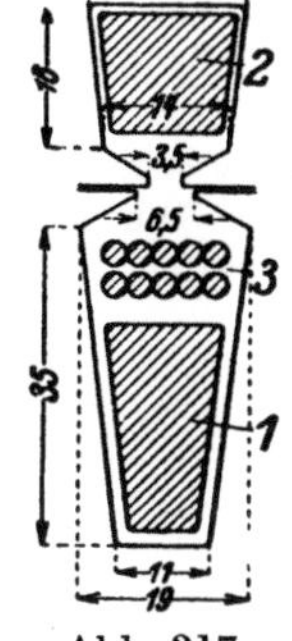

Abb. 317.
Nutung und
Wicklungen.

wicklung mit einer Windung je Spule, 10 Leitern je Nut, $u = 5$, $y_1 = 29$, $w_3 = 30$ bei Durchmesserstellung der Bürsten.

Stromwender. Durchmesser 180 mm, Stegzahl $k = 120$. Doppelbürstensatz (Sechsbürstenschaltung) mit je 6 Bolzen, je 2 Bürsten, je $12{,}5 \cdot 8$ mm² Auflagefläche.

b. Übersetzungen und Widerstände. Die Wicklungsfaktoren werden zu $\xi_1 = 0{,}933$, $\xi_2 = 0{,}902$, $\xi_3 = 0{,}636$ berechnet. Damit ergeben sich die Übersetzungen bei Durchmesserstellung der Bürsten (Gl. 438 b und 455a u. b) zu $\ddot{u}_M = 0{,}902 \cdot 39/(0{,}933 \cdot 34) = \mathbf{1{,}11}$, $\ddot{u}_{T0} = 0{,}636 \cdot 30/(0{,}933 \cdot 34) = \mathbf{0{,}602}$, $\ddot{u}_0 = E_{RD}/E_2 = 0{,}636 \cdot 30/(0{,}902 \cdot 39) = \mathbf{0{,}543}$.

Wirkwiderstände. Der Wirkwiderstand der Primärwicklung beträgt bei $70°$ C $R_{1W} = 0{,}038\ \Omega$, der Bürstenübergangswiderstand $R_{1B} = 1$ V/50 A $= 0{,}02\ \Omega$, also $R_1 = \mathbf{0{,}058\ \Omega}$.

Der Wirkwiderstand der Sekundärwicklung ist bei $70°$ C $R_{2W} = 0{,}0607$ ($R'_{2W} = 0{,}0493$) Ω, der der Regelwicklung bei Durchmesserstellung der Bürsten $R_{3W} = 0{,}0373$ ($R'_{3W} = 0{,}0303$) Ω, der Bürstenübergangswiderstand $R_{3B} = 2$ V/ 40 A $= 0{,}05$ ($R'_{3B} = 0{,}0405$) Ω, also der gesamte Wirkwiderstand im Sekundärkreis bei Durchmesserstellung $R_2 = 0{,}148\ \Omega$, bezogen auf die Primärwicklung $R'_2 = \mathbf{0{,}120\ \Omega}$.

Streublindwiderstände. Die Primärwicklung ist eine zweischichtige Sehnenwicklung; wir müssen also berücksichtigen, daß die Ströme in Unter- und Oberschicht nicht in allen Nuten phasengleich sind. Nach Abschn. II M 1 b, Bd. I, (vgl. auch Abschn. G 2b, Bd. IV) erhalten wir mit $g = 0{,}75$ den Nutblindwiderstand $X_{1N} = 0{,}042\ \Omega$. Die Stirnstreuung berechnen wir nach Abschn. G 3a u. c, Bd. IV. Wir erhalten nach Zahlentafel 3, S. 162 mit Berücksichtigung der Korrektionsfaktoren $\lambda_S = 0{,}4$ und damit nach Gl. 279, Bd. IV, $X_S = X_{1S} + X'_{2S} = 0{,}044\ \Omega$. Dabei ist (Abschn. G 3c, Bd. IV) $X'_{2S}/X_{1\sigma} \approx 1{,}46$, also $X_{1S} \approx 0{,}018$, $X'_{2S} \approx 0{,}026\ \Omega$. Die Ziffer der Spaltstreuung entnehmen wir der Abb. 101a, Bd. IV, mit $W/\tau = 5/6 = 0{,}825$ bei $q = 2$ zu $\sigma_0 = 2{,}35/100$. Damit erhalten wir den gesamten Streublindwiderstand der Primärwicklung zu

$$X_{1\sigma} = X_{1N} + X_{1S} + \sigma_0 X_{1h} = (0{,}06 + 2{,}35\, X_{1h}/100)\ \Omega. \qquad (466\,\mathrm{a})$$

Für die Sekundärwicklung haben wir den auf die Primärwicklung bezogenen Blindwiderstand der Stirnstreuung schon zu $X'_{2S} = 0{,}026\ \Omega$ ermittelt. Der Blindwiderstand der Nutstreuung ergibt sich ähnlich wie bei der Primärwicklung zu $X_{2N} = 0{,}0264$, $X'_{2N} = 0{,}0214\ \Omega$. Für die Ziffer der Spaltstreuung entnehmen wir der Abb. 101a, Bd. IV, mit $W/\tau = 7/9 = 0{,}798$ bei $q = 3$ $\sigma_0 = 1{,}1/100$. Damit erhalten wir den bezogenen Streublindwiderstand der Sekundärwicklung zu

$$X'_{2\sigma} = X'_{2N} + X'_{2S} + \sigma_0 X_{1h} = (0{,}0474 + 1{,}1\, X_{1h}/100)\ \Omega. \qquad (466\,\mathrm{b})$$

Die Regelwicklung ist praktisch eine Durchmesserwicklung. Wir erhalten nach Gl. 337 (Abschn. A 10aβ) $X_{3N} = 0{,}00735$, $X'_{3N} = X_{3N}/\ddot{u}_{T0}^2 = 0{,}0202\ \Omega$. Als Stirnstreuung kommt die Streuung gegenüber der Wicklung 2 in Frage. Wir schätzen nach Zahlentafel 3, S. 162, Bd. IV, $\lambda_S = 0{,}33$ und erhalten damit $X_S = 0{,}0124\ \Omega$, auf die Primärwicklung bezogen $X_S/\ddot{u}_{T0}^2 = 0{,}0342\ \Omega$. Wir schätzen nach Abschn. G 3c, Bd. IV, $X'_{3S} \approx 0{,}0342/2{,}5 = 0{,}0137\ \Omega$ (die Differenz $0{,}0342 - 0{,}0137 = 0{,}0205\ \Omega$ entfällt auf die Sekundärwicklung; sie ist etwas kleiner als $X'_{2\sigma} = 0{,}026\ \Omega$, weil die Regelwicklung der Sekundärwicklung näher liegt als die Primärwicklung). Die Ziffer der Spaltstreuung entnehmen wir der Zusammenstellung 251, S. 141, Bd. IV, zu $\sigma_0 = 2{,}85/100$. Damit erhalten wir den auf die

Primärwicklung bezogenen Streublindwiderstand der Regelwicklung bei Durchmesserstellung der Bürsten zu

$$X'_{3\sigma} = X'_{3N} + X'_{3S} + \sigma_o X_{1h} = (0{,}0339 + 2{,}85\, X_{1h}/100)\,\Omega. \qquad (466\,\mathrm{c})$$

Zur Berechnung des Blindwiderstandes der gegenseitigen Induktion zwischen Regelwicklung und Primärwicklung vernachlässigen wir die Gegeninduktivität der Stirnverbindungen, rechnen aber zum Ausgleich die des Nutfeldes so, als wäre die Läuferwicklung eine Durchmesserwicklung. Dann erhalten wir $X_{13N} = 0{,}0136\,\Omega$, $X'_{13N} = X_{13N}/\ddot{u}_{T0} = 0{,}0226\,\Omega$. Bei der Gegeninduktivität der Spaltstreuung rechnen wir mit dem Mittelwert der Ziffern der Spaltstreuung für die Regel- und die Primärwicklung, also $\sigma_0 = (2{,}85 + 2{,}35)/200 = 2{,}6/100$. Damit erhalten wir

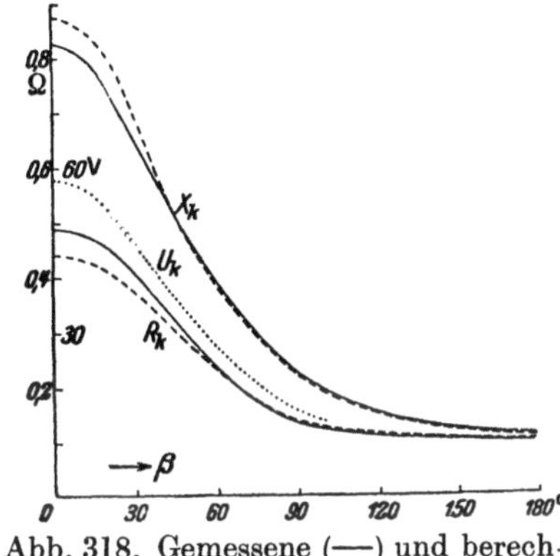

Abb. 318. Gemessene (——) und berechnete (– – –) Kurzschlußwiderstände R_k und X_k, sowie U_k über β.

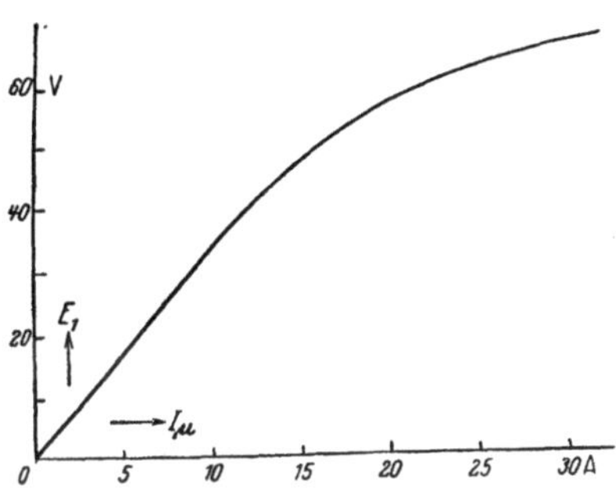

Abb. 319. Magnetische Kennlinie für Berechnungsbeispiel.

den auf die Primärwicklung bezogenen Blindwiderstand der Gegeninduktivität bei Durchmesserstellung der Bürsten zu

$$X'_{13} \approx X'_{13N} + \sigma_0 X_{1h} = (0{,}0226 + 2{,}6\, X_{1h}/100)\,\Omega. \qquad (466\,\mathrm{d})$$

c. Vergleich der berechneten Blindwiderstände mit der Messung. Die im Abschn. b berechneten Widerstände wollen wir für den Fall, daß die Verbindungslinie der gleichphasigen Bürsten beim Verschieben der Bürsten parallel zur Ständerachse bleibt, mit der Messung bei ganz langsam umlaufendem Läufer und kurzgeschlossenem Sekundärkreis vergleichen. Die bei $I_2 = 60$ A und $n = 50$ U/min gemessenen Werte der Klemmenspannung U_k (je Strang) und der Kurzschlußwiderstände R_k und X_k (voll ausgezogen) sind in Abb. 318 über dem Bürstenwinkel β aufgetragen.

Bei $\alpha = 0$ und $s = 1$ ist in den Gl. 441 u. 442 $w = \ddot{u} = \ddot{u}_0 \cos\beta$, $b = 0$ und $\dot{E}_1 = -j X_{1h}[\dot{I}_1 + (1-\ddot{u})\dot{I}'_2]$ zu setzen (vgl. Gl. 439a). Lösen wir die Gleichungen nach $\dot{I}_1$ auf, so erhalten wir den Kurzschlußwiderstand

$$\frac{\dot{U}}{-\dot{I}_1} = R_k + j X_k = \frac{C R'_2 + A B + j(R'_2 B - A C)}{R'^2_2 + A^2} \qquad (467)$$

mit

$$A = (1-\ddot{u})^2 X_{1h} + X'_{2\sigma} + \ddot{u}^2 X'_{3\sigma}, \qquad B = R_1 A + R'_2 X_1 \qquad (467\,\mathrm{a\ u.\ b.})$$

$$C = R_1 R'_2 - A X_1 + [(1-\ddot{u}) X_{1h} - \ddot{u} X'_{13}]^2.\,[1] \qquad (467\,\mathrm{c})$$

---

[1] Wenn C mit dem Rechenschieber berechnet wird, sind zur Erhöhung der Genauigkeit zuerst durch Einsetzen von A in Gl. 467c die Glieder mit X^2_{1h} herauszuheben.

Bei der Auswertung der Gleichung müssen wir beachten, daß nach Abschn. A 4b der Anteil der Regelwicklung am Wirkwiderstand R_2' nur bis zum Winkel $\beta = 30°$ unveränderlich ist, dann aber bis $\beta = 90°$ linear bis auf Null abfällt (Gl. 300a u. b und Abb. 215 mit β an Stelle von α). Für $0 \leq \beta \leq 30°$ ist also (vgl. Abschn. b) $R_2' = 0,12$, für $\beta = 60°$ $R_2' = 0,105$, für $\beta = 90°$ $R_2' = 0,09\ \Omega$ einzusetzen. Setzen wir für X_{1h} den Blindwiderstand im unteren geradlinigen Teil der magnetischen Kennlinie (Abb. 319), so ist $X_{1h} = 3,37\ \Omega$, und wir erhalten nach den Gl. 466a bis d $X_{1\sigma} \approx 0,139$, $X_{2\sigma}' \approx 0,0845$, $X_{3\sigma}' \approx 0,13$, $X_{13}' \approx 0,115\ \Omega$. Mit diesen Werten sind die Kurzschlußwiderstände nach Gl. 467 berechnet und in Abb. 318 als gestrichelte Kurven eingezeichnet.

Wesentliche Abweichungen zwischen Rechnung und Messung ergeben sich nur bei kleinen Bürstenwinkeln β. Hierbei liegt aber die vom Luftspaltfeld induzierte EMK (vgl. die punktierte Kurve in Abb. 318), schon im gekrümmten Teil der

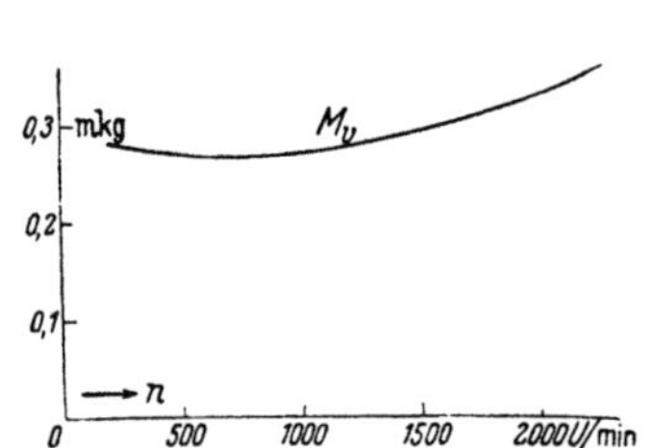

Abb. 320a. Verlustmoment über Drehzahl.

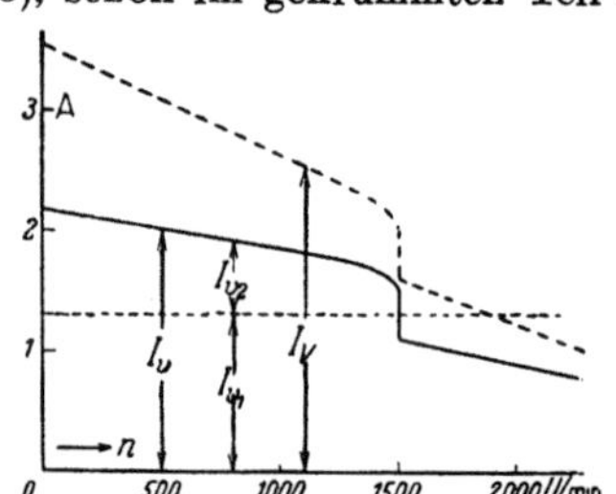

Abb. 320b. Verlustströme über Drehzahl.

magnetischen Kennlinie, die nur bis $E_1 \approx 40$ V geradlinig verläuft (vgl. Abb. 319). Berücksichtigen wir diesen Umstand durch Einsetzen der entsprechenden Werte für X_{1h}, so fallen die berechneten Werte von X_k auch für kleine β fast mit den gemessenen zusammen. Wir dürfen daraus schließen, daß wir die Widerstände mit guter Annäherung richtig berechnet haben.

Setzt man zur Vereinfachung der Berechnung $X_{13}' = X_{3\sigma}' = X_{1\sigma} = 0,139\ \Omega$, so sind die Unterschiede zwischen den berechneten und gemessenen Werten von R_k und X_k etwas größer. Die Unterschiede bleiben aber doch in so mäßigen Grenzen, daß es für praktische Berechnungen berechtigt ist, $X_{13}' = X_{3\sigma}' = X_{1\sigma}$ zu setzen. So ergeben sich z. B. bei $\beta = 0$ nur etwa 6% größere Werte für X_k als nach der genaueren Rechnung.

d. Vergleich der berechneten mit den gemessenen Kennlinien. In den Abb. 321a u. b sind durch stärker hervorgehobene Kurven die nach den Gl. 465 im Abschn. 5b berechneten und durch gestrichelte Kurven die gemessenen Ströme I_1 und I_2', sowie die Drehzahl n über dem in der Maschine entwickelten Drehmoment M_i aufgetragen. Abb. 321a gilt für $w = 0,543$ (entsprechend der Bürstenstellung $\beta = 0$, vgl. Abb. 315a u. c) und Abb. 321b für $w = -0,51$ (entsprechend $\beta = 160°$), wobei in beiden Fällen $b = 0$, die Verbindungslinie der gleichphasigen Bürsten also parallel der zugehörigen Achse der Ständerwicklung ist (vgl. Abb. 309b). Für die gemessenen Kurven ist $M_i = M_W + M_v$ gesetzt, wobei M_W das an der Welle gemessene Drehmoment und M_v das Verlustmoment ist.

Das Verlustmoment wurde bei aufliegenden Bürsten nach Abschn. N 1e, Bd. IV, durch besondere Messungen bei $\sqrt{3}\,U = 120$ V Klemmenspannung ermittelt und ist in Abb. 320a über der Drehzahl aufgetragen; es ist innerhalb des praktisch in Frage kommenden Bereichs sehr wenig von der EMK E_1 abhängig. Experimentell wurde auch der für die Berechnung erforderliche Verluststrom I_V

bei aufliegenden Bürsten (gestrichelt in Abb. 320 b) und der entsprechende Verluststrom $I_v = I_{v_1} + I_{v_2}$ (voll ausgezogen) bei abgehobenen Bürsten in bekannter Weise (vgl. Abschn. N 1 e, Bd. IV) bestimmt. Die Kurven in Abb. 320 b gelten für 120 V Schleifringspannung. Unter dem Einfluß des Belastungsstromes in den Stromwenderbürsten wird I_V noch etwas größer; dieser Einfluß ist bei der Berechnung nicht berücksichtigt. Daß auch bei synchroner Drehzahl $I_V > I_v$ ist, liegt wohl an den Oberwellen des Drehfeldes, die auch bei synchroner Drehzahl Ströme in den von Bürsten überbrückten Läuferspulen induzieren.

Die Übereinstimmung zwischen Berechnung und Messung in den Abb. 321 a u. b ist befriedigend. Die kleinen Abweichungen der Ströme können schon dadurch hervorgerufen sein, daß die Verbindungslinie der gleichphasigen Bürsten sich

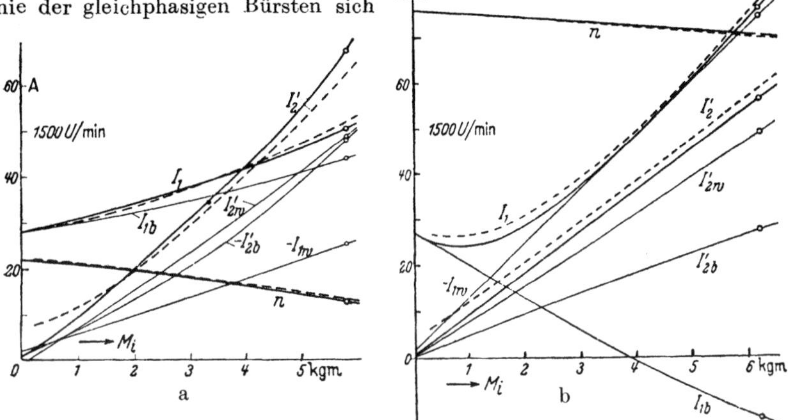

Abb. 321 a u. b. Berechnete (———) und gemessene (– – –) Kennlinien bei $b = 0$ über M_i. a) $\beta = 0°$; b) $\beta = 160°$.

nicht genau parallel zur Achse der zugehörigen Ständerwicklung befand, was schon durch das unvermeidliche kleine Spiel der Zahnradübersetzung für die Bürstenverstellvorrichtung hervorgerufen sein kann. Dünne Kurven in den Abb. 321 a u. b bezeichnen die berechneten, auf $\dot{E}_1$ bezogenen Stromkomponenten I_{2w}', I_{2b}' und I_{1w}, I_{1b}, und zwar sind zur Raumersparnis in Abb. 321 a u. b die negativen Werte von I_{1w} und in Abb. 321 a auch die negativen Werte von I_{2b}' aufgetragen.

Den Gang der Berechnung wollen wir für je eine Drehzahl der beiden Abb. 321 a u. b zeigen.

$\beta = 0°$, $w = 0{,}543$, $n = 375$ U/min, $s = 0{,}75$. Wir schätzen $E_1 = 60{,}1$ V. Der zugehörige Magnetisierungsstrom ist nach der magnetischen Kennlinie Abb. 319 $I_\mu = 21{,}8$ A, also $X_{1h} = E_1/I_\mu = 2{,}76\,\Omega$. Damit erhalten wir nach den Gl. 466a bis d $X_{1\sigma} = 0{,}1249$, $X_{2\sigma}' = 0{,}0777$, $X_{3\sigma}' = 0{,}1128$, $X_{13} = 0{,}0946\,\Omega$. Für die Abkürzungen der Gl. 465 c bis g wird $A = 0{,}1374$, $B = 0{,}1255$, $C = 0{,}1149$, $D = 0{,}0773\,\Omega$ und $E = 0{,}00849\,\Omega^2$. Wir entnehmen der Abb. 320 b bei 375 U/min $I_V = 3{,}22$ A und erhalten damit nach den Gl. 465a u. b $I_{2w}' = 48{,}5$, $I_{2b}' = -47{,}7$, $I_2' = 68$ A. Die primären Ströme ergeben sich nach den Gl. 440c u. d zu $I_{1w} = -25{,}4$, $I_{1b} = 43{,}6$, $I_1 = 50{,}5$ A. Hiermit erhalten wir nach Gl. 444a (mit $U_{1w} \approx U_1 = U$) $E_1 = 60{,}1$ V, wie wir geschätzt hatten, so daß die Ströme beibehalten werden können. Der Abb. 320 b entnehmen wir bei 375 U/min $I_{v_2} = I_v - I_{v_1} = 0{,}7$ A und erhalten damit nach Gl. 423 ($I_k' = 0$) $M_i = 5{,}78$ kgm. Die berechneten Werte sind in Abb. 321 a durch kleine Kreise angedeutet.

$\beta = 160°$, $w = -0{,}51$, $n = 2115$ U/min, $s = -0{,}41$. Wir schätzen $E_1 = 66{,}3$ V. Damit ist nach Abb. 319 $I_\mu = 28{,}4$ A, $X_{1h} = 2{,}33$ und nach den Gl. 466a bis d $X_{1\sigma} = 0{,}1148$, $X'_{2\sigma} = 0{,}073$, $X'_{3\sigma} = 0{,}1007$, $X'_{13} = 0{,}0833$ Ω. Die Abkürzungen nach den Gl. 465c bis g ergeben $A = -0{,}0547$, $B = 0{,}1287$, $C = -0{,}0678$, $D = -0{,}0310\,\Omega$, $E = 0{,}00302\,\Omega^2$; nach Abb. 320b ist $I_V = 1{,}1$ A. Damit erhalten wir $I'_{2w} = 48{,}7$, $I'_{2b} = 27{,}9$, $I'_2 = 56$ und $I_{1w} = -74{,}6$, $I_{1b} = -13{,}7$, $I_1 = 75{,}9$ A. Der mit diesen Strömen berechnete Wert $E_1 = 65{,}4$ V weicht so wenig von dem geschätzten ab, daß wir uns mit den berechneten Strömen begnügen können. Wir entnehmen der Abb. 320b bei $n = 2115$ U/min $I_{v_2} = I_v - I_{v_1} = 0{,}85 - 1{,}30 = -0{,}45$ A und erhalten schließlich das Drehmoment $M_i = 6{,}15$ kgm. Die berechneten Werte sind durch kleine Kreise in Abb. 321b angedeutet.

Zur Vereinfachung der Berechnung kann man ohne großen Fehler $X'_{3\sigma} = X'_{13} = X_{1\sigma}$ setzen und zur weiteren Vereinfachung einen Durchschnittswert von E_1 zugrunde legen, wie wir es im Abschn. 4 für die Ortskurven angenommen haben.

Auch die nach den einfachen Gleichungen im Abschn. 5a mit solchen Durchschnittswerten berechneten Kennlinien ergeben keine großen Abweichungen von der genaueren Berechnung, so daß man zur Zeitersparnis wohl meistens nach den Gleichungen im Abschn. 5a rechnen wird.

E. Die Nebenschlußmaschine mit besonderer Erregerwicklung.

1. Regelung im Ankerkreis.

a. Schaltung und grundsätzliches Verhalten. Ähnlich wie bei der einphasigen können wir auch bei der mehrphasigen Maschine Läuferwicklung und Ständerwicklung gegeneinander schalten, so daß sich ihre Durchflutungen für den Luftspalt aufheben, und das Drehfeld in der Maschine durch eine besondere Wicklung erregen. Abb. 322a zeigt die Schaltung dieser Maschine in einfachster Form. L ist die Läuferwicklung, beispielsweise in Dreibürstenschaltung, K die Kompensationswicklung, die zusammen mit der Erregerwicklung E in den Nuten des Ständers untergebracht ist. Durch den Stufentransformator T, der beispielsweise als Spartransformator ausgebildet ist, kann die dem Ankerkreis zugeführte Spannung U_A geändert werden; die Erregerwicklung liegt an der festen Netzspannung U (je Strang).

Durch die Erregerwicklung wird in der Maschine ein Drehfeld von praktisch unveränderlicher Stärke erregt. Es induziert bei Leerlauf in der Kompensationswicklung K eine EMK, deren Effektivwert E_K unabhängig von der Drehzahl der Maschine ist, während die in der Läuferwicklung induzierte EMK E_L dem Schlupf proportional ist. Da die magnetischen Achsen der Kompensationswicklung und der Läuferwicklung genau entgegengerichtet sind, ist bei vollständiger Kompensation, wie wir sie voraussetzen, die resultierende EMK E im Ankerkreis bei Stillstand Null und wächst mit zunehmender relativer Drehzahl $v = n/n_1 = 1 - s$ linear

$$\dot{E} = (1 - s)\,\dot{E}_K, \tag{468}$$

wie es Abb. 322b veranschaulicht. Im Gegensatz zu der im Abschn. C behandelten Maschine ist also bei Leerlauf die Drehzahl der dem Ankerkreis zugeführten Klemmenspannung proportional.

In der Schaltung nach Abb. 322a erhalten wir zwar bei Leerlauf eine günstige Phasenlage der Spannungen, die einen kleinen Leerlaufstrom ermöglicht. Bei Belastung ist aber der Phasenwinkel zwischen Strom und Läufer-EMK, dessen cos dem Drehmoment proportional ist, genau wie bei der fremderregten Einphasenmaschine, um so größer, je größer das Verhältnis zwischen Streublindwiderstand und Wirkwiderstand im Ankerkreis ist. Um günstigere Verhältnisse bei Belastung zu

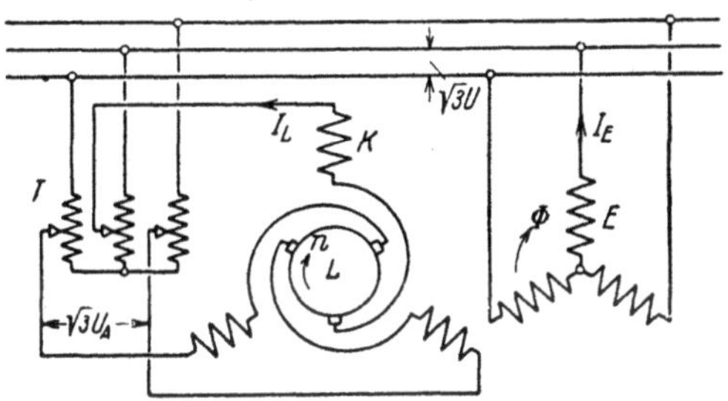

Abb. 322a. Schaltung der Nebenschlußmaschine mit besonderer Erregerwicklung in einfachster Form.

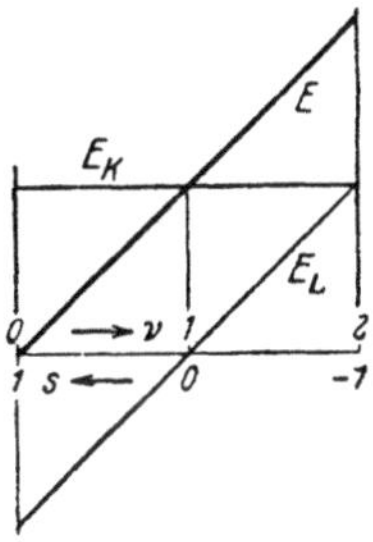

Abb. 322b. EMKe über v bzw. s.

erhalten, muß bei Motorbetrieb die dem Ankerkreis zugeführte Spannung gegenüber der Spannung an der Erregerwicklung etwas verfrüht, bei Generatorbetrieb etwas verspätet sein. Dies kann durch entsprechende Schaltung des Regeltransformators erreicht werden (vgl. Abschn. C 4a) oder auch dadurch, daß die Erregerwicklung gegenüber der Kompensationswicklung am Ankerumfang versetzt angeordnet wird. Im folgenden werden wir voraussetzen, daß die Achsen der Kompensations- und der Erregerwicklung übereinstimmen, also die Phase der **Ankerzweigspannung** $\dot{U}_A$ für günstigen Betrieb eingestellt wird.

b. Die Spannungsgleichungen und die Berechnung der Kennlinien. Kompensations- und Erregerwicklung denken wir uns der Einfachheit wegen in den Nuten nebeneinander liegend und nehmen zur besseren Übersicht an, daß beide Wicklungen dieselbe Windungszahl und denselben Wicklungsfaktor haben; im andern Falle müßte die Spannung an der Erregerwicklung im Verhältnis $\xi_E w_E / \xi_K w_K$ vergrößert werden. Bezeichnen wir mit $X_{K\sigma}$ den Streublindwiderstand der Kompensationswicklung, so ist der Blindspannungsverlust in der Erregerwicklung und in der Kompensationswicklung derselbe, nämlich $jX_{K\sigma}(\dot{I}_L +$ $\dot{I}_E)$, worin $\dot{I}_L$ der Strom im Ankerkreis und $\dot{I}_E$ der im Erregerkreis ist.

Den Strom in der Erregerwicklung setzen wir gleich dem Magnetisierungsstrom $(\dot{I}_E = \dot{I}_\mu)$, vernachlässigen also die von der Erregerwicklung gedeckten Eisenverluste und die Rückwirkung der von Bürsten kurzgeschlossenen Läuferspulen. Wir bezeichnen mit R den gesamten Wirkwiderstand im Ankerkreis, einschließlich des gesamten auf
die Sekundärwicklung bezogenen Wirkwiderstandes des Transformators, mit R_E den im Erregerkreis und schließen in den vom Schlupf
unabhängigen Teil $X_{L\sigma 0}$ des Streublindwiderstandes der Läuferwicklung den auf die Sekundärwicklung bezogenen Streublindwiderstand
des Transformators ein. Die Spannungsgleichungen für Erreger- und
Ankerkreis lauten dann

$$\dot{U} + R_E \dot{I}_\mu + j X_{K\sigma}(\dot{I}_L + \dot{I}_\mu) = \dot{E}_E = \dot{E}_K, \qquad (469\text{a})$$

$$\dot{U}_{A0} + R\,\dot{I}_L + j X_{K\sigma}(\dot{I}_L + \dot{I}_\mu) + j(X_{L\sigma 0} + s\,X_{L\sigma v})\dot{I}_L = (1-s)\,\dot{E}_K, \qquad (469\text{b})$$

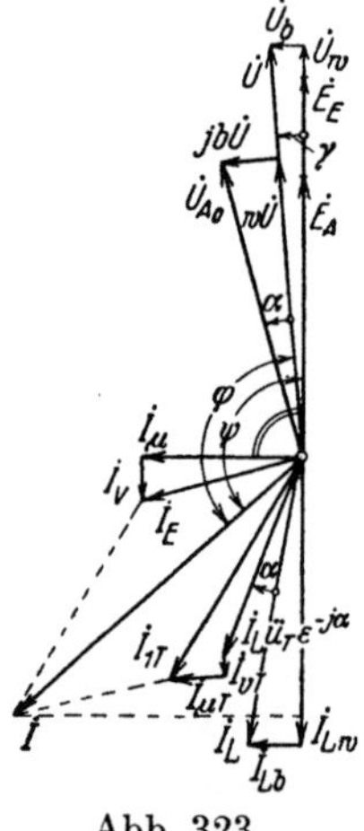

Abb. 323.
Komponenten der
Spannungen und
Ströme.

wenn $\dot{U}_{A0}$ die Spannung an der Sekundärwicklung
des Transformators bei abgeschaltetem Ankerkreis ist.

Für die Klemmenspannung des Ankerkreises
schreiben wir nach Abb. 323

$$\dot{U}_{A0} = \ddot{u}_T\,\dot{U}\,\varepsilon^{j\alpha} = \dot{U}\,(w + j\,b), \qquad (470\text{a})$$

$$\ddot{u}_T = U_{A0}/U = w_2/w_1 \qquad (470\text{b})$$

und zerlegen nach Abb. 323 die Netzspannung $\dot{U}$
in die Komponenten $\dot{U}_w$ und $\dot{U}_b$, den Ankerkreis-
strom $\dot{I}_L$ in die Komponenten $\dot{I}_{Lw}$ und $\dot{I}_{Lb}$, alle
bezogen auf $\dot{E}_K = \dot{E}_E$. Mit

$$\dot{U} = U_w + j\,U_b \quad \text{und} \quad \dot{I}_L = I_{Lw} + j\,I_{Lb} \qquad (470\text{c u. d})$$

erhalten wir dann aus Gl. 469a die reellen Gleichungen

$$U_w - X_{K\sigma}(I_\mu + I_{Lb}) = E_K, \qquad (471\text{a})$$

$$U_b + R_E I_\mu + X_{K\sigma} I_{Lw} = 0. \qquad (471\text{b})$$

Dabei ist wie im Abschn. C 3a (S. 401) der Betrag von I_{Lw} bzw. I_{Lb}
positiv oder negativ einzusetzen, je nachdem $\dot{I}_{Lw}$ in Phase (Generatorbetrieb) oder in Gegenphase (Motorbetrieb) zu $\dot{E}_K$, bzw. $\dot{I}_{Lb}$ um eine
Viertelperiode gegenüber $\dot{E}_K$ phasenverfrüht oder -verspätet ist. Zu
beachten ist, daß hier bei Motorbetrieb I_{Lw} immer negativ ist, im
Gegensatz zu der im Abschn. C behandelten Maschine, bei der I'_{Lw}
positiv ist. Das ist darin begründet, daß die Läuferwicklung gegen
die Ständerwicklung geschaltet ist, also bei Stillstand $\dot{E}_L = -\dot{E}_K$ ist.

Führen wir in Gl. 469 b $\dot{U}_{A0}$, $\dot{U}$ und $\dot{I}_L$ nach den Gl. 470a bis d ein und ersetzen E_K und U_b nach den Gl. 471a u. b, so erhalten wir die beiden reellen Gleichungen

$$(1 - w - s)\, U_w - (R + b\, X_{K\sigma})\, I_{Lw} + (s\, X_{K\sigma} - b\, R_E)\, I_\mu \atop \qquad\qquad = -\,[X_{L\sigma 0} + s\,(X_{L\sigma v} + X_{K\sigma})]\, I_{Lb}, \tag{472a}$$

$$b\, U_w + [(1 - w)\, X_{K\sigma} + s\, X_{L\sigma v} + X_{L\sigma 0}]\, I_{Lw} - w\, R_E\, I_\mu = -\, R\, I_{Lb}. \tag{472b}$$

Aus diesen Gleichungen können wir die Stromkomponenten I_{Lw} und I_{Lb} berechnen, wenn die Spannung $\dot{U}_{A0}$ mit ihren Komponenten $w\,U$ und $j\,b\,U$ und die Schlüpfung s oder die relative Drehzahl $\nu = 1 - s$ gegeben sind. Wir erhalten

$$I_{Lw} = \frac{A\,D + C\,R}{A\,B + R\,(R + b\,X_{K\sigma})}, \qquad I_{Lb} = \frac{D - B\,I_{Lw}}{R}, \tag{473a u. b}$$

worin zur Abkürzung

$$A = X_{L\sigma 0} + s\,(X_{L\sigma v} + X_{K\sigma}), \qquad B = X_{L\sigma 0} + s\,X_{L\sigma v} + (1 - w)\,X_{K\sigma}, \tag{473c u. d}$$

$$C = (1 - w - s)\,U_w + (s\,X_{K\sigma} - b\,R_E)\,I_\mu, \qquad D = w\,R_E\,I_\mu - b\,U_w \tag{473c u. f}$$

gesetzt ist. In allen praktischen Fällen kann $U_w \approx U$ angenommen werden.

Mit den für einen angenommenen Schlupf s berechneten Stromkomponenten I_{Lw} und I_{Lb} erhalten wir nach Gl. 471a die EMK E_K und damit nach Gl. 359 das in der Maschine vom Strom I_L (also bei Vernachlässigung von $M_k + M_{v2}$) entwickelte Drehmoment zu

$$M = -\,\frac{p\,m\,E_K\,I_{Lw}}{\omega}. \tag{473}$$

Den Schlupf s_0 bei vollkommenem Leerlauf erhalten wir nach Gl. 473a für $I_{Lw} = 0$ zu

$$s_0 = \frac{(w\,X_{L\sigma 0} - b\,R)\,R_E\,I_\mu + [(1 - w)\,R - b\,X_{L\sigma 0}]\,U_w}{[b\,(X_{L\sigma v} + X_{K\sigma}) + R]\,U_w - [w\,R_E\,(X_{L\sigma v} + X_{K\sigma}) + R\,X_{K\sigma}]\,I_\mu}. \tag{474}$$

Bei der Aufstellung der Gleichungen hatten wir zur Vereinfachung den Verluststrom I_V in der Erregerwicklung vernachlässigt. Wir können ihn angenähert nachträglich berücksichtigen, indem wir ihn zu $\dot{I}_\mu$ addieren: $\dot{I}_E = \dot{I}_\mu + \dot{I}_V$ (vgl. Abb. 323). Ebenso können wir nachträglich die zusätzlichen Drehmomente M_k und M_{v2} ermitteln, die sich in derselben Weise ergeben wie bei der Maschine ohne besondere Erregerwicklung.

Wir sind bei unsern Betrachtungen von der Maschine ausgegangen und haben deshalb die Spannung an der Sekundärwicklung des Regeltransformators als Netzspannung angesehen. Beim Betrieb als Motor,

den wir in der Regel voraussetzen, ist deshalb der Strom $\dot{I}_L$ des Ankerkreises im wesentlichen in Gegenphase zu $\dot{U}_A$. Wenn wir jetzt den
Primärstrom des an der Spannung $\dot{U}$ liegenden Transformators ermitteln, so ist dieser bei Motorbetrieb ebenfalls ein Verbraucherstrom.
Den um den Magnetisierungsstrom $\dot{I}_{\mu T}$ und den Verluststrom $\dot{I}_{v T}$
verminderten Primärstrom des Transformators, der gegen $\dot{I}_L$ um den
Winkel α phasenverspätet ist (Abb. 323), erhalten wir also nach Abb. 323
zu

$$\dot{I}_{1T} - \dot{I}_{\mu T} - \dot{I}_{v T} = \dot{I}_L \ddot{u}_T \varepsilon^{-j\alpha} = (I_{Lw} + j\,I_{Lb})\,(w - j\,b) \left.\right\}$$
$$= w\,I_{Lw} + b\,I_{Lb} + j\,(w\,I_{Lb} - b\,I_{Lw}). \left.\right\} \qquad (475)$$

$\dot{I}_{v T}$ ist praktisch in Gegenphase zu $\dot{U}$, $\dot{I}_{\mu T}$ um eine Viertelperiode
phasenverfrüht gegen $\dot{U}$. Da der Winkel γ zwischen $\dot{E}_E$ und $\dot{U}$ in
praktischen Fällen sehr klein ist, können wir ohne wesentlichen Fehler
auch $\dot{I}_{v T}$ in Gegenphase zu $\dot{E}_E$ und $\dot{I}_{\mu T}$ um eine Viertelperiode phasenverfrüht gegen $\dot{E}_E$ annehmen. Schreiben wir dann

$$\dot{I}_{1T} = I_{1Tw} + j\,I_{1Tb}, \qquad (476)$$

wobei die Komponenten wieder auf $\dot{E}_E$ bezogen sind, so ist, wenn $I_{v T}$
immer positiv eingesetzt wird,

$$I_{1Tw} = w\,I_{Lw} + b\,I_{Lb} - I_{v T}, \quad I_{1Tb} = w\,I_{Lb} - b\,I_{Lw} + I_{\mu T}. \qquad (476\,\text{a u. b})$$

Der gesamte, dem Netz entnommene Strom ist

$$\dot{I} = I_w + j\,I_b \qquad (477)$$

mit

$$I_w = I_{1Tw} - I_V \approx w\,I_{Lw} + b\,I_{Lb} - I_V - I_{v T}, \qquad (477\,\text{a})$$

$$I_b = I_{1Tb} + I_\mu \approx w\,I_{Lb} - b\,I_{Lw} + I_\mu + I_{\mu T}, \qquad (477\,\text{b})$$

worin I_V den früher vernachlässigten Verluststrom des Erregerkreises
bedeutet, über dessen Vorzeichen dasselbe gilt wie für die Maschine
ohne besondere Erregerwicklung (S. 401).

Die auf die Netzspannung $\dot{U}$ bezogenen Komponenten der Ströme
erhalten wir nach Gl. 471 b mit

$$\sin\gamma = -\frac{R_E\,I_\mu + X_{K\sigma}\,I_{Lw}}{U}, \quad \cos\gamma = +\sqrt{1 - \sin^2\gamma}, \qquad (478\,\text{c u. d})$$

womit sich auch der Leistungsfaktor ergibt (vgl. Gl. 427 a u. b).

Mit den Gleichungen dieses Abschnitts können wir für eine bestimmte Einstellung des Regeltransformators bei Annahme verschiedener Schlupfwerte die Betriebskurven der Maschine berechnen.

c. Einstellung des Regeltransformators. Lösen wir die Gl. 472 a u. b
nach w auf, so erhalten wir

$$w = \frac{[(1 - s)\,U_w + E]\,U_w + F\,G}{U_w^2 + G^2}, \qquad (479)$$

worin zur Abkürzung

$$E = [X_{L\sigma 0} + s(X_{L\sigma v} + X_{K\sigma})]I_{Lb} + sX_{K\sigma}I_\mu - RI_{Lw}, \qquad (479\,\text{a})$$

$$F = (X_{L\sigma 0} + sX_{L\sigma v} + X_{K\sigma})I_{Lw} + RI_{Lb}, \quad G = X_{K\sigma}I_{Lw} + R_E I_\mu \quad (479\,\text{b u. c})$$

gesetzt ist. Ebenso ergibt sich

$$b = \frac{wG - F}{U_w}. \qquad (480)$$

w und b sind also, wenn die Stromkomponenten I_{Lw} und I_{Lb} vorgeschrieben und die Widerstandsgrößen (bei Netzfrequenz) unveränderlich sind, lineare Funktionen der Schlüpfung s. In allen praktischen Fällen kann $U_w \approx U$ gesetzt werden.

Um den Motor mit dem ohne besondere Erregerwicklung vergleichen zu
können, setzen wir dieselbe Maschine wie im Abschn. C 4 b voraus und denken
uns in den Nuten des Ständers noch eine Erregerwicklung untergebracht. Bei
derselben Läuferwicklung müßte dann die als Kompensationswicklung dienende
Ständerwicklung so bemessen werden, daß $\xi_K w_K = \xi_L w_L$ ist, der Motor also mit
einer kleineren Klemmenspannung als der ohne besondere Erregerwicklung
betrieben werden. Zur Erleichterung des Vergleichs der beiden Motoren beziehen
wir aber alle Größen auf die Windungszahl der Ständerwicklung beim Motor ohne
besondere Erregerwicklung und nehmen auch zur Vereinfachung an, daß die
Widerstände des Transformators dieselben wie bei der Maschine ohne besondere
Erregerwicklung sind. Es ist dann die Klemmenspannung der beiden Motoren
$U = 110/\sqrt{3} = 63{,}6$ V und für den Motor mit besonderer Erregerwicklung gelten
folgende Widerstände, wobei die entsprechenden Bezeichnungen für die Maschine
ohne besondere Erregerwicklung in Klammern angegeben sind. $R = (R_S + R'_L) =$
$0{,}09 + 0{,}208 = 0{,}298$, $X_{K\sigma} = (X_{S\sigma}) = 0{,}23$, $X_{L\sigma v} = (X'_{L\sigma v}) = 0{,}2$, $X_{L\sigma 0} = (X'_{L\sigma 0}) =$
$0{,}0425\ \Omega$. Den Wirkwiderstand der Erregerwicklung, die im wesentlichen nur
für den Magnetisierungsstrom zu bemessen ist, setzen wir mit $R_E = 0{,}2\ \Omega$ ein.

Wie beim Motor ohne besondere Erregerwicklung setzen wir den Betrag des
„Nennwirkstromes" (vgl. S. 406) gleich 21,5 A und betrachten zwei Fälle. Im
Fall a soll der Blindstrom im Arbeitskreis $I_{Lb} = -I_\mu = -10{,}5$ A sein, er entspricht
$I'_{Lb} = I_\mu = 10{,}5$ A beim Motor ohne besondere Erregerwicklung; im Falle b soll
$I_{Lb} = 0$ sein. Für diese beiden Fälle sind in Abb. 324 die nach den Gl. 479 u.
480 berechneten Geraden a und b für den Endpunkt der einzustellenden Regelspannung U_{A0} strichpunktiert angegeben. Die Abb. 325a u. b stellen für diese
beiden Fälle die Spannungs- und Stromdiagramme (vgl. Gl. 469a u. b, $X_{L\sigma} =$
$X_{L\sigma 0} + sX_{L\sigma v}$) für $s = 0{,}5$ und $s = -0{,}5$, dar, wobei wie beim Motor ohne besondere Erregerwicklung (Abb. 286a u. b) nicht die Klemmenspannung, sondern die
in der Ständerwicklung induzierte EMK (60 V) festgehalten und dieselben Vernachlässigungen wie dort gemacht wurden. Die bei der untersynchronen und der
übersynchronen Drehzahl sich ergebenden gesamten Netzströme (Gl. 477a u. b)
sind wie in den Abb. 286a u. b durch die Zeiger u und $\ddot{u}$ unterschieden. Durch
Vergleich der Abb. 325a u. b mit 286a u. b erkennen wir, daß sich für beide
Motoren praktisch derselbe Gesamtstrom und derselbe Leistungsfaktor ergibt.

Den Blindstrom im Ankerkreis bei **vollkommenem Leerlauf**
erhalten wir aus Gl. 473b, wenn wir $I_{Lw} = 0$ setzen, zu

$$I_{Lb0} = \frac{wR_E I_\mu - bU_w}{R}. \qquad (481)$$

In Abb. 326 sind die nach dieser Gleichung berechneten Leerlaufströme für solche Einstellungen von U_{A0}, daß die bei „Nennstrom" $I_{Lw} = -21,5$ A auftretenden Blindströme I_{Lb} gleich $-10,5$, 0 bzw. 10,5 A betragen, über der relativen Drehzahl bei „Nennbetrieb" aufgezeichnet. Die punktiert gezeichneten Kurven stellen den gesamten, dem Netz entnommenen Blindstrom (I_{b0} nach Gl. 477b mit $I_{Lw} = 0$) dar. Alle Ströme sind auf den Betrag $|I_{Lw}| = 21,5$ A bezogen; sie gelten für dieselben Vereinfachungen wie bei der Abb. 288. Die in die Kurven eingezeichneten kleinen Kreise entsprechen etwa der Einstellung von U_{A0}, wie sie in den Abb. 325a u. b vorausgesetzt ist.

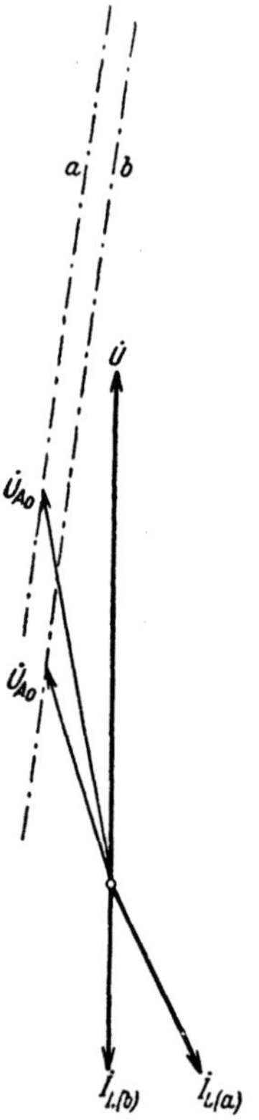

Vergleichen wir den Betrag des Läuferstromes (voll ausgezogen) mit dem nach Abb. 288, so können wir feststellen, daß der Motor mit besonderer Erregerwicklung bei untersynchronen Drehzahlen etwas kleinere, bei übersynchroner Drehzahl $v = 1,5$ erheblich kleinere Leerlaufströme aufweist. Das läßt sich leicht erklären. Der Leerlaufstrom (I_{Lb0} mit, bzw. I'_{Lb0} ohne besondere Erregerwicklung) ist für eine bestimmte Einstellung von U_{A0} bzw. U'_{20} angenähert durch das Verhältnis der Blindkomponente (bezogen auf E_E bzw. E_S!) von U_{A0} bzw. U'_{20} zum Wickwiderstand R bzw. R'_L gegeben. Beim Motor mit besonderer Erregerwicklung

Abb. 324. Ortskurven von U_{A0}, a für $I_{Lb} = -I_\mu$, b für $I_{Lb} = 0$.

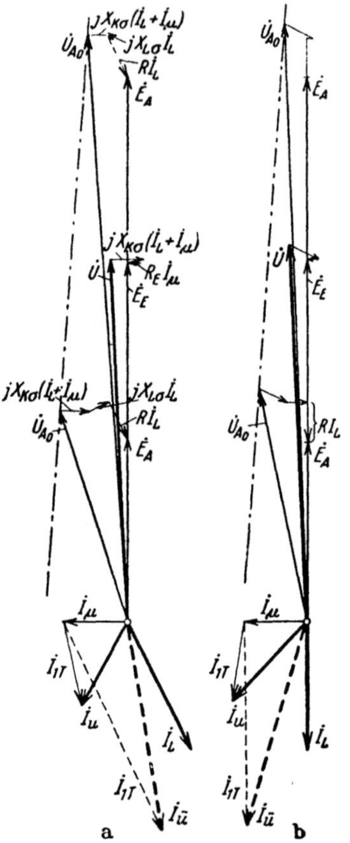

Abb. 325a u. b. Vektordiagramme für die Fälle a und b in Abb. 324 bei $s = 0,5$ (——) und $s = -0,5$ (- - -).

wird nun bei Leerlauf die Phase von E_E gegenüber U im wesentlichen durch $R_E I_\mu$ bestimmt und ergibt eine Phasenverfrühung gegenüber U (der induktive Spannungsverlust gibt keinen Beitrag zur Blindkomponente), die sich bei untersynchronen Drehzahlen schwächer, bei übersynchronen stärker auswirkt, während E_E bei „Nennbetrieb" (vgl. z. B. Abb. 325a) phasenverspätet ist. Dadurch wird die Blindkomponente von U_{A0}, der der Leerlaufstrom proportional ist, gegenüber „Nennbetrieb" verkleinert. Umgekehrt ist es beim Motor ohne besondere Erregerwicklung. Dort wird die Phasenabweichung von E_S gegenüber U bei Leerlauf durch $R_S I_{Sb0} = R_S(I_\mu - I'_{Lb0})$ bestimmt. In Abb. 286a wird z. B. bei $s = 0,5$

der Phasenwinkel zwischen $\dot{E}_S$ und $\dot{U}$ etwas kleiner, die dem Leerlaufstrom proportionale Komponente von $\dot{U}'_{2\,0}$ also größer als bei Nennbetrieb. Bei $s = -0,5$ ergibt sich sogar eine Phasenverfrühung von $\dot{E}_S$ gegen $\dot{U}$, und dadurch wird die Blindkomponente von $\dot{U}'_{2\,0}$ besonders groß.

2. Regelung im Erregerkreis.

Wir haben bisher vorausgesetzt, daß die Drehzahlregelung durch Ändern der dem Ankerkreis zugeführten Spannung erfolgt, der Erregerfluß also im wesentlichen unveränderlich bleibt. Da die Läuferwicklung nur für kleine Spannungen bemessen werden darf (vgl. Abschn. A 11), ergeben sich hierbei große Schaltströme, die die Regeleinrichtungen verteuern. Man kann nun aber, wenigstens innerhalb mäßiger Drehzahlbereiche, die Drehzahlregelung auch bei fester Ankerkreisspannung durch Ändern der Spannung an der Erregerwicklung bewirken, also den Erregerstrom und damit den Erregerfluß ändern. In der Erregerwicklung fließt im wesentlichen nur der Magnetisierungsstrom, und sie kann auch für höhere Spannungen

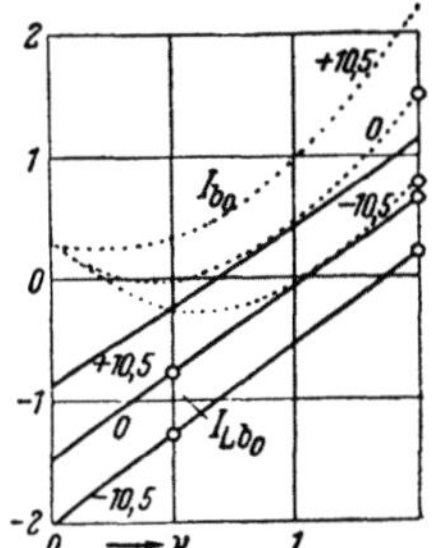

Abb. 326. Leerlaufströme (bezogen auf $|I_{Lw}| = 21,5$ A); — Ankerkreis, ... Netz. Parameter I_{Lb} bei $|I_{Lw}| = 21,5$ A.

bemessen werden, so daß nur kleine Ströme zu schalten sind, wodurch die Regeleinrichtungen billiger werden.

Wünschenswert wäre es, diese Regelung mit einfachen Wirkwiderständen auszuführen, wie wir es bei Gleichstromnebenschlußmaschinen gewohnt sind. Um eine solche einfache Regelung zu ermöglichen, könnte man (vgl. Abb. 327a) der Erregerwicklung eine Kapazität parallel schalten, die die Induktivität

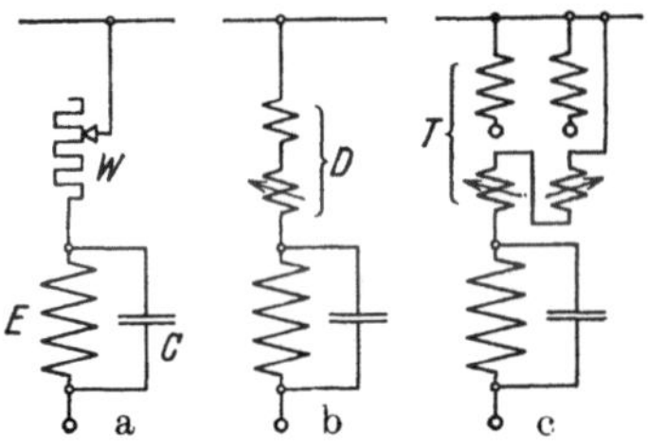

Abb. 327a bis c. Schaltungen der Erregerwicklung E.

der Erregerwicklung aufhebt, so daß der Strom dieser Parallelschaltung gleich dem kleinen Verluststrom I_V wäre. Ein einwandfreier Betrieb ist hierbei aber nicht möglich, weil schon geringe Schwankungen der Netzfrequenz, Schwankungen der Induktivität der Erregerwicklung und die Vorgänge unter den Bürsten die richtige Phase des Erregerflusses stören.

Günstiger ist die Regelung der Spannung an der Erregerwicklung durch eine vorgeschaltete Drossel. Um diese für eine möglichst kleine Leistung bemessen zu können, kann der Erregerwicklung ein Kondensator parallel geschaltet werden, der aber die Induktivität der Erregerwicklung nicht vollständig aufheben darf, so daß die Parallelschaltung von Erregerwicklung und Kondensator noch einen genügend großen induktiven Widerstand darstellt. Eine solche Schaltung ist in Abb. 327b für je einen der Wicklungsstränge dargestellt, wobei als Drossel ein Induktionsmotor mit Reihenschaltung von Primär- und Sekundärwicklung und der Übersetzung 1 (Abschn. L 6b, Bd. IV) vorausgesetzt ist. Leider hat auch diese Schaltung kaum praktische Bedeutung. Denn wenn die der Erregerwicklung parallel geschaltete Kapazität so reichlich bemessen wird, daß die regelbare Drossel genügend klein ausfällt, machen sich die Vorgänge unter den Bürsten störend bemerkbar.

Verwendet man dagegen zur Regelung der Spannung an der Erregerwicklung einen Doppeldrehtransformator, wie er in Abb. 327c angedeutet ist, so bleibt die Phase der Spannung an der Erregerwicklung unverändert, und zwar unabhängig von den Strömen in den von Bürsten überbrückten Läuferspulen. Wird die Induktivität der Erregerwicklung durch den parallel geschalteten Kondensator angenähert aufgehoben, so fließt nur der kleine Wirkstrom durch die Sekundärwicklungen des Drehtransformators, der also nur für eine sehr kleine Leistung (einige Hundertstel der Maschinenleistung) bemessen zu werden braucht. Durch den Kondensator wird gleichzeitig der dem Netz entnommene Blindstrom verringert.

Man wird die Kondensatoren mit Rücksicht auf eine möglichst hohe Spannung an die Außenklemmen der in Stern geschalteten Erregerwicklung legen, sie also in Dreieck schalten. Um die Maschine möglichst gut auszunutzen, kann man die Ankerkreisspannung in zwei oder mehreren groben Stufen ändern und die stetige Feinregelung im Erregerkreis ausführen.

<h3 align="center">3. Selbsttätige Einstellung
der günstigsten Phase des Läuferstromes.</h3>

Bei der Maschine mit besonderer Erregerwicklung könnte man daran denken, zur Verbesserung des Betriebes einen Reihentransformator zwischen Arbeits- und Erregerkreis einzuschalten, der einen günstigen Phasenwinkel zwischen Läuferstrom und Läufer-EMK selbsttätig in Abhängigkeit von der Belastung einstellt, wie wir es bei der Einphasenmaschine (Abschn. I E 2b) näher erläutert haben. Diese Einrichtung erscheint besonders vorteilhaft, wenn die Induktivität der Erregerwicklung durch Kondensatoren, die ihr parallel geschaltet sind, aufgehoben wird, weil dann die Rückwirkung der Sekundärdurchflutung des Transformators auf die vom Arbeitsstrom durchflossene Primärwicklung sehr klein ist. Eine genaue Untersuchung der Verhältnisse zeigt jedoch, daß durch einen solchen Reihentransformator nur wenig gewonnen wird, weil er bei den häufig verlangten ganz kleinen Drehzahlen versagt. Das liegt daran, daß bei der Mehrphasenmaschine das Verhältnis zwischen Streuspannung und Läufer-EMK ein Vielfaches von dem bei der Einphasenmaschine ist, die bei Nennbetrieb mit sehr hoher übersynchroner Drehzahl umläuft, und weil auch die Streuspannung bei der Mehrphasenmaschine mit sinkender Drehzahl anwächst.

Bei der Maschine mit besonderer Erregerwicklung ist nun die Scheinleistung des Erregerkreises sehr klein, wenn die Induktivität durch parallel geschaltete Kondensatoren im wesentlichen aufgehoben wird. Es läßt sich deshalb die günstigste Phase der Erregerspannung durch einen sehr kleinen Drehtransformator einstellen. Die Einstellung kann selbsttätig durch einen Hilfsmotor erfolgen, der über einen Schneckenantrieb mit dem drehbaren Teil des Transformators gekuppelt ist und durch ein Relais nach einem bestimmten Gesetz, etwa festem Phasenwinkel zwischen Erregerspannung und Läuferstrom, gesteuert wird. Bei Verwendung eines Doppeldrehtransformators im Erregerkreis zur Drehzahlregelung (Abb. 327 c) kann der äußere Teil des einen Einzeltransformators zur selbsttätigen Phasenregelung verdreht werden. Diese Einrichtung ist bei der Maschine mit besonderer Erregerwicklung, deren Induktivität durch Parallelkondensatoren aufgehoben wird, wesentlicher einfacher und billiger als bei der Maschine ohne besondere Erregerwicklung (vgl. Abschn. C 7b), weil die Leistung des Doppeldrehtransformators nur einige Hundertstel von der beträgt, die bei der Maschine ohne besondere Erregerwicklung zur Regelung im Arbeitskreis erforderlich ist.

F. Die kompensierte Induktionsmaschine.

Als kompensierte Induktionsmaschine bezeichnet man eine Maschine, die ihren Magnetisierungsstrom selbst erzeugen kann und wie die Induktionsmaschine betriebsmäßig in der Nähe der synchronen Drehzahl arbeitet. Zu diesem Zweck muß sie mit einer Stromwenderwicklung ausgerüstet werden, die aber nicht zur Drehzahlregelung, sondern lediglich zur Erzeugung des Magnetisierungsstromes dient, so daß der Leistungsfaktor etwa 1 ist. Diese Maschinen, gewöhnlich als Motoren betrieben, wurden in den Jahren 1924 bis 1935 von den Maschinenwerken auch für kleine Maschinenleistungen ausgeführt, um die Netze von Blindströmen zu entlasten. Heute kompensiert man aber aus wirtschaftlichen Gründen nur Maschinen größerer Leistung, wobei dann gewöhnlich eine einfache Induktionsmaschine (ohne Stromwender) verwendet, die Blindleistung aber von einer kleinen Hilfsmaschine, der sog. Hintermaschine, erzeugt wird, wie wir es im Abschn. III C zeigen werden. Wegen der geringen Bedeutung, die heute die selbständige kompensierte Maschine hat, werden wir hier nur einen kurzen Überblick geben und verweisen wegen Einzelheiten auf eine ausführlichere Abhandlung des Verfassers [L 279].

1. Ständergespeiste Maschine.

Bei der ständergespeisten Maschine wird im Ständer noch eine kleine Hilfswicklung angeordnet, auf die die Bürsten der Stromwenderwicklung geschaltet werden. Es ergibt sich damit die Schaltung nach Abb. 308a mit der Hilfswicklung Z, wenn die zur Drehzahlregelung bestimmte Wicklung R wegfällt. Die drehzahlregelnde Spannungskomponente ist also Null, und es ist nur die Blindkomponente wirksam, die den Magnetisierungsstrom der Stromwenderwicklung zuführt. Die Maschine verhält sich wie eine ständergespeiste Maschine nach Abschn. C bei dem Leerlaufschlupf $s = 0$ $(w = 0)$.

Um die Stromwenderwicklung von den Belastungsströmen zu befreien, erhält der Läufer wie bei der gewöhnlichen Induktionsmaschine noch eine Wicklung ohne Stromwender, und die Bürsten der Stromwenderwicklung werden so eingestellt, daß sich diese nicht am Drehmoment beteiligt, also nur den Magnetisierungsstrom führt.

Maßgebend für die Bemessung der Stromwenderwicklung ist im wesentlichen die noch zulässige Drehfeld-EMK zwischen benachbarten Stromwenderstegen. Da die Relativgeschwindigkeit zwischen Drehfeld und Stromwenderwicklung beim ständergespeisten Motor nur wenige Hundertstel der Synchrongeschwindigkeit beträgt, läßt sich bei kleiner Drehfeld-EMK die Windungszahl der Stromwenderwicklung verhältnismäßig groß wählen, so daß die durch den Stromwender fließenden Ströme und damit auch der Stromwender verhältnismäßig klein ausfallen. Diese Bemessung des Stromwenders und seiner Wicklung ist im allgemeinen nur zulässig, wenn die Bürsten beim Anlauf abgehoben werden, da bei Stillstand des Läufers die zwischen benachbarten Stromwenderstegen auftretende EMK bei demselben Drehfelde das $1/s$-fache im Betriebe beträgt, bei einer Schlüpfung von $s = 0,03$ also das 33-fache.

Bei kleinen Motoren, die mit Käfigläufer ausgeführt und in Stern-Dreieck-Schaltung angelassen werden, ist der Spannungsverlust in der Primärwicklung und der induktive in der Sekundärwicklung so groß, daß man die Stromwenderwicklung fast ohne Rücksicht auf den kurzzeitigen Anlauf bemessen darf. Anders ist es bei größeren Motoren mit Schleifringläufer, die durch Widerstände im Läuferkreis angelassen werden. Hier muß die Stromwenderwicklung, wenn man die Bürsten beim Anlauf nicht abheben will, mit Rücksicht auf den Anlauf bemessen werden, wodurch der Stromwender verhältnismäßig groß wird.

Dieser Nachteil läßt sich bei dem vom Verfasser angegebenen Motor mit Kurzschlußläufer beseitigen. Bei diesem Motor ist mit der Ständerwicklung noch eine Anlaßwicklung in Reihe geschaltet, die für eine kleinere Polzahl als die Betriebspolzahl gewickelt ist (vgl. Abschn. K 4a, Bd. IV) und die Stromwenderwicklung nicht induziert. Beim Anlauf herrscht im wesentlichen das Drehfeld der Anlaßwicklung vor, während

das der Betriebswicklung durch die Läuferkurzschlußwicklung abgedämpft wird, so daß die Stromwenderwicklung mit großer Windungszahl auch für große Leistungen ausgeführt werden kann. In der Nähe
der synchronen Drehzahl ist die Spannung an der Anlaßwicklung sehr
klein, so daß sie ohne merk-
lichen Stromstoß kurzge-
schlossen werden darf.

2. Läufergespeiste Maschine.

Da die Maschine nicht
zur Drehzahlregelung dient,
kann die Dreibürstenschaltung verwendet werden.
Abb. 328 stellt das Schalt-

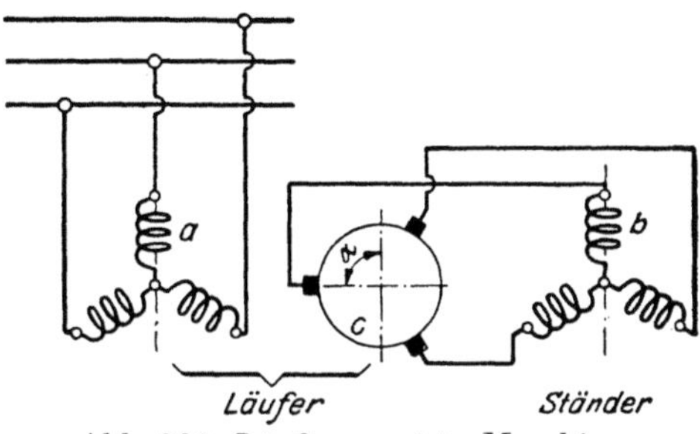

Abb. 328. Läufergespeiste Maschine.

bild dar; a ist die (primäre) Läuferwicklung, b die (sekundäre) Ständerwicklung und c die Stromwenderwicklung, die in den Nuten des Läufers
liegt. Der Winkel α zwischen Ständerwicklung und Bürsten beträgt
etwa 90°. In den Sekundärkreis wird zum Anlassen noch ein Widerstand geschaltet, der in Abb. 328 nicht eingezeichnet ist. Die Relativgeschwindigkeit zwischen Drehfeld und Stromwenderwicklung ist hier
unveränderlich, deshalb wird
auch beim Anlauf keine
größere Drehfeld-EMK zwi-
schen benachbarten Strom-
wenderstegen induziert als
in der Nähe der synchronen
Drehzahl, so daß die Win-
dungszahl der Stromwender-

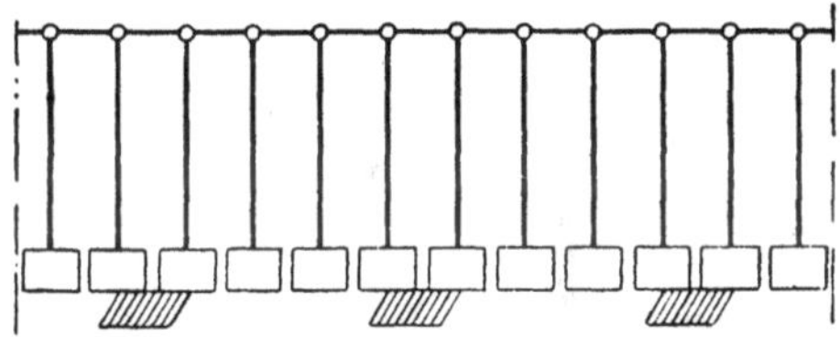
Abb. 329. Stromwenderwicklung zu Abb. 328.

wicklung nur einen kleinen Bruchteil der Windungszahl der ständergespeisten Maschine beträgt. Sie wird so klein, daß man nach
einem Vorschlag des Verfassers zur sog. offenen Wicklung greifen kann,
die bei größeren Leistungen auf nur einen Leiter je Strang führt;
Abb. 329 stellt hierfür das abgewickelte Schaltbild dar.

G. Selbsterregung bei Mehrphasenmaschinen.

1. Der grundsätzliche Vorgang.

Erfahrungsgemäß erregt sich eine symmetrische Mehrphasenmaschine im allgemeinen mit Mehrphasenströmen. Zur Erläuterung der
physikalischen Vorgänge betrachten wir die übersichtlichere symmetrische Zweiphasenmaschine, wie sie in Abb. 330a dargestellt ist.
Jeder Wicklungsstrang besteht aus einer mit dem Läufer über Bürsten

in Reihe geschalteten Ständerwicklung (Erregerwicklung), deren Achse senkrecht zur Verbindungslinie der zugehörigen Bürsten steht. Jeder Strang stellt also eine Einphasen-Reihenschlußmaschine dar, beide Stränge sind gegeneinander um 90° räumlich verschoben. Speisen wir die Wicklungsstränge mit Zweiphasenströmen, so entwickelt die Maschine ein Drehmoment entgegen dem Uhrzeigersinn. Der Umlauf des Drehfeldes kann dabei beliebig sein und hängt von der Phasenfolge der Ströme in den Kreisen 1 und 2 ab.

Schließen wir die Klemmen dieser Maschine kurz, so kann sich die Maschine bei der Motordrehrichtung (Abb. 330a) nicht selbsterregen, weil die von einem angenommenen remanenten Magnetismus induzierten Ströme den remanenten Magnetismus auszulöschen suchen.

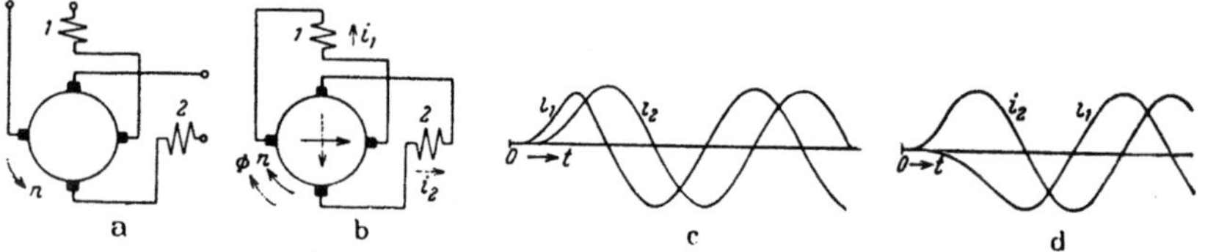

Abb. 330 a bis d. Zweiphasenmaschine ohne Kompensationswicklung.
a) Motorbetrieb; b) Generatorbetrieb, c) und d) selbsterregte Ströme.

Ändern wir dagegen die Drehrichtung (Abb. 330b), so kann Selbsterregung auftreten. Nehmen wir beispielsweise einen remanenten Magnetismus in Richtung der positiven y-Achse an, so wird von diesem bei umlaufendem Läufer ein Strom i_1 im Kreise 1 induziert, der im Sinne der voll ausgezogenen Pfeile fließt und den remanenten Magnetismus unterstützt. Dieser zunächst langsam anwachsende Strom erregt ein magnetisches Feld, dessen Komponente in der x-Achse auch im Kreise 2 einen Strom (i_2) induziert, der im Sinne der gestrichelten Pfeile fließt, sich zunächst aber langsamer entwickelt als der Strom i_1 (vgl. Abb. 330c). Der Strom i_2 erregt nun in der y-Achse ein Feld, das dem ursprünglichen remanenten Magnetismus entgegenwirkt, also den Strom i_1 zunächst wenig, dann immer mehr und mehr schwächt, so daß i_1, wenn i_2 genügend angewachsen ist, sein Vorzeichen wechselt. Durch die gegenseitige Beeinflussung der beiden Ströme erregt sich die Maschine schließlich mit symmetrischem Zweiphasenstrom, wie es etwa Abb. 330c andeutet.

Nehmen wir andrerseits an, daß ein remanenter Magnetismus in der x-Achse vorhanden ist, so erregt dieser im Kreise 2 einen Strom i_2, der im Sinne des gestrichelten Pfeils in Abb. 330b fließt. Das von diesem Strom erregte Feld induziert nun im Kreis 1 einen Strom i_1, der den voll ausgezogenen Pfeilen in Abb. 330b entgegengesetzt ist und deshalb in Abb. 330d als negativer Strom aufgezeichnet ist. Das von diesem Strom erregte Feld schwächt nun wieder den Strom i_2, so daß sich etwa der Erregervorgang nach Abb. 330d ergibt.

In beiden Fällen (Abb. 330c u. d) wird also in der Maschine ein Zweiphasenstrom induziert, und zwar ist der selbsterregte Strom im Kreise 2 um eine Viertelperiode phasenverspätet gegen den Strom im Kreise 1, so daß in der Maschine ein Drehfeld im Sinne der Antriebsrichtung der Maschine umläuft.

Wir hatten unsern Betrachtungen bisher eine Maschine zugrunde gelegt, bei der in jedem Strang die Achsen der Ständer- und Läuferwicklung senkrecht zueinander stehen. In Abb. 331a ist die Maschine mit Kompensationswicklung dargestellt. Nehmen wir wieder an, daß in

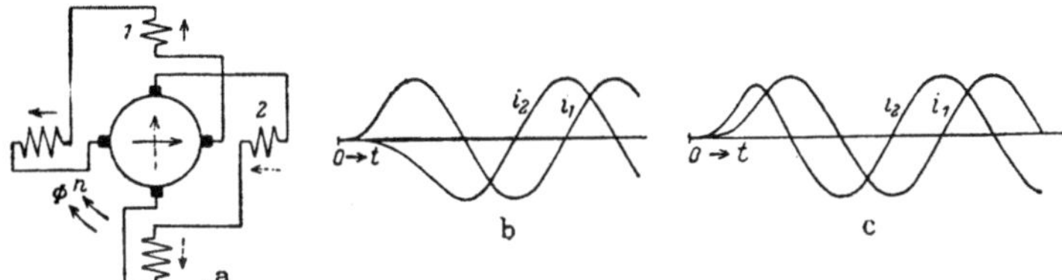

Abb. 331a bis c. Zweiphasenmaschine mit Kompensationswicklung.
b) und c) selbsterregte Ströme bei Überkompensation.

der y-Achse ein remanenter Magnetismus besteht, so fließt im Strang 1 der durch voll ausgezogene Pfeile angedeutete Strom. Bei Unterkompensation würde das magnetische Feld der Läuferwicklung überwiegen und wir erhielten wieder den Erregungsvorgang, wie ihn Abb. 330c veranschaulicht. Ist dagegen die Maschine derart überkompensiert, daß das von der Ständerwicklung erregte und mit der Läuferwicklung verkettete Feld stärker ist als das von der Läuferwicklung selbsterregte, so wird, herrührend vom Strom i_1, im Kreise 2 ein durch die gestrichelten Pfeile angedeuteter Strom i_2 induziert, dessen magnetisches Feld in der y-Achse dem ursprünglichen remanenten Magnetismus entgegenwirkt. Der Erregungsvorgang spielt sich etwa nach Abb. 331b ab. Setzen wir einen remanenten Magnetismus in Richtung der x-Achse voraus, so erhalten wir etwa den in Abb. 331c dargestellten Erregungsvorgang. Der Strom im Kreise 2 ist in den letzten beiden Fällen gegen den im Kreise 1 phasenverfrüht, so daß das Drehfeld entgegen der Antriebsrichtung der Maschine umläuft.

Wir erkennen also aus diesen Überlegungen, daß eine Zweiphasenmaschine sich mit Zweiphasenströmen erregt, und daß das erregte Drehfeld bei Unterkompensation im Sinne der Drehrichtung des Läufers, bei Überkompensation im entgegengesetzten Sinne umläuft. Wenn die Läuferwicklung in beiden Fällen vollkommen kompensiert wird, beeinflussen sich die beiden Kreise nicht, und die Maschine kann sich nur mit Gleichstrom erregen; die Verteilung des Gleichstromes auf die beiden Stränge hängt von der Lage des remanenten Magnetismus ab. „Vollkommene Kompensation" ist hierbei so zu verstehen, daß von der Kompensationswicklung auch das Streufeld der Läuferwicklung ausgelöscht wird, während es sonst üblich ist, darunter nur die Aufhebung des Luftspaltfeldes zu verstehen.

In unsern Überlegungen ist auch der Fall eingeschlossen, daß eine einzige Ständerwicklung je Strang vorhanden ist, deren Achse einen beliebigen Winkel mit der Bürstenachse einschließt; denn eine solche kann immer in zwei Wicklungen zerlegt werden, von denen die eine in der Bürstenachse, die andre senkrecht dazu liegt.

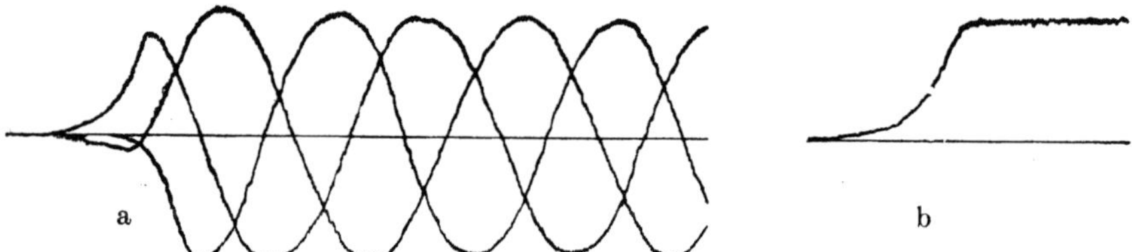

Abb. 332a u. b. Selbsterregungsvorgang; a) dreiphasig, b) einphasig.

Grundsätzlich ebenso wie die Zweiphasenmaschine verhält sich die Mehrphasenmaschine und besonders auch die Dreiphasenmaschine. Abb. 332a zeigt den oszillographisch aufgenommenen Erregungsvorgang für die drei Wicklungsstränge einer Dreiphasenmaschine. Zum Vergleich ist in Abb. 332b der Erregungsvorgang gezeigt, wenn einer der drei Stränge abgeschaltet ist, so daß sich die Maschine nur mit Gleichstrom erregen kann [L 287].

Zur Untersuchung, ob Selbsterregung auftritt, können auch bei Mehrphasenmaschinen die im Abschn. I F 2a für Einphasenmaschinen angegebenen Verfahren dienen, wobei die gegenseitige Beeinflussung der Wicklungsstränge zu berücksichtigen ist. Im nächsten Abschnitt werden wir uns auf die Ermittlung des stationären Zustandes der selbsterregten Ströme beschränken. Auf den Einfluß des von netzfrequenten Strömen herrührenden Sättigungsgrades (vgl. auch Abschn. I F 7) werden wir erst im Abschn. 4 eingehen.

2. Der stationäre Zustand.

a. Reihenschlußmaschine. Um Strom und Frequenz zu ermitteln, auf die sich die Maschine selbsterregt, setzen wir zunächst einen dreiphasigen Reihenschlußgenerator nach Abb. 333a voraus, der auf einen äußeren Blindwiderstand mit der Einphaseninduktivität L_a je Strang geschaltet ist. Da nach Abschn. B 2b die mit Dreiphasenstrom gespeiste Maschine als Motor im Sinne des Winkels α, also in Abb. 333a

gegen den Uhrzeigersinn umlaufen würde, müssen wir sie für Gene -
ratorbetrieb entgegen dem Winkel α, also im Uhrzeigersinne antreiben, wie wir es im folgenden voraussetzen.

Nach Abschn. 1 wissen wir, daß die Drehrichtung des selbsterregten
Drehfeldes davon abhängt, ob die Läuferwicklung unter- oder überkompensiert ist, wobei unter „vollkommener Kompensation“ die
Kompensierung des Haupt- und Streufeldes durch die Ständerwicklung
zu verstehen ist. Ersetzen wir die in Dreieck geschaltete Läuferwicklung
durch eine in Stern geschaltete Wicklung (Abschn. A 4 a) und bezeichnen
mit L_L die (einphasige) Selbstinduktivität eines Strangs dieser Ersatzwicklung und mit M die (einphasige) Gegeninduktivität zwischen

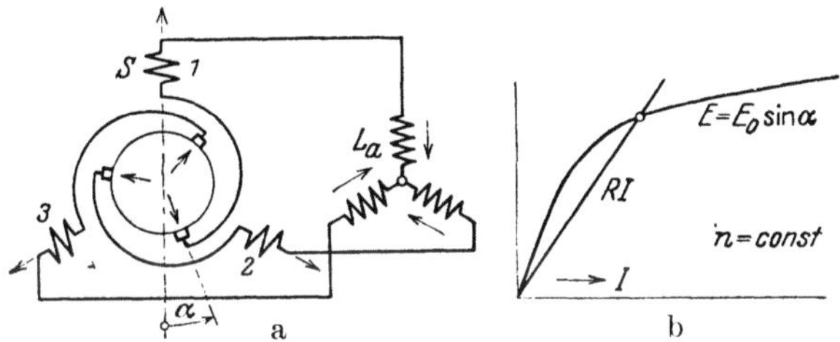

Abb. 333 a u. b. a) Schaltung; b) Gleichgewichtszustand des selbsterregten Stromes.

Läuferersatzwicklung und Ständerwicklung, wenn beide Wicklungen
gleichachsig liegen ($\alpha = 0$), so haben wir „Unterkompensation“, wenn
$M\cos\alpha < L_L$, und „Überkompensation“, wenn $M\cos\alpha > L_L$ ist. Im
ersten Falle läuft das selbsterregte Drehfeld im Sinne der Drehrichtung
des Läufers um. Diesen Fall wollen wir bei der folgenden Ableitung
zunächst voraussetzen. Bezeichnen wir dann den Stromvektor des
Wicklungsstranges 1, für den wir unsere Gleichungen ableiten, mit $\dot{I}_1$,
so ist

$$\dot{I}_1\varepsilon^{-j2\pi/3} = -\left(\frac{1}{2} + j\frac{\sqrt{3}}{2}\right)\dot{I}_1 \quad \text{und} \quad \dot{I}_3 = \dot{I}_1\varepsilon^{-j4\pi/3} = -\left(\frac{1}{2} - j\frac{\sqrt{3}}{2}\right)\dot{I}_1. \quad (482\,\text{a u. b})$$

Bei der Aufstellung der Spannungsgleichung führen wir die bei
ruhendem Läufer induzierten EMKe als induktive Spannungen (gleich
den negativ genommenen EMKen) ein, um sie von den bei umlaufendem
Läufer induzierten EMKen der Bewegung zu unterscheiden. Neben
den induktiven Spannungen und der Bewegungs-EMK herrührend von
den Feldern, die der Strom des betrachteten Wicklungsstrangs erregt,
müssen wir noch den Einfluß der Felder der fremden Wicklungsstränge
berücksichtigen.

Die induktive Spannung herrührend von den Feldern des betrachteten Wicklungsstrangs ist

$$j\omega(L_S + L_L - 2M\cos\alpha)\dot{I}_1, \qquad (483\,\text{a})$$

worin L_S die (einphasige) Selbstinduktivität eines Strangs der Ständerwicklung ist. Die von den **fremden** Strömen herrührende induktive Spannung im betrachteten Wicklungsstrang ist

$$j\omega\left\{(L_S + L_L)\cos 2\pi/3 \cdot (\dot{I}_2 + \dot{I}_3) + M\left[\cos(\pi/3-\alpha)\,\dot{I}_2 + \cos(\pi/3+\alpha)\,\dot{I}_3 + \\ + \cos(\pi/3+\alpha)\,\dot{I}_2 + \cos(\pi/3-\alpha)\,\dot{I}_3\right]\right\} = j\omega\left[1/2\cdot(L_S + L_L) - M\cos\alpha\right]\dot{I}_1. \tag{483}$$

Die **Summe der induktiven Spannungen** in dem betrachteten Wicklungsstrang ist also

$$j\,\tfrac{3}{2}\,\omega\,(L_S + L_L - 2\,M\cos\alpha)\,\dot{I}_1. \tag{483}$$

Die **EMK der Bewegung** herrührend von dem Strom des betrachteten Wicklungsstrangs ist bei der Drehrichtung für Generatorbetrieb, also in Abb. 333a im Uhrzeigersinn, und bei der Drehzahl, der die Kreisfrequenz ω_0 entspricht (vgl. Abschn. 1 D, Gl. 109c und Abb. 81a),

$$\omega_0\,M\sin\alpha\cdot\dot{I}_1 \tag{484a}$$

und die von den fremden Strömen herrührende

$$\omega_0\left\{-L_L\sin 2\pi/3\cdot\dot{I}_2 + L_L\sin 2\pi/3\cdot\dot{I}_3 + M\left[\sin(\pi/3-\alpha)\cdot\dot{I}_2 - \\ -\sin(\pi/3+\alpha)\cdot\dot{I}_3\right]\right\} = \omega_0\left[M(\tfrac{1}{2}\sin\alpha - j\,\tfrac{3}{2}\cos\alpha) + j\,\tfrac{3}{2}L_L\right]\dot{I}_1, \tag{484b}$$

wobei sich die Vorzeichen nach Regel 2 des Abschn. I A 3 ergeben haben[1]).

Berücksichtigen wir noch die induktive Spannung des Belastungszweiges, die bei magnetisch verketteten Wicklungssträngen $j\,\tfrac{3}{2}\,\omega L_a\dot{I}_1$, bei unverketteten $j\omega L_a\dot{I}_1$ ist, und schließen in R alle Wirkwiderstände eines Stranges ein, so lautet die Spannungsgleichung für den selbsterregten Strom, beispielsweise bei magnetisch **un**verketteten Wicklungssträngen des Belastungszweiges,

$$R\,\dot{I}_1 + j\,\tfrac{3}{2}\,\omega\,(L_S + L_L + \tfrac{3}{2}L_a - 2\,M\cos\alpha)\,\dot{I}_1 \\ = \tfrac{3}{2}\,\omega_0\left[M(\sin\alpha - j\cos\alpha) + j\,L_L\right]\dot{I}_1. \tag{485}$$

Zerlegen wir diese in ihre reellen und imaginären Bestandteile, so erhalten wir schließlich die beiden Gleichungen

$$R\,I_1 = \frac{3}{2}\,\omega_0\,M\sin\alpha\cdot\dot{I}_1 \quad\text{und}\quad \omega = \frac{L_L - M\cos\alpha}{L_S + L_L - \tfrac{2}{3}L_a - 2\,M\cos\alpha}\cdot\omega_0. \tag{485a u.}$$

---

[1]) Um die Übereinstimmung mit den in Abschn. B 3 eingeführten Effektivwerten der von den Luftspaltfeldern in der Ständer- und in der Läuferwicklung induzierten EMKe zu erkennen, müssen wir diese EMKe getrennt anschreiben. Beachten wir die Gleichungen $L_{Sh} = L_S - L_{S\sigma}$, $L_{Lh} = L_L - L_{L\sigma}$, $\ddot{u} = M/L_{Sh}$, $\ddot{u}^2 = L_{Lh}/L_{Sh}$ und $\omega - \omega_0 = s\omega$, so erhalten wir nach einigen Umformungen $\dot{E}_S = \tfrac{3}{2}\,\omega L_{Sh}\left[\ddot{u}\sin\alpha - j(1 - \ddot{u}\cos\alpha)\right]\dot{I}_1$, $\dot{E}_L = -\tfrac{3}{2}\,s\,\omega L_{Sh}\ddot{u}\left[\sin\alpha + j(\ddot{u}\cos - \alpha)\right]$. und $\dot{E} = \dot{E}_S + \dot{E}_L$. Mit Gl. 66, Bd. II, ergeben sich dann die entsprechenden Effektivwerte in Übereinstimmung mit den Gl. 259b, 246b u. 247a im Abschn. B 3.

Gl. 485a bestimmt den Strom, auf den sich die Maschine nach Maßgabe der magnetischen Kennlinie erregt. Bezeichnet $E_0 = \frac{3}{2}\omega_0 M I$ die EMK der Bewegung, die bei dem Bürstenwinkel $\alpha = 90^\circ$ und der der Kreisfrequenz ω_0 entsprechenden Drehzahl n des Läufers von der Ständerwicklung induziert wird, so stellt der Schnittpunkt der über I aufgetragenen Kurve $E_0 \sin\alpha$ mit der Widerstandsgeraden RI den Zustand dar, auf den sich die Maschine selbsterregt (vgl. Abb. 333b). Gl. 485b bestimmt die Kreisfrequenz der selbsterregten Ströme. Für eine vorliegende Maschine hängt sie im wesentlichen von der Drehzahl (Kreisfrequenz ω_0) und der Induktivität L_a im äußern Stromzweig ab.

Für $M \cos\alpha = L_L$ erregt sich, wie wir im Abschn. a gesehen haben, die Maschine mit Gleichstrom, sofern die Widerstandsgerade RI (Abb. 333b) einen Schnittpunkt mit der Kennlinie $E_0 \sin\alpha$ hat. Ist $M \cos\alpha > L_L$, so läuft das Drehfeld im entgegengesetzten Sinne um wie der Läufer.

Bei der Schaltung für Motorbetrieb müssen für dieselbe Drehrichtung die Bürsten im entgegengesetzten Sinne aus der Kurzschlußstellung verschoben sein; α ist dann negativ und Gl. 485a nicht erfüllbar. Der Reihenschlußmotor ist also selbsterregungsfrei.

b. Die Nebenschlußmaschine. Bei der Nebenschlußmaschine ist unter sonst gleichen Verhältnissen Selbsterregung weniger zu erwarten als bei der Reihenschlußmaschine, weil ein vom remanenten Magnetismus in der Läuferwicklung induzierter Strom zum größten Teil an das Netz mit kleinem Scheinwiderstand abfließt und nur ein kleiner Teil seinen Weg durch die am Netz liegende Ständerwicklung nimmt. Wird dagegen die Nebenschlußmaschine ohne Änderung der Schaltung vom Netz abgetrennt, so fließen die im Läufer vom remanenten Magnetismus induzierten Ströme ungeschwächt durch die Ständerwicklung, so daß Selbsterregung eher auftreten kann. Diesen verschärften Fall der Selbsterregung wollen wir hier betrachten.

Die Schaltung in Abb. 333a entspricht mit $L_a = 0$ auch der grundsätzlichen Schaltung der vom Netz abgetrennten Nebenschlußmaschine ohne besondere Erregerwicklung, wenn die Läuferwicklung unmittelbar (vgl. die Abb. 334a u. b) und nicht über einen Transformator der Ständerwicklung parallel geschaltet ist. Für die leerlaufende vom Netz abgetrennte Maschine gelten dann mit $L_a = 0$ die Selbsterregungsbedingungen (Gl. 485a u. b), die wir für die Reihenschlußmaschine im Abschn. a abgeleitet haben. Wir wollen nun zeigen, wie sich die Maschine verhält, wenn sie in der betriebsmäßigen Bürstenstellung vom Netz abgetrennt wird. Wenn dann $\alpha = 0$ ist, ist die Selbsterregung vollkommen unterbunden, weil Gl. 485a mit $\alpha = 0$ nicht erfüllt werden kann (dasselbe geht auch aus Abb. 331a hervor, wenn die Erregerwicklungen 1 und 2 wegfallen). Nach den Untersuchungen in Abschn. C 3 c ist es aber zweckmäßig, die Bürsten aus der Nullstellung etwas zu verschieben, und zwar bei Motorbetrieb (vgl. Abb. 277a u. b) so, daß die in der Läuferwicklung induzierte EMK eine Voreilung gegen die in der Ständerwicklung induzierte EMK erhält, bei Generatorbetrieb eine Nacheilung. Wir erhalten dann bei der vom Netz abgetrennten Maschine Bürstenlage und Wicklungsachsen nach Abb. 334a u. b bei untersynchronem Motor- und Generatorbetrieb. Die Läuferwicklung ist dabei unterkompensiert, weil bei unmittelbarer Parallelschaltung von Ständer- und Läuferwicklung die Windungszahl der Läuferwicklung für Untersynchronismus größer als die der Ständerwicklung sein muß. Sofern beim Abschalten der Maschine vom Netz überhaupt Selbsterregung auftreten kann, Gl. 485a also erfüllbar ist, läuft das selbsterregte Feld dann im Sinne der Drehrichtung des Läufers um. Bei Schaltung für günstigen Generatorbetrieb (Abb. 334b) kann keine Selbsterregung auftreten, weil hier α (vgl. Abb. 333a) negativ ist. In der Schaltung für Motorbetrieb (Abb. 334a) ist dagegen bei der vom Netz abgetrennten Maschine Selbsterregung grundsätzlich möglich; wegen der Kleinheit des Winkels α ist diese aber kaum zu erwarten, am wenigsten dann, wenn Ständer- und Läuferwicklung über einen Transformator gekoppelt sind, wie es der praktischen Ausführung entspricht.

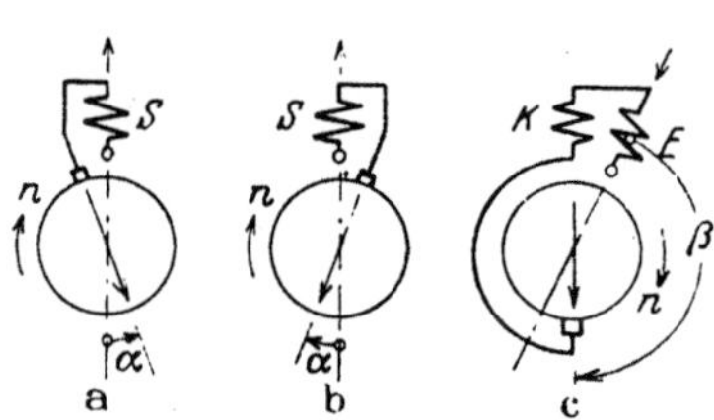

Abb. 334a bis c. Zur Selbsterregung bei Nebenschlußmaschinen.

Wenn die am Netz liegende Maschine übersynchron laufen soll, muß das Vorzeichen der dem Läufer zugeführten Spannung geändert werden. Das bedeutet, daß wir in Abb. 334a u. b die Enden der Ständerwicklung vertauschen müssen. Dann ist nur in der Schaltung für Generatorbetrieb bei der vom Netz abgetrennten Maschine Selbsterregung möglich, die aber auch hier kaum zu erwarten ist, wenn die Achsen von Ständer- und Läuferwicklung fast zusammenfallen.

Anders verhält sich die ständergespeiste Nebenschlußmaschine der AEG (vgl. Abschn. C 5a und Abb. 299a bis e), weil bei dieser die Wicklungsachsen von Läufer- und Ständerwicklung nur in den Grenzstellungen für kleinste und größte Drehzahl ungefähr zusammenfallen, für die synchrone Drehzahl der Winkel α sogar 90° betrug. Die Selbsterregung wird deshalb bei dieser Maschine auch zum Abbremsen nutzbar gemacht, indem sie ohne Unterbrechung der übrigen Stromkreise vom Netz abgetrennt wird. Um die Heftigkeit der Selbsterregung bei Bürstenstellungen in der Nähe von $\alpha = 90°$ zu mildern, wird ein

Wirkwiderstand vor die Primärwicklung des Drehtransformators geschaltet [L 256].

Bei der Nebenschlußmaschine mit besonderer Erregerwicklung und Unterdrückung des Läuferfeldes durch eine Kompensationswicklung (Abschn. E) wird das Drehfeld im wesentlichen nur von der Erregerwicklung erregt. Wenn Kompensationswicklung und Erregerwicklung gleichachsig sind, muß bei günstigem Motorbetrieb, wie wir im Abschn. E gezeigt haben (vgl. die Abb. 325a u. b), die Spannung am Ankerzweig gegen die Spannung an der Erregerwicklung phasenverfrüht sein. Der Übersichtlichkeit wegen nehmen wir an, daß Ankerzweig und Erregerwicklung von Spannungen gleicher Phase gespeist werden. Dann muß für günstigen Motorbetrieb die Wicklungsachse der Erregerwicklung gegen die der Kompensationswicklung im Sinne des Drehfeldes und der Drehrichtung verschoben sein. Für die vom Netz abgetrennte Maschine ergibt sich dann das Schaltbild in Abb. 334c; die positive Achse der Erregerwicklung ändert dabei ihr Vorzeichen gegenüber der Läuferwicklung und es ergibt sich der Winkel β von der negativen Wicklungsachse der Erregerwicklung zur positiven der Läuferwicklung, der dem Winkel α in Abb. 333a bei der Reihenschlußmaschine entspricht. Bezeichnen wir mit L_E die einphasige Induktivität eines Stranges der Erregerwicklung und mit M die Gegeninduktivität zwischen Läuferwicklung und Erregerwicklung, so erhalten wir für die gesamte induktive Spannung $j\frac{3}{2}\omega L_E \dot{I}_1$ und für die gesamte Bewegungs-EMK $\frac{3}{2}\omega_0$ $[M(\sin\beta - j\cos\beta) + jL_L]\,\dot{I}_1$. Die Selbsterregungsbedingungen ergeben sich dann ähnlich wie bei der Reihenschlußmaschine zu

$$R\,I = \frac{3}{2}\,\omega_0 M \sin\beta \cdot I \quad \text{und} \quad \omega = \frac{L_L - M\cos\beta}{L_E}\,\omega_0. \qquad (486\,\text{a u. b})$$

Bei günstiger Einstellung der Wicklungsachsen für Motorbetrieb ist β negativ, Selbsterregung kann nicht auftreten. Bei günstiger Einstellung für Generatorbetrieb ist β positiv, Selbsterregung ist grundsätzlich möglich und tritt ein, wenn Gl. 486a erfüllt ist. Ein selbsterregtes Feld läuft im Sinne der Drehrichtung des Läufers um, weil $0 < |\beta| < \pi/2$ und dabei immer Unterkompensation auftritt.

Andere Verhältnisse, als sie hier besprochen wurden, liegen vor, wenn die Nebenschlußmaschine als Erregermaschine für die Läuferwicklung einer Induktionsmaschine verwendet wird (Abschn. III C). Wegen der Kleinheit der Läuferfrequenz nähert sich $|\beta|$ dem Winkel $\pi/2$, wobei Selbsterregung auftreten kann [L 387].

3. Selbsterregung durch Felder dreifacher Polzahl.

Bei Drehstrommaschinen mit Sechsbürstenschaltung, deren Läuferwicklung über die Bürsten mit Ständerwicklungen in Reihe geschaltet ist (vgl. Abb. 242c, aber ohne Zwischentransformator, und

298), hat man auch bei Motorbetrieb Selbsterregungserscheinungen beobachtet, die nach unsern Untersuchungen im Abschn. 2 nicht zu erwarten sind. Die Erklärung hierfür fand man in der verschiedenartigen Verteilung der Strombeläge von Ständer- und Läuferwicklung in gewissen Bürstenstellungen, wobei sich Felder ausbilden, deren Polzahl das 3-fache der Maschinenpolzahl beträgt. Durch diese Felder können selbsterregte Gleichströme entstehen, die durch die Stränge, gebildet aus Ständer- und Läuferwicklung, in allen Strängen gleichsinnig fließen. Bei Dreibürstenschaltung können sich solche Ströme nicht ausbilden, weil ihnen die Rückleitung fehlt.

Die Selbsterregung ist bei Drehstromreihenschlußmotoren [L 291] und beim Nebenschlußmotor der AEG (Abschn. C 5a), wenn dieser mit Doppelbürstensatz ausgeführt wird, beobachtet worden [L 293]. In den angegebenen Schriftstellen sind die Vorgänge ausführlich behandelt. Wir wollen uns hier auf die Angabe der wichtigsten Ergebnisse beschränken.

In den Bürstenstellungen, bei denen die Läuferwicklung dieselbe Stromverteilung wie die Ständerwicklung aufweist, können sich keine Felder 3-facher Polzahl ausbilden. Das sind, wenn alle Bürsten gemeinsam verschoben werden, die Bürstenstellungen 0°, 60°, 120°, 180° aus der Achse der Ständerwicklung. Die Zone zwischen den Bürstenstellungen 60° und 120° ist selbsterregungsfrei, während in den Stellungen 30° und 150° die Selbsterregungsgefahr am größten ist. Das gilt sowohl, wenn alle Bürsten gemeinsam verschoben werden, als auch für den Fall, daß der eine Bürstensatz fest in der Ständerachse verbleibt und der andere verschoben wird. Im ersten Falle ist aber die Neigung zur Selbsterregung am größten.

Starke magnetische Beanspruchung verringert die Selbsterregungsgefahr. Ganz unterdrückt kann sie aber werden, wenn Läufer- und Ständerwicklung über einen Zwischentransformator nach Abb. 242c oder 243 geschaltet werden [L 291]. Bei Sternschaltung des Ständerkreises können sich dann auch keine Wechselströme selbsterregen, weil diese in allen Strängen gleichphasig wären und keine Rückleitung hätten. Bei Dreieckschaltung des Ständerkreises wären grundsätzlich selbsterregte Wechselströme möglich, die aber wegen der induktiven Kopplung der Kreise kaum zu befürchten sind.

Die selbsterregten Ströme können auch dadurch unterdrückt werden, daß die Ständerwicklung in zwei Teile unterteilt und jeder Teil über einen Einfachbürstensatz geschaltet wird. Schließlich wird noch die Schrittverkürzung von Ständer- oder Läuferwicklung empfohlen. Bei einer Schrittverkürzung auf $^2/_3$ der Polteilung bilden sich keine Felder 3-facher Polzahl aus [L 293].

Wenn von keinem dieser Mittel Gebrauch gemacht wird, genügt zur Unterdrückung der hier behandelten Selbsterregung schon ein verhältnismäßig kleiner Wirkwiderstand, der den Wirkungsgrad des Motors nicht wesentlich herabsetzt.

4. Stromrückgewinnung.

Wir betrachten zunächst die Reihenschlußmaschine. Damit diese Leistung an das Netz mit Strom von Netzfrequenz abgeben kann, muß sie als Generator geschaltet werden. Zum Betrieb als Motor müssen die Bürsten nach Abschn. B 2b aus der Leerlaufstellung ($\alpha = 180°$) verschoben werden. Damit der Motor im Sinne des Drehfeldes dabei umläuft, wie es mit Rücksicht auf die Unterdrückung des Bürstenfeuers erforderlich ist, sind die Bürsten gegen die Drehrichtung des Drehfeldes zu verschieben, so daß der Motor gegen die Bürstenverschiebung aus der Leerlaufstellung anläuft. Um nun die Maschine zur Leistungsabgabe an das Netz zu veranlassen, müssen bei derselben Umlaufrichtung des Läufers und des Drehfeldes die Bürsten zunächst in die Leerlaufstellung gebracht und dann im Sinne der Umlaufrichtung des Läufers und des Drehfeldes verschoben werden. Damit hierbei nur Ströme von Netzfrequenz in das Netz fließen, darf sich die Maschine nicht selbsterregen; denn die selbsterregten Ströme haben eine andere Frequenz als das Netz. Der Widerstand eines Strangkreises muß deshalb nach Gl. 485a so groß bemessen werden, daß die Widerstandsgerade die Kennlinie $E_0 \sin \alpha$ in Abb. 333b nicht schneidet. Die Größe des Widerstandes hängt zunächst von dem Bürstenwinkel α ab; er ist umgekehrt proportional dem $\sin \alpha$, bei $\alpha = 90°$ also am größten; bei $\alpha = 0$ und $\alpha = 180°$ tritt auch bei sehr kleinem Widerstand R keine Selbsterregung auf.

Die Ableitung der Gl. 485a u. b setzt zunächst voraus, daß Ständerwicklung und Läuferwicklung unmittelbar in Reihe geschaltet sind. Sind sie über einen Zwischentransformator gekoppelt (Abb. 242a bis c), so wird die Selbsterregungsgefahr gemildert. Die Ableitung der Gl. 485a u. b setzt ferner voraus, daß zu Beginn der Selbsterregung in der Maschine kein anderes magnetisches Feld als der remanente Magnetismus besteht. Die Erfahrung hat nun gezeigt, daß bei Vorhandensein eines solchen Feldes, wie es ja bei der am Netz liegenden Maschine immer der Fall ist, die Selbsterregungsgefahr auch bei der Mehrphasenmaschine um so kleiner ist, je stärker die von diesem Felde hervorgerufene magnetische Beanspruchung im Eisen der Maschine ist, je kleiner also die Neigung der magnetischen Kennlinie in dem Punkte ist, der der Magnetisierung der Maschine vom Netz aus entspricht. Die Vorgänge sind hier ähnlicher Art wie bei der Einphasenmaschine (Abschn. I F 7). Nach Fraenckel [L 120] soll zur Ermittlung des erforderlichen Widerstandes R im Strangkreise, der die

Selbsterregung unterdrückt, die Tangente an diesem Punkt der Kennlinie maßgebend sein. P möge dieser Punkt der magnetischen Kennlinie in Abb. 335 sein. Die Selbsterregung wird dann unterdrückt, wenn die Neigung der Widerstandsgeraden RI größer als die der Tangente an die Kennlinie im Punkte P ist (Winkel γ). Bei Abwesenheit eines vom Netz erregten magnetischen Feldes müßte die Neigung der Widerstandsgeraden größer sein als die Tangente im Ursprung der Kennlinie (Winkel γ_0, entsprechend dem Widerstand R_0). Ein starker Sättigungsgrad ermöglicht also, die Selbsterregung durch einen Wirkwiderstand zu unterdrücken, der nur einen verhältnismäßig kleinen Teil der vom Generator in das Netz gelieferten Leistung in Wärme umsetzt.

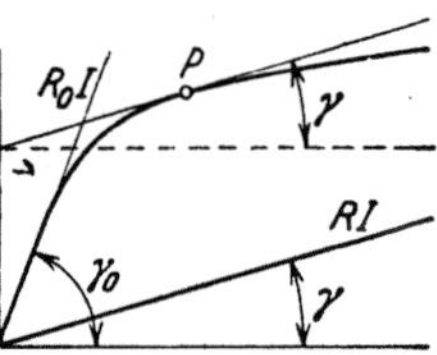

Abb. 335. Einfluß des Sättigungsgrades auf die Selbsterregung.

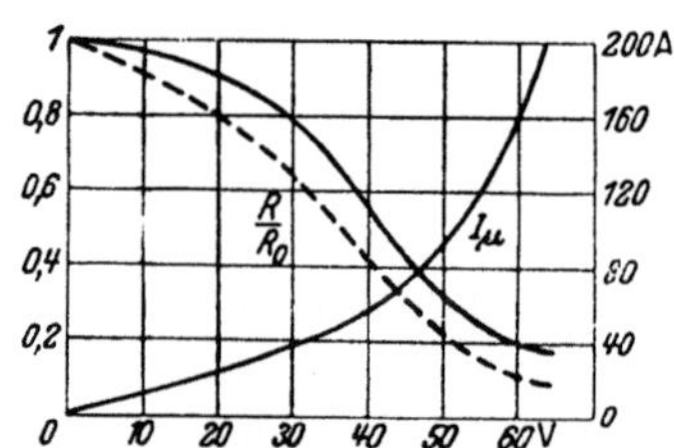

Abb. 336. Widerstandsverhältnis R/R_0 an der Grenze der Selbsterregung. — gemessen, - - - gerechnet.

Andere Untersuchungen [L 287] haben ergeben, daß der von Fraenckel ermittelte Wert von R zu klein ist. Die voll ausgezogene Kurve in Abb. 336 stellt das von Binder und Dyhr gemessene Widerstandsverhältnis R/R_0 über dem Effektivwert der Wechselspannung an der Ständerwicklung einer Drehstrom-Reihenschlußmaschine dar, während sich die gestrichelte Kurve nach Fraenckel ergibt. Die zugehörige magnetische Kennlinie I_μ ist in Abb. 336 eingezeichnet. Wir erkennen jedenfalls, daß die im Widerstand verbrauchte Leistung um so kleiner ist, je stärker die Maschine magnetisch beansprucht ist. Nach Schenkel [L 285] sollen in praktischen Fällen in diesem Widerstand etwa 25% der gesamten vom Reihenschlußgenerator erzeugten Leistung in Wärme umgesetzt werden. Nach Leonhard [L 288] kann bei Verwendung eines Zwischentransformators die Selbsterregung mit wesentlich geringerem Zusatzwiderstand unterdrückt werden, wenn dieser in den Läuferkreis geschaltet wird.

Die Nebenschlußmaschine wird zum Generator, wenn der Läufer mit einer Drehzahl angetrieben wird, die größer als die Drehzahl bei vollkommenem Leerlauf ist. Der zur Unterdrückung einer Selbsterregungserscheinung erforderliche Wirkwiderstand im Läuferkreis ist auch hier um so kleiner, je größer der Sättigungsgrad in der Maschine ist. Im Abschn. 2b haben wir nun gesehen, daß bei der Nebenschlußmaschine mit fester Bürstenstellung schon bei der vom Netz abgetrennten Maschine die Selbsterregungsgefahr, wenn sie überhaupt besteht, sehr gering ist. Deshalb wird ein Zurückarbeiten dieser Nebenschlußmaschine auf das Netz in der Regel ohne Störung vor sich gehen.

5. Der selbständige Generator für veränderliche Frequenz.

Die Selbsterregungserscheinung der Mehrphasenmaschine mit Stromwender läßt sich ausnutzen, um einen selbständigen Generator mit veränderlicher Frequenz zu entwickeln. Die Frequenz der selbsterregten Spannung hängt von der Größe und Phase der Übersetzung zwischen Läufer- und Ständerkreis ab und kann durch Ändern der Übersetzung eines zwischengeschalteten Transformators beliebig geregelt werden. Solche Generatoren könnten z. B. zur Regelung der Drehzahl von Induktionsmotoren mit Kurzschlußläufer verwendet werden. Praktische Anwendung scheinen sie aber nicht gefunden zu haben, wahrscheinlich wegen der hohen Kosten bei größerer Leistung. Wir wollen uns deshalb nicht näher mit diesen selbständigen Generatoren befassen und uns damit begnügen, auf das einschlägige Schrifttum zu verweisen [L 298 bis 300].

H. Experimentelle Untersuchung.
1. Bestimmung des Phasenwinkels zwischen Zeitvektoren.

Bei zeitlich sinusförmig veränderlichen Wechselstromgrößen kann man den Phasenwinkel zwischen diesen Größen durch Messung der Leistung an jedem Wicklungsstrang ermitteln. Wenn der Leistungsfaktor nur wenig von 1 abweicht, ergeben sich dabei aber sehr ungenaue Phasenwinkel. In diesem Falle berechnet man den Phasenwinkel genauer aus den beiden Leistungsangaben N_1 und N_2, die man bei der Messung mit zwei Leistungszeigern (vgl. Abschn. G 2a, Bd. III) erhält, nach der „Tangentenformel"

$$\operatorname{tg} \varphi = \sqrt{3}\, \frac{N_1 - N_2}{N_1 + N_2}. \tag{487}$$

Wenn der zeitliche Verlauf der Ströme und Spannungen von der Sinusform abweicht, kann man den Phasenwinkel zwischen den Grundschwingungen mit Leistungszeigern messen, wobei die eine Spule des Leistungszeigers mit zeitlich sinusförmig veränderlichen Strömen oder Spannungen gespeist wird (vgl. Abschn. 2a). Will man ohne dieses Hilfsmittel auskommen, so muß man sich zunächst die Frage vorlegen, ob bei nichtsinusförmigen Strömen und Spannungen die Berechnung des Phasenwinkels aus der Leistung oder nach der Tangentenformel weniger große Abweichungen erwarten läßt.

Setzen wir für die auf die Grundschwingung bezogene ν-te Schwingung der Spannung und des Stromes zur Abkürzung $u_\nu = U_\nu/U_1$ und $i_\nu = I_\nu/I_1$, so erhalten wir den aus der gemessenen Leistung berechneten Leistungsfaktor „$\cos\varphi$" zu

$$\text{„}\cos\varphi\text{"} = \frac{U_1 I_1 \cos\varphi_1 + U_5 I_5 \cos\varphi_5 + U_7 I_7 \cos\varphi_7 + \cdots}{U_1 I_1 \sqrt{1 + u_5^2 + u_7^2 + \cdots}\,\sqrt{1 + i_5^2 + i_7^2 + \cdots}}. \tag{488}$$

Bei experimentellen Untersuchungen ist oft entweder die Spannung oder der Strom angenähert sinusförmig. Nehmen wir beispielsweise an, daß die Spannung sinusförmig ist, so erhalten wir

$$\text{„}\cos\varphi\text{"} = \frac{\cos\varphi_1}{\sqrt{1 + i_5^2 + i_7^2 + \cdots}}. \tag{488a}$$

Der Betrag von $\cos\varphi_1$ ist also größer als der von „$\cos\varphi$"; bei spitzen Winkeln ist daher φ_1 kleiner, bei stumpfen größer als φ in Gl. 488a. Berechnen wir aus Gl. 488a

$$\left.\begin{aligned}
\text{„}\sin\varphi\text{"} &= \sqrt{1 - \text{„}\cos^2\varphi\text{"}} \\
&= \sqrt{1 - \frac{\cos^2\varphi_1}{1 + i_5^2 + i_7^2 + \cdots}} = \sqrt{\frac{\sin^2\varphi_1 + i_5^2 + i_7^2 + \cdots}{1 + i_5^2 + i_7^2 + \cdots}},
\end{aligned}\right\} \tag{488b}$$

so erkennen wir, daß dieser Ausdruck nur für $\varphi_1 = \pm\pi/2$ den Betrag des Phasenwinkels φ_1 richtig, in allen andern Fällen aber einen zu großen Wert ergibt. Wir erhalten nach den Gl. 488a u. b auch dann nicht den Phasenwinkel φ_1, wenn eine der Wechselstromgrößen zeitlich sinusförmig verläuft. Zu einem ähnlichen Ergebnis kommen wir, wenn der Strom sinusförmig ist; an Stelle der i_ν^2 in den Gl. 488a u. b treten dann die u_ν^2.

Bei der Messung mit zwei Leistungszeigern ist zu beachten, daß der Phasenwinkel zwischen Spannung und Strom für den einen Leistungszeiger (1) $\varphi_\nu - 30°$, für den andern (2) $\varphi_\nu + 30°$ ist. Setzen wir diese Winkel bei der Berechnung von N_1 und N_2 in die Tangentenformel (Gl. 487) ein, so erhalten wir nach einigen Umformungen

$$\text{„}\operatorname{tg}\varphi\text{"} = \frac{U_1 I_1 \sin\varphi_1 + U_5 I_5 \sin\varphi_5 + U_7 I_7 \sin\varphi_7 + \cdots}{U_1 I_1 \cos\varphi_1 + U_5 I_5 \cos\varphi_5 + U_7 I_7 \cos\varphi_7 + \cdots}. \tag{489}$$

Bei sinusförmiger Spannung oder sinusförmigem Strom wird „$\operatorname{tg}\varphi$" $=$ $\operatorname{tg}\varphi_1$. Nach der Tangentenformel erhalten wir also, wenn nur eine der Wechselstromgrößen, Strom oder Spannung, von der Sinusform abweicht, den Phasenwinkel der Grundschwingung richtig. Wenn weder Spannung noch Strom sinusförmig verlaufen, so hängt „$\operatorname{tg}\varphi$" von den Vorzeichen der sin und cos in Gl. 489 ab.

Um aus den üblichen Leistungsmessungen den Phasenwinkel zwischen den Grundschwingungen von Strom und Spannung angenähert zu ermitteln, empfiehlt es sich, ihn nach der Tangentenformel zu berechnen; denn in den meisten Fällen schwingt doch wenigstens eine der beiden Wechselstromgrößen angenähert sinusförmig.

2. Bestimmung von Phasen, Wicklungsachsen und Übersetzungen.

Zur experimentellen Aufnahme vollständiger Vektordiagramme und zur Bestimmung der gegenseitigen Lage der Wicklungsachsen in einer Maschine ist die Ermittlung der Phasenfolge von Spannungen und Strömen erforderlich. Die wichtigsten hierfür geeigneten Verfahren sollen in diesem Abschnitt zusammengestellt werden.

a. Durch Leistungsmessung. Durch Leistungsmessung mit einem Leistungszeiger, dessen Spannungszweig an einer festen Spannung, etwa der Netz- oder Ständerspannung, liegt, können wir die Phase des Stromes ermitteln, der durch die Stromspule des Leistungszeigers geleitet wird. Es ist bei Vernachlässigung der Oberschwingungen $\cos \varphi = N/UI$, $\sin \varphi = \sqrt{1 - \cos^2 \varphi}$. Wenn nicht die ungefähre Phase des Stromes gegenüber der festen Spannung schon bekannt ist, ist eine zweite Leistungsmessung erforderlich, bei der der Spannungskreis des Leistungszeigers an eine andere Spannung bekannter Phase, etwa an die zwischen zwei andern Klemmen der Netz- oder Ständerspannung als bei der ersten Messung, gelegt wird. So können wir die Phasen sämtlicher vorhandener Ströme gegenüber den festen Spannungen bestimmen. Die übrigen an der Maschine auftretenden Spannungen können dann ebenfalls durch Leistungszeiger bestimmt werden, wobei die Stromspule von einem der Ströme durchflossen wird, dessen Phase bereits ermittelt wurde.

Bei sehr kleinen Phasenwinkeln oder solchen, die nur wenig von π abweichen, ist ihre Berechnung aus der gemessenen Leistung sehr ungenau. Deshalb ist bei der Messung mit zwei Leistungszeigern die Berechnung des Phasenwinkels nach der Tangentenformel (Gl. 487) im allgemeinen vorzuziehen. Bei vollkommener Symmetrie des Netzes und Verwendung nur eines Leistungszeigers kann der Spannungszweig statt beispielsweise zwischen die Klemme U und Sternpunkt zwischen die Klemmen V und W der Ständerwicklung geschaltet werden, so daß aus der Angabe des Leistungszeigers sich $\sin \varphi$ unmittelbar ergibt.

Will man den Phasenwinkel für die Grundschwingungen von Strömen und Spannungen der Maschine genauer erhalten, so muß mindestens entweder der Strom in der Spannungsspule oder der in der Stromspule sinusförmig schwingen. Für den Strom in der Spannungsspule ist dies bei den üblichen Wirkwiderständen im Spannungskreis, für die unsre Leistungszeiger eingerichtet sind, nicht zu erreichen, wenn die Spannung von der Sinusform abweicht. Dagegen kann man die Stromspule über induktive Widerstände mit geradliniger Kennlinie von demselben Netz speisen, an der die Maschine liegt. Der Strom in der Stromspule schwingt dann praktisch sinusförmig, und wir erhalten aus der Leistungsmessung die gegenseitige Phase der Grundschwingungen der Spannungen. Um auch die gegenseitige Phase der Ströme in den einzelnen Wicklungen der Maschine richtig zu erhalten, müßte man einen dynamischen Stromzeiger verwenden, dessen eine Spule mit demselben sinusförmigen Strom wie bei der Bestimmung der Spannungsphase gespeist wird.

b. Durch einfache Spannungsmessungen. Die Phase der Spannungen gegeneinander kann auch durch einfache Spannungsmessungen ermittelt werden, indem zwischen allen zugänglichen Punkten der Maschine die Effektivwerte gemessen und die Phasen der einzelnen Spannungen aus den Schnittpunkten der Kreise mit den gemessenen Spannungen als Halbmesser erhalten werden, wie es bei der Ermittlung der Schaltgruppen von Transformatoren im Abschn. G 1 b, Bd. III, näher erläutert ist.

Dieses Verfahren kommt hauptsächlich zur Bestimmung der Achsenlage der Wicklungen im Motor in Frage, wobei die eine Wicklung an feste Spannung gelegt, die andern aber offen bleiben. Bei der an fester Spannung $\dot{U}$ liegenden Wicklung ist der Spannungsverlust zu berücksichtigen, die induzierte EMK ist $\dot{E} = \dot{U} + (R_1 + jX_{1\sigma})\dot{I}_\mu$, wenn R_1 der Wirk-, $X_{1\sigma}$ der Streublindwiderstand dieser Wicklung und $\dot{I}_\mu$ der Magnetisierungsstrom ist.

Die Phasenfolge ergibt sich aus dem Drehsinn des Drehfeldes. Dieser soll bei ständergespeisten Maschinen mit der Drehrichtung übereinstimmen; er ist also gleich dem Drehsinn des Läufers, wenn die Ständerwicklung am Netz liegt und der Läufer kurzgeschlossen wird. Bei der läufergespeisten Maschine ist es umgekehrt.

c. Mit Drehtransformator. Auch dieses Verfahren ist zur Bestimmung der gegenseitigen Lage der Wicklungsachsen in der Maschine geeignet. Eine der Mehrphasenwicklungen der zu untersuchenden Maschine wird zur Erregung des Drehfeldes an Spannung gelegt. Der Sekundärwicklung eines kleinen Drehtransformators DT (Abb. 337a) wird ein induktionsfreier Widerstand parallel geschaltet, der als Spannungsteiler dient. Jede der Wicklungen der Maschine wird nun nacheinander an den Spannungsteiler gelegt, wie es Abb. 337a für die Wicklung S zeigt, und es werden der Kontakt am Spannungsteiler und der Drehtransformator so eingestellt, daß der Stromzeiger I keinen oder ein Minimum des Ausschlags ergibt. Für jede Wicklung wird die sich ergebende Stellung des Drehtransformators markiert, und es können die Phasenwinkel aus den Stellungen des Drehtransformators mit Berücksichtigung seiner Polpaarzahl berechnet werden. Bei der speisenden Wicklung (z. B. S) ist zu berücksichtigen, daß die vom Luftspaltfeld induzierte EMK gegen die Klemmenspannung etwas verfrüht ist, der sin des Phasenwinkels ist $R_S I_\mu / U$.

d. Mit Schwingkontaktgleichrichter. In ähnlicher Weise lassen sich die Wicklungsachsen, sowie auch die gegenseitige Phase einzelner Ströme und Spannungen, mit einem Schwingkontaktgleichrichter ermitteln. An Stelle des Spannungsteilers in Abb. 337a wird die Wicklung eines (polarisierten) Schwinggleichrichters an den Drehtransformator geschaltet (Abb. 337b). Durch die synchron schwingende

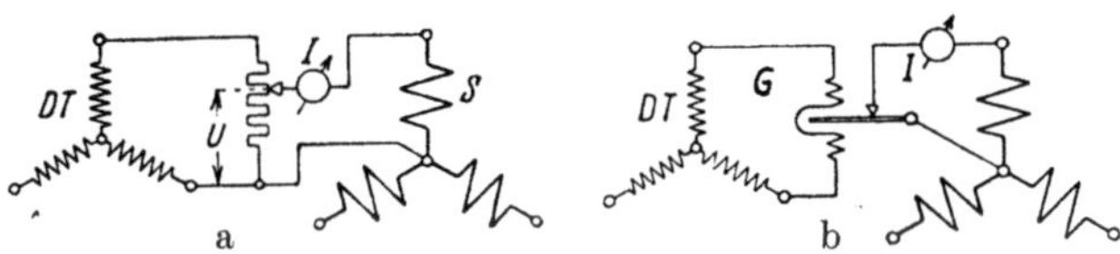

Abb. 337a u. b. Bestimmung der Lage der Wicklungsachsen; a) mit Spannungsteiler, b) mit Schwinggleichrichter.

Zunge des Gleichrichters wird der Meßkreis immer während einer halben Periode des Wechselstroms eingeschaltet, und es läßt sich die Stellung des Drehreglers, bei der das Drehspulmeßgerät I keinen Ausschlag anzeigt, sehr genau feststellen. Aus den so ermittelten „Nullstellungen" des Drehreglers für die einzelnen Wicklungen kann dann die gegenseitige Phase der Meßgrößen abgelesen werden.

e. Übersetzung. Die experimentelle Bestimmung der (reellen) Übersetzungen zwischen den einzelnen Wicklungen der Maschine ist bei ruhendem oder ganz langsam umlaufendem Läufer auszuführen. Es genügt hier die Messung der Effektivwerte der Spannungen. Eine der Wicklungen wird an Spannung gelegt, während die übrigen offen bleiben, so daß an ihnen die vom Luftspaltfeld induzierten EMKe gemessen werden können. Die EMK der gespeisten Wicklung ist $E_1 \approx U_1 - X_{1\sigma} I_\mu$.

Messen wir einmal bei Speisung der Primärwicklung das Verhältnis $\ddot{u}' = E_2/U_1$, das andere Mal bei Speisung der Sekundärwicklung $\ddot{u}'' = U_2/E_1$,

so ist
$$\ddot{u}' = \frac{E_2}{U_1} = \frac{E_2}{(1+\sigma_1)E_1}, \qquad \ddot{u}'' = \frac{U_2}{E_1} = \frac{(1+\sigma_2)E_2}{E_1}, \qquad \text{(490a u. b)}$$

$$\ddot{u}'\,\ddot{u}'' = \left(\frac{E_2}{E_1}\right)^2 \frac{1+\sigma_2}{1+\sigma_1}. \qquad \text{(490c)}$$

Wenn, wie gewöhnlich, $\sigma_2 \approx \sigma_1$ ist, erhält man

$$\ddot{u} = E_2/E_1 \approx \sqrt{\ddot{u}'\,\ddot{u}''}. \qquad \text{(490)}$$

3. Bestimmung von $X_{L\sigma 0}$.

Schließen wir (Abb. 338) die Ständerwicklung kurz, treiben den Läufer von außen mit veränderlicher Drehzahl an und speisen die Läuferwicklung vom Netz, so gelten bei Vernachlässigung der Eisenverluste und der Ströme in den von Bürsten überbrückten Läuferspulen für die Grundschwingungen die Spannungsgleichungen

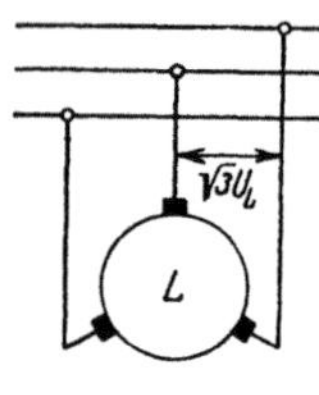

Abb. 338. Bestimmung von $X_{L\sigma 0}$.

$$\dot{U}_L = -\left[R_L + j\left(X_{L\sigma 0} + s\,X_{L\sigma v}\right)\right]\dot{I}_L - \\ - j\,s\,X_{Lh}\left(\dot{I}_L + \dot{I}'_S\right), \qquad (491\,\mathrm{a})$$

$$0 = -\left(R'_S + j\,X'_{S\sigma}\right)\dot{I}'_S - j\,X_{Lh}\left(\dot{I}_L + \dot{I}'_S\right). \qquad (491\,\mathrm{b})$$

Setzen wir den auf die Läuferwicklung bezogenen Ständerstrom $\dot{I}'_S$ aus Gl. 491 b in Gl. 491 a ein, so erhalten wir für den Scheinwiderstand bei kurzgeschlossener Ständerwicklung

$$\dot{Z}_k = \frac{\dot{U}_L}{-\dot{I}_L} = R_L + s\,\frac{R'_S\,X_{Lh}^2}{R'^2_S + \left(X_{Lh} + X'_{S\sigma}\right)^2} \\ + j\left[X_{L\sigma 0} + s\left(X_{Lh} + X_{L\sigma v}\right) - s\,\frac{X_{Lh}^2\left(X_{Lh} + X'_{S\sigma}\right)}{R'^2_S + \left(X_{Lh} + X'_{S\sigma}\right)^2}\right]. \qquad (492\,\mathrm{a})$$

R'^2_S ist immer verschwindend klein gegenüber $\left(X_{Lh} + X'_{S\sigma}\right)^2$, so daß wir mit genügender Annäherung

$$\dot{Z}_k = R_L + \frac{R'_S\,X_{Lh}^2}{\left(X_{Lh} + X'_{S\sigma}\right)^2}\,s + j\left[X_{L\sigma 0} + \left(X_{L\sigma v} + \frac{X'_{S\sigma}\,X_{Lh}}{X_{Lh} + X'_{S\sigma}}\right)s\right] \qquad (492\,\mathrm{b})$$

oder mit Einführung der Streuziffer $\sigma_S = X'_{S\sigma}/X_{Lh}$ der Ständerwicklung auch

$$\dot{Z}_k = R_L + \frac{R'_S}{\left(1 + \sigma_S\right)^2}\,s + j\left[X_{L\sigma 0} + \left(X_{L\sigma v} + \frac{X'_{S\sigma}}{1 + \sigma_S}\right)s\right] = R_k + j\,X_k \qquad (492\,\mathrm{c})$$

schreiben können.

Durch Leistungsmessung können wir den Scheinwiderstand $\dot{Z}_k$ in seine Wirk- und Blindkomponente zerlegen. Aus den Messungen der aufgenommenen Leistung N_L und des Stromes I_L erhalten wir

$$R_k = N_L/I_L^2. \qquad (493\,\mathrm{a})$$

Für die im Abschn. C 4 b behandelte Nebenschlußmaschine wurden die Ströme und die Leistung mit zwei Leistungszeigern bei verschiedenen relativen Drehzahlen $v = 1 - s$ gemessen. Der Läuferstrom betrug dabei $I_L = 30$ A, die Frequenz 50 Hz. Der Läufer wurde von einer Synchronmaschine gespeist, die Spannung durch die Erregung eingestellt. Der nach Gl. 493a berechnete Wirkwiderstand ist in Abb. 339a für die I., in Abb. 339b für die II. Hauptstellung der Bürsten durch die voll ausgezogene Kurve R_k über der Drehzahl dargestellt.

Berechnen wir den Blindwiderstand aus der Gleichung

$$X_k = \sqrt{Z_k^2 - R_k^2}\,, \tag{493 b}$$

so erhalten wir die voll ausgezogenen Kurven X_k in den Abb. 339a u. b. Die lineare Abhängigkeit von s, die für den Blindwiderstand nach

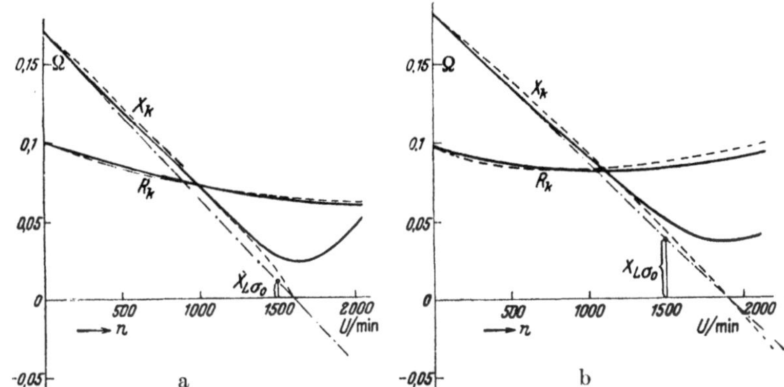

Abb. 339a u. b. Wirk- (R_k) und Blindwiderstände (X_k) beim Kurzschlußversuch (Abb. 338); a) für die I., b) für die II. Hauptstellung der Bürsten. — Nach Gl. 493a u. b, - - - nach der Tangentenformel Gl. 487 berechnet.

Gl. 492c zu erwarten war, tritt nicht auf. Die in der Rechnung vernachlässigten Eisenverluste und die vom Drehfeld induzierten Ströme in den kurzgeschlossenen Läuferspulen können dafür nicht verantwortlich gemacht werden, weil bei kurzgeschlossener Ständerwicklung das Drehfeld sehr schwach ist. Es müssen deshalb noch Oberschwingungen auftreten, die durch die Vorgänge bei der Stromwendung hervorgerufen werden. Diese prägen sich in der Nähe der synchronen Drehzahl besonders stark aus, weil dann die Blindspannung der Grundschwingung sehr klein ist.

In Abb. 340a bis c sind Oszillogramme von Sternspannung u_L und Strom i_L bei den relativen Drehzahlen $\nu = 0$, 1,02 und 1,37 wiedergegeben. Der Strom weicht nicht wesentlich von der Sinusform ab, aber die Spannungskurve weist Oberschwingungen auf, deren Amplituden und Frequenzen mit der Drehzahl wachsen. Der Phasenwinkel zwischen u_L und i_L wird mit wachsender Drehzahl bis zur synchronen kleiner und ändert dann sein Vorzeichen. Bei der Aufnahme wurde der Läufer vom Stadtnetz gespeist und die Spannung durch Wirkwiderstände im Läuferkreis eingestellt. Die Eigenfrequenz der Oszillographen-schleife betrug nur 1700 Hz, so daß die hochfrequenten Schwingungen nicht mehr wiedergegeben wurden. Das Oszillogramm in Abb. 341 zeigt dagegen Aufnahmen mit einer Schleife von 20000 Hz Eigenfrequenz, wobei der Läuferkreis wie im Falle der Abb. 339a u. b von einer Synchronmaschine gespeist und mit synchroner Drehzahl angetrieben wurde. Obgleich der Strom fast sinusförmig schwingt, treten in der Spannungskurve sehr starke Oberschwingungen auf.

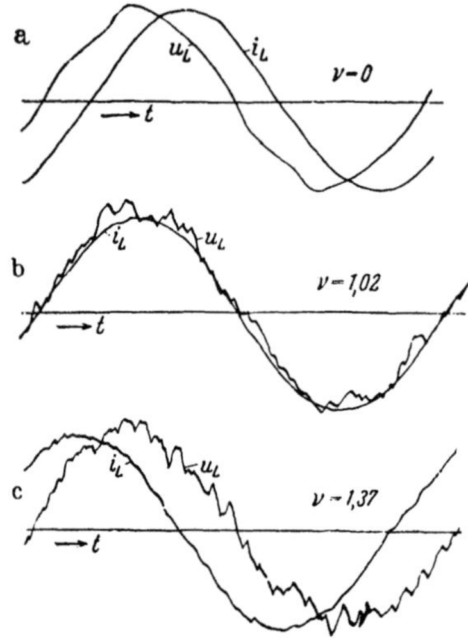

Abb. 340a bis c. Spannung u_L und Strom i_L bei verschiedenen relativen Drehzahlen ν.

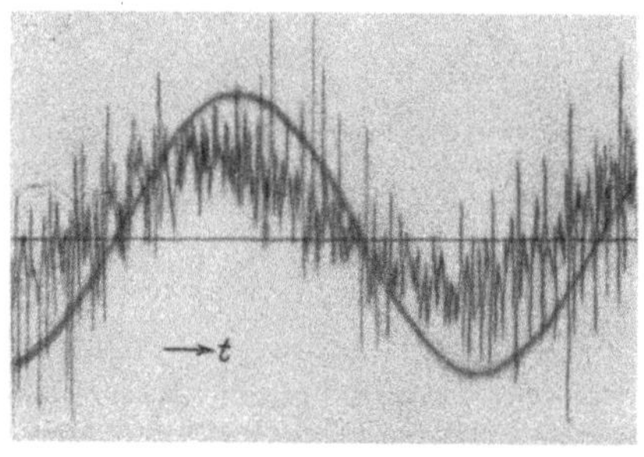

Abb. 341. Spannung bei sinusförmigem Strom; Eigenfrequenz der Oszillographenschleife 20000 Hz.

Berechnen wir den Winkel φ_k nach der Tangentenformel (Gl. 487) und mit dem so gewonnenen Winkel

$$R_k = Z_k \cos \varphi_k \quad \text{und} \quad X_k = Z_k \sin \varphi_k, \qquad (494\,\text{a u. b})$$

so erhalten wir die gestrichelten Kurven in den Abb. 339a u. b. Die Kurven für X_k schneiden die Abszissen bei einer Drehzahl, die etwas über der synchronen liegt, weichen aber noch erheblich von einer Geraden ab. Legen wir durch X_k bei $n = 0$ und der Drehzahl n, bei der $N_1 = N_2$ ist, also nach Gl. 487 $\operatorname{tg}\varphi_k = 0$ wird, eine Gerade (strichpunktiert in den Abb. 339a u. b), so ist die Ordinate dieser Geraden bei $n = n_1 = 1500$ U/min angenähert $X_{L\sigma 0}$. In der I. Hauptstellung der Bürsten erhalten wir also $X_{L\sigma 0} = 0{,}011$, in der II. $X_{L\sigma 0} = 0{,}039\ \Omega$.

Genauer läßt sich $X_{L\sigma 0}$ ermitteln, wenn die Oberschwingungen des Stromes in der Spannungsspule des Leistungszeigers unterdrückt werden. Das kann man erreichen, wenn mit der Spannungsspule eine Drossel mit geradliniger Kennlinie in Reihe geschaltet wird, so daß der Widerstand im Spannungskreis im wesentlichen induktiv ist. Enthält er den Wirkwiderstand R und den Blindwiderstand X, so ist die gemessene Leistung

$$N = (R_k \sin \delta + X_k \cos \delta)\, I^2 \quad \text{mit} \quad \operatorname{tg} \delta = R/X, \quad \text{(495a u. b)}$$

woraus man

$$X_k = \frac{N - R_k I^2 \sin \delta}{I^2 \cos \delta} \tag{495}$$

berechnet. Zur Messung muß hierbei ein Torsions-Elektrodynamometer verwendet werden [L 303], um die gegenseitige Induktion der beiden Spulen auszuschließen; denn die gewöhnlichen Zeigergeräte setzen einen Wirkwiderstand im Spannungszweig voraus.

4. Die zusätzlichen Drehmomente M_k und M_{v2}.

Außer dem Drehmoment M, das der über die Bürsten der Läuferwicklung zugeführte Strom I_L mit dem Drehfeld bildet, tritt bei ständergespeisten Maschinen noch ein zusätzliches Drehmoment M_k auf, das die quer durch die Bürsten fließenden Kurzschlußströme mit dem Drehfeld entwickeln. Außerdem entsteht bei ständer- und läufergespeisten Maschinen noch ein zusätzliches Drehmoment M_{v2}, das der vom Ständer auf den Läufer übertragenen Leistung N_i' bei abgehobenen Bürsten entspricht (vgl. Abschn. A 12c),

$$M_{v2} = \frac{p}{\omega}\, N_i'. \tag{496}$$

Dieses zusätzliche Drehmoment ist verhältnismäßig klein. Die Summe $M_k + M_{v2}$ können wir bei ständergespeisten Maschinen mit einer gewissen Annäherung experimentell bestimmen [L 305]. Da die Kurzschlußströme nicht nur von der in den Spulen induzierten EMK abhängen, sondern auch von dem Hauptstrom, der durch die Bürsten fließt, müssen wir das Drehmoment der Kurzschlußströme möglichst für den Betriebszustand der Maschine ermitteln. Verfahren, die hierfür in Frage kommen, werden in den Abschnitten a und b besprochen; im Abschn. c werden wir dann zeigen, daß die Ermittlung des Drehmoments bei offenem Läuferkreis unzulänglich ist.

a. Aus Nutzmoment und einer Leistungsmessung. Wir setzen eine ständergespeiste Nebenschlußmaschine voraus, etwa in der Schaltung mit Regelung durch Stufentransformator nach Abb. 275. Um das Drehmoment der Kurzschlußströme einer Reihenschlußmaschine zu ermitteln, kann diese als Nebenschlußmaschine geschaltet werden.

Wir denken uns die Maschine als Motor mit konstantem Drehmoment M_W an der Welle der Maschine belastet und die Drehzahl durch Ändern der dem Läufer zugeführten Spannung geregelt. Das innere in der Maschine entwickelte Drehmoment ist dann

$$M_i = M_W + M_v \qquad (497\,\mathrm{a})$$

(vgl. Abb. 342), worin

$$M_v = M_{LR} + M_{BR} + M_L + M_{Ez} \qquad (497)$$

das Verlustmoment des Motors ist. Es setzt sich zusammen aus den Drehmomenten M_{LR} der Lagerreibung, M_{BR} der Bürstenreibung, M_L der eigenen Lüftungsleistung und M_{Ez} der mechanisch gedeckten Eisenverluste. Die Summe $M_{LR} + M_{BR}$ wächst nur wenig mit der Drehzahl, M_L ist proportional dem Quadrat der Drehzahl, M_{Ez} angenähert einfach proportional der Drehzahl.

Das gesamte in der Maschine entwickelte Drehmoment ist andrerseits nach Abschn. A 12

$$M_i = M + M_k + M_{v2}. \qquad (497\,\mathrm{b})$$

M_k und M_{v2} werden bei übersynchroner Drehzahl negativ.

Wäre uns also außer M_W und M_v auch noch M bekannt, so könnten wir nach Abb. 342

$$M_k + M_{v2} = M_W + M_v - M \qquad (498)$$

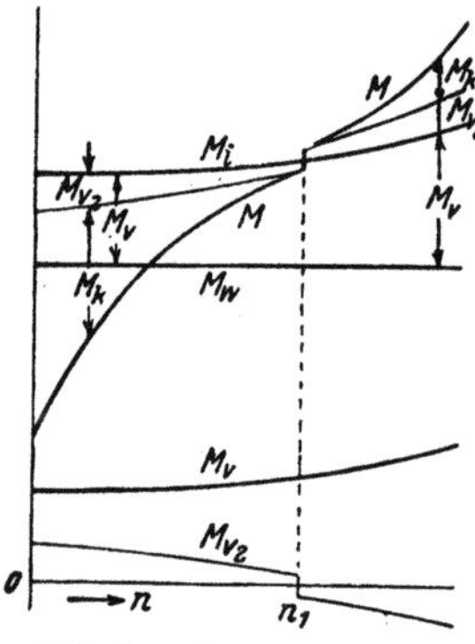

Abb. 342. Die verschiedenen Drehmomentanteile über der Drehzahl n.

berechnen. M können wir nun aus einer Leistungsmessung gewinnen, bei der der Spannungskreis des Leistungszeigers von der Spannung U_S der Ständerwicklung und die Stromspule von dem Läuferstrom I_L gespeist wird, wie es in Abb. 343a für je einen der Wicklungsstränge angedeutet ist.

Wir messen dabei (vgl. Abb. 343b)

$$N_L' = m_S U_S I_L \cos \varphi_L. \qquad (499\,\mathrm{a})$$

Das vom Läuferstrom I_L entwickelte Drehmoment ist nach Gl. 359

$$\left.\begin{aligned} M &= \frac{p\,m_S}{\omega} E_S I_L' \cos \psi_L \\[2mm] &= \frac{p\,m_S}{\omega} \ddot{u}\, E_S I_L \cos \psi_L, \end{aligned}\right\} \qquad (499)$$

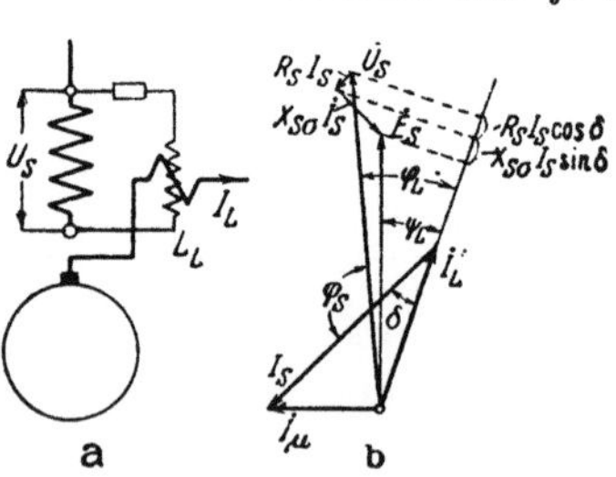

Abb. 343a u. b. a) Schaltung; b) Vektordiagramm.

während nach Abb. 343b

$$N_L'/m_S = U_S I_L \cos \varphi_L = E_S I_L \cos \psi_L + (X_{S\sigma}\sin\delta + R_S\cos\delta) I_S I_L \qquad (499\,\mathrm{b})$$

sein muß. Damit erhalten wir

$$M = \frac{p}{\omega}\,\ddot{u}\,[N_L' - m_S (X_{S\sigma}\sin\delta + R_S\cos\delta) I_S I_L]. \qquad (500)$$

Das negative Glied in der eckigen Klammer bezeichnen wir als Korrektionsglied.

An dem im Abschn. C 5b behandelten Nebenschlußmotor wurde in Betriebsschaltung bei unveränderlichem Drehmoment $M_W = 3,5$ kgm an der Welle des Motors die Drehzahl durch Einstellen des zugehörigen Drehtransformators geregelt und die Leistung N'_L (Gl. 499a) gemessen.

Das Verlustmoment M_v wurde durch besondere Messungen angenähert ermittelt. In Abb. 344 ist $M_W + M_v$ und ferner das aus N'_L berechnete Drehmoment M', d. h. bei Vernachlässigung des Korrektionsgliedes in Gl. 500, über der relativen Drehzahl v aufgetragen. Die dabei jeweils auftretenden Werte der Drehfeld-EMK $\mathcal{E}_{R_1}$ zwischen benachbarten Stromwenderstegen der Läuferwicklung sind ebenfalls an die Abszisse angeschrieben. Das Verhältnis Bürstenbreite zu Stegteilung ist $\beta = 1,67$, die gesamte Auflagefläche aller Bürsten 12,2 cm².

Bei Vernachlässigung des Korrektionsgliedes in Gl. 500 erhalten wir nach Gl. 498 $M_k + M_{v2} \approx M_W + M_v - M'$. Daß hiernach M_k nicht bei $v = 1$ Null wird, liegt hauptsächlich an der Vernachlässigung des Korrektionsgliedes, das sich bei $M_W = $ const nur wenig ändert. Nehmen

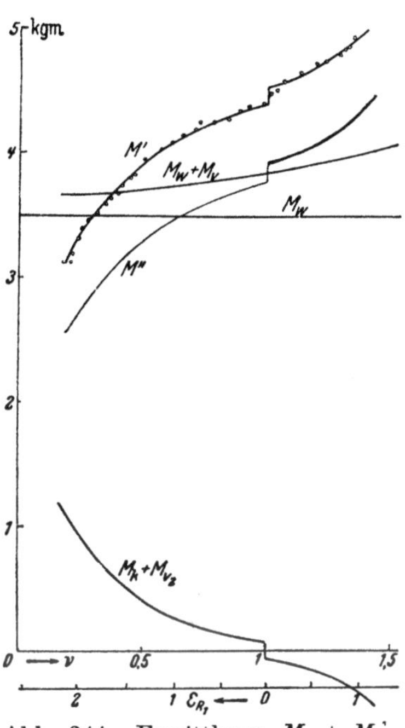

Abb. 344. Ermittlung $M_k + M_{v2}$ aus dem Drehmoment M'.

wir dieses Glied als konstant an, so müssen wir die Kurve M' so in Richtung negativer Ordinaten verschieben, daß bei $v = 1$ der Mittelwert der verschobenen Kurve M'' gleich $M_W + M_v$ ist. $M_W + M_v - M''$ stellt dann mit einer gewissen Annäherung die Summe $M_k + M_{v2}$ dar, die im unteren Teil der Abb. 344 über der relativen Drehzahl aufgetragen ist. Daß sie schon bei kleinen Werten von $\mathcal{E}_{R_1}$ verhältnismäßig groß ist, liegt daran, daß der Motor mit metallhaltigen Bürsten ausgerüstet ist.

b. Aus zwei Leistungsmessungen. Genauer können wir das Drehmoment der Kurzschlußströme bestimmen, wenn wir außer der im Abschn. a angegebenen Leistungsmessung noch eine zweite ausführen, bei der der Spannungszweig des Leistungszeigers ebenfalls an der

Ständerspannung liegt, die Stromspule aber vom Ständerstrom durchflossen wird. Die Schaltung hierfür ist in Abb. 345a für je einen der Wicklungsstränge angedeutet. Solche Leistungszeiger sind in jedem Strang zu verwenden, wenn nicht bei Sternschaltung einer dreiphasigen Ständerwicklung für beide Messungen nur je zwei Leistungszeiger verwendet werden, wie in Abb. 345b. Die Messung des Verlustmoments M_v ist hierbei nicht erforderlich, auch nicht die von M_W, doch wird man zweckmäßig bei festem Moment M_W, etwa Nennmoment, arbeiten.

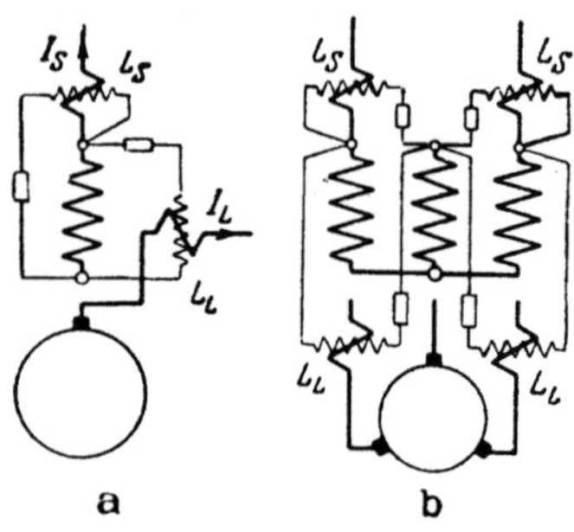

Abb. 345a u. b. a) Schaltung mit 6, b) mit 4 Leistungszeigern.

Ziehen wir von der mit den Leistungszeigern L_S gemessenen Leistung N_S die Stromwärmeverluste $m_S R_S I_S^2$ in der Ständerwicklung und die Eisenverluste Q_{E_1} im Ständer ab, so erhalten wir die gesamte vom Ständer auf den Läufer übertragene Leistung; sie entspricht dem gesamten in der Maschine entwickelten Drehmoment (Gl. 497b)

$$M_i = M + M_k + M_{v\,2} = \frac{p}{\omega}\,(N_S - m_S R_S I_S^2 - Q_{E_1}). \qquad (501\,a)$$

M ergibt sich nach Gl. 500 aus der mit Leistungszeigern L_L gemessenen Leistung N_i'. Damit erhalten wir die Summe

$$M_k + M_{v\,2} = \frac{p}{\omega}\,\{N_S - \ddot{u}\,N_L' - Q_{E_1} - m_S\,[R_S I_S^2 - \ddot{u}\,(X_{S\sigma}\sin\delta + R_S\cos\delta)\,I_S I_L]\}. \qquad (501)$$

Nach diesem Verfahren wurde das gesamte zusätzliche Drehmoment $M_k + M_{v\,2}$ für den im Abschn. B 7b näher bezeichneten Reihenschlußmotor ermittelt. Der Motor wurde als Nebenschlußmotor geschaltet. Zur Einstellung des Läuferstromes wurden zwei Drehtransformatoren verwendet: ein Doppeldrehtransformator diente zur Einstellung der Drehzahl, ein einfacher Drehtransformator zur Einstellung der Phase des Läuferstromes, um keine zu großen Korrektionen zu erhalten. Es wurden bei der Messung für jeden der drei Wicklungsstränge zwei Leistungszeiger verwendet (Abb. 345a). Um Fehler in der Leistungsmessung ausgleichen zu können, wurden die Transformatoren so eingestellt, daß sich der Blindstrom des Läufers mit der Drehzahl stetig ändert.

Die Messungen wurden folgendermaßen ausgewertet: Die Einzelleistungen N_{L_1}', N_{L_2}', N_{L_3}' der drei Leistungszeiger L_L in Abb. 345a wurden über der Drehzahl aufgetragen, durch stetige Kurven die Meßfehler ausgeglichen und aus diesen Kurven die Leistung $N_L' = N_{L_1}' + N_{L_2}' + N_{L_3}'$

gebildet. Dasselbe geschah für die Leistung N_S der drei Leistungszeiger L_S und für die Ströme. Der Sprung in der Leistungsaufnahme N_S bei der synchronen Drehzahl (vgl. Abb. 342) wurde dabei außer acht gelassen, da er sehr klein ist. Die Strangspannung an der Ständerwicklung betrug im Mittel 66,6 V. Zunächst wurden die Korrektionsglieder in Gl. 501 ganz vernachlässigt, die geschweifte Klammer also gleich $N_S - \ddot{u} N_L'$ gesetzt. In den Kurven der Abb. 346a stellt die stärkere gestrichelte Kurve die mit $\ddot{u} = 0{,}57$ berechnete Differenz $N_S - \ddot{u} N_L'$ dar. Um den Einfluß einer ungenauen Berechnung oder Messung von $\ddot{u}$ zu zeigen, ist die entsprechende Kurve für eine um 1% größere Übersetzung durch die schwächere gestrichelte Kurve angegeben. Man erkennt daraus, daß der Einfluß einer falsch ermittelten Übersetzung sich angenähert durch eine Verschiebung der Kurve in Richtung der negativen oder positiven Ordinatenachse ausgleichen läßt. Die Meßpunkte

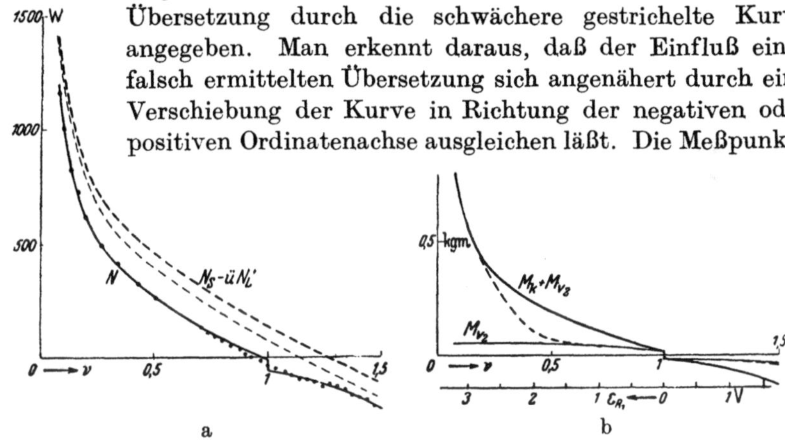

Abb. 346a u. b. a) Meßwerte nach Abb. 345a, b) $M_k + M_{v2}$, gestrichelt bei offenem Läuferkreis.

sind für diese Kurven nicht angegeben, weil die Meßfehler schon bei den Leistungen N_S und N_L' durch eine glatte Kurve ausgeglichen wurden.

Bei Berücksichtigung der Korrektionen nach Gl. 501 ergeben sich in Abb. 346a angedeuteten Punkte, wobei Q_{E_1} in bekannter Weise unter Berücksichtigung des jeweils auftretenden Wertes von E_S (Abschn. B 6a, Bd. IV) bei abgehobenen Bürsten ermittelt wurde. Beachtet man den bei $v = 1$ auftretenden Hysteresesprung, den man gleichzeitig mit der Ermittlung von Q_{E_1} erhält, und den wir beim Ausgleich der Meßwerte N_S außer acht gelassen haben, so erhält man etwa die voll ausgezogene Kurve N in Abb. 346a. Daß die Mitte des Hysteresesprungs nicht in die Abszissenachse fällt, liegt offenbar daran, daß die Übersetzung etwas zu groß eingesetzt wurde. Nach den gestrichelten Kurven in Abb. 346a ist es nicht schwer, den wahrscheinlichen Verlauf von N anzugeben. Wir erhalten ihn durch eine Verschiebung der voll ausgezogenen Kurve um 25 W in Richtung der Ordinatenachse. Multiplizieren wir N mit $p/9{,}8\,\omega = 0{,}000651$, so erhalten wir $M_k + M_{v2}$ in kgm. In Abb. 346b ist $M_k + M_{v\,2}$ über der relativen Drehzahl v durch die stärkere voll ausgezogene Kurve dargestellt; die schwächere Kurve gibt $M_{v\,2}$ an, wie sie nach den Messungen im Abschn. c erhalten wurde. Die jeweils auftretenden Werte von $\mathfrak{S}_{R_1}$ sind an die Abszissenachse angeschrieben. Das Verhältnis Bürstenbreite zu Stegteilung ist $\beta = 1{,}94$, die gesamte Auflagefläche der Bürsten 28,8 cm².

Die Genauigkeit der Messung war dadurch beeinträchtigt, daß sehr viele Meßinstrumente möglichst gleichzeitig abgelesen werden mußten. Hätte man die Messung mit nur je zwei Leistungszeigern ausgeführt und die Winkel φ_S und φ_L, aus denen $\delta = \pi - (\varphi_S - \varphi_L)$ zu berechnen ist (vgl. Abb. 343b), nach der Tangentenformel ermittelt, so hätte man wahrscheinlich noch zuverlässigere Kurven erhalten.

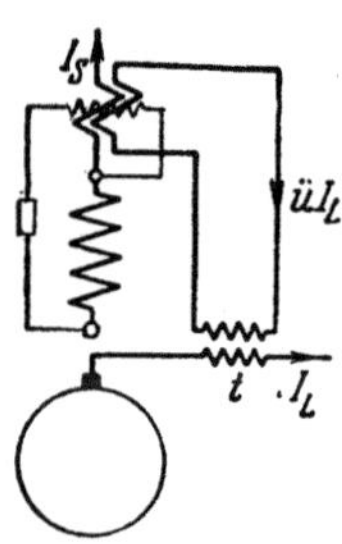

Abb. 347. Schaltung für unmittelbare Messung von $N_S - \ddot{u}\,N_L'$.

Genauere Ergebnisse würde man auch gewinnen, wenn man die Differenz $N_S - \ddot{u}\,N_L'$ mit je einem Leistungszeiger unmittelbar messen könnte. Die Stromspule des Leistungszeigers besteht nun gewöhnlich aus zwei Hälften, die je nach dem Meßbereich parallel oder in Reihe geschaltet werden können. Schickt man nach Abb. 347 durch die eine Hälfte der Stromspule den Strom I_S, durch die andere $\ddot{u}\,I_L$, den man über einen Stromtransformator t mit kleinem Fehlwinkel erhält, so kann man $N_S - \ddot{u}\,N_L'$ unmittelbar messen, sofern die Beeinflussung des Stromes $\ddot{u}\,I_L$ durch die von I_S durchflossene Stromspule des Leistungszeigers vernachlässigbar klein ist oder kompensiert wird (indem man die beiden Stromkreise nochmals, aber im entgegengesetzten Sinne koppelt). Die beiden Teile der Stromspule müssen vollkommen gleichwertig sein, was sich durch bifilare Wicklung erreichen läßt.

c. Bei offenem Läuferkreis. Einfacher ist die Ermittlung des Drehmoments der Kurzschlußströme bei offenem Läuferkreis, die aber bei kleineren Werten von $\mathfrak{S}_{R_1}$ viel zu kleine Drehmomente ergibt.

Treiben wir den Läufer von außen an und messen einmal die von der Ständerwicklung aufgenommene elektrische Leistung N_S bei abgehobenen, das andere Mal bei aufliegenden Bürsten, so ist die Differenz aus der gemessenen Leistung N_S und den Stromwärmeverlusten $m_S R_S I_S^2$ in der Ständerwicklung in diesen beiden Fällen, a und b,

$$N_{Sa} - m_S R_S I_{Sa}^2 = Q_{E_1} + N_i' \quad \text{und} \quad N_{Sb} - m_S R_S I_{Sb}^2 = Q_{E_1} + N_i' + N_k, \qquad (502\text{a u. b})$$

worin N_k die vom Ständer auf die Kurzschlußkreise des Läufers übertragene Leistung bedeutet. Aus Gl. 502a erhalten wir

$$M_{v\,2} = \frac{p}{\omega}\,N_i' = \frac{p}{\omega}\,(N_{Sa} - Q_{E_1} - m_S R_S I_{Sa}^2), \qquad (503\text{a})$$

aus den Gl. 502a u. b

$$M_k = \frac{p}{\omega} N_k = \frac{p}{\omega} [N_{Sb} - N_{Sa} - m_S R_S (I_{Sb}^2 - I_{Sa}^2)] \approx \frac{p}{\omega} (N_{Sb} - N_{Sa}) \quad (503\,\text{b})$$

und

$$M_k + M_{v2} = \frac{p}{\omega} [N_{Sb} - Q_{E_1} - m_S R_S I_{Sb}^2]. \quad (503)$$

Ebenso können wir auch aus der dem Läufer mechanisch zu-geführten Leistung M_k berechnen. Bei unerregter Ständerwicklung messen wir bei abgehobenen (a) und aufgelegten (b) Bürsten die mechanischen Leistungen

$$N_{0a} = Q_{LR} + Q_L \quad \text{und} \quad N_{cb} = Q_{LR} + Q_L + Q_{BR}. \quad (504\,\text{a u. b})$$

Legen wir die Ständerwicklung an Spannung, so messen wir bei ab-gehobenen Bürsten

$$N_a = Q_{LR} + Q_L + Q_{Ez} - (1 - s) N_i' \quad (505\,\text{a})$$

(Abschn. B 6a, Bd. IV), bei aufliegenden Bürsten

$$N_b = Q_{LR} + Q_L + Q_{BR} + Q_{Ez} - (1 - s) N_i' - (1 - s) N_k. \quad (505\,\text{b})$$

Aus 505a u. b erhalten wir

$$N_a - N_b = (1 - s) N_k - Q_{BR}, \quad (506\,\text{a})$$

aus 504a u. b

$$N_{0b} - N_{0a} = Q_{BR} \quad (506\,\text{b})$$

und damit

$$(1 - s) N_k = N_a - N_b + N_{0b} - N_{0a} \quad (507\,\text{a})$$

oder

$$M_k = \frac{p}{(1 - s)\,\omega} (1 - s) N_k = \frac{p}{\omega} N_k. \quad (507\,\text{b})$$

In Abb. 346b ist die aus den elektrischen Messungen (Gl. 502a u. b) berechnete Summe $M_k + M_{v2}$ (Gl. 503a u. b) durch die gestrichelte Kurve dargestellt; das aus den mechanischen Messungen (Gl. 504a u. b) ermittelte Drehmoment der Kurzschlußströme wich nur sehr wenig von dem nach Gl. 503b ab. Wir erkennen aus Abb. 346b, daß die Mes-sung bei offenem Läuferkreis für kleine Werte von $\mathcal{S}_{R_1}$ viel zu kleine Werte von M_k ergibt und sich erst bei größeren Werten von $\mathcal{S}_{R_1}$ den Werten beim betriebsmäßigen Zustand der Maschine nähert. Die Mes-sung bei offenem Läuferkreis berücksichtigt auch nicht, daß sich die Bürstenreibung mit der Strombelastung der Bürsten ändert (vgl. Abschn. I A 7e).

J. Entwurf.

Die Eigenschaften der Stromwenderwicklungen, die Berechnung der induzierten EMKe und der Spannungsverluste, sowie die Ein-richtungen zur Unterdrückung des Bürstenfeuers haben wir schon im der dem Läufer zugeführten Spannung geregelt. Das innere in der Maschine entwickelte Drehmoment ist dann

$$M_i = M_W + M_v \qquad (497\,\text{a})$$

(vgl. Abb. 342), worin

$$M_v = M_{LR} + M_{BR} + M_L + M_{Ez} \qquad (497)$$

das Verlustmoment des Motors ist. Es setzt sich zusammen aus den Drehmomenten M_{LR} der Lagerreibung, M_{BR} der Bürstenreibung, M_L der eigenen Lüftungsleistung und M_{Ez} der mechanisch gedeckten Eisenverluste. Die Summe $M_{LR} + M_{BR}$ wächst nur wenig mit der Drehzahl, M_L ist proportional dem Quadrat der Drehzahl, M_{Ez} angenähert einfach proportional der Drehzahl.

Das gesamte in der Maschine entwickelte Drehmoment ist andrerseits nach Abschn. A 12

$$M_i = M + M_k + M_{v2}. \qquad (497\,\text{b})$$

M_k und M_{v2} werden bei übersynchroner Drehzahl negativ.

Wäre uns also außer M_W und M_v auch noch M bekannt, so könnten wir nach Abb. 342

$$M_k + M_{v2} = M_W + M_v - M \qquad (498)$$

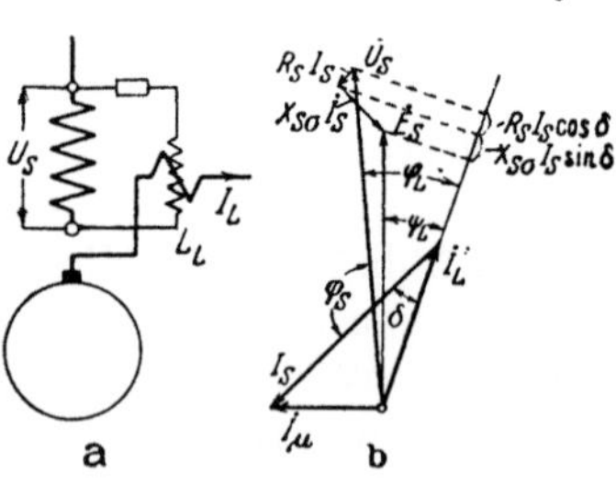

Abb. 342. Die verschiedenen Drehmomentanteile über der Drehzahl n.

berechnen. M können wir nun aus einer Leistungsmessung gewinnen, bei der der Spannungskreis des Leistungszeigers von der Spannung U_S der Ständerwicklung und die Stromspule von dem Läuferstrom I_L gespeist wird, wie es in Abb. 343a für je einen der Wicklungsstränge angedeutet ist. Wir messen dabei (vgl. Abb. 343b)

$$N_L' = m_S U_S I_L \cos \varphi_L. \qquad (499\,\text{a})$$

Das vom Läuferstrom I_L entwickelte Drehmoment ist nach Gl. 359

$$\left. \begin{array}{l} M = \dfrac{p\,m_S}{\omega} E_S I_L' \cos \psi_L \\[2ex] = \dfrac{p\,m_S}{\omega} \ddot{u}\, E_S I_L \cos \psi_L, \end{array} \right\} \qquad (499)$$

Abb. 343a u. b. a) Schaltung; b) Vektordiagramm.

während nach Abb. 343b

$$N_L'/m_S = U_S I_L \cos \varphi_L = E_S I_L \cos \psi_L + (X_{S\sigma} \sin \delta + R_S \cos \delta) I_S I_L \qquad (499\,\text{b})$$

sein muß. Damit erhalten wir

$$M = \frac{p}{\omega} \ddot{u}\, [N_L' - m_S (X_{S\sigma} \sin \delta + R_S \cos \delta) I_S I_L]. \qquad (500)$$

so erhalten wir

$$\sigma = \frac{1}{2f}\left(\frac{\tau - a}{b\,\tau}\right)^3 \frac{J}{cm^3}. \qquad (509\,b)$$

Der mittlere Drehschub ist außer von der Betriebsdauer noch abhängig von dem größten betriebsmäßig auftretenden Drehzahlverhältnis (Regelbereich) und von der Änderung des Drehmoments mit der Drehzahl. Bei kleineren Drehzahlen wird die Belüftung schlechter, wodurch der zulässige mittlere Drehschub kleiner wird; sinkt bei demselben Drehzahlverhältnis das verlangte Drehmoment mit der Drehzahl, so kann die Maschine für größeren mittleren Drehschub bemessen werden, weil dann die Stromwärmeverluste mit sinkender Drehzahl kleiner werden. Durch Einsetzen der Hauptabmessungen günstig ausgeführter Maschinen in Gl. 508b bei etwa gleichen Lüftungsbedingungen, Regelbereichen und Drehmomenten kann σ über der Polteilung dargestellt werden.

Werden bei größeren Maschinen große Drehmomente bei sehr kleinen Drehzahlen dauernd verlangt, so wird auch zusätzliche Belüftung angewendet, etwa durch einen Lüfter, der von einem kleinen Kurzschlußmotor mit fester Drehzahl angetrieben wird und auch in die Maschine eingebaut werden kann.

Bei den Gl. 508b u. 509a ist noch zu beachten, daß die ideelle Ankerlänge l_i nicht wie bei der Synchronmaschine und der Induktionsmaschine unabhängig von der Polteilung angenommen werden darf, sondern daß das Verhältnis λ (Gl. 508c) durch den höchsten betriebsmäßig noch zulässigen Wert der Drehfeld-EMK $\mathscr{E}_{R_1}$ zwischen benachbarten Stromwenderstegen, der Stromwenderwicklung und der Grundwellenamplitude B_1 der Luftspaltinduktion bestimmt wird. Den zulässigen Wert von $\mathscr{E}_{R_1}$ beziehen wir auf den bei synchroner Relativgeschwindigkeit zwischen Drehfeld und Stromwenderwicklung auftretenden Wert $\mathscr{E}_{R_0}$.

In einer Spule der Stromwenderwicklung mit w_{Sp} Windungen und dem Spulenfaktor ς wird bei synchroner Relativgeschwindigkeit von der Grundwelle des Drehfeldes die EMK

$$\frac{a}{p}\,\mathscr{E}_{R_0} = \pi\,\sqrt{2}\,f\,\varsigma\,w_{Sp}\,\Phi_1, \quad \text{mit} \quad \Phi_1 = \frac{2}{\pi}\,\tau\,l_i\,B_1 \qquad (510\,\text{a u. b})$$

induziert. Daraus erhalten wir

$$C = \tau\,l_i = \frac{a}{p}\,\frac{\mathscr{E}_{R_0}\,10^8}{2\sqrt{2}\,f\,\varsigma\,w_{Sp}\,B_1}\;cm^2 \quad \text{und} \quad \lambda = \frac{C}{\tau^2}, \qquad (511\,\text{a u. b})$$

worin $\mathscr{E}_{R_0}$ in V, τ und l_i in cm, f in Hz und B_1 in Gauß einzusetzen sind; a ist die halbe Zahl der parallelen Zweige der Stromwenderwicklung (nicht zu verwechseln mit a in den Gl. 509a u. b). Führen wir den Wert für λ in Gl. 509a ein und lösen nach $\sqrt[3]{N_0/2pC}$ auf, so erhalten wir

$$\sqrt[3]{\frac{N_0}{2\,p\,C}} = \frac{\tau - \mathsf{a}}{\mathsf{b}\,\tau^{2/3}}. \tag{511}$$

In Abb. 348 ist der mittlere Drehschub σ über der Polteilung τ dargestellt, wie er sich etwa nach ausgeführten Maschinen der verschiedenen Art (vgl. die Abschn. 2 bis 4) bei Eigenbelüftung ergibt. Abb. 349 zeigt die hierzu gehörigen Polteilungen über dem

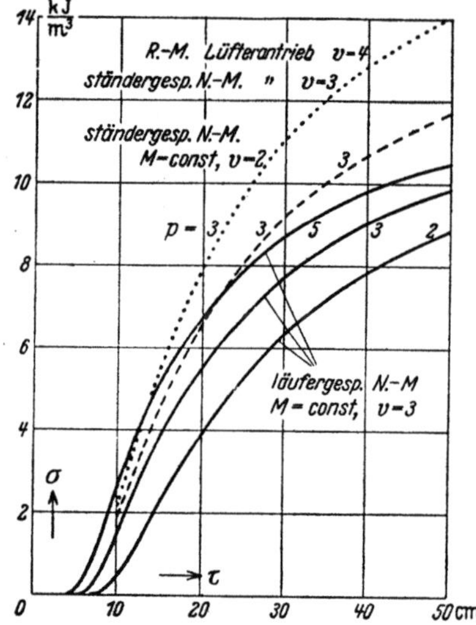

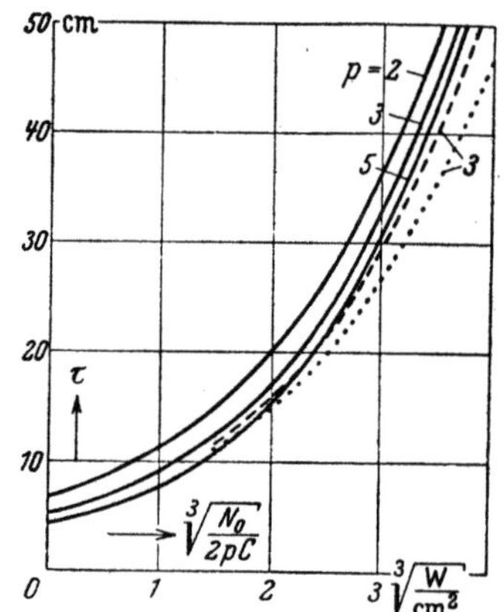

Abb. 348. Mittlerer Drehschub σ über der Polteilung τ. $v = n_{\max}/n_{\min}$.

Abb. 349. Polteilung τ über $\sqrt[3]{N_0/2pC}$.

Ausdruck $\sqrt[3]{N_0/2pC}$, die einen ungefähren Anhalt über die Wahl der Polteilung für den ersten Entwurf gibt.

b. Strombelag und Leistung je Polpaar. Der mit der auf die EMK bezogenen Wirkkomponente I_{2w} berechnete effektive Strombelag der Sekundärwicklung (Gl. 96a, Bd. II)

$$A_{2w} = \frac{2\,m_2\,w_2}{2\,p\,\tau}\,I_{2w} \tag{512a}$$

ergibt sich nach Gl. 553, Bd. II, zu

$$A_{2w} = \frac{\sqrt{2}\,\sigma\,10^8}{\xi_2\,B_1}\,\frac{\text{A}}{\text{cm}}, \tag{512}$$

wenn σ in $\text{J/cm}^3 = 10^3\ \text{kJ/m}^3$ und B_1 in Gauß eingesetzt werden.

Mit dem Strombelag A_{2w} können wir die Leistung je Polpaar berechnen. Die Leistung der Maschine ergibt sich aus der Strangzahl m_2, der beim Schlupf $s = 1$ auftretenden EMK E_{20} der Sekundärwicklung und der mit dieser EMK phasengleichen Komponente I_{2w} des Sekundärstromes zu

$$N_0 = m_2 E_{20} I_{2w}, \quad \text{mit} \quad E_{20} = \sqrt{2}\,\pi\,f\,\xi_2\,w_2\,\Phi_1. \qquad \text{(513a u. b)}$$

Setzen wir den Fluß Φ_1 nach Gl. 510b und I_{2w} nach Gl. 512a ein und schließlich A_{2w} nach Gl. 512, so erhalten wir die Polpaarleistung

$$\frac{N_0}{p} = \frac{a}{p}\,\frac{\xi_2\,\mathfrak{E}_{R0}}{\varsigma\,w_{Sp}}\,\tau\,A_{2w}\ \text{Watt} = \frac{a}{p}\,\frac{\sqrt{2}\,\mathfrak{E}_{R0}}{w_{Sp}}\,\frac{\tau\,\sigma\,10^8}{\varsigma\,B_1}\ \text{Watt}, \qquad \text{(514a)}$$

worin $\mathfrak{E}_{R0}$ in V, τ in cm, A_{2w} in A/cm, B_1 in Gauß und σ in J/cm^3 einzusetzen sind. Wenn die Werte a und b in Gl. 509b bekannt sind, können wir N_0/p auch unmittelbar aus Gl. 511 berechnen:

$$\frac{N_0}{p} = \frac{2\,C}{\tau^2}\left(\frac{\tau - a}{b}\right)^3 \text{Watt}, \qquad \text{(514b)}$$

worin τ und a in cm, C in cm^2 und b in cm W$^{-1/3}$ einzusetzen sind. Die Gl. 514a u. b gelten auch für den Fall, daß die Sekundärwicklung eine Stromwenderwicklung ist.

c. Länge der Schleiffläche des Stromwenders. Mit dem Strom I_2, der Zahl B der gleichphasigen und gleichpoligen Bürsten, der Bürstenbreite b und der zugelassenen Stromdichte G erhält man die axiale Länge der Schleiffläche für einen Bürstenbolzen zu

$$l_{K_1} = \frac{I_2}{b\,B\,G}. \qquad \text{(515)}$$

Bei Drei- und Sechsbürstenschaltung ist $B = p$, bei Zwölfbürstenschaltung $B = 2p$. Die Bürstenbreite wird gewöhnlich zu 8 mm bemessen, die Stromdichte beträgt etwa 10 A/cm^2 und wird, um die Verluste durch Kurzschlußströme unter den Bürsten zu verringern, mit Werten bis zu 15 A/cm^2 zugelassen. Wenn zur Regelung die Bürsten zweier Bürstenbolzen aneinander vorbeibewegt werden müssen, muß die axiale Länge der Schleiffläche des Stromwenders $2\,l_{K_1}$ sein.

2. Die läufergespeiste Nebenschlußmaschine.

a. Hauptabmessungen, B_1. Die Hauptabmessungen hängen davon ab, ob Primärwicklung und Regelwicklung getrennt sind (Abb. 309b), ob beide Wicklungen in Sparschaltung (vgl. Abb. 502, Bd. II) geschaltet oder ob bei Verwendung eines besonderen Transformators zwischen Netz und Primärwicklung eine gemeinsame Wicklung benutzt wird (Abb. 309a). In den beiden letzten Fällen ergeben sich kleinere Abmessungen für die Maschine, besonders bei Verwendung einer gemeinsamen Wicklung, im letzten Falle aber auch größere Schleifringe.

Bei getrennten Wicklungen hängen die Abmessungen auch insofern vom Regelbereich ab, als bei kleineren Regelbereichen die Regelwicklung weniger Raum in den Läufernuten beansprucht als bei größeren.

Im folgenden nehmen wir an, daß Primärwicklung und Regelwicklung getrennt sind, wie die Maschinen meistens ausgeführt werden. Dann muß außer der Primärwicklung auch noch die Regelwicklung im inneren Maschinenteil untergebracht werden, und es macht sich der Raumverlust in den Nuten durch die Verjüngung der Nutbreite bei kleinen Läuferdurchmessern stark bemerkbar (vgl. Abschn. II E 4, Bd. I). Es ist deshalb der mittlere Drehschub nicht nur von der Polteilung, sondern auch von der Polpaarzahl abhängig, wie wir es bei der Synchronmaschine (Abschn. II L 2b, Bd. II) erläutert haben.

Häufig werden die Motoren für das Drehzahlverhältnis n_{max}/n_{min} $= 3$ bei festem Drehmoment und Dauerbetrieb entworfen. Bei der heute üblichen Belüftung kann man in diesem Falle bei 50 Hz für die Werte a und b in den Gl. 509a u. b und 511 etwa setzen

$$\left. \begin{aligned} p &= 2 \quad\ \ 3 \quad\ \ 5 \\ a &= 6{,}8 \quad 5{,}2 \quad 4{,}2 \text{ cm}, \quad b = 0{,}9 \text{ cm W}^{-1/3}. \end{aligned} \right\} \tag{516}$$

Mit diesen Zahlenwerten für a und b ist in Abb. 348 der nach Gl. 509b berechnete mittlere Drehschub σ und in Abb. 349 die Polteilung τ über $\sqrt[3]{N_0/2pC}$ durch die voll ausgezogenen Kurven dargestellt. Größere Polteilungen als etwa 35 cm kommen bei der läufergespeisten Nebenschlußmaschine praktisch nicht in Frage (vgl. Abschn. b).

Der Abb. 349 kann man für eine verlangte Leistung N_0 bei festliegender Polpaarzahl $p = f/n_1$ mit dem Wert C (Gl. 511a) die Polteilung τ der Maschine entnehmen, womit man nach Gl. 511a die zugehörige Ankerlänge l_i erhält. C wird durch den noch zulässigen Wert von $\mathfrak{S}_{R0}$, die angenommene Regelwicklung (a, ς, w_{Sp}) und die Induktionsamplitude B_1 bestimmt.

Bei der läufergespeisten Nebenschlußmaschine ist die Relativgeschwindigkeit zwischen Drehfeld und Stromwenderwicklung gleich der synchronen Geschwindigkeit, also $\mathfrak{S}_{R1} = \mathfrak{S}_{R0}$. Mit Rücksicht auf die Unterdrückung des Bürstenfeuers und Einschränkung der Kurzschlußverluste darf $\mathfrak{S}_{R0}$ einen gewissen Höchstwert nicht überschreiten. Dieser liegt, wenn man nicht besonderen Wert auf kleine Kurzschlußverluste und funkenfreien Lauf legt, bei eingängigen Wicklungen etwa bei 2,4 V, bei zweigängigen Schleifenwicklungen bei 2,2 V.

Die Induktion B_1 liegt bei mittleren und größeren Maschinen etwa zwischen 4500 und 6000 Gß, bei kleineren Maschinen noch darunter. Die niedrigen Werte ergeben sich mit Rücksicht auf den Leistungsfaktor; die Blindströme können nämlich bei synchroner Drehzahl und den üblichen Bürstenverstellvorrichtungen gar nicht und bei kleineren Drehzahlen nur unvollkommen kompensiert werden.   .

Die Regelwicklung wird so gewählt, daß das Verhältnis λ in angemessenen Grenzen bleibt (etwa $0,75 \leq \lambda \leq 2$). Die Windungszahl einer Spule der Regelwicklung ist, von ganz kleinen Maschinen abgesehen, $w_{Sp} = 1$, der Spulenfaktor $\varsigma \approx 1$, wenn nicht zur Unterdrückung der Oberwellen (vgl. Abschn. e) oder um große Leistungen je Polpaar zu erreichen (Abschn. b) die Spulenweite verkürzt wird.

Nach der Praxis der SSW soll man den Durchmesser des Läufers als Funktion des Verhältnisses N_0/n_1 darstellen können [L 6, S. 360]. Die Kurve l. N. in Abb. 350 gilt für die läufergespeiste Nebenschlußmaschine und ein Drehzahlverhältnis $n_{max}/n_{min} = 3$ bei festem Drehmoment. Diese Darstellung setzt aber schon gewisse Regelwicklungen, Polpaarzahlen und Verhältnisse $\lambda = l_i/\tau$ voraus, denn physikalisch läßt sie sich schwer begründen. Entnimmt man z. B. bei wachsendem N_0/n_1 der Abb. 350 den Durchmesser und berechnet bei fester Polpaarzahl, fester Induktionsamplitude B_1 und einer bestimmten Art der Regelwicklung (a, ς, w_{Sp}) die ideelle Ankerlänge (umgekehrt proportional D) und den mittleren Drehschub, so wächst dieser unbeschränkt, und zwar schneller als die Polteilung

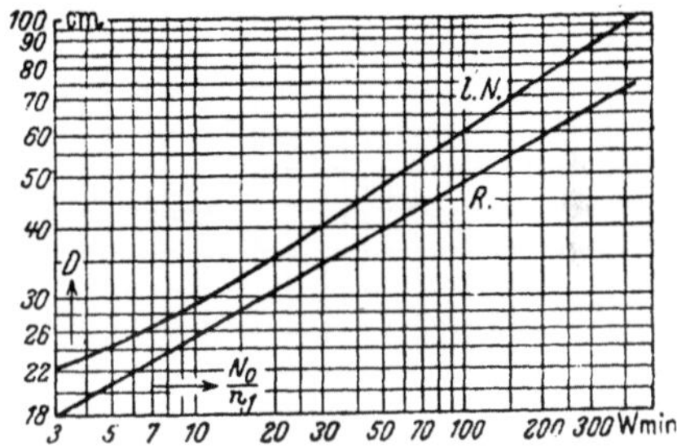

Abb. 350. Läuferdurchmesser D über N_0/n_1 nach der Praxis der SSW. $l.N.$ läufergespeiste Nebenschlußmaschine; $R.$ Reihenschlußmaschine.

(oder der Durchmesser), was aber mit unserer Erkenntnis und auch mit der Erfahrung im Widerspruch steht. Beim Übergang von eingängiger zu zweigängiger Wicklung sinkt dann der mittlere Drehschub auf die Hälfte, weil bei demselben Durchmesser die Ankerlänge nach Gl. 511a doppelt so groß wird.

Mit Rücksicht auf einen günstigen Leistungsfaktor ist die Luftspaltlänge zwischen Ständer und Läufer möglichst klein zu bemessen. Anderseits sind aber die Oberschwingungen der EMK in den von Bürsten überbrückten Läuferspulen um so stärker, je kleiner die Luftspaltlänge ist. Sie kann zu etwa 2 bis $3 \cdot 10^{-3}\, D$ angenommen werden, soll aber aus mechanischen Gründen nicht kleiner als $0,5$ mm sein.

In Abb. 351 sind noch die bei synchroner Drehzahl und Leistung N_0 etwa geltenden Werte für Wirkungsgrad η und Leistungsfaktor $|\cos \varphi|$ dargestellt [L 6, S. 361].

b. Leistung je Polpaar. Wir setzen wie im Abschn. a ein Drehzahlverhältnis $v = n_{max}/n_{min} = 3$ und festes Drehmoment voraus. Dann können wir mit den Werten nach Gl. 516 die Polpaarleistung nach Gl. 514b berechnen.

Mit dem größten, gerade noch zulässigen Wert $\mathcal{E}_{R0} = 2,5$ V und einer Induktionsamplitude $B_1 = 5000$ Gß erhalten wir bei einer eingängigen Schleifenwicklung ($a/p = 1$, $w_{Sp} = 1$, $\varsigma = 1$) nach Gl. 511a $C = \tau l_i = 354$ cm² und bei beispielsweise $\lambda = 1$ $\tau = \sqrt{354} = 18{,}8$ cm. Damit ergibt sich bei $p = 3$ Polpaaren ($\mathfrak{a} = 5{,}2$, $\mathfrak{b} = 0{,}9$) $N_0/p = 6880$ W $= 6{,}88$ kW. Für eine zweigängige Schleifenwicklung ($a = 2p$), $\mathfrak{E}_{R0} = 2{,}3$ V, sonst aber mit denselben Werten wie im ersten Falle, wird $C = 651$ cm², $\tau = 25{,}5$ cm, $N_0/p = 23$ kW. Will man noch größere Werte für N_0/p bei einem Verhältnis $\lambda = 1$ erreichen, so kann man den Spulenfaktor der Regelwicklung kleiner wählen. So erhält man z. B. mit $\varsigma = 0{,}866$ ($W/\tau = 2/3$), $C = 750$ cm² und $\tau = 27{,}4$ cm $N_0/p = 30$ kW bei $p = 3$ oder $N_0/p = 34$ kW bei $p = 5$ ($\mathfrak{a} = 4{,}2$, $\mathfrak{b} = 0{,}9$). Das dürfte

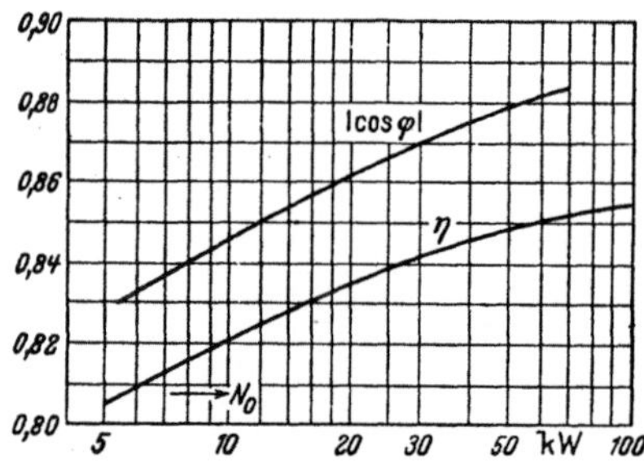

Abb. 351. $\cos \varphi$ und η bei synchroner Drehzahl der läufergespeisten Nebenschlußmaschine.

etwa die größte bei läufergespeisten Nebenschlußmaschinen erreichbare Polpaarleistung bei synchroner Drehzahl sein, wenn man mit dem Verhältnis λ nicht unter 1 gehen will. Mit $\lambda = 0{,}6$ wird dagegen im letzten Falle $\tau = 35{,}3$ cm und $N_0/p = 50{,}8$ kW. Größere Polteilungen als etwa 35 cm dürften für die läufergespeiste Nebenschlußmaschine wohl nicht in Frage kommen.

c. Nutung. Die Nutenzahl q je Pol und Strang ist wie beim Induktionsmotor zu wählen, mit Rücksicht auf möglichst kleine Spaltstreuung also $q \geq 2$. Da Läufer und Ständer verschiedene Nutenzahlen erhalten müssen und bei der läufergespeisten Nebenschlußmaschine im Läufer die Primärwicklung, und bei getrennter Regelwicklung auch noch diese im Läufer untergebracht werden muß, ergibt sich für den Läufer $q_1 \geq 2$, für den Ständer $q_2 \geq 3$. Bei den üblichen mechanischen Einrichtungen zur Bürstenverschiebung (vgl. Abschn. D 2) ist in der Nähe der synchronen Drehzahl eine Kompensation des Blindstromes nicht möglich; deshalb wird man bedacht sein, die Streuung möglichst einzuschränken und die Nutenzahl je Pol und Strang so groß anzunehmen, wie es die räumliche Ausnutzung zuläßt, also nur bei sehr kleinen Maschinen $q_1 = 2$ und $q_2 = 3$ wählen. Um ein ungerades Verhältnis N/p von Läufernutenzahl und Polpaarzahl zu erhalten, das für die Stromwendung günstig ist, werden im Läufer zuweilen auch zweischichtige Bruchlochwicklungen mit $q_1 = 2{,}5$ oder $3{,}5$ verwendet.

Die Primärwicklung wird gewöhnlich als zweischichtige Zylinderwicklung, ähnlich wie eine Gleichstromankerwicklung, ausgeführt, so daß die Querverbindungen der zweischichtigen Regelwicklung, die mit Rücksicht auf eine möglichst kleine EMK der Stromwendung an der

Nutöffnung angeordnet wird, auf der äußeren Zylinderfläche der Primärwicklung aufliegen können. Um keine zu große Zahninduktion zu erhalten, werden die Läufernuten bei kleinen Maschinen trapezförmig (Abb. 317) mit parallelen Zahnflanken ausgeführt, wobei kreisförmige Leiterquerschnitte verwendet werden, während bei größeren Maschinen die Nutflanken parallel sind, die Nut aber zur Aufnahme der Regelwicklung verbreitert wird (Abb. 352).

Die Ständernuten werden in der üblichen Weise halb geschlossen und bei größeren Maschinen mit parallelen Nutflanken ausgeführt.

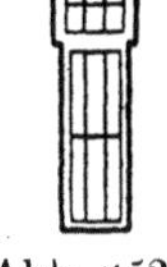

Abb. 352.

d. Primärwicklung. Die Primärwicklung ist gewöhnlich eine zweischichtige in Stern oder Dreieck geschaltete Wicklung. Sie wird zweckmäßig mit verkürzter Spulenweite ausgeführt, um die von der Wicklungsverteilung herrührenden Oberwellen der Feldkurve und damit die Oberschwingungen in der Drehfeld-EMK $\mathfrak{E}_R$ zu unterdrücken (vgl. Abschn. A 8). Bei der Bemessung des Leiterquerschnitts ist zu berücksichtigen, daß bei konstantem Drehmoment der Primärstrom nicht konstant ist, sondern von der synchronen ab mit wachsender Drehzahl anwächst, mit sinkender Drehzahl abnimmt, weil die Leistung der Regelwicklung transformatorisch auf die Primärwicklung übertragen wird, die Leistungsaufnahme der Primärwicklung also bei übersynchronen Drehzahlen vergrößert, bei untersynchronen verkleinert wird. Wenn der Blindstrom der Primärwicklung bei kleinen Drehzahlen nicht kompensiert wird, macht sich natürlich der Einfluß der Drehzahl auf den Primärstrom weniger bemerkbar (vgl. die Abb. 321a u. b). Maßgebend für die Erwärmung ist das Produkt GA aus Stromdichte G und Strombelag A (Abschn. II E 3, Bd. I), wobei für den Läufer $GA = G_1A_1 + G_3A_3$ zu setzen ist, wenn G_1A_1 für die Primär-, G_3A_3 für die Regelwicklung gilt. Für konstantes Drehmoment und ein Drehzahlverhältnis $n_{max}/n_{min} = 3$ kann bei Maschinen mittlerer Größe die bei synchroner Drehzahl zulässige Stromdichte etwa zu 3,5 A/mm² angenommen werden. Die von der Primärwicklung vom Luftspaltfelde induzierte EMK E_1 ergibt sich wie bei der Induktionsmaschine durch Addition des primären Spannungsverlusts zur Klemmenspannung ($E_1 \approx 0,9$ U).

e. Regelwicklung und Stromwender. Um mit einer möglichst kleinen Leistung der Regelwicklung auszukommen, wählt man die Polpaarzahl so, daß der Schlupf bei der kleinsten Drehzahl etwa gleich dem Betrag des Schlupfes bei der größten Drehzahl ist. Bei größerem Verhältnis $v = n_{max}/n_{min}$ als 3 geht man aber nicht über $n_{max}/n_1 = 1,5$ hinaus, um keine zu große Umfangsgeschwindigkeit des Stromwenders und keinen zu großen Anteil der Oberschwingungen an der Drehfeld-EMK $\mathfrak{E}_R$ zu erhalten. Der Durchmesser des Stromwenders richtet sich nach seiner größten noch zulässigen Umfangsgeschwindigkeit $v_{K\,\mathrm{max}}$. Diese liegt etwa bei 35 m/s, doch wird man, um keine zu teuere Konstruktion zu erhalten, in der Regel unter diesem Wert bleiben (etwa 20 bis 30 m/s). Läßt man $v_{K\,\mathrm{max}} = 30$ m/s bei $n_{\mathrm{max}} = 1{,}5\,n_1$ noch zu, so erhält man bei einer Polteilung $\tau = 30$ cm am Ankerumfang ein Verhältnis der Durchmesser von Stromwender und Läufer $D_K/D = 2/3$.

Da die Nutenzahl des Läufers durch die Primärwicklung gegeben ist, ergibt sich die Stegzahl durch die Zahl u der in einer Schicht der Nut nebeneinander liegenden Spulenseiten (meist Leiter) also $k = uN$. u wird so gewählt, daß die Stromwenderteilung t_K etwa zwischen 4 und 5 mm liegt. Gewöhnlich werden Bürsten von der Breite $b = 8$ mm verwendet, so daß das Verhältnis $\beta = b/t_K$ etwa zwischen 1,6 und 2 liegt. Ungerade Werte von u sind mit Rücksicht auf gute Stromwendung zu bevorzugen. Bei der zweigängigen Schleifenwicklung ist der größere Wert von β erwünscht, doch findet man auch hier Werte bis herunter zu $\beta = 1{,}7$, die auch bei mehrpoligen Latourschen Wicklungen, wo einer zweigängigen Schleifenwicklung eine $2p$-gängige Wellenwicklung parallel geschaltet ist, zulässig sind.

Die Art der Regelwicklung ist schon mit den Hauptabmessungen festgelegt (Abschn. a). Durch Verkürzung der Spulenweite läßt sich eine der von den Oberwellen der Feldkurve herrührenden Oberschwingungen in der Drehfeld-EMK $\mathfrak{e}_R$ (oder andere teilweise) unterdrücken, so z. B. die von der 5. Einzelwelle herrührende, wenn $W = (1 \mp 1/5)\tau$, oder die von der 3. Einzelwelle der Sättigungserscheinung herrührende, wenn $W = (1 \mp 1/3)\tau$ ist.

Mit der Wicklung ist auch die in ihr vom Luftspaltfluß induzierte EMK $E_{3D} = E_1 \xi_3 w_3 / \xi_1 w_1$ bei Durchmesserstellung der Bürsten bestimmt (Abschn. A 6).

Der Querschnitt der Leiter kann bei Maschinen mittlerer Größe für eine Stromdichte von etwa 3 bis 3,5 A/mm² bemessen werden. Der Strom in einem Leiter ist nach Gl. 290a

$$I_i = I_2/a , \qquad (517)$$

die auch für die Zwölfbürstenschaltung gilt, wenn I_2 die Summe der Ströme gleichphasiger und gleichpoliger Bürsten ist (vgl. Abb. 216 u. 353 c). Bei der Latourschen Wicklung ist der Strom in einem Leiter halb so groß, da der Schleifenwicklung eine Wellenwicklung parallel geschaltet ist.

Ausgleichsverbindungen können entbehrt werden, wenn die Wicklung als Latoursche Wicklung (Abschn. A 3) ausgebildet wird. Bei größeren Maschinen empfiehlt es sich, Dämpferwicklungen nach Abschn. A 9b anzubringen.

f. Sekundärwicklung. Die Windungszahl der im Ständer untergebrachten Sekundärwicklung wird durch den Betrag s_max des größten auftretenden Schlupfes bestimmt. Es muß die in der Sekundärwicklung beim Schlupf s_max induzierte EMK $s_\mathrm{max}\dot E_{20}$ gleich der mit ihr phasengleichen Komponente der EMK $\dot E_3$ der Regelwicklung sein. Befinden sich die Bürsten hierbei in Durchmesserstellung und schließt im zweipoligen Schaltbild die Verbindungslinie der Bürsten mit der Achse ihrer Ständerwicklung den Winkel α ein (Abb. 353a), so gilt

$$E_{20}\,s_\mathrm{max} = E_{3D}\cos\alpha. \qquad (518\,\mathrm{a})$$

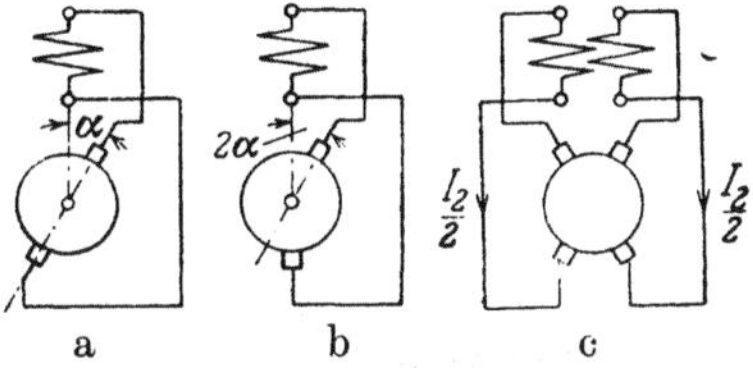

Befindet sich dagegen in der Grenzstellung die eine Bürste in der Achse der Ständerwicklung, während die andere Bürste aus dieser Achse um den Winkel 2α verschoben ist (Abb. 353b), so gilt

$$E_{20}\,s_\mathrm{max} = E_{3D}\cos^2\alpha. \qquad (518\,\mathrm{b})$$

Abb. 353a bis c. a) Durchmesserstellung; b) Sehnenstellung der Bürsten; c) Zwölfbürstenschaltung.

Mit der aus diesen Gleichungen berechneten EMK E_{20} erhält man die Windungszahl der Sekundärwicklung. Diese wird bei größeren Maschinen zur Unterdrückung der Oberwellen der Feldkurve zweckmäßig als zweischichtige Sehnenwicklung ausgeführt. Mit dem Sekundärstrom I_2 und einer Stromdichte von etwa 3,5 A/mm² berechnet sich der Leiterquerschnitt. Bei der Zwölfbürstenschaltung ist zu beachten, daß der Strom in einem der beiden gleichphasigen Wicklungszweige $I_2/2$ ist (vgl. Abb. 353c).

Nach Gl. 463c erhält man aus den bezogenen Strömen I'_{2w} und I'_{2b} den sekundären Strom $I_2 = \sqrt{I'^2_{2w} + I'^2_{2b}}/\ddot u_M$ mit $\ddot u_M = \xi_2 w_2/\xi_1 w_1$ (Gl. 438b) oder genauer mit den Gl. 445a u. b, wenn wir in diese für die läufergespeiste Maschine $X'_{2\sigma 0} = 0$ und $X'_{2\sigma v} = X'_{2\sigma}$ setzen. Die Blindwiderstände sind nach den Abschn. D 6b und A 10e zu berechnen, die Wirkwiderstände der Regelwicklung nach Abschn. A 4b. Mit genügender Annäherung kann $X'_{3\sigma} = X'_{13} = X_{1\sigma}$ gesetzt werden und $X_{1\sigma}$ und $X_{2\sigma}$ wie bei der Induktionsmaschine berechnet werden.

Wenn die beiden gegeneinander verschiebbaren Bürsten dieselben Stromwenderstege bedecken, ist die Sekundärwicklung über die Bürsten kurzgeschlossen, der Leerlaufschlupf also Null. Der Sekundärstrom kann dann wie beim Induktionsmotor berechnet werden, beispielsweise nach Gl. 31b, Bd. IV, zu

$$I_2 = \sqrt{\frac{s\,N_\mathrm{mech}}{m_2\,R_2\,(1-s)}}, \qquad (519)$$

wobei in R_2 der Übergangswiderstand der Bürsten einzuschließen ist. m_2 ist bei der Sechs- und der Zwölfbürstenschaltung gleich 3 zu setzen.

3. Die ständergespeiste Nebenschlußmaschine.

a. Hauptabmessungen, B_1. Auch für die ständergespeiste Nebenschlußmaschine gelten die Gleichungen im Abschn. 1. Da hier aber der Läufer keine besondere Regelwicklung trägt, können wir für die heute übliche Ausführungsform, bei der die Regelspannung von einem besonderen Transformator geliefert wird, größere Werte für den mittleren Drehschub zulassen. Weil die Sekundärwicklung eine Stromwenderwicklung ist, ist der zulässige mittlere Drehschub bei der Dreibürstenschaltung etwas kleiner als bei der Sechs- oder Zwölfbürstenschaltung; denn bei jener ist die Stromwärme in der Läuferwicklung 1,33 mal so groß wie bei der Sechs- und Zwölfbürstenschaltung. Für die wichtige Sechsbürstenschaltung können wir bei einem **Drehzahlverhältnis** $n_{max}/n_{min} = 3$ **und festem Drehmoment** für die Werte **a** und **b** in den Gl. 509b u. 511 bei $p = 3$ etwa setzen

$$\mathsf{a} = 5{,}2 \text{ cm}, \qquad \mathsf{b} = 0{,}85 \text{ cm W}^{-1/3}. \tag{520a u. b}$$

In Abb. 348 ist der mit diesen Werten nach Gl. 509b berechnete Drehschub über der Polteilung und in Abb. 349 die Polteilung über $\sqrt[3]{N_0/2\,p\,C}$ (vgl. Gl. 509a) durch die gestrichelte Kurve dargestellt. Der Einfluß der Polpaarzahl ist ähnlich wie bei der läufergespeisten Maschine, macht sich hier aber weniger geltend, weil im Läufer nur eine Wicklung untergebracht werden muß. Nach der heutigen Praxis scheint die gestrichelte Kurve in den Abb. 348 u. 349 angenähert auch für andere Polpaarzahlen als $p = 3$ zu gelten.

Wächst bei einem Drehzahlverhältnis $n_{max}/n_{min} = 3$ das Drehmoment mit dem Quadrat der Drehzahl (Lüfterantrieb) oder wird bei festem Drehmoment nur ein Drehzahlverhältnis $n_{max}/n_{min} = 2$ verlangt, so können etwa die punktierten Kurven in den Abb. 348 u. 349 zugrunde gelegt werden, die für die Reihenschlußmaschine bei Lüfterantrieb mit $v = n_{max}/n_{min} = 3$ bis 4 gelten.

Für die Festlegung von C nach Gl. 511a ist die Stromwenderwicklung maßgebend. Die **Induktionsamplitude** B_1 wird man, um möglichst kleine Werte der EMK der Stromwendung zu erhalten, etwas größer wählen als bei der läufergespeisten Maschine, etwa zwischen 5000 bis 7500 Gß, bei kleinen Regelbereichen sogar bis zu 8500 Gß (vgl. Abschn. d).

Bei Annahme des zulässigen Wertes für $\mathfrak{E}_{R_0}$ in Gl. 511a ist folgendes zu beachten. Während bei der läufergespeisten Maschine die **Drehfeld-EMK** zwischen benachbarten Stromwenderstegen praktisch unabhängig von der Drehzahl ist, hängt sie bei der ständergespeisten

Maschine vom Schlupf ab. Bei der läufergespeisten Maschine wählt man die Polpaarzahl so, daß der Schlupf bei der kleinsten Drehzahl gleich oder etwas größer als der Betrag des Schlupfes bei der größten Drehzahl ist. Anders wird man bei der ständergespeisten Maschine verfahren, weil die EMK der Stromwendung, die zusammen mit der Drehfeld-EMK die Funken-EMK ergibt, gegenüber der Drehfeld-EMK stärker hervortritt und die Oberschwingungen sich bei übersynchronen Drehzahlen stark bemerkbar machen (vgl. Abschn. A 8). Deshalb verschiebt man den Regelbereich bei der ständergespeisten Maschine nach den untersynchronen Drehzahlen, und zwar um so mehr, je größer die Leistung ist, weil sich mit wachsender Maschinenleistung die EMK der Stromwendung immer stärker bemerkbar macht. Für festes Drehmoment und ein Drehzahlverhältnis $n_{\max}/n_{\min} = 3$ kann man bei kleinen Maschinen etwa ein Verhältnis $n_{\max}/n_1 = 1{,}3$ zwischen größter und synchroner Drehzahl annehmen; bei größeren Maschinen geht man bis auf $n_{\max}/n_1 \approx 1{,}1$ herunter. Je kleiner die Drehfeld-EMK $\mathfrak{E}_{R_1}$ und die EMK der Stromwendung $\mathfrak{E}_W$ zwischen benachbarten Stromwendersteegen sind, und je besser die Oberschwingungen der Drehfeld-EMK $\mathfrak{E}_R$ unterdrückt werden, desto größer kann $n_{\max}/n_1$ zugelassen werden. Auch durch Anwendung von Dämpferwicklungen nach Abschn. A 9b läßt sich das Verhältnis $n_{\max}/n_1$ und damit bei festem $n_{\max}/n_{\min}$ die kleinste untersynchrone Drehzahl heraufsetzen.

Der größte Betrag des Schlupfes tritt also bei einer untersynchronen Drehzahl auf; wir bezeichnen ihn mit s_u. Die auf den Schlupf $s = 1$ bezogene Drehfeld-EMK ist dann

$$\mathfrak{E}_{R0} = \mathfrak{E}_{R_1}/s_u, \tag{521}$$

worin $\mathfrak{E}_{R_1}$ die beim Schlupf s_u auftretende Drehfeld-EMK ist, die zur Unterdrückung des Bürstenfeuers nicht größer als 2,5 V sein sollte. Um die Läuferwicklung möglichst gut auszunutzen, wird die Spulenweite nicht wesentlich kleiner als die Polteilung gewählt, so daß hier immer $\varsigma \approx 1$ ist. Mit $\mathfrak{E}_{R0}$ kann C nach Gl. 511a berechnet und mit $\sqrt[3]{N_0/2pC}$ der Abb. 349 die Polteilung τ für den ersten Entwurf entnommen werden.

Bei der ständergespeisten Maschine ist die Luftspaltlänge δ etwas reichlicher zu bemessen als bei der läufergespeisten Maschine, weil hier die Unterdrückung der Feldoberwellen wichtiger ist und der Magnetisierungsstrom mehr oder weniger vom Läufer gedeckt werden kann. δ liegt etwa in den Grenzen $3 \cdot 10^{-3} D$ und $5 \cdot 10^{-3} D$, die größeren Werte bei größeren Maschinen. Bei Anwendung von Dämpferwicklungen kann δ kleiner bemessen werden (vgl. Abschn. d).

b. Leistung je Polpaar. Um die Leistung je Polpaar bei festem Drehmoment und $n_{\max}/n_{\min} = 3$ mit der der läufergespeisten Maschine zu vergleichen, setzen wir zunächst $\lambda = 1$ und eine eingängige Schleifenwicklung ($\varsigma \approx 1$, $w_{Sp} = 1$) voraus. Bei einem Verhältnis $n_{max}/n_1 = 1,2$ ist dann der größte untersynchrone Schlupf $s_u = 0,6$ und damit der zulässige Wert $\mathfrak{E}_{R_0} = 2,5/0,6 = 4,17$ V. Nehmen wir wie bei der läufergespeisten Maschine im Abschn. b eine Induktion $B_1 = 5000$ Gß an, so erhalten wir nach Gl. 511a $C = 591$ cm², $\tau = 24,3$ cm und nach Gl. 514b $N_0/p = 23,1$ kW, also 3,36mal soviel wie bei der läufergespeisten Maschine. Mit Rücksicht auf eine möglichst kleine EMK der Stromwendung wird man allerdings bei der ständergespeisten Maschine B_1 größer wählen. So erhält man beispielsweise mit $B_1 = 6000$ Gß und $\lambda = 1$ nur noch $N_0/p = 16$ kW. Bei einer zweigängigen Schleifenwicklung ($a = 2p$, $\varsigma \approx 1$, $w_{Sp} = 1$) erhält man mit $B_1 = 6000$ Gß und $\lambda = 1$ $N_0/p = 58,6$ kW, bei $\lambda = 0,5$ $N_0/p = 98$ kW.

Die ständergespeiste Maschine läßt sich also mit wesentlich größerer Leistung je Polpaar bauen als die läufergespeiste. Diese vergrößerte Leistung ist auf den höheren zulässigen Wert $\mathfrak{E}_{R_0}$ zurückzuführen. Voraussetzung ist allerdings, daß es gelingt, das von der EMK der Stromwendung herrührende Bürstenfeuer durch die im Abschn. A 9 beschriebenen Mittel genügend zu unterdrücken.

c. Wicklung und Stromwender. Der Entwurf der ständergespeisten Nebenschlußmaschine gestaltet sich im wesentlichen wie der der Induktionsmaschine; es ist nur zu beachten, daß die Sekundärwicklung eine Stromwenderwicklung ist, so daß bei ihrem Entwurf auf die Unterdrückung des Bürstenfeuers Rücksicht genommen werden muß. Neben der EMK der Stromwendung, wie sie auch bei Gleichstrommaschinen auftritt, wird noch zwischen benachbarten Stromwenderstegen die Drehfeld-EMK $\mathfrak{E}_R$ induziert.

Der von der Grundwelle des Drehfeldes herrührende Anteil $\mathfrak{E}_{R_1}$ bestimmt neben der größten Umfangsgeschwindigkeit und der Stegteilung des Stromwenders nach Abschn. A 11 auch die in der ganzen Läuferwicklung induzierte EMK, den Sekundärstrom und die Bürstenauflagefläche des Stromwenders. Für die größte zulässige Umfangsgeschwindigkeit $v_{K\,max}$ und die Stegteilung t_K des Stromwenders gelten die Angaben für die läufergespeiste Maschine im Abschn. 2e. Mit $v_{K\,max}$, t_K, dem Verhältnis n_{max}/n_1 und dem größten zugelassenen Wert von $\mathfrak{E}_{R_1}$ (2,5 V) erhält man nach Gl. 354b die in der Läuferwicklung induzierte EMK E_D bei Durchmesserstellung der Bürsten und damit die EMK eines Wicklungsstranges (oder die der Ersatzwicklung, Abschn. A 4a) bei der vorliegenden Bürstenanordnung. Dividieren wir sie durch den Schlupf s_u, bei dem der größte Wert von $\mathfrak{E}_{R_1}$ auftritt, so erhalten wir die EMK E_{L_0} die bei ruhendem Läufer in der ganzen Wicklung induziert wird. Mit ihr können wir das entwickelte Drehmoment nach Gl. 358 berechnen, wobei sich der Winkel ψ_L nach der Größe des gewünschten Läuferblindstromes richtet (vgl. die Abschn. C 3 b u. E 1 c). Die Wirkwiderstände sind nach Abschn. A 4 b, die Blindwiderstände nach A 10 e zu berechnen.

Um die Oberschwingungen der Drehfeld-EMK zwischen benachbarten Stromwenderstegen möglichst zu unterdrücken, empfiehlt es sich, die primäre Ständerwicklung als Zweischichtwicklung mit Sehnenspulen auszuführen, und die sekundäre Stromwenderwicklung so zu entwerfen, wie wir es im Abschn. 1 e für die Regelwicklung der läufergespeisten Maschine besprochen haben.

Besondere Sorgfalt ist auf die Eindämmung der EMK der Stromwendung $\mathfrak{E}_W$ zu verwenden. Bei Schleifenwicklungen wird man die Nutenzahl je Polpaar (N/p) und möglichst auch die Stegzahl je Polpaar (k/p), also auch $u \approx k/N$ ungerade wählen (vgl. Abschn. I J 1 c bis f); die Dreibürstenschaltung, die bei der ständergespeisten Maschine neben der Sechsbürstenschaltung üblich ist, wird man nur für kleinere Maschinen verwenden. Im Abschn. A 7 b γ haben wir die Werte von ζ angegeben, die zur Berechnung von $\mathfrak{E}_W$ nach der Pichelmayerschen Formel bei den verschiedenen Bürstenanordnungen und Wicklungen etwa eingesetzt werden können. Bei der größten betriebsmäßig auftretenden Drehzahl sollte $\mathfrak{E}_W$ zwischen benachbarten Stromwenderstegen möglichst nicht größer als 2,5 V sein. Wenn bei sehr· großen Leistungen und Sechsbürstenschaltung dieser Wert überschritten wird, kann man die Zwölfbürstenschaltung verwenden oder die Phasenzahl der Läuferwicklung vergrößern. Bei den ständergespeisten Maschinen ist die Anwendung von Dämpferwicklungen nach Abschn. A 9 b besonders zu empfehlen.

Bei einem Drehzahlverhältnis $v = n_{\max}/n_{\min} = 3$ und festem Drehmoment kann man für Maschinen mittlerer Größe die Stromdichte in den Wicklungen zu etwa 3 A/mm² annehmen.

Die axiale Länge l_{K_1} der Schleiffläche der Bürsten eines Bürstenbolzens ergibt sich nach Gl. 515. Da bei der ständergespeisten Nebenschlußmaschine die Bürsten feststehen, also nicht aneinander vorbei bewegt werden müssen, ist l_{K_1} auch die axiale Länge der Schleiffläche des Stromwenders, wenn man nicht bei sehr kleinen Bolzenteilungen gezwungen ist, die Bürstenbolzen so gegeneinander zu versetzen, daß der Stromwender für $2 l_{K_1}$ bemessen werden muß.

d. Beispiel für einen Sonderfall. Wir hatten schon darauf hingewiesen, daß der mittlere Drehschub wesentlich größer angenommen werden darf, wenn der Regelbereich klein und das verlangte Drehmoment mit abnehmender Drehzahl sinkt. Wir wollen hier als Beispiel einen von den Schorchwerken zum Betrieb einer Kesselspeisepumpe gebauten sechspoligen Motor anführen und nachrechnen, der bei 1060 U/min 785 kW leistet und bis auf 780 U/min bei etwa mit dem Quadrat der Drehzahl sich ändernde Drehmoment durch die von einem Doppeldrehtransformator der Läuferwicklung zugeführte Spannung herabgeregelt werden kann. Das Drehzahlverhältnis ist also hier nur $n_{max}/n_{min} = 1,36$. Die Ständerspannung beträgt 1000 V bei 50 Hz.

Die Bohrung des Ständers ist $D = 97$ cm, die Polteilung $\tau = 50,8$ cm, die ideelle Ankerlänge $l_i = 27,5$ cm, $\lambda = 0,54$ (Luftspalt $\delta = 2$ mm). Wir berechnen nach Gl. 508a $N_0 = 740$ kW und erhalten damit nach Gl. 508b den verhältnismäßig großen mittleren Drehschub von 17,4 kJ/m³, der auf den kleinen Regelbereich und die Abnahme des Drehmoments bei kleinen Drehzahlen zurückzuführen ist.

Die Läuferwicklung ist eine eingängige Schleifenwicklung mit $z = 420$ Leitern und einer Windung je Spule. Dieser Wicklung ist eine Hilfswicklung (Dämpferwicklung) nach Abb. 234b parallel geschaltet, die in der Mitte jeder Spule (Punkt a in Abb. 234b) angezapft und zu Zwischenstegen des Stromwenders geführt ist, um die Stegspannung auf die Hälfte der Spulenspannung herabzudrücken. Die Stegzahl ist also $k = 420$. Der Durchmesser des Stromwenders ist 68 cm, die Stegteilung $t_K = 5,09$ mm, so daß bei einer Bürstenbreite $b = 9,25$ mm $\beta = b/t_K = 1,82$ ist. Es ist die Sechsbürstenschaltung mit Durchmesserbürsten vorgesehen.

Der Polfluß ist im Betriebe $\Phi_1 \approx 0,075$ Vs, entsprechend einer Induktionsamplitude $B_1 = 8450$ Gß. Um unsere Gleichungen auf die Wicklung mit Zwischenstegen anzuwenden, können wir die Zwischenstege zunächst außer acht lassen. Wir erhalten dann $\mathscr{E}_{R0} = 16,6$ V (durch die Zwischenstege wird dieser Wert auf 8,3 V herabgesetzt). Mit $\xi_2 = 0,95$ wird nach Gl. 512 der mit der Wirkkomponente des Läuferstromes berechnete Strombelag $A_{2w} = 307$ A/cm; mit Berücksichtigung des Magnetisierungsblindstromes der Läuferwicklung ist $A_2 \approx 370$ A/cm. Nach Gl. 514a ist also

$$\frac{N_0}{p} = \frac{0,95 \cdot 16,6 \cdot 50,8 \cdot 307}{1000} = 246 \text{ kW},$$

das ist das 2,5-fache der Leistung je Polpaar, die wir im Abschn. b bei einem Drehzahlverhältnis $n_{max}/n_{min} = 3$, zweigängiger Schleifenwicklung, $B_1 = 6000$ Gß und $\lambda = 0,5$ berechnet haben.

Mit den angegebenen Drehzahlgrenzen erhalten wir $s_ü = -0,06$, $s_u = 0,22$, $|s_ü|/s_u = 0,272$. Bei der größten übersynchronen Drehzahl ist $\mathscr{E}_{R_1} = 16,6 \cdot 0,06 = 1$ V, die durch die Zwischenstege auf $\mathscr{E}_{R_1}/2 = 0,5$ V herabgesetzt wird. Bei der kleinsten untersynchronen Drehzahl ist $\mathscr{E}_{R_1} = 16,6 \cdot 0,22 = 3,66$ V, $\mathscr{E}_{R_1}/2 = 1,83$ V. Die zwischen benachbarten Stromwenderstegen auftretende Drehfeld-EMK ist also bei beiden Drehzahlen klein. Prüfen wir noch nach der Pichelmayerschen Formel (Gl. 318) die EMK der Stromwendung bei der größten Drehzahl. Die Läuferwicklung ist wahrscheinlich eine Sehnenwicklung, so daß wir $\zeta \approx 5$ setzen dürfen (Gl. 318a). Lassen wir zunächst die Zwischenstege außer acht, so ist $w_k = 1$, und wir erhalten mit $v_{A\,max} = 5380$ cm/s die EMK $\mathscr{E}_W = 5,46$ V, die für eine Spule gilt; durch die Zwischenstege wird sie auf etwa die Hälfte, nämlich 2,73 V, herabgesetzt. Beachten wir, daß eine Dämpferwicklung vorhanden und bei der größten übersynchronen Drehzahl die Drehfeld-EMK sehr klein (0,5 V) ist, so erkennen wir, daß praktisch funkenfreier Betrieb noch zu erwarten ist.

Zum Anlassen wird in den Läuferkreis lediglich ein Stufenwiderstand eingeschaltet, um den Anlaufstrom herabzusetzen (auf etwa 2,5 des Läufernennstromes). Dabei tritt zwar im Stillstand die volle Drehfeld-EMK $\mathscr{E}_{R_1}/2 = 8,3$ V zwischen benachbarten Stromwenderstegen auf; da aber der Motor bei dem großen Anlaufmoment schnell hochläuft und nur etwa einmal täglich angelassen wird, ist die hohe Drehfeld-EMK noch zulässig.

4. Die Reihenschlußmaschine.

a. Hauptabmessungen, B_1. Die Reihenschlußmaschine wird häufig als Motor zum Antrieb von Lüftern verwendet, wobei das Drehmoment proportional dem Quadrat der Drehzahl anwächst. Für einen solchen Betrieb können bei einem Drehzahlverhältnis $n_{max}/n_{min} = 3$ bis 4 die Werte a und b in den Gl. 509a u. b und 511 bei $p = 3$ zu etwa

$$a = 5,2 \text{ cm}, \qquad b = 0,8 \text{ cm W}^{-1/3} \tag{522}$$

angenommen werden. In Abb. 348 ist der mit diesen Werten nach Gl. 509b berechnete mittlere Drehschub über der Polteilung und in Abb. 349 die Polteilung über $\sqrt[3]{N_0/2pC}$ (Gl. 511) durch die punktierte Kurve dargestellt. Eigentlich müßte man auch hier wie bei der läufergespeisten Maschine für größere Polpaarzahlen größere, für $p = 2$ kleinere Werte des mittleren Drehschubs bei derselben Polteilung annehmen, doch scheinen nach der heutigen Praxis auch für andere Polpaarzahlen als 3 ungefähr die punktierten Kurven in den Abb. 348 u. 349 maßgebend zu sein. Diese Kurven gelten angenähert auch für festes Drehmoment bei einem Drehzahlverhältnis $v = n_{max}/n_{min} = 2$.

Der Reihenschlußmotor wird auch häufig für solche Antriebe verwendet, die große Anzugsmomente verlangen, wie z. B. Hebezeuge. Da die hohen Anzugsmomente dann aber nicht dauernd, sondern nur kurzzeitig auftreten, können auch für diesen Fall etwa die punktiert gezeichneten Kurven in den Abb. 348 u. 349 zugrunde gelegt werden.

Die Kurve R. in Abb. 350 stellt den Läuferdurchmesser als Funktion des Verhältnisses N_0/n_1 dar, wie es der Praxis der SSW entspricht [L 6, S. 352]. Sie gilt für Lüfterantrieb mit einem Drehzahlverhältnis $n_{max}/n_{min} = 3$ bis 4 oder für festes Drehmoment mit $n_{max}/n_{min} = 2$. Auch hier ist zu beachten, was im Abschn. 2a zu Abb. 350 gesagt wurde.

Zur Berechnung von C nach Gl. 511a kann bei synchroner Drehzahl die Luftspaltinduktion B_1 zu etwa 6000 bis 7000 Gß eingesetzt werden; der größere Wert für größere Maschinen. Der noch zulässige Wert der Drehfeld-EMK $\mathfrak{E}_{R_1}$ zwischen benachbarten Stromwenderstegen liegt bei etwa 2,5 V. Er tritt für Lüfterantrieb nicht wie bei der ständergespeisten Nebenschlußmaschine bei der kleinsten Drehzahl, sondern bei einer mittleren Drehzahl auf, die erst angegeben werden kann, wenn die magnetische Kennlinie und die Drehzahlkennlinien berechnet sind. Der in Gl. 511a einzusetzende Wert $\mathfrak{E}_{R_0}$ hängt von dieser Drehzahl ab. Beträgt sie $0,55\, n_1$ (vgl. Abb. 265b), so ergibt sich $\mathfrak{E}_{R_0} = 2,5/(1-0,55) = 5,55$ V. Das Verhältnis n_{max}/n_1 muß bei der Reihenschlußmaschine für Lüfterantrieb kleiner als bei der ständergespeisten Nebenschlußmaschine gewählt werden, weil der Induktionsfluß mit wachsendem Drehmoment wächst. Gewöhnlich nimmt man $n_{max}/n_1 = 1,1$,

manchmal sogar $n_{max}/n_1 = 1$ an. Bei Hebezeugen kann der Höchstwert für $\mathcal{E}_{R_1}$ größer als 2,5 V angenommen werden, wenn er nur kurzzeitig auftritt (vgl. Abschn. 5). Wird aber der Reihenschlußmotor
auch zur Nutzbremsung verwendet (Abschn. G 4), so empfiehlt es
sich nicht, für $\mathcal{E}_{R_0}$ größere Werte als 2,5 V zuzulassen, weil sonst
die Bürstenkurzschlußströme das Bremsmoment zu sehr schwächen
würden.

Die Luftspaltlänge δ hängt bei der Reihenschlußmaschine hauptsächlich von dem Bürstenwinkel α_N, um den bei synchroner Drehzahl
und Nennmoment die magnetische Achse der Läuferwicklung aus der
Kurzschlußstellung verschoben ist, und von der Übersetzung $\ddot{u}$ zwischen
Läufer- und Ständerkreis ab. Die fiktive Luftspaltlänge, die den Einfluß der Nutung (Cartersscher Faktor) und der magnetischen Span-
nung im Eisen berücksichtigt, erhalten wir mit Gl. 365 ($\Theta_r \approx \Theta_\mu$), zu

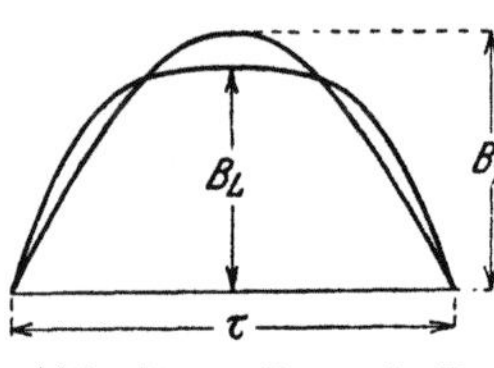

$$\delta'' = \frac{\Pi_0 \Theta_S \sqrt{1 + \ddot{u}^2 - 2\ddot{u}\cos\alpha_N}}{2 B_L}. \qquad (523\,\mathrm{a})$$

B_L ist der Höchstwert der Induktion im Luftspalt (vgl. Abb. 354); Θ_S ist nach Gl. 363a zu
berechnen mit

$$I_S = \frac{N_N}{m_S U \eta \,|\cos\varphi|}, \qquad (523\,\mathrm{b})$$

Abb. 354. B_1 und B_L.

worin N_N die Nennleistung bei synchroner Drehzahl, U die Strang-
spannung der Maschine, η den Wirkungsgrad und $|\cos\varphi|$ den Leistungs-
faktor bei synchroner Drehzahl bedeuten. Damit geht Gl. 523a über in

$$\delta'' = \frac{0,4\sqrt{2}\,\xi_S w_S}{p B_L} \frac{N_N}{U\eta\,|\cos\varphi|} \sqrt{1 + \ddot{u}^2 - 2\ddot{u}\cos\alpha_N}. \qquad (524\,\mathrm{a})$$

Bei synchroner Drehzahl ist

$$U \approx \frac{E_S}{0,95} = \frac{\sqrt{2\pi}}{0,95}\,f\,\xi_S w_S \frac{2}{\pi}\,\tau\,l_i\,B_1, \qquad (524\,\mathrm{b})$$

und wir erhalten schließlich

$$\delta'' = \frac{0,19\cdot10^8}{f\,p\,\tau\,l_i\,B_1\,B_L}\,\frac{N_N}{\eta\,|\cos\varphi|}\,\sqrt{1 + \ddot{u}^2 - 2\ddot{u}\cos\alpha_N}\ \mathrm{cm}, \qquad (524)$$

worin N_N in W, f in Hz, τ und l_i in cm und B_1 und B_L in Gß eingesetzt
werden.

Wenn alle Bürsten zur Regelung gemeinsam verschoben werden,
liegt gewöhnlich $\ddot{u}$ zwischen 1 und 1,1; die größeren Werte ergeben
günstigeren Leistungsfaktor, aber auch stärkere Beanspruchung der
Stromwenderwicklung. α_N liegt zweckmäßig bei 30°, B_L ist, je nach

dem Einfluß der magnetischen Spannung in den Zähnen, etwas kleiner als B_1 (vgl. Abb. 354), $|\cos \varphi| \approx 0{,}97$, η kann in erster Annäherung der Abb. 355 entnommen werden [L 6, S. 353]. Ergeben sich für δ'' aus mechanischen Rücksichten oder mit Rücksicht auf die Unterdrückung der Oberwellen des Drehfeldes zu kleine Werte, so muß der Bürstenwinkel α_N größer als $30°$ angenommen werden.

Die Regelung mit einem festen und einem beweglichen Bürstensatz (Abschn. B 7) scheint heute nicht mehr ausgeführt zu werden.

Nach der Praxis der SSW [L 6, Abb. 302] kann man die Luftspaltlänge etwa nach der Gleichung

$$\delta = 0{,}2 \left(\frac{D}{100}\right)^{3/2} \text{mm} \qquad (525)$$

annehmen, wenn der Bohrungsdurchmesser D in mm eingesetzt wird. Diese Gleichung setzt aber schon gewisse Annahmen voraus, wie z. B. Polpaarzahl, λ, δ''/δ.

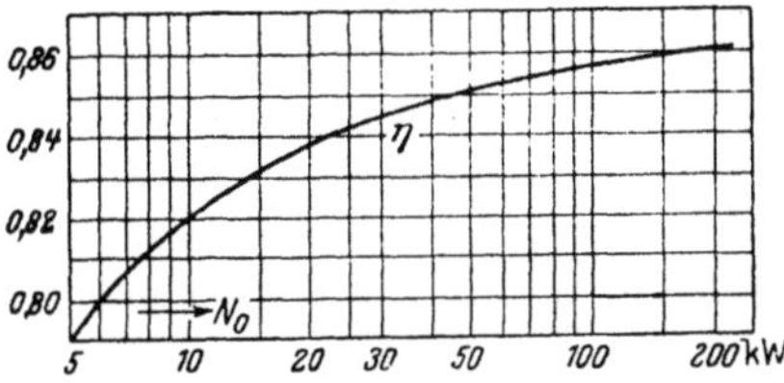

Abb. 355. Wirkungsgrad η des Reihenschlußmotors bei synchroner Drehzahl.

b. Der übrige Entwurf. Die Reihenschlußmaschine wird man zunächst für die Leistung bei synchroner Drehzahl und Nennmoment entwerfen und berechnen. Die von der Grundwelle des Drehfeldes in der Läuferwicklung induzierte EMK ist dann Null, und wir können die in der Ständerwicklung induzierte EMK in erster Annäherung $E_S \approx 0{,}95 \, U$ setzen, worin U die Klemmenspannung eines Strangs ist. Daraus ergibt sich nach Annahme der Induktion B_1 die Windungszahl der Ständerwicklung, und mit Annahme der Übersetzung $\ddot{u}$ (gewöhnlich gleich 1) erhält man dann nach Gl. 363 die Übersetzung des Zwischentransformators.

Für die Wahl der Wicklungen gelten dieselben Überlegungen wie bei der ständergespeisten Nebenschlußmaschine (Abschn. 2 c). Nach Festlegung der Nutungen wird man die magnetische Kennlinie und mit den Spannungsverlusten nach Abschn. A 10 c die Betriebskurven nach Abschn. B 4 b berechnen. Aus der Ständer-EMK E_S ergibt sich die jeweilig auftretende Drehfeld-EMK $\mathfrak{E}_{R_1} = \ddot{u}_k E_S$ zwischen benachbarten Stromwenderstegen, und man kann nachprüfen, ob sie bei den betriebsmäßig auftretenden Drehzahlen und Drehmomenten nicht unzulässig groß ist. Ergeben sich bei den untersynchronen Drehzahlen größere Werte als etwa 2,5 V, so ist der Entwurf abzuändern.

Auch durch Vergrößerung des Magnetisierungsstromes des Zwischentransformators kann nach Abschn. B 4 c die Drehfeld-EMK zwischen benachbarten Stromwenderstegen bei den kleinen Drehzahlen herabgesetzt werden. Hauptsächlich soll aber durch die künstliche

Vergrößerung des Magnetisierungsstromes die Leerlaufdrehzahl nach oben begrenzt (vgl. Abb. 270 mit 269) und bei den heute fast ausschließlich verwendeten Motoren mit Verschiebung aller Bürsten der stabile Betrieb erweitert werden. Hierfür ist eine angemessene Beanspruchung im Eisen des Transformators besonders günstig, deren Einfluß durch Aufstellung der Spannungs- und Durchflutungsdiagramme nach Abschn. B 4c ermittelt werden kann. Es kommen magnetische Beanspruchungen im Eisenkern bis zu etwa 22000 Gß vor.

5. Anlaßeinrichtungen.

Nur wenn die Einrichtungen zur Drehzahlregelung bis herunter zu sehr kleinen Drehzahlen bemessen sind, kann der Motor ohne unzulässige Stromaufnahme mit der Regeleinrichtung angelassen werden. Bei einem Regelverhältnis $n_{\max}/n_{\min} = 3$ ist der Schlupf für die kleinste Drehzahl bei der läufergespeisten Rebenschlußmaschine etwa 0,5, bei der ständergespeisten etwa 0,6. Würde der Motor bei Einstellung der Regeleinrichtung, die diesen Schlupfwerten entspricht, unmittelbar ans Netz gelegt werden, so wäre die Stromaufnahme wohl noch zu hoch.

Es wird deshalb bei der läufergespeisten Maschine, deren Drehfeld-EMK $\mathfrak{E}_{R_1}$ unabhängig von der Drehzahl ist, beim Anlauf in den Läuferkreis ein Widerstand eingeschaltet, der auch zur weiteren Herabsetzung der Drehzahl dienen kann. Die Maschine verliert dabei allerdings ihre Nebenschlußeigenschaften, d. h. sie strebt bei Entlastung der eingestellten Leerlaufdrehzahl zu.

Bei der ständergespeisten Nebenschlußmaschine ist mit einem betriebsmäßig auftretenden Schlupf $s_u = 0,6$ und mit $\mathfrak{E}_{R_1} = 2,5$ V der bei $n = 0$ auftretende Wert $\mathfrak{E}_{R_0} = 2,5/0,6 = 4,17$ V, der für nicht zu häufigen Anlauf wohl noch zulässig sein dürfte. Die Stromaufnahme könnte dabei durch einen Widerstand im Läuferkreis begrenzt werden. Ist der kleinste Schlupf aber kleiner als 0,6, so daß die Drehfeld-EMK $\mathfrak{E}_{R_1}$ bei Stillstand wesentlich größer als 4 V ist, so wird man bei häufigen Anlaßvorgängen auch die Spannung an der Primärwicklung herabsetzen müssen, etwa durch Einschalten eines Widerstandes in den Ständerkreis. Erfolgt jedoch der Anlauf sehr schnell und nicht zu häufig, so kann man Werte für $\mathfrak{E}_{R_0}$ zwischen benachbarten Stromwenderstegen bis zu etwa 8 V zulassen und den Motor lediglich durch Widerstände im Sekundärkreis anlassen (vgl. Abschn. 3d).

Beim Reihenschlußmotor wird man wie beim Repulsionsmotor (Abschn. I D 3c) den Primärschalter mit der Bürstenverstellvorrichtung so verbinden, daß der Motor erst in einer Bürstenstellung, bei der er sicher anläuft, ans Netz gelegt wird, um Stromwender und Bürsten beim Anlauf zu schonen.

III. Die Regelsätze.

Unter dem Begriff „Regelsätze" wollen wir die Schaltungen von Induktionsmaschinen zusammenfassen, bei denen die Läuferwicklung im Betriebe nicht in sich kurzgeschlossen, sondern auf den Stromkreis einer Hilfsmaschine geschaltet ist. Diese Maschine ist eine solche mit Stromwender; sie kann entweder mit der Induktionsmaschine, der Hauptmaschine, mechanisch gekuppelt oder mechanisch getrennt von der Hauptmaschine aufgestellt werden (vgl. Abschn. D 1).

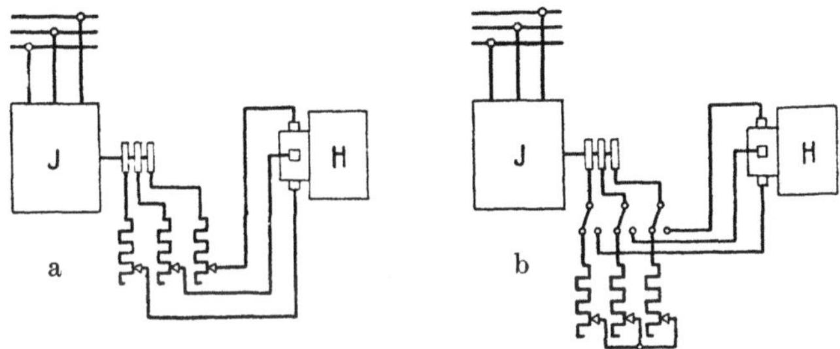

Abb. 356 a u. b. Anlaßschaltungen mit HM.

Die Hauptmaschine wird auch als Vordermaschine, die Hilfsmaschine als Hintermaschine bezeichnet. Da die Vordermaschine immer eine Induktionsmaschine ist, wollen wir für sie die Abkürzung IM (oder in den Abbildungen einfach J) für die Hintermaschine die Abkürzung HM (oder einfach H) einführen.

Die HM kann der IM ähnliche Eigenschaften verleihen, wie sie die selbständige Mehrphasenmaschine mit Stromwender hat. Durch die Regelung der HM lassen sich aber gewünschte Betriebsbedingungen in weit vollkommenerem Maße erreichen als bei der selbständigen Maschine mit Stromwender.

Die Aufgaben, die die Regelsätze erfüllen sollen, sind verschiedener Art. Wir können drei Gruppen von Regelsätzen unterscheiden, solche zur Blindleistungsregelung (Phasenkompensation), zur Drehzahlregelung und zur Leistungsregelung. In allen Fällen kann der IM durch zusätzlichen Schlupf auch Kompoundverhalten verliehen werden. Mit der Drehzahlregelung wird gewöhnlich auch eine Phasenkompensation verbunden.

Die Regelsätze kommen für große Leistungen der IM in Frage (etwa über 150 kW), für die die selbständige Maschine mit Stromwender nicht oder nur mit sehr hohen Kosten ausführbar ist. In der Bemessung der

Hintermaschine besteht größere Freiheit als bei der selbständigen Maschine, weil diese für die Netzfrequenz, jene aber nur für die Schlupffrequenz der IM zu bemessen ist, wodurch sich auch günstigere Bedingungen für die Funkenunterdrückung ergeben.

Zum Anlassen der Induktionsmaschine kann bei gewissen HM, wie sie gewöhnlich bei der reinen Blindleistungsregelung verwendet werden (vgl. Abschn. III C), der Anlaßwiderstand zwischen die Schleifringe der IM und die Stromwenderbürsten der HM geschaltet werden (Abb. 356a). Wenn zu befürchten ist, daß die Anlaßströme die HM unzulässig beanspruchen, muß die IM durch einen Umschalter zuerst auf den Anlasser und nach erfolgtem Anlauf auf die HM geschaltet werden (Abb. 356b). Bei den Schaltungen der späteren Abschnitte werden wir die Anlaßwiderstände in der Regel weglassen.

A. Hilfsmaschinen.
1. Die Phasenschieber.

a. Der eigenerregte Phasenschieber. Speisen wir einen Läufer mit Stromwenderwicklung, der sich in einem unbewickelten Ständer befindet, über die feststehenden Bürsten mit mehrphasigen, beispielsweise dreiphasigen Strömen (Abb. 357a), so wird ein Drehfeld erregt, das im Raume, also gegenüber den feststehenden Bürsten, mit der synchronen Drehzahl

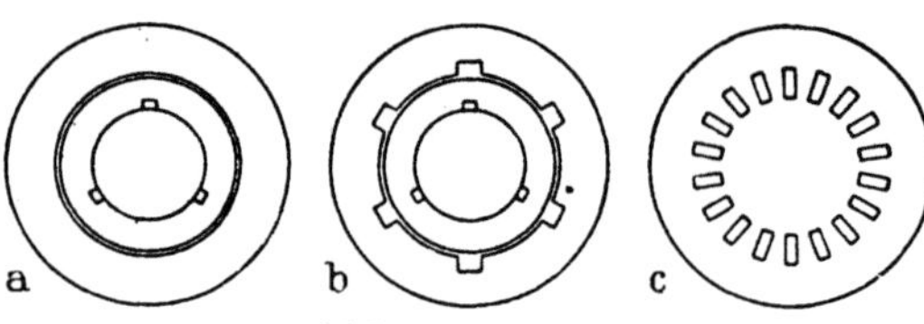

Abb. 357a bis c.
Eigenerregter Phasenschieber. a) und b) mit Luftspalt; b) mit Kommutierungsnuten; c) Blechschnitt ohne Luftspalt.

$$n_{P_1} = \frac{f_P}{p_P} \qquad (526\,\text{a})$$

umläuft. p_P ist die Polpaarzahl der Wicklung und f_P die Frequenz der Bürstenströme. Wird der Läufer von außen mit der Drehzahl n_A angetrieben, so wird zwischen den Bürsten eine EMK induziert, die der Relativgeschwindigkeit zwischen Wicklung und Drehfeld, also der Schlüpfung

$$s_P = \frac{n_{P_1} - n_A}{n_{P_1}} \qquad (526\,\text{b})$$

der Wicklung des Läufers gegen sein Drehfeld proportional ist. Die Frequenz der Bürstenspannung ist gleich der Frequenz der Bürstenströme.

Denken wir uns die durch die Bürsten in Dreieck geschaltete Läuferwicklung durch eine gleichwertige in Stern geschaltete Wicklung ersetzt (vgl. Abschn. II A 4), und bezeichnet X_{P_0} den gesamten Blindwiderstand eines Strangs dieser Wicklung bei Stillstand und f_P die Frequenz des Bürstenstromes $\dot{I}$, so wird in einem Strang der Ersatzwicklung eine EMK

$$\dot{E} = -j\,X\dot{I} = -j\,s_P\,X_{P_0}\dot{I} = -j\,(1 - n_A/n_{P_1})\,X_{P_0}\dot{I} \qquad (526)$$

induziert. Dabei haben wir den vom Schlupf unabhängigen Teil des Streublindwiderstandes (vgl. Abschn. II A 10e), der gegenüber dem Hauptblindwiderstand verschwindend klein ist, vernachlässigt. Für $s_P > 0$ ist die EMK gegen den Bürstenstrom um eine Viertelperiode phasenverspätet. Treiben wir aber den Läufer mit übersynchroner Drehzahl an, so wird $s_P < 0$, die EMK ändert ihr Vorzeichen und ist gegen den Bürstenstrom um eine Viertelperiode phasenverfrüht. Bei übersynchroner Drehzahl verhält sich also der Läufer im wesentlichen wie ein Kondensator mit dem Spannungsverlust

$$(R_P + j\,X)\,\dot{I} = [R_P + j\,(1 - f_A/f_P)\,X_{P_0}]\,\dot{I}, \qquad (527)$$

worin R_P den Wirkwiderstand (je Strang der in Stern geschalteten Ersatzwicklung) bezeichnet und

$$f_A = p_P\,n_A \qquad (527\,\text{a})$$

die Frequenz des Antriebs ist.

Wird der Läufer von den Sekundärströmen einer Induktionsmaschine (IM) gespeist, so läuft sein Drehfeld entsprechend der Schlupffrequenz

$$f_P = f_2 = s\,f_1 \qquad (528\,\text{a})$$

im Raume um, wenn f_1 die Frequenz des Netzes, aus dem die IM gespeist wird, und s den Schlupf des Läufers der IM gegenüber ihrem Drehfeld bezeichnet. Beziehen wir in diesem Falle den Blindwiderstand der Stromwenderwicklung bei Stillstand auf die Frequenz f_1 und bezeichnen ihn mit X_P $(X_P = X_{P_0}/s)$, so geht Gl. 527 über in

$$(R_P + j\,X)\,\dot{I}_2 = [R_P + j\,(s - v)\,X_P]\,\dot{I}_2, \qquad (528)$$

worin zur Abkürzung

$$v = s\,f_A/f_P = f_A/f_1 \qquad (528\,\text{b})$$

gesetzt ist. Man erhält schon bei mäßiger Drehzahl des Stromwenderläufers $(v \approx 1)$ einen großen kapazitiven Blindwiderstand, der, wie wir im Abschn. C 1a sehen werden, geeignet ist, die Erregerblindleistung der IM zu übernehmen (vgl. auch Abb. 87, Bd. III). Man bezeichnet die Maschine als Phasenschieber, weil sie die Phase des Primärstromes der IM gegen die Netzspannung verschiebt, und als eigenerregten Phasenschieber, weil das Drehfeld nur von den eigenen Bürstenströmen erregt wird.

Wir haben zunächst den äußern Teil ruhend angenommen. Da er hier nur zur Verringerung des Widerstandes des magnetischen Kreises dient, kann er auch mit dem Läufer umlaufen. Der Luftspalt zwischen den beiden Teilen kann sogar wegfallen und die Wicklung in eisengeschlossenen Nuten untergebracht werden (Abb. 357c).

Um die vom Drehfeld in den kurzgeschlossenen Spulen induzierte EMK zu unterdrücken, erhält bei feststehendem äußeren Teil dieser in den Wendezonen Aussparungen (Abb. 357b), sog. Kommutierungsnuten.

Der Antriebsmotor des Phasenschiebers braucht nur für die Reibungs- und Lüftungsverluste und für die mechanisch zu deckenden Eisenverluste bemessen zu werden, da in ihm kein Drehmoment entwickelt wird. Nur bei Ausführung mit Aussparungen im feststehenden Ständer (Abb. 357b) kann sich bei ungenauer Bürsteneinstellung ein solches ausbilden [L 312 u. 313].

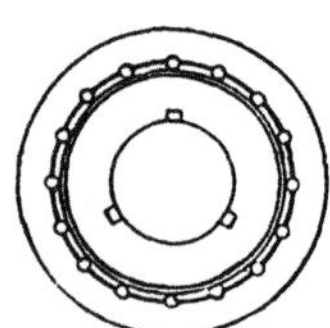

Abb. 358.
Selbsterregter
Phasenschieber.

b. Der selbsterregte Phasenschieber. Legt man in die Ständernuten eines eigenerregten Phasenschiebers mit (feststehendem) Ständer eine mehrphasige Kurzschlußwicklung, beispielsweise eine Käfigwicklung wie in Abb. 358, so kann sich die von außen angetriebene und auf einen Scheinwiderstand geschaltete Maschine durch die vom remanenten Magnetismus induzierten Ströme selbsterregen.

Um die Frequenz der selbsterregten Ströme und die Antriebsdrehzahl zu ermitteln, setzen wir der Übersichtlichkeit wegen auch im Ständer die Kurzschlußwicklung dreiphasig voraus. Wir bezeichnen durch den Zeiger 1 die Größen des Läufers, durch den Zeiger 2 die des Ständers und durch den Zeiger a die äußeren Widerstandsgrößen, auf die die Bürsten des Phasenschiebers geschaltet sind, ferner mit $\omega = 2\pi f$ die Kreisfrequenz der selbsterregten Bürstenströme (I_1) und mit ω_A die Kreisfrequenz der Antriebsdrehzahl des Läufers. Es gelten dann mit der Abkürzung

$$\lambda = \frac{\omega - \omega_A}{\omega} \tag{529}$$

für die selbsterregten, sinusförmig angenommenen Ströme die Gleichungen

$$(R_1 + R_a)\dot{I}_1 + j\omega L_a \dot{I}_1 + j\lambda\omega L_1 \dot{I}_1 + j\lambda\omega M \dot{I}_2 = 0, \tag{529a}$$

$$R_2 \dot{I}_2 + j\omega L_2 \dot{I}_2 + j\omega M \dot{I}_1 = 0. \tag{529b}$$

Ersetzen wir $\dot{I}_2$ in Gl. 529b nach Gl. 529a und trennen die erhaltene Gleichung in ihre reellen und imaginären Teile, so erhalten wir die beiden reellen Gleichungen

$$(R_1 + R_a)R_2 - \omega^2 [L_2 L_a + \lambda (L_1 L_2 - M^2)] = 0, \tag{530a}$$

$$(R_1 + R_a) L_2 + R_2 L_a + \lambda R_2 L_1 = 0. \tag{530b}$$

Aus Gl. 530b erhalten wir

$$\lambda = -\frac{(R_1 + R_a)\,L_2 + R_2\,L_a}{R_2\,L_1} = -\left(\frac{(R_1 + R_a)}{L_1}\,\frac{L_2}{R_2} + \frac{L_a}{L_1}\right), \quad (530)$$

und dies in Gl. 530a eingesetzt ergibt die Frequenz der selbsterregten Ströme

$$\omega = \sqrt{\frac{(R_1 + R_a)\,R_2^2/L_2}{R_2\,L_a - \sigma\,[(R_1 + R_a)\,L_2 + R_2\,L_a]}} \approx \sqrt{\frac{R_2\,(R_1 + R_a)}{L_2\,L_a}}, \quad (531)$$

worin

$$\sigma = \frac{L_1\,L_2 - M^2}{L_1\,L_2} \quad (531\,\text{a})$$

die Gesamt-Streuziffer der Maschine ist und die Annäherung für $\sigma \approx 0$ gilt.

Werden die Bürsten des selbsterregten Phasenschiebers auf die Sekundärwicklung einer IM geschaltet, so ergibt sich bei Leerlauf der IM eine Frequenz der selbsterregten Ströme in der Größenordnung von 0,5 Hz [L 314].

2. Die Heyländsche Reihenschlußmaschine.

Zu der Reihe der Hilfsmaschinen, die bei Regelsätzen Anwendung finden, gehört außer den im Abschn. II C bis E behandelten Mehrphasenmaschinen auch die von Heyland angegebene Reihenschlußmaschine mit fester Bürstenstellung [L 317]. Die Ständerwicklung ist eine Dreiphasenwicklung, deren Spulenweite gleich der halben Polteilung ist. Werden die Bürsten dabei um einen Phasenwinkel von $\alpha = 30°$ aus der Achse der Ständerwicklung eingestellt, so ergibt sich bei Reihenschaltung von Ständer- und Läuferwicklung am Ankerumfang eine stark von der Sinusform abweichende Feldverteilung, und zwar derart, daß in den Wendezonen die resultierende Induktion eine solche Phase und bei entsprechender Bemessung des Luftspalts zwischen Ständer und Läufer auch eine solche Stärke hat, daß die EMK der Stromwendung ohne Anwendung von Wendepolen im wesentlichen aufgehoben werden kann.

3. Die Frequenzwandler (FW).

a. Der (fremderregte) Frequenzwandler ohne Ständerwicklung. Dieser unterscheidet sich von dem eigenerregten Phasenschieber, der auch ein Frequenzwandler ist (Abschn. 1a), nur dadurch, daß die Stromwenderwicklung mehrphasig angezapft und zu Schleifringen geführt ist. Diese Schleifringe werden an eine feste Spannung gelegt, so daß das Drehfeld praktisch unabhängig von den Bürstenströmen des Stromwenders ist.

In seiner einfachsten Form ist der fremderregte FW in Abb. 359a dargestellt. Der Ständer trägt keine Wicklung und kann auch, wie bei dem eigenerregten Phasenschieber, mit dem Läufer umlaufen. Die Schleifringe sind an die Netzspannung U_1 mit der Frequenz f_1 geschaltet, die Stärke und Geschwindigkeit des Drehfeldes gegenüber dem umlaufenden Teil des FW bestimmt. Ebenso wie der eigenerregte Phasenschieber entwickelt auch der FW ohne Ständerwicklung kein Drehmoment und muß durch einen besondern Motor (A in Abb. 359a) von außen angetrieben werden, der für die Reibungs- und Lüftungsverluste zu bemessen ist.

Da der Stromwender an dieselbe Wicklung wie die Schleifringe angeschlossen ist, ist der Effektivwert der Spannung U_2 auf der Sekundärseite durch die Schleifringspannung U_1 bestimmt, und bei Vernachlässigung der sehr geringen Spannungsverluste in der gemeinsamen Wicklung ist $U_2 \approx U_1$, wenn die Phasenzahl am Stromwender gleich der Schleifringzahl ist, wie wir es in Abb. 359a vorausgesetzt haben. Die Frequenz der Sekundärspannung U_2 wird dagegen durch die Drehzahl des Antriebes bestimmt. Gegenüber dem umlaufenden Teil des FW hat das Drehfeld die Drehzahl

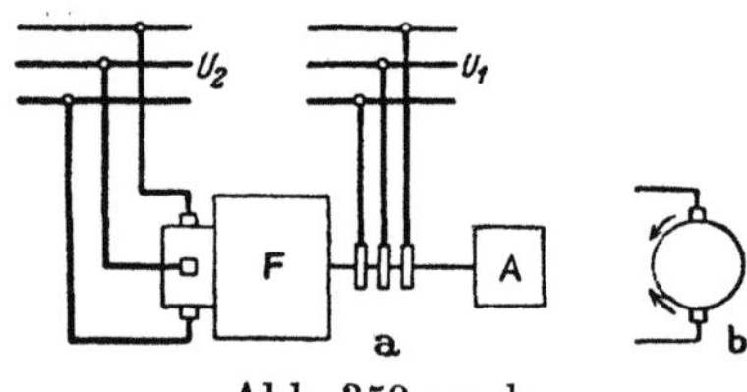

Abb. 359 a u. b.
FW ohne Ständerwicklung.

$$n_{F_1} = f_1/p_F, \qquad (532\,\mathrm{a})$$

wenn p_F die Polpaarzahl des FW bezeichnet. Wird dieser gegen den Drehsinn des Drehfeldes mit der Drehzahl n_A angetrieben, so ist die relative Drehzahl gegenüber den ruhenden Bürsten $n_F = n_{F_1} - n_A$. Bezeichnen wir mit

$$f_A = p_F\,n_A \qquad (532\,\mathrm{b})$$

die der Drehzahl des Antriebs entsprechende Frequenz, so ist die sekundäre Frequenz

$$f_F = f_1 - f_A. \qquad (532)$$

Die Frequenz auf der Sekundärseite kann also durch die Drehzahl des Antriebs geändert werden. Um auch den Effektivwert der Sekundärspannung U_2 ändern zu können, kann zwischen Primärnetz und Schleifringe ein regelbarer Transformator geschaltet werden, oder es können zur Regelung der Sekundärspannung auf dem Stromwender Doppelbürsten angeordnet werden, die zur Spannungsregelung gegeneinander verschoben werden [L 259a], wie es in Abb. 359b für eine Phase angedeutet ist. Ein Transformator ist im allgemeinen immer erforderlich, weil die Wicklung des FW zur Unterdrückung des Bürstenfeuers für eine verhältnismäßig kleine Spannung (etwa 60 bis 70 V) bemessen werden muß. Um einen solchen Transformator entbehrlich zu machen, kann auch die primäre (Schleifring-)Wicklung von der

Stromwenderwicklung getrennt [L 350, S. 920, 3. Sp.] oder nur teilweise mit ihr vereinigt werden, wie wir es beim Einankerumformer (vgl. Abschn. III D 1, Bd. II) kennen.

Bei Leerlauf des FW wird dem Primärnetz nur der Leerlaufstrom entnommen, der sich aus dem Magnetisierungsstrom und dem Verluststrom, der den Eisenverlusten und den Bürstenkurzschlußverlusten entspricht, zusammensetzt. Bei Belastung auf der Sekundärseite treten entsprechende Ströme auch auf der Primärseite auf (genau wie beim Transformator, Abschn. D 1, Bd. III), und dem Primärnetz wird die vektorielle Summe aus Leerlaufstrom und Belastungsstrom entnommen.

Die Wicklungsverluste des FW sind in ähnlicher Weise zu berechnen wie beim Einankerumformer (vgl. Abschn. III A 3, Bd. II). Da Stromwenderströme und Schleifringströme innerhalb der Wicklung zum Teil einander entgegenwirken, ergeben sie sich kleiner, als wenn nur einer der Ströme durch die Wicklung fließt. Solche Rechnungen sind von Seiz [L 319] und Weiler [L 320] ausgeführt worden. So er-

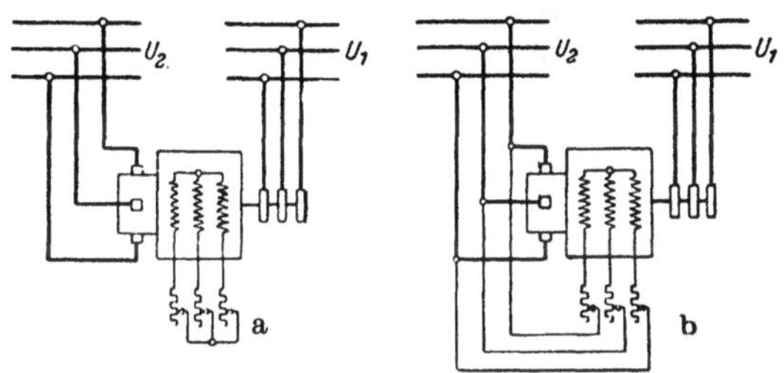

Abb. 360a u. b. FW als selbständige Maschine.
a) Antrieb als IM, b) als NM.

hält z. B. Seiz bei Vernachlässigung des Magnetisierungsstromes bei der in Abb. 359a dargestellten Schaltung (primär und sekundär dreiphasig) 0,63 der Stromwärme, die auftritt, wenn nur der primäre oder sekundäre Strom durch die Wicklung fließt. Bei sechsphasiger Schaltung auf der Primärseite (6 Schleifringe) und dreiphasiger Schaltung auf der Sekundärseite ist dieses Verhältnis 0,38 und sinkt bei sechsphasiger Schaltung für beide Seiten auf 0,17. Gewöhnlich wird der FW auf beiden Seiten dreiphasig ausgeführt.

b. Der FW als selbständige Maschine. Ordnet man im Ständer eines fremderregten FW eine mehrphasig in sich kurzgeschlossene Wicklung an, so wird er zur selbständigen Maschine, die keinen Fremdantrieb benötigt. Schleifringwicklung und Ständerwicklung verhalten sich wie Primär- und Sekundärwicklung beim gewöhnlichen Induktionsmotor. Der FW kann über Widerstände im Ständerkreis (Abb. 360a) angelassen und seine Drehzahl und damit nach Gl. 532 auch die Sekundärfrequenz durch diese Widerstände geregelt werden. Die Verluste in den Widerständen sind dabei sehr klein, da das Drehmoment, das die

Maschine als Induktionsmotor zu entwickeln hat, im Verhältnis zur Leistung des FW klein ist, nämlich gleich dem Drehmoment, das den Reibungs- und Lüftungsverlusten des FW entspricht.

Zur Spannungsregelung kann wieder ein regelbarer Transformator zwischen Primärnetz und Schleifringe geschaltet, oder es können auf der Sekundärseite Doppelbürsten verwendet werden, die zur Spannungsregelung gegeneinander verschoben werden (vgl. Abb. 359b). Spannung und Ströme auf der Sekundärseite haben wie die der Ständerwicklung Schlupffrequenz und sind deshalb geeignet, Motoren, die normalerweise mit hoher Drehzahl laufen, vorübergehend mit sehr kleiner Drehzahl zu betreiben. Solche kleinen Drehzahlen werden benötigt z. B. beim Einziehen von Kalandern, Feineinstellen von Aufzügen, Füllen von Zentrifugen.

Der selbständige FW erhält im Gegensatz zu andern asynchronen Periodenumformern kleine Abmessungen, weil er nur für die Leistung zu bemessen ist, die er bei der kleinen Frequenz am Stromwender abgibt, und zwar unabhängig von der primären Netzfrequenz [L 325].

Eine Abart der Schaltung ist in Abb. 360b dargestellt. Die Ständerwicklung ist nicht in sich kurz-, sondern an die Stromwenderbürsten angeschlossen, so daß der FW als ständergespeiste Drehstromnebenschlußmaschine läuft. Während in der Schaltung nach Abb. 360a die Regelung der Frequenz durch den Wirkwiderstand der Ständerwicklung begrenzt ist, kann man in der Schaltung nach Abb. 360b die Frequenz bis auf Null herabregeln.

c. Der kompensierte FW. Dem FW, wie wir ihn im Abschn. a beschrieben haben, haften zwei Mängel an.

Mit Rücksicht auf den Stromwenderteil muß die Läuferwicklung für eine kleine Spannung bemessen werden, so daß die Schleifringe einen verhältnismäßig großen Strom führen, und bei Regelung der Schleifringspannung durch einen vorgeschalteten Transformator müssen auch die Schaltgeräte für diesen Strom bemessen werden. Man kann zwar diesen Nachteil beseitigen, wenn Stromwender- und Schleifringwicklung getrennt werden und die Schleifringwicklung für die günstigste Spannung mit Rücksicht auf Schleifringe und Schaltgeräte bemessen wird; der FW wird dann aber weniger einfach und seine Abmessungen werden größer.

Der andere Nachteil ist der ungünstige Einfluß der Oberfelder auf das Bürstenfeuer, die sich besonders stark ausbilden, wenn die Belastungsströme durch die Wicklungen fließen (vgl. Abschn. II A 8b).

Um diese Nachteile zu beseitigen, kann man nach einem Vorschlag von Kozisek [L 326] auf dem Ständer eine Kompensationswicklung anordnen, die von den Bürstenströmen durchflossen wird und die von diesen Strömen herrührenden Luftspaltfelder im wesentlichen unterdrückt, wie wir es im Abschn. II A 8 b für die Drehstromnebenschlußmaschine gezeigt haben. Die Schaltung dieses FW ist in Abb. 361 angedeutet. Da das von den Bürstenströmen erregte magnetische Feld durch die Kompensationswicklung aufgehoben wird, fließt über die Schleifringe nur noch der Magnetisierungsstrom, so daß Schleifringe und Schaltgeräte im Schleifringkreise nur für etwa $^1/_4$ bis $^1/_3$ des Belastungsstromes bemessen zu werden brauchen. Durch die Kompensationswicklung werden die von den Belastungsströmen herrührenden Oberfelder im wesentlichen aufgehoben, so daß nur noch die Felder herrührend vom Magnetisierungsstrom für das Bürstenfeuer maßgebend sind.

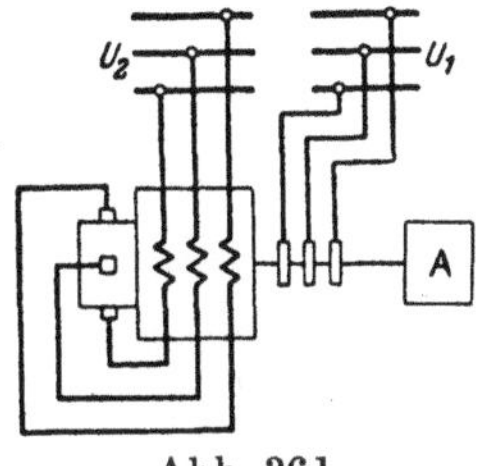

Abb. 361.
Kompensierter FW.

Die Schaltung des kompensierten FW entspricht der des läufergespeisten Nebenschlußmotors (vgl. Abschn. II D). Es wird deshalb, im Gegensatz zum gewöhnlichen FW ohne Ständerwicklung, ein Drehmoment entwickelt. Der Antriebsmotor muß hierbei für die Wirkleistung des FW bemessen werden, während das primäre Netz seine Magnetisierungsleistung zu decken hat. Zu den Stromwärmeverlusten der Läuferwicklung kommen noch die in der Kompensationswicklung.

Auch beim kompensierten FW kann im Ständer zusätzlich eine mehrphasig kurzgeschlossene Ständerwicklung angeordnet werden (vgl. Abb. 360 a), um zur Verbesserung der Stromwendung die Ströme in den von Bürsten überbrückten Läuferspulen abzudämpfen oder ein zusätzliches Drehmoment in der Maschine zu entwickeln, das den Antriebsmotor entlastet.

Hinsichtlich der Spannungsumformung besteht noch ein Unterschied zwischen dem kompensierten und dem gewöhnlichen FW. Während bei dem letzteren die Spannung U_2 im Sekundärnetz bei Vernachlässigung der kleinen Spannungsverluste und Gleichheit der Phasenzahl auf beiden Seiten des FW gleich der Spannung an den Schleifringen ist, ist die gesamte im sekundären Kreis induzierte EMK um die in der Kompensationswicklung induzierte kleiner. Die letzte ist der Relativgeschwindigkeit des Drehfeldes gegen den Ständer, also der Frequenz f_2 proportional. Die gesamte, auf der Sekundärseite induzierte EMK ist daher

$$E_2 = (1 - s) E_1. \tag{533}$$

Da die Maschine gewöhnlich bei kleinen Werten von s verwendet wird, ist der Unterschied gegenüber dem gewöhnlichen FW unbedeutend.

33*

4. Maschinen ohne Drehfeldeigenschaften.

a. Maschine mit $6p$ Einzelpolen. Um der mehrphasigen Stromwendermaschine Eigenschaften zu verleihen, die im wesentlichen mit denen der einphasigen Stromwendermaschine übereinstimmen, kann die Erregerwicklung so ausgeführt werden, daß sich die Spulen der einzelnen Wicklungsstränge nicht überlappen. In Abb. 362 ist die Wicklungsanordnung einer solchen Maschine dargestellt. Die Läuferwicklung ist wie bei der Drehfeldmaschine ausgeführt, entweder mit Einfach- oder mit Doppelbürstensatz und in Abb. 362 durch resultierende Strombeläge und Andeutung der kurzgeschlossenen Spulenseiten wie in Abb. 235a (zweipolig) dargestellt. Bei einer zweipoligen Läuferwicklung erhält der Ständer sechs ausgeprägte Pole und ebensoviele Wendepole, also für jeden Strang je zwei getrennte Pole. In den Nuten der Hauptpole (in Abb. 362 beispielsweise zwei Nuten je Strangpol) und den Nuten zwischen Haupt- und Wendepolen liegt die Kompensationswicklung, die die Ankerwicklung kompensiert. Jeder Strangpol erhält eine um ihn geschlungene Wicklung, die einen Fluß erregt, der

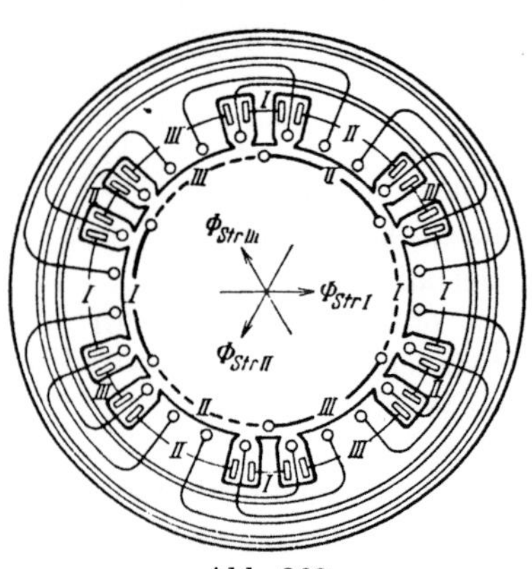

Abb. 362.
Maschine mit $6p$ ausgeprägten Polen.

mit dem Strombelag des Ankers unter dem betreffenden Strangpol entweder, wie in Abb. 362 angenommen, in Phase oder nach Bedarf phasenverschoben ist. Die Wendepole werden von den Bürstenströmen wie in Abb. 235a erregt. In Abb. 362 bezeichnen die römischen Ziffern die Phasen der Ströme in den einzelnen Wicklungsteilen.

Die Polflüsse sind um die Phasenwinkel $2\pi/6$ gegeneinander zeitlich verschoben; sie bilden aber kein reines Drehfeld, weil sich die Erregerspulen nicht überlappen, und deshalb wird auch das Feld in den Wendezonen von dem Erregerfeld nicht beeinflußt. Läufer- und Kompensationswicklung sind in Reihe geschaltet. Bei vollkommener Kompensation heben sich deshalb die von den Polflüssen im Ankerkreis (bestehend aus Läufer- und Kompensationswicklung) induzierten EMKe der Ruhe auf, und es bleibt im Ankerkreis (abgesehen von den Streuspannungen) nur noch die durch die Polflüsse in der Läuferwicklung induzierte EMK der Bewegung übrig, genau wie bei der einphasigen Stromwendermaschine.

Setzen wir beispielsweise eine Läuferwicklung mit Doppelbürstensatz (Sechsbürstenschaltung) voraus, so ist nach Gl. 163, Bd. I, die zwischen den Bürsten I induzierte EMK der Bewegung im Ankerkreis

$$e_A = \pm\, z\, \frac{p}{a}\, n\, (\varphi_I - \varphi_{II} - \varphi_{III}),\qquad (534)$$

worin p die Polpaarzahl, für die die Läuferwicklung gewickelt ist, und φ den Strangpolfluß bezeichnet. Schreiben wir für diese Flüsse

$$\left.\begin{aligned}\varphi_I = \Phi_{Str}\sin\omega t,\qquad \varphi_{II} = \Phi_{Str}\sin(\omega t + 2\pi/3),\\ \varphi_{III} = \Phi_{Str}\sin(\omega t + 4\pi/3),\end{aligned}\right\}\quad (534\,\text{a bis c})$$

so ist die im Ankerkreis induzierte EMK

$$e_A = \pm\, z\,\frac{p}{a}\, n\cdot 2\,\Phi_{Str}\sin\omega t \quad\text{oder}\quad E_A = z\,\frac{p}{a}\, n\cdot\sqrt{2}\,\Phi_{Str};\qquad (535\,\text{a u. b})$$

sie ist in Phase oder Gegenphase mit dem zugehörigen Strangpolfluß.

Vergleichen wir diese EMK mit der bei der Drehfeldmaschine, wenn Läufer- und Kompensationswicklung gegeneinander geschaltet sind, nämlich

$$E_A = E_K - E_L = z\,\frac{p}{a}\, n_1\,(1-s)\,\frac{\Phi_1}{\sqrt{2}} = z\,\frac{p}{a}\, n\,\frac{\Phi_1}{\sqrt{2}}\,.\qquad (536)$$

Damit bei beiden Maschinen dieselbe EMK im Ankerkreis induziert wird, muß nach Gl. 535b u. 536

$$\Phi_{Str} = \tfrac{1}{2}\Phi_1 \qquad (537)$$

sein. Es ist nun

$$\Phi_{Str} = \alpha\,\frac{\tau}{3}\, l\, B_L \qquad\text{und}\qquad \Phi_1 = \frac{2}{\pi}\,\tau\, l\, B_1,\qquad (537\,\text{a u. b})$$

worin α das Verhältnis von Polbogen zu Polteilung der Strangpole ($\tau/3$) und B_L die Induktionsamplitude im Luftspalt unter dem Pol bezeichnet. Mit $\Phi_{Str} = \tfrac{1}{2}\Phi_1$ ist

$$B_L = \frac{3}{\pi\,\alpha}\, B_1\,.\qquad (538)$$

Für α wird man wegen der kleinen Strangpolteilung wohl höchstens 0,6 setzen dürfen; damit wird $B_L = 1{,}59\, B_1$. Der Höchstwert der Induktion muß also wesentlich größer bemessen werden als bei der Drehfeldmaschine, um dieselbe EMK im Ankerkreis zu erhalten. Das bedeutet eine wesentlich schlechtere Ausnutzung der Maschine mit ausgeprägten Polen gegenüber der Drehfeldmaschine.

Die in einer von Bürsten überbrückten Läuferwindung induzierte (Ruhe-) EMK $\mathscr{E}_R$ ergibt sich zu

$$\mathscr{E}_R = \sqrt{2}\,\pi\, f\,|\,\Phi_I - \Phi_{II} - \Phi_{III}| = 2\,\sqrt{2}\,\pi\, f\,\Phi_{Str}\qquad (539\,\text{a})$$

und hat wie bei der einphasigen Stromwendermaschine Netzfrequenz.
Für die Drehfeldmaschine ist die vom Drehfeld in der von Bürsten
überbrückten Läuferwindung induzierte EMK

$$\mathfrak{E}_R = \sqrt{2}\,\pi\,s\,f\,\Phi_1; \tag{539b}$$

sie hat im Gegensatz zu der Maschine mit ausgeprägten Polen Schlupffrequenz. Bei derselben EMK im Ankerkreis ergibt sich bei der Maschine mit ausgeprägten Polen nach den Gl. 537 und 539a u. b dieselbe
EMK $\mathfrak{E}_R$ wie bei Stillstand ($s = 1$) der Drehfeldmaschine. Diese EMK
ist gegen den zugehörigen Polfluß
um eine Viertelperiode phasenverspätet und kann bei der Maschine
mit ausgeprägten Polen mit denselben Mitteln wie bei der Einphasenmaschine (Abschn. I A 8) mehr oder
weniger vollkommen unterdrückt
werden.

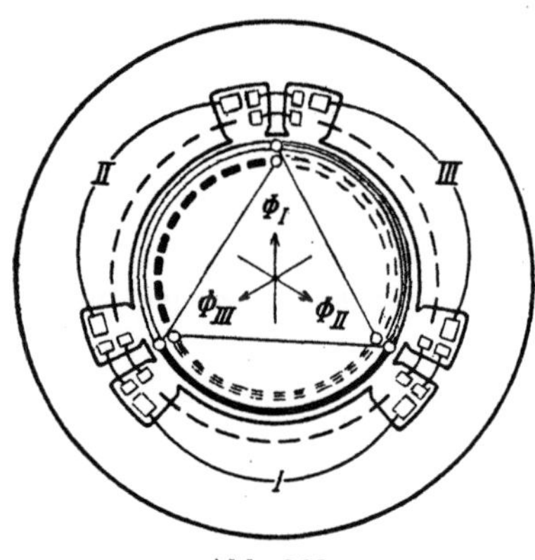

Abb. 363.
Scherbius - Maschine (mit $3\,p$ Polen).

Eine praktische Bedeutung als
selbständige Maschine haben die
Mehrphasenmaschinen mit ausgeprägten Polen nicht gewonnen, weil
sie wesentlich schlechter ausgenutzt
sind als die Drehfeldmaschine. Für
Regelsätze werden sie aber häufig
als Hilfsmaschinen verwendet.

b. Die Maschine von Lydall und Scherbius. Die Ausnutzung der
Maschine nach Abb. 362 läßt sich etwas verbessern, wenn man von
den gleichphasigen Wendepolen je einen wegläßt, so daß nur noch drei
Wendepole übrig bleiben; viel ist damit aber nicht gewonnen. Etwas
günstigere Entwurfsbedingungen erhält man aber, wenn die Maschine
mit nur drei Strangpolen und die Läuferwicklung nach Abschn. II A 2 c
mit einer Spulenweite gleich $^2/_3$ der Polteilung der sonst zweipoligen
Maschine ausgeführt wird. Diese Maschine ist schon im Jahre 1905
von Lydall (Siemens Brothers) [L 327] angegeben und später
von Scherbius als Erregermaschine für Drehstromregelsätze weiter
ausgebildet worden.

In Abb. 363 ist die Maschine mit einem „Polsatz", d.h. mit drei
Strangpolen dargestellt, entsprechend einer zweipoligen Drehfeldmaschine. In der Läuferwicklung sind die Strombeläge in Unter- und
Oberschicht durch verschiedene Stricharten dargestellt und die kurzgeschlossenen Spulenseiten durch kleine Kreise wie in Abb. 212 angedeutet, in der auch die Lage der Bürsten zu erkennen ist; der resultierende Strombelag ergibt sich dabei nach Abb. 212 in Phase mit je

einem Bürstenstrom. Die Läuferwicklung wird durch eine Wicklung im Ständer kompensiert, von der der resultierende Strombelag durch gestrichelte Kreisbögen angedeutet ist. Die Ausführung dieser Kompensationswicklung haben wir in den Abschn. II A 2c u. g beschrieben. Jeder Hauptpol ist von einer Erregerwicklung umschlungen, deren Durchflutungen Betrag und Phase der Polflüsse bestimmen.

Die drei Polflüsse (in Abb. 363 mit Φ_I, Φ_{II}, Φ_{III} bezeichnet) sind in der Phase um $2\pi/3$ gegeneinander verschoben, so daß ihre Summe in jedem Augenblick Null ist. Bei vollständiger Kompensation der Läuferwicklung heben sich in dem Stromkreis, gebildet aus der Gegenschaltung von Läufer- und Kompensationswicklung, die von den Polflüssen induzierten EMKe der Ruhe auf, und es bleibt wie bei der Maschine nach Abb. 362 nur die EMK der Bewegung in der Läuferwicklung übrig. Bei der Berechnung dieser EMK in einem der Läuferstränge müssen wir beachten, daß dieser Wicklungsstrang (beispielsweise der Strang mit den dicken voll ausgezogenen und gestrichelten Strombelägen in Abb. 363) in der Oberschicht von dem Fluß Φ_I und in der Unterschicht von dem Fluß Φ_{II} induziert wird. Wir erhalten deshalb die in diesem Strang der Läuferwicklung induzierte EMK der Bewegung nach Gl. 163, Bd. I, zu

$$E_L = \frac{zp}{a}\, n \left| \frac{\Phi_I - \Phi_{II}}{2\sqrt{2}} \right| = \frac{zp}{a}\, n \cdot \frac{\sqrt{3}}{2\sqrt{2}} \Phi_{Str} \qquad (540\,\mathrm{a})$$

(vgl. Abb. 363a). Da die Läuferwicklung durch die Bürsten in Dreieck geschaltet ist, kommt für die in Stern geschaltete Ersatzwicklung, die mit der Kompensationswicklung in Reihe geschaltet zu denken ist, nur $1/\sqrt{3}$ der Läuferstrang-EMK in Frage; es ist also

$$E_A = \frac{1}{\sqrt{3}}\, E_L = \frac{zp}{a}\, n \cdot \frac{\Phi_{Str}}{2\sqrt{2}}\,, \qquad (540)$$

und die Phase von $\dot{E}_A$ ist wie bei der Maschine mit $6p$ Einzelpolen in Phase oder Gegenphase mit dem Polfluß Φ_{Str}.

Wollen wir diese EMK mit der der Drehfeldmaschine vergleichen, so müssen wir auch hierfür einen einfachen Bürstensatz wie bei der Scherbius-Maschine voraussetzen. Die in einem Wicklungsstrang induzierte EMK ist dann für die Drehfeldmaschine

$$E_L = \frac{zp}{a}\, s\, n_1 \cdot \frac{\sqrt{3}}{2} \frac{\Phi_1}{\sqrt{2}}\,, \qquad (541\,\mathrm{a})$$

und die im Ankerkreis, gebildet aus je einem Strang der Kompensationswicklung und der in Stern geschalteten „Läuferersatzwicklung" (vgl. Abschn. II A 4),

$$E_A = E_K - E_L/\sqrt{3} = \frac{z\,p}{a}\,n \cdot \frac{\Phi_1}{2\sqrt{2}}.$$ (541)

Damit die EMKe im Ankerkreis der beiden Maschinen einander gleich sind, muß nach den Gl. 540 u. 541

sein. Es ist nun
$$\Phi_{Str} = \Phi_1$$ (542)

$$\Phi_{Str} = \alpha\,\frac{2\,\tau}{3}\,l\,B_L \quad\text{und}\quad \Phi_1 = \frac{2}{\pi}\,\tau\,l\,B_1,$$ (543a u. b)

also mit Gl. 542

$$B_L = \frac{3}{\pi\,\alpha}\,B_1,$$ (543)

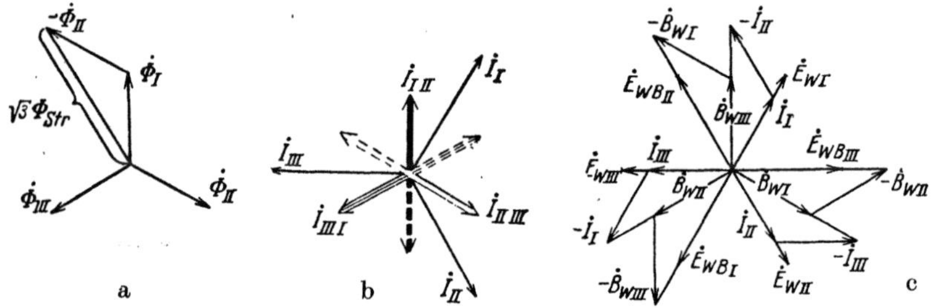

Abb. 363a bis c. a) Polflüsse; b) Ströme; c) (lies $\mathfrak{E}$ statt $\dot{E}$) EMKe $\mathfrak{E}_{WB}$ zur Unterdrückung von $\mathfrak{E}_W$, Wendepolinduktionen $\dot{B}_W$ und ihre Erregung durch die Bürstenströme $\dot{I}$.

wie bei der Maschine nach Abb. 362. α kann hier aber größer bemessen werden, weil die Polteilung der Strangpole doppelt so groß ist wie bei der Maschine nach Abb. 362.

Wir wenden uns nun den von Bürsten überbrückten Läuferspulen zu. Untersuchen wir zuerst die EMK der Stromwendung und das zu ihrer Unterdrückung zu erregende Wendefeld. Wir beschränken uns zunächst auf die von der Bürste I überbrückte Läuferspule I, d. i. in Abb. 363 die Spule (vgl. auch die Abb. 211a bis c u. 212), deren eine Spulenseite in der Unterschicht links, deren andere in der Oberschicht rechts, und deren Verbindungslinie waagerecht liegt. In dem Vektordiagramm Abb. 363b sind die Ströme in den Läuferwicklungssträngen und den Bürsten ($\dot{I}_I$, $\dot{I}_{II}$, $\dot{I}_{III}$) dargestellt. Setzen wir eine Drehung des Läufers im Uhrzeigersinne voraus, so ändert sich der Strom in der Unterschicht von $-\dot{I}_{III\,I}$ auf $-\dot{I}_{I\,II}$ und in der Oberschicht von $\dot{I}_{III\,I}$ auf $\dot{I}_{I\,II}$. In der Unterschicht ist also die Stromänderung

$$\Delta\dot{I}_u = -\dot{I}_{I\,II} + \dot{I}_{III\,I} = -\dot{I}_I$$ (544a)

und in der Oberschicht

$$\Delta\dot{I}_o = \dot{I}_{I\,II} - \dot{I}_{III\,I} = +\dot{I}_I.$$ (544b)

Bezeichnen wir mit L_{Nu} und L_{No} die Nutstreuinduktivitäten der Spulenseiten in den beiden Schichten und mit L_S die Streuinduktivität der Stirnverbindungen der Spule, so ist bei gradliniger Stromwendung (vgl. z. B. Gl. 615a, Bd. I) der Teil der EMK der Stromwendung $\mathfrak{E}_W$, der von den eigenen Strömen der betrachteten Spule herrührt,

$$\mathfrak{E}_{We} = -\frac{\Delta \dot{I}_u L_{Nu} - \Delta \dot{I}_o L_{No}}{a\,T} - L_S \frac{\Delta \dot{I}_u}{c\,T} = \frac{L_{Nu} + L_{No} + L_S}{T} \cdot \frac{\dot{I}_I}{a}. \qquad (544)$$

In denselben Nuten liegen aber nun noch die Spulenseiten, die von den fremden Bürsten überbrückt werden. In der über der Unterschicht liegenden Spulenseite ist die Stromänderung

$$\Delta \dot{I}_{uo} = \dot{I}_{II\,III} - \dot{I}_{I\,II} = \dot{I}_{II}, \qquad (545a)$$

und in der unter der Oberschicht liegenden fremden Spulenseite ist sie

$$\Delta \dot{I}_{ou} = -\dot{I}_{III\,I} + \dot{I}_{II\,III} = -\dot{I}_{III}. \qquad (545b)$$

Die von diesen Stromänderungen herrührende EMK in der betrachteten Spule I ist

$$\mathfrak{E}_{Wg} = -L_{Ng} \frac{\Delta \dot{I}_{uo} - \Delta \dot{I}_{ou}}{a\,T} = L_{Ng} \frac{-\dot{I}_{II} - \dot{I}_{III}}{a\,T} = \frac{L_{Ng}}{T} \frac{\dot{I}_I}{a}. \qquad (545)$$

Die resultierende EMK der Stromwendung in der Spule I ist

$$\mathfrak{E}_W = \mathfrak{E}_{We} + \mathfrak{E}_{Wg} = \frac{L}{T} \frac{\dot{I}_I}{a}, \qquad (546)$$

worin

$$L = L_{Nu} + L_{No} + L_{Ng} + L_S \qquad (546a)$$

ist. Sie ist also in Phase mit dem Bürstenstrom $\dot{I}_I$. Die entsprechenden Überlegungen gelten auch für die von den Bürsten II und III überbrückten Spulen.

L_N ist nach Abschn. III B 8, Bd. I, besonders nach Gl. 617b und Zahlentafel 19, L_S nach Gl. 634, Bd. I, zu berechnen.

Zur Ermittlung der Phase der Wendefelder, die die EMKe der Stromwendung in den von Bürsten überbrückten Läuferspulen aufzuheben in der Lage sind, müssen wir beachten, daß jede Spule immer von zwei Wendefeldern beeinflußt wird. Die Differenz der Wendefelder der betrachteten Spule muß mit der EMK der Stromwendung $\mathfrak{E}_W$, also mit dem zugehörigen Bürstenstrom in Gegenphase sein. Bezeichnen wir die den kurzgeschlossenen Spulen gegenüberliegenden Wendepole mit derselben römischen Zahl wie die Spulen, so muß die Differenz $\dot{B}_{W\,II} - \dot{B}_{W\,III}$ in Phase mit $\mathfrak{E}_{WB\,I}$, $\dot{B}_{W\,III} - \dot{B}_{W\,I}$ in Phase mit $\mathfrak{E}_{WB\,II}$ und $\dot{B}_{W\,I} - \dot{B}_{W\,II}$ in Phase mit $\mathfrak{E}_{WB\,III}$ sein. Damit ergeben sich die Phasen der Wendepolinduktionen nach Abb. 363c. Sie lassen sich, wie ebenfalls Abb. 363c erkennen läßt, durch je zwei Wendepolwicklungen gleicher Windungszahl erregen, die von den fremden Strömen durchflossen werden.

Außer der EMK der Stromwendung tritt in jeder kurzgeschlossenen Läuferwindung noch eine Ruhe-EMK

$$\mathfrak{E}_R = -j \sqrt{2}\,\pi\, f\, \Phi_{Str} \tag{547}$$

auf, die der zugehörige Polfluß induziert; von den fremden Polflüssen wird die Windung nicht beeinflußt, wie aus Abb. 363 zu erkennen ist. Da bei derselben EMK im Ankerzweig nach Gl. 542 $\Phi_{Str} = \Phi_1$ ist, ist $\mathfrak{E}_R$ gleich der Drehfeld-EMK der Drehfeldmaschine bei Stillstand. $\mathfrak{E}_R$ hat bei der Scherbius-Maschine für jede Drehzahl Netzfrequenz und kann wie bei der Einphasenmaschine mehr oder weniger unterdrückt werden.

Bei der Bemessung und Schaltung der Wendepolwicklungen zur Unterdrückung von $\mathfrak{E}_R$ ist wieder zu berücksichtigen, daß jede kurzgeschlossene Spule von zwei Wendefeldern verschiedener Phase beeinflußt wird. Durch Phasenmischung steht zur Erregung der Wendefelder jede Spannungs- und Stromphase zur Verfügung. Der noch zulässige Wert $\mathfrak{E}_R$ bestimmt wie bei der Einphasenmaschine den Polfluß und damit auch die Zahl der Polsätze.

Die Berechnung der magnetischen Kennlinie läßt sich auf den symmetrischen dreiphasigen Kerntransformator zurückführen. Vernachlässigen wir den magnetischen Widerstand der Joche und des Ankerkerns, so ist der magnetische Kreis grundsätzlich derselbe wie bei jenem Transformator mit den Jochlängen $L_J = 0$ (vgl. Abb. 8, Bd. III). Er ist, je nach der Schaltung der Erregerwicklungen, nach Abschn. A 2a oder b, Bd. III, zu berechnen, wobei die magnetische Spannung zwischen den magnetischen Verkettungspunkten sich zusammensetzt aus $V_L + V_{Z\,St} + V_{Z\,L} + V_K$, die wie bei der Gleichstrommaschine zu berechnen sind. Will man den Einfluß der Joche und den des Ankerkerns berücksichtigen, so kann man die Dreieckschaltung dieser Teile in eine entsprechende Sternschaltung mit $\sqrt{3}$-fachem Jochbzw. Ankerkernquerschnitt und $1/\sqrt{3}$-fachen Längen ersetzen und die so erhaltenen Jochanteile wie beim symmetrischen Kerntransformator mit in Stern geschalteten Jochteilen (Abb. 8, Bd. III) behandeln.

Die dreiphasigen Maschinen mit ausgeprägten Polen verhalten sich nach unsern Überlegungen genau so wie eine einphasige Stromwendermaschine. Sie können deshalb auch durch drei in Stern (oder Dreieck) geschaltete Einphasenmaschinen ersetzt werden [vgl. auch L 404]. Die im Abschn. I E für die einphasige Nebenschlußmaschine angegebenen Schaltungen können sinngemäß auf die Mehrphasenmaschinen mit ausgeprägten Polen übertragen werden.

B. Die Ortskurve des Stromes der IM.

Da das Verhalten der IM durch die Ortskurve des Stromes, die die IM dem Netz entnimmt, gut veranschaulicht wird, wollen wir vor Beschreibung der einzelnen Regelsätze eine Betrachtung über die Ortskurve und ihre Beeinflussung durch die Klemmenspannung der HM voranschicken.

1. Der Ersatzstromkreis.

Im Abschn. B 3 u. 4, Bd. IV, haben wir gesehen, daß das Verhalten der IM mit genügender Genauigkeit durch das des vereinfachten Ersatzstromkreises in Abb. 17b, Bd. IV, wiedergegeben werden kann.

Im vereinfachten Ersatzstromkreis hatten wir die Abhängigkeit des Magnetisierungsstromes I_μ und des den Eisenverlusten entsprechenden Verluststromes I_v von der vom Luftspaltfeld in der Primärwicklung induzierten EMK E_1 vernachlässigt. Wir hatten den Magnetisierungs-

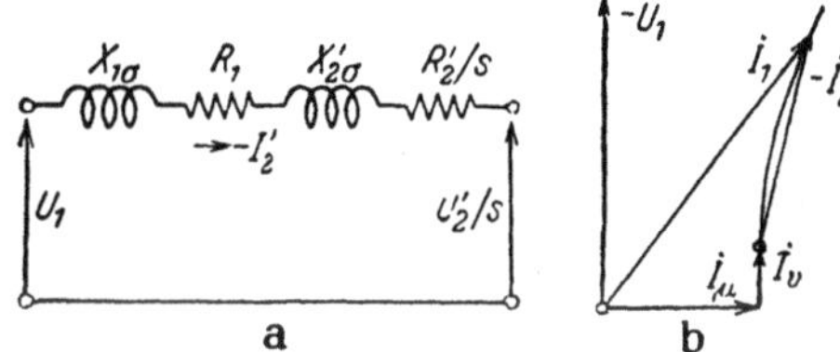

Abb. 364a u. b. a) Vereinfachter Ersatzstromkreis der IM mit HM; b) Ortskurve von I_1.

strom $I_\mu \approx j U_1/(X_{1h} + X_{1\sigma})$ und den Verluststrom I_v als unveränderlich angenommen. Wir konnten dann den auf die Primärwicklung bezogenen Sekundärstrom I_2' allein betrachten und nachträglich den Magnetisierungsstrom I_μ und den Verluststrom I_v anfügen (Abb. 364b).

Für große Induktionsmaschinen, wie sie für die Regelsätze in Frage kommen, sind die vereinfachenden Annahmen für den Ersatzstromkreis erst recht berechtigt, weil der primäre Widerstand R_1 mit der Größe der Maschine sinkt. Wir wollen deshalb auch hier den vereinfachten Ersatzstromkreis zugrunde legen. Man könnte, wie wir im Abschn. B 3b, Bd. IV, gezeigt haben, den durch unsre vereinfachenden Annahmen auftretenden Fehler dadurch etwas ausgleichen, daß wir an Stelle von U_1 die Spannung $U_1 - X_{1\sigma} I_\mu$ setzen; wir wollen hier aber der Einfachheit wegen von dieser Verbesserung absehen. Man erhält dann den in Abb. 364a dargestellten Ersatzstromkreis für den negativ genommenen und auf die Primärwicklung bezogenen Strom I_2'. Er unterscheidet sich von dem in Abb. 17b, Bd. IV, dargestellten dadurch, daß noch die Spannung U_2'/s eingefügt ist. U_2' ist die auf die Primärwicklung bezogenen Schleifringspannung der IM; es ist $U_2' = U_2 w_1 \xi_1/w_2 \xi_2$, wobei sich die Zeiger 1 auf die Primärwicklung, die Zeiger 2 auf die Sekundärwicklung der IM beziehen. Für den Fall, daß die Spannung U_2 dem Strom I_2 proportional ist, hatten wir im Abschn. B 2b, Bd. IV, diese schon berücksichtigt und dort mit U_a bezeichnet. In

Abb. 364a sind die Widerstände $X_{1h} + X_{1\sigma}$ und r (Abb. 17b, Bd. IV) weggelassen, weil wir uns auf die Bestimmung des Stromes $-I_2'$ beschränken können. Wir stellen den negativ genommenen Strom, also $-I_2'$ dar, weil dann die auf $\dot{U}_1$ bezogenen Wirkkomponenten von $-I_2'$ und $\dot{I}_1 - \dot{I}_v$ gleich und gleichgerichtet sind.

2. Die Ortskurve des Stromes $-I_2'$.

Nach dem Ersatzstromkreis Abb. 364a erhalten wir die Spannungsgleichung für die IM

$$\dot{U}_1 - \dot{U}_2'/s = [R_1 + R_2'/s + j\,(X_{1\sigma} + X_{2\sigma}')]\,\dot{I}_2' \qquad (548\text{a})$$

oder mit s multipliziert

$$s\,\dot{U}_1 - \dot{U}_2' = \{R_2' + s\,[R_1 + j\,(X_{1\sigma} + X_{2\sigma}')]\}\,\dot{I}_2'. \qquad (548\text{b})$$

Das Gesetz, dem die Spannung $\dot{U}_2'$ folgt, wird durch das Verhalten der HM bestimmt. In den folgenden Unterabschnitten wollen wir zwei Fälle für das Gesetz der Spannung der HM betrachten.

a. Drehzahl der HM vom Schlupf der IM unabhängig. In vielen praktisch wichtigen Fällen kann die Spannung $\dot{U}_2'$ sowohl eine feste $(\dot{U}_{2c}')$ als auch eine vom Strom I_2' abhängige Spannungskomponente $(\dot{U}_{2v}')$ haben,

$$\dot{U}_2' = \dot{U}_{2c}' + \dot{U}_{2v}'. \qquad (549)$$

$\dot{U}_{2c}'$ zerlegen wir in die Komponenten zu $\dot{U}_1$ und schreiben, entsprechend der Spannung $\dot{U}_{20}'$ bei der selbständigen Nebenschlußmaschine (Gl. 402),

$$\dot{U}_{2c}' = (w - jb)\,\dot{U}_1. \qquad (549\text{a})$$

Ferner zerlegen wir $\dot{U}_{2v}'$ in ihre Komponenten nach dem Strom I_2'

$$\dot{U}_{2v}' = (K_w' + j\,K_b' + j\,s\,K_{bs}')\,\dot{I}_2'. \qquad (549\text{b})$$

In der letzten Gleichung sind K_w', K_b', K_{bs}' Widerstandsgrößen, die zwar durch Multiplikation mit $\dot{I}_2'$ Komponenten von $\dot{U}_{2v}'$ ergeben, aber nicht nur von den Wirk- und Blindwiderständen in den Wicklungen der HM, sondern vor allem von EMKen herrühren können, die in der umlaufenden HM induziert werden. Sie können je nach der verwendeten HM und ihrer Schaltung positiv oder negativ sein. Mit den Gl. 549a u. b können wir Gl. 548b schreiben

$$(s - w + jb)\,\dot{U}_1 = \{(R_2' + K_w') + j\,K_b' + s\,[R_1 + j\,(X_{1\sigma} + X_{2\sigma}' + K_{bs}')]\}\,\dot{I}_2'. \ (550)$$

Beziehen wir alle Widerstandsgrößen auf den Hauptblindwiderstand X_{1h} der Primärwicklung der IM, so erhalten wir mit den Widerstandsverhältnissen

$$r_1 = \frac{R_1}{X_{1h}}, \quad r_2 = \frac{R_2'}{X_{1h}}, \quad \sigma_1 = \frac{X_{1\sigma}}{X_{1h}}, \quad \sigma_2 = \frac{X_{2\sigma}'}{X_{1h}}, \quad (550\text{a bis d})$$

$$k_w = \frac{K_w'}{X_{1h}}, \quad k_b = \frac{K_b'}{X_{1h}}, \quad k_{bs} = \frac{K_{bs}'}{X_{1h}} \qquad (550\text{e bis g})$$

den Strom

$$-\dot{I}_2' = -\frac{-w + jb + s}{(r_2 + k_w) + jk_b + s\,[r_1 + j\,(\sigma_1 + \sigma_2 + k_{bs})]} \cdot \frac{\dot{U}_1}{X_{1h}}. \qquad (551\,\mathrm{A})$$

Durch w wird der Schlupf und damit die Drehzahl der IM schon bei Leerlauf beeinflußt, positiven Werten entsprechen untersynchrone, negativen übersynchrone Leerlaufdrehzahlen, und durch b erhält der Läuferstrom eine feste Magnetisierungsblindstrom-Komponente, durch die das primäre Netz auch bei Leerlauf von Magnetisierungsblindströmen entlastet werden kann. Ein positiver Wert von k_w vergrößert den Wirkwiderstand der Läuferwicklung (Vergrößerung des Belastungsschlupfes), durch einen negativen Wert von k_{bs} kann der Streublindwiderstand der IM verringert oder aufgehoben werden, und ein negativer Wert von k_b verhält sich wie eine in den Läuferkreis der IM geschaltete Kapazität.

Die Ortskurve des Stromes $-\dot{I}_2'$ ist bei festen Werten der Widerstandsverhältnisse nach Abschn. I 2 c, Bd. II, ein Kreis, der für $b = 0$ durch den Anfangspunkt von $-\dot{I}_2'$ geht. Für $k_{bs} = 0$ haben alle Kreise den Punkt $s = \infty$ mit dem Kreis K_0 gemeinsam, der für $\dot{U}_2' = 0$ gilt.

Legen wir den Spannungsvektor $\dot{U}_1$ in die Richtung negativer Ordinaten, so müssen wir die rechte Seite von Gl. 551 A mit $-j$ multiplizieren, um die Mittelpunktskoordinaten und den Halbmesser R des Kreises aus den Gl. 37 a bis c, Bd. II, berechnen zu können. Wir erhalten dafür

$$x_m = \frac{(r_2 + k_w) + w r_1 - b\,(\sigma_1 + \sigma_2 + k_{bs})}{2\,[(r_2 + k_u)\,(\sigma_1 + \sigma_2 + k_{bs}) - k_b\,r_1]} \cdot \frac{U_1}{X_{1h}}, \qquad (551\,\mathrm{a})$$

$$y_m = -\frac{k_b + w\,[(\sigma_1 + \sigma_2 + k_{bs}) + b\,r_1]}{2\,[(r_2 + k_w)\,(\sigma_1 + \sigma_2 + k_{bs}) - k_b\,r_1]} \cdot \frac{U_1}{X_{1h}}, \qquad (551\,\mathrm{b})$$

$$R^2 = x_m^2 + y_m^2 + \frac{b}{(r_2 + k_w)\,(\sigma_1 + \sigma_2 + k_{bs}) - k_b\,r_1} \cdot \left(\frac{U_1}{X_{1h}}\right)^2. \qquad (551\,\mathrm{c})$$

Gewöhnlich ist ein Teil der Komponenten von $\dot{U}_2'$ Null. Auf die verschiedenen Sonderfälle und die jeweilige Lage des Kreises werden wir in den späteren Abschnitten zurückkommen und auch zeigen, wie man die einzelnen Komponenten von $\dot{U}_2'$ erzeugen kann.

b. $\dot{U}_2'$ ist von der Drehzahl der IM abhängig. Nicht immer kann die Spannung an den Klemmen der HM durch den Ansatz nach Gl. 549 mit den Gl. 549a u. b dargestellt werden. Wird beispielsweise die HM nicht mit fester Drehzahl angetrieben, sondern mit einer Drehzahl, die der Drehzahl der IM proportional ist, wie bei unmittelbarer Kupplung der HM mit der IM, so ist $\dot{U}_2'$ der relativen Drehzahl $1-s$ der IM proportional. Schreiben wir in diesem Falle

$$\dot{U}_{2c}' = (1 - s)\,(w - jb)\,\dot{U}_1, \qquad (552\,\mathrm{a})$$

$$\dot{U}_{2v}' = (1 - s)\,(K_w' + j\,K_b' + js\,K_{bs}')\,\dot{I}_2', \qquad (552\,\mathrm{b})$$

so erhalten wir mit den Widerstandsverhältnissen nach den Gl. 550a bis g

$$-I_2' = -\frac{-w+jb+s\left[(1+w)-jb\right]}{(r_2+k_w)+jk_b+s\left[(r_1-k_w)+j(\sigma_1+\sigma_2-k_b+k_{bs})\right]-js^2k_{bs}}\cdot\frac{\dot{U}_1}{X_{1h}}. \quad (553)$$

Die Ortskurven von $-I_2'$ haben mit dem Kreis K_0, der für $\dot{U}_2' = \dot{U}_{2c}' + \dot{U}_{2v}' = 0$ gilt, den Punkt $s=1$ gemeinsam; denn setzen wir in Gl. 553 B $s=1$, so fallen die Werte w, b, k_w, k_b und k_{bs} heraus. Die Ortskurven sind aber nur dann bei festen Widerstandsverhältnissen Kreise, wenn $k_{bs}=0$ ist; für $b=0$ schneiden sie noch bei $s=w/(1+w)$ den Punkt $s=0$ auf dem Kreis K_0. Die Bestimmungsstücke dieser Kreise ergeben sich zu

$$x_m = \frac{(r_2+k_w)+w(r_1+r_2)-b(\sigma_1+\sigma_2)}{2\left[(r_2+k_w)(\sigma_1+\sigma_2)-k_b(r_1+r_2)\right]}\cdot\frac{U_1}{X_{1h}}, \quad (553\,\mathrm{a})$$

$$y_m = -\frac{k_b+w(\sigma_1+\sigma_2)+b(r_1+r_2)}{2\left[(r_2+k_w)(\sigma_1+\sigma_2)-k_b(r_1+r_2)\right]}\cdot\frac{U_1}{X_{1h}}, \quad (553\,\mathrm{b})$$

$$R^2 = x_m^2 + y_m^2 + \frac{b}{(r_2+k_w)(\sigma_1+\sigma_2)-k_b(r_1+r_2)}\cdot\left(\frac{U_1}{X_{1h}}\right)^2. \quad (553\,\mathrm{c})$$

Auch auf diese Gleichungen werden wir in späteren Abschnitten zurückkommen.

C. IM mit blindstromerzeugender HM.

1. Vom Läuferstrom der IM abhängige HM.

a. Eigenerregter Phasenschieber als HM. In der Schaltung nach Abb. 365 werde der eigenerregte Phasenschieber P von einem Hilfsmotor A mit fester Drehzahl n_A angetrieben; in Gl. 528 ist also $v = $ const. Der Wirkwiderstand R dient zum Anlassen der IM und wird im Betriebe abgeschaltet oder kurzgeschlossen.

Um die blindstromerzeugende Wirkung des Phasenschiebers zu veranschaulichen, betrachten wir zunächst den Sekundärkreis der IM. Wir setzen dabei beispielsweise $(R_2'+R_P')/X_{1h}=r_2+r_P=0{,}008$ und $X_{2\sigma}'/X_{1h}=\sigma_2=0{,}05$ voraus, $X_{2\sigma}/(R_2+R_P)=0{,}05/0{,}008=6{,}25$. Abb. 365a möge das Spannungsdiagramm bei Nennmoment und Motorbetrieb der IM darstellen, wenn der Phasenschieber abgeschaltet, in den Läuferkreis der IM aber ein zusätzlicher Widerstand eingeschaltet ist, der gleich dem Wirkwiderstand R_P des Phasenschiebers ist. Bei einem Schlupf $s_N=0{,}024$ der IM ist dann in Abb. 365a $sX_{2\sigma}I_2/(R_2+R_P)I_2=0{,}024\cdot6{,}25=0{,}15$. Durch den Widerstand R_P wird der bei kurzgeschlossenen Schleifringen auftretende Schlupf der IM im Verhältnis $(R_2+R_P)/R_2$ vergrößert. Unter dem Einfluß des Blindwiderstandes des Phasenschiebers $X=(s-v)X_P$ (vgl. Gl. 528), der bei

$v > s$ negativ ist, erhält der Strom $\dot I_2$ eine Voreilung gegen seine Phase in Abb. 365a; diese Voreilung ist um so größer, je größer X_P und $v - s$ sind. Für den Fall, daß die auf $\dot E_2$ bezogene Wirkkomponente von $\dot I_2$ dieselbe wie in Abb. 365a ist (also bei demselben Drehmoment), ist in Abb. 365b das Spannungsdiagramm bei eingeschaltetem Phasenschieber gezeichnet. Wie man erkennt, wird der Schlupf der IM auch noch durch $j(s-v)\,X_P\dot I_2$ etwas vergrößert.

In Abb. 365c ist das Spannungsdiagramm noch in andrer Form aufgezeichnet, um die Spannung $\dot U_2$ an den Schleifringen der IM zu erkennen. Es ist für die IM $\dot U_2 + R_2\dot I_2 + j s X_{2\sigma}\dot I_2 = s\dot E_2$; für den Phasenschieber ist $R_P\dot I_2 + j(s-v)\,X_P\dot I_2 = \dot U_2$, wenn wir für den Strom im Phasenschieber die entgegengesetzte Richtung wie in der Sekundärwicklung der IM annehmen.

Das vollständige Verhalten der IM mit Phasenschieber erkennen wir aus der Ortskurve

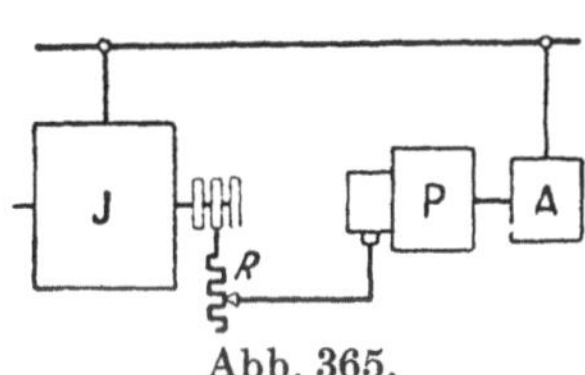

Abb. 365.
IM mit eigenerregtem
Phasenschieber P.

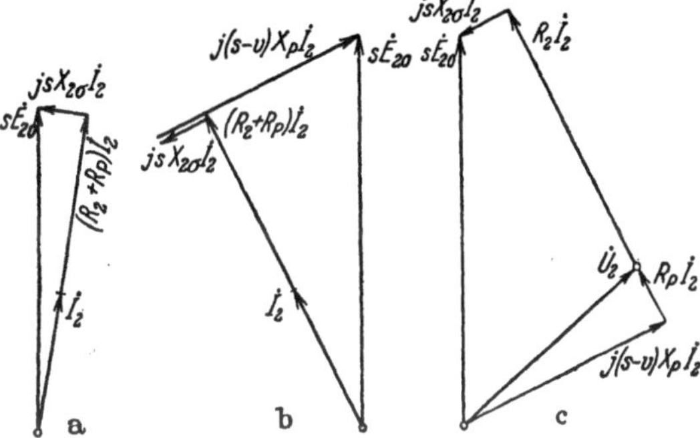

Abb. 365 a bis c.
Vektordiagramme für den Sekundärkreis der IM;
a) ohne, b) und c) mit Phasenschieber P.

des Primärstromes. Der Spannungsverlust im Phasenschieber ist durch Gl. 528 gegeben. Beziehen wir alle Wechselstromgrößen des Sekundärkreises auf den Primärkreis gemäß der Übersetzung $\xi_1 w_1/\xi_2 w_2$ und bezeichnen dies in üblicher Weise durch einen Beistrich, so erhalten wir

$$\dot U_2' = (R_P' - j\,v\,X_P' + j\,s\,X_P')\,\dot I_2'. \tag{554}$$

Es ist also in den Gl. 549 und 549a u. b $w = b = 0$, $K_w' = R_P'$, $K_b' = -v X_P'$, $K_{bs}' = X_P'$. Dividieren wir noch alle Widerstände durch X_{1h} der IM und bezeichnen sie dann mit den entsprechenden kleinen Buchstaben ohne Bindestrich (vgl. die Gl. 550a bis g), so erhalten wir nach Gl. 551 A für den negativ genommenen und auf die Primärwicklung bezogenen Sekundärstrom ($w = b = 0$, $k_w = r_P$, $k_b = -v x_P$, $k_{bs} = x_P$)

$$-\dot I_2' = -\frac{s}{r_2 + r_P - j\,v\,x_P + s\,[r_1 + j\,(\sigma_1 + \sigma_2 + x_P)]} \cdot \frac{\dot U_1}{X_{1h}}. \tag{555}$$

Die Ortskurve dieses Stromes ist ein Kreis mit der Schlüpfung s als Parameter, dessen Bestimmungsstücke nach den Gl. 551a bis c gegeben sind durch

$$x_m = (r_2 + r_P)\, U_1/N\,, \quad y_m = v\, x_P\, U_1/N\,, \quad R^2 = x_m^2 + y_m^2 \quad \text{(556a bis c)}$$

mit

$$N = 2\,[(r_2 + r_P)\,(\sigma_1 + \sigma_2 + x_P) + v\, x_P\, r_1]\, X_{1h}\,. \quad (556\,d)$$

Da $R^2 = x_m^2 + y_m^2$ ist, gehen die Kreise für alle Werte von x_P durch den Anfangspunkt (0 in Abb. 366a) des Vektors $-\dot{I}_2'$.

Für $x_P = 0$ erhalten wir die Ortskurve von $-\dot{I}_2'$, wenn der Phasenschieber abgeschaltet, in den Läuferkreis aber noch ein Wirkwiderstand eingeschaltet ist, der gleich dem Wirkwiderstand des Phasenschiebers ist. Mit $\sigma_1 = \sigma_2 = 0{,}05$ $r_1 = 0{,}006$ und $r_2 + r_P = 0{,}008$ (wie in Abb. 365a), erhalten wir für $x_P = 0$ die Bestimmungsstücke des Kreises zu $x_{m_0} = 5\,U_1/X_{1h}$, $y_{m_0} = 0$, $R = 5\,U_1/X_{1h}$. Dieser Kreis, mit dem wir die Kreise vergleichen werden, die sich unter der Einwirkung von x_P ergeben, ist in Abb. 366a mit K_0 bezeichnet.

Die Kreise bei angeschlossenem Phasenschieber haben mit dem Kreis K_0 außer dem Anfangspunkt 0 von $-\dot{I}_2'$ noch einen zweiten Punkt gemeinsam, der sich ergibt, wenn in Gl. 555 die Glieder mit x_P verschwinden. Das ist der Fall, wenn der Schlupf der IM

$$s = v \quad (557)$$

ist. v ist nach Gl. 528b das Verhältnis der Antriebsfrequenz f_A zur Netzfrequenz f_1. Wenn der Antriebsmotor ein Induktionsmotor mit dem (festen) Schlupf s_A ist und an demselben Netz wie der Hauptmotor liegt, so wird mit Gl. 527a und

$$n_A = n_{A_1}\,(1 - s_A) = (1 - s_A)\,\frac{f_1}{p_A}\,, \quad v = \frac{f_A}{f_1} = \frac{p_P}{p_A}\,(1 - s_A)\,. \quad (557\,\text{a u. b})$$

Ist der Antriebsmotor ein Synchronmotor, so ist $s_A = 0$. In diesem Falle gehen bei $p_P = p_A$ alle Kreise durch den Punkt $s = 1$. Praktisch ist dies auch der Fall, wenn der Antriebsmotor ein Induktionsmotor ist, da s_A klein gegenüber 1 ist. Mit wachsendem v bewegt sich der Schnittpunkt der Kreise nach dem Punkt $s = \infty$, den er bei $v = \infty$ erreichen würde.

Wird der Phasenschieber mit der IM unmittelbar oder über Riemenantrieb gekuppelt, so ist v vom Schlupf der IM abhängig. Bezeichnet $\ddot{u} = n_A/n$ die mechanische Übersetzung, so ist mit

$$n_A = \ddot{u}\,\frac{f_1}{p}\,(1 - s)\,, \quad v = \frac{f_A}{f_1} = \ddot{u}\,\frac{p_P}{p}\,(1 - s)\,, \quad (558\,\text{a u. b})$$

wenn p die Polpaarzahl und s der Schlupf der IM ist. Alle Kreise schneiden in diesem Falle nach Gl. 557 den Kreis K_0 im Punkte

$$s = \frac{1}{1 + p/\ddot{u}\, p_P} < 1. \qquad (558\,\mathrm{c})$$

Bei kleiner Polzahl der IM wird der Phasenschieber mit dieser unmittelbar gekuppelt.

In den meisten praktischen Fällen wird der Phasenschieber durch einen besonderen Motor angetrieben, wie wir es auch in Abb. 365 angenommen haben; dann schneiden sich nach den Gl. 557 u. 557 b die

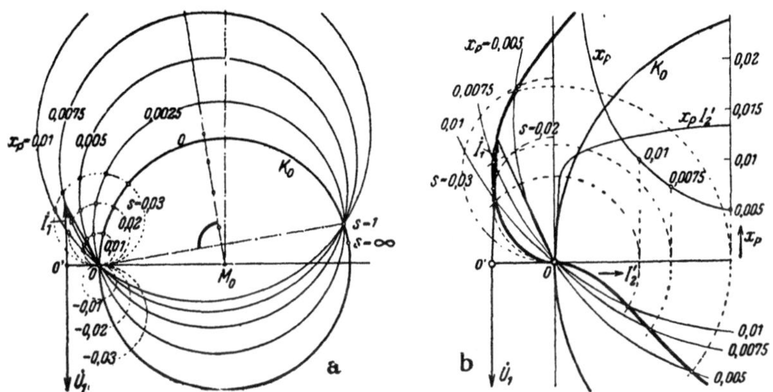

Abb. 366 a u. b. Ortskurven von $\dot{I}_1$ und $\dot{I}_2'$ der IM in Abb. 365, b) bei hoher magnetischer Zahnbeanspruchung in P (in doppeltem Maßstab wie a).

Ortskurven für $p_A = p_P$ in der Nähe des Punktes $s = 1$. Für $v = 1$ sind in Abb. 366 a die Ortskurven für $x_P = 0{,}0025$, $0{,}005$, $0{,}0075$ und $0{,}01$ aufgezeichnet. Die Mittelpunkte aller Kreise liegen auf der Mittelsenkrechten zu der Strecke, die die Punkte $s = 0$ und $s = 1$ verbindet. Diese Mittelsenkrechte geht durch den Mittelpunkt M_0 des Kreises K_0. Ihre Neigung gegenüber der Ordinate durch M_0 ist nach Gl. 556 a u. b

$$\frac{x_m - x_{m0}}{y_m} = -\frac{r_2 + r_P + v\,r_1}{v\,(\sigma_1 + \sigma_2)}. \qquad (559)$$

Mit dem Magnetisierungsstrom $\dot{I}_\mu$ erhält man den Primärstrom $\dot{I}_1 = \dot{I}_\mu - \dot{I}_2'$, wie es in Abb. 366 a für den Kreis $x_P = 0{,}0075$ angedeutet ist. Die hierbei vernachlässigten Eisenverluste können nach Abschn. B 3 b, Bd. IV, berücksichtigt werden.

Die Schlupfwerte auf den Ortskurven können wir in bekannter Weise (Abschn. I 2 c, Bd. II) durch Abschnitte auf einer Geraden ermitteln. Anschaulicher ist es hier aber, die Schlupfwerte auf den Ortskurven unmittelbar anzugeben, indem wir die Kreise für festen Schlupf

einzeichnen. Um diese Kreise zu erhalten, denken wir uns in Gl. 555
den Schlupf gegeben und x_P als Parameter veränderlich. Wir erhalten
dann nach den Gl. 37 u. 37a bis c, Bd. II, mit $\lambda = x_P$ für die s-Kreise

$$x_m = 0, \quad y_m = \frac{s}{2\,(r_2 + r_P + s\,r_1)} \cdot \frac{U_1}{X_{1h}}, \quad R = y_m. \quad \text{(560a bis c)}$$

Die Mittelpunkte der s-Kreise liegen also auf der Ordinate durch den
Punkt 0 ($s = 0$) im Abstand y_m vom Punkt 0. Solche Kreise sind in
Abb. 366a für $s = \pm 0{,}01$, $\pm 0{,}02$ und $\pm 0{,}03$ gestrichelt gezeichnet.

Aus den Ortskurven in Abb. 366a erkennen wir, daß unter der Einwirkung des Phasenschiebers die Magnetisierungsblindleistung, die die
IM ohne den Phasenschieber dem Netz entnimmt, bei Belastung als
Motor verringert wird, und die IM sogar befähigt ist, bei größeren Belastungen Magnetisierungsleistung an das Netz abzugeben. Außerdem
sehen wir, daß die Überlastbarkeit als Motor durch den Phasenschieber
bedeutend vergrößert wird. Diese Verbesserung erfährt die IM durch
den sehr einfachen Phasenschieber, dessen Leistung nur einen sehr
kleinen Bruchteil der Leistung der IM beträgt, weil der Phasenschieber
die Blindleistung bei sehr kleiner Frequenz zu erzeugen hat. Wir erkennen schon durch Vergleich von x_P mit σ_1, daß die Leistung des
Phasenschiebers nur einen kleinen Teil der Leistung im Streublind-
widerstande der Ständerwicklung der IM beträgt. Die Blindleistung,
für die der Phasenschieber zu bemessen ist, ergibt sich zu

$$N_P = 3\,X_P'\,I_2'^2 = 3\,x_P\,X_{1h}\,I_2'^2 = 3\,\frac{x_P}{1 + \sigma_1}\,I_2'^2\,\frac{U_1}{I_\mu}. \quad \text{(561a)}$$

Die primäre Wirkleistung der IM ist $N_1 = 3\,I_{1w}\,U_1$. Damit erhalten wir
das Verhältnis

$$\frac{N_P}{N_1} = \frac{x_P}{1 + \sigma_1}\,\frac{I_2'}{I_{1w}}\,\frac{I_2'}{I_\mu}. \quad \text{(561)}$$

Für den in Abb. 366a eingezeichneten Stromvektor auf dem Kreis für
$x_P = 0{,}0075$ ist $I_2'/I_{1w} \approx 1{,}14$, $I_2'/I_\mu \approx 2{,}29$, also $N_P \approx 0{,}0186\,N_1$, d. h.
der Phasenschieber ist in unserm Beispiel für nur etwa 2 % der primären
Wirkleistung der IM zu bemessen. Daß der Antriebsmotor nur für die
Reibungs- und Lüftungsverluste des Phasenschiebers auszulegen ist,
haben wir schon im Abschn. A 1a gezeigt.

Wenn die IM als Generator arbeitet ($s < 0$), ändert sich die Drehrichtung des Drehfeldes gegenüber der Läuferwicklung der IM. Die
Phasenfolge der Sekundärströme kehrt sich also um und damit auch
der Drehsinn des Drehfeldes im Phasenschieber. Dieser verhält sich
dann wie ein induktiver Widerstand und verschlechtert den Betrieb
der IM als Generator. Um auch bei Generatorbetrieb die Magnetisierungsblindleistung, die die IM dem Netz entnimmt, zu verringern und

die Überlastbarkeit zu vergrößern, muß bei Generatorbetrieb entweder die Drehzahl des Antriebsmotors des Phasenschiebers oder der Drehsinn des Drehfeldes im Phasenschieber umgekehrt werden (durch Vertauschen zweier Zuleitungen zum Antriebsmotor oder zum Phasenschieber).

Bei vollkommenem Leerlauf ist der eigenerregte Phasenschieber unwirksam. Um auch bei kleinen Belastungen der IM schon den Leistungsfaktor hinreichend zu verbessern, wird der Phasenschieber ohne Luftspalt (vgl. Abb. 357c) mit hoher magnetischer Beanspruchung der Eisenstege ausgeführt, so daß X_P bei kleinen Belastungsströmen wesentlich größer ist als bei großen. Die Ortskurve des Stromes $-I_2'$, die dann kein Kreis mehr ist, läßt sich punktweise ermitteln. Auf der rechten Seite von Abb. 366b möge $x_P I_2'$ die der magnetischen Kennlinie $X_P I_2$ des ruhenden Phasenschiebers proportionale Spannung als Funktion von I_2' und die Kurve x_P den daraus durch Division mit I_2' abgeleiteten relativen Blindwiderstand darstellen. Tragen wir nun in die Schar der Ortskurven für verschiedene feste x_P den zu jedem x_P nach Abb. 366b gehörigen Strom I_2' ab (wie für $x_P = 0{,}005$, $0{,}0075$ und $0{,}01$ in Abb. 366b, die im doppelten Maßstab der Abb. 366a aufgezeichnet ist, angedeutet), so können wir durch die erhaltenen Punkte die Ortskurve des Stromes $-I_2'$ legen. Durch Vergleich dieser Kurve mit beispielsweise der Kurve für $x_P = \text{const} = 0{,}0075$ in Abb. 366a erkennen wir die Verbesserung bei kleinen Belastungsströmen. Die Schlupfwerte können wieder durch die s-Kreise wie in Abb. 366a bestimmt werden.

Über die Wahl der Polpaarzahl p_P des Phasenschiebers ist noch einiges zu sagen. Nach den Gl. 557b u. 558b hat es den Anschein, als ob eine große Polpaarzahl p_P günstig wäre. Es ist jedoch zu berücksichtigen, daß der Blindwiderstand X_P bei denselben Abmessungen des Blechpakets und derselben Leiterzahl der Wicklung umgekehrt proportional p_P^2 ist, wie man aus Gl. 69a, Bd. II, erkennen kann, wenn τ durch $\pi D/2 p_P$ ersetzt wird. $p_P = 1$ wäre also für den Phasenschieber am günstigsten; wegen der dabei erforderlichen großen Wicklungsausladung vermeidet man wohl diese Ausführung.

b. Reihenschluß-HM. Erhält der eigenerregte Phasenschieber noch eine mit den Bürsten in Reihe geschaltete Ständerwicklung, so wird er zur Reihenschlußmaschine und kann als solche auch als HM in der Schaltung nach Abb. 367a u. b verwendet werden.

Wir wollen zunächst annehmen, daß die Bürsten der Reihenschlußmaschine aus der Kurzschlußstellung um den Winkel $\alpha = 90°$ verschoben sind, wie es in Abb. 367b für einen Wicklungsstrang dargestellt ist. Damit die Maschine als Generator arbeitet, muß sie dann im Uhrzeigersinne angetrieben werden. In diesem Sinne möge auch das Drehfeld umlaufen. Statt der EMKe, die in den Wicklungen der Erregermaschine induziert werden, führen wir, wie beim eigenerregten Phasenschieber, die entsprechenden Spannungsverluste ein, die den EMKen entgegenwirken.

Das von der Läuferwicklung erregte Feld verursacht in der Läuferwicklung, genau wie beim eigenerregten Phasenschieber, den Spannungsverlust (vgl. Gl. 528)

$$j X \dot{I}_2 = j (s - v) X_L \dot{I}_2, \tag{562a}$$

worin X_L der auf die primäre Netzfrequenz bezogene Blindwiderstand der ruhenden Läuferwicklung ist. Der vom Felde der Ständerwicklung

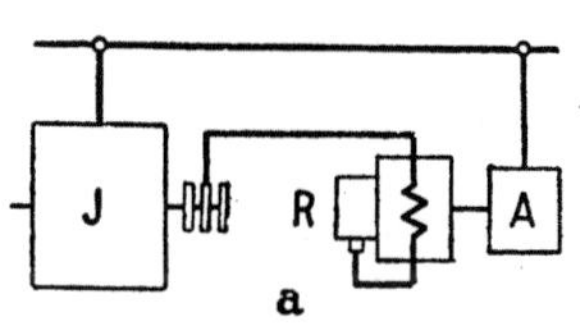
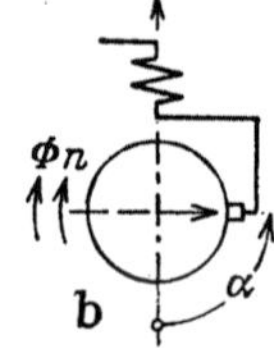

Abb. 367a u. b. IM mit Reihenschluß-HM.

herrührende Spannungsverlust in der Läuferwicklung ist um den Phasenwinkel $\pi/2$ gegen den vom Läuferfelde herrührenden phasenverspätet. Bezeichnet $\ddot{u}$ die Übersetzung von Ständer- und Läuferwicklung der Reihenschlußmaschine und σ_L die Streuziffer der Läuferwicklung, so ist dieser Spannungsverlust in der Läuferwicklung

$$- j \ddot{u} \cdot j \frac{X}{1 + \sigma_L} \dot{I}_2 = \ddot{u} \frac{X}{1 + \sigma_L} \dot{I}_2 = \ddot{u} (s - v) \frac{X_L}{1 + \sigma_L} \dot{I}_2. \tag{562b}$$

Da s klein gegen v ist, wirkt dieser Spannungsverlust dem Wirkspannungsverlust $R_2 \dot{I}_2$ der IM entgegen.

Außer den Spannungsverlusten in der Läuferwicklung der HM treten auch noch Spannungsverluste in der Ständerwicklung auf, die nach Abb. 367b gegenüber jenen um den Zeitwinkel $\pi/2$ verfrüht sind. Sie sind nicht $(s - v)$, sondern nur s proportional, weil die Ständerwicklung im Raume ruht. Der vom Felde der Läuferwicklung herrührende Spannungsverlust ist (vgl. Gl. 562a)

$$j \ddot{u} \cdot j s \frac{X_L}{1 + \sigma_L} \dot{I}_2 = - \ddot{u} s \frac{X_L}{1 + \sigma_L} \dot{I}_2, \tag{562c}$$

der vom Felde der Ständerwicklung herrührende (vgl. Gl. 562b)

$$j \ddot{u} (1 + \sigma_S) \cdot \ddot{u} s \frac{X_L}{1 + \sigma_L} \dot{I}_2 = j s \ddot{u}^2 X_L \frac{1 + \sigma_S}{1 + \sigma_L} \dot{I}_2. \tag{562d}$$

Mit den Gl. 562a bis d ergibt sich der gesamte Spannungsverlust der Reihenschlußmaschine zu

$$\dot{U}_2 = \left[R_R - \ddot{u} v \frac{X_L}{1 + \sigma_L} - j v X_L + j s \left(1 + \ddot{u}^2 \frac{1 + \sigma_S}{1 + \sigma_L} \right) X_L \right] \dot{I}_2, \tag{562}$$

worin R_R den Wirkwiderstand der Wicklungen der Reihenschlußmaschine (einschließlich Bürstenübergangswiderstand) bedeutet.

Für den Sekundärkreis der IM erhalten wir mit diesen Spannungsverlusten das in Abb. 368a aufgezeichnete Spannungsdiagramm. Wir haben dabei zur Vereinfachung der Beschriftung $\sigma_S = \sigma_L = 0$ gesetzt und $js\left(1 + \ddot{u}^2 \dfrac{1+\sigma_S}{1+\sigma_L}\right) X_L$ gegen $-jvX_L$ vernachlässigt. Wir haben ferner angenommen, daß der auf $\dot{E}_2$ bezogene Wirkstrom von $\dot{I}_2$ derselbe ist wie im Spannungsdiagramm Abb. 365b beim eigenerregten Phasenschieber, $R_R = R_P$ gesetzt und beispielsweise $\ddot{u}vX_R = (R_2 + R_L)/2$ angenommen. Unter dem Einfluß der Spannungskomponente $-\ddot{u}vX_L\dot{I}_2$

wird der Schlupf der IM verringert, in unserm Falle auf die Hälfte gegenüber Abb. 365b. In Abb. 368b ist dasselbe Spannungsdiagramm noch in etwas anderer Form aufgezeichnet, aus der wir erkennen, daß von der gesamten Spannung $\dot{U}_2$ der Reihenschlußmaschine die Komponente $\dot{U}_2 \cos\gamma$ demWirkspannungsverlust $R_2\dot{I}_2$ und die Komponente $\dot{U}_2 \sin\gamma$ dem Blind-

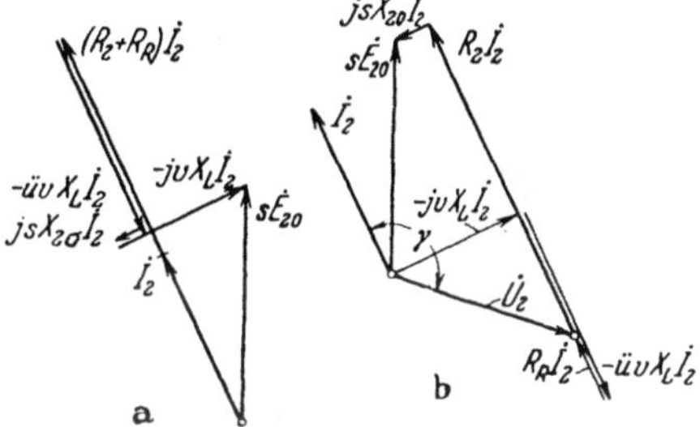

Abb. 368a u. b. Vektordiagramme für den Sekundärkreis der IM in Abb. 367a.

spannungsverlust $jsX_{2\sigma}\dot{I}_2$ entgegenwirkt. Wir sehen ferner beim Vergleich mit Abb. 365c, daß für dieselbe Wirk- und Blindkomponente von $\dot{I}_2$ die Scheinleistung $(U_2 I_2)$ der Reihenschlußmaschine etwas kleiner bemessen werden kann als die des eigenerregten Phasenschiebers.

Durch Vergleich der Gl. 549b u. 562 erkennen wir, daß $K'_w = R'_R - \ddot{u}vX'_L/(1+\sigma_L)$, $K'_b = -vX'_L$ und $K'_{bs} = \left(1 + \ddot{u}^2\dfrac{1+\sigma_S}{1+\sigma_L}\right)X'_L$ ist.

Wir erhalten also, wenn alle Widerstände durch X_{1h} der IM dividiert und dann durch kleine Buchstaben bezeichnet werden, für den negativ genommenen und auf die Primärwicklung bezogenen Sekundärstrom

$$-\dot{I}'_2 = -\frac{s}{r_2+r_R-\dfrac{\ddot{u}vx_L}{1+\sigma_L}-jvx_L+s\left\{r_1+j\left[\sigma_1+\sigma_2+\left(1+\dfrac{1+\sigma_S}{1+\sigma_L}\ddot{u}^2\right)x_L\right]\right\}} \cdot \frac{\dot{U}_1}{X_{1h}}. \tag{563}$$

Wenn x_L von $\dot{I}'_2$ unabhängig ist (geradlinige Kennlinie), ist die Ortskurve von $-\dot{I}'_2$ ein Kreis mit den Bestimmungsstücken

$$x_m = \left(r_2 + r_R - \ddot{u}v\frac{x_L}{1+\sigma_L}\right)\frac{U_1}{N}, \quad y = vx_L\frac{U_1}{N}, \quad R^2 = x_m^2 + y_m^2, \tag{563a bis c}$$

$$N = 2\left\{\left(r_2 + r_R - \ddot{u}v\frac{x_L}{1+\sigma_L}\right)\left[\sigma_1 + \sigma_2 + \left(1 + \frac{1+\sigma_S}{1+\sigma_L}\ddot{u}^2\right)x_L\right] + vr_1x_L\right\}. \tag{563d}$$

Die Kreise gehen durch den Anfangspunkt von $-I_2'$ und unterscheiden sich von denen mit eigenerregtem Phasenschieber (Gl. 556a bis d) hauptsächlich dadurch, daß an Stelle des relativen Wirkwiderstandes $r_2 + r_P$ des Läufers jetzt

$$r_{2r} = r_2 + r_R - \ddot{u}v \frac{x_L}{1 + \sigma_L} \tag{564}$$

zu setzen ist. Auch wenn die magnetische Kennlinie der Reihenschlußmaschine gekrümmt ist, $r_2 + r_R$ jedoch für alle Betriebspunkte größer als $\ddot{u}v x_L/(1 + \sigma_L)$ ist, erhält man ähnliche Ortskurven wie beim eigenerregten Phasenschieber mit gekrümmter Kennlinie (Abb. 366b).

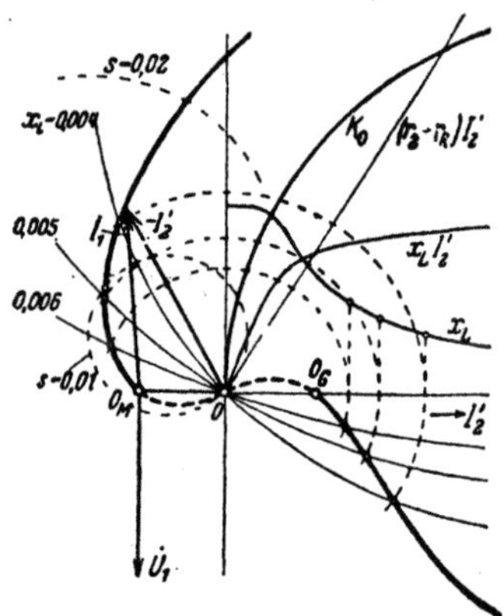

Abb. 369. Ortskurve für I_1 und I_2' der IM in Abb. 367a.

Besondere Beachtung verdient hier aber der Fall, daß die Widerstandsgerade $(r_2 + r_R) I_2'$ die Kurve $\ddot{u}v x_L I_2'/(1 + \sigma_L)$ schneidet [vgl. die rechte Seite von Abb. 369 mit $\ddot{u}v/(1 + \sigma_2) = 1$]. Im Schnittpunkt dieser beiden Kurven ist $r_{2r} = 0$, rechts davon ist r_{2r} positiv, links davon negativ. Die Ermittlung der Ortskurve erfolgt in diesem Falle in ähnlicher Weise wie beim eigenerregten Phasenschieber mit veränderlichem x_P (vgl. Abb. 366b). Es sei nochmals darauf hingewiesen, daß x_L dieselbe Bedeutung wie x_P beim eigenerregten Phasenschieber hat; natürlich ist für x_L der resultierende magnetische Zustand in der Reihenschlußmaschine maßgebend, entsprechend dem Fluß $\Phi_r = \sqrt{1 + \ddot{u}^2}\,\Phi_L$ bei $\alpha = 90°$. Für einen angenommenen Strom I_2' ergibt sich der zugehörige Wert x_L und der zugehörige Kreis, auf dem aber nur zwei Punkte zur Ortskurve gehören, nämlich die mit dem angenommenen Strom I_2'. In Abb. 369 ist die Ermittlung dieser Ortskurve, die durch stärkere Linien hervorgehoben ist, für drei Ströme angedeutet. Es ist dabei $\ddot{u} = 1$ und wie beim eigenerregten Phasenschieber $v = 1$, $\sigma_1 = \sigma_2 = 0{,}5$, $r_1 = 0{,}006$, $r_2 + r_R = 0{,}008$ angenommen und zur Vereinfachung $\sigma_L = \sigma_S = 0$ gesetzt.

Die Ortskurve des Stromes $-I_2'$ für einen festen Schlupf ist in bezug auf den veränderlichen Parameter x_L nach Gl. 563 ein Kreis, der durch den Anfangspunkt 0 von I_2' geht. Die Mittelpunktskoordinaten dieser Kreise lassen sich in bekannter Weise (vgl. S. 530) leicht ermitteln. Wir wollen sie hier nur für $\sigma_S = \sigma_L = 0$ anschreiben:

$$x_m = s\,\ddot{u}\,v\,U_1/N, \quad y_m = s\,[s\,(1 + \ddot{u}^2) - v]\,U_1/N, \quad R^2 = x_m^2 + y_m^2 \tag{565a bis c}$$

$$\text{mit} \quad N = 2\left\{(r_2 + r_R + s\,r_1)\,[s\,(1 + \ddot{u}^2) - v] + \ddot{u}\,v\,s\,(\sigma_1 + \sigma_2)\right\} X_{1h}. \tag{565d}$$

Für $s = 0,01$ und $s = 0,02$ sind die Schlupfkreise in Abb. 369 gestrichelt eingezeichnet; ihr Schnittpunkt mit der Ortskurve von $-I_2'$ gibt den Schlupf auf dieser Kurve an.

Den Punkten 0_M und 0_G entsprechen eine unter- und eine übersynchrone Drehzahl. Praktisch in Frage kommen nur die voll ausgezogenen Teile der Ortskurve mit den beiden Leerlaufspunkten 0_M und 0_G, der erste für Motor-, der zweite für Generatorbetrieb. Diese beiden Punkte lassen sich durch die Windungszahl der Ständerwicklung der Reihenschlußmaschine (Änderung von $\ddot{u}$), durch Ändern des Bürstenwinkels α oder am einfachsten durch einen Widerstand parallel zur Läuferwicklung der Reihenschlußmaschine nach Bedarf einstellen [L 340a].

Der gestrichelte Teil der Ortskurve ist nicht stabil, weil dort $x_L I_2' > (r_2 + r_R) I_2'$ ist, die Reihenschlußmaschine sich also bis zum Schnittpunkt der Widerstandsgeraden mit der Kennlinie $x_L I_2'$ selbsterregt, wobei sich dann einer der Leerlaufpunkte 0_M oder 0_G einstellt. Bei Motorbetrieb folgt dann der Strom $-I_2'$ dem linken, bei Generatorbetrieb dem rechten Ast der voll ausgezogenen Ortskurve.

Damit sich von den Punkten 0_M und 0_G ab die Frequenz der selbsterregten Ströme der Schlupffrequenz der Hauptmaschine anpaßt, muß das Drehfeld der selbsterregten Ströme im gleichen Sinne umlaufen wie das von den Strömen der IM erregte Drehfeld, und es muß die Frequenz der selbsterregten Ströme größer sein als die Schlupffrequenz der IM bei Leerlauf [L 340a, 341b; 10, S. 62]. Die erste Forderung verlangt nach Abschn. II G 1, daß die Ankerwicklung unterkompensiert ist, wie es bei dem Bürstenwinkel $\alpha = 90°$, den wir vorausgesetzt haben, erfüllt ist. Auch die zweite Bedingung ist nach Gl. 495 b gewöhnlich erfüllt, weil der Schlupf der IM sehr klein ist.

Wir können also mit der Reihenschluß-HM erreichen, daß schon bei Leerlauf der IM Phasenkompensation oder Überkompensation auftritt.

Wir hatten bei unsern Betrachtungen vorausgesetzt, daß der Bürstenwinkel $\alpha = 90°$ ist. Die Maschine kann dann auch mit ausgeprägten Polen ausgeführt werden, etwa als Scherbius-Maschine (Abschn. A 4b), deren Erregerwicklung mit der Läuferwicklung in Reihe geschaltet ist. Auch die Heylandsche Reihenschlußmaschine (Abschn. A 2) ist als HM geeignet.

Die Scheinleistung der Reihenschlußmaschine ergibt sich nach Gl. 562 bei Dreiphasenstrom und $v = 1$ zu

$$N_{RS} \approx 3 \sqrt{1 + \ddot{u}^2}\, X_L I_2^2 ; \tag{566a}$$

die Näherung beruht auf $\sigma_S = \sigma_L = 0$, $R_R = 0$ und Vernachlässigung von $s(1 + \ddot{u}^2)$ gegenüber 1. Die Wirkleistung ist

$$N_R \approx 3\, \ddot{u}\, X_L I_2^2 . \tag{566b}$$

Diese Leistung hat auch der Antriebsmotor der HM außer den Leerverlusten aufzubringen; er wird also größer als beim eigenerregten Phasenschieber.

c. Selbsterregter Phasenschieber. In ähnlicher Weise wie die Reihenschlußmaschine ist auch der selbsterregte Phasenschieber (Abschn. A 1 b) befähigt, die IM schon bei Leerlauf zu kompensieren. Das Verhalten dieser Maschine als HM und ihre Bemessung ist in [L 10, S. 62; 314 u. 316] näher behandelt. Es ergibt sich dabei im Motorbereich der IM ein ähnlicher Verlauf der Ortskurve wie in Abb. 369, und zwar hier im wesentlichen unabhängig von der magnetischen Beanspruchung im Eisen.

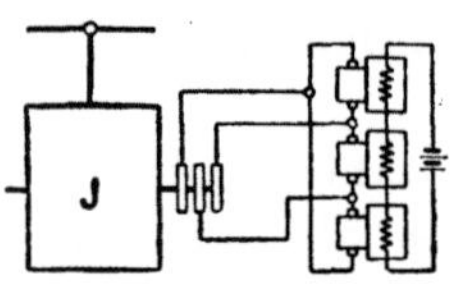

Abb. 370.
IM mit Kappschem
Vibrator.

d. Kappscher Vibrator. Der Vollständigkeit wegen sei hier auch eine von Kapp [L 349] angegebene Schaltung zur Phasenkompensation mit dem sog. Vibrator erwähnt. Drei Gleichstromanker, die in einem mit Gleichstrom erregten Felde frei schwingen können, sind in Dreieck auf die Schleifringe der IM geschaltet (Abb. 370). Der Vibrator beruht auf der im Abschn. III D 6, Bd. I, näher behandelten Kondensatorwirkung eines mit Wechselstrom gespeisten frei beweglichen Gleichstromankers im Gleichstromfelde. Die IM mit Vibrator verhält sich ähnlich wie der magnetisch stark beanspruchte eigenerregte Phasenschieber, ist aber im Aufbau weniger einfach. Bei Leerlauf ist er wie dieser unwirksam.

2. Vom Läuferstrom unabhängige HM.

Die im Abschn. 1 behandelten HM sind einfach, haben aber den Nachteil, daß ohne Änderung der Drehrichtung des Drehfeldes oder des Antriebs der HM Leistungsfaktor und Überlastbarkeit der IM entweder nur bei Motor- oder nur bei Generatorbetrieb verbessert werden können, und daß bei den HM ohne Selbsterregung die Phasenkompensation bei Leerlauf unwirksam ist. Diese Nachteile werden bei den in diesem Abschnitt behandelten HM vermieden.

a. Frequenzwandler (FW) als HM. Wenn ein FW (Abschn. A 3 b u. c) als HM verwendet wird, muß die Frequenz f_F der Wechselstromgrößen an den Stromwenderbürsten gleich der Schlupffrequenz $f_2 = s f_1$ der IM sein. Damit folgt aus Gl. 532, wenn die Schleifringe des FW am Netz mit der Frequenz f_1 liegen (Abb. 371a), für die Antriebsfrequenz

$$f_A = (1 - s) f_1 \qquad (567\,\text{a})$$

(vgl. Abb. 371 b). Bezeichnet p die Polpaarzahl der IM und n_1 ihre synchrone Drehzahl, so ist $f_1 = n_1 p$, und wir erhalten nach Gl. 532 b für die Antriebsdrehzahl des FW

$$n_A = (1 - s)\,\frac{p}{p_F}\,n_1 .\tag{567b}$$

Wenn die Polpaarzahl p_F des FW gleich der der IM ist, kann der FW mit dieser unmittelbar gekuppelt werden. Die Schaltung hierfür ist in Abb. 371a, beispielsweise für einen FW mit Kompensationswicklung, angedeutet. Wenn die Polpaarzahlen der beiden Maschinen voneinander verschieden sind, muß die Kupplung über Zahnräder erfolgen mit der Übersetzung p_F/p.

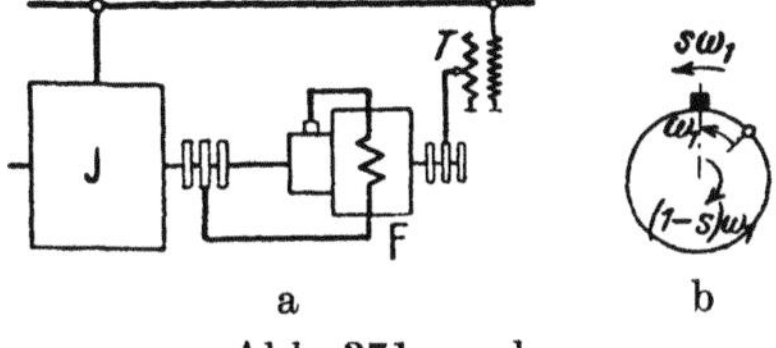

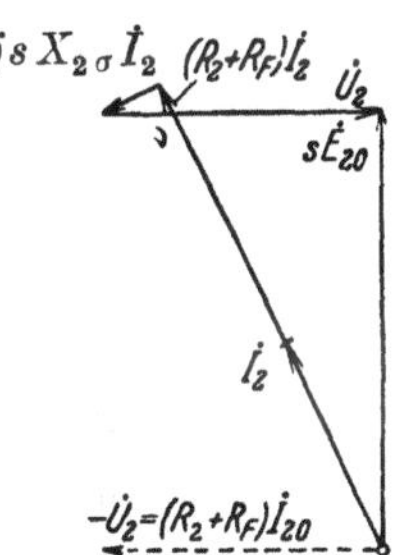

Abb. 371 a u. b.
IM mit Frequenzwandler F als HM.

Die Spannung U_2 des FW, die den Schleifringen der IM über den Stromwender aufgezwungen wird, ist im wesentlichen durch die Schleifringspannung des FW bestimmt und praktisch unabhängig vom Belastungsstrom I_2. Sie ist bei Vernachlässigung der geringen Spannungsverluste im FW für einen solchen ohne Kompensationswicklung eine feste Spannung; für den kompensierten FW ist sie $(1-s)$ proportional, also für den praktisch in Frage kommenden kleinen Schlupf s der IM praktisch ebenfalls unveränderlich.

In Abb. 372 ist das Spannungsdiagramm des Sekundärkreises der IM für den Fall dargestellt, daß die den Schleifringen der IM durch den FW aufgezwungene Spannung $\dot U_2$ gegen $\dot E_{20}$ um eine Viertelperiode phasenverschoben ist. Das voll ausgezogene Diagramm gilt für dieselbe IM und denselben Belastungszustand, für den die Diagramme in den Abb. 365a u. b und 368a u. b gezeichnet sind, wobei $R_F = R_P = R_R$ gesetzt ist. Der Schlupf der IM ist hierbei etwas kleiner als ohne HM

Abb. 372. Vektordiagramm für den Sekundärkreis der IM.

(Abb. 365a). Bei vollkommenem Leerlauf ($s=0$) geht das Spannungsdiagramm in das gestrichelt gezeichnete über; es fließt in der Läuferwicklung der IM der Magnetisierungsblindstrom $I_{20} = -U_2/(R_2 + R_F)$, der die Primärwicklung der IM von Magnetisierungsblindstrom entlastet.

Vernachlässigen wir den kleinen vom Strom I_2 abhängigen Spannungsverlust $\dot U_{2v}$ des FW (vgl. Gl. 549b bzw. 552b) oder schließen ihn in $(R_2 + jsX_{2\sigma})\dot I_2$ der IM ein, so können wir für die auf die Primärwicklung der IM bezogene Spannung am Stromwender des FW ohne bzw. mit Kompensationswicklung

$$\dot U_2' = (w - jb)\,\dot U_1 \quad \text{bzw.} \quad \dot U_2' = (1 - s)(w - jb)\,\dot U_1 \tag{568a u. b}$$

schreiben (vgl. Gl. 549a bzw. 552a). Mit den Widerstandsverhältnissen nach den Gl. 550a bis d und $k_w = k_b = k_{bs} = 0$ erhalten wir dann nach Gl. 551A bzw. 553B

$$-\dot{I}_2' = -\frac{-w + jb + s}{r_2 + s\left[r_1 + j(\sigma_1 + \sigma_2)\right]} \cdot \frac{\dot{U}_1}{X_{1h}} \qquad (569\,\mathrm{a})$$

bzw.

$$-\dot{I}_2' = -\frac{-w + jb + s(1 + w - jb)}{r_2 + s\left[r_1 + j(\sigma_1 + \sigma_2)\right]} \cdot \frac{\dot{U}_1}{X_{1h}}. \qquad (569\,\mathrm{b})$$

In beiden Fällen ist die Ortskurve des Stromes $-\dot{I}_2'$ ein Kreis. Dieser Kreis hat beim FW ohne Kompensationswicklung (Gl. 569a) den Punkt $s = \pm \infty$, beim kompensierten FW (Gl. 569b) den Punkt $s = 1$ mit der Ortskurve gemeinsam, die für die IM ohne FW gilt. Die Bestimmungsstücke des Kreises ergeben sich für den FW ohne Kompensations-wicklung nach den Gl. 551a bis c zu

$$\left. x_m = \frac{r_2 + wr_1 - b(\sigma_1 + \sigma_2)}{2r_2(\sigma_1 + \sigma_2)} \cdot \frac{U_1}{X_{1h}}, \quad y_m = -\frac{w(\sigma_1 + \sigma_2) + br_1}{2r_2(\sigma_1 + \sigma_2)} \cdot \frac{U_1}{X_{1h}}, \atop R^2 = x_m^2 + y_m^2 + \frac{b}{r_2(\sigma_1 + \sigma_2)} \cdot \left(\frac{U_1}{X_{1h}}\right)^2; \right\} \quad (570\,\mathrm{a\ b})$$

für den kompensierten FW ist in Gl. 570b an Stelle von r_1 zu setzen $r_1 + r_2$ (vgl. die Gl. 553a bis c).

Für die Schaltung mit FW beispielsweise ohne Kompensations-wicklung, ist in Abb. 373 die Ortskurve des Stromes $-\dot{I}_2'$ für $w = 0$ und $b = 0{,}01$ durch den stärkeren voll ausge-zogenen Kreis dargestellt. Er gilt mit denselben Werten für r_1, r_2, σ_1 und σ_2 wie die Ortskurven im Abschn. 1. Dabei ist beispielsweise angenommen, daß die IM bei vollkommenem Leerlauf dem Netz keinen Blindstrom entnimmt; für den Pri-märstrom $\dot{I}_1$ ist also 0' Anfangspunkt. Zum Vergleich ist auch der Kreis K_0 ein-gezeichnet, der sich für $\dot{U}_2 = 0$ ergibt. Man erkennt die Verbesserung des Leistungs-faktors sowohl bei Motor- als auch bei Generatorbetrieb, wobei in beiden Fällen auch die Überlastbarkeit vergrößert wird.

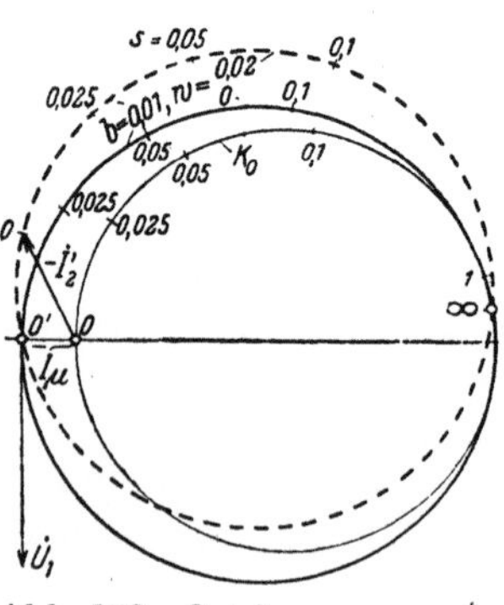

Abb. 373. Ortskurven von $\dot{I}_1$ und $\dot{I}_2'$ für IM mit FW ohne Kompensationswicklung.

Die Schlupfwerte auf den Kreisen ergeben sich am einfachsten, wenn man in Gl. 569a verschiedene Werte von s einsetzt und $\dot{I}_2'$ berechnet.

Will man für Motor- oder Generatorbetrieb die Überlastbarkeit noch mehr vergrößern, so muß die Spannung $\dot{U}_2$, die wir zunächst um eine Viertelperiode phasenverspätet gegen $\dot{U}_1$ angenommen hatten, noch eine Wirkkomponente in Phase oder in Gegenphase zu $\dot{U}_1$ erhalten. Für beispielsweise $w = 0{,}02$, $b = 0{,}01$ erhalten wir den gestrichelten Kreis in Abb. 373. Mit den angenommenen Werten von w und b für den gestrichelten Kreis wird das primäre Netz, an dem die IM liegt, sowohl bei Leerlauf als auch bei Motor-Nennbetrieb der IM von Blindströmen entlastet. Aus den angeschriebenen Schlupfwerten erkennt man, daß die IM bei etwa Nennmoment synchron umläuft; der Leerlaufschlupf ist $s_0 = -0{,}0175$.

Die starre Kupplung mit der IM, sei es wie in Abb. 371a unmittelbar oder über einen Zahnradantrieb, läßt sich vermeiden, wenn der

FW nach Abb. 374a von einer Synchronmaschine S_2 angetrieben und über seine Schleifringe von einer auf der Welle der IM sitzenden Synchronmaschine S_1 gespeist wird. Im Bild der zweipoligen Maschine läuft dann das Drehfeld ge-

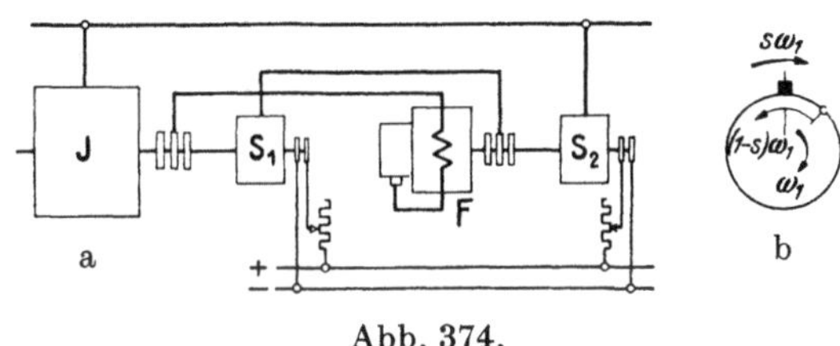

Abb. 374.
Antrieb des FW durch Synchronmaschine S_2.

genüber dem Läufer mit der Winkelgeschwindigkeit $(1-s)\,\omega_1$, der Läufer selbst mit der Winkelgeschwindigkeit ω_1 um, und es ergibt sich gegenüber den feststehenden Bürsten wieder die Winkelgeschwindigkeit $s\,\omega_1$ des Drehfeldes (Abb. 374b). Bei positivem s (Untersynchronismus) ist die Drehrichtung des Drehfeldes gegenüber den feststehenden Bürsten dieselbe wie die Drehrichtung des Läufers, während bei der Schaltung nach Abb. 371a diese Richtungen einander entgegengesetzt sind (vgl. Abb. 371b). Die Synchronmaschine S_1 ist für die Erregerleistung des FW, die Maschine S_2 für seine Wirkleistung zu bemessen.

Die Stärke der Phasenkompensation kann in der Schaltung nach Abb. 371a durch den regelbaren Transformator T, in der nach Abb. 374a durch die Gleichstromerregung der Synchronmaschine S_1 nach Bedarf eingestellt werden. Die Phase der Spannung $\dot{U}_2$ läßt sich beim FW ohne Kompensationswicklung durch die Stromwenderbürsten einstellen. Beim kompensierten FW ist sie durch die Anzapfstellen der Läuferwicklung bestimmt, die mit den Schleifringen verbunden sind. Sie kann bei der Schaltung nach Abb. 371a durch eine zusätzliche Wicklung im Primärteil des Transformators, die von einer andern Phase gespeist wird, bei der Schaltung nach Abb. 374a durch eine zusätzliche Erregerwicklung in der Synchronmaschine (vgl. Abschn. D 3c) genauer eingestellt werden.

b. Durch Frequenzwandler erregte HM. Bei den im Abschn. a beschriebenen Schaltungen muß der FW mit der IM entweder unmittelbar oder über Zahnräder starr gekuppelt werden (Abb. 371a), oder es muß bei getrennter Aufstellung des FW noch eine Synchronmaschine mit der IM gekuppelt werden, die die Schleifringe des FW speist (Abb. 374a). Um die getrennte Aufstellung der HM ohne Verwendung von Synchronmaschinen zu ermöglichen, wird die Schaltung nach Abb. 375 ausgeführt. Die HM ist eine Maschine mit Kompensationswicklung, gewöhnlich in der Ausführung nach Scherbius. Zur Erregung dieser Maschine dient ein FW F, der allerdings wieder mit der IM unmittelbar oder über Zahnräder gekuppelt sein muß. Seine Leistung ist aber nur für die Erregerleistung der HM zu bemessen und beträgt nur mehrere

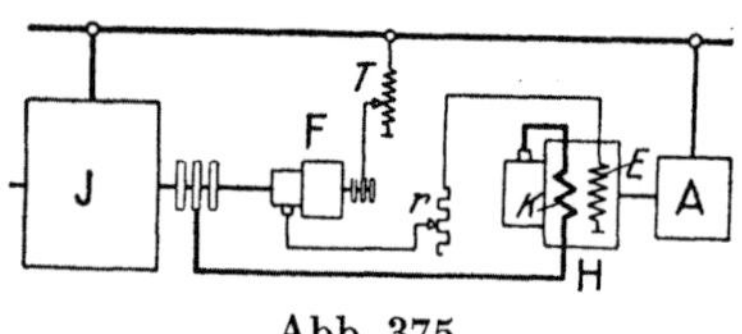

Abb. 375.
IM mit durch FW F erregter HM H.

Hundertstel der Leistung der HM, weil bei der kleinen Schlupffrequenz der induktive Widerstand der Erregerwicklung E verhältnismäßig klein ist. Der FW kann deshalb ohne Kompensationswicklung ausgeführt werden. Die Phase der Spannung an den Stromwenderbürsten des FW läßt sich dann durch Verschieben der Bürsten einstellen. Der Strom in der Erregerwicklung E und damit auch die im Ankerzweig der HM induzierte EMK wird durch den Wirkwiderstand r eingestellt; wegen der Kleinheit der Erregerleistung sind die Verluste in diesem Widerstand unbedeutend.

Das Verhalten des Maschinensatzes nach Abb. 375 stimmt im wesentlichen mit dem nach Abb. 371a u. 374 überein; die Ortskurven der Ströme werden deshalb auch hier durch die Abb. 373 veranschaulicht.

c. Nebenschluß-HM. Bei getrennter Aufstellung der HM können die Hilfsmaschinen, die nach Abb. 374 u. 375 noch erforderlich sind, entbehrt werden, wenn die HM eine Nebenschlußmaschine ist. Die Schaltung hierfür ist in Abb. 376a angedeutet. Die Nebenschlußmaschine H, die mit praktisch fester Drehzahl durch den Motor A angetrieben wird, kann als Drehfeldmaschine oder auch als Scherbius-Maschine ausgeführt werden. Wir wollen hier voraussetzen, daß es eine Drehfeldmaschine mit Kompensationswicklung K und besonderer Erregerwicklung E sei.

Bei der mit Netzfrequenz betriebenen Nebenschlußmaschine muß der Winkel α, den die Achsen der Erregerwicklung und der Kompensationswicklung bilden, ungefähr Null sein, weil die Erregerwicklung bei 50 Hz im wesentlichen einen induktiven Widerstand darstellt. Da hier die Erregerwicklung von Strömen der Schlupffrequenz gespeist wird, ist ihr induktiver Widerstand klein, der Winkel α muß sich $90°$ nähern (Abb. 376b).

Wir wollen hier voraussetzen, daß die Läuferwicklung L durch die Kompensationswicklung K im Sinne des Abschn. II E 1a vollkommen kompensiert ist. Der Span-

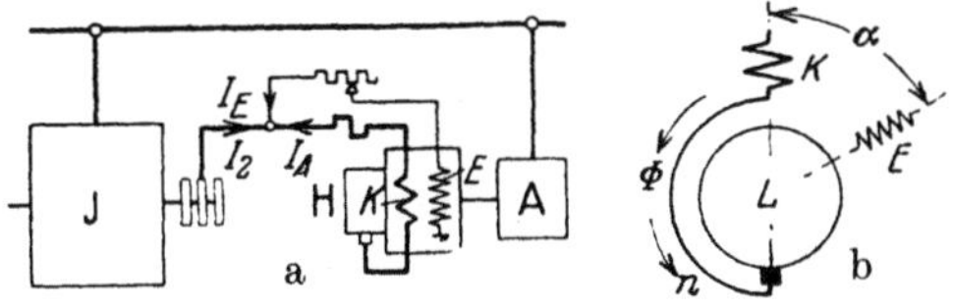

Abb. 376 a u. b.
IM mit Nebenschlußmaschine H als HM.

nungsverlust herrührend vom Läuferstrom $\dot{I}_A$ ist $j s X_{A\sigma} \dot{I}_A$, wenn $X_{A\sigma}$ der Blindwiderstand der Gegenschaltung von Läufer- und Kompensationswicklung (bei Netzfrequenz) ist. Der Strom $\dot{I}_E$ in der Erregerwicklung induziert in der Läuferwicklung eine EMK

$$\dot{E}_L = -j (s - v) X_{LE} \dot{I}_E \, \varepsilon^{j (\pi - \alpha)} = j (s - v) X_{LE} \dot{I}_E \, \varepsilon^{-j\alpha}, \quad (571\,\mathrm{a})$$

worin v das Verhältnis der Antriebsfrequenz f_A zur Netzfrequenz f_1 (Gl. 528b) und X_{LE} die Gegeninduktivität zwischen Läuferwicklung und Erregerwicklung bei $\alpha = 180°$ ist. In der Kompensationswicklung wird vom Erregerstrom $\dot{I}_E$ die EMK

$$\dot{E}_K = -j s X_{KE} \dot{I}_E \, \varepsilon^{-j\alpha} \qquad (571\,\mathrm{b})$$

induziert, worin X_{KE} die Gegeninduktivität zwischen Erregerwicklung und Kompensationswicklung ist. Die resultierende EMK im Ankerzweig ist also

$$\left. \begin{aligned} \dot{E}_H &= \dot{E}_L + \dot{E}_K = -j [v X_{LE} + s (X_{KE} - X_{LE})] \dot{I}_E \, \varepsilon^{-j\alpha} \\ &\approx -j v X_{LE} \dot{I}_E \, \varepsilon^{-j\alpha}, \end{aligned} \right\} \quad (571)$$

da $s (X_{KE} - X_{LE})$ für den praktisch in Frage kommenden Betriebsbereich sehr klein gegenüber $v X_{LE}$ ist.

Im Erregerkreis wird induziert vom Erregerstrom $\dot{I}_E$ die EMK

$$\dot{E}_E = -j s X_E \dot{I}_E \qquad (572\,\mathrm{a})$$

und vom Läuferstrom $\dot{I}_A$ die EMK

$$\dot{E}_{EA} = -j s (X_{EK} - X_{EL}) \dot{I}_A \, \varepsilon^{j\alpha}. \qquad (572\,\mathrm{b})$$

Bei der Aufstellung der Spannungsgleichungen für die HM wollen wir zur Vereinfachung $s (X_{KE} - X_{LE}) = s (X_{EK} - X_{EL})$ gegenüber $v X_{LE}$ und gegenüber X_E wegen ihrer Kleinheit vernachlässigen. Ferner wollen wir auch den Spannungsverlust $j s X_{A\sigma} \dot{I}_A$ gegenüber der Bewegungs-EMK $\dot{E}_H = -j v X_{LE} \dot{I}_E \, \varepsilon^{-j\alpha}$ außer acht lassen. Wir können uns auch $X_{A\sigma}$ in den Streublindwiderstand $X_{2\sigma}$ der Läuferwicklung der IM eingeschlossen denken, weil $\dot{I}_2 \approx \dot{I}_A$ ist, denn der Erregerstrom I_E

beträgt wegen der Kleinheit von s nur einige Hundertstel von I_A. Diese Vernachlässigungen haben keinen wesentlichen Einfluß auf die allgemeine Gültigkeit unserer Betrachtungen.

Wir bezeichnen mit $\dot{U}_2$ die Schleifringspannung der IM und denken uns in den Wirkwiderstand R_E den Vorschaltwiderstand im Erregerzweig und in den Wirkwiderstand R_A den im Ankerzweig der Nebenschlußmaschine liegenden zusätzlichen Wirkwiderstand eingeschlossen (vgl. Abb. 376a). Der erste Vorschaltwiderstand dient zur Einstellung des Erregerstromes I_E, der zweite soll Schwankungen im Übergangswiderstand der Stromwenderbürsten unschädlich machen; er ist verhältnismäßig klein. Die Spannungsgleichungen für den Anker- und für den Erregerzweig der Nebenschlußmaschine lauten dann

$$\dot{U}_2 + R_A \dot{I}_A = \dot{E}_H = -j\,v\,X_{LE}\,\dot{I}_E\,\varepsilon^{-j\alpha}, \qquad (573\,\text{a})$$

$$\dot{U}_2 + (R_E + j\,s\,X_E)\,\dot{I}_E = 0. \qquad (573\,\text{b})$$

Setzen wir in Gl. 573a

$$\dot{I}_A = -\dot{I}_2 - \dot{I}_E \qquad (573\,\text{c})$$

(vgl. Abb. 376a) und führen $\dot{I}_E$ nach Gl. 573b in Gl. 573a ein, so erhalten wir

$$\dot{U}_2 = \dot{Z}_E\,\dot{I}_2 \qquad (574\,\text{a})$$

mit

$$\dot{Z}_E = \frac{(R_E + j\,s\,X_E)\,R_A}{R_E + R_A + j\,s\,X_E - j\,v\,X_{EL}\,\varepsilon^{-j\alpha}}. \qquad (574\,\text{b})$$

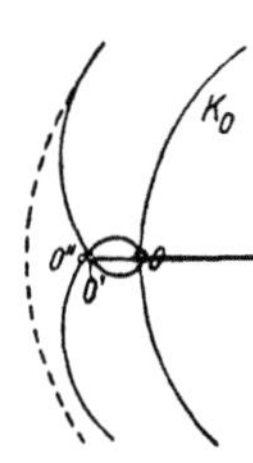

Abb. 377.
Ortskurven
von $\dot{I}_2'$
der IM.

Damit ergibt sich die Spannungsgleichung nach dem vereinfachten Ersatzstromkreis des ganzen Maschinensatzes (vgl. die Abschn. B 1 u. 2)

$$\dot{U}_1 = -\,[R_1 + R_2'/s + j\,(X_{1\sigma} + X_{2\sigma}') + \dot{Z}_E'/s]\,\dot{I}_2'. \qquad (574)$$

Setzen wir in diese Gleichung $\dot{Z}_E' = \dot{Z}_E\,(w_1\xi_1/w_2\xi_2)^2$ nach Gl. 574b ein und lösen sie nach $-\dot{I}_2'$ auf, so erhalten wir eine Gleichung von der Form

$$-\dot{I}_2' = \frac{\dot{A}_1 + \dot{B}_1\,s + \dot{C}_1\,s^2}{\dot{A}_2 + \dot{B}_2\,s + \dot{C}_2\,s^2}\,\dot{U}_1. \qquad (575)$$

Das ist die Gleichung einer bizirkularen Quartik. Sie hat innerhalb des praktisch in Frage kommenden Betriebsbereichs etwa den in Abb. 377 stärker hervorgehobenen Verlauf. Der Punkt 0 stimmt mit dem Punkt für $s = 0$ auf dem Ortskreis K_0 überein, der für die Induktionsmaschine mit kurzgeschlossenen Schleifringen gilt. Man erkennt dies, wenn man Gl. 574 nach $-\dot{I}_2'$ auflöst und $s = 0$ setzt. Außerdem ergeben sich noch zwei weitere Leerlaufpunkte 0' und 0'', die in der Nähe der synchronen Drehzahl liegen.

Wie aus den Gl. 574 und 574 b hervorgeht, ergibt sich aber bei $s = 0$ für $-\dot{I}_2'$ auch noch ein von 0 abweichender Wert, wenn $\dot{Z}_E$ so abgeglichen wird, daß bei $s = 0$ $R_2 + \dot{Z}_E = 0$ wird. Wir erhalten dann aus Gl. 574 b mit $s = 0$ die Selbsterregungsbedingung

$$R_E + R_A + \frac{R_E R_A}{R_2} = j\,v\,X_{LE}\,\varepsilon^{-j\alpha}\,, \tag{576}$$

die in den reellen und imaginären Teil zerlegt, die beiden (reellen) Gleichungen

$$R_E + R_A + \frac{R_E R_A}{R_2} = v\,X_{LE}\sin\alpha \tag{576a}$$

und

$$v\,X_{LE}\cos\alpha = 0 \tag{576b}$$

ergibt. Die letzte Gleichung sagt aus, daß bei unsern Vernachlässigungen $\alpha = 90°$ sein muß. In der ersten Gleichung ist dann $\sin\alpha = 1$ und $v\,X_{LE}\,I_E = E_H$. Sie geht dann über in

$$R_E\,I_E + R_A\,I_A\left(1 + \frac{R_E}{R_2}\right)\frac{I_E}{I_A} = E_H \tag{577a}$$

oder, da R_E/R_2 groß gegenüber 1 ist, in

$$R_E\,I_E + R_A\,I_A\,\frac{R_E\,I_E}{R_2\,I_A} = \left(1 + \frac{R_A}{R_2}\right)R_E\,I_E \approx E_H\,. \tag{577b}$$

Der Schnittpunkt der Widerstandsgeraden $(1 + R_A/R_2)R_E\,I_E$ mit der Kennlinie E_H als Funktion von I_E ergibt die Werte E_H und I_E, auf die sich die Nebenschlußmaschine bei $s = 0$ mit Gleichstrom selbsterregt.

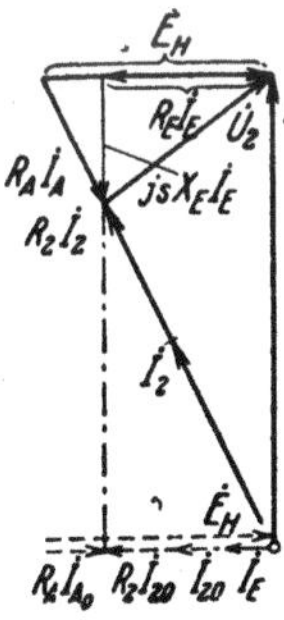

Vernachlässigen wir bei Betrachtung des Sekundärkreises der IM den sekundären Streublindwiderstand $s\,X_{2\sigma}'$ und den kleinen Erregerstrom I_E gegen I_2, setzen also $\dot{I}_A = -\dot{I}_2$, so erhalten wir das in Abb. 378 durch voll ausgezogene Linien dargestellte Spannungsdiagramm bei Belastung (vgl. die Gl. 573a u. b), wobei der Deutlichkeit wegen der Stromvektor $\dot{I}_E$ übertrieben groß angedeutet ist. Bezeichnet I_{2w} die Wirk- und I_{2b} die Blindkomponente von $\dot{I}_2$, so ist nach Abb. 378 $R_E\,I_E = R_2\,I_{2b}$ und $s\,X_E\,I_E = R_A\,I_{2w}$, woraus sich $I_{2b} = (R_E R_A/R_2 X_E)\times I_{2w}/s$ ergibt. Da I_{2w} etwa s proportional ist, ist also I_{2b} und damit auch E_H praktisch unveränderlich. Bei Änderung der Belastung bewegt sich der Endpunkt von $R_2\,\dot{I}_2$ auf der strichpunktierten Geraden; bei synchroner Drehzahl gilt das gestrichelte Diagramm $(I_{2b} = I_{20})$. Die Selbsterregungsbedingung Gl. 577 b ist hier auch bei Belastung erfüllt, denn

Abb. 378.
Vektordiagramm für den Sekundärkreis bei Selbsterregung.

es ist nach Abb. 378 $E_H - R_E I_E = R_A I_A \cdot R_E I_E / R_2 I_2 \approx R_A R_E I_E / R_2$.
Gegenüber der Schaltung mit Frequenzwandler und $w = 0$ (vgl.
Abb. 373) ist bei Vernachlässigung der kleinen Spannung $j s X_{2\sigma} I_2$
der Schlupf im Verhältnis $(R_2 + R_A)/R_2$ vergrößert.

Setzen wir die Selbsterregungsbedingung 576 in Gl. 574b ein, so
erhalten wir

$$\dot{Z}'_E = \frac{s - j R_E / X_E}{s + j R_E / X_E \cdot R_A / R_2} R'_A. \tag{578}$$

Mit diesem Wert für $\dot{Z}'_E$ ergibt sich nach Gl. 574, wenn neben den Abkürzungen 550a bis d noch

$$r_A = \frac{R_A}{X_{1h}}, \quad b = \frac{R_E}{X_E} \frac{R_A}{R_2}, \quad k_w = r_A - b(\sigma_1 + \sigma_2), \quad k_b = b \, r_1 \tag{579a bis d}$$

gesetzt wird,

$$-\dot{I}'_2 = -\frac{j b + s}{r_2 + k_w + j k_b + s[r_1 + j(\sigma_1 + \sigma_2)]} \cdot \frac{\dot{U}_1}{X_{1h}}. \tag{579}$$

Das ist dieselbe Form wie Gl. 551 A mit $w = 0$ und $k_{bs} = 0$. Die Ortskurve ist ein Kreis, der mit dem Kreis K_0 den Punkt $s = \pm \infty$ gemeinsam hat. Der Punkt $s = 0$ wird durch die EMK E_H bestimmt, auf die
sich die Maschine selbst erregt; sie kann durch den Wirkwiderstand R_E
eingestellt werden. Mit $b = 0{,}01$ und denselben Zahlenwerten wie im
Abschn. 2a ergibt sich praktisch derselbe Kreis wie der voll ausgezogene in Abb. 373 (vgl. Gl. 569a mit $w = 0$), da k_b sehr klein und
$r_2 + k_w \approx r_2$ ist. In Abb. 377 ist eine solche Kurve gestrichelt angedeutet.

Die Leistung des Antriebsmotors A der HM ist für die Leistung
$3 R_2 I^2_{2b_0}$ und die Verluste in der HM zu bemessen.

3. Schaltungen für zusätzlichen Schlupf (Kompoundierung).

Um die kinetische Energie von Schwungmassen, die mit der IM
gekuppelt sind, dazu auszunutzen, kurzzeitige Belastungsstöße der IM
zu übernehmen und so das Netz von diesen möglichst zu entlasten,
muß die IM mit wachsender Belastung stärker gegenüber ihrem Drehfeld schlüpfen, als es bei kurzgeschlossenen Schleifringen der Fall ist,
d.h. die IM muß mit einem zusätzlichen Schlupf arbeiten. Betriebe
dieser Art mit starken Belastungsstößen sind z. B. Walzenstraßen und
Förderanlagen, bei denen die IM zum Antrieb eines Generators dient,
der den Fördermotor mit stark wechselnder Belastung speist (vgl.
Abschn. III D 1 c, Bd. I).

Den zusätzlichen Schlupf kann man durch Einschalten von Wirkwiderständen in den Sekundärkreis der IM erhalten, womit aber beträchtliche Verluste in dem zusätzlichen Widerstand verbunden sind.

Verwendet man dagegen eine HM, die an die Schleifringe der IM eine dem sekundären Strom $\dot{I}_2$ proportionale Spannung anlegt, so kann die zusätzliche Schlupfleistung über eine mit der HM gekuppelte Maschine an das Netz zurückgegeben werden. Solche Schaltungen sollen in diesem Abschnitt behandelt werden.

a. Reihenschlußmaschine als HM. Ändert man in der Schaltung nach Abb. 367a (vgl. auch Abb. 367b) den Sinn der Erregerwicklung der Reihenschlußmaschine, so arbeitet diese als Motor und gibt die zusätzliche Schlupfleistung über die Antriebsmaschine A, die jetzt als Belastungsmaschine dient, an das primäre Netz zurück.

Die Schaltung für zusätzlichen Schlupf mit übersynchron laufender Reihenschlußmaschine als HM ist besonders von Heyland entwickelt worden, wobei die im Abschn. A 2 beschriebene Heylandsche Reihenschlußmaschine verwendet wird [L 362, 364, 365]. Wir wollen hier das Verhalten des Regelsatzes unter der Annahme betrachten, daß die Übersetzung zwischen Läufer- und Ständerwicklung der Reihenschlußmaschine (vgl. Abschn. 1b) $\ddot{u} = 1$ ist.

Die Reihenschlußmaschine wird mit dem Strom $\dot{I}_2$ von Schlupffrequenz $s f_1$ der IM gespeist. Der Betrag der in der Ständerwicklung vom Luftspaltfeld induzierten EMK ist bei $\ddot{u} = 1$ und dem Schlupf s der HM $E_S = 2 \sin \alpha/2 \cdot s X_{Lh} I_2$ (vgl. z. B. die Abb. 249 u. 253), wenn X_{Lh} den Hauptblindwiderstand der Läuferersatzwicklung (Abschn. 1b) bei Netzfrequenz f_1 und α den Winkel, um den die Bürsten aus der Kurzschlußstellung verschoben sind, bedeuten. $\dot{E}_S$ ist gegen $\dot{I}_2$ um den Winkel $(\pi - \psi_S') = (\pi - \alpha/2)$ phasenverspätet. Wir erhalten also

$$\left. \begin{aligned} \dot{E}_S &= 2 \sin \alpha/2 \cdot s\, X_{Lh}\, \dot{I}_2\, \varepsilon^{-j\,\pi - \alpha/2)} \\ &= -2 \sin \alpha/2 \cdot s\, X_{Lh}\, \dot{I}_2\, (\cos \alpha/2 + j \sin \alpha\, 2)\,. \end{aligned} \right\} \qquad (580\,\text{a})$$

Der Betrag der in der Läuferwicklung induzierten EMK ist mit dem Schlupf s_H des Läufers der HM gegenüber ihrem Drehfeld $E_L = s_H E_S$; $\dot{E}_L$ ist gegen $\dot{E}_S$ um den Winkel $(\pi - \alpha)$ phasenverfrüht. Es ist also

$$\left. \begin{aligned} \dot{E}_L &= 2 \sin \alpha/2 \cdot s\, s_H X_{Lh}\, \dot{I}_2\, \varepsilon^{-j\alpha/2} \\ &= -2 \sin \alpha/2 \cdot s\, s_H X_{Lh}\, \dot{I}_2\, (-\cos \alpha/2 + j \sin \alpha/2)\,. \end{aligned} \right\} \qquad (580\,\text{b})$$

Damit erhalten wir die gesamte in der HM vom Luftspaltfeld induzierte EMK

$$\dot{E}_H = \dot{E}_S + \dot{E}_L = -s\left[(1 - s_H)\sin \alpha + j(1 + s_H)(1 - \cos \alpha)\right] X_{Lh}\, \dot{I}_2\,. \qquad (580)$$

Wir wollen nun annehmen, daß die Belastungsmaschine (A in Abb. 367a), mit der die Reihenschlußmaschine gekuppelt ist, eine Synchronmaschine mit der Polpaarzahl p_A sei, die am primären Netz liegt. Bei Verwendung einer Induktionsmaschine als Belastungsmaschine wird also ihr Schlupf vernachlässigt. Bezeichnen wir mit

$$n_A = f_1/p_A \qquad (581\,\text{a})$$

die Drehzahl der Belastungsmaschine und mit

$$n_{H_1} = s\,f_1/p_H \qquad (581\,\text{b})$$

die synchrone Drehzahl der HM (hier Reihenschlußmaschine) mit der Polpaarzahl p_H, so ist der Schlupf der HM gegenüber ihrem Drehfeld

$$s_H = \frac{n_{H_1} - n_A}{n_{H_1}} = 1 - \frac{1}{s}\,\frac{p_H}{p_A}. \qquad (581)$$

Setzen wir diesen Wert von s_H in Gl. 580 ein, so erhalten wir

$$\dot{E}_H = -\left[\frac{p_H}{p_A}\sin\alpha - j\,\frac{p_H}{p_A}(1 - \cos\alpha) + j\,2\,(1 - \cos\alpha)\,s\right] X_{Lh}\,\dot{I}_2. \qquad (582)$$

In Gl. 549b für die Spannungskomponente $\dot{U}'_{2v} = R'_H\,\dot{I}'_2 - \dot{E}'_H$ ist also

$$K'_w = R'_H + \frac{p_H}{p_A}\,X'_{Lh}\sin\alpha, \quad K'_b = -\frac{p_H}{p_A}(1 - \cos\alpha)\,X'_{Lh}, \left.\begin{array}{c} \\ \\ \end{array}\right\} \qquad (583\,\text{a bis c})$$
$$K'_{bs} = 2\,(1 - \cos\alpha)\,X'_{Lh}$$

zu setzen. Da $\dot{U}'_{2c} = 0$ ist ($w = b = 0$), ist $\dot{U}'_2 = \dot{U}'_{2v}$, und wir können den Strom $-I'_2$ nach Gl. 551 A und die Bestimmungsstücke des Ortskreises für $-I'_2$ nach den Gl. 551a bis c berechnen.

Um die Bemessung der HM leichter zu überblicken, berücksichtigen wir zunächst nur die Wirkkomponente E_{Hw} in Gl. 582. Zur Vereinfachung vernachlässigen wir auch alle Spannungsverluste im Sekundärkreis der IM. Es muß dann

$$s\,E_2 = E_{Hw} = -\frac{p_H}{p_A}\,X_{Lh}\sin\alpha \cdot I_2 \qquad (584\,\text{a})$$

sein. Daraus erhalten wir den Strom

$$I_2 = -\frac{p_A}{p_H}\,\frac{s\,E_2}{X_{Lh}\sin\alpha}. \qquad (584\,\text{b})$$

Setzen wir diesen Strom in die Wirkkomponente E_{Lw} der Gl. 580b ein und ersetzen s_H nach Gl. 581, so erhalten wir

$$E_{Lw} = s\,E_2 - \frac{p_A}{p_H}\,s^2\,E_2. \qquad (584)$$

In Abb. 379a ist $s\,E_2$ und $s^2\,E_2$ über dem Schlupf s der IM aufgetragen. Multiplizieren wir die letzte Kurve mit dem Polzahlverhältnis p_A/p_H, so erhalten wir, beispielsweise für $p_A/p_H = 2$, die Kurve $s^2\,E_2\,p_A/p_H$. Die Differenz $s\,E_2 - s^2\,E_2\,p_A/p_H$ stellt dann E_{Lw} über dem Schlupf s dar.

Der EMK E_{Lw} ist auch (bei Vernachlässigung der Oberwellen) die EMK $\mathfrak{E}_R$, die in den von Bürsten kurzgeschlossenen Läuferspulen induziert wird, proportional; sie wird bei dem Schlupf $s = p_H/p_A$ (in unserm Falle $s = 0,5$) Null, weil dann nach Gl. 581 der Schlupf der HM $s_H = 0$ ist. Darüber hinaus wachsen E_{Lw} und $\mathfrak{E}_R$ schnell an. Deshalb wählt man mit Rücksicht auf die Funkenunterdrückung das Verhältnis p_H/p_A etwa gleich dem größten betriebsmäßig auftretenden Schlupf der IM.

Wenn die magnetische Kennlinie der HM eine Gerade durch

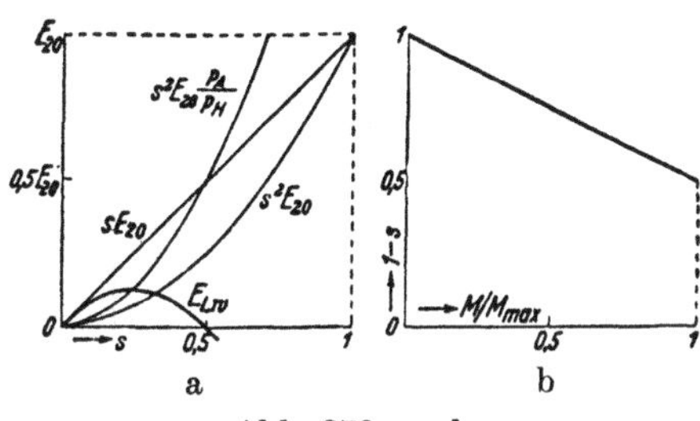

Abb. 379a u. b.
a) Wirkkomponente E_{Lw} bei $p_A/p_H = 2$;
b) Drehzahl über Drehmoment.

den Ursprung, X_{Lh} also von I_2 unabhängig ist, ist die Drehzahl der IM über I_2 und damit angenähert auch über dem Drehmoment M eine Gerade (Abb. 379b).

Der Schlupf s der IM, bei dem $s_H = 0$ ist, wird nach Gl. 581 und Abb. 379a durch das Polpaarverhältnis p_H/p_A bestimmt. Will man ihn bei festem Verhältnis p_H/p_A regeln, so kann dies durch Verstellen der Bürsten der HM geschehen (Änderung von $\sin\alpha$ in Gl. 582). Wenn die Reihenschlußmaschine mit Wendepolen ausgerüstet werden soll oder eine Maschine Heylandscher Bauart (Abschn. A 2) verwendet wird, müssen die Bürsten in fester Stellung meist ($\alpha = 30°$) verbleiben. In diesem Falle kann nach Heyland die Einstellung des zusätzlichen Schlupfes durch eine regelbare Dros-

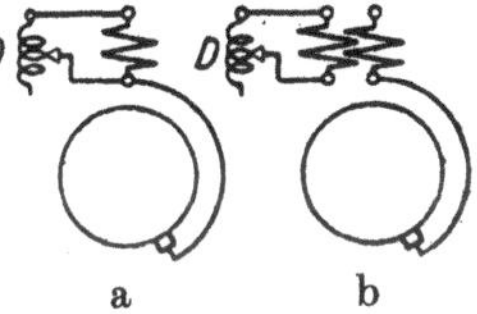

Abb. 380a u. b. Regelung des Drehzahlbereichs durch Drossel D.

sel erfolgen, die entweder der Ständerwicklung parallel geschaltet (Abb. 380a) oder mit ihr nach Abb. 380b induktiv gekoppelt ist. Diese Schaltungen, von denen die nach Abb. 380b für einen einwandfreien Betrieb den Vorzug verdient, sind von Leiner [L 365] auf ihr Verhalten eingehend untersucht.

Wir wenden uns nun dem Spannungsdiagramm im Sekundärkreis der IM zu, wobei wir den Fall in Abb. 379a mit $p_A/p_H = 2$ und den Bürstenwinkel $\alpha = 30°$ zugrundelegen. Es wird dann

$$\dot{E}_H = -[0,25\,X_{Lh} - j\,(0,067 - 0,268\,s)\,X_{Lh}]\,\dot{I}_2.$$

Für den Schlupf $s = 1/4$ der IM ist die Blindkomponente $E_{Hb} = 0$. Nehmen wir an, daß bei $s = 1/4$ das Nennmoment der IM auftritt, die

Wirkkomponente von I_2 also dieselbe ist wie in den Abb. 365a u. b, 368a usw. der Abschn. 1 u. 2 (dieselbe IM vorausgesetzt), so erhalten wir das in Abb. 381 durch stärkere Linien hervorgehobene Spannungsdiagramm, das in 1/10 des Maßstabes der entsprechenden Diagramme (z. B. Abb. 365a) der Abschn. 1 u. 2 gezeichnet ist, weil der Schlupf jetzt etwa 10 mal so groß ist. Für den Schlupf $s = 1/8$ ergibt sich dann das durch dünne Linien, für $s = 1/2$ das durch gestrichelte Linien angedeutete Spannungsdiagramm, wobei die Ständer-EMK $\dot{E}_1$ als fest vorausgesetzt ist. Bei Schlupfwerten $s < 0,25$ wird das Netz durch die Blindkomponente E_{Hb} von Blindstrom entlastet, bei $s > 0,25$ wirkt dagegen E_{Hb} im Sinne einer Vergrößerung des dem Netz entnommenen Blindstromes.

Der Regelsatz mit Reihenschlußmaschine ist verhältnismäßig einfach und billig, hat aber, wie wir aus Abb. 381 erkennen, eine sehr unvollkommene Phasenkompensation, die nur bei stark übersynchroner Drehzahl der HM wirksam ist und gerade bei den größeren Schlupfwerten der IM versagt.

Wir haben bei diesen Untersuchungen angenommen, daß die HM mit annähernd fester Drehzahl angetrieben wird. Wesentlich ungünstigere Verhältnisse ergeben sich, wenn die HM mit der IM mechanisch gekuppelt ist [L 364].

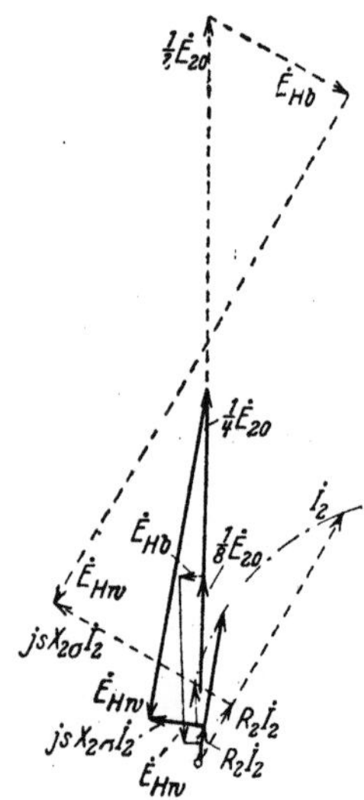

Abb. 381. Vektordiagramme für den Sekundärkreis der IM.

b. Frequenzwandler als HM mit Kompoundtransformator. Ein zusätzlicher Belastungsschlupf der IM läßt sich auch mit einem fremderregten FW erreichen, der über einen Reihentransformator, dessen Primärwicklung im primären Kreis der IM liegt, erregt wird, wie es in Abb. 382a angedeutet ist.

Bezeichnet X_{1t} den Blindwiderstand der Primärwicklung, X_{3t} den der Sekundärwicklung und X_{13t} den der gegenseitigen Induktion des Reihentransformators, $\dot{E}_F$ die auf der Schleifringseite des FW induzierte EMK und R_3 den gesamten Wirkwiderstand im primären Stromkreis des FW, so gilt für diesen Kreis die Spannungsgleichung

$$(R_3 + j X_{3t})\, \dot{I}_3 + j X_{13t}\, \dot{I}_1 = \dot{E}_F \quad \text{mit} \quad \dot{I}_3 = j\, \dot{E}_F / X_F. \qquad (585\text{a u. b})$$

Setzen wir $\dot{I}_3$ in Gl. 585a ein und lösen nach $\dot{E}_F$ auf, so erhalten wir

$$\left. \dot{E}_F = \frac{-R_3 + j X_3}{X_3^2 + R_3^2}\, X_F X_{13t}\, \dot{I}_1 \approx \frac{-R_3 + j X_3}{X_3^2}\, X_F X_{13t}\, \dot{I}_1 \right\}$$
$$\text{mit} \qquad X_3 = X_F + X_{3t}, \qquad\qquad\qquad (586\text{a u. b})$$

wobei in praktischen Fällen die Näherung sehr genau ist, weil R_3^2 sehr klein gegen X_3^2 ist. Mit Vernachlässigung von R_3^2 gegen X_3^2 wird nach den Gl. 585b u. 586a

$$\dot{I}_3 = -\,\frac{X_3 + j\,R_3}{X_3^2}\,X_{13t}\,\dot{I}_1. \qquad (587)$$

Ersetzen wir in Gl. 586a den Primärstrom $\dot{I}_1$ der IM durch den Sekundärstrom $\dot{I}_2$, wobei $\dot{I}_\mu$ den auf die Primärwicklung bezogenen Magnetisierungsstrom der IM bezeichnet,

$$\dot{I}_1 = \dot{I}_\mu - \ddot{u}\,\dot{I}_2 \quad \text{mit} \quad \ddot{u} = \xi_2 w_2 / \xi_1 w_1, \qquad (588\,\text{a u. b})$$

so wird

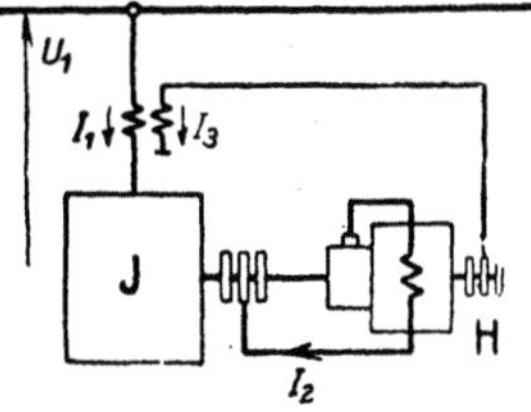

Abb. 382a.
IM mit FW als HM und
Kompoundtransformator.

$$\dot{E}_F = \left(-\frac{R_3}{X_3} + j\right) v\,X_F\,\dot{I}_\mu + \left(\frac{R_3}{X_3} - j\right)\ddot{u}\,v\,X_F\,\dot{I}_2 \quad \text{mit} \quad v = \frac{X_{13t}}{X_3}. \qquad (589\,\text{a u. b})$$

Um die Spannungsgleichung für den Sekundärkreis der IM anzuschreiben, müssen wir folgendes beachten. Der Betrag der EMK auf der Sekundärseite des FW ist beim unkompensierten FW gleich dem auf der Primärseite, beim kompensierten ist er mit $(1-s)$ zu multiplizieren. Die Phase der EMK auf der Sekundärseite des FW kann beim unkompensierten durch die Stromwenderbürsten, beim kompensierten FW durch Verdrehen des Ständers mit den Bürsten oder durch den Kupplungswinkel zwischen IM und FW eingestellt werden. Lassen wir diese Einstellung noch frei und führen die Phase der EMK des FW um einen noch willkürlichen Phasenwinkel α phasenverspätet ein, so können wir für den Sekundärkreis der IM mit einem kompensierten FW die Spannungsgleichung

$$(R_2 + R_F + j\,s\,X_{2\sigma})\,\dot{I}_2 = s\,\dot{E}_{20} + (1-s)\,\dot{E}_E \cdot \varepsilon^{-j\alpha} \qquad (590)$$

anschreiben. Setzen wir zunächst $\alpha = \pi/2$, also $\varepsilon^{-j\alpha} = -j$, so erhalten wir mit Gl. 589a

$$\left.\begin{aligned}
&\{R_2 + R_F + (1-s)\,\ddot{u}\,v\,X_F + j\,[s\,X_{2\sigma} + (1-s)\,\ddot{u}\,v\,X_F\,R_3/X_3]\}\,\dot{I}_2 \\
&\quad - (1-s)\,v\,X_F(1 + j\,R_3/X_3)\,\dot{I}_\mu = s\,\dot{E}_{20}.
\end{aligned}\right\} \qquad (591)$$

$(1-s)\,\ddot{u}\,v\,X_F$ verhält sich wie ein vergrößerter Wirkwiderstand im Läuferkreis, vergrößert also den Schlupf mit wachsendem Drehmoment, $(1-s)\,\ddot{u}\,v\,X_F\,R_3/X_3$ vergrößert etwas den Streublindwiderstand im Sekundärkreis der IM und $-(1-s)\,v\,X_F(1 + j\,R_3/X_3)\,\dot{I}_\mu$ verbessert den Leistungsfaktor der IM.

Als Zahlenbeispiel legen wir wieder die IM zugrunde (vgl. S. 526), für die die bezogenen Widerstände $r_2 + r_F = (R_2' + R_F')/X_{1h} = 0,008$, $\sigma_2 = X_{2\sigma}'/X_{1h} = 0,05$

betragen. Der Schlupf der IM ist bei $v = 0$ und Nennmoment $s = 0{,}024$ [1]). Nehmen wir beispielsweise an, daß der Schlupf der kompoundierten IM bei Nennmoment $s = 0{,}1$ betragen soll, so muß, wenn wir $\cos(\dot{E}_{20}, \dot{I}_2)$ in beiden Fällen gleich groß annehmen, $(1 - s)\,\ddot{u}\,v\,X_F = (R_2 + R_F)\,(0{,}1 - 0{,}024)/0{,}024$ sein, also $(1 - s)\,\ddot{u}\,v\,X_F/X_{2h} = (1 - s)\,\ddot{u}\,v\,x_F = (r_2 + r_F)\,3{,}17 = 0{,}0254$. Bei der Aufzeichnung des Spannungsdiagramms wollen wir die Übersetzung $\ddot{u} = 1$ annehmen und den Wirkwiderstand R_3 im Kreis 3 vernachlässigen, der sich praktisch nur in einem etwas vergrößerten Wert für $s\,X_{2\sigma}$ äußert (Gl. 591).

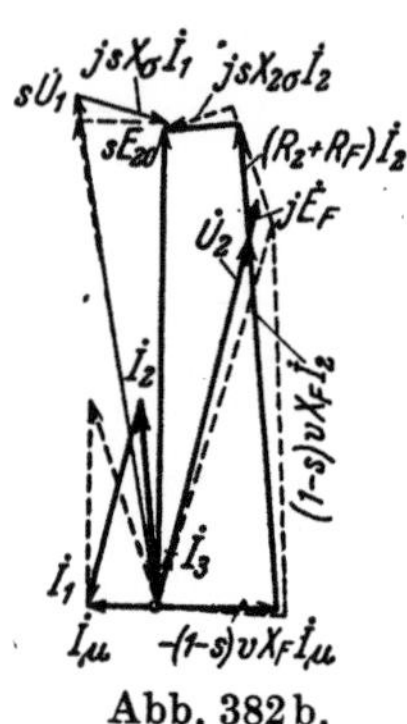

Abb. 382 b.
Vektordiagramm
zu Abb. 382 a.
— bei $\alpha = \pi/2$;
— — wenn $\dot{I}_{2b} = \dot{I}_\mu$.

In Abb. 382 b ist das Spannungsdiagramm für den Sekundärkreis der IM durch stärkere Linien hervorgehoben (vgl. Gl. 591 bei $\ddot{u} = 1$ und $R_3 = 0$). Alle Spannungen sind gegenüber Abb. 365 a im Verhältnis $0{,}024 : 0{,}1 = 0{,}24$ verkleinert, so daß $s\,E_{20}$ dieselbe Länge wie in Abb. 365 a hat. Für die Ströme gilt dagegen derselbe Maßstab wie in Abb. 365 a und den übrigen entsprechenden Abbildungen der früheren Abschnitte. Bei $R_3 = 0$ ist nach Gl. 587 $\dot{I}_3 = -v\dot{I}_1$ und nach Gl. 585 b $j\dot{E}_F$ in Phase mit $\dot{I}_3$.

Für den Primärkreis der IM lautet die Spannungsgleichung mit $R_3 = 0$

$$\left.\begin{aligned}
\dot{U}_1 + [R_1 + j\,(X_{1\sigma} + X_{1t})]\,\dot{I}_1 + j\,X_{13t}\,\dot{I}_3 \\
= \dot{U}_1 + [R_1 + j\,(X_{1\sigma} + X_{1t} - v\,X_{13t})]\,\dot{I}_1 = \dot{E}_1.
\end{aligned}\right\} \tag{592}$$

Der Streublindwiderstand $X_{1\sigma}$ wird also um $X_{1t} - v\,X_{13t}$ vergrößert. Der Reihentransformator ist so zu entwerfen, daß die Vergrößerung in mäßigen Grenzen bleibt.

Das Produkt $v\,x_F$ ist schon durch den Sekundärkreis festgelegt, nämlich zu $0{,}0254/(1 - s)\,\ddot{u} = 0{,}0282$, da wir $\ddot{u} = 1$ vorausgesetzt haben. x_F oder v können wir in gewissen Grenzen noch willkürlich annehmen. Je größer x_F, desto kleiner ist der Magnetisierungsstrom $\dot{I}_3$ des FW und damit auch der Reihentransformator und der zusätzliche Blindwiderstand $X_{1t} - v\,X_{13t}$ im primären Kreis der IM. Für günstige Bemessung des FW darf aber x_F nicht in weiten Grenzen willkürlich gewählt werden. Große Werte von x_F verlangen große Windungszahl bei kleinem Fluß, kleinere Werte umgekehrt. Wir nehmen hier beispielsweise $x_F = 0{,}1$ an. Damit ergibt sich $v = 0{,}0254/(1 - s)\,x_F = 0{,}282$. Die Blindwiderstände des Reihentransformators $X_{1t} : X_{13t} : X_{3t}$ verhalten sich bei Vernachlässigung der Streuung wie $w_{1t}^2 : w_{1t}w_{3t} : w_{3t}^2$ oder mit der Übersetzung $\ddot{u}_t = w_{3t}/w_{1t}$ wie $1 : \ddot{u}_t : \ddot{u}_t^2$. Beziehen wir auch die Blindwiderstände auf X_{1h} und bezeichnen sie dann mit x_{1t}, x_{13t}, x_{3t}, so erhalten wir aus Gl. 589 b mit 586 b $x_{13t} = v\,x_F/(1 - v\,\ddot{u}_t) = 0{,}0282/(1 - 0{,}282\,\ddot{u}_t)$, Damit x_{13t} nicht unendlich oder gar negativ wird, muß $\ddot{u}_t < 1/0{,}282 = 3{,}55$ sein. Führen wir x_{13t} in den zusätzlichen, durch den Reihentransformator hervorgerufenen Blindwiderstand des Primärkreises der IM ein, so erhalten wir $x_{1t} - v\,x_{13t} = 0{,}0282/\ddot{u}_t$. Dieser Wert wird um so kleiner, je mehr sich $\ddot{u}_t$ dem Werte $3{,}55$ nähert. In der Nähe dieses Grenzwertes wird aber der Entwurf des Reihentransformators ungünstig; er muß, selbst wenn er ohne Luftspalt ausgeführt wird,

---

[1]) In Abb. 365 a ist das Verhältnis $s\,X_{2\sigma}/(R_2 + R_P) = 0{,}15$, daraus erhalten wir mit $X_{2\sigma}/(R_2 + R_P) = 0{,}05/0{,}008 = 6{,}25$ $s = 0{,}15/6{,}25 = 0{,}024$. R_F setzen wir gleich R_P.

mit kleiner magnetischer und großer elektrischer Beanspruchung ausgeführt werden, wobei der Wirkwiderstand der Sekundärwicklung des Reihentransformators, der einen Teil des Widerstandes R_3 im Kreis 3 ausmacht und den wir vernachlässigt haben, schon ins Gewicht fallen kann. Günstige Verhältnisse ergeben sich noch bei $\ddot{u}_t = 3$; damit wird $x_{13t} = 0{,}183$, $x_{1t} = 0{,}0610$, $x_{3t} = 0{,}549$ und $x_{1t} - v x_{13t} = 0{,}0094$, also in Gl. 592 der Blindwiderstand $X_\sigma = X_{1\sigma} + X_{1t} - v X_{3t} = 0{,}0594\, X_{1h}$. Multiplizieren wir zum leichteren Vergleich mit dem Sekundärkreis der IM Gl. 592 mit s ($\ddot{u}$ hatten wir gleich 1 gesetzt), so erhalten wir mit $r_1 = 0{,}006$ und $\sigma_1 = 0{,}05$ wie in den früheren Beispielen $0{,}1\,\dot{U}_1 + (0{,}006 + j\,0{,}00594) \times X_{1h}\dot{I}_1 = s\dot{E}_1 = s\dot{E}_{20}$. Diese Gleichung wird durch die schwächer ausgezogenen Linien in Abb. 382b veranschaulicht.

Wir wollen nun noch die Leistung des Reihentransformators abschätzen. Die Leistung der Primärwicklung ergibt sich in unserm Falle zu $N_{1t} = m_1 \times (x_{1t} I_1 - x_{13t} I_3) X_{1h} I_1 = 3 \cdot 0{,}0094\, X_{1h} I_1^2$, die der Sekundärwicklung zu $N_{2t} = m_2 (x_{13t} I_1 - x_{3t} I_3) X_{1h} I_3 = m_1 (x_{13t} - v x_{2t}) v X_{1h} I_1^2 = 3 \cdot 0{,}00795\, X_{1h} I_1^2$. Der Mittelwert ist $3 \cdot 0{,}0087\, X_{1h} I_1^2$. Für die Nennleistung der IM können wir mit $I_\mu / I_1 = 0{,}32$ (vgl. Abb. 382b) $m_1 X_{1h} I_\mu I_1 = 3 \cdot 0{,}32\, X_{1h} I_1^2$ schreiben. Der Reihentransformator ist also in unserm Falle für eine Leistung von etwa 2,7% der Nennleistung der IM zu bemessen.

Aus dem Vektordiagramm in Abb. 382b erkennen wir, daß mit wachsender Belastung nicht nur der Schlupf gegenüber der gewöhnlichen IM zusätzlich vergrößert, sondern daß auch die Blindleistungsaufnahme der IM durch den Reihentransformator verkleinert wird. Um das Netz noch mehr von Blindströmen zu entlasten, ist der Kupplungswinkel zwischen IM und FW so einzustellen, daß α in Gl. 590 etwas größer als $\pi/2$ wird, wobei auch der Betrag von $\dot{E}_F$ etwas größer zu bemessen ist. Für den Fall, daß α so bemessen ist, daß der Magnetisierungsstrom ganz vom Läuferkreis gedeckt wird, ist in Abb. 382b das Vektordiagramm gestrichelt angedeutet.

Wenn der Reihentransformator als Drehtransformator ausgebildet wird, kann $\dot{E}_F$ auch durch Verdrehen des Reihentransformators in der Phase eingestellt werden. Bei Verwendung eines festen Transformators kann die gewünschte Phase durch Mischung der Wicklungsabteilungen verschiedener Kerne erhalten werden (vgl. Abb. 390a u. b).

c. Nebenschlußmaschine als HM mit zusätzlicher Reihenschlußwicklung. Die Schaltung ist in Abb. 383a angedeutet. Die HM ist eine mit Kompensationswicklung K ausgerüstete Nebenschlußmaschine, die sich von der in Abb. 376a aber dadurch unterscheidet, daß sie außer der Nebenschlußerregerwicklung E noch eine vom Strom $\dot{I}_2$ durchflossene zusätzliche Wicklung R trägt, die so geschaltet ist, daß durch sie in der HM noch eine EMK induziert wird, die im Sinne des Wirkspannungsverlustes $R_2 \dot{I}_2$ wirkt. Sie ist entgegengesetzt gerichtet wie $- \ddot{u} v X_L \dot{I}_2$ in Abb. 368a und vergrößert deshalb den Schlupf der IM.

Um das wesentliche Verhalten der Schaltung zu erkennen, machen wir ähnliche Vernachlässigungen wie bei der Nebenschlußmaschine im

Abschn. 2c, d. h. wir vernachlässigen bei der Aufzeichnung des Spannungsdiagramms für den Sekundärkreis der IM den Streuspannungsverlust $j s X_{2\sigma} \dot I_2$ in der Läuferwicklung der IM und den Blindwiderstand im Läuferkreis der HM und setzen $\dot I_A = -\dot I_2$. Wir vernachlässigen ferner die Gegeninduktivität zwischen den beiden Wicklungen R und E. Streng genommen ist das nur zulässig, wenn diese Wicklungen bei Ausführung der HM als Scherbius-Maschine auf getrennten Kernen angeordnet werden. Befinden sie sich auf denselben Kernen, so kann die Gegeninduktivität durch einen Entkopplungstransformator (vgl. Abschn. I A 8c) beseitigt oder durch Einschalten von Widerständen in den Zweig der Nebenschlußwicklung E unschädlich gemacht werden (vgl. Abschn. I A 8b).

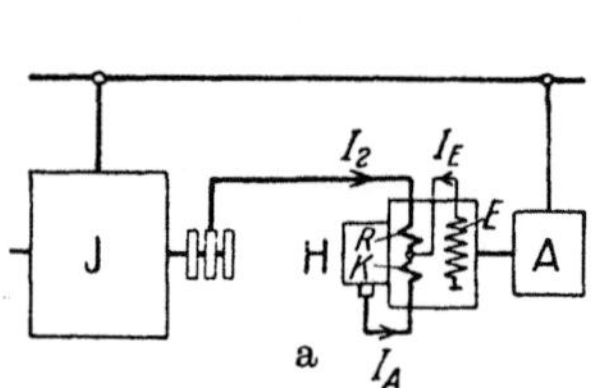
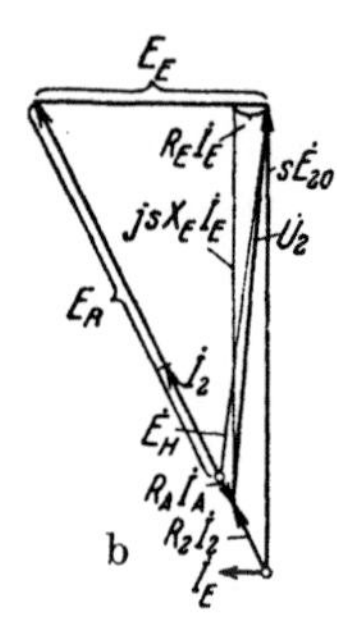

Abb. 383a u. b. a) HM mit Kompoundverhalten; b) Vektordiagramm.

Mit diesen Annahmen erhalten wir das in Abb. 383b aufgezeichnete Spannungsdiagramm für den Läuferkreis der IM und für die HM, das dem Spannungsdiagramm des Regelsatzes mit Nebenschlußmaschine (Abb. 378) entspricht, also Selbsterregung voraussetzt. Es ist bei demselben Drehmoment für den 5-fachen Schlupf und in 1/5 des Maßstabes der Abb. 378 gezeichnet. $\dot U_2$ ist die Schleifringspannung. Addieren wir dazu den Spannungsverlust $R_2 \dot I_2$ im Läufer der IM, so erhalten wir die in der Läuferwicklung induzierte EMK $s \dot E_{20}$. Von dem Erregerstrom $\dot I_E$ wird in der HM die EMK $\dot E_E$, von dem Strom $\dot I_2$ die EMK $\dot E_R$ induziert. Ihre Summe ist die EMK $\dot E_H$ im Läuferzweig der HM, die gleich $\dot U_2 + R_A \dot I_A$ ist. Das Spannungsdiagramm unterscheidet sich von dem in Abb. 378 nur dadurch, daß $\dot E_R + R_A \dot I_A$ an Stelle von $R_A \dot I_A$ zu setzen ist. Mit diesem Ersatz gelten auch die Überlegungen im Abschn. 2c über die Selbsterregungsbedingung (Gl. 576a u. b), die also, wenn wir setzen

$$R_{AR} = E_R/I_2, \tag{593a}$$

in der Fassung von Gl. 577b lautet

$$\left(1 + \frac{R_A + R_{AR}}{R_2}\right) R_E I_E \approx E_E. \tag{593}$$

Der Schlupf der IM wird im Verhältnis $(R_2 + R_A + R_{AR})/R_2$ gegenüber dem der IM ohne HM vergrößert und ist dem Strom I_2 proportional.

Wegen des größeren Schlupfes ist die Vernachlässigung der induktiven Spannungskomponente $j s X_{2\sigma} \dot I_2$ hier weniger berechtigt als im

Abschn. 2 c. Um sie aufzuheben, muß $\dot{E}_E$ noch etwas vergrößert werden. Das genauere Verhalten der Schaltung in Abb. 383a ist von Dreyfus [L 10, S. 73 u. f.] behandelt.

d. HM mit gemischter Nebenschlußerregung. Die von Seiz angegebene Schaltung ist in Abb. 384a angedeutet. Neben der Reihenwicklung R und der Kompensationswicklung K trägt die HM zwei an die Schleifringe der IM angeschlossene Nebenschlußwicklungen. In den Kreis der einen ist ein Wirkwiderstand R_E, in den der andern ein induktiver Widerstand X_E geschaltet, wobei X_E auf die Netzfrequenz bezogen ist. Beide Widerstände sind so reichlich zu bemessen, daß bei allen betriebsmäßig auftretenden Schlüpfungen der IM der

Strom $\dot{I}_{Ew}$ in der Erregerwicklung E_w im wesentlichen in Phase mit der Schleifringspannung $\dot{U}_2$, der Strom $\dot{I}_{Eb}$ in der Erregerwicklung E_b um eine Viertelperiode gegen $\dot{U}_2$ verfrüht ist.

Mit der Annahme, daß dies vollkommen erfüllt ist, ist in Abb. 384b das Spannungsdiagramm für den Sekundärkreis

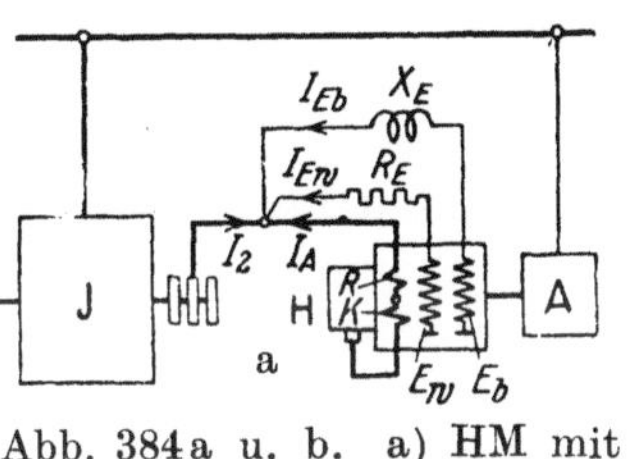
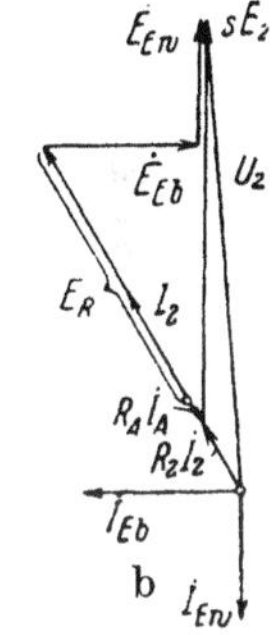

Abb. 384a u. b. a) HM mit gemischter Nebenschlußerregung; b) Vektordiagramm.

der IM und für die HM mit denselben Vereinfachungen wie in Abb. 383b aufgezeichnet. $\dot{E}_R$, $\dot{E}_{Ew}$ und $\dot{E}_{Eb}$ sind die EMKe, die in der HM von den Strömen in den Wicklungen R, E_w und E_b induziert werden. Bei geradliniger Kennlinie der HM ist $\dot{E}_R$ dem Strom $\dot{I}_A \approx -\dot{I}_2$, $\dot{E}_{Ew}$ der Spannung $\dot{U}_2$ proportional. $\dot{E}_{Eb}$ ist dagegen nur wenig abhängig von der Spannung $\dot{U}_2$, weil $\dot{U}_2$ ebenso wie der Blindwiderstand im Kreise von E_b angenähert dem Schlupf proportional ist; $\dot{E}_{Eb}$ bewirkt die Phasenkompensation schon bei Leerlauf. Im übrigen ist das Verhalten des Regelsatzes ähnlich wie das nach Abb. 383a.

Die HM hat einerseits die Stromwärmeverluste des Magnetisierungsstromes $\dot{I}_{2b}$ von $\dot{I}_2$ zu liefern, andrerseits wird der HM die zusätzliche Schlupfleistung von der IM zugeführt. Sie arbeitet deshalb bei kleinem Schlupf als Generator, bei größerem Schlupf als Motor; im ersten Falle nimmt die Antriebsmaschine A Leistung vom Netz auf, im zweiten Falle liefert sie die zusätzliche Schlupfleistung an das Netz zurück.

In Wirklichkeit ist der Widerstand der beiden Nebenschlußerregerwicklungen kein reiner Wirk- und kein reiner Blindwiderstand. In den beiden Erregerwicklungen werden vom resultierenden Fluß der HM EMKe induziert, die allerdings, verglichen mit den EMKen E_R, E_{Ew} und E_{Eb} verhältnismäßig klein sind, weil die Erregerwicklungen im

Ständer liegen, also nur s proportional sind. Die dadurch hervorgerufene Abweichung von dem Spannungsdiagramm in Abb. 384b läßt sich dadurch ausgleichen, daß die Erregerströme der Nebenschlußwicklungen in jedem Strang noch zusätzliche Erregerströme von einem der andern Stränge erhalten [L 9, S. 640].

D. Drehzahlregelung.

Regelsätze, bei denen die Leerlaufdrehzahl ungefähr die synchrone ist, haben wir schon im Abschn. C behandelt. Hier sollen die Regelsätze besprochen werden, bei denen der IM durch die HM verschiedene Leerlaufdrehzahlen aufgezwungen werden können, wobei die IM im wesentlichen Nebenschlußverhalten zeigt. Als Motor betrieben sinkt die Drehzahl der IM mit wachsender Belastung nur wenig, und beim Antrieb der IM mit einer Drehzahl, die größer als die Leerlaufdrehzahl ist, arbeitet sie als Generator. Die IM verhält sich also gegenüber ihrer durch die HM eingestellten Leerlaufdrehzahl ähnlich wie die gewöhnliche IM gegenüber der synchronen Drehzahl.

Durch Einfügen einer zusätzlichen, dem Läuferstrom proportionalen Spannung in den Läuferkreis der IM kann ihre Schlüpfung beeinflußt und der IM Kompoundverhalten verliehen werden, wie wir es schon im Abschn. C 3 für die synchrone Leerlaufdrehzahl kennengelernt haben. Mit der Drehzahlregelung wird gewöhnlich auch eine Phasenkompensation verbunden (vgl. Abschn. C 2).

1. Antrieb der HM.

Daß die HM entweder mit der IM mechanisch gekuppelt oder mechanisch getrennt von der IM aufgestellt werden kann, haben wir schon in der Einleitung zum Abschn. III erwähnt. Bei den Maschinensätzen zur Drehzahlregelung ist jedoch noch einiges zu beachten, wenn wir den Frequenzwandler ohne Kompensationswicklung als HM ausschließen, bei dem die Schlupfleistung, ähnlich wie beim Transformator unmittelbar dem Netz entnommen wird. Dieser Frequenzwandler kommt aber als HM für die hier zu behandelnden Regelsätze mit HM größerer Leistung kaum in Frage.

Bei untersynchroner Drehzahl der IM wird ihre zusätzliche Schlupfleistung der HM zugeführt, die sie bei getrennter Aufstellung über eine Antriebsmaschine an das Netz, bei mechanischer Kupplung mit der IM aber wieder an die Welle der IM abgibt. In den Abb. 385a u. b ist bei Vernachlässigung der Verluste in den Maschinen angedeutet, wie bei untersynchroner Drehzahl der IM die Leistung N, die die IM dem Netz entnimmt, durch die Maschinen fließt, wobei der elektrische Leistungsfluß in der IM gestrichelt angedeutet ist. Läuft die IM übersynchron, so muß durch die HM die Schlupfleistung der IM zugeführt

werden, die die HM bei getrennter Aufstellung über eine Antriebs-
maschine dem Netz, bei mechanischer Kupplung mit der IM aber der
Welle der IM entnimmt. In den Abb. 385a u. b wechselt dann s das
Vorzeichen.

Für festen Läuferwirkstrom I_{2w} (bezogen auf $\dot{E}_1$) der IM steht deshalb an der Welle der IM bei getrennter Aufstellung der HM eine der

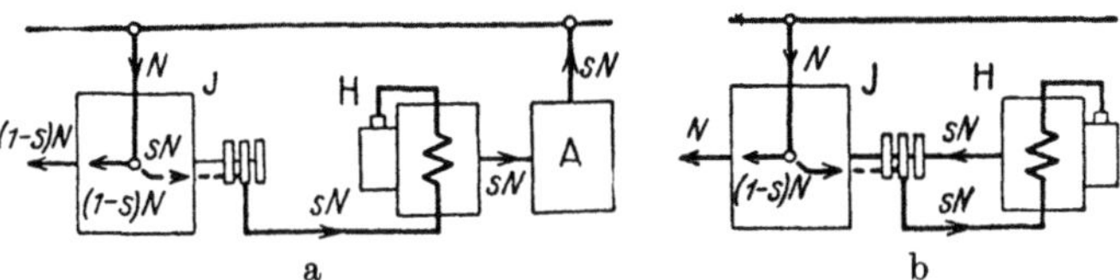

Abb. 385a u. b. Leistungsfluß, a) bei getrenntem Antrieb, b) bei Kupplung der
HM mit der IM.

Drehzahl proportionale Leistung, bei mechanischer Kupplung der HM
mit der IM eine von der Drehzahl unabhängige, praktisch feste Leistung
zur Verfügung. Im ersten Falle ist also das nutzbare Drehmoment
der IM unabhängig von der Drehzahl, im zweiten Falle ist es umgekehrt proportional der Drehzahl.

In den meisten Fällen wird die HM
getrennt von der IM aufgestellt. Ihre
Drehzahl kann dann unabhängig von der
der IM gewählt werden.

Da die Leistung der HM bei festem
Strom I_2 dem Betrag des Schlupfes der IM
proportional ist, wird man, um eine möglichst kleine HM zu erhalten, den Regelbereich gern so legen, daß die kleinste Drehzahl bei Untersynchronismus, die größte
bei Übersynchronismus der IM auftritt.

Abb. 386. Günstigste Lage des
Regelbereiches.

Wenn die HM getrennt aufgestellt und mit fester Drehzahl angetrieben wird, erhält man die kleinste HM, wenn der Schlupf s_u bei
der kleinsten (untersynchronen) Drehzahl gleich dem Betrag des
Schlupfes $s_{\ddot{u}}$ bei der größten (übersynchronen) Drehzahl ist. Es ist
dann bei Leerlauf $(n_{\max}+n_{\min})/2 = n_1$ gleich der synchronen Drehzahl
der IM. Bezeichnet E_{H_0} den größten Betrag der in der HM induzierten
EMK, so erhält man nach Abb. 386 die Grenzwerte des Schlupfes $s_u =$
$-s_{\ddot{u}}$ durch die Schnittpunkte von E_{H_0} und $-E_{H_0}$ mit der EMK $s E_{20}$
in der Sekundärwicklung der IM. Es ist in diesem Falle

$$1-s_u = \frac{E_{20}-E_{H_0}}{E_{20}} = 1-v \quad \text{und} \quad 1-s_{\ddot{u}} = \frac{E_{20}+E_{H_0}}{E_{20}} = 1+v, \quad (594\,\text{a u. b})$$

wenn
$$v = E_{H_0}/E_{20} \qquad\qquad (594\,\text{c})$$

das Verhältnis der EMK der HM zu der der IM bei Stillstand bezeichnet. Da beide Maschinen von demselben Strom durchflossen werden, ist dieses Verhältnis auch das der Leistungen. Damit wird das Drehzahlverhältnis

$$\frac{n_{\max}}{n_{\min}} = \frac{1 - s_{\ddot{u}}}{1 - s_u} = \frac{1 + v}{1 - v}. \tag{594}$$

Ist dagegen die HM mit der IM mechanisch gekuppelt, beispielsweise mit einer solchen Übersetzung, daß bei synchroner Drehzahl der IM die HM dieselbe Drehzahl hat wie bei getrennter Aufstellung, so ist bei derselben HM ihre EMK $(1-s)E_{H_0}$. Der Schlupf bei Untersynchronismus ergibt sich dann durch den Schnittpunkt der Geraden sE_{20} und $(1-s)E_{H_0}$ in Abb. 386 zu s_u', bei Übersynchronismus durch den Schnittpunkt der Geraden sE_{20} und $-(1-s)E_{H_0}$ zu $s_{\ddot{u}}'$. Um mit der kleinsten HM auszukommen, muß der Regelbereich nach größerer Drehzahl verlagert werden. Es ist in diesem Falle

$$(1 - s_u') E_{H_0} = s_u' E_{20} \quad \text{oder} \quad 1 - s_u' = \frac{E_{20}}{E_{20} + E_{H_0}} = \frac{1}{1 + v} \tag{595a u. b}$$

und

$$-(1 - s_{\ddot{u}}') E_{H_0} = s_{\ddot{u}}' E_{20} \quad \text{oder} \quad 1 - s_{\ddot{u}}' = \frac{E_{20}}{E_{20} - E_{H_0}} = \frac{1}{1 - v}. \tag{596a u. b}$$

Das Verhältnis der größten zur kleinsten Drehzahl ist bei derselben HM dasselbe wie im ersten Falle. Würde man dagegen bei demselben Verhältnis $n_{\max}/n_{\min}$ andere Schlupfwerte s_u' und $s_{\ddot{u}}'$ annehmen, so müßte die HM größer bemessen werden. Behielte man beispielsweise dieselben Schlupfwerte wie bei getrenntem Antrieb der HM bei (s_u und $s_{\ddot{u}}$), so müßte ihre Leistung im Verhältnis der Ordinaten von sE_{20} und $(1-s)E_{H_0}$ bei $s = s_u$ in Abb. 386 größer bemessen werden.

2. Die Ortskurve von $-\dot{I}_2'$.

Im Abschn. B 1 hatten wir zwei Fälle für die Spannung $\dot{U}_2'$, die die HM den Schleifringen der IM aufzwingt, unterschieden. Die Spannung $\dot{U}_2'$ ist im Falle A durch die Gl. 549 und 549a u. b, im Falle B durch die Gl. 552a u. b gegeben. Diese beiden Fälle wollen wir hier nebeneinander verfolgen.

Von den Komponenten der Spannung $\dot{U}_2'$ ist die Komponente $w\dot{U}_1$ bzw. $(1-s)w\dot{U}_1$ die Spannung, die die Leerlaufdrehzahl der IM beeinflußt. Wir wollen zunächst annehmen, daß diese Komponente von $\dot{U}_2'$ allein wirksam sei, also in Gl. 551 A bzw. 553 B $b = 0$ und $k_w = k_b = k_{bs} = 0$ ist. Die Kreise für den Endpunkt des Stromvektors $-\dot{I}_2'$ haben dann mit dem Kreis K_0, der für $\dot{U}_2' = 0$ gilt, nach Gl. 551 A bzw. 553 B den Punkt $s = \infty$ bzw. $s = 1$ gemeinsam. Außerdem ist auch

$s=0$ auf dem Kreise K_0 ein Punkt der Kreise für $w \gtrless 0$, wenn $b=0$ ist; und zwar entspricht diesem Punkte nach Gl. 551 A bzw. 553 B der Schlupf $s=w$ bzw. $s=w/(1+w)$. Es liegen also die Mittelpunkte der Kreise für beliebiges w im Falle A auf der Mittelsenkrechten zu der Verbindungslinie der Punkte $s=0$ und $s=\infty$, im Falle B auf der Mittelsenkrechten zu der Verbindungslinie der Punkte $s=0$ und $s=1$ des Kreises K_0 (strichpunktierte Gerade in den Abb. 387 A u. B).

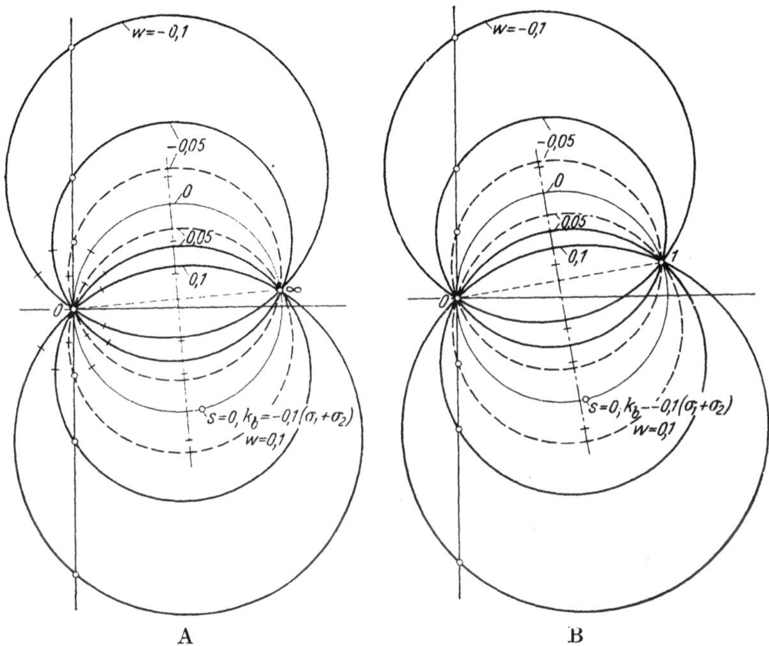

A   B

Abb. 387 A u. B. Ortskurven von $-\dot{I}_2$ für $b=0$ und $w=0$, $\pm 0,05$, $\pm 0,1$.
A Getrennter Antrieb; B Kupplung der HM mit der IM.

In den Abb. 387 A u. B stellen die voll ausgezogenen Kreise den hier zunächst betrachteten Fall dar, daß $b=0$ und $k_w = k_b = k_{bs} = 0$ ist, und zwar für $w=0$, $w=\pm 0,05$ und $w=\pm 0,1$. Der Kreis K_0, der für die IM bei kurzgeschlossenen Schleifringen gilt, ist schwächer gezeichnet. Es sind dieselben Werte für $r_1 = r_2 = 0{,}006$ und $\sigma_1 + \sigma_2 = 0{,}1$ zugrundegelegt wie in Abb. 373. Wenn $b=0$ und $k_b = k_{bs} = 0$ ist, ergibt sich in beiden Fällen, A und B, der Schlupf $s=0$ beim Strom

$$-\dot{I}_2' = \frac{-w}{r_2 + k_w} \cdot \frac{\dot{U}_1}{X_{1h}},$$

also im Schnittpunkt der Kreise mit der Ordinatenachse; sie sind wie die Punkte $s=\infty$ in Abb. 387 A und $s=1$ in Abb. 387 B durch kleine Kreise angegeben. Durch kleine Querstriche sind auf allen Kreisen der Abb. 387 A auch die Schlupfwerte

$s = s_0 \pm 0,025$ angedeutet (der Nennschlupf der IM ist $s_N = 0,024$ bei $s_0 = 0$). Den Leerlaufschlupf s_0 erhalten wir, wenn wir $-I_2' = 0$ setzen, nach Gl. 551 A bzw. 553 B zu $s_0 = w$ bzw. $s_0 = w/(1 + w)$.

Aus den voll ausgezogenen Kreisen erkennen wir, daß die Lage der Ortskurve des Stromes $-I_2'$ durch die Spannungskomponente $w\,\hat{U}_1$ bzw. $(1 - s)\,w\,\hat{U}_1$ wesentlich ungünstiger wird. Bei untersynchroner Leerlaufdrehzahl (w positiv) wird Überlastbarkeit und Phasenlage von $-I_2'$ im Motorbereich (oberhalb der Abszissenachse) wesentlich verschlechtert, im Generatorbereich (unterhalb der Abszissenachse) dagegen verbessert. Umgekehrt ist es bei übersynchroner Leerlaufdrehzahl (w negativ). Dabei haben wir nur eine verhältnismäßig kleine Abweichung der Leerlaufdrehzahl, nämlich $\pm 0,05$ und $\pm 0,1$, von der synchronen angenommen. Noch viel ungünstiger liegen die Verhältnisse bei größerem Abstand der Leerlaufdrehzahl von der synchronen, wie sie für die Drehzahlregelung gewöhnlich in Frage kommen.

Der Grund der Verschlechterung der Verhältnisse liegt in der großen Mittelpunktskoordinate y_m, die nach Gl. 551 b bzw. 553 b für den Fall, daß $b = 0$ und $k_b = k_{bs} = 0$ ist, sich zu $y_m = w\,U_1/2\,X_{1h}\,(r_2 + k_w)$ ergibt. Man kann also durch eine Spannungskomponente $K_w'\,I_2'$ bzw. $(1 - s)\,K_w'\,I_2'$ in $\hat{U}_2'$ die Verhältnisse verbessern. $K_w' = R_2'$ oder $k_w = r_2$ würde einem Wirkwiderstand im Läuferzweig der HM entsprechen, der gleich dem der Läuferwicklung der IM ist (wir hatten den Widerstand der HM bisher vernachlässigt). Für diesen Fall sind mit $w = \pm 0,05$ die Ortskreise gestrichelt gezeichnet; für $w = \pm 0,1$ würden sie mit den voll ausgezogenen Kreisen für $w = \pm 0,05$ zusammenfallen, aber andere Schlupfverteilung ergeben. Die Schlupfwerte $s_0 \pm 0,025$ sind in Abb. 387 A auch für die gestrichelten Kreise durch kleine Querstriche angedeutet. Man erkennt die günstigere Lage der Ortskurve unter dem Einfluß eines positiven Wertes von k_w, und daß sich dabei ein zusätzlicher Belastungsschlupf ergibt.

Durchgreifender und ohne Vergrößerung des zusätzlichen Schlupfes ist aber ein negativer Wert von k_b, durch den nach den Gl. 551 b und 553 b y_m praktisch beliebig beeinflußt werden kann. Wählt man z. B. bei $b = 0$ und $k_w = k_{bs} = 0$, $k_b = -w(\sigma_1 + \sigma_2)$, so fällt die Ortskurve bei beliebigen Werten von w mit dem Kreis K_0 zusammen, wobei sich aber, dem jeweiligen Wert von w entsprechend, eine andere Schlupfverteilung ergibt. Der Schlupf $s = 0$ fällt jetzt nicht wie beim Kreis K_0 in den Koordinatenanfangspunkt; er ist für $w = 0,1$ durch einen kleinen Kreis angedeutet. Der Leerlaufschlupf s_0 muß natürlich für $b = 0$ immer in den Koordinatenanfangspunkt 0 fallen. Die Schlupfwerte $s = s_0 + 0,025 = 0,125$ und $s = s_0 - 0,025 = 0,075$ liegen in der Nähe der durch Querstriche angedeuteten Schlupfwerte $s = -0,025$ und $s = 0,025$ auf dem Kreis K_0 bei kurzgeschlossenen Schleifringen.

Der Einfluß von k_{bs}, der nur für den Fall A in Frage kommt, wenn wir uns auf den Kreis als Ortskurve beschränken, äußert sich darin, daß er bei positivem Wert wie eine vergrößerte, bei negativem Wert wie eine verkleinerte Streuung wirkt. Im letzten Falle könnte theoretisch die Streuung der IM vollkommen aufgehoben werden, so daß die Ortskurve mit der Ordinatenachse zusammenfällt.

Wir haben bisher $b = 0$ gesetzt; b bestimmt die gewünschte bei Leerlauf auftretende Blindkomponente von $-\dot{I}_2'$, so daß der Ortskreis von $-\dot{I}_2'$ nicht mehr durch den Koordinatenanfangspunkt 0 geht, sondern bei positivem b in Richtung der negativen Abszissenachse verschoben ist, wie wir es im Abschn. C 2 an Hand der Abb. 373 gezeigt haben.

3. Frequenzwandler als HM.

a. Die einzuprägende Spannung $\dot{U}_2'$.

Wir haben im Abschn. 2 gesehen, daß zur Änderung der Drehzahl der IM ihren Schleifringen eine Spannung aufgezwungen werden muß, die im wesentlichen in Phase oder in Gegenphase zu der Primärspannung $\dot{U}_1$ ist. Wenn diese Spannung eine feste ist, so wird durch sie der Leerlaufschlupf geändert. Dabei wird, wenn eine untersynchrone Leerlaufdrehzahl eingestellt ist, mit wachsender Belastung der dem Netz entnommene Magnetisierungsstrom und der Drehzahlabfall vergrößert und die Überlastbarkeit verschlechtert, und zwar in um so höherem Maße, je größer die Abweichung der Leerlaufdrehzahl von der synchronen Drehzahl ist. Bei übersynchroner Leerlaufdrehzahl ist das Verhalten umgekehrt. Als Ursache dieses ungünstigen Belastungsverhaltens der IM haben wir den Spannungsverlust $js X_\sigma \dot{I}_2'$ erkannt, der durch einen negativen Wert für das Widerstandsverhältnis k_b oder noch vollkommener negatives k_{bs} unschädlich gemacht werden kann.

Begnügen wir uns damit, diesen Spannungsverlust wenigstens bei der Leerlaufdrehzahl aufzuheben, so ist dies, wie wir sehen werden, mit einfachen Mitteln möglich. Die IM verhält sich dann bei Belastung in bezug auf Änderung der Drehzahl für jede Leerlaufdrehzahl im wesentlichen wie die IM mit kurzgeschlossenen Schleifringen, d.h. als Funktion der Schlupfdifferenz $(s - s_0)$ sind Drehmoment und Leistungsfaktor dieselben wie bei kurzgeschlossenen Schleifringen. In beiden Fällen läßt sich die primäre Wicklung durch Einfügen einer Spannung in den Läuferkreis, die gegenüber der Netzspannung um eine Viertelperiode verschoben ist, von Magnetisierungsströmen entlasten, wie wir es im Abschn. III C 3 gezeigt haben. Für die Spannung, die der FW den Schleifringen der IM aufzwingt, können wir dann schreiben

$$\dot{U}_2' = (w - j\,b)\,\dot{U}_1 + j\,K_b'\,\dot{I}_2', \qquad (597)$$

worin w und b feste Zahlenwerte sind (w positiv bei untersynchroner, negativ bei übersynchroner Leerlaufdrehzahl) und die Widerstandsgröße K_b' negativ und dem Leerlaufschlupf s_0 proportional ist.

Um das wesentliche Verhalten des Regelsatzes leichter zu überblicken, betrachten wir wieder das Spannungsdiagramm für den Sekundärkreis der IM und vernachlässigen den Spannungsverlust im Primärkreis der IM. Wenn die Leerlaufdrehzahl die synchrone ist ($s_0 = w = 0$, $K_b' = 0$), erhalten wir das Spannungsdiagramm Abb. 372, das im halben Maßstab (und andrer Reihenfolge der Spannungskomponenten) in Abb. 388 durch stärkere Linien hervorgehoben ist. $\dot{U}_b$ entspricht dabei der auf die Läuferwicklung des IM bezogenen Komponente $-jb\,\dot{U}_1$ in Gl. 597. Verlangen wir, daß bei beliebigem Schlupf Drehmoment und Blindkomponente von $\dot{I}_2$ dieselben bleiben (dieselbe IM vorausgesetzt), so erhalten wir beispielsweise bei 2,5-fachem Schlupf das durch dünnere Linien dargestellte Spannungsdiagramm. Für den Kreis der IM ist $\dot{U}_2 + (R_2 + js\,X_{2\sigma})\dot{I}_2 = s\dot{E}_{20}$, für den der HM $\dot{U}_2 = \dot{U}_b + \dot{U}_w + j K_b \dot{I}_2$ (mit K_b negativ). Damit bei festem Drehmoment der Strom $\dot{I}_2$ nach Stärke und Phase gegenüber $\dot{E}_{20}$ erhalten bleibt, muß sich der Endpunkt des Spannungsvektors $\dot{U}_2$ mit Einstellung der Leerlaufdrehzahl (w und k_b') auf der strichpunktierten Geraden bewegen. Bei Leerlauf muß die Wirkkomponente von $\dot{I}_2$ verschwinden; es stellt sich dann bei den in Abb. 388 angenommenen Werten für $\dot{U}_w$

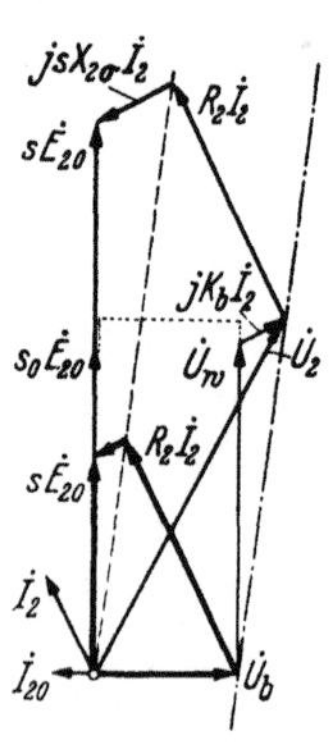

Abb. 388.
Erwünschtes
Spannungs-
diagramm.

und $\dot{U}_b$ das durch punktierte Linien angedeutete Spannungsdiagramm ein; $j K_b \dot{I}_2$ wird zu $j K_b \dot{I}_{20}$ und $j s X_{2\sigma} \dot{I}_2$ zu $j s_0 X_{2\sigma} \dot{I}_{20}$.

b. Kupplung des Frequenzwandlers mit der IM. In Abb. 389 ist eine geeignete Schaltung, beispielsweise mit einem FW ohne Kompensationswicklung, dargestellt. Der mit der Primärwicklung des Transformators T gleichachsige Teil der Sekundärwickung liefert, wenn wir uns zunächst den Transformator t kurzgeschlossen denken, die Komponente $w\dot{U}_1$, die wir, bezogen auf die Läuferwicklung der IM, in Abb. 388 mit $\dot{U}_w$ bezeichnet haben. Durch den Wicklungsteil 00' der Sekundärwicklung wird die Spannungskomponente $-jb\,\dot{U}_1$ eingefügt, die wir in Abb. 388 mit $\dot{U}_b$ bezeichnet haben. Diese Komponente erhält man durch Phasenmischung, etwa in Zickzackschaltung nach Abb. 390a, in der nur die gesamte Sekundärwicklung des Transformators T gezeichnet ist. Für einen Strang ergibt sich das in Abb. 390a' aufgezeichnete Spannungsdiagramm der Sekundärwicklung des Transformators. Dieser liefert also die Spannung $\dot{U}_w + \dot{U}_b$ (vgl. Abb. 388), deren Endpunkt sich beim Verschieben des beweglichen Kontaktes am Transformator T auf der strichpunktierten Geraden in Abb. 390a' bewegt. Es ist aber nicht unbedingt notwendig, die Wicklung b in zwei Teile für jeden Strang zu zerlegen. Bei Verwendung nur eines Teils auf jedem Eisenkern (Abb. 390b) erhält man nach Abb. 390b' noch eine mit $\dot{U}_w$ phasengleiche Komponente der Wicklung b, die durch entsprechende Einstellung des Kontaktes am Transformator T in Abb. 389 wieder ausgeglichen werden kann. Wir setzen der Übersichtlichkeit wegen hier die Schaltung Abb. 390a voraus.

Es fehlt nun noch die Komponente $j\,K_b\,\dot{I}_2$ in Abb. 388. Diese könnte grundsätzlich sowohl in den Sekundärkreis des FW als auch in den

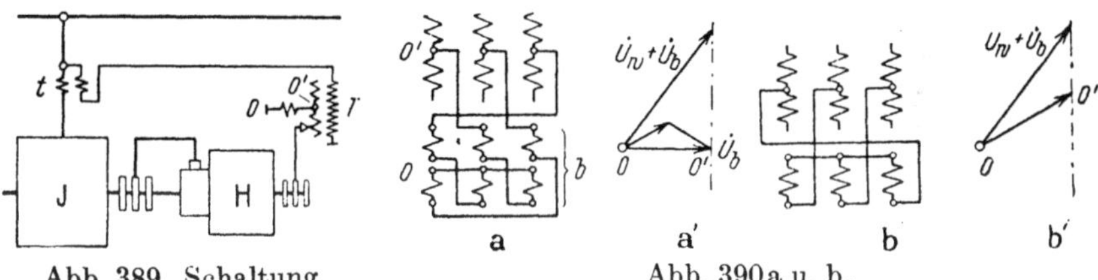

Abb. 389. Schaltung
zur Verwirklichung des
Diagramms in Abb. 388.

Abb. 390a u. b.
Schaltungen der Sekundärwicklung
von T in Abb. 389 mit Spannungsdiagrammen.

sekundären oder den primären Kreis des Regeltransformators T eingefügt werden. Im ersten Falle müßte sie Schlupffrequenz, in den andern beiden Fällen Netzfrequenz haben. Die Komponente $j\,K_b\,\dot{I}_2$ muß drei Bedingungen erfüllen. Sie muß dem Strom I_2 proportional sein, so daß sich die Neigung der strichpunktierten Ortsgeraden in Abb. 388 (die dort für festen Wirkstrom I_{2w} gezeichnet ist) mit I_{2w} vergrößert. Sie muß ferner gegen $\dot{I}_2$ um eine Viertelperiode verspätet und schließlich auch proportional U_w sein, also bei übersynchroner Leerlaufdrehzahl ihr Vorzeichen ändern. Diese Bedingungen lassen sich angenähert nach Abschn. I E 2b mit einem kleinen Reihentransformator mit Luftspalt (t in Abb. 389) erreichen, dessen Primärwicklung vom Primärstrom der IM durchflossen wird, und dessen Sekundärwicklung mit der Primärwicklung des Regeltransformators T in Reihe geschaltet ist.

Lassen wir zunächst den Magnetisierungsstrom der IM außer acht, so ist $\dot{I}_1$ gleich dem auf die Primärwicklung der IM bezogenen Strom $-\dot{I}_2'$. Durch den Reihentransformator t wird dann bei genügend kleiner Rückwirkung seiner Sekundärdurchflutung eine Spannungskomponente in den Primärkreis des Transformators T eingefügt, die $j\,\dot{I}_2$ proportional ist, unabhängig von der Einstellung des Kontaktes an der Sekundärwicklung von T. Sie verdreht die Sekundärspannung

$\dot{U}_2 = \dot{U}_w + \dot{U}_b$ um einen von I_{2w} abhängigen Winkel, so daß im Sekundärkreis von $T\,K_b\,\dot{I}_2$ auch der am Transformator T einzustellenden Spannungskomponente $\dot{U}_w$ proportional ist. Wir erhalten damit im wesentlichen die verlangte Ortsgerade für $\dot{U}_2$ in Abb. 388. Die sich dabei ergebende kleine Änderung von $\dot{U}_w$ kann durch entsprechende Einstellung des Regelkontakts am Transformator T ausgeglichen werden. Der Primärstrom $\dot{I}_1$ der IM und der auf die Primärwicklung bezogene Strom I_2' der Läuferwicklung unterscheiden sich nur durch den Magnetisierungsstrom, der praktisch unveränderlich ist. Durch ihn wird noch eine praktisch feste Spannungskomponente in Phase mit $\dot{E}_2$, eingefügt, die aber wieder durch Einstellung des Kontaktes am Transformator T ausgeglichen werden kann.

Die Wirkung des Stromtransformators t (vgl. Abschn. I E 2b bis e) setzt voraus, daß der Strom in der Primärwicklung des Transformators T klein gegenüber dem Primärstrom I_1 der IM ist. Diese Voraussetzung ist nicht mehr erfüllt, wenn die Drehzahl in sehr weiten Grenzen geregelt werden soll. Bei der Drehzahl Null (Stillstand der IM) würde bei Verwendung eines FW ohne Kompensationswicklung der Strom in der Primärwicklung des Transformators T etwa gleich dem Primärstrom I_1 der IM sein. Bei Verwendung eines kompensierten FW, wie es die Regel ist, fließt dann allerdings in der Sekundärwicklung des Reihentransformators t nur der Magnetisierungsstrom des FW, doch sinkt dafür bei mechanischer Kupplung von IM und HM und festem Drehmoment der Strom I_1 mit sinkender Drehzahl (N proportional Mn in Abb. 385b), so daß die Regelung im untersynchronen Bereich beschränkt ist. Außerdem ist beim kompensierten FW zu beachten, daß die Spannung U_2 proportional $(1-s)$ ist, die Phasenkompensation im stark untersynchronen Bereich also verschlechtert wird.

Aus diesem Grunde kommt der mit der IM gekuppelte FW als HM nur für kleinere Regelbereiche, etwa $0{,}2 \geq s \geq -0{,}4$, in Frage (vgl. auch Abb. 386).

Die Aufgabe des Reihentransformators t in Abb. 389 kann auch ein Hilfsfrequenzwandler F in Abb. 391 übernehmen, der stromwenderseitig an die dem Schlupf annähernd proportionale Schleifringspannung geschaltet ist, diese auf die Netzfrequenz umformt und durch den Transformator t in den Primärkreis des kompensierten Frequenzwandlers H einfügt. Durch passende Einstellung der Bürsten am Frequenzwandler F kann in dieser Schaltung auch ein zusätzlicher Schlupf erhalten werden.

    c. Stetige Drehzahlregelung. Ersetzt man den Stufentransformator T in den Abb. 389 oder 391 durch einen oder zwei Drehtransformatoren (vgl. Abb. 403), so lassen sich die Drehzahl der IM und die

Blindkomponente von I_1 stetig regeln. Ohne Verwendung eines Drehtransformators kann auch eine Synchronmaschine S_E zur Erregung des Frequenzwandlers H in Schaltung nach Abb. 392 verwendet werden, die von einer Synchronmaschine S angetrieben wird. Die Synchronmaschine S_E wird gewöhnlich als Vollpolmaschine ausgeführt, indem eine Induktionsmaschine dafür verwendet wird, die zwei um eine halbe Polteilung am Ankerumfang gegeneinander versetzte Erregerwicklungen trägt, um die Komponenten U_w und U_b getrennt regeln oder einstellen zu können. Wenn der Ständer der Maschine S_E verdrehbar ist, kann die richtige Phasenlage von U_w und U_b gegenüber der Netzspannung U_1 durch Verschieben des Ständers genau eingestellt und dann in dieser Stellung gesichert werden.

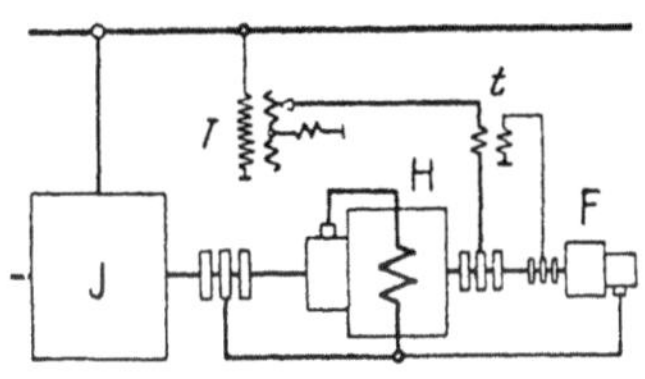

Abb. 391. Schaltung
mit kompens. FW H und
Hilfsfrequenzwandler F.

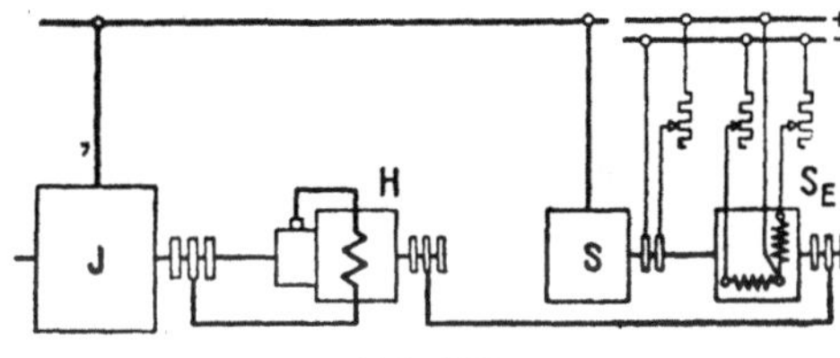

Abb. 392.
Schaltung zur stetigen Drehzahlregelung
mit Synchronmaschine als Erregermaschine.

Die Schaltung in Abb. 392 ist besonders für Relaisregler (vgl. Abschn. E 3) geeignet. Durch einen solchen selbsttätigen Regler kann der eine Erregerkreis der Synchronmaschine S_E so beeinflußt werden, daß bei jeder Belastung die gewünschte Blindstromkomponente von I_1 auftritt. Durch einen zweiten selbsttätigen Regler läßt sich der Strom in dem zweiten Erregerkreis so steuern, daß auch nach Bedarf ein zusätzlicher Belastungsschlupf auftritt. Ohne Verwendung von Relaisreglern kann durch einen Reihentransformator zwischen den Netzleitungen zur IM und zur Synchronmaschine S die Phasenkompensation selbsttätig geregelt werden (vgl. Abb. 389).

4. Regelung mit ständergespeister HM bei einseitiger Drehzahlregelung.

Während bei Verwendung eines FW als HM in den besprochenen Schaltungen die Wechselstromgrößen des FW auf der Stromwenderseite ohne weiteres schon die Schlupffrequenz der IM aufweisen, muß bei der ständergespeisten HM die Erregung dieser Maschine mit Strömen der Schlupffrequenz der IM erfolgen. Erregerströme dieser Frequenz erhalten wir entweder über einen Hilfsfrequenzwandler oder von den Schleifringen der IM.

36*

Als ständergespeiste HM ist wegen der kleinen Schlupffrequenz eine Drehfeldmaschine, die bei stark übersynchroner Drehzahl nach Abschn. II A 7 a u. 8 ungünstig arbeitet, nicht geeignet. Es wird dafür meist eine Scherbius-Maschine mit Kompensationswicklung (K) verwendet. Das magnetische Feld wird hauptsächlich von einer Nebenschlußwicklung oder fremderregten Wicklung (E) erregt. Der induktive Widerstand dieser Wicklung ändert sich mit dem Schlupf der IM und damit auch die Phase des Erregerstromes und der in der HM induzierten EMK. Um diese Einflüsse möglichst unschädlich zu machen, sind besondere Maßnahmen erforderlich, die wir bei den einzelnen Schaltungen in den Abschn. 4 u. 5 besprechen werden.

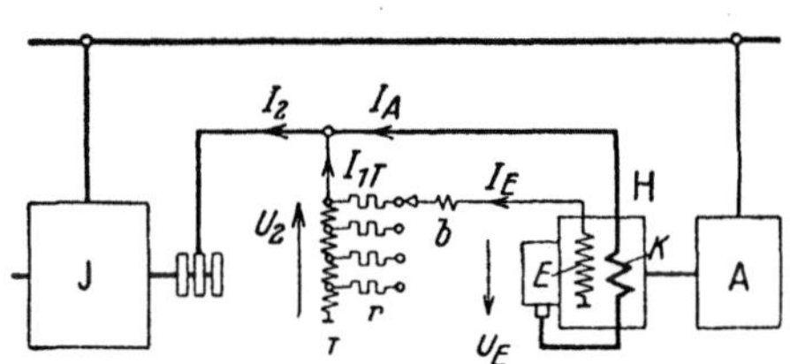

Abb. 393. Schaltung für einseitige Drehzahlregelung mit ständergespeister HM.

Bei der Regelung mit ständergespeister HM unterscheiden wir einseitige und doppelseitige Drehzahlregelung. Bei der einseitigen kann die Drehzahl der IM nur im untersynchronen, bei der doppelseitigen im unter- und übersynchronen Bereich geregelt werden. In diesem Abschnitt behandeln wir nur die einseitige Regelung, und zwar etwas ausführlicher, weil die hierbei angestellten Betrachtungen im wesentlichen auch für die im Abschn. 5 behandelten Schaltungen mit doppelseitiger Regelung maßgebend sind.

a. Schaltung. Wird die Drehzahlregelung nur bei Untersynchronismus und ein nicht zu großer Drehzahlbereich verlangt, so kann der Regelsatz ohne weitere Hilfsmaschinen nach Abb. 393 geschaltet werden. Die Erregerwicklung E der HM wird von einem gewöhnlich in Sparschaltung ausgeführten Stufentransformator T gespeist, dessen Primärwicklung an den Schleifringen der IM liegt. Auf den einzelnen Regelstufen sind zwischen Anzapfungen des Transformators und Regelkontakt Widerstände r eingeschaltet, auf deren Bedeutung wir noch zu sprechen kommen werden. Außerdem ist in den Erregerzweig noch die Wicklung b eingeschaltet, die auf den Kernen des Transformators T angeordnet und so geschaltet ist, daß sie eine zusätzliche EMK in den Erregerzweig einfügt, die um etwa eine Viertelperiode gegen die Schleifringspannung U_2 phasenverfrüht ist und zur Phasenkompensation der IM dient. Es sind hierfür die Schaltungen in den Abb. 390a u. b geeignet, wenn der Nullpunkt 0 aufgelöst wird.

Das Verhalten des Regelsatzes ist sehr schwer zu überblicken; deshalb beschränken wir uns vorerst auf den Betrieb bei Leerlauf der IM.

b. Leerlauf. Wir betrachten zunächst nur die Komponente $\dot{E}_w$ der EMK $\dot{E}_H$ der HM, die die Leerlaufdrehzahl regelt, und **vernach-lässigen die Spannungsverluste** in der IM und der HM. Es muß dann

$$\dot{E}_w = s_0 \dot{E}_{20} \tag{598a}$$

sein. Die Komponente $\dot{E}_w$ kann bei geradliniger magnetischer Kenn-linie und bei fester Drehzahl der HM dem Erregerstrom $\dot{I}_E$ proportional gesetzt werden.

Für die bei der Regelung in Frage kommenden größeren Schlupf-werte überwiegt der **Blindwiderstand** der Erregerwicklung. Wir wollen in diesem Abschn. b annehmen, daß er **allein vorhanden** wäre, und denken uns zu-nächst auch die Widerstände r in Abb. 393 weg.

Bei dem größten Leerlaufschlupf s_{0m} ist

$$E_{wm} = s_{0m} E_{20} \tag{598b}$$

und der Erregerstrom

$$I_{Em} = \frac{E_{wm}}{s_{0m} X_E} = \frac{E_{20}}{X_E}, \tag{599a}$$

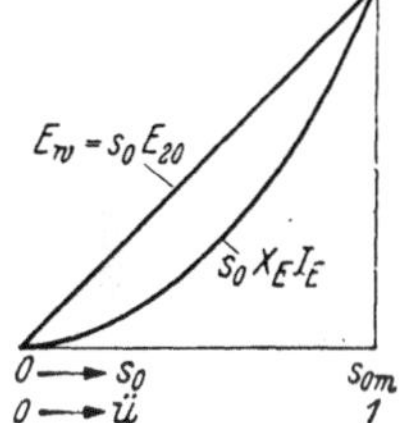

Abb. 394. E_w und $s_0 X_E I_E$ bei Ver-nachlässigung der Spannungsverluste.

wenn X_E der auf Netzfrequenz bezogene Blindwider-stand der Erregerwicklung der HM ist. Gelten die durch den Zeiger m ausgezeichneten Größen bei der Übersetzung $\ddot{u} = 1$ des Transformators T, d. h. wenn der Regel-kontakt an der Schleifringspannung liegt (vgl. Abb. 393), so muß bei einer beliebigen Übersetzung $\ddot{u}$ zwischen Sekundär- und Primär-wicklung des Transformators T der Erregerstrom

$$I_E = \frac{\ddot{u} E_w}{s_0 X_E} = \frac{\ddot{u} E_{20}}{X_E} \tag{599b}$$

fließen, worin s_0 der dabei auftretende Leerlaufschlupf ist. Da die EMKe E_w und E_{wm} den Erregerströmen proportional sind, erhalten wir mit den Gl. 599a u. b

$$E_w/E_{wm} = I_E/I_{Em} = \ddot{u}. \tag{599}$$

Nach den Gl. 598a u. b ist nun aber auch $E_w/E_{wm} = s_0/s_{0m}$, also der Leerlaufschlupf

$$s_0 = \ddot{u}\, s_{0m}. \tag{600}$$

Durch den Kontakt am Transformator T kann daher jeder unter-synchrone Leerlaufschlupf $s_0 = \ddot{u}s_{0m}$ eingestellt werden.

In Abb. 394 ist zur Veranschaulichung die EMK $E_w = s_0 E_{20} = \ddot{u}s_{0m}E_{20}$ der HM und die Spannung an ihrer Erregerwicklung $s_0 X_E I_E = (s_0^2/s_{0m})E_{20} = \ddot{u}^2 s_{0m}E_{20}$ (Gl. 599b mit Gl. 600) über dem Schlupf bzw.

der Übersetzung $\ddot{u}$ des Transformators aufgetragen. Die EMK E_w ändert sich linear, die Spannung an der Erregerwicklung mit dem Quadrat der am Transformator eingestellten Übersetzung $\ddot{u}$ oder dem Leerlaufschlupf s_0 der IM.

Der Erregerstrom I_E ist bei Vernachlässigung des Wirkwiderstandes im Erregerzweig der HM gegen seine Spannung um eine Viertelperiode phasenverfrüht. Die EMK E_w soll aber in Phase mit der Schleifringspannung sein. Die Erregerwicklung der HM muß deshalb entweder in Dreieck geschaltet sein oder es muß jeder Pol der HM zwei Erregerwicklungen erhalten, die in Zickzack geschaltet sind (vgl. Abschn. A4b und Abb. 390a u. b). In Abb. 393 ist die Schaltung der Erregerwicklung innerhalb der HM nicht besonders angedeutet.

Außer der Komponente $\dot{E}_w$ ist nun in der EMK $\dot{E}_H$ der HM noch die Komponente $\dot{E}_b$ wirksam. Sie wird von der Komponente des Erregerstromes $\dot{I}_E$ induziert, die der EMK $\dot{E}_{bE}$ in der Transformatorwicklung b entspricht. Diese Komponente ist durch Schaltung des Transformators T (Abb. 390a) um eine Viertelperiode gegen $\dot{E}_w$ phasenverschoben und steht in einem festen Verhältnis zur Schleifringspannung, also bei Vernachlässigung der Spannungsverluste der IM auch zu $s_0 E_{20}$. Da der Blindwiderstand der Erregerwicklung E ebenfalls dem Schlupf s_0 proportional ist, ist die EMK E_b bei unsern Vernachlässigungen eine feste EMK.

Wir betrachten nun den Leerlauf der IM bei dem größten Leerlaufschlupf s_{0m} (entsprechend der kleinsten Leerlaufdrehzahl) mit Berücksichtigung der Spannungsverluste in der IM und der HM. Dabei vernachlässigen wir der Übersichtlichkeit wegen den kleinen Strom in der Primärwicklung des Transformators T, setzen also $\dot{I}_A = \dot{I}_2$.

In Abb. 395a ist das grundsätzliche Spannungsdiagramm aufgezeichnet[1]). Wir betrachten zunächst die voll ausgezogenen Zeitvektoren, die gestrichelten gelten für den Erregerzweig der HM. Die Summe aus der Schleifringspannung $\dot{U}_{2m}$ und dem Spannungsverlust $(R_2 + j s_{0m} X_{2\sigma}) \dot{I}_{20m}$ im Sekundärkreis der IM ist gleich der in der Sekundärwicklung induzierten EMK $s_{0m} \dot{E}_{20}$. Andrerseits muß bei den in Abb. 393 angenommenen Zählpfeilen die Summe aus der negativ genommenen Schleifringspannung $\dot{U}_{2m}$ und dem Spannungsverlust $(R_A + j s_{0m} X_{A\sigma}) \dot{I}_{20m}$ im Ankerzweig der HM gleich der EMK $\dot{E}_{Hm} = \dot{E}_{wm} + \dot{E}_{bm}$ sein.

---

[1]) Die grundsätzlichen Abb. 395a bis c sind der Deutlichkeit wegen und zur Raumersparnis für einen sehr kleinen Schlupf ($s_{0m} = 0{,}05$, $s_0 = 0{,}025$, $s = 0{,}06$) und zueinander nicht maßstäblich gezeichnet. Es ist dabei angenommen, daß der Transformator T trotz der sehr kleinen Frequenz noch vollkommen wirksam sei, um die Vorgänge bei den praktisch in Frage kommenden höheren Schlupfwerten zu erläutern.

Aus dem Spannungsdiagramm für den Ankerzweig der HM lesen wir die Bedingungen ab, die zu erfüllen sind, damit der verlangte Betriebszustand eintritt. Für die Komponenten in Gegenphase zu E_{20} gilt

$$s_{0m} X_{A\sigma} I_{20m} = (E_{wm} - U_{2m}) \frac{s_{0m} E_{20} + s_{0m} X_{2\sigma} I_{20m}}{U_{2m}} - E_{bm} \frac{R_2 I_{20m}}{U_{2m}} \qquad (601\,\text{a})$$

Schreiben wir für die EMK E_{bm}

$$E_{bm} = b\,U_{2m}, \qquad (602)$$

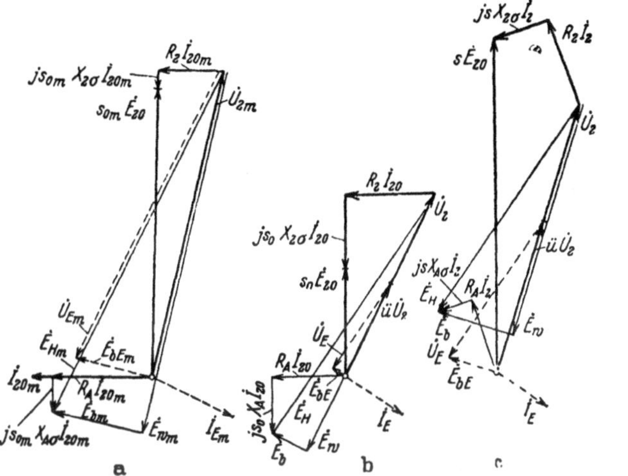

Abb. 395a bis c. Grundsätzliche Spannungsdiagramme. a) bei größtem (s_{0m}), b) bei beliebigem Leerlaufschlupf (s_0), c) bei Belastung.

so erhalten wir aus Gl. 601a

$$\frac{E_{wm} - U_{2m}}{U_{2m}} = \frac{(s_{0m} X_{A\sigma} + b R_2) I_{20m}}{s_{0m} E_{20} + s_{0m} X_{2\sigma} I_{20m}}. \qquad (602\,\text{a})$$

Entsprechend ergeben sich für die um eine Viertelperiode gegen $\dot{E}_{20}$ phasenverfrühten Komponenten

$$R_A I_{20m} = (E_{wm} - U_{2m}) \frac{R_2 I_{20m}}{U_{2m}} + E_{bm} \frac{s_{0m} E_{20} + s_{0m} X_{2\sigma} I_{20m}}{U_{2m}}, \qquad (601\,\text{b})$$

also

$$\frac{E_{wm} - U_{2m}}{U_{2m}} = \frac{R_A}{R_2} - \frac{b\,(s_{0m} E_{20} + s_{0m} X_{2\sigma} I_{20m})}{R_2 I_{20m}}. \qquad (602\,\text{b})$$

Durch Gleichsetzen der Ausdrücke für $(E_{wm} - U_{2m})/U_{2m}$ in den Gl. 602a u. b erhalten wir eine Gleichung, aus der wir für einen vorgeschriebenen größten Leerlaufschlupf s_{0m} entweder die bei einem gewünschten Leerlaufstrom I_{20m} einzustellende EMK E_{bm} (Zahlenwert b in Gl. 602) oder den bei einem bestimmten Wert von E_{bm} auftretenden Leerlaufstrom I_{20m} berechnen können.

Lösen wir die Gleichung nach b auf, so erhalten wir

$$b = \frac{s_{0m}(E_{20} + X_{2\sigma}I_{20m})R_A I_{20m} - R_2 s_{0m} X_{A\sigma} I_{20m}^2}{s_{0m}^2 (E_{20} + X_{2\sigma}I_{20m})^2 + (R_2 I_{20m})^2} \tag{603}$$

und mit b und U_{2m} nach Gl. 602 E_{bm}.

Um die praktisch etwa vorliegenden Größenverhältnisse überblicken zu können, ohne die HM in ihren Einzelheiten entwerfen zu müssen, denken wir uns den Läufer der IM zweiphasig gewickelt und auf die beiden Stränge zwei Einphasenmaschinen als HM geschaltet. Als Einphasenmaschinen legen wir die im Abschn. I K ausführlich berechnete Maschine zugrunde, wobei wir die Reihenschluß-Erregerwicklung durch eine Nebenschluß-Erregerwicklung ersetzen. Im Dauerbetrieb beträgt die Leistung dieser Maschine bei $n = 1070$ U/min und $I = 1312$ A $N = EI = 308 \cdot 1312/1000 = 405$ kW. Nehmen wir für die Antriebsdrehzahl $n = 1000$ U/min an, so ist bei demselben Fluß die Bewegungs-EMK $E = 288$ V; nehmen wir als Nennstrom nur 1000 A an, so ist die Leistung $N_H = 288$ kW. Die IM wollen wir für zwei solche HM bemessen. Nehmen wir den größten betriebsmäßig auftretenden Schlupf der IM zu 0,3 an, so erhalten wir die Leistung der IM zu etwa $N_I = 2N_H/0,3 = 1920$ kW, die Läufer-EMK bei Stillstand zu $E_{20} = 288/0,3 = \mathbf{960}$ V. Setzen wir voraus, daß bei Nennstrom $I_2 = 1000$ A und kurzgeschlossenen Schleifringen der Schlupf 0,023 beträgt, so ergibt sich der Läuferwirkwiderstand je Strang zu $R_2 = \mathbf{0{,}022}\ \Omega$. Nach Abschn. O 2, Bd. IV, schätzen wir $X_{2\sigma}I_2$ bei Nennstrom zu $0,125 E_{20}$; damit wird $X_{2\sigma} = 0,125 \times 960/1000 = \mathbf{0{,}12}\ \Omega$. Der Wirkwiderstand der Stromwendermaschine beträgt nach Abschn. I K 6 c $R_A = 0,01\ \Omega$, der Blindwiderstand des Ankerzweiges, bezogen auf 50 Hz (Abschn. I K 7 c u. e) $X_{A\sigma} = 3(X - X_{E\sigma}) \approx 3 \cdot 0,015 = \mathbf{0{,}045}\ \Omega$. Wir werden im Abschn. d sehen, daß ein zu kleiner Wirkwiderstand der HM bei Belastung ungünstig ist; deshalb denken wir uns für die folgenden Betrachtungen noch einen kleinen Wirkwiderstand in den Ankerzweig der HM geschaltet, so daß $R_A = 1,5 R_2 = \mathbf{0{,}033}\ \Omega$ wird.

Schreiben wir bei dem größten einzustellenden Leerlaufschlupf $s_{0m} = 0,3$ beispielsweise einen Leerlaufblindstrom $I_{20m} = 500$ A vor, so erhalten wir nach Gl. 603 $b = 0,053$ und damit nach Abb. 395a $U_{2m} = 306$ V, nach Gl. 602 $E_{bm} = 16,22$ V, nach Gl. 602a $E_{wm} = 314$ und nach Abb. 395a $E_{Hm} = 314,5$ V. In Abb. 396a ist das Spannungsdiagramm dargestellt und sein unterer Teil im 5-fachen Maßstab in Abb. 396a′ ergänzt (vgl. Abb. 395a).

Wir betrachten nun noch den **Erregerzweig** (gestrichelte Zeitvektoren in Abb. 395a), wobei wir immer noch voraussetzen, daß im Erregerzweig nur Blindwiderstand vorhanden sei. Die Spannung $\dot{U}_{Em}$ an der Erregerwicklung ist gleich der Differenz aus der in der Wicklung b des Transformators T induzierten EMK $\dot{E}_{bEm}$ und der Schleifringspannung $\dot{U}_{2m}$. Mit der Abkürzung

$$c = \frac{E_{wm}}{U_{2m}} = \frac{E_{Hm}}{U_{Em}}, \tag{604a}$$

wobei sich $c - 1$ aus der rechten Seite von Gl. 602a ergibt, ist nach Abb. 395a

$$E_{bE_m} = E_{bm}/c \qquad (604\,\text{b})$$

und

$$U_{Em} = \sqrt{U_{2m}^2 + E_{bE_m}^2} = E_{Hm}/c. \qquad (604\,\text{c})$$

Damit ergibt sich der Erregerstrom zu

$$I_{Em} = \frac{U_{Em}}{s_{0m}\,X_E} = \frac{E_{Hm}}{c\,s_{0m}\,X_E}. \qquad (604)$$

Es ist also

$$K = c\,s_{0m}\,X_E \qquad (605)$$

die Widerstandsgröße, die mit dem Erregerstrom multipliziert die in der HM induzierte EMK ergeben muß. Die Windungszahl der Wicklung b des Transformators T erhalten wir zu

$$w_b = w_1 E_{bE_m}/U_{2m}, \qquad (606)$$

wenn w_1 die Windungszahl der Primärwicklung des Transformators bezeichnet.

In unserm Beispiel ergibt sich nach Gl. 602a $c - 1 = 0,024$, also $c = 1,024$ und die in der Wicklung b des Transformators T induzierte EMK nach Gl. 604 b $E_{bE_m} = 15,85$ V (vgl. die Abb. 396a u. 396a').

Wir wollen noch die Größe des Erregerstromes I_E überschlagen, der den Strom I_{1T} in der Primärwicklung des Transformators T bestimmt und den wir im Spannungsdiagramm Abb. 396a vernachlässigt haben. Wir denken uns die Einphasenmaschinen, die als HM verwendet werden, so abgeän

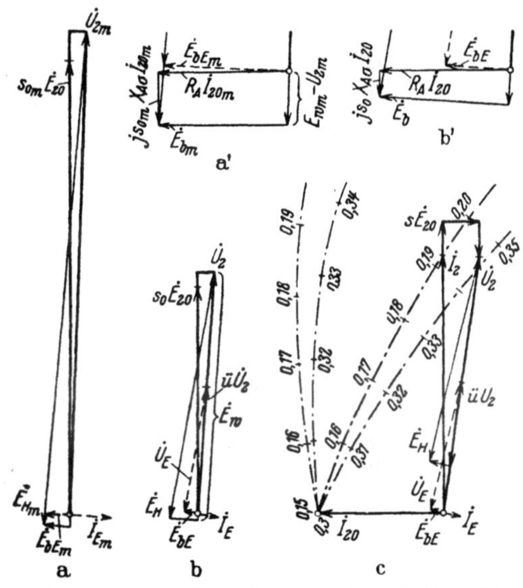

Abb. 396a bis c. Berechnungsbeispiel. a) u. a') bei größtem, b) u. b') bei beliebigem Leerlaufschlupf, c) Belastung zu b).

dert, daß sie in dem in Frage kommenden Betriebsbereich im unteren geradlinigen Teil der magnetischen Kennlinie arbeiten. Die Erregerwicklung ist so umzuwickeln, daß bei der Klemmenspannung $U_{2m} = 306$ V die EMK $E_{Hm} = 314,5$ V in der Ankerwicklung der HM induziert wird. Wir bezeichnen die Größen der ursprünglichen Reihenschlußerregerwicklung ($w_E = 20$) mit einem Stern, die der umzuwickelnden Nebenschlußerregerwicklung ohne Stern.

Der EMK $E^* = 288$ V bei 1000 U/min (308 V bei 1070 U/min, vgl. Zahlentafel 8, S. 281) in der Ankerwicklung entspricht ein Effektivwert des Erregerflusses von 0,0279 Vs, bei der EMK $E_{Hm} = 314,5$ V müßte also $\Phi_{\text{eff}} = 0,03045$ Vs sein. Diesem Fluß entspricht nach Abb. 11 (im geradlinigen verlängerten Teil) der Strom $I_E^* = 3620/4 = 905$ A. Berechnen wir mit $\Phi_{\text{eff}} = 0,03045$ Vs die in der Erregerwicklung bei 50 Hz induzierte EMK, so erhalten wir $E_E^* = 191$ V, also $X_E^* = 0{,}211\ \Omega$. Der Wirkwiderstand der Erregerwicklung ist nach Abschn. I K 6c $R_E^* \approx 0{,}002\ \Omega$, also verschwindend klein gegenüber X_E^* und kann bei größeren Schlupfwerten vernachlässigt werden.

Die umgewickelte Erregerwicklung muß bei der Erregerspannung $U_{2m} = 306$ V die EMK $E_{Hm} = 314{,}5$ V induzieren, also folgende Bedingungen erfüllen

$$w_E\, I_{Em} = w_E^*\, I_E^*, \qquad I_{Em} = \frac{U_{2m}}{s_{0m} X_E}, \qquad X_E = \left(\frac{w_E}{w_E^*}\right)^2 X_E^*. \qquad \text{(607a bis c)}$$

Daraus erhalten wir mit $w_E^* = 20$ (vgl. Abschn. I K 6a) und $s_{0m} = 0{,}3$

$$w_E = \frac{U_{2m}\, w_E^*}{s_{0m}\, X_E^*\, I_E^*} = 107, \qquad I_{Em} = 169\ \text{A}, \qquad X_E = \left(\frac{w_E}{w_E^*}\right)^2 X_E^* = 6{,}05\,\Omega, \qquad \text{(607d u. e)}$$

$$R_E = \left(\frac{w_E}{w_E^*}\right)^2 R_E^* = 0{,}057\ \Omega. \qquad \text{(607f)}$$

Diese Werte von X_E und R_E werden wir späteren Angaben über den Erregerstrom in unserm Zahlenbeispiel zugrunde legen. Der Erregerstrom kann bei kleinerem Luftspalt der Einphasenmaschinen, der ja bei Vollbahnmotoren reichlich bemessen wird, und bei höherer Antriebsdrehzahl der HM noch verkleinert werden. Der Widerstandswert, mit dem der Erregerstrom zu multiplizieren ist, um die in der HM induzierte EMK zu erhalten, ergibt sich in unserm Zahlenbeispiel zu $K = E_{Hm}/I_{Em} = 314{,}5/169 = 1{,}86\ \Omega$ in Übereinstimmung mit $K = 1{,}024 \cdot 0{,}3 \cdot 6{,}05 = 1{,}86\ \Omega$ nach Gl. 605.

Der Strom I_{1T} in der Primärwicklung des Transformators T ist bei dem größten Leerlaufschlupf s_{0m} ungefähr gleich dem Erregerstrom I_{Em}, also in unserm Zahlenbeispiel 169 A, während er für andere Werte des Leerlaufschlupfes schnell, etwa wie s_0^2, sinkt. Es ist nun nach Abb. 393 $\dot{I}_A = \dot{I}_{20m} - \dot{I}_{1T}$, und da $\dot{I}_{20m}$ um eine Viertelperiode gegen $\dot{E}_{20}$ phasenverfrüht ist, $\dot{I}_{1T}$ dagegen angenähert um eine Viertelperiode verspätet ist, wird beim größten Leerlaufschlupf $I_A \approx I_{20m} + I_{Em}$. Die Berücksichtigung von I_{Em} würde sich deshalb etwa ebenso äußern wie eine Vergrößerung des Spannungsverlustes $(R_A + j s_{0m} X_{A\sigma})\, \dot{I}_{20m}$ im Verhältnis $(I_{20m} + I_{Em})/I_{20m} = 669/500 = 1{,}34$.

Damit sind die Verhältnisse beim größten Leerlaufschlupf s_{0m} geklärt.

Durch Verschieben des Kontaktes am Transformator T in Abb. 393 lassen sich andere Leerlaufschlupfwerte s_0 der IM einstellen. Die Spannung U_E an der Erregerwicklung E ist dann (vgl. Abb. 395b)

$$U_E = \sqrt{(\ddot{u}\, U_2)^2 + E_{bE}^2}, \qquad \text{(608a)}$$

worin bei Vernachlässigung der Spannungsverluste im Transformator T

$$\dot{E}_{bE} = j\, \frac{\dot{U}_2}{U_{2m}}\, E_{bEm} = j\, \frac{\dot{U}_2}{U_{2m}}\, \frac{E_{bm}}{c} \qquad \text{(608b)}$$

ist, und der Erregerstrom

$$\dot{I}_E = j\, \dot{U}_E/s_0\, X_E. \qquad \text{(608)}$$

Der Faktor K nach Gl. 605 ist unveränderlich, wenn an der HM nichts geändert wird, d.h. wenn Drehzahl der HM und Blindwiderstand X_E

der Erregerwicklung (geradlinige magnetische Kennlinie vorausgesetzt) dieselben bleiben. Es ist also die in der HM induzierte EMK

$$E_H = K I_E = \sqrt{E_w^2 + E_b^2}. \tag{609}$$

Die Komponente E_w wird von der Komponente I_{Ew} des Erregerstromes $\dot{I}_E$ erzeugt und ist

$$E_w = K I_{Ew} = K \frac{\ddot{u} U_2}{s_0 X_E} = \frac{c \ddot{u} s_{0m}}{s_0} U_2. \tag{609a}$$

Die Komponente E_b ergibt sich (vgl. Abb. 395 b und die Gl. 608 b
u. 602) zu

$$E_b = E_w \frac{E_{bE}}{\ddot{u} U_2} = \frac{c s_{0m}}{s_0} E_{bE} = \frac{s_{0m}}{s_0} \frac{U_2}{U_{2m}} E_{bm} = b \frac{s_{0m}}{s_0} U_2. \tag{609b}$$

Aus dem Spannungsdiagramm in Abb. 395 b erhalten wir, ähnlich
wie für den Höchstwert des Schlupfes, zwei Gleichungen für $E_w - U_2$,
nämlich

$$s_0 X_{A\sigma} I_{20} = (E_w - U_2) \frac{s_0 E_{20} + s_0 X_{2\sigma} I_{20}}{U_2} - E_b \frac{R_2 I_{20}}{U_2} \tag{610a}$$

und

$$R_A I_{20} = (E_w - U_2) \frac{R_2 I_{20}}{U_2} + E_b \frac{s_0 E_{20} + s_0 X_{2\sigma} I_{20}}{U_2}. \tag{610b}$$

Setzen wir in diese Gleichungen E_w und E_b nach den Gl. 609a u. b
ein, so erhalten wir zwei Gleichungen mit den Unbekannten $\ddot{u}$ und I_{20}.
Lösen wir diese nach I_{20} auf, so wird

$$I_{20} = -A/2 \pm \sqrt{(A/2)^2 + B} \tag{611}$$

mit

$$A = (R_A - 2 b s_{0m} X_{2\sigma}) s_0 E_{20}/N, \tag{611a}$$

$$B = b s_0 s_{0m} E_{20}^2/N, \tag{611b}$$

$$N = s_0 (X_{2\sigma} R_A - X_{A\sigma} R_2) - b \frac{s_{0m}}{s_0} [R_2^2 + (s_0 X_{2\sigma})^2]. \tag{611c}$$

Mit dem Wert I_{20} erhalten wir aus Gl. 610a mit Gl. 609a die für den
Leerlaufschlupf s_0 einzustellende Übersetzung am Transformator

$$\ddot{u} = \frac{[E_{20} + (X_{2\sigma} + X_{A\sigma}) I_{20}] s_0 + b R_2 I_{20} s_{0m}/s_0}{c s_{0m} (E_{20} + X_{2\sigma} I_{20})}, \tag{612}$$

worin c durch die Gl. 604a u. 602a gegeben ist.

Für unser Zahlenbeispiel ergibt sich für $s_0 = s_{0m}/2 = 0,15$ der Strom $I_{20} \approx 500 \mathrm{A}$,
dabei ist die Übersetzung am Transformator $\ddot{u} = 0,503$ einzustellen. Es wird
ferner $U_2 = 153$, und nach den Gl. 608b u. 609b $E_{bE} = 7,95$, $E_b = 16,22$ V. In
Abb. 396b u. b' ist das Spannungsdiagramm hierfür aufgezeichnet.

Aus dem Zahlenbeispiel erkennen wir, daß sich der Leerlaufstrom I_{20}
mit dem Leerlaufschlupf, sofern dieser noch merklich von Null abweicht, nur wenig ändert. Bei $s_0 = 0$ könnte aber in der Läuferwicklung

der IM nur Gleichstrom fließen; bei Gleichstrom wird aber in der Wicklung b (vgl. Abb. 393) keine EMK induziert, so daß der Blindstrom I_{20} Null werden muß. Aus demselben Grunde läßt sich auch die IM in der einfachen Schaltung nach Abb. 393 nicht auf eine übersynchrone Leerlaufdrehzahl einstellen. Die leerlaufende IM bleibt auch bei Umkehrung des Wicklungssinnes der Sekundärwicklung des Transformators bei der synchronen Drehzahl hängen. Bei $\ddot{u} = 0$ verschwindet E_H und die IM verhält sich wie bei kurzgeschlossenen Schleifringen, aber mit dem Läuferwiderstand $R_2 + R_A$ an Stelle von R_2.

c. Einfluß des Wirkwiderstandes im Erregerzweig. Wir haben bei allen bisherigen Betrachtungen den Wirkwiderstand im Erregerzweig vernachlässigt. Bei größeren Schlupfwerten ist diese Vernachlässigung berechtigt, ist doch in unserm Zahlenbeispiel nach S. 570 $X_E/R_E \approx 100$. Je mehr sich aber die Leerlaufdrehzahl der synchronen, der Leerlaufschlupf also dem Werte Null nähert, desto mehr macht sich der Wirkwiderstand im Erregerzweig bemerkbar und verhindert die Einstellung einer Leerlaufdrehzahl in der Nähe der synchronen bei angemessenem Leerlaufstrom I_{20}. Die Phase des Erregerstromes $\dot{I}_E$ und damit auch die der in der HM induzierten EMK $\dot{E}_H$ ändert sich also mit dem Leerlaufschlupf s_0 und kann dabei I_{20} in hohem Maße beeinflussen.

Um diesen Einfluß auszugleichen, kann durch passende Mischung verschiedener Phasen des Erregerstromes in der HM die EMK $\dot{E}_H$ eine feste von $\pi/2$ abweichende Phasendrehung gegen $\dot{I}_E$ erhalten und dann die erforderliche Phase von $\dot{E}_H$ auf jeder Regelstufe durch zusätzliche Wirkwiderstände eingestellt werden. Diesem Zweck dienen die in Abb. 393 mit r bezeichneten Wirkwiderstände. Durch die zusätzlichen Wirkwiderstände r wird der Effektivwert des Erregerstromes $\dot{I}_E$ nur wenig beeinflußt, weil sich Wirk- und Blindspannungsverlust im Erregerzweig nicht algebraisch, sondern geometrisch addieren,

Statt den Phasenwinkel zwischen $\dot{I}_E$ und $\dot{E}_H$ abweichend von $\pi/2$ einzustellen, kann auch die Komponente $\ddot{u}\,\dot{U}_2$ der Erregerspannung $\dot{U}_E$ (vgl. Abb. 395b) eine Phasenverdrehung gegenüber $\dot{U}_2$ erhalten. Eine solche Phasenverdrehung erhält man durch eine feste Zusatzwicklung c in Abb. 397a, die der Primärwicklung des Transformators T in Abb. 393 vorgeschaltet und grundsätzlich ebenso im Transformator angeordnet ist wie die Wicklung b. Die in dieser Wicklung induzierte EMK ist um etwa eine Viertelperiode gegen die EMK in der Hauptwicklung phasenverschoben.

Die Schaltung soll an Hand des Spannungsdiagramms in Abb. 397b für $s_0 = s_{0m}$ erläutert werden. Stärkere Linien in Abb. 397b geben das Spannungsdiagramm des Erregerzweiges, das in Abb. 395a gestrichelt gezeichnet ist, wieder. Der Erregerstrom $\dot{I}_{Em}$ ist gegen die

Spannung $\dot{U}_{Em}$ um eine Viertelperiode phasenverfrüht, wenn der Wirkwiderstand im Erregerzweig vernachlässigt wird. In Wirklichkeit ist aber der Erregerstrom wegen des Wirkwiderstandes noch um einen Winkel ε phasenverfrüht. Wir erhalten nach Abb. 397 b den gestrichelt gezeichneten Erregerstrom $\dot{I}'_{Em}$. Damit nun auch bei Berücksichtigung des Wirkwiderstandes der Erregerstrom der HM in die Richtung des voll ausgezogenen Stromes $\dot{I}_{Em}$ fällt, muß die Erregerspannung $\dot{U}'_{Em}$ gegen $\dot{U}_{Em}$ um den Winkel ε phasenverspätet sein, $\dot{U}_{2m}$ also um den Winkel ε im Sinne des Uhrzeigers gedreht werden. Das besorgt die in der Wicklung c induzierte EMK $\dot{E}_{cEm}$.

Bei einer beliebigen Einstellung des Kontaktes am Transformator T bleibt der Winkel zwischen $\dot{U}'_2$ und $\dot{U}_2$ in Abb. 397 b erhalten und mit $\dot{U}_2$ drehen sich auch die EMK $\dot{E}_{bE}$ und die Erregerspannung $\dot{U}_E$ in Abb. 395 b. Damit nun der Erregerstrom $\dot{I}_E$ gegen $\dot{E}_H$ in Abb. 395 b um eine Viertelperiode verfrüht, $R_E/s_0 X_E$ also unverändert bleibt, muß mit sinkendem Leerlaufschlupf der Widerstand R_E verkleinert werden, d. h. die zusätzlichen Widerstände r in Abb. 393 müssen auf jeder Stufe des Regeltransformators dementsprechend abgeglichen werden.

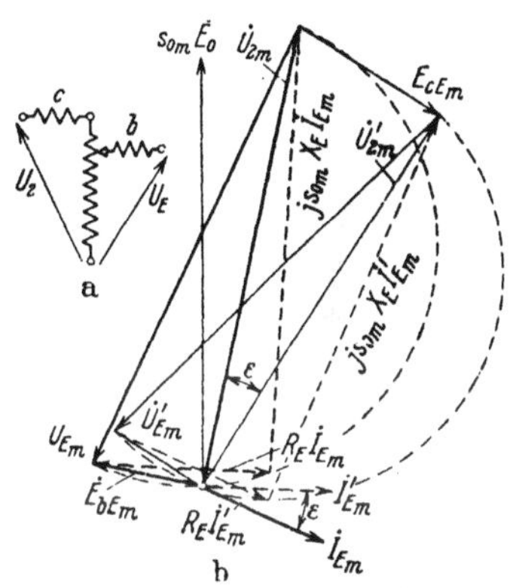

Abb. 397 a u. b. Zusatzwicklung c im Transformator zur Einstellung der Phase von $\dot{I}_{Em}$.

Wir hatten ferner im Abschn. b noch den Strom im Transformator T vernachlässigt. Bei Berücksichtigung dieses Stromes ist nicht mehr $\dot{I}_A = \dot{I}_2$, wie wir es vorausgesetzt haben, sondern es ist $\dot{I}_A = \dot{I}_2 - \ddot{u}\dot{I}_E$. $\dot{I}_A$ ist also sowohl dem Betrage als auch der Phase nach etwas verschieden von $\dot{I}_2$. Dieser Unterschied läßt sich durch entsprechende Einstellung der Übersetzung $\ddot{u}$ am Transformator T und des Widerstandes r auf jeder Regelstufe ausgleichen.

d. Belastung. Nachdem wir das Verhalten des Regelsatzes bei Leerlauf der IM erläutert haben, können wir uns jetzt den Zuständen bei Belastung zuwenden. Dabei nehmen wir der Übersichtlichkeit wegen wieder an, daß der Erregerzweig nur Blindwiderstand enthält und $\dot{I}_2 = \dot{I}_A$ sei; denn wir haben im Abschn. c gezeigt, wie der Einfluß des Wirkwiderstandes und die Abweichung des Stromes $\dot{I}_A$ von $\dot{I}_2$ ausgeglichen werden können. Unsere Aufgabe soll jetzt sein, den Strom $\dot{I}_2$ bei einem angenommenen Schlupf s zu berechnen.

Für die EMK, die durch die Transformatorwicklung b in Abb. 393 in den Erregerzweig eingefügt wird, können wir schreiben (vgl. Gl. 608 b und Abb. 395c)

$$\dot{E}_{bE} = j \, \frac{E_{bEm}}{U_{2m}} \, \dot{U}_2. \qquad (613\,\text{a})$$

Damit erhalten wir nach den Abb. 395b u. c die Spannung an der Erregerwicklung

$$\dot{U}_E = \left(-\ddot{u} + j \, \frac{E_{bEm}}{U_{2m}} \right) \dot{U}_2 \qquad (613\,\text{b})$$

und den Erregerstrom

$$\dot{I}_E = j \, \frac{\dot{U}_E}{s \, X_E} = -\left(\frac{E_{bEm}}{s \, X_E \, U_{2m}} + j \, \frac{\ddot{u}}{s \, X_E} \right) \dot{U}_2. \qquad (613)$$

Es ist dann die in der HM induzierte EMK nach den Gl. 605, 604b u. 602

$$\dot{E}_H = -j \, K \, \dot{I}_E = \left(-\frac{c \, \ddot{u} \, s_{0m}}{s} + j \, \frac{s_{0m}}{s} \, b \right) \dot{U}_2, \qquad (614\,\text{a})$$

worin

$$\dot{U}_2 = s \, \dot{E}_{20} - (R_2 + j \, s \, X_{2\sigma}) \, \dot{I}_2 \qquad (614\,\text{b})$$

ist. Andrerseits muß für $\dot{E}_H$ auch die Gleichung

$$\dot{E}_H + s \, \dot{E}_{20} = [(R_2 + R_A) + j \, s \, (X_{2\sigma} + X_{A\sigma})] \, \dot{I}_2 \qquad (614\,\text{c})$$

gelten (vgl. Abb. 395c). Eliminieren wir $\dot{E}_H$ aus den Gl. 614a u. 614c und lösen nach dem Strom auf, so erhalten wir mit den Abkürzungen

$$C = 1 - c \, \ddot{u} \, s_{0m}/s \quad \text{und} \quad D = b \, s_{0m}/s \qquad (615\,\text{a u. b})$$

den Läuferstrom zu

$$\dot{I}_2 = \frac{(C + j \, D) \, s \, \dot{E}_{20}}{R_A + C \, R_2 - b \, s_{0m} \, X_{2\sigma} + j \, (s \, X_{A\sigma} + C \, s \, X_{2\sigma} + D \, R_2)}. \qquad (615)$$

Die Werte s_{0m} und b sind nach Abschn. b bekannt. Für jede Einstellung des Kontaktes am Transformator T ist auch $\ddot{u}$ gegeben, so daß wir für jeden angenommenen Schlupf s den zugehörigen Läuferstrom und seine Komponenten gegen $\dot{E}_{20}$ nach Gl. 615 berechnen können.

Durch Einsetzen der Werte von C und D können wir Gl. 615 auf die Form

$$\dot{I}_2 = \frac{\dot{B}' \, s + \dot{F}' \, s^2}{\dot{A} + \dot{B} \, s + \dot{F} \, s^2} \qquad (615')$$

bringen und erkennen daraus, daß nach Abschn. I 2d, Bd. II, die Ortskurve von $\dot{I}_2$ kein Kreis ist. Wir können sie punktweise berechnen.

In Abb. 396c sind die nach Gl. 615 berechneten Ortskurven des Läuferstromes $\dot{I}_2$ der IM für $s_{0m} = 0{,}3$ und $s_0 = 0{,}15$ (vgl. die Leerlaufdiagramme in Abb. 396a u. b) durch die stärkeren strichpunktierten Kurven dargestellt. Einige Schlupfwerte sind durch kleine Querstriche angedeutet. Für die Einstellung des Leerlaufschlupfes $s_0 = 0{,}15$ (Abb. 396b) ist das Vektordiagramm bei Nennstrom

$I_2 = 1000$ A eingezeichnet. $\dot{I}_2$ ist dabei (zufällig) praktisch in Phase mit E_{20}. Der Übergang von Leerlauf zu Motorbelastung vollzieht sich auf folgende Weise: Mit wachsendem Belastungsschlupf wächst sE_{20}. Würde U_2 in demselben Maße wachsen, so wären I_E und E_w unveränderlich; wegen des Spannungsverlustes der IM wächst U_2 langsamer als sE_{20}, so daß I_E und E_w sogar mit der Belastung sinken. Die mit der Belastung wachsende Differenz $U_2 - E_w$, die bei Leerlauf negativ ist und schon bei mäßiger Belastung positiv wird, ermöglicht das Auftreten einer Wirkkomponente von $\dot{I}_2$, wie aus den Abb. 395 b u. c und 396 b u. c hervorgeht.

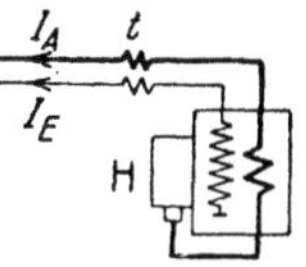

Aus den in Abb. 396 c stärker hervorgehobenen strich-punktierten Ortskurven ersehen wir, daß mit wachsender Motorbelastung die magnetisierende Blindkomponente von $\dot{I}_2$ abnimmt. Das ist in um so höherem Maße der Fall, je kleiner der Wirkwiderstand R_A und je größer der Streublindwiderstand $X_{A\sigma}$ der HM ist. Um günstige Betriebsbedingungen zu erhalten, ist $X_{A\sigma}$ möglichst

Abb. 398. Transforma-tor t zur Regelung des Blindstromes.

klein zu bemessen (große Drehzahl der HM) oder es ist in den Erreger-zweig eine weitere Spannungskomponente einzufügen, die $js_0 X_{A\sigma} \dot{I}_A$ entgegenwirkt.

Eine solche Spannungs-komponente erhält man durch eine in den Erreger-kreis eingeschaltete Wick-lung eines Transformators mit kleiner Rückwirkung, dessen Primärwicklung vom Strom $\dot{I}_A$ und dessen Sekun-därwicklung vom Strom $\dot{I}_E$ durchflossen wird (vgl. Abb. 398). Das Verhalten dieser Schaltung wollen wir an Hand der Abb. 399a u. b erläutern, wobei Abb. 399a für Leerlauf mit dem größ-ten Leerlaufschlupf s_{0m} bei

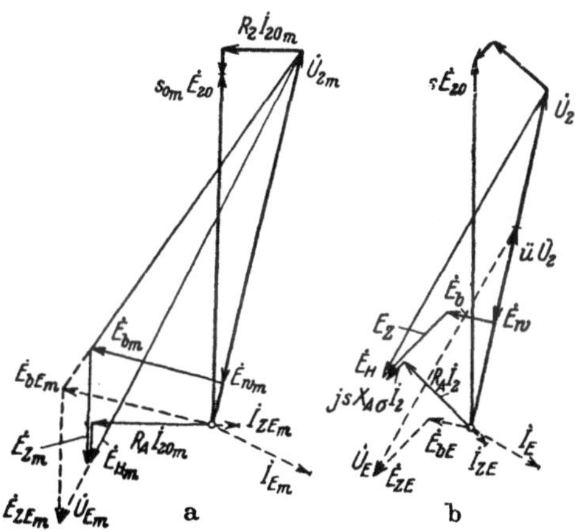

Abb. 399a u. b. Spannungsdiagramme zu Abb. 398. a) Leerlauf; b) Belastung.

$\ddot{u} = 1$ und Abb. 399b für $\ddot{u} < 1$ und Belastung gilt. Die Gleichungen schreiben wir für $\ddot{u} < 1$ an (Abb. 399b), wobei wir $\dot{I}_A = \dot{I}_2$ setzen; sie gelten auch für Abb. 399a, wenn die Formelgrößen durch den Zeiger m ergänzt werden.

Bezeichnet X_{12} den Blindwiderstand der gegenseitigen Induktion des Reihenschlußtransformators t, so wird in den Erregerkreis (vgl. Abb. 399a mit Abb. 399b) die zusätzliche EMK $\dot{E}_{ZE} = js X_{12} \dot{I}_A$ ein-gefügt. Diese hat einen zusätzlichen Erregerstrom $\dot{I}_{ZE} = j\dot{E}_{ZE}/sX_E = -\dot{I}_A X_{12}/X_E$ zur Folge, der in den Ankerkreis der HM eine zusätzliche

EMK $\dot{E}_Z = -jK\dot{I}_{ZE} = jcs_{0m}X_{12}\dot{I}_A \approx jcs_{0m}X_{12}\dot{I}_2$ einfügt. Die Summe aus $-\dot{U}_2$ und dem Spannungsverlust $(R_A + jsX_{A\sigma})\dot{I}_2$ ist gleich der in der HM induzierten resultierenden EMK $\dot{E}_H = \dot{E}_w + \dot{E}_b + \dot{E}_Z$, die Erregerspannung ist $\dot{U}_E = -\ddot{u}\dot{U}_2 + \dot{E}_{bE} + \dot{E}_{ZE}$, der gesamte Erreger-strom $\dot{I}_E = j\dot{U}_E/sX_E$. Setzen wir zur Abkürzung $X_Z = cs_{0m}X_{12}$, also $\dot{E}_Z = jX_Z\dot{I}_2$, so bleiben die Gl. 602a u. b in Geltung, wenn wir $s_{0m}X_{A\sigma} - X_Z$ an Stelle von $s_{0m}X_{A\sigma}$ setzen. Dasselbe gilt auch für die daraus abgeleitete Gl. 602 für den Zahlenwert b, der E_{bm} durch Multiplikation mit U_{2m} ergibt, und für das Verhältnis $c = bE_{wm}/E_{bm}$ (Gl. 602 u. 604a). Für b und c ergeben sich jetzt etwas andere Werte als bei $E_{Zm} = 0$, denen die Windungszahlen der Transformatorwicklung b und der Erregerwicklung E angepaßt werden müssen. Mit den neuen Werten für b und c und mit $sX_{A\sigma} - X_Z$ an Stelle von $sX_{A\sigma}$ gelten auch die Gl. 611 u. 612, aus denen wir den Strom bei Belastung berechnen können. Die in Abb. 396c schwächer gezeichneten strichpunktierten Ortskurven gelten unter der Voraussetzung, daß bei $s_{0m} = 0{,}3$ $X_Z = 1{,}48\, s_{0m}X_{A\sigma}$ ist.

Wir haben bei unsern Betrachtungen der Einfachheit wegen den Wirk- und den Streublindwiderstand der Primärwicklung der IM vernachlässigt, also $\dot{E}_1 = \dot{E}'_{20} = \dot{U}_1$ gesetzt. Die Spannungsverluste in dieser Wicklung lassen sich leicht berücksichtigen; im Abschn. 5b werden wir das an einem Beispiel zeigen.

e. Regelsatz mit Kompoundverhalten der IM. Um der IM Kompoundverhalten zu verleihen, so daß ihre Drehzahl mit wachsender Motorbelastung gegenüber der Leerlaufdrehzahl stärker sinkt als bei der Schaltung nach Abb. 393, muß in die HM noch eine zusätzliche Spannungskomponente eingefügt werden, die in Phase mit dem Strom $\dot{I}_2$ ist. Im Abschn. C 3a haben wir gesehen, daß eine solche Komponente durch eine Reihenschlußmaschine als HM erzeugt werden kann. Zu diesem Zweck erhält die HM außer der Kompensationswicklung noch eine Reihenschlußwicklung. Da nun aber der Fluß in der HM durch die Spannung an der Nebenschlußerregerwicklung bei höheren Schlupfwerten festgelegt ist, muß auch noch in den Erregerkreis eine Spannung eingefügt werden, die $\dot{I}_2$ proportional ist. Man erhält diese durch die Sekundärwicklung eines Reihentransformators (mit kleiner Rückwirkung), dessen Primärwicklung vom Strom $\dot{I}_2$ durchflossen wird. Die Schaltung entspricht der in Abb. 398 zur Erzeugung einer Blindkomponente, die $jsX_{A\sigma}\dot{I}_A$ entgegenwirkt. Unwesentlich ist, ob die Primärwicklung vom Strom $\dot{I}_2$ oder von $\dot{I}_A$ durchflossen wird, da beide nur wenig voneinander abweichen. Der wesentliche Unterschied gegenüber Abb. 398 besteht vielmehr darin, daß jetzt die Sekundärwicklung in Zickzack geschaltet werden muß, um eine dem Strom $\dot{I}_2$ phasengleiche Spannungskomponente zu erhalten, und daß die HM noch eine

Reihenschlußwicklung trägt. Diese kann nicht entbehrt werden, weil bei sehr kleinen Schlupfwerten der Wirkwiderstand der Erregerwicklung die Ausbildung der gewünschten Spannungskomponente verhindert, während die Reihenschlußwicklung auch noch beim Schlupf Null wirksam ist.

Schreiben wir für die zusätzliche Komponente der EMK der HM $\dot{E}_Z = R_Z \dot{I}_2$, so gelten wieder die Gleichungen in den Abschn. 4b bis d mit $R_A + R_Z$ an Stelle von R_A. In Abb. 400 ist das grundsätzliche Spannungsdiagramm dargestellt. Der Erregerkreis hat jetzt nur die in Abb. 400 mit $\dot{E}'_H$ bezeichnete Komponente der EMK $\dot{E}_H$ der HM zu induzieren, da die Komponente $\dot{E}_Z$ von der Reihenschlußwicklung aufgebracht wird. Die von dieser Wicklung in der Erregerwicklung der HM induzierte EMK wird durch die in der Sekundärwicklung des Reihentransformators t induzierte aufgehoben, so daß im Erregerkreis außer der Spannung $\ddot{u}\,\dot{U}_2$ nur noch die EMK $\dot{E}_{b\,E}$ wirksam ist.

Der Reihentransformator zur Kompoundierung kann mit dem zur Erzeugung einer dem Strom proportionalen Blindkomponente der Spannung vereinigt werden, wenn die Phasen der Sekundärwicklung entsprechend gemischt werden.

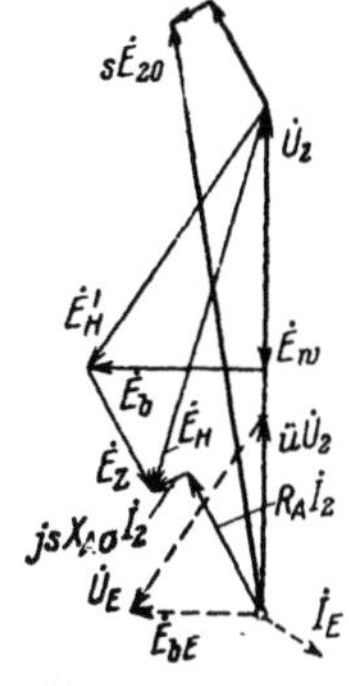

Abb. 400. Spannungsdiagramm bei zusätzlichem Belastungsschlupf.

5. Regelsätze mit ständergespeister HM für doppelseitige Drehzahlregelung.

a. Mit Erregertransformator. Wir haben gesehen, daß die im Abschn. 4 behandelte Schaltung (Abb. 393) nicht für doppelseitige Drehzahlregelung, d. h. sowohl für unter- als auch für übersynchrone Drehzahlen, geeignet ist, weil bei der synchronen Drehzahl der Regeltransformator T in Abb. 393 wirkungslos wird, so daß die IM nicht über die synchrone Drehzahl als Leerlaufdrehzahl durch Einstellen oder Umschalten des Transformators T gebracht werden kann. Die doppelseitige Regelung ist aber, besonders bei größeren Regelbereichen, erwünscht, weil die HM dann bei demselben Regelbereich nur für den halben Schlupf und die halbe Leistung bemessen zu werden braucht.

Um die Regelung der Leerlaufdrehzahl über die synchrone Drehzahl hinaus und einen Übergang von der übersynchronen durch die synchrone zur untersynchronen bei Motorbelastung zu ermöglichen, muß in der HM eine EMK wirksam sein, die in der Nähe der synchronen Drehzahl nicht verschwindet und bei der synchronen eine Gleichstrom-EMK ist, so daß die IM vorübergehend auch als Synchronmaschine arbeiten kann. Eine solche EMK kann, wie wir im Abschn. 3 gesehen haben, durch einen FW als HM erzeugt werden. Um auch bei ständergespeisten HM den Durchgang durch den Synchronismus zu ermöglichen, wird dem Erregerzweig der HM eine im wesentlichen feste Spannung durch einen Hilfsfrequenzwandler eingefügt, der hier aber nur für die kleine (Gleichstrom-)Erregerleistung der HM zu bemessen ist, so daß dafür ein einfacher FW (ohne Kompensationswicklung) genügt.

Eine hierfür geeignete Schaltung ist in Abb. 401 dargestellt. Es ist dabei auf der HM auch eine Reihenschlußwicklung R angeordnet und in den Erregerzweig ein Reihentransformator t eingeschaltet, um nach Bedarf einen zusätzlichen Belastungsschlupf und bei Belastung eine genügend große Magnetisierungsblindkomponente von I_2 zu erhalten

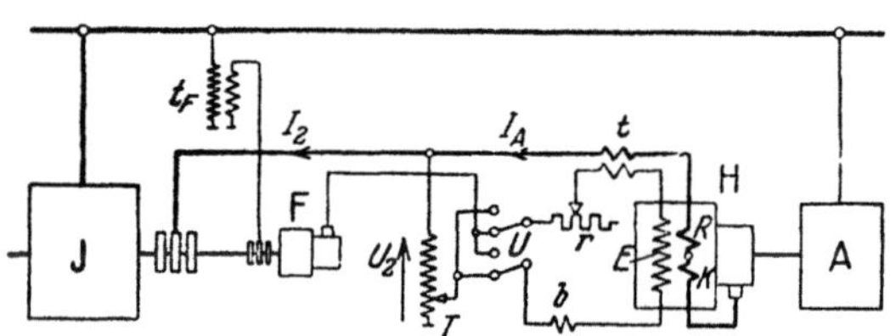

Abb. 401. Schaltung für doppelseitige Regelung mit Erregertransformator T.

(vgl. Abschn. 4d u. e, Abb. 398). Abgesehen von der Reihenschlußwicklung und dem Transformator t (die ja auch erforderlichenfalls in der Schaltung Abb. 393 angewendet werden können) unterscheidet sich die Schaltung von der in Abb. 393 bei der eingezeichneten Stellung des doppelpoligen Umschalters U dadurch, daß in den Erregerkreis noch die Stromwenderspannung des mit der IM gekuppelten Hilfsfrequenzwandlers F eingeschaltet ist, dessen Schleifringe unter Zwischenschaltung des Transformators t_F vom Netz gespeist werden. Bei langsam laufender IM wird der FW über Zahnräder mit der IM gekuppelt. An Stelle der Widerstände r in Abb. 393 ist hier ein regelbarer Widerstand r in den Erregerzweig geschaltet, eine Ausführung, die auch in der Schaltung nach Abb. 393 möglich ist, wenn der Regelkontakt am Widerstand r mit der Einstellung des Transformators verschoben wird.

Bei untersynchronem Betrieb besteht kein wesentlicher Unterschied im Verhalten der Schaltung nach Abb. 401 gegenüber der nach Abb. 393. Es ist bei der Schaltung nach Abb. 401 jedoch möglich, durch den FW F den Wirkspannungsverlust im Erregerkreis praktisch aufzuheben, so daß die Einstellung der richtigen Phase des Erregerstromes wesentlich erleichtert wird. Die Phase der Spannung am FW kann durch die Stromwenderbürsten, die Größe des Erregerstromes I_E durch den Widerstand r für jede Leerlaufdrehzahl eingestellt werden. Bei festem Widerstand r kann auch die Stärke des Erregerstromes durch Ändern der dem FW über den Transformator t_F zugeführten Spannung geregelt werden, indem seine Sekundärwicklung mit Anzapfungen und Kontaktstufen ausgerüstet wird. Bei feststehenden

Bürsten wird auch die Phasenregelung an der Sekundärwicklung des Transformators t_F ausgeführt. Zu diesem Zweck wird die Wicklung in Sechseck geschaltet und mit Anzapfungen und Kontaktstufen ausgerüstet [L 9, S. 653, Abb. 59].

Während nach der Schaltung in Abb. 393 bei der synchronen Drehzahl die EMK der HM gleichzeitig mit dem Erregerstrom I_E verschwindet, kann sie hier durch die auch bei synchroner Drehzahl voll wirksame Spannung an den Stromwenderbürsten des FW aufrechterhalten und durch den Widerstand r so eingestellt werden, daß der gewünschte Strom in der Läuferwicklung der IM fließt. Dieser ist dann bei Synchronismus ein Gleichstrom und erregt die IM als Synchronmaschine. Der Kontakt am Widerstand r in Abb. 401 kann mit dem am Transformator T mechanisch verbunden werden.

Über das Verhalten des Regelsatzes bei untersynchroner Drehzahl ist nach den ausführlichen Untersuchungen im Abschn. b nichts weiter zu sagen. Wir haben nur noch die Einstellung einer übersynchronen Leerlaufdrehzahl zu besprechen. Für übersynchrone Leerlaufdrehzahlen

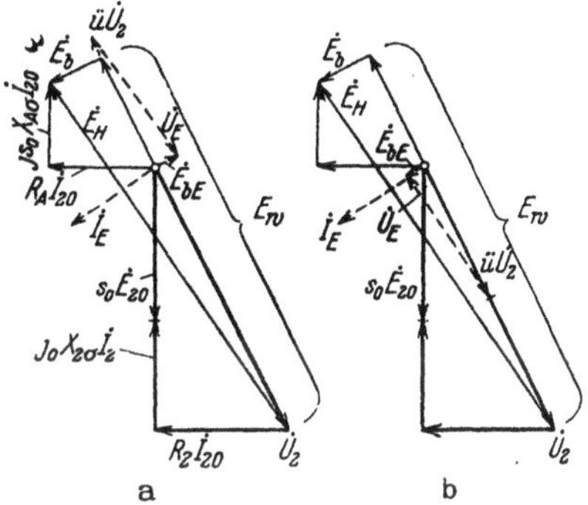

Abb. 402a u. b. Zur Erläuterung der Schaltung Abb. 401 bei übersynchroner Drehzahl (lies $j\,s_0\,X_{2\sigma}\,\dot{I}_2$ statt $j_0\,X_{2\sigma}\,\dot{I}_2$).

bleiben die Gleichungen, die wir für die einzelnen Größen abgeleitet haben, in Geltung, wenn wir das Vorzeichen von s berücksichtigen. In Abb. 402a ist das dem Leerlaufdiagramm in Abb. 395b entsprechende Diagramm für Übersynchronismus aufgezeichnet. $s_0\dot{E}_{20}$, $j s_0 X_{2\sigma}\dot{I}_2$ und $j s_0 X_{A\sigma}\dot{I}_2$ haben ihr Vorzeichen gewechselt. Damit hat auch die Wirkkomponente von $\dot{U}_2$ das Vorzeichen geändert. Um die Phase von $\dot{I}_E$ zu erhalten, denken wir uns zunächst die Hauptwicklung des Transformators T in Abb. 401 über ihren Sternpunkt hinaus verlängert und den Kontakt auf diesen Wicklungsteil verschoben. $\ddot{u}$ wird dann negativ und wir erhalten den Spannungsvektor $\ddot{u}\dot{U}_2$ in Abb. 402a. $\dot{E}_{bE}$ hat gegen $\dot{U}_2$ die Phasenverfrühung beibehalten, und wir erhalten den Vektor der Erregerspannung $\dot{U}_E = -\ddot{u}\dot{U}_2 + \dot{E}_{bE}$. Da der Schlupf negativ ist, ist der Erregerstrom $\dot{I}_E$ um eine Viertelperiode gegen $\dot{U}_E$ phasenverspätet aufzuzeichnen. Die in der HM induzierte EMK $\dot{E}_H$ ist jedoch wie früher gegen den Strom $\dot{I}_E$ um eine Viertelperiode phasenverspätet, da ja die Drehrichtung der HM sich nicht geändert hat. $\dot{E}_b$ ist in Gegenphase zu $\dot{E}_{bE}$, weil der Erregerstrom sein Vorzeichen geändert hat. Wir erkennen also, daß bei Verlängerung der

Hauptwicklung des Transformators T über den Sternpunkt hinaus keine Umschaltung von Wicklungen vorgenommen zu werden braucht. Auch am FW ist keine Umschaltung erforderlich, denn es hat sowohl die Spannung an den Stromwenderbürsten des FW als auch der Strom I_E das Vorzeichen geändert. Im Spannungsdiagramm der Abb. 402a tritt die Spannung am FW nicht auf, weil diese ja den Spannungsverlust im Erregerkreis aufhebt, so daß darin nur der Blindwiderstand $s\,X_E$ wirksam ist.

Um die Hälfte der Kontaktstufen am Transformator T zu ersparen, wird gewöhnlich die Transformatorwicklung nicht über den Sternpunkt hinaus verlängert, sondern es werden bei übersynchronen Leerlaufdrehzahlen dieselben Kontaktstufen wie bei untersynchronen Leerlaufdrehzahlen verwendet. Dann muß, um die Regelung für übersynchrone Drehzahlen zu ermöglichen, der Sinn der Erregerwicklung E und der der Transformatorwicklung b umgekehrt werden. Dazu dient der doppelpolige Umschalter U in Abb. 401. In Abb. 402b ist hierfür das Spannungsdiagramm aufgezeichnet. Der Erregerstrom I_E hat wieder dieselbe Phase wie in Abb. 402a, der FW braucht also nicht umgeschaltet zu werden.

Bei der Schaltung mit Hilfsfrequenzwandler (Abb. 401) kann der Reihentransformator t zwischen Läuferkreis der IM und Erregerkreis der HM auch zwischen Primärkreis der IM und Primärkreis des Transformators t_F geschaltet werden, wie wir es schon in der Schaltung nach Abb. 389 gezeigt haben. Dieser Transformator t läßt sich hier wegen des kleinen Stromes im Transformator t_F günstiger bemessen als bei der Schaltung in Abb. 389.

b. Ohne Erregertransformator. Während bei der Schaltung im Abschn. a die Erregerleistung der HM im wesentlichen einem an die Schleifringe der IM angeschlossenen Erregertransformator (T) entnommen wird, kann auch die ganze Erregerleistung über einen FW dem primären Netz entnommen werden. Der FW wird dann wegen der größeren Leistung zweckmäßig mit Kompensationswicklung ausgeführt.

Eine solche Schaltung ist in Abb. 403, beispielsweise für stetige Regelung mit Doppeldrehtransformatoren dargestellt. Den Schleifringen des FW F, der die Erregerwicklung der HM speist, wird über zwei Doppeldrehtransformatoren DT_1 und DT_2, die in der Abbildung der Einfachheit wegen nur durch Kreise angedeutet sind, die Erregerspannung zugeführt. Der eine der beiden Doppeldrehtransformatoren, etwa DT_1, dient zur Einstellung der Leerlaufdrehzahl und führt dem FW eine mit der Netzspannung phasengleiche Komponente $w\,U_1$ zu. Die Sekundärspannung $-jb\,U_1$ des andern Doppeldrehtransformators ist gegen die Netzspannung $\dot{U}_1$ um eine Viertelperiode phasenverspätet und ist auf jeder Regelstufe so einzustellen, daß die gewünschte Blindkomponente $\dot{I}_{20}$ in der IM fließt.

Denken wir uns die Wirkwiderstände der Doppeldrehtransformatoren und des FW in den Wirkwiderstand R_E der Erregerwicklung E eingeschlossen, und vernachlässigen die Streublindwiderstände der Drehtransformatoren und des FW gegenüber dem Blindwiderstand $s\,X_E$ der Erregerwicklung der HM, so lautet die Spannungsgleichung für den Erregerkreis

$$w\,\dot{U}_1 - j\,b\,\dot{U}_1 + (R_E + j\,s\,X_E)\,\dot{I}_E = 0, \qquad (616\,\mathrm{a})$$

aus der wir den Erregerstrom zu

$$\dot{I}_E = -\frac{w - j\,b}{R_E + j\,s\,X_E}\,\dot{U}_1 \qquad (616\,\mathrm{b})$$

erhalten. Bezeichnen wir mit K (vgl. Gl. 605) die Widerstandsgröße, die durch Multiplikation mit dem Erregerstrom die in der HM induzierte EMK $\dot{E}_H$ ergibt, und nehmen an, daß durch Schal-

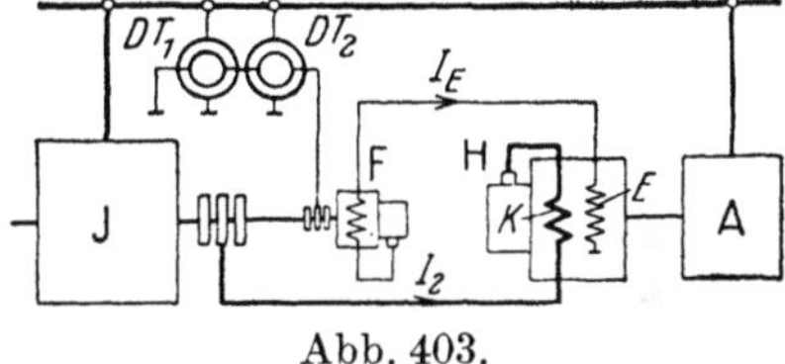

Abb. 403.
Schaltung für doppelseitige Drehzahl-regelung ohne Erregertransformator.

tung der Erregerwicklung E (Dreieck- oder Zickzackschaltung) die EMK $\dot{E}_H$ gegen den Strom $\dot{I}_E$ um eine Viertelperiode phasenverfrüht ist, so ist

$$\dot{E}_H = j\,K\,\dot{I}_E = -K\,\frac{b + j\,w}{R_E + j\,s\,X_E}\,\dot{U}_1. \qquad (616\,\mathrm{c})$$

Bezeichnen wir die auf die Sekundärwicklung der IM bezogenen Größen durch einen Beistrich, am Formelzeichen, also die bezogene Netzspannung mit U_1' ($= U_1 w_2 \xi_2 / w_1 \xi_1$), so können wir für Gl. 616 c auch schreiben

$$\dot{E}_H = j\,K\,\dot{I}_E = -K\,\frac{b' + j\,w'}{R_E + j\,s\,X_E}\,\dot{U}_1', \qquad (617\,\mathrm{a})$$

worin $w' = w\,U_1/U_1'$ und $b' = b\,U_1/U_1'$ ist.

Andrerseits muß für den Sekundärkreis der IM die Gleichung

$$\dot{E}_H = [(R_2 + R_A) + j\,s\,(X_{2\sigma} + X_{A\sigma})]\,\dot{I}_2 - s\,\dot{E}_{20} \qquad (617\,\mathrm{b})$$

gelten; darin ist

$$\dot{E}_{20} = \dot{U}_1' + (R_1' + j\,X_{1\sigma}')\,\dot{I}_1' \quad \text{mit} \quad \dot{I}_1' = \dot{I}_\mu' - \dot{I}_2, \quad \dot{I}_\mu' = j\,\frac{\dot{E}_{20}}{X_{2h}} = j\,\mu\,\dot{E}_{20}. \quad (617\,\mathrm{c\ bis\ e})$$

Bei Leerlauf ist

$$\dot{I}_2 = \dot{I}_{20} = j\,m\,\dot{E}_{20}. \qquad (618)$$

Setzen wir darin für m den Leitwert ein, der einem verlangten Magnetisierungsstrom $\dot{I}_{20}$ entspricht, so können wir $\dot{I}_2$ und $\dot{E}_{20}$ in Gl. 617 b nach den Gl. 617 c und 618 durch $\dot{U}_1'$ ausdrücken. Setzen wir dann die rechten Seiten der Gl. 617 a u. b einander gleich, so erhalten wir eine komplexe Gleichung in der bei einem angenommenen Leerlaufschlupf

$s = s_0$ nur noch die Unbekannten w' und b' vorkommen. Durch Zerlegen dieser Gleichung in ihren reellen und imaginären Teil erhalten wir zwei reelle Gleichungen, aus denen wir w' und b' für den angenommenen Strom I_{20} (Gl. 618) berechnen können.

Wir wollen die Gleichungen für w' und b' hier nur für den Fall anschreiben, daß $m = \mu$ ist, d.h. daß bei Leerlauf der IM ihre Magnetisierung vom Läuferstrom gedeckt wird. Der Primärstrom $\dot{I}_1$ wird dann bei Leerlauf Null, und es ist $\dot{E}_{20} = \dot{U}_1'$. Wir erhalten für diesen Fall

$$w' = \frac{s_0^2 X_E}{K}\,[1 + \mu\,(X_{2\sigma} + X_{A\sigma})] - \frac{R_E}{K}\,\mu(R_2 + R_A), \qquad (618\,\mathrm{a})$$

$$b' = s_0\left\{\frac{R_E}{K}\,[1 + \mu\,(X_{2\sigma} + X_{A\sigma})] + \frac{X_E}{K}\,\mu\,(R_2 + R_A)\right\}. \qquad (618\,\mathrm{b})$$

Durch gleichzeitige Regelung der Komponenten $w\,\dot{U}_1$ und $b\,\dot{U}_1$ am FW läßt sich für jeden Leerlaufschlupf jeder gewünschte Wert von I_{20} erhalten. Die Komponente $b\,U_1$ soll für $s_0 > 0$ den Spannungsverlust $R_E I_E$ angenähert aufheben, ist also angenähert dem Schlupf s_0 proportional, während die Komponente $w\,U_1$ angenähert dem Quadrat des Leerlaufschlupfes s_0 proportional ist, weil der Spannungsverlust $s_0 X_E I_E$ dem Schlupf proportional ist (vgl. Abb. 394). Die Komponente $b\,U_1$ kann auch angenähert durch die Sekundärwicklung eines mit der Primärwicklung an den Schleifringen der IM liegenden Transformators erhalten werden, wie wir es in den Abschn. b u. c (vgl. Abb. 393 u. 401) gezeigt haben.

Für ein Zahlenbeispiel nehmen wir dieselben Maschinen, denselben Leerlaufstrom $I_{20} = 500$ A und dieselben Widerstandsgrößen an wie im Abschn. 4b. Es ist dann nach Gl. 605 $K = c s_{0\,m} X_E = 1,024 \cdot 0,3 X_E = 0,307 X_E$ und $X_E/K = 3,26$.

Nach S. 570 ist $X_E = 6,05\,\Omega$, wenn die HM im unteren geradlinigen Teil der Kennlinie arbeitet; der Wirkwiderstand ist $R_E = 0,057\,\Omega$. Es ist also $X_E/R_E = 106$. In R_E ist aber der Wirkwiderstand der Doppeldrehtransformatoren und des FW einzuschließen. Um den Einfluß des schwankenden Übergangswiderstandes der Bürsten möglichst auszuscheiden, wird man auch noch einen zusätzlichen Wirkwiderstand in den Erregerkreis einschalten. Um übersichtliche Vektordiagramme zu erhalten, nehmen wir diesen Widerstand verhältnismäßig reichlich an und setzen $X_E/R_E = 10$. Nach den Gl. 618a u. b erhalten wir dann bei einem Leerlaufschlupf $s_0 = 0,3$: $w' = 0,31$, $b' = 0,1341$ und $w'\,U_1' = w'\,E_{20} = 0,31 \cdot 960 = 298$ V, $b'\,U_1' = 129$ V; bei $s_0 = 0,15$: $w'\,U_1' = 67,5$, $b'\,U_1' = 64,4$ V und bei $s_0 = 0$: $w'\,U_1' = 8,95$ V, $b'\,U_1' = 0$. Für diese drei Fälle sind in Abb. 404 a die Spannungsdiagramme des Hauptkreises durch voll ausgezogene, die des Erregerkreises durch gestrichelte Linien dargestellt. Der Leerlaufstrom I_{20} ist in allen Fällen derselbe, nämlich ein reiner Blindstrom von 500 A. Bei $s_0 = 0$ fließt im Erregerkreis Gleichstrom, und es ist $w'\,U_1' = R_E I_E$. Die in der HM induzierte EMK ist $\dot{E}_H = -j K I_E = -j\,1,86\,I_E$.

Für eine eingestellte Leerlaufdrehzahl (entsprechend s_0) bleiben die Komponenten $w'\,U_1' = w\,U_1$ und $b'\,U_1' = b\,U_1$ unveränderlich. Für jeden Belastungsschlupf s ist deshalb $\dot{E}_H$ durch Gl. 617a gegeben. Dieser

Wert muß gleich der rechten Seite von Gl. 617b sein. Vernachlässigen wir zunächst den Spannungsverlust in der Primärwicklung der IM, setzen also $\dot{U}_1' = \dot{E}_{20}$ und berechnen $\dot{I}_2$ nach den Gl. 617a u. b, so erhalten wir für unser Zahlenbeispiel, beispielsweise bei einem Leerlaufschlupf $s_0 = 0{,}3$ und einem Belastungsschlupf $s = 0{,}35$ das in Abb. 404a durch punktierte Linien dargestellte Spannungsdiagramm mit dem Belastungsstrom $\dot{I}_2$.

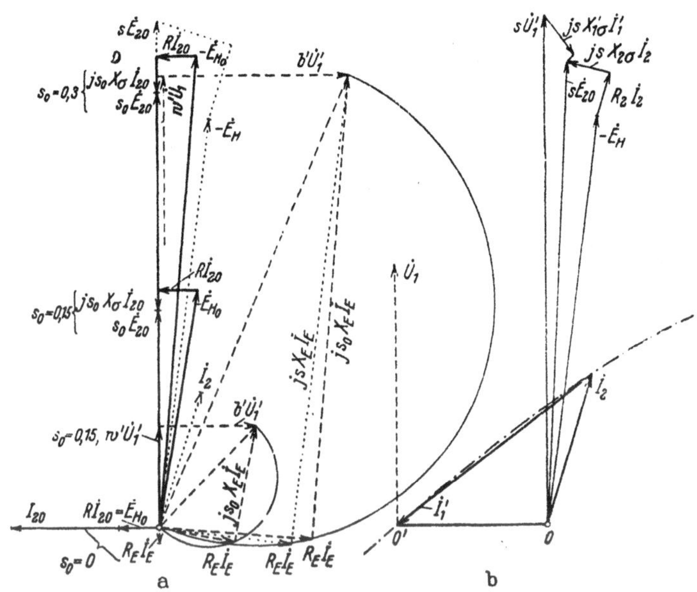

Abb. 404a u. b. Spannungsdiagramme für Abb. 403. a) $s_0 = 0{,}3$, 0,15, 0 (lies $-j\,b'\,\dot{U}_1'$ statt $b'\,\dot{U}_1'$); punktiert bei $s = 0{,}35$ und $R_1 = X_{1\sigma} = 0$.
b) Mit Berücksichtigung von R_1 und $X_{1\sigma}$, — · — · — Ortskurve von $\dot{I}_2$ und $-\dot{I}_1$.

Zur Berücksichtigung des Spannungsverlustes in der Primärwicklung der IM müssen wir noch $\dot{E}_{20}$ in Gl. 617b durch Gl. 617c und $\dot{I}_1$ durch die Gl. 617d u. e ersetzen. Lösen wir dann nach $\dot{I}_2$ auf, so erhalten wir

$$\dot{I}_2 = \frac{AC + BD + I(BC - AD)}{C^2 + D^2}\,\dot{U}_1', \qquad (619)$$

worin zur Abkürzung gesetzt ist:

$$\left.\begin{aligned}
A &= r_E s - \mu\,w'\,R_1' - \alpha\,b', & B &= x_E s^2 - \alpha\,w' + b'\,\mu\,R_1', \\
C &= \alpha\,\varrho_1 + \mu\,\varrho_2 R_1' s + (r_E R_1' - s\,x_E X_{1\sigma}')\,s, \\
D &= \alpha\,\varrho_2 s - \mu\,\varrho_1 R_1' + (s\,x_E R_1' + r_E X_{1\sigma}')\,s,
\end{aligned}\right\} \quad (619\text{a bis d})$$

$$r_E = R_E/K, \quad x_E = X_E/K, \quad R = R_2 + R_A, \quad X = X_{2\sigma} + X_A, \qquad (619\,\text{e bis h})$$

$$\alpha = 1 + \mu\,X_{1\sigma}', \quad \varrho_1 = r_E R - s^2 x_E X, \quad \varrho_2 = r_E X + x_E R. \qquad (619\,\text{i bis l})$$

Für $s_0 = 0{,}3$ und beispielsweise $s = 0{,}35$ ist in Abb. 404b das vollständige Spannungsdiagramm aufgezeichnet, wobei alle Größen auf die Sekundärwicklung der IM bezogen sind. Die Ortskurve des Stromes ist durch die strichpunktierte Kurve angedeutet, wobei der Nullpunkt 0 für den sekundären Strom $\dot{I}_2$, der Nullpunkt 0' für den auf die Sekundärwicklung bezogenen Strom $\dot{I}_1'$ der Primärwicklung der IM gilt. Für jeden Leerlaufschlupf gelten natürlich andere Ortskurven.

Wir sehen, daß die Magnetisierungsblindkomponente von $\dot{I}_2$ mit wachsender Belastung schnell abnimmt. Um einen günstigeren Verlauf der Ortskurve zu erhalten, können die schon früher besprochenen Hilfsmittel angewendet werden, z. B. Reihentransformatoren zwischen Sekundärkreis der IM und Erregerkreis der HM oder zwischen Primärkreis der IM und Primärkreis des FW. Noch einfacher ist es aber, den Doppeldrehtransformator, durch den die Blindkomponente des Stromes $\dot{I}_2$ eingestellt wird, durch Relais so zu steuern, daß die Blindkomponente von $\dot{I}_2$ selbsttätig einem gewünschten Gesetz folgt, etwa derart, daß immer $\cos \varphi = 1$ ist.

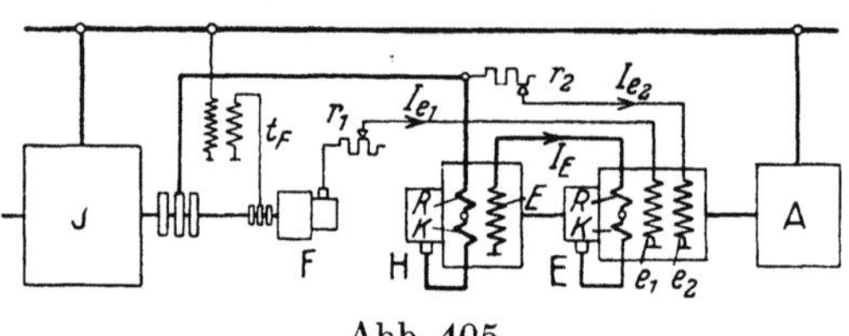

Abb. 405.
Schaltung für doppelseitige Drehzahlregelung mit besonderer Erregermaschine E für die HM H.

Die Regelung bei Übersynchronismus ist ohne Umschaltung möglich.

c. Mit besonderer Erregermaschine für die HM. Bei großer Leistung der HM wird diese nicht unmittelbar von dem FW und den Schleifringen der IM erregt, sondern über eine besondere Erregermaschine, die nur für die Erregerleistung der HM zu bemessen ist. Die Erregerleistung der Erregermaschine beträgt nur einen kleinen Teil der Erregerleistung der HM; deshalb kann man den störenden Einfluß des mit dem Schlupf wechselnden Blindwiderstandes der Erregerwicklung der Erregermaschine dadurch unterdrücken, daß man in den Erregerkreis Wirkwiderstände schaltet, die ein Mehrfaches des Blindwiderstandes bei dem größten auftretenden Schlupf betragen.

Eine solche Schaltung ist beispielsweise in Abb. 405 dargestellt. Die Erregermaschine E wird ähnlich wie bei den früheren Schaltungen, von einem FW F und von den Schleifringen der IM aus erregt, hier durch getrennte Erregerwicklungen e_1 und e_2, um den FW — unabhängig von der Schleifringspannung — für kleine Spannung bemessen zu können. Eine gegenseitige Beeinflussung der beiden Erregerwicklungen ist wegen der großen Wirkwiderstände r_1 und r_2 von geringer Bedeutung. Durch die Reihenschlußwicklung R in der Erregermaschine wird eine dem Erregerstrom I_E der HM proportionale zusätzliche EMK in der Erregermaschine induziert, die den Wirkspannungsverlust in dem Erregerkreis der HM aufhebt, so daß die von den Erregerströmen $\dot{I}_{e_1}$ und $\dot{I}_{e_2}$ in der Erregermaschine induzierte EMK nur auf den Blindwiderstand im Erregerkreis der HM wirkt. Auch die HM erhält eine Reihenschlußwicklung, die eine dem Ankerstrom proportionale EMK in den Ankerzweig einfügt, die fehlerhafte Einstellungen der EMK E_H ausgleichen soll. Durch den Widerstand r_1 wird im wesentlichen die Leerlaufdrehzahl, durch r_2 der Blindstrom geregelt. Wegen Einzelheiten dieser Schaltung sei auf Veröffentlichungen von Seiz [L 9, S. 656 u. 385a] verwiesen.

6. Ständergespeiste HM mit starker Drossel im Primärkreis des FW.

Der störende Einfluß des mit dem Schlupf stark veränderlichen Blindwiderstandes der Erregerwicklung der HM läßt sich auch dadurch beseitigen, daß man nach einem Vorschlag von Harz [L 325] vor die Schleifringe des FW, der die Erregerwicklung der HM speist, eine starke Drossel schaltet. Wenn diese Drossel so bemessen ist, daß ihre Blindleistung groß gegenüber der Blindleistung des Erregerkreises der HM bei dem größten vorkommenden Schlupf der IM ist,

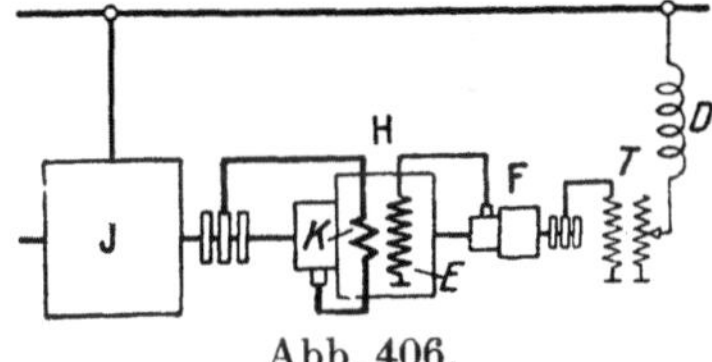

Abb. 406.
Schaltung mit starker Drossel D im Schleifringkreis des FW.

macht sich die Änderung des Blindwiderstandes im Erregerkreis der HM nur noch wenig bemerkbar. In Abb. 406 ist die grundsätzliche Schaltung eines solchen Regelsatzes dargestellt, beispielsweise für den Fall, daß die HM mit der IM gekuppelt ist. Die Schleifringe des FW F sind über einen Transformator T, der hier als Stromtransformator wirkt, und die Drossel D ans Netz geschaltet. Bei genügend starker Drossel ist der Strom in der Primärwicklung des Transformators T praktisch unabhängig von der Einstellung des Transformators und dem Schlupf der IM. Der Strom in der Erregerwicklung der HM wird durch die Stromübersetzung des Transformators T bestimmt, so daß dadurch die EMK der HM und damit die Drehzahl der IM geregelt werden kann. Zur Phasenregelung können bei Verwendung eines FW ohne Kompensationswicklung die Bürsten auf der Stromwenderseite des FW verschoben werden. Bei Verwendung eines kompensierten FW, wie er für größere Regelsätze in Frage kommt, kann in den primären oder sekundären Kreis des Transformators T noch ein Drehtransformator geschaltet werden. Zur getrennten Regelung von Drehzahl und Blindleistung lassen sich, ähnlich wie in Abb. 403 zwei Doppeldrehtransformatoren verwenden; sie sind in diesem Falle Stromtransformatoren (vgl. auch Abb. 414).

E. Leistungsregelung.
1. Begriff und Anwendung.

a. Begriff. Bei der Drehzahlregelung der IM wurde ihren Schleifringen durch die HM eine solche Spannung aufgezwungen, die eine von
der synchronen Drehzahl abweichende Leerlaufdrehzahl einzustellen
gestattete. Die Drehzahlkennlinie $n(M)$ der IM (voll ausgezogen in
Abb. 407a) konnte auf diese Weise gehoben·oder gesenkt werden, so
daß die Kennlinie der IM z. B. in eine der gestrichelten Kennlinien in
Abb. 407a überging. Durch Einfügen einer geeigneten Spannungskomponente, die dem Schlupf proportional ist, konnte ferner die
Neigung der Drehzahlkennlinie noch vergrößert werden (punktiert in

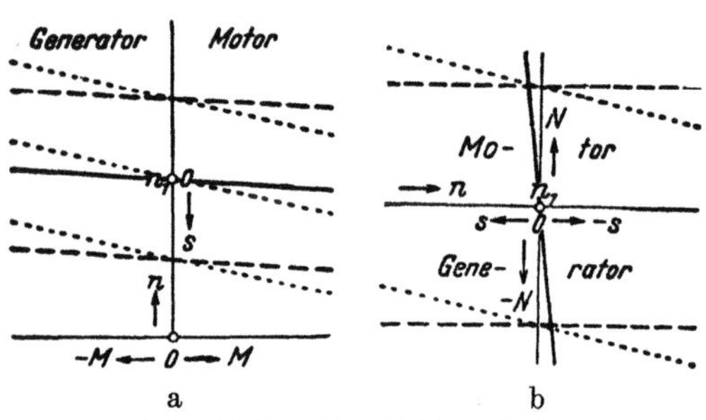

Abb. 407 a u. b. a) Kennlinien
der Drehzahlregelung, b) der Leistungsregelung.

Abb. 407a), wie es auch
bei der IM ohne HM durch
Einschalten von Wirkwi-
derstand in den Läufer-
kreis möglich ist, aber
nur mit vergrößerten Ver-
lusten. Eine Leistungs-
änderung ergab sich da-
bei ebenfalls, aber doch
nur nach Maßgabe der
jeweils eingestellten Drehzahlkennlinie.

Unter dem Begriff der „Leistungsregelung" verstehen wir dagegen
eine Regelung, die unabhängig von dem jeweiligen Schlupf der IM ist
oder einem gewünschten Gesetz in Abhängigkeit vom Schlupf folgt.
In Abb. 407b stelle die voll ausgezogene Kurve die Leistung als Funktion der Drehzahl, $N(n)$, oder des Schlupfes, $N(s)$, bei der IM ohne
HM dar; sie ist bei kleinen Schlupfwerten eine Gerade. Bei der Leistungsregelung soll nun die IM von dieser ihr anhaftenden Leistungs-
kennlinie befreit werden, so daß die willkürlich einstellbare Leistung
der IM von ihrem Schlupf unabhängig wird oder einem gewünschten
Gesetz folgt. Zwei Kennlinien für konstante Leistung sind in Abb. 407b
gestrichelt gezeichnet; punktierte Linien deuten eine Drehung dieser
Kennlinien, beispielsweise um die Leistung bei dem Schlupf $s = 0$, an.
Die wichtigsten Anwendungen dieser Leistungsregelung werden wir in
den nächsten Unterabschnitten kurz besprechen.

b. Kupplung zweier Wechselstromnetze. Netze gleicher Frequenz
werden gewöhnlich unmittelbar oder über ruhende Transformatoren
miteinander gekuppelt. Der Leistungsfluß von dem einen zum
andern Netz wird durch Einstellen der Regeleinrichtungen in den

angeschlossenen Kraftwerken geregelt. Man spricht in diesem Falle von einer starren Kupplung der Netze.

Bei der Kupplung von Netzen verschiedener Frequenz, wie sie in Deutschland hauptsächlich bei der Kupplung eines dreiphasigen Industrienetzes von 50 Hz mit einem einphasigen Bahnnetz von $16^2/_3$ Hz in Frage kommen, können beide Netze über einen Umformer miteinander verbunden werden. Ist dieser ein Motorgenerator mit zwei Synchronmaschinen, deren Polpaarzahlen im Verhältnis der beiden Frequenzen stehen müssen, so ist die Kupplung eine starre. Am Umformer läßt sich in diesem Falle nur Blindleistung und Spannung regeln. Um eine willkürliche Leistungsregelung vorzunehmen, könnte der Ständer der einen der beiden Synchronmaschinen verdrehbar eingerichtet werden [L 394]. Wenn in dem einen Netz, gewöhnlich dem Bahnnetz, stärkere Schwankungen der Frequenz vorkommen, werden diese bei der starren Kupplung auch auf das Industrienetz übertragen.

Wird eine der beiden Maschinen des Umformers als IM ausgeführt, so ist die Kupplung zwar nicht mehr starr, aber es läßt sich auch in diesem Falle der Leistungsfluß nicht willkürlich einstellen, da die Synchronmaschine durch Polpaarzahl und Frequenz des Netzes, an dem sie liegt, die Drehzahl vorschreibt. Die Schlüpfung der IM ändert sich bei schwankender Frequenz, wobei die Leistungsaufnahme oder -abgabe der IM nach der Kennlinie (vollausgezogene Gerade in Abb. 407 b) eindeutig bestimmt ist. Diese kann nur in gewissen Grenzen und bei verhältnismäßig großen Verlusten durch Wirkwiderstände im Läuferkreis der IM geregelt werden. Man spricht in diesem Falle von einer halbstarren Kupplung der Netze.

Durch Verwendung einer HM, die die Sekundärwicklung der IM speist und in geeigneter Weise geregelt wird, läßt sich, wie wir später zeigen werden, die Leistung der IM willkürlich und unabhängig von der Frequenz einstellen. Der Motorgenerator, bestehend aus einer Synchronmaschine und einer IM mit HM, wird dann in der Leistungsregelung auch unabhängig von Frequenzschwankungen, und es kann der Leistungsfluß von einem zum anderen Netz beliebig geregelt werden. Man bezeichnet eine solche Kupplung als lose, elastische oder gleitende Kupplung.

Dieselbe Aufgabe läßt sich auch mit besonders gesteuerten Umrichtern zwischen den beiden Netzen [L 395] lösen, worauf wir aber im Rahmen dieses Buches nicht eingehen.

c. Andere Anwendungen. Eine Regelung der IM auf konstante Leistung wird auch bei Betrieben mit kurzzeitig stark schwankender Belastung verlangt, wobei der Induktionsmotor mit einem Schwungrad gekuppelt ist, um Belastungsstöße vom Netz fernzuhalten. In den

Zeitabschnitten schwacher Belastung oder bei Leerlauf wird das
Schwungrad bis zu einer festgelegten Höchstdrehzahl aufgeladen und
gibt in den Zeitabschnitten starker Belastungsstöße seine Energie mit
wachsendem Schlupf ab, so daß der Induktionsmotor dem Netz nur
die (feste) mittlere Leistung zu entnehmen braucht. Der Induktionsmotor wird zu diesem Zweck mit vergrößertem Schlupf ausgeführt.
Beispiele dieser Art sind Walzenstraßenmotoren [L 9 II, S. 783] und
Antriebsmotoren von Schwungradumformern (Ilgner-Umformern) für
Förderanlagen in Leonard-Schaltung [L 9 II, S. 726].

Ein weiteres Anwendungsgebiet der Leistungsregelung von IM mit
HM ist ihre Verwendung als Generator in Kraftwerken, um bei Antrieben durch Kolbenkraftmaschinen mit stark schwankendem Drehmoment die Schwierigkeit eines einwandfreien Parallelbetriebs von
Synchronmaschinen zu beseitigen [L 398].

2. Regelung mit HM ohne selbsttätige mechanische Regler.

In diesem Abschnitt setzen wir voraus, daß die Leistungsregelung
der IM auf elektromagnetischem Wege erfolgt, also ohne Verwendung
selbsttätiger mechanischer Regler, die durch Relais gesteuert werden.

a. Das Seizsche Prinzip. Der Gedanke von Seiz läßt sich etwa
folgendermaßen aussprechen. Zwingt man durch die HM den Schleifringen der IM eine Spannung auf, die alle vom Schlupf abhängigen
Spannungen der IM aufhebt, so ist in ihr nur noch der Wirkwiderstand
des Läuferkreises wirksam. Durch eine weitere Spannungskomponente
der HM kann dann, und zwar unabhängig von der Drehzahl der IM,

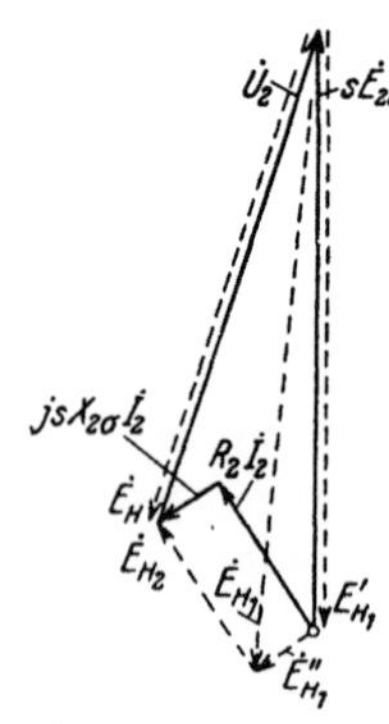

Abb. 408. Erläu-
terung des Seiz-
schen Prinzips.

jeder Strom eingestellt werden, der die gewünschte
Wirk- und Blindleistung der IM ergibt.

Die Spannungsgleichung für den Sekundärkreis
der IM lautet

$$\dot{U}_2 + (R_2 + j\,s\,X_{2\sigma})\,\dot{I}_2 = s\,\dot{E}_{20}. \qquad (620)$$

Die in der HM induzierte EMK $\dot{E}_H$, die sich aus
den Komponenten

$$\dot{E}_{H_1} = -s\,\dot{E}_{20} + j\,s\,X_{2\sigma}\dot{I}_2 \qquad (621\,\text{a})$$

und $\dot{E}_{H_2}$ zusammensetzt, muß bei Vernachlässigung
der Spannungsverluste in der HM gleich $-\dot{U}_2$ sein,

$$-\dot{U}_2 = \dot{E}_H = \dot{E}_{H_1} + \dot{E}_{H_2}. \qquad (621\,\text{b})$$

Ersetzen wir in Gl. 620 $\dot{U}_2$ durch $-\dot{E}_H$ (Gl. 621 b), so heben sich die
dem Schlupf proportionalen Spannungen heraus, und wir erhalten

$$\dot{I}_2 = \dot{E}_{H_2}/R_2. \qquad (621)$$

Durch die EMK $\dot{E}_{H_2}$ kann der Strom $\dot{I}_2$ nach Betrag und Phase beliebig eingestellt werden. Für jeden festen Wert von $\dot{E}_{H_2}$ ergibt sich (bei Vernachlässigung des sehr kleinen Wirkspannungsverlustes in der Primärwicklung der IM) eine konstante Leistung, wie sie durch die gestrichelten Geraden in Abb. 407b veranschaulicht wird.

In dem Vektordiagramm der Abb. 408 ist der Spannungszweig der IM durch voll ausgezogene, der der HM durch gestrichelte Linien angedeutet. Dabei ist die EMK $\dot{E}_{H_1}$, die die dem Schlupf proportionalen Spannungen der IM kompensiert, in die beiden Komponenten

$$\dot{E}'_{H_1} = -s\,\dot{E}_{20} \qquad \text{und} \qquad \dot{E}''_{H_1} = j\,s\,X_{2\sigma}\dot{I}_2 \qquad (622\text{a u. b})$$

zerlegt. Eine so erregte IM hat die Eigenschaft, daß sie immer dieselbe Leistung abgibt oder aufnimmt, gleichgültig mit welcher Drehzahl die

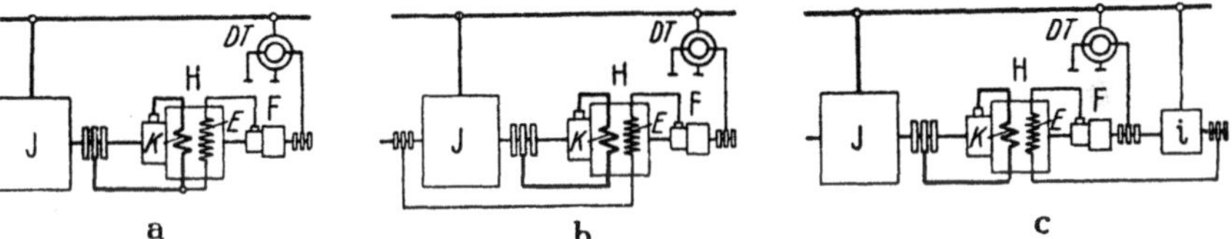

a   b   c

Abb. 409a bis c. Grundsätzliche Schaltungen zur Verwirklichung des Seizschen Prinzips.

IM umläuft. Bei der Kupplung mit einer Synchronmaschine wird die Drehzahl durch diese und die Frequenz des Netzes, an das sie angeschlossen ist, bestimmt. Wenn die vom Schlupf abhängigen Spannungen der IM nur teilweise aufgehoben werden, erhält man eine gegen die Abszissenachse geneigte Kennlinie.

b. Verwirklichung des Prinzips. Der Grundgedanke von Seiz läßt sich mehr oder weniger rein auf verschiedene Art verwirklichen, und zwar sowohl mit läufergespeisten (kompensierten Frequenzwandlern) als auch mit ständergespeisten HM entweder bei unmittelbarer Kupplung der HM mit der IM oder bei getrenntem Antrieb der HM [L 402 bis 406]. Für größere Leistungen der HM kommt nur die ständergespeiste in Frage, auf die wir uns deshalb beschränken wollen.

In den grundsätzlichen Schaltungen der Abb. 409a bis c ist beispielsweise angenommen, daß die HM mit der IM gekuppelt ist. Alle Schaltungen haben das Gemeinsame, daß die Komponente $\dot{E}_{H_2}$ der HM, durch die die Leistung eingestellt werden kann, von einem mit der IM gekuppelten FW F geliefert wird, der auf die Erregerwicklung E der HM geschaltet ist und in der Erregerwicklung eine Stromkomponente erzeugt, die die EMK $\dot{E}_{H_2}$ in der HM induziert. Die Komponente $\dot{E}_{H_1}$, die die dem Schlupf proportionalen Spannungen der IM mehr oder weniger vollkommen aufheben soll, wird dadurch erhalten,

daß in den Kreis der Erregerwicklung E der HM noch eine weitere
Spannung eingefügt wird, die in Abb. 409a den Schleifringen der IM
[L 406], in Abb. 409b einer in dem Läufer der IM angeordneten Hilfswicklung [L 398] und in Abb. 409c einer besondern mit der IM gekuppelten Hilfsinduktionsmaschine i, auch Entkopplungsmaschine genannt [L 404], entnommen wird. Ausführlichere Schaltungen werden
wir noch im Abschn. 3 kennenlernen. Im nächsten Abschnitt wollen
wir uns bei der Erklärung der Vorgänge in den Maschinen auf ein
Beispiel beschränken, und zwar auf die von Seiz selbst angegebene
Schaltung.

c. Die Schaltung von Seiz. Das Schaltbild ist in Abb. 410 dargestellt.
Die HM ist eine ständergespeiste Maschine mit Kompensations- (K)-

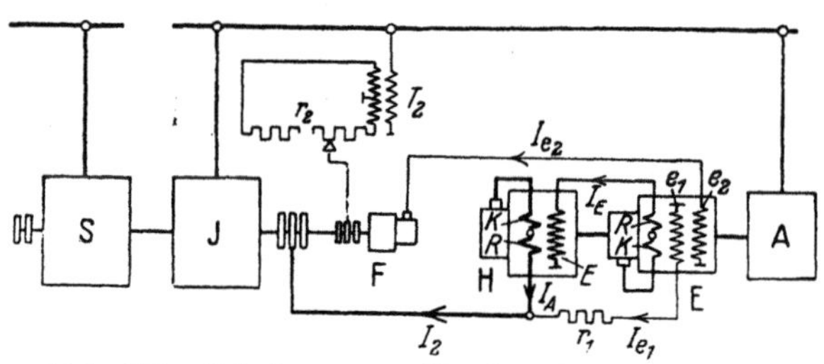

Abb. 410. Schaltung zur Netzkupplung nach Seiz.

Reihenschluß- (R) und Fremderregerwicklung (E). Die Fremderregung
wird von einer besondern Erregermaschine (E) geliefert; beide Maschinen sind mit der Maschine A von praktisch fester Drehzahl gekuppelt.

Wir betrachten zunächst nur den Sekundärzweig der IM und den
Ankerzweig der HM, wobei wir den sehr kleinen Strom $\dot{I}_{e_1}$ in Abb. 410
vernachlässigen, also $\dot{I}_A = \dot{I}_2$ setzen. Für die IM gilt die Spannungsgleichung
$$\dot{U}_2 + \dot{Z}_2 \dot{I}_2 = s\,\dot{E}_{20} \quad \text{mit} \quad \dot{Z}_2 = R_2 + j\,s\,X_{2\sigma}. \qquad (623a\ \text{u. b})$$

Diese Gleichung wird durch die stärkeren voll ausgezogenen Linien der
Abb. 411a veranschaulicht. Die Spannungsgrößen der HM sind gestrichelt gezeichnet. Durch die HM erzeugen wir zunächst eine EMK

$$\dot{E}_{H_1} = -s\,\dot{E}_{20} + \dot{Z}_2 \dot{I}_2 = -\dot{U}_2, \qquad (624a)$$

die die EMK $s\dot{E}_{20}$ und den Spannungsverlust $(R_2 + j\,s\,X_{2\sigma})\dot{I}_2$ aufhebt.
Da hierbei auch — entgegen dem reinen Prinzip im Abschn. a — die
Spannungskomponente $R_2 \dot{I}_2$ mit aufgehoben wird und der Wirkwider-
stand R_A im Ankerzweig der HM verhältnismäßig klein ist, muß noch
der Strom $\dot{I}_A = \dot{I}_2$ durch die Reihenschlußwicklung R der HM eine
EMK

$$\dot{E}_{HR} = -K \dot{I}_2 \qquad (624b)$$

induzieren, deren negativ genommener Wert wie eine Vergrößerung des Wirkspannungsverlustes $R_A \dot{I}_2$ wirkt. Die von der Fremderregung der HM herrührende EMK ist

$$\dot{E}_{Hf} = \dot{E}_{H_1} + \dot{E}_{H_2}, \tag{624c}$$

die vom resultierenden Fluß in der HM induzierte EMK

$$\dot{E}_H = \dot{E}_{Hf} + \dot{E}_{HR} \tag{624d}$$

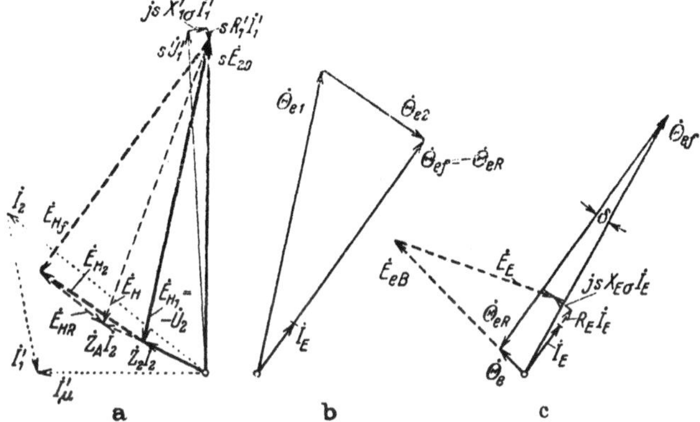

Abb. 411a bis c.　Zur Erläuterung der Schaltung von Seiz.

(vgl. Abb. 411a, in der zur Vereinfachung der Beschriftung $\dot{Z}_2 = R_2 + jsX_{2\sigma}$ und $\dot{Z}_A = R_A + jsX_A$ gesetzt ist). Für die Spannungsgleichung der HM können wir schreiben

$$-\dot{U}_2 + (R_A + K + jsX_A)\dot{I}_2 = -\dot{U}_2 + \dot{Z}_2\dot{I}_2 - \dot{E}_{HR} = \dot{E}_{H_1} + \dot{E}_{H_2}. \tag{625a}$$

Aus Gl. 625a erhalten wir mit Gl. 624a

$$\dot{I}_2 = \frac{\dot{E}_{H_2}}{R_A + K + jsX_A}. \tag{625}$$

In dieser Gleichung ist noch der kleine vom Schlupf abhängige Anteil jsX_A enthalten, der aber die Proportionalität zwischen $\dot{I}_2$ und $\dot{E}_{H_2}$ nicht sehr stört, weil sX_A schon klein gegen R_A ist und durch die Widerstandsgröße K noch weniger ins Gewicht fällt. Durch punktierte Linien ist in Abb. 411a das Stromdiagramm und durch schwächere voll ausgezogene das Spannungsdiagramm des Primärkreises der IM angedeutet, wobei die Spannungsgrößen auf die Läuferwicklung der IM bezogen (durch Beistriche gekennzeichnet) und mit Rücksicht auf Raumersparnis mit dem Schlupf s multipliziert sind.

Wir haben nun noch zu zeigen, wie die EMK-Komponenten $\dot{E}_{H_1}$ und $\dot{E}_{H_2}$ in der HM erzeugt werden. Die in der HM induzierte Komponente

$\dot{E}_{Hf}$ der EMK $\dot{E}_H$ ist — geradlinige magnetische Kennlinie immer vorausgesetzt — dem Strom $\dot{I}_E$ in der Erregerwicklung E proportional. Der Strom $\dot{I}_E$ muß also demselben Gesetz wie die EMK $\dot{E}_{Hf} = \dot{E}_{H_1} + \dot{E}_{H_2}$ folgen. Nehmen wir zunächst an, daß der Blindwiderstand im Erregerkreis der HM verschwindend klein gegenüber dem Wirkwiderstand sei, so würden wir die verlangte Gesetzmäßigkeit für den Erregerstrom $\dot{I}_E$ erhalten, wenn wir zwei Erregerwicklungen e_1 und e_2 in der Erregermaschine E anordnen, von denen e_1 von der Schleifringspannung $\dot{U}_2$ der IM, e_2 vom Netz über den FW F gespeist wird und in beiden Erregerkreisen so reichlich bemessene Wirkwiderstände r_1 und r_2 eingeschaltet sind, daß die Blindwiderstände in diesen Kreisen gegenüber r_1 und r_2 genügend klein sind. Durch den von der Erregerwicklung e_1 herrührenden Strom in der Erregerwicklung E der HM wird dann in der HM die der Schleifringspannung $\dot{U}_2$ proportionale Komponente $\dot{E}_{H_1}$ induziert, während durch den von der Erregerwicklung e_2 herrührenden Strom die Komponente $\dot{E}_{H_2}$ erzeugt wird. Die letzte dient zur Einstellung der Leistung der IM mit Hilfe der Widerstände r_2 in Abb. 410. Diese sind an die Enden der sechsphasig in Stern verketteten Sekundärwicklung des Transformators T_2 angeschlossen; der eine dient zur Einstellung der Leistungsabgabe, der andere zur Einstellung der Leistungsaufnahme der IM. Die Blindleistung kann durch Verstellen der Bürsten an dem sehr kleinen FW F geregelt werden.

In Wirklichkeit ist nun die Annahme, daß der Blindwiderstand der Erregerwicklung E der HM verschwindend klein gegenüber dem Wirkwiderstand sei, nicht erfüllt. Um trotzdem den Strom $\dot{I}_E$ proportional der Durchflutung der Erregerwicklungen e_1 und e_2 zu erhalten, ordnet Seiz in der Erregermaschine E noch eine kräftige Reihenschlußwicklung (R) an, die der Durchflutung Θ_{ef} der beiden Erregerwicklungen e_1 und e_2 entgegenwirkt. Bezeichnen R_E den Wirkwiderstand, X_E den auf Netzfrequenz bezogenen Blindwiderstand im Kreise der Erregerwicklung E der HM und K_E die (feste) Widerstandsgröße, die durch Multiplikation mit der resultierenden Durchflutung Θ_e aller in der Erregermaschine E wirkenden Durchflutungen die im Läufer der EM resultierende EMK ergibt, so ist

$$(R_E + j s X_E)\,\dot{I}_E = K_E \Theta_e . \tag{626}$$

Die Reihenschlußwicklung R (mit der Windungszahl w_{eR}) der EM ist nun so angeschlossen, daß ihre Durchflutung der Durchflutung Θ_{ef}, die von den beiden fremderregten Wicklungen e_1 und e_2 herrührt, im wesentlichen entgegenwirkt:

$$\Theta_{eR} = - w_{eR}\,\dot{I}_E . \tag{627a}$$

Aus der resultierenden Durchflutung

$$\Theta_e = \Theta_{ef} + \Theta_{eR} \qquad (627\,\mathrm{b})$$

erhalten wir

$$\Theta_{ef} = \Theta_e - \Theta_{eR}. \qquad (627)$$

Wird nun Θ_{eR} groß gegenüber Θ_e bemessen, so ist auch Θ_{ef} groß gegenüber Θ_e, und wir erhalten mit Gl. 627a

$$\Theta_{ef} \approx w_{eR}\,\dot{I}_E. \qquad (628)$$

$\dot{I}_E$ folgt also — unabhängig von der Veränderlichkeit des Blindwiderstandes im Kreise der Erregerwicklung E — angenähert proportional der eingestellten Durchflutung Θ_{ef}.

In Abb. 411b ist das Durchflutungsdiagramm der Erregerwicklung der Erregermaschine unter der Voraussetzung dargestellt, daß Gl. 628 nicht nur angenähert, sondern genau erfüllt, Θ_e also Null ist. Die Durchflutungen Θ_{e_1}, Θ_{e_2} und Θ_{ef} sind in Gegenphase zu den entsprechenden EMKen $\dot{E}_{H_1}$, $\dot{E}_{H_2}$ und $\dot{E}_{Hf}$ in Abb. 411a und die entsprechenden Beträge einander proportional. Bei unserer Vernachlässigung der resultierenden Durchflutung Θ_e ist $\Theta_{ef} = -\Theta_{eR}$. Das Durchflutungsdreieck der Erregermaschine ist ähnlich dem Dreieck der entsprechenden EMK-Komponenten der HM und bleibt auch bei andern Schlupfwerten diesem ähnlich, wenn der sehr kleine Einfluß des Blindwiderstandes sX_A im Ankerkreis der HM vernachlässigt wird. Bleibt also Θ_{e_2} konstant (feste Einstellung von r_2 und der Bürsten am Frequenzwandler) und die Durchflutung Θ_{e_1} der Klemmenspannung $\dot{U}_2$ proportional ($r_2 \gg sX_{e_1}$), so bleiben auch die Ströme der IM nach Stärke und Phase praktisch unveränderlich; der Maschinensatz arbeitet störungsfrei.

In Wirklichkeit ist nun die resultierende Durchflutung Θ_e nicht Null. In Abb. 411c ist durch gestrichelte Linien das Spannungsdiagramm des Erregerkreises der HM dargestellt. Der Spannungsverlust $(R_E + jsX_{E\sigma})\dot{I}_E$ im Erregerkreis der HM ist gleich der Summe aus der im Läufer der Erregermaschine induzierten Bewegungs-EMK $\dot{E}_{eB}$ und der vom Hauptfluß der HM in ihrer Erregerwicklung induzierten Ruhe-EMK $\dot{E}_E$. Diese ist eine Viertelperiode gegen die Bewegungs-EMK $\dot{E}_H$ der HM verfrüht. In Phase mit $\dot{E}_{eB}$ ist die resultierende Durchflutung Θ_e in der Erregermaschine. Wir erhalten jetzt das in Abb. 411c durch voll ausgezogene Linien dargestellte Durchflutungsdiagramm der Erregermaschine. Der Phasenwinkel δ zwischen Θ_{ef} und $-\Theta_{eR}$ ist jetzt nicht mehr Null; dadurch verschiebt sich $\dot{E}_{Hf}$ in Abb. 411a etwas und Wirk- und Blindleistung bleiben bei wechselndem Schlupf nicht mehr konstant. Die Störungen machen sich um so stärker bemerkbar, je größer der Winkel δ ist. Nach Seiz [L 406, S. 236] können diese durch eine etwas andere Aufteilung der Komponenten Θ_{e_1} und Θ_{e_2}, die zusammen Θ_{ef} liefern, gemildert werden. Durchgreifender ist aber nach einem Vorschlag von Handschin [L 406, S. 236] die Anordnung einer dritten fremderregten Erregerwicklung in der Erregermaschine, die über einen genügend großen Wirkwiderstand der Erregerwicklung E der HM parallel geschaltet wird. Der Strom in dieser Wicklung ist im wesentlichen phasengleich mit der Ruhe-EMK $\dot{E}_E$ und induziert im Läufer der Erregermaschine eine Komponente der Bewegungs-EMK, die die EMK $\dot{E}_E$ mehr oder weniger vollkommen aufhebt, so daß die Störung, herrührend von der Veränderlichkeit von $\dot{E}_E$, im wesentlichen beseitigt wird. Die einzelnen Erregerwicklungen der Erregermaschine E beeinflussen sich gegenseitig sehr wenig, weil den fremderregten Wicklungen große Wirkwiderstände vorgeschaltet sind. Auf diese und andere Fehlerquellen, so auch beim Antrieb der HM und EM mit nicht ganz fester Drehzahl, wie z. B. bei ihrer Kupplung mit einer IM wollen wir hier nicht näher eingehen [vgl. L 406 u. 407].

d. Begrenzung der Höchstdrehzahl. Oft ist eine Begrenzung der Höchstdrehzahl der IM erforderlich. Dieser Fall ist gegeben, wenn mit der IM ein Schwungrad gekuppelt ist, wobei das Schwungrad nur bis zu einer gewissen Höchstdrehzahl aufgeladen werden darf. Auch bei Netzkupplung kann eine solche Drehzahlbegrenzung verlangt werden, wenn das eine Netz, gewöhnlich das Bahnnetz, keinen Bedarf an einer Leistungszufuhr aus dem andern Netz hat. Würde dann die Leistungszufuhr nicht unterbunden werden, so könnten die Drehzahl des Umformers und die Frequenz des Bahnnetzes unzulässig anwachsen.

Die Begrenzung der Drehzahl der IM und ihre Leistungsaufnahme (oder -abgabe) kann durch einen von der Drehzahl gesteuerten selbsttätig arbeitenden Regler erfolgen, der beispielsweise in der Schaltung Abb. 410 den Kontakt am Widerstand r_2 verstellt und schließlich den primären Stromkreis des FW unterbricht. Um die Drehzahlbegrenzung innerhalb der Maschinen, also ohne Verwendung eines äußeren Reglers zu erreichen, hat man zu unterscheiden, ob die Höchstdrehzahl die synchrone der IM ist oder im übersynchronen Bereich liegt.

Für die synchrone Leerlaufdrehzahl gibt Seiz zwei Lösungen an [L 406, S. 239]. Nach der einen wird die leistungsregelnde Komponente $\dot{E}_{H_2}$ der HM dadurch unterdrückt, daß die Stromwenderseite des FW nicht wie in Abb. 410 unmittelbar auf die Erregerwicklung e_2 geschaltet ist, sondern über einen zweispuligen Transformator. Bei synchroner Drehzahl der IM ist die Frequenz auf der Stromwenderseite des FW Null, so daß der Transformator keinen Strom auf die Erregerwicklung e_2, die die Leistung der IM steuert, überträgt.

Nach dem andern Vorschlag wird die Erregerwicklung e_2, die die Komponente $\dot{E}_{H_i}$ liefern soll, nicht wie in Abb. 410 von einem Frequenzwandler, sondern von den Schleifringen der IM über eine regelbare Drossel gespeist. Bei einer festen Einstellung der Drossel bleibt dann auch der Strom in dieser Erregerwicklung bei größeren Schlupfwerten praktisch konstant, und erst bei sehr kleinen Schlupfwerten wird er Null und damit auch die Leistung der IM.

Um eine möglichst kleine HM zu erhalten, wird man die mittlere Drehzahl etwa gleich der synchronen wählen; die Drehzahlbegrenzung muß dann im übersynchronen Bereich erfolgen. Für diesen Fall schlägt Seiz folgende Anordnung vor (Abb. 412). Der FW F in Schaltung Abb. 410 wird über Zahnräder mit der Welle der IM gekuppelt und von einer kleinen Hilfs-Induktionsmaschine i unter Zwischenschaltung einer regelbaren Drossel D, durch die die Leistung der IM geregelt werden kann, gespeist. Die Maschine i ist ebenfalls über Zahnräder mit der Welle der IM gekuppelt und wird primär vom Netz, an dem die IM liegt, gespeist. Die Zahnradübersetzungen und die Polpaarzahlen der

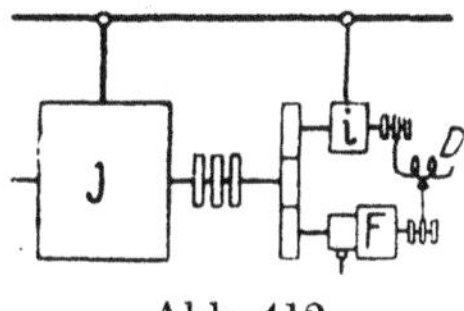

Abb. 412.
Schaltung zur
Drehzahlbegrenzung.

Maschinen i und F müssen so gewählt werden, daß auf der Stromwenderseite von F immer die Schlupffrequenz sf der IM herrscht und die Frequenz an den Schleifringen von F bei der Grenzdrehzahl, bei $s = s_{\ddot{u}}$, Null wird. Dann wird auch die Spannung an der Schleifringseite von F Null und damit die Drehzahl begrenzt.

Bezeichnen wir die Polpaarzahl der IM mit p, die der Hilfsmaschine i mit p_i, die des FW F mit p_F und mit $\ddot{u}_i$ die mechanische Übersetzung zwischen IM und i, mit $\ddot{u}_F$ die zwischen IM und F, so erhalten wir für die Frequenz f_i auf der Schleifringseite und f_F auf der Stromwenderseite von F

$$f_i = [1 - (1 - s)\,\ddot{u}_i p_i/p]\,f \tag{629a}$$

und
$$f_F = [1 - (1 - s)\,\ddot{u}_i p_i/p - (1 - s)\,\ddot{u}_F p_F/p]\,f. \tag{629b}$$

Damit nun bei $s = s_{\ddot{u}}$ $f_i = 0$ wird und für alle Schlupfwerte $f_F = sf$ ist, müssen die Übersetzungen so bemessen werden, daß

$$\ddot{u}_i = \frac{p}{(1 - s_{\ddot{u}})\,p_i} \quad \text{und} \quad \ddot{u}_F = \frac{p - \ddot{u}_i p_i}{p_F} \tag{630a u. b}$$

ist.

3. Regelung mit selbsttätigen Reglern außerhalb der Maschinen.

Die Forderung nach größerer Genauigkeit der Leistungs- und Frequenzregelung und nach Vereinfachung der Hilfsmaschinen führte dazu, auf die selbsttätige elektromagnetische Regelung innerhalb der

Maschinen zu verzichten und sie besondern mechanischen Reglern (außerhalb der Maschinen), die von Relais gesteuert werden, zu übertragen. Meistens erfolgt die Steuerung in der Weise, daß einem mit der IM gekuppelten FW, der die IM unmittelbar oder bei größeren Leistungen über eine Erregermaschine erregt, durch Doppeldrehtransformatoren zwei um eine Viertelperiode gegeneinander verschobene Spannungen zugeführt werden, die durch kleine Hilfsmaschinen verstellt und gesteuert werden. Die Regeleinrichtungen sind ähnlich wie bei Turbinen: konstante Leistung entspricht konstanter Öffnung einer Turbine, Regelung in Abhängigkeit von der Frequenz entspricht einer bestimmten Statik der Drehzahlverstelleinrichtung eines Turbinensatzes. Die Behandlung der mechanischen Regler liegt außerhalb des

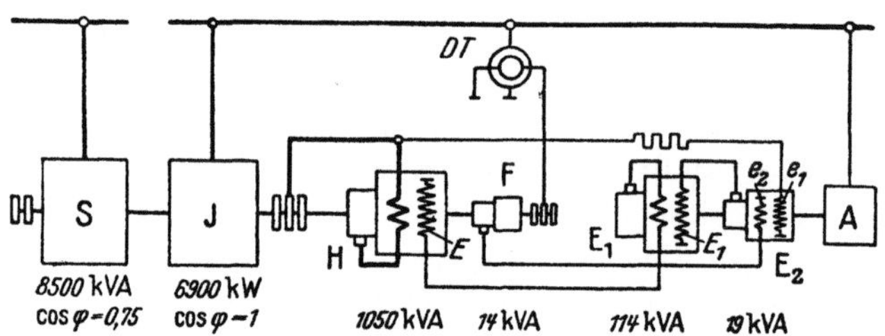

Abb. 413. Kupplungsumformeranlage Mühleberg der BBC.

Rahmens dieses Buches. Wir beschränken uns hier auf Schaltungen, wie sie in neuester Zeit von den großen Elektrizitätsgesellschaften ausgeführt wurden. Die HM ist dabei eine ständergespeiste Maschine und meistens mit der IM gekuppelt.

a. Umformeranlage Mühleberg. Eine der ersten Anlagen dieser Art ist die Umformeranlage im Bernischen Kraftwerk Mühleberg von BBC [L 409 u. 410], die wir zunächst erläutern wollen. Die Schaltung der Maschinen ist in Abb. 413 dargestellt. S ist eine einphasige an das Bahnnetz für $16^2/_3$ Hz Nennfrequenz angeschlossene Synchronmaschine. Mit ihr sind die am Industrienetz für 50 Hz Nennfrequenz liegende IM J, die HM H und der FW F gekuppelt. Die HM wird von einer getrennt angetriebenen Erregermaschine E_1 erregt, die selbst wieder von einer mit ihr gekuppelten Hilfserregermaschine E_2 erregt wird. Die Ströme der beiden Erregerwicklungen e_1 und e_2 der Hilfsmaschine E_2 liefern über die Erregermaschinen E_2 und E_1 und die HM die Komponenten $\dot{E}_{H_1}$ und $\dot{E}_{H_2}$ der EMK der HM. Zur Erzeugung der Komponente $\dot{E}_{H_1}$, die die dem Schlupf proportionalen Spannungen der IM aufheben soll, wird die Erregerwicklung e_1 von den Schleifringen der IM gespeist; zur Erzeugung der Komponente $\dot{E}_{H_2}$, durch die die Leistung der IM geregelt wird, dient die vom FW F gespeiste Erregerwicklung e_2.

Es ist hier nur ein einziger Doppeldrehtransformator zur Regelung verwendet, der nach denselben Grundsätzen hinsichtlich Regelung und Sicherheit gesteuert wird wie ein neuzeitlicher Turbinensatz. Ein Nulleistungsregler, der auf Leistung Null arbeitet, stellt den Doppeldrehtransformator zunächst so ein, daß die Netze vollkommen entkoppelt sind. Darüber lagert sich die Verstellung des Doppeldrehtransformators in Abhängigkeit von der einzustellenden Leistung, und durch einen Pendelregler können schließlich alle Belastungskennlinien eingestellt werden, wie sie eine neuzeitliche Turbinenregelung aufweist. Auf die einzelnen Ausführungen der Regler [L 408] können wir hier nicht näher eingehen. Um zu zeigen, daß, von der HM abgesehen, die übrigen Hilfsmaschinen nur für eine sehr kleine Leistung zu bemessen sind, sind in Abb. 413 die Dauerleistungen der einzelnen Maschinen, wie sie für die Anlage Mühleberg erforderlich sind, angeschrieben.

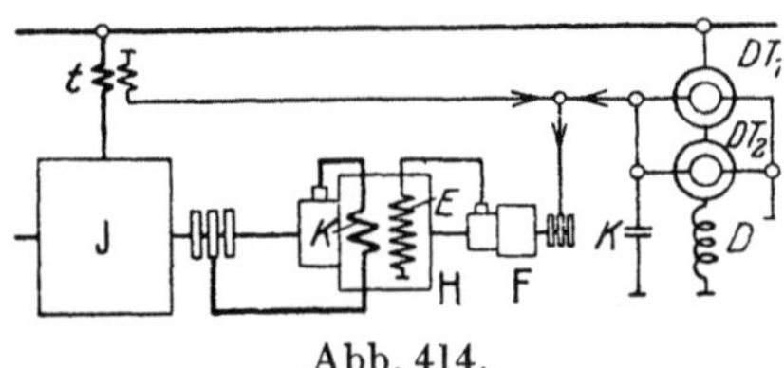

Abb. 414.

Kupplungsumformeranlage der SSW.

Die Vollast ist dabei für eine Frequenzänderung in den Grenzen von 1,5 bis 8% der Nennfrequenz möglich. Die HM und die Erregermaschinen sind als Scherbius-Maschinen ausgeführt.

b. Andere neuere Schaltungen. Eine von den SSW ausgeführte Schaltung ist in Abb. 414 dargestellt, wobei der Übersichtlichkeit wegen die Isoliertransformatoren, die bei höheren Netzspannungen diese von den Regeleinrichtungen fernhalten sollen, weggelassen sind [L 411 u. 412]. Die Schaltung beruht auf dem im Abschn. D 6 erläuterten Prinzip. Die Primärwicklungen der beiden Drehtransformatoren DT_1 und DT_2 sind mit einer starken Drossel D in Reihe geschaltet, so daß der Strom in diesem Kreis praktisch unabhängig von der Einstellung der Drehtransformatoren und dem Blindwiderstand der Erregerwicklung der HM ist. Durch den einen der beiden Drehtransformatoren, die hier als Stromtransformatoren arbeiten, läßt sich die Wirkkomponente, durch den andern die Blindkomponente des Sekundärstromes beliebig einstellen. Diese Komponenten werden den Schleifringen des FW in Parallelschaltung zugeführt. Außerdem kann der FW auch noch eine dem primären Strom proportionale Stromkomponente durch den Transformator t erhalten, um dem Regelsatz Kompoundverhalten zu verleihen. Der Kondensator K kompensiert die eigene Blindleistung des FW und der Doppeldrehtransformatoren mit Drossel. Bei dem Regelsatz der Abb. 414 fällt der in Abb. 413 noch erforderliche Hilfserregermaschinensatz E_1–E_2–A, der allerdings nur für eine kleine Leistung zu bemessen ist, weg. Dafür ist die

Drossel D erforderlich, deren Blindleistung ein Mehrfaches der Leistung der Erregermaschine E_1 in Abb. 413 betragen soll.

In Abb. 415 ist die Schaltung eines Netzkupplungsumformers der AEG dargestellt [L 413]. Die Erregerwicklung E der mit der IM gekuppelten HM wird hier von einem ebenfalls mit der IM gekuppelten FW F gespeist. Dieser erhält, wenn wir zunächst von dem Reihentransformator t absehen, seinen den Schleifringen zugeführten Strom von der Erregermaschine E, die von einem Induktionsmotor A angetrieben wird. Die Erregermaschine ist eine Induktionsmaschine, deren Schleifringe von einem mit ihr gekuppelten kleinen FW f gespeist werden, der mit seinen Schleifringen über die beiden Doppeldrehtransformatoren DT_1 und DT_2 am Netz der IM liegt. An den

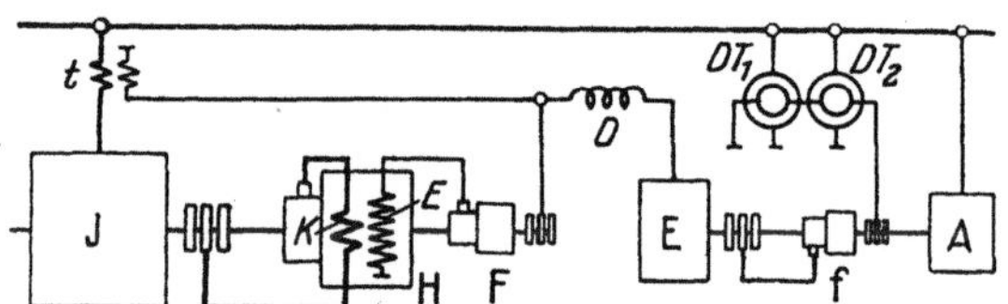

Abb. 415. Kupplungsumformeranlage der AEG.

Klemmen der EM erhält man dann wieder Spannungen der Netzfrequenz (unabhängig vom Schlupf des Antriebsmotors A), mit denen die Schleifringe des FW F gespeist werden. Die zwischen der Erregermaschine E und dem FW F geschaltete Drossel D hat, ähnlich wie bei der Schaltung in Abb. 414, die Aufgabe, den mit dem Schlupf der IM wechselnden Blindwiderstand der Erregerwicklung E der HM unschädlich zu machen; sie nimmt etwa 60 bis 80% der von der EM gelieferten Spannnng auf. Die Spannungen der Sekundärwicklungen der beiden Doppeldrehtransformatoren (hier Spannungstransformatoren) sind gegeneinander um eine Viertelperiode phasenverschoben, so daß durch den einen die Wirkleistung, durch den andern die Blindleistuug durch selbsttätige Regler geregelt werden kann. Die nun noch auf die Schleifringe des FW F geschaltete Wicklung des Reihentransformators t dient (wie bei Abb. 414) zur Kompoundierung. Sie kann mit dem Stromkreis der EM parallel geschaltet werden, weil der Widerstand in diesem Kreise durch die Drossel groß ist. Die HM ist bei der Schaltung der AEG nicht als Scherbius-Maschine, sondern mit 6 Teilpolen nach Abb. 362 ausgeführt.

Statt des Erregermaschinensatzes mit den beiden Doppeldrehtransformatoren in Abb. 415 kann auch, wie wir schon in Abb. 392 gezeigt haben, ein Erregermaschinensatz mit Synchronmaschinen verwendet werden, wobei Wirk- und Blindleistung durch selbsttätige Regler, die den Widerstand in den Gleichstromerregerkreisen einstellen, geregelt werden.

4. Netzkupplungen mit Induktionsmaschinen, die sich wie Synchronmaschinen verhalten.

a. Die doppeltgespeiste Induktionsmaschine. Legt man die Ständerwicklung einer Drehfeld-Induktionsmaschine an ein Mehrphasennetz mit der Frequenz f_1 und die Läuferwicklung an ein solches mit der Frequenz f_2 (Abb. 416), so nimmt der Läufer eine solche Drehzahl an, daß die beiden vom Ständer und vom Läufer erregten Drehfelder mit derselben Geschwindigkeit im Raume umlaufen. Laufen beide Drehfelder gegen ihre Wicklung im selben Sinne um, so ist die Drehzahl des Läufers

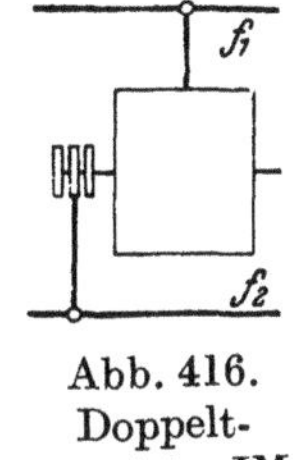

Abb. 416.
Doppeltgespeiste IM.

$$n = n_1 \frac{f_1 - f_2}{f_1} \quad \text{mit} \quad n_1 = \frac{f_1}{p}, \quad (631\,\text{a u. b})$$

worin n_1 die Drehzahl des Drehfeldes im Ständer ist. Wir erhalten eine doppeltgespeiste Induktionsmaschine, die sich nach Abschn. L 6, Bd. IV, wie eine Synchronmaschine verhält. Auch die IM mit HM, wie wir sie in früheren Abschnitten angewendet haben, ist eine doppeltgespeiste Induktionsmaschine. Sie verhält sich aber in jenen Schaltungen wie eine IM, weil dem Läufer stets Spannungen von Schlupffrequenz zugeführt werden, so daß in Gl. 631a stets $f_2 = s f_1$ und $n = (1 - s) n_1$ ist.

Liegen die Frequenzen f_1 und f_2 fest, so behält der Läufer die durch Gl. 631a gegebene Drehzahl auch dann bei, wenn auf seine Welle ein Drehmoment ausgeübt wird. Ist dieses so gerichtet, daß es im Sinne des vom Läufer

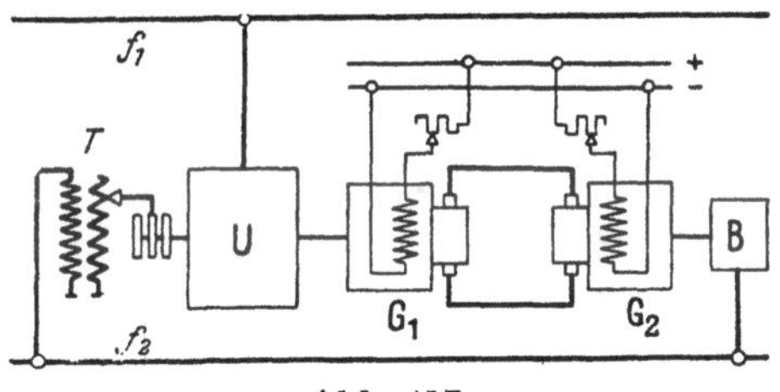

Abb. 417.
Netzkupplung mit Induktionsumformer.

erregten Drehfeldes wirkt, so wird dieser gegen das Ständerdrehfeld vorgeschoben, also nach Abschn. II 5a u. II F 2a, Bd. II, Leistung auf das Netz, an dem die Ständerwicklung liegt, übertragen. Wirkt das Drehmoment umgekehrt, so wird dem Netz der Ständerwicklung Leistung entzogen. Man hat dieses Verhalten der doppeltgespeisten Induktionsmaschine zur Kupplung von Mehrphasennetzen angewandt.

b. Der Induktionsumformer. Mit der doppeltgespeisten Induktionsmaschine, dem Induktionsumformer (IU) U in Abb. 417, ist eine Gleichstrommaschine G_1 gekuppelt, die auf einen Leonard-Umformer (Abschn. III D 1c, Bd. 1), bestehend aus der Gleichstrommaschine G_2 und der Belastungsmaschine B, geschaltet ist. Durch die Erregung der

Gleichstrommaschinen läßt sich der Leistungsfluß von einem zum andern Netz einstellen. Werden die Gleichstrommaschinen so erregt, daß die Maschine G_1 der Welle des IU eine Verdrehung im Sinne der Drehrichtung des Drehfeldes erteilt, so fließt die Leistung vom Netz f_2 einerseits über die Schleifringe des IU, andrerseits über den Leonard-Umformer zum Netz f_1. Erregt man die Gleichstrommaschinen so, daß die Welle des IU gegen das Drehfeld zurückgedreht wird, so fließt die Leistung umgekehrt. Die Wirkleistung läßt sich durch ein Leistungsrelais steuern, das die Erregung der Maschine G_2 beeinflußt. Die Regelung der Blindleistung kann wie bei einer Synchronmaschine (Abschn. II F 2a u. III C 4, Bd. II) durch Ändern der Spannung an einem der beiden Netze erfolgen, etwa durch Stufen- oder Doppeldrehtransformator (T) mit Hilfe eines $\cos \varphi$-Reglers. Die Spannungsregelung erfolgt zweckmäßig im Läuferkreis des IU, da dieser Kreis in der Regel für niedrigere Spannung bemessen werden muß.

Die Leistungen der Ständer- und der Läuferwicklung des IU ergeben sich zu

$$N_1 = 2\pi n_1 M = \frac{\omega_1}{p} M \quad \text{und} \quad N_2 = 2\pi n_2 M = \frac{\omega_2}{p} M = \frac{f_2}{f_1} N_1, \qquad \text{(632a u. b)}$$

die der Gleichstrommaschinen und der Belastungsmaschine (bei Vernachlässigung ihrer Verluste) zu

$$N_B = \frac{f_1 - f_2}{f_1} N_1. \qquad \text{(632c)}$$

Wenn die Frequenzen der beiden Netze nur wenig voneinander abweichen, wird nach Gl. 631a die Drehzahl der Gleichstrommaschine G_1 sehr klein, so daß sich eine mechanische Übersetzung zwischen IU und G_1 empfiehlt, um G_1 möglichst klein bemessen zu können. Die Drehzahl des Leonard-Umformers kann beliebig gewählt werden.

Netzkupplungen mit Induktionsumformer für Dreiphasennetze sind für Frequenzen $f_1 = 50$ Hz und $f_2 = 42$ Hz ausgeführt worden [L 415]. Bei sehr großem Unterschied der Frequenzen werden die Verhältnisse ungünstiger. So erhält man z.B. bei einem Verhältnis $f_1/f_2 = 3$ nach Gl. 632c die Leistungen der Maschinen G_1, G_2 und B je zu $^2/_3 N_1$. Die Gesamtleistung der vier Maschinen ist also $3 N_1$, wozu noch der Transformator zwischen den Schleifringen des IU und dem Netz, der zur Blindleistungsregelung als Stufen- oder Drehtransformator auszubilden ist, hinzukommt. Bei den Regelsätzen im Abschn. 3 ergibt sich dagegen nur eine Gesamtleistung der Maschinen von wenig mehr (je nach der Größe der Frequenzschwankung) als $2 N_1$. Wenn das eine Netz ein Einphasennetz ist, kommt der Induktionsumformer nicht in Frage.

c. Schaltung von A. Leonhard. Eine andere Schaltung (Abb. 418) ist neuerdings von A. Leonhard angegeben worden [L 416 u. 417]. An dem einen Netz liegt eine IM (J), am andern eine doppeltgespeiste Induktionsmaschine (S), die über ihre Schleifringe von einer mit ihr gekuppelten HM erregt wird. Wird die Erregerwicklung dieser HM von dem Stromwender eines FW F gespeist, dessen Schleifringe am Netz liegen und der von einer willkürlich regelbaren Maschine A angetrieben wird, so verhält sich die Maschine wie eine Synchronmaschine, die mit veränderlicher Drehzahl läuft, je nach der Frequenz der ihr über die HM durch den FW F zugeführten Spannung. Der Läufer der Maschine S stellt sich selbsttätig so ein, daß das verlangte Moment, das durch die am andern Netz liegende IM bestimmt ist, abgegeben werden kann. Zur Regelung der Blindleistung dient der Doppeldrehtransformator DT. Zur selbsttätigen Regelung von Frequenz und Lei-

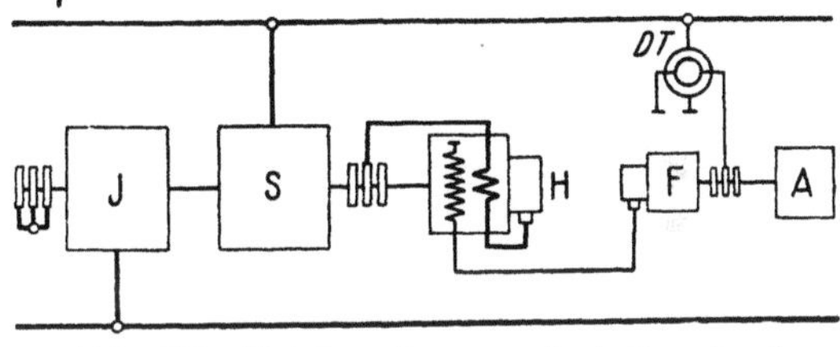

Abb. 418. Netzkupplung nach A. Leonhard.

stung verwendet Leonhard zwei miteinander gekuppelte läufergespeiste Nebenschlußmaschinen, von denen die eine von dem einen, die andere von dem andern Netz gespeist wird.

F. Regelsätze mit IM und Gleichstrom-HM.
1. Die Kraemer-Schaltung.

a. Schaltung und Anwendung. Die älteste Ausführung mit HM ist die Kraemer-Schaltung[1]), bei der die HM eine mit der IM gekuppelte Gleichstrommaschine ist, in Schaltung nach Abb. 419 a. Die Schleifringe der IM sind mit denen eines frei (ohne Antrieb) umlaufenden „Zwischenumformers" U leitend verbunden, der gleichstromseitig auf den Ankerzweig der HM H geschaltet ist. Die Drehzahl des Umformers wird durch die Schlupffrequenz sf der IM bestimmt; der Umformer (im folgenden kurz U genannt) läuft also bei kleinen Schlupfwerten ganz langsam um. Die Spannung auf der Gleichstromseite des U ist durch die Schleifringspannung und die Zahl der Schleifringe bestimmt. Die Leerlaufdrehzahl der IM kann durch den Widerstand r_H im Erregerkreis der HM, die Blindleistungslieferung an das Netz, an dem die Primärwicklung der IM liegt, durch den Widerstand r_U im Erregerkreis von U eingestellt werden.

[1]) Sie bildet den Inhalt des DRP. 177270 (Kraemer-Felten, Guilleaume, Lahmeyer), ist aber schon in dem älteren DRP. 155860 (Linsenmann-SSW) enthalten.

Die HM kann auch getrennt von der zu regelnden IM aufgestellt und mit einer besonderen Belastungsmaschine B in Abb. 419b gekuppelt werden, die die von der IM an den U abgegebene Schlupfleistung an das Netz zurückgibt. Die wesentlichen Unterschiede der beiden Schaltungen haben wir schon im Abschn. D 1 erläutert. Während in der Schaltung nach Abb. 419a die ganze vom Netz zugeführte Leistung (bei Vernachlässigung der Verluste) an der Welle der IM zur Verfügung steht, und zwar unabhängig von der Drehzahl der IM, ist im Falle der Schaltung nach Abb. 419b die Leistung an der Welle der IM dem Produkt aus Drehzahl der IM und der ihr vom Netz zugeführten Leistung proportional.

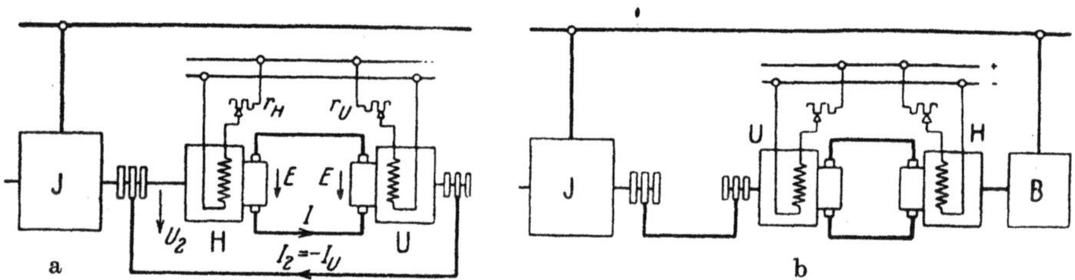

Abb. 419a u. b. Regelsätze mit Gleichstrom-HM. a) Kupplung der HM mit der IM; b) getrennter Antrieb der HM.

In der Regel wird die HM mit der IM unmittelbar oder (bei langsam laufender IM) über Riemen gekuppelt. Im letzten Falle erhält die HM noch einen Fliehkraftschalter, der bei abfallendem Riemen den Ankerstromkreis der HM unterbricht, um die HM vor zu hoher Drehzahl zu schützen.

Die Kupplung der HM mit der IM ergibt bei konstanter Leistungslieferung des Netzes wachsendes Drehmoment mit sinkender Drehzahl, wie es der Antrieb von Walzwerken, wofür der Regelsatz mit Gleichstrom-HM oft verwendet wird, verlangt. Auch zur Kupplung von Wechselstromnetzen können die Schaltungen in den Abb. 419a u. b verwendet werden. Mit der IM wird dann die Synchronmaschine mechanisch gekuppelt, die an dem andern Netz liegt, mit dem das erste elastisch gekuppelt werden soll. Die Schaltung auf der Seite der IM ist dann dieselbe wie in Abb. 419a oder b, die Art der Regelung haben wir schon im Abschn. E besprochen.

Der Regelsatz wird gewöhnlich nur für untersynchronen Betrieb der IM ausgeführt. In der Nähe der synchronen Drehzahl neigt der Umformer zum Pendeln und fällt leicht außer Tritt (vgl. Abschn. e). Das ist für Vollast etwa bei 2,5 Hz am U zu befürchten, also bei einem Schlupf $s = 0,05$, wenn die Netzfrequenz 50 Hz ist. Im übersynchronen Bereich ist zwar die Regelung möglich, aber in der Nähe der synchronen

Drehzahl fällt der Regelbereich zwischen $s \approx 0{,}05$ und $s \approx -0{,}05$ aus. Die Regelung im unter- und übersynchronen Bereich ermöglicht zwar eine kleinere HM; die IM muß dann aber für eine kleinere synchrone Drehzahl bemessen werden, so daß die gesamten Anschaffungskosten nicht wesentlich geringer werden. Man beschränkt sich deshalb auf den lückenlosen Regelbereich bei untersynchronen Drehzahlen.

Der Regelsatz mit Gleichstrom-HM wird häufig dem in den Abschn. D bis E behandelten mit Drehstrom-HM besonderer Bauart vorgezogen, weil er sich aus Maschinen der allgemein üblichen Bauart zusammensetzt. Bei den folgenden Untersuchungen beschränken wir uns auf die wichtigere Schaltung, bei der die HM mit der IM gekuppelt ist (Abb. 419a).

b. Die Spannungsgleichungen. In Abb. 420 c ist das Vektordiagramm für die Sekundärwicklung der IM durch stärkere Linien dargestellt. Es ist mit den Zählpfeilen nach Abb. 419 a

$$\dot{U}_2 + (R_2 + j\,s\,X_{2\sigma})\,\dot{I}_2 = s\,\dot{E}_{20}. \tag{633a}$$

Für den Umformer erhalten wir wechselstromseitig bei Vernachlässigung des sehr kleinen Wirkspannungsverlustes das durch schwächere Linien dargestellte Spannungsdiagramm, wobei die Darstellung in Abb. 469 b, Bd. II, zugrunde gelegt ist. Für die im U wechselstromseitig induzierte EMK $\tilde{E}$, die bei Vernachlässigung des verschwindend kleinen Querfeldes gleich der Längs-EMK des U ist (vgl. Abschn. III B 1, Bd. II), gilt

$$\tilde{E} = \dot{U}_2 + j\,s\,X_{\sigma U}\,\dot{I}_U = \dot{U}_2 - j\,s\,X_{\sigma U}\,\dot{I}_2. \tag{633b}$$

Die mit $j\tilde{E}$ phasengleiche Blindkomponente $-\dot{I}_{Ub}$ von $\dot{I}_2$ kann durch Übererregen des U eingestellt werden.

Für die EMK auf der Gleichstromseite des U schreiben wir

$$\bar{E} = \ddot{u}\,\tilde{E}. \tag{633c}$$

Die Übersetzung $\ddot{u}$ hängt fast nur von der Zahl der Schleifringe des U ab. Im Abschn. III A 2 a, Bd. II, hatten wir mit $\ddot{u}_E$ das Verhältnis zwischen $\bar{E}$ und der EMK eines Strangs der geschlossenen Wechselstromwicklung des U bezeichnet. Hier denken wir uns die in Vieleck geschaltete Umformerwicklung auf der Wechselstromseite durch eine in Stern geschaltete Wicklung ersetzt, auf die $\ddot{u}$ zu beziehen ist. Nur bei 6 Schleifringen ist dann $\ddot{u} = \ddot{u}_E$, bei 3 Schleifringen ist $\ddot{u} = \sqrt{3}\,\ddot{u}_E$. So ist z.B. bei 3 Schleifringen nach Zahlentafel 29, Bd. II, $\ddot{u}_E \approx 1{,}63$, also $\ddot{u} \approx 2{,}83$.

Der EMK $\bar{E}$ wirkt die in der HM induzierte Bewegungs-EMK E entgegen, so daß der Strom in der HM

$$I = \frac{\bar{E} - E}{R_G} \tag{634a}$$

ist, wenn R_G den Widerstand des Gleichstromkreises bezeichnet. Rechts neben dem Wechselstromdiagramm in Abb. 420c sind EMK und Strom der HM durch gestrichelte Linien dargestellt (zur Erleichterung des Vergleiches mit $\overset{\approx}{E} = \tilde{E}/\ddot{u}$ ist nicht $\dot{E}$, sondern $E/\ddot{u}$ angegeben und zur Platzersparnis $-\dot{I}$ statt $\dot{I}$). Da in Abb. 420c $E < \bar{E}$ ist, ist nach Gl. 634a I negativ, d. h. der Strom I fließt entgegen der in Abb. 419a als positiv bezeichneten Richtung. Für E schreiben wir

$$E = (1 - s)\, E_0 , \tag{634b}$$

worin E_0 die EMK bezeichnet, die bei synchroner Drehzahl der IM in der HM induziert werden würde.

Dem Gleichstrom I entspricht der Wirkstrom I_{Uw} auf der Wechselstromseite des U. Mit der Stromübersetzung $\ddot{u}_{IS}$ zwischen I und I_{Uw} (Abschn. III A 2b, Bd. II) ist

$$I = \ddot{u}_{IS}\, I_{Uw} . \tag{634c}$$

I_{Uw} ist die Komponente des Umformerstromes $\dot{I}_U = -\dot{I}_2$ in Phase mit $\overset{\approx}{E}$ (ist diese in Gegenphase zu $\overset{\approx}{E}$, so sind I und I_{Uw} negativ); bei 3 Schleifringen ist z. B. $\ddot{u}_{IS} \approx 1{,}06$ (Zahlentafel 29, Bd. II). Es ist also nach Gl. 633c mit den Gl. 634a bis c

$$\tilde{E} = \frac{(1 - s)\, E_0 - \ddot{u}_{IS}\, R_G\, I_{Uw}}{\ddot{u}} . \tag{634}$$

c. Leerlauf. Wir betrachten zunächst den Leerlauf der IM. In Abb. 420a sind hierfür die grundsätzlichen Strom- und Spannungsdiagramme gemäß den Gl. 633a u. b und 634a bis c aufgezeichnet. Links ist durch voll ausgezogene Linien das Diagramm für den Sekundärkreis der IM und das des U, rechts durch gestrichelte Linien EMK und Strom der Gleichstrom-HM dargestellt. Zwischen Leerlaufschlupf s_0 und Magnetisierungsstrom I_{20} im Sekundärkreis der IM (Eisenverluste vernachlässigt) besteht die reelle Gleichung

$$\tilde{E}^2 = s_0^2\, (E_{20} + X_\sigma I_{20})^2 + (R_2 I_{20})^2 \quad \text{mit} \quad X_\sigma = X_{2\sigma} + X_{\sigma U}. \tag{635a u. b}$$

Mit $\tilde{E}$ können wir aus Gl. 634 die EMK $E = (1 - s_0)\, E_0$ der HM berechnen, die durch den Regelwiderstand r_H in Abb. 419a einzustellen ist, um den verlangten Wert von s_0 zu erhalten. Der Magnetisierungsstrom I_{20} kann durch die Erregung des U eingestellt werden. Da bei Leerlauf $\bar{E}$ und E nur wenig voneinander abweichen, ist die Berechnung von I nach Gl. 634a und von I_{Uw} nach Gl. 634c ungenau. Es verhält sich nun nach Abb. 420a $I_{Uw} : I_{20}$ wie $R_2 I_{20} : \tilde{E}$; wir erhalten also bei Leerlauf

$$I_{Uw} = \frac{R_2 I_{20}^2}{\tilde{E}} . \tag{634d}$$

Bei Leerlauf ist $E > \bar{E} = ü\widetilde{E}$, der Gleichstrom I fließt also im Sinne der in Abb. 419a eingezeichneten Richtung, d.h. die HM arbeitet als Generator, der U gleichstromseitig als Motor, wechselstromseitig als Generator. Wechselstromseitig wird also vom U die Leistung $m_2 \bar{E} I_{Uw} = m_2 R_2 I_{20}^2$ (Gl. 634d) der Sekundärwicklung der IM zugeführt; der U deckt die Stromwärmeverluste in der Sekundärwicklung der IM.

Um eine kleinere Leerlaufdrehzahl der HM, also einen größeren Leerlaufschlupf einzustellen, muß der Erregerstrom der HM verstärkt

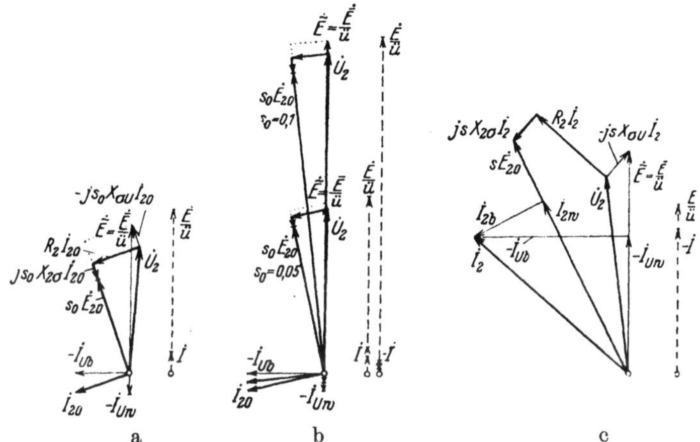

Abb. 420a bis c. Vektordiagramme zu Abb. 419a. a) Grundsätzliches Diagramm bei Leerlauf; b) für Zahlenbeispiel, c) bei Belastung ($s_0 = 0{,}05$, $s = 0{,}087$).

werden. Die gleichstromseitig dem U zugeführte Leistung wächst dann und dadurch die Drehzahl des U. Der größeren Drehzahl des U entspricht eine größere Schlupffrequenz sf der IM, also eine kleinere Drehzahl. Es stellt sich ein Gleichgewichtszustand ein, der durch die Erregung der HM gegeben ist.

Für die praktisch in Frage kommenden Schlupfwerte ($s_0 \gtrless 0{,}05$) können wir in Gl. 635a $(R_2 I_{20})^2$ gegen $s_0^2 (E_{20} + X_\sigma I_{20})^2$ vernachlässigen, und ebenso in Gl. 634 $ü_{1S} R_G \dot{I}_{Uw}$ gegen $(1-s)E_0$, da bei Leerlauf I_{Uw} sehr klein ist (vgl. Abb. 420b). Wir erhalten dann mit praktisch hinreichender Genauigkeit

$$s_0 \approx \frac{E_0}{E_0 + ü\,(E_{20} + X_\sigma I_{20})}. \tag{636}$$

Bei festem Blindstrom I_{20} ist das zweite Glied im Nenner unveränderlich, und wir erkennen, daß durch Ändern von E_0 (Einstellen von r_H in Abb. 419a) die Leerlaufdrehzahl geregelt werden kann.

Um die Größenverhältnisse in einem praktischen Fall abzuschätzen, legen wir eine IM für 300 kW-Nennleistung bei 50 Hz Netzfrequenz mit $E_{20} = 500$ V,

$I_{2N} = 200$ A Läufernennstrom, $X_{2\sigma} = 0{,}312\,\Omega$, $R_2 = 0{,}075\,\Omega$ (bei kurzgeschlossenen Schleifringen $s_N = 0{,}03$) zugrunde. Den Streublindwiderstand des U nehmen wir zu $X_{\sigma U} = X_{2\sigma} = 0{,}312\,\Omega$, den Wirkwiderstand zu $R_U = R_2 = 0{,}075\,\Omega$ an, wobei diese Werte für eine gedachte Sternschaltung gelten. Der Widerstand des Ankerzweiges auf der Gleichstromseite des U ist dann bei reinem Gleichstrombetrieb $9\,R_U/4 = 0{,}169\,\Omega$ (Gl. 624b, Bd. II, mit $R_U = \widetilde{R}_e/3$). Diesen Widerstand setzen wir gleich dem Widerstand R_G im ganzen Gleichstrom-Ankerkreis, da bei Umformerbetrieb der Gleichstromwiderstand des U fast verschwindet; es ist also $R_G = 0{,}169\,\Omega$. Nehmen wir beispielsweise drei Schleifringe an, so ist $\ddot{u} = 2{,}83$, $\ddot{u}_{IS} = 1{,}06$.

In Abb. 420b sind hierfür die Strom- und Spannungsdiagramme der IM und des U für die Leerlaufschlupfwerte $s_0 = 0{,}05$ und $s_0 = 0{,}1$ bei einem Leerlaufstrom $I_{20} = 80$ A dargestellt. Die Bedeutung der nichtbeschrifteten Spannungsverluste geht aus Abb. 420a hervor, die Schleifringspannung $\dot{U}_2$ ist fast phasengleich mit der EMK $\widetilde{E}$. Es ist für $s_0 = 0{,}05$ nach Gl. 635a $\widetilde{E} = \overline{E}/\ddot{u} = 28{,}15$ V, nach Gl. 634 $E/\ddot{u} = (1 - s_0)E_0/\ddot{u} = 29{,}2$ V, nach Gl. 634d $I_{Uw} = 17{,}05$ A und für $s_0 = 0{,}1$ $\widetilde{E} = 55{,}4$, $E/\ddot{u} = 62{,}2$ V, $I_{Uw} = 8{,}68$ A. Mit den Werten E_0 und $I_{20} = 80$ A erhalten wir nach der Näherungsgleichung 636 $s_0 \approx 0{,}053$ und $s_0 \approx 0{,}1015$. Mit wachsendem Schlupf wird der Fehler kleiner; in der Drehzahl $n_0 = (1 - s_0)n_1$ macht er sich für $s_0 < 0{,}5$ noch weniger bemerkbar als im Schlupf.

d. Belastung. Wird nun die IM als Motor belastet, so sinkt ihre Drehzahl; die Frequenz an ihren Schleifringen wird größer und damit die Drehzahl des U. Wenn die für die Leerlaufdrehzahl der IM eingestellte Erregung der HM nicht geändert wird, sinkt mit der Drehzahl der IM auch die EMK $E = (1 - s)E_0$. Schon bei kleiner Belastung wird $E < \overline{E}$, so daß der Gleichstrom I seine Richtung in Abb. 419a ändert und dann mit wachsender Belastung anwächst. Der U entnimmt dem Sekundärkreis der IM Leistung, die er an die HM abgibt, die dann als Motor arbeitet und ihre Leistung der Welle der IM zuführt.

In Abb. 420c sind die zu den Leerlaufdiagrammen in Abb. 420b mit $s_0 = 0{,}05$ gehörigen Vektordiagramme bei Belastung mit $I_{2w} = 200$ A aufgezeichnet. Es ist dabei angenommen, daß der Blindstrom auf einem festen Wert $I_{2b} = I_{20} = 80$ A gehalten wird; der Schlupf stellt sich dabei auf $s = 0{,}0874$ ein.

Zerlegen wir die Spannungsverluste in Komponenten in Phase oder Gegenphase zu $\dot{E}_{20}$ und zu $j\dot{E}_{20}$, so erhalten wir nach Abb. 420c die reelle Gleichung

$$\widetilde{E}^2 = [s\,(E_{20} + X_\sigma I_{2b}) - R_2 I_{2w}]^2 + (s\,X_\sigma I_{2w} + R_2 I_{2b})^2. \tag{637}$$

Würden wir darin $\widetilde{E}$ nach Gl. 634 ersetzen, so erhielten wir für s eine Gleichung 4. Grades. Wir wollen uns deshalb mit einer Näherungslösung für s begnügen.

Für den negativ genommenen Wirkstrom des U erhalten wir nach Abb. 420c mit der Abkürzung nach Gl. 635b

$$\left. \begin{aligned} -I_{Uw} &= I_{2w}\,[\cos(\dot{E}_{20},\ \dot{\widetilde{E}})] - I_{2b}\,[\sin(\dot{E}_{20},\ \dot{\widetilde{E}})] \\ &= I_{2w}\,\frac{sE_{20} + s\,X_\sigma I_{2b} - R_2 I_{2w}}{\widetilde{E}} - I_{2b}\,\frac{s\,X_\sigma I_{2w} + R_2 I_{2w}}{\widetilde{E}}. \end{aligned} \right\} \tag{638}$$

Führen wir diesen Strom in Gl. 634 ein, so wird

$$\widetilde{E} = \frac{(1-s)\,E_0}{\ddot{u}} + \frac{\ddot{u}_{IS}}{\ddot{u}}\,R_G\,\frac{s\,E_{20}I_{2w} - R_2(I_{2w}^2 + I_{2b}^2)}{\widetilde{E}}. \qquad (638\,\mathrm{a})$$

Das zweite Glied ist gegenüber dem ersten verhältnismäßig klein (etwa $<0{,}2$ des ersten), so daß wir dafür eine Näherung einführen können. Wir setzen

$$\frac{s\,E_{20}I_{2w} - R_2(I_{2w}^2 + I_{2b}^2)}{\widetilde{E}} \approx \frac{s\,E_{20} - R_2 I_{2w}}{\widetilde{E}}\,I_{2w} \approx I_{2w} \qquad (638\,\mathrm{b})$$

(vgl. Abb. 420 c). Damit geht Gl. 638 a über in

$$\widetilde{E} \approx \frac{E_0 + \ddot{u}_{IS}R_G I_{2w} - s\,E_0}{\ddot{u}}. \qquad (639)$$

Setzen wir diesen Näherungswert in Gl. 637 ein, so erhalten wir eine quadratische Gleichung für s. Die Lösung lautet

$$s \approx A + \sqrt{A^2 + B} \qquad (640)$$

mit den Abkürzungen

$$A = \frac{\ddot{u}^2\,E_{20}R_2 I_{2w} - E_0(E_0 + \ddot{u}_{IS}R_G I_{2w})}{\ddot{u}^2\,[(E_{20} + X_\sigma I_{2b})^2 + (X_\sigma I_{2w})^2] - E_0^2}, \qquad (640\,\mathrm{a})$$

$$B = \frac{(E_0 + \ddot{u}_{IS}R_G I_{2w})^2 - \ddot{u}^2\,R_2^2(I_{2w}^2 + I_{2b}^2)}{\ddot{u}^2\,[(E_{20} + X_\sigma I_{2b})^2 + (X_\sigma I_{2w})^2] - E_0^2}. \qquad (640\,\mathrm{b})$$

Wir können nach Gl. 640 bei vorgeschriebenen Stromkomponenten I_{2w} und I_{2b} und den für Leerlauf eingestellten Wert E_0 den Schlupf angenähert berechnen. Die Annäherung ist um so besser, je größer der Leerlaufschlupf s_0 ist. Für die Belastung mit $I_{2w} = 200\,\mathrm{A}$ und Blindstrom $I_{2b} = 80\,\mathrm{A}$ $(= I_{20}$ bei Leerlauf) ergibt sich bei dem Leerlaufschlupf $s_0 = 0{,}05$ $(E_0 = 30{,}8\,\mathrm{V})$ nach Gl. 640 $s_0 \approx 0{,}093$, $n \approx 0{,}907\,n_1$, während die genaueren Werte $s = 0{,}0874$, $n = 0{,}913\,n_1$ sind.

Durch Vergleich der Abb. 420 c mit Abb. 420 b für $s_0 = 0{,}05$ erkennen wir den Vorgang, der sich bei Belastung der IM vollzieht. Besonders zu beachten ist die Änderung der EMKe $\bar{E}$ und E auf der Gleichstromseite, die erst einen Richtungswechsel des Gleichstromes I und dann ein Anwachsen mit der Belastung zur Folge hat.

e. Kompoundverhalten. In vielen Fällen, besonders zur Deckung von plötzlichen Belastungsstößen durch die Energie der Schwungmassen, die mit dem Läufer der IM umlaufen, wird Kompoundverhalten der IM verlangt. Dies läßt sich in einfacher Weise dadurch erreichen, daß in der HM eine zusätzliche (in Abb. 419a nicht eingezeichnete) Reihenschlußwicklung angeordnet wird, die vom Gleichstrom I durchflossen wird. Wenn der Sinn dieser Wicklung so gewählt wird, daß bei größeren Belastungen die Durchflutung der Reihenschlußwicklung die der fremderregten Wicklung unterstützt, so bleibt für eine eingestellte Leerlaufdrehzahl E_0 in den Gleichungen der Abschn. b bis d nicht

konstant, sondern wächst mit der Belastung und hat ein weiteres Absinken der Drehzahl der IM zur Folge. Bei demselben Schlupf der IM
und denselben Wirk- und Blindströmen I_{2w} und I_{2b} bleibt zwar das
Vektordiagramm im Sekundärkreis der IM dasselbe, zu demselben Belastungsschlupf gehört aber ein anderer Leerlaufschlupf, als er sich
ohne Reihenschlußwicklung der HM ergibt.

Nehmen wir an, daß die HM bei allen Belastungen noch im geradlinigen Teil ihrer magnetischen Kennlinie arbeitet, und bezeichnet K
den Faktor, der durch Multiplikation mit dem Gleichstrom I die von
der Reihenschlußwicklung in der HM bei synchroner Drehzahl induzierte EMK ergibt, so ist in den Gleichungen der Abschn. b bis d
an Stelle von E_0 zu setzen

$$E_0' = E_0 - K I = E_0 - \ddot{u}_{IS} K I_{Uw}. \tag{641}$$

Dabei ist zu beachten, daß bei Leerlauf I positiv ist, bei sehr kleiner
Belastung Null und bei größerer negativ wird. Bei demselben Leerlaufschlupf wird dann nach Gl. 634, wenn darin E_0 durch E_0' nach Gl. 641
ersetzt wird, E_0 mit Reihenschlußwicklung größer als E_0 ohne Reihenschlußwicklung der HM. In der Näherungsgleichung 636 für s_0 kann
der Wert E_0 ohne Reihenschlußwicklung eingesetzt werden.

Durch einen regelbaren Widerstand, der der Reihenschlußwicklung
parallel geschaltet ist, kann der Grad der Kompoundierung eingestellt
werden.

f. Der Umformer. Obwohl der U nur die Schlupfleistung der IM
in Gleichstrom umzuformen hat, muß seine auf die synchrone Drehzahl
bei Netzfrequenz bezogene Leistung doch gleich der vollen Leistung der
IM sein, weil er die Schlupfleistung bei entsprechend kleinerer Drehzahl
umzuformen hat. Die kleinen Drehzahlen des U erfordern auch eine
besondere Fremdbelüftung. Die Polzahl sollte also möglichst klein
sein; gewöhnlich wird der U vierpolig, bei größeren Leistungen mehr-
polig ausgeführt (vgl. Abschn. III F 1 b, Bd. II). Bei kleinen Leistungen der IM, etwa bis zu 500 kW, wird er dreiphasig, für größere
Leistungen sechsphasig aufgeführt, um die Stromwärmeverluste, die
besonders bei stärkerer Übererregung zur Verbesserung des Leistungsfaktors der IM auftreten, einzuschränken (Abschn. III A 3, Bd II).

Bei kleineren Schlupfwerten und plötzlichen Drehzahländerungen
besteht die Gefahr, daß der U außertritt fällt, weil das synchroni-
sierende Drehmoment (Abschn. II F 2d, Gl. 327, Bd. II) dann sehr
klein wird. Die Gefahr läßt sich durch ein genügend reichlich bemes-
senes Schwungrad auf der Welle des U mildern, doch wird gewöhnlich
davon nicht Gebrauch gemacht, sondern die Regelung bis auf gewisse
kleinste Werte des Schlupfes beschränkt. Außerdem neigt der U bei

sehr kleinen Schlupfwerten zu freien Pendelungen, weil nach Abschn. II H 3, Bd. II, eine negative Dämpfung auftritt, die der 3. Potenz des Schlupfes umgekehrt proportional und um so stärker ist, je mehr der U übererregt ist. Der U wird deshalb mit einer gut wirkenden Käfigdämpferwicklung (Abschn. II H 4, Bd. II), die auch zum asynchronen Anlauf dient, ausgerüstet. Außerdem wird bei kleinen Schlupfwerten nicht der volle Blindstrom eingestellt, um der Pendelgefahr zu entgehen. Der kleinste, noch bei Vollast zulässige Schlupf liegt etwa bei $s = 0{,}05$, wenn die Netzfrequenz 50 Hz beträgt. Bei Leerlauf kann man noch näher an die synchrone Drehzahl der IM herankommen.

Bei starken Belastungsschwankungen und plötzlichen Drehzahländerungen kann der Fluß in der Wendepolwicklung des U dem Belastungsstrom nicht folgen, weil die Käfigwicklung dämpfend wirkt. Die Wendepole sind dann nur schädlich; der U wird in solchen Fällen ohne Wendepole ausgeführt [L 418].

Vernachlässigen wir den Wirkspannungsverlust in der Sekundärwicklung der IM, so ist die Klemmenspannung U_2 am U dem Schlupf s proportional, der Fluß im U also unabhängig vom Schlupf der IM. Unter dem Einfluß des Wirkspannungsverlustes $R_2 I_2$ in der IM sinkt U_2 bei kleinen Schlupfwerten verhältnismäßig stärker als bei großen (vgl. Abb. 420 c). Der U verhält sich deshalb, wenn seine Gleichstromerregung fest bleibt, bei kleinen Schlupfwerten stärker übererregt als bei großen (vgl. Abschn. III C 4, Bd. II). Der Blindstrom würde also mit sinkender Drehzahl (wachsendem Schlupf) kleiner werden. Um dies zu verhindern, erhält der U noch eine in den Abb. 419a u. b nicht eingezeichnete Nebenschlußerregerwicklung, die an die Bürsten seines Stromwenders angeschlossen ist. Mit wachsendem Schlupf wird dadurch die Erregung des U verstärkt, so daß der Blindstrom angenähert unabhängig vom Schlupf wird.

Um zu verhindern, daß der U bei Schaltfehlern eine unzulässig hohe Drehzahl annimmt, erhält er noch einen Fliehkraftschalter, der bei zu großer Drehzahl die Stromkreise unterbricht.

2. Der Kaskadenumformer.

a. Schaltung. Auch beim Kaskadenumformer (KU) ist die HM eine Gleichstrommmaschine, die aber zum Teil auch als Einankerumformer arbeitet. Eine Drehzahlregelung ist mit dem KU nicht möglich, wohl aber in gewissen Grenzen eine Regelung der Spannung auf der Gleichstromseite und des Blindstromes auf der Wechselstromseite, weshalb auch im weiteren Sinne der KU zu den Regelsätzen, bei denen die Vordermaschine eine IM ist, gezählt werden darf.

Das grundsätzliche (zweipolige) Schaltbild ist in Abb. 421 dargestellt. S ist die primäre am Wechselstromnetz liegende Ständerwicklung, L die Läuferwicklung der IM; A ist der Gleichstromanker der HM, der auf derselben Welle wie der Läufer der IM sitzt. Seine Wicklung ist mit der Strangzahl der Läuferwicklung der IM angezapft und mit dieser in Reihe geschaltet. Wenn der KU von der Wechselstromseite angelassen wird, ist die Läuferwicklung offen und über Schleifringe auf den Anlaßwiderstand R geschaltet. E ist die Erregerwicklung. der HM und r der Widerstand zur Regelung der Gleichstromspannung.

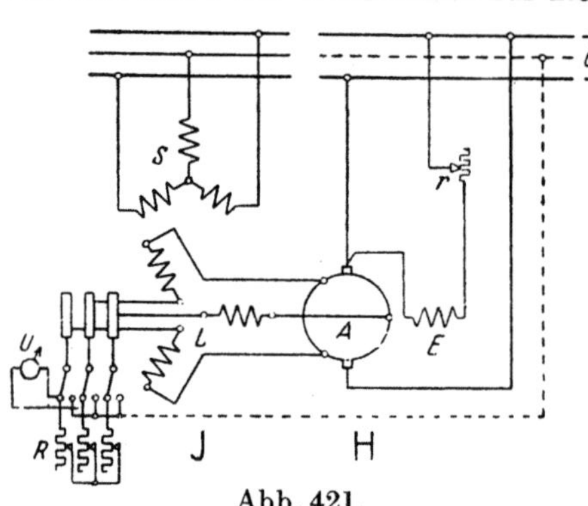

Abb. 421.
Schaltung des Kaskadenumformers.

Für die Gleichstromseite ist in Abb. 421 beispielsweise ein Netz mit Nulleiter vorausgesetzt.

Für den Entwurf erhält man bei der HM des KU günstigere Bedingungen als beim Einankerumformer, weil die Frequenz der HM kleiner als die Netzfrequenz ist (Abschn. III F 1 c, Bd. II). Der KU kann deshalb bei sonst gleichen Beanspruchungen für höhere Gleichstromspannung gebaut werden als der Einankerumformer; die Rundfeuergefahr ist wesentlich geringer. Außerdem ist der Transformator, der beim Einankerumformer im allgemeinen noch erforderlich ist, bei Wechselstromspannungen bis zu etwa 15 000 V entbehrlich [L 4, S. 538 u. f.].

b. Drehzahl und Leistungsverteilung. Die Frequenz der Läuferströme der IM, die dem Gleichstromanker zugeführt werden, ist $f_2 = sf$, wenn s die Schlüpfung der IM und f die Netzfrequenz bedeutet. Bezeichnen wir ferner mit p_I die Polpaarzahl der IM, mit p_G die der Gleichstrommaschine und mit n_1 die Drehzahl des Drehfeldes im Ständer der IM, so müssen für die Drehzahl des KU mit Rücksicht auf die IM und auf die HM die Gleichungen

$$n = (1 - s)\,n_1 = (1 - s)\,f/p_I \quad \text{und} \quad n = f_2/p_G = s\,f/p_G \qquad (642\,\text{a u. b})$$

gelten. Durch Gleichsetzen der beiden Ausdrücke erhalten wir die Schlüpfung der IM und die Drehzahl des KU zu

$$s = p_G/p \quad \text{und} \quad n = n_1\,p_I/p = f/p \quad \text{mit} \quad p = p_I + p_G. \qquad (643\,\text{a bis c})$$

Die Drehzahl stellt sich also so ein wie beim ideellen Leerlauf einer IM mit der Polpaarzahl $p = p_I + p_G$ und ist unabhängig von der Belastung des Kaskadenumformers.

Die Differenz N_i aus der dem Wechselstromnetz entnommenen Leistung und den Verlusten im Ständer wird auf den Läufer der IM übertragen und teilweise in mechanische, teilweise in elektrische Leistung,

$$N_{\text{mech}} = (1 - s)\, N_i = N_i\, p_I/p \quad \text{und} \quad N_U = N_i\, p_G/p, \qquad \text{(644a u. b)}$$

umgesetzt. Die mechanische Leistung wird im Generatorteil, die elektrische im Umformerteil der HM in Gleichstromleistung umgewandelt. Beide Gleichstromleistungen werden nach Abzug der Verluste an das Gleichstromnetz abgegeben. Die Anteile dieser Leistungen verhalten sich wie $p_I : p_G$. Oft wird $p_G = p_I$ gewählt, dann arbeitet die HM je zur Hälfte als Gleichstromgenerator und als Einankerumformer.

c. Übersetzungen, Stromwärme und Spannungsverluste. Die Windungszahl der Läuferwicklung der IM ist der verlangten Gleichstromspannung anzupassen. Die Übersetzung der EMKe der HM ist dieselbe wie beim Einankerumformer (Abschn. III A 2a, Bd. II). Auch die Übersetzung der Ströme, die der Umformerleistung N_U entspricht, ergibt sich wie beim Einankerumformer (Abschn. III A 2b, Bd. II); im Anker der HM fließt aber noch der Gleichstrom, der der Leistung N_{mech} entspricht.

Bezeichnen wir mit $\bar{I}_{iG}$ den Generatorstrom, mit $\bar{I}_{iU}$ den Umformerstrom des gesamten Gleichstromes $\bar{I}_i$ in einem Ankerleiter, so ist nach den Gl. 644a u. b

$$\bar{I}_{iG} = \bar{I}_i\, p_I/p \quad \text{und} \quad \bar{I}_{iU} = \bar{I}_i\, p_G/p. \qquad \text{(645a u. b)}$$

Der Wechselstrom $\tilde{I}_i$ im Gleichstromanker ergibt sich mit der Übersetzung

$$\ddot{u}_{Ii} = \bar{I}_{iU}/\tilde{I}_i \qquad \text{(646a)}$$

wie beim Einankerumformer (Gl. 602, Bd. II). Damit erhalten wir beim KU die Übersetzung von Gleichstrom zu Wechselstrom in einem Leiter

$$\ddot{u}'_{Ii} = \frac{\bar{I}_i}{\tilde{I}_i} = \frac{\bar{I}_{iG} + \bar{I}_{iU}}{I_{iU}}\, \ddot{u}_{Ii} = \frac{p}{p_G}\, \ddot{u}_{Ii}. \qquad \text{(646b)}$$

Diese Übersetzung ist an Stelle von $\ddot{u}_{Ii}$ bei den Gleichungen im Abschn. III A 3, Bd. II, einzuführen, um die Stromwärmeverluste in der Gleichstromankerwicklung zu berechnen. In den Gl. 607 u. 607a ist also der Ausdruck A noch mit $(p_G/p)^2$, B und das dritte Glied in Gl. 608 mit p_G/p zu multiplizieren. In Zahlentafel 31 (S. 568, Bd. II) sind A und B für verschiedene Strangzahlen und Phasenwinkel ψ zwischen Strom und Längs-EMK der HM eingeschrieben, so daß sich damit die Stromwärmeverluste leicht berechnen lassen. So erhält man z. B. bei $p_G = p_I$ für $m_2 = 3$, 6, 12 und $\psi = 0$ das mittlere Verhältnis der Stromwärmen bei Kaskaden- und reinem Gleichstrombetrieb (für den Einankerumformer ist es in Klammern beigefügt) zu $v_m = 0{,}483$ $(0{,}63)$,

0,409 (0,27), 0,394 (0,21), bei $\psi = 15°$ zu $v_m = 0,505$ (0,65), 0,425 (0,333), 0,409 (0,27). Diese Verhältniszahlen gelten für den KU auch bei einphasiger Ständerwicklung S. Auffallend ist, daß das mittlere Stromwärmeverhältnis bei $m_2 = 3$ kleiner als beim Einankerumformer ist. Das liegt daran, daß das Stromwärmeverhältnis für eine Endspule in der Nähe der Anzapfung beim Einankerumformer und $m_2 = 3$ besonders groß, nämlich 1,21 ist, während es beim KU nur 0,81 beträgt. Für $m_2 \geq 6$ ist das mittlere Stromwärmeverhältnis größer als beim Einankerumformer.

Die sekundäre Strangzahl wird man aus denselben Gründen wie beim Einankerumformer (Abschn. 3b u. B 1, Bd. II) möglichst groß wählen, etwa $m_2 = 12$. Beim KU braucht dann in der HM nur der Spannungsverlust in der Gleichstromwicklung berücksichtigt zu werden, der dem Gleichstromanteil $\bar{I}_{iG}$ entspricht. Außerdem tritt natürlich noch der Spannungsverlust in der IM auf, der in bekannter Weise berechnet werden kann.

Bei der Berechnung des Drehmoments der IM ist zu beachten, daß der Läuferstrom im allgemeinen nicht phasengleich mit der induzierten EMK und nur seine Wirkkomponente für das Drehmoment maßgebend ist. Zu beachten sind auch die Eisenverluste im Läufer, da der Schlupf sehr groß ist.

d. Ankerrückwirkung der HM. Für die vom Einankerumformeranteil herrührende Ankerrückwirkung gilt dasselbe wie für den Einankerumformer, d.h. sie ist verschwindend klein (Abschn. B 1, Bd. II). Der andere Anteil äußert sich wie beim Gleichstromgenerator (Abschn. III A, Bd. I), verzerrt also das Feld unter den Hauptpolen, wenn auch nicht in dem Maße wie bei reinem Gleichstrombetrieb. Außerdem erzeugt der Generatorstrom ein Ankerfeld in der Wendezone, das bei Anwendung von Wendepolen durch entsprechende Vergrößerung der Wendepoldurchflutung aufgehoben werden muß. Die beim Einankerumformer auftretenden zeitlichen Schwankungen des Wendefeldes werden dadurch gemildert. Die Stromwendung verhält sich sonst im wesentlichen wie bei der Gleichstrommaschine und dem Einankerumformer. Zur Unterdrückung von Pendelerscheinungen erhält der KU wie der Einankerumformer eine Dämpferwicklung.

e. Anlauf und Regelung. Der KU kann wie der Einankerumformer von der Gleichstromseite angelassen und synchronisiert werden. Die Schleifringe in Abb. 421 fallen dann weg, und die Läuferwicklung der IM wird verkettet ausgeführt. Gewöhnlich wird der KU aber von der Wechselstromseite angelassen; die Läuferwicklung muß dann über Schleifringe auf Anlaßwiderstände geschaltet werden (Abb. 421). Bei mehr als 3 Strängen im Läufer werden dann aber nur 3 an Schleifringe angeschlossen, während die übrigen beim Anlauf unverkettet sind und erst nach erfolgtem Anlauf bis zur Drehzahl $n = f/p$ des KU durch einen Schalter auf der Welle des KU mit den andern im Sternpunkt verbunden werden [L 4, S. 540]. Bei Anschluß der Erregerwicklung der HM an die Ankerklemmen erregt sich die Gleichstrommaschine mit wachsender Drehzahl und hält den KU in seiner Drehzahl $n = f/p$ fest, während er sonst der Drehzahl $n_1 = f/p_1$ zustreben würde, wenn die Widerstände kurzgeschlossen werden. Durch Beobachtung des an den Schleifringen liegenden Spannungszeigers U in Abb. 421 läßt sich eine Überschreitung der Drehzahl $n = f/p$ beim Anlauf vermeiden.

Zur Regelung der Spannung auf der Gleichstromseite kommt nur die Änderung der Gleichstromerregung in Frage. Zusatzmaschinen und Drehtransformatoren würden den KU so verteuern, daß ein Motorgenerator vorzuziehen wäre. Die Regelung erfolgt wie beim Einankerumformer mit vorgeschalteter Drossel (Abschn. III C 2 c u. d, Bd. II), doch kann diese beim KU gewöhnlich entbehrt werden, weil die Streublindwiderstände der IM ausreichen.

f. Anwendung. Das Anwendungsgebiet des KU ist sehr beschränkt. Wenn ein Einankerumformer betriebssicher ausführbar ist, und das ist heute bis zu 50 m/s Stromwender-Umfangsgeschwindigkeit der Fall, wird dieser immer billiger als der KU, der aus zwei Maschinen besteht. Wird eine sehr weitgehende Spannungsregelung verlangt, so kommt nur ein Motorgenerator in Frage, bei dem die beiden Maschinen elektrisch voneinander unabhängig sind. Bei höheren Spannungen werden auch Gleichrichter bevorzugt, mit denen Einankerumformer und noch weniger KU schwer in Wettbewerb treten können. Der KU wird deshalb heute nur noch selten ausgeführt.

Literaturverzeichnis.

Abschn. I: 1. Gerstmeyer: Die Wechselstrommotoren. München u. Berlin: Oldenburg 1919. — **2.** Sachs: Elektrische Vollbahnlokomotiven. Berlin: Springer 1928. — **3.** Grünholz: Elektrische Vollbahnlokomotiven, AEG 1930. — **Abschn. I, II u. III: 4.** Arnold: Die asynchronen Wechselstrommaschinen, Bd. Vb. Berlin: Springer 1912. — **5.** Schenkel: Die Kommutatormaschinen. Berlin-Leipzig: Walter de Gruyter & Co 1924. — **6.** Liwschitz: Die elektrischen Maschinen, Bd. III. Leipzig: J. B. Teubner 1934. — **7.** Michael: Theorie der Wechselstrommaschinen. Leipzig: J. B. Teubner 1937. — **8.** Nürnberg: Die Prüfung der elektrischen Maschinen. Berlin: Springer 1939. — **9.** E. v. Rziha u. J. Seidener: Starkstromtechnik, 7. Aufl. 1930. — **9a.** Richter: Kurzes Lehrbuch der elektrischen Maschinen. Berlin: Springer 1949. — **Abschn. III: 10.** Dreyfus: Kommutatorkaskaden. Berlin: Springer 1931.

I. Einphasen-Stromwendermaschinen.
A. Der Anker mit Stromwender im Wechselfelde.

A 1: 11. Richter: Ankerwicklungen. Berlin: Springer. — **A 2: 12.** Sequenz: E. u. M. Bd. 60 (1942) 445. — **13.** SSW: DRP 155282. — **14.** Patentberichte: E. u. M. Bd. 51 (1933) 380. — **15.** Richter: ETZ Bd. 27 (1906) 133. — **16a.** Müller, P.: El. B. Bd. 1 (1925) 19. — **16b.** Müller, P.: Hütte Bd. 3 (1928) 895. — **17a.** Eichberg: ETZ Bd. 30 (1909) 623. — **17b.** Richter-Eichberg: ETZ Bd. 30 (1909) 664. — **18.** Töfflinger: ETZ Bd. 58 (1937) 1001. — **A 3: 19.** Emde: ETZ Bd. 62 (1941) 749. — **20.** Richter: ETZ Bd. 65 (1944) 181. — **A 4: 21.** Ossanna: El. B. Bd. 4 (1906) 229. — **22.** Bela: El. B. Bd. 4 (1906) 361. — **A 5 u. 6: 23.** Olsson-Granborg: A. d. El. I. Bd. 3 (1924) 290. — **24.** Töfflinger: Der Einphasen-Bahnmotor. München u. Berlin: R. Oldenbourg 1930. — **25.** Töfflinger: ETZ Bd. 51 (1930) 1285. — **A 7: 26.** Heinrich: Das Bürstenproblem im Elektromaschinenbau. München u. Berlin: R. Oldenbourg 1930. — **27.** Schliephake: ETZ Bd. 55 (1934) 814. — **28.** Schliephake: Schunk & Ebe Bl. (1942) H. 9. — **29.** Hellmund: J. A. I. E. E. Bd. 39 (1920) 579. — **30.** Berchtenbreiter u. Schweiger: El. B. Bd. 6 (1930) 348. — **31.** Punga: Das Funken von Kommutatorm. Leipzig: Gebr. Jänecke 1905. — **32.** Richter: E. u. M. Bd. 24 (1906) 108, 290. — **33.** Tardel: A. f. E. Bd. 33 (1939) 627. — **34.** Moskwitin: ETZ Bd. 57 (1936) 587. — **A 8: 35.** Oerlikon, M. F.: DRP 162781. — **36.** Bull. S. E. V. Bd. 33 (1942) 159. — **37.** Ehnhart: El. B. Bd. 3 (1905) 383. — **38a.** Richter-SSW: DRP 200600. — **38b.** Richter-SSW: frz. Patent 375219. — **39a.** Richter: ETZ Bd. 27 (1906) 537, 781, 846. — **39b.** Richter: ETZ Bd. 28 (1907) 21. — **40.** Richter-SSW: DRP 194869. — **41.** Clarenbach: E. u. M. Bd. 61 (1943) 611. — **42.** Carmelo la Green: Ref. E. u. M. Bd. 56 (1938) 62. — **A 9: 43.** Radt: A. d. El. I. Bd. 2, 249. — **44.** Rüdenberg: E. u. M. Bd. 25 (1907) 533. — **45.** Ytterberg: Diss. Berlin 1914.

B. Der Einphasen-Reihenschlußmotor.

B: 46. Lamme: J. A. I. E. E. Bd. 39 (1920) 249. — **47.** Döry: Einphasen-Bahnmotoren. Braunschweig: F. Vieweg & Sohn. — **B 4: Siehe auch I A 8.** — **B 4a: 48.** Richter-SSW: DRP 186445. — **B 4b: 49.** Richter-Oerlikon-SSW: DRP 205964. — **B 4c: 50.** Stier: ETZ Bd. 58 (1937) 1133. — **51.** Krauss: ETZ Bd. 45 (1924) 876. — **52.** Bearce: G. E. Rev. Bd. 39 (1936) 139. — **B 5a: 53.** Richter-MSW: DRP 234045. — **54.** Richter: ETZ Bd. 33 (1910) 1289. —

55a. Richter: ETZ Bd. 34 (1911) 1192. — **55b.** MSW: El. B. Erg.-H. (1929) 80. — **56.** Richter: ETZ Bd. 36 (1913) 867. — **B 5c: 57.** Richter: DRP 296039 u. 310584. — **B 5d: 58.** Richter: DRP (Unterlagen durch Kriegseinwirkung vernichtet). — **B 5e: 59.** Kasperowski: El. B. Bd. 10 (1934) 198; Bd. 18 (1942) 32, 178, 235. — **60.** Kasperowski: El. B. Bd. 17 (1941) 45. — **61.** Schenfer u. Sosmowskaja: ETZ Bd. 58 (1937) 1163. — **62.** Tardel: A.f.E. Bd. 34 (1940) 531. — **63.** Vieting: A.f.E. Bd. 35 (1941) 317. — **B 6: 64.** Töfflinger: Fachber. V.D.E. (1931) 8. — **65.** Kasperowski: El. B. Bd. 8 (1932) 120. — **66.** Allmänna Svenska: DRP 413823. — **67.** Töfflinger: ETZ Bd. 54 (1933) 329.

C. Die doppeltgespeisten Reihenschlußmotoren.

C: 68. Richter: ETZ Bd. 32 (1911) 1258. — **69.** Richter-MSW: DRP 240750. — **70.** Richter: ETZ Bd. 29 (1908) 809. — **71.** Vallauri: E.u.M. Bd. 33 (1915) 230. — **72.** Kleinow: El. K. u. B. Bd. 13 (1915) 97. — **73.** Seefehlner: El. K. u. B. Bd. 12 (1914) 777. — **74.** Richter-MSW: DRP 246875.

D. Die Repulsionsmotoren.

D: 75. Schenkel: ETZ Bd. 41 (1920) 26. — **76.** Sääf, v.: El. K. u. B. (1911) 293. — **77.** Jungblut: Fachber. VDE 8 (1936) 67. — **78.** Widmann: BBC-Nachr. (1938) 109. — **79.** Gerner u. Widmann: E.u.M. Bd. 60 (1942) 285. — **80.** Latour: ETZ Bd. 33 (1912) 1231. — **81.** Richter-MSW: DRP 249713. — **D 2 u. 3: 82.** Richter-MSW: DRP 257865. — **83.** Richter-SSW: DRP 204533. **84.** Richter-MSW: DRP 267263. — **85.** Richter-MSW: DRP 274334. — **86.** Richter-MSW: DRP 272729. — **87.** Stern: A.d.El.I. Bd. 2, 227. — **88.** Jordan: A.f.E. Bd. 31 (1937) 417. — **89.** Herschdörfer: A.f.E. Bd. 26 (1932) 503. — **90.** Siegel: E.u.M. Bd. 39 (1921) 197. — **D 5: 91.** Schnetzler: ETZ Bd. 26 (1905) 72. — **92.** Richter-SSW: DRP 210548. — **D 6: 93.** Eichberg: ETZ Bd. 25 (1904) 75. — **94.** Latour: ETZ Bd. 24 (1903) 453. — **D 7: 95.** Thomälen: El. K. u. B. Bd. 11 (1913) 453. — **96.** West: ETZ Bd. 45 (1924) 144. — **97.** Bergmann: ETZ Bd. 46 (1925) 351.

E. Einphasenmaschinen mit Nebenschlußeigenschaften.

E: Siehe auch I F u. G. — **98a u. b.** Richter-SSW: DRPe 205756, 205856. — **99a bis d.** Richter-SSW: DRPe 211121, 211535, 212593, 206752. — **100.** Richter-MSW: DRP 263434. — **E 1c: 101.** Hähnle: ETZ Bd. 61 (1940) 845. — **E 2: 102.** Brüderlink: A.d.El.I. Bd. 4 (1925) 1. — **103.** Boveri, Th.: BBC.-M. Bd. 7 (1920) 271. — **E 3: 104.** Osnos-Lahmeyer: DRP 186781. — **E 4a: 105.** Polec: W. V. Siemens Bd. 20 (1941) 13. — **E 4b: 106.** Aretz: ETZ Bd. 58 (1937) 1160. — **107.** Steuerngel: AEG.-M. (1942) 11. — **E 4d: 108.** Buchhold: ETZ Bd. 59 (1938) 81. — **E 5: 109.** Herschdörfer: Diss. Darmstadt 1933. — **110.** Schmitz: Diss. Dresden 1916.

F. Die Selbsterregungserscheinungen und Generatorbetrieb.

F: Siehe auch I G. — **111.** Schenkel: A.f.E. Bd. 2 (1913) 10. — **112.** Müller, P.: A.f.E. Bd. 4 (1916) 373. — **F 2: 113.** Rüdenberg: A.f.E. Bd. 1 (1913) 34. — **114.** Simons: A.f.E. Bd. 1 (1913) 325. — **115.** Hurwitz: Math. Ann. Bd. 46 (1875) 273. — **116.** Fleischmann: A.f.E. Bd. 9 (1921) 403. — **F 4: 117.** Rusch: E.u.M. Bd. 29 (1911) 1, 26. — **118.** Teago: ETZ Bd. 46 (1925) 898. — **F 7: 119.** Leonhard: A.f.E. Bd. 36 (1942) 201. — **120.** Fraenckel: E.u.M. Bd. 30 (1912) 677.

G. Die elektrischen Bremsschaltungen.

G 1: 121. Michel u. Kniffler: El. B. Bd. 12 (1936) 281. — **G 2: 122.** Bader: W. V. Siemens Bd. 9 (1930) 209. — **123.** Monath: ETZ Bd. 55 (1934) 597. — **124.** Mirow: El. B. Bd. 13 (1937) 236. — **G 3: 125.** Niethammer u. Siegel: E.u.M. Bd. 29 (1911) 1063. — **126.** Sonka: E.u.M. Bd. 31 (1913) 695. — **G 4: 127.** Niethammer u. Siegel: E.u.M. Bd. 30 (1912) 717. — **128.** van Cauenberghe: ETZ Bd. 33 (1912) 1073. — **129.** Schenkel: ETZ Bd. 41 (1920) 541. — **130.** Monath: El. K. u. B. Bd. 17 (1919) 209. — **131.** Monath: Der Einphasenkollektormotor. AEG-Verlag 1921. — **132.** Hibbard: ETZ Bd. 45 (1924) 404. — **133.** Mirow: Diss. Hannover 1935. — **134.** Charenbach: E.u.M. Bd. 62 (1944) 19. — **135.** Behn-Eschenburg: ETZ Bd. 39 (1918) 481. — **136.** Laternser: Bull. S.E.V. Bd. 28 (1937) 193, 301. — **137.** Bodmer: Bull. Oerlikon (1943) 645, 1550. — **138a.** Mirow: El. B. Bd. 9 (1933) 208. — **138b.** Mirow: ETZ Bd. 59 (1938) 433.

H. Experimentelle Untersuchung.

H 1: 139. Richter: E.u.M. Bd. 40 (1922) 157. — **140.** Linckh: ETZ Bd. 51 (1930) 1101. — **141.** Richter-Linckh: ETZ Bd. 52 (1931) 591. — **142.** Flasser: El. B. Bd. 9 (1933) 235. — **143.** Curtius: ATM. V, 8291, 1. — **H 2: 144.** Blankenburg: Diss. Braunschweig 1937. — **145.** Punga u. Schliephake: E.u.M. Bd. 45 (1927) H. 11. — **146.** Stier: El. B. Bd. 14 (1938) 46. — **147.** Krauss: ETZ Bd. 46 (1925) 1803. — **148.** Schenfer: E.u.M. Bd. 32 (1914) 25. — **149.** Boehm: El. B. Bd. 8 (1932) 253.

J. Entwurf.

J 1a: 150. Wechmann: El. B. Erg.-H. (1936) 1. — **151.** Wechmann: El. B. Erg.-H. (1941) 1. — **152.** Hutt: El. B. Bd. 11 (1935) 288. — **153.** Kleinow: El. B. Erg.-H. (1936) 43. — **154.** Kleinow: El. B. Bd. 15 (1939) 92. — **155.** Blaufuß: ETZ Bd. 59 (1938) 861. — **156.** Kother: ETZ Bd. 60 (1939) 41. — **157.** Kother: El. B. Erg.-H. (1941) 97. — **J 1e: 158.** Ganzenmüller u. Riedmüller: El. B. Bd. 14 (1938) 179. — **159.** Behn-Eschenburg: ETZ Bd. 29 (1908) 925. — **160.** Girousse: El. K. u. B. Bd. 12 (1914) 32. — **161.** Schwartzkopff: El. K. u. B. Bd. 12 (1914) 445. — **162.** Buckel: El. B. Bd. 18 (1942) 116. — **J 1f: 163.** Richter-MSW: DRP 237936. — **J 1h: 164.** Richter-SSW: franz. Pat. 356050. — **165.** Richter-SSW: DRPe 186446, 199803. — **J 1,** Entwicklung und Entwurf: **166.** Töfflinger: El. B. Erg.-H. (1929) 57. — **167.** Töfflinger: ETZ Bd. 58 (1937) 1001. — **168.** Müller, P.: El. B. Bd. 18 (1932) 273. — **169.** Müller, P.: El. B. Erg.-H. (1936) 58. — **170.** Stockar: El. B. Bd. 18 (1932) 276. — **171.** Pritchard, Konn, Jungk: ETZ Bd. 53 (1932) 1018. — **172.** Kother: El. B. Bd. 14 (1938) 105. — **173.** Kother: ETZ Bd. 60 (1939) 11. — **174.** Hermle u. Monath: El. B. Bd. 14 (1938) 6. — **175.** Grabner: E.u.M. Bd. 57 (1939) 425. — **J 1,** Ausführung u. Konstruktion: **176.** Richter: ETZ Bd. 28 (1907) 827. — **177.** Müller, P.: El. K. u. B. Bd. 16 (1918) 129. — **178.** Glinski, v.: El. B. Bd. 5 (1929) 329. — **179.** Hermle: El. B. Bd. 10 (1934) 193. — **180.** Purrmann: Diss. Breslau 1936. — **181.** Schweiger: El. B. Bd. 13 (1937) 15. — **182.** Stix: El. B. Bd. 17 (1941) 51. — **183.** Kleinow: El. B. Erg.-H. (1941) 104. — **184.** Steiner: El. B. Bd. 8 (1932) 149. — **185.** Bodmer: Bull. S.E.V. Bd. 30 (1939) 406. — **186.** Süsli: Bull. Oerlikon (1943) 1553.

J 2: 187. Richter: A.f.E. Bd. 2 (1914) 518. — **188.** Richter: A.f.E. Bd. 4 (1916) 1. — **189.** Richter: A.f.E. Bd. 5 (1917) 1. — **190.** Dreyfus: A.f.E. Bd. 3 (1915) 273. — **190a.** Prassler: Wirbelströme in Nuten. Diss. Karlsruhe 1949. **J 3: 191.** Kummer: Bull. S.E.V. Bd. 27 (1936) 538. — **192.** Herrmann: El. B. (Bd. 13 (1937) 77. — **J 4: 193.** Rusch: ETZ Bd. 32 (1911) 157.

K. Berechnungsbeispiel.

194. Törpisch: El. B. Bd. 8 (1932) 245. — **195.** Michel: El. B. Bd. 8 (1932) 282. — **196.** Wechmann: El. B. Bd. 8 (1932) 1.

Einphasen-Bahnmotoren, die vom Verfasser entworfen wurden oder bei deren Entwurf er mitgearbeitet hat:

1. Triebwagenmotoren für Murnau—Oberammergau mit Nebenschlußwendefeld, 1904; [L 374 dort als „Mehrphasen-Reihenschlußmotoren" bezeichnet].

2. Andere Vollbahnmotoren mit Nebenschlußwendefeld der SSW, 1905 bis 1908; [L 176].

3. Doppelt gespeiste Grubenlokomotiven der MSW, 1910; [L 54].

4. Vollbahnlokomotiven der MSW ohne phasenverschobenes Wendefeld, 1910—1915; [L 55a u. b und 56, s. auch Heyden, El. K. u. B. Bd. 8 (1910) 285].

5. Vollbahnmotoren für Lauban—Königszelt zusammen mit BBC und Vorarbeiten für die Gotthardbahn, 1915—1917.

6. Personen- und Güterzuglokomotive 2—D—1 Reichenhall—Berchtesgaden zusammen mit der Pöge A.G., 1928; [L 178].

7. Personenlokomotive B_0—B_0 zusammen mit MSW, 1932; [L 194 bis 196].

II. Mehrphasen-Stromwendermaschinen.
A. Der Läufer mit Stromwender im Drehfeld.

A 2: 197. Kozisek: ETZ Bd. 53 (1932) 431. — **198.** Alexander: Drehstrommotoren mit Kommutator. Diss. Berlin 1908. — **199.** Schenkel, Richter, Jonas, Scherbius: ETZ Bd. 31 (1910) 601, 827, 1007. — **200.** Schrage: Bull. S.E.V. Bd. 34 (1943) 138. — **201.** Markow: E.u.M. Bd. 61 (1943) 81. — **A 3: 202.** Latour: DRP 243863. — **203.** Sequenz: ETZ Bd. 52 (1931) 995. — **204.** Leritus, Kauders, Sequenz: ETZ Bd. 54 (1933) 535. — **205.** Novak: Ref. E.u.M. Bd. 56 (1938) 240. — **206.** Schack-Nielsen: E.u.M. Bd. 60 (1942) 342. — **207.** Schack-Nielsen: E.u.M. Bd. 60 (1942) 342. — **208.** Faye-Hansen, Schack-Nielsen, Sequenz: E.u.M. Bd. 61 (1943) 303, 304. — **209.** Sequenz: E.u.M. Bd. 62 (1944) 108. — **A 7: 210.** Rüdenberg: E.u.M. Bd. 29 (1911) 467. — **211.** Schenfer: E.u.M. Bd. 30 (1912) 345. — **212.** Leiner: A.f.E. Bd. 32 (1938) 139. — **A 8: 213.** Rothert: A.f.E. Bd. 34 (1940) 285. — **214.** Künzl: E.u.M. Bd. 58 (1940) 497. — **215.** Kade: E.u.M. Bd. 59 (1941) 141. — **216.** Tüxen: AEG.-F. Bd. 8 (1941) 78. — **217a.** Richter: A.f.E. Bd. 39 (1948) 47. — **217b.** Richter: A.f.E. Bd. 39 (1948) 185. — **217c.** Richter: A.f.E. Bd. 39 (1949) 267. — **218.** Knopp: Theorie und Anwendung der unendlichen Reihen, 3. Aufl. — **219.** Skoda-Werke: Tsch. Patent 64740. — **A 9: 220.** Richter: DRPe 383690 u. 451932. — **221.** Schwarz: E.u.M. Bd. 53 (1935) 85. — **222.** Thomson-Houston Cy: Eng. Bd. 60 (1941) 26. — **A 10a: 223.** Rothert: A.f.E. Bd. 32 (1938) 434. — **224.** Leiner: A.f.E. Bd. 34 (1940) 227. — **225.** Adám: A.f.E. Bd. 35 (1941) 192. — **A 10b u. c: 226.** Humburg: A.f.E. Bd. 34 (1940) 669. — **227.** Tüxen: E.u.M. Bd. 58 (1940) 264. — **228.** Jordan u. Schönbecher: A.f.E. Bd. 35 (1941) 185. — **229.** Niethammer u. Siegel: E.u.M. Bd. 29 (1911) 787. — **A 10d: 230.** Winkler: E.u.M. Bd. 31 (1913) 1109. — **231.** Winkler: E.u.M. Bd. 34 (1916) 1.— **231a.** Götz: Diss. München 1932.

B. Der Dreiphasen-Reihenschlußmotor.

B 1: 232. Görges: ETZ Bd. 12 (1891) 699. — **233.** Clarenbach: Bd. 61 (1943) 14. — **234.** Rüdenberg: ETZ Bd. 31 (1910) 1181. — **235.** Dreyfus u. Hillebrand: E.u.M. Bd. 28 (1910) 367. — **236.** Binder: ETZ Bd. 34 (1913) 410. — **237.** Stix: E.u.M. Bd. 51 (1933) 673. — **B 4c: 238.** Jonas: ETZ Bd. 34

(1913) 1081. — **239.** Ernst: ETZ Bd. 38 (1917) 561. — **B 5: 240.** Dreyfus u. Hillebrand: E.u.M. Bd. 40 (1912) 389. — **B 6: 241.** Jordan: A.f.E. Bd. 31 (1937) 417. — **B 7: 242.** Schenkel: ETZ Bd. 30 (1912) 473. — Drehstrom-Repulsionsmotor: **243a u. b.** Heyland: ETZ Bd. 35 (1914) 85, 725. — **244.** Bloch: A.f.E. Bd. 4 (1915) 394. — **245.** Weiler: S.-Z. Bd. 6 (1926) 502.

C. Die ständergespeiste Nebenschlußmaschine.

C: 245. Rüdenberg: ETZ Bd. 31 (1910) 1087. — **246.** Eichberg-Winter-Union El. G.: DRP 153 730. — **247.** Jonas: ETZ Bd. 31 (1910) 390. — **248.** Eichberg: ETZ Bd. 31 (1910) 747. — **249.** Richter: ETZ Bd. 31 (1910) 794. — **250.** Dreyfus u. Hillebrand: E.u.M. Bd. 28 (1910) 881. — **251.** Rodewald: E.u.M. Bd. 58 (1940) 253. — **252.** Clarenbach: E.u.M. Bd. 60 (1942) 357. — **253.** Clarenbach: E.u.M. Bd. 62 (1944) 234. — **C 2: 254.** Kafka: E.u.M. Bd. 34 (1916) 41. — **C 5a: 255.** Strauss: Beitrag zur Theorie der ständergespeisten Drehstrom-Nebenschlußmotoren. Diss. Berlin 1932. — **256.** Rupprecht: AEG.-Mitt. (1940) 139. — **C 7: 257a.** Kozisek-SSW: DRPe 575210, 718579, 750495. — **257b.** Schorchwerke: DRPe 679263, 681013. — **257c.** Schorchwerke: DRP 742901.

D. Die läufergespeiste Nebenschlußmaschine.

D: 258. Schrage: ETZ Bd. 35 (1914) 89. — **259a.** Richter: ETZ Bd. 46 (1925) 1828. — **259b.** Schrage-Richter: ETZ Bd. 47 (1926) 1036. — **260.** Brabec: ETZ Bd. 59 (1938) 1045. — **261.** Kostenko: A.f.E. Bd. 23 (1930) 413. — **262.** Schomburger: R.G.E. Bd. 31 (1932) 693. — **263.** Nürnberg: ETZ Bd. 62 (1941) 817. — **264a u. b.** Laible: Bull. Oerlikon (1941) 1308, 1421. — **265.** Rodewald: E.u.M. Bd. 61 (1943) 345. — **266.** Lerner: Ref. E.u.M. Bd. 60 (1942) 103. — **267.** Dreyfus: E.u.M. Bd. 48 (1930) 985. — **268.** Clarenbach: E.u.M. Bd. 61 (1943) 125. — **D 4: 269.** Kostenko u. Sawalischin: E.u.M. Bd. 49 (1931) 101. — **270.** Rauhut: Diss. Zürich 1942. — **271.** Schomburger: R.G.E. Bd. 33 (1933) 77. — **272.** Schack-Nielsen: A.f.E. Bd. 32 (1938) 187. — **273.** Stix: A.f.E. Bd. 33 (1939) 698. — **273a.** Schuisky: ETZ Bd. 70 (1949) 435.

E. Die Nebenschlußmaschine mit besonderer Erregerwicklung.

E: 274. Hillebrand: A.f.E. Bd. 1 (1912) 179. — **275.** Stier: Über die Nebenschlußerregung kompensierter elektr. Maschinen. Diss. Berlin 1932.

F. Die kompensierte Induktionsmaschine.

276. Heyland: ETZ Bd. 22 (1901) 633. — **277.** Kade: ETZ Bd. 45 (1924) 456. — **278.** Dreyfus: E.u.M. Bd. 43 (1925) 673. — **279.** Richter: Z.d.V. Bd. 70 (1926) 847. — **280.** Dreyfus: ETZ Bd. 48 (1927) 541. — **281.** Hess: A.f.E. Bd. 20 (1928) 1. — **282.** Hartwagner: ETZ Bd. 49 (1928) 1253. — **283.** Heyland: ETZ Bd. 49 (1928) 385.

G. Selbsterregungserscheinungen.

G: 284. Niethammer u. Siegel: E.u.M. Bd. 30 (1912) 801. — **285.** Schenkel: ETZ Bd. 33 (1912) 873. — **286.** Schenkel, Niethammer u. Fraenckel: E.u.M. Bd. 30 (1912) 175, 386. — **287.** Binder u. Dyhr: ETZ Bd. 34 (1913) 197. — **288.** Leonhard: W. V. Siemens Bd. 9 (1930) 290. — **289.** Kozisek: ETZ Bd. 56 (1935) 1121. — **290.** Brabec: E.u.M. Bd. 64 (1944) 71. — **G 3: 291.** Schenkel: A.f.E. Bd. 2 (1913) 10. — **272.** Scherbius u. Sonnenschein: ETZ Bd. 34 (1913) 1228. — **293.** Weiler u. Jordan: E.u.M. Bd. 53 (1935) 313. — **G 4: 294.** Scherbius: ETZ Bd. 33 (1912) 1264. — **295.** Scherbius u. Klinkhamer: ETZ Bd. 34 (1913) 1333. — **296.** Sruka: E.u.M. Bd. 32 (1914) 365. — **297.** Fleischmann: A.f.E. Bd. 8 (1920) 447. — **G 5: 298.** Rüdenberg: ETZ Bd. 32 (1911) 233, 391, 489. — **299a u. b.** Liwschitz: W. V. Siemens Bd. 6 (1927) 32, (1928) 23. — **300.** Leonhard: A.f.E. Bd. 24 (1930) 863.

H. Experimentelle Untersuchung.

H: Siehe auch [L 8]. — **H 1: 301.** Dina: Z.f.E. Bd. 21 (1903) 261. — **302.** Bloch: ETZ Bd. 24 (1903) 993. — **H 3: 303.** Keinath: Die Technik elektr. Meßgeräte. — **304.** Winkler: E.u.M. Bd. 31 (1913) 1109. — **H 4: 305.** Richter: E.u.M. Bd. 61 (1943) 333.

J. Entwurf.

306. Rüdenberg: ETZ Bd. 41 (1920). — **307.** Schmitz: E.u.M. Bd. 46 (1928) 1037. — **308.** Schenkel: ETZ Bd. 38 (1917) 101.

III. Die Regelsätze.

A. Hilfsmaschinen.

A 1a: 309. Scherbius: ETZ Bd. 33 (1912) 1079. — **310.** Kozisek: ETZ Bd. 41 (1920) 52. — **311.** Schmitz: ETZ Bd. 46 (1925) 519. — **312.** Schmitz: ETZ Bd. 45 (1924) 238. — **313.** Rosenhamer: ETZ Bd. 52 (1931) 507. — **A 1b: 314.** Brüderlin: A.f.E. Bd. 15 (1925) 263. — **315.** Brüderlin u. Stumpp: ETZ Bd. 46 (1925) 1688. — **316.** Leonhard: A.f.E. Bd. 20 (1928) 129. — **A 2: 317.** Heyland: ETZ Bd. 46 (1927) 673. — **318.** Heyland: E.u.M. Bd. 54 (1933) 172. — **A 3a: 319.** Seiz: A.d.El.I. Bd. 3 (1921) 187. — **320.** Weiler: ETZ Bd. 45 (1924) 1080. — **321.** Weiler-Kozisek: ETZ Bd. 46 (1925) 715. — **322.** Weiler: AEG.-M. (1928) 93. — **A 3b: 323.** Hrusa: E.u.M. Bd. 57 (1939) 601. — **324.** Weiler: S.-Z. Bd. 21 (1941) 111. — **325.** Harz: E.u.M. Bd. 61 (1943) 191. — **A 3c: 326.** Kozisek: ETZ Bd. 46 (1925) 142. — **A 4b: 327.** Lydall-Siemens Brothers: Brit. Patent 13033/1901. — **328a.** Scherbius-BBC: DRP 223705. — **328b.** BBC: DRP 249418. — **329.** BBC: DRP 241770. — **330.** Dreyfus: E.u.M. Bd. 50 (1932) 2. — **331.** Scherbius: DRP 190886.

B. Die Ortskurven des Stromes der IM.

332. Liwschitz: W. V. Siemens Bd. 6 (1927) 51. — **333.** Dreyfus: Bull. S.E.V. Bd. 18 (1927) 744. — **334.** Leiner: A.f.E. Bd. 32 (1938) 52.

C. IM mit blindstromerregender HM.

C 1a: 335. Rüdenberg: El. K. u. B. Bd. 12 (1914) 425. — **336.** Liwschitz: E.u.M. Bd. 44 (1926) 309. — **337.** Harz: S.-Z. Bd. 7 (1927) 489. — **338.** Walz: E.u.M. Bd. 45 (1927) 701. — **339.** Fourinarier: Ref. ETZ Bd. 54 (1933) 12. — **340.** Bindler: A.f.E. Bd. 26 (1932) 424. — **C 1b: 341.** Nehlsen: ETZ Bd. 38 (1917) 584. — **342a bis d.** Heyland: ETZ Bd. 49 (1928) 385; Bd. 51 (1930) 1545. — A.f.E. Bd. 26 (1932) 1. — ETZ Bd. 54 (1933) 599. — **343a u. b.** Heyland-Schmitz: ETZ Bd. 50 (1929) 409, 953. — **344.** Schmitz: ETZ Bd. 52 (1931) 1029. — **345a u. b.** Heyland-Schmitz: ETZ Bd. 53 (1932) 518, 831. — **346.** Prüter: A.f.E. Bd. 29 (1935) 417. — **347.** Schmitz-Prüter: A.f.E. Bd. 29 (1935) 876. — **348.** Bloch: ETZ Bd. 57 (1936) 432. — **C 1d: 349.** Fischer-Hinnen: E.u.M. Bd. 34 (1916) 341. — **C 2a u. b: 350.** Osnos: ETZ Bd. 23 (1902) 919. — **351.** Heyland: ETZ Bd. 32 (1911) 1054. — **352a u. b.** Schenkel: ETZ Bd. 45 (1924) 1265; Bd. 48 (1927) 563. — **353.** Dreyfus: A.f.E. Bd. 13 (1924) 507. — **354.** Kozisek: S.-Z. Bd. 6 (1926) 533. — **355.** Liwschitz: A.f.E. Bd. 18 (1927) 466. — **356.** Liwschitz u. Kozisek: S.-Z. Bd. 7 (1927) 509. — **357.** Harz: ETZ Bd. 51 (1930) 1615. — **C 2c: 358.** Scherbius: ETZ Bd. 36 (1915) 299. —

359a u. b. Schmitz: ETZ Bd. 48 (1927) 1800; Bd. 49 (1928) 1739. — **360.** Alzner: VDE Fachber. (1928) 108. — **361.** Walz: E.u.M. Bd. 48 (1930) 1097. — **362.** Dreyfus: A.f.E. Bd. 25 (1931) 525. — **363.** Heyland: A.f.E. Bd. 25 (1931) 659. — **C 3a: 364.** Dreyfus: E.u.M. Bd. 45 (1927) 221. — **365.** Kozisek: S.-Z. Bd. 8 (1928) 498. — **366.** Heyland: A.f.E. Bd. 25 (1931) 383. — **367.** Leiner: E.u.M. Bd. 55 (1937) 517, 639. — **368.** Leiner: A.f.E. Bd. 32 (1938) 71. — **C 3b: 369.** Landsberg: E.u.M. 47 (1929) 393. — **370.** Dreyfus: E.u.M. Bd. 33 (1915) 241. — **C 3c u. d: 371a u. b.** Seiz: ETZ Bd. 47 (1926) 888; Bd. 49 (1928) 144.

D. Drehzahlregelung.

D: 372a u. b. Seiz: ETZ Bd. 47 (1926) 1412. — E.u.M. Bd. 46 (1928) 873. — **373a u. b.** Dreyfus: Bull. S.E.V. Bd. 18 (1927) 744. — A.f.E. Bd. 23 (1929) 66. — **374a bis c.** Liwschitz: W. V. Siemens Bd. 7, H 1 (1928) 120; Bd. 9, H 2 (1930) 42. — A.f.E. Bd. 25 (1931) 189. — **375.** Ossanna: E.u.M. Bd. 48 (1930) 281. — **376.** Baudisch: S.-Z. Bd. 5 (1925) 353. — **377.** Pagenstecher: S.-Z. Bd. 6 (1926) 113. — **D 1: 378.** Kozisek: ETZ Bd. 47 (1926) 1385. — **379.** Heyland: A.f.E. Bd. 25 (1931) 383. — **D 3b u. c: 380.** Dreyfus: A.f.E. Bd. 15 (1925) 1. — **381.** Weiler: ETZ Bd. 46 (1925) 184. — **382.** Kozisek: ETZ Bd. 47 (1926) 989. — **383.** Liwschitz: W. V. Siemens Bd. 5, H 3 (1927) 62; Bd. 6, H 1 (1927) 51. — **384.** Bolz: A.f.E. Bd. 19 (1928) 275. — **D 4 u. 5: 385a bis c.** Seiz: E.u.M. Bd. 42 (1924) 109. — BBC.-M. (1925) 29. — ETZ Bd. 47 (1926) 1412. — **386.** Blittersdorf, v.: BBC.-Nachr. Bd. 25 (1938) 62. — **D 5c: 387.** Seiz: E.u.M. Bd. 57 (1939) 445. — Gleichlaufschaltungen: **388.** Blittersdorf, v.: BBC.-Nachr. Bd. 25 (1938) 102. — **389.** Bauer: ETZ Bd. 59 (1938) 497. — **390.** Lerner: Ref. E.u.M. Bd. 60 (1942) 103. — **391.** BBC.-Nachr. Bd. 27 (1940) 112.

E. Leistungsregelung.

E 1a: 392. Liwschitz: A.f.E. Bd. 22 (1929) 577. — **393.** Seiz: Fachber. VDE (1929) 95. — **E 1b: 394.** Sehmer u. Stäblein: ETZ Bd. 57 (1936) 1286. — **395.** Issendorf, v.: W.V. Siemens Bd. 14, H 3 (1935) 1. — **396.** Boveri u. Keller: Bull. S.E.V. Bd. 36 (1945) 25. — **E 1c: 397.** Schenkel: ETZ Bd. 48 (1927) 563. — **398.** Schenkel: ETZ Bd. 48 (1927) 1209. — **399.** Seiz-Schenkel: ETZ Bd. 48 (1927) 1204. — **400.** Irion: S.-Z. Bd. 10 (1930) 347. — **E 2a: 401a u. b.** Seiz: Fachber. VDE (1926) 5. — E.u.M. Bd. 58 (1940) 237. — **E 2b: 402a bis c.** Tüxen: A.f.E. Bd. 31 (1937) 457, 625; Bd. 32 (1938) 329. — **403.** Dreyfus: E.u.M. Bd. 49 (1931) 197. — **404.** Ossanna: W.V. Siemens Bd. 10, H 3 (1931) 1. — **405a u. b.** Liwschitz: A.f.E. Bd. 19 (1928) 335; Bd. 22 (1929) 572. — **E 2c: 406.** Seiz: A.f.E. Bd. 20 (1928) 228. — **407.** Hess: Diss. Danzig 1930. — **E 3: 408.** Leonhard: Die selbsttätige Regelung. Berlin: Springer 1940. — **408a.** Boveri: Bull. S.E.V. Bd. 34 (1943) 162. — **E 3a: 409.** Keller: Bull. S.E.V. Bd. 25 (1934) 33. — **410.** Dudler u. Bossi: Bull. S.E.V. Bd. 25 (1934) 65. — **E 3b: 411.** Harz: ETZ Bd. 54 (1933) 1017. — **412.** Gebauer: El. B. Bd. 17 (1941) 65. — **413.** Schaar: S.-Z. Bd. 7 (1927) 75. — **414.** Usbeck: El. B. Bd. 17 (1941) 141. — **E 4b: 415.** Liwschitz: ETZ Bd. 50 (1929) 1323. — **E 4c: 416.** Leonhard: ETZ Bd. 59 (1938) 117. — **417.** Geiswald: ETZ Bd. 59 (1938) 613.

F. Regelsätze mit Gleichstrom-HM.

F: 418. Krämer: ETZ Bd. 29 (1908) 734. — **419.** Meyer: El. K. u. B. (1911) 421. — **420.** Weiler: E.u.M. Bd. 40 (1922) 121. — **421.** Bauer: ETZ Bd. 44 (1923) 753. — **422.** Bushman: G. E. Rev. Bd. 26 (1923) 681. — **423.** Zabransky: Regelung durch Drehstrom-Gleichstrom-Kaskaden. Berlin: Springer 1927. — **424.** Slater: El. Journal Bd. 24 (1927) 222. — **425.** Weber: AEG.-Mitt. (1930) 665. — **426.** Weiler: E.u.M. Bd. 49 (1931) 889. — **427.** Zorn: ETZ Bd. 54 (1933) 471. — **428.** Stöhr: E.u.M. Bd. 58 (1940) 17.

Abkürzungen.

A.d.El. I.   = Arbeiten des Elektrotechnischen Instituts der Techn. Hochschule in Karlsruhe.
AEG   = Allgemeine Elektrizitätsgesellschaft.
AEG.-F.   = AEG-Forschungsarbeiten.
AEG.-M.   = AEG-Mitteilungen.
A.f.E.   = Archiv für Elektrotechnik.
ATM   = Archiv für elektrisches Messen.
BBC   = Brown, Boveri & Cie.
BBC.-M.   = BBC-Mitteilungen, Schweiz.
BBC.-Nachr.   = BBC-Nachrichten, Mannheim.
Bull. S.E.V.   = Bulletin des Schweizerischen El. Vereins.
El. B.   = Elektrische Bahnen (und Betriebe).
El. K. u. B.   = Elektrische Kraftbetriebe und Bahnen.
Eng.   = Engineering.
ETZ   = Elektrotechnische Zeitschrift.
E.u.M.   = Elektrotechnik und Maschinenbau.
G. E. Rev.   = General Electric Review.
J.A.I.E.E.   = Journal of the American Institute of Electrical Eng.
MSW   = Maffei-Schwartzkopff-Werke.
R.G.E.   = Revue générale de l'Electricité.
SSW   = Siemens-Schuckertwerke.
S.-Z.   = Siemens-Zeitschrift.
VDE   = Verband Deutscher Elektrotechniker.
W. V. Siemens = Wissenschaftliche Veröffentlichungen der Siemens-Werke.
Z.d.V.   = Zeitschrift des Vereins Deutscher Ingenieure.
Z.f.E.   = Zeitschrift für Elektrotechnik, Wien.

Im Abschnitt III Regelsätze.

EM = Erregermaschine (S. 594 u. 598).
FW = Frequenzwandler (S. 511).
HM = Hintermaschine (S. 507).
IM = Induktionsmaschine (S. 507).
IU = Induktionsumformer (S. 599).
KU = Kaskadenumformer (S. 609).
U   = Zwischenumformer (S. 601).

Weitere Abkürzungen für Sachverzeichnis und Verzeichnis der Formelzeichen s. Seite 634.

Bedeutung der verwendeten Formelzeichen.

Die Augenblickswerte und die örtlich verteilten Werte sind mit kleinen Buchstaben, die Effektivwerte der elektrischen Größen und die Höchstwerte der magnetischen Größen mit großen Buchstaben bezeichnet. Ein Beistrich oben am Formelzeichen bezieht die sekundäre (primäre) Größe auf die primäre (sekundäre) Wicklung. Diagrammvektoren werden durch einen Punkt über dem Formelzeichen gekennzeichnet. Hinweise auf Seitenzahlen in Klammern. Abkürzungen s. S. 634.

A = Strombelag (38, EM 249, MM 304), A_{2w} = Wirkkomponente im Sekundärteil (MM 490), a_L = örtliche Verteilung am Läuferumfang (MM 349).

$A_{\mu\nu}$ = Amplitude der ν-ten Einzelwelle der Felderregerkurve bei stromlosem Läufer (MM 319), A_ν = resultierende aus Ständer und Läufer (MM 323).

A = Abkürzungen (125, 131, 141, 217, 341, 402, 429, 441, 445, 447, 453, 571, 583, 607); A_1, A_2, A_1', A_2' = Abkürzungen (165).

a = halbe Zahl der parallelen Ankerzweige bei Gleichstrom- oder einphasiger Speisung (8, 38, MM 286, 489).

a = Verhältniszahl (ER 68, 71).

a = Abkürzung (68, 109, 111, 116, 131, 144, 152, 158, 180, 229).

a_0, a_1, a_2, ... = Konstanten (190).

a = Festwert zur Darstellung von σ und τ (488).

B, b = Induktion; B_q = des Querfeldes (11, 44). B_A = örtlich mittlere, zeitlich höchste im Ankerkern, B_K = im Polkern, B_J = im Joch, B_J', B_J'' = resultierende, B_L = im Luftspalt unter Polmitte (270, 504), b_L = an beliebiger Stelle des Ankerumfangs, B_1 = der Grundwelle (489, 504); b_{Wm} = örtlich mittlere in der Wendezone (271), b_{LW0} = in der Mitte des Wendepolschuhs (275); b_H = vom Hauptpol in der Wendezone (273); B_W = zur Unterdrückung von $\mathfrak{S}_W$ (44, 336), B_w = zur Unterdrückung $\mathfrak{S}_R$ (44); B_Z = im Zahn, B_Z' = scheinbare (270).

B = Zahl der gleichphasigen und gleichpoligen Bürsten (491).

B = Abkürzungen (125, 131, 141, 165, 217, 402, 429, 441, 445, 447, 453, 571, 583, 607).

b, b_P = Polbogen (243), b_i = ideeller des Hauptpols (270), des Wendepols (44).

b = Breite der Bürsten (31, 491), b_j = ideelle (31, 38), b' = auf Ankerdurchmesser bezogen, b_{WZ} = der Wendezone (282).

b = Verhältniszahl (ER 68, 71, Rep 109, 131, kRep 144, EN 158).

$b = U \cos \varphi_N'/E_N$ (DR 97); $b = E_{Rb}/E_2$ (lMN 440).

b = Abkürzung (109, 131, 144, 158, 180).

$b = \ddot{u} \sin \alpha$ = Faktor der blindstromregelnden Komponente $-jb\dot{U}$ der Regelspannung $\dot{U}_{20}'$ (stMN 391), der Komp. $+jb\dot{U}$ der Regelspannung $\dot{U}_{A0}$ (MNE 452), der Komp. $-jb\dot{E}_1$ der Regel-EMK $\dot{E}_3'$ (stMN 428), der Komp. $-jb\dot{U}_1$ der Regelspannung $\dot{U}_{2c}'$ der HM (RS 524); $b = E_{Rb}/E_3$ (lMN 440); $b' = b U_1/U_1'$ (581).

b = Festwert zur Darstellung von σ und τ (488).

C_2 = Blindwiderstand des Kondensators (EN 201).

$C = zp/a$ (22); $C = LR/(L^2 - M^2)v$ (33); Festwert (EN 149, 184); $C = \lambda \tau^3$ (489).

C = Abkürzungen (441, 445, 447, 453).

C = Integrationskonstante (204).

$c = p n_N / f =$ Drehzahlgrad (DR 95); $c = E_{Hm}/U_{Em}$ (568).
$c =$ Abkürzungen (109, 180, 568).

$D =$ Durchmesser des Ankers (236, 260), des Läufers (MM 349); $D_K =$ des Stromwenders (38), $D_a =$ äußerer des Ständers (263).
$D =$ Abkürzungen (136, 165, 402, 429, 441, 445, 453, 574, 583).
$d =$ gesamte Isolierstärke zwischen den Einzelleitern (256).
$d =$ Abkürzung (109, 180).

$E,\, e =$ elektromotorische Kraft (EMK), $E =$ Effektivwert. $E = E_B =$ der Bewegung (8), $E_{n_N} =$ bei Nenndrehzahl (214), $E_R =$ der Ruhe (9).

$E,\, e = E_B,\, e_B =$ EMK der Bewegung in der Ankerwicklung (8, 107, 110, 163) $= e_A$ (41), $E_N =$ bei Nennbetrieb und -moment (DR 96); $E_{B_1} =$ im Fluß Φ_1 (Rep 131, kRep 143), $E_{BE} =$ im Fluß Φ_E (Rep 131), $E =$ im Erregerfeld, $E_{B_1} =$ im Fluß der Ständerachse (kRep 143); $E =$ im Arbeitskreis, $E_{B_1} =$ im Erregerkreis (kRepN 179); $e_0 =$ im unteren Teil der Kennlinie (186).

$E_R,\, e_R =$ EMK der Ruhe in der Ankerwicklung (9); $E_E =$ in der Erregerwicklung (107), $E_{Eh} =$ fiktive vom Mantelfeld, $E_{E\sigma} =$ vom Streufeld (56); $E_1,\, E_2 =$ in der Ständer-, Läuferarbeitswicklung (Rep 107, 110), in der Ständer-, Läuferwicklung (Rep 115, kRep 143, kRepN 179), $E_2' =$ bezogen auf Ständerwicklung (Rep 109, 112, 117); $E_{RE} =$ vom Fluß Φ_E, $E_2 =$ vom Fluß Φ_1 (Rep 129); $E_w =$ in der Nebenschluß-, $E_W =$ in der Reihenschlußwendewicklung (44, 45); $E_1 =$ in der Primärwicklung des Arno-Umformers (164); $E_{1T} =$ im Erregertransformator (kRep 143); $E_K =$ der Kompensationswicklung (450).

$E_S,\, E_L =$ des Ständers, Läufers, $E_L' =$ auf Ständer bezogen, $E_{L0} =$ auf Stillstand bezogen (MM 350, 351, MR 356, stMN 389); $E_1 =$ der Primärwicklung stMN ohne Regeltransformator (429); $E =$ resultierende (MR 359, 373); $E_D =$ bei Durchmesserbürsten (MM 305, 347).

$E_R = E_3 =$ der Regelwicklung, $E_{RD},\, E_{3D} =$ bei Durchmesserwicklung und $\delta = 0$, $E_{Rw} =$ drehzahlregelnde, $E_{Rb} =$ blindstromregelnde Komponente (lMN 436, 437, 497); $E_{20} =$ in der Sekundärwicklung bei Stillstand (lMN 497).

$E_H =$ der HM, $E_{Hw},\, E_{Hb} =$ Komponenten (RS 546); $E_w,\, E_b =$ Komponenten von E_H (565); $E_{wm},\, E_{bm} =$ bei größtem Leerlaufschlupf (565, 566); $E_{H_1},\, E_{H_2} =$ Komponenten von E_H; $E_{H_1}',\, E_{H_1}'' =$ Komponenten von E_{H_1} (589); $E =$ Bewegungs-EMK der HM, $E_0 =$ auf synchrone Drehzahl bezogen, $\bar{E} =$ im Umformer, gleichstromseitig, $\widetilde{E} =$ wechselstromseitig (RS 604).
$E =$ Abkürzungen (402, 429, 445, 455).
$e =$ Abkürzung (kRep 180).

$\mathfrak{E}_B,\, \mathfrak{e}_B =$ EMK der Bewegung zwischen benachbarten Stromwenderstegen (11), $\mathfrak{e}_B' =$ Komponente von $\mathfrak{e}_B$ (DR 91); $\mathfrak{e}_{BW} =$ Komponente zur Unterdrückung von $\mathfrak{e}_W$, $\mathfrak{e}_{BWN} =$ von $\mathfrak{e}_{WN}$ (65), $\mathfrak{e}_{Bw} =$ von $\mathfrak{e}_R$ (62), $\mathfrak{e}_{BwN} =$ von $\mathfrak{e}_{RN}$ (64). $\mathfrak{e}_{BSp} =$ in einer Spule (502).

$\mathfrak{E}_R,\, \mathfrak{e}_R =$ der Ruhe zwischen benachbarten Stegen (11), $\mathfrak{e}_{R_1} =$ der Grundschwingung (23); $\mathfrak{e}_{RN} =$ bei Nennbetrieb (63); $\mathfrak{e}_{RSp} =$ in einer Spule (10); $\mathfrak{e}_{R_1} =$ Drehfeld-EMK vom Fluß der Grundwelle Φ_1 (MM 307, 347) $=$ einer Spule (502), $\mathfrak{e}_{R_1 m} =$ Mittelwert (MM 315), $\mathfrak{e}_R = \sqrt{\mathfrak{e}_{R_1}^2 + \mathfrak{e}_{Ro}^2}$ (MR 383); $\mathfrak{e}_{Ro} =$ der Oberwellen (MM 314), $\mathfrak{e}_{R\nu} =$ der ν-ten Einzelwelle, $\mathfrak{e}_{R1,0} =$ auf $s = 1$, bei ruhendem Läufer, bezogen (MM 319), $= \mathfrak{e}_{R_0}$ (MM 489).

$\mathfrak{E}_W,\, \mathfrak{e}_W =$ EMK der Stromwendung zwischen benachbarten Stegen, $\mathfrak{e}_{Wm} =$ Mittelwert (36, 308), $\mathfrak{e}_{W\max} =$ Höchstwert (281), $\mathfrak{e}_N =$ Teil von $\mathfrak{e}_W$ durch Nutenquerfeld, $\mathfrak{e}_S =$ durch Stirnstreufeld (240, 265); $\mathfrak{e}_{WN} =$ bei Nennbetrieb (65);

$\mathfrak{E}_{WSp}$ = einer Spule (38). $\mathfrak{E}_{Wm}$ = Mittelwert (MM 308), $\mathfrak{E}_f$ = herrührend von den fremden Strömen, $\mathfrak{E}_{fm}$ = Mittelwert (MM 308). $\mathfrak{E}_W = \mathfrak{E}_{Wm} + \mathfrak{E}_{fm}$ = Mittelwert (MM 309). $\mathfrak{E}'_W$ = von Drehzahl abhängig, $\mathfrak{E}''_W$ = unabhängig (309). $\mathfrak{E}_W$ = nach Pichelmayer (MM 313). $\mathfrak{E}_{WB}$ = der Bewegung im Wendefeld, $\mathfrak{E}_{WR}$ = der Ruhe herrührend von den fremden Wendefeldern (MM 336).

$\mathfrak{E}_F = \mathfrak{E}_R + \mathfrak{E}_W + \mathfrak{E}_B$ = Funken-EMK (62, 124), $\mathfrak{E}_F = \mathfrak{E}_R - \mathfrak{E}_{Bw}$ (69), $\mathfrak{E}_{FR}$ = ohne $\mathfrak{E}_W$ (64, 94), $\mathfrak{E}_{FW}$ = ohne $\mathfrak{E}_R$ (65), $\mathfrak{E}_{F_1} = |\,\mathfrak{E}_{R_1} + \mathfrak{E}_W\,|$ (MR 383), $\mathfrak{E}_F = \sqrt{\mathfrak{E}_{F_1}^2 + \mathfrak{E}_{Ro}^2}$ (MR 387); $\mathfrak{E} = \mathfrak{E}_R + \mathfrak{E}_W + \mathfrak{E}_B$ = resultierende (39), $\mathfrak{E} = \mathfrak{E}_R + \mathfrak{E}_W$ (68), $\mathfrak{E} = \sqrt{(\mathfrak{E}_W + \mathfrak{E}_{R_1})^2 + \mathfrak{E}_{Ro}^2}$ (317), $\mathfrak{E} = \mathfrak{E}_R + \mathfrak{E}_B$ (Rep 124); $\mathfrak{E}_w$ = Komponente von $\mathfrak{E}$ in Phase mit $\dot{U}$, $\mathfrak{E}_b$ = mit $j\dot{U}$ (Rep 134).

$\mathfrak{E}_{S\,mittel}$ = mittlere, $\mathfrak{E}_{S\,max}$ = größte Stegspannung (13, 14).

F = Faktor zur Berechnung der EMK der Stromwendung (EM 36, MM 311), F, F_0, F_1 = Faktoren der Stromverdrängung (251).

F = Abkürzung (136, 403, 455).

f = Frequenz (9); $f_{v\,L}$ = der v-ten Einzelwelle im Läufer, $f_{v\,L,0}$ = bei ruhendem Läufer (319); f_P = der Bürstenströme, f_1 = des Netzes, f_A = des Antriebs (RS 509); f_F = des FW (512); f_1 = des primären Netzes (546).

f = Abkürzung (180).

$f(x, t)$ = Felderregerkurve (MM 321, 341).

G = Stromdichte (254, 491), G_k = in der Bürstenauflagefläche, herrührend von den Kurzschlußströmen unter der Bürste (26).

G = Abkürzungen (403, 455), g = (180).

g = ganze Zahl (MM 323).

H = gesamte Leiterhöhe in der Nut (254).

H = Abkürzung (405).

h = Leiterhöhe, h_p = in der p-ten Schicht (252).

$h_1, h_2; h, h_S$ = Lote (58, 397).

$h = \dot{I}'_{Lw}/I_\mu$ (MM 325).

h = Abkürzung (180).

I, i = Strom (7, 16), I_v = der v-ten Einzelwelle (19); I_N = bei Nennbetrieb; I_A = in der Ankerwicklung, I_K = der Kompensationswicklung, I_D, I_μ = der Drossel (61, 66), I = der Ankerwicklung (66); I_W = der Wendewicklung (68), $\dot{I}'_W$ = in Phase mit $\dot{I}$, $\dot{I}''_W$ = in Phase mit $j\dot{I}$ (228), I_n = im Nebenschlußwiderstand (68); I_w = der Nebenschlußwicklung (62, 71); I_1, I_2 = im Ständer-, Läuferkreis (Rep 107, 110, 112), im primären, sekundären Arbeitskreis (kRepN 179), $\dot{I}'_2$ = bezogen auf Ständerwicklung (Rep 107), $\dot{I}_{1w}, \dot{I}_{1b}$ = Wirk-, Blindkomponente bezogen auf $\dot{U}_1$ (Rep 116, 131, kRepN 180), $\dot{I}_{Ew}, \dot{I}_{Eb}$ = der Erregerwicklung (kRepN 180); I_E = in der Erregerwicklung (MNE 451); I_k = Kurzschlußstrom unter den Bürsten (27), I'_k = bezogen auf Erregerwicklung (229), auf Ständerwicklung (134), $\dot{I}'_{kw}, \dot{I}'_{kb}$ = Komponenten in Phase mit $\dot{U}, j\dot{U}$ (Rep 134); I_1 = der Primärwicklung des Arno-Umformers (165); I = der Ankerwicklung (EN 165). I_0 = Leerlaufstrom (EN 150).

I_μ = Magnetisierungsstrom in der Erregerwicklung (ER 55, EN 152, 158, 163), $I_{\mu U}$ = der Primärwicklung des Arno-Umformers (163). I_μ = der Maschine, $I_{\mu T}$ = des Transformators (stMN 389, 390); $I_{\mu M}, I_{\mu G}$ = bei Motor-, Generatorbetrieb (EN 161), $I_{\mu 0}$ = bei Leerlauf (EN 159); I_r = im Widerstand r (EN 160); I_μ = in der Kompensationswicklung (65), der Ständerwicklung (Rep 107, kRep 143, kRepN 179). $I_{K\mu}$ = der Ständerarbeits- (Kompensations-) Wicklung (DR 88), $I_{\mu T}$ = des Zwischentr. (MR 372).

I, $i = $ Bürstenstrom, I_I, I_{II}, $I_{III} = $ der 3 Phasen (MM 307); $I_{Str} = $ Strangstrom, $I_{I\,II}$, $I_{II\,III}$, $I_{III\,I} = $ der 3 Stränge in der Läuferwicklung, $I_i = $ in einem Leiter (MM 286); $I_S\,(= I) = $ im Ständer, $I_L = $ im Läufer, $I'_L = $ auf Ständer bezogen (MR 356, 359, stMN 389); $\dot{I}_{Sw}$, $\dot{I}_{Lw} = $ Wirkkomponenten bezogen auf $\dot{E}_S$, $I'_{Lw} = $ bezogen auf Ständer (MM 321, 342, 352), $I_k = $ in der kurz geschlossenen Windung, $I'_k = $ aller bezogen auf Ständer (MM 351); I_1, $I_2 = $ in der Primär-, Sekundärwicklung des Regeltr., $I'_2 = $ auf Ständer bezogen (stMN 390), $I = $ gesamter dem Netz entnommen (MM 391), $I^* = $ Netzstrom ohne Verlust- und Magnetisierungsstrom in Maschine und Tr. (stMN 398), I_1^*, $I_2^* = $ ohne Magnetisierungs- u. Verluststrom, I_{1w}^*, $I_{1b}^* = $ Wirk-, Blindkomponente bezogen auf $\dot{E}_S$ (stMN 404); I'_{Lb} Blind-, $I'_{Lw} = $ Wirkkomponente, $I_V = $ gesamter Verluststrom (stMN 401); $\dot{I}_{wE}$, $\dot{I}_{bE} = $ Komponenten bezogen $\dot{E}_S$, $\dot{I}_{wU}$, $\dot{I}_{bU} = $ bezogen auf $\dot{U}$ (stMN 404), $I_{Lb0} = $ auf $\dot{E}_S$ bezogene Blindkomponente des Leerlaufstromes, $I'_{Lb0} = $ bezogen auf Ständer, I_u, $I_{\ddot{u}} = $ Netzstrom bei unter-, übersynchroner Drehzahl (stMN 407, MNE 455). Bedeutung der positiven Werte der Komponenten s. S. 401.

I_1, $I_2 = $ Primär-, Sekundärwicklung, $I'_2 = $ bezogen auf primär I_{1w}, I_{2w}, I_{1b}, $I_{2b} = $ Wirk-, Blindkomponente, I_1^*, I_{1w}^*, $I_{1b}^* = $ ohne I_μ und I_V; $\dot{I}_{2w}'$, $\dot{I}_{2b}' = $ auf primäre Klemmenspannung bezogen (stMN 444).

$I_V = I_{v_1} + I_{v_2} + I'_k = $ gesamter Verluststrom (MR 374), $I_{v_1} = $ entsprechend den primären Eisenverlusten, $I_{v_2} = $ der vom Ständer auf den Läufer übertragenen Leistung bei abgehobenen Bürsten, $I'_k = $ der auf den Ständer bezogenen Ströme in den kurzgeschlossenen Läuferspulen (MR 373).

I_L, $I_E = $ im Läufer-, Erregerkreis (MNE 451); $\dot{I}_{Lw}$, $\dot{I}_{Lb} = $ Komponenten bezogen auf $\dot{E}_K = \dot{E}_E$ (MNE 452), $I_{1T} = $ im Regeltr., $\dot{I}_{1Tw}$, $I_{1Tb} = $ Komponenten, bezogen auf $\dot{E}_K$, $I = $ Netzstrom (MNE 454); $I_{Lb0} = $ bei vollkommenem Leerlauf (455).

I_1, $I_2 = $ primärer, sekundärer der IM (RS 524); $I'_1 = $ auf Sekundärwicklung bezogen (RS 581), $I'_2 = $ auf Primärwicklung (524); $I = $ im Gleichstrom-Ankerkreis (603), $\dot{I}_{Uw} = $ Komponente im Umformer in Phase mit $\tilde{E}$ (604).

$j = \sqrt{-1} = $ Drehung um $90°$ im positiven Wickelsinne (16).
$j = $ Dicke der Isolierschicht am Stromwender (EM 31, MM 309).

$K = \mp e/ni$, (188, 197), $K = E/nI$ (EN 158), $K' = KI_E/I'_2$ (EN 164), $K_0 = $ bei Bürstenwinkel $\alpha = 90°$ (195), $K_0 = $ im geradlinigen Teil (203).
$K = $ Widerstandsgröße, die mit I_E multipliziert E_H ergibt (RS 569), K_w, K_b, $K_{bs} = $ Widerstandsgrößen, K'_w, K'_b, $K'_{bs} = $ auf Primärwicklung der IM bezogen (524).
$K = $ Zahl der Kompensationsnuten je Pol (243).
$K = $ Faktor zur Berechnung des zusätzlichen Drehmoments der Kurzschlußströme (Rep 136).
$K = $ Abkürzung (405).
$k = $ Wärmeleitfähigkeit (253).
$k = $ Stromwenderstegzahl (10, 38, 263).
$k_C = $ Carterscher Faktor (266 u. [L 9a, S. 82]), $k_H = $ Faktor für Hysterese-, $k_W = $ für Wirbelstromverluste, $k_{WB} = $ der Bewegung (50, 51). $k = $ Widerstandsverhältnis, k_N innerhalb der Nut, $k_{Np} = $ in der p-ten Schicht, $k_S = $ in der Querverbindung (252); $k_1 = 1$. Grades, $k'_1 = $ bei sinusförmigem Strom, $k_{N_2} = 2$. Grades in der Nut, $k_N = $ gesamtes in der Nut (257).
$k = $ Faktor zur Berechnung von $\varDelta\varepsilon$ (DR 103).

$k = $ Festwert (EN 158).

$k_w = K'_w/X_{1h}$, $k_b = K'_b/X_{1h}$, $k_{bs} = K'_{bs}/X_{1h}$ (RS 524).

$L = $ Weglänge, $L_A = $ Ankerkern, $L_K = $ Polkern, $L_J = $ Joch (269, [L9a, S. 81 u. f.]).

$L = $ Induktivität (22, 33, 184, 308), $L_0 = $ im geradlinigen Teil der Kennlinie (203); L_S, L_L, $L_a = $ einphasige der Ständer-, Läuferwicklung, des Belastungskreises (MM 465).

$L = $ Abkürzung (405).

$l_A = $ axiale Ankerlänge (235, 253, 263), $l_i = $ ideelle (10, 38, 235, 338, 488), $l_P = $ der Polschuhe (235), $l_S = $ außerhalb der Nut bis zu den leitenden Verbindungen der Einzelleiter (252); $l_m = $ mittlere Leiterlänge (301); $l_{K_1} = $ axiale der Schleiffläche je Bürstenbolzen (MM 491).

$M = $ mittleres Drehmoment, $m = $ Augenblickswert (18, 109), $M_W = $ an der Welle (Rep 127, 136, MM 482); $M_k = $ der Kurzschlußströme (81, Rep 135, MM 351, 482); $M_{kh} = $ mit dem Mantelfeld (81), $M_{k\sigma} = $ mit dem Streufeld (82); $M_v = $ Verlustmoment, $M_{v2} = $ der vom Ständer auf den Läufer übertragenen Leistung bei abgehobenen Bürsten (MM 352, 482); $M_i = $ gesamtes in der Maschine entwickeltes (MM 352, 482).

$M = $ Gegeninduktivität (33, 187, 308), $M_T = $ der Transformatorwicklung, $M_M = $ der Maschine (197); $\dot{M}_0 = $ beim Bürstenwinkel $\alpha = 0$ (195).

$M = $ Abkürzung (stMN 405).

$m = $ Gangzahl der Gleichstromankerwicklung (10); $m = $ Zahl der Leiterlagen in der Nut (251); $m = $ Strangzahl (284), $m_S = $ im Ständer, $m_L = $ im Läufer (MM 351, MR 355).

$m = M/M_N = $ relatives Drehmoment (DR 100, Rep 118, 214, MR 364, 377), $m_K = M_K/M_N = $ relatives Kippmoment (MR 368).

$m = I_{20}/E_{20}$ (RS 581).

$N = $ Leistung, $N_N = $ bei Nennbetrieb, $N_i = $ innere, $N_1 = $ primäre, $N'_1 = $ nach Abzug der Stromwärmeverluste, $N_i = $ von primär auf sekundär, $N'_i = $ bei abgehobenen Bürsten, $N'_2 = $ mechanisch zugeführte bei abgehobenen Bürsten (48); $N_{mech} = $ mechanische (48, 497); $N_a = $ an das Netz abgegebene (218); $N_h = $ Stundenleistung (236); N_1, $N_2 = $ Angabe der beiden Leistungszeiger (473); $N_0 = $ größte auf synchrone Drehzahl bezogen (488).

$N = $ Abkürzung für Nenner (MR 376) $= N_{\mathrm{Kr}}$ (1MN 441).

$n = $ Drehzahl (8), $n_1 = $ synchrone (13, 305), $n_0 = $ bei Leerlauf (EN 159), $n_N = $ Nenndrehzahl; $n_u = $ kleinste untersynchrone, $n_o = $ größte übersynchrone (1MN 435), $n_{\max}$, $n_{\min} = $ größte, kleinste (MM 347, 498); $n_A = $ des Antriebs, $n_{A_1} = $ synchrone (RS 528), $n_{P_1} = $ synchrone des Phasenschiebers (508); $n_F = $ des FW, $n_{F_1} = $ synchrone (512); $n_H = $ der HM, $n_{H_1} = $ synchrone (RS 546); $n_{\mathrm{kr}} = $ kritische (206).

$p = $ Polpaarzahl (7, 8, 263); $p_V = $ der Vordermaschine, $p_H = $ der Hintermaschine (RS 546); $p_P = $ des Phasenschiebers (509), $p_F = $ des Frequenzwandlers (512), $p_A = $ der Antriebsmaschine (528), $p = $ der IM (529).

$p = $ Zahl bzw. halbe Zahl der Bürstenbolzen (7).

$p = $ Leiterlage (252).

$Q = $ Verluste, $Q = $ Stromwärmeverluste, $Q_0 = $ bei Durchmesserbürsten (7, 293).

$Q_E = $ Eisenverluste, Q_{E_1}, $Q_{E_2} = $ im primären, sekundären Teil, $Q_{H_2} = $ durch Hysterese, $Q_{W_2} = $ durch Wirbelströme im ruhendem Läufer, $Q_{Ez} = $ zusätzliche, $Q_R = $ der Ruhe, $Q_B = $ der Bewegung (48); $Q_{RL} = $ durch Reibung und Lüftung (380); $Q_N = $ Stromwärmeverluste innerhalb der Nuten (253).

$q =$ Leiterquerschnitt (301), $q_1, q_2, \ldots q_p =$ Leiterquerschnitte (253).

$q =$ bewickelte Nutenzahl je Pol und Strang, $q_S, q_L =$ im Ständer, Läufer (MM 324).

$R, r =$ elektrischer Widerstand (16); $R =$ im Ankerkreis (22), $R_k =$ in den von Bürsten kurzgeschlossenen Spulen (27, Rep 134), $R =$ Übergangswiderstand eines der $2p$-Bürstensätze (32); $R_A =$ der Ankerwicklung, $R_E =$ der Erregerwicklung, $R_K =$ der Kompensationswicklung einschließlich Wendewicklung, $R = R_E + R_K + R_A$, $R = R + V/I$ (ER 56, 58). $R_D =$ der Drossel, $R =$ Abkürzung, $R_W =$ der Wendewicklung (66); $R =$ im Nebenschlußzweig (68), $R_w =$ der Nebenschlußwendewicklung (71); $R_W =$ der Läuferwicklung, $R_B =$ der Bürsten (Rep 119, 139), $R_2 =$ gesamter im Läuferkreis (Rep 119); $R_{W\alpha}$, $R_{B\alpha}$, $R_{2\alpha} =$ beim Déri-Motor (139); $R_1, R_2 =$ gesamter im Ständer, Läuferkreis einschließlich Bürsten (Rep 107, 110, 116, kRepN 179).

$R_{E\,\mathrm{kr}} =$ kleinster im Erregerkreis für eindeutigen Betriebszustand (EN 175), $r =$ Widerstand in Abb. 118b (EN 161), $R =$ im Ankerzweig, $R_E =$ im Erregerzweig (EN 158); $R_N =$ des Netzes (189); $R_{\mathrm{kr}} =$ kritischer Widerstand (207), $R_Z = R_{\mathrm{kr}} - R =$ zusätzlicher (205, 206). $R =$ Wirkwiderstand im Scheinwiderstand parallel zur Wendewicklung (229).

$R_{K_1} =$ des Teils K_1, $R_{K_2} =$ des Teils K_2 der Kompensationswicklung K, $R_W =$ der Wendewicklung, $R_P = R_W + R_{K_2}$, $R_A =$ der Ankerwicklung, $R_E =$ der Erregerwicklung, $R =$ gesamter im Motorkreis, R_{GK_1}, $R_{GK_2}, \ldots$ Gleichwiderstände (ER 275 bis 278).

$R_L =$ der Läuferersatzwicklung, $R_D =$ in Durchmesserstellung der Bürsten (MM 302), $R = R_S + R'_L + R_1 + R'_2 =$ gesamter je Strang auf Primärkreis bezogen (MR 369); $R_{L\,W} =$ der Wicklung ohne Bürsten (MR 374), $R_S =$ der Ständerwicklung je Strang, $R_L =$ der Läuferwicklung je Strang, $R'_L =$ auf Ständerkreis bezogen, $R_1 =$ Primärwicklung des Zwischentr., $R_2 =$ Sekundärwicklung, $R'_2 =$ auf Ständerkreis bezogen (MR 369).

$R_S, R_L =$ der Ständer-, Läuferwicklung, $R'_L =$ auf Ständerkreis bezogen (stMN 389, 390), ab S. 391 darin R'_T enthalten (stMN 391); $R_{1\,T}, R_{2\,T} =$ der Primär-, Sekundärwicklung des Regeltr., $R'_T =$ gesamter auf Ständerwicklung bezogen (stMN 390); $R = R'_L + s R_S$ (stMN 399); $R_S^* =$ mit Zusatzwicklung (stMN 409).

$R_1, R_2 =$ primärer, gesamter sekundärer, einschließlich der Regelwicklung (stMN 429, lMN 439), $R_k =$ Kurzschlußwirkwiderstand (lMN 447), $R =$ Abkürzung (lMN 444), $R_{1\,W} =$ der Wicklung, $R_{1\,B} =$ der Bürsten; $R_{2\,W} =$ der Sekundärwicklung, $R_{3\,W} =$ der Regelwicklung, $R_{2\,B} =$ der Bürsten, $R_2 = R_{2\,W} + R_{3\,W} + R_{2\,B}$ (lMN 446), $R'_2 =$ bezogen auf Primärwicklung.

$R =$ gesamter im Ankerkreis, $R_E =$ im Erregerkreis (MM 452); $R_k =$ beim Kurzschlußversuch (478).

$R_1, R_2 =$ der IM, $R'_2 =$ auf Primärwicklung bezogen (RS 524); $R_P =$ des Phasenschiebers (509), $R'_P =$ auf Primärwicklung der IM bezogen (527), $R_F =$ des Frequenzwandlers (537), $R_R =$ der Reihenschluß-HM (532); $R_3 =$ gesamter im Primärkreis des FW (551); $R = R_2 + R_A$ (583); $R_G =$ gesamter im Gleichstromkreis (604).

$R, r =$ Radien des Kreises der Ortskurve (Rep 122, EN 159).

$r_1 = R_1/X_1$, $r_2 = R_2/X_2 = R'_2/X'_2$ (Rep 108, lMN 440), $r_{2\alpha} =$ beim Déri-Motor (139); $r_1 = R_1/X_{1h}$, $r_2 = R_2/X_{2h} = R'_2/X_{1h}$ (RS 524); $r_P = R'_P/X_{1h}$ (527), $r_R = R'_R/X_{1h}$ (533), $r_{2r} =$ Abkürzung (534).

$s =$ Schlupf (47, 284), $s_0 =$ bei Leerlauf (MN 399), $s_N =$ Nennschlupf, $s_K =$ Kippschlupf (MR 367); $s_u =$ größter bei untersynchroner Drehzahl (lMN 435, stMN 499), $s_{max} =$ größter (497); $s_P =$ des Phasenschiebers gegen sein Drehfeld (509), $s_A =$ der Antriebsmaschine, $s =$ der IM (RS 509), $s_H =$ der HM gegenüber ihrem Drehfeld (545), $s_{0m} =$ größter Leerlaufschlupf (565).

$T =$ Periodendauer (18), $T_1 =$ halbe (251), $T_k =$ Kurzschlußdauer (31, 35, 251, 308).
$t =$ Nutteilung, der Ankernuten (242) t_1 der Kompensationsnuten (243); $t_K =$ Stegteilung des Stromwenders (12, 38, 264).
$t =$ Zeit (9, 184).
$t =$ Temperaturdifferenz zwischen Leiter und Nut, $t_p =$ in der p-ten Schicht (253).

$U, u =$ Klemmenspannung (15, 22), $U_N =$ Nennspannung, $U_A =$ zwischen ungleichpoligen Bürsten (13), $U_A =$ am Ankerkreis (91). $U_k =$ an den von außen gespeisten Spulenkurzschlußkreisen (27), $U_w =$ an der Nebenschlußwendewicklung (42), $U_w =$ Wirkspannung bezogen auf Strom (EM 59), $U_E =$ an der Erregerwicklung (55, 179), $U_K =$ am Regeltr. (65), $U_K =$ an der Ständer-(Kompensations-) Wicklung (91), $U_{K0} =$ beim Anlauf (99), $U_1 =$ an der Primärwicklung des Arno-Umformers (EM 164), $U_E =$ am Erregerzweig (EN 158, 222); $U_1 =$ am Erregerzweig (EN 172); $U = U_S =$ an der Ständerwicklung, $U_2{}^0 =$ an der Sekundärwicklung des Regeltr., $U_{20}' =$ auf Ständer bezogen (stMN 390); $\dot{U}_w$, $\dot{U}_b =$ Wirk-, Blindkomponente von $\dot{U}$ bezogen auf $\dot{E}_S$ (stMN 401); $U_Z =$ an der Hilfswicklung, $\dot{U}_1 =$ Komponente von $\dot{U}$ (stMN 411); $U_1 =$ der Primärwicklung, stMN ohne Regeltr., $\dot{U}_{1w}$, $\dot{U}_{1b} =$ Komponenten bezogen auf $\dot{E}_1$ (stMN 429).
$U_A =$ am Ankerzweig (MNE 451), $U_{A0} =$ an der Sekundärwicklung des Regeltr., $\dot{U}_w$, $\dot{U}_b =$ Wirk-, Blindkomponente von $\dot{U}$ bezogen auf $\dot{E}_K$ (MNE 452).
$U_2 =$ zwischen Schleifung und Sternpunkt der IM, $U_2' =$ auf Primärwicklung bezogen, U_{2c}', $U_{2v}' =$ von Strom unabhängige, abhängige Komponente, $\dot{U}_{2c}' = (w - jb)\,\dot{U}_1$, $\dot{U}_{2v}' = (K_w' + jK_b' + jsK_{bs}')\,\dot{I}_2'$ (RS 524).
$u = k/N =$ halbe Zahl der Spulenseiten je Nut (238, 300).

$\ddot{u} = \xi_K w_K/\xi_A w_A =$ Übersetzung (DR 94), $\ddot{u} = \xi_2 w_2/\xi_1 w_1$ (Rep 107, 116, 143), $\ddot{u} = \xi_2 w_2/\xi_1 w_1 =$ bei Verschieben aller Bürsten, wenn Bürsten in der Ständerachse stehen (Rep 116, 130), $\ddot{u}_\alpha =$ beim Déri-Motor (Rep 138); $\ddot{u} = \xi_2 w_2/\xi_1 w_1$ (kRep 143, kRepN 179); $\ddot{u} = U_E/U$ (EN 158), bei Oerlikon-Schaltung (222); $\ddot{u}_E = \xi_E w_E/\xi_2 w_2 =$ bei Läuferstromerregung (Rep 108), $\ddot{u}_E = \xi_E w_E/\xi_1 w_1 =$ bei Ständerstromerregung (Rep 111); $\ddot{u}_E = \ddot{u} \cdot \ddot{u}_T$, $\ddot{u}_T = w_{1T}/w_{2T} =$ im Erregertr. (kRep 143); $\ddot{u}_E = U_E/U$ (kRepN 179); $\ddot{u}_U = \xi_{1U} w_{1U}/\xi_{2U} w_{2U}$ (EN 163); $\ddot{u}_k = \xi_k w_k/\xi_2 w_2$ (Rep 119, 124, 134).
$\ddot{u} = m_L E_{L0}/m_S E_S$ (MM 350); $\ddot{u} = \Theta_L/\Theta_S =$ der Durchflutungen, $\ddot{u}_M = \xi_L w_L/\xi_S w_S =$ der Maschine, $\ddot{u}_T = w_1/w_2 =$ des Zwischentr. (MR 356); $\ddot{u}_k = \xi_{Lk}/\xi_S w_S =$ einer Spule (MM 351).
$\ddot{u}_0 =$ bei Regelung durch Verschieben nur eines Bürstensatzes, wenn $\alpha = 0$ (MR 377); $\ddot{u}_M = \xi_L w_L/\xi_S w_S$ (stMN 389), $\ddot{u}_T = w_{2T}/w_{1T}$, $\ddot{u} = \ddot{u}_T/\ddot{u}_M$ (390), $\ddot{u}_M = \xi_L w_L/\xi_S w_S$, $\ddot{u}_Z = \xi_Z w_Z/\xi_L w_L$ (stMN 409); $\ddot{u}_M = \xi_2 w_2/\xi_1 w_1$, $\ddot{u}_T = \xi_3 w_3/\xi_1 w_1$, $\ddot{u} = \ddot{u}_T/\ddot{u}_M$ stMN ohne Regeltr. (427); $\ddot{u}_{T0} =$ Regelwicklung zu Primärwicklung, $\ddot{u}_T = \ddot{u}_{T0} E_R/E_{RD}$, $\ddot{u}_0 =$ Regelwicklung zu Sekundärwicklung, $\ddot{u} = \ddot{u}_0 E_R/E_{RD}$ (lMN 440); $\ddot{u}_T = U_{A0}/U =$ des Regeltr. (MNE 452).
$\ddot{u} = n_A/n =$ mech. Übersetzung (RS 528); $\ddot{u} = \xi_2 w_2/\xi_1 w_1$ der IM (549), $\ddot{u}_t = w_{3t}/w_{1t} =$ des Kompoundtr. (550); $\ddot{u} =$ des Regeltr. (565); $\ddot{u} = \overline{E}/\widetilde{E}$ (603), $\ddot{u}_{IS} =$ Stromübersetzung (604).

$V, v =$ magnetische Spannung, $V_A =$ längs Ankerkern, $V_L =$ Luftspalt unter Polmitte, $V_Z =$ Zahn, $V_K =$ Polkern, $V_J =$ Joch, $v_L =$ im Luftspalt, $v_{ZA} =$ im Ankerzahn, $v_J =$ im Joch, $v_J' =$ mit Berücksichtigung des Wendeflusses (267 u. f., [L 9a, S. 81 u. f.]).

$v_x =$ Augenblickswert der Grundwelle der Felderregerkurve, $V_S =$ Amplitude der Ständerwicklung, $V_L =$ der Läuferwicklung, $\dot{V}_x =$ resultierender Zeitvektor von Ständer- und Läuferwicklung (Rep 112, 113); $\dot{V} =$ Zeitvektor (191).

$V =$ Bürstenübergangsspannung für 2 Bürsten in Reihe (56), $V_1 =$ für eine Bürste, $V' =$ bezogen auf Ständerkreis (MR 369).

$v =$ Geschwindigkeit, Umfangsgeschwindigkeit, $v =$ des Ankers, $v_{\nu L} =$ der ν-ten Welle gegen Läufer, $v_1 =$ der Grundwelle (319), $v_A =$ des Ankers (38, 45, 95, 263), $v =$ des Stromwenders (33), $v_K =$ des Stromwenders (12, 31, 38).

$v = U_A \cos \varphi'/E$ (DR 92); $v_R = R_E/X_E =$ auf Blindleistung der Erregerwicklung bezogene Verluste im Wirkwiderstand des Erregerkreises (EN 173); $v =$ Verhältnis der mechanischen Übersetzung der Bürstensätze (lMN 436); $v = n_{\max}/n_{\min}$ (490, 495); $v = f_A/f_1$ (509); $v = X_{13t}/X_3$ (549); $v = E_{H0}/E_{20}$ (555).

$W =$ Spulenweite (240, 289).

$W, w =$ Windungszahl in Reihe (8), $w_{Sp} =$ einer Spule (11, 38, 243), $w_k =$ maßgebend zwischen benachbarten Stromwenderstegen (11, 95), $w_E =$ der Erregerwicklung (22, MNE 451), $W =$ Windungszahl der Reihen-, $w =$ der Nebenschlußwendewicklung (43, 72), $W_0 =$ Windungszahl der Wendewicklung um $\mathfrak{S}_W$ aufzuheben (67, 278); $w_A =$ der Anker-, $w_K =$ der Ständerarbeits- (Kompensations-) Wicklung (DR 94, MNE 451); $w_1, w_2 =$ der Ständer-, Läuferarbeitswicklung (Rep 107), $w_1, w_2 =$ der Ständer-, Läuferwicklung (Rep 115), $w_{2\alpha} =$ beim Déri-Motor (138), $w_1 =$ der vom Strom I_1, $w_A =$ der vom Strom I_A durchflossenen Wicklung des Reihentr., (EN 165); $w_1, w_2 =$ des Zwischentr. (MR 369); $w_L =$ Läuferersatzwicklung (MM 301), $w_D =$ bei Durchmesserbürsten (MM 306); $w_S, w_L =$ im Ständer, Läufer, $w_1, w_2 =$ in der Primär-, Sekundärwicklung des Zwischentr. (MR 356).

$w = \ddot{u} \cos \alpha =$ Faktor der drehzahlregelnden Komponente $w\dot{U}$ der Regelspannung $\dot{U}_{20}'$ (stMN 391), der Komp. $w\dot{U}$ der Regelspannung $\dot{U}_{A0}$ (MNE 452), der Komp. $w\dot{E}_1$ der Regel-EMK $\dot{E}_3'$ (stMN 428), der Komp. $w\dot{U}_1$ der Regelspannung $\dot{U}_{2c}'$ der HM (RS 524); $w = E_{Rw}/E_2$ (lMN 440); $w' = wU_1/U_1'$ (581).

$w_N =$ Wärmestrom durch die Nutflanken, $w_{Np} =$ in der p-ten Schicht (253).

$X =$ Blindwiderstand (Blw.); $X_\sigma =$ der Streuung (16); $X_k =$ der von der Bürste überbrückten Kurzschlußwindungen (27), $X_{Eh} =$ des Mantelfeldes der Erregerwicklung, $X_{E\sigma} =$ des Streufeldes, $X_A =$ der Ankerwicklung, $X_K =$ der Kompensationswicklung einschließlich Wendewicklung, $X = X_{E\sigma} + X_K + X_A$, $X' = X_{Eh} + X$ (ER 56, 58); $X_E = X_{Eh} + X_{E\sigma}$ (71); $X_{KA} =$ der Gegeninduktivität von Kompensations- und Ankerwicklung, $X_{KW_0} = X_{W_0K}$, X_1, X_2, X_3, $X_4 =$ Abkürzungen (ER 66), $X_W =$ der Wendewicklung, $X =$ des Nebenschlußzweigs (68); $X_w =$ der Nebenschlußwendewicklung, $X_{wW} =$ der Gegeninduktion zwischen Neben- und Reihenschlußwicklung (71).

$X_{1h} = X_{2h} =$ der Arbeitswicklungen im Ständer, Läufer, $X_{1\sigma}, X_{2\sigma} =$ gesamter der Streuung (Rep 110, 116, kRepN 179); $X_1 = X_{1h} + X_{1\sigma}, X_2 = X_{2h} + X_{2\sigma}$ (Rep 108, kRepN 179), $X_{2\alpha} = X_{2h\alpha} + X_{2\sigma\alpha} =$ beim Déri-Motor (138), $X_{12} =$ der gegenseitigen Induktion (193, 201), $X_{Eh} =$ des Mantelfeldes der Erregerwicklung (Rep 107, 110).

$X =$ im Ankerzweig, $X_E =$ im Erregerzweig (EN 158), $X_C =$ des Kondensators im Nebenschlußkreis (175), $X_{At} =$ Hauptblindwiderstand der vom Ankerstrom, $X_{1t} =$ der vom Erregerstrom durchflossenen Wicklung, $X_{gt} =$ der Gegeninduktion des Reihentr. (164, 176); $X_{1h} =$ Hauptblindwiderstand im Primärkreis des Arno-Umformers (164), $X_C =$ Blindwiderstand des Kondensators (EN 173).

$X_N =$ des Netzes, $X_{12} =$ der Gegeninduktion der Tr.-Wicklungen, $X_1 = X_A + X_{12} w_1/w_2$, $X_2 = X_E + X_{12} w_2/w_1$, $X_A =$ der Anker- und Kompensationswicklung (218), $X = X_A + X_D$ (222, 223), X_D, $X_d =$ der Drossel (223); $X =$ im Widerstand parallel zur Wendewicklung (229).

$X_{W0h} =$ Haupt-, $X_{W0\sigma} =$ Streu-Blindwiderstand der reinen Wendewicklung, $X_{K_2\sigma} =$ des Teils K_2 der Kompensationswicklung, $X_{g0} =$ der Gegeninduktion zwischen K_2 und W_0, $X_{P0\sigma} = X_{W0\sigma} + X_{K_2\sigma} + 2 X_{g0}$; $X_{Wh} =$ Haupt-, $X_{W\sigma} =$ Streu-Blindwiderstand der verstärkten Wendewicklung W, $X_g =$ der Gegeninduktivität zwischen K_2 und W; $X_{Ph} =$ Haupt-, $X_{P\sigma} =$ Streu-Blindwiderstand von $K_2 + W$, $X_P = X_{Ph} + X_{P\sigma}$; $X_{wh} =$ Haupt-, $X_{w\sigma} =$ Streu-Blw. der Nebenschlußwicklung w, $X_w = X_{wh} + X_{w\sigma}$, $X_{w, W_0 + K_2} =$ der Gegeninduktion zwischen w und $W_0 + K_2$. $X_{Kh} =$ Haupt-Blw. der gesamten Kompensationswicklung $K_1 + K_2$, $X_{K\sigma} =$ der Streuung, $X_{K_1\sigma} =$ der Streuung von K_1; $X_{K\ddot{u}} =$ der Kompensationswicklung K_1, $X_{A\ddot{u}} =$ der Ankerwicklung, $X_{\ddot{u}} =$ im ganzen Motorkreis durch Überkompensation; $X_{A\sigma} =$ der Streuung der Ankerwicklung, $X_{A W_0} = X_{W_0 A} =$ der Gegeninduktion zwischen A und W_0, $X_A = X_{A\ddot{u}} + X_{A W_0} + X_{A\sigma} =$ der Ankerwicklung; $X_{Eh} =$ Haupt-, $X_{E\sigma} =$ Streu-Blw. der Erregerwicklung, $X =$ gesamter, einschließlich X_{Eh} im Ankerkreis (278 bis 280, 65, 66).

X_{Sh}, $X_{Lh} =$ Haupt-Blw. im Ständer, Läufer, X_{Sh1}, $X_{Lh1} =$ der Grundwelle, X_{S0}, $X_{L0} =$ der reinen doppeltverketteten Streuung im Ständer, Läufer (MM 343), $X_{S\sigma}$, $X_{L\sigma} =$ Streu-Blw. des Ständers des Läufers, $X_{S\sigma N}$, $X_{L\sigma N} =$ der Nut, $X_{S\sigma S}$, $X_{L\sigma S} =$ der Stirnverbindungen, $X_{S\sigma K}$, $X_{L\sigma K} =$ des Zahnkopfes, $X_{L\sigma} = X_{L\sigma 0} + s X_{L\sigma v} =$ des Läufers, $X_{L\sigma 0} =$ vom Schlupf unabhängig, $s X_{L\sigma v} =$ abhängig (MM 345), $X'_{L\sigma 0} + s X'_{L\sigma v} =$ des Läufers auf Ständerkreis bezogen, $X_{1\sigma}$, $X_{2\sigma} =$ des Zwischentr., $X_\sigma = X_{S\sigma} + X'_{L\sigma 0} + s X'_{L\sigma v} + X_{1\sigma} + X'_{2\sigma} =$ der gesamte Streu-Blw. eines Strangs bezogen auf Ständerkreis (MR 369), $X_{1h} =$ Haupt-Blw. des Zwischentr. (MR 371), $X_{\sigma 0} = X_{S\sigma} + X'_{L\sigma 0}$ (MR 374), $X_{\sigma 0} = X_{S\sigma} + X'_{L\sigma 0} + X_{1\sigma} + X'_{2\sigma}$ (MR 376).

$X_{S\sigma}$, $X_{L\sigma} =$ des Ständers, Läufers, $X'_{L\sigma} =$ auf Ständer bezogen (stMN 391), von S. 391 ab $X'_{\sigma T}$ eingeschlossen, $X_{1\sigma T}$, $X_{2\sigma T} =$ der Primär-, Sekundärwicklung des Regeltr., $X'_{\sigma T} =$ gesamter auf Ständer bezogen (stMN 390), X_{Sh}, $X_{S\sigma} =$ Haupt-, Streu-Blw. des Ständers, X_{Lh}, $X_{L\sigma} =$ des Läufers, $X_{L\sigma} = X_{L\sigma 0} + s X_{L\sigma v}$, $X_{L\sigma 0} =$ von s unabhängig, $s X_{L\sigma v}$ abhängig, $X'_{L\sigma}$, $X'_{L\sigma 0}$, $X'_{L\sigma v} =$ auf Ständer bezogen, $X_S = X_{Sh} + X_{S\sigma}$ (stMN 392); $X = X'_{L\sigma 0} + s (X_{S\sigma} + X'_{L\sigma v}) =$ Abkürzung (stMN 399); $X^*_{S\sigma} =$ mit Zusatzwicklung (stMN 409).

$X_{1\sigma}$, $X_{2\sigma}$, $X_{3\sigma} =$ Streu-Blw. der Primär-, Sekundär, Regelwicklung, $X'_{2\sigma}$, $X'_{3\sigma} =$ bezogen auf Primärwicklung, $X_{13} =$ der Gegeninduktion zwischen Primär- und Regelwicklung, $X'_{13} =$ auf Primärwicklung bezogen (stMN 428, lMN 445); $X =$ Abkürzung (lMN 444), $X_k =$ Kurzschluß-Blw. (lMN 447); $X_{K\sigma} =$ der Kompensationswicklung (MNE 452); $X_k =$ Blw. beim Kurzschlußversuch (MN 478).

$X_{P0} =$ gesamter Blw. eines Strangs der Ersatzwicklung des Phasenschiebers bei f_P, $X_P =$ auf Frequenz f_1 bezogen, $X =$ maßgebender bei s und v (RS 509), $X'_P =$ auf Primärwicklung der IM bezogen (527); $X_L =$ des Läufers (532);

$X_{1t}, X_{3t}, X_{13t} =$ der Primär-, Sekundärwicklung, der Gegeninduktivität des Kompoundtr. (548); $X = X_{2\sigma} + X_A$ (583), $X_A =$ im Ankerzweig der HM bei Netzfrequenz (591); $X_\sigma = X_{2\sigma} + X_{\sigma U}$, $X_{\sigma U} =$ des Umformers (604).

$x_P = X_P'/X_{1h}$ (RS 527), $x_L = X_L'/X_{1h}$ (533); $x_3 = X_3/X_{2h} = x_F + x_{3t}$ (548, 550).

$x_m =$ Abszisse des Kreismittelpunktes von Ortskurven (z. B. 122).

$y_m =$ Ordinate des Kreismittelpunktes von Ortskurven (z. B. 122).

$z =$ gesamte Zahl der Ankerleiter (8, 253).

$\dot{Z}_k =$ Scheinwiderstand beim Kurzschlußversuch (MM 478), $Z_E =$ des Erregerzweigs (RS 542); $\dot{Z}_2 = R_2 + j\,s X_{2\sigma}$, $\dot{Z}_A = R_A + j\,s X_A$ (591).

$\alpha =$ zeitlicher Phasenwinkel (42, 91), räumlicher Phasenwinkel (auf zweipolige Maschine bezogen) (112), $2\alpha =$ Bürstenverschiebungswinkel aus der Durchmesserstellung bei Sehnenbürsten (3, 292), $2\alpha_0 =$ bei fester gegenseitiger Winkellage (107, 115, 356), $\alpha =$ Bürstenverschiebungswinkel aus der Kurzschlußstellung (alle Bürsten gemeinsam verschoben) (112, 115, 207, 322), in Abb. 230a u. c $\alpha = \eta$, $\alpha_N =$ bei Nennbetrieb (Rep 117, MR 364, 504); $\alpha =$ räumlicher Phasenwinkel der Wicklungsachsen (Rep. 138, MR 377); $\alpha_u =$ Winkel zwischen Achse der Ständerwicklung und Verbindungslinie gleichphasiger Bürsten bei niedrigster Drehzahl, α_{ii} bei größter (lMN 439); $\alpha =$ Bürstenwinkel der HM (RS 532, 545).

$\alpha = b_i/\tau$ (235); $\alpha = \xi/h = 2\pi \sqrt{\dfrac{n\,b}{a}\dfrac{f}{\varrho\,10^5}}$ cm^{-1} (256 u. [L 9a, S. 94]); $\alpha = 1 + \mu X_{1\sigma}'$ (RS 583).

$\alpha =$ Frequenzvergrößerung oder Verkleinerung (EN 173).

$\beta =$ zeitlicher Phasenwinkel (42, 58, 92), $\beta =$ Bürstenwinkel, um den die Bürsten mit der kleineren mechanischen Übersetzung aus der Anfangslage verschoben sind (lMN 436, 439, 440); $2\beta =$ Spulenverkürzungswinkel (4, 107, 291); $\beta_0 =$ Phasenwinkel zwischen Induktionswelle und Felderregerkurve (MM 350), $\beta =$ Winkel $\dot{\Theta}_r, \dot{\Theta}_L$, $\beta_0 =$ Winkel $\dot{\Theta}_\mu, \dot{\Theta}_L$ (MR 358, 360).

$\beta = b_j/t_K$ (31), $\beta = b/t_K$ (38, 264).

$\gamma =$ zeitl. Phasenwinkel (9, MR 361, stMN 401), $\gamma =$ Winkel $\dot{U}, \dot{U}_E$ (EN 158), $\gamma' =$ Winkel $-\dot{U}, \dot{E}_E$ (EN 173); $\gamma =$ Winkel der Tangente an magnetische Kennlinie, $\gamma_0 =$ im unteren Teil (203, 472).

$\dot{\gamma} =$ komplexe Kreisfrequenz (191).

$\gamma =$ spezifische Kommutierungsdauer (251).

$\gamma = \zeta/a\xi_E$ (Rep 131), $\gamma =$ relative Drehzahl $n/n_1 = 1 - s$ (MM 325).

$\Delta_1, \Delta_2, \ldots$ Determinanten (190).

$\delta =$ zeitl. Phasenwinkel (92, stMN 409, MM 481), $\delta =$ räuml. zwischen Achse der Ständerwicklung und Verbindungslinie gleichphasiger Bürsten der Regelwicklung (lMN 437).

$\delta =$ Luftspaltlänge (244), $\delta_W =$ unter Wendepol (246), $\delta' = \delta k_C$ (MR 363), $\delta'' =$ ideelle, die der Nutung und der magnetischen Spannung im Eisen Rechnung trägt (44, 504); $\delta =$ Dicke der Isolierschicht (253).

$\varepsilon, \varepsilon_1, \varepsilon', \varepsilon'' =$ Phasenwinkel zw. Ankerstrom und Erregerwicklung (18, 55).

$\varepsilon = \mathfrak{E}_F/\mathfrak{E}_{RN} =$ relative Funkenspannung, $\Delta\varepsilon =$ zusätzliche (DR 95, 103); $\varepsilon_\nu =$ Verhältnis der EMKe $\mathfrak{E}_{R\nu}/\mathfrak{E}_{R1,0} =$ der ν-ten Einzelwelle zur Grundwelle bei

ruhendem Läufer (MM 319), $\varepsilon_0 =$ aller Oberwellen in ein und derselben Spule (MM 320), $\varepsilon_{0\,B} =$ der jeweilig kurzgeschlossenen Spulen (MM 325).
$\varepsilon =$ Basis der natürlichen Logarithmen (185, 204).

$\zeta =$ Faktor in der Pichelmayerschen Formel (38, 249, 314).
$\zeta = \Phi/\Phi_E$ (Rep 108, 115).

$\eta =$ Phasenwinkel $\dot{E}_1$, $\dot{E}_2$ beim Arno-Umformer (162); $\eta =$ Bürstenverschiebungs-winkel aus der I. Hauptstellung in Abb. 230a u. c $\eta = \alpha$ (MM 324); $\eta =$ Spulenweite in Nutteilungen, η_1', $\eta_1'' =$ bei Treppenwicklung (240).
$\eta =$ Wirkungsgrad (EN 154, ER 218).

Θ, $\vartheta =$ Effektivwert, Augenblickswert der Erregerdurchflutung je magnetischen Kreis (21, 303), Θ_A, $\vartheta_A =$ der Ankerdurchflutung, Θ_{A0}, $\vartheta_{A0} =$ bei unendlich schmalen Bürsten (264), Θ_K, $\vartheta_K =$ der Kompensationswicklung (61, 271), Θ_W, $\vartheta_W =$ der Wendewicklung (271), $\Theta =$ resultierende (55), $\Theta_{W0} =$ ausreichend zur Unterdrückung von $\mathcal{S}_W$, $\Theta_w =$ Komponente zur Unterdrückung von $\mathcal{S}_R$ (69), $\Theta_r = \Theta_A + \Theta_K$, $\Theta_{rw} =$ Komponente zur Unterdrückung von $\mathcal{S}_R$, $\Theta_{rW} =$ von $\mathcal{S}_W$ (61), $\Theta_k =$ der Bürstenkurzschlußströme je Kreis (30, 55), $\Theta_E =$ der Erregerwicklung (29, 55), $\Theta_\mu =$ Magnetisierungs-Durchflutung (29); Θ_L, $\Theta_S =$ der Läufer-, Ständerwicklung, $\Theta_r =$ resultierende, $\Theta_\mu =$ Magnetisierungsdurchflutung (MR 358).
$\vartheta =$ Phasenwinkel (stMN 411).
$\vartheta = T_k/T_1 =$ Kurzschlußdauer zur halben Periodendauer (251).

$\iota = I/I_N = (65)$, $\iota_1 = I_1/I_{1N}$ (Rep 117), $\iota_2 = I_2/I_{2N}$ (Rep 118), $\iota = I/I_N$ (MR 364), $\iota_A = I_A/I_N$ (MR 367).

$\varkappa =$ Amplitudenverhältnis B_2/B_1 (49).

$\lambda =$ Leitwertzahl (265), $\lambda_N =$ der Nut (38), $\lambda_N' =$ bei phasenverschobenen Strömen in Unter- und Oberschicht (MM 338), $\lambda_S =$ der Stirnstreuung, λ_m, λ_{max}, λ_{si}, λ_{sa}, ... Einzelwerte, $\lambda_R = \varrho \lambda_N$ (38, 265).
$\lambda = \mathrm{d}/\mathrm{d}t$ (190, 194), $\lambda = l/sl_A$ (252), $\lambda =$ Verhältnis der Leiterlänge außerhalb der Nut bis zu den leitenden Verbindungen zur Ankerlänge (256); $\lambda = L_0/L =$ tg γ_0/tg γ (203); $\lambda = l_i/\tau$ (488); $\lambda = (\omega - \omega_A)/\omega$ (510).
$\lambda =$ Exponentenfaktor (189).

$\mu =$ relative Permeabilität.
$\mu = I_\mu'/E_{20}$ (RS 581).

$\nu = n/n_1 = l - s =$ relative Drehzahl (50, Rep 108, kRepN 179). $\nu = n/n_N$ (63, DR 95), $\nu_0 = 1 - s_0 =$ relative Leerlaufdrehzahl (lMN 442).
$\nu =$ Ordnungszahl der Einzelwellen (41, 318, 341).

$\xi =$ Wicklungsfaktor (9), $\xi_A =$ der Ankerwicklung, $\xi_K =$ der Ständerarbeits-(Kompensations-) Wicklung (DR 94, MM 451); $\xi_E =$ der Erregerwicklung (Rep 107, MM 451); ξ_1, $\xi_2 =$ der Ständer-, Läuferwicklung (Rep 115), der Arbeitswicklungen (Rep 107); $\xi_L =$ der Läuferersatzwicklung (MM 301); $\xi_{S\nu}$, $\xi_{L\nu} =$ der ν-ten Einzelwelle des Ständers, Läufers (MM 319); $\xi_1 =$ der Grundwelle, $\xi_\nu =$ der ν-ten Welle (MM 343); ξ_S, $\xi_L =$ der Ständer-, Läuferwicklung (MR 356); ξ_1, $\xi_2 =$ der Primär-, Sekundärwicklung, $\xi_3 =$ der Regelwicklung (stMN 427, lMN 440); ξ_{Lk}, ξ_k = einer von Bürsten überbrückten Läuferspule (MM 351, 382).

$\xi = \alpha h$ = reduzierte Leiterhöhe (251), ξ' = bei Unterteilung der Einzelleiter bis zu den leitenden Verbindungen (256).

Π = absolute Permeabilität, Π_0 = im Vakuum und Luft.

ϱ = spezifischer elektrischer Widerstand (253, 301).
$\varrho = \lambda_{NR}/\lambda_N$ (38); $\varrho_1 = r_E R - s^2 x_E X$, $\varrho_2 = r_E X + x_E R$ (RS 583).

$\Sigma = Q_{E_1} + Q_{E_2}$ = bei abgehobenen Bürsten (48).
σ = mittlerer Drehschub (236, 260, 488).
σ = gesamte Streuziffer, σ_1, σ_2 = primäre, sekundäre (Rep 108, 206), σ_S, σ_L = Ziffer der Spaltstreuung (MM 343), σ_{So}, σ_{Lo} = der Oberwellen im Ständer, Läufer (MM 321); $\sigma_1 = X_{1\sigma}/X_{1h}$, $\sigma_2 = X_{2\sigma}/X_{1h}$, σ = gesamte Streuziffer (lMN 440).

ς = Spulenfaktor (Rep 107), der Läuferwicklung (MM 301, 347), ς_ν = der ν-ten Einzelwelle (MM 319, 341), $\varsigma_{S\nu}$ = im Ständer, $\varsigma_{L\nu}$ = im Läufer (MM 342).

τ = Polteilung (10, 263, 488), τ_K = am Stromwender (251).

φ = Phasenwinkel zwischen Strom und Klemmspannung, φ_1 = zwischen $\dot{I}$ und $\dot{U}$, $\varphi_1' = \pi - \varphi_1$ (Rep 118).

Φ, φ = Fluß, Φ_q = Querfluß (9), Φ_{eff} = Effektivwert, mit der von Bürsten überbrückten Läuferspule verkettet (8, 18); $\Phi = \zeta \Phi_E$, Φ_1, Φ_2 = wirklicher in der Ständer-, Läuferachse (Rep 115), Φ_S, Φ_L = fiktiver in der Ständer-, Läuferachse (Rep 114), Φ_E = wirklicher, senkrecht zur Läuferachse (Rep 115, kRep 146), Φ_E = senkrecht zur Ständerachse (andere Bedeutung!) (Rep 129); Φ_1 = Polfluß der Grundwelle (MM 307); Φ = Polfluß, Φ_{Str} = der Einzelpole, Φ_I, Φ_{II}, Φ_{III} = der 3 Phasen (RS 517).

$\chi = \Phi/\Phi_N$ (DR 95).

ψ_2 = Phasenwinkel zw. Läufer- und Ständerstrom (Rep 112), ψ_L = zwischen Strombelag und Induktionswelle (MM 350); ψ_L = zwischen $\dot{E}_{L0}$ und $\dot{I}_L$ (351), ψ_S = zwischen $\dot{I}$ und $\dot{E}_S$, ψ_L = zwischen $\dot{I}$ und $\dot{E}_L$, ψ zwischen $\dot{I}$ und $\dot{E}$, $\psi_S' = \pi - \psi_S$, $\psi' = \pi - \psi$ (MR 361).

Ω = Winkelgeschwindigkeit des Läufers (lMN 433), Ω_1 = des Drehfeldes (284).
$\omega = 2\pi f$ = Kreisfrequenz (8), ω_0 = der selbsterregten stationären Schwingungen (189); ω_0 = der Bewegungs-EMK, ω = der selbsterregten Ströme (MM 466, 510), ω_A = des Antriebs (RS 510).

Sachverzeichnis.

Abkürzungen: Tr = Transformator, Dtr. = Drehtransformator, Rtr. = Regel-transformator, IM = Induktionsmaschine, HM = Hintermaschine; EM = Einphasen-Stromwendermaschine, ER = Reihenschlußmaschine, EN = Nebenschlußmaschine, Rep = Repulsionsmotor, kRep = kompensierter Repulsionsmotor, kRepN = kompensierter Repulsionsmotor in Nebenschlußschaltung, DR = doppeltgespeister Reihenschlußmotor; MM = Mehrphasen-Stromwendermaschine, MR = Reihenschlußmaschine, stMN = ständergespeiste Nebenschlußmaschine, MNE = mit besonderer Erregerwicklung, lMN = läufergespeiste Nebenschlußmaschine; RS = Regelsätze.

Elektrotechnische Literatur
aus dem
Springer-Verlag / Berlin · Göttingen · Heidelberg

Neuerscheinung:

Abriß der Dauermagnetkunde

Von

Dr.-Ing. Johannes Fischer

o. Professor an der Technischen Hochschule Karlsruhe

Mit 173 Abbildungen.
VIII, 240 Seiten. 1949. DMark 36,—, Ganzleinen DMark 39,—

Diese Schrift verfolgt das Ziel, eine quantitative Beschreibung der magnetischen Felder, Zustände, Vorgänge und Eigenschaften zu geben, die bei der Anwendung von Dauermagneten auftreten, um damit die Mittel für die Gestaltung und Vorausbestimmung dauermagnetischer Geräte darzustellen und vollständiger zu machen. Ihr Inhalt ist daher weder allein eine Formenlehre der magnetostatischen Felder, noch ausschließlich eine Sammlung von Zahlenwerten und Eigenschaften und eine Technologie der Dauermagnetbaustoffe, auch nicht nur eine Wiedergabe oder Weiterführung der mikrophysikalischen Theorie des Ferromagnetismus. Aber aus allen Gebieten ist das beigezogen, was dazu dienen kann, dem genannten Ziel näher zu kommen. Wie die Darstellung im einzelnen angelegt und aufgebaut ist, wird in dem Abschnitt „Einführung" vorausgreifend ausgeführt.

Inhaltsübersicht:

Einführung.

A. Grundgrößen: ihre Begriffsbestimmungen, Meßverfahren, Beziehungen, Einheiten. Die magnetische Wirkung elektrischer Leitungsströmung; magnetische Feldstärke; Durchflutungsgesetz. — Die elektrische Wirkung magnetischer Flußänderung; magnetische Flußdichte oder Induktion; Induktionsgesetz. — Meßverfahren und Meßgeräte. — Definitionen und Meßverfahren bei Materie im Feldraum: Permeabilität, Suszeptibilität, Magnetisierung, magnetometrische Messungen; Verhalten des Feldes an Grenzflächen; Energiebeziehungen. — Maßsysteme, Formen der Gleichungen, Einheiten, Umrechnungen.

B. Magnetische Eigenschaften der Stoffe, besonders der eisenartigen: Beschreibung, Messung, Deutungen, Folgerungen und Anwendungen. Die Identität von Elementarmagnet und Elementarstrom. — Deutung der diamagnetischen und paramagnetischen Suszeptibilität. — Das magnetische Verhalten der eisenartigen Stoffe. — Berechnung des magnetischen Kreises nach dem Durchflutungsgesetz und nach dem Verfahren des Zusatzfeldes. — Dauermagnet und Elektromagnet in elementarer Darstellung; Feldvektoren und Energieverhältnisse.

C. Beschreibende Theorie und Vorausberechnung der Dauermagnete. Remanente und permanente Magnete. Kennzeichnende Stoffeigenschaften. — Grundlagen der Berechnung von Dauermagneten. — Bestimmung der Streuung. — Anwendungen und Beispiele. — Theorie und Anwendung der permanentmagnetischen Zustandskurven. — Die Zustandskurven remanenter Magnete als Kurven zweiten Grades.

D. Magnetbaustoffe. Zusammenhang der mikrophysikalischen und makrophysikalischen Eigenschaften der eisenartigen Stoffe. — Ergebnisse der mikrophysikalischen Theorie. Folgerungen und Vergleiche mit der Erfahrung an Dauermagnetbaustoffen. — Eigenschaften der Dauermagnetbaustoffe, Zahlenwerte und Kurven. — Beispiele technischer Anwendungen und Gestaltungen.

E. Ergänzungen. Weiterentwicklung. — Hysteresis- und Wirbelstromerscheinungen bei Wechselmagnetisierung. — Zeichen und häufige Abkürzungen. — Namen- und Sachverzeichnis.

Neuerscheinung:

Fortleitung elektrischer Energie längs Leitungen in Starkstrom- und Fernmeldetechnik

Von

Dr.-Ing. Werner zur Megede

Oberingenieur der Siemens-Schuckertwerke A. G.

Mit 87 Abbildungen. VIII, 163 Seiten. 1950. DMark 13,50.

Die moderne Starkstromtechnik umfaßt in zunehmendem Maße Anlageteile, die man früher der Schwachstromtechnik zuordnete (Regel-, Steuer-, Feinmeßglieder usw.). Andererseits sind häufig Fernmeldeanlagen kaum noch als Schwachstromanlagen zu bezeichnen. Die Hochfrequenztechnik beginnt, sich einen wichtigen Platz in der industriellen Verfahrenstechnik zu erobern.

Hieraus ergibt sich die Aufgabe, die Fortleitung elektrischer Energie längs Leitungen zusammenfassend zu behandeln. In den ersten Kapiteln wird das Allgemeine der drahtgebundenen Übertragung dargelegt. Dabei finden die Eigenarten der Anwendungsgebiete Berücksichtigung. Die anschließenden Kapitel sind den Anwendungen selbst gewidmet und umreißen die Merkmale der jeweils typischen Aufgaben. Ein Anhang bringt theoretische und mathematische Hilfsmittel.

Inhaltsübersicht:

Die Prüfung elektrischer Maschinen

Von

Dr.-Ing. Werner Nürnberg

o. Professor an der Technischen Universität Charlottenburg

Zweite, durchgesehene Auflage. Mit 219 Abbildungen. VIII, 355 Seiten. 1948.
DMark 24,—

Die eingehende Darstellung der Versuche bei der Prüfung elektrischer Maschinen unter besonderer Berücksichtigung ihrer Wirkungsweise ist der Zweck des vorliegenden Buches. Behandelt werden die Transformatoren, die Asynchron-, Synchron- und Gleichstrommaschinen, der Einankerumformer und die Kommutatormaschinen für Ein- und Mehrphasenstrom. Bei letzteren finden die immer stärker an Bedeutung gewinnenden Nebenschlußmotoren der ständer- und der läufergespeisten Bauart eine besonders ausführliche Darstellung. Von den Sonderanwendungen der Asynchronmaschine sind im einzelnen behandelt die polumschaltbare Maschine, der Einphasenmotor, der Asynchrongenerator, der Periodenwandler, die synchronisierte Maschine, die elektrische Welle, der Drehregler und die Maschinen mit Drehzahl- und Phasenregelung. Die Gleichstrommotoren und Generatoren sind mit allen gebräuchlichen Anordnungen des Erregerkreises beschrieben. Bei der Synchronmaschine sind auch jene Versuche und Berechnungsformeln angegeben, die die Bestimmung der zahlreichen charakteristischen Werte, wie z. B. der Reaktanzen in Längs- und Querachse, für das mitläufige, das gegenläufige und das Nullsystem oder der Eigenschwingungszahlen u. a., erlauben. Der Einankerumformer erfährt die ihm als interessante, immer noch wichtige Maschine gebührende ausführliche Behandlung.

Inhaltsübersicht:

I. Die allgemeine Maschinenprüfung. Die Widerstandsmessung. — Isolationsfestigkeit. — Wickelsinn und Wickelachse. — Der Leerlaufversuch. — Der Belastungsversuch. — Der Kurzschlußversuch. — Der Hochlaufversuch. — Der Auslaufversuch. — Der Wirkungsgrad. — Die Belastungsverfahren. — Die Pendelmaschine. — Die Drehmoment-Drehzahlkennlinien der Antriebs- und der Belastungsmaschinen.
II. Die besondere Maschinenprüfung. Der Transformator. — Die Asynchronmaschinen. — Die Synchronmaschinen. — Die Gleichstrommaschinen. — Der Einankerumformer. — Die Ein- und Mehrphasenkommutatormaschinen.
III. Die Meßgeräte und Verfahren. Die Messung der elektrischen Größen. — Die Messung der mechanischen Größen. — Formelanhang. — Sachverzeichnis.

Die Elektrotechnik
und die elektromotorischen Antriebe

Lehrbuch für technische Lehranstalten und zum Selbstunterricht

Von

Dipl.-Ing. Wilhelm Lehmann

Professor an der Staatlichen Berufspädagogischen Akademie Hannover

Vierte Auflage. Mit 828 Textabbildungen und 126 Beispielen. V, 377 Seiten. 1948.
DMark 18,—

Inhaltsübersicht:

I. Der Magnetismus. — II. Die Elektrizität und ihre Anwendungen. — III. Der Wechselstrom. — IV. Der Drehstrom. — V. Die Lösung von Wechselstromaufgaben mit der symbolischen Methode. — VI. Elektrotechnische Meßkunde. — VII. Die Gleichstrommaschinen. — VIII. Die Einphasen- und Drehstromsynchronmaschinen. — IX. Die Transformatoren (Umspanner). — X. Die Asynchronmotoren. — XI. Die Stromwendermotoren für Einphasen- und Drehstrom. — XII. Die Umformer. — XIII. Die Stromrichter. — XIV. Das elektrische Kraftwerk. — XV. Die Übertragung elektrischer Arbeit. — XVI. Die Verteilung der elektrischen Energie. — XVII. Der elektromotorische Antrieb. — XVIII. Wichtige elektrische Antriebe. — Sachverzeichnis.

Elektrische Meßgeräte
und
Meßeinrichtungen

Von

Albert Palm
Oberingenieur

Dritte, neubearbeitete Auflage
Mit 232 Abbildungen im Text und 7 Tafeln. XI, 284 Seiten. 1948. DMark 21,—

Inhaltsübersicht:

Erster Teil: Die Meßgeräte. I. Drehspul-Meßgeräte. II. Kreuzspul-Meßgeräte mit Dauermagnet. III. Drehmagnet-Meßgeräte. IV. Dreheisen-Meßgeräte. V. Elektrodynamometer. VI. Induktions-Meßgeräte. VII. Thermische bzw. Hitzdraht-Meßgeräte. VIII. Elektrostatische Meßgeräte. IX. Vibrations-Meßgeräte. X. Kontakt- und Regelgeräte. XI. Schreibende Meßgeräte. XII. Elektrizitätszähler. XIII. Vor- und Nebenwiderstände. XIV. Meßwandler. XV. Zusammenstellung von Angaben über elektrische Meßgeräte. — *Zweiter Teil:* Die elektrischen Meßeinrichtungen. XVI. Präzisions-Meßwiderstände. XVII. Induktivitäten und Kapazitäten. XVIII. Meßbrücken. XIX. Kompensatoren. XX. Meßeinrichtungen mit Elektronenröhren. XXI. Hochspannungs-Meßeinrichtungen. XXII. Anzeigende Widerstands-Meßeinrichtungen. XXIII. Magnetische Meßeinrichtungen. XXIV. Temperatur-Meßeinrichtungen. XXV. Fernmeßeinrichtungen. XXVI. Verschiedenes. — Namen- und Sachverzeichnis.

Elektrische Messung
mechanischer Größen

Von

Dr.-Ing. Paul M. Pflier

Dritte, erweiterte Auflage. Mit 308 Abbildungen. VI, 256 Seiten. 1948. DMark 30,—

Inhaltsübersicht:

A. Grundlagen der elektrischen Messung: I. Vorzüge elektrischer Meßgeräte. II. Die Maßstabeigenschaften der elektrischen Meßgeräte. — *B. Umwandlung mechanischer in elektrische Größen:* I. Physikalischer Zusammenhang zwischen mechanischen und elektrischen Eigenschaften. II. Erzeugung einer elektrischen Größe durch eine mechanische. III. Mechanische Beeinflussung eines elektrischen Stromkreises. — *C. Meßverfahren:* I. Wegmessung. II. Kraftmessung. III. Geschwindigkeitsmessung. IV. Messung von Beschleunigungen, Schwingungen und Erschütterungen. V. Zeitmessung. — Schrifttum. Namenverzeichnis. Sachverzeichnis.

Einführung in die Theorie
der
Schwachstromtechnik

Von

Dr. phil. Julius Wallot
Honorarprofessor an der Technischen Hochschule Karlsruhe

Fünfte, verbesserte Auflage. Mit 417 Textabbildungen. X, 458 Seiten. 1948.
DMark 31,50, Halbleinen DMark 35,—

Inhaltsübersicht:

Gleichstromschaltungen — Elektrische Felder — Magnetische Felder — Wechselstromschaltungen — Schaltvorgänge — Vierpole — Transformatoren — Gleichmäßige Leitungen — Pupinleitungen — Einfluß benachbarter Leitungen —. Grundbegriffe der Elektroakustik — Röhrenverstärker — Rückkopplung — Nachbildungen und verwandte Kunstschaltungen — Wellenfilter — Allgemeinere Theorie der Schaltvorgänge und der Verzerrungen in linearen Systemen — Frequenzumsetzung — Die Übertragung von Nachrichten auf große Entfernungen — Anhang: Zusammenstellung einiger Rechenregeln — Zusammenstellung der benutzten Zeichen — Alphabetisches Sachverzeichnis — Erklärung einiger Schaltzeichen.

Einführung
in die
theoretische Elektrotechnik

Von

Professor K. Küpfmüller

Dritte, verbesserte und erweiterte Auflage. Mit 378 Textabbildungen. VI, 357 Seiten.
1941. (Neudruck 1948.) DMark 18,—

Aus dem Inhalt:

Einleitung — I. Der stationäre elektrische Strom: 1. Die Einheiten der elektrischen Größen — 2. Der elektrische Strom in linearen Netzen — 3. Der elektrische Strom in räumlich ausgedehnten Leitern. — II. Das elektrische Feld: 1. Das stationäre elektrische Feld — 2. Das langsam veränderliche elektrische Feld. — III. Das magnetische Feld: 1. Das stationäre magnetische Feld — 2. Das langsam veränderliche magnetische Feld. — IV. Netzwerke und Kettenleiter. — V. Leitungen. — VI. Rasch veränderliche Felder. — VII. Elektromagnetische Ausgleichsvorgänge — Anhang — Sachverzeichnis.

Erdungen in Wechselstromanlagen über 1 KV

Berechnung und Ausführung

Von

Dr.-Ing. Walther Koch

Mit 51 Abbildungen. VII, 85 Seiten. 1948. DMark 10,50

Aus dem Inhalt:

Einleitung — Der Erdschlußstrom (§ 6 VDE 0141) — Das Erdreich als Leiter elektrischer Ströme — Erder (§ 3 VDE 0141) — Die Erdungen in Kraft- und Umspannwerken (§ 11 VDE 0141) — Die Erdung bei Freileitungen — Schutzerdungen ortsveränderlicher Anlagen und Geräte (§ 17 VDE 0141) — Erden und Kurzschließen beim Arbeiten an elektrischen Anlagen (§ 19 VDE 0141) — Erden und Kurzschließen bei Freileitungen (§ 21 VDE 0141) — Schutzerdung bei Mastschaltern, Mastumspannstellen und Kabelendmasten (§ 16 VDE 0141) — Die Prüfung der Erdungsanlagen (§ 22 VDE 0141) — Anleitung zur Berechnung von Erdungen — Schrifttum — Sachverzeichnis.

Einführung in die Elektrizitätslehre

Von

Robert Wichard Pohl

o. ö. Professor der Physik an der Universität Göttingen

Dreizehnte und vierzehnte Auflage.
Mit 497 Abbildungen, darunter 20 entlehnten. IV, 302 Seiten. 1949. DMark 18,60
(Band II der Einführung in die Physik.)

Inhaltsübersicht:

Meßinstrumente für Strom und Spannung — Das elektrische Feld — Kräfte und Energie im elektrischen Feld — Kapazitive Stromquellen und einige Anwendungen elektrischer Felder — Materie im elektrischen Feld — Das magnetische Feld — Verknüpfung elektrischer und magnetischer Felder — Kräfte in magnetischen Feldern — Materie im Magnetfeld — Anwendungen der Induktion, insbesondere induktive Stromquellen und Elektromotoren — Trägheit des Magnetfeldes und Wechselströme — Mechanismus der Leitungsströme — Elektrische Felder in der Grenzschicht zweier Substanzen — Die Radioaktivität — Elektrische Wellen — Das Relativitätsprinzip als Erfahrungstatsache — Anhang: Die elektrischen Einheiten — Vergleichende Übersicht über die Schreibweise einiger Gleichungen — Sachverzeichnis — Periodisches System der Elemente — Magnetische Feldvektoren und Einheiten. Nebenbegriffe — Oft gebrauchte Gleichungen — Längeneinheiten, Krafteinheiten, Druckeinheiten, Energieeinheiten — Winkelmessung. Wichtige Konstanten — Ergänzungen — Berichtigungen.

10. 49. 500.

MIX
Papier aus verantwortungsvollen Quellen
Paper from responsible sources
FSC® C105338

If you have any concerns about our products,
you can contact us on
ProductSafety@springernature.com

In case Publisher is established outside the EU,
the EU authorized representative is:
Springer Nature Customer Service Center GmbH
Europaplatz 3, 69115 Heidelberg, Germany

Printed by Libri Plureos GmbH
in Hamburg, Germany